FENBUSHI GONGNENG XITONG
SHEJI SHOUCE

分布式供能系统设计手册

主　编　李善化
副主编　应光伟

中国电力出版社
CHINA ELECTRIC POWER PRESS

内 容 提 要

本书利用大量数据分析了能源生产及消费现状、能源技术发展的前景等，并讲述了分布式供能系统的概念及其内涵。内容包括内燃机、燃气轮机、微燃机、燃气热泵、燃料电池等清洁能源分布式供能系统，太阳能、风能、生物质能、地热能、海洋能等可再生能源分布式供能系统，以及利用热泵系统、蓄能系统和电力系统等多种能源互补协调控制管理技术设计的综合分布式供能系统，还包括分布式供能的蓄能系统、电力系统、控制及经济分析等。

书中详细讲解了各种供能系统的基本组成、基本概念、主要设备选择、系统配置、基本理论、设计计算方法、主要经济技术指标等。同时还介绍了国内外最新能源供给技术的发展现状及技术发展方向等。

本书可供从事分布式供能系统设计、规划的工程技术人员工作使用，同时可供大专院校相关专业师生学习参考。

图书在版编目(CIP)数据

分布式供能系统设计手册/李善化主编. —北京：中国电力出版社，2018.3
ISBN 978-7-5198-1331-4

Ⅰ.①分… Ⅱ.①李… Ⅲ.①供能-系统设计-手册 Ⅳ.①TK01-62

中国版本图书馆 CIP 数据核字(2017)第 266337 号

出版发行：中国电力出版社
地　　址：北京市东城区北京站西街 19 号(邮政编码 100005)
网　　址：http://www.cepp.sgcc.com.cn
责任编辑：畅　舒（010-63412312/13552974812）
责任校对：太兴华　马　宁
装帧设计：王英磊　左　铭
责任印制：蔺义舟

印　　刷：北京盛通印刷股份有限公司
版　　次：2018 年 3 月第一版
印　　次：2018 年 3 月北京第一次印刷
开　　本：787 毫米×1092 毫米　16 开本
印　　张：40.75
字　　数：1013 千字
印　　数：0001—3000 册
定　　价：**160.00** 元

编　委　会

主　　编： 李善化

副 主 编： 应光伟

参编人员： 王　伟　申　宏　房　媛　刘云峰

王友龙　赵武生　吴　科　乐凌志

严　舒　褚德成　郑文广　周宇昊

孙纪琦

主审人员： 孙向军　黄　湘　王友龙　邓　华

刘　勇　杨立强

前　言

能源是人类生存和文明发展的重要物质基础。

进入21世纪，美国首先提出了“智能电网”的发展规划，以应对分布式能源发展的需求，启发了新一轮能源革命浪潮。现在世界各国正在努力寻求多元的、新的、清洁的、安全的、稳定的可持续能源供应，新兴能源技术正以前所未有的速度加快迭代，世界能源格局和经济发展也因此产生了重大而深远的变革。

我国的能源产业工作者，顺应世界能源格局态势的变化，把握历史机遇，按照国家能源发展战略的部署，优化产业结构，积极发展分布式能源的开发和商业化运作，加强相关专业领域的科技研究和工程实践，并取得了一系列有关分布式能源发展的科技成果。

我国已成为世界上最大的能源生产国和消费国，能源供应能力显著增强，技术装备水平明显提高。但我国能源供给面临着严重的挑战，存在能源、资源的短缺和过度消耗及环境污染等诸多问题。为了保障持续的能源供应和能源安全，国家发改委、国家能源局制定了“要重点发展分布式能源、电力储能、工业节能、建筑节能、交通节能、智能电网、能源互联网等技术”的《能源技术革命创新行动计划（2016～2030年）》。

分布式供能系统是一项多元系统的复杂工程，其形式多样，内涵丰富。分布式供能系统最显著的特点是多元输入和多元输出系统，能源资源是清洁能源和可再生能源等多元化的能源综合利用系统；供能输出既有定制电力系统的规划和运维，也有热（冷）能等供给系统的规划设计和运维。通过用能技术创新，并与自动化技术和信息化技术的深度融合，实现了能源供给体系的最优化配置，构建了智能化和一体化的经济性能源体系。

目前，我国有关分布式供能系统设计方面的书籍比较少，为了进一步推动我国分布式供能的高水平发展，由中国华电集团国电南京自动化股份有限公司组织全国具有丰富工程规划设计和建设经验的有关专家及专业科技人员，经过一年多的艰苦努力完成了本书的编写工作。

本书用大量数据分析了能源生产及消费现状、能源技术发展的前景等，并讲述了分布式供能系统的概念及其内涵。全书内容不仅包括内燃机、燃气轮机、微燃机、燃气热泵、燃料电池等清洁能源分布式供能系统，而且包括太阳能、风能、生物质能、地热能、海洋能、热泵、多种能源互补系统等可再生能源分布式供能系统。

本书还包括分布式供能的蓄能系统、电力系统、控制及经济分析等。书中详细讲解了各种供能系统的基本组成、基本概念、主要设备选择、系统配置、基本理论、设计计算方法、主要经济技术指标等。同时还介绍了国内外最新能源供给技术的发展现状及技术发展方向等。

本书可作为从事能源工作，尤其是从事分布式供能工作的各级领导、广大工程技术人员和大专院校能源有关专业的教师、学生的参考书。本书为了适应不同层次的读者，在编写时，对基本原理及结构等尽量利用示意图，采用由浅入深的方法，即使初学者容易理解。

本书共十一章，李善化主编，并编写了第二章第一节，第三章第一、二、五、六节，第四章第一、五～八节，第八章及附录；应光伟副主编，并编写第三章第三、四节、第四章第二～四节；王伟编写第一章；郑文广、周宇昊编写第二章第二节、第三节；申宏编写第五章第一、三～九节；房媛编写第六章；刘云峰编写第七章；王友龙、赵武生编写第九章；吴科、乐凌志编写第十章；褚德成、严舒编写第十一章；孙纪琦编写第五章第二节。

全书由孙向军、黄湘、王友龙、邓华、刘勇、杨立强全面负责全书的校审工作。

在编写本书的过程中，我们得到了许文发教授、赵建成教授的指点，以及国际友人金周镐先生的多方协助，在此深表谢意。

由于编者水平所限，书中难免存在不妥之处，恳请广大读者批评指正。

编　者

2017 年 9 月

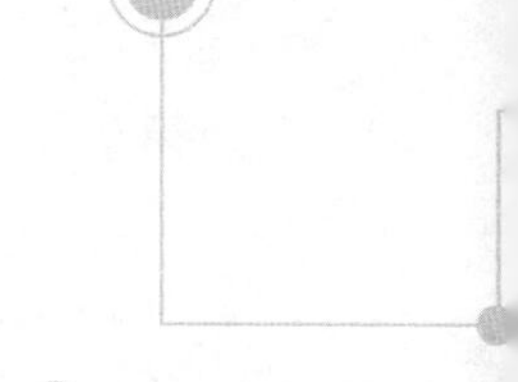

目录

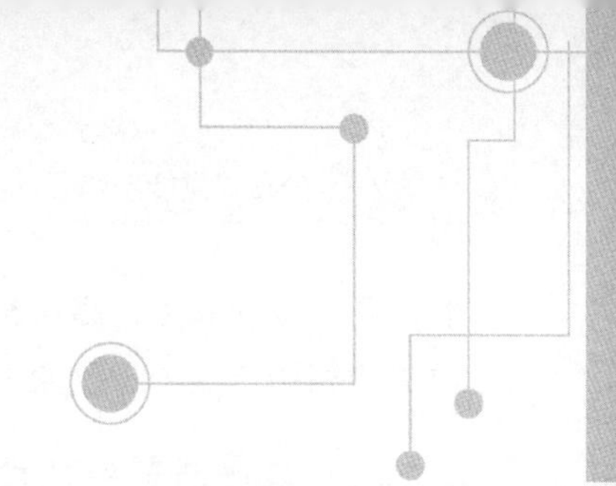

第一章 能　　源

第一节 能源及其重要性

一、能源定义

人类从诞生的那天起就注定无法摆脱对能源的依赖，对能源的研究和利用就从未停止过。目前我们能查找到的对能源的定义有很多种，足见人们对能源的重视和已经进行的大量研究和探讨工作。研究能源的目的非常明确，即能更好地利用能源，使人类的生存条件变得更加美好。

我国的《能源百科全书》是这样定义的："能源是可以直接或经转换提供人类所需的光、热、动力等任一形式能量的载能体资源。"所以我们可以理解为：能源是自然界中能为人类提供能量的物质资源，并且有不同的存在形式。

二、能源的重要性

人类迄今已有 400 万年的历史，在这期间，人类从学会使用火开始，经过石器、铁器时代，直到近代工业化革命，各种技术发明使人类文明到达了一个前所未有的高度。同时，人类消耗的能源也日益增长，目前应用最多的能源是煤、石油和天然气，这些能源都是不可再生资源。其中煤、石油等是今天主要的能源来源。

今天，能源更是人类社会赖以生存和发展的物质基础，在国民经济中具有重要的战略地位。能源相当于城市的血液，它驱动着城市的运转。现代化程度越高的城市对能源的依赖越强，人们也时刻离不开能源，能源是人类生存的基本保证。

能源作为人类生存和社会发展的公用性资源，是国家和地区经济社会发展的基本物质保证。能源是经济资源，也是战略资源和政治资源，能源技术的储备与可持续发展直接影响国家安全和现代化进程。

纵观人类社会发展历史，人类文明的每一次重大进步都伴随着能源种类的更替和能源技术的重大进步。人类为了更有效地利用能源一直在不懈地努力。人类历史上利用能源的方式有过多次革命性的变革，特别是是从人力、畜力、水力和风力机械的使用到 18 世纪的产业革命，特别是蒸汽机的发明和电的应用促使煤炭的利用得到极大的发展，煤炭逐渐替代薪柴成为人类利用的主要能源，每一次能源利用方式的变革都极大地推进了现代文明的进程。19 世纪中叶以后，人类分别于 1870、1880 年开始将石油和天然气作为能源利用，汽车、飞机、轮船等重工业取得快速发展，极大地推动了产业进步和社会变革。20 世纪中叶至今，石油和天然气在能源消费总量中的份额不断增长，与煤炭共同成为全球主要的一次能源；同时核能得到开发和利用，高压超临界汽轮机、内燃机、燃气轮机、近几年发展的燃料电池等能源设备的利用，进一步改变了能源结构，促进了能源技术的进步。

三、能源消费与社会发展环境

（一）世界宏观经济环境

能源生产与消费的发展离不开经济环境。

2015年世界经济增长普遍低于预期，发达经济体增速有些回升。但回升势头减缓，新兴市场与发展中经济体增长加速下滑。美国、欧元区和日本三大主要发达经济体增速有所上升，其他发达经济体整体增速下降显著。新兴市场与发展中经济体增速下滑程度加大，俄罗斯、巴西等国陷入负增长。在增速下滑的亚洲，仍然存在增长亮点，印度、越南保持强劲增长。

2015年，世界生产总值增速同比下降0.3个百分点。国际货币基金组织（International Monetary Fund，IMF）数据显示，2015年世界经济仅增长3.1%，同比下降0.3个百分点。其中，发达经济体经济增速为1.9%，同比上升0.1百分点；新兴市场与发展中经济体经济增速为4.0%，同比下降0.5个百分点，2010～2015年世界及主要国家（地区）经济增长率见表1-1。

表1-1　2010～2015年世界及主要国家（地区）经济增长率

序号	国家（地区）	各年增长率（%）					
		2010年	2011年	2012年	2013年	2014年	2015年
1	世界	5.1	3.9	3.2	3.3	3.4	3.1
2	发达国家	3.0	1.6	1.4	1.3	1.8	1.9
3	美国	2.9	1.8	2.8	2.2	2.4	2.4
4	欧元区	1.8	1.4	−0.7	−0.5	0.9	1.6
5	日本	4.0	−0.6	1.4	1.6	0.0	0.5
6	新兴市场与发展中经济体	7.4	6.3	5.0	4.7	4.5	4.0
7	俄罗斯	4.0	4.3	3.4	1.3	0.7	−3.7
8	中国	10.3	9.3	7.7	7.8	7.3	6.9
9	印度	10.4	7.9	4.7	5.0	7.2	7.3
10	巴西	7.5	2.7	1.0	2.5	0.1	−3.8

注　资料来源：IMF《世界积极展望》，2016年4月。

（二）能源消费与社会发展

1. 世界能源消费

自18世纪以来，能源消费需求的变革增长一直不断推动着人类经济的发展与繁荣。BP（British Petroleum）机构2016年发表的“BP世界能源统计年鉴”数据显示，尽管因为世界经济的持续低迷，2015年全球一次能源消费总量为187.8×10^{8}tce，仍有1.0%的增长，但低于2014年1.1%的增长率和过去15年2.3%的年均增长率，是近20年来的最低增速。在过去的 30 年间，新兴的经济体持续推动着全球能源消费增长。最为明显的是新兴经济体的印度，2015 年的能源消费总量增速再次稳健在 5.2%。作为全球经济总量第二的中国，尽管 2015 年的能源消费总量增速放缓到 1.5%，但仍保持连续 15 年世界一次能源消费第一。

（1）世界一次能源消费量与年增长率。2000～2015 年世界一次能源消费量与年增长率如图 1-1 所示。

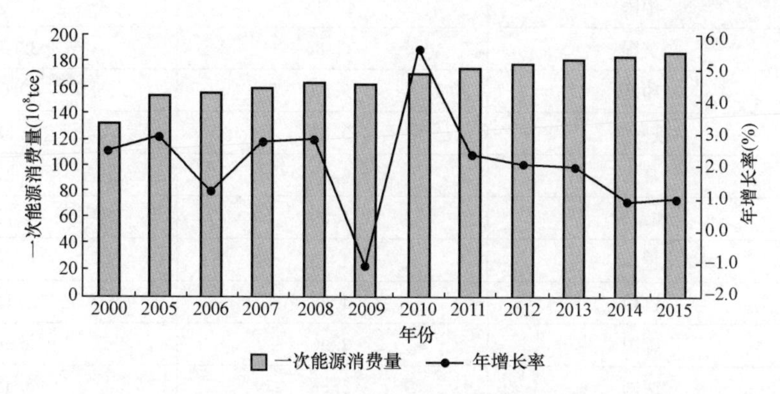

图 1-1 2000～2015 年世界一次能源消费量与年增长率

（2）2008～2015 年主要国家及地区世界能源消费量增长值。从 2008 年到 2015 年世界能源消费量增长见表 1-2。

表 1-2 2008～2015 年主要国家及地能源消费量增长值

项目	各年能源消费量（$\times10^8$toe）								比前一年增加量（$\times10^8$toe）	比前一年增加比（%）	2015 年占比*（%）
	2008	2009	2010	2011	2012	2013	2014	2015			
美国	23.203	22.061	22.853	22.660	22.104	22.717	23.005	22.806	−0.199	−0.9	17.3
欧盟（EU）	17.977	16.921	17.554	16.962	16.817	16.701	16.057	16.309	0.252	1.6	12.4
日本	5.108	4.690	4.974	4.719	4.685	4.658	4.543	4.485	−0.058	−1.2	3.4
加拿大	3.274	3.116	3.164	3.287	3.266	3.350	3.355	3.299	−0.056	−1.7	2.5
中国	22.223	23.221	24.874	26.879	27.953	29.039	29.703	30.140	0.357	1.5	22.9
中东地区	6.686	6.937	7.421	7.553	7.843	8.216	8.492	8.847	0.355	4.2	6.7
俄罗斯	6.835	6.480	6.733	6.949	6.953	6.880	6.898	6.668	−0.230	−3.3	5.1
印度	4.757	5.152	5.410	5.650	5.998	6.260	6.662	7.005	0.343	5.2	5.3
巴西	2.377	2.363	2.608	2.738	2.793	2.900	2.976	2.928	−0.048	−1.6	2.2
世界合计	117.808	115.985	121.814	124.504	126.221	128.731	130.206	131.473	1.267	1.0	100

* 占比为消费能源总量占世界一次能源合计总量的构成比关系，即占比（%）＝（某年）能源消费量/世界能源合计总量×100%。

（3）一次能源消费总量前十国家。随着人类社会的发展和实用性科学技术的进步，虽然影响能源供给需求的因素增加了许多，但总体消费增长总量与其人口、经济发展及市场地位的发展趋势仍然是主要的测定依据。2014年和2015年，一次能源消费总量前十国家见表1-3。

表1-3　一次能源消费总量前十国家

排序	国　家	一次能源消费量（$\times 10^8$tce）	
		2014年	2015年
1	中国	42.43	43.06
2	美国	32.86	32.58
3	印度	9.52	10.01
4	俄罗斯	9.85	9.53
5	日本	6.48	6.41
6	加拿大	4.79	4.71
7	德国	4.46	4.58
8	巴西	4.25	4.18
9	韩国	3.90	3.96
10	法国	3.39	3.41

注　资料来源：BP《世界能源统计年鉴（2016年）》。

（4）按地区及国家世界能源消费量构成。社会和经济发展繁荣极大地推进了现代文明的发展进程，科技创新促进了各类能源生产技术的实用性进步。20世纪早期的水力资源开发（水力发电）应用，20世纪六七十年代的核能开发应用等一度给全球的能源供给结构带来了重大变革。尤其是近20年以来，天然气和可再生能源的开发利用，引发了全球能源行业的深刻变革，能源生产与供给结构从煤炭和石油的化石能源体系向着与天然气和可再生能源相结合的多元能源综合应用体系结构转型升级。

2015年按地区及国家世界能源消费量的构成见表1-4。

表1-4　2015年按地区及国家世界能源消费量构成

序号	国家及地区	能源分类消费比例（%）						
		石油	天然气	煤	核电	水力	可再生	合计
1	美国	36.7	29.6	20.1.	8.3	2.7	2.6	100
2	欧盟（EU）	36.1	23.5	17.0	11.8	4.9	6.6	100
2.1	德国	34.5	23.2	25.0	6.8	1.4	9.1	100
2.2	法国	23.3	15.5	4.9	38.6	6.2	2.4	100
2.3	英国	34.9	32.9	18.3	8.0	0.5	5.4	100
3	日本	44.1	22.2	27.1	0.7	3.9	2.0	100
4	中国	17.8	5.1	67.5	0.9	7.2	1.5	100
5	印度	29.5	7.8	54.5	1.3	5.0	2.0	100
6	巴西	46.7	11.9	4.8	1.2	30.7	4.7	100
7	世界合计	32.9	23.7	30.1	4.4	6.7	2.2	100

2. BP对世界各国能源消费预测

（1）世界各国能源消费量预测。根据BP机构2017年发表的“能源预测报告”显示，从 2015 年到 2035 年，世界人口约增加 15 亿，到 2035 年人口将约达 88 亿，GDP 将增加 3.4%。GDP 从 2015 年的 105 万亿美元，到 2035 年增加到 204 万亿美元，人均 GDP 也将从 14000 美元增加到 23000 美元。同时，每 GDP 能源年均消耗量下降 2.0%，能源需要量与过去 20 年间比较，增量从 2.2%下降到 1.3%。世界一次能源消费量 2015 年约为 131.47 $\times10^8$t 石油当量（toe），预计 2035 年约为 171.57$\times10^8$t 石油当量（toe），增加量约为 31%，平均增长率为 1.4%，这主要是因为世界经济增长减速和能源效率提高的缘故。世界能源消费量预测见表 1-5。

表 1-5　　世界能源消费量预测

项目	能源消费量（$\times10^6$toe）		所占比例（×%）		增加量（$\times10^6$toe）		增加率（%）		年均增加率（%）	
	2015	2035	1995~2015	2015~2035	1995~2015	2015~2035	1995~2015	2015~2035	1995~2015	2015~2035
一次能源	13147	17157	100	100	4559	4010	53	31	2.2	1.3
石油	4257	4892	32	29	971	635	30	15	1.3	0.7
天然气	3135	4319	24	25	1211	1183	63	38	2.5	1.6
煤炭	3840	4032	29	24	1595	193	71	5	2.7	0.2
核电	583	927	4	5	57	344	11	59	0.5	2.3
水电	893	1272	7	7	330	375	59	42	2.3	1.8
再生能源	439	1715	3	10	394	1276	870	291	12.0	7.1
按用途分类										
运输业	2471	3027	19	18	898	556	57	23	2.3	1.0
产业	3117	3610	24	21	1060	493	52	16	2.1	0.7
非燃料用	817	3610	6	7	300	410	58	50	2.3	2.1
建筑业	1222	1296	9	8	61	74	5	6	0.3	0.3
发电业	5519	7997	42	47	2241	2487	68	45	2.6	1.9

（2）按地区及国家能源消费量预测。按地区及国家世界能源消费量预测如图 1-2 所示。

全球能源消费量变化预测如图 1-3 所示。

全球能源消费量的构成预测如图 1-4 所示。

如图 1-3 及 1-4 所示，在能源消费中，煤炭与石油消费量明显下降，而天然气消费量相对增长，可再生能源消费量增长更快。

3. BP 对中国能源消费及结构预测

根据 BP 机构 2017 年发表的“2035 年能源预测报告”显示，中国能源需求在最近 20 年间，年均增加了 6%以上，而到了 2035 年将减少到 2%以下。这主要因为经济增长率有所下降，另一个重要原因是经济结构的调整和各种改善环保的政策及其措施，提高了能源利用效率的缘故。

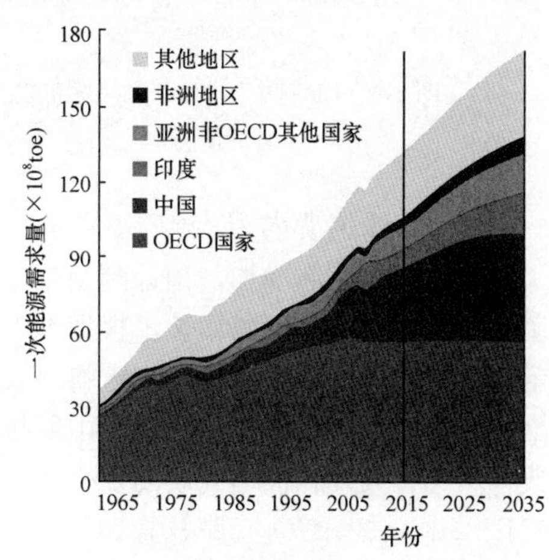

图 1-2　按地区及国家能源消费量预测

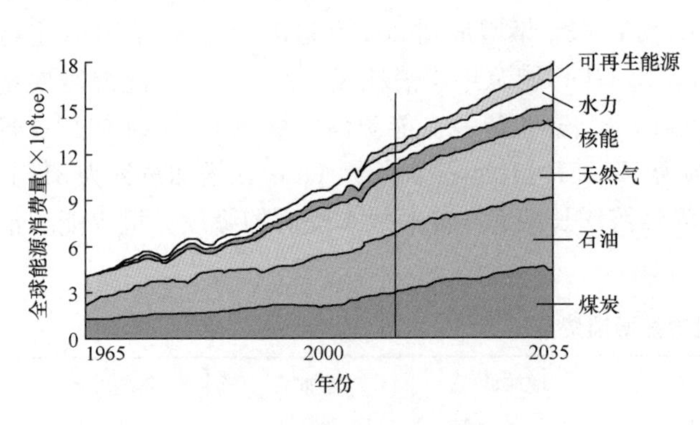

图 1-3　全球能源消费量变化预测

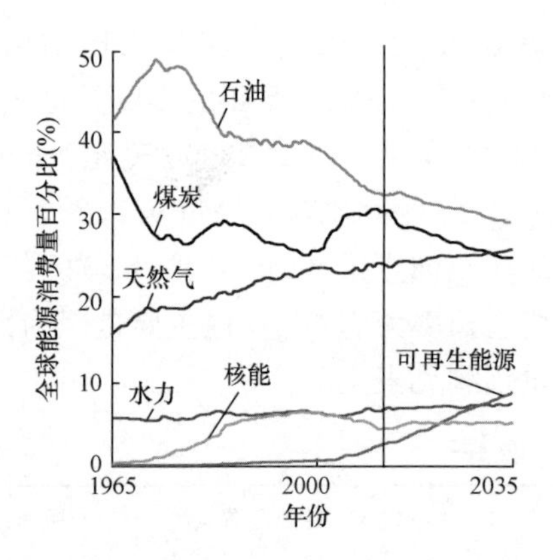

图 1-4　全球能源消费量的构成预测

同时，为了解决环境问题，将降低煤炭能源消费量，增加清洁能源的利用。在能源消费构成中煤占的比例从 2/3 将降低到 1/2 以下，并相对将促进增加非化石燃料和天然气能源消费比例。天然气消费将提高到 11%以上，可再生能源、核电、水电等的比例，从 2015 年的 12%，到 2035 年将提高到 25%。

BP 对中国 GDP 和一次能源消费预测如图 1-5 所示。

BP 对中国一次能源构成预测如图 1-6 所示。

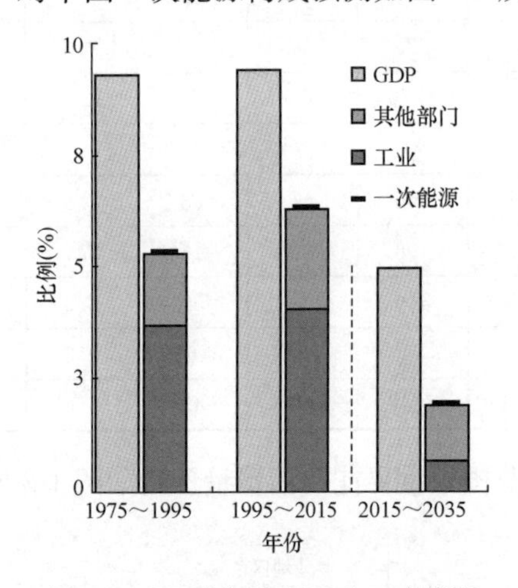

图 1-5　BP 对中国 GDP 和一次能源消费预测

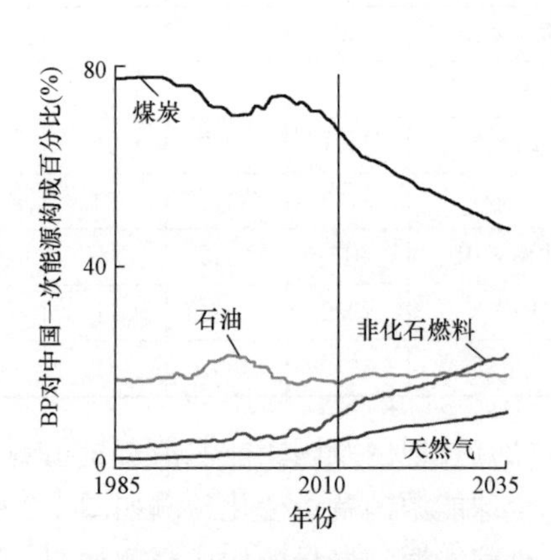

图 1-6　BP 对中国一次能源构成预测

（三）能源消费与社会环境

世界人口在不断增加，预计到 2035 年世界人口将增加到 88 亿。与此趋势相伴而生的是能源消费量需求也在不断增长。根据 BP 机构 2016 年发表的“2035 年能源预测报告”数据显示，全球一次能源消费总量需求将增长 30%以上。一次能源的消费伴随着污染物的排放，污染环境。能源生产和消费的过程中所排放的温室气体蓄积在大气层中，造成的温室效应会导致自然灾害频发和极端气候的发生。

1. 二氧化碳（CO_2）排放量

2015 年，全球 CO_2 排放量为 335.08×10^8 t，同比增加 0.1%，与 2005 年的排放量

285.3×10^8 t 相比增加了 17%，年均增长 1.6%。2005～2015 年世界化石燃料燃烧产生的 CO_2 排放量及年增速如图 1-7 所示。

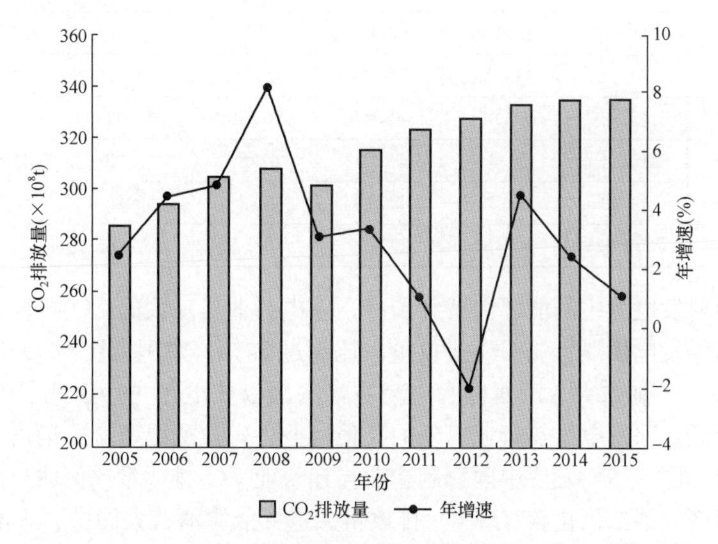

图 1-7 2005～2015 年世界化石燃料燃烧产生的二氧化碳（CO_2）排放量及年增速

（1）各国二氧化碳（CO_2）排放量。2015 年，美国 CO_2 减排为 1.455×10^8 t，同比下降 2.6%，是减排量最大的国家，碳排放水平已经回到 2012 年的水平，比起 2007 年的巅峰下降了 10.5%；俄罗斯 CO_2 减排为 0.644×10^8 t，同比下降 4.2%；乌克兰和日本也延续了自 2014 年以来的大幅度下降趋势，日本几乎回到了福岛核事故前的水平，乌克兰达到了自苏联解体以来的最低水平；巴西和加拿大的 CO_2 排放量也明显下降；中国 CO_2 减排为 0.166×10^8 t，同比下降 0.1%，是自 1998 年以来的首次下降；最大的 CO_2 排放量增量来自印度，印度 CO_2 排放量增加到 1.124×10^8 t，同比上升 5.3%，连续两年成为 CO_2 排放量增量最大的国家，是 CO_2 排放增量（0.321×10^8 t）第二的国家沙特阿拉伯的 3.5 倍。欧盟 CO_2 排放量自 2010 年以来首次增加，其排放增量为 0.436×10^8 t，而过去十年内，欧盟仅有 3 次 CO_2 排放量增加，排放量保持在 1967～1968 年的水平。欧盟 CO_2 排放量增加领先的是西班牙和意大利，西班牙 CO_2 排放增量为 0.3185×10^8 t，同比上升 6.8%。意大利 CO_2 排放增量为 0.165×10^8 t，同比上升 5.1%。

（2）按燃料品种不同二氧化碳（CO_2）的排放量。按燃料品种而言，煤炭的 CO_2 排放量仍然是化石燃料燃烧产生的 CO_2 排放量中最大的。2013 年煤炭的 CO_2 排放量为 144.13×10^8 t，同比增加 3.5%，占世界 CO_2 排放总量的 45.5%，比 2012 年提高 1.6 个百分点；其次为石油燃烧，其 CO_2 排放总量为 107.75×10^8 t，占 34.0%，比 2012 年下降 1.3 个百分点；天然气燃烧 CO_2 排放总量为 64.58×10^8 t，占 20.04%。

（3）按行业二氧化碳（CO_2）排放量。2013 年发电供热行业排放的 CO_2 达到 136.6×10^8 t，占排放总量的 42.4%，所占比例同比上升 0.3 个百分点；其次是交通运输业，排放量为 73.8×10^8 t，占排放总量的 22.9%，同比上升 0.3 个百分点；制造业与建筑行业排放量为 61.1×10^8 t，占排放总量的 19.0%，所占比例同比下降 1.3 个百分点。1990～2013 年世界各行业 CO_2 排放量见表 1-6。

表 1-6 1990～2013 年世界各行业 CO_2 排放量

行 业	年 CO_2 排放量（$\times10^8$t）						
	1990 年	2008 年	2009 年	2010 年	2011 年	2012 年	2013 年
发电供热	75.17	119.88	118.27	124.81	130.67	133.60	136.6
交通运输	45.80	66.05	65.44	67.56	70.01	71.72	73.8
制造业与建筑业	45.34	59.44	58.71	61.86	65.09	64.42	61.1
其他行业	33.43	33.53	82.93	32.83	32.22	47.28	33.6
合计	209.92	293.81	289.99	302.76	313.42	317.34	321.9

在以化石燃料发电为主的能源消费大国中，发电行业是最大的 CO_2 排放行业。其中，俄罗斯、印度、韩国发电供热行业 CO_2 排放量占比超过 50%，中国占比为 49%，美国、日本、德国也在 40%以上。加拿大、巴西以水电为主，法国以核电为主，因此发电供热业 CO_2 排放量占比相对较低。除发电供热行业以外的其他行业中，发达国家交通运输业 CO_2 排放量比例明显高于发展中国家，而发展中国家制造业与建筑业 CO_2 排放量比例明显高于发达国家。

（4）能源消费大国二氧化碳（CO_2）排放量。世界能源消费大国中，大部分国家 CO_2 排放量主要来自石油。其中，巴西石油消费排放的 CO_2 占比达 70.1%；法国其次，为 57.0%；日本、加拿大占比也在 40%以上；中国、印度 CO_2 排放主要来自煤炭消费，比例分别为 83.6%和 72.1%；德国、韩国煤炭消费量相对于其他发达国家较多，煤炭消费排放的 CO_2 占比也在 40%以上；俄罗斯一次能源以天然气为主，天然气消费排放的 CO_2 占比均在 30%以上。

2. 二氧化氮及二氧化硫排放量

世界几个国家及地区二氧化氮及二氧化硫排放量见表 1-7。

表 1-7 世界几个国家及地区二氧化氮及二氧化硫排放量

国家及地区	二氧化氮（NO_2）		二氧化硫（SO_2）	
	排放量（$\times10^4$t）	同比下降（%）	排放量（$\times10^4$t）	同比下降（%）
美国 2014 年	1241	5	499	2.2
欧盟 28 国 2013 年	817.65	23.7	342.98	36.2
中国电力行业 2014 年	—	—	620	20.5

注 电力行业二氧化硫排放量约占全国 SO_2 排放量的 31.4%，单位发电量 SO_2 排放量为 1.4g/kWh。

3. 可吸入颗粒物排放量（PM2.5）

发达国家可吸入颗粒物排放量（PM2.5）浓度较低，发展中国家相对较高。1999～2013 年世界主要国家大气可吸入颗粒物排放量（PM2.5）浓度见表 1-8。

表 1-8 1999～2013 年世界主要国家大气可吸入颗粒物排放量

国家	年度可吸入颗粒物排放量（PM2.5）（$\mu g/m^3$）					
	1999 年	2000 年	2005 年	2010 年	2011 年	2013 年
美国	16	15	14	12	11	11
中国	39	44	51	54	54	54
日本	19	18	18	17	16	16

续表

国家	年度可吸入颗粒物排放量（PM2.5）（μg/m³）					
	1999 年	2000 年	2005 年	2010 年	2011 年	2013 年
德国	30	18	17	16	16	15
法国	23	18	17	15	15	14
巴西	10	9	11	14	15	16
英国	20	15	13	11	11	11
意大利	31	23	22	20	19	18
加拿大	11	11	12	12	12	12
俄罗斯	20	14	15	14	14	14
印度	20	34	39	43	44	47
西班牙	18	17	15	13	12	12

注 资料来源：世界银行（World Bank，WB）数据库。

2015 年，中国 388 个地市级以上城市可吸入颗粒物排放量（PM2.5）年均浓度范围为 11～125μg/m³，平均为 50μg/m³（超国家标准 0.43 倍）。日均值超标天数占监测天数的比例为 17.5%，达标城市比例为 22.5%。PM10 年均浓度范围为 24～357μg/m³，平均为 87μg/m³（超过国家二级标准 0.24 倍），比 2014 年下降了 7.4%；日均值超标天数占监测天数的比例为 12.1%，达标城市比例为 34.6%。

京津地区可吸入颗粒物排放量（PM2.5）平均浓度为 77μg/m³（超国家二级标准 1.20 倍），比 2014 年下降 17.2%。有 12 个城市超标，PM10 平均浓度为 132μg/m³（超过国家二级标准 0.89 倍），比 2014 年下降 16.5%，13 个城市均超标。

长三角地区 PM2.5 平均浓度为 53μg/m³（超国家二级标准 0.51 倍），比 2014 年下降 11.7%。有 24 个城市超标，PM10 平均浓度为 83μg/m³（超过国家二级标准 0.19 倍），比 2014 年下降 9.8%，有 19 个城市均超标。

珠江三角洲 PM2.5 平均浓度为 34μg/m³（达到国家二级标准），比 2014 年下降 19.0%。4 个城市超标，PM10 平均浓度为 53μg/m³（达到国家二级标准），比 2014 年下降 13.1%，有 9 个城市均达标。

4. 燃料燃烧污染物排放的影响

过去 100 多年，发达国家先后完成了工业化和现代化的转型升级，新兴经济体国家正在实现并将完成其工业化和现代化的社会转型升级。在社会转型升级和经济发展的整个过程中，很大程度上是依赖于煤炭和石油等化石燃料，为工业和消费者提供热能、电能等二次能源和社会交通的便利。尤其是在以中国和印度为首的新兴经济体的需求推动下，在过去的 30 年，这种能源消费需求趋势越来越明显。

但是，消耗所有可用化石燃料资源的同时，也产生了大量的温室气体。能源生产和消费的过程中所排放的温室气体蓄积在大气层中，其排放量远高于科学家建议的限量，造成的温室效应导致频繁引发自然灾害和极端气候的发生。例如，酸雨就是一种主要的污染，且危害十分严重。酸雨能使湖泊河流酸化，不仅污染水域，还能影响树木的生长；破坏土壤，危害农作物；破坏城市建筑物、机器、桥梁；腐蚀名胜古迹及雕塑。据调查，美国纽约州阿第伦达克山区有51%湖泊的水呈酸性（pH<5），90%的湖泊里已经没有鱼生存。瑞典一万个淡水湖中，有2000个湖里的鱼和其他生物面临灭顶之灾。1974年降落在英格兰地面上的酸雨，其酸性比食醋还强，pH达2.4。美国的铁轨损坏有1/3是与大气污染及酸雨有关。欧洲的许多文物古迹都不同程度地遭受酸雨的腐蚀，而使其面目皆非。所有的污染都威胁着人类的生存和社会的可持续发展，这使得以化石能源为主的能源结构面临着巨大的挑战。

化石燃料在地球上的存量是有限的，不可再生且日渐枯竭。化石能源资源紧缺与全球的能源消费总量需求的不断增长的矛盾日益显现，已经发展成为全球经济发展的一个极为严峻的制约因素。

因此，人类社会必须开发新的能源，包括清洁能源、可再生能源等，持续对各种新能源开发应用，包括能源的科学综合应用和提效等技术进行投资，以满足不断增长的能源供给需求。

四、能源变革与科技创新

对于未来，能源世界将面临一系列严峻挑战，特别是在满足不断增长的需求并减少环境影响方面，人类社会需要的是负担得起、可持续及安全的能源供给。

创新技术的发展，扩展了初级能源资源的选择。例如，美国的页岩气开发应用的成功，开启了大片天然气资源；技术的迅速进步带来了可再生能源的强劲发展，以致德国可再生能源的市场渗透率接近35%，北欧丹麦的可再生能源市场渗透力超过40%。这些能源供给的革新趋势，调整优化了其能源市场的结构格局，以致地区的能源供给的关注点从能源的增量开发转换为优质低廉清洁能源的选择应用。美国的页岩气变革，使得其关停了部分燃煤火电厂，碳减排的压力可以轻松应对；德国大幅可再生能源的开发应用，支撑了其关停核电厂的政治决策。预计在未来的二三十年内，全球对于能源行业新兴技术的研发和投资，将引起能源格局方面产生重大变革。

我国的《能源发展“十三五”规划》中明确指出，“加快技术创新和体制创新是推动能源可持续发展的关键依托。要集中力量在可再生能源开发利用特别是新能源并网技术和储能、微网技术上取得突破，全面建设‘互联网+智慧能源’，提升电网系统调节能力，增加新能源消纳能力，发展先进高效节能技术，抢占能源科技竞争制高点”。可再生能源的应用，是解决建筑用能最经济合理的选择，对于满足日益增长的用能需求，改善人民生活质量，节约不可再生能源，减少二氧化碳温室气体排放具有十分重要的意义。

数字化技术和新材料、新工艺技术的创新发展和应用，为改造优化能源生产和供应布局，能源供给运营的降本增效，供能系统可靠性和安全性的提升等提供了有效的技术支撑。例如，可验证的是，由于使用当今最先进技术开采石油和天然气资源，能显著将“储备”从2.9万亿桶油当量增加至4.8万亿桶。又如，可预见的是，未来配备了碳捕获与存储转化设备，能将碳排放封存地下或转化循环利用的燃气电厂，在碳价格参与电力市场交易的机制下将更具竞争力。再如，在可预见的未来，先进材料的发展突破，将能显著提高电池的性能，提高太阳能转换效率，推进“氢燃料电池”商业化运营的快速发展进程。

科技创新激发的技术进步，将会逐渐影响人类社会的用能习惯。以车辆交通为例：据科学机构研究测算，随着车辆系统的改良及混合动力技术的推广应用，新的轻型车辆的平均效率每年将能提高2%～3%。到2035年及以后，随着各类电池技术尤其是燃料电池的技术进步，其车辆的运营成本结合其零排放组合优点，将会成为未来智慧交通的主角。碳减排和碳价格的成本机会，也在不断地促进电力行业的技术进步，能源的梯级应用及多能互补联供技术将不断推进分布式供能系统的建设和优化，以提升能源企业的市场竞争力。

第二节 能 源 资 源

一、能源资源的分类

（一）能源分类方法

在人类的不断研究和开发中，越来越多的新型能源已可以为人类服务，并且在可以预测的将来，这些新型能源将得到快速发展。

按照不同的分类方法，能源大致可以分为如下几种：

（1）按来源分类：来自地球以外、来自地球内部及来自地球和其他星体的相互作用。

（2）按成因分类：一次能源和二次能源。

（3）按性质可分类：燃料能源和非燃料能源。

（4）按使用状况分类：常规能源和新能源。

（5）按环境影响分类：清洁能源和非清洁能源。

（二）按能源来源分类

按能源来源分类如图 1-8 所示。

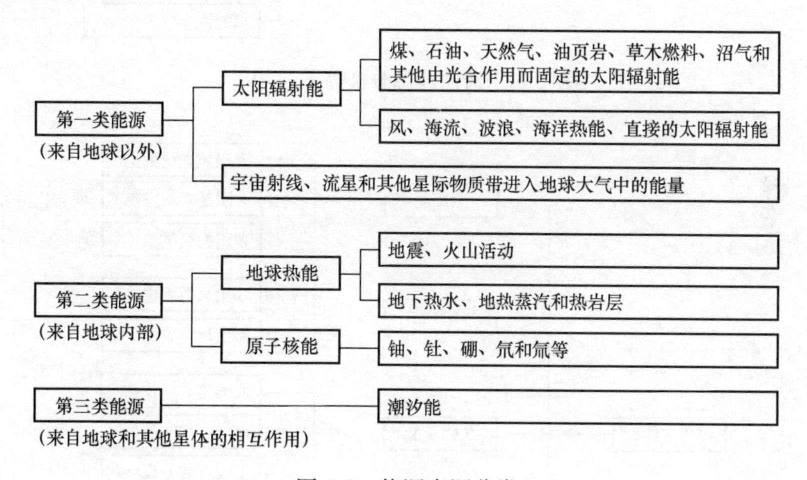

图 1-8 能源来源分类

（三）按能源成因分类

按能源成因分类如图 1-9 所示。

（四）清洁能源分类

清洁能源分类及其应用如图 1-10 所示。

（五）可再生能源分类

可再生能源分类及其应用如图 1-11 所示。

可再生能源是指在自然界中可以不断再生、循环利用的能源，具有取之不尽、用之不竭

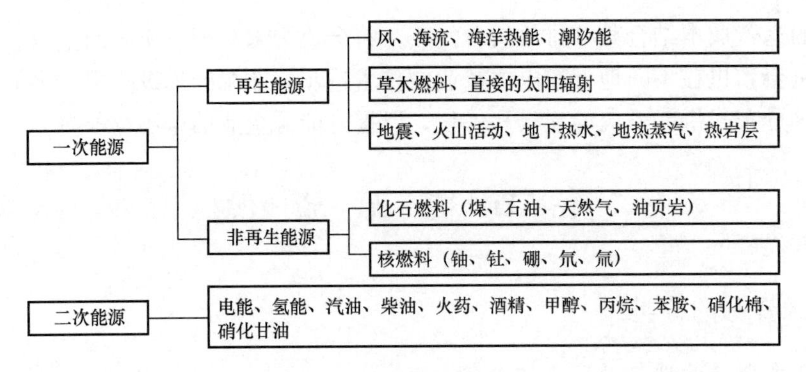

图 1-9 按能源成因分类

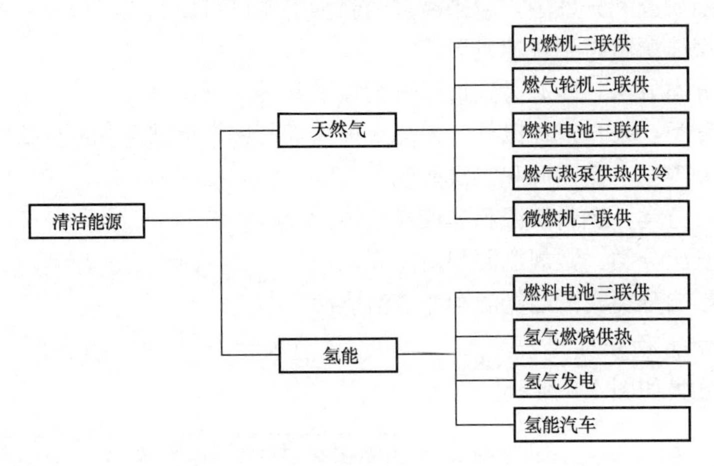

图 1-10 清洁能源分类及其应用

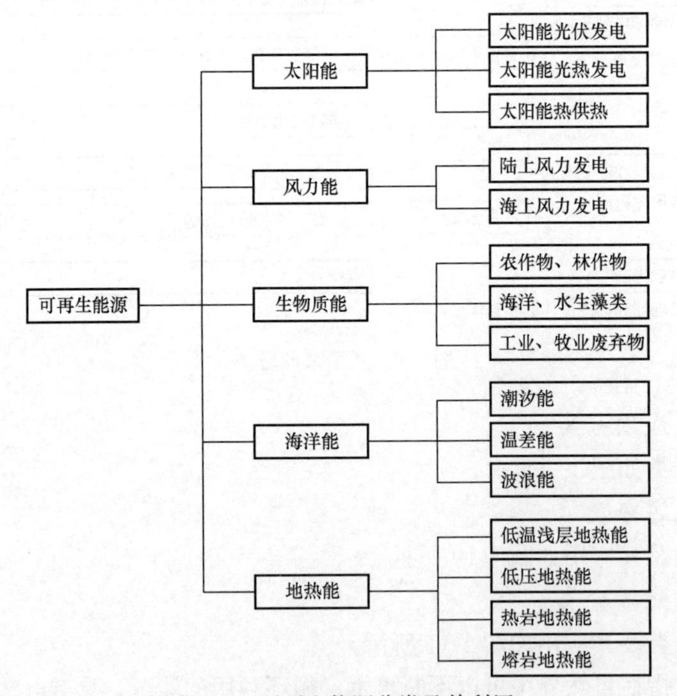

图 1-11 可再生能源分类及其利用

的特点，主要包括太阳能、风能、水能、生物质能、潮汐能、氢能、地热能和海洋能等。相对于化石能源来讲，可再生能源分布广泛，适宜就地开发利用。相对于可能枯竭的化石能源来说，可再生能源在自然界中可以循环再生。

二、世界各国传统能源资源

（一）化石能源

1. 原煤

截至2015年底，世界原煤探明储量为8915.3×10^8t，人均123.1t，储采比（注）为114，与2014年相比，2015年世界原煤探明储量基本保持平衡。世界原煤探明储量的五大国家依次为美国、俄罗斯、中国、澳大利亚、印度，合计占世界总储量的72.4%。

2015年世界原煤探明储量前五位国家情况见表1-9。

表1-9 **2015年世界原煤探明储量前五位国家情况**

排序	国家	探明储量（×10^8t）	占世界总量之比（%）	人均（t）	储采比*
1	美国	2373.0	26.6	749	262
2	俄罗斯	1570.1	17.6	1106	441
3	中国	1145.0	12.8	84	30
4	澳大利亚	764.0	8.6	3356	155
5	印度	606.0	6.8	50	94

* 储采比又称为回采率或回采比，是指年末剩余储量除以当年产量得出剩余储量按当前生产水平尚可开采的年数。

2. 原油

（1）常规原油。截至2015年，世界原油探明储量为2398×10^8t，人均储量为33.1t，储采比为50.7。与2014年相比，2015年的世界原油探明储量小幅增加了0.7%。世界原油探明储量的五大国家依次为委内瑞拉、沙特阿拉阿伯、加拿大、伊朗和伊拉克，合计占世界总储量的61.5%。2015年底世界原油探明储量前五位国家情况见表1-10。

表1-10 **2015年底世界原油探明储量前五位国家情况**

排序	国家	探明储量（×10^8t）	占世界总量之比（%）	人均（t）	储采比
1	委内瑞拉	466	17.5	1554.1	≥100
2	沙特阿拉伯	367	15.7	1258.9	63.6
3	加拿大	270	10.2	797.8	≥100
4	伊朗	217	9.3	283.8	≥100
5	伊拉克	202	8.8	599.4	≥100

（2）页岩油。根据美国能源信息署2013年评估数据，全球页岩油技术可开发量为3450亿桶，页岩油约占原油资源总量的10%。2013年，全球页岩油资源技术可开发量前十位国家分别为俄罗斯、美国、中国、阿根廷、利比亚、澳大利亚、委内瑞拉、墨西哥、巴基斯坦和加拿大，具体见表1-11。

表 1-11　　2013 年全球页岩油资源技术可开发量前十位国家

排序	国家	技术可开发量（亿桶）
1	俄罗斯	1750
2	美国	580
3	中国	320
4	阿根廷	270
5	利比亚	260
6	澳大利亚	180
7	委内瑞拉	130
8	墨西哥	130
9	巴基斯坦	90
10	加拿大	90
全世界		3800

3. 天然气

（1）常规气。截至 2015 年底，世界天然气探明储量为 $187.1\times10^{12}m^3$，人均储量为 $2.58\times10^4m^3$，储采比为 52.8。与 2014 年相比，2015 年的世界天然气探明储量基本保持平稳。世界天然气探明储量的五大国家依次为伊朗、俄罗斯、卡塔尔、土库曼斯坦和美国，合计占世界总储量的 63.2%。中国天然气探明储量为 $3.3\times10^8m^3$，仅占世界总储量的 1.8%。

2015 年底世界天然气探明储量前五位国家情况见表 1-12。

表 1-12　　2015 年底世界天然气探明储量前五位国家情况

排序	国家	探明储量（$\times10^{12}m^3$）	占世界总量之比（%）	人均（$\times10^4m^3$）	储采比
1	伊朗	34.0	18.2	—	≥100
2	俄罗斯	32.6	17.4	21.8	56.4
3	卡塔尔	24.5	13.1	1207.8	100
4	土库曼斯坦	17.5	9.3	306.8	100
5	美国	0.8	5.2	2.94	13.4

（2）页岩气。全球页岩气技术可开发量为 $7299\times10^{12}m^3$，页岩气约占天然气资源总量的 32%。2013 年，全球页岩气资源技术可开发量前十位国家分别为中国、阿根廷、阿尔及利亚、美国、加拿大、墨西哥、澳大利亚、南非、俄罗斯和巴西，具体见表 1-13。

表 1-13　　2013 年全球页岩气资源技术可开发量前十位国家

排序	国家	技术可开发量（$\times10^{12}m^3$）
1	中国	1115
2	阿根廷	802
3	阿尔及利亚	707
4	美国	665
5	加拿大	573

续表

排序	国家	技术可开发量（$\times10^{12}m^3$）
6	墨西哥	545
7	澳大利亚	437
8	南非	390
9	俄罗斯	285
10	巴西	245
全世界		7299

4. 世界化石能源生产情况

能源生产国前十名见表1-14。

表1-14　　能源生产国前十名（2015年）

排序	煤炭（$\times10^8t$）		石油（$\times10^8t$）		天然气（$\times10^8m^3$）	
	国家	数值	国家	数值	国家	数值
1	中国	37.74	沙特阿拉伯	5.69	美国	7673
2	美国	8.13	美国	5.67	俄罗斯	5733
3	印度	6.78	俄罗斯	5.41	伊朗	1925
4	澳大利亚	4.85	加拿大	2.16	卡塔尔	1814
5	印度尼西亚	3.92	中国	2.15	加拿大	1635
6	俄罗斯	3.73	伊拉克	1.97	中国	1380
7	南非	2.52	伊朗	1.83	挪威	1172
8	德国	1.84	阿联酋	1.76	沙特阿拉伯	1064
9	波兰	1.36	科威特	1.49	阿尔及利亚	830
10	哈萨克斯坦	1.07	墨西哥	1.28	印度尼西亚	750

注　资料来源：BP《世界能源统计年鉴（2016年）》。

5. 中国和世界化石能源探明储量对比

2015年中国和世界化石能源探明储量对比见表1-15。

表1-15　　2015年中国和世界化石能源探明储量对比

序号	资源种类		单位	中国	世界
1	探明储量	原油	$\times10^8t$	25	2382
		天然气	$\times10^{12}m^3$	3.3	186
		原煤	$\times10^8t$	1145	8915
2	储采比	原油	年	11.9	53.3
		天然气	年	28.0	55.1
		原煤	年	31	113
3	人均探明储量	原油	t	1.3	33.9
		天然气	$\times10^4m^3$	0.2	2.6
		原煤	t	84	127

（二）非化石能源

1. 核能资源

据国际原子能机构（IAEA）统计，截至2012年全球已探明开采成本低于260、130、80、40美元/kgU的铀资源总量分别为763.52×10^4、590.29×10^4、195.67×10^4、68.29×10^4t。开采成本低于130美元/kgU的铀资源已探明储量居前五位的国家依次是澳大利亚、哈萨克斯坦、俄罗斯、加拿大、尼日尔，合计占世界已探明铀资源总量的64.3%，中国约为19.91×10^4t，仅占世界总量的3.4%。2012年世界铀储量（开采成本低于130美元/kgU）的前五位国家情况见表1-16。

表1-16　2012年世界铀储量前五位国家情况

排序	国家（地区）	铀资源（×10^4t）	占比（%）
1	澳大利亚	170.61	28.8
2	哈萨克斯坦	67.93	11.5
3	俄罗斯	50.59	8.6
4	加拿大	49.39	8.4
5	尼日尔	40.49	6.9

2. 水力资源

根据世界能源理事会统计，全球水能资源理论蕴藏量近40×10^{12}kWh/年，其中技术可开发水能资源约16×10^{12}kWh/年。发达国家水能资源开发利用达到较高水平，意大利、法国、挪威、日本和瑞典的技术可开发利用率超过50%，加拿大和奥地利为40%～50%，墨西哥和西班牙为20%～40%。中国技术可开发资源利用率达到23.4%，未来有较大发展空间。中国水电经济可开发装机容量为4×10^8kW，技术可开发容量为5.4×10^8kW，小水电技术可开发容量达到1.28×10^8kW。世界水力资源排名前五位国家情况见表1-17。

表1-17　世界水力资源排名前五位国家情况

排序	国家（地区）	理论蕴藏量（×10^{12}Wh/年）	技术可开发（×10^{12}Wh/年）	经济可开发（×10^{12}Wh/年）
1	中国	5920	2474	1753
2	俄罗斯	2295	1670	852
3	巴西	3040	1250	818
4	加拿大	2067	827	536
5	美国	2040	1339	376
世界		38570	15600	8830

三、中国传统能源资源

国家发改委、国家能源局2016年下发了《能源技术革命创新行动计划（2016～2030年）》，并同时发布了《能源技术革命重点创新行动路线图》。

《能源技术革命创新行动计划（2016～2030年）》明确了我国能源技术革命的总体目标：到2020年，能源自主创新能力大幅提升，一批关键技术取得重大突破，能源技术装备、关键部件及材料对外依存度显著降低，我国能源产业国际竞争力明显提升，能源技术创新体系初步形成；到2030年，建成与国情相适应的完善的能源技术创新体系，能源自主创新能力全面提升，能源技术水平整体达到国际先进水平，支撑我国能源产业与生态环境协调可持续发展，进入世界能源技术强国行列。

（一）中国能源资源

中国能源资源总量比较丰富，拥有较为充足的化石能源资源，煤炭资源占主导地位。2015年原煤探明储量为1145×10^8t，占世界总量之比为12.8%，列世界第三位，已探明的石油、天然气资源储量相对不足，油页岩、煤层气等非常规化石能源储量潜力较大。中国拥有较为丰富的可再生能源，如太阳能、水能、风能、生物质能。水力发电资源理论储量折合年发电量为59.2×10^8MWh，技术可开发年发电量为24.74×10^8MWh，相当于世界水力资源拥有量的12%。

但中国人口多，人均能源资源拥有量低，煤炭和水力资源人均为世界平均水平的50%，而石油、天然气人均资源量仅为世界平均水平的1/15左右。石油、天然气资源，特别是页岩油、煤层气等非常规化石能源储量潜力较大，但地质条件复杂，埋藏深，勘探开发技术要求较高；未开发的水力资源多集中在西南部的高山深谷，远离负荷中心，开发难度和成本较大。非常规能源资源勘探程度低，经济性较差。另外与世界其他能源资源丰富的国家相比，中国煤炭资源也存在着地质开采条件较差的问题。

中国耕地资源不足世界人均的30%，制约了生物质能源的大规模发展。

（二）中国能源结构特点

中国的能源结构有其特殊性，特点之一是煤炭在能源中比例过大，占比近68%，而世界平均为28%，天然气则过低，仅占3.5%，而世界平均为23%；特点之二是经济粗放性，致使能源利用率低，仅为36.8%，而世界平均为50%；特点之三是中国还处于工业化中后期，总能耗和人均能耗还要增加；特点之四是人口众多等。

四、中国能源消费及其特点

中国工业化和城镇化的快速发展，拉动了能源消耗的快速增长，能源需求持续增加。这种能源需求的高速增长，使中国国内的能源供应日趋紧张，20多年来，中国国内石油、天然气需求旺盛，就连具有储量优势的煤炭也出现需求缺口。我国能源消费特点总结起来就是：总量需求大，需求增长快；人均能源消费水平低；能效水平低和能源消费带来的环境压力不断增加等。

（一）工业化和城镇化加速推动能源需求持续增长

中国能源消费量在不断增长，从2005年到2015年能源消费量见表1-18。

表1-18 从2005年到2015年能源消费量 $\times10^8$ tce

年份（年）	2005	2006	2007	2008	2009	2010	2011	2012	2013	2014	2015
能源消费量	17.937	19.680	21.401	22.223	23.221	24.874	26.879	27.953	29.039	29.703	30.140

根据中国经济发展展望，随着经济迅速增长，能源消费也随着增长，2010、2020、2035、2050年能源增长预测指标见表1-19。

表 1-19　　2010、2020、2035、2050 年能源增长预测指标

项目	单位	2010 年	2020 年	2035 年	2050 年
人口	亿人	13.6	14.4	14.7	14.4
能源消费弹性系数	—	0.70	0.50	0.35	0.15
能源消费总量	$\times10^8$tce	25	45	61	66
人均能耗	tce	2.3	3.1	4.1	4.6

如表 1-19 所示，中国到了 2050 年人均能耗仍低于目前中等发展国家 5tce（标煤）左右水平。伴随着中国工业化进程，城市化加速发展，城市人口比例增长较快。中国城市人口比例变化趋势见表 1-20。

表 1-20　　中国城市人口比例变化趋势

人口	单位	2010 年	2020 年	2035 年	2050 年
总人口	亿人	13.6	14.4	14.7	14.4
城市人口	亿人	6.4	8.1	9.6	10.8
城市人口比例	%	47.0	56.0	65.0	75.0

城市化进程的加快，导致基础设施和住宅的大规模建设，钢铁、水泥、电力和化工产品的需求量增加，建筑能耗也迅速增长，按户籍人口计算，2007 年中国城市人均住宅建筑面积已达到 $28m^2$左右，按照小康标准城市人均住房面积为 $35m^2$，到 2020 年中国城市要新建近 $300\times10^8m^2$，还需要增加建筑耗能 4.5×10^8tce。

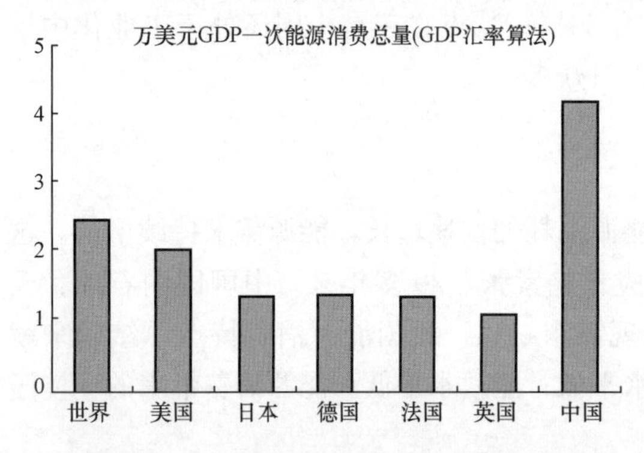

图 1-12　2015 年世界主要国家万美元 GDP 一次能源消费总量对比

（二）能源利用提质增效空间大

中国万元 GDP 能源消耗虽然由 1980 年的 3.3tce（标煤）下降到 2015 年的 0.666tce（标煤），但与发达国家相比，还有很大的差距。按 GDP 汇率法计算，2015 年中国万美元 GDP 能源消耗量分别是世界和日本的 1.70 倍和 3.12 倍。2015 年世界主要国家万美元 GDP 一次能源消费总量对比如图 1-12 所示。其中纵坐标表示能耗强度，单位为 tce/万美元。

未来中国的能源消费总量增长将面临严重的资源供应瓶颈和环境约束。到了 2050 年中国煤炭和石油的总消费量将分别达到 45×10^8tce 和 12×10^8tce，而未来煤炭的供应将受到资源量、开采和运输能力、自主技术落后等瓶颈的严重限制，石油供给瓶颈也很突出，按照这种趋势，到 2050 年将面临 6×10^8t 以上的石油缺口需要依靠进口来解决。

我国能源利用效率总体处于较低水平，需要通过能源技术创新，提高用能设备设施的效率，增强储能调峰的灵活性和经济性，推进能源技术与信息技术的深度融合，加强整个能源系统的优化集成，实现各种能源资源的最优配置，构建一体化、智能化的能源技术体系；重点发展分布式能源、电力储能、工业节能、建筑节能、交通节能、智能电网、能源互联网等技术。

(三) 清洁能源消费应用潜力巨大

2015 年中国一次能源消费构成及比例见表 1-21 和表 1-22。

表 1-21 中国一次能源消费构成 $\times 10^6$ toe 石油当量

地区与国家	石油	天然气	煤炭	核电	水力	再生能源	合计
中国	559.7	177.6	1920.4	38.6	254.9	62.7	3014.0
世界	4331.3	3135.2	3839.9	583.1	892.9	364.9	13147.3

表 1-22 中国一次能源消费构成比例表 %

地区与国家	石油	天然气	煤炭	核电	水力	再生能源
中国	18.57	5.89	63.72	1.28	8.46	2.08
世界	32.94	23.85	29.20	4.44	6.79	2.78

从表 1-21 和表 1-22 可以看出，我国清洁能源和可再生能源消费无论从总量上还是在比例上与世界平均水平都有不小的差距。以天然气为例，我国天然气消费量为 177.6×106toe，仅占全球消耗量的 5.7%，天然气在我国终端能耗的比例为 5.89%，远低于世界平均水平的 23.85%。

(四) 能源消费与碳减排压力

近百年来的观测表明，地球气候正经历一次以全球变暖为主要特征的显著变化。近 50 年来，主要是因为人类活动排放大量的二氧化碳等温室气体，这些温室气体带来的增温效应造成了全球气候变暖。在这样的大背景下，中国近百年的气候也发生了明显的变化，年平均气温升高了 0.5～0.8℃，近 50 年变暖尤其明显，并且趋势将进一步加剧。科学家预测，与 2000 年相比，2020 年中国年平均气温将升高 1.3～2.1℃，2050 年将升高 2.3～3.3℃。

大量的化石能源消费将带来大量二氧化碳排放，根据煤炭排放系数 2.6tCO_2/tce、石油排放系数 2.0tCO_2/tce、天然气排放系数 1.5tCO_2/tce 来计算，未来中国煤炭、石油及天然气的消费就将产生 145×10^8t 二氧化碳，接近目前全球二氧化碳总量的一半，这将严重破坏中国的生态环境，也会在应对气候变化问题上受到来自国际社会的压力。此外，如此大规模的能源消费，还要受到电网安全技术、交通、自然灾害、国防安全等各方面的约束和影响。中国未来二氧化碳排放量及世界对比如图 1-13 所示。其中纵坐标表示二氧化碳排放量，单位为亿吨。

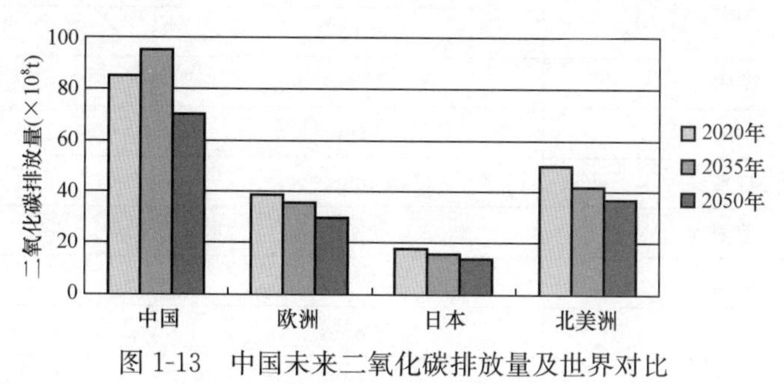

图 1-13 中国未来二氧化碳排放量及世界对比

因此，煤炭、石油和天然气等化石能源供给紧张，环境污染与温室气体对生态环境的破坏日趋严重，迫切需要推动能源科技快速发展，以提高中国能源消费质量，使能源结构朝着化石能源不断减少，可再生能源、新型能源不断增长的方向发展。根据煤炭开采能力和减排二氧化碳的要求，未来煤炭供给应控制在 30×10^8 tce 以下。

第三节　能源发展的基本情况

一、能源发展的主要技术指标

（一）世界主要国家人口排名

2010～2015 年世界主要国家人口见表 1-23。

表 1-23　　2010～2015 年世界主要国家人口

排序	项目	人口（万人）					
		2010 年	2011 年	2012 年	2013 年	2014 年	2015 年
1	中国	134091	134735	135404	136076	136782	137562
2	印度	119052	120692	122919	124334	125970	129271
3	美国	30973	31194	31415	31674	31905	32160
4	巴西	19495	19666	19653	20103	20277	20445
5	俄罗斯	14290	14241	14300	14370	14370	14630
6	日本	12805	12790	12761	12734	12706	12693
7	德国	8175	8033	8052	8077	8110	8190
8	法国	6277	6307	6338	6366	6392	6510
9	英国	6226	6329	6371	6409	6451	6428
10	意大利	5919	5937	5939	5969	5996	6080

注　资料来源：IMF《世界经济展望》，2016 年 4 月。

（二）世界主要国家 GDP 排名

世界主要国家 GDP 排名见表 1-24。

表 1-24　　GDP 排名前十国家（按汇率计算）

排序	国家	GDP（现价亿美元）	
		2014 年	2015 年
1	美国	173481	179470
2	中国	104307	109828
3	日本	45962	41233
4	德国	38744	33576
5	英国	29917	28493
6	法国	28337	24216
7	印度	20426	20907

续表

排序	国家	GDP（现价亿美元）	
		2014 年	2015 年
8	意大利	21419	18158
9	巴西	24172	17726
10	加拿大	17838	15524

注 资料来源：IMF《世界经济展望》，2016 年 4 月。

（三）单位产值能耗

2014 年世界单位产值能耗为 0.34tce/千美元（按汇率计算，2005 年美元不变价），与 2013 年相比略有下降，1980～2014 年均下降 0.9%。发达国家单位产值能耗普遍低于发展中国家。OECD 国家单位产值能耗为 0.191tce/千美元，而非 OECD 国家为 0.681tce/千美元。

在世界能源消费大国中，俄罗斯能源资源最丰富，且供暖能耗较多，因而单位产值能耗最高，为 1.07tce/千美元。发达国家中，法国、德国、日本单位产值能耗最低，仅为 0.15tce/千美元左右。韩国相对高，为 0.303tce/千美元，与世界水平基本相当。2014 年世界主要国家单位产值能耗如图 1-14 所示。

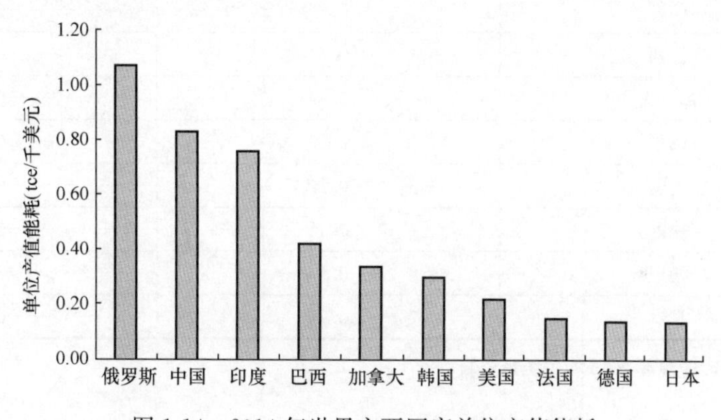

图 1-14 2014 年世界主要国家单位产值能耗

中国高耗能行业比例大，单位产值能耗也较高，2014 年为 0.832tce/千美元。近年来，随着技术进步和产业结构调整，中国单位产值能耗水平也快速下降。1980～2014 年均下降 4.5%，是世界上能源消费大国中下降速度最快的国家之一。

（四）单位产值 CO_2 排放量

2014 年世界单位产值 CO_2 排放量（碳排放强度）为 0.577kgCO_2/美元，与 2013 年相比下降 0.013kgCO_2/美元。其中，OECD 国家为 0.303kgCO_2/美元，非 OECD 国家为 1.16kgCO_2/美元，非 OECD 国家碳排放强度较高，约为 OECD 国家的 4 倍。2014 年世界主要国家单位产值 CO_2 排放量如图 1-15 所示。

在世界上十大能源消费国中，俄罗斯碳排放强度最高，为 1.76kgCO_2/美元。在发达国家中，韩国和加拿大排放强度相对高，分别为 0.55kgCO_2/美元、0.38kgCO_2/美元。

（五）世界主要国家单位产值电耗指标

世界主要国家单位产值电耗指标见表 1-25。

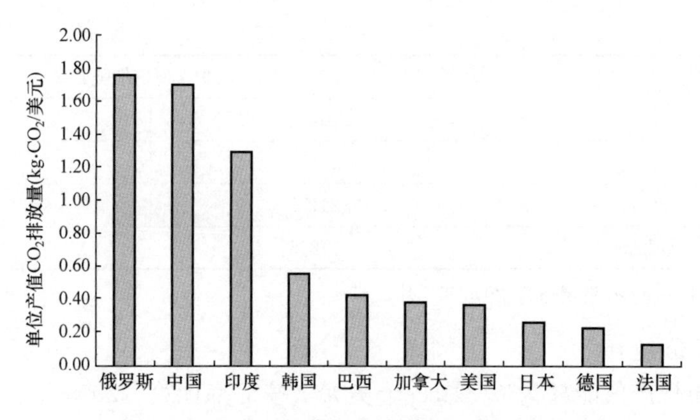

图 1-15 2014 年世界主要国家单位产值 CO_2 排放量

表 1-25 **世界主要国家单位产值电耗指标**

排序	国家	单位产值电耗（2005 年不变价，kWh/千美元）	
		2013 年	2014 年
1	俄罗斯	1.08	1.07
2	中国	0.87	0.83
3	印度	0.76	0.76
4	巴西	0.41	0.42
5	加拿大	0.34	0.34
6	韩国	0.31	0.30
7	美国	0.22	0.22
8	法国	0.15	0.15
9	德国	0.15	0.14
10	日本	0.14	0.14

注 资料来源：国际能源署 2016 相关统计资料。

（六）世界主要国家电力消费量

世界主要国家电力消费量见表 1-26。

表 1-26 **世界主要国家电力消费量**

排序	国家	电力消费量（$\times 10^8$kW）	
		2014 年	2015 年
1	中国	55213	55500
2	美国	41707	41762
3	日本	9955	9664
4	俄罗斯	9547	9447
5	印度	7811	8326
6	德国	5459	5636
7	加拿大	5739	5534

续表

排序	国家	电力消费量（$\times 10^8$kW）	
		2014 年	2015 年
8	韩国	5244	5283
9	巴西	5311	5197
10	法国	4721	4781

注 资料来源：IEA 统计快报、IEA 统计数据库、中国电力企业联合会。

（七）世界主要国家电力消费构成

2013 年世界主要国家电力消费构成见表 1-27。

表 1-27　　世界主要国家电力消费构成

序号	国家	电力消费构成比例（%）					
		工业用电	商业用电	居民用电	交通用电	农业、渔业用电	其他用电
1	美国	28.8	32.4	33.7	0.2	0.7	—
2	日本	32.9	35.7	28.2	1.8	0.1	—
3	法国	32.5	28.3	34.4	2.6	1.8	—
4	德国	49.0	25.3	23.6	2.1	—	—
5	韩国	55.8	29.0	12.2	0.4	2.5	—
6	加拿大	42.9	18.7	29.5	0.9	1.9	6.2
7	中国	71.5	5.2	13.2	1.1	2.2	6.9
8	俄罗斯	56.6	17.2	14.9	9.7	1.6	—
9	印度	43.8	8.7	22.5	2.0	18.0	5.0
10	巴西	46.3	24.3	24.2	0.5	4.7	—

（八）主要国家人均用电量

根据中国电力联合会统计的 2015 年世界主要国家人均用电量见表 1-28。

表 1-28　　2015 年世界主要国家人均用电量

排序	国家和地区	人均用电量（MWh/人）
1	加拿大	15.448
2	美国	12.986
3	日本	7.614
4	法国	7.439
5	德国	6.882
6	俄罗斯	6.458
7	意大利	5.219
8	中国	4.047
9	巴西	2.542
10	印度	0.644

注 1. 资料来源：各国统计快报数据、中国电力企业联合会。

2. 俄罗斯、巴西为 2012 年数据，中国数据来自中国电力企业联合会。

（九）世界主要国家装机容量

世界主要国家装机容量见表 1-29。

表 1-29　　世界主要国家装机容量

排序	国家	装机容量（$\times 10^6$kW）	
		2014 年	2015
1	中国	1360.19	1506.73
2	美国	1168.76	1168.78
3	日本	287.33	294.56
4	印度	267.64	286.00
5	俄罗斯	243.10	255.57
6	德国	189.48	188.43
7	加拿大	144.11	143.76
8	巴西	133.70	142.17
9	法国	128.94	129.31
10	意大利	121.76	120.50

注　资料来源：各国统计快报汇总、日本电力信息中心（JEPIC）、EIA 统计数据库。

（十）世界主要国家人均装机容量

世界主要国家人均装机容量见表 1-30。

表 1-30　　世界主要国家人均装机容量

排序	国家	人均装机容量（$\times 10^4$kW）	
		2014 年	2015 年
1	加拿大	4.06	3.77
2	美国	3.66	3.63
3	德国	2.34	2.30
4	意大利	2.08	2.01
5	法国	2.02	1.98
6	日本	1.81	1.81
7	俄罗斯	1.69	1.61
8	中国	0.99	1.10
9	巴西	0.60	0.71
10	印度	0.21	0.22

注　资料来源：各国统计快报汇总、中国电力企业联合会。

（十一）世界各国单位发电量的 CO_2 排放水平

2013 年，世界单位发电 CO_2 排放量为 528g/kWh，较 2012 年下降 2g/kWh。2013 年世界各国单位发电量的 CO_2 排放水平见表 1-31。

表 1-31 2013 年世界各国单位发电量的 CO_2 排放水平

国家	单位发电 CO_2 排放量（g/kWh）	与世界水平比较
美国	480	低于世界水平 39g/kWh
日本	572	高于世界水平 44g/kWh
俄罗斯	439	低于世界水平 89g/kWh
印度	791	是世界水平 1.5 倍
中国	712	高于世界平均水平
世界	528	

中国电力生产产业结构以燃煤为主，高于世界水平，但较 2005 年下降了 173g/kWh。

（十二）人均能源消费量

2014 年世界人均一次能源消费量与 2013 年基本持平，发达国家和发展中国家差距仍然明显。2014 年世界人均一次能源消费量为 2.77tce，1980～2014 年人均增长 0.4%。OECD 国家人均一次能源消费量为 6.13tce，1980～2014 年人均增长 0.0%。随着经济的发展和人们生活水平的提高，非 OECD 国家人均一次能源消费量快速增加，1980～2014 年人均增长 1.3%。

在世界能源消费大国中，加拿大人均一次能源消费量最高，为 12.95tce；美国、德国、韩国和俄罗斯人均一次能源消费量仅次于加拿大，分别为 10.04、7.51、7.47tce；法国、德国、日本为 5～6tce；印度水平最低，仅为 0.93tce；中国人均为 3.2tce，仅为美国的 1/3。2014 年世界主要国家人均一次能源消费量如图 1-16 所示。

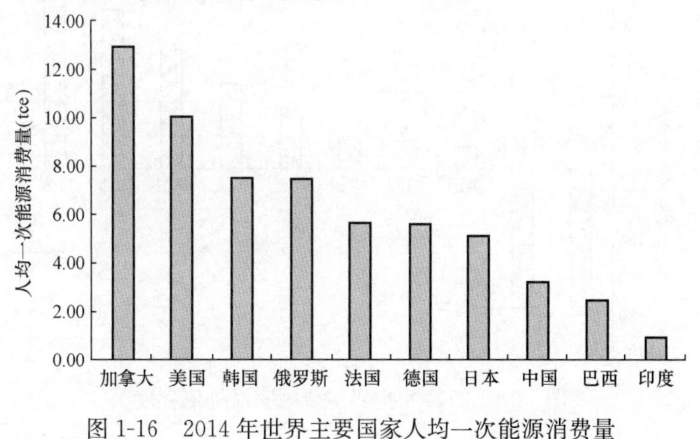

图 1-16 2014 年世界主要国家人均一次能源消费量

（十三）人均 CO_2 排放量

2014 年世界主要国家人均 CO_2 排放量如图 1-17 所示。

2014 年世界人均 CO_2 排放量为 4.63t，同比下降 0.04t；OECD 国家人均 CO_2 排放量为 9.73t，同比下降 2.0%；非 OECD 国家人均 CO_2 排放量为 3.36t，与 2013 年持平；OECD 国家人均 CO_2 排放量仍是非 OECD 国家的近 3 倍。

在世界能源消费大国中，美国人均 CO_2 排放量最高，达到 16.84t，是世界平均水平的 3.6 倍；其次为加拿大、韩国和俄罗斯，分别为 14.46、13.66、12.30t；日本为 9.93t，约为世界平均的 2 倍；欧盟为 8.39t；印度最低，仅为 1.6t。

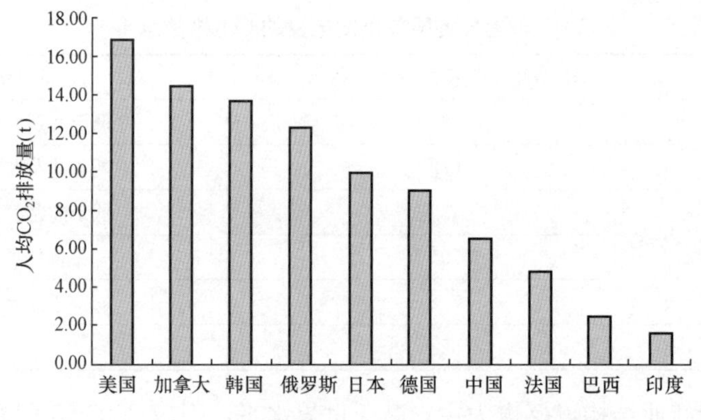

图 1-17　2014 年世界主要国家人均 CO_2 排放量

（十四）能源对外依存度

由于能源资源禀赋、能源消费、能源战略等不同，各国能源对外依存度也存在较大的差异。总体而言，发达国家能源对外依存度低于发展中国家。在世界十大能源消费国中，俄罗斯、加拿大是能源净出口国家，对外依存度为负；美国、巴西、中国能源依存度分别为12.3％、15.5％、17.5％；印度能源对外依存度为 32.9％；法国能源对外依存度为 47.1％；德国、韩国、日本能源对外依存度超过 50％。

2014 年世界主要国家对外依存度如图 1-18 所示。

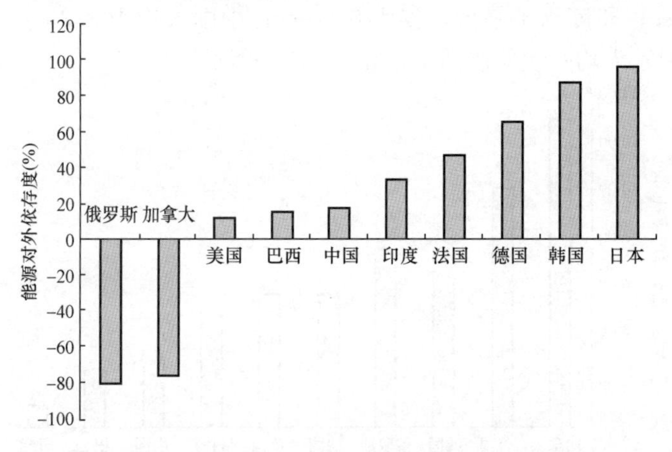

图 1-18　2014 年世界主要国家对外依存度

2015 年中国油气资源对外依存度继续攀升，石油和原油对外依存度首次双破 60％。2015 年中国表观消费量为 5.43 亿 t。同比增长 0.25 亿 t，石油净进口量为 3.26 亿 t，同比增长 5.28％。原油产量约 2.14 亿 t，同比增长 2.0％；原有纯进口量为 3.33 亿 t，同比增长 8.1％。石油、原油对外依存度分别为 60.6％和 60.9％。2015 年中国天然气需求增速明显放缓，表观消费量为 1910 亿 m^3，同比增长 3.7％，创 10 年新低。天然气进口量为 624 亿 m^3，同比增长 4.7％，对外依存度升至 32.7％。

（十五）能源投资

全球可再生能源投资超过化石能源投资。

2015 年全球可再生能源投资总计 3858 亿美元，同比增长 5％。2015 年全球可再生能源投资总额是2004年的6倍以上，连续6年超过2000亿美元。发展中国家可再生能源投资1560亿美元，同比增长19%；发达国家可再生能源投资1300亿美元，同比下降8%。

2015年，世界风电投资为1096亿美元，同比增长4%，2004～2015年年均增长达17%；2015年世界太阳能发电投资为1610亿美元，是可再生能源投资最大的品种，同比增长12%，2004～2015年的12年间年均增速增幅达27%。2015年生物质燃料、生物质和垃圾发电、小水电、地热、海洋能等可再生能源投资有所下降，其中生物质燃料投资31美元，生物质和垃圾发电投资61美元，小水电投资39亿美元，地热投资20亿美元，海洋能投资2亿美元，与2014年投资水平下降了23%～42%。

二、清洁能源和可再生能源

（一）天然气

天然气是目前世界一次能源（天然气、煤炭、石油）的三大支柱之一。

天然气又称油田气、石油气、石油伴生气，是埋藏在地下的古生物经过亿万年的高温和高压等作用而形成的可燃气。

目前，由于以煤为主的能源结构给生态和环境造成的污染，世界能源利用的构成正快速从以石油为主向天然气为主转化。天然气由于具有燃烧热值高、燃烧产物对环境污染少等特点，因此被看作是一种高效、节能和环保的优质能源。

1. 天然气的特点

（1）天然气是一种易燃、易爆气体，和空气混合后，温度达到550℃即可燃烧。在空气中，天然气的浓度只要达到5%～15%就会爆炸。天然气主要成分为烷烃，密度多在0.6～0.8g/cm^3，比空气轻，一旦泄漏，会立即向上扩散，不易聚集。

（2）天然气无色，不溶于水。1m^{3}天然气的质量只有同体积空气的55%左右。

（3）天然气的主要成分是甲烷，本身无毒，当空气中的甲烷含量达到10%以上时，人就会因氧气不足而呼吸困难，眩晕虚弱而失去知觉、昏迷甚至死亡。若天然气中含有较多硫化氢，则对人有毒害作用。如果天然气燃烧不完全，也会产生一氧化碳等有毒气体。

（4）天然气的热值较高，1m^{3}天然气燃烧后发出的热量是同体积的人工煤气的两倍多，即35.6～42MJ/m^3。

（5）天然气作为一种清洁能源，燃烧后的污染物排放量较少，并有助于减少酸雨形成，减缓地球温室效应，能够从根本上改善环境质量。

不同燃料污染物的排放量比较见表1-32。

表1-32　不同燃料污染物的排放量比较

燃料种类	燃料		燃烧		发电		
	燃料含碳量（kg/GJ）	相对值（%）	CO_2排放量（kg/GJ）	相对值（%）	发电效率（%）	CO_2排放量（kg/MWh）	相对值（%）
褐煤	26.2	108	96	108	37	935	113
烟煤	24.5	100	90	100	39	839	100
重油	20.0	82	74	82	39	753	91
原油	19.0	78	70	78	39	716	87
天然气	13.8	56	51	56	50	405	61

天然气与煤相比，可减少 SO_2 排放量近 100%，减少 CO_2 排放量 40%，减少 NO_x 排放量 60%～80%，同时能够减少粉尘排放量近 100%。

2. 我国天然气资源及消费情况

如表 1-15 所示，2015 年中国天然气储量为 $3.3\times10^{12}m^3$，储采比为 28 年，人均探明储量为 $0.2\times10^4m^3$。2014 年中国天然气生产量为 $1345\times10^8m^3$。

我国天然气广泛应用于化工、发电、工业燃气、城市燃气和交通等多个领域。2006～2014 年，我国天然气消费变化较大，四大用气行业的消费增速呈现明显的差异性。其中，城市燃气的消费量从 2006 年的 $137.9\times10^8m^3$ 增长到 2014 年的 $571.4\times10^8m^3$，年均增长 $54.2\times10^8m^3$，年均增速 19.4%；发电消费从 2006 年的 $64.2\times10^8m^3$ 增长到 2014 年的 $258.7\times10^8m^3$，年均增长 $24.3\times10^8m^3$，年均增速 19.0%；工业燃气和化工消费也有较快的增长。2006～2014 年我国天然气四大结构消费情况具体见表 1-33。

表 1-33　2006～2014 年我国天然气四大结构消费情况

应用领域	年天然气消费结构（$\times10^8m^3$）				
	2006 年	2008 年	2010 年	2012 年	2014 年
燃气发电	64.2	119.2	190.4	249.2	258.7
城市燃气	137.9	210.2	307.8	445.8	571.4
工业燃料	159.9	236.0	323.9	496.0	672.9
化工	160.9	190.8	202.7	260.2	257.9
总计	523	756	1025	1451	1761

注　资料来源：中国能源研究会天然气中心。

3. 天然气的应用

据美国能源信息署 EIA 预测，许多国家选择天然气发电来满足未来的电力需求，而不是选择更昂贵或碳排放密集型的电力来源。2010～2040 年，全球天然气发电量占比将从 22%增长至 24%。

按照 GE 能源战略研究预测，50%的新增电力供应来自于煤炭发电，另外 50%来自于天然气和所有其他发电资源，将比过去十年电力市场所展现出来的更具多样性。到 2025 年，天然气在中国电力市场的比例将是 2010 年的 3 倍，占到发电总量的 6%。根据中电联发布的《电力工业“十二五”规划滚动研究综述报告》及中国电力发展促进会的相关预测，未来全国电力总装机和气电装机规模见表 1-34。

表 1-34　未来全国电力总装机和气电装机规模

项目	单位	2020 年预测	2030 年预测
电力总装机容量	$\times10^8kW$	19.35	28
气电装机容量	$\times10^8kW$	1.00	2.00
气电装机占比	%	5.17	7.14
集中式天然气发电	$\times10^4kW$	6000	8000
分布式天然气发电	$\times10^4kW$	4000	12000

注　数据来自《中国气体清洁能源发展报告》。

近20年来，天然气不仅是生活用燃料，也被用于联合循环发电、制冷、供热、燃料电池及汽车燃料等多个领域，在我国应用占到一次能源的24%左右。随着天然气勘测、开发储运和利用技术的进步，以及人们对环境问题的日益关注，"21世纪是天然气时代"已经得到全世界的共识。

（二）可再生能源

人类已开发或正在开发并应用的可再生能源主要有太阳能、风能、生物质能、地热能、海洋能、氢能等。具体内容将在第四章详细阐述。

三、中国建筑能耗

随着人类社会经济和科技水平的不断发展，能源生产、消费结构和用能方式正经历深层次变革。目前，人类社会正处于从传统集中式用能向分布式能源转型的关键阶段。作为分布式能源应用最多的公共和住宅建筑领域，其能耗水平与GDP的深层次关系揭示了当前分布式能源的发展趋势及其给人类生产、生活带来的深刻影响。同时，相关建筑能耗指标的变化趋势从侧面反映了分布式能源在提供能源综合利用效率、降低总能耗方面的突出优势。

1. 中国建筑能耗概况

城镇化进程快速，大量的农村人口进入城市，2014年我国城镇人口达到7.5亿，城镇户数从1.55亿增长到2.66亿户，农村人口6.2亿，农村居民户数从1.93亿户降低到1.6亿户，城镇化率从2001年的37.7%增长到2014年的55%。

城镇化进程快速带动了建筑业的迅猛发展，从2001年到2014年，我国城乡建筑面积大幅增加，每年竣工面积超过$15\times10^8m^2$，仅2014年新建建筑竣工面积就达到$28.9\times10^8m^2$。

新建筑中，住宅建筑的比例约占75%，公共建筑占25%，在新建公共建筑中，办公建筑占的比例最大，约为34%，教育类建筑占19%，其余类型公共建筑约占47%。

（1）全国总建筑面积及其能耗。根据中国建筑节能协会能耗统计专业委员会发布的《中国建筑能耗研究报告（2016年）》，2014年，全国建筑总面积突破$600\times10^8m^2$，达到$605\times10^8m^2$，其中公共建筑面积约为$100\times10^8m^2$，城镇居住建筑面积为$260\times10^8m^2$，农村居住建筑为$245\times10^8m^2$。

2014年，全国建筑能耗约为8.14×10^8tce，占全国能源消费总量的19.12%。其中公共建筑能耗为3.26×10^8tce，城镇居住建筑能耗为3.01×10^8tce，农村建筑能耗为1.87×10^8tce。

（2）中国建筑能耗及其分类。2014年中国建筑能耗及其分类见表1-35。

表1-35 **2014年中国建筑能耗及其分类**

用能分类	建筑物		建筑能耗		
	面积（$\times10^8m^2$）	户数（亿户）	电（$\times10^8$kWh）	总商品能耗（$\times10^8$tce）	能耗强度
北方城镇供暖	126	—	97	1.84	14.6kgce/m^2
城镇住宅（不含北方供暖）	—	2.63	4080	1.92	729kgce/户

续表

用能分类	建筑物		建筑能耗		
	面积（$\times10^8m^2$）	户数（亿户）	电（$\times10^8kWh$）	总商品能耗（$\times10^8tce$）	能耗强度
公共建筑（不含北方供暖）	107	—	5889	2.35	22.0kgce/m^2
农村住宅	—	1.6	1927	2.08	1303kgce/户
合计	560	—	11993	8.19	598kgce/人

2014年，供热能耗强度为18.55kgce/m^2。

（3）主要4个省市建筑面积及其能耗。2014年，北京城镇建筑总面积为$7.7\times10^8m^2$，城镇建筑能耗为1690×10^4tce，占全市能源消费总量的24.74%；上海城镇建筑总面积为$9\times10^8m^2$，城镇建筑能耗为2040×10^4tce，占全市能源消费总量的17.94%；深圳城镇建筑总面积为$4.7\times10^8m^2$，城镇建筑能耗为1044×10^4tce，占全市能源消费总量的19.56%；四川城镇建筑总面积为$19.4\times10^8m^2$，城镇建筑能耗为2697×10^4tce，占全省能源消费总量的10%。

（4）城镇住宅用能耗分类。2014年城镇住宅能耗（不含北方供暖）为1.92×10^8tce，占建筑商品能耗的22%，其中电力消耗4080×10^8kWh。2001～2014年我国城镇住宅能耗各终端用能途径的能耗如图1-19所示。13年间各类建筑能耗总量增长近1.4倍。

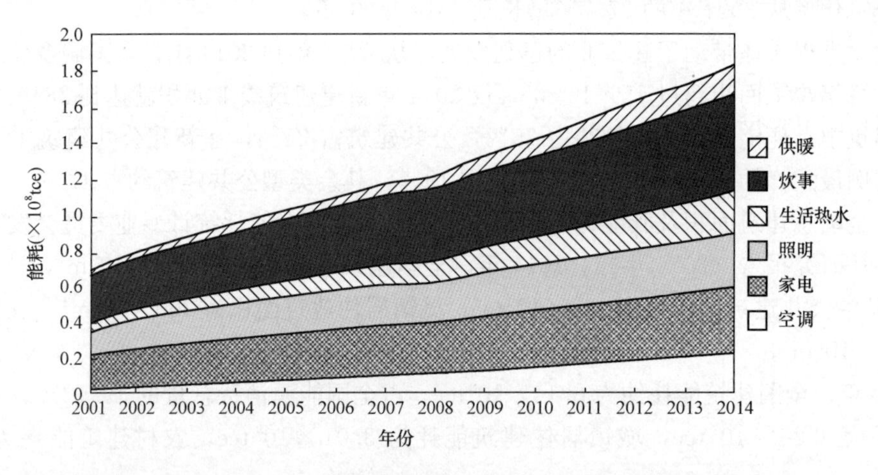

图1-19 2001～2014年我国城镇住宅能耗各终端用能途径的能耗

（5）中国建筑能源消费总量全球排第二名。2014年中国建筑能源消费总量在全球排名第二，仅次于美国。但我国人均建筑用能处于较低水平，是美国人均建筑能耗的1/5，德国的1/3，日本、韩国的1/2，甚至低于世界平均水平。这也同时反映出，随着人民生活水平的提高，我国建筑能耗还将持续上升，建筑节能挑战巨大。

2. 中国建筑能耗发展趋势

根据中国建筑节能协会能耗统计专业委员会发布的《中国建筑能耗研究报告（2016年）》，中国建筑能耗发展总趋势如下：

（1）中国建筑能耗发展总趋势。中国建筑能耗呈现持续增长趋势，但年均增速在“十一五”和“十二五”期间放慢。全国建筑能源消费总量从2001年的约3×10^8tce增长到2014年的8.14×10^8tce，增长2.63倍，年均增长7.74%。2001～2014年中国建筑能耗如图1-20所示。

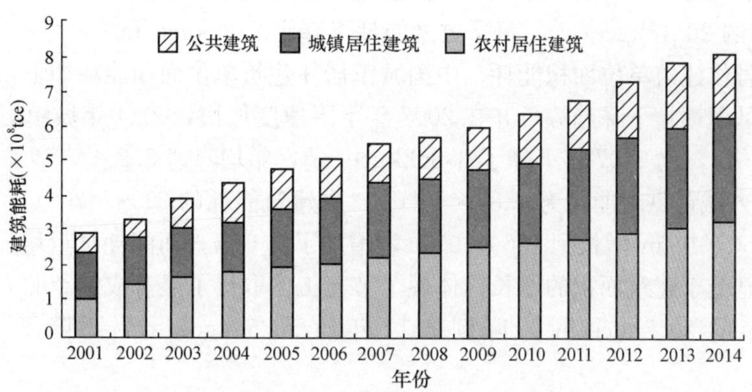

图1-20 2001～2014年中国建筑能耗

(2) 分时间段分析建筑能耗。从分时间段看，建筑能耗年均增长约12%，“十一五”和“十二五”年均增速均为6%，速度下降50%。由此可见，“十一五”以来中国大力推进建筑节能工作，有效缓解了建筑能耗的增长速度。

(3) 能耗与GDP的关系。

1) 建筑能耗与GDP的关系。建筑能耗与GDP的关系如图1-21所示。2002～2007年GDP增速逐年增大，到2007年达到顶峰14.2%，而建筑能耗比例则从2002年的最高峰20.26%下降到2007年的最低谷17.86%；2002～2007年GDP增速存在一定波动，建筑能耗比例则相应发生反向波动；2010年后GDP增速逐年下降，建筑能耗比例逐年上升。

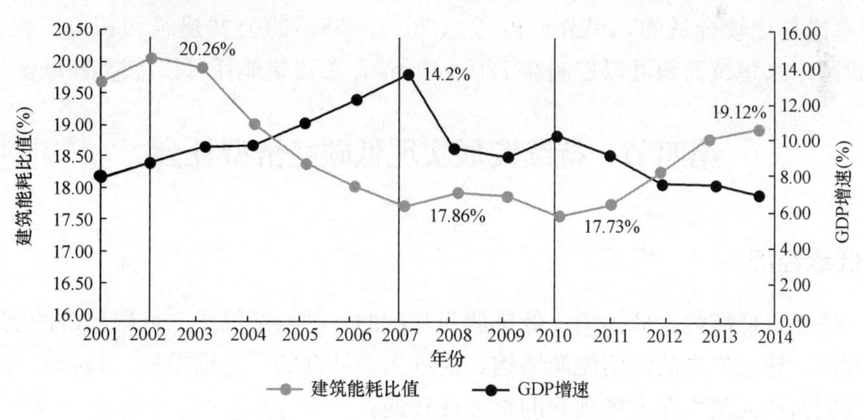

图1-21 建筑能耗与GDP的关系

2) 中国工业能耗与GDP的关系。工业能耗占全国能源消费的比例与GDP增速呈现明显的同向波动，这说明建筑能耗与工业能耗在属性上的差别。建筑能耗属于消费性能耗，与人们生活需求关系密切；而工业能耗属于生产性能耗，与经济活动具有更强的关系，对GDP增速更加敏感。因此当经济发展加速时，工业能耗增加幅度大于建筑能耗，从而导致建筑能耗比例下降。

(4) 公共建筑能耗。中国公共建筑能耗与GDP的关系如下：“十五”期间，公共建筑单位面积能耗逐年上升，从2001年的17.93kgce/m^{2}上升到2005年的23.32kgce/m^2，年均增长6.8%；“十一五”期间，公共建筑单位面积能耗总体上保持较为稳定，随着经济的增长波动；“十二五”以来，公共建筑单位面积能耗呈现下降趋势，从2011年的23.18kgce/m^{2}下降到2014年的20.18kgce/m^2，每平方米能耗下降了2.35kgce/m^2。

(5) 城镇居住建筑单位面积能耗。中国城镇居住建筑单位面积能耗如下：城镇居住建筑单位面积能耗呈现逐年下降趋势，并在2007年下降速度加快，2014年城镇居住建筑单位能耗为8.62kgce/m^2，比2007年下降了3.862kgce/m^2，年均降速5.2%。

2014年北方城镇供暖能耗为1.84×10^{8}tce，占建筑能耗的21%。2001～2014年北方城镇供暖面积从50×10^{8}m^{2}增长到126×10^{8}m^2，增加了1.5倍，而能耗总量增加不到1倍，能耗总量增加明显低于建筑面积的增长，体现了节能工作取得了显著成效。北方城镇供热能耗强度从2002年的39.5kgce/m^{2}下降到2014年的18.55kgce/m^2，下降了53%，年均下降6%。

(6) 农村居住建筑能耗。根据中国建筑节能协会能耗统计专业委员会发布的《中国建筑能耗研究报告（2016年）》，农村居住建筑单位面积能耗由2001年的2.82kgce/m^{2}上升到2014年的kgce/m^2，增长了1.8倍，年均增速4.8%；单位面积电耗增速较快，由2001年的3kWh/m^{2}上升到2014年的13.23kWh/m^2，增长4.4倍，年均增速12%。

3. 建筑面积及能耗总量控制

人均住宅面积一方面反映一个国家的经济水平，另一方面也是该国的居住模式的体现。从各国人均居住面积比较来看，美国人均居住面积为70m^2；其次是丹麦、挪威和加拿大等国，人均居住面积约为55m^2；法国、德国、英国和日本等经济强国，人均居住面积约为40m^2；而中国人均居住面积约为30m^2，是金砖国家中最大的。

专家们认为目前中国城镇居住面积已经能满足居民居住面积的需求，对未来人均居住面积按35m^{2}考虑是比较合适的，另外，再考虑30%～35%的公共建筑面积等。根据这种分析，最终我国未来建筑面积可以控制在720×10^{8}m^2，总建筑能耗可以控制在11×10^{8}tce。

第四节　持续发展实现低碳经济型社会

一、低碳经济

低碳经济是以低能耗、低污染、低排放为基础的一种经济模式。低碳经济的实质是提高能源利用效率，建立先进的清洁能源结构，促进人类社会的可持续发展。其核心是能源技术创新、制度创新和人类生存发展观念的根本性转变。

（一）概念的产生背景

“低碳经济”最早见于政府文件是在2003年英国能源白皮书《我们能源的未来：创建低碳经济》。作为第一次工业革命的先驱和资源并不丰富的岛国，英国充分意识到了能源安全和气候变化的威胁，它正从自给自足的能源供应走向主要依靠进口的时代，按2003年的消费模式，预计2020年英国80%的能源都必须进口。并且，气候变化的影响已经迫在眉睫。

当前，向低碳经济转型已经成为世界经济、社会发展的大趋势。我国也与世界发达国家和地区一样，正努力改变经济增长方式，逐步向低碳经济转型，大力发展低碳能源技术，使能源消费由高碳型向低碳转型。

（二）低碳经济的特征

低碳经济的特征是以减少温室气体排放为目标，构筑以低能耗、低污染为基础的经济发展体系，包括低碳能源系统、低碳技术和低碳产业体系。低碳能源系统是指通过发展清洁能源、可再生能源，包括风能、太阳能、核能、地热能和生物质能等替代煤、石油等化石能源以减少二氧化碳排放。

低碳技术包括清洁煤技术（IGCC）和二氧化碳捕捉及储存技术（CCS）等。低碳产业体系包括火电减排、新能源汽车、节能建筑、工业节能与减排、循环经济、资源回收、环保设备、节能材料等。

二氧化碳有3个重要的来源。其中，最主要的碳源来自火力发电及供热排放，占二氧化碳排放总量的42%；增长最快的则是汽车尾气排放，占比23%，特别是在我国汽车销量开始超越美国的情况下，这个问题越来越严重；还有制造业及建筑业排放占比25%。

（三）低碳经济的内涵

低碳经济的内涵是一种从生产、流通到消费和废物回收一系列社会活动中实现低碳化发展的经济模式，是通过理念创新、技术创新、制度创新、产业结构创新、经营创新、可再生能源开发利用等多种手段，提高能源生产和使用的效率，以及增加低碳或非碳燃料的生产和利用比例，尽可能地减少对煤炭石油等高碳化石能源的消耗，同时积极探索碳封存技术的研发和利用途径，从而实现减缓大气中CO_2浓度增长的目标，最终达到经济社会发展与生态环境保护双赢局面的一种经济发展模式。

无论对一个城市还是一个国家来说，低碳经济意味着新的发展机会。我国第一个规模达50亿元的杭州市“低碳产业基金”就是以政府为主导的典型的低碳产业，其投资方向是三大类：高碳改造、低碳升级和无碳替代。高碳改造包括节能减排；低碳升级包括新材料、新装备、新工艺、升级原有设备；无碳替代包括新能源，如核能、风能、太阳能等。

（四）低碳经济的目标

到2020年，我国单位GDP的碳排放比2005年下降40%～45%，已作为约束性指标纳入国民经济和社会发展中长期规划。据此规划，政府已制定相应的国内统计、监测、考核办法。据摩根士丹利预测，中国潜在的节能市场规模将达到8000亿元。

（五）实现目标的措施

目前我国产业链的价值分布是向资源型企业倾斜的，低碳经济的实现将改变这一现状。

首先是缩短能源、汽车、钢铁、交通、化工、建材等高碳产业所引申出来的产业链条，把这些产业的上、下游产业“低碳化”；其次是调整高碳产业结构，逐步降低高碳产业特别是“重化工业”在整个国民经济中的比例，推进产业和产品向利润曲线两端延伸：向前端延伸，从生态设计入手形成自主知识产权；向后端延伸，形成品牌与销售网络，提高核心竞争力，最终使国民经济的产业结构逐步趋向低碳经济的标准。

同时，要推进全球碳交易市场的发展。历史经验表明，如果没有市场机制的引入，仅通过企业和个人的自愿或强制行为是无法达到减排目标的。碳交易市场从资本的层面入手，通过划分环境容量，对温室气体排放权进行定义，延伸出碳资产这一新型的资本类型，而碳市场的存在则为碳资产的定价和流通创造了条件。

碳交易将金融资本和实体经济联通起来，通过金融资本的力量引导实体经济发展，因此它本质上是发展低碳经济的动力机制和运行机制，是虚拟经济与实体经济的有机结合，代表了未来世界经济的发展方向。

（六）机遇和挑战

随着可再生（新）能源产业的蓬勃发展及太阳能的开发利用，风电装机容量持续攀升，核电项目建设力度空前。随着核电北京环境交易所、上海能源环境交易所及天津排放权交易所的相继建立，碳交易国内市场逐步启动。

作为全球最大的发展中国家，中国发展低碳经济的机遇和挑战并存。现阶段，一方面，我国能源结构以煤炭为主，经济结构性矛盾仍然突出，增长方式依然粗放，能源资源利用效率较低，控制温室气体排放面临巨大压力；另一方面，积极应对气候变化，控制温室气体排放，提高适应气候变化的能力，也为我国加快转变经济发展方式带来重要机遇。

二、社会经济发展“3E 要素”

3E 要素是指能源（Energy）、环境（Environment）和生态（Ecology），构建以低碳经济为模式的社会需要“3E 要素”的平衡与和谐。

（一）能源

能源（Energy）是国民经济的重要物质基础，能源的开发和有效利用的程度及人均消费量是生产技术和生活水平的重要标志，也是保障国家安全的重要基础，为此，做好如下工作将是非常必要的。

1. 确保能源资源

（1）保证能源供应安全和能源使用安全。

（2）开发能源储存技术和输送技术。

2. 有效利用能源

（1）节约资源，加强能源管理，提高能源效率，完善能源法规及标准。

（2）转变经济发展方式，有效控制能源消费增长速度，调整能源结构，追求绿色 GDP，建设节约型社会。

（3）开发新的能源资源。

1）开发非常规能源，如页岩气、天然气水化合物、煤层气等。

2）开发可再生能源，如太阳能、风能、生物质能、海洋能、地热能、核能等。

3）应重视氢能的生产、储存、输送和使用，利用高新技术产业，构建庞大的产业链，成为增长经济的新动力。

（二）环境

环境（Environment）污染是指自然环境中混入了对人类或其他生物有害的物质，其数量或程度达到或超出环境承载力，从而改变环境正常状态的现象。具体包括：水污染、大气污染、噪声污染、放射性污染、重金属污染等。防止环境污染，任重道远，以下 4 点应重点关注。

（1）加强节能减排、节水、节材及综合利用。

（2）开发煤洁净技术、煤气化技术。

（3）开发防治公害技术，防止水、大气污染，防噪声、放射线污染等。

（4）减少能源损失，减少污染物排放，开发脱硫、除 CO_2、封存 CO_2 技术。

（三）生态

生态（Ecology）平衡是指在一定时间内生态系统中的生物和环境之间、生物各个种群之间，通过能量流动、物质循环和信息传递，使它们相互之间达到高度适应、协调和统一的状态。生态平衡是指生态系统内两个方面的稳定。一方面是生物种类（即生物、植物、微生物）的组成和数量比例相对稳定；另一方面是非生物环境（包括空气、阳光、水、土壤等）保持相对稳定。

生态系统的平衡往往是大自然经过了很长时间才建立起来的动态平衡，一旦受到破坏，有些平衡无法重建，带来的后果可能是人类的努力无法弥补的。因此，人类要尊重生态平衡，帮助维护这个平衡。

(1) 建立资源节约型、环境友好型社会，保护和改善环境，遵守国际公约，促进经济社会全面协调持续发展。

(2) 有效控制资源开发和使用量，保持生物种类和数量稳定，保持非生物如空气、水等相对稳定。

(3) 改变人类生存发展观念，实现人类之间和谐共同发展，实现人类与生物、大自然和谐平衡。

（四）可再生能源发展预测

现在，可再生能源利用技术的发展已经取得了长足的进步，并在世界各地形成了一定的规模。生物质能、太阳能、风能及水力发电、地热能等能源利用技术已经得到了应用。国际能源署（IEA）对2000～2030年国际电力的需求进行了研究，认为未来30年内，非水利的可再生能源发电将比其他任何燃料的发电都要增长得快，预测年增长速度近6%，在2000～2030年其总发电量将增加5倍，到2030年，非水利可再生能源将提供世界电力需求的4.4%，其中生物质能将占其中的80%。

目前，可再生能源在一次能源中的比例总体上偏低，一方面是与不同国家的重视程度和政策有关；另一方面与可再生能源技术的成本偏高有关，尤其是技术含量较高的太阳能、生物质能、风能等。根据IEA研究预测，在未来30年可再生能源发电的成本将大幅度下降，从而可增加它的竞争力。可再生能源利用的成本与多种因素有关，虽然成本预测的结果具有一定的不确定性。但这些预测结果表明，可再生能源利用技术成本将呈不断下降的趋势。

（五）“3E要素”推动可持续发展

气候变化和能源紧缺为中国的跨越式发展提供了难得的转型契机。我国将通过转变增长方式、调整产业结构、落实节能减排目标，在发展和低碳中找到最佳的平衡点。中国可望在2050年以前探索出一条中国特色的低碳发展道路，实现人均国民生产总值增加10倍而人均二氧化碳的排放只增加50%的目标。

低碳经济实质是能源高效利用、清洁能源开发、追求绿色GDP的问题，其核心是能源技术和节能减排技术创新、产业结构和制度创新及人类生存发展观念的根本性转变，即能源、环境、生态三要素的平衡、和谐是关键。

三、中国生态能源新战略

（一）中国能源战略与政策现状

能源产业是中国国民经济的基础产业，涉及国民经济和社会发展的诸多方面。中国的能源产业是综合性和一体化程度较高的产业体系，涉及从资源开发到终端销售等诸多产业和部门，因此，能源战略和政策历来受到政府的高度重视且精心规划和实施。

20 世纪 80 年代以前，中国的能源战略与政策主要体现在“五年规划”和行政管理命令之中。主要由各能源产业部门分别研究、规划，各自推进；国家层面上的综合性、系统性和开放性的研究与规划较弱，也未能建立持续的后评估机制。为实现“五年规划”中的能源战略，中国政府制定了一系列配套政策和措施。例如，2007 年发布了《可再生能源中长期发展规划》、《节能减排综合性工作方案》，2016 年发布了《“十三五”节能减排综合工作方案》；尤其是 2012 年发布的《中国能源政策（2012 年）》白皮书，在清醒认识现状和面临挑战的基础上对中国现行能源战略和政策进行了集中阐述。

中国能源战略的方针和目标是：坚持“节约优先、立足国内、多元发展、保护环境、科技创新、深化改革、国际合作、改善民生”的能源发展方针，推进能源生产和利用方式变革，构建安全、稳定、经济、清洁的现代能源产业体系，努力以能源的可持续发展支撑经济社会的可持续发展。

（二）新能源革命的趋势

虽然在人类能源利用史上已发生过两次能源替代，但被替代的能源依然长期存在甚至仍在大规模利用，并成为人们生产和生活方式的重要内容。从全球各种能源的成本、价格、技术和支持条件等方面看，未来的能源革命很可能不是从化石能源到非化石能源的过渡，不是从石油时代到天然气时代的发展，不是煤炭能源革命和石油能源革命的简单延伸，而是比历史上任何一次能源革命更加复杂并呈现多能并存下的能源品种多元化、来源多元化和利用方式创新化的全新格局。这些趋势将带来社会经济的两大变化。

1. 从工业文明到生态文明成为社会进步的必然

生态文明在价值观、生产方式、生活方式等诸多方面与工业文明形成了鲜明的对比，是对工业文明的有序替代。首先，从价值观来看，在工业文明时代，随着生产工具的进步和大规模生产方式的推广，人类改造自然的能力大为增强，在这个过程中，人类敬畏自然界的观念弱化，出于自身需要而蓄意破坏自然环境；而在生态文明时代，人类的地位从自然界的主宰回归到大自然的一员，尊重自然、顺应自然和保护自然的理念将取代人定胜天的观念。其次，从生产方式上看，与工业文明时代的数量扩张模式不同，建立在生态文明基础上的可持续发展模式在推动社会财富流动的同时，最大限度地维护着生态体系的平衡。再次，从生活方式上看，工业文明时代形成的高消费方式将直接挑战能源消费极限；而在生态文明时代，人类自身的消费欲望受到理性约束，从而建立起低能耗和低排放的绿色生活方式。

2. 发展低碳经济已成为世界共识

为了在未来的低碳经济竞争中处于领先地位，近几年来，美国、欧盟、日本等发达经济体相继投入巨资，引导创新要素向清洁能源领域聚集，推动了新能源产业的迅速发展。在发达经济体的启发下，新兴经济体在新能源和节能环保领域的投资也不断增长。尽管各国政策文件中的具体措辞有所不同，但大力发展清洁能源，努力改善生态环境，实现绿色低碳发展已成为各国可持续发展的共同指向。

（三）生态能源新战略的基本要点

（1）确立能源生态体系，确保能源发展与生态环境的统一。在顶层设计上，将能源生态文明列为能源战略的最高目标，把碳排放、能耗和节能放在能源生态体系硬指标中的优先地位，提出确保这些目标的战略选择和重大措施，包括控制高碳能源的项目布局、消费方式和清洁利用途径及技术创新。

(2) 将人的全面发展作为能源战略的核心内容。不管采取何种能源生产和消费方式，必须提高能源利用效率，使人人都必须有效地利用能源。在这个过程中，确立低碳绿色能源消费方式，把能源生产与保障供应的思路转变为能源消费决定能源生产的路子上来。

(3) 根据国情，确立多能并存，清洁高效利用的发展方式。做好综合利用，把重点放在能源使用方式和能源转换能力的提升上。为此，应着重强调以下重点：

1) 调低煤炭消费比例，提高清洁高效利用程度。目前中国一次能源生产结构中，煤炭占比超过60%，燃煤发电量占总发电量的比例高达75%。在未来20年内，煤炭在中国能源供应中仍为最重要的主导能源。因此，直接降低煤炭在一次能源利用中的比例，大力推进煤炭清洁化利用，加快发展替代能源是实现这一目标的正确出路。

2) 加大天然气开发利用。中国正在进入清洁能源利用的黄金时代。目前，中国的非常规天然气占比已近40%，预计到2020年非常规天然气占天然气总产量的比例可高达67%。为此，必须对非常规天然气进行整体规划，制定致密气、煤层气和页岩气先后开发的路径，夯实天然气的发展基础，增加国内天然气的供应能力和比例。

3) 利用市场机制，推动新能源的发展。进入21世纪以来，中国的太阳能、风能和生物质能等可再生能源发展非常迅速，其中，光伏产业经历了爆发式的增长，使中国一跃成为全球最大的光伏产品生产国；风电发展进步迅速，预计未来10年，中国的风电仍有很大的发展空间；在供给侧，通过向技术和产品的供给者提供技术研发和产品开发补贴，以降低技术创新和技术转化的成本和风险，从而鼓励新能源设备企业进一步投资于技术研发和新产品开发；在需求侧，通过向消费者提供各类消费补贴，激发新产品和新技术的市场需求，从而为新能源产业提供更大的市场空间。

4) 安全高效发展核能。目前，中国核能处于加速发展时期，核电装机容量及发电量大幅增加，已投入使用的核电机组实现平稳安全运行，核能发电重大装备的制造能力及国产化率显著提升。今后，中国应在充分吸取国外核电站事故教训的基础上，采用更先进、更安全的技术，既积极又稳妥地继续推进中国的核电建设；同时，改善核能的经济性、安全性，提高公众的安全意识和参与意识。

5) 推进智能电网建设，完善新能源和传统能源输送体系。智能电网是传统电网的全面升级，以现代通信技术、传感和测量技术、设备及先进的控制系统和决策支持系统为依托，以智能控制为手段，能够兼容清洁能源和分布式能源的大规模接入，提供安全、稳定和高质量的电力供应，具有信息化、数字化、自动化、互动化的特征，已成为世界电力发展的新趋势。中国未来的发展方向将是围绕发电、输电、变电、配电、用电、调度等主要环节和通信信息平台，全面推进智能电网的发展。

6) 低碳城市和农业现代化。积极推广分布式能源应用，广泛采用建筑节能技术，以高效低耗的生产模式与节能环保的生活新区，推动产业转型升级，提升城镇居民生活质量，最终将城市规模扩张和人口聚集带来的环境、资源和能源负荷降至最低，建立起人、城市、生态和谐发展，共生共荣的低碳城市。

农业现代化离不开能源的综合利用，在保障现代农业生产需要的前提下，根据生态环境的特点及差异，优化能源供需结构和各具特色的农村能源消费方式，大力发展可再生能源和循环利用的方式。

7）生态环境质量总体改善。生产方式和生活方式绿色、低碳水平上升；能源资源开发利用效率大幅提高，能源和水资源消耗、建设用地、碳排放总量得到有效控制，主要污染物排放总量大幅减少；主体功能区布局和生态安全屏障基本形成。

可见，与现行能源战略和政策相比，生态能源新战略预示着与现行能源政策不同的发展趋势和结果。我们期待，这一趋势不仅与走新型工业化道路和建设生态文明的发展方向契合，而且与全球能源治理目标和全球气候变化的目标相吻合，最终有利于实现经济增长、环境友好、生态平衡和人的全面发展的和谐统一。

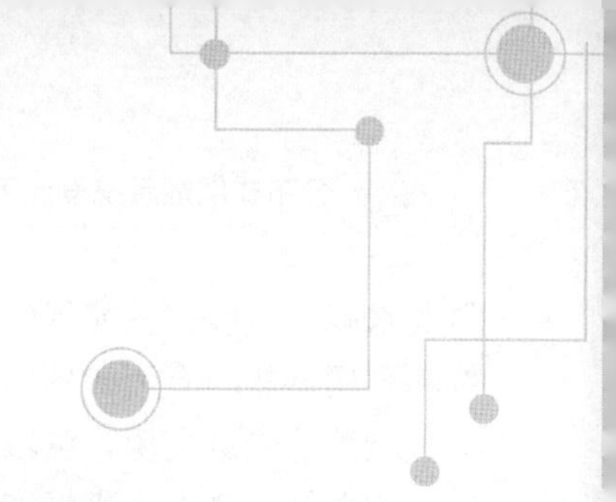

第二章　分布式供能系统

第一节　分布式供能系统概述

一、供能系统及其分类

（一）供能系统

1. 能源与能量的关系

能源与能量是不同的概念。所谓能量，是指物体做功的能力，能量是能源的体现，能源是物质所含的一种存在方式。能量是对一切宏观微观物质运动的描述。相对于不同形式的运动。

能量的形式很多，如热能、光能、电能、机械能、化学能、重力位能等。能源物质中储存的主要形式的能量如表 2-1 所示。

表 2-1　　能源物质中储存的主要形式的能量

序号	能量形式	与相关的能源
1	重力位能	水力、潮汐能
2	化学能	化石燃料（煤、石油、天然气等）、生物质能、燃料电池
3	原子核能	铀、钍等核裂变燃料，氘、氚等核聚变燃料
4	热能	地热、高温岩体
5	动能	风力、波浪能
6	辐射能	太阳能

例如，煤蕴藏着大量的化学能，通过燃烧释放出热能，即化学能转变成热能；如果通过汽轮机、内燃机、燃气轮机等发电设备，则可以将热能进一步转变为机械能或电能，就可以做功。

2. 能量守恒

能源是看得见摸得到，我们可以控制的东西；而能量是我们无法控制的只能限制，是看不到更摸不到的东西。能源可以重复循环利用，而能量必须守恒，即不会凭空消失，也不会凭空出现。科学家所谓的无限，是指能源的无限利用性，即以一种形式消失，又以另一种形式再次出现，但是本质没有发生改变。

能量守恒定律是自然界较普遍、重要的基本定律之一。从物理、化学到地质、生物，大到宇宙天体，小到原子核内部，只要有能量转化，就一定服从能量守恒的规律。从日常生活到科学研究、工程技术，这一规律都发挥着重要的作用。人类对各种能量，如煤、石油等燃料及水能、风能、核能等的利用，都是通过能量转化来实现的。能量守恒定律是人们认识自然和利用自然的有力武器。

能源是能量资源，可以通过适当的设备转变为人类所需能量的资源，即指可产生各种能量（如电能、热能、机械能、光能等）或可做功的物质的统称。

能量是从燃料中获得的。燃料是指一种可以和氧气发生反应，释放出能量（热能）的物质。燃料有固体燃料（如煤炭等）、液体燃料（如石油等）和气体燃料（如天然气等）。也可以说能量是指燃料和氧气发生反应释放出的热能。

3. 能源与社会关系

能源是一种物质，是一种可以提供能量的物质，如煤、石油、天然气等，通过燃烧可以提供热能，也有些物质只有在运动中才能提供能量，这些物质的运动也称为能源。如空气和水，只有在运动中，才能提供动能——风能和水能。

能源物质为人类提供各种形式的能量，能量与人类社会活动有着密切的关系。能源为人类的生产和生活提供各种能力和动力的物质资源，是国民经济的重要物质基础，未来国家命运取决于能源的掌控。同时，能源的开发和有效利用程度及人均消费量是生产技术和生活水平的重要标志。

社会现代化的发展进程促进了能源消费技术的革新和创新发展，进一步推动了能源技术革新发展。

4. 能源供给系统

能源供给系统是指为人类的生产和生活提供能源的系统，包括能源生产、能源供给及终端消费各环节。这些环节直接影响着能源效率的提高及污染物的排放水平。所以在供能系统的设计中，能源的生产、供给方式及其利用方式的选择起着非常重要的作用。

能源供给方式的革命进一步推动了人类社会的发展，集中供给的能源利用方式给人类社会带来了巨大的社会变革，加速了社会进步，但同时也给人类带来了能源消费过量、化石能源枯竭、环境污染严重等问题，逐渐对人类的生存环境造成了威胁。

所以，人类正在努力寻求多元的、新的、清洁的、安全的、稳定的可持续能源供应。我国正处于全面建设小康社会的关键历史时期，同时面临着能源、资源的短缺和过度消耗的严重挑战。解决可持续的能源供应和能源安全问题，首先是节约能源和提高能源利用效率。

现在世界各国进行能源供给方式的创新，世界能源技术创新进入高度活跃期，新兴能源技术正以前所未有的速度加快迭代，对世界能源格局和经济发展将产生重大而深远的影响。

绿色低碳经济是能源技术创新的主要方向，集中在传统化石能源清洁高效利用、新能源大规模开发利用、核能安全利用、能源互联网和大规模储能、先进能源装备及关键材料等重点领域。

国家发改委、国家能源局发布的《能源技术革命创新行动计划（2016～2030年）》中明确："我国能源利用效率总体处于较低水平，这要求通过能源技术创新，提高用能设备设施的效率，增强储能调峰的灵活性和经济性，推进能源技术与信息技术的深度融合，加强整个能源系统的优化集成，实现各种能源资源的最优配置，构建一体化、智能化的能源技术体系。要重点发展分布式能源、电力储能、工业节能、建筑节能、交通节能、智能电网、能源互联网等技术。"

我国能源技术战略需求以能源技术革命应坚持以国家战略需求为导向，一方面为解决资源保障、结构调整、污染排放、利用效率、应急调峰能力等重大问题提供技术手段和解决方案，另一方面为实现经济社会发展、应对气候变化、环境质量等多重国家目标提供技术支撑和持续动力。

我国能源技术革命采取能源保障供给、保护环境、提高经济效益和安全并举的方针，推进节能和可再生能源的使用，发展新储能技术。能源供应系统应完善从基础研究到最终市场解决方案的完整能源科技创新链条，强调加快发展低碳技术、提高能效、发展可再生能源的开发。

一般供能系统可分为常规集中式供能系统和分布式供能系统。

（二）常规供能系统

1. 汽轮发电机组供能系统

汽轮发电机组供能系统示意图如图 2-1 所示。燃料进入锅炉燃烧产生高温高压蒸汽，并利用该蒸汽推动汽轮发电机组发电，电力通过电网送入用户。

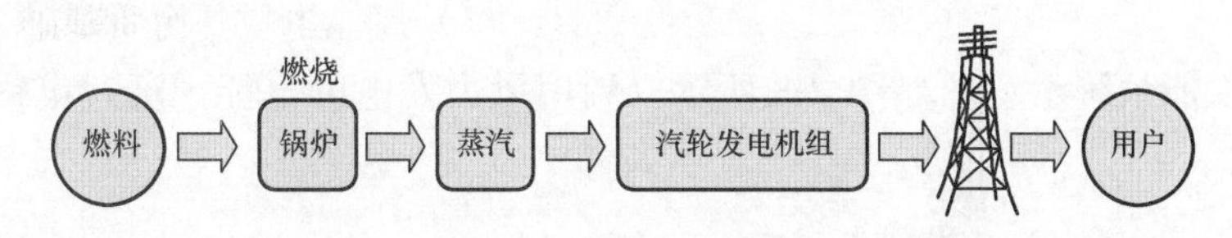

图 2-1　汽轮发电机组供能系统示意图

2. 燃气轮机发电机组供能系统

燃气轮机发电机组供能系统示意图如图 2-2 所示。燃料直接进入燃气轮机燃烧，产生的高温、高压气体推动燃气发电机组发电，电力通过电网送入用户。

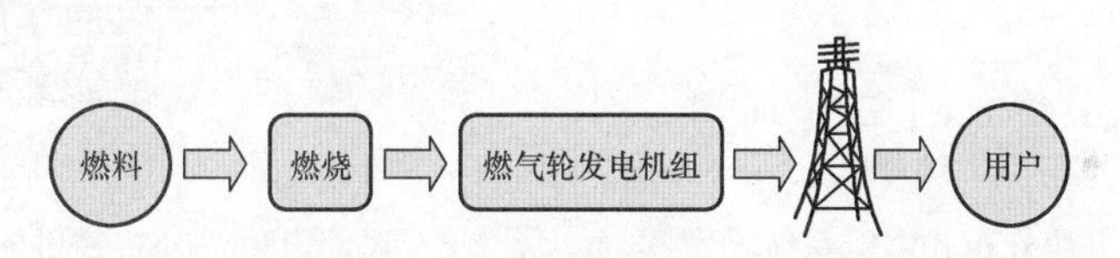

图 2-2　燃气轮机发电机组供能系统示意图

3. 锅炉房供能系统

锅炉房供能系统示意图如图 2-3 所示。燃料直接进入锅炉经过燃烧产生热能，并将热能通过管网送入用户。

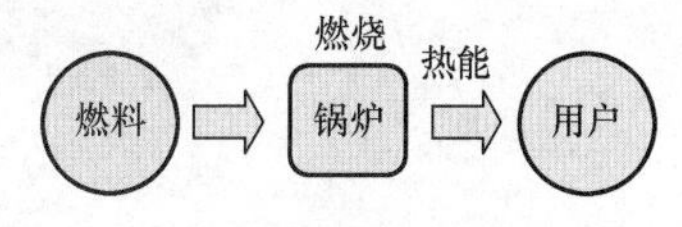

图 2-3　锅炉房供能系统示意图

（三）分布式供能系统

分布式供能系统示意图如图 2-4 所示。分布式供能系统是利用热电联产机组发电之后的余热，实现冷、热、电联供，充分地梯级利用能源，不仅能生产高品位的电能，而且还能生产低品位的热能，提高了能源利用率。

根据能源生产方法、能源种类及储存输送方式、能源利用形式和方法等，分布式供能系统各式各样，下面介绍几种分布式供能系统。

1. 燃机分布式供能系统

燃机分布式供能系统示意图如图 2-5 所示。燃料直接进入燃气机（内燃机、微型燃气轮机、燃气轮机等），经过燃烧产生的高温、高压气体推动燃气发电机组发电，同时利用排气

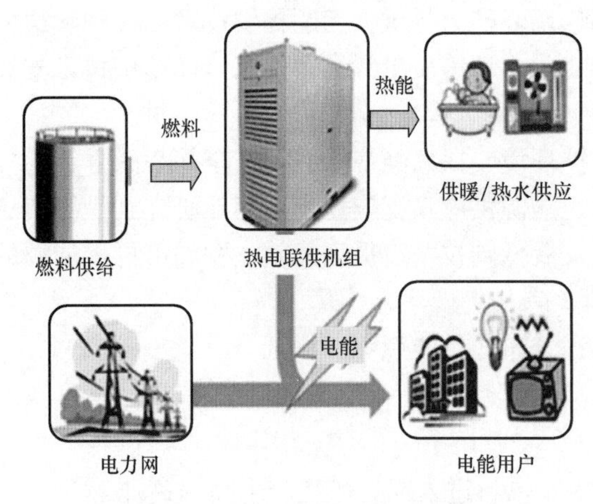

图 2-4 分布式供能系统示意图

余热生产热能，电能和热能直接送入用户。

2. 燃气热泵分布式供能系统

燃气热泵分布式供能系统示意图如图 2-6 所示。燃料直接进入燃气发动机燃烧，不用电力，而用燃气发动机驱动热泵生产热能，热（冷）能直接送入用户。

3. 燃料电池分布式供能系统

燃料电池分布式供能系统示意图如图 2-7 所示。燃料直接进入燃料电池，不用燃烧，而经过电化学反应发电，同时利用排气余热生产热能，电能、热能直接送入用户。

4. 风能分布式供能系统

（1）风能电供热分布式供能系统。风能电供热分布式供能系统示意图如图 2-8 所示。利用风力发电的电能，通过电锅炉生产热能，热能供给用户。

图 2-5 燃机分布式供能系统示意图　　图 2-6 燃气热泵分布式供能系统示意图

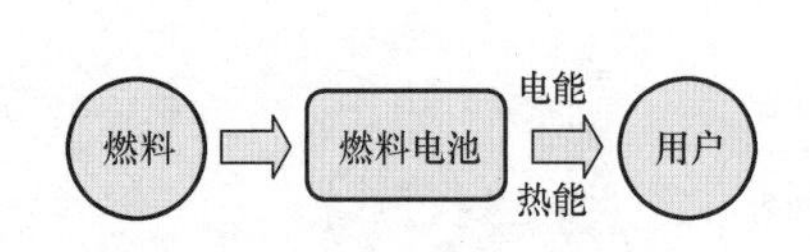

图 2-7 燃料电池分布式供能系统示意图

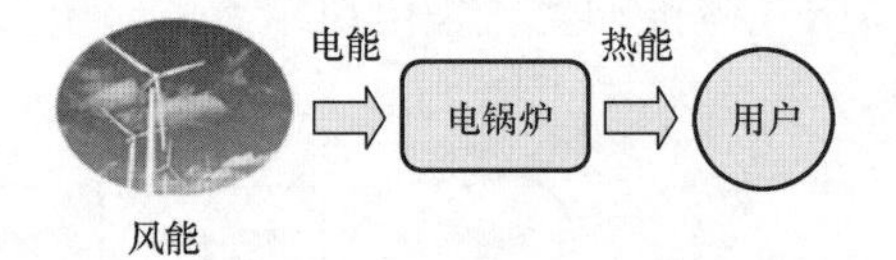

图 2-8 风能电供热分布式供能系统示意图

（2）风能制氢分布式供能系统。风能制氢分布式供能系统示意图如图 2-9 所示。利用风力发电的电能，用电解法制氢，氢气通过燃料电池生产电能、热能，供给用户。

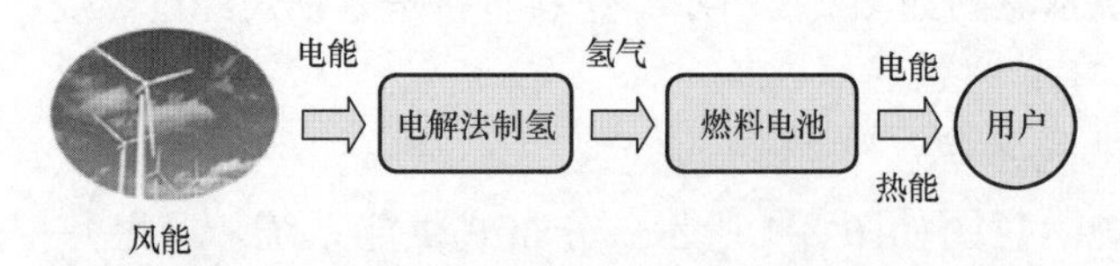

图 2-9 风电制氢分布式供能系统示意图

5. 太阳能分布式供能系统

（1）太阳能光热分布式供能系统。太阳能光热分布式供能系统示意图如图 2-10 所示。利用太阳能集热器生产的热能，经过换热器供给用户。

（2）太阳能光伏电供热分布式供能系统。太阳能光伏电供热分布式供能系统示意图如图 2-11 所示。利用太阳能光伏生产的电能，通过电锅炉生产热能，供给用户。

（3）太阳能光伏制氢分布式供能系统。太阳能光伏制氢分布式供能系统示意图如图 2-

12 所示。利用太阳能光伏生产的电能，用电解法制氢，然后氢气通过燃料电池生产电能、热能，供给用户。

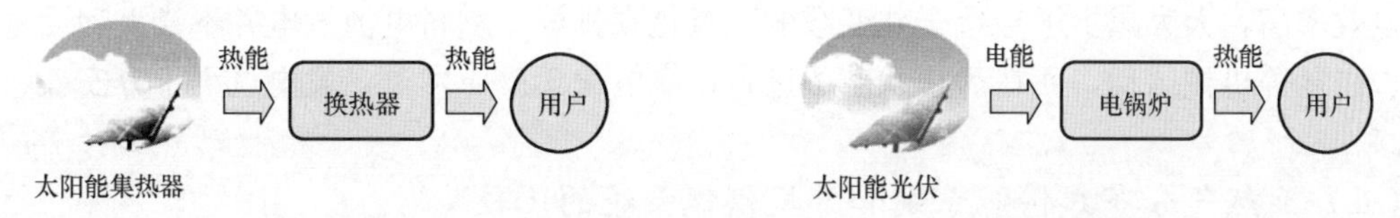

图 2-10　太阳能光热分布式供能系统示意图　　图 2-11　太阳能光伏电供热分布式供能系统示意图

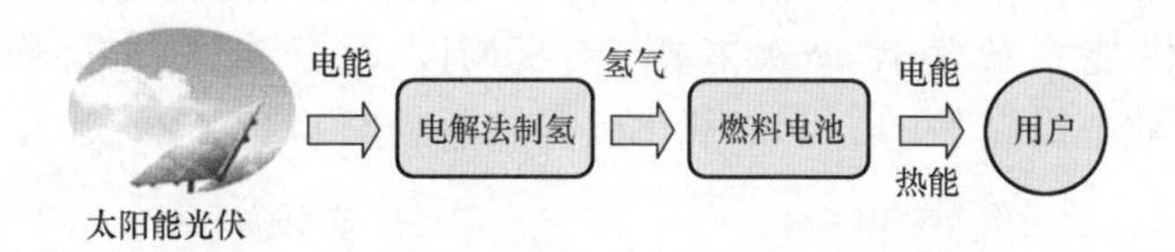

图 2-12　太阳能光伏制氢分布式供能系统示意图

（四）供能系统获得能量的方式

供能系统从燃料中获得能量的方式可分为两种：一种是通过燃烧反应获得热能，将热能转换成机械能，通过卡诺循环生产电能，如图 2-13 所示；另一种是通过电化学反应，从燃料直接获得电能，如图 2-14 所示。

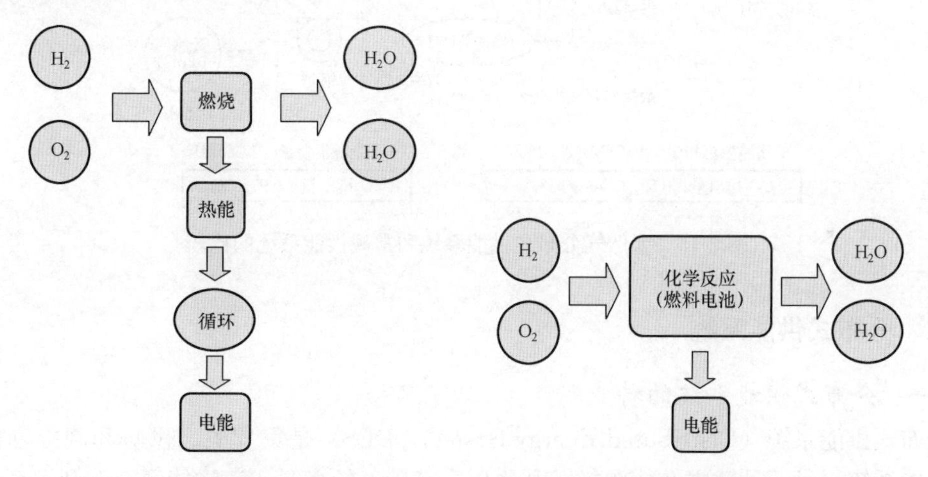

图 2-13　燃烧反应产生的热能转化为电能示意图　　图 2-14　由化学反应直接获得电能示意图

根据赫斯（Hess）法则，在能量转换反应式中，热焓由初状态和终状态焓差所决定，与反应路径无关，所以，在燃料电池中，反应热就等于氢的燃烧热。

在燃烧反应过程中，获得热能是通过燃烧反应实现的，其反应特点是燃料的迅速氧化，同时产生大量的热能，所需要的化学反应温度很高。

当代人类文明社会所需的约 85％能量是通过煤炭、石油、天然气等燃料的燃烧所获取的，但这种大量燃烧化石燃料的方式会带来全球变暖、酸雨、大气污染、水污染等严重的环境问题。

燃料电池是把燃料所具有的化学能直接转变为电能，不存在热能转换，且化学反应过程中温度几乎不变，发电过程中损失少，因此发电效率高。另外燃料电池发电并不靠燃烧，没有在燃烧过程中产生的氮氧化物（NO_x），在发电过程中不排出大气污染物、水污染物，加上发电效率高，大大减少了导致全球变暖的二氧化碳排放。燃料电池发电并不靠大型设备的旋转、往复等机械运动，而在静止状态下进行，靠电化学反应发电，发电过程十分安静，低噪声。

（五）天然气分布式供能系统和常规供能系统的比较

天然气分布式供能系统和常规供能系统的大略比较如图 2-15 所示。

生产 1kWh 电能和 4.1MJ 热能的两种工况时，分布式供能系统和常规供能系统进行了比较。结果常规供能系统消耗一次能源 14.85MJ，而分布式供能系统消耗一次能源 10.29MJ，则能源效率提高了 31%，二氧化碳排放量减少了 45%。

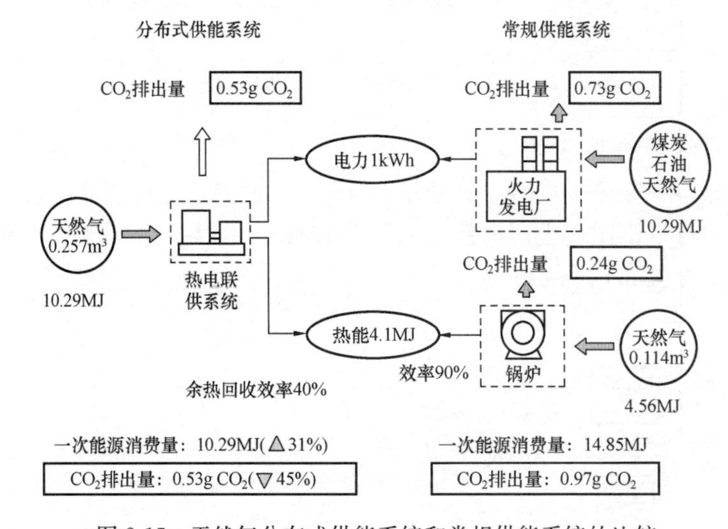

图 2-15 天然气分布式供能系统和常规供能系统的比较

二、分布式供能系统

（一）分布式供能系统的特点

分布式供能系统（Distributed Energy System，DES）是集发电、供暖和制冷过程一体化的供能系统，是一种建立在能源梯级利用概念基础上的多联产清洁能源综合利用系统。分布式供能系统是相对于传统的集中式供电、供热系统而言的，是指将发电系统以小规模（几千瓦至几十兆瓦的小型模块式）、分散的方式布置在用户附近，可独立地输出电、热（冷）能的系统，同时它又可以与电网相连接，在当自发电力不足时可从网上购电，而在电力多余时向电网售电。分布式供能系统具有以下几个特点：

1. 多元输入系统

多元输入系统（Multiple Imput System）是输入能源形式不仅包括天然气等清洁能源，也包括可再生能源（如太阳能、风能、生物质能、地热能、海洋能等），是形成多元化的能源取长补短的综合多元输入系统。

2. 多元输出系统

多元输出系统（Multiple Output System）是集发电、供暖和制冷过程一体化的供能系统，即供能系统不仅生产电能，而且同时生产热（冷）能等。

在分布式供能系统中，燃气发电机组做功或化学反应后的排气进入余热锅炉或其他热能回收设备，根据用户需要用来直接供热或者通过吸收式冷热水机组制冷、制热，实现冷、热、电三联供，以提高供能系统的热效率和燃料的能源综合利用率。也可独立生产电、热、冷能源，并供给就近用户使用。总之，分布式供能系统是多元输出系统。

3. 能源梯级利用系统

能源梯级利用系统（Energy Cascade and Utilization System）示意图如图 2-16 所示。

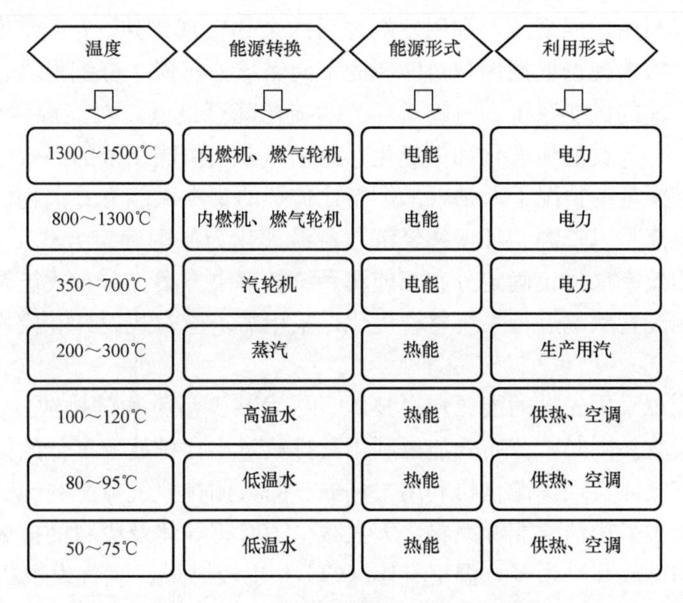

图 2-16　能源梯级利用系统示意图

这种分布式供能系统充分地梯级利用能源，不仅生产高品位的电能，而且还能生产低品位的热能。

分布式供能系统由于实现了能源从高品位到低品位合理的梯级利用，因而高效节能。电是高品位能，而一般我们所需求的热是低品位能。

能源根据温度高低，以不同形式利用，能源品位是指温度高低。能源温度从 1500℃到 50℃的大温度范围内，各得所需，温度对口，梯级利用，这样能足够充分地利用各温度范围的能源。分布式能源系统由于实现了优质能源梯级合理利用，能效可达 80%～90%。

4. “热能品位”

所谓“热能品位”（Heat Energy Grade），是指单位能量所具有可用能的比例，它常常被认为热能温度所对应的卡诺循环效率。“温度对口、热能梯级利用”原理，从能的“质与量”相结合的思路进行系统集成，其本质是如何实现系统内动力、中温、低温余热等不同品位的能量的耦合与转换利用。热力循环是利用燃烧后工质温度与环境温度之间的温差范围内的热能。所以系统集成的好坏取决于这部分热能利用的是否充分和有效。

5. 高效率环境保护性

分布式供能系统是多联产清洁能源综合利用系统，能源在生产、输送、消费全过程中，不仅能源效率最佳化，而且污染物排放量最少化，是节能型和环保性供能系统。

（二）分布式供能系统内涵

（1）供能系统是小型的、模块化的、分散化的。分布式供能系统采用小型的多种能源形式，如容量小的可再生能源、新能源。模块化的系统在设计、安装、调试时十分方便，还可以布置在能源消费终端。

（2）供能系统可以建在具有能源需求的建筑物、建筑群，如居民小区、工业园区、科技园区、商业区等用户附近，大大减少能源输送损失，无须建设多级变电站、热力站等，避免或减少输配电成本，减少5%～8%的输电损失，减少8%～10%的供热输送损失。

（3）供能梯级利用供能系统，利用发电之后的余热实现供热、供冷，能源利用效率高，节省能源。通过在需求现场根据用户对能源的不同需求，实现“分配得当、各得所需，温度对口，梯级利用”式的供能系统，将输送环节的损耗降至最低，对能源“用光用尽”，从而实现能源利用效能、效益的最大化和最优化。由于分布式供能系统的高效率和输送低能耗使得在产生相同终端能量的情况下所消耗的燃料比传统的集中供能方式消耗的要少。

（4）分布式供能是以资源、环境和经济效益最大化为原则确定方式、容量和系统配置，根据终端能源利用效率最优化确定分布式能源系统的解决方案。分布式能源是将用户多种能源需求，以及资源配置状况进行系统整合优化，采用需求应对式设计和模块化配置的新型能源技术。

（5）分布式能源采用先进的能源转换技术，尽力减少污染物的排放，并使排放分散化，便于周边植被的吸收。同时，分布式能源利用其排放量小，排放密度低的优势，可以将主要污染排放物和温室气体实现资源化再利用，例如：向大棚排放气体肥料。

（6）分布式能源采用清洁能源燃料，大大减少了有害气体及废料的排放，二氧化硫、固体废弃物和污水的排放几乎为零，温室气体（CO_2）也较燃煤、燃气发电机组大大减少，同时，由于分布式供能系统的高效率和输送低能耗使得在产生相同终端能量的情况下所消耗的燃料比传统的集中供能方式消耗的要少，相应地降低了污染物的排放量及温室效应气体。

（7）供能系统启动灵活，可应对突发事件，安全性、可靠性高。

（8）供能系统可以使用可再生能源和蓄能设施，是资源综合利用系统。利用太阳能、生物质能、风能、海洋能等可再生能源、新能源、蓄能设施等组成的联合运行的综合性能源供给系统。分布式供能系统布置在需求侧的能源梯级利用。

（9）户用分布式能源系统的发展。近年来，随着户用分布式能源系统的发展（如屋顶太阳能光伏发电和燃料电池发电技术等），家庭已不再单纯是能源的消费者，同时也成为能源的生产者和销售者。有专家预计，正如个人微型计算机进入家庭，并逐渐取代巨型计算机的统治地位一样，在不远的将来，分布式能源有可能取代集中式能源，成为未来能源工业发展的主力军之一。

2014年，日本已经有超过10万个家庭利用燃料电池，实现户用分布式供能。日本计划2020年实现140万家庭，2030年530万台万家庭，利用户用分布式供能系统。

（三）分布式供能定义

1. 世界分布式能源联盟的定义

分布式供能系统是分布在用户终端的独立的各种设备及技术。即，高效的，功率在3kW～40MW热电联产系统，如燃气轮机，汽轮机、内燃机、燃料电池、微型燃气轮机、斯特林发动机；分布式可再生能源技术，风力发电、光伏发电、小水电和生物质能发电系统等。其内涵在于：提高能源利用效率，减少输配电损失，减少用户能源成本，减少燃料浪费，减少二氧化碳和其他污染物的排放。

2. 徐建中院士

中国科学院工程热物理学家徐建中院士最初给予的定义为：分布式供电是相对于传统的集中式供电方式而言的，是指将发电系统以小规模（数千瓦至50MW的小型模块式）。分散式的方式布置在用户附近，可独立地输出电、热或（和）冷能的系统。当今的分布式供电方式主要是指用液体或气体燃料的内燃机、微型燃气轮机和各种工程用的燃料电池。因其具有良好的环保性能，分布式供电与“小机组”已不是同一概念。

与常规的集中供能电站相比，分布式供能具有以下优势：没有或很低输配电损耗；无须建设变配电站，可避免或延缓增加的输配电成本；适合多种热电比的变化，系统可根据热或电的需求进行调节从而增加年设备利用小时；土建和安装成本低；各电站相互独立，用户可自行控制，不会发生大规模供电事故，供电的可靠性高；可进行遥控和监测区域电力质量和性能：非常适合对乡村、牧区、山区、发展中区域及商业区和居民区提供电力；大量减少了环保压力。

徐院士认为分布式供能系统的内涵在于：供能系统可以满足特殊用户的能源需求，分布式供能系统可以弥补大电网在安全、可靠性方面的不足，分布供能系统为多种能源互补的综合利用提供了可能，分布供能系统为可再生能源的利用开辟了新的方向。

3. 国家发改委文件

国家发展与改革委员会关于《分布式发电管理暂行办法》（发改能源〔2013〕1381号）中指出“分布式发电是指在用户所在场地或附近建设安装、运行方式以用户端自发自用为主、多余电量上网，且在配电网系统平衡调节为特征的发电设施或有电力输出的能量综合梯级利用多联供设施。”

“分布式发电应遵循因地制宜、清洁高效、分散布局、就近利用的原则，充分利用当地可再生能源和综合利用资源，替代和减少化石能源消费。”

4. 分布式供能联盟主席汤姆·卡斯顿

分布式供能联盟主席汤姆·卡斯顿曾说过“分布式能源的革命即将发生，就将像30年前发生的绿色革命一样产生深远的影响。而在这样一场革命中，最先认识到它的人将获得最大的收益”。随着新能源革命和智能电网的发展再次将分布式供能系统赋予更多的新意。

5. 分布式供能系统的展望

如上所述，作为科学能源利用的最佳方式——分布式供能系统是一种高效、环保、节能的用户端能源综合利用系统，分布式供能系统能源技术已经成为世界能源技术发展的潮流。

同时，风力发电、太阳能光伏发电、生物质能发电等可再生能源发电系统及蓄能系统，也是分布式能源的重要组成部分。目前，分布式能源的发展十分迅猛，在能源系统中的比例不断提高，正在给能源工业带来革命性的变化。

关于分布式供能的内涵包括多种多样，但是不同的定义都有相同的内容和特征。首先，分布式供能一定是一个用户端的或靠近用户端的能源利用设施，它必须是一个能源梯级利用或可再生能源综合利用的设施。分布式供能可以是绿色能源，它立足于现有的能源-资源配置条件和成熟的技术组合，追求资源利用效率的最大化，以减少中间环节损耗，达到降低对环境的负面影响。它是一个立足于用户现有条件和实际需求的综合行的能源转换设施。

因此，分布式供能不仅仅是指燃气轮机、燃气内燃机、微型燃气轮机、余热制冷机组等设备；也不仅包括：太阳能、太阳热、风电、小水电、微型抽水蓄能电站、燃料电池、热泵系统及各种蓄能装置等绿色能源设备；同时，也涵盖了传统方式的燃煤热电和资源综合利用的小火电设施，小型微型蒸汽轮机、热气机、压差发电机、柴油机等非常广泛应用的能源转换设备。

分布式供能系统依赖于最先进的信息技术，采用智能化监控、网络化群控和远程遥控技术，实现现场无人值守。同时，也依赖于能源服务公司、需求侧管理服务机制和能效电厂等节能机制为主体的能源社会化服务体系，实现运行管理的专业化，以保障各分布式能源系统的安全可靠运行。

（四）常规供能系统与热电联产系统

20世纪初以来电力行业认为，发电机组容量越大，则效率越高，单位千瓦投资越低，发电成本越低，因而发电行业的发展方向是“大机组、大型电厂和大电网”。但是大型发电厂远离用户，通过大型变电站、送电线路，不仅投资加大，而且电网损失也大，大容量机组大型发电厂虽然提高了效率，但往往输送损失大于提高了的效率，实际上发电效率并没有提高。

一般化石能源发电厂的效率只有33%～47.8%。而热电厂，可以利用余热实现热电联产（Cogeneration Heating Power，CHP）。我国大力发展热电联产，“十二五”期间，更为高效节能的热电联产方式将占到我国城镇集中供热比例的50%。随着工业化和城镇化快速发展，我国供热需求增长迅速，热电联产前景看好。预计“十三五”期间，北方供暖地区集中供热普及率将超过65%，其中热电联产占到一半。到2015年底，我国热电联产装机规模将达到25×10^4MW，占全国火电规划装机规模的30%左右。

热电联产是一种既发电又生产热能的能源利用形式，比热电分产的热效率提高30%以上。国家“十二五”规划纲要明确提出，发展清洁高效、大容量燃煤机组，优先发展大中城市、工业园区热电联产机组。

现在我国热电联产，目前发展主要受到以下因素制约：一是市场准入制度不完善，供暖供热管网多由政府管辖的热力公司经营，投资主体不够多元化，由供热企业直接供热到户的仅占30%；二是城市热网建设存在滞后性，热电机组的供热经济性发挥不佳；三是能源供给体制不合理各自为政，如东北某城市大型发电厂热电联产供热系统，5年之久供热出力迟迟发挥不了其供热能力，集中供热系统热力管网供热范围的热力用户，不接入热电厂供热系统，仍然由低效率、高污染的锅炉房供热。

同时，现在我国热电厂大部分是只在冬季实现热电联产，而夏季和其他季节，只能发电，达不到真正的热电联供，远远未能达到节能效果，热电联产供热全年平均运行小时数为2500～3500h，全年综合效率在50%～65%。而分布式供能系统是在全年运行小时超过4000～5000h，真正实现了冷、热、电联供。即在冬季余热将用于供热，在夏季余热用于热力制冷空调，全年余热用于热水供应，综合效率可达到70%～90%。

分布式供能系统实现了冷热电联供，能源从高品位到低品位，实现能源合理梯级利用，达到真正地节能减排的目的。

三、分布式能源系统的优势

1. 建设投资小

分布式供能系统的供能装置直接安装在用户附近，输电距离短，不需要建设高电压、超高压的输电电网远距离输送，无须建设变配电站。同时不用建设大管径远距离的供热管网。分布式供能系统简单，设备少，用地空间小，工程总投资小。

2. 安装容易快速投入运行

由于分布式供能系统规模小、容量小、设备数量少，采用了模块化的设计、制造，设备施工安装简便、容易，施工工期短，建设速度快，机组投入运行较快，机组灵活匹配能够实现快速启停。

燃气轮机热电联供系统从冷态启动，其中燃气轮机发电机组只需 40min 即可达到额定工况，余热锅炉由于升压速度的限制冷态启动时达到额定工况的速度较慢，而如果热态启动，整个系统 60min 内均能达到额定工况。

3. 设备用水量少，厂用电少

由于分布式供能系统采用气体作为能源供给的工质，除了供热余热锅炉用水生产蒸汽之外，不像汽轮机以蒸汽为工质，整个系统需要大量的软化水及循环冷却水。

分布式供能系统设备的厂用电率低于 2%，而热力发电厂厂用电率为 3.5%～9%。

4. 设备的先进性、安全性、可靠性

分布式供能系统采用以天然气燃料为主，其他燃料为备用的燃料供应系统，机组同时具备使用两种燃料的能力。

分布式供能系统的控制系统由就地控制、遥控自动控制系统及继电器控制系统组成。采用由充电蓄电池供应的 24V 直流电源，即使外界突然停电，也能保证机组安全停机。

分布式供能系统的保护功能齐全，如天然气压力过高、过低及泄漏，机罩内天然气浓度超标，机罩内起火报警 CO_2 自动灭火，备用燃料压力过低，熄火检测，机罩润滑油压力过低，排烟超温，余热锅炉水位过高、过低，余热锅炉压力过高，给水压力过低，发电机温度过高，前压过流、频率不稳，机组超速、超负荷，机组震动过大，轴承超温以及相关的联锁保护功能，保证系统始终处于安全工作状态。

分布式供能系统燃烧所需的燃料可以由燃料系统分别提供，空气由压缩机提供。其燃烧的特点是高温、高速，为了确保燃烧的稳定和充分以及受到燃烧透平材质的限制，燃烧必须严格控制。

5. 输送距离短，输送损失小

生产的电、热能不用远距离输送，直接接入用户，大大减少电力、热能的输送损失。一般城市电网输送损失 5%～8%，城市热网热能输送损失 8%～10%。分布式供能系统的输送损失可以忽略不计。

6. 电力调峰

分布式供能系统在电力高峰时期，可以缓解电网供电压力，均衡电网的电力负荷，能够承担电网的调峰作用。

7. 清洁能源生产，污染物排放少

由于燃料采用了清洁的能源，同时燃气轮机采用了低氮氧化物排放的燃烧技术，大大减少了有害物的排放，二氧化硫、固体废弃物和污水排放几乎为零，二氧化碳排放量减少 50%以上，NO_x 排放量减少 80%，TSP 排放量减少 95%，对改善城市环境起着重要的作用。

8. 系统运行安全性、可靠性高

分布式供能系统直接安装在用户附近，是独立的供能系统，用户可以根据自己的负荷需求进行调节、控制，并与电网配合，能够有效地降低电力负荷波动对电网的影响，减少发生严重事故的可能性，即使电网发生故障，用户不会受到影响，提高用户供电的安全性、可靠性，在电网崩溃和意外灾害（如地震、暴风雪、人为破坏、战争）情况下，可协助维持重要用户，如医院等供电。同时可作为企业备用电源。

9. 能源利用效率高

由于分布式供能系统实现了高品位的电能与低品位的热（冷）能的需求有效地统一，实现了能源的梯级利用，使能源综合效率进一步提高，能源效率高达70%～80%。

10. 可满足特殊场合的需求

可以满足对不适于大规模敷设电网的边远地区或海岛等分散的用户，对供电安全稳定性要求较高的特殊用户，满足能源需求多样化用户的能源需求。

11. 分布式供能系统应用范围广

分布式供能系统应用范围有宾馆、写字楼、学校、研究机构、银行金融大楼等，医院、疗养院，机场、火车站、码头等交通枢纽，商住开发区、商业小区、高档小区、别墅，工矿企业，洗浴、桑拿、娱乐设施，电能、热能输送困难的边远地区、海岛建筑物。

四、分布式供能系统主要市场

根据国家发展改革委关于《分布式发电管理暂行办法》（发改能源〔2013〕1381号）文件的规定，“发展分布式发电的领域包括：各类企业、工业园区、经济开发区等；政府机关和事业单位的建筑物或设施；文化、体育、医疗、教育、交通枢纽等公共建筑物或设施；商场、宾馆、写字楼等商业建筑物或设施；城市居民小区、住宅楼及独立的住宅建筑物）农村地区村庄和乡镇；偏远农牧区和海岛。”

我国城镇人口密度大，建筑群密度大，建筑能耗大。供暖负荷、冷负荷和电力等能源负荷大，有利于清洁能源和可再生能源市场的发展，尤其有利于实现分布式供能系统的发展。分布式供能系统应用是因为建筑物中有建筑能耗，建筑能耗指建筑物中的能源负荷，即电力、供暖、空调、热水供应的负荷。

分布式供能系统的主要市场包括：

1. 一栋建筑、单独住宅、别墅、家庭等分布式供能系统

国外已经开始使用300、100kW的分布式供能系统用于办公楼、商业建筑等一栋建筑的冷、热、电分布式供能系统，也开始使用1、3kW等家庭用分布式供能系统，如日本2014年家庭用燃料电池供能系统家庭10万台机组在运行中，计划2030年燃料电池供能系统家庭普及率达到10%，实现530万台的目标。

2. 建筑小区分布式供能系统

已建成小区或新建小区分布式供能系统，为各类区内建筑提供供暖、热水供应、空调、电力，建筑小区分布式供能系统比起单独建筑分布式供能系统更具有优点，电力、冷、热能源用热时间、同时使用性方面更有互补性，能够更好地提高能源利用效率及投资回收等。

3. 大型商业、办公建筑分布式供能系统

大型商场、宾馆、大型写字楼、高档公寓等冷热电负荷大，负荷利用小时大，一般能源价格也高，使用分布式供能系统不仅降低能耗，而且能够提高用户经济效益。

4. 公共建筑分布式供能系统

城镇公共建筑如医院、大学、政府办公大楼、机场、体育场及健身体育休闲中心等冷热电负荷集中区，各种能源使用时间接近，便于统一管理和控制。

5. 各类工业园区、科技开发园区

各类工业园区、科技开发园区热力电力负荷较大，同时负荷集中，并对区域环境要求较高，分布式供能系统不仅达到节能目的，而且能够解决环境污染的问题。

第二节　世界各国分布式供能系统发展

分布式供能系统具有多重经济效益及社会效益，是世界能源供应方式发展的一个重要方向。美、日、欧洲等国已经将分布式供能系统作为能源安全、节能和能源经济发展的重要战略。美、日、欧洲等国在先进的分布式发电基础上推动智能电网建设，为各种分布式供能系统提供自由接入的动态平台；为节能和需求侧管理提供智能化控制平台；为高效利用天然气冷热电联供梯级利用提供条件；因地制宜地利用小水电资源、生物质资源即可再生能源；为清洁回收利用各种废弃的资源能源来增加电力和其他能量供应提供支撑。

美、日、欧洲等国目前很少建设大型火力发电厂，正是这些依附于用户终端市场的能源梯级利用系统、可再生能源系统和资源综合利用系统，将他们的能源利用效率不断提高，排放不断减少，能源结构不断优化。

在欧盟，欧洲委员会正在进行一个 SAVE II 的能效行动计划，包含许多不同的能效措施，来推动分布式能源系统的发展。

多年来，英国政府一直试图通过能源效率最佳方案计划（Energy Efficiency Best Program Plan，EEBPP）促进分布式能源系统的发展。英国在过去 20 年中，已安装了超过 1000 个分布式能源系统，分布于饭店、休闲中心、医院、大学、园艺、机场、公共建筑、商业建筑、购物中心及其他场所。

一、美国分布式供能系统的发展

（一）发展现状

分布式能源的概念最早起源于美国，起初的目的是通过用户端的发电装置，保障电力安全，利用应急发电机并网供电，以保持电网安全的多元化。经过发展，分布式能源已作为美国政府节能减排的重要抓手。

美国从 1978 年开始提倡发展分布式能源系统，美国能源部（U. S. DOE）计划全国共同努力发展下一代清洁、高效、可靠、用户能够买得起的分布式供能系统。与能源设备制造商、能源服务公司、能源项目开发者、州政府和联邦机构、公众利益组织、用户进行合作，研究、开发一系列先进的、能够进行就地生产的、小规模、模块化设计的发电、储能技术，用于工业、商业和民用方面，这些技术包括先进的燃气轮机、微型燃气轮机、内燃机、燃料电池、热驱动技术和能量储存技术，同时也进行先进的材料、电力电子、复合系统及通信、控制系统等方面技术的开发。美国能源部提出2020年的长期目标，通过最大限度地使用具有良好成本效益的分布式能源系统，使美国的电能生产和输送系统成为世界上最清洁、最有效、最可靠的系统。

自开发分布式能源系统以来，截至2011年，美国分布式能源站已有6000多座，总装机超过9000×10^4kW。美国政府计划至2020年将有50%以上的新建办公或商用建筑采用冷热电联供系统（Combined Cooling Heating Power，CCHP）供能模式，15%的现有建筑供能转型完成。美国分布式发电量占国内总发电量的14%左右，以天然气CCHP为主（占总发电量的4.1%），其他包括中小水能、太阳能、风能等。

美国推广冷热电三联供分布式能源系统规划，达到节约能源、改善环境，增加电力供应等综合效益的目的。在规划中提倡增加综合利用多项技术，如燃气轮机、微型燃气轮机、内燃机、燃料电池、吸收式制冷机及热泵、干燥即热回收系统，电动及蒸汽驱动热泵、蓄热及热输送系统以及控制及其集成技术，满足建筑物的电力、热能的需求。

美国分布式供能系统，主要以内燃机为主，应用于小型规模的热电联产项目，约46%的项目采用了内燃机组，但装机容量比例只占有2%左右。从装机容量上来说，以燃气-蒸汽联合循环的项目约占53%，主要应用于大规模以及超大规模的项目，而简单循环项目则更多应用在中小型项目中。据美国能源部数据统计，从1998年到2006年，美国分布式热电联供规模翻了一番，装机容量从4600×10^4kW增加到8000×10^4kW，占全国总装机容量的7.0%。分布式发电站数量达到6000多座，年发电量1600×10^8kW时，占总发电量的4.1%。其中，以天然气为原料的热电联供装机容量达到6180×10^4kW，占热电联产总装机容量的73%；天然气项目占热电联产总数量的69%。截至2010年，美国热电联产总装机容量达8400×10^4kW还多。

电网接入依然是美国分布式供能系统的主要障碍之一，美国对分布式发电并网没有强制性标准，各个州的支持力度和政策也不同，其中明确提出支持的州政府有加利福尼亚州、纽约州和北卡州，这3个州分布式热电联产发展的相对较好，加州、纽约州及德克萨斯州解除了并网的障碍，减免了备用电源的收费等。但部分中部地区州政府没有明确的支持分布式发电，发电并网也非常困难，办理并网周期长，且电网收取费用较高，导致这些区域的分布式供能系统发展缓慢。

美国热电联产所发电力接入电网的技术性障碍基本已得到解决，真正阻碍分布式供能事业发展的障碍是政策法规滞后。修改和完善法律法规，进一步打破电力公司利用并网标准限制，保证分布式供能的并网权，是美国政府下一步需要解决的问题。目前，加利福尼亚州制定了州一级的电网接入标准，为热电联产厂获得与传统电厂平等的电网接入提供了保证，标准为并网需求的电厂提供了相对便捷的操作程序。

目前美国小型燃机分布式供能系统安装台数主要设备内燃机以1000kW为主，燃气轮机以1000～5000kW为主。

美国分布式功能系统还包括小型风力发电、光伏发电、生物质发电等各种可再生能源发电系统。

（二）发展前景及目标

按照“分布式发电2020年纲领”目标，到2020年，在美国分布式发电将成为商用建筑高效使用矿物能源的典范，通过能源系统的调整，将极大地推动经济增长和提高居民生活质量，同时最大限度地降低污染物的排放量。

根据 EIA《美国 2011 能源展望》的分析：在基准政策情景中，商业用分布式发电装机容量从 2009 年的 190×10^4kW 增长到 2035 年的 680×10^4kW。在强化政策情况中，2035 年分布式发电装机容量将增长至 980×10^4kW。在 2035 年，强化政策情景中可再生能源占所有商业分布式发电的 50%，而基准政策情景中可再生能源占比小于 35%。

预计可再生能源发电的装机容量从 2009 年的 470×10^4kW 增加到 2035 年 10000×10^4kW，其中增长幅度最大的是风电装机容量。太阳能发电装机容量占可再生能源发电装机的比例将从 2009 的 2%增至 2035 年的 5%，发电量将从 2009 年 23×10^8kW 时提高到 2035 年 168×10^8kW 时。生物质发电的装机容量将从 2009 年 700×10^4kW 增加到 2035 年的 2×10^4kW，在可再生能源电力中的占比从 15%提高到 20%。

目前，美国能源部认为美国分布式发展的潜力还有（11000～15000）$\times10^4$kW，其中工业领域热电联产系统（Cogeneration Heating Power，CHP）潜力为（7000～9000）$\times10^4$kW，商业及民用领域 CHP 潜力为（4000～6000）$\times10^4$kW。

总之，美国 2020 年的长期目标是通过最大限度地使用具有良好成本效益的分布式能源系统，使美国的电能生产和输送系统成为世界上最洁净、最有效、最可靠的系统。

目前美国小型燃机分布式供能系统安装台数为 874 套，总容量为 1439.1MW。主要设备内燃机以 1000kW 为主，燃气轮机以 1000～5000kW 为主。美国分布式供能系统安装台数及其总容量见表 2-2。

表 2-2　美国分布式供能系统安装台数与容量

序号	容量范围（MW）	燃气轮机		内燃机	
		容量（MW）	台数	容量（MW）	台数
1	0～0.99	15.38	20	95.09	662
2	1～4.9	118.21	42	182.02	83
3	5～9.9	97.48	16	95.80	16
4	10～14.9	139.37	11	86.60	7
5	5～14.91	31.78	2	—	—
6	20～29.9	130.20	5	46.30	2
7	30～49.9	244.90	6	—	—
8	50～74.90	—	—	—	—
9	75～99.90	156	2	—	—
10	总计	939.29	104	505.80	770

美国分布式供能系统安装建筑物及其容量见表 2-3。

表 2-3　美国分布式供能系统安装建筑物与容量

序号	建筑物分类	燃气轮机		内燃机	
		容量（MW）	台数	容量（MW）	台数
1	物流中心	56	2	5.37	4
2	机场	14	1	5.76	4

续表

序号	建筑物分类	燃气轮机		内燃机	
		容量（MW）	台数	容量（MW）	台数
3	污水处理厂	49.4	1	91.53	25
4	垃圾焚烧厂	—	—	58	2
5	集中供热	18.75	2	36.53	10
6	商铺	—	—	1.38	10
7	饮食业	—	—	1.21	12
8	写字楼	56.39	12	57.14	34
9	住宅	—	—	24.35	95
10	旅馆业	8.05	4	21.01	77
11	洗衣店	—	—	3.2	76
12	洗车场	—	—	0.31	6
13	体育中心	0.11	1	14.39	82
14	保育设施	—	—	9.45	71
15	医院	96.72	30	95	86
16	学校	0.06	1	13.97	104
17	大学	—	—	3.79	2
18	政府机关	21.7	7	12.55	12
19	教养所	48.8	4	7.86	9
20	总计	933.29	104	505.81	770

二、日本分布式供能系统的发展

（一）日本分布式供能系统的发展现状

日本根据本国的自然资源情况，积极发展可再生能源、分布式供能系统，并通过优化确定分布式供能系统的“岛”运行方案，并积极推广家用，单体建筑用小型分布式供能系统。建设氢能村庄试验基地，整个村庄利用氢气，实现供电、供热、空调等能源供给。

2011 年东日本大地震后，日本政府开始关注分布式供能在安全、安心方面的作用，将可再生能源利用、能源安全性提供、节能减排管理与交通运输能源多样化相结合，积极引导热电联产系统向建设智能社区的方向发展，打造以热电联供为中心的智能社会。

截至 2010 年，日本全国累计投产热电联供系统 940×10^4kW（其中天然气热电联产系统达到 450×10^4kW），每年新增装机在 $(40\sim50)\times10^4$kW，2008 年因燃料价格上涨和美国次债危机影响稍有缓慢。

日本热电供系统发电装机容量以燃气轮机为主，约占 43%，燃气内燃机占比 25%，柴油发动机占比 31%。

在总装机容量中，以天然气为燃料的系统占 48%，重油占 33%，其他包括 LPG、生物质气体、其他油类等。

日本分布式能源发展规划提出构筑地区自立型能源系统，要引进分散式电源，推广灵活节能、以可再生能源、蓄电池、燃气为主的热电联供系统，建设智能社区。日本将召开新一届能源一环境会议提出，在追求经济效率、环境友好策略的基础上，融入安全和安心的要求，重点措施包括降低对核能的依赖和推广分散式电源系统。

（二）日本分布式能源项目补贴措施

经济产业省：补助高效燃气热电联供设备费1/3；2011年，对新建自备发电设备补助1/3，重新启动设备的燃料费补助1/3；对民用燃料电池的设备投入补助1/2。

环境省：2011年，对医疗机关的燃气热电联供设备投资补助1/2。

国土交通省：对民用住宅、建筑物的CO_2减排设备投入补助1/2。

地方自治团体：东京都自家发电设备引进费用补助事业——对中小型企业热电联供设备投入补助1/2或2/3，东京都医疗机关自家发电设备完善事业——对医院自备电站设备投入补助2/3，大阪府热电联供设备燃料费紧急补助事业——对作废的热电联供系统再启动给予燃料费用补贴1/2。

（三）发展现状

日本能源资源匮乏，本国能源供应不足，主要一次能源基本需要进口。因此，日本对可再生能源的重视程度高于其他国家。为了减少对能源进口的依赖，日本大力开发热电联产分布式发电和可再生能源发电。1980年，日本政府将可再生能源作为本国能源发展重点，1994年，日本政府根据本国的自然资源情况制定了“新能源计划”，积极发展可再生能源。日本在开发推广分布式发电系统时十分重视其与大电网的关系，制定了《分布式电源并网技术导则》，以促进分布式发电与电网的协调发展。

日本早在20世纪60年代末即大力推动燃气空调发展，燃气空调占据了中央空调市场的85%以上。随着技术的开发和政策方面的鼓励，日本天然气热电冷联供系统的数量从1989年开始迅速增长。截至2000年底，已建热电（冷）系统共1413个，平均容量477kW。

日本分布式供能系统总装机容量约为3600×10^4kW，占全国的13.4%，至2000年底已建立分布式CHP系统1400多个。截至2006年底，用户光伏系统安装累积容量达到125.4×10^4kW，为全球第一。截至2011年3月，日本国内分布式供能系统总装机规模已经超过940×10^4kW，总数超过8500项，其中以天然气为燃料的热电联产系统占主要部分，约占总规模的48%，分布式能源占能源总比重已达14%。日本计划在2030年前分布式供能系统发电量将占总电力供应的20%。

总之，日本的分布式发电以热电联产和太阳能光伏发电为主，截至2012年，总装机容量约为3600×10^4kW，占全国发电总装机容量13.4%。其中商业分布式发电项目6319个，主要用于医院、饭店、公共休闲娱乐设施等；工业分布式发电项目7473个，主要用于化工、制造业、电力、钢铁等行业。

（四）发展前景及目标

日本政府在2003年出台的《能源总体规划设计》中就系统阐述了发展、普及使用分布式能源燃料电池、热电联产、太阳能发电、风力、生物质能和垃圾发电的目标。

日本经济贸易产业省（METI）预计到2030年日本热电联产装机容量将可能达到1630×10^4kW，接近2006年的2倍。据国际分布式能源联盟（WADE）对日本能源供需前景的预测，到2030年日本分布式发电比重将达到总发电量的20%。

三、欧洲分布式供能系统的发展

欧洲煤炭、石油、天然气资源比较匮乏，化石能源依赖国外，欧洲国家的能源发展呈现出多样性。法国以核能为主，东欧天然气比较多，北欧风能为主，德国在大力发展太阳能，但总体来看欧洲国家在规划以可再生能源为主要能源的发展目标，以减少对俄罗斯等外部国家的能源依赖。欧洲的能源结构体系特点是能源高效经济利用和可持续发展为主，大力推广可再生分布式能源的利用，优化能源结构。

据1997年资料统计，欧盟拥有9000多台分布式热电联供机组，占欧盟总装机容量的13%，其中工业系统中的分布式热电联产装机总量超过33GW，约占热电联产总装机容量的45%，欧盟决定2010年将其热电联产的比例增加一倍，提高到总发电比例的18%。

1. 德国

德国分布式供能系统在欧洲占有领先的地位，其中以天然气为燃料的分布式供能系统也占有相当的比例。截至2013年2月底德国光伏发电装机32870MW，居世界第一，其中大部分是分布式发电。德国政策支持比较复杂，体现在多方面，一是在热电联供法案中规定，分布式供能系统向公共电网售电实行“优先价格法”：小型热电联供设备（<50kW）在投入运行后的10年内，每度电依法享受5.11欧分的补贴。除此之外，由于分布式供能系统节省了输电费用，每度电奖励0.15～0.55欧分。二是在能源税法中规定，只要能够表明CHP（热电联供）每年能效超过70%，就可以享受退税优惠，每度电为0.55欧分。三是为加快市场引入50kW的CHP设备，出台了刺激计划，环境部将在10年期间提供400万欧元的财政支持。该计划采取分级基础性资助方法，对最初的4kW发电量，实行1550欧元/kW的补贴，对25～50kW范围的补贴为50欧元/kW。另外，设备符合NO_x和CO_2的排放标准，还可以获得奖励性资助。按德国《可再生能源法》规定，新建大楼必须使用部分可再生能源热电联供，可以视同可再生能源供热。德国的热电厂也可以适用《可再生能源法》规定的优惠政策。其中，使用沼气的热电厂适用于清洁能源补偿机制。随后，德国政府把热电联供纳入城市发展规划，继续加大发电环保税免税政策。

2. 法国

法国对热电联产项目的初始投资给予15%的政府补贴。英国免除气候变化税、免除商务税、高质量的热电联产项目可申请政府采用节约能源技术项目的补贴金。荷兰建立热电联产促进机构，热电联产的发电量优先上网。

3. 丹麦

丹麦政府从1999年开始进行电力改革，是目前世界上DES推广力度最大的国家，其占有率在整个能源系统中接近40%，占电力市场的比例已达到53%，2010年丹麦政府宣布铺设全球最长的智能化电网基础设施。

丹麦80%以上的区域供热能源采用热电联产方式产生。丹麦分布式发电量超过全部发电量的50%，分散接入低电压配电网的风电总装机容量有300×10^4kW。从20世纪80年代开始，丹麦风电装机容量迅速增加，截至2010年，丹麦风电新累计装机容量达到375.2×10^4kW，风力发电接入电网的比率高达20%。

4. 英国

英国与丹麦相同，1999年开始逐步开放电力市场，分布式发电政策的制定更多地着眼于环保，特别是气候的变化影响。除了支持可再生能源的政策，还有许多支持CHP发展的政策。英国对CHP所用燃料免收气候变化税，免收企业的商业税，对现代化的供热系统提供支持。

5. 荷兰

荷兰的大多数分布式发电厂是配电方和工业联合投资的，电力市场自由化加强了竞争。通过一些早期的激励政策，荷兰的CHP发电量迅速上升，包括政府投资津贴、发电公司购电义务、天然气优惠价等。2000年，荷兰采取新一轮的措施来解决CHP机组面临的财政困难问题，包括增加能源投资补贴、免收管制能源税和相应的财政支持等。

欧洲各国燃机分布式供能情况见表2-4。

表2-4　欧洲各国燃机分布式供能情况

序号	国家	装机容量（MW）	供电量（GWh）
1	奥地利	3690	15410
2	比利时	1341	6330
3	丹麦	7894	23849
4	芬兰	4040	19757
5	法国	5556	21067
6	德国	18751	58317
7	希腊	316	1488
8	意大利	10665	42043
9	卢森堡	71	291
10	冰岛	122	632
11	荷兰	7873	39780
12	葡萄牙	903	4528
13	西班牙	4546	24558
14	瑞典	3131	14844
15	保加利亚	1246	4807
16	英国	4632	23295
17	捷克	2741	12213
18	爱沙尼亚	434	1584
19	匈牙利	1226	5011

第三节　中国分布式供能系统的发展

一、中国分布式供能系统发展概况

我国通过电力体制改革，政府职能与企业职能的分离，建立发电企业市场竞争机制，为分布式供能系统的发展奠定了坚实的基础。《国家中长期科学和技术发展计划纲领》中指出，将分布式供能系统技术作为与氢能、核能等并列的4项能源领域的前沿技术。2011年10月四部委的《发展天然气分布式能源指导意见》指出“十二五”期间我国将建设1000个左右天然气分布式供能项目，2015年前完成天然气分布式供能系统主要技术装备研制。通过示范工程应用，将装机规模达到5000MW，解决分布式供能系统集成，装备自主率达到60%；当装机规模达到1×10^4MW，基本解决中小型、微型燃气轮机等核心装备自主制造，装备自主化率达到90%。到2020年，在全国规模以上城市推广使用分布式供能系统，装机规模将达到5×10^4MW，初步实现分布式供能系统装备产业化。

2011年11月11日国际分布式能源联盟（WADE）宣布在中国成立分支机构，并举行了“WADE中国”启动揭牌仪式，并发表了《分布式能源在中国的潜力》白皮书（摘要）。分布式供能未来10年市场规模将超过2000亿元，其中各类燃机1500亿元，余热锅炉约250亿元。

中国科学院工程物理研究所从事分布式冷热电联供系统研究已经20多年，“十一五”期间部署了分布式供能系统专题重点研究，在分布式冷热电联供系统集成与设计、燃气轮机和余热利用装置等关键技术及设备研发、系统运行与控制等方面展开了深入研究，整体处于国内领先水平，部分研究达到了国际先进水平。目前已完成国家“973”项目多能源互补的分布式冷热电系统基础研究，两项“863”目标导向性分布式供能系统项目示范研究。

我国分布式供能系统的发展还处于初期阶段，有巨大的分布式供能系统发展潜力，随着经济发展，人民生活水平的不断提高，用能需求的不断增长将成为中国分布式供能系统发展的主要动力。特别是我国的城镇化建设将为分布式供能系统的应用提供巨大市场。

二、中国分布式供能系统发展形势

（一）推动分布式供能系统发展的政策指导

（1）2011年10月，四部委的《发展天然气分布式能源指导意见》指出“十二五”期间我国将建设1000个左右天然气分布式供能项目，2015年前完成天然气分布式供能系统主要技术装备研制。

（2）2013年7月，国家发展改革委关于《分布式发电管理暂行办法》(发改能源〔2013〕1381号）中，明确规定了分布式供能系统的意义、要求及管理办法等。

（3）为推动分布式供能系统发展国家和地方有关部门颁布了文件：

1）2005年2月28日公布了中华人民共和国主席令第三十三号《中华人民共和国可再生能源法》。

2）2007年发布了主席令第七十七号《中华人民共和国节约能源法（2007修订)》。

3）2011年5月国家能源局综合司法了关于分布式发电管理办法征求意见稿的函（国能综新能〔2011〕55号)。

4）2013年11月18日国家能源局发布了《分布式光伏发电项目管理暂行办法》。

5）2016年5月国家发改委、国家能源局最近发布的《能源技术革命创新行动计划(2016～2030年)》中明确：“要重点发展分布式能源、电力储能、工业节能、建筑节能、交通节能、智能电网、能源互联网等技术。”

（二）制定了有关标准规范

为了分布式供能系统进一步规范标准化，编制了有关技术标准及规范。

分布式供能系统技术是未来世界能源技术的重要发展方向，分布式能源与公用电网或集中供热热网等基础设施是相互依存和支撑的关系。今后，随着我国分布式能源数量的增多和总容量的逐步扩大，智能电网将成为分布式能源与公用设施间必不可少的纽带。“十二五”期间，分布式供能系统将成为我国智能电网建设提供重要的技术支撑。

分布式供能产业发展成败有赖于咨询、系统集成设计、项目管理、检测、评估、认证、融资等各个环节的支撑，建设标准化、信息化、合作交流、培训服务平台，促进能源服务公司（Energy Service Companies，ESCO）多样化、专业化发展是未来的必然选择。

近几年国家针对分布式供能系统发展制定了一系列规范标准，例如：

（1）国家行业标准《燃气冷热电三联供工程技术规程》（CJJ 145—2010）；

（2）电力行业标准《燃气分布式供能站设计规范》（DL/T 5508—2015）；

（3）上海市工程建设标准《分布式供能系统工程技术规程》（DG/TJ 08-115—2008）；

（4）国家标准《可再生能源建筑应用工程评价标准》（GB/T 50801—2013）。

（5）国家能源行业标准：

《分布式电源接入配电网技术规定》（NB/T 32015—2013）；

《光伏发电站逆变器防孤岛效应检测技术规程》（NB/T 32010—2013）；

《分布式电源接入电网测试技术规范》（NB/T 33011—2014）；

《分布式电源接入电网监控系统功能规范》（NB/T 33012—2014）；

《分布式电源孤岛运行控制规范》（NB/T 33013—2014）。

（6）国家电网企业标准：

《分布式电源接入电网技术规定》（Q/GDW 480—2010）；

《分布式电源调度运行管理规范》（Q/GDW 11271—2014）；

《分布式电源涉网保护技术规范》（Q/CDW 11198—2014）；

《接入分布式电源的配电网继电保护和安全自动装置技术规范》（Q/CDW 11120—2014）；

……

（三）电力体制改革

2015年3月，中共中央国务院下发的《关于进一步深化电力体制改革的若干意见》，在意见中对分布式供能系统做了明确规定；开放电网公平接入，建立分布式电源发展新机制。

1. 积极发展分布式电源

分布式电源主要采用“自发自用、余量上网、电网调节”的运营模式，在确保安全的前提下，积极发展融合先进储能技术、信息技术的微电网和智能电网技术，提高系统消纳能力和能源利用效率。

2. 完善并网运行服务

加快修订和完善接入电网的技术标准、工程规范和相关管理办法，支持新能源、可再生能源、节能降耗和资源综合利用机组上网，积极推进新能源和可再生能源发电与其他电源、电网的有效衔接，依照规划认真落实可再生能源发电保障性收购制度，解决好无歧视、无障碍上网问题。加快制定完善新能源和可再生能源研发、制造、组装、并网、维护、改造等环节的国家技术标准。

3. 加强和规范自备电厂监督管理

规范自备电厂准入标准，自备电厂的建设和运行应符合国家能源产业政策和电力规划布局要求，严格执行国家节能和环保排放标准，公平承担社会责任，履行相应的调峰义务。拥有自备电厂的企业应按规定承担与自备电厂产业政策相符合的政府性基金、政策性交叉补贴和系统备用费。完善和规范余热、余压、余气、瓦斯抽排等资源综合利用类自备电厂支持政策。规范现有自备电厂成为合格市场主体，允许在公平承担发电企业社会责任的条件下参与电力市场交易。

4. 全面放开用户侧分布式电源市场

积极开展分布式电源项目的各类试点和示范。放开用户侧分布式电源建设，支持企业、机构、社区和家庭根据各自条件，因地制宜投资建设太阳能、风能、生物质能发电及燃气“热电冷”联产等各类分布式电源，准许接入各电压等级的配电网络和终端用电系统。鼓励专业化能源服务公司与用户合作或以“合同能源管理”模式建设分布式电源。

《关于进一步深化电力体制改革的若干意见》正式拉开了大规模能源体制改革的大幕，此次改革从根本上扫除分布式能源项目推进中遭遇的并网难等主要障碍。

（四）示范工程项目促进分布式供能系统发展

经济发展带动能源变革的发展。尤其在长三角、珠三角、京津冀经济发展区域，我国已布局很多具有示范意义的分布式供能系统。国内近几年建成的分布式供能系统主要项目见表 2-5。

表 2-5　　我国近几年建成的分布式供能系统主要项目

序号	项目名称	主要技术参数	主要设备	用户	建设时间
1	次渠城市接收站	容量 80kW	微燃机		2003 年
2	北京燃气集团指挥调度中心	(7125+480)kW	燃机		2004 年
3	清华大学超低能示范楼	1×70kW	内燃机		2005 年
4	1000m^{2}仪表车间分布式供能系统	发电量 30kW 供热量 134kW 制冷量 141kW 并网不上网运行	1×C30 微燃机 1 台 Yazaki 余热补燃空调控制系统	上海飞奥燃气设备有限公司	2006 年
5	污水处理厂沼气利用项目	发电量 60kW	2×C30 微燃机 气体处理设备	香港环境集团	2007 年
6	秸秆气化气利用热电联供示范	发电量 30kW 供热量 65kW	1×C30 微燃机 气体处理装置	南京工业大学	2007 年
7	北京会议中心	2×525kW	2 台内燃机		2008 年
8	文津国际大厦	2×1160kW	2 台内燃机		2008 年
9	700m^{2}办公楼分布式供能系统	发电量 65kW 供热量 134kW 制冷量 141kW 并网不上网运行	1×C65 微燃机 1 台 Yazaki 余热补燃空调控制系统	上海燃气集团市北公司	2008 年
10	北京京丰宾馆	900kW	内燃机		2008 年

续表

序号	项目名称	主要技术参数	主要设备	用户	建设时间
11	电网分布式供能系统	发电量 600kW 供热量 800kW 并网上网运行	3×C200 微燃机 3 台余热不补燃空调	南方电网佛山 供电局	2009 年
12	7000m^{2}办公楼分布式 供能系统	发电量 390kW 供热量 560kW 制冷量 840kW 并网不上网运行	6×C65 微燃机 1 台余热补燃空调 控制系统	杭州市燃气集团 有限公司	2009 年
13	能源中心分布式 供能系统	发电量 200kW 供热量 268kW 制冷量 282kW 并网不上网运行 负载自动追踪	1×C200 微燃机 2 台 Yazaki 烟气补燃 空调控制系统	上海申能（集团） 有限公司	2010 年
14	柴油机生产线 工艺干燥 热电联供系统	发电量 130kW 供热 20kW 并网不上网运行	2×C65 微燃机 控制系统	玉柴联合动力 股份有限公司	2010 年
15	综合体育馆 分布式供能系统	发电量 95kW 供热量 268kW 制冷量 282kW 热水 70kW 并网不上网运行	1×C30＋1×C65 微燃机 2 台 Yazaki 余热补燃 空调控制系统	中国航天科 工集团 第三研究院	2010 年
16	医院热电联 供能系统	发电量 195kW 供热 360kW 并网不上网/孤网运行	3×C65ICHP 微燃机 控制系统	上海第一 人民医院	2011 年
17	小型区域分布式 供能系统	发电量 2400kW 供热量 12MW 制冷量 19MW	2×1000kW 发电机组 2×1942kW 余热 补燃空调	上海国际汽车城 发展有限公司	2011 年
18	宾馆分布式 供能系统	发电量 130kW 供热水 120t/d 并网不上网运行	2×C65 微燃机热电联 供一体机控制系统	上海航天大厦 酒店管理公司	2011 年
19	大学微网分布式 供能系统	发电量 30kW 制冷 56kW	1×C30 微燃机 1 台制冷机	天津大学	2011 年
20	创业大厦分布式 供能系统	发电量 400kW 制冷 633kW 制热 530kW	2×C200 微燃机 1 台 制冷机	辽宁东戴河 新区管委会	2011 年
21	梅林大厦分布式 能源供应系统	发电量 865kW 制冷 1349kW 制热 314kW 制生活热水 2t/h	4×C200 微燃机 1 台 C65ICHP 控制系统 1 台空调机	深圳燃气集团	2012 年

续表

序号	项目名称	主要技术参数	主要设备	用户	建设时间
22	上海国际旅游度假区分布式供能系统一期	发电量 22005kW 制冷 19655kW 制热 19655kW	5 台 GE 颜巴赫 JMS6 24 GS-N. L 内燃机、 5 台余热型溴冷机组	上海国际旅游度假区	2013 年
23	中石油数据中心分布式能源站	发电量 16745kW 制冷 15000kW 制热 12750kW 热水 8200kW	5×3.3MW 内燃机 5 台烟气热水补燃型溴化锂冷热水机组 2×4.2MW 真空热水锅炉	中石油数据中心	2013 年
24	上海科技大学分布式供能系统	发电量 13.2MW 制冷 35.94MW 制热 19.16MW 热水 2.98MW	3×4.4MW 内燃机 3×3.8MW 级烟气热水型溴化锂制冷机 3×7.7MW/2×1.7MW 电制冷机组 3×3.5MW 真空锅炉 105kW 太阳能热水器	上海科技大学	2015 年
25	东莞宏达工业园分布式供能系统	发电量 1116kW 制冷 1087kW 热水 50kW 除湿 90kW	内燃机 烟气热水型冷水机组 全余热驱动吸收式除湿机组	宏达工业园	
26	中关村软件广场	发电量 1180kW 制冷 3489kW 热 2690kW 并网不上网	1×1200kW 燃气轮机 补燃式余热直燃机	中关村软件广场	

国内部分分布式能源项目的投资和运营模式见表 2-6。

表 2-6　　国内主要天然气分布式能源项目投资及运营模式表

序号	项目地点	设备情况	投资方	运营方	运营模式
1	北京市燃气集团监控中心	1 台 480kW+1 台 725kW 燃气内燃机 1 台 BZ100 型+1 台 BZ200 型余热直燃机	北京燃气集团	北京恩耐特公司	委托运营
2	北京次渠站综合楼	1 台 80kW 宝曼燃气微燃机 1 台 83.68 万 kJ 余热直燃机			
3	中关村软件广场	1 台 1200kW Solar 燃气轮机 1 台 1046 万 kJ 余热直燃机	中关村软件园	中关村软件园	独立投资 独立运营
4	清华大学外燃机热电联产示范项目	斯特林发电机功率 20kW 供热功率 35.5kW	清华大学	清华大学	独立投资 独立运营
5	北京国际贸易中心三期工程	2 台 4000kW Solar 人马 40 燃气轮机 2 台 20T/H 再燃余热锅炉			
6	北京高碑店污水处理厂沼气热电站	一期：4 台 6GTLB 型沼气内燃机 513kW 二期：3 台 JMS316GS-B、L 沼气内燃机 710kW	污水处理厂	污水处理厂发电班组	独立投资 独立运营

续表

序号	项目地点	设备情况	投资方	运营方	运营模式
7	北京中国科技促进大厦	4台80kW宝曼微型燃气轮机 2台远大Ⅶ型余热溴化锂空调机			独立投资 独立运营
8	上海黄浦中心医院	1台1000kW Solar土星20、柴油燃气轮机、1台3.5t/h余热蒸气锅炉	上海黄浦中心医院	上海黄浦中心医院	
9	上海理工大学	1台60kW Capstone燃气微燃机 1台62.76万kJ余热直燃机	上海理工大学	上海理工大学	独立投资 独立运营
10	上海舒雅健康休闲中心	2台往复式内燃机HIW-260型168kW和余热锅炉2台供65℃热水	上海舒雅健康休闲中心	上海舒雅健康休闲中心	独立投资 独立运营
11	上海航天大厦酒店管理有限公司	2台65kW Capstone	上海航天大厦酒店管理有限公司	上海航天大厦酒店管理有限公司	独立投资 独立运营
12	上海虹桥商务核心区	8×1400kW机组 远大燃气热水型 吸收式制冷机组	上海虹桥商务区新能源投资发展有限公司	上海虹桥商务区新能源投资发展有限公司	独立投资 独立运营
13	上海第一人民医院（松江南院）	3台C65-ICHP Capstone燃气微燃机	上海第一人民医院	上海第一人民医院	独立投资 独立运营
14	上海申能集团	1台200kW Capstone	上海申能集团	上海申能集团	独立投资 独立运营
15	上海交通大学	2台C30 Capstone燃气微燃机 双良烟气补燃型吸收式制冷机组	上海交通大学	上海交通大学	独立投资 独立运营
16	中国船舶711研究所	Capstone内燃机、MDE微燃机、齐耀外燃机共783kW			
17	上海天庭大酒店	357kW内燃机， 德国设备ME3042-L1	上海天庭大酒店	上海天庭大酒店	独立投资 独立运营
18	上海莘庄工业园区	2台60MW-LM6000PF Sprint	中国华电新能源发展有限公司	上海华电闵行能源有限公司	能源服务公司
19	广州大学城	2×78MW-FT8-3型燃气轮机 武汉汽轮机厂 中船重工703所双压无补燃自然循环余热锅炉	中国华电集团新能源发展有限公司	广州大学城华电新能源有限公司	能源服务公司
20	深燃集团总部大楼	1台C65和4台C200 Capstone微燃机	深燃集团	深燃集团	独立投资 独立运营
21	广西南宁华南城分布式能源项目（一期）	2台LM6000-PD46052kW航改型燃机 热水型溴化锂吸收式制冷机组 蒸汽型溴化锂吸收式制冷机组	华电新能源公司和河北元辰实业集团	华电南宁新能源有限公司	能源服务公司

续表

序号	项目地点	设备情况	投资方	运营方	运营模式
22	江西华电九江分布式能源项目	2台25.5MW级燃气发电机 1台2.7万kW级汽轮发电机组	华电新能源公司与九江中腾能源有限公司	华电九江分布式能源公司	能源服务公司
23	广东宏达集团	1台1200kW卡特彼勒内燃机 1台双良烟气-热水型溴化锂机组	广东宏达集团	广东宏达集团	独立投资 独立运营
24	南方电网佛山供电局	3台C200 Capstone微燃机 烟气型溴化锂吸收式机组	南方电网佛山供电局	南方电网佛山供电局	独立投资 独立运营
25	东莞理工大学	1台C30 Capstone微燃机 1台50kW内燃机	东莞理工大学	东莞理工大学	独立投资 独立运营
26	长沙黄花国际机场T3航站楼项目	2台1160kW的燃气内燃发电机组 2台4652kW的烟气热水型余热直燃机 1台4652kW的燃气直燃机	新奥燃气与远大能源利用管理有限公司投资	长沙新奥远大能源服务有限公司	合同能源管理
27	杭州燃气七堡基地	4台总装机容量为260kW的微型燃气轮机； 1台制冷能力为313.8万kJ直燃机 1台80kW的气-水换热器	杭州燃气集团	杭州燃气集团	独立投资 独立运营
28	浙江华隆广场星级酒店	1台MWMTCG2016V12C 1台烟气热水补燃吸收式冷水机组 1台直燃吸收式冷水机组			独立投资 独立运营

在国内，上海市一直是我国分布式能源发展较快的地区之一。截至2015年底，上海市已建天然气分布式能源项目超过40个，总装机容量约141MW。截至2016年5月底，全市在建和拟建天然气分布式发电项目共计41个，合计装机容量242MW左右。其中，全市天然气分布式发电在建项目共计20个，合计装机容量达到98.88MW。上海市已建成分布式能源项目一览表见表2-7。

表2-7　上海市已建天然气分布式能源项目一览表（截至2015年底）

序号	用户名称	原动机类型	装机容量（kW）	备注
1	黄浦区中心医院	燃气轮机	1×1000	已停用
2	舒雅良子	内燃机（柴油）	2×168	已停用
3	天庭大酒店	内燃机	1×357	已停用
4	上海金桥联合发展有限公司	内燃机	1×315	已停用
5	中电投高培中心	微型燃气轮机	1×250	已停用
6	同济医院	微型燃气轮机	2×250	已停用
7	上海老港再生能源有限公司	内燃机	1×300	已停用
8	宝能热力	燃气轮机	1×1500	
9	仁济医院（西院）	内燃机	1×350	
10	闵行区中心医院	内燃机	1×350	

续表

序号	用户名称	原动机类型	装机容量（kW）	备注
11	仁济医院（南院）	内燃机	2×232	
12	第一人民医院松江分院	微型燃气轮机	3×65	
13	东方医院南院	内燃机	1×232	
14	奉贤区中心医院	内燃机	1×357	
15	瑞金医院北院	内燃机	1×334	
16	华夏宾馆	内燃机	2×240	
17	花园饭店	内燃机	1×350	
18	中国船舶重工711研究所	内燃机+微型燃气轮机+外燃机	1×323+1×30+2×50	
19	上海燃气市北销售有限公司	微型燃气轮机	1×65	
20	申能能源中心	微型燃气轮机	1×200	
21	虹桥商务区（一期）	内燃机	8×1400	
22	虹桥商务区公共事务中心大厦	内燃机	2×227	
23	上海航天能源有限公司	微型燃气轮机	1×30	
24	浦东国际机场一期能源中心	燃气轮机	1×4000	
25	浦东国际机场二期能源中心	燃气轮机	1×4000	
26	奥特斯（中国）有限公司	内燃机	1×1166	
27	上海航天大厦酒店管理公司	微型燃气轮机	2×65	
28	中国航天科工集团第三研究院综合体育馆	微型燃气轮机	30+65	
29	上海理工大学	微型燃气轮机	1×65	
30	上海交通大学软件大楼	微型燃气轮机	2×30	
31	上海飞奥燃气设备有限公司仪表车间	微型燃气轮机	1×30	
32	上海英格索兰压缩机有限公司	微型燃气轮机	1×250	
33	上海国际旅游度假区核心区天然气分布式能源站项目	内燃机	5×4400	
34	上海世博B片区央企总部能源中心（示范）项目	内燃机	2×4300	
35	上海华电莘庄工业区燃气热电冷三联供改造项目	燃气轮机	2×60000	
36	上海大众汽车安亭工厂天然气分布式能源系统项目	燃气轮机	4×6625	煤改气
37	同济大学嘉定校区风洞办公楼	微型燃气轮机	100	
38	上海中心大厦分布式能源项目	内燃机	2330	
39	上海国际汽车城研发科技港	内燃机	2×1000	
40	上海南汇工业园	微型燃气轮机	3×434	
41	上海第五人民医院	微型燃气轮机	2×65	
42	仁济医院（闵行）	微型燃气轮机	500	
43	上海市第六人民医院（南院）	内燃机	1×232	
44	中国博览会	内燃机	6×4035	
45	上海科技大学	内燃机	3×4000	
46	航天149厂	内燃机	1084	
总计			140872	

三、中国分布式供能系统主要项目

（一）上海国际旅游度假区分布式供能系统

1. 项目概述

（1）项目概况。上海国际旅游度假区新能源有限公司运营管理的核心区天然气分布式能源站项目由华电福新能源股份有限公司、上海申迪（集团）有限公司、上海益流能源（集团）有限公司共同组建的。

2013年2月1日该项目取得上海市发改委的核准批复。该项目是迪士尼公司在世界范围内投资建设的乐园中首次由第三方负责投资建设和运营管理。

上海国际旅游度假区（上海迪士尼乐园）全景如图2-17所示。

图2-17　上海国际旅游度假区全景

该项目采用四联供（冷、热、电、空气）的方式向园区提供能源供应的示范项目，是度假区范围内首个功能性配套项目，是中美双方共同打造“迪士尼全球标准与本地最佳实践相结合”的典型案例，完全符合度假区将建成高效节能、绿色低碳的园区环保理念。

2014年6月11日，在第五届中美能效论坛上本项目被确定为中美能效合作示范项目。

（2）分布式供能系统规模。上海国际旅游度假区分布式供能系统规模见表2-8。

表2-8　上海国际旅游度假区分布式供能系统规模

序号	项目	单位	一期工程	二期工程
1	冷负荷	MW	60	84
2	热负荷	MW	30	45
3	压缩空气	m^3/h	6500	9000

（3）分布式供能系统示意图。上海国际旅游度假区分布式供能系统示意图如图2-18所示。

（4）分布式供能系统供能站。供能站位于上海国际旅游度假区H-11地块，占地面积约$2\times10^4m^2$，建设8×4.4MW燃气内燃机，设计总装机容量约35.2MW，并留有一定的扩建条件。项目主要向园区内所有娱乐设施、公共建筑和酒店等用能设施提供冷、热（包括生活热水）电及压缩空气4种能源产品。该项目是全国首次采用以冷热定电、余电上网的原则规

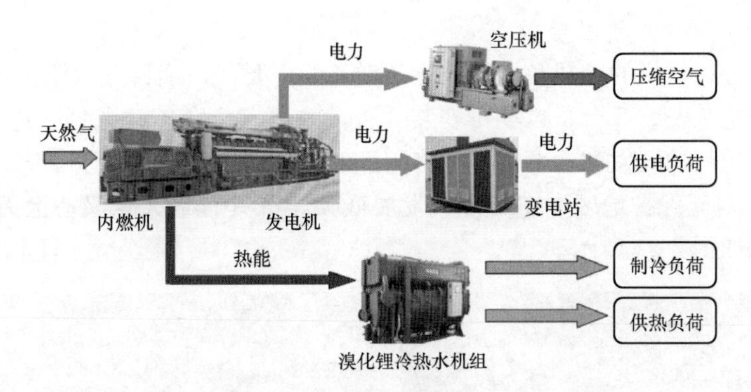

图 2-18　上海国际旅游度假区分布式供能系统示意图

划设计，最大限度地利用发电余热制冷、制热，充分实现能源梯级利用，设计能源综合利用效率 82.4％。

上海国际旅游度假区分布式供能站外景如图 2-19 所示。

图 2-19　上海国际旅游度假区分布式供能站外景

上海国际旅游度假区分布式供能系统主要设备——燃气内燃机主要技术参数见表 2-9。

表 2-9　　上海国际旅游度假区分布式供能系统燃气内燃机主要技术参数

序号	项目	单位	主要技术参数
1	型号	—	JJJMS624-4.4
2	发电机组额定功率	kW	4401
3	发电效率	％	45.4
4	总热效率	％	88.2
5	转速	r/min	1500

2. 体现了“综合供能中心”

上海国际旅游度假区内的这座能源中心作为天然气分布式能源项目，可同时为园区提供冷、热媒水、压缩空气和电 4 种能源，满足园区内娱乐设施、公共建筑和酒店等的基本需求。这座能源中心是整个度假区正常运营的能源中枢，就是一个“综合供能中心”，可以一站式满足园区的能源供应需求。

上海国际旅游度假区供能站（一）如图 2-20 所示。

3. 分布式供能系统经济社会效益

根据迪士尼公司提供的冷热负荷需求逐年增长的需要，该项目分两期实施，一期建成所有公用系统和设施并安装5台，二期再安装3台，并留有2台扩建条件。通过本项目实施，大大降低了主题乐园的开发和运营成本，将园区的能源利用效率提高了3倍，同时减少温室气体排放60%，对于保护地区生态环境、发展低碳经济具有重大意义。上海国际旅游度假区供能站（二）如图2-21所示。

图2-20 上海国际旅游度假区供能站（一）

图2-21 上海国际旅游度假区供能站（二）

4. 技术特点

（1）高效率实现能源梯级利用。该系统将燃气内燃发电机组发电后约370℃的余热烟气及95℃的高温缸套水通过烟气热水型溴化锂冷热水机组制备6℃的空调冷水，通过板式换热器制备90℃的空调热水，经过综合利用之后100℃的烟气排向大气，最大限度地实现能源梯级利用，综合能源利用效率可达80%以上。

（2）采用多系统集成控制技术。分布式能源系统的关键是，能准确地预测用户需求，并能够快速反应，满足用户冷、热、电的需求，确保以热（冷）定电的原则。为此，分布式供能系统的能源中心以DCS系统集中管控各子系统，采用iDOS系统记录、分析、累积、推算各子系统数据，从而智能化指导系统运行。能源站集中控制系统与用户侧能源管理系统有效集成，保证站内各系统始终处于高效节能运行状态。上海国际旅游度假区分布式能源系统供能站控制室如图2-22所示。

（3）采用大温差制冷技术和水蓄冷技术。空调冷热媒水进出口温度可实现9.9℃的大温差，从而降低冷热负荷流量和系统整体输送能耗；同时通过水蓄冷技术收集低谷时多余能量，并在高峰时释放，进一步提高了整个系统的能源利用效率。

图2-22 上海国际旅游度假区分布式能源系统供能站控制室

（4）保障区域电网安全运行。以高效、环保、节能的方式集中向园区供能，既有效增强了“削峰填谷”能力，保护了区域电网的安全运行，还可在区域电网故障时，以黑启动方式孤网运行，保证区域内用户的用能安全，避免过分依赖区域外的能源供应，并在关键时对区域电网起到支撑作用。

（5）应用降噪技术建设绿色园区。分布式能源中心建在园区内，系统全部开启运行将产生 100 多分贝的声音，为了减少噪声对园区环境的影响，能源中心建设之初就制定了降噪方案，引入最先进的降噪技术。

（二）上海科技大学分布式供能系统

1. 项目概述

（1）项目概况。上海科技大学是由上海市与中国科学院共同兴办的研究型大学。大学以理工科和管理学科为主，是全日制研究性高等学校。学校规划占地 1000 亩（$66.67hm^2$，$1hm^2=10^4m^2$，1 亩$\approx 666.7m^2$）总招生规模 10000 人。

上海科技大学能源中心位于上海市浦东新区上海科技大学校区内西北角，北靠科技大学 35V 变电站，紧临集慧路，东侧为大学规划二路。能源中心建筑用地面积为 $5073m^2$，建筑面积为 $6100m^2$。

上海科技大学能源中心项目，建设了 3×4.4MW 内燃机机组＋3×3.8MW 级烟气热水型溴化锂＋（3×7.7MW/2×1.7MW）电制冷机组＋3×3.5MW 真空锅炉，配套建设 105kW 太阳能热水器系统。项目于 2013 年启动，2014 年 5 月取得上海市发改委核准批复，3 台机组分别在 2015 年底和 2016 年 1 月通过 72h。

该项目由上海华电集科分布式能源有限公司负责投资建设并管理。

上海科技大学全景如图 2-23 所示。

图 2-23　上海科技大学全景

能源中心采用燃气冷热电三联供分布式供能技术，燃气内燃机租的发电通过主变压器升压接入科技大学的 35V 开关站，通过电网分配负责区域电力供应。同时，燃气内燃机机组排出的高温烟气（360℃）和高温冷却水（95℃）进入烟气热水型溴化锂机组，实现夏季制冷和冬季供暖，同时部分高温冷却水通过换热器生产 85～60℃生活热水供给科技大学。

2016 年 8 月上海科技大学能源中心项目获得由中国能源网承办的 2016（第十二届）中国分布式能源国际论坛分布式能源创新奖。

（2）分布式供能系统热负荷。上海科技大学分布式供能系统热负荷见表 2-10。

表 2-10　　上海科技大学分布式供能系统热负荷

序号	项目	单位	一期工程	二期工程
1	空调冷负荷	MW	35.94	51.60
2	供暖热负荷	MW	19.16	27.76
3	热水供应热负荷	MW	2.98	5.96

（3）分布式供能系统示意图。上海科技大学分布式供能系统示意图如图 2-24 所示。

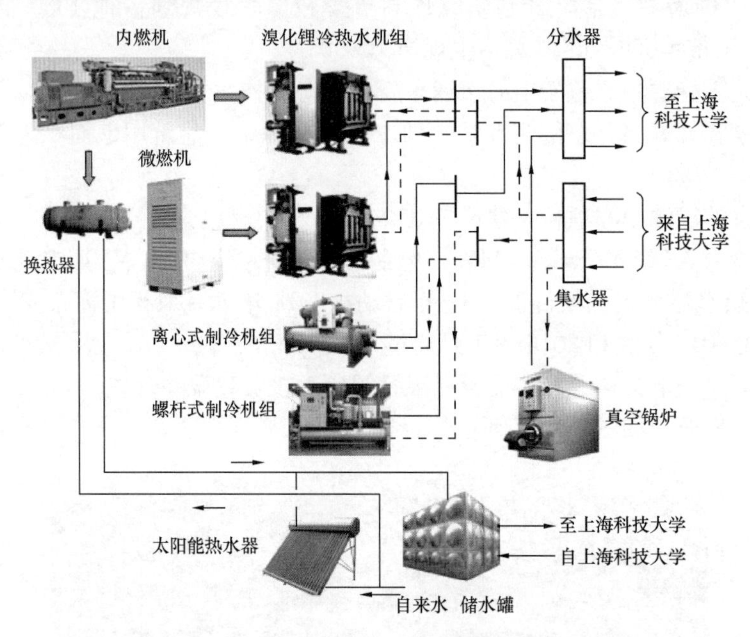

图 2-24　上海科技大学分布式供能系统示意图

（4）分布式供能系统热媒主要技术参数。空调冷水：6/13℃；供暖热水：60/50℃；热水供应：85/60℃。

（5）分布式供能系统供能站。该项目以冷热定电、余电上网的原则规划设计，最大限度利用发电余热制冷、制热，充分实现能源梯级利用，设计能源综合利用效率 81.24%。上海科技大学分布式供能站外景如图 2-25 所示。

图 2-25　上海科技大学分布式供能站外景

2. 项目体现了"综合供能中心"

上海科技大学区内的这座能源中心作为天然气分布式能源项目，可同时为校区提供空调冷、热水和生活热水等 3 种能源，满足校区内建筑的基本能源需求。能源站是整个校区教学、办公和生活正常运营的能源中枢。可以一站式满足校区的冷、热能供应需求。上海科技大学供能站溴化锂冷热水机组如图 2-26 所示。

图 2-26 上海科技大学供能站溴化锂冷热水机组

3. 分布式供能系统经济社会效益

上海科技大学采用燃气冷热电联供系统解决学校的能源需求，用先进的理念和技术构建大学校园区的能源系统，并充分体现了大学园区功能可靠、经济的基础上，将清洁、高效的燃气冷热电联供技术应用正适合上海科技大学的办学理念。根据上海科技大学提供的冷热负荷逐年增长的需要，该项目一期建成安装 3 台内燃机，相应地配套 3 套溴化锂冷热水机组，1 套微燃机及其配套的 1 套溴化锂冷热水机组。该项目大大降低了校区的建设和运营成本，将提高了校区的能源利用效率。

4. 技术特点

(1) 高效率实现能源梯级利用。该系统将燃气内燃发电机组发电后约 360℃的余热烟气及 95℃的高温缸套水通过烟气热水型溴化锂冷热水机组制备夏季转化为 6℃的空调冷水，冬季转化为 60℃的空调热水，通过板式换热器将缸套水转换为 80℃的生活热水，还在屋顶设置了太阳能集热器，太阳能集热器热水，进入热水供应系统，经过综合利用之后烟气排向大气，最大限度的实现能源梯级利用，综合能源利用效率可达 80%以上。上海科技大学供能站电制冷机组如图 2-27 所示。

上海科技大学供能站内燃机如图 2-28 所示。

图 2-27 上海科技大学供能站电动制冷机组

图 2-28 上海科技大学供能站内燃机

上海科技大学供能站设置在屋顶的太阳能集热器及冷却塔布置如图 2-29 所示。

(2) 采用多系统集成控制技术。分布式能源系统的关键是，能精准地预测用户需求，并能够快速反应、满足用户冷、热的需求，确保以热（冷）定电的原则。为此，分布式供能系统的能源中心以 DCS 系统集中管控各子系统，采用 iDOS 系统记录、分析、累积、推算各子系统数据，从而智能化指导系统运行。能源站集中控制系统与用户侧能源管理系统有效集成，保证站内各系统始终处于高效节能运行状态。

上海科技大学分布式能源系统供能站控制室如图 2-30 所示。

图 2-29 上海科技大学供能站设置在屋顶的太阳能集热器及冷却塔布置图

图 2-30 上海科技大学分布式能源系统供能站控制室

(3) 保障区域电网安全运行。以高效、环保、节能的方式集中向校区供能的同时还有效增强了电网的“削峰填谷”能力，保护了区域电网的安全运行，还可在区域电网故障时，以黑启动方式孤网运行，保证区域内电网的运行安全，避免过分依赖区域外的电能供应，并在关键时对区域电网起到支撑作用。

(4) 应用降噪技术建设绿色校区。分布式能源中心建在校区内，系统全部开启运行将产生 100 多分贝的噪声，为了减少噪声对校区环境的影响，能源中心建设之初就制定了降噪方案，引入最先进的降噪技术。

5. 主要技术经济指标

(1) 项目投资。项目静态投资概算 22589 万元、动态投资概算 23181 万元，截至 2015 年底累计完成投资 21360 万元。

(2) 机组效率。可研发电机组发电效率为 43.6%、三联供热效率为 81%。

(3) 年发电利用小时。可研年发电利用小时数 3081h。2016 年预计完成 2000h，按照上海科技大学的用能量倒推。按照设计院最新测算数据，项目稳定运行后（场馆投入使用数及在校人数均达到预期值）年发电利用小时将达到 3432h。

(4) 年发电量。2016 年完成发电量 0.264×10^8kWh，项目稳定运行后将达到 0.453×10^8kWh。

(5) 厂用电率。可研综合厂用电率 18.62%。2016 年预算数及项目稳定运行后数据按照设计院最新测算的结果 13.56%测算。

(6) 气耗。可研发电气耗 0.158m^3/kWh、供热气耗 29.1m^3/GJ、供冷气耗 19.5m^3/GJ。

(7) 年供能量。2016 年供冷 6.5×10^4GJ、供热量 10×10^4GJ（包含供生活热水），项目稳定运行后全年预计供冷 13.96×10^4GJ、供热量 10×10^4GJ（包含供生活热水）。

(8) 电价。可研电价为 912.39 元/MWh。根据上海市物价局印发的《上海市关于调整本市天然气发电上网电价的通知》（沪价管〔2015〕14 号文），2015 年 12 月起上海市天然气分布式发电机组临时结算电价调整为每千瓦时 0.726 元。

(9) 冷（热）价。可研供冷价格为 144.9 元/GJ、供热价格为 148.5 元/GJ。目前尚未与上海科技大学签订供能协议，暂按可研单价预结算供能费用，待供能协议正式签订后再按协议中的单价清算。

（10）气价。可研内燃机天然气价格 2.72 元/m^3，锅炉天然气价格 4.19 元/m^3。目前上海燃气集团与上海市所有分布式项目的结算价格均为内燃机气价 2.7 元/m^3、锅炉气价 3.05 元/m^3。

（11）销售收入。2016 年销售收入共 3563.68 万元，其中发电收入 1416.02 万元，供能收入 2147.65 万元。项目稳定运行后预计销售将达到 5093.05 万元，其中发电收入 1988.8 万元，供能收入 3104.25 万元。

（12）利润。在不考虑争取到任何补贴、供能价格与可研持平增加的情况下，2016 年亏损 1038 万元，项目稳定运行预计年盈利 10 万。

6. 项目实施过程总结与分析

（1）前期阶段总结与分析。上海科技大学能源中心项目自 2013 年初签订合作框架协议后，就立即开展各项前期工作，项目于 2013 年 5 月取得上海市发改委路条和集团公司关于项目发起的批复，2014 年 1 月取得集团公司立项批复，2014 年 5 月取得上海市发改委核准批复，2014 年 9 月取得集团公司初步设计审查意见并重新立项决策，2014 年 11 月通过重新立项批复，概算由 1.73 亿调整为 2.26 亿。

前期阶段的主要差异在于初步设计阶段的项目概算远大于可研立项阶段的项目概算，其中原因较多，主要是可研立项阶段的项目外部边界条件还无法完全落实、增加小燃机配套设备等方面，特别是天然气接入、电力接入、水源接入、环保要求等方面增加了项目投资。另外，由于上海科技大学是一个新建大学，冷热负荷都没有参照值，招生又是一个循序渐进的过程，所以能源中心的设计负荷只能通过计算机模型来进行模拟，可能存在差异。

（2）项目建设实施总结与分析。截至 2016 年 3 月，项目累计完成投资 22386 万元，累计支付资金 17539 万元，其中股东方委贷资金 6000 万元，贷款利率为 1%；农业银行长期借款 6500 万元，贷款利率为人民银行公布的 5 年期及以上贷款基准利率下浮 10%，采用浮动利率计息；应付票据期末余额为 1200 万元，该票据为收款方贴息；其余为项目自有资金支付。

（3）项目生产运行水平分析。项目的真空锅炉最早投入运行，而 1、2、3 号内燃机和溴化锂机组分别于 2015 年 12 月 9 日、12 月 14 日、2016 年 1 月 14 日通过 72＋24h 运行，均已投入商业运行。安全生产及发电、供能情况至今整体良好。

项目虽已投入商业运行，但只对上海科技大学供热和供生活热水，供冷运行方式尚未正式投运过，且学校校园建筑尚未全部投运，其目前在校教职员工及学生数较少（1000 人左右，正常应在 6000 人左右），故项目尚未进入考验期。

（三）宏达工业园分布式供能系统

1. 项目概况

宏达工业园作为 863 项目示范工程依托，位于东莞市天宝工业区，建筑面积 20920m^2，包含职工宿舍 4850m^2、美容学校 3300m^2、通信机房 2770m^2 和 10000m^2 办公面积。863 计划课题的内燃机分布式供能系统主要满足通信机房的空调制冷和部分电力、职工宿舍生活热水和办公楼除湿负荷。“宏达工业园”分布式供能系统工程方案可以满足示范工程的主要能源需求，同时满足 863 计划课题的目标要求。

2. 系统集成方案

“宏达工业园”分布式供能系统方案针对南方炎热潮湿地区的气候特点，按照能的梯级利用原则，采用集成燃气内燃机、吸收式制冷、吸收式除湿等关键技术的分布式冷热电联产系统，充分体现分布式供能系统高效、环保、灵活、可靠的特点。

宏达工业园分布式供能系统工程方案卡特彼勒 CAT3125 燃气发电机组和双良 YRX443 (91-81) -116H2 型烟气热水型冷水机组。吸收式除湿机拟采用全余热驱动吸收式除湿机组。燃气发电机组额定工况下发电效率为 41.9%（功率系数 0.8），排烟温度 443℃。烟气热水型溴化锂机组额定制冷量为 1160kW，制取 7～12℃冷水，烟气进出口温度分别为 443℃和 170℃，热水进出口温度分别为 91℃和 81℃，热水流量为 51.5t/h。

宏达工业园分布式供能系统方案如图 2-31 所示。

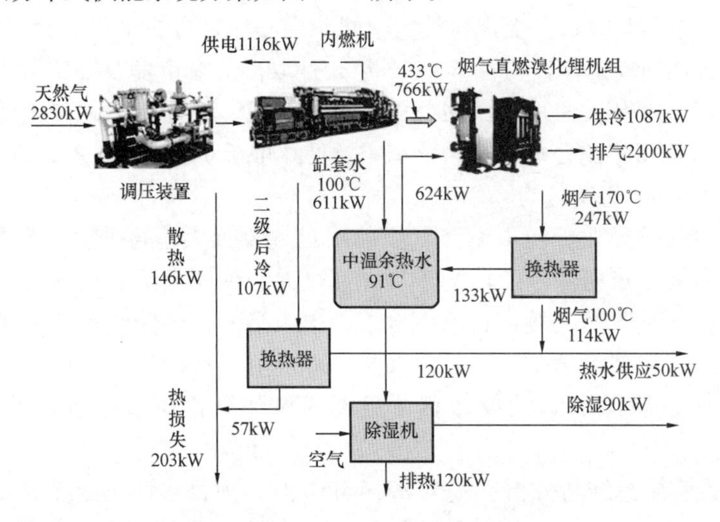

图 2-31 宏达工业园分布式供能系统方案

3. 社会效益

推荐方案在节能、环保、可靠性等方面充分体现“第二代能源系统”的先进性，对推进节能减排具有现实的社会意义，将成为天然气综合利用的典范，同时也将成为东莞市，乃至广东地区城区改造和能源建设的亮点。分布式供能系统建设还能为解决城市电力与燃气负荷峰谷、能源供应安全等问题开辟新的途径。

（四）中石油北京数据中心分布式能源项目

小中石油北京数据中心承担着支撑中国石油遍布全世界的业务运营，不仅耗能巨大，而且产生大量温室气体排放。目前，数据中心已建立了由五台 GE 公司 3.34MW，JMS620 颜巴赫机组构成的 16.7MW 电、热、冷三联供系统，整体效率高达 85%，可以使数据中心的能耗费用降到最低，同时，富余的电力将并入地区电网。能源中心全年制冷量为 34.86×10^4GJ，全年供热量为 11.22×10^4GJ，年发电量为 1.1×10^8kWh。

中石油创新基地数据中心是中石油系统总部级的数据中心，属于 A 级机房，是中国石油集团公司规划建设的“两地三中心”的集团级数据中心之一。创新基地能源中心采用燃气冷热电三联供＋电制冷＋锅炉能源供应形式，为创新基地中数据中心及办公、厂房提供电、冷、热。创新基地能源中心项目由北京燃气能源发展有限公司投资建设运营，能源中心建筑面积约 9373m²，共两层，主要供应创新基地的 A-29 地块内（数据中心、办公楼）所有的电、冷、热负荷，同时供应创新基地的 A-42 地块办公建筑的冷热和 A-45 地块工业厂房的热。

项目总建筑投资约 2.1 亿元，项目占地面积约 4500m²；项目投资单位：北京燃气能源发展有限公司；设计单位：北京市煤气热力工程设计院有限公司；商业模式：采用 BOT 模式。

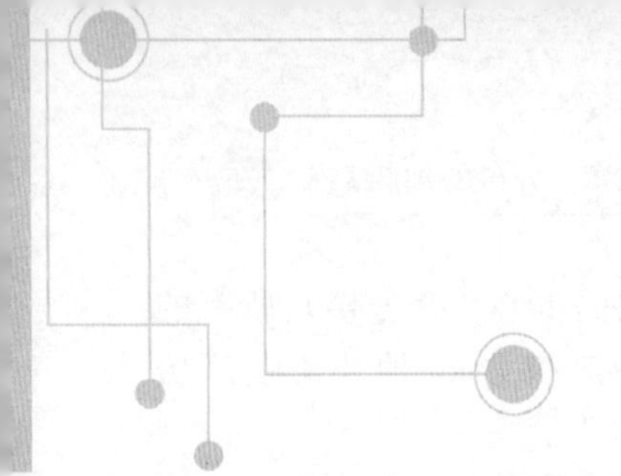

第三章　清洁能源分布式供能系统

第一节　清洁能源分布式供能系统组成

清洁能源分布式供能系统包括内燃机分布式供能系统、燃气轮机分布式供能系统、微燃机分布式功能系统、燃气热泵分布式供能系统及燃料电池分布式供能系统等。

一、内燃机分布式供能系统

内燃机余热利用方式多种多样，主要有如下几种方式，利用余热生产热水、蒸汽、空调用冷水供给用户。

（一）内燃机＋热水余热锅炉

内燃机热能利用方式之一如图 3-1 所示。内燃机发电之后的排气侧设置余热锅炉，生产热水，供给用户，实现供暖和热水供应。水套等冷却水进入余热锅炉，预热被加热水，实现余热的充分利用。

（二）内燃机＋蒸汽余热锅炉

内燃机热能利用方式之二如图 3-2 所示。内燃机发电之后的排气侧设置余热锅炉，生产蒸汽，水套等冷却水通过换热器预热被加热水。

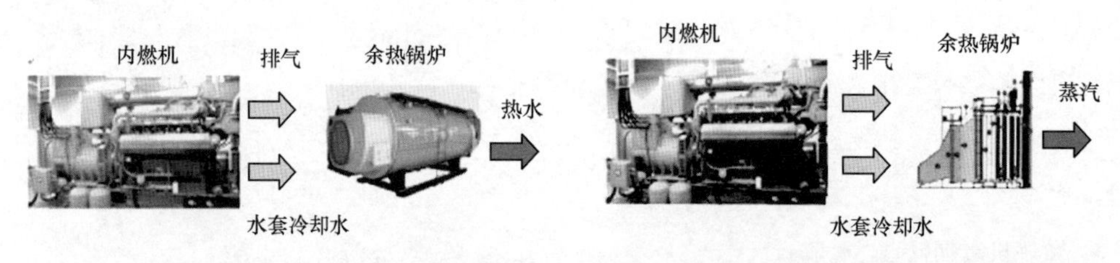

图 3-1　内燃机排气侧设置热水余热锅炉　　图 3-2　内燃机排气侧设置蒸汽余热锅炉

（三）内燃机＋直燃型溴化锂吸收式冷热水机组

内燃机热能利用方式之三如图 3-3 所示。内燃机发电之后的排气侧设置排气直燃型溴化锂吸收式冷热水机组，生产冷、热水，供给空调系统。水套等冷却水通过换热器预热被加热水。

二、燃气轮机分布式供能系统

（一）燃气轮机＋余热锅炉

燃机发电之后尾气进入余热锅炉生产蒸汽，蒸汽可以直接供给生产用汽，蒸汽还可以通过汽水换热器生产热水供给供热系统，实现热水供暖和热水供应；蒸汽也可以通过吸收式溴化锂冷水机组生产冷水，供给空调系统。这种系统是最常用的系统，燃气轮机＋余热锅炉系统示意图如图 3-4 所示。

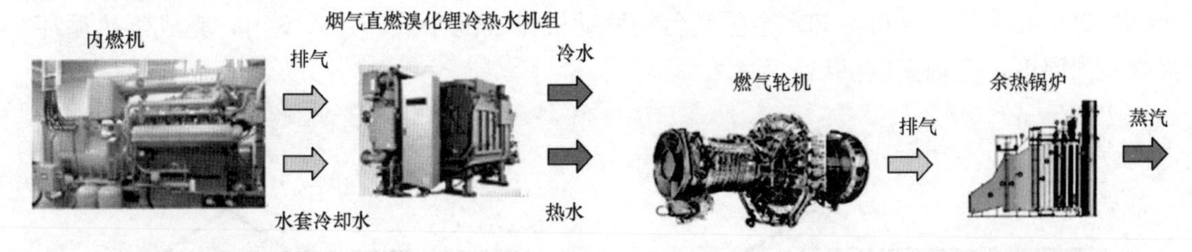

图 3-3 内燃机排气侧设置烟气直燃溴化锂冷热水机组　　图 3-4 燃气轮机＋余热锅炉系统示意图

（二）燃气轮机＋吸收式溴化锂冷热水机组系统

燃机排出的高温烟气直接进入直燃型溴化锂吸收式冷热水机组，以烟气为热源驱动冷热水机组的供热、空调、热水供应系统，生产热水及冷水。这种系统比较简单，省去了余热锅炉，热水直接接入供暖系统和热水供应系统，冷水直接接入空调的冷水系统。该系统不适合需要提供蒸汽的用户。燃气轮机＋烟气直燃吸收式溴化锂冷热水机组系统示意图如图 3-5 所示。

三、微燃机分布式供能系统

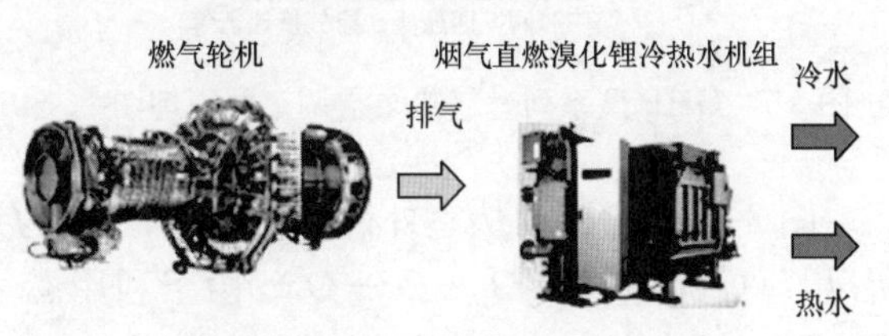

图 3-5 燃气轮机＋烟气直燃吸收式溴化锂冷热水机组系统示意图

微燃机的主要动力是由布雷顿循环或者称之为等压循环产生的。与大型燃气轮机的压缩比相比，微燃机工作时的压缩比较低。在回流换热系统中，压缩比直接与进气和排气之间的温度差成比例，从而使得排放的热能可以引入到回流换热器，使得循环效率增加，可达到 30％，而没有回流换热器的微燃机的效率只有 17％。

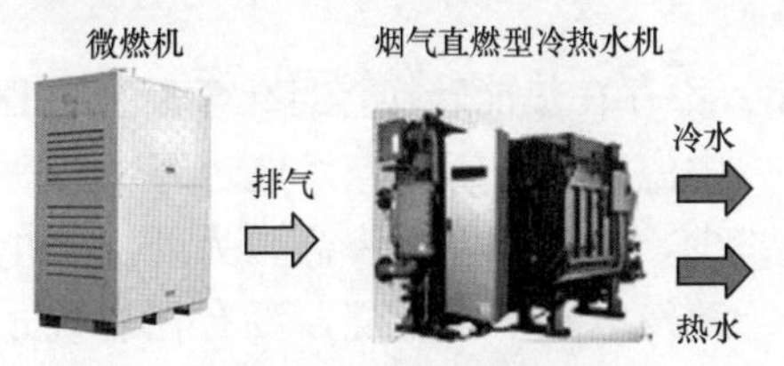

图 3-6 微燃机＋烟气直燃吸收式溴化锂冷热水机组系统示意图

微燃机排出的高温烟气直接进入直燃型溴化锂吸收式冷热水机组，以烟气为热源驱动冷热水机组为供热、空调、热水供应系统，生产热水及冷水。这种系统比较简单，省去了余热锅炉，热水直接接入供暖系统和热水供应系统，冷水直接接入空调的冷水系统。

微燃机＋烟气直燃吸收式溴化锂冷热水机组系统示意图如图 3-6 所示。

四、燃气热泵分布式供能系统

天然气发动机驱动的热泵机组（Gas Engine-driven Heat Pump，GHP）已经在国内外得到了广泛的应用，供暖模式下燃气机热泵与普通的电动热泵有较大的区别，该系统虽然不发电，但可充分利用余热，能源效率高。国外有些国家将该系统也归属于分布式供能系统的范畴内。

天然气是清洁能源，燃气热泵直接利用天然气作为一次能源实现制冷、制热，避免采用高品质的电力驱动压缩机进行制冷、制热，降低了输配电损失，减少了燃煤火力发电导致的环境污染。

GHP 燃气热泵空调工况原理如图 3-7 所示。夏季由燃气发动机驱动压缩机运行，吸收室内的热量并排除至室外，完成制冷循环，降低室内温度，实现室内空调。

GHP燃气热泵供暖工况原理如图3-8所示。冬季由燃气发动机驱动压缩机运行，吸收室外的热量和燃气发动机冷却水余热及燃气发动机排气的余热，送入室内，完成供热循环，提高室内温度，实现室内供热。

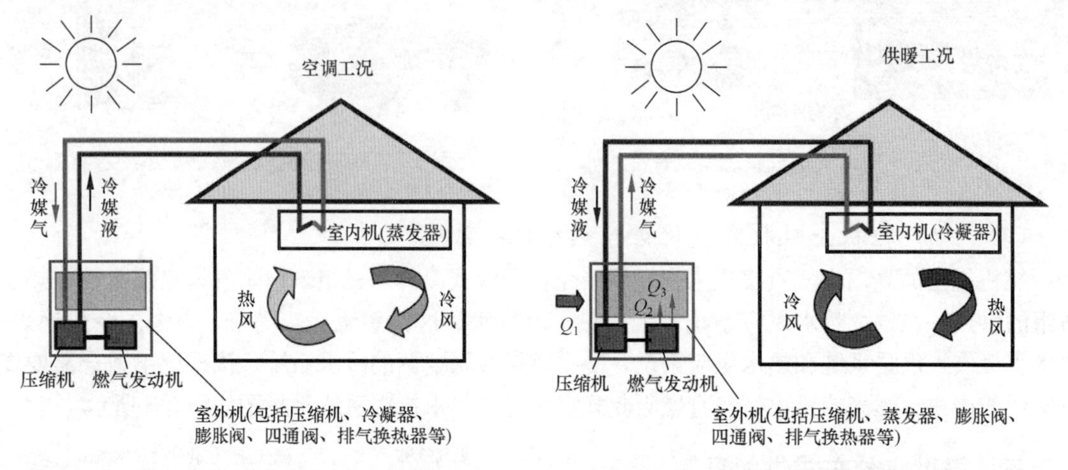

图3-7　GHP型系列燃气热泵空调工况原理图　　图3-8　GHP型系列燃气热泵供暖工况原理图

图3-8中，Q_1 为从室外得到的热量，Q_2 为发动机冷却水余热，Q_3 为发动机排气余热，所以，总供热量 $Q=Q_1+Q_2+Q_3$。由于利用燃气发动机排出的冷却水热量和排气热量大大提高了制热能力，所以燃气热泵可以使用在北方严寒地区。

这种机组可以有丰富多样的室内机及其末端装置，可以满足室内各种工况需求，负荷可以根据用户需求灵活调节，能够满足不同房间对舒适性的不同要求。

五、燃料电池分布式供能系统

燃料电池是将氢气所具有的化学能直接转变成电能，不存在热能转换，且化学反应过程中温度几乎不变，发电过程中损失少，因此发电效率高。另外燃料电池发电并不靠燃烧，没有在燃烧过程中产生的氮氧化物（NO_x），在发电过程中不排出大气污染物、水污染物，加上发电效率高，大大减少了二氧化碳的排出，燃料电池发电并不靠大型设备的旋转、往复等机械运动，而是在静止状态下进行，靠电化学反应发电，发电过程十分安静，近乎无噪声。燃料电池分布式供能系统示意图如图3-9所示。

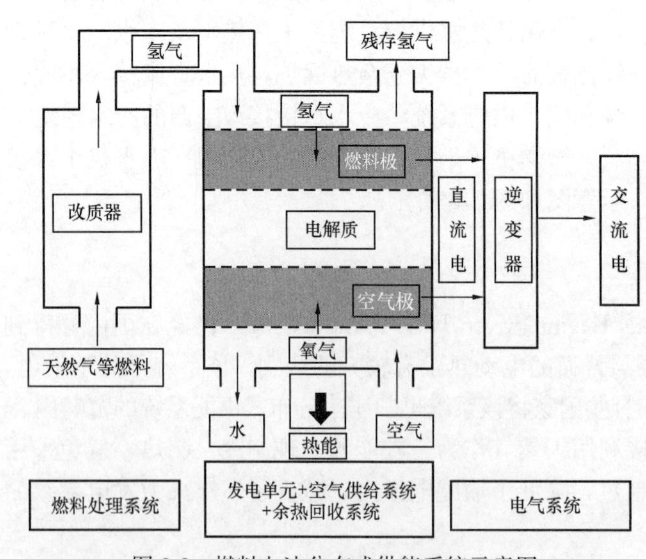

图3-9　燃料电池分布式供能系统示意图

第二节　内燃机分布式供能系统

一、内燃机分布式供能系统简介

内燃机是将液体或气体燃料与空气混合后，直接输入气缸内部的高压燃烧室燃烧产生动力，将内能转化为机械能的一种热机。内燃机具有体积小、质量小、便于移动、热效率高、启动性能好的特点。广义上的内燃机不仅包括往复活塞式内燃机、旋转活塞式发动机和自由活塞式发动机，也包括旋转叶轮式的燃气轮机、喷气式发动机等，但通常所说的内燃机是指活塞式内燃机。

活塞式内燃机以往复活塞式最为普遍。活塞式内燃机将燃料和空气混合，在其气缸内燃烧，释放出的热能使气缸内产生高温、高压的燃气，燃气膨胀推动活塞做功，再通过曲柄连杆机构或其他机构将机械能输出，驱动从动机械工作。

二、内燃机基本结构及工作原理

（一）内燃机的基本结构

内燃发动机的组成部分主要有曲柄连杆机构、机体和气缸盖、配气机构、燃料供应系统、润滑系统、冷却系统、启动装置等。

气缸是一个圆筒形金属机件。密封的气缸是实现工作循环、产生动力的地方，各个装有气缸套的气缸安装在机体内，它的顶端用气缸盖封闭着。

活塞组由活塞、活塞环、活塞销等组成。活塞呈圆柱形，上面装有活塞环，借以在活塞往复运动时密闭气缸。上面的几道活塞环称为气环，用来封闭气缸，防止气缸内的气体漏泄，下面的环称为油环，用来将气缸壁上的多余的润滑油刮下，防止润滑油窜入气缸。活塞销呈圆筒形，它穿入活塞上的销孔和连杆小头中，将活塞和连杆连接起来。连杆大头端分成两半，由连杆螺钉连接起来，它与曲轴的曲柄销相连。连杆工作时，连杆小头端随活塞做往复运动，曲轴再从飞轮端将动力输出。由活塞组、连杆组、曲轴和飞轮组成的曲柄连杆机构是内燃机传递动力的主要部分。连杆大头端随曲柄销绕曲轴轴线做旋转运动，连杆大小头间的杆身做复杂的摇摆运动。

活塞可在气缸内往复运动，并从气缸下部封闭气缸，从而形成按照一定规律变化的密封空间，燃料在此燃烧，产生的燃气动力推动活塞运动。活塞的往复运动经过连杆推动曲轴做旋转运动，曲轴的作用是将活塞的往复运动转换为旋转运动，并将膨胀行程所做的功通过安装在曲轴后端上的飞轮传递出去。飞轮能储存能量，使活塞的其他行程能正常工作，并使曲轴旋转均匀。为了平衡惯性力和减轻内燃机的振动，在曲轴的曲柄上还适当装置有平衡质量的部件。

（二）内燃机的工作原理

按实现一个工作循环的行程数，可将工作循环分为四冲程和二冲程两类。

燃气内燃机循环过程如图 3-10 所示。四冲程燃气内燃机的工作过程大致分为 4 个冲程：一个工作循环经过吸气、压缩、燃烧和排气 4 个行程完成，此间曲轴旋转两圈。这些过程中只有膨胀过程是对外做功的过程，其他过程是为更好地实现做功过程的必要步骤。进气行程

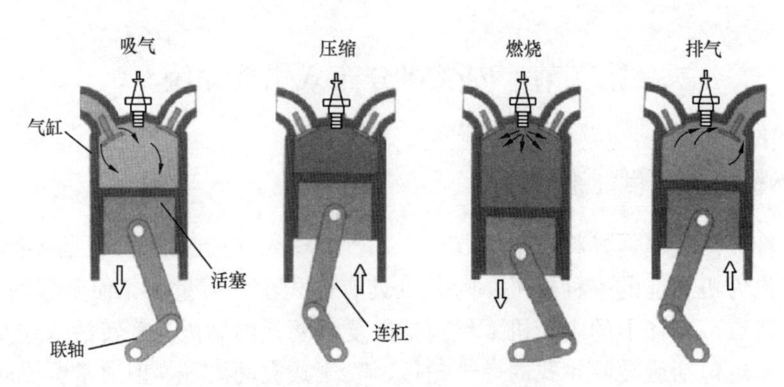

图 3-10 燃气内燃机循环过程

过程中进气阀开启，排气阀关闭。流过空气过滤器的空气，或经化油器与汽油混合形成的可燃混合气，经进气管道、进气阀进入气缸；压缩行程过程中气缸内气体受到压缩，压力增高，温度上升；膨胀行程是在压缩上止点前喷油或点火，使混合气燃烧，产生高温、高压，推动活塞下行并做功；排气行程过程中活塞推挤气缸内废气经排气门排出。此后再由进气行程开始，进行下一个工作循环。

1. 进气冲程

中间头方向旋转，通过连杆带动活塞下移，同时进气门打开。经空气过滤器净化后的空气和气体通过混合器均匀混合后，被吸入燃气发动机的气缸，当活塞到达下止点时，气缸内部充满混合气。

2. 压缩冲程

曲轴在飞轮惯性作用下被带动旋转，通过连杆推动活塞由下止点向上运动，同时过排气门关闭，混合气被压缩。

3. 做功冲程

活塞运动至上止点时，火花塞在点火线圈所产生的高压电流作用下产生火花，点燃气缸的可燃气。燃烧时产生的高温，高压气体推动燃气内燃机活塞下行，通过连杆带动曲轴旋转，对外做功传递转矩。

4. 排气冲程

活塞向下运动至下止点，此时排气门打开，进气门关闭。气缸内燃烧后的废气被活塞推出，沿排气道排出气缸外。

上述过程重复进行，使燃气内燃机连续不断地运转。

为了向气缸内供给燃料，燃气内燃机均设有燃气混合器系统，燃气内燃机通过安装在进气管入口端的混合器将空气和燃气按一定比例混合，然后经进气管供入气缸，由发动机点火系统控制的电火花定时点燃。

内燃机气缸内燃料燃烧使活塞、气缸套、气缸盖和气阀等零件受热，温度升高，为了保证内燃机正常运行，上述零件必须在允许的温度下工作，避免因过热而损坏，因此必须设置冷却系统。

二冲程是指在两个行程内完成一个工作循环，此期间曲轴旋转一圈。首先，当活塞在下止点时，进、排气口都开启，新鲜气体由进气口充入气缸，并扫除气缸内的废气，使之从排气口排出；随后活塞上行，将进、排气口均关闭，气缸内气体开始受到压缩，直至活塞接近上止点时点火或喷油，使气缸内可燃混合气燃烧；然后气缸内燃气膨胀，推动活塞下行做功；当活塞下行使排气口开启时，废气即由此排出，活塞继续下行至下止点，即完成一个工作循环。

内燃机的排气过程和进气过程统称为换气过程。换气的主要作用是尽可能把上一循环的废气排除干净，使下一次循环供入尽可能多的新鲜气体，以使尽可能多的燃料在气缸内完全燃烧，提高对外做功效率。换气过程的好坏直接影响内燃机的性能，为此除了降低进、排气系统的流动阻力外，主要因素是使进、排气阀在最适当的时刻开启和关闭。

实际上，进气阀是在上止点前即开启，以保证活塞下行时进气阀有较大的开度，这样可在进气过程开始时减小进气流动阻力，减少吸气所消耗的功，同时也可充入较多的新鲜气体。当活塞在进气行程中运行到下止点时，由于气流惯性，新鲜气体仍可继续充入气缸，故可使进气门在下止点后延迟关闭。

排气阀也在下止点前提前开启，即在膨胀行程后部分开始排气，这是为了利用气缸内较高的燃气压力，使废气自动流出气缸，从而使活塞从下止点向上止点运动时气缸内气体压力降低，以减少活塞将废气排挤出气缸所消耗的功。排气门在上止点后关闭的目的是利用排气流动的惯性，使气缸内的残余废气排除得更彻底。

内燃机性能主要包括动力性能和经济性能。动力性能是指内燃机发出的功率（转矩），表示内燃机在能量转换中转换量的大小，标志动力性能的参数有转矩和功率等。经济性能是指发出一定功率时燃料消耗量的多少，表示能量转换中质的优劣，标志经济性能的参数有热效率和燃料消耗率。

内燃机未来的发展将着重于改进燃烧过程，提高机械效率，减少散热损失，降低燃料消耗率；开发和利用非石油制品燃料、扩大燃料资源；减少排气中有害成分，降低噪声和振动，减轻对环境的污染；采用高增压技术，进一步强化内燃机燃烧效率，提高单机功率；研制复合式发动机、绝热式涡轮复合式发动机等；采用微处理机控制内燃机，使之在最佳工况下运转；加强结构强度的研究，以提高工作可靠性和寿命，不断研制新型内燃机。

三、内燃机分布式供能系统

内燃机分布式供能系统主要由内燃机驱动发电系统和排气余热回收系统组成。余热回收系统由两部分组成，即发电排气余热回收系统和缸套冷却水余热回收系统。缸套冷却水余热以热水方式回收，排气余热以蒸汽或热水方式回收。

内燃气热电联供能源利用效率示意图如图 3-11 所示。

内燃机分布式供能系统示意图如图 3-12 所示。

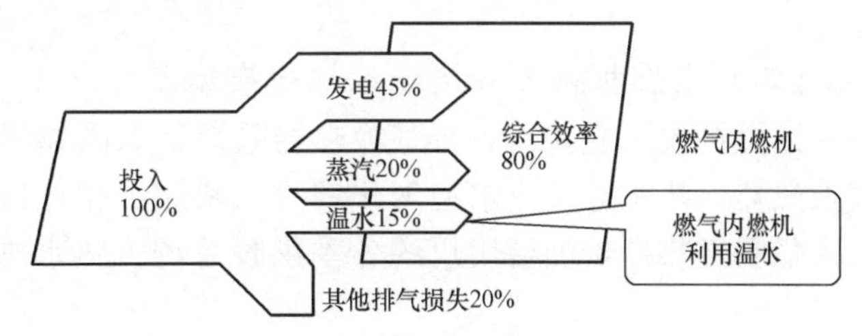

图 3-11　内燃气热电联供能源利用效率示意图

内燃机分布式供能系统发电容量一般为 10kW～8MW，近几年民用领域占比较高的机组发电容量是 300～1000kW，发电效率（LHV 标准）为 28%～45%；适用于集中供热发电容量超过 5000kW 的大型机组效率高于 45%。

四、内燃机分布式供能系统案例

内燃机余热利用方式多种多样，有如下几种，即生产热水、蒸汽、生产冷水。

（一）内燃机排气直接进入吸收式冷热水机组

内燃机排气直接进入吸收式冷热水机组系统示意图如图 3-13 所示。内燃机排气直接进入吸收式冷热水机组，生产热水供给用户供暖及供应生活热水，生产冷水供给用户的夏季空调系统。

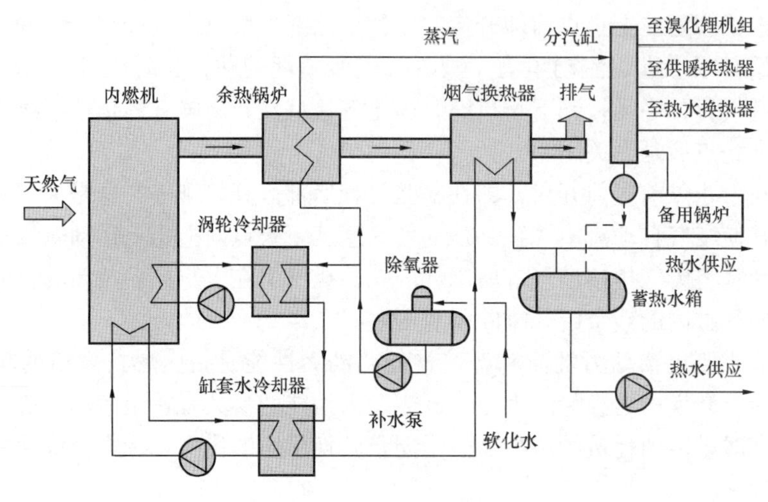

图 3-12　内燃机分布式供能系统示意图

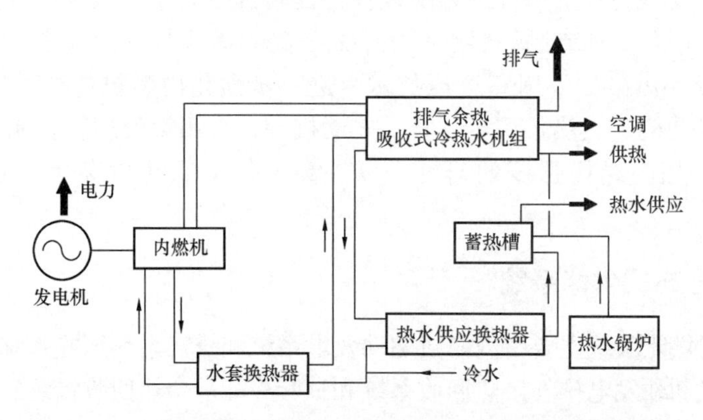

图 3-13　内燃机排气直接进入吸收式冷热水机组系统示意图

（二）内燃机排气直接进入排气换热器

内燃机排气直接进入排气换热器系统示意图如图 3-14 所示。内燃机排气直接进入排气换热器，热水进入热水型溴化锂冷水机组，生产冷水供给用户的夏季空调系统；热水进入供暖换热器，供给用户的冬季供暖系统；热水进入热水供应换热器，供给用户生活热水。

（三）内燃机排气直接进入排气余热锅炉

内燃机排气直接进入排气余热锅炉系统示意图如图 3-15 所示。内燃机排气直接进入排气余热锅炉生产蒸汽，蒸汽进入吸收式制冷机组生产冷水供给用户的夏季空调系统；蒸汽进

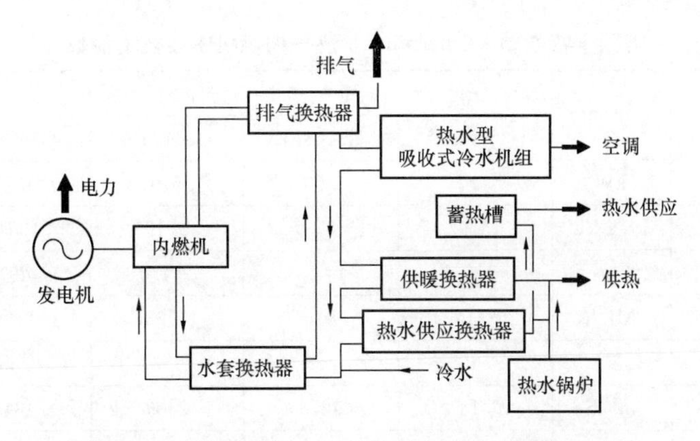

图 3-14 内燃机排气直接进入排气换热器系统示意图

入供暖汽水换热器，生产的热水供给用户的冬季供暖系统；蒸汽进入热水供应汽水换热器，生产的生活热水供给用户。

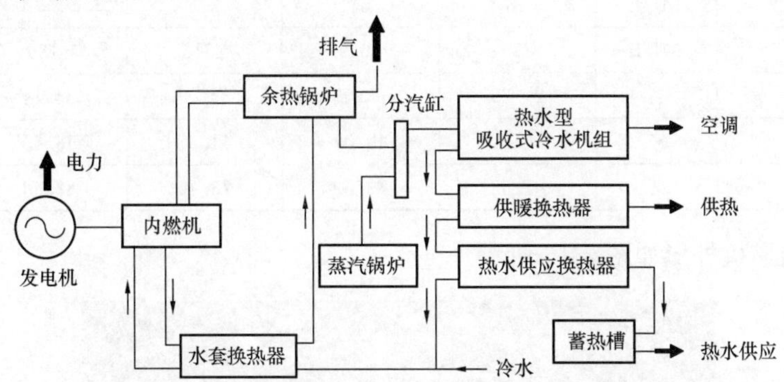

图 3-15 内燃机排气直接进入排气余热锅炉系统示意图

五、内燃机分布式供能系统主要设备

国内外燃气内燃机厂家不少，如美国瓦克夏内燃机组（244～325kW）、美国卡特彼勒（Caterpillar）内燃机（110～3385kW）、德国 MEM 内燃机组（120～1550kW）、西班牙高斯科尔内燃机组（260～1200kW）、国内康达康明斯内燃机组（315～2000kW）、美国颜巴赫工内燃机热电联产机组（300～4400kW）、瓦西兰（4300～18300kW）等。

各公司生产的内燃机主要技术参数见表 3-1。

表 3-1 各公司生产的内燃机主要技术参数

项目	单位	制造厂				
		卡特彼勒	廉明斯	MEM	颜巴赫	瓦锡兰
发电出力范围	kW	110～3385	315～2000	120～1550	311～4401	4343～18321
供热出力范围	kW	243～3555	415～2300	194～1677	411～4639	3999～15787
发电效率范围	%	27～37	36～41	35～41	38～46	46～49
总热效率范围	%	71～82	80～85	70～82	83～87	85～86

（一）美国卡特彼勒内燃机

美国卡特彼勒（Caterpillar）生产的燃气内燃机主要技术参数见表 3-2。

表 3-2　　美国卡特彼勒（Caterpillar）燃气内燃机主要技术参数

项目	单位	燃气内燃机型号				
		G33306TA	G3406LE	G3412TA	G3508LE	G3616TA
发电出力	kW	110	350	519	1025	3385
机组热耗	kJ/kWh	13192	10737	9719	10545	9.860
燃气耗量	m³/h	41.6	107.7	144.6	297	957.0
废气余热	MJ/h	263（73）	616	1166	2199	7445
废气温度	℃	540	450	453	445	446
废气排量	m³/h	418	1278	2509	4815	51928
缸套冷却水出口温度	℃	99	99	99	99	88
缸套冷却水排热	MJ/h	594	1350	936	2937	2986
中冷器进口温度	℃	54	32	32	—	32
中冷器进口排热	MJ/h	18	83	216	—	2366
总余热	MJ/h	875	2049	2318	5139	12797
发电效率	%	27.29	33.53	37.04	34.14	36.51
供热效率	%	54.27	49.07	41.36	48.55	34.50
总热效率	%	81.56	82.60	78.40	82.68	71.07

卡特波勒内燃机外形如图 3-16 所示。

图 3-16　卡特波勒内燃机外形图

（二）康明斯内燃机

康明斯生产的燃气内燃机组主要技术参数见表 3-3。

表 3-3　　康明斯内燃机燃气内燃机组主要技术参数

项目	单位	燃气内燃机机组型号					
		315GFBA	C1160N5C	C1400N5C	C1540N54	C1750NC5	C2000N5C
额定出力	kW	315	1160	1400	1540	1750	2000
机组热耗	kJ/kWh	9973	9255	9000	10000	9375	9255
燃料耗量	m³/h	89.1	303	345	417	465	503
烟气量	m³/m	1980	5220	6156	8784	9900	1080

续表

项目	单位	燃气内燃机机组型号					
		315GFBA	C1160N5C	C1400N5C	C1540N54	C1750NC5	C2000N5C
烟气温度	℃	510	469	438	517	508	482
天然气压力	kPa	20～600					
排气余热	kW	237	755	812	1107	1216	1232
冷却水余热	kW	178	698	791	671	684	1066
总余热	kW	415	1453	1603	1778	1900	2298
发电效率	%	36.1	38.9	40.4	36.0	38.4	38.9
供热效率	%	48.2	45.0	44.3	45.8	42.3	44.2
总效率	%	84.3	83.9	84.7	81.8	80.7	83.1

注　燃气为天然气，热值为40000kJ/m³。

（三）MEM独立能源公司内燃机

MEM独立能源公司生产的燃气内燃机组主要技术参数见表3-4。

表3-4　　MEM独立能源公司燃气内燃机组主要技术参数

项目		单位	机组型号					
			ME3066DI	ME3042LI	ME3066DI	AE3042LI	ME70112ZI	ME70116ZI
燃机出力		kW	125	190	240	370	1200	1600
发电功率		kW	119	182	232	357	1160	1552
机组热耗		kJ/kWh	10318	10286	10167	9953	8766	8732
燃料耗量	按气量	m³/h	34.1	52	65.5	76.3	282.4	376.5
	按热量	kW	379	578	728	847	3138	4183
天然气压力		kPa	0.007				0.015	
总余热		kW	194	279	369	388	1260	1677
发电效率		%	34.89	35.00	35.41	36.17	41.07	41.23
总效率		%	82.6	79.79	82.58	87.93	77.12	77.20
外形尺寸	长度	m	3.65	3.52	3.55	3.96	6.00	5.55
	宽度	m	0.96	1.80	1.81	1.67	1.80	1.80
	高度	m	1.88	2.06	2.20	2.06	2.30	2.30
净重/湿重		t	3.5/3.7	4.2/4.5	4.5/4.8	3.3/3.5	12.7/13.9	15.5/15.5

注　燃气为天然气，热值为40000kJ/m³。

（四）颜巴赫内燃机

GE颜巴赫内燃机覆盖功率范围为0.3～4.4MW，全球安装超过8000台，总装机容量超过7000MW，颜巴赫生产的燃气内燃机组主要技术参数见表3-5。

表 3-5 颜巴赫燃气内燃机组主要技术参数

项目		单位	燃气内燃机机组型号							
			J208	J312	J320	J412	J420	J612	J620	J624
发电出力		kW	311	637	1063	889	1487	2000	3352	4401
机组热效率		%	38.2	41.1	40.8	42.8	43.0	44.7	44.9	46.3
热耗		kJ/kWh	9226	8754	8436	8403	8372	8057	8012	7777
供热出力		kW	409	734	1139	918	1528	1948	3228	4070
供热效率		%	52.1	47.4	47.6	44.2	44.2	43.5	43.3	42.8
总效率		%	90.3	88.5	88.4	87.1	87.2	88.2	88.2	89.1
燃气耗量	按气量	m^3/h	72	140	224	187	311	403	672	856
	按热量	kW	797	1549	2491	2075	3458	4476	7460	9507
转速		r/min	1500							
频率		Hz	50							
构造		—	线性排列	V70°	V70°	V70°	V70°	V60°	V60°	V60°
缸径		mm	135	135	135	145	145	190	190	190
冲程		mm	145	170	170	185	185	220	220	220
排量/缸		L	2.08	2.43	2.43	3.06	3.06	6.24	6.24	6.24
气缸数量		个	8	12	20	12	20	12	20	24
总排量		L	16.6	29.2	48.7	36.7	61.1	74.9	124.8	149.7
尺寸	长	mm	4900	4900	5700	5400	7100	7600	8900	5700
	宽	mm	1700	1700	1700	1800	1900	2200	2200	12100
	高	mm	2000	2300	2300	2000	2200	2800	2800	2900
机组重量		t	4.9	8.0	10.5	10.9	14.4	20.6	30.7	49.2

注 燃气为天然气，热值为 40000kJ/m^3；余热换热器排气温度为 120℃。

颜巴赫 6 系列燃气内燃机外形如图 3-17 所示。

（五）瓦锡兰内燃机

瓦锡兰公司很早就从事陆用和船用发电领域，目前已经为 661 个分布式能源电厂项目提供了 1586 台内燃机发电机组。其燃气机组单机容量较大，最小单机容量为 4343kW，最大单机容量为 18.3MW。瓦锡兰生产的燃气内燃机组外形如图 3-18 所示。

图 3-17 颜巴赫 6 系列燃气内燃机外形图

图 3-18 瓦锡兰生产的燃气内燃机组外形图

瓦锡兰生产的燃气内燃机组主要技术参数见表 3-6。

表 3-6 瓦锡兰燃气内燃机组主要技术参数

项目		单位	燃气内燃机机组型号			
			9L34SG	16V34SG	20V34SG	18V50SG
额定发电出力		kW	4343	7744	9730	18321
发电热效率		%	45.9	46.0	46.3	48.6
供热能力		kW	3999	7071	8980	15787
总效率		%	85.3	85.2	86.1	86.1
燃气耗量	按气量	m^3/h	880	1565	1956	3566
	按热量	kW	9780	17390	21731	39615
热耗率		kJ/kWh	7843	7819	7779	7411
转速		r/min	750	750	750	750
机组尺寸	长度	mm	10400	11300	12890	18800
	宽度	mm	2780	3300	3300	5330
	高度	mm	3840	4240	4440	6340
机组质量		kg	77000	120000	130	360000

注 燃气为天然气，热值为 $40000kJ/m^3$；余热换热器排气温度为 120℃。

安装在米兰机场的瓦锡兰 20V34SG 型内燃机组的联供供能站外形图如图 3-19 所示。

图 3-19 安装在米兰机场的瓦锡兰 20V34SG 型内燃机组的联供供能站外形图

第三节　燃气轮机分布式供能系统

一、燃气轮机分布式供能系统简介

燃气轮机分布式供能系统主要由燃气轮机驱动发电系统和排气余热回收系统组成。余热回收系统是回收发电排气的余热，排气余热以蒸汽方式回收利用。

用于分布式供能系统燃气轮机的发电量一般为1～80MW，虽然发电效率略低于内燃机，但可以回收余热，生产高参数的蒸汽，可以为工业用户提供生产工艺用汽，经济性较高，尤其是供热用燃气轮机，可以根据生产用汽和用电需求调节其负荷。燃气轮机运行噪声属于高频率，容易采取防噪声、防振等措施。

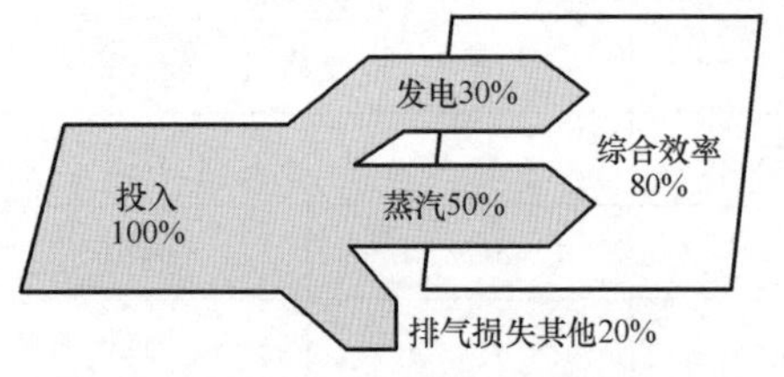

图3-20　燃气轮机分布式供能系统能源利用效率示意图

燃气轮机发电机组能在无外界电源的情况下快速启动与加载，很适合作为紧急备用电源和电网中尖峰负荷的调峰电源，能够较好地保障电网的安全运行。

燃气轮机分布式供能系统能源利用效率示意图如图3-20所示。

燃气轮机热能利用流程图如图3-21所示。

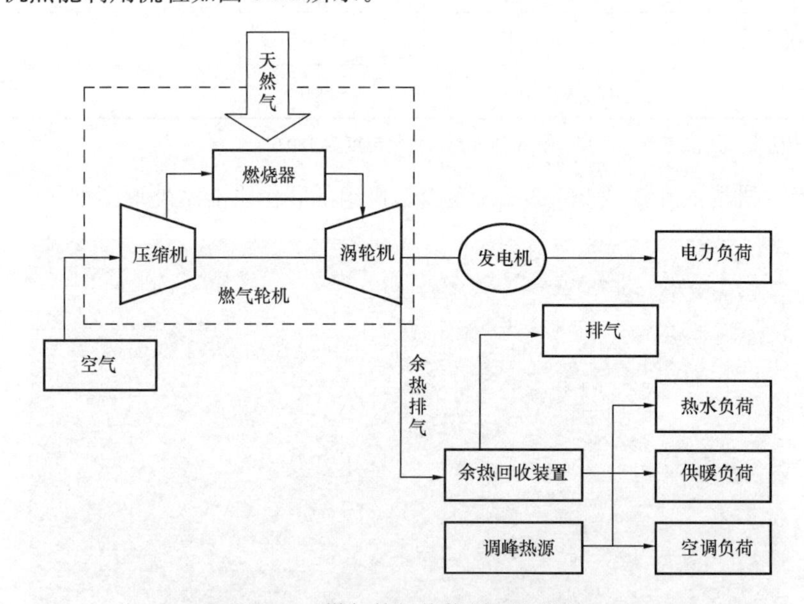

图3-21　燃气轮机热能利用流程图

二、燃气轮机的基本结构及工作原理

（一）燃气轮机的基本结构

燃气轮机的基本结构示意图如图3-22所示。在空气和燃气的主要流程中，由压缩机、燃烧器和燃气透平这三大部件组成燃气轮机循环，通称为简单循环。大多数燃气轮机均采用简单循环方案。因为它具有结构简单、体积小、质量轻、启动快、少用或不用冷却水等许多优点。

燃气轮机最简单的工作过程称为简单循环；此外，还有回热循环和复杂循环。燃气轮机的工作介质来自大气，最后又排至大气，是开式循环；此外，还有工作介质被封闭循环使用的闭式循环。燃气轮机与其他热机相结合称为复合循环装置。燃气初温和压缩机的压缩比是影响燃气轮机效率的两个主要因素。提高燃气初温，并相应提高压缩机的压缩比，可使燃气轮机效率显著提高。

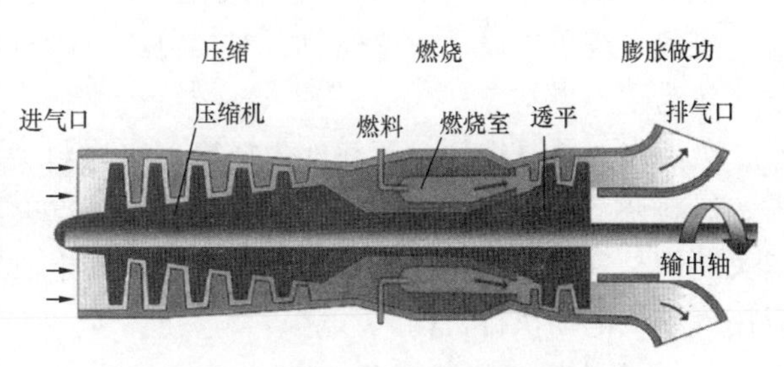

图 3-22　燃气轮机的基本结构示意图

（二）燃气轮机基本工作原理

燃气轮机是一种以连续流动的气体作为工作介质、把热能转换为机械能的旋转式动力机械。燃气轮机的基本原理如图 3-23 所示。

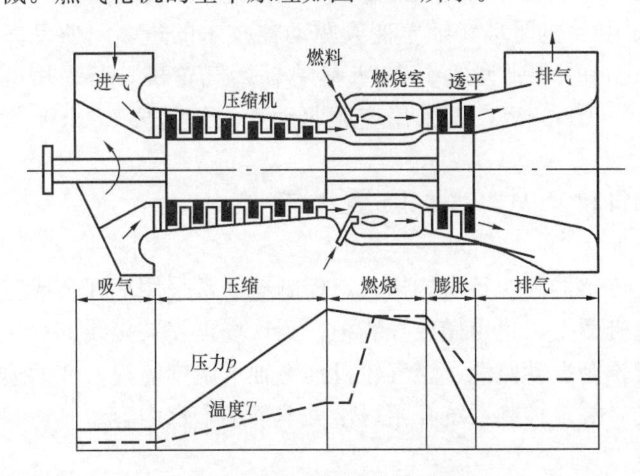

图 3-23　燃气轮机的基本原理图

燃气轮机的工作原理：燃气轮机的工作介质是压缩空气和高温燃气，压缩机（即压气机）连续地从大气中吸入空气并将其压缩；压缩后的空气进入燃烧室，与喷入的燃料混合后燃烧，形成高温、高压燃气，随即流入燃气涡轮中膨胀做功，推动涡轮叶轮带着压缩机叶轮一起旋转；加热后的高温燃气做功能力显著提高，从而把燃料中的化学能部分地转变为机械能。燃气涡轮在带动压缩机的同时，尚有余功作为燃气轮机的输出机械能。燃气轮机由静止启动时，需用启动机带动旋转，待加速到能独立运行后，启动机才脱开。

三、燃气轮机发电主要系统

燃气轮机发电机组主要系统包括润滑油系统、燃料供应系统、燃气轮机启动系统、燃气轮机控制系统、发电机和控制器进气系统、消防隔声罩系统等。

1. 润滑油系统

燃气轮机润滑系统是重要的辅助系统之一。它是在机组启动、正常运行及停机过程中，向正在运行的燃气轮机发电机组的各个轴承、传动装置及其辅助设备供应充足的、温度压力合适的、干净的润滑油，以确保机组安全可靠地运行，防止发生轴承烧坏、转子轴颈过热弯曲、高速齿轮法兰变形等事故。此外部分润滑油可作为液压系统油源。

润滑油系统主要包括主润滑油泵（燃气轮机齿轮箱直接驱动）、辅助润滑油泵、应急润滑油泵、润滑油箱和加热器、润滑油过滤器、润滑冷却器等。

2. 燃料供应系统

燃气轮机使用燃料有天然气、液化天然气（LNG）、液化石油气（LPG）、沼气、柴油等。燃料系统可以设计成单燃料、双燃料或三燃料系统。在分布式供能系统中，一般使用天然气作为主要燃料。

天然气燃料系统的主要部件包括第一级燃料关断阀、第二级燃料关断阀（备用）、过滤器、燃料调节阀、燃料母管、燃料喷嘴、火炬点火器、燃气压力传感器。第一级和第二级燃料关断阀是气动控制阀，只有燃气压力达到一定值后才能开启，起安全作用。燃料调节阀可以用气动或电动执行机构。

3. 燃气轮机启动系统

燃气轮机从静止状态到一定的速度，需要借助外力驱动。燃气轮机盘车加速后，开始吹扫。吹扫时间和后面配置的余热回收装置相关，余热回收装置越大，则吹扫时间越长。吹扫结束后，燃气轮机开始加速，达到额定转速65%～70%时开始点火，燃气轮机靠自身的动力旋转，达到70%转速后，离合器脱开，燃气轮机自行旋转。

单轴燃气轮机转动惯量大，需要启动功率大；双轴燃气轮机转动惯量小，需要启动功率小。启动方式有电液耦合装置或变频电动机驱动。随着变频驱动器技术的进步，驱动方式越来越多地采用变频电动机驱动方式。一个典型的15000kW单轴燃气轮机，若采用电液耦合装置启动，电动机功率需要800～1000kW，若采用变频驱动，大约需要250kW就够了。

一个典型的启动系统包括交流电动机和VFD驱动器（放置在控制室内）。

4. 燃气轮机控制系统

燃气轮机控制系统主要由控制器、传感器和执行机构构成。控制器通常采用双冗余或三冗余系统。控制器可以直接做在燃气轮机撬上，也可做成控制柜，到现场再安装接线。

控制系统通常还包含燃气轮机和齿轮箱振动监测、燃气轮机推力轴承温度监视、辅助远程控制器、保护停机系统和各类通信接口等。控制系统介绍可参见本书第十章内容。

5. 发电机和控制器

燃气轮机的旋转动能经过减速齿轮箱后，将转速降到3000r/m或1500r/m，驱动发电机。发电机可以是空冷式，也可以是水冷式。一般功率较小的发电机采用空冷式较多。发电机配合控制器，要满足如下控制功能：自动同期、电压调节、发电机振动监视系统、发电机轴承和定子线圈温度控制系统、自动启动和同期、功率控制、功率因素控制、差动保护、零序保护等。

6. 进气系统

燃气轮机对燃烧需要的空气质量要求较高，空气中的杂质和有害物、粉尘颗粒、碱金属、水雾等如果直接进入燃气轮机，会严重影响燃气轮机的性能及寿命。在实际使用燃气轮机的场合，特别是在陆地使用环境中，大部分燃气轮机损坏是因空气过滤系统造成的。一般根据当地环境条件和空气污染物的不同可以采用静态过滤器、反吹自清式过滤器、多级组合式过滤器对空气进行过滤净化。

进气系统应设置进气消声器，降低进气口非常高的空气流动噪声。

7. 消防隔声罩系统

汽轮发电机组噪声属于高频低振幅噪声，根据环保要求，一般需要安装隔声罩，另外，设计规范要求防火，因此消防系统也包括在内。消防隔声罩系统包括如下主要设备：含隔声材料的全机组隔声板、内部部件吊装导轨架、可燃气体监测系统、火焰探头、防尘过滤器、消防系统、二氧化碳钢屏柜、机罩进气通风消声器、机罩排气通风消声器、机罩内部照明。

四、燃气轮机发电系统的安全性

1. 双燃料系统

燃气轮机分布式供能系统采用以天然气为主，柴油或其他燃料为备用的燃料供应系统，机组同时具备使用两种燃料的能力，当机组以天然气燃料运行时，如发生天然气压力降低到允许值以下的情况，机组会自动切换至其他燃料运行模式。在正常运行时也可以手动切换到其他燃料运行模式。

2. 控制系统及检测系统

控制系统由就地控制系统、遥控自动控制系统及备用继电器控制系统组成。采用由不间断电源UPS供应的24V直流电源，即便外界失电，也能保证机组安全停机。就地控制系统和遥控自动系统是建立在控制器的基础上的，实现在机组就地和控制室中均可控制的目的。其控制原理为通过现场信号采集设备将机组的各种信号和控制指令通过输入模块转变为数字提供控制器使用，控制器根据预设的程序做出判断、决定并将决策信号通过输出模块传送至各个执行机构，从而完成指令、调整等。

备用继电器控制系统的作用在于就地控制系统和遥控自动控制系统出现故障时，接替控制任务，接通相关的电路，强行按设定的程序安全地关闭机组。同时在正常运行时，一旦发生紧急停机故障，备用继电器控制系统也将略过正常控制系统，通过指令实现快速停机，为机组的安全运行提供保障。备用继电器控制系统可为控制系统增添安全因素。

天然气检测系统在机组选择天然气为燃料时启动工作，通过压力传感器和计时器，可以分别检测到管道、阀门是否泄漏，阀门是否能够按控制要求正常工作，安全阀系统是否保持正常等，一旦发生异常则终止启动。天然气检测系统受可编程逻辑控制器固化程序的控制，十几组启动的必经过程充分保证了使用天然气的安全。

3. 保护功能

燃气轮机分布式供能系统的保护功能齐全，如天然气压力过高、过低及泄漏，机罩内天然气浓度超标，机罩内起火报警CO_2自动灭火，备用燃料压力过低，熄火检测，机罩润滑油压力过低，排烟超温，余热锅炉水位过高、过低，余热锅炉压力过高，给水压力过低，发电机温度过高，前压过电流、频率不稳，机组超速、超负荷，机组振动过大，轴承超温及相关的联锁保护功能，使得系统始终处于安全工作状态。

4. 燃烧控制系统

燃气轮机分布式供能系统的燃烧仅在燃气轮机燃烧器中进行，燃烧器设有多个燃烧喷嘴，燃烧所需的燃料可以由双燃料系统分别提供，空气由压缩机提供。其燃烧的特点是高温、高速，为了确保燃烧的稳定、充分及受到燃烧透平材质的限制，燃烧必须严格控制。

首先燃烧器的制造必须保证燃气轮机的过量空气系数，将燃烧所需的过量空气系数控制在1.1～1.3，确保燃烧火焰的稳定和燃料燃烧的充分，而总的过量空气系数控制在4.0～4.5，确保高温烟气以适合的温度进入燃烧透平，不至于因超温而破坏燃气透平的材质，这一点在燃烧器设计制造时已经解决。

其次是在变工况运行时，随着燃料投入的变化，能够调节空气流量，使两者相适应，这一点可由压缩机进口三级可调叶片来实现。当机组工况变化时，控制系统将根据调节燃料投入流量。与此同时，通过液压系统调节压缩机进口三级可调叶片的执行机构，实现燃料的投入与空气流量的匹配。

5. 润滑油系统

燃气轮发电机组是高速旋转的机械，在同一个轴上带有 5 套轴承和 1 台行星轮齿轮变速箱，润滑系统的作用就是冷却轴承和齿轮。在该系统中共有 3 台润滑油泵，分别称为前/后润滑油泵、主润滑油泵和备用润滑油泵，从这 3 台润滑油泵的动力源可体现设计的安全性。

机组启动时本身的转速小，因此使用以外接电源为动力的前/后润滑油泵来驱动润滑系统，随着机组的加速，通过行星轮齿轮变速箱由机组自身带动的主润滑油泵的转速也相应提高，当转速达到一定数值时，前/后润滑油泵停止工作，改为由主润滑油泵来驱动润滑油系统，这样节省了自用电。停机时情况相反，当机组转速不足以带动主润滑油泵和驱动润滑油系统时，前/后润滑油泵再次启动接管润滑油系统。

由于润滑油系统的安全重要性，设计者还增加了一台以直流电为动力源的备用润滑油泵。即当启动和停机时前/后润滑油泵故障或正常运行时主润滑油泵故障的情况下，由备用润滑油泵启动，以维持润滑系统的运转，确保机组安全停机。由于采用了直流电通过变频器转为交流电驱动油泵的原理，即使在外界失电的情况下，也能保证机组安全停机，因此使润滑系统的可靠性大大增加。

五、燃气轮机分布式供能系统案例

（一）燃气轮机排气直接进入排气余热锅炉

燃气轮机发电之后尾气进入余热锅炉生产蒸汽，蒸汽可以通过汽水换热器生产热水供给供热系统，实现热水供暖和热水供应；蒸汽通过吸收式冷水机组生产冷水，供给空调系统。这种系统是最常用的系统，燃气轮机+余热锅炉系统示意图如图 3-24 所示。

某大型酒店（建筑面积为 $3\times10^4m^2$）燃气轮机和余热锅炉分布式供能系统示意图如图 3-25 所示。

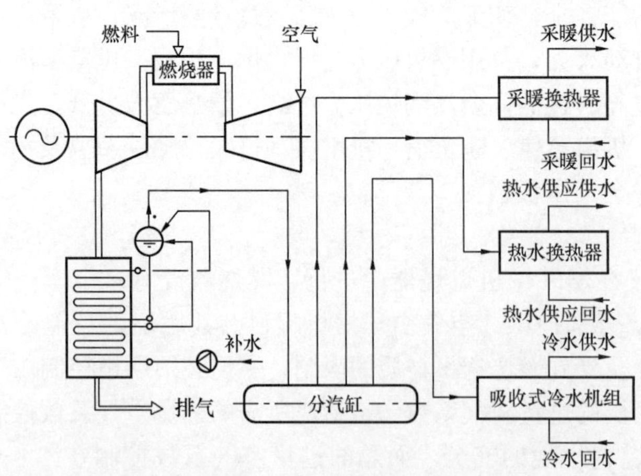

图 3-24 燃气轮机+余热锅炉系统示意图

（二）燃气轮机+吸收式冷热水机组

燃气轮机排出的高温烟气直接进入直燃型吸收式冷热水机组，以烟气为热源驱动冷热水机组为供热、空调、热水供应系统提供热水及冷水。这种系统比较简单，省去了余热锅炉，热水直接接入供暖系统和热水供应系统，冷水直接接入空调冷水系统。但对于需要供蒸汽的系统，本系统不大合适，因为供蒸汽

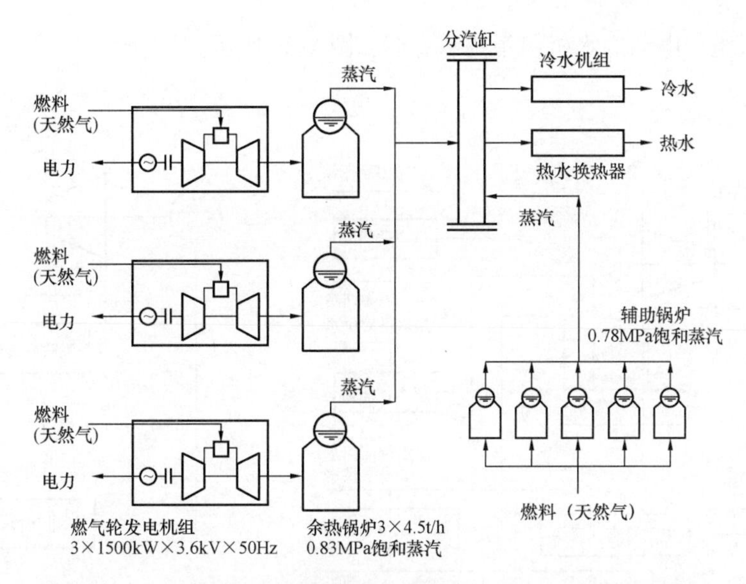

图 3-25　某大型酒店燃气轮机＋余热锅炉分布式供能系统示意图

的系统比较复杂。燃气轮机＋吸收式冷热水机组系统示意图如图 3-26 所示。

（三）燃气轮机＋余热锅炉＋电动热泵系统

利用燃气轮机发出的电力驱动电动热泵生产热水或冷水，冬季补充供热负荷，夏季补充空调负荷，这样可以利用燃气轮机发的电实现供热和制冷，热泵机组需要有污水、海水或地下水等余热水源。燃气轮机＋余热锅炉＋电动热泵系统示意图如图 3-27 所示。

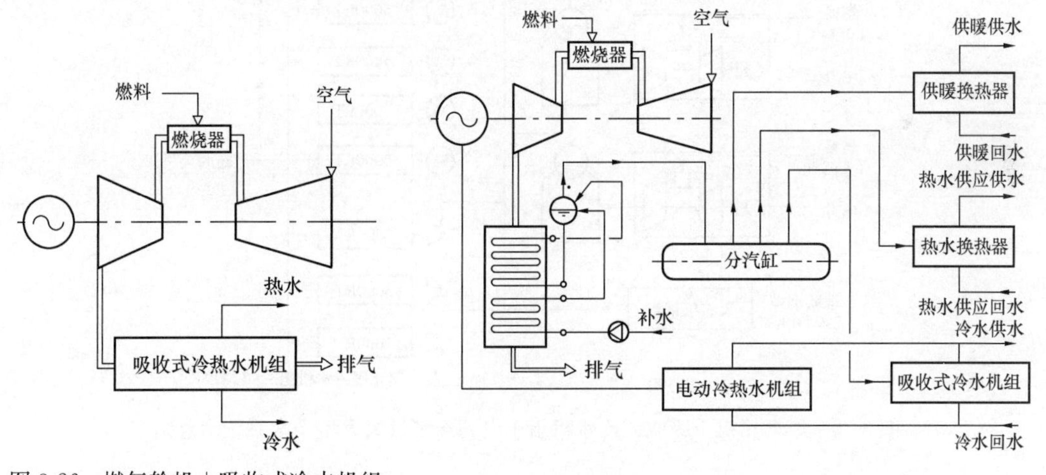

图 3-26　燃气轮机＋吸收式冷水机组系统示意图

图 3-27　燃气轮机＋余热锅炉＋电动热泵系统示意图

（四）燃气轮机＋余热锅炉＋电动冷水机组系统

利用燃气轮机发的电驱动电动冷水机组，补充吸收式冷水机组制冷量的不足。燃气轮机＋余热锅炉＋电动冷水机组系统示意图如图 3-28 所示。

（五）燃气轮机＋吸收式冷水机组＋电动冷水机组系统

利用燃气轮机发的电驱动电动冷水机组，补充吸收式冷水机组冷水量的不足。燃气轮机

＋吸收式冷水机组＋电动冷水机组系统示意图如图 3-29 所示。

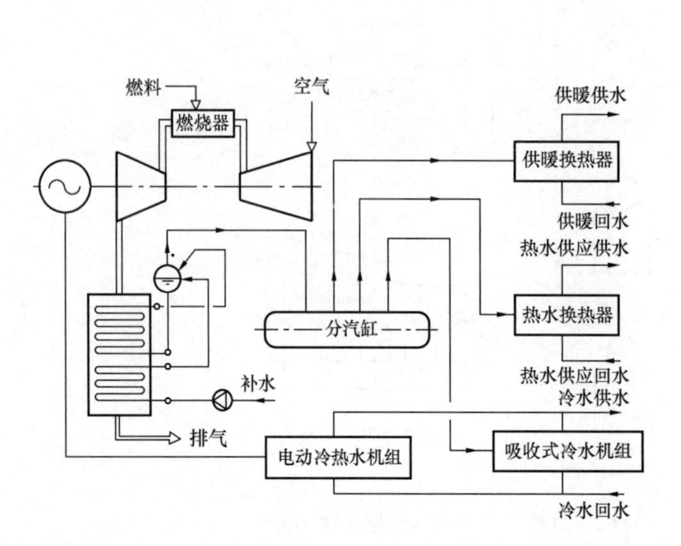

图 3-28　燃气轮机＋余热锅炉＋电动冷水机组系统示意图

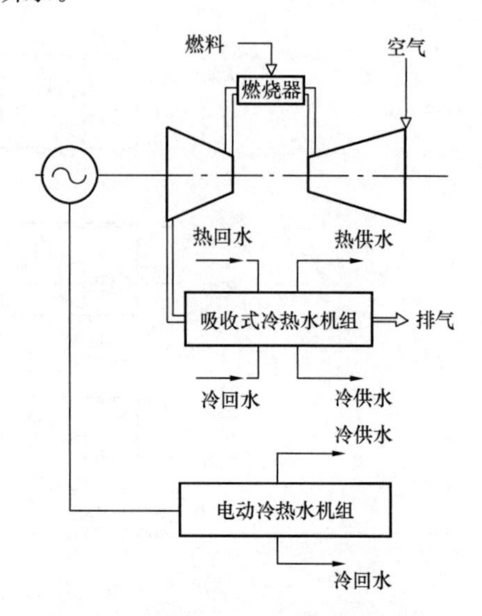

图 3-29　燃气轮机＋吸收式冷水机组＋电动冷水机组系统示意图

燃气轮机＋吸收式冷水机组＋电动冷水机组大型冷水系统示意图如图 3-30 所示。

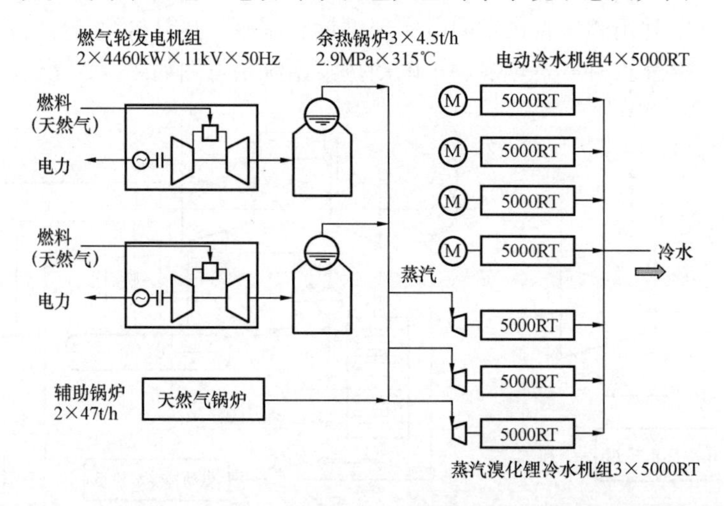

图 3-30　燃气轮机＋吸收式冷水机组＋电动冷水机组大型冷水系统示意图

（六）燃气轮机＋余热锅炉＋太阳能供热系统

为了进一步提高供能系统的效率，可以利用太阳能供热系统作为余热锅炉补水，提高补水温度，提高热效率。燃气轮机＋余热锅炉＋太阳能供热系统示意图如图 3-31 所示。

六、燃气轮机分布式供能系统设备

燃气轮机设备主要厂家有华电通用轻型燃机设备有限公司（华电通用 HDGE）、索拉（Solar Turbines）燃机公司、川崎重工株式会社、美国 GE 公司的轻型燃气轮机、日立公司燃气轮机，燃气轮机组主要技术参数范围见表 3-7。

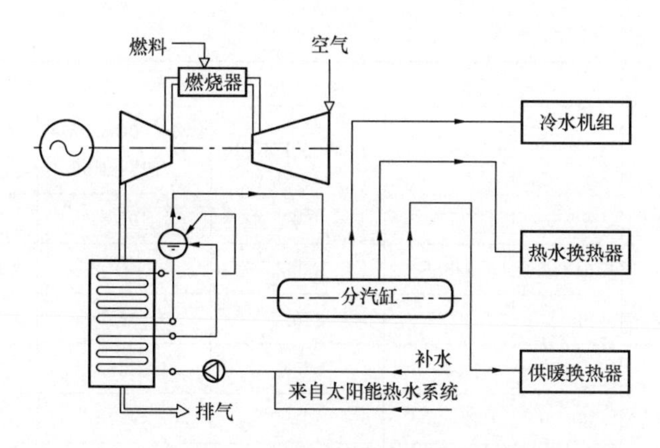

图 3-31　燃气轮机＋余热锅炉＋太阳能供热系统示意图

表 3-7　燃气轮机组主要技术参数范围

项目	单位	制造厂			
		索拉	川崎	GE（HDGE）	日立
发电出力范围	MW	1.2～15	0.6～18	18～58	17～98
供热出力范围	MW	2.5～18	1.8～26	20～53	21～110
发电效率范围	%	24～35	20～33	34～41	34～37
总热效率范围	%	73～80	73～82	70～86	76～82

（一）华电通用轻型燃机设备有限公司

华电通用轻型燃机设备有限公司（华电通用 HDGE）是中国华电集团与美国通用电气（GE）合作设立的中外合资公司，于 2012 年 7 月在上海注册成立。华电通用致力于航改型燃气轮机发电机组的研发、生产、销售及维修服务，依托华电集团在中国发电领域的成熟经验，吸收通用电气再发电设备领域的先进技术逐步实现设备国产化，推动中国分布式供能系统的发展。

华电通用轻型燃机设备有限公司轻型燃气轮机组模块外形如图 3-32 所示。

华电通用航改型燃机的主要特点如下：

（1）简单循环效率同等级中最高，可达 44%。

（2）干式低氮燃烧，NO_x 浓度达 30mg/m³。

（3）冷态 10min 达满负荷运行。

（4）起停不折算等效运行小时，频繁启动无寿命折损。

（5）多轴结构，可快速、灵活调节负荷。

（6）可靠性大于 99%，可用率大于 98%，启动成功率大于 99%。

华电通用轻型燃机设备有限公司轻型燃气轮机组主要技术参数见表 3-8。

表 3-8　华电通用轻型燃机设备有限公司轻型燃气轮机组主要技术参数

项目	单位	型号					
		LM2500	LM2500-G4	LM6000PB/PF	LM6000PB sprint /PF sprint	LM6000PF	LM6000PF+ Sprint
发电出力	MW	22	33	43	47	52	58
热耗	kJ/kWh	10046	9228	8675	8664	9299	8754

续表

项目		单位	型号					
			LM2500	LM2500-G4	LM6000PB/PF	LM6000PB sprint /PF sprint	LM6000PF	LM6000PF+ Sprint
燃料耗量	按气量	m^3/h	5526	7614	9327	10181	12089	12695
	按热量	kW	61393	84589	103623	113107	134321	141038
排气量		kg/s	68.8	92.9	125.7	132.9	136	146
排气温度		℃	535	540	451	446	500	486
供热出力		MW	30.00	40.00	42.90	44.73	53.00	54.83
排放		mg/m^3	50	50	30～50	30～50	50	50
发电效率		%	35.3	39.02	41.4	41.5	41.6	40.9
总热效率		%	84.7	86.3	82.8	81.1	84.0	80.0

注 燃气为天然气，热值为40000kJ/m^3；余热换热器排气温度为120℃。

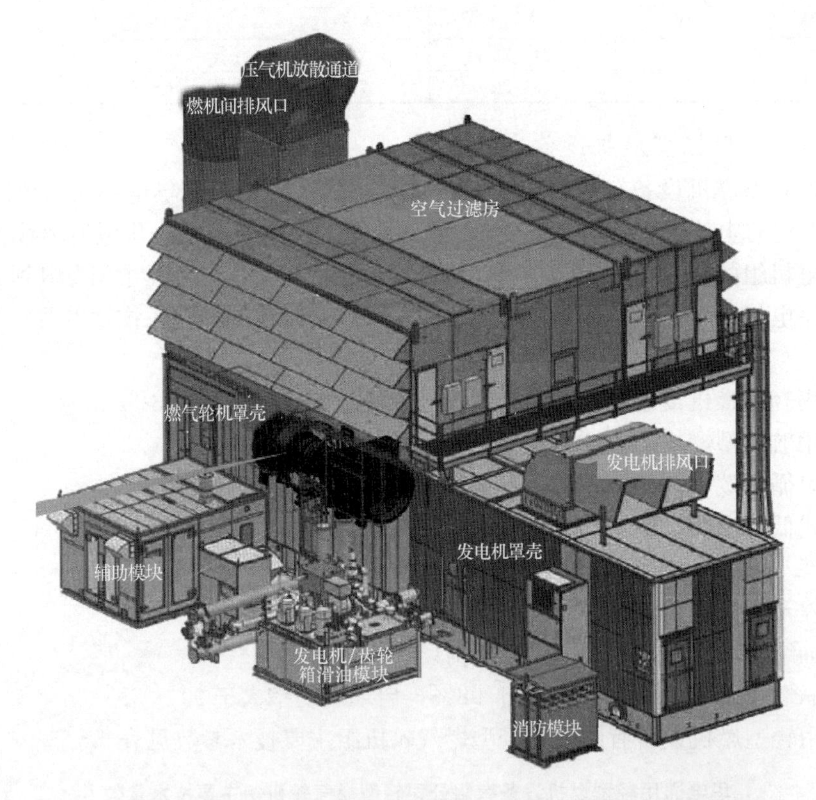

图3-32 华电通用轻型燃机设备有限公司轻型燃气轮机组模块外形图

华电通用轻型燃机设备有限公司LM2500系列燃气轮机空气循环图如图3-33所示。

华电通用轻型燃机设备有限公司TM2500型可移动式燃气轮发电机组如图3-34所示。

华电通用轻型燃机设备有限公司LM6000系列燃气轮机结构如图3-35所示。

华电通用轻型燃机设备有限公司LM6000系列燃气轮机空气循环图如图3-36所示。

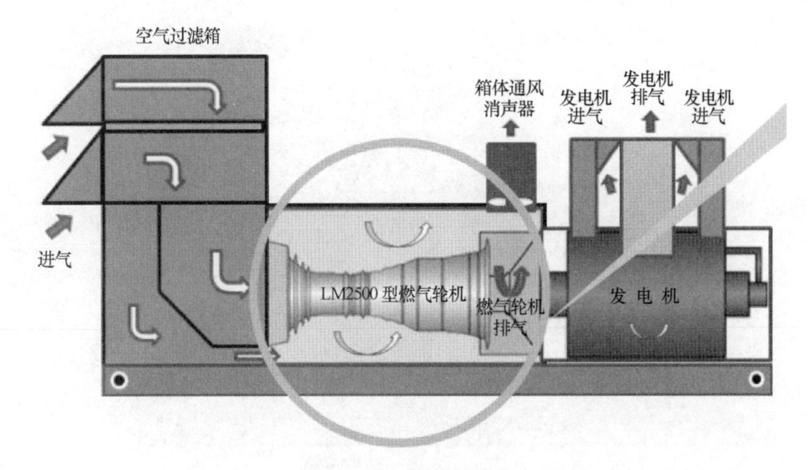

图 3-33　LM2500 系列燃气轮机空气循环图

图 3-34　TM2500 型可移动式燃气轮发电机组

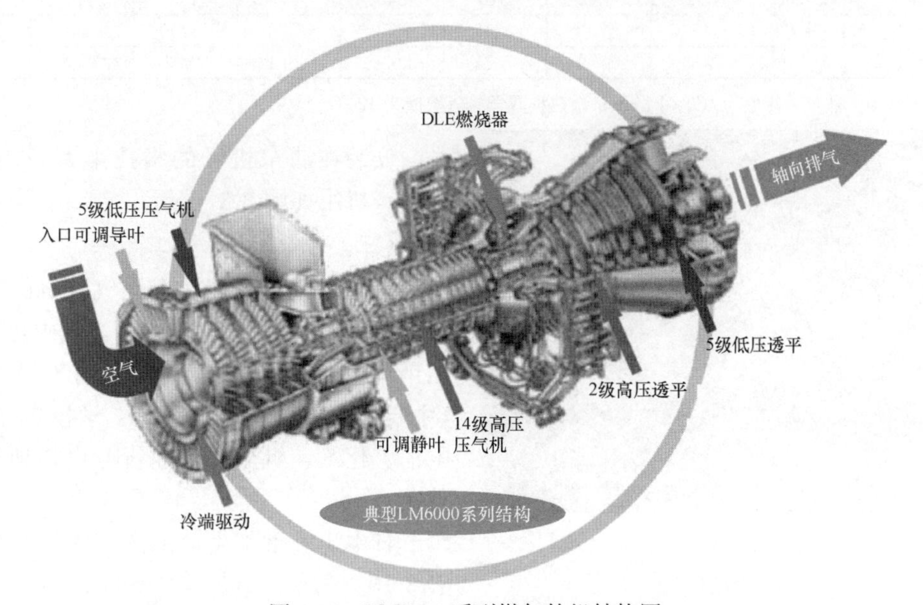

图 3-35　LM6000 系列燃气轮机结构图

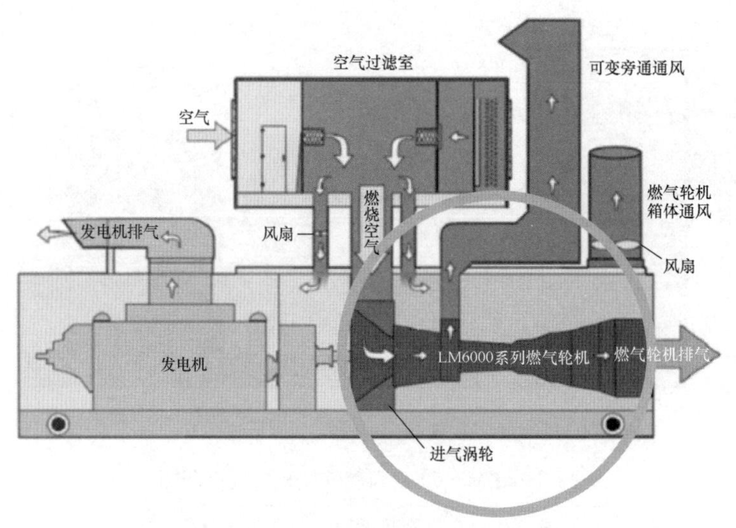

图 3-36 LM6000 系列燃气轮机空气循环图

（二）美国索拉燃机公司

美国索拉（Solar Turbines）燃机公司生产的燃气轮机组参数见表 3-9。

表 3-9 索拉燃气轮机组参数

项目		单位	型号							
			土星 20 SATURN	半人马 40 CENTAUR	金牛 60 TAURUS	金牛 65 TAURUS	金牛 70 TAURUS	火星 90 MASR	火星 100 MASR	大力神 130 TITAN
发电容量		kW	1210	3515	5670	6300	7552	9450	10690	15000
机组热耗		kJ/kWh	14795	12910	11425	10945	10650	11300	11090	10232
发电效率		%	24.33	27.89	31.51	32.89	33.80	31.86	32.46	35.18
燃气耗量	按气量	m^3/h	442	1122	1599	1943	2221	2637	2930	3876
	按热量	kW	4908	12470	17763	21590	21483	29298	32548	43057
机组排气量		kg/h	23540	67004	78280	75945	97000	144590	150390	179125
排气温度		℃	505	435	510	549	490	465	485	496
回收余热		kW	2450	5700	8256	8850	9720	13490	14860	18240
机组热效率		%	74.6	73.9	78.4	80.0	80.4	78.3	78.5	77.2

注 燃气为天然气，热值为 40000kJ/m^3；余热换热器排气温度为 120℃。

图 3-37 浦东机场索拉半人马-40 型热电联产机组

安装在浦东机场的索拉半人马-40 型热电联产机组如图 3-37 所示。

（三）日本川崎重工

川崎重工株式会社在燃气轮机的生产方面，累计生产超过 7000 余台，其中热电联产已销售超过 500 台，不仅应用于民用领域（主要包括中央空调、医院、学校），同时在电信、化工、机械等工业行业也得到了广泛使用。

日本川崎重工生产的燃气轮机组参数见表 3-10。

表 3-10　　川崎燃气轮机组参数

<table>
<tr><th colspan="2" rowspan="2">项目</th><th rowspan="2">单位</th><th colspan="7">燃气轮机型号</th></tr>
<tr><th>06</th><th>15D</th><th>30D</th><th>60D</th><th>70D</th><th>80D</th><th>180D</th></tr>
<tr><td colspan="2">发电容量</td><td>kW</td><td>610</td><td>1450</td><td>2850</td><td>5280</td><td>6530</td><td>7250</td><td>17970</td></tr>
<tr><td colspan="2">转速</td><td>r/m</td><td>1500</td><td>1500</td><td>1500</td><td>1500</td><td>1500</td><td>1500</td><td>1500</td></tr>
<tr><td colspan="2">热耗</td><td>kJ/kWh</td><td>19062</td><td>15269</td><td>15499</td><td>12457</td><td>12085</td><td>11009</td><td>10690</td></tr>
<tr><td colspan="2">发电效率</td><td>%</td><td>18.89</td><td>23.58</td><td>23.23</td><td>28.90</td><td>29.80</td><td>32.70</td><td>33.68</td></tr>
<tr><td rowspan="2">燃气耗量</td><td>按气量</td><td>m^3/h</td><td>291</td><td>554</td><td>1104</td><td>1644</td><td>1973</td><td>1995</td><td>4809</td></tr>
<tr><td>按热量</td><td>kW</td><td>3233</td><td>6153</td><td>12276</td><td>18280</td><td>21943</td><td>22060</td><td>53394</td></tr>
<tr><td colspan="2">排气量</td><td>kg/s</td><td>5.01</td><td>7.92</td><td>15.8</td><td>21.6</td><td>26.6</td><td>26.8</td><td>59.2</td></tr>
<tr><td colspan="2">排气温度</td><td>℃</td><td>477</td><td>534</td><td>534</td><td>545</td><td>516</td><td>512</td><td>545</td></tr>
<tr><td rowspan="4">余热</td><td>蒸汽量</td><td>t/h</td><td>2.49</td><td>4.70</td><td>9.40</td><td>13.4</td><td>15.0</td><td>14.9</td><td>36.8</td></tr>
<tr><td>汽压</td><td>MPa</td><td colspan="7">0.83</td></tr>
<tr><td>汽温</td><td>℃</td><td colspan="7">177</td></tr>
<tr><td>热负荷</td><td>kW</td><td>1750</td><td>3300</td><td>6590</td><td>9400</td><td>10520</td><td>10470</td><td>25760</td></tr>
<tr><td colspan="2">噪声</td><td>dB（A）</td><td colspan="7">85（距箱体 1mm 处）、90（距消音器出口）</td></tr>
<tr><td colspan="2">总热效率</td><td>%</td><td>73.0</td><td>77.2</td><td>76.9</td><td>80.3</td><td>77.7</td><td>79.8</td><td>81.9</td></tr>
<tr><td rowspan="2">布置尺寸</td><td>长</td><td>m</td><td>14</td><td>16</td><td>19</td><td>29</td><td>29</td><td>30</td><td>41</td></tr>
<tr><td>宽</td><td>m</td><td>10</td><td>11</td><td>12.5</td><td>15</td><td>15</td><td>15</td><td>20</td></tr>
</table>

注　燃气为天然气，热值为 $40000kJ/m^3$。

川崎 M7A-02 型燃气轮机外形图如图 3-38 所示；川崎燃气轮机组布置图如图 3-39 所示；川崎燃气轮发电机组剖面图如图 3-40 所示；川崎燃气轮机热电联产机组布置鸟瞰图如图 3-41 所示；川崎 30D 系列热电联产机组平面布置图如图 3-42 所示，断面图如图 3-43 所示；川崎 180D 系列机组燃气轮机电站照片如图 3-44 所示。

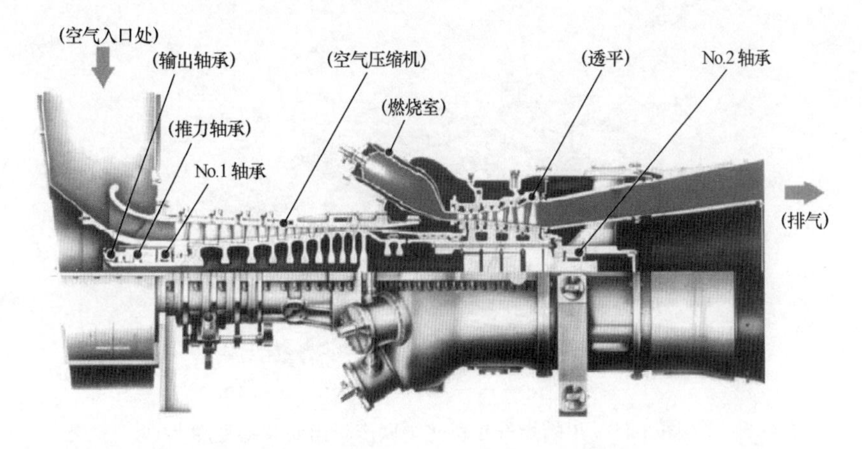

图 3-38　川崎 M7A-02 型燃气轮机（发电出力为 6.53MW）外形图

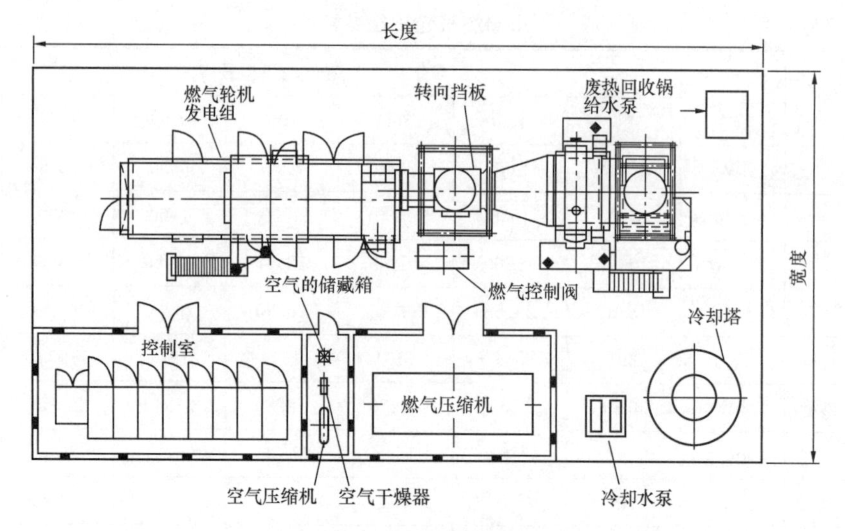

图 3-39 川崎燃气轮机组布置图（尺寸见表 3-10）

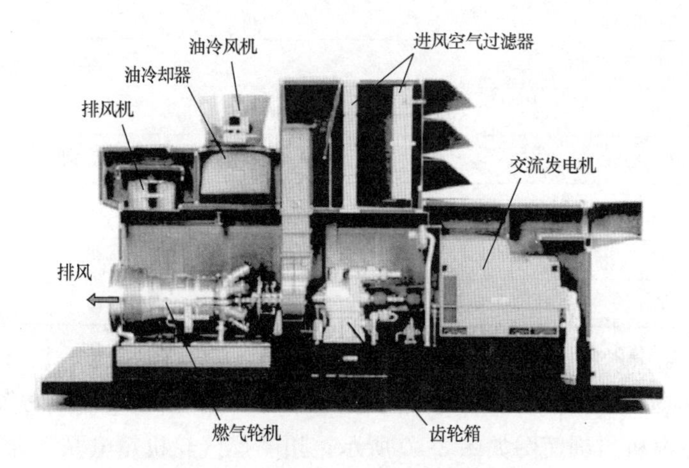

图 3-40 川崎燃气轮发电机组剖面图

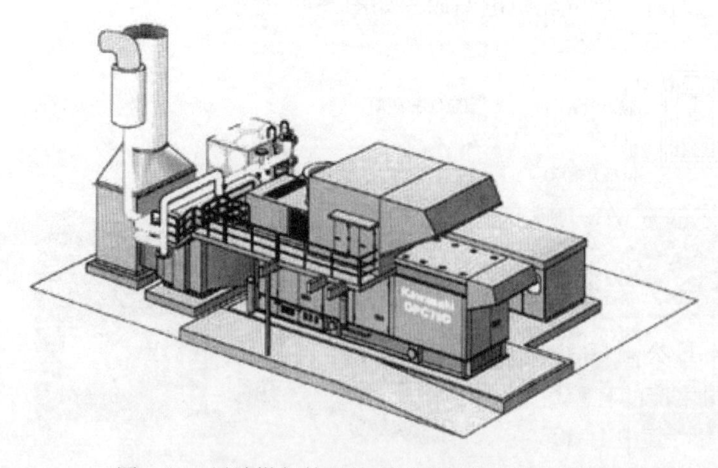

图 3-41 川崎燃气轮机热电联产机组布置鸟瞰图

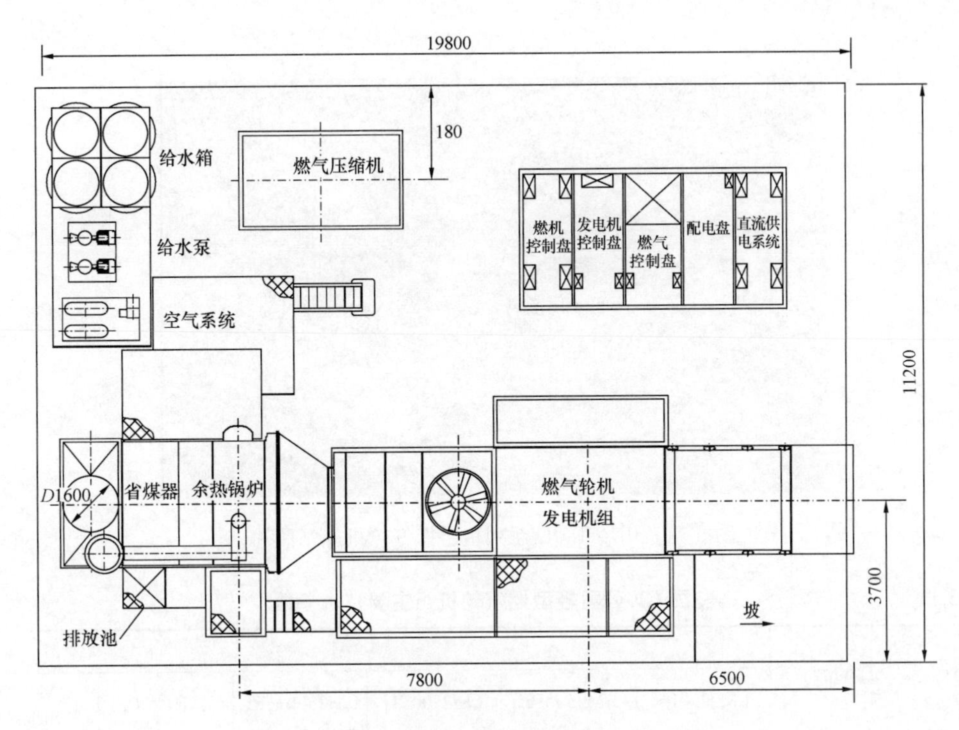

图 3-42　川崎 3D 系列热电联产机组平面布置图

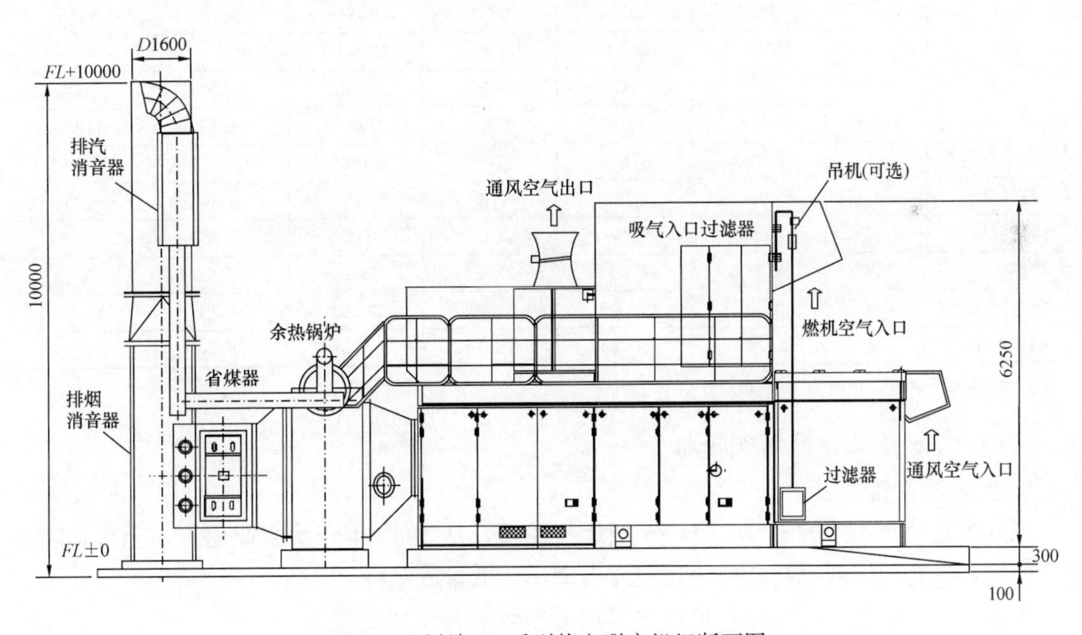

图 3-43　川崎 3D 系列热电联产机组断面图

（四）美国 GE 公司轻型燃机

美国 GE 公司生产的轻型燃气轮机有 18～100MW 范围内多种机型，可以灵活地使用在分布式供能系统中，其中 LM2500 型燃气轮机具有最优的运行经验，运行小时数超过 250 万小时，LM2500 型机组可靠性高达 99%以上。美国 GE 公司轻型燃气轮机组主要技术参数见表 3-11。

图 3-44 川崎 180D 系列机组燃气轮机电站照片

表 3-11 美国 GE 公司轻型燃气轮机组主要技术参数

型号		单位	型 号					
			LM2000PS	LM2500PE	LM2500PH	LM2500+RC	LM6000PF	LM6000PS SPRINT
发电出力		MW	18.363	23.060	26.510	36.024	42.732	50.836
热耗		kJ/kWh	10647	10591	9155	9771	8673	8943
压比		—	16.0∶1	18.0∶1	19.4∶1	23.1∶1	30.1∶1	23.3∶1
转速		r/m	3000	3000	3000	3600	3600	3600
燃料耗量	按气量	m^3/h	4888	6106	6068	8800	9265	11366
	按热量	kW	54300	67843	67422	97768	102951	126283
排气量		kg/s	66	72	76	97	126	136
排气温度		℃	463	517	498	507	451	446
供热出力		MW	20.000	25.00	25.23	33.00	37.93	39.33
发电效率		%	33.81	33.99	39.32	36.84	41.51	40.25
总热效率		%	70.64	70.84	76.74	70.59	78.35	71.40

注 燃气为天然气，热值为 40000kJ/m^3。

（五）东方日立公司燃气轮机

1. 主要设备规范

东方日立公司生产的 H-15、H-25 型燃气轮机，从 1988 年开始商业运行，至今运行在世界各地，具有机组效率高、模块化设计占地小、低排放等特点。

东方日立公司生产的燃气轮机组主要技术参数见表 3-12。

表 3-12 东方日立燃气轮机组主要技术参数

项目	单位	燃气轮机型号		
		H-15	H-25	H-80
发电容量	MW	16.9	32.0	97.7
热耗	kJ/kWh	10500	10350	9860
发电效率	%	34.4	34.8	36.5

续表

项目		单位	燃气轮机型号		
			H-15	H-25	H-80
燃气耗量	按气量	m^3/h	4166	8280	24083
	按热量	kW	46220	91980	267143
排气量		kg/s	52.9	96.6	289
排气温度		℃	564	561	538
供热出力		MW	21.0	38.0	108.0
NO_x 排放量		mg/m^3	25	25	25
总热效率		%	82.0	76.1	77.0

注　燃气为天然气，热值为 $40000kJ/m^3$。

2. 东方日立设备布置参考图

(1) H-25 型机组。

1) H-25 型机组结构及部件如图 3-45 所示。

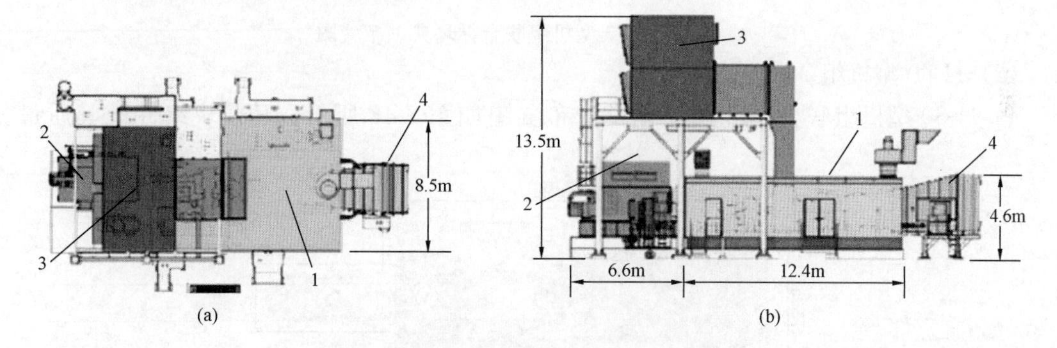

图 3-45　H-25 型机组结构及部件图

(a) 平面布置图；(b) 立面布置图

1—汽轮机及基础；2—发电机；3—进气系统；4—排气系统

2) H-25 型机组典型布置图如图 3-46 所示。

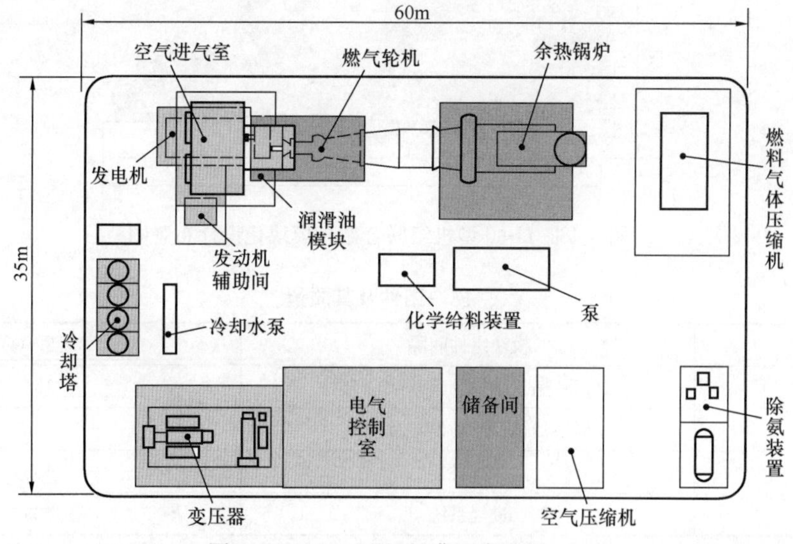

图 3-46　H-25 型机组典型布置图

3）H-25 型机组联合循环典型布置图如图 3-47 所示。

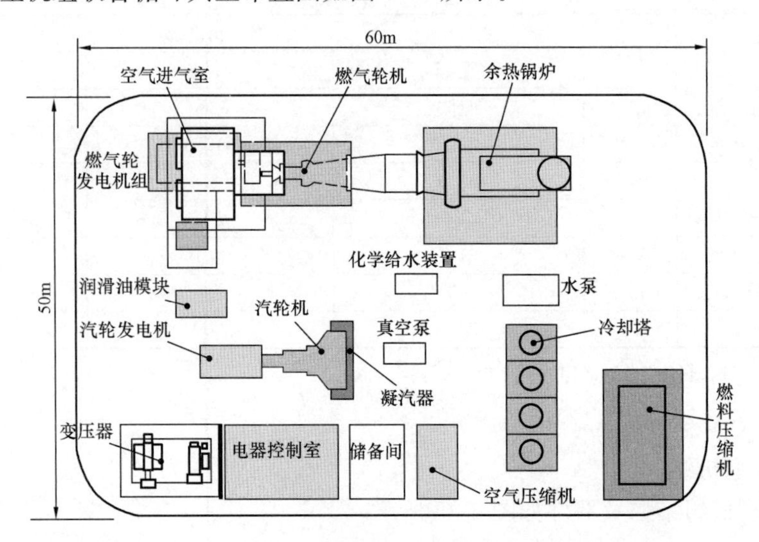

图 3-47　H-25 型机组联合循环典型布置图

（2）H-80 型机组。

1）H-80 型机组联合循环模块化设计布置图如图 3-48 所示，其模块组件及其质量见表3-13。

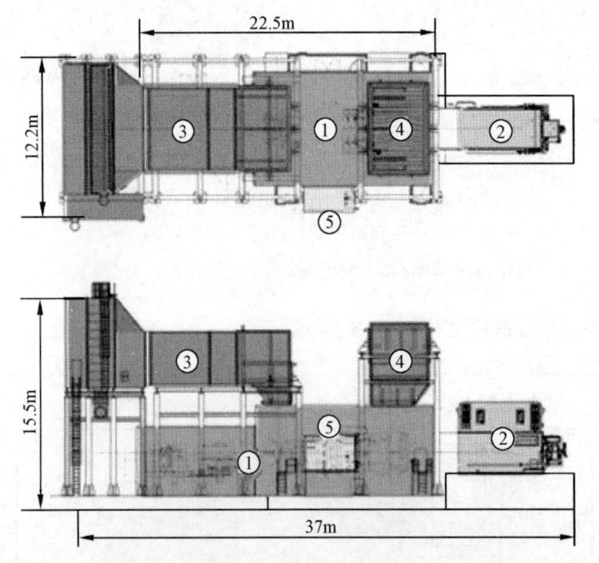

图 3-48　H-80 型机组联合循环模块化设计布置图

表 3-13　　模块组件及其质量

编号	模块组件间隔	质量（t）
①	燃气轮机及其基础	165
	润滑油箱、启动设备及辅机	40
②	发电机	195
③	进气系统	125

续表

编号	模块组件间隔	质量（t）
④	排系统	33
⑤	燃气阀门间	5

2）H-80 型机组联合循环模块化设计立体图如图 3-49 和图 3-50 所示。

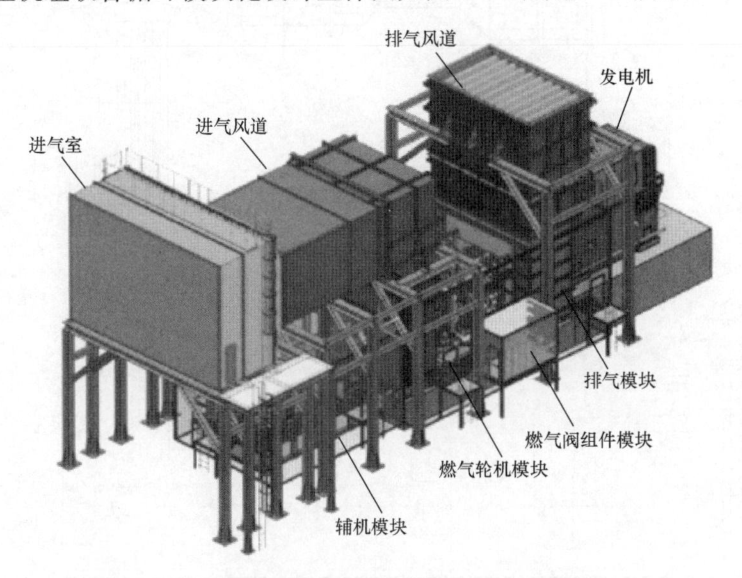

图 3-49　H-80 型机组联合循环模块化设计立体图（一）

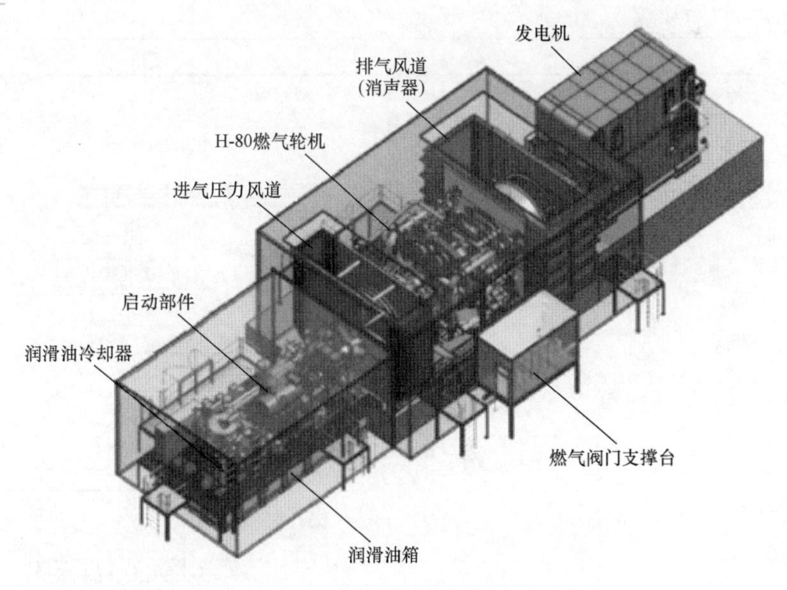

图 3-50　H-80 型机组联合循环模块化设计立体图（二）

3）H-80 型机组联合循环布置图如图 3-51～图 3-54 所示。

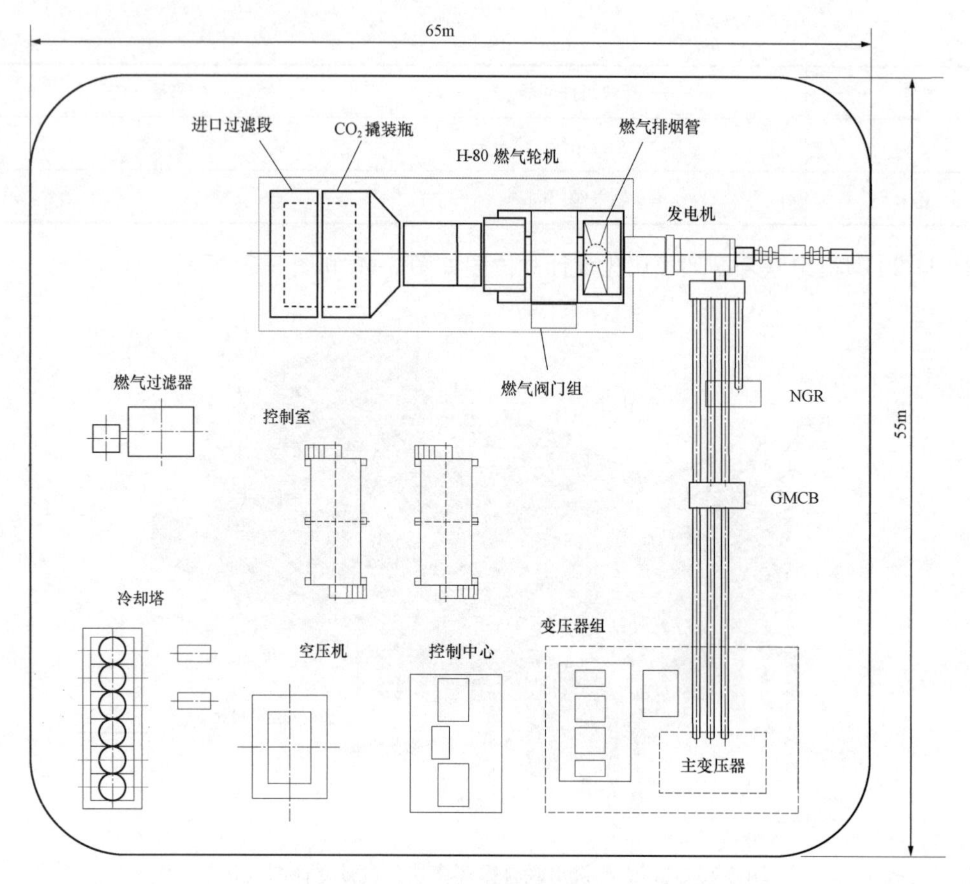

图 3-51 H-80 型机组联合循环布置图（单循环系统）

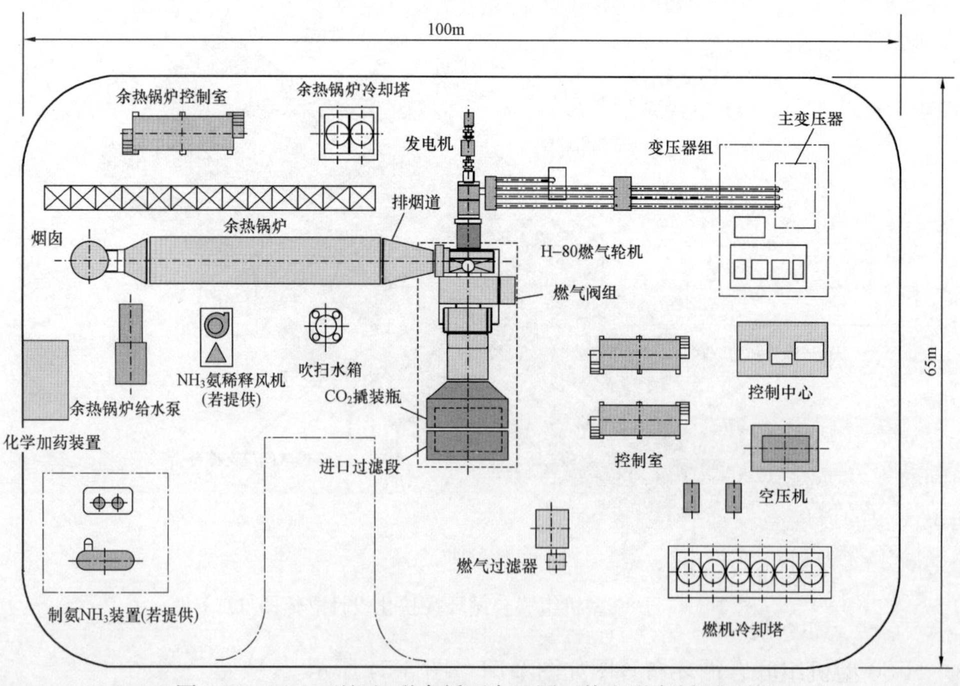

图 3-52 H-80 型机组联合循环布置图（热电联产循环系统）

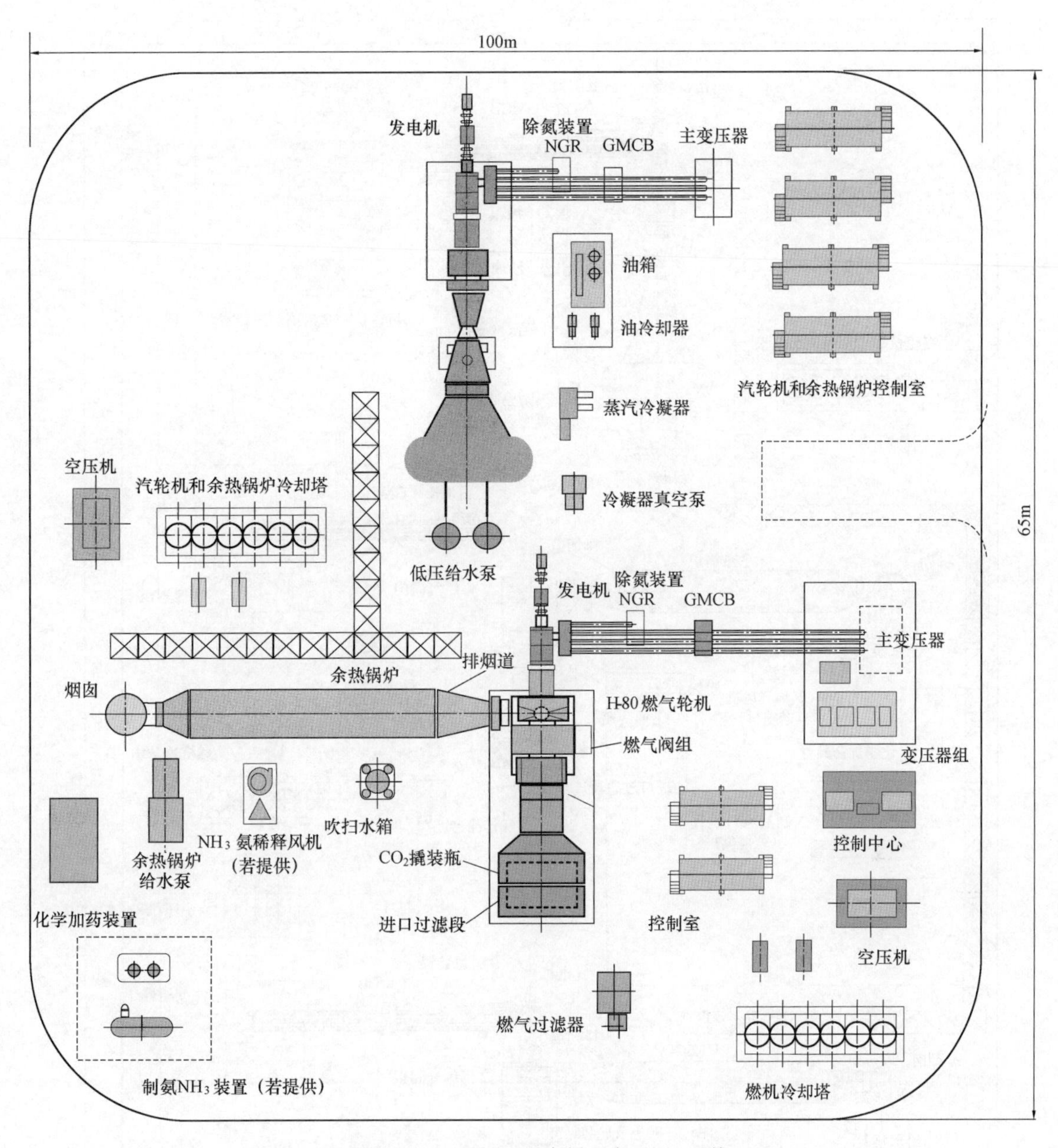

图 3-53　H-80 型机组联合循环布置图（1 拖 1）

（六）中国航发动力科技工程有限责任公司

中国航发动力科技工程有限责任公司隶属于中国航空发动机集团，是国内唯一一家拥有自主知识产权的以航空发动机技术衍生产品为核心业务的高科技公司。

中国航发动力科技工程有限责任公司生产的燃气轮机组参数见表 3-14。

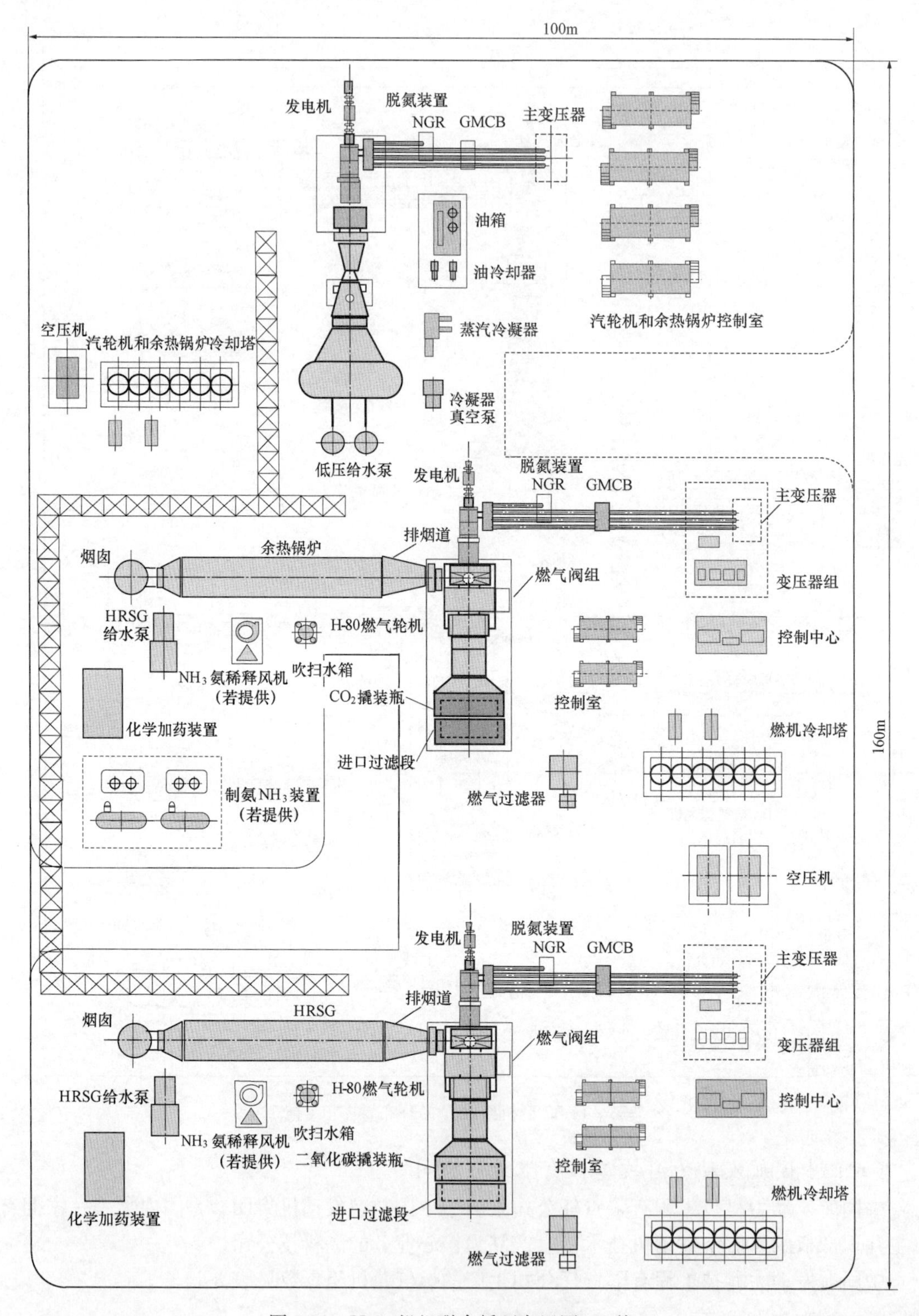

图 3-54 H-80 机组联合循环布置图（2 拖 1）

表 3-14　　中国航发动力科技工程有限责任公司燃气轮机组参数

项　目		单 位	燃气轮机型号			
			QD20	QD70	QD128	QD280
发电容量		MW	2	7	11.5	26.7
热耗		kJ/kWh	15650	11691	13337	9850
发电效率		%	23.0	30.8	28.0	36.6
燃气耗量	按热量	kW	8700	22730	41070	72950
	按气量	m^3/h	783	2046	3834	6575
排 气 量		kg/s	20.3	27.6	60.47	91.12
排气温度		℃	450	560	495	480
供热出力		MW	—	11.90	22.40	32.47
NO_x 排放量		mg/m^3	—	—	—	—
总热效率		%	—	83.0	82.5	81.1

注　燃气为天然气，热值按 $40000kJ/m^3$ 计算。

第四节　微型燃气轮机分布式供能系统

一、微型燃气轮机

微型燃气轮机（Micro-turbines）是燃气轮机的一种。燃气轮机是以连续流动的气体为工作介质带动叶轮高速旋转，将燃料的能量转变为有用功的内燃式动力机械，是一种旋转叶轮式热力发动机。

微型燃气轮机发电机组由微型燃气轮机、发电机、电能转换器、控制系统及机壳等组成。早期的微型燃气轮发电机组使用双轴结构，微型燃气轮机的转速很高，发电机的最高安全运行转速较低，因此需要使用变速器减速后才能驱动发电机工作。但目前随着空气轴承技术的突破，以凯普斯通（Capstone）为代表的先进微型燃气轮机发电机组使用单轴型结构，正在迅速地向全球各个领域推广应用。

早期微型燃气轮机发电机组组成如图 3-55 所示。

先进的微型燃气轮机发电机组组成如图 3-56 所示。

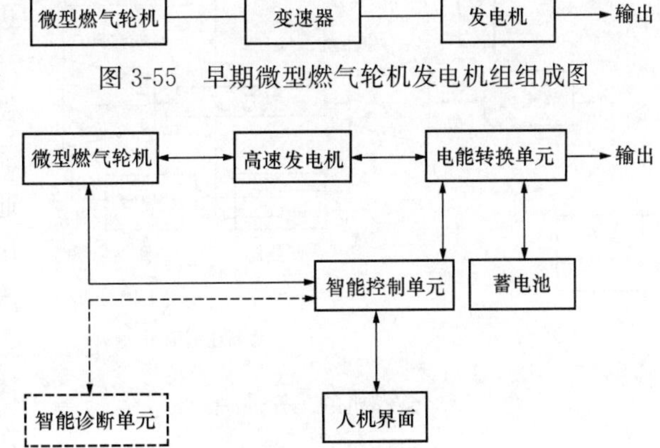

图 3-55　早期微型燃气轮机发电机组组成图

图 3-56　先进的微型燃气轮机发电机组组成图

先进的微型燃气轮机发电机组主要由微型燃气轮机、高速永磁同步电动机、电能转换单元、智能控制部分、蓄电池及智能诊断单元、人机界面等组成。其中微型燃气轮机又由压缩机、回热器、燃烧室、涡轮机、转轴和空气轴承等器件组成。微型燃气轮机是新发展起来的小型热力发动机，其单机功率范围为25～300kW，基本技术特征是采用径流式叶轮机械（向心式透平和离心式压气机）及回热循环。其本质上是瞄准分布式供能系统的用途，也是混合动力车的重点科技之一，商用中从1kW到数十、数百千瓦功率都有，采用向心式透平和离心式压气机，向心式透平有向左转式及向右转式。

这种微型燃气轮机具有多台集成扩容、多燃料、低燃料消耗率、低噪声、低排放、低振动、低维修率、可遥控和诊断等一系列先进技术特征，除了分布式发电外，还可用于备用电站、热电联产、并网发电、尖峰负荷发电等，是提供清洁、可靠、高质量、多用途、小型分布式发电及热电联供的最佳方式，无论对中心城市还是远郊农村甚至边远地区均能适用。此外，微型燃气轮机在民用交通运输（混合动力汽车）及军车、陆海边防等方面均具有优势，受到美、俄等军事大国的关注，因此，从国家安全看发展微型燃气轮机也是非常重要的。

目前美国和日本都有多家企业在积极开发制造相应的设备。在美国，卡普斯顿公司1998年推出了第一台商业化的微型燃气轮机装置，已经制造出C30、C65、C200、C600、C800和C1000等系列微燃机，Capstone微燃机功率范围覆盖30～1000kW。由于出色的可靠性与连续运行性能，采用微燃机发电成为无人值守站（2MW以下）供电系统的最佳解决方案。

千瓦级微型燃气轮机发电装置，发电效率达到33%，现在已经有多家公司研制和生产微型燃气轮机，主要集中在北美、瑞典、英国。日本的多家企业，如东京电力、丰田汽车、三菱重工、出光兴产、东京煤气和大阪煤气等公司，都在使用美国卡普斯顿公司的技术开发热电联供型系统。

二、微燃机的工作原理及结构

（一）微燃机的工作原理

微燃机的工作原理如图3-57所示。燃气经气体压缩机后由燃料喷嘴喷入燃烧室，与来自压缩机的空气经过回热器的空气混合进行燃烧，将燃料的化学能转化为热能，产生高温高压烟气进入涡轮透平机膨胀做功推动透平叶片高速转动，将烟气热能转变为透平叶片的机械能，涡轮透平通过传动轴（气浮轴承）带动永磁发电机发电，将转轴的机械能转换为电能，产生变频变压的交流电。

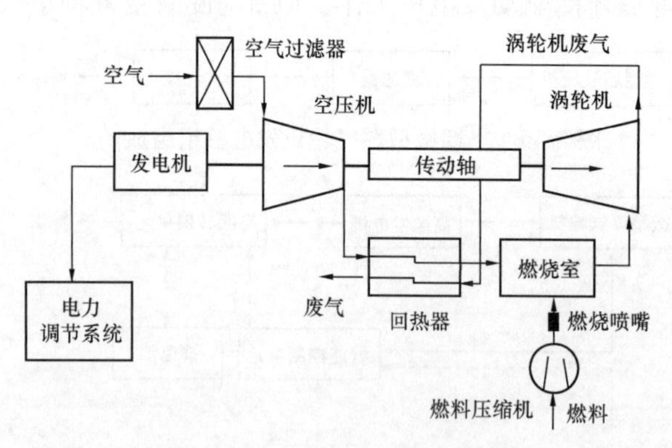

图3-57 微燃机的工作原理图

而在燃气轮机中，压缩机是由燃气透平膨胀做功来带动的，它是透平负载。在简单循环中，透平发出的机械能有1/2～2/3用来带动压气机，直到燃气透平发出的机械功大于压缩机消耗的机械功，外界启动机脱扣，燃气轮机才能自身独立工作。

微燃机的主要动力是由布雷顿循环或者称之为等压循环产生的，有些具有回流换热功能，有些没有。与大型燃气轮机的压缩比相比，微燃机工作时的压缩比较低。在回流换热系统中，压缩比直接与进气和排气之间的温度差成比例，从而使得排放的热能可以引入到回流换热器，使得循环效率增加，可到达 30%，而没有回流换热器的微燃机的效率只有 17%。

（二）Capstone 微燃机结构

Capstone 微燃机是热电联供机组，主要由发电机、离心压气机、涡轮机、回热器、燃烧室、空气轴承、数字式电能控制器（将高频电能转换为并联电网频率 50/60Hz，提供控制、保护和通信）组成，这种微型燃气轮机的独特设计之处在于它的压缩机和发电机安装在一根轴上，该轴由空气轴承支撑，在很薄的空气膜上以 96000r/min 转速旋转。这是整个装置中唯一的转动部分，它完全不需要齿轮箱、油泵、散热器和其他附属设备。微型燃气轮机结构如图 3-58所示。

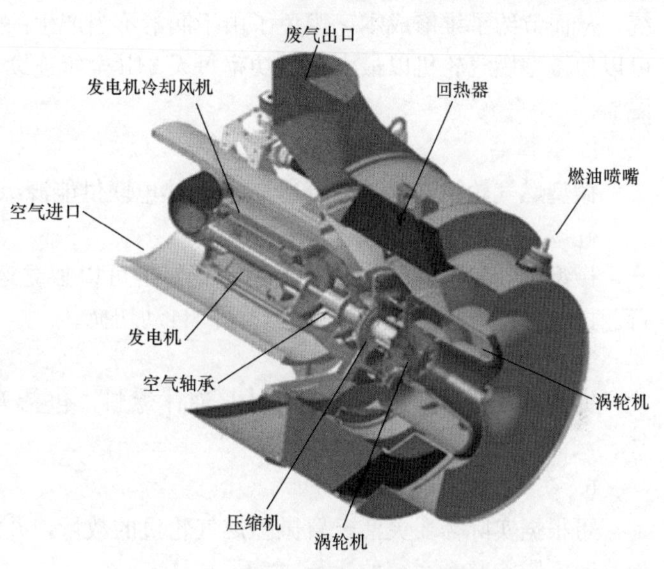

图 3-58　微型燃气轮机结构示意图

这种微型燃气轮机采用了几项关键技术。

1. 空气轴承

空气轴承支撑着系统中唯一的转动轴。它不需要任何润滑，从而节约了维修成本，避免了由润滑不当产生的过热问题，提高了系统的可靠性。它可以使微型燃气轮机以最大输出功率每天 24h 全年连续运行。

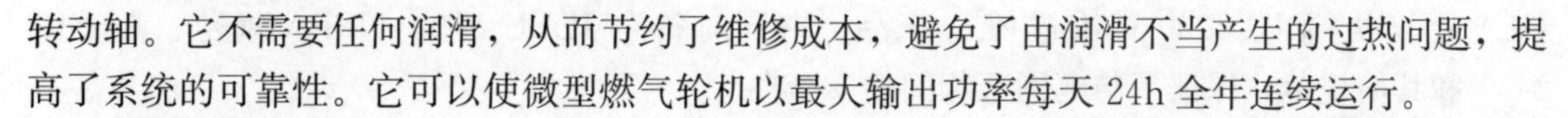

2. 燃烧系统技术

燃烧系统技术已取得专利，燃烧系统设计使其成为最清洁的化石燃料燃烧系统，不需要进行燃烧后的污染控制。

3. 数字式电能控制器

将电力电子技术与高级数字控制相结合可实现多种功能，如调节发电机发电功率、实现多个燃气轮机成组控制、调节不同相之间的功率平衡、允许远程调试和调度、快速削减出力、切换并网运行模式和独立运行模式。数字式电能控制监视器可监视多达 200 个变量，它可控制发电机转速、燃烧温度、燃料流动速度等变量，所有操作可在一套界面友好的软件系统上进行。

微型燃气轮机在生产电力的同时回收利用燃烧后的废热，可以供给供暖及空调系统，在医院、机场、楼宇领域得到广泛应用。

三、微型燃气轮机特点

1. 环保性能极佳

微型燃气轮机的废气排放少，使用天然气或丙烷燃料满负荷运行时，排放的 NO_x 体积

分数小于 9×10^{-6}；使用柴油或煤油燃料满负荷运行时，排放的 NO_x 体积分数小于 3.5×10^{-6}；采用油井气做测试，排放的 NO_x 体积分数小于 1×10^{-6}；其他采用天然气作为燃料的往复式发电机产生的 NO_x 比微型燃气轮机多 10～100 倍，柴油发电机产生的 NO_x 是微型燃气轮机的数百倍。

2. 维护工作量少

微型燃气轮机采用独特的空气轴承支撑着系统中唯一的转动轴。它不需要任何润滑系统，从而节约了维修成本，避免了由于润滑不当产生的过热问题，提高了系统的可靠性。它可以使微型燃气轮机以最大输出功率每天 24h 全年连续运行，每年的检修仅仅是更换空气过滤器。

3. 效率高

微型燃气轮机发电效率可达 30％，热电联供能源综合利用效率超过 70％。

4. 运行灵活

微型燃气轮机发电可并联上网运行，也可以独立运行，并可在两种模式间自动切换运行。由软件系统控制两种运行模式之间自动切换。

5. 适应于多种燃料

微型燃气轮机适用于多种气体、液体燃料，包括天然气、丙烷、油井气、煤层气、沼气、汽油、柴油、煤油、酒精等。

6. 系统配置灵活

可根据实际需要灵活配置微型燃气轮机的数量，并能够进行多种单元组控制，其中一台检修时不影响整个系统的运行。

7. 安全可靠

微型燃气轮机是同类型产品中符合美国保险商实验所（Underwriters Laboratories，UL）严格执行 UL2000 标准的唯一产品，它同时符合 IEEE 519、NFPA 规范、ANSIC 84.1 和其他规范，保证了与电网互相间的安全性。

四、我国微型燃气轮机发展

鉴于我国目前的电力发展及其分布不很均衡，以及微型燃气轮机的技术特点及其优越性，微型燃气轮机将在我国得到广泛的重视与应用。目前，在中国科学技术部“863”项目支持下，由中国科学院工程热物理研究所、中航工业动研所、西安交通大学三家单位共同承担的“十一五”国家“863 计划”微型燃气轮机重点项目课题，三家单位组成的产学研联合体已经完成 100kW 级微型燃气轮机的样机设计，并通过了验收，已经推向市场。

目前，国内首台 100kW 微型燃气轮机在中航工业哈尔滨东安发动机（集团）有限公司（简称中航工业东安）成功加载至 100kW，达到额定发电功率，运行稳定，标志着 100kW 级微型燃气轮机及其供能系统课题研究又迈出了具有决定意义的一步。

100kW 级微型燃气轮机及其供能系统是以中航工业东安为主体实施单位，联合中国科学院工程热物理研究所、西安交通大学，课题组先后完成了高效叶轮机械、低污染低排放燃烧室、紧凑式原表面回热器、高速永磁电动机、燃机控制器与变频系统及微型燃气轮机整机的设计研制，取得了丰硕的科研成果，已申请并获得国家专利 30 余项。试验中，参研单位采用了国际先进的数据采集系统，更新了润滑油循环系统，改造了安装平台、燃气轮机支撑台架和排气系统，为成功试车创造了条件。

100kW 微型燃气轮机研制取得决定性突破，有助于提高我国微型燃气轮机及其相关产品的研发能力，形成我国微型燃气轮机较完整的自主知识产权体系和制造能力，为开拓以微型燃气轮机为核心的分布式供能产业提供支撑。同时，将缩短我国微型燃气轮机研制水平与世界先进水平的差距。下一步参研单位将进行回热循环试验和工程示范，实现微型燃气轮机由基础研究到工程应用的跨越。

五、微型燃气轮机分布式供能系统设备

（一）Capstone 透平公司简介

Capstone 利用航空喷气发动机技术和航天空气轴承技术，1998 年率先将微燃机引入市场，并且以其高效可靠、清洁环保等特点迅速占据了超过 80%的微燃机市场。截至 2014 年 3 月份，累计安装机组 8000 余套。

（二）Capstone 透平公司技术优势

1. 专利空气轴承

Capstone 透平公司轴承采用了零摩擦、无磨损、免维护的专利产品。

2. 专利军用回热器

回热器将微燃机的一次能源利用率提高到 33%，冷热电联供效率超过 80%。

3. 透平发动机

透平发动机在航空发动机的基础上改进而来，燃烧充分、稳定，性能卓越。

4. 永磁发电机

无需励磁系统及励磁电源。

5. 结构紧凑

发动机和发电机集成于一个微型模块中，发电机市场中能量密度最高。

6. 唯一运动部件

微型集成模块中的发电机转子、压缩机和涡轮共同位于唯一的轴上，且采用空气轴承，近乎免维护，其可靠性和连续运行能力非常出色，目前已成为 3MW 以下无人值守供电系统的最佳解决方案。

7. 空气冷却

无须润滑油、冷却液、防冻液等，不存在跑冒滴漏现象，运行环境干净整洁。

8. 适应性强

抗 H_2S 最高达 166250mg/m^3（70000ppm），存储温度为－40～＋65℃，室外运行温度为－20～＋50℃，燃料从热值超低的垃圾填埋气到热值超高的液化石油气均可发电，高湿度、海上平台、危险环境、热电联供、孤网、并网等均有对应机型，UPS、黑启动、主电源、备用电源、并机、高温、寒冷、风沙环境等均有成熟的解决方案。

9. 高智能

电压 AC150～480V 可调，频率 10～60Hz 可调，可自我诊断并记录，可智能并机、并网，无须并机柜、并网柜，配置 APS 后更加智能，可实现特殊需求的个性定制。

10. 环保

噪声小 [全功率运行时 10m 处 65dB（A）]、无振动，普通工业燃气机型的 NO_x 排放物

低于 18.48mg/m^3（9ppm），是节能减排、控制 PM2.5、减少雾霾的有力武器。

11. 配套全面

可配套微燃机上游的燃气处理模块、微燃机下游的配电模块等，可配套应对极端环境的机房或辅助模块，通信可根据客户需求提供 MODBUS RS485、RS232、电话线、因特网等方式。

12. 维护周期长

Capstone 微燃机的停机维护周期长达 8000h，不需要运保维护人员驻守，5 年连续运行只需 6 次例行停机维护（进口内燃机 5 年连续运行需要停机 60～120 次），且微燃机永远不需要调整或校正，维护部件少、无油液，维护以更换或清理空气滤芯为主，干净快捷。

13. 经济效益好

相比传统内燃机，Capstone 微燃机的全寿命成本较低，而且停机次数少，最大限度地降低了发电机的维护成本。

14. 安装调试简单快捷

体积小、质量轻、集成度高，现场的安装、连接、调试非常快捷。

15. 技术成熟

在近 20 年的生产历史中，Capstone 微燃机安全可靠、与时俱进，获得了全世界范围内广大用户的高度信赖，目前同类型产品的市场占有率已超过 90%。

（三）Capstone 微燃机特点及规格

Capstone 微燃机根据不同的燃气热值范围、使用工况、使用目的等，为用户提供了多种型号规格。

1. Capstone 微燃机主要特点

（1）所有 Capstone 微燃机本身均可自动并网，无须并网柜；增加电池管理模块后，即可实现孤网发电，也可实现双模式（孤网和并网两种模式切换）发电。

（2）所有 Capstone 微燃机均可配置为燃气机型（热值范围为 13.8～112.2MJ/m^3，即 350～2850BTU/ft^3）或燃油机型（柴油、航空燃料、煤油、生物柴油等）。

（3）所有 Capstone 微燃机均可配置为高压燃气机型［燃气压力在 310～552kPa（45～80psi），1psi=6.895kPa］，或者低压燃气机型［燃气压力在 1.4～69kPa（0.2～10psi）］。

（4）所有 Capstone 微燃机均可配置为抗硫机型，C30 机组的抗 H_2S 含量最高达 166250mg/m^3（70000ppm），C65、C200 以及 C1000 机组的抗 H_2S 含量最高达 11875mg/m^3（5000ppm）。

（5）所有 Capstone 微燃机均可配置为高湿度机型。根据客户的需求和环境工况参数，采用相应的机型和方案。

2. Capstone 微燃机规格

Capstone 微燃机规格见表 3-15。

表 3-15　Capstone 微燃机规格

项目	单位	型号系列			
		C30 系列	C65 系列	C200 系列	C1000 系列
额定发电出力	kW	30	65	200	600、800、1000
额定发电电压	V	400～480	400～480	400～480	400～480

续表

项目	单位	型号系列			
		C30 系列	C65 系列	C200 系列	C1000 系列
额定发电频率	Hz	50/60	50/60	50/60	50/60
最大稳态输出电流	A	46	100	310	930、1240、1550
发电效率	%	26	29	33	33

3. Capstone 微燃机外形尺寸

Capstone 微燃机外形尺寸见表 3-16。

表 3-16　Capstone 微燃机外形尺寸　mm

微燃机形式		型号系列			
		C30 系列	C65 系列	C200 系列	C1000 系列
工业型	高度	1800	1900	2500	2900
	宽度	760	760	1700	2400
	长度	1500	2000	3800	9100
海上型	高度	2337	2467	3100	—
	宽度	940	942	1900	—
	长度	2263	2644	3100	—
防爆型	高度	2334	2477	3100	—
	宽度	924	924	1900	—
	长度	2854	3233	3200	—
热电联产型（低排放型）	高度	—	2360（2600）	—	—
	宽度	—	760（760）	—	—
	长度	—	2200（2200）	—	—

4. Capstone 微燃机主要技术参数

Capstone 微燃机主要技术参数见表 3-17。

表 3-17　Capstone 微燃机主要技术参数

项目		单位	燃气轮机型号					
			C 30 型	C 65 型	C 200 型	C 600 型	C 800 型	C1000 型
发电容量		kW	30	65	200	600	800	1000
热耗		MJ/kWh	13.8	12.4	10.9	10.9	10.9	10.9
发电效率		%	26	29	33	33	33	33
燃气耗量		m^3/h	11.7	22.7	61.5	184.4	245.8	307.3
燃气耗量		MJ/h	415	807	2182	6545	8727	10909
燃气压力	LP	kPa	1.4	1.8～34.5				
	HP	kPa	379～414	517～552				

续表

项目	单位	燃气轮机型号					
		C 30 型	C 65 型	C 200 型	C 600 型	C 800 型	C1000 型
排气量	kg/s	0.31	0.49	1.33	4.00	5.30	6.70
排气温度	℃	275	309	280	280	280	280
供热出力	kW	54	99	235	707	937	1185
总热效率	%	73	73	72	72	72	72

注 天然气发热值按 35.5MJ/m^3计算。

5. Capstone 微燃机质量

Capstone 微燃机质量见表 3-18。

表 3-18 Capstone 微燃机质量 kg

项 目	型号系列			
	C30 系列	C65 系列	C200 系列	C1000 系列
工业型	578	1450	4400	—
海上型	1049	1450	4400	—
防爆型	—	1573	4545	—
热电联产型	—	1450	—	—

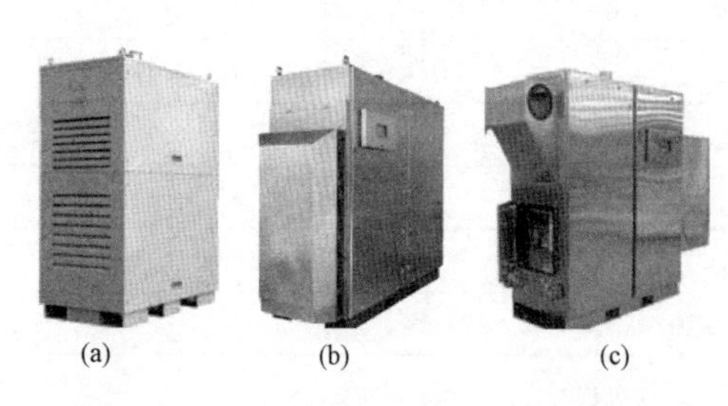

图 3-59 C30 系列微燃机外形图

(a) 工业型；(b) 海上型；(c) 防爆型

6. Capstone 微燃机外形图

(1) C30 系列微燃机外形如图 3-59 所示。

(2) C65 系列微燃机外形如图 3-60 所示。

(3) C200 系列微燃机外形如图 3-61 所示。

(4) C1000 系列工业型微燃机外形如图 3-62 所示。

杭州燃气集团办公楼分布式供能站如图 3-63 所示，安装的是 4×C65（260kW）的微燃机。

图 3-60 C65 系列微燃机外形图

(a) 工业型；(b) 热电联供型；(c) 热电联供型（低排放型）；(d) 海上型；(e) 防爆型

(a)

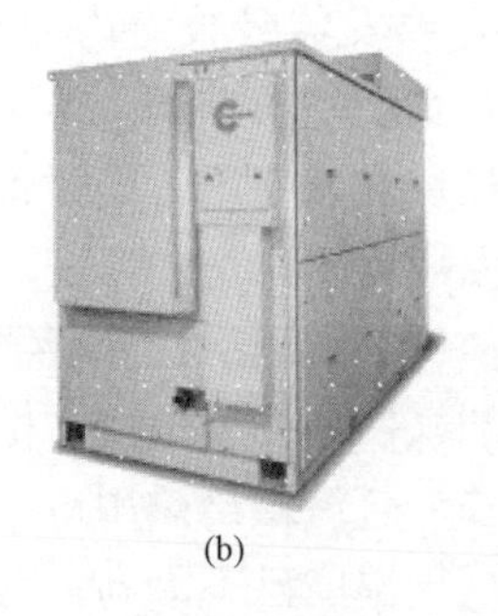
(b)

(c)

图 3-61　C200 系列微燃机外形图
(a) 工业型；(b) 海上型；(c) 防爆型

图 3-62　C1000 系列工业型微燃机外形图

图 3-63　杭州燃气集团办公楼分布式供能站

第五节　燃气热泵分布式供能系统

一、燃气热泵分布式供能系统简介

燃气热泵分布式供能系统由制冷系统、燃气系统、冷凝水系统、监控系统及电气系统组成。制冷系统包括室内机、室外机、制冷剂管道系统。一般这些设备由制造商组装成模块机组，称为天然气发动机驱动的热泵机组。

由于燃气机热泵冬季供暖时利用了燃气发动机的缸套和废气的余热，因此，在供暖模式下燃气机热泵与普通的电驱动热泵有较大的区别，该系统虽然不发电，但可充分利用余热，能源效率高。天然气是清洁能源，燃气热泵直接利用天然气作为一次能源实现制冷、制热，避免采用高品质的电力驱动压缩机进行制冷、制热，降低了输配电损失，减少了燃煤火力发电导致的环境污染。

使用燃气热泵具有电力和燃气双重调峰的作用。夏季是全年用电高峰期，空调用电是主要原因；同时，夏季是全年燃气使用低谷，因此，使用燃气热泵既减少了夏季电力需求，又增加了夏季燃气需求，同时缩小了两种能源峰谷差，提高了两种能源设备的利用率。

二、燃气热泵基本结构及工作原理

燃气热泵工作原理如图 3-7 和图 3-8 所示。

夏季由燃气发动机驱动压缩机，蒸发器吸收室内的热量，通过冷凝器将热量排除至室外，完成制冷循环，降低室内温度，实现室内空调。冬季由燃气发动机驱动压缩机，由蒸发器吸收室外的热量，通过冷凝器将热量送入室内，同时将燃气发动机冷却水余热及燃气发动机排气的余热送入室内，完成供热循环，提高室内温度，实现室内供热。

燃气热泵主要设备由天然气发动机、压缩机、冷凝器、蒸发器、蒸发热源设备、利用发动机冷却水的发动机余热换热器、烟气换热器等组成。供热回水分别经热泵冷凝器和发动机余热换热器及烟气换热器换热升温并汇合后供给热用户。天然气在发动机中燃烧后经绝热膨胀做功并经发动机冷却水冷却后，烟气温度已不太高，可以不考虑回收利用。

燃气热泵是通过高效天然气发动机正循环驱动压缩机，实现高效逆循环的能量系统，其逆循环可回收正循环发动机冷却水余热及排烟废热，并可充分利用工业余热、太阳能、地热能等低温热源热量。与其他供热方式相比，这种复合循环系统在一次能源利用率方面，与燃煤锅炉、燃气锅炉或直燃型吸收式机组、电动压缩式热泵相比，能够提高供热的一次能源利用率。

燃气热泵室外机内部构造示意图如图 3-64 所示。

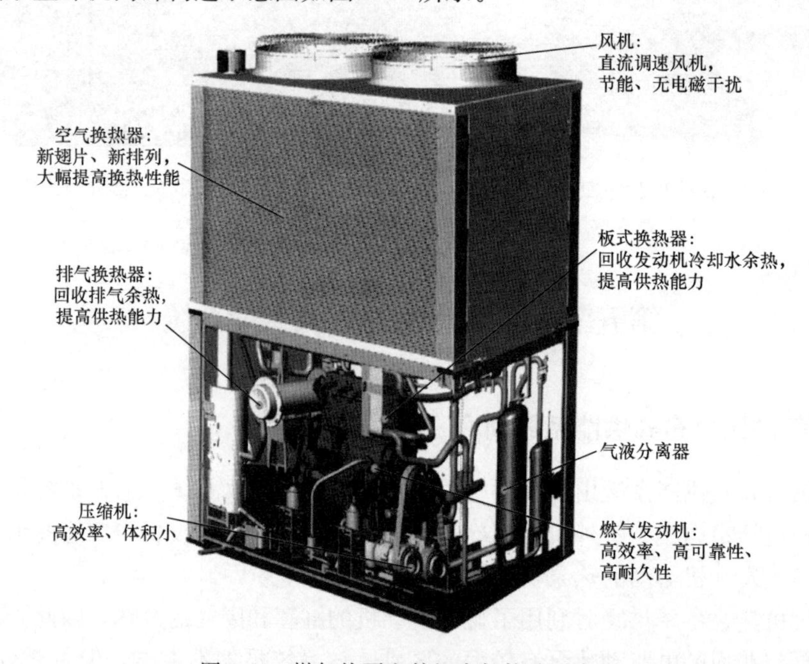

图 3-64　燃气热泵室外机内部构造示意图

三、燃气热泵机组主要性能

燃气热泵均能用于夏天制冷、冬天制热。燃气热泵能利用发动机排气余热，实际上燃气热泵供热量比电动热泵少，冷凝器和蒸发器的换热面积少，二者的设备费用相差不大。因此，燃气热泵与电动热泵供热费用的比较主要取决于天然气和电的相对价格。

燃气热泵供热是能量梯级利用的一种方式，由燃气热泵的运行参数可知，供热能力为 0.5MW 时，天然气耗能仅为 0.313～0.356MW ，其能量利用效率为 140%～160%，而天然气锅炉热效率为 85%～90%。前者供热总费用比后者低，天然气价格越高，燃气热泵的经济效益越显著。由于冬季供热量随室外温度波动的影响大，需要有较大的储气能力，采用燃气热泵供热可减少天然气用量，相对减少了储气设施的投资，也减少了二氧化碳的排放量，有利于节能减排，燃气热泵是采用天然气供热的较佳选择之一。

燃气热泵空调利用燃气发动机驱动热泵制冷和制热，是具有多种功能的全自动智能型机组。

燃气热泵最低制冷、制热的气耗率均在16.3～18.3m^3/GJ，COP均在1.3～1.6，而天然气联合循环热电厂及天然气燃气机组的分布式供能系统的供热气耗率在27～28m^3/GJ，说明燃气热泵热效率最好，但该系统不发电。

燃气热泵机组可直接利用城市管道煤气（燃气），不用升压，使用燃气压力为2.0kPa（1.0～2.5kPa）。

大连松下几种燃气热泵机型的主要技术经济指标如表3-19所示。

表3-19　几种燃气热泵机型的主要技术经济指标

项目		单位	机型					
			280	355	450	560	710	850
制冷能力		kW	28.0	35.5	45.0	56.0	71.0	85.0
制热能力		kW	31.5	40.0	50.0	63.0	80.0	95.0
燃气耗量	制冷	kW	19.7	22.1	26.7	35.2	54.4	61.1
		m^3/h	1.88	2.11	2.71	3.30	5.24	5.84
	制热	kW	21.6	25.3	29.3	38.3	47.9	61.3
		m^3/h	2.06	2.42	3.11	3.67	5.01	5.86
燃气耗率	制冷	m^3/GJ	19.70	16.19	16.86	16.50	20.66	19.24
	制热	m^3/GJ	18.31	16.94	17.42	16.31	17.54	17.27
噪声		dB（A）	56	57		58	62	63
COP	空调	—	1.42	1.40	1.58	1.62	1.30	1.39
	供暖	—	1.46	1.58	1.54	1.63	1.53	1.55

注　天然气热值按37.68MJ/m^3计算。

四、燃气热泵空调系统主要特点

燃气热泵具有热效率高、综合能耗低、冬季制热能力强、无须除霜及节能环保等突出优点，可广泛应用于中小型商场、宾馆、办公楼、娱乐场所、医院、住宅、学校等各种需要空调的场所。

其主要特点如下：

（1）燃气热泵机组可以接风机盘管等各种末端设备。

（2）燃气热泵机组设有多种多样的控制器，可根据用户的用途和使用场所自由选择，并可进行多台机组轮换控制。

（3）机组冷暖切换便捷，轻触一键即可完成。

（4）可以充分梯级利用热能，利用发动机排热及冷水的热量，供暖能力大，无须除霜，尤其适合于寒冷地区使用。

(5) 供暖能力受环境影响小，标准机组（−21℃）时、严寒机组（−30℃）时出力也不受影响，同时冬季提温快。

(6) 由于运行热效率高，大大减少燃气耗量，气耗远远低于其他分布式供能系统，制冷、制热气耗率在 17～20m^3/GJ，COP 在 1.3～1.6。

(7) 室外机组运行安静、噪声低。

(8) 机组采用了可靠性高、耐久性长的专用最佳发动机，可靠性好，维护费用低。

(9) 室外机可以两台多联化，一般一台机组可以带 24 台室内机，两台室外机并联可以带 48 台室内机，同时系统增量方便。

五、燃气热泵机组设计及选择

(一) 室内机

(1) 室内机数量和容量应根据房间冷热负荷确定，且不应超过所选用的燃气热泵机组的技术参数。

(2) 室内机的形式和布置应根据使用房间的功能、布局、气流组织形式、噪声标准和内部装修等因素确定。

(3) 空调房间的换气次数不宜少于 5 次/h。

(4) 室内机的位置应使送风、回风气流畅通，同时应满足整体美观的要求。

(5) 室内机的形式采用风管式时，空调房间宜采用侧送下回或上送上回的送风方式。

(6) 回风口的位置应根据气流组织要求确定，且不应设在射流区域，回风口应设置过滤器。

(二) 室外机

(1) 室外机容量应根据室内机容量确定，并应根据制冷剂管道长度、室内机与室外机的高差及同时使用系数等进行修正。

(2) 室外机应使用低压燃气，工作压力范围应符合下列规定：

1) 天然气机组的工作压力范围应为标准压力的 0.5～1.25 倍。

2) 液化石油气的工作压力范围应为标准压力的 0.7～1.20 倍。

(3) 室外机可以布置在屋顶、地面等场所，并应符合下列规定：

1) 室外机的安装场所应通风良好、场地平整且不易积水。

2) 室外机周围不应该有易燃、易爆、易腐蚀等危险物品，且不应易积聚可燃气体。

3) 室外机安装位置应远离建筑物外窗。

4) 室外机宜设置在防雷保护区内，并应有静电接地措施，当室外机设置在防雷保护区范围以外时，应采取防雷措施。

5) 室外机之间及室外及与周围墙体之间净距应留有操作和检修空间。

6) 室外机布置应整齐、美观。

7) 室外机设置在屋顶时，应符合下列规定：

a. 建筑结构必须满足室外机动荷载及承重要求，并应采取防振措施；

b. 建筑物应设置通向屋顶的楼梯、检修通道及检修人员安全保护栏。

(三) 制冷剂管道设计应符合下列规定：

(1) 制冷剂管道长度和允许高差应符合室外机性能及节能技术要求。

（2）不同空调系统的制冷剂管道不得连通。

（3）制冷剂管道应采用《空调与制冷设备用无缝铜管》（GB/T 17791—2007）和《铜管接头　第1部分：钎焊式管件》（GB/T 11618.1—2008）的有关规定。

（四）风管式室内机通风风道

当采用风管式室内机时，通风管道应符合《民用建筑供暖通风与空气调节设计规范》（GB 50736—2012）（以下简称《民用暖规》）的有关规定。

（五）防火设计

燃气热泵空调系统的防火设计应按《建筑设计防火规范》（GB 50016—2014）的有规定执行。

（六）冷凝水排放

1. 室内机冷凝水

（1）冷凝水应集中排放，且室内机冷凝水管道与室外机发动机排气冷凝水管道应分别设置。

（2）冷凝水宜采用排水塑料管或热镀锌钢管，管道应采取防结露措施。

（3）凝水盘的泄水支管沿水流方向坡度不宜小于0.010，冷凝水干管坡度不宜小于0.005，且不应小于0.003，并不得有积水部位。

（4）冷凝水管道的管径应按冷凝水的流量和管道坡度确定。

（5）当配有冷凝水泵时，冷凝水配管的高度不应超过冷凝水泵的扬程，冷凝水总排水管的高度不应高于系统内最低的室内机。

（6）冷凝水水平干管始端应设置扫除口。

（7）冷凝水排入污水系统时，应有空气隔断措施，冷凝水管不得与室内雨水系统直接连接。

2. 室外机冷凝水

室外机排气冷凝水管道应符合下列规定：

（1）排气冷凝水配管坡度不应小于0.02。

（2）排气冷凝水管道应采取保温防冻措施。

（七）燃气热泵空调系统绝热设计

燃气热泵空调系统的绝热设计应符合下列规定。

（1）如下设备、管道及附件均应采取绝热措施：

1）冷热介质在输送过程中易产生冷热损失的部位；

2）外壁、外表面不允许结露的部位。

（2）设备和管道的绝热应符合下列规定：

1）保冷层的外表面不得产生凝结水；

2）管道和支架之间，管道穿墙、穿楼板处应采取防止冷桥或热桥的措施；

3）采用非闭孔材料保冷时，外表面应设隔气层和保护层，采用非闭孔材料保温时，外表面应设保护层；

4）室外管道的保温层外应设硬质保护层。

（3）绝热材料的性能应按《设备及管道绝热设计导则》（GB/T 8175—2008）的有关规定执行，并应优先采用导热系数小、湿阻因子大、吸水率低、密度小、综合经济效益高的材料，绝热材料应采用不燃或难燃材料。

（4）设备和管道绝热层厚度应按《设备及管道绝热设计导则》（GB/T 8175—2008）的有关规定确定。

（八）燃气系统

1. 燃气系统设计

燃气系统的范围为建筑供气的接入点至室外机的燃气接入口，燃气系统的设计应符合《城镇燃气设计规范》（GB 50028—2006）的有关规定。

2. 燃气品质

燃气品质应符合当地供应的城镇燃气品质，并保持一致。

3. 燃气负荷

室外机使用的燃气品质应根据当地供应的城镇燃气品质进行校核，不得影响居民用气。当中压燃气接入燃气热泵空调系统时，应设置调压装置。

4. 燃气计量、阀门及测压装置

（1）燃气系统应单独设置燃气计量装置。

（2）燃气系统应设置手动快速切断阀和紧急自动切断阀。

（3）连接室外机的燃气管道上应单独设置阀门及测压仪表。

5. 燃气管道

（1）软接管。室外机与燃气管道宜采用不锈钢波纹软管连接，不得使用非金属软管。不锈钢波纹软管应符合《波纹金属软管通用技术条件》（GB/T 14525—2010）的有关规定。

（2）燃气管道的有关规定。燃气管道不得穿过易燃易爆品仓库、配电室、变电室、电缆沟、烟道、进风道和电梯井等。

（3）燃气管道布置。燃气管道布置必须避开室外机的进排风口。

（4）燃气管道连接。燃气管道连接方式应采用焊接或法兰连接。

（5）室外机布置在屋顶时，燃气管道可沿外墙明敷，并应符合下列规定：

1）立管的焊口及管件距建筑物门窗的水平净距不应小于 0.5m。

2）管道应采用支架、管卡或吊卡固定，且不应妨碍管道的自由膨胀和收缩。

3）管道的防雷应符合下列规定：

a. 管道不得布置在檐角、屋檐、屋脊等易受雷击部位。

b. 当管道安装在建筑物避雷保护范围内时，管道应采用焊接镀锌圆钢与避雷网进行焊接连接，连接点的间隔不应大于 25m，镀锌圆钢的直径不应小于 8mm。焊接部位应采取防腐措施，管道任何部位的接地电阻不得大于 10Ω。

c. 当管道安装在建筑物避雷保护范围外时，防雷应符合设计文件的要求，在建筑物外敷设的燃气管道，且与其他金属管道平行敷设的净距小于 100mm 时，应采用铜绞线将燃气管道与平行的金属管道行跨接，且跨接点的间隔不应大于 30m，铜绞线的截面积不应小于 $6mm^2$。

d. 当屋面管道采用法兰连接时，连接部位的两端应采用截面积不小于 $6mm^2$ 的金属导线进行跨接。

4）管道外表面应采取防腐措施，寒冷地区还应采取保温措施。

5）管道应设置球阀，球阀设置高度应易于操作。

（九）监控系统

（1）燃气热泵空调系统应设置监测与自动控制系统。并应按建筑物的功能、规模、空调系统类型、设备运行时间及节能管理要求等因素进行设计。系统规模大、室外机台数多的燃气热泵空调系统，应采用集中监控系统。

（2）监控系统的控制器宜设置在被控制系统或设备附近，当采用集中监控系统时，宜设置控制室。

（3）燃气热泵空调系统应对下类参数进行检测：

1）室内机、室外机等设备运行参数；

2）制冷剂冷凝压力、冷凝温度；

3）室内温度；

4）燃气系统压力等。

（4）室内空气温度传感器应设置在不受局部冷热源影响且空气流通的地点。

（5）设有新风与排风系统的空调系统应符合下列规定：

1）新风与排风管道宜采用带电信号输出装置的防火阀；

2）新风与排风系统宜具有空气过滤器进出口静压差限报警和风机起停状态监控功能。

（6）采用自动控制的燃气热泵空调系统应具有手动操作的功能。

（十）电气系统

（1）电气系统的设计应符合《民用建筑电气设计及规范》（JGJ 16—2008）的有关规定和设备技术文件的要求。

（2）室内机的电源额定电压应为220V，室外机的电源额定电压应为单相220V或三相380V，额定频率为50Hz。

（3）燃气热泵空调系统的电气配线应满足室内机、室外机及辅助设备额定总功率的要求。

（4）连接到同一室外机的多台室内机应分别设置电源回路及漏电保护开关。

六、燃气热泵供能系统

（一）GHP型系列燃气热泵系统

GHP型系列燃气热泵系统如图3-65所示。

如图3-65所示，主机（室外机）可以放在室外，室内可以放置各种各样的室内机（末端设备），负荷可以根据需要灵活调节，满足不同房间的舒适性要求。

（二）室外机多联机系统

室外机可以两台多联化，一般一台室外机组可以带24台室内机，这样两台室外机并联可以带48台室内机。同时，可使将来系统增量方便。图3-66所示为两室外机并联，并增设容量的情况。

（三）燃气热泵冷热水机组

1. 燃气热泵冷热水机组的特点

室外机连接热交换器制备热（冷）水，两者之间连接距离可达170m，室内外及布置时

图 3-65 GHP 型系列燃气热泵系统示意图

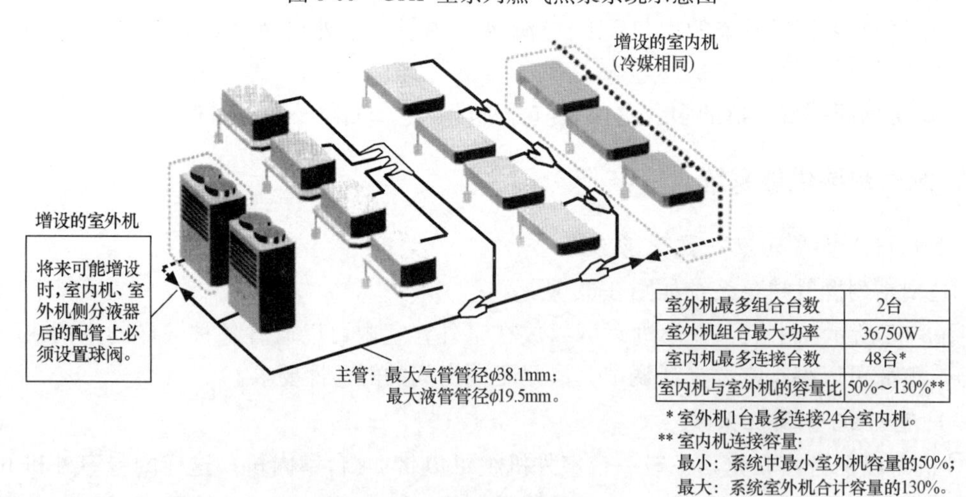

室外机最多组合台数	2台
室外机组合最大功率	36750W
室内机最多连接台数	48台*
室内机与室外机的容量比	50%~130%**

* 室外机1台最多连接24台室内机。
** 室内机连接容量:
最小:系统中最小室外机容量的50%;
最大:系统室外机合计容量的130%。

图 3-66 两台室外机并联增设容量

的高差，室外机在上时，≤50m；室外机在下时，≤35m。这种机组可以连接风机盘管等各种末端装置，充分满足各类用户的要求；多样的自动控制装置可很方便地实现冷热切换；具有运行效率高、噪声低等特点。

2. 燃气热泵冷热水机组运行参数

燃气热泵冷热水机组运行参数见表 3-20。

表 3-20 燃气热泵冷热水机组运行参数

机组	制冷工况	制热工况
室外机室外空气参数	−10～+43℃	−21～+15.5℃
水换热器冷热水温度	5～15℃（盐水冷媒时为−15～+5℃）	35～55℃

3. 燃气热泵冷热水机组系统图

燃气热泵冷热水机组系统如图 3-67 所示。

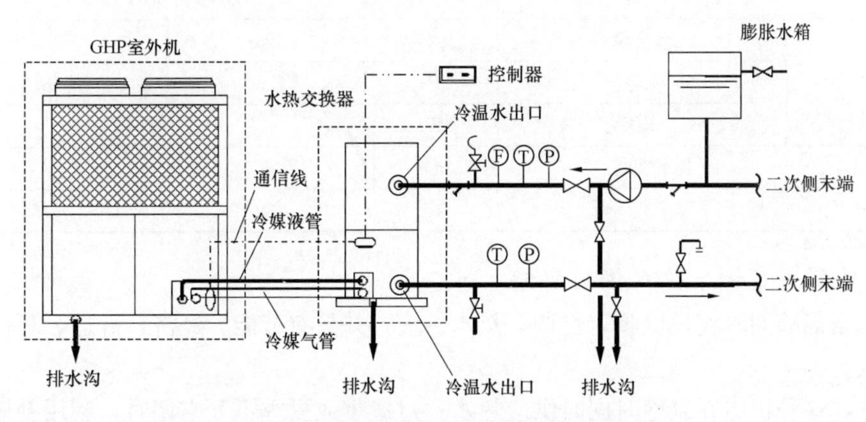

图 3-67 燃气热泵冷热水机组系统示意图

4. DGP 系列燃气热泵冷热水机组室外机规格

DGP 系列燃气热泵冷热水机组室外机规格见表 3-21。

表 3-21 DGP 系列燃气热泵冷热水机组室外机规格

项目	单位	DGP 系列燃气热泵冷热水机组室外机系列			
		H355M2G2	H450M2G2	H560M2G2	H71M2G2
制冷能力	kW	31	40	50	55
制热能力	kW	38	48	60	63
电耗	kW	0.009			
电流	A	0.05			
水流量	t/h	8.6			
水阻	kPa	8.4			
水系统压力	MPa	0.686			
外形尺寸	mm	长×宽×高=965×392×1000			
质量	kg	160			

5. 水热交换机组规格

水热交换机组规格见表 3-22。

表 3-22　水热交换机组规格表

项目		单位	规格	
			S-D500WHS1	S-D850WHS1
性能	制冷能力	kW	50	71
	制热能力	kW	60	80
燃料耗量	制冷时（低位/高位）	kW	39.2/43.5	61.1/67.9
	供热时（低位/高位）	kW	41.4/46.0	61.3/68.1
电特性	电流	A	0.05	
	电耗	kW	0.009	
	电源	—	单相 220V/50Hz	
水力特性	水流量	t/h	8.6	12.2
	水阻	kPa	7.3	8.3
	工作压力	MPa	0.686	
外形尺寸	长×宽×高	mm	965×395×1000	
质量		kg	130	150

（四）多联式空调＋热水供应机组

这种机组能够同时实现供暖、空调、热水供应，并具有节能、经济、舒适、环保、运行方便等特点。

在夏季，这种机组在制冷时同时供应热水；过渡季或夏季不开空调时，利用补燃型燃气热水器供热水；冬季供暖时，也可以利用补燃型燃气热水器供热水。这种机组可以广泛地用于燃气商用/家用中央空调需要制冷、供暖、热水供应的场所，如别墅、公寓、住宅、办公楼、商场、饭店、健身房等。

多联式空调＋热水供应机组系统如图 3-68 所示。

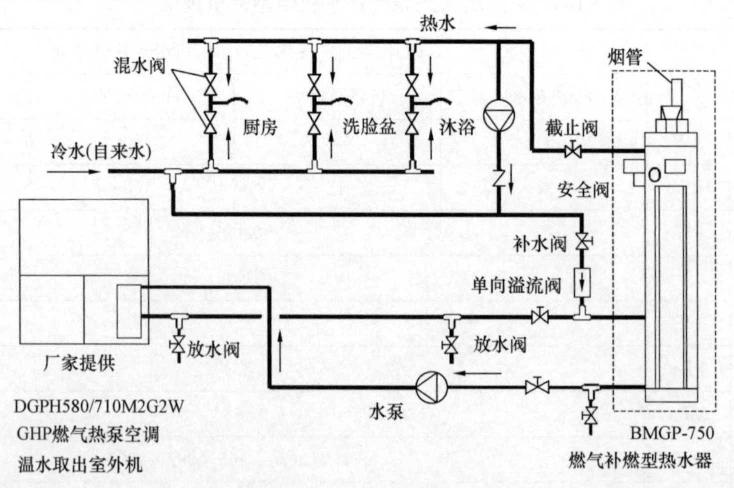

图 3-68　多联式空调＋热水供应机组系统示意图

（五）燃气热泵机组的经济性

燃气热泵机组由于运行热效率高，大大减少了燃气耗量，所以经济性最好。燃气热泵机组的气耗远远低于其他分布式供能系统，如表 3-19 所示，制冷气耗率在 16.3～20.7m³/GJ，制热气耗率在 16.3～18.3m³/GJ。而燃气轮机、内燃机供热气耗率在 28m³/GJ，燃气锅炉供热气耗率在 32m³/GJ。几种供能系统成本热价比较见表 3-23。

表 3-23　　几种供能系统成本热价比较

供能系统	一次能源利用效率	供热气耗率（m³/GJ）	如下燃气价格时的热价（元/GJ）				
			1.0（元/m³）	1.5（元/m³）	2.0（元/m³）	2.5（元/m³）	3.0（元/m³）
燃气热泵	150%	18	25.7	38.6	51.4	64.3	77.1
燃气轮机	85%	28	40.0	60.0	80.0	100.0	120
燃气锅炉	85%	32	45.7	68.6	91.4	114.3	137.1

由表 3-23 可见，燃气热泵的运行成本约是燃气轮机组的 2/3，约是燃气锅炉的 1/2。

第六节　燃料电池分布式供能系统

一、氢燃料电池发电基本原理

如前所述，氢能是清洁能源，也是可再生能源，氢能是氢的化学能，是指通过氢气和氧气反应生成水时所放出的高品位能量。氢是在宇宙中分布最广泛的物质，它构成了宇宙质量75%的二次能源。

氢燃料电池（以下简称燃料电池）是将氢气所具有的化学能直接转变成电能，不存在热能转换，同时在电化学反应过程中温度几乎不变，发电过程中损失少，能量转换并不靠卡诺循环，发电效率高；另外燃料电池发电并不靠燃烧，没有在燃烧过程中产生的氮氧化物（NO_x），在发电过程中不排出大气污染物、水污染物，加上发电效率高，大大减少了二氧化碳的排出；燃料电池发电并不靠大型设备的旋转、往复等机械运动，而在静止状态下进行，靠电化学反应发电，发电过程十分安静，除辅机系统外，近乎无噪声。

例如，分解水时，一侧电极产生氢气，另一侧电极产生氧气。燃料电池发电原理正好相反，对两个电极输送氢气和氧气，则发生化学反应，生成水，在这个过程中将产生电。

如图 3-69 所示，供给到阳极的富氢燃料，即氢气（H_2），放出

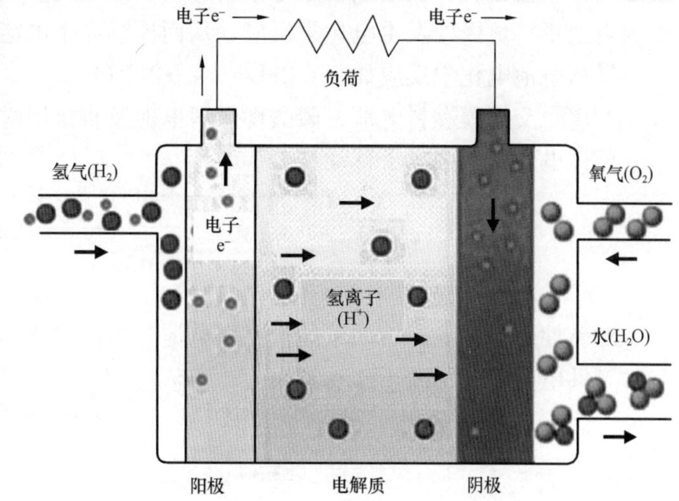

图 3-69　燃料电池发电基本原理图

电子（$2e^-$），成为氢离子（$2H^+$），氢离子通过电解质移动到阴极，同时放出电子，被放出的电子通过外部回路移动到阴极，在阴极氢离子（$2H^+$）、电子（$2e^-$）与氧气（O_2）进行反应，生成水（H_2O）。

燃料电池结构组成如图 3-70 所示。

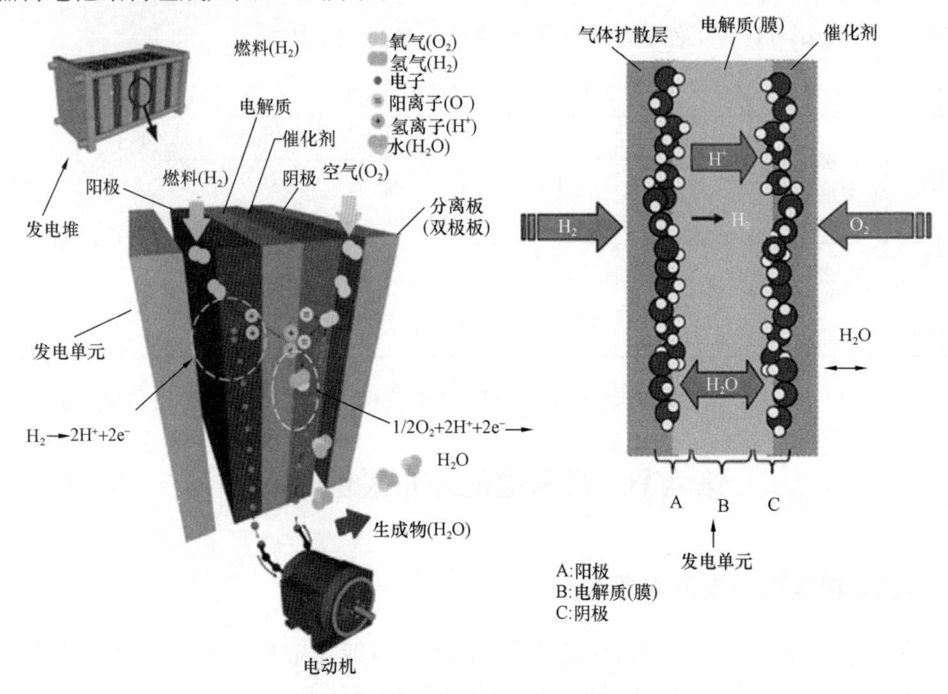

图 3-70　燃料电池结构组成

燃料电池发电单元由电极（即燃料极和空气极）、电解质、两侧双极板组成，许多发电单元又组成发电堆，同时许多发电堆组成一个电站。电解质是非导电体，只能通过离子，而不能通过电子，电子只能通过电极等导电体传递，如此形成电路，与外部回路连接，将发的电送出去。富氢燃料被连续不断地供给燃料极，空气（氧气）被连续不断地供入空气极，在燃料电池正、负极处发生电化学反应，从而连续产生电能。

燃料电池电化学反应如下：$2H_2+O_2 \rightarrow 2H_2O$

对离子交换膜燃料电池、磷酸性燃料电池及直接甲醇燃料电池：

酸性电解质（阳离子移动型）：

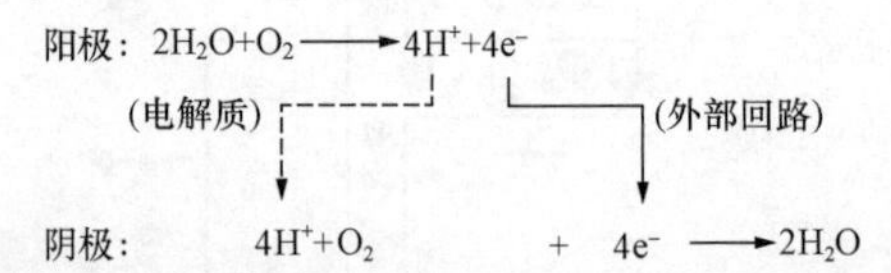

对碱性燃料电池、熔融碳酸盐燃料电池及固体氧化膜燃料电池：

碱性电解质（阴离子移动型）：

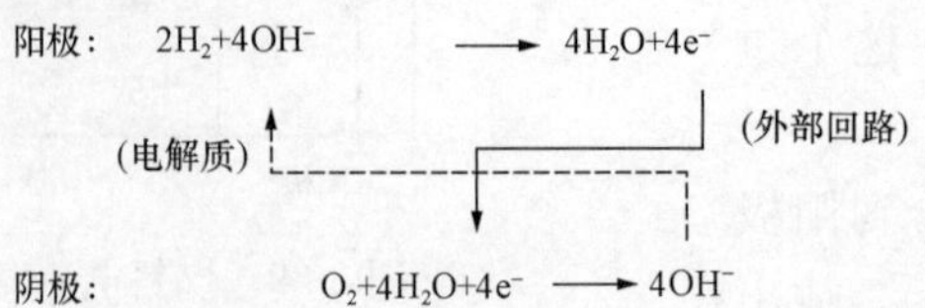

电极一般采用碳或金属，为增加接触表面积，电极做成多孔材质，电解液为氢氧化钾溶液，氢输送压力为10^5～10^6Pa，氢侧为负极（－），氧侧为正极（＋），氢在阴极被氧化，氧在阳极被还原，即阳离子移动性燃料电池其反应如下：

燃料极：$2H_2+2OH^- \longrightarrow 2H_2O+2H^+ +4e^-$

空气极：$O_2+2H^+ +4e^- \longrightarrow 2OH^-$

总反应：$2H_2+O_2 \longrightarrow 2H_2O$

燃料电池供能系统如图 3-71 所示。

燃料进入改质器（也称为重整器），燃料被处理成为富氢气体；被处理过的富氢燃料进入燃料电池发电堆，与氧进行反应，产生直流电；直流电经过逆变器变成交流电，输送到用户；在反应过程中生成的热能（蒸汽、热水）可做集中供热热源，满足生产用汽的需求，实现用户冬季供热、夏季供冷的需求。

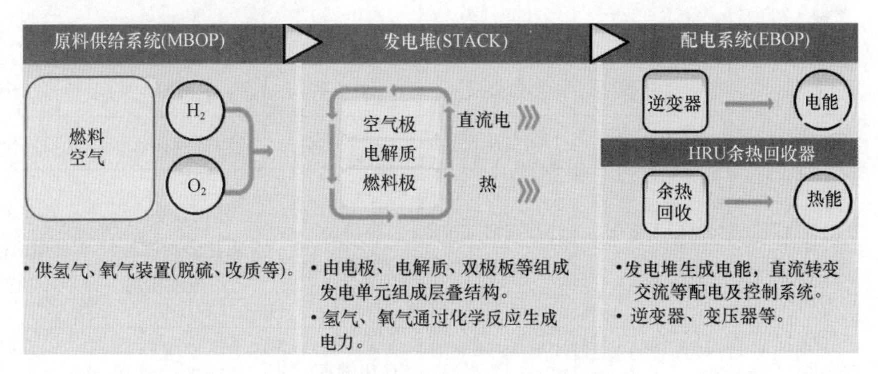

图 3-71　燃料电池供能系统

燃料电池是一种将氢气和氧气相结合起来产生电力、水和热的电化学装置。不同于一般电池，只要能保证连续供给燃料，燃料电池将会持续发电。燃料电池并不需要燃烧燃料，不用驱动汽轮机、燃气轮机等大型旋转的动力装置，而是靠电化学反应发电，这使得发电过程十分安静、无污染，发电效率比传统的发电方式高 2～3 倍，并真正实现零排放动力源。

燃料电池是一种化学电池，利用物质化学反应时释放出的能量，将化学能直接转变为电能。燃料电池是一种在等温过程中直接将富氢燃料中的氢气和氧化剂中的氧气进行化学反应，通过电化学反应的方式将化学能转换为电能。

目前燃料电池主要市场有三方面：固定式动力、交通运输式动力及便携式动力。固定式动力，包括电站、热电站、备用电源等；交通运输式动力，包括各种动力乘用车、客车及其他电动车、特种车辆、物料搬运设备（如叉车）、越野车、其他交通工具等；便携式动力，主要包括手机、音响、摄像机等便携式设备。

二、燃料电池种类

现在各公司生产的主要燃料电池种类及特点见表 3-24。由表 3-24 可见，几种燃料电池中，最成熟常用的有质子交换膜燃料电池（PEFC）、磷酸性燃料电池（PAFC）、熔融碳酸盐燃料电池（MCFC），还有固体氧化物燃料电池（SOFC）。

表 3-24 燃料电池的种类及特点

项目	按温度分类					
	低 温 型				高 温 型	
形式	碱性燃料电池	磷酸性燃料电池	质子交换膜燃料电池	直接甲醇燃料电池	熔融碳酸盐燃料电池	固体氧化物燃料电池
简称	AFC	PAFC	PEFC	DMFC	MCFC	SOFC
发电效率	50～70	40～45	30～40	35～45	45～60	45～60
电解质	KOH	H_2PO_4	质子交换膜	质子交换膜	$Li_2CO_3-K_2CO_3$ $Li_2CO_3-NA_2CO_3$	$ZRO_2-Y_2O_3$
运行温度（℃）	常温～200	190～220	60～120	80～90	600～700	800～1000
催化剂	白金系	白金系	白金系	白金系	不用	不用
对燃料限制	CO 中毒	CO 中毒	CO 中毒	CO 中毒	CO 可作为燃料	CO 可作为燃料
特点 优点	发电效率高、价格便宜	无 CO_2 影响、商用化最早	小型并启动快、维修简便	燃料处理系统简单	发电效率高、可用多种燃料、不用催化剂	发电效率高、可用多种燃料、不用催化剂
特点 缺点	电解质与 CO_2 反应会降低性能	CO 中毒贵金属催化剂	CO 中毒贵金属催化剂	CO 中毒贵金属催化剂，甲醇透过电解质	启动慢，需要 CO_2 系统，有镍短路现象	启动慢，技术在成熟过程中
用途	特殊用途，如人造卫星等	电站、分布式热电联供	家用及商用热电联供、汽车、移动式设备	便携式电源，如便携式计算机、手机、数码照相机等	电站、分布式热电联供	电站、分布式家用及商用热电联供

三、燃料电池基本特点

1. 发电效率高

传统的发电装置（汽轮机、燃气轮机、内燃机等）是把化石燃料通过高温、高压锅炉燃烧变成热能，再变成机械能，就是转动汽轮机发电机发电的方式。核电利用核聚变产生热能，虽然能源形态不同，但和火力发电原理是完全一样的。

与传统发电方式相比，燃料电池是把燃料所具有的化学能直接转变为电能，发电过程中损失少，可以得到更高的效率。目前商业运行的燃料电池发电效率：质子交换膜燃料电池（PEFC）发电效率为 30%～40%，磷酸性燃料电池（PAFC）发电效率为 40%～45%，熔融碳酸盐燃料电池（MCFC）、固体氧化物型燃料电池（SOFC）发电效率为 45%～60%，碱性燃料电池（AFC）发电效率为 50%～70%。

另外根据发电效率与能源转换原理分析，传统发电设备是设备发电容量越大，效率越高的所谓“规模效益”，但燃料电池几乎没有这种规模效益，相反越小型机组效率越高。

2. 无废水、废气排放

燃料电池不产生火力发电厂发电过程中产生的废气、废水等污染物，如粉尘颗粒、二氧化硫（SO_2）、废水、废渣等，氮氧化物（NO_x）、二氧化碳（CO_2）排放也远比火电厂少。燃料电池发电厂污染物与燃煤火电厂相比，氮氧化物（NO_x）排放量为1/38，二氧化碳（CO_2）排放为1/3。同时燃料电池发电厂噪声很低。

燃料中有害物事先经过处理，同时燃料电池发电并不靠燃烧，没有在燃烧过程中产生的氮氧化物（NO_x），在发电过程中不排出大气污染物、废水污染物，加上发电效率高，大大减少了使地球温暖化的二氧化碳的排出，燃料电池发电并不靠设备的旋转与往复运动，而是在静止状态下靠电化学反应发电，大大减少了噪声，一般燃料电池电站噪声不超过65dB（A）。

3. 燃料电池设置在最终用户处

燃料电池无废水、废气排放，因此可以设置在最终用户处，没有能源输送损失。

燃料电池热电厂由于无污染、噪声低，因此可建设在用户附近（或用户上），能源不用远距离输送，不仅可节省建设投资，而且可减少输送损失。

由于燃料电池噪声低、污染物排放量小、运行安全，因此燃料电池发电站可以设置在市中心居民住宅区内。加拿大多伦多市住宅区设置的2.2MW级燃料电池发电站如图3-72所示。

图3-72　加拿大多伦多市住宅区设置的2.2MW级燃料电池发电站

4. 燃料电池是模块化机组

目前世界各制造厂生产的燃料电池是模块化的，在制造厂制成模块到现场组装，这样从设计、安装到调试，大大缩短了发电站的建设期，同时扩建改建也方便。

美国Clear Edge Power生产的400kW级磷酸性燃料电池模块式发电站如图3-73所示。

美国UTC Power生产的200kW磷酸性燃料电池模块式发电站如图3-74所示。

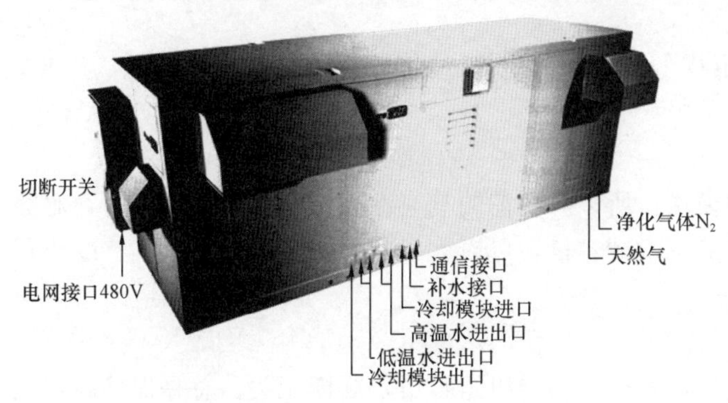

图3-73　美国Clear Edge Power生产的400kW级磷酸性燃料电池模块式发电站

图3-74　美国UTC Power生产的200kW磷酸性燃料电池模块式发电站

美国 Fuel Cell Energy 生产的 2.8MW 级燃料电池模块式发电站如图 3-75 所示。如需要建设 28MW 容量的燃料电池发电站，则并列 10 套这种 2.8MW 级燃料电池模块即可。

图 3-75 美国 Fuel Cell Energy 生产的 2.8MW 级燃料电池模块式发电站

5. 燃料电池效率与容量及规模无关

燃料电池效率与容量及规模无关，一直保持在高效率，因为燃料电池是无数个发电单元组成的发电堆，调节方便，容量可以随意增加或减少。

6. 安全可靠

由于燃料电池发电是通过化学反应进行的，并不是通过高温高压锅炉、高速汽轮机、燃气轮机等转动部件，所以不会有常规电厂那样的安全事故。

7. 占地少

燃料电池是由许多堆组成的模块机组，占地少，占地指标仅仅为 80～200m^2/MW，是常规燃煤火力发电厂的 1/4，是燃气联合循环电厂的 1/2，是风力发电及太阳光热发电系统的 1/100。所以燃料电池选址容易，特别是可以建设在冷热电需求地区——城市中心（见图 3-72）；也可以作为分布式供能系统，就地实现供电、供热（冷）、热水供应；也可以建设在建筑物内。

8. 燃料多样化

燃料电池可以使用天然气、城市煤气、甲醇、乙醇、煤制气、煤油、石脑油、LNG、LPG、沼气等。

9. 操作性能良好

燃料电池是由许多发电堆组成的模块，所以对负荷的响应性极佳，参数调节容易，对突发性事故具有快速响应能力，也可以随意增减容量，可以大大减少储备电量、电容、变压器等辅助设备的容量。

10. 适应性强

燃料电池发电厂规划容量调节灵活，发电效率与机组容量及规模无关，总是保持高发电效率，可根据用户需求增减发电容量。

11. 建设周期短

燃料电池热电厂是由许多发电堆组成的模块，发电系统简单，设备安装容易、调试方便，建设周期短，一般在 4～8 个月内能够实现建成投产。

12. 燃料电池电站无人值守

整个燃料电池电站运行全部自动化，实现无人值守及远方监视及控制。

总之，燃料电池发电系统不像汽轮机、燃气轮机等常规发电系统，存在规模效率、环境污染等问题，常规发电系统的进一步发展空间有限，而燃料电池发电系统越来越显出其优越性，并有广阔的发展前景。

四、燃料电池分布式供能的可行性

1. 燃料电池技术成熟性

燃料电池发电技术已经成熟，并在不断地改进中。在亚洲地区已经大量运行的质子交换膜燃料电池（PAFC）、磷酸性燃料电池（PAFC）、熔融碳酸盐燃料电池（MCFC）热电厂已进入商业化运行，而固体氧化物燃料电池（SOFC）也已经进入商业化前期。

（1）在日本，2014 年，有 10 万台质子交换膜燃料电池（PAFC）家用热电联产机组在运行中，计划 2020 年提高到 140 万台，2030 年提高到 530 万台。

（2）在日本，磷酸性燃料电池（PAFC）100、200、400kW 机组，从 1998 年开始运行于 30 多个电站，运行小时达 4 万～10 万 h。富士电动机的 FP-100i 型磷酸性燃料电池机组部分运行情况见表 3-25。

表 3-25　富士电动机 FP-100i 型（100kW）磷酸性燃料电池机组部分运行情况

序号	安装场所	燃料	投运时间	运行小时数累计（h）	运行终止
1	医院	城市煤气（13A）	1998 年 08 月	44265	●
2	宾馆		1999 年 03 月	91568	●
3	大学		2000 年 04 月	41735	●
4	办公大楼		2001 年 03 月	42666	●
5			2001 年 04 月	48734	●
6			2000 年 07 月	74394	
7			2000 年 07 月	48269	
8	验证试验	沼气	2001 年 07 月	10952	●
9	研究设施	城市煤气（13A）	2001 年 07 月	76799	
10	污水处理厂	沼气	2002 年 03 月	78798	
11			2002 年 03 月	78791	
12	医院	城市煤气（13A）	2003 年 07 月	68947	
13	大学		2003 年 10 月	60394	
14	展览设施		2003 年 11 月	63977	
15	办公大楼		2004 年 01 月	62303	
16	医院		2006 年 03 月	52777	
17	展览设施		2006 年 03 月	45460	
18	医院		2006 年 03 月	42663	
19	医院		2006 年 03 月	42464	

续表

序号	安装场所	燃料	投运时间	运行小时数累计（h）	运行终止
20	污水处理厂	沼气	2006年12月	39760	
21			2006年12月	39721	
22			2006年12月	39838	
23			2006年12月	39489	
24	政府办公大楼	城市煤气（13A）	2007年09月	31357	
25	办公大楼		2009年01月	21491	
26	办公大楼（德国）	天然气	2010年05月	9489	
27	污水处理厂（试验）	沼气	2010年12月	4511	
28	展览设施	氢气	2010年12月	3919	

图 3-76　布置在名古屋荣华盛顿饭店屋顶上的100kW磷酸性燃料电池

（3）名古屋荣华盛顿饭店。日本名古屋荣华盛顿饭店，建筑面积为7048m²，10层，308个客房。宾馆屋顶上设置了100kW磷酸性燃料电池（见图3-76），电力联网运行。50℃低温热水用于热水供应与地热供暖，90℃高温热水用于吸收式冷热水机组的热源。从1999开始累计运行4万h之后，2004年3月更换发电堆至今运行良好。

名古屋荣华盛顿饭店燃料电池分布式供能系统如图3-77所示。

（4）在韩国，熔融碳酸盐燃料电池（MCFC）100、300、2800kW机组燃料电池从2008年开始，运行于30多个电站。

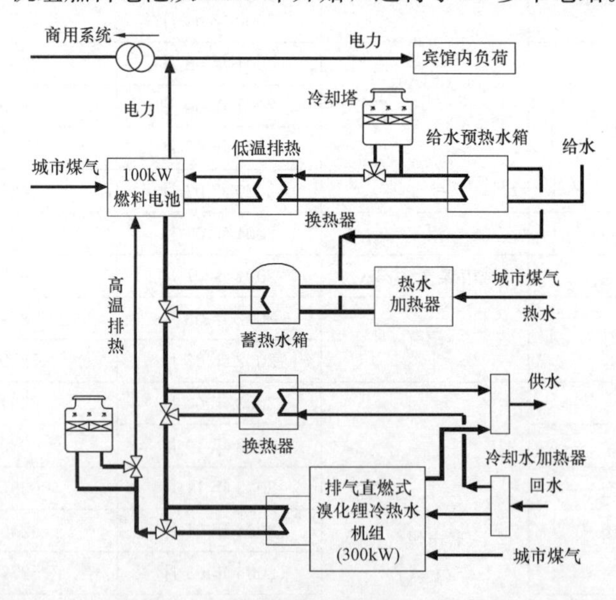

图 3-77　名古屋荣华盛顿饭店燃料电池分布式供能系统示意图

2011年投运的釜山花田工业区5.6MW热电厂如图3-78所示。2014年投运的西仁川装机容量为11.2MW的燃料电池发电站在运行中，同年投运的韩国京畿绿色能源热电厂，总装机容量为 58.8MW，在运行中。

图 3-78　2011 年投运的釜山花田工业区 5.6MW 热电厂

首尔卢元区热电厂绿化带内建设的 2×2.5MW 燃料电池发电站如图 3-79 所示。

图 3-79　首尔卢元区热电厂绿化带内建设的 2×2.5MW 燃料电池发电站

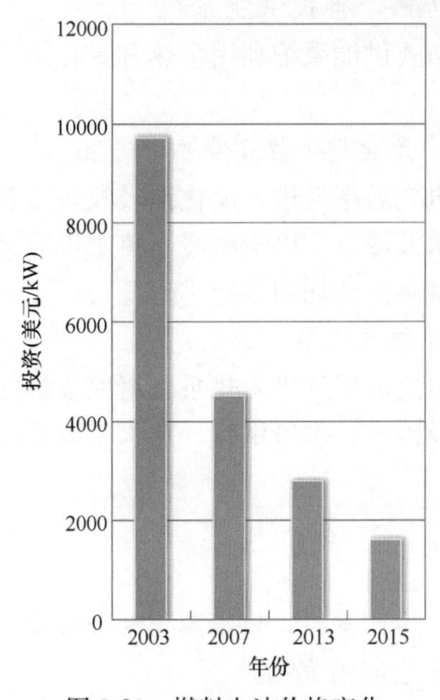

图 3-80　燃料电池价格变化

2. 燃料电池价格

燃料电池的主要问题是价格高，目前投资仍然较高，但近几年价格下降速度较快，燃料电池价格下降趋势如图 3-80 所示。

从图 3-80 可以看出，燃料电池的价格 2003 年近 10000 美元/kW，2007 年下降近 4500 美元/kW，2013 年下降到 2700 美元/kW，目前价格已经接近 1800 美元/kW。

目前国外建设的燃料电池热电厂单位千瓦投资约为 4000 美元/kW 左右。

所以，目前燃料电池价格也并不是主要问题，近几年燃料电池的技术也发展很快，发电堆寿命已经超过 10 年，发电系统寿命也已经超过 20 年。

总之，燃料电池发电系统的技术已经逐步成熟，并在运行中不断总结经验，不断改进，同时价格呈逐年下降的趋势。

五、燃料电池适合于分布式供能系统

（一）燃料电池适合于分布式供能系统

由于燃料电池发电效率高，无废水废气排放，可以设置在最终用户处，没有能源输送损失，因此，可以最适合用于分布式供能系统。

1. 发电效率高

燃料电池发电效率不受热力学卡诺循环的限制，燃料电池理论发电效率高，虽然由于存在各种损失，实际发电效率低于理论发电效率，但实际发电效率远高于常规热机的发电效率。

传统的发电设备容量越大机组效率越高，但在大型电站集中生产的电力，需要经过送变电设备输送至最终用户。这种发电系统，需要建设送变电设施，需要运行管理费用，所以最终导致电力费用高，同时在送电、供热过程输送损失少。

2. 燃料电池污染物排放量极少

燃料电池发电系统由于无燃料燃烧，因此污染物排放量极少，燃料电池没有像火力发电厂那样的废气废水等污染物，如粉尘颗粒、二氧化硫（SO_2）、氮氧化物（NO_x）、废水废渣等，二氧化碳（CO_2）排放也远比火电厂少。

发电并不靠燃烧或设备的旋转转动、往复运动，在静止状态下，靠电化学反应发电。低噪声，污染物排放量小，运行安全。

3. 燃料电池是发电堆模块

燃料电池由许多发电单元组成发电堆模块，燃料电池电站由许多这种发电堆组成，发电效率与容量及规模大小无关，均在高效率运行，即燃料电池电厂不依靠规模效益，只靠大量生产来降低设备投资。

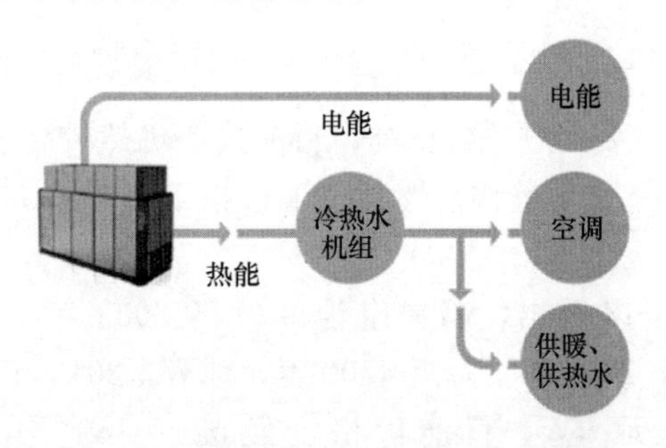

图 3-81　燃料电池＋溴化锂吸收式冷热水机组分布式供能系统

（二）燃料电池分布式供能系统

燃料电池分布式供能系统利用余热方式有如下几种：

1. 燃料电池＋溴化锂吸收式冷热水机组

燃料电池发电之后尾气进入溴化锂吸收式冷热水机组，生产热水及冷水，供给供暖、热水供应系统及空调系统，这种系统如图 3-81 所示。

2. 燃料电池＋热泵机组

燃料电池发电之后尾气进入热泵机组回收排气余热，生产热水及冷水，供给供暖、热水供应系统及空调系统，这种系统如图 3-82 所示。

3. 燃料电池＋排气换热器

燃料电池＋排气换热器系统如图 3-83 所示。

燃料电池发电之后尾气进入余热换热器回收排气余热，生产蒸汽，供给溴化锂吸收式冷水机组生产冷水，供给空调系统，同时蒸汽可直接供给工艺生产用蒸汽。

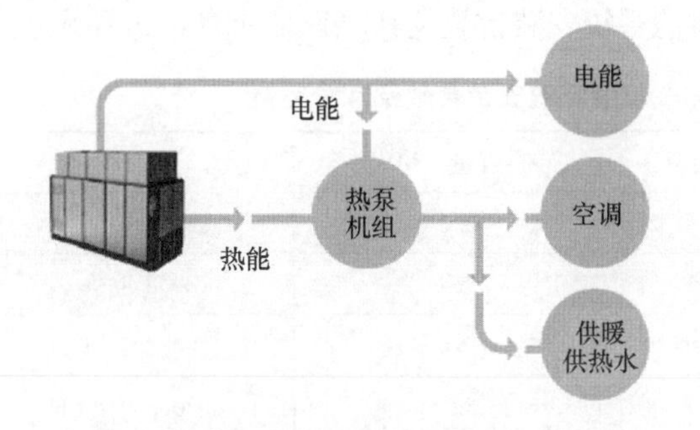

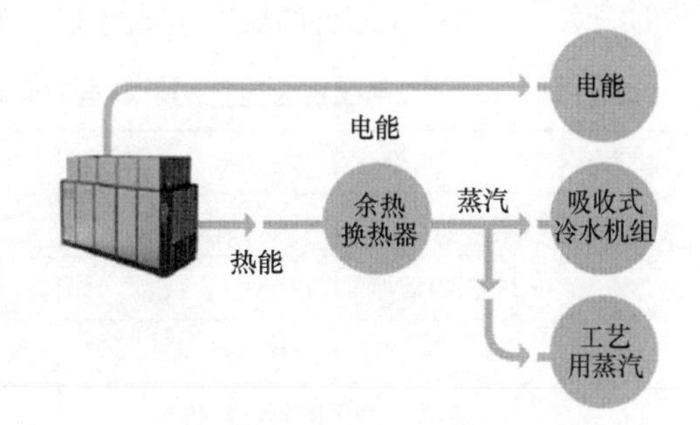

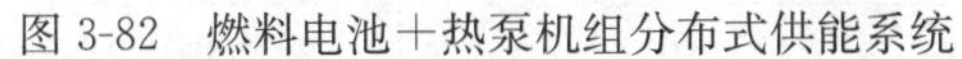

图 3-82　燃料电池＋热泵机组分布式供能系统

图 3-83　燃料电池＋排气换热器系统

六、世界各国燃料电池分布式供能系统

美国 2013 年 10 月公布的《燃料电池技术市场报告（2012 *Fuel Cell Technologies Market Report*）》中，2008～2013 年全球燃料电池装机 35000 台。

从主要国家装机数量看，日本燃料电池装机数量最大，装机台数 2008 年为 1000 台，到 2012 年增加到 2 万台；美国也增幅很大，装机台数 2008 年 1000 台，到 2012 年增加到 5000 台。

美国 2012 年装机容量为 60MW，占全球的一半以上，这主要因为大型固定式燃料电池装机容量增加；韩国 2012 年燃料电池装机容量达到 25MW；日本装机容量仅仅为 20MW，这是因为日本主要发展小型燃料电池市场的缘故；而欧洲无论装机数量还是装机容量都呈明显下降的趋势。

美国在燃料电池发电技术的研究开发方面始终处于世界领先地位，除了雄厚的财力之外，还有四方面的重要原因：一是政府将燃料电池发电技术视为提高火力发电效率、减少污染物和温室气体排放的重要措施，将其列进政府的“改变气候技术战略”中，并大力投入资金和人力研究开发；二是将燃料电池技术提高到国家能源安全的高度，并大力投入资金和人力研究开发；三是将燃料电池技术提高到国家能源安全关键技术的战略高度，美国国防部（DOD）和美国能源部（DOE）均投进资金研究开发；四是对燃料电池的应用远景充满信心，认为其能形成新的高技术产业，给美国的经济注进新的活力，因此政府和企业共同投进资金研究开发，力图保持领先地位。

日本走的是一条通过与美国合作、引进技术并消化吸收实现产业化的路线，并在 PAFC 的销售方面已超过了美国，在 MCFC 的研究开发方面也接近美国。其成功的重要经验一是政府对燃料电池给予高度重视，先后列进了“月光计划”和“新阳光计划”，大力投入研究开发；二是研究机构、企业和用户联合，组成从研究、开发到贸易应用一体化团体，既承担研究开发的风险，也享受成功的优惠。

燃料电池起源于欧洲，但是，目前欧洲的燃料电池技术已远远落后于美国和日本。其主要原因是政府和企业对燃料电池发电技术重视不够。目前，欧洲已经意识到这一点，成立了燃料电池发电技术团体，引进美国、日本的技术，并进行研究开发。

韩国虽然燃料电池起步较晚，2000 年之后开始，把燃料电池分布式供能系统作为国家基本国策来推动发展，采用引进美国技术的方式，目前已经成为世界上燃料电池电站装机容量最多的国家。韩国商业运行的燃料电池分布式供能系统安装台数及其总容量如表 3-26 所示。

表 3-26 韩国商业运行的燃料电池分布式供能系统安装台数及其总容量

序号	设 置 场 所	台数	装机容量（MW）	运行时间
1	东南电力盆塘联合循环热电厂内	1	0.3	2006 年 11 月
2	POSCO 浦项工厂内	2	2.4	2008 年 08 月
3	HS HOLDINGS 全北全州	1	2.4	2008 年 09 月
4	NAURA POWER 全北群山	2	2.4	2008 年 09 月
5	中部电力忠南保宁	1	0.3	2008 年 09 月
6	首尔市卢原区都心地内	2	2.4	2009 年 01 月
7	GS EPS 忠南唐津	1	2.4	2009 年 05 月
8	MPC 全南丽水栗村	2	4.8	2009 年 01 月
9	东西电力京畿一山	1	2.4	2009 年 01 月
10	POSCO 能源仁川联合循环电厂内	1	2.4	2009 年 11 月
11	碧山建设釜山	1	1.2	2010 年 05 月
12	首尔市山岩洞世界杯公园内	1	2.4	2010 年 09 月
13	东西电力京畿一山	1	2.8	2011 年 04 月
14	GS Power	12	4.8	2011 年 05 月
15	TCS 1 大邱	4	11.2	2011 年 06 月
16	釜山花田工业园区	2	5.6	2011 年 06 月
17	MPC 全南丽水栗村	2	5.6	2012 年 01 月
18	首尔西北医院	1	0.1	2012 年 01 月
19	首尔儿童大公园	1	0.1	2012 年 01 月
20	东西电力京畿一山	1	2.8	2013 年 03 月
21	东西电力蔚山	1	2.8	2013 年 01 月
22	东南电力盆塘联合循环热电厂内	7	3.08	2013 年 04 月
23	SK	7	3.08	2013 年 06 月
24	LOTTE 乐园	2	0.8	2013 年 06 月
25	釜山 BIFC	2	0.4	2013 年 08 月
26	京畿华城京畿绿色能源	21	58.8	2014 年 01 月
27	东南电力	6	2.64	2014 年 09 月
28	SK 首尔高德地铁基地	7	19.6	2014 年 10 月
29	西部电力西仁川联合循环电站内	4	11.2	2014 年 10 月
30	江原道韩国煤气	1	0.30	2014 年 10 月
31	京畿道光明市 S 动力	2	5.0	2015 年 1 月
32	总计	100	166.5	—

从2014年10月开始商业运行的西仁川联合循环电站内容量为11.2MW燃料电池分布式供能系统发电站如图3-84所示。

图3-84　西仁川联合循环电站内容量为11.2MW燃料电池分布式供能系统发电站

浦项能源公司（POSCO Energy），投入大量资金，引进美国最大燃料电池企业Fuel Cell Energy公司的熔融碳酸盐燃料电池技术，在韩国建成了世界上最大的燃料电池制造厂，年生产能力为100MW/a。浦项能源公司已经在韩国建设了28座燃料电池热电厂，韩国燃料电池市场占有率为90%。

韩国发电设备制造商斗山重工已经收购了美国磷酸盐燃料电池（PAFC）制造企业——ClearEdge Power公司，合并了韩国建筑物用质子交换膜燃料电池（PEFC）企业——Fuel Cell Power，并在Doosan Fuel Cell BG旗下，在韩国注册Doosan Fuel Cell Korea，在美国注册Doosan Fuel Cell America，inc。Doosan Fuel Cell BG通过合并、收购方式，确保了磷酸盐燃料电池和质子交换膜燃料电池技术产权，并已经在美国、韩国等世界各地保有销售市场。

世界各国家和企业也纷纷投巨资，从事燃料电池技术的研究与开发，目前已取得了许多重要成果，使得燃料电池即将取代传统火力发电机组而广泛应用于发电及汽车上。这种重要的新型发电方式可以大大降低空气污染及解决电力供应、电网调峰问题，2、2.8、4.5、11MW成套燃料电池发电设备已进入商业化运行，各等级的燃料电池发电厂相继在一些国家建成。

七、燃料电池主要制造公司及其产品

1. 燃料电池主要制造公司

全球2012年固定式燃料电池制造商见表3-27。

表3-27　　全球2012年固定式燃料电池制造商

序号	制造商	国　家	产品型号	燃料电池形式	输出功率（kW）
1	Ballard Power Systems	美　国	FCgen-1300	PEFC	2～11
			CLEARgen	PEFC	500倍数
2	Bloom Energy	美　国	ES-5400	SOFC	100
			ES-5700	SOFC	200
			UPM-570	SOFC	160

续表

序号	制造商	国　家	产品型号	燃料电池形式	输出功率（kW）
3	Cermic Fuel Cell	澳大利亚	BlueGen	SOFC	2
			Gennex	SOFC	1.5
4	Clear Edge Power	美　国	Pure Cell System Model5	PEFC	5
			Pure Cell System Model400	PAFC	400
5	ENEOS CellTech	日　本	ENE-FARM	PEFC	0.25～0.70
6	Fuel Cell Energy	美　国	DFC-300	MCFC	300
			DFC-1500	MCFC	1400
			DFC-3000	MCFC	2800
			DFC-ERG	MCFC	多兆瓦
7	Heiocentris Fuel Cell AG	德　国	Nexs1200	PEFC	1.2
8	Norizon Fuel Cell Technologies	新加坡	GreenHub Powerbox	PEFC	0.5～2
9	Hydrogenics	加拿大	HyPM Rack	PEFC	2～200
			CommScope FC cabinet	PEFC	2～16
10	松　下	日　本	ENE-FARM	PEFC	0.25～0.70
11	东　芝	日　本	ENE-FARM	PEFC	0.25～0.70
			FCP-10000	PEFC	10
			Model400	PAFC	400
12	Altergy Systems	美　国	Freedom Power System	PEFC	5～30
13	Ballard PowerSystems	加拿大	ElectraGen-ME	PEFC	1.5～5
			ElectraGen-H2	PEFC	1.7、2.5、5.0
14	Dantherm Power	丹　麦	DBX-2000	PEFC	1.7
			DBX-5000	PEFC	5.0
15	Relion	美　国	E-1000	PEFC	1.0～4.0
			E-1100	PEFC	1.1～4.4
			E-2200	PEFC	2.2～17.5
			E-2500	PEFC	2.5～20
16	SFC Energy	德　国	EFOY Pro-800	DMFC	0.45
			EFOY Pro-2400	DMFC	0.11
17	POSCO Energy	韩　国	DFC-100	DCFC	100
			DFC-300	DCFC	300
			DFC-3000	DCFC	2800

续表

序号	制造商	国 家	产品型号	燃料电池形式	输出功率（kW）
18	BGDoosan Fuel Cell	韩 国	FCP-1000	PEFC	1
			FCP-5000	PEFC	5
			PAFC-5000	PAFC	400

2. 几种商业运行的燃料电池技术参数

几种商业运行的比较成熟的燃料电池主要技术性能指标见表 3-28。

表 3-28　几种商业运行的燃料电池主要技术性能指标

序号	项目	单位	技术经济指标					
			1kW	10kW	100kW	400kW	300kW	2.8MW
1	燃料电池形式	—	质子交换膜（PEMFC）	质子交换膜（PEMFC）	磷酸型（PAFC）	磷酸型（PAFC）	熔融碳酸盐MCFC）	熔融碳酸盐（MCFC）
2	发电出力	kW	1	10	105	400	300	2800
3	供热出力	kW	1.74	15.5	123	453	240	2000
4	燃气耗量	m^3/h	0.288	2.6	22	83	61.6	546
		kW	3.2	30	240	950	672	5963
5	发电效率	%	35	35	42	42	47	47
6	总热效率	%	85	85	92	90	80.3	80.5
7	发电气耗	kWh	0.130	0.130	0.106	0.130	0.132	0.130
8	供热气耗	m^3/GJ	25.0	25.0	25.0	25.0	25.5	25.5

八、燃料电池应用范围

如前所述，燃料电池的应用市场主要分为三个方面：发电站及分布式供能系统、移动用动力或辅助电源、便携式燃料电池。

1. 发电站及分布式供能系统燃料电池

发电站及分布式供能系统燃料电池的主要市场包括大型电站、备用电源及热电厂、家用微型燃料电池热电联供系统、远程通信塔、数据管理库等。

用于分布式供能系统的最小型燃料电池发电系统是家用三联供分布式供能系统，如800～1000kW 级的质子交换膜型燃料电池（PEFC），已经在商业运行的实例最多的是日本，日本 2014 年有 10 万台家用燃料电池供能系统机组在运行中，计划到 2030 年燃料电池供能系统家庭普及率为 10%，530 万台。日本发展家用燃料电池普及计划如图 3-85 所示。

目前也开始将固体氧化物燃料电池（SOFC）发电系统用于家庭用燃料电池供能系统。应用分布式供能系统最多的是医院、写字楼、宾馆、商场及其他商务设施等一栋建筑或几栋建筑的三联供系统，主要用磷酸性燃料电池（PAFC）、熔融碳酸盐燃料电池（MCFC）、固体氧化物燃料电池（SOFC）。

用于中小型热电厂的燃料电池主要有磷酸性燃料电池（PAFC）、熔融碳酸盐燃料电池（MCFC）发电系统。目前，世界上商业运行中的最大的熔融碳酸盐燃料电池（MCFC）电

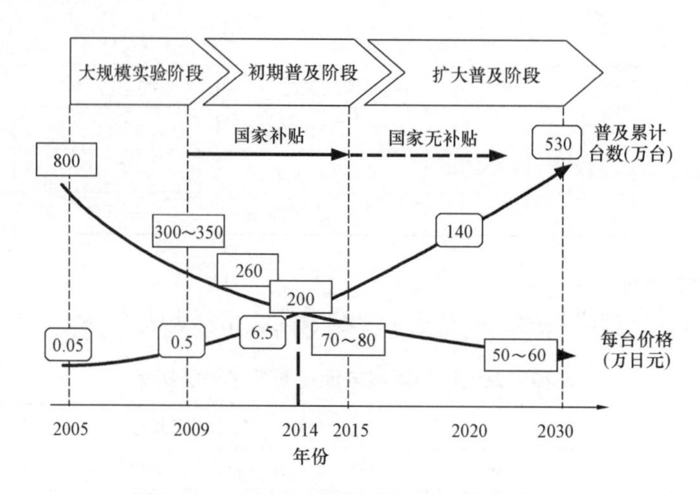

图 3-85 日本发展家用燃料电池普及计划图

站是于 2014 年 1 月投入商业运行的韩国京畿绿色能源热电厂，总装机容量为 21×2.8MW=58.8MW，设置了 21 个 2.8MW 的发电堆模块。热电厂年发电量为 4.6×10^8 kWh，年供热量为 82×10^4 GJ。京畿绿色能源热电厂全景如图 3-86 所示。

图 3-86 京畿绿色能源热电厂全景

2. 移动用动力或辅助电源

移动用动力燃料电池用于人造卫星，一般采用碱性燃料电池（AFC）。各种车辆、火车、船舶、潜水艇、二轮车、轮椅等一般采用质子交换膜燃料电池（PEFC），轮椅采用甲醇燃料电池（DMFC）。

(1) 人造卫星。美国在 Jemini 计划（1965～1966 年）中使用了 GE 公司生产的质子交换膜燃料电池（PEFC），容量为 100～1000W，在阿波罗（Apollo）计划（1968～1970 年）中使用多孔性镍电极的 Bacom 公司的质子交换膜燃料电池（PEFC），容量为 500～1000W。航天用的燃料电池需要小型化、低费用及高度可靠性。

(2) 移动小车。小型移动车上的燃料电池利用如叉车、电动三轮车、老年移动车、电动轮椅、电动清扫车、高尔夫场移动车、物流输送车等。物流输送燃料电池车是运输相关市场的领导者，美国的大型仓库输送车中燃料电池车最有吸引力。2012 年美国继续成为基于燃料电池动力的物料搬运的设备的全球最大市场，在美国 19 个州近 40 个地点超过 4000 辆以燃料电池为动力的物料搬运车辆在运行中，而就在2008年，燃料电池搬运车量只有数百辆。

（3）乘用车市场。质子交换膜燃料电池（PEFC）电压出力高，可用于较大型移动车系统，而甲醇燃料电池（DMFC）是液体燃料，能源密度高，充一次运行时间比PEFC长，可用于较小型移动动车上。甲醇燃料电池（DMFC）改质温度低（约为300℃），比较容易得到氢气，而汽油改质温度较高（约为800℃），所以很多公司已经否定了汽油改质，直接改用氢气或者利用甲醇改质。

丰田Mirai燃料电池车使用了液态氢作为动力能源，液态氢被储存在位于车身后半部分的高压储氢罐中。Mirai所使用的聚酰胺联线外加轻质金属的高压储氢罐可以承受70MPa压力，并分别置于后轴的前后。液态氢添加的过程与传统添注汽油或者柴油相似，但对于安全性和加注设备要求具有独立的安全标准。充满Mirai的储氢罐需要3～5min，续航里程为644km，燃料电池出力为113kW，最高车速为160km/h。燃料电池发电单元由阳极、阴极及高分子电解质膜（PEM）组成，Mirai发电堆层叠了370块发电单元。Mirai的驱动系统除了不释放有害尾气外，还有着低噪声、高效率、低重心的特点。

3. 便携式燃料电池

由于便携式手机等移动性设备越来越要求多功能化、小型化、电池容量大型化，所以移动设备用便携式燃料电池要求小型化、结构简单化、出力高密度化。电源由燃料电池本体、燃料箱、燃料输送设备、氧化剂输送设备、电力变换器及控制系统等组成。便携式燃料电池一般分为能动型和手动型两种，能动型是燃料系统及氧化剂系统使用动力系统，而手动型是不用动力的手动的系统。

分布式供能系统作为大型能源系统的有效补充，已得到很多国家的重视，而现在供能系统的多元化更是一种趋势。我国能源系统的容量大、技术水平和可靠性还较低、抵御各种灾难的能力较差，在这种情况下，随着技术的贸易化，小型高效的燃料电池分布式供能系统将具有巨大的市场潜力。

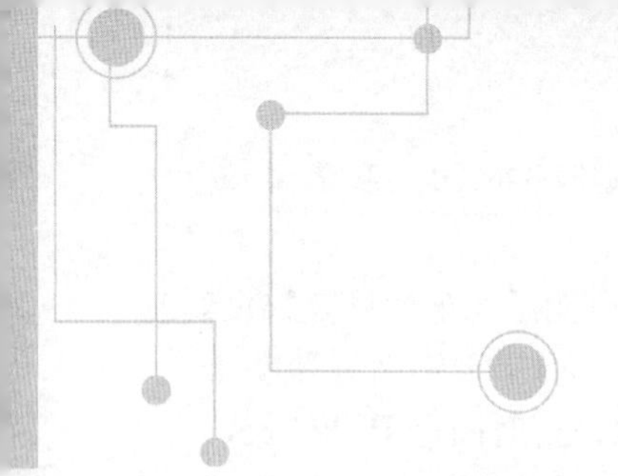

第四章　可再生能源分布式供能系统

第一节　可再生能源分布式供能系统概述

一、可再生能源

可再生能源是指自然界中可以不断利用、循环再生的一种能源，如太阳能、风能、水能、生物质能、海洋能、潮汐能、地热能、氢能等。

人类历史进程中长期依赖的能源都是可再生能源，如薪柴、秸秆等属于生物质能源，是可以再生的能源资源。人类近代社会大规模开发利用的是煤炭、石油、天然气等化石能源，但它们是地球在远古时期的演化过程中形成和储存下来的，对于人类来说一旦用完就无法恢复和再生，因此属于不可再生的能源资源。

大量化石能源的消费副作用是给人类带来了严重的环境污染，大量化石能源的消费，导致大气层中的温室气体蓄积，造成温室效应，导致自然灾害，污染威胁着人类的生存和社会的可持续发展，这使得以化石能源为主的能源结构面临着巨大的挑战。同样，环境和能源资源问题给中国社会经济可持续发展与现代化建设带来重大的挑战。因此，我们要提高能源效率，调整能源结构，大力发展可再生能源，构建可持续能源体系，以此推动技术革命和社会的进一步发展。

在可再生领域，要重点发展更高效率、更低成本、更灵活的风能与太阳能利用技术，生物质能、地热能、海洋能利用技术，以及基于氢能的燃料电池分布式供能支撑。

二、开发利用可再生能源的意义

1. 化石能源迟早枯竭

开发利用可再生能源是建设资源节约型社会、实现可持续发展的基本要求。充足、安全、清洁的能源供应是经济发展和社会进步的基本保障。同时，化石能源迟早会枯竭的，尤其是我国人口众多，人均能源消费水平低，能源需求增长压力大，能源供应与经济发展的矛盾十分突出。要从根本上解决我国的能源问题，不断满足经济和社会发展的需要，保护环境，实现可持续发展，除大力提高能源效率外，加快开发利用可再生能源是重要的战略选择，也是建设资源节约型社会的基本要求。

2. 利用可再生能源保护环境

我国是世界上最大的煤炭生产和消费国，以煤炭为主的能源结构在相当时间里无法改变，能源产业的发展面临着巨大的环保压力。目前我国二氧化碳排放量仅次于美国。如不对煤炭消耗的增加加以控制，将导致二氧化碳、氮氧化物和二氧化硫的排放量继续增加，面临日益加剧的环保压力。开发利用清洁环保的可再生能源，对优化能源结构、保护环境、减排温室气体、应对气候变化具有十分重要的意义。所以，开发利用可再生能源是应对气候变化的重要措施。

在国家发改委、国家能源局2016年发布的《能源技术革命创新行动计划（2016～2030年）》中，我国对世界承诺，到2030年单位国内生产总值二氧化碳排放比2005年下降60%～65%，非化石能源占一次能源消费比例达到20%左右，2030年左右二氧化碳排放达到预期目标值。这要求我国通过能源技术创新，利用可再生能源，加快构建绿色、低碳的能源技术体系。

3. 利用可再生能源解决农村能源问题

开发利用可再生能源是解决农村能源的重要措施，农村是目前我国经济和社会发展最薄弱的地区，能源基础设施落后，全国还有一些地区没有电力供应，许多农村生活能源仍主要依靠秸秆、薪柴等生物质低效直接燃烧的传统利用方式提供。农村地区可再生能源资源丰富，一方面可以利用当地资源，因地制宜解决偏远地区电力供应和农村居民生活用能问题；另一方面可以将农村地区的可再生能源转换为能源商品，使可再生能源成为农村特色产业，有效延长农业产业链，提高农业效益，增加农民收入，改善农村环境，促进农村地区经济和社会的可持续发展。

4. 利用可再生能源开拓新的经济增长领域

开发利用可再生能源是开拓新的经济增长领域、促进经济转型、扩大就业的重要选择。可再生能源资源分布广泛，各地区都具有一定的可再生能源开发利用条件。可再生能源的开发利用主要是利用当地自然资源和人力资源，对促进地区经济发展具有重要意义。同时，可再生能源也是高新技术和新兴产业，快速发展的可再生能源已成为一个新的经济增长点，可以有效拉动装备制造等相关产业的发展，对调整产业结构，促进经济增长方式转变，扩大就业，推进经济和社会的可持续发展意义重大。可再生能源的开发、生产、输送、储藏、消费等将形成很大的产业链，将带动我国循环低碳经济的发展。

三、可再生能源发电的发展

1. 全球可再生能源消费量

2015年，可再生能源发电量继续增长，全球可再生能源消费量为52123×10^4 tce，同比增长15.2%，接近过去15年14.1%的年均增长率，在全球能源消费中可再生能源的比例达2.8%，同比增加0.3个百分点。

2015年世界主要国家可再生能源消费量及其所占比例见表4-1。

表4-1　　2015年世界主要国家可再生能源消费量及其所占比例

排　序	国　家	消费量（$\times10^4$ tce）	占比例（%）
1	美国	10250	19.7
2	中国	8960	17.2
3	德国	5707	10.9
4	英国	2489	4.8
5	巴西	2323	4.5
6	印度	—	4.2
7	西班牙	—	4.2

续表

排 序	国 家	消费量（$\times 10^4$ tce）	占比例（%）
8	意大利	—	4.0
9	日本	—	4.0
10	法国	—	2.2
11	其他	—	24.7
总计		52123	100

2. 全球逐年可再生能源消费量

根据该报告，2008～2013年期间，全球逐年可再生能源消费量见表4-2。

表4-2　全球逐年可再生能源消费量

可再生能源形式	国家	年度可再生能源的消费量（$\times 10^6$ tco）						同比（%）	构成比（%）
		2008	2009	2010	2011	2012	2013		
太阳能	德国	1.0	1.5	2.7	4.4	6.0	6.8	140	24.0
	意大利	—	0.2	0.4	2.4	4.3	5.1	19.1	18.0
	西班牙	0.6	1.4	1.6	2.0	2.7	3.0	9.9	10.5
	中国	—	0.1	0.2	0.7	1.4	2.7	91.3	9.5
	日本	0.5	0.6	0.7	1.0	1.4	2.4	75.4	8.6
	小计	2.5	4.3	6.9	13.4	21.3	28.2	33.0	(10.1)
风能	美国	12.7	16.9	21.6	27.5	32.2	38.3	19.4	27.0
	中国	2.0	6.2	10.1	15.9	21.7	29.8	37.8	21.0
	西班牙	7.4	8.6	10.0	9.6	11.2	12.6	13.0	8.9
	德国	9.2	8.7	8.6	11.1	11.5	12.1	5.7	8.5
	日本	0.7	0.8	0.9	1.0	1.1	1.2	8.2	0.8
	小计	49.6	62.9	77.7	98.6	118.1	142.2	20.7	(50.9)
地热能 生物质能	美国	16.6	16.6	17.0	17.1	17.4	18.2	4.7	16.7
	巴西	5.3	5.5	6.8	8.4	8.9	11.8	23.3	10.8
	德国	6.3	6.9	7.8	8.5	10.1	10.8	7.4	9.9
	中国	0.6	0.6	2.8	8.1	10.4	10.4	—	9.5
	日本	5.7	5.5	5.5	5.5	5.7	5.9	2.9	5.4
	意大利	3.0	2.9	3.4	3.7	4.1	4.5	11.0	4.2
	小计	71.5	75.3	83.5	92.9	101.4	108.9	7.7	(39.0)
世界总计		123.7	142.5	168.0	204.9	240.8	279.3	16.3	(100)

注　资料来源：BP《2016年世界能源统计年鉴》。

3. 全球可再生能源发电

根据BP（British Petroleum）机构2016年发表的《BP能源统计年鉴2015》，截至2015年，世界可再生能源新装机容量为7.8×10^8kW。2015年全球可再生能源发电增量为16125×10^8kWh，创历史新高，全球可再生能源发电量增长了15.2%，稍低于其十年平均水平15.9%。其中，中国增量20.9%和德国增量23.5%，可再生能源在全球发电中占比达6.7%。

截至2015年底，世界可再生能源发电装机容量见表4-3。

表4-3　截至2015年底世界可再生能源发电装机容量　×10^6kW

国家和地区	可再生能源发电形式						合计
	风力发电	光伏发电	光热发电	生物质发电	地热发电	海洋能发电	
欧盟28国	142	94	2.3	38	0.9	0.3	278
美国	73	26	1.7	13.8	3.5	0	118
德国	44	40	0	9.1	0	0	93
中国	145	43	0	10	0	0	198
西班牙	23	4.8	2.3	1.1	0	0	31
意大利	9.1	19	0	3.8	0.7	0	33
印度	25	5	0.2	5.6	0	0	36
世界	432	177	4.7	104	13	0.5	731

注　资料来源：IRENA《2016年全球可再生能源发电装机容量统计》。

4. 世界各国风电与太阳能发电装机容量

(1) 风电装机容量。截至2015年底，世界各国风电装机容量前十六见表4-4。

表4-4　截至2015年底世界各国风电装机容量前十六

排　序	国　家	装机容量（MW）	排　序	国　家	装机容量（MW）
1	中国	128300	9	意大利	9130
2	美国	72580	10	巴西	8720
3	德国	44950	11	瑞典	6030
4	印度	25090	12	波兰	5100
5	西班牙	23010	13	葡萄牙	5080
6	英国	13860	14	丹麦	5060
7	加拿大	11200	15	土耳其	4690
8	法国	10360	16	澳大利亚	4190

注　资料来源：IRENA《2016年全球可再生能源发电装机容量统计》。

(2) 光伏发电装机容量。截至2015年底，世界各国光伏发电装机容量前十六见表4-5。

表4-5　截至2015年底世界各国光伏发电装机容量前十六

排　序	国　家	装机容量（MW）	排　序	国　家	装机容量（MW）
1	中国	43180	9	印度	4960
2	德国	39630	10	西班牙	4830
3	日本	33300	11	比利时	3200
4	美国	25540	12	韩国	3170
5	意大利	18910	13	希腊	2600
6	英国	9080	14	加拿大	2240
7	法国	6550	15	捷克	2070
8	澳大利亚	5030	16	泰国	1600

注　资料来源：IRENA《2016年全球可再生能源发电装机容量统计》。

5. 中国可再生能源发电发展

2015 年，中国可再生能源新增装机容量超过 5000×10^4 kW，2010～2015 年发电并网容量增长情况如图 4-1 所示。

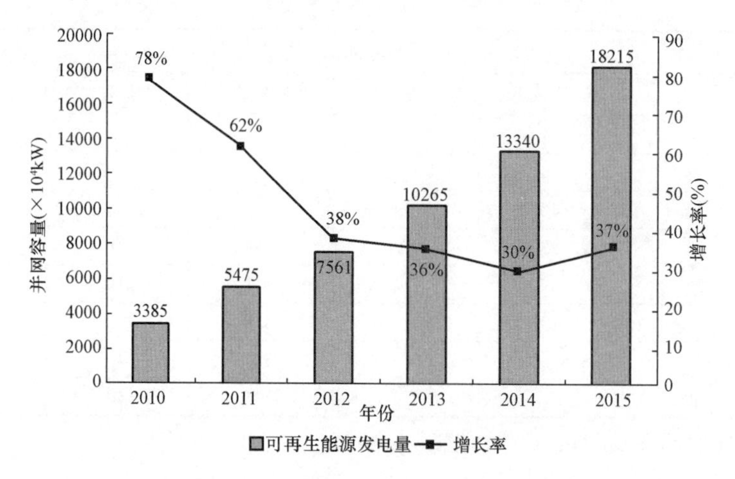

图 4-1　2010～2015 年中国可再生能源发电并网容量增长情况

截至 2015 年底，我国可再生能源发电装机容量超过 1.8×10^8 kW，占全球装机容量的 1/4，其中：风电装机容量为 9581×10^4 kW，连续四年居世界第一；太阳能发电装机容量为 4319×10^4 kW，首次超过德国成为世界第一；其他可再生能源发电并网容量为 952×10^4 kW。风电、太阳能、其他发电并网容量分别占可再生能源发电并网容量的 70%、24%和 6%。并网可再生能源装机容量约占我国全部发电装机容量的 12.1%，比 2014 年提高 2.3%。2014 年中国可再生能源发电并网容量构成如图 4-2 所示。

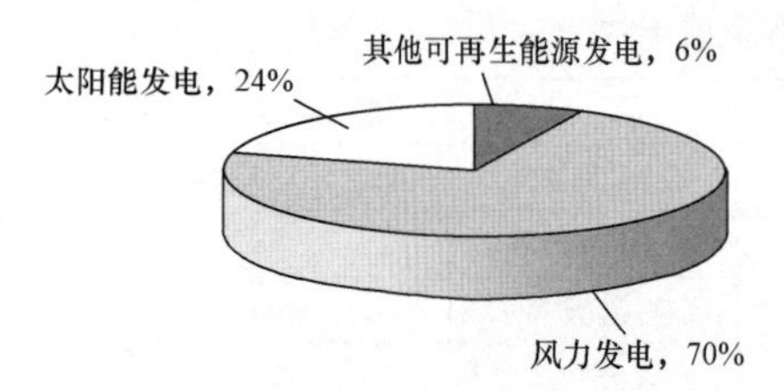

图 4-2　2014 年中国可再生能源发电并网容量构成

2015 年，我国可再生能源发电量约为 2753×10^8 kWh，同比增长 24%，如图 4-3 所示。

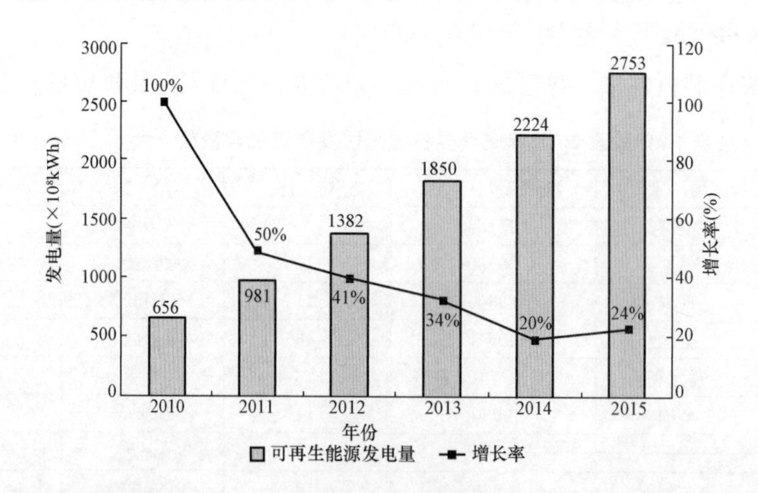

图 4-3　2010～2015 年我国可再生能源发电量增长情况

风电、太阳能发电和其他可再生能源发电分别占可再生能源发电量的67%、14%和19%。2015年我国可再生能源发电量构成如图4-4所示，我国可再生能源总发电量约占全部发电量的4.9%，比2014年提高1.0%。

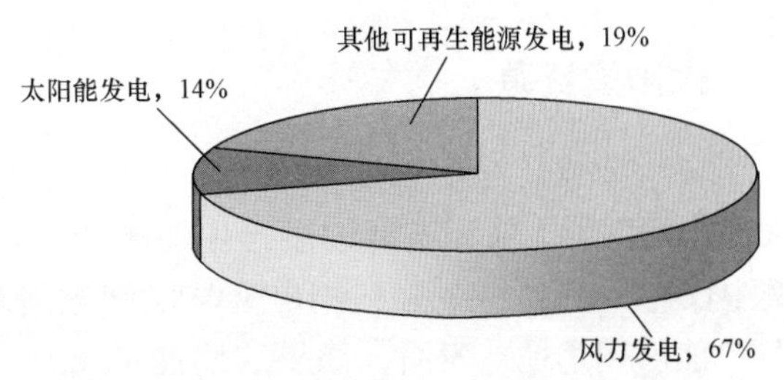

图4-4　2015年我国可再生能源发电量构成图

第二节　太阳能分布式供能系统

一、太阳辐射能

太阳能是太阳内部连续不断的核聚变反应过程产生的能量。地球轨道上的平均辐射强度为1367kW/m²，在地球表面获得的太阳能量可达173000TW，在海平面上获得的太阳能量可达102000TW。虽然太阳能资源总量相当于现在人类所利用的能源的一万多倍，但太阳能的能量密度低，而且它因地而变，这是开发利用太阳能面临的主要问题。尽管太阳能辐射到地球大气层的能量仅为其总辐射能量（约为3.75×10^{20}MW）的二十二亿分之一，但已高达17.3×10^{4}TW，也就是说，太阳能秒照射到地球上的能量就相当于500×10^{4}tce。

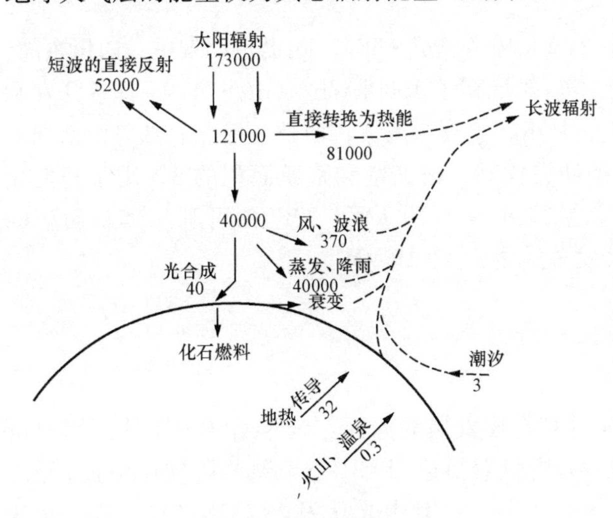

图4-5　地球上的能流图（单位：$\times10^{6}$MW）

地球上的能流如图4-5所示。

太阳能能源是来自地球外部天体的能源（主要是太阳），人类所需能量的绝大部分都直接或间接地来自太阳。各种植物通过光合作用把太阳能转变成化学能，在植物体内储存下来。广义的太阳能包括的范围非常大，狭义的太阳能则限于太阳能的光热、光电和光化学的直接转换。

太阳照射到地平面上的辐射由两部分组成，即直达日射和慢射日射。太阳辐射穿过大气层而到达地面时，由于大气层空气分子、水蒸气和尘埃等对太阳能辐射的吸收、反射和散射，减弱辐射强度。不同地区的太阳平均辐射强度见表4-6。

表4-6　不同地区的太阳平均辐射强度

地　　区	太阳平均辐射强度	
	kWh/（m²·d）	W/m²
热带、沙漠	5～6	210～250
温　带	3～5	130～210
阳光较少地区（北欧）	2～3	80～130

二、太阳能资源

1. 世界太阳能资源

太阳能是世界上最为丰富的可再生能源，太阳以 3.8×10^{23} kW/s 的功率向太空辐射能量，其中仅有一小部分约 1.8×10^{14} kW 能够被地球截获，这其中也仅有 60%（即 1.08×10^{14} kW）能够到达地球表面。如果这些能量仅有 1%转化为电能，转换效率为 10%，则全球太阳能发电装机的潜力约为 1000×10^{8} kW。根据全球太阳能热利用区域分类，全世界太阳能辐射强度和日照射时间最佳的区域包括北非、中东地区、美国西南部和墨西哥、南欧、澳大利亚、南非、南美洲东、西海岸和中国西部地区等。根据德国航空航天技术中心（DLR）的推荐，太阳能热发电技术潜能基于太阳能年辐射量测量值大于 6480MJ/m^2。经济潜能基于太阳能年辐射量测量值大于 7200MJ/m^2。

2. 我国太阳能资源

据估算，我国陆地表面每年接受的太阳能辐射能约为 50×10^{18} kJ，全国各地太阳能年辐射总量达 335～837kJ/（cm^2 · 年），中值为 586kJ/（cm^2 · 年）。从全国太阳能年辐射总量的分布来看，西藏、青海、新疆、内蒙古南部、山西、陕西北部、河北、山东、辽宁、吉林西部、云南中部和西南部、广东东南部、福建东南部、海南岛东部和西部及台湾的西南部等广大地区的太阳能辐射总量很大。

我国全年太阳能辐射量大致在 1050～2450kWh/（m^2 · 年），除贵州、重庆、四川东部、湖南西北部等地区外，大部分地区太阳能年辐射量高于 1000kWh/（m^2 · 年），具备开发利用的资源条件。其中，西藏、青海、新疆、甘肃、宁夏、内蒙古西部、河北北部等西部和北部地区超过 1400kWh/（m^2 · 年），资源条件更优越。按戈壁和荒漠面积的 5%用于开发光伏电站计算，我国西部太能电站可开发总量超过 15×10^{8} kW。按全国可利用建筑面积的 50%用于安装光伏计算，分布式光伏可开发总量达 7.5×10^{8} kW。

三、我国太阳能发电系统的发展

1. 太阳能光伏发电发展

2015 年全国光伏产业整体呈现稳中向好和有序发展的局面，全年新增太阳能并网容量 1513×10^{4} kW，创历史新高，太阳能发电累计并网容量达到 4319×10^{4} kW，同比增长 54%，其中光伏发电 4318×10^{4} kW，光热发电 1×10^{4} kW。“十二五”期间，我国太阳能实现跨越式增长，光伏发电装机容量年均增长 846×10^{4} kW，新增装机容量连续三年居世界首位，累计装机容量超过德国成为世界第一，光热发电试验示范工程取得突破，建成我国第一座商业化运行塔式光热电站。2010～2015 年中国光伏发电新增容量如图 4-6 所示。

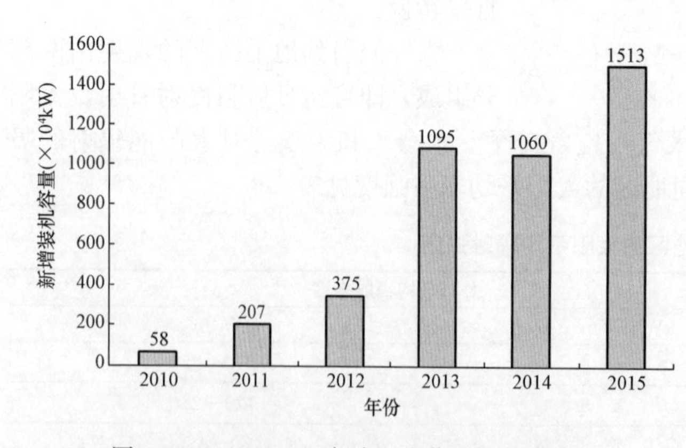

图 4-6 2010～2015 年中国光伏发电新增容量

2015 年中国光伏发电新增装机容量地区分布如图 4-7 所示。

2010～2015 年中国光伏发电装机容量及增长率如图 4-8 所示。

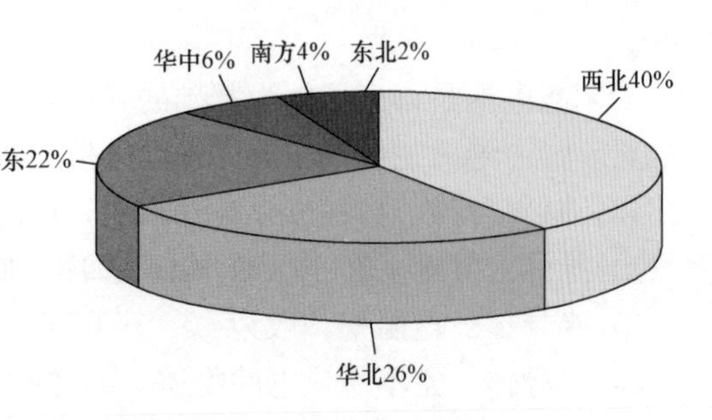

图 4-7　2015 年中国光伏发电新增装机容量地区分布

2. 太阳能光热发电

(1) 中国光热发电处于商业化应用前期阶段。截至 2015 年底，中国已建成试验示范型太阳光热发电站 6 座，合计装机容量为 1.38×10^4kW，其中并网商业化运行的 1 座，为青海中控太阳能发电有限公司德令哈 50MW 光热发电项目一期 10MW 工程，装机容量为 1.0×10^4kW；国家已备案（核准）在建设的太阳能光热发电站 20 座，装机容量为 126.4×10^4kW；开展前期工作的太阳能光热发电站 13 座，装机容量 60.1×10^4kW。

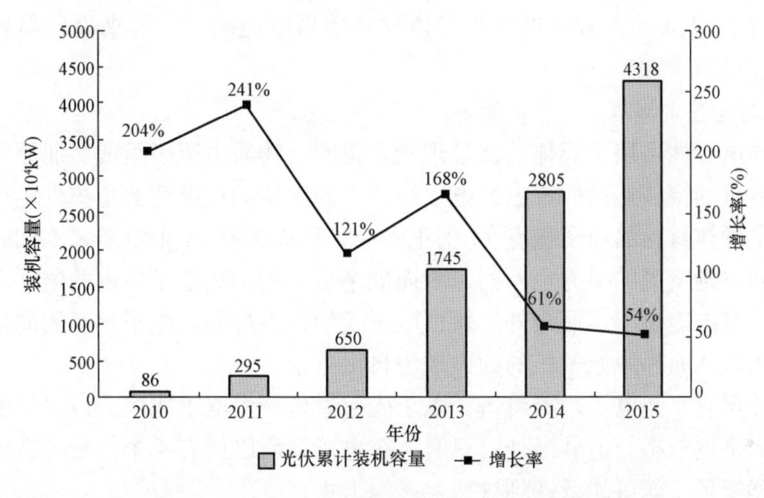

图 4-8　2010～2015 年中国光伏发电装机容量及增长率

(2) 国家能源局组织太阳能热发电示范项目建设。2015 年 9 月，国家能源局印发《关于组织太阳能热发电示范项目建设的通知》(国能新能〔2015〕355 号)，为了推动我国太阳能热发电技术产业化发展，决定组织一批太阳能热发电示范项目建设。一是扩大太阳能热发电产业规模，单机容量不低于 5×10^4kW；二是培育系统集成商。通过示范项目建设，培育若干具备全面工程建设能力的系统集成商，以适应后续太阳能热发电发展的需要。此次共申报示范项目 109 个，总装机容量约为 883×10^4kW。其中，槽式项目 60 个，总装机容量 444×10^4kW，占总申报容量的 50%；塔式项目 36 个，总装机容量 333×10^4kW，占总申报容量的 38%；其余为碟式和菲涅尔式项目。

四、太阳能光伏发电系统

(一) 太阳能光伏发电

1. 太阳能电池

太阳能电池是太阳光直接转化成电能的装置。太阳能的光电转换是指太阳的辐射能光子通过半导体物质转变为电能的过程，通常称为光生伏特效应，太阳电池就是利用这种效应制成的。

太阳能电池是以半导体为基础的一种具有能量转换功能的半导体器件。至今为止，与集成电路一样占绝对主导市场的太阳能电池也是以硅材料为主的。

（1）材料分类。材料按导电性强弱，可分为三大类：导体、半导体和绝缘体。

1）导体：导电率在 $10^{-4}\Omega \cdot cm$ 以下，如金、银、铜、铝和合金材料。

2）半导体：电阻率一般为 $10^{-4} \sim 10^{9}\Omega \cdot cm$，如鍺、硅、砷化镓等。

3）绝缘体：是不易导电的物质，如橡胶、玻璃、陶瓷和塑料等，电阻率一般在 $10^{9}\Omega \cdot cm$ 以上。

（2）半导体材料的导电特性如下：

1）掺加特性。参入微量的杂质（简称掺加）能显著地改变半导体的导电能力。杂质含量改变能引起载流子浓度变化，半导体材料电阻随之发生很大的变化，在同一种材料中参入不同类型的杂质，可以得到不同导电类型的半导体材料。

2）温度特性。温度也能显著改变半导体材料的导电性能。一般来说，半导体的导电能力随温度升高而迅速增加。

2. 太阳能电池基本原理

半导体的导电特性可用半导体的能带理论来说明。物质由原子组成，而原子由带正电的原子核和一定数量的绕核运动的带电的电子组成。原子核的正电荷数与核外电子的电荷数相同，如典型的半导体材料的原子核有 14 个正电荷，核周围有 14 个电子，不同轨道电子里原子核的距离不同，则所受的引力也不同，因而能量也不同，离原子核近的电子所受的约束力强，电子自身具有的能量小，而最外层轨道电子受约束力最弱，电子具有的能量大，因此容易受到外界作用，从而挣脱原子核的约束成为自由电子。

硅原子最外层有 4 个电子，可将每个电子壳层看作一个电子能级。最里层的有 2 个量子态，其次层有 8 个量子态。但硅最外层只有 4 个电子，所以还有 4 个空量子态或空能级，一旦内层电子得到能量，就可能跃迁到这些空能级上去。

硅材料通常是晶体，从晶体能带可见，由于晶体中的原子的电子轨道的交叠和电子公有化运动，使孤立原子的 N 个相同能级在晶体中分裂成 N 个能量略有差别的不同能级，从而形成能带。各个能带与单个原子的各个能级相对应。能量较低的能带常被电子填满。凡是被电子填满的能带称为满带。满带中能量最高的，即价电子填满的能带称为价带。空带中能量最低的，即离阶带最近的能带称为导带。各能带之间存在的能带区域称为禁带。

硅原子有 4 个电子，如果在纯硅中掺杂有 5 个电子的原子，如磷原子，则形成 n 型半导体，若在纯硅中掺杂有 3 个电子的原子，如硼原子，便形成 p 型半导体。当 p 型半导体和 n 型半导体结合在一起时，接触面就会形成电动势差，就成为太阳能电池。

3. 太阳能电池的分类

太阳能电池按结晶状态可分为结晶系薄膜式和非结晶系薄膜式（以下表示为 a-）两大类，而前者又分为单结晶形和多结晶形。

太阳能电池按材料可分为硅薄膜形、化合物半导体薄膜形和有机膜形，而化合物半导体薄膜形又分为非结晶形（a-Si：H，a-Si：H：F，a-SixGel-x：H 等）、ⅢⅤ族（GaAs，InP 等）、ⅡⅥ族（Cds 系）和磷化锌（Zn_3P_2）等。

太阳能电池根据所用材料的不同，还可分为硅太阳能电池、多元化合物薄膜太阳能电池、聚合物多层修饰电极型太阳能电池、纳米晶太阳能电池、有机太阳能电池，其中硅太阳能电池是目前发展最成熟的，在应用中居主导地位。硅太阳能电池分为单晶硅太阳能电池、多晶硅薄膜太阳能电池和非晶硅薄膜太阳能电池 3 种。

4. 太阳能电池效率

（1）常用太阳能电池的效率。单晶硅电池达 15%～20%，即入射光线的 15%～20%转换为电流，在实验室最佳转换效率为 25%，从理论讲，最大转换效率为 30%或更高。太阳光之所以只有 15%～25%转变为电能，是因为不管任何材料的太阳能电池都不能将全部的太阳光转变为电流，太阳光包含电磁波中的一个很宽的光谱范围 0.25～2.5μm，即从红外线经过各种颜色的可见光直到紫外线，大体上紫外线约占 7%，可见光约占 45%和红外光约占 47%。

（2）影响太阳能电池效率的因素。正是由于晶界等缺陷的存在，致使多晶硅电池的转换效率低于单晶硅电池。太阳能电池在能量转换时的效率影响主要是电学损失和光学损失。光学损失主要是表面反射、遮挡损失（前电极）和电池材料本身的光谱响应特性。对于一般太阳能电池来说，电能转换的损失来源可总结如下几方面：载流子损失（复合）和欧姆损失（电极一晶体接触）等。

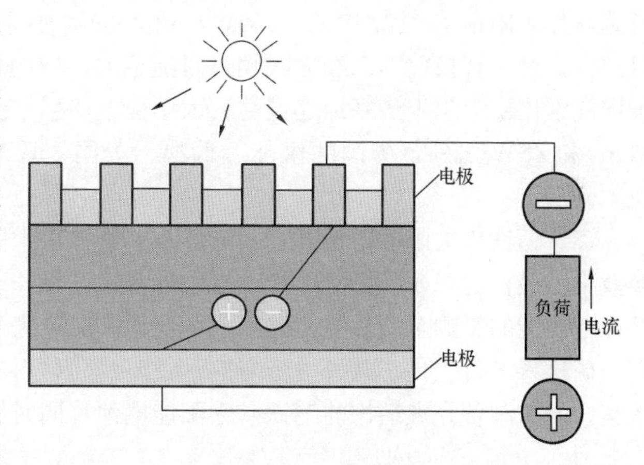

图 4-9 太阳电池的发电原理示意图

（3）太阳能电池的效率与电极受光面积有关。太阳能电池的发电原理如图 4-9 所示。在太阳光照射下，电子移动到各自的电极，就形成电流。为了提高效率，可通过增加电极高度，缩小电极宽度，来增加电极受光面的面积。

5. 太阳能光伏电池组成

太阳能光伏电池方阵组成如图 4-10 所示。

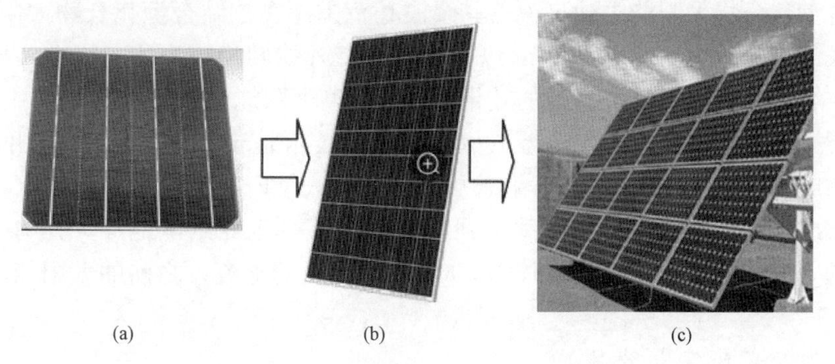

图 4-10 太阳能光伏电池方阵组成图

（a）太阳能光伏电池板单元；（b）太阳能光伏电池组件；（c）太阳能光伏电池方阵

太阳能光伏电池板单元尺寸一般为 200mm×200mm～150mm×150mm，工作电压为

0.45～0.50V，工作电流为20～25mA/cm²，一般不能作为单独电源使用。将太阳能光伏电池板单元进行串并联，封闭后将成为太阳能光伏电池组件，其功率一般为几瓦至几十瓦、几百瓦，这样便可以单独成为电源了。再将太阳能光伏电池组件经过串并联并装在支架上就构成了太阳能光伏电池方阵。

6. 太阳能光伏电池技术的发展

（1）晶硅太阳能电池技术。晶硅太阳能电池技术能量转换效率达到25.6%，松下最近研发的住宅用“HIT太阳能电池”的核心元件，用了保留部分异质结、去掉受光面电极的“背接触结构”。由于去掉了遮挡光线的电极，因此能够增加电流量，能量转换效率达25.6%，为目前世界最高水平。

（2）薄膜太阳能电池技术。德国Manz集团（该公司是一家全球领先的高科技设备制造商，专注于电子装置及零组件、太阳能电池及组件，以及锂离子电池生产设备）联合巴登-符腾堡邦太阳能和氢能中心（ZSW）研发的薄膜太阳能电池技术能量转换效率已达到21.7%，这一转换效率已经大幅超过目前绝大多数的多晶硅太阳能工艺记录。Manz集团在德国施维比施哈尔年产基地建设薄膜太阳能电池生产线，大量生产薄膜太阳能电池组件。除Manz和ZSW之外，中国的汉能、瑞典、美国、日本等国公司也在开发薄膜太阳能电池技术。

（3）钙铁矿太阳能电池技术。近年来，钙铁矿太阳能电池得到了迅速的发展，其光电转换效率由最初的3.8%发展到了19.6%的水平。钙铁矿太阳能电池的光伏材料的结晶形貌对其光电性能的影响至关重要。北京大学与西安交通大学合作，通过分布溶液成膜方法对掺氯钙铁矿材料进行优化，并进一步研究钙铁矿薄膜材料的成膜条件，实现对钙铁矿薄膜形貌的调整，成功制备介观结构的钙铁矿太阳能电池，同时提高了太阳能电池的吸光能力及电荷传输能力。

（4）聚光式光伏发电技术。2014年澳大利亚新南威尔士大学宣布开发了转换效率达40%的聚光光伏发电系统。该技术核心是该大学独立开发的双色镜系统。太阳能电池则采用Spectrolab公司的电池单元。双色镜是由层叠多层反射率不同的介质薄膜制成的，可以透射特定波段的光，而反射其他波段的光。可投射的近红外线的波长范围接近900～1100mm，会反射其他波段的光。这一近红外线波段是硅类太阳能电池容易实现高转换效率的波长区域。而三结合型化合物太阳能电池可覆盖其余波长范围。在三结合型化合物太阳能电池中，支持波长最长的电池单元可将1600mm以上波长的红外线转换成电力。因此，硅类太阳能电池组合三结合型化合物太阳能电池的效果与四结合型太阳能电池相当。

（5）叠层式太阳能电池技术。叠层式太阳能电池技术是于2014年9月，由法国Soitec公司、法国微电子研究机构CEA-Leti和德国费劳恩霍夫（Fraunhofer Gesellschaft）共同开发的多结太阳能光伏电池片，转换效率达到46%，它是一款四结电池片，其中一个子电池都可将1/4的入射光精确地转化为波长为300～1750mm的电流，之前的太阳能电池最高效率为44.7%。

（二）太阳能光伏发电系统

1. 太阳能光伏发电系统的特点

太阳能光伏发电系统是将太阳能转换成电能的发电系统。太阳能电池经过串联后进行封装保护可形成大面积的太阳能电池组件，再配合上功率控制器等部件就形成了光伏发电装置。

光伏发电系统是根据光生伏特效应原理，利用太阳能电池将太阳光能直接转化为电能的系统。无论是独立使用还是并网发电，光伏发电系统主要由太阳能电池板（组件）、控制器和逆变器三大部分组成，它们主要由电子元器件构成，不涉及机械部件，所以光伏发电设备极为简单、可靠、稳定、使用寿命长、安装维护简便。

2. 光伏发电系统分类

光伏发电系统分为独立太阳能光伏发电系统、并网太阳能光伏发电系统和分布式太阳能光伏发电系统。

（1）独立太阳能光伏发电系统。独立光伏发电系统是不与常规电力网系统相连而独立运行的发电系统，通常建设在远离电网的偏远地区或作为野外移动时的便携电源。它由光伏电池组件、汇流箱、逆变器、配电控制箱等组成。光伏电池组件接受太阳能并转换为电能，发出的电能经逆变器直流电变成交流电，经过配电控制箱向负载供电，同时将发出的电能与负载用电剩余的电能供给蓄电池储存起来。控制器可实现光伏电池最大功率跟踪控制、蓄电池的电能管理及电源变换器的输出控制。

独立太阳能光伏发电系统示意图如图 4-11 所示。

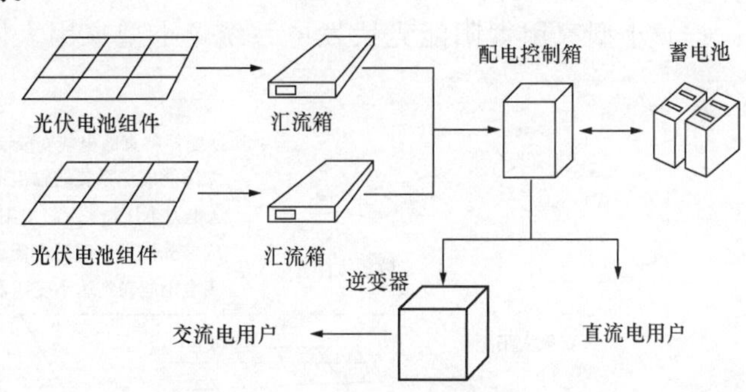

图 4-11　独立太阳能光伏发电系统示意图

（2）并网太阳能光伏发电系统。并网太阳能光伏发电系统是与电力系统连接在一起的光伏发电系统，电站一样可为电力系统提供有功、无功的电能。并网太阳能光伏发电系统示意图如图 4-12 所示。它的主要部件是太阳能光伏电池组件、汇流箱、逆变器、升压站等。其特点是可靠性高、使用寿命长、能独立发电又能并网运行，具有广阔的发展前景。

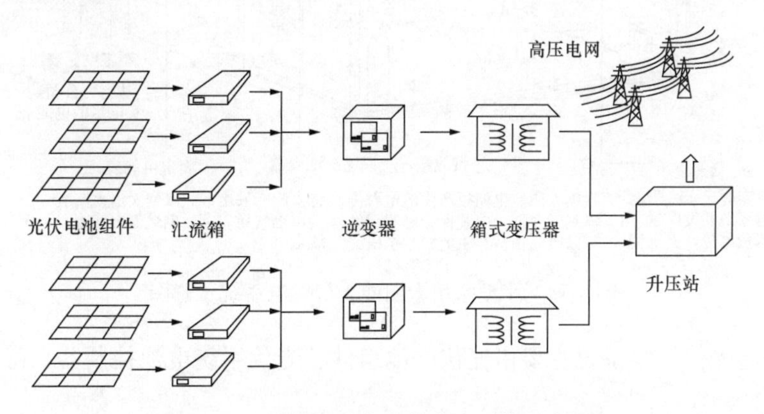

图 4-12　并网太阳能光伏发电系统示意图

并网系统是接入电力系统的一种发电系统，因此需要保护措施，一方面，要安装保护装置，防止发生线路事故或功率失稳；另一方面，要对光伏发电系统进行保护，防止孤岛效应发生。

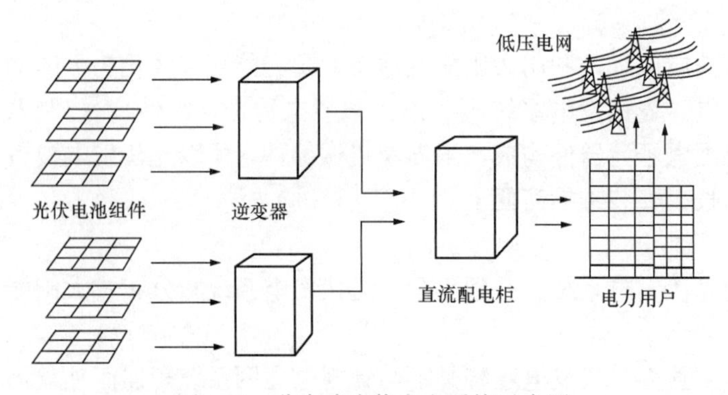

图 4-13 分布式光伏发电系统示意图

(3) 分布式太阳能光伏发电系统。分布式光伏发电系统示意图如图 4-13 所示。分布式光伏发电系统是指在用电现场或靠近用电现场配置较小的光伏发电供电系统，以满足特定用户的需求，支持现存配电网的经济运行，或者同时满足这两个方面的要求。

分布式光伏发电系统的基本设备包括光伏电池组件、逆变器、直流配电柜等，另外还有供电系统监控装置和环境监测装置。其运行模式是在有太阳辐射的条件下，光伏发电系统的太阳能电池组件将太阳能转换成电能，由逆变器逆变成交流电送入直流配电柜建筑自身负载，多余或不足的电力通过连接电网来调节。

(4) 小型家用太阳能光伏发电系统。小型家用太阳能光伏发电系统示意图如图 4-14 所示。

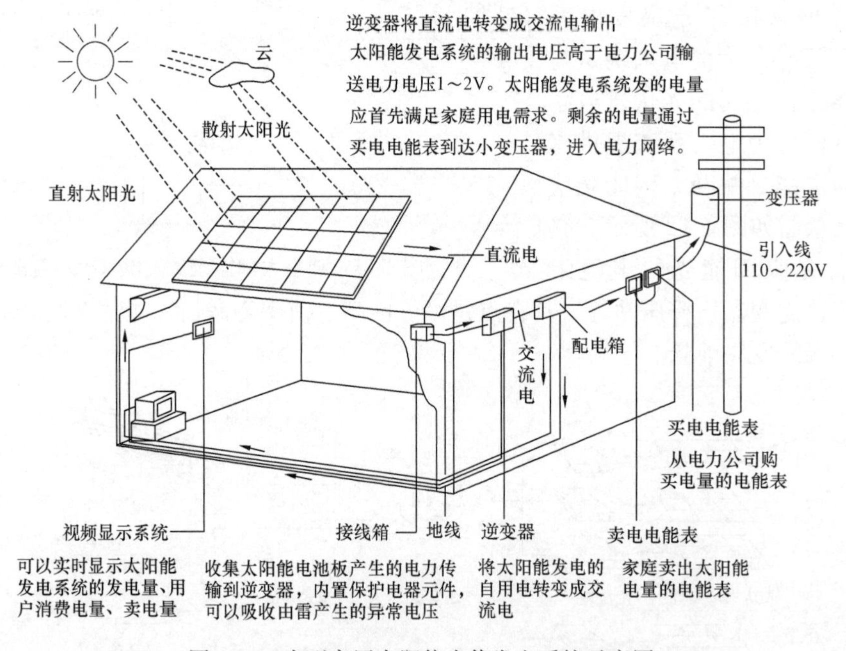

图 4-14 小型家用太阳能光伏发电系统示意图

家庭太阳能光伏发电系统主要由光伏电池组件、光伏系统电池控制器、蓄电池和交直流逆变器构成。

(三) 太阳能光伏发电系统主要设备

太阳能光伏发电系统主要设备有太阳能板、逆变器、汇流箱、控制配电柜等。

1. 太阳能光伏组件——太阳能板

太阳能光伏组件的特点如下：

（1）高效多晶组件适用于商业并网电站项目。

（2）高输出功率，最高组件效率可达 16.51%。

（3）采用减反射玻璃不仅增加了光的吸收，同时使组件在雨水环境下具有自清洁功能，又减少了灰尘引起的功率损失。

（4）组件抗压能力强，能承受 2.4kPa 的风压和 5.4kPa 的雪压。

JAP6-72-300～JAP6-72-320 系列太阳能板主要技术数据见表 4-7。

表 4-7　JAP6-72-300～ JAP6-72-320 系列太阳能板主要技术数据

序号	项　目	单位	型　号									
			JAP6 72-300/3BB		JAP6 72-305/3BB		JAP6 72-310/3BB		JAP6 72-315/3BB		JAP6 72-320/3BB	
			STC	NOCT	STC	NOCT	STC	NOCT	STC	NOCT	STC	NOCT
1	最大功率	W	300	217.8	305	221.43	310	225.06	315	228.59	320	232.32
2	最佳工作电压	V	36.41	33.77	36.71	33.91	37.00	34.05	37.28	34.08	37.56	34.28
3	最佳工作电流	A	8.24	6.45	8.31	6.53	8.38	6.61	8.45	6.71	8.52	6.78
4	开路电压	V	42.5	42.31	45.35	42.47	45.45	42.58	45.60	42.63	45.82	42.78
5	短路电流	A	8.73	6.89	8.79	6.93	8.85	6.99	8.91	7.06	9.03	7.16
6	组件效率	%	15.48		15.73		15.99		16.25		16.51	
7	工作温度范围	℃	−40～+85									
8	最大系统电压	V	DC1000（IEC）									
9	最大额定熔丝电流	A	15									
10	外形尺寸(高×宽×厚)	mm	1956×991×35									

JKM305PP～ JKM320PP 系列太阳能板主要技术数据见表 4-8。

表 4-8　JKM305PP～JKM320PP 系列太阳能板主要技术数据

序号	项　目	单位	型　号							
			JKM305PP		JKM310PP		JKM315PP		JKM320PP	
			STC	NOCT	STC	NOCT	STC	NOCT	STC	NOCT
1	最大功率	W	305	228	310	231	315	235	326	238
2	最佳工作电压	V	36.8	33.6	37.0	33.9	37.2	34.3	37.4	34.7
3	最佳工作电流	A	8.30	6.72	8.38	6.81	8.48	6.84	8.56	6.86
4	开路电压	V	45.6	42.2	45.9	42.7	46.2	43.2	46.4	43.7
5	短路电流	A	8.91	7.22	8.96	7.26	9.01	7.29	9.05	7.30
6	组件效率	%	15.72		15.98		16.23		16.49	
7	工作温度范围	℃	−40～+85							
8	最大系统电压	V	DC1000（IEC）							
9	最大额定熔丝电流	A	15							
10	外形尺寸（高×宽×厚）	mm	1956×991×35							

2. 光伏逆变器

(1) 集中式光伏并网逆变器。集中式光伏并网逆变器适用于地面集中并网光伏发电系统，如光伏并网电站、区域独立电网。系统采用分块发电、集中并网方式。使用在集中式光伏发电系统的逆变器并网连接如图 4-15 所示。

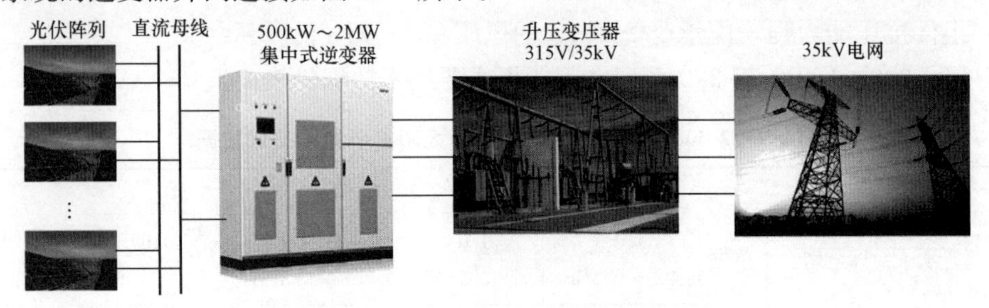

图 4-15 集中式光伏发电系统逆变器并网连接图

其特点如下：

1) 系统接入电网电压等级为 10、35kV 或 35kV 以上。

2) 光伏阵列通过直流汇流装置、并网逆变器、升压变压器后将交流电能馈入电网，向电网发电。

3) 具有 MPPT 控制算法，实时追踪光伏组件（阵列）的最大输出功率点。

4) 具备低电压穿越和孤岛检测功能。

5) 远程监测，无人值守。

6) 以国家南京自动化股份有限公司（简称国电南自）APC 系列集中式光伏并网逆变器为例 [APC500L、APC630L、APC1000L、APC1250L（不含隔离变压器）]，大、中型集中式光伏逆变器主要技术规范见表 4-9。

表 4-9　大、中型集中式光伏逆变器主要技术规范

项目		型号			
		APC500L	APC630L	APC1000L	APC1250L
输入	允许最大输入阵列功率（kW）	560	705	1120	1400
	最大输入开路电压（V）	DC1000			
	最大输入电流（A）	1120	1400	2240	2800
	最大输入路数	8			
	MPPT 电压跟踪范围（V）	DC500～850			
	启动电压（V）	DC520			
输出	额定输出功率（kW）	500	630	1000	1250
	最大输出功率（kW）	550	693	1100	1375
	额定输出电流（A）	916	1154	1832	2290
	最大输出电流（A）	1069	1338	2125	2656
	额定输出电压（V）	DC315			
	允许电网电压范围（V）	DC250～362（可设置）			
	额定输出频率（Hz）	50			

续表

项　目		型　号			
		APC500L	APC630L	APC1000L	APC1250L
性能	最大转换效率（%）	98.7			
	欧洲效率（%）	98.3			
	总输出电流畸变率（%）	＜1.1（额定功率）			
	功率因数	0.9（超前）～0.9（滞后）			
	输出频率范围（Hz）	50±2.5			
	输出电压直流分量（%）	＜0.5（额定输出电流）			
	输出电压不平衡度	不超过 GB/T 15543—2008 规定的限值			
	噪声（dB）	＜80			
保护	主要保护	防孤岛效应保护、低电压穿越保护、交流侧短路保护、防反放电保护、极性反接保护、直流过载保护、直流过电压保护等			
	辅助保护	功率模块过电压保护、功率模块欠电压保护、功率模块过电流保护、通信故障保护、过温保护等			
输入绝缘阻抗检测		具备（实时监测保护）			
输入残余电流检测		具备（实时监测保护）			
控制	通信功能	接口 RS485/Ethernet/GPRS（可选）、协议 MODBUS 等			
	自动开/关机	具备			
	软启动	具备			
外壳防护等级		IP20（室内）			
环境要求	存放温度（℃）	－40～＋70			
	工作温度（℃）	－20～＋50			
	相对湿度（%）	0～95，无凝露			
	工作条件	免受阳光直射，远离腐蚀性或易爆炸气体			
	使用海拔（m）	海拔＜3000（3000 以上需特殊设计）			
调节	有功功率控制	具备			
	电压/无功调节	具备（超前 0.90～滞后 0.90 范围内连续可调）			
夜间损耗（W）		＜50	＜63	＜100	＜125
控制电源供电方式		自供电 3～ 315V AC/外供电 3～380V AC（±10%；50Hz）			
冷却方式		强制风冷			
显示方式		彩色液晶触摸屏			
尺寸（宽×高×深，mm）		1400×2000×800	1400×2000×800	1400×2000×800	1400×2000×800

无变压器集中式光伏并网逆变器如图 4-16 所示。

兆瓦级集中式光伏并网逆变器如图 4-17 所示。

(2) 小型光伏逆变器。使用在小型光伏电站应用方案中的小型光伏逆变器的特点如下：

1）系统接入电网电压等级为 380V 或以上。

图 4-16 无变压器集中式光伏并网逆变器

图 4-17 兆瓦级集中式光伏并网逆变器

2）光伏阵列通过直流汇流装置、并网逆变器后将交流电能馈入电网，优先给本地负载，多余的电能向电网发电（注：若电力部门不允许光伏发电系统向电网产生逆流，则系统必须配置防逆流控制装置）。

3）以阳光电源的光伏并网逆变器为例（SG50K3、SG100K3、SG125k、SG250k3），小型逆变器的主要技术规范见表 4-10。

表 4-10　　小型逆变器的主要技术规范

序号	项目		单位	型号			
				SG250K3	SG125K	SG100k3	SG50k3
1	直流侧参数	最大电压	V	900	1000	900	1000
		启动电压	V	470	520	470	520
		满载 MPP 电压范围	V	450～820	500～820	450～820	450～820
		最低电压	V	450	500	450	450
		最大输入电流	A	600	275	250	130
2	交流侧参数	额定输出功率	kW	250	125	100	50
		最大输出功率	kW	275	137.5	110	55
		最大输出电流	A	397	200	158	80
		额定电网电压	V	400	400	400	400
		允许电网电压	V	310～450	310～450	310～450	310～450
		额定电网频率	Hz	50/60			
		允许电网频率	Hz	47～52/57～62			
		功率因素	—	0.90	0.90	0.90	0.90
3	系统	最大效率	%	97.3	97.5	97	96.6
		防护等级	IP	20	54	20	20
		夜间自耗电	W	100	30	30	30
		冷却方式	—	风冷	风冷	风冷	风冷
		允许环境相对湿度	%	0～95	0～95	0～95	0～95
		允许环境温度	℃	−25～+55	−25～+55	−25～+55	−25～+55

续表

序号	项目		单位	型号			
				SG250K3	SG125K	SG100k3	SG50k3
4	显示与通信	显示	—	触摸屏	LCD	LCD	LCD
		标准通信方式	—	RS485	RS485	RS485	RS485
		可选通信方式	—	太网	太网	太网	太网
5	外形尺寸（宽×高×深）		m	1.8×2.18×0.85	1.08×1.9×0.9	1.02×1.96×0.77	0.8×1.98×0.646
6	质量		kg	2100	1050	925	643

（3）组串式光伏并网逆变器。组串式光伏并网系统是为满足分布式发电系统的要求，特别是屋顶、丘陵等场所的光伏发电系统，有些地面电站也采用该并网系统。使用在集中式光伏发电系统中组串式逆变器并网连接图如图 4-18 所示。其与集中式光伏并网系统不同的是，不需要直流汇流箱和配电柜，但需要交流汇流柜，光伏电池板输出直接与组串式逆变器直流输入相连。组串式光伏逆变器的功率一般为 10～60kW，一般也以 1MW 为一个单元，1MW 共用一个变压器。

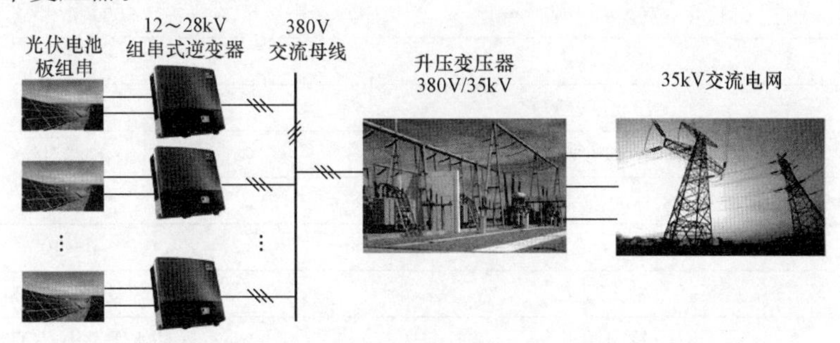

图 4-18 集中式光伏发电系统组串式逆变器并网连接图

以国电南自 APC 系列组串式光伏并网逆变器为例，其主要技术规范见表 4-11。

表 4-11 组串式光伏并网逆变器技术规范

类别	技术指标	型号	
		APC 030S	APC 036S
效率	最大效率（%）	98.60	98.80
	欧洲效率（%）	98.30	98.40
	中国效率（%）	98.19	98.41
输入	最大输入功率（$\cos\varphi=1$ 时）（W）	33800	40800
	最大输入电压（V）	1000	
	最大短路电流（每路 MPPT）（A）	34.5	
	最大输入电流（3 路 MPPT）（A）	3×23	
	最低启动电压（V）	200	
	满载 MPP 电压范围（V）	480～800	580～800
	输入路数	6	
	MPPT 数量	3	

续表

类别	技术指标	型　号	
		APC 030S	APC 036S
输出	额定功率（230V，50Hz）（W）	30000	36000
	最大交流输出功率（$\cos\varphi=1$时）（W）	33000	40000
	额定输出电压（V）	220/380，230/410，240/415，3W＋N＋PE	277/480，3W＋PE
	输出电压频率（Hz）	50/60	
	最大输出电流（A）	48	
	功率因数	0.8 超前… 0.8 滞后	
	最大总谐波失真（%）	＜3	
保护	输入直流开关、反孤岛保护、输出过电流保护、输入反接保护、组串故障检测、直流浪涌保护、交流浪涌保护、绝缘阻抗检测、RCD 检测		
通信	支持 RS485，USB，选配 PLC		
常规参数	尺寸（宽×高×深，mm）	550×770×270	
	质量（kg）	50	
	工作温度（℃）	－25～60	
	冷却方式	自然对流	
	工作海拔（m）	4000	
	相对湿度（无冷凝）（%）	0～100	
	输入端子	安费诺 HH4	
	输出端子	防水 PG 头＋OT 端子	
	防护等级	IP65	
	保护等级	Ⅰ	
	夜间自耗电（W）	＜1	
	拓扑	无变压器	
	噪声指数（dB）	≤33	
	质保（年）	5	
满足的标准	认证	VDE-AR-N4105、VDE0126-1-1、BDEW 2008、G59/3、NB/T 32004—2013、UTE C 15-712-1、C10/11、IEC 61727、IEC 62116、EN 50438、MEA、PEA、GB/T 19964—2012	

APC036S 型组串式光伏并网逆变器如图 4-19 所示。

3. 汇流箱

（1）直流汇流箱。直流汇流箱应用在集中式光伏并网系统的逆变器前端，每台均有 16 路直流输入，汇流箱的每路均有电流检测。图 4-20 所示为 16 路光伏阵列汇流箱外形图，该汇流箱的接线方式为 16 进 1 出，即把相同规格的 16 路电池串列输入经汇流后输出 1 路直流。

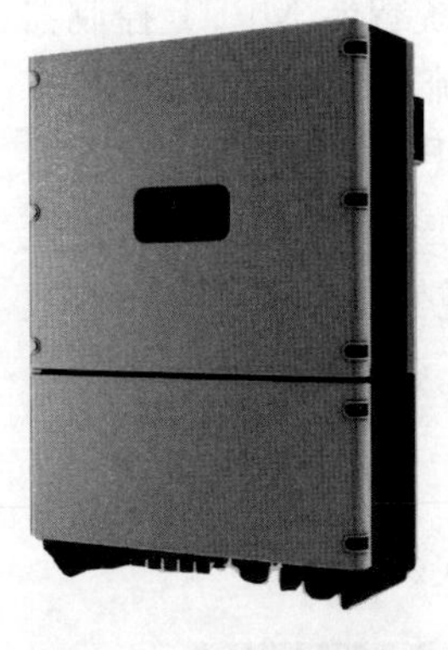

图 4-19 APC036S 型组串式光伏并网逆变器

图 4-20 16 路光伏阵列汇流箱外形图

直流汇流箱具有以下特点：

1）防护等级为 IP65，防水、防灰、防锈、防晒，能够满足室外安装使用要求；

2）可同时接入 16 路电池串列；

3）每路接入电池串列的开路电压值最大可达 DC 1000V；

4）具有 16 路保护控制，每路的正负极都配置高压直流熔断器（最大电流为 15A），其耐压值可达 DC 1000V；

5）直流汇流箱配有 16 路电流监控装置，对每 1 路电池串列进行电流监控，通过 RS485 通信接口上传到上位机监控装置；

6）直流汇流箱的输出正极对地、负极对地、正负极之间配有光伏专用防雷器；

7）直流汇流箱的输出端配有可分断的直流断路器，断路器选用进口品牌。

直流汇流箱主要参数见表 4-12。

表 4-12　　直流汇流箱主要参数

序号	项　目	单位	型　号			
			PVS-8/PVS-16		PVB-8	
			SG10KTL	SG12KTL	SG15KTL	SG20KTL
1	最大光伏阵列电压	V	1000		1000	
2	最大光伏阵列并联输入路数	个	8	16	8	8
3	每路熔丝额定电流（可更换）	A	10/15	10/15	4	2
4	输出端子规格	—	PG21		MGB-12	
5	防护等级	—	IP65			
6	环境温度	℃	－25～＋60			
7	环境湿度	%	0～99			
8	尺寸（宽×高×深）	mm	670×600×210		280×234×130	
9	质量	kg	27	31	2.2	2.3

（2）集散式光伏并网系统智能 MPPT 控制器。集散式光伏并网系统智能 MPPT 控制器由多个 MPPT 智能汇流箱和 1MW 集中式逆变器组成，MPPT 智能汇流箱采用了 DC/DC 升压变换和 MPPT 软件控制，实现了最多每 2 串 PV 组件对应 1 路 MPPT 的分散跟踪功能，大大降低了因光伏组件参数不一致、局部阴影、仰角差异等因素导致的效率损失。同时逆变器交流输出电压的提高，最大程度上减小了交、直流线缆传输损耗和逆变器发热损耗，有效提高了系统效率。

集散式光伏并网逆变器并网接线图如图 4-21 所示。

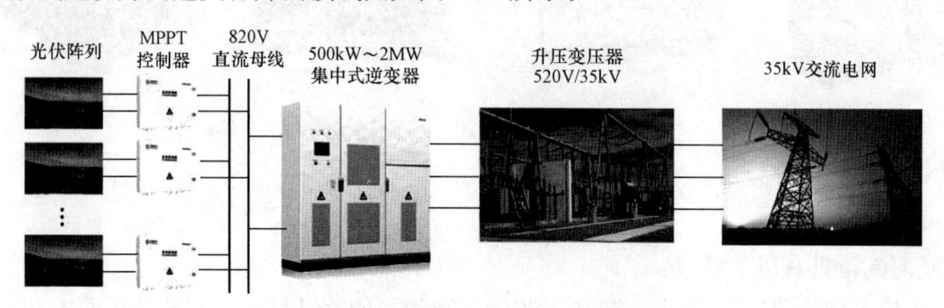

图 4-21　集散式光伏并网逆变器并网接线图

以国电南自的 ACB 系列 MPPT 智能汇流箱为例，其主要技术规范见表 4-13。

表 4-13　ACB 系列 MPPT 智能汇流箱主要技术规范

型号		ACB16DS	ACB12DS	ACB08DS
输入参数	最大方阵开路电压（V）	DC1000		
	额定输入电压（V）	650		
	MPPT 单元路数（路）	8	6	4
	MPPT 电压范围（V）	DC400～850		
	最大光伏阵列输入数（路）	16	12	8
	额定支路电流（A）	9		
	最大支路电流（A）	10		
输出参数	额定输出电压（V）	750～820（可由逆变器调节）		
	额定输出电流（A）	100	75	50
	最大输出电流（A）	120	90	60
系统参数	最大效率（%）	＞99		
	欧洲效率（%）	＞99		
	防护等级	IP65		
	冷却方式	自然冷却		
	工作环境温度（℃）	－30～＋60		
	存储环境温度（℃）	－40～＋70		
	允许相对湿度（%）	0～95，无凝露		
	允许海拔（m）	≤3000		
	通信接口	RS485/WIFI		

ACB系列MPPT智能汇流箱外形如图4-22所示。

图4-22　ACB系列MPPT智能汇流箱外形图

（四）太阳能光伏分布式供能系统

光伏发电无论何时何地均可以进行，比如个人家庭或小区也可以设置分布式供能系统；也可以在远离城镇和电网的偏僻山村、海岛，作为这些地区的分布式供能系统的能源。

1. 光伏发电分布式供能系统主要形式

（1）光伏直供分布式供能系统。

（2）光伏制热分布式供能系统。

（3）光伏制氢分布式供能系统。

2. 光伏直供分布式供能系统

光伏直供分布式供能系统示意图如图4-23所示。

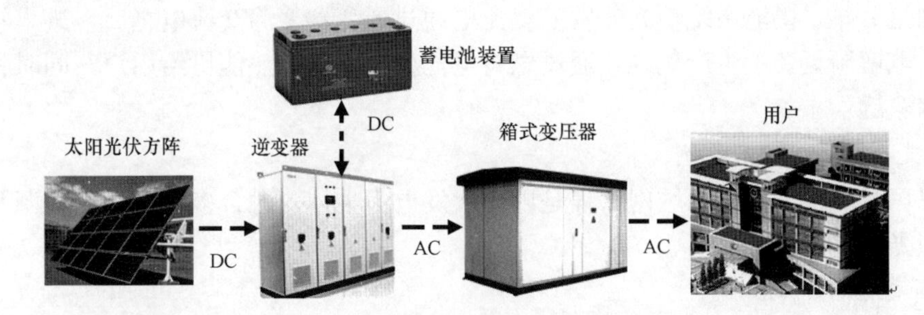

图4-23　光伏直供分布式供能系统示意图

光伏直供分布式供能系统是利用光伏发的电经过逆变器变为交流电之后，再经过箱式变压器直接供给用户，各用户利用空调器、电热水器等家用电器实现供电、供暖、空调、热水供应等分布式供能系统。同时，该系统还设置了蓄电池装置，以保证设备的安全运行。

3. 光伏制热分布式供能系统

光伏制热分布式供能系统示意图如图4-24所示。

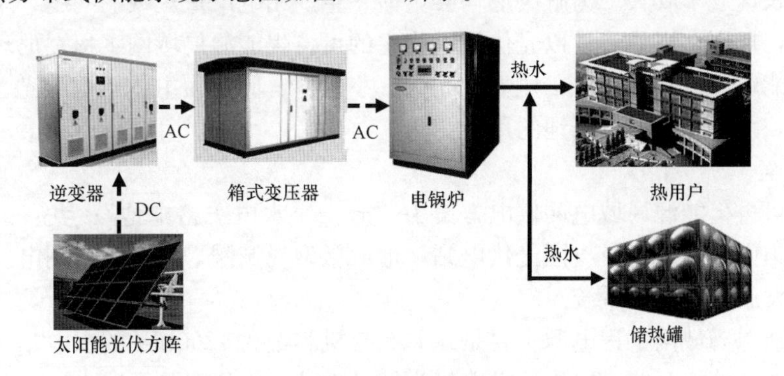

图4-24　光伏制热分布式供能系统示意图

光伏制热分布式供能系统使光伏发的直流电通过逆变器变为交流电之后，再通过箱式变压器升压之后进入电锅炉生产热水供给用户，同时多余的热水进入储热罐。

4. 光伏制氢分布式供能系统

光伏制氢分布式供能系统如图4-25所示。

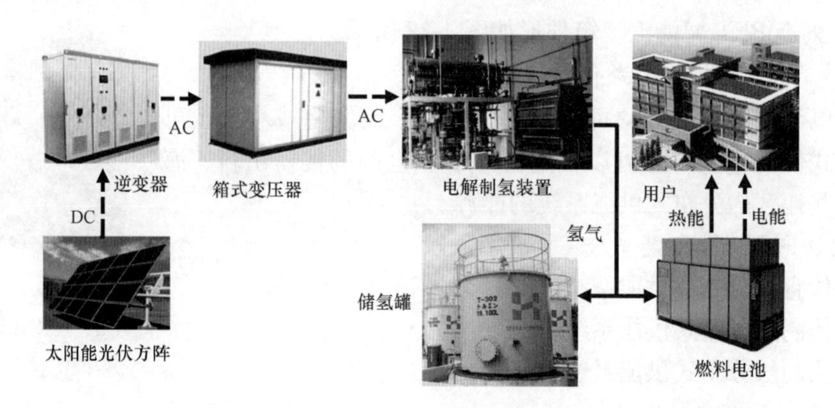

图 4-25　光伏制氢分布式供能系统示意图

光伏制氢分布式供能系统使光伏发的直流电通过逆变器变为交流电之后，进入箱式变压器，再进入电解制氢装置生产氢气，通过燃料电池生产电能、热能供给用户，同时将多余的氢气进入储氢罐。

（五）光伏发电系统案例

西藏尼玛县可再生能源局域网工程是以光伏发电为主体，融合多种可再生能源及储能系统的离网型光伏发电系统。

1. 项目背景

尼玛县地处那曲地区西北部，地形以高原、丘陵、平地为主，全县平均海拔 4800m，风功率密度较低，太阳能资源丰富。县城海拔约 4500m，属于高海拔地区，风功率密度相对较低，不具备规模化开发的条件。当地属于太阳能资源丰富地区，海拔为 4500～4700m 。根据 NASA 网站的太阳能辐射量数据，尼玛县年总辐射量达 6961.32MJ/m^2。目前，尼玛县光伏电站总规模仅 770.73kW，开发潜力巨大，宜大力开发光伏电站。

县域地处偏远，自然条件恶劣，未与电力主网连接，用电十分困难，特别是冬、春季节连续停电时间长达近 150 天。为解决尼玛县生活、生产用电严重短缺的问题，华电集团响应电力援藏号召，规划在当地建设以光伏发电为主的可再生能源局域网工程。尼玛县应依靠当地丰富的太阳能资源、水能资源，建立以光伏、小水电、储能为主体架构的光、水、储能互补型局域电网，因地制宜解决当地的用电需求。

2. 总体方案

尼玛县城可再生能源局域电网供电方案为“光＋小水电＋蓄电池”；乡（镇）供电方案为在居民相对集中的地方建设离网光伏电站，形成微型局域网，解决当地用电问题；居住分散的居民考虑发放光伏户用系统。

本可再生能源局域网工程电源主要是在原有装机容量为 1260kW 的水电站基础上，建设太阳能光伏发电及储能系统，以柴油发电机为辅助电源，为尼玛县居民生活、公共服务及商业等提供电力保证。通过对负荷、光伏装机容量、储能系统容量的优化配置，尼玛县可再生能源局域网系统光伏装机容量不仅满足白天电力负荷的需求，同时满足储能系统充电的需求，夜间由储能系统联合水电站为负荷供电，在太阳辐射较差的时期，由柴油发电机补充电量的不足。可再生能源局域网系统保证年提供用电量用 1751 万 kWh，同时根据一年内各月负荷分布的不平衡性，保证供电的可靠性。储能系统作为系统的调节电源，通过 U/f 调节，实现电网的稳定可靠运行，保证电网电能质量。根据对当地具有代表性的年太阳能资源分析数据，资源特性总体呈现 3～9 月份月总辐射量高，7 月可到达最高值，10 月至 2 月相对低，12 月最低。负荷特性表现在，冬季负荷较大，夏季相对负荷较小。

本工程分布式供能系统如图 4-26 所示，其功率及监控回路架构如图 4-27 所示。

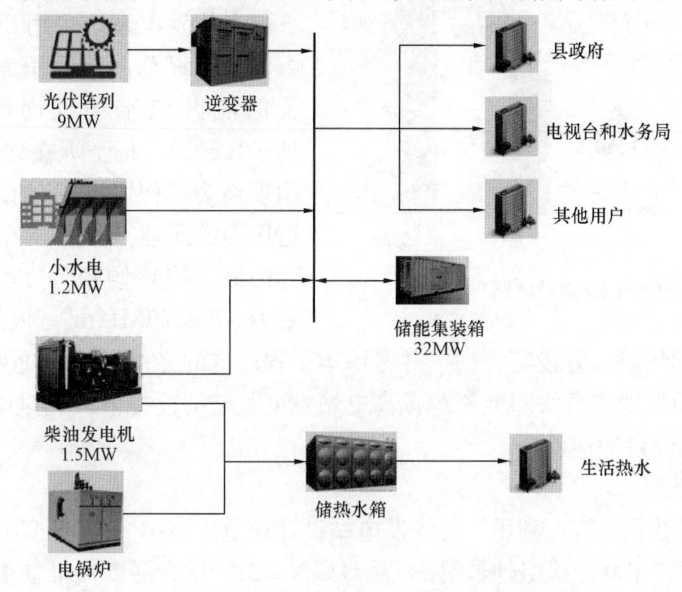

图 4-26　本工程分布式供能系统

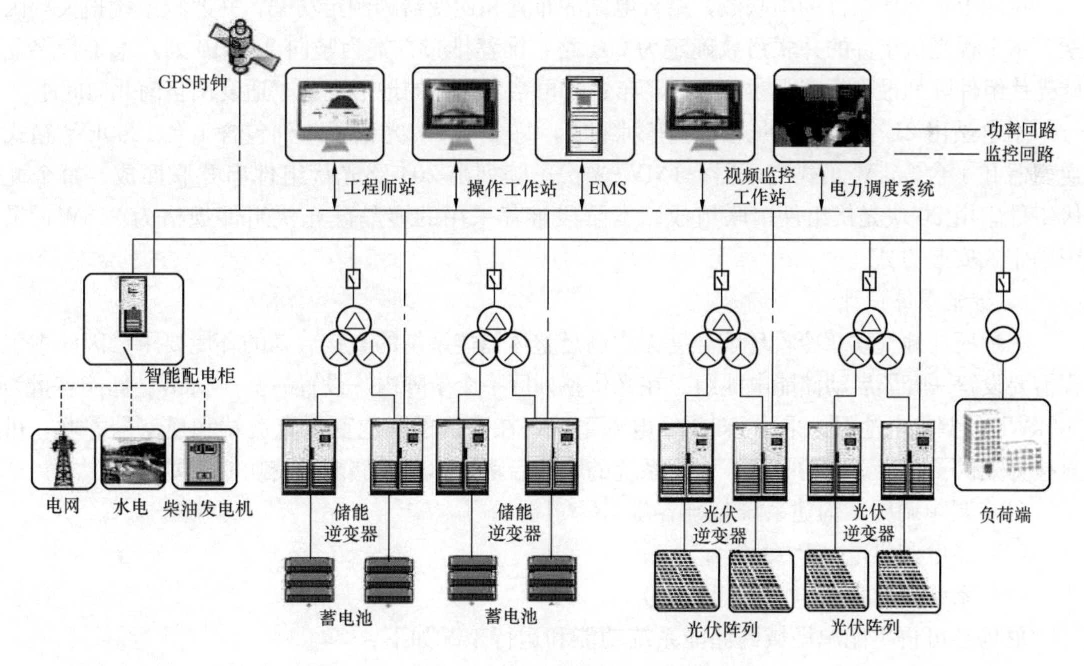

图 4-27　分布式供能系统功率及监控回路架构

3. 装机规模

尼玛县可再生能源局域网主要由光伏电站和城区配电网组成，工程包括 22MW 光伏发电站系统、12MW 储能电源双向逆变器、12MWh 锂离子电池组、36MWh 铅炭电池组及两

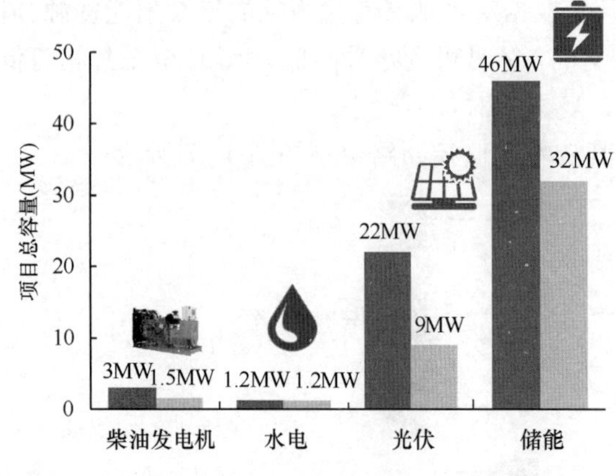

图 4-28 尼玛县可再生能源局域网项目装机规模

台 1500kW 柴油发电机，光伏电站位于县城正北方向约 4km 处。尼玛县可再生能源局域网项目装机规模如图 4-28 所示。

4. 组件选型

光伏发电系统采用 265W 多晶硅光伏组件，工程总占地面积为 $30hm^2$，管理区及储能区位于场址南侧，占地面积为 $15401.5m^2$，工程所在地海拔 4600m。选用规格为 60 片 265W 的多晶硅光伏组件。选用固定式运行方式，确定本工程电池方阵的最佳固定倾角为 33°。倾斜面上辐射量为 $8798.29MJ/m^2$。根据前述选型原则，结合场址区域实际气候、海拔等特性，并考虑本工程所选的光伏组件与逆变器的匹配性，在尽量最大化利用项目地丰富太阳能资源提高电站发电收益的前提下，经对比分析，故本工程选用集中式 630kW/台的逆变器。

5. 光伏阵列设计

光伏组件串联数量计算，利用《光伏发电站设计规范》（GB 50797—2012）中的组串计算公式，经初步计算，串联光伏组件数量 N 为 $14\leqslant N\leqslant 21$。结合逆变器最佳输入电压和光伏组件工作环境等因素综合分析，最终确定本工程选用多晶硅太阳光伏组件的串联数为 20 串。

按照上述光伏组件的串联数，结合电站的布置和逆变器的额定功率，并兼顾系统损失等因素，本工程光伏组件的并联路数确定为 204 路。推荐排布方案为竖向 2 排 10 列，本工程多晶硅光伏组件阵列最小行间距为 3.63m。布置时可结合场地的地形现状，适度调整南北向间距。

本电站由 21 个 1MW 的光伏子阵列组成，每个 1MW 光伏子阵列包含 1 台 1260kW 箱式逆变器和 1 台 35kV 箱式变压器。1MW 光伏子阵列由 204 路光伏组件串并联而成，每个光伏组件串由 20 块光伏组件串联组成。本阶段推荐采用的多晶硅光伏组件规格为 265W，采用固定式安装方式。

6. 储能系统设计

工程所在地气候寒冷，环境温度无法满足整体储能系统的直接启动的环境要求，因此本工程需要设置一套黑启动储能电池组。在光伏整列区一个子阵内，设置一套 500kW、储能容量为 500kWh 的储能电池组，采用 DC/DC 电源系统，在光伏子阵逆变器直流端和逆变器并联，可直接为光伏子阵建立启动电压，保证系统的顺利启动。本项目储能系统功能主要有：

（1）调频调压，构建系统基础容量（U/f 源）；

（2）储电和供电（P/Q 源）；

（3）系统事故备用电源（黑启动）。

尼玛县可再生能源局域网储能系统功能和运行工况如下：

（1）白天，光伏正常出力，除向县城负荷供电，同时向储能系统充电，储能系统充满时，光伏逆变器将会限制光伏出力，由于光伏出力的波动性和负荷的波动性，储能系统需要执行 U/f 源功能和储电功能。

（2）当白天光伏出力不足时，储能系统需要执行 U/f 源功能和 P/Q 源功能，满足用电需求。

(3) 当光伏出力不足，且储能系统电量也无法满足负荷需求时，启动柴油发电机，实现多种电源的联合供电，储能系统仍作为 U/f 源功能进行系统调节，柴油发电机弥补系统电量缺额。

(4) 夜间所有储能系统均工作在 P/Q 源工作模式下。

（六）我国太阳能光伏发电面临的问题

1. 光伏利用小时数

2015 年，全国光伏电站利用小时数为 1239h，同比下降 146h。“十二五”期间，全国光伏发电年均利用小时数为 1330h，其中青海、蒙西、西藏、吉林、黑龙江、蒙东、四川光伏电年利用小时数超过 1500h，全国逐年光伏发电利用小时数如图 4-29 所示。

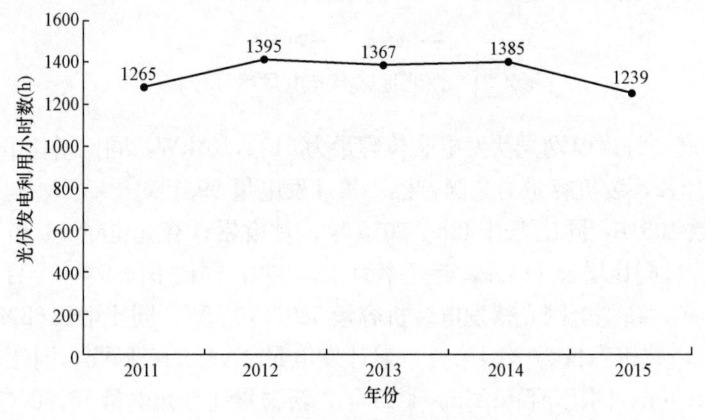

图 4-29　全国逐年光伏发电利用小时数

2. 弃光限电问题

近几年，全国部分省份发生弃光，弃光率同比持平。2015 年全国因弃光电造成的损失电量约为 48×10^{8}kWh，弃光率为 10.3%。有 5 个省级电网发生弃光，其中甘肃、新疆弃光率分别为 31%、20%。“十二五”期间，我国自 2013 年起出现弃光，弃光率呈逐年上升趋势，2011～2015 年全国弃光情况如图 4-30 所示。

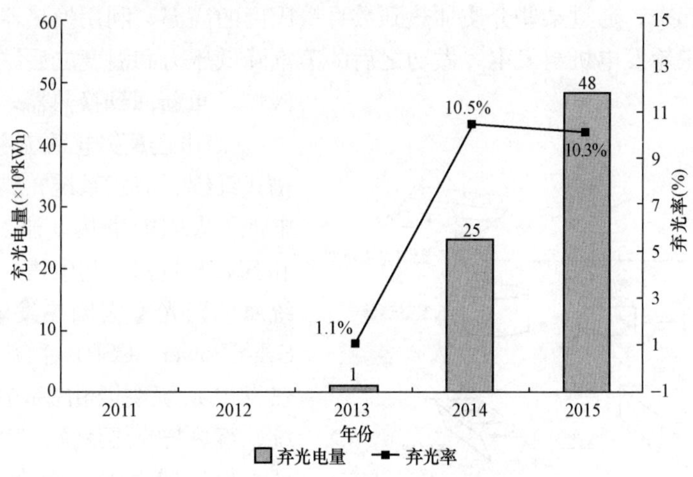

图 4-30　2011～2015 年全国弃光情况

2015 年下半年西北地区弃光电量出现大幅度增长，西北地区弃光电量逐月分布如图 4-31所示。

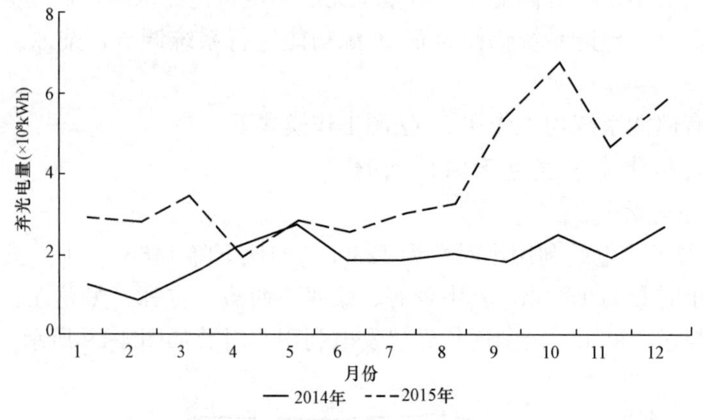

图 4-31　西北地区弃光电量逐月分布

截至 2015 年底，甘肃电网光伏发电装机容量为 610×10^4 kW，同比增长 18%，占本地区电力总装机容量的 13%，装机容量为全国首位，累计发电量 59.1×10^8 kWh，同比增长 48%；累计发电利用小时数 1061h，同比上升 42h。2015 年，甘肃累计弃光电量 26.19×10^8 kWh，弃光电量也为全国首位，同比增长 114%，弃光率为 30.70%，同比下降 5.81 个百分点。

截至 2015 年底，新疆电网光伏发电装机容量 529×10^4 kW，同比增长 62%，占本地区电力总装机容量的 8%，装机容量为全国第三，累计发电量 47.3×10^8 kWh，同比增长 15%；累计发电利用小时数 1046h，同比下降 122h。2015 年，新疆累计弃光电量 15.08×10^8 kWh，弃光电量为全国第二，同比增长 23 倍，弃光率为 24.16%，同比增加 25.19 个百分点。

五、太阳能光热发电系统

（一）太阳能光热发电技术

1. 太阳能光热发电

太阳能光热发电系统是将太阳辐射热能转换成电能的系统，就是通过太阳能集热器把太阳能辐射热聚集起来，通过某些介质加热到数百摄氏度的高温，利用换热器生产高温、高压过热蒸汽，驱动汽轮发电机组发电，做功之后的蒸汽降低压力和温度之后，进入凝汽器变成液体，重新回到换热器，进入新的循环。

太阳能热发电系统主要有如下几种：槽式系统、塔式系统、碟式系统、太阳能电池、太阳能塔热气流发电（太阳烟囱）和 SNAP 技术。其中槽式、塔式、碟式系统属于聚光型太阳热发电（Concentrating Solar Power，CSP）系统。聚光型太阳能热发电系统主要由集热系统、热传输系统、蓄热与换热系统、发电系统组成。

聚光型太阳能光热发电系统示意图如图 4-32 所示。

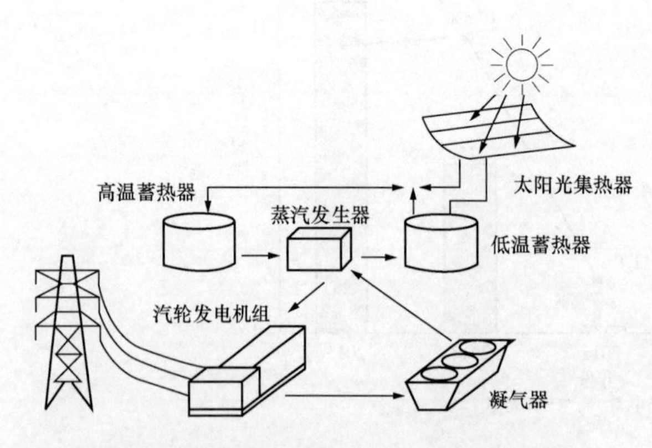

图 4-32　聚光型太阳能光热发电系统示意图

2. 太阳能光热发电系统分类

太阳能光热发电系统主要有抛物面槽式、旋转面碟式、中心聚光塔式 3 种。太阳能光热发电系统示意图如图 4-33 所示。

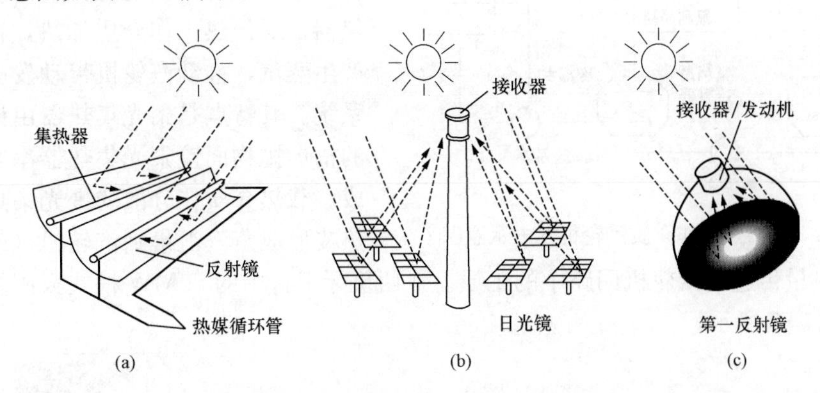

图 4-33　太阳能光热发电系统示意图

(a) 抛物面槽式发电系统；(b) 中心聚光塔式发电系统；(c) 旋转面碟式发电系统

3 种太阳能热发电系统的比较见表 4-14。

表 4-14　　3 种太阳能热发电系统的比较

序号	项目	太阳能热发电系统类型		
		抛物面槽式	中心聚光塔式	抛物面碟式
1	应用范围	并网发电系统、最高单机容量 80MW、生产用汽（热）	并网发电系统、最高单机容量 20MW、生产用汽（热）	分布式发电系统、最高单机容量 25kW
2	优点	商业运行最成熟，太阳能收集效率达 60%，太阳能电转化效率为 21%，可实现燃气联合混合系统，具有储能能力	太阳能收集效率达 46%，太阳能电转化效率高达 23%，温度高达 565℃，可实现燃气联合混合系统	太阳能电转化效率高达 23%，分布式模块化，也可实现燃气混合发电系统
3	缺点	吸热油介质温度较低，限制了蒸汽温度	投资不确定，主要由装机容量与定日镜决定	当为燃气混合发电系统时，燃烧效率低，可靠性有待于验证

（二）太阳能光热发电系统的选择

太阳能光热发电系统由热机和发电机等设备组成，发电系统的热机有汽轮机、燃气轮机、低沸点工作介质汽轮机、斯特林发动机等。这些装置可根据集热后经过蓄热与换热系统的供汽轮机入口热能的温度等级、换热系统的供汽轮机入口热能的温度等级及热量等情况选择。对于大型太阳能光热发电系统，由于其温度等级与火力发电系统基本相同，可选用常规的汽轮机，工作温度在 800℃以上时可选用燃气轮机；对小功率或低温的太阳能光热发电系统，则可选用低沸点工作介质汽轮机或斯特林发动机。

低沸点工作介质汽轮机是一种使用低沸点工作介质的郎肯循环热机，一般它的热温度设计为 150℃，过去常用氟利昂作为工作介质，现在多用丁烷和氨等。来自蓄热与换热系统的热能送入气体发生器，使加压的液体工作介质蒸发，然后被引至汽轮机膨胀做功。压力下降后的低压气体经冷凝器冷却并液化，再由泵将加压的工作介质送回气体发生器，低沸点工作

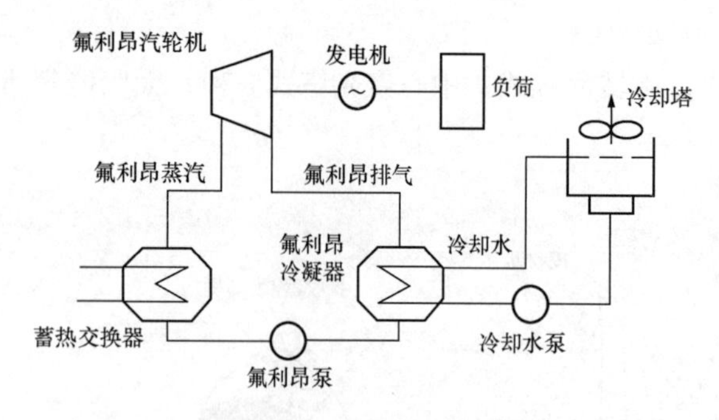

图 4-34　低沸点工作介质汽轮机发电示意图

介质汽轮机发电示意图如图 4-34 所示。

1. 槽式太阳能集热器发电装置

槽式线物面反射镜将太阳光聚焦到集热器，对传热工作介质加热，在换热器内产生蒸汽，推动汽轮机带动发电机的发电系统。其特点是聚光集热器由许多不锈钢的槽形抛物面镜聚光集热器串联、并联组成。载热介质在分散的聚光集热器中被加热或形成蒸汽汇集到汽轮机（或汇集到换热器），把热量传递给汽轮机回路中的工质。在西班牙运行中的 50MW 槽式太阳能集热器发电系统如图 4-35 所示。

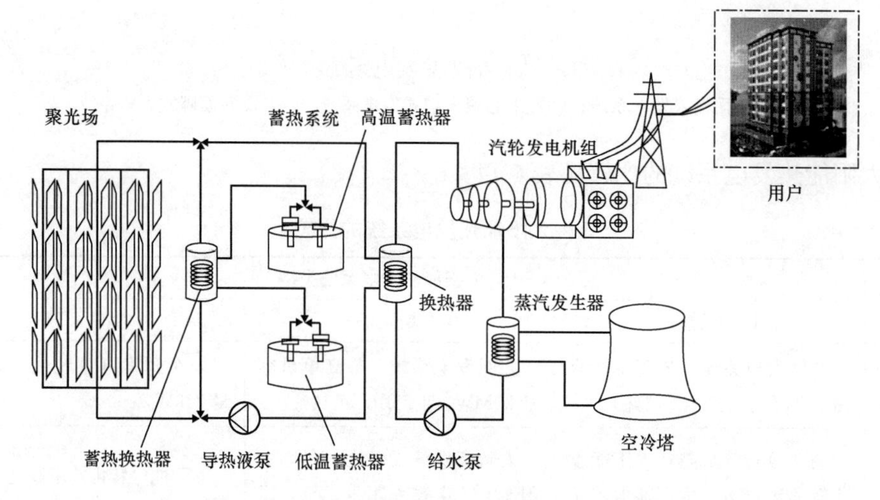

图 4-35　西班牙运行中的 50MW 槽式太阳能集热器发电系统示意图

2. 碟式太阳能集热器斯特林发电技术

碟式太阳能光热发电技术是利用抛物面碟式聚光器将太阳光汇聚，通过吸热器将汇聚的太阳能吸收并传输给热机，热机将太阳热转化为机械能，再经过发电机将机械能转化为电能。热机采用斯特林发动机，斯特林发动机能量转换率可达到 42%，无噪声污染，冷却水消耗少，对周围环境无任何影响。碟式斯特林太阳热发电技术是当今太阳能热发电领域的热点。

碟式太阳能热动力斯特林发电系统示意图如图 4-36 所示。

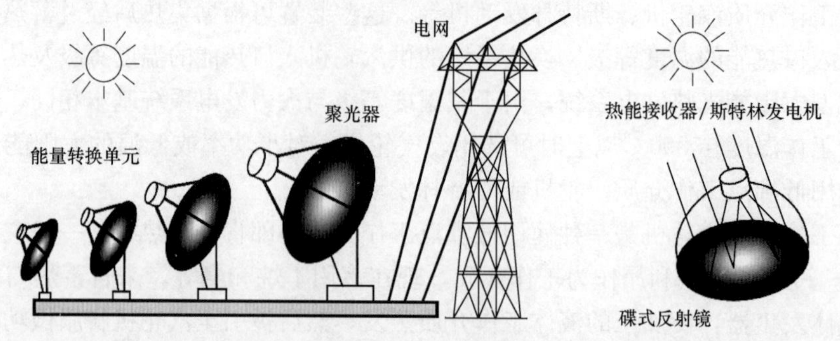

图 4-36　碟式太阳能热动力斯特林发电系统示意图

碟式系统规模较小，且具有高效、模块化和组成混合发电系统初投资低、系统能量转换效率高、运行可靠、维护简单、太阳能-天然气混合化、不需要蓄电池储能、可以并网发电、模块化组合、电站容量可以从千瓦级到兆瓦级等特点。

在所有太阳能发电技术中，碟式太阳能热动力发电系统具有最高的太阳能-电能转换效率，因此有潜力成为最便宜的可再生能源之一。

与光伏发电相比，光热发电没有生产太阳能电池带来的高能耗、高污染等问题，设备生产过程更清洁，发电的规模效益也更好。此外，由于光热发电采用储热装置能够提供稳定的电力输出，与光伏发电相比，更容易解决并网问题。

同时，我们可以利用碟形抛物面的跟踪式碟形太阳能集热装置作为供热系统热源，这种碟形集热装置将跟随太阳旋转，具有光学效率较高、尺寸小、集热温度高（可达 800℃）等特点，单元系统容量范围可为 5～130kW。集热系统可以是单元式也可以是集群式。

3. 塔式聚焦发电系统

塔式聚光器是在塔周围设置定日镜，将反射的太阳光聚到塔上部集热器中集中，转变成热能。定日镜是一边跟随太阳，一边把太阳光按一定方向反射的装置。塔式聚光器的特点是聚光度高，可以产生高温蒸汽。

当建设大型塔式电站时，单纯扩宽日光镜视角，则只能扩宽接收器的夹角，散射损失也大。在大型电站，研究多组小型机组的组合方案，这时可以考虑抛物线水槽形聚光接收器等其他方案，或考虑缩小从反射镜到接收器的距离。

塔式聚焦发电系统原理图及外形图分别如图 4-37 和图 4-38 所示。

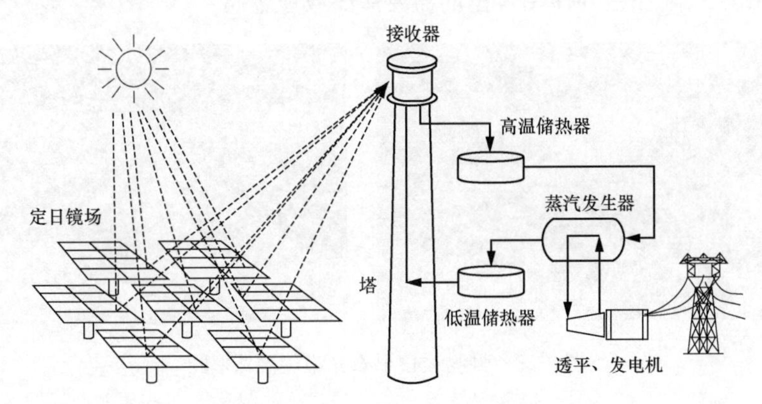

图 4-37　塔式聚焦发电系统原理图

定日镜是远离接收器的开口边缘角来反射太阳光的装置，所以其性能直接影响塔式电站的整个性能，另一方面，塔式电站需要许多组定日镜，在总的投资中，投资占 40%～50%。所以，定日镜的高精度和低成本化，有必要透明化。

（三）太阳能集热系统

太阳辐射的能流密度低，必须采用一定的技术和装置汇集太阳能。集热系统是吸收太阳辐射能转换为热能的装置。集热器有平板式集热器、真空管集热器、聚光集热器。发电系统一般采用聚光型集热器。聚光集热装置包括聚光集热器、聚光接收器和跟踪机构等部件。

1. 聚光集热器

聚光集热器，根据功率大小不同、工作温度不同，采用不同的集热器类型。100℃以下

图 4-38　塔式聚焦发电系统外形图

的小功率装置，多为平板式集热器；有的装置为增加单位面积上的受光量，额外增加了反射镜；由于工作温度低，其系统效率一般在 5%以下。对高温条件下工作的太阳能光热发电系统来说，必须采用聚光集热装置来提高集热温度，从而提高系统效率。

抛物线槽形聚光集热器（Parabola Trough Collector，PTC）的外形如图 4-39 所示，断面形状如图 4-40 所示。抛物线（面）形状的聚光器，PTC 一般纵向南北方向布置，使中心轴始终向着太阳方向，轴跟着太阳的日周运动。PTC 的横幅称开口部，由开口部和焦点长度决定断面。另外，连接 PTC 端点与焦点的直线和中心线形成的角称为边缘角。大型发电装置开口尺寸为 5～7m，边缘角为 70°～85°。反射镜玻璃通常使用厚度为 4mm 的凹镜，反射材料为银。由于长期在室外使用，里面需要涂漆或镀金属。

图 4-39　抛物线槽形聚光集热器外形图

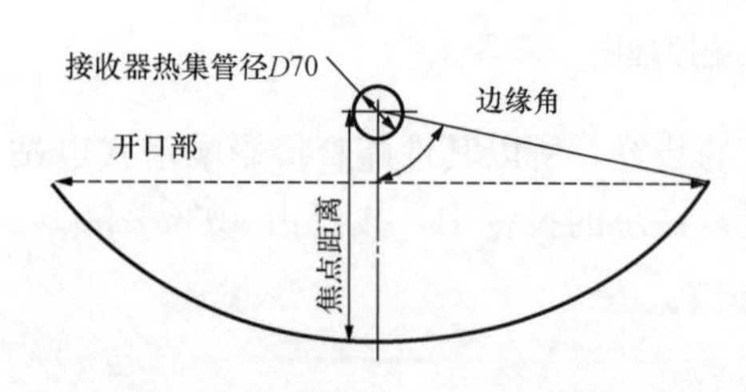

图 4-40　抛物线槽形聚光集热器断面形状

聚光集热器的类型如下：

（1）复合抛物面反射镜聚光集热器，随季节性调整其倾角。

（2）聚焦集热器常采用单轴跟踪的抛物柱面反射镜聚光。

（3）固定的多条槽形反射镜聚焦集热装置和固定的半球面发射井线聚焦集热装置，其吸热管都需要配备跟踪机构。

（4）点聚焦方式提供了最大可能的聚光度，并且成像清晰，但需配备全跟踪机构。

（5）菲涅尔透镜，常用硬质或软质透明塑料膜压制而成，可做成长的线聚焦装置或圆的点聚焦装置，需要配置单轴跟踪机构或全跟踪机构。

上述集热器的聚光倍率和工作温度见表 4-15。

表 4-15　　集热器的聚光倍率和工作温度

集热器类型	聚光倍率	工作温度（℃）
平板集热器及附加平面反射镜	1.0～1.5	<100
复合抛物面反射镜聚焦集热器	1.5～10	100～250
菲涅尔透镜线聚焦集热器	1.5～5	100～150
菲涅尔透镜点聚焦集热器	100～1000	300～1000
柱状抛物面反射镜线聚焦集热器	15～50	200～300
盘式抛物面反射镜点聚焦集热器	500～3000	500～2000
塔式聚光集热器	1000～3000	500～2000

2. 聚光接收器

聚光接收器的主要部件是吸收体。其形状有平面、点状、线状，也有空腔结构。在吸收体表面往往覆盖选择性吸收面，如经过化学处理的金属表面、由铝-钼-铝等类多层薄膜构成的表面、用等离子体喷射法在金属基体上喷涂特定材料后所构成的表面等。太阳光的吸收率越高，接收器所能达到的温度越高，还可以在包围吸收体的玻璃等的表面镀上一定厚度的钼、锡、钛等金属制成选择性透过膜。这种膜能使可见光区域的波长几乎全部透过，而对红外区域的波长则几乎完全反射。这样吸收体吸收了太阳辐射并变成热能再以红外线辐射时，其膜可将热损耗控制在最低限度。

抛物线槽形聚光接收器是把聚光的二层管抽真空。其不锈钢管通常直径为 70mm，其表面喷涂形成吸收膜，吸收太阳能能力高，并具有高温不锈钢管表面红外线辐射率低的特性。外侧玻璃管表面是太阳光转变为热能的集热器重要的部件之一。

抛物线槽形聚光接收器集热管如图 4-41 所示，一般集热管采用不锈钢外套玻璃管，太阳光的吸收率高，不锈钢管上喷涂防止反射的涂覆层。为防止热损失，不锈钢管和玻璃罐之间保持 100Pa 的真空度。为保持真空度，克服集热器高温时材料的热膨胀差，封闭护板部分加膨胀。集热器的真空部分插入了油压吸气剂，目的是吸收真空部分浸入的氢气。该氢气是热媒的合成油（联苯及其混合物）分解的生成物，它透过不锈钢浸入真空部分。氢气比空气传热能力大，即使少量氢气也能够急剧增加集热器的热损失，为此，需要插入油压吸气剂。

PTC 发电 1MW 需要 5000～6000m^2的开口面积，所以，大型发电厂需要很大的平坦场地，占地面积大，热媒输送管道长，循环水泵压力损失大，电耗也大。另外集热器跟踪太阳转动，这样管道连接采用软连接，一般采用球形补偿器，其数量也较多，需要经常维修。

塔式发电系统接收器形状如图 4-42 所示，包括外部接收光型和空腔型，外部接收光型接收器采用热媒通过管道往外出的结构，如圆筒形之一的接收器，在塔四周 360°的方向接受反射光；空腔型接收器开口面表面为凹型，从对开口面的接收器表面转换热能。比较如上两种类型，空腔型接收器的优点是散热损失少，反射损失少，对流损失少。

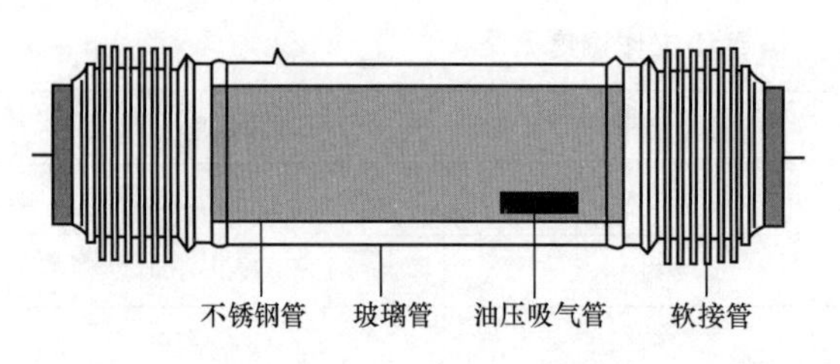

图 4-41 抛物线槽形接收器集热管

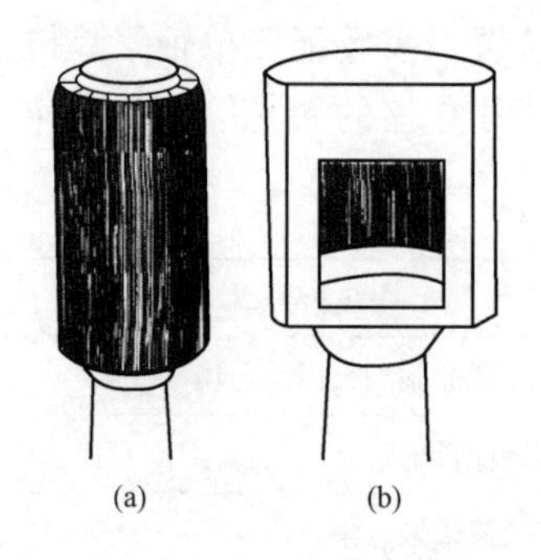

图 4-42 塔式发电系统接收器形状
（a）外部接收光型；（b）空腔型

3. 跟踪机构

为了使聚光器、接收器发挥最大的效果，反射镜应配置跟踪太阳的跟踪机构。跟踪的方式有反射镜可以绕一根轴转动的单轴跟踪、反射镜可以绕两根轴转动的双轴跟踪。

实现跟踪的方法有程序控制式和传感器式。

程序控制式是预先用计算机计算并存储设置地点的太阳运行规律，然后依据程序以预定的速度转动光学系统，使其跟踪太阳。

传感器式是用传感器测出太阳入射光的方向，通过步进电动机等驱动机构调整反射镜的方向，以消除太阳方向同反射镜轴间的偏差。

对热传输系统的基本要求是：热输送管道的热损失小，输送热介质的水泵功率小，热输送的成本低。

对于分散型太阳能发电系统，通常是将许多单元集热器串联、并联起来组成集热器方阵，这就使得各个单元集热器收集起来的热能输送给蓄热系统时所需要的输送热管道较长，热损失增加。对集中型太阳能热发电系统，虽然热输送管道可以缩短，但却要将传热介质送到塔顶，需要消耗动力。传热介质应根据温度和特性来选择，目前大多选用工作温度下为液体的加压水和有机流体，也有选择气体和两项状态物质的。为减少热输送管道的热损失，目前主要有两种方法：一种是在输送热管道外面包上陶瓷纤维、聚氨基甲酸酯海绵等导热系数很低的绝热材料；另一种是利用热管输送。

（四）蓄热与换热系统

由于地面上的太阳能受季节、昼夜和云雾、雨雪等气象条件的影响，具有间歇性和随机不稳定性，因此为保证太阳能热发电系统能够稳定发电，需设置蓄热装置。

蓄热装置通常由真空绝热或以绝热材料包覆的蓄热器构成。在西班牙运行中的 50MW andasol 太阳能电站的集热、蓄热、发电系统如图 4-35 所示。该电站蓄热系统是以硝酸盐系溶解盐（$NaNO_3$ 60%＋KON_3 40%）为热媒的 7.5h 蓄热系统。

低温蓄热水箱的盐溶液，白天被太阳加热介质（HTF）升温，保存在高温蓄热水箱。夜间或有云时，高温蓄热水箱的盐溶液在加热热媒的同时，往低温水箱移动，因此有必要扩大太阳能温度场。一般日直射量年 2000kWh/m^2 的条件下，PTC 开口面积与没有蓄热进行比较，比 6h 蓄热时需要 2 倍面积，比 12h 蓄热时需要 3 倍面积。虽然采用蓄热系统之后发电站设备费用增加，但会提高发电运行小时数，增加发电量，降低发电成本。

PTC 发电系统投资中，集热器系统投资约占 51%，发电设备系统的投资约占 22%，土地占地费用约占 2%，其他间接费用约为 17%，而蓄热系统只占 8%。因此蓄热系统投资比例不大。

太阳能热发电蓄热系统分为以下 4 种类型：

1. 低温蓄热型

低温蓄热型系统以平板集热器收集太阳热和以低沸点工作介质作为动力工作介质的小型低温太阳能热发电系统，一般用水蓄热。

2. 中温蓄热型

中温蓄热型系统是指 100～500℃的蓄热装置，工程中通常是指 300℃左右的蓄热装置。这种蓄热装置常用于小功率太阳能热发电系统，适合于中温蓄热系统的材料有高压热水、有机流体（在 300℃左右可使用导热油、二苯基氧-二苯基族流体、稳定饱和的石油流体和以酚醛苯基甲烷为基体的流体等）和载热流体（如烧碱等）。

3. 高温蓄热型

高温蓄热型系统是指 500℃以上的高温蓄热装置。其蓄热材料主要有钠和熔化盐等。

4. 极高温蓄热型

极高温蓄热型系统是指 1000℃左右的蓄热装置。常用铝或氧化锆耐火球等作为蓄热材料。

5. 3 种太阳能热发电系统的性能比较

3 种太阳能热发电系统的性能比较见表 4-16。

表 4-16　　3 种太阳能热发电系统的性能比较

项　目	单位	太阳能热发电系统的性能		
		槽式系统	塔式系统	碟式系统
规模	MW	30～320	10～20	5～25
运行温度	℃	390/734	565/1049	750/1382
年容量因子	%	23～50	20～77	25
峰值效率	%	20	23	24
年净效率	%	11～16	7～20	12～25
可否储能	—	有限制	可以	蓄电池
互补系统设计	—	可以	可以	可以
投资	美元/m^2	630～275	475～200	3.100～320
成本	美元/W	4.0～2.7	4.4～2.5	12.6～1.3
成本（峰值）	美元/W	4.0～1.3	2.4～0.9	12.6～1.1

几种形式的太阳热发电系统相比较而言，槽式热发电系统是最成熟的，也是达到商业化发展的技术；塔式热发电系统的成熟度目前不如抛物面槽式热发电系统；而配以斯特林发电机的抛物面盘式热发电系统虽然有比较优良的性能指标，但目前主要还是用于边远地区的小型独立供电，大规模应用成熟度则稍逊一筹。目前，槽式、塔式和碟式太阳能热发电技术同

样受到世界各国的重视，并正在积极开展商业化工作。

槽式 GSP 系统的投资一般为 3000～7000 美元/kW。此数据与系统的发电容量及蓄热系统的容量有关。GSP 系统的设备费用对系统规模效果影响较大，设备费用中占比较大的是聚光、集热的太阳的能集热系统，一般占一半。所以，PTC 的低投资是降低设备费用很重要的因素。

以发电成本而言，美国最近开发的电站的成本为 0.10～0.12 美元/kWh，但像在西班牙直接辐射（Direct Nomal Irradiance，DNI）低的地区发电成本将上升。对新的电站而言，运行成本仅为 0.03 美元/kWh。发电成本也对电站容量的影响较大，以 10MW 容量为标准，则 80MW 容量电站的发电成本为 10MW 容量的一半。另外，日射量高的地区发电成本低，年 DNI 为 2000kWh/m^{2}的西班牙和年 DNI 为 2900kWh/m^{2}的北非进行比较，则后者发电成本比前者低 30%左右。

6. 运行中的太阳能热发电站

现在世界各国运行中的主要太阳能热发电站见表 4-17。

表 4-17　　各国运行中的主要太阳能热发电站

序号	电站名称	国家	地点	类型	装机容量（MW）	备注
1	Solar Energy Generating System	美国	Mojave Desert Clifoniia	槽式	354	9 台单机
2	Nevada Solar one	美国	Boulder City Nervada	槽式	64	
3	Puertollno Photovoltaic Park	西班牙	Puertollano Ciudad Real	槽式	50	
4	Adasola silar Power Sation	西班牙	Granada	槽式	100	No. 1 2008 年完工
5	Exuesol	西班牙	Torre de Miguel Sesmero（Badajoz）	槽式	50	2009 年 7 月完工
6	Alvarado	西班牙	Badajoz	槽式	50	2010 年 2 月完工
7	Sonova	西班牙	Seville	槽式	50	2009 年 4 月完工
8	PS20	西班牙	Seville	塔式	20	
9	Yazd intergrated solar Combined cycle Power station	伊朗	Yazd	槽式	17	联合循环
10	PS10	西班牙	Seville	塔式	11	全球第一个塔式
11	KimbaeilinaSolar ThermalEnergy Plantt	美国	Bakersfild Califonia	菲涅尔	5	Ausra 公司示范项目

续表

序号	电站名称	国家	地点	类型	装机容量 (MW)	备注
12	Sierra SunTower	美国	Lancaster Califonia	塔式	5	2009年8月完工
13	Liddell Power Station Solar Steam Generator	澳大利亚	New South Wales	菲涅尔	2	供给生产用汽
14	Maricopa Solar	美国	Peoria Arizona	碟式斯特林	1.5	2010年1月完工的第一个碟式
15	Julich Solar Tower	德国	Julich	塔式	1.5	2008年12月完工
16	THEMIS	法国	Pyrenees-Orientales	塔式	1.4	加热燃气轮机进风
17	Puerto Errado 1	西班牙	Murcia	菲涅尔	1.4	2009年4月完工
18	Saguaro Solar Power Station	美国	Red Rock Arizona	槽式	1.0	
19	Keahole Solar Power	美国	Hawaii	槽式	2.0	
20	Shiraz Solar Power Plant	伊朗	Shiraz	CSP	0.25	

六、太阳能光热供热系统

（一）太阳能资源区域划分

我国是太阳能资源比较丰富的国家之一。主要供暖区全年日照小时数在2200h以上，年太阳能辐照量为5000～8370MJ/m^2。

根据接收太阳能总辐照量的大小，可将我国划分为5类地区，我国太阳能资源区域划分见表4-18。

表4-18　我国太阳能资源区域划分

划分类型	地　区	年日照小时数（h）	年辐照总量（MJ/m^2）
1	西藏西部、新疆东南部、青海西部、甘肃西部	3200～3300	6696～8370
2	西藏东南部、新疆南部、青海东部、宁夏南部、甘肃中部、内蒙古、山西北部、河北西北部	3000～3200	5859～6696
3	新疆北部、甘肃东南部、山西南部、陕西北部、河北东南部、山东、河南、吉林、辽宁、云南、广东南部、福建南部、江苏北部、安徽北部	2200～3000	5022～5859
4	湖南、广西、江西、浙江、湖北、福建北部、广东北部、陕西南部、江苏南部、安徽南部、黑龙江	1400～2200	4185～5022
5	四川、贵州、重庆	1000～1400	3244～4185

由表 4-18 可知，1、2、3 类地区，年日照小时数大于 2000h，年辐照量为 5000MJ/m²，这是我国太阳能资源丰富或较丰富地区，面积较大，约占全国总面积的 2/3 以上，所以我国具有利用太阳能的良好条件。

（二）太阳能集热系统

1. 平板集热器

平板集热器由集热板、透明盖板、隔热层和外壳组成。集热板为吸热体，一般采用金属制作，如铜、铝、不锈钢等，集热板表面一般涂黑色涂料或光谱选择性吸收涂层，用来吸收太阳辐射能并转化为热能；集热板上方覆盖透明盖板，保护集热板面免受风、雨、雪等侵蚀，同时防止散热，并起隔热保温作用；隔热层是保温层。平板集热器结构示意图如图 4-43 所示。

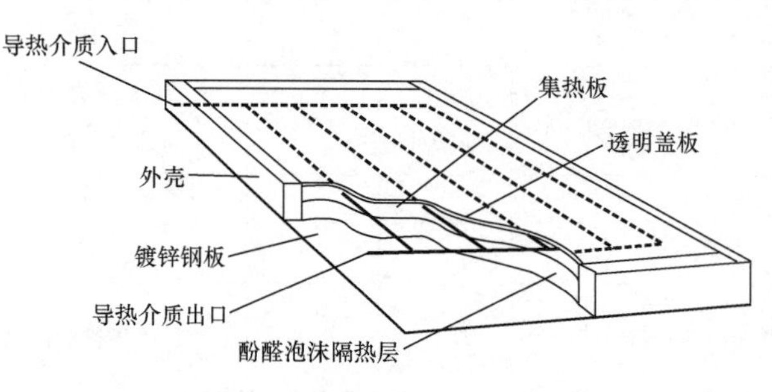

图 4-43　平板集热器结构示意图

平板集热器可以与建筑一体化，外形美观；缺点是热损失大，工作温度不高，一般为 60℃左右。

2. 真空集热管

真空集热管的工作原理和平板式集热器大致相同，真空集热管的外玻璃管相当于平板集热器的透明盖板，内玻璃管相当于平板集热器的集热板。内、外玻璃管之间是真空的，真空集热管效率比平板集热器高，热温度也比平板集热器高。

全玻璃真空集热器结构原理如图 4-44 所示。全玻璃真空集热器由内玻璃管、太阳选择性吸收涂层、真空夹层、外玻璃管、支撑卡子、吸收剂、吸收膜组成。内玻璃管的一端封闭，另一端采用固定卡与外管固定。内管外壁镀一层选择性吸收膜。

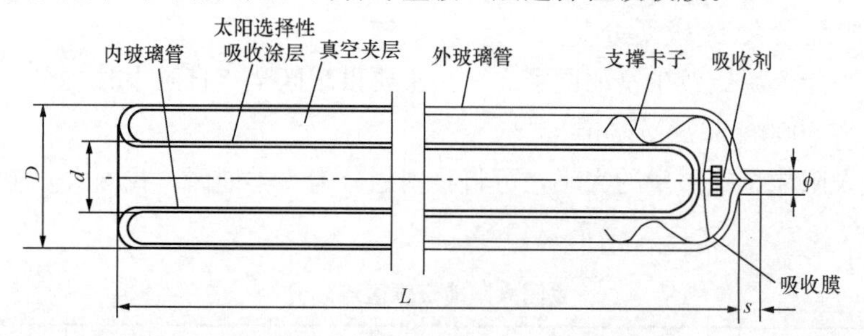

图 4-44　全玻璃真空集热器结构原理图

根据国家标准《全玻璃真空集热管》（GB/T 17049—2005）的规定，全玻璃真空集热管结构尺寸见表 4-19，主要技术指标见表 4-20。

表 4-19　全玻璃真空集热管结构尺寸　mm

内玻璃管外径 d	罩玻璃管外径 D	长度 L	封口部分长度 S
37	47	200、500、800	≤15
47	58	500、800、2100	≤15

表 4-20　　全玻璃真空集热器主要技术指标

<table>
<tr><th>序号</th><th colspan="2">项　目</th><th>技　术　指　标</th></tr>
<tr><td>1</td><td colspan="2">玻璃材料</td><td>太阳透射 $\tau \geqslant 0.89$，则平均热膨胀系数 $\alpha = 3.310^{-6} K^{-1}$</td></tr>
<tr><td>2</td><td colspan="2">太阳吸收比与半球发射比</td><td>太阳吸收比 $\alpha \geqslant 0.86$，半球发射比 $\varepsilon_h \leqslant 0.08$，但在实际生产中要求 $\alpha \geqslant 0.94$，$\varepsilon_h \leqslant 0.06$</td></tr>
<tr><td>3</td><td colspan="2">空晒性能</td><td>太阳照度 $G \geqslant 800 W/m^2$，在环境温度为 $8℃ \leqslant t_a \leqslant 30℃$ 的条件下，全玻璃真空集热管空晒性能为 $Y = 190 m^2 \cdot ℃/kW$</td></tr>
<tr><td>4</td><td colspan="2">闷晒太阳辐照量</td><td>玻璃外管直径为 47mm 的集热管，在太阳辐照度 $G \geqslant 800 W/m^2$、环境温度为 $8℃ \leqslant t_a \leqslant 30℃$ 的条件下，闷晒至水温升高 35℃所需要的太阳辐照量 $H \leqslant 3.7 MJ/m^2$。玻璃外管直径 58mm 的集热管，在太阳辐照度 $G \geqslant 800 W/m^2$、环境温度为 $8℃ \leqslant t_a \leqslant 30℃$ 的条件下，闷晒至水温升高 35℃所需要的太阳辐照量 $H \leqslant 4.7 MJ/m^2$</td></tr>
<tr><td>5</td><td colspan="2">平均热损系数</td><td>平均热损系数指无太阳辐照条件下管内充满的热水平均温度与环境温度每相差 1℃时，经吸热体单位表面积散失的热流量。全玻璃真空集热管的平均热损系数 $ULT \leqslant 0.85 W/(m^2 \cdot ℃)$</td></tr>
<tr><td>6</td><td colspan="2">真空性能</td><td>全玻璃真空集热管真空夹层内的真空度 $p \leqslant 5.0 \times 10^{-2} Pa$</td></tr>
<tr><td>7</td><td colspan="2">真空品质</td><td>全玻璃真空集热管内的玻璃管为 350℃，保持 48h。吸收剂镜面轴向长度消失率不大于 50%</td></tr>
<tr><td rowspan="3">8</td><td rowspan="3">力学性能</td><td>耐热冲击性能</td><td>将全玻璃真空集热管开口插入 0℃的冰水混合物内，插入深度不小于 100mm，停留 1min 后再立即从冰水混合物中取出，并插入 90℃以上的热水，热水深度不小于 100mm，停留 1min 后立即取出并插入不高于 0℃的冰水混合物内，如此反复 3 遍，全玻璃真空集热管应无破损</td></tr>
<tr><td>耐压性能</td><td>将全玻璃真空集热管内注满水，将水压均匀增至 0.6MPa，保持 1min，全玻璃真空集热管应无破损</td></tr>
<tr><td>机械冲击性能</td><td>全玻璃真空集热管水平固定安装在试验架上，由间距 550mm 的两个带有厚度为 5mm 的聚氨酯衬垫的 V 形槽支撑，直径为 30mm 的钢球对准集热管中部，钢球底部至玻璃管撞击处 450mm 自由落下，垂直撞击集热管上，集热管不应破损</td></tr>
</table>

3. 热管式真空管太阳能集热器

（1）热管式真空管太阳能集热器的结构。热管式真空管太阳能集热器由热管式真空管、联箱管、保温盒和支架等部分组成。太阳光透过真空玻璃管，照射在真空管内金属吸热翅片的选择性吸收涂层上，高吸收率的太阳选择性吸收膜将太阳辐射能转化为热能，通过导热铜带传至内置热管，迅速将热管蒸发端内的少量工作介质汽化，被汽化的工作介质上升到热管冷凝端，使冷凝端快速升温，集热器联箱管上的导热块（或导热套管）吸收冷凝端的热量加热联集管内流体。热管工作介质放出汽化潜热后，冷凝成液体，在重力作用下回流热管蒸发端，再汽化、冷凝。热管式真空管太阳能集热器通过热管内少量工作介质的汽-液相变循环过程，连续不断地吸收太阳辐射能为热水系统或供暖系统提供热源。

热管式真空管太阳能集热器组装示意图如图 4-45 所示。

热管式真空管太阳能集热器结构如图 4-46 所示。

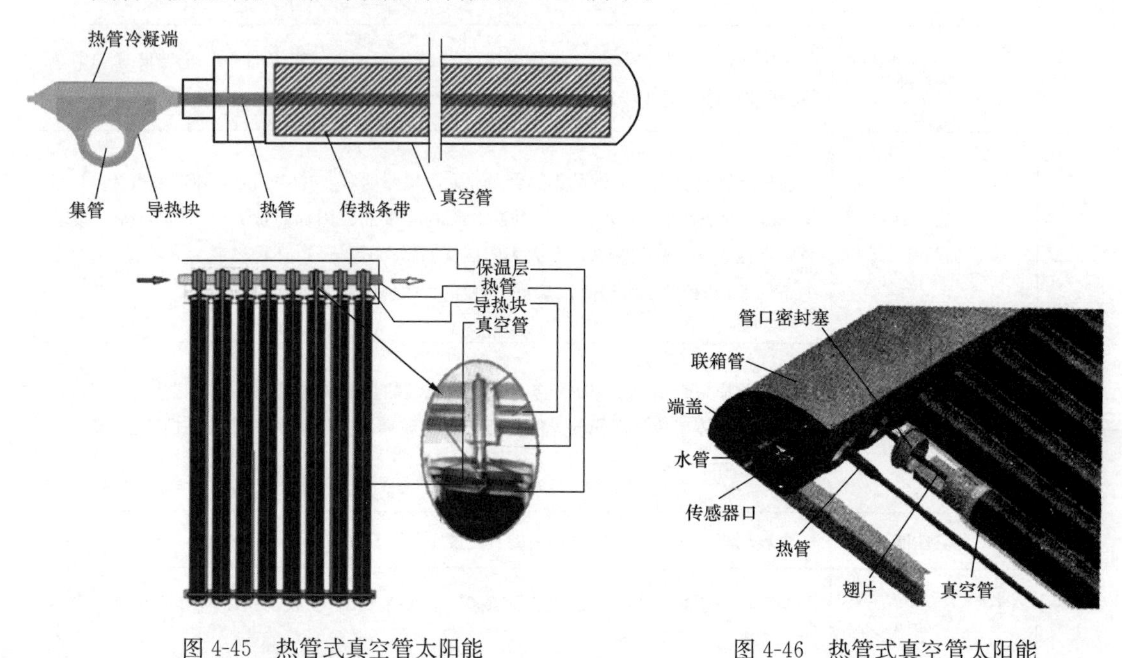

图 4-45 热管式真空管太阳能集热器组装示意图

图 4-46 热管式真空管太阳能集热器结构图

（2）热管式真空管集热器的特点。

1）热效率高。采用高性能选择性吸收涂层和高热传导率传热条带，得热量大，热损失小，同样条件下集热量远高于其他形式的集热器。

2）承压运行。额定承压能力为 0.6MPa，特别适用于强制循环的大面积集热工程。

3）冬季水热、夏季不过热。管内不走水，启动迅速，全年运行，和全玻璃真空管相比，冬季生产热水多 20%～30%，因为不用反光板，可防止夏季水温超高，不会因反光板性能下降而影响集热器效率。

4）占地面积小。真空管密排，集热器外形尺寸小，可减少安装占地面积。

5）安装维护方便。铜套管干插式连接，安装方便，热管冷凝端不结水垢，无漏水隐患，局部维修不影响系统运行，避免了集热器内因结水垢而影响系统运行或因一支管损坏而使整个系统瘫痪的现象。

6）使用寿命长。高效长寿命热管，由严格的生产工艺控制生产，正常使用寿命为 15 年以上。

（3）热管式真空管集热器的主要性能。

热管式真空管集热器的主要性能见表 4-21。

表 4-21　　热管式真空管集热器的主要性能

序号	项　目	主 要 性 能
1	型号	JD100HP-8
2	集热面积	2.0m^2
3	集热功率	太阳日照量为 17.0MJ/m^2，集热输出不小于 0.3kW/组
4	承压能力	0.6MPa
5	空晒温度	260℃
6	集热器件	玻璃-金属热压封真空集热滚管
7	集热膜层	德国进口［400W/（m·K)］传热条带，涂层吸收率不小于 95%，发射率不大于 5%
8	玻璃罩管	ϕ100mm 硼硅酸盐，玻璃单壁真空热绝缘
9	传热器件	ϕ8～ϕ145mm 超导纯铜管
10	外壳材料	黑色铝合金型材护罩
11	保温材料	50mm 高温玻璃纤维棉毡
12	集管材料	ϕ16～35mm 纯铜管
13	外形尺寸(宽×高×厚)	1650mm×2150mm×150mm
14	自重	50kg

4. U 形管式真空管太阳能集热器

U 形管式真空管太阳能集热器是在玻璃真空管中插入弯成 U 形的金属管，在 U 形金属管和玻璃真空管之间，与二者均紧密接触的金属翅片起着为二者之间传热的作用。玻璃管上的选择性吸收涂层将吸收的辐射能转化为热能，热能通过铝翼传给 U 形金属管内的流体，流体不断地在金属管中流过，吸收全玻璃真空集热管收集的太阳能辐射热量而被加热，从而构成 U 形管式真空管太阳能集热器。

U 形管式真空管太阳能集热器和热管式真空管集热器一样，既实现了玻璃管不直接接触被加热流体，又保留了全玻璃真空集热管在低温环境中散热少、加热工作介质温度高的优点，同时还避免了热管式真空管集热器双真空结构带来的一系列问题；而且由于被加热流体是在玻璃管中被加热的，热量转换得更直接，整体效率也高于热管真空管集热器，可以横向放置。U 形管式真空管太阳能集热器结构及外形如图 4-47 和图 4-48 所示。

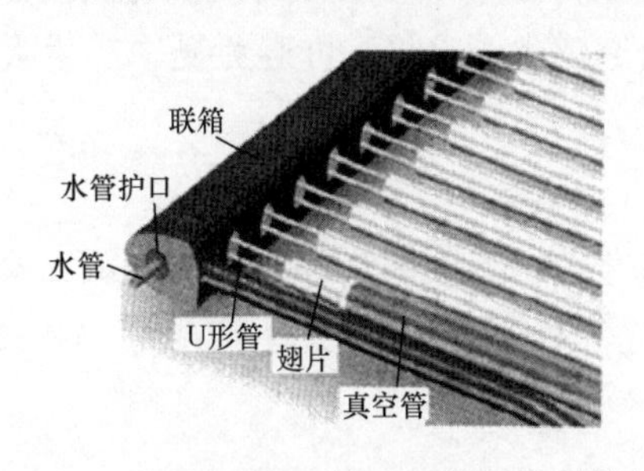

图 4-47　U 形管式真空管太阳能集热器结构图

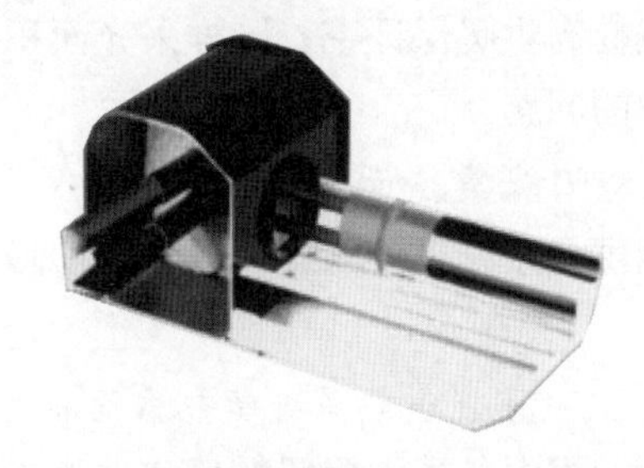

图 4-48　U 形管式真空管太阳能集热器外形图

U 形管式真空管太阳能集热器断面如图 4-49 所示。

5. 聚光型真空管太阳能集热器

聚光型太阳能集热器利用聚焦原理，即利用光线的反射和折射原理，采用反射器或折射

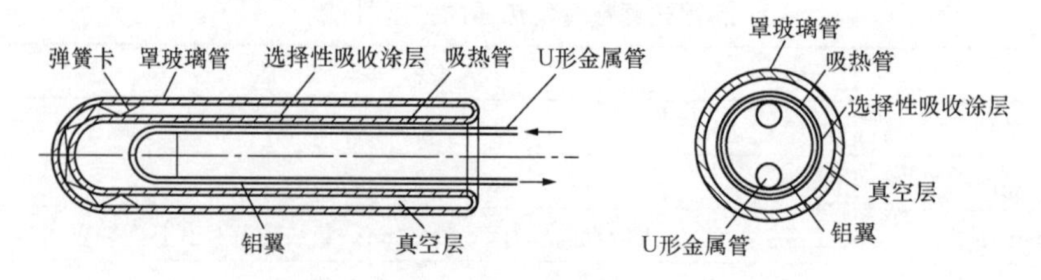

图 4-49　U 形管式真空管太阳能集热器断面图

器，使阳光方向改变，把阳光聚焦，集中照射在吸热体较小的面积上，增大单位面积的辐射强度，从而使集热器获得更高的温度。

聚光型太阳能集热器的外形图和结构示意图如图 4-50 所示。

聚光型太阳能集热器由反光器、真空管、联箱等主要部件组成。

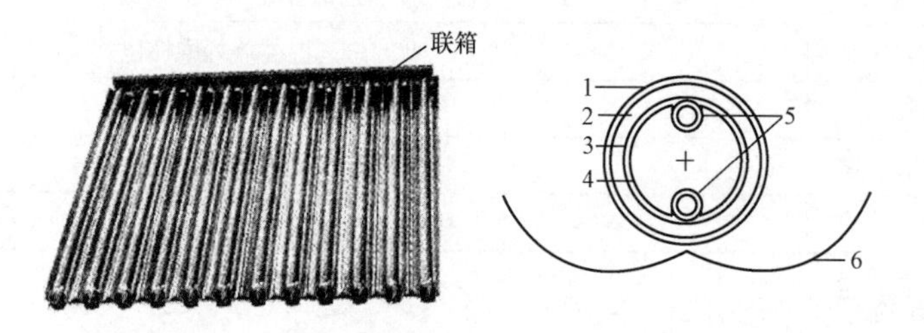

图 4-50　聚光型太阳能集热器的外形图和结构示意图

1—外玻璃管；2—真空管；3—吸热体；4—金属翅片；5—U 形管；6—CPC 反光器

聚光型太阳能集热器与普通型太阳能集热器比较，采集热量的特点分别是：同样采光面积，所采集的总体热量相等。水量和水温特点是：前者水量是后者的 1/3，水温是后者的 3 倍左右，储能水箱是后者的 1/3。

聚光型太阳能集热器与普通型太阳能集热器相比，还具有以下优点：虽然热量相等，但是前者热性能好，热量品位高，因此热的㶲效率高；管内水的温差大，自然循环热量传递速度快；管内水升温速度快，末端散热器启动快而早；可以适当增加集热器面积与供暖面积的配比，更能提高供暖保证率；同样采光面积，管子数量减少了 2/3，可避免夏季产生大量热水无法处理的问题。

（三）太阳能集热面积计算

太阳能供热系统主要满足供热水及供暖季节供暖需求，太阳能集热面积的确定主要依据供热负荷。

1. 直接式太阳能供热系统集热器面积的确定

集热面积根据冬季太阳照射量和供暖负荷选取。

直接式太阳能供热系统集热器面积按如下式计算

$$A_C = \frac{86400\, Q_h f}{J_T\, \eta_{cd}(1-\eta_L)} \tag{4-1}$$

式中　A_C——直接系统集热器总面积，m^2；

Q_h——日平均供暖热负荷，W；

J_T——当地供暖期在集热器安装倾斜面上日均太阳辐照量，kJ/m^2；

f——太阳能保证率，一般取 $f=0.3\sim0.8$；

η_{cd}——系统使用集热器的平均集热效率，一般取$\eta_{cd}=0.25\sim0.50$；

η_L——管路及储水箱热损失，一般取$\eta_L=0.2\sim0.3$。

太阳能保证率 f 见表 4-22。

表 4-22　　太阳能保证率 f

资源区域	年太阳能辐照量 (MJ/(m²·a))	年日照小时数 (h)	太阳能保证率 (%)
Ⅰ资源丰富区	≤6700	3200～3300	60～80
Ⅱ资源较丰富区	5400～6700	3000～3200	50～60
Ⅲ资源一般区	4200～5400	1400～3000	40～50
Ⅳ资源贫乏区	≤4200	1000～1400	≤40

2. 间接式太阳能供暖系统集热器面积的确定

间接系统与直接系统相比，由于换热器存在换热温差，使保证系统具有同样的加热能力时，太阳能集热器平均工作温度应高于直接式太阳能系统。为了获得相同的加热能力，间接系统集热器总面积应大于直接系统。

间接式太阳能供暖系统集热器面积按下式计算

$$A_{IN}=A_C\left(1+\frac{F_R U_L A_C}{U_{hx} A_{hx}}\right) \tag{4-2}$$

式中　A_{IN}——间接系统集热器总面积，m^2；

$F_R U_L$——集热器总损失系数，W/(m²·℃)，对平板集热器取 4～6，对真空管集热器取 1～2；

U_{hx}——换热器传热系数，W/(m²·℃)；

A_{hx}——间接系统换热器的换热面积，m^2。

3. 太阳能集热系统的设计流量的确定

(1) 太阳能集热系统的设计流量应按下式计算

$$G_s=gA \tag{4-3}$$

式中　G_s——太阳能集热系统的设计流量，m^3/h；

g——太阳集热器的单位面积流量，$m^3/(h\cdot m^2)$；

A——太阳能集热器的采光面积，m^2。

(2) 太阳能集热器的单位面积流量应根据太阳能集热器生产企业给出的参数值确定。在没有企业提供相关技术参数的情况下，根据不同的系统，宜按表 4-23 所示的范围确定。

表 4-23　　太阳能集热器的单位面积流量

系统类型		太阳能集热器的单位面积流量 [m³/(h·m²)]
小型太阳能供热水系统	真空管形太阳能集热器	0.035～0.072
	平板形太阳能集热器	0.072

续表

系统类型	太阳能集热器的单位面积流量［m^3/（$h \cdot m^2$）］
大型集中太阳能供暖系统 （集热器总面积大于100m^2）	0.021～0.06
小型独户太阳能供暖系统	0.024～0.036
板式换热器间接式供暖系统	0.009～0.012
太阳能空气集热器供暖系统	36

（3）太阳能集热系统宜采用自动控制变流量运行。

（4）太阳能集热系统的防冻设计应符合如下规定：

1）在冬季室外环境温度可能低于0℃的地区，应进行太阳能集热系统的防冻设计。

2）太阳能集热系统可采用的防冻措施宜根据集热系统类型、适用地区参照表4-24选择。

表4-24　太阳能集热系统可采用的防冻措施

项目		建筑气候分区							
		严寒地区		寒冷地区		夏热冬冷地区		温和地区	
太阳能集热系统类型		直接系统	间接系统	直接系统	间接系统	直接系统	间接系统	直接系统	间接系统
防冻设计类型	排空系统	—	—	●	—	●	—	●	—
	排回系统	—	●	—	●	—	●		
	防冻液系统	—	●	—	●	—	●		●
	循环防冻系统	—	—	●	—	●	—	●	—

注　“●”为可选用项，“—”为不可选用项。

3）太阳能集热系统的防冻措施应采用自动控制运行工作。

（四）太阳能光热水供应系统

太阳能光热供热水系统是利用太阳能集热器将太阳光辐射能收集起来，通过与物质的相互作用转换成热能加以利用。

用于供热系统太阳能集热器的形式有金属平行板集热器、真空管集热器（热管真空集热器及U形管真空集热器）等。真空管式家用太阳能集热器，占据国内95%的市场份额。真空管式家用太阳能集热器是由集热管、储水箱及支架等相关附件组成的，把太阳能转换成热能主要依靠集热管。

1. 太阳能热水系统

（1）太阳能热水系统的分类。

1）按有无加热器划分。太阳能热水系统按有无加热器划分可分为直接系统和间接系统。

a. 直接系统，也称为单回路系统或单循环系统，是指最终被用户消费或循环至用户的热水直接流经集热器的太阳能热水系统。

b. 间接系统，也称为双回路系统、双循环系统，是指传热工作介质不是最终被用户消费或循环至用户的水，而是工作介质直接流经集热器的太阳能热水系统。

2）按集热与供热水范围划分。太阳能热水系统按集热与供热水范围划分可分为集中供热水系统、集中-分散供热水系统和分散供热水系统。

a. 太阳能集中供热水系统，是指采用集中的太阳能集热器和集中的储水箱供给一栋或几栋建筑物所需热水的系统。

b. 太阳能集中-分散供热水系统，是指采用集中的太阳能集热器和分散的储水箱供给一栋建筑物所需热水的系统。

c. 太阳能分散供热水系统，是指采用分散的太阳能集热器和分散的储水箱供给各个用户所需热水的小型系统。

3）按辅助能源加热设备安装位置划分。太阳能热水系统按辅助能源加热设备安装位置划分可分为内置加热系统和外置加热系统。

a. 内置加热系统，是指辅助能源加热设备安装在太阳能热水系统的储水箱内。

b. 外置加热系统，是指辅助能源加热设备不是安装在太阳能热水系统的储水箱内，而是安装在太阳能热水系统的供热水管路上或储水箱旁。

（2）太阳能热水系统设计原则。根据《民用建筑太阳能热水系统应用技术规范》（GB 50364—2005）的规定，太阳能热水系统设计原则如下：

1）太阳能热水系统设计和建筑设计应适应使用者的生活规律，结合日照和管理要求，创造安全、卫生、方便、舒适的生活环境。

2）太阳能热水系统设计应充分考虑用户使用、施工安装等要求。

3）太阳能热水系统类型的选择，应根据建筑物类型、使用要求、安装条件等因素综合确定。

4）在既有建筑上增设或改造已安装的太阳能热水系统，必须经建筑结构安全复核，并应满足建筑结构及其他相应安全性要求。

5）建筑物上安装太阳能热水系统，不得降低相邻建筑的日照标准。

6）太阳能热水系统宜配置辅助能源加热设备。

7）安装在建筑物上的太阳能集热器应规则有序、排列整齐；太阳能热水系统配置的输水管、电器及电缆线应与建筑物其他管线统筹安排、同步设计、同步施工，安全、隐蔽、集中布置，以便于安装维护。

8）太阳能热水系统应安装计量装置。

9）安装太阳能热水系统建筑的主体结构，应符合建筑施工质量验收标准的规定。

2. 太阳能热水系统的技术要求

（1）太阳能热水系统的热性能应满足相关太阳能产品国家现行标准和设计的要求，系统中集热器、储水箱、支架灯主要部件的正常使用寿命不应少于10年。

（2）太阳能热水系统应安全可靠，内置加热系统必须带有保证使用安全的装置，并根据不同地区应采取防冻、防结露、防过热、防雷、抗雹、抗风、抗震等技术措施。

（3）辅助能源加热设备种类应根据建筑物使用特点、热水用量、能源供应、维护管理及卫生防菌等因素选择，并应符合《建筑给水排水设计规范》（GB 50015—2003）的有关规定。

（4）系统供水水温、水压和水质应符合《建筑给水排水设计规范》（GB 50015—2003）的有关规定。

（5）太阳能热水系统应符合下列要求：

1）集中热水系统和集中-分散供热水系统宜设置热水回水管道，热水供应系统应保证干管、立管和支管中的热水循环。

2）分散供热水系统可根据用户的具体要求设置热水回水管道。

3. 太阳能热水系统设计

（1）太阳能热水系统设计选择原则。

1）太阳能热水系统设计应遵循节水节能、经济实用、安全、便于计量的原则，根据建筑形式、辅助能源种类和热水需求等条件综合考虑选择。

2）太阳热水系统的最终目的是在寿命期内，稳定地为用户提供一定温度、一定数量的热水，满足用户热水需要，因此，太阳能热水系统设计应遵循“供热装置高效可靠、供给水及循环系统合理使用，辅助能源经济适用”的原则。

（2）太阳能热水系统设计选用。太阳能热水系统设计选用宜参考见表 4-25。

表 4-25　　太阳能热水系统设计选用表

序号	热水系统类型		居住建筑			公共建筑		
			底层	多层	高层	宾馆医院	游泳池	公共浴室
1	集热与供热水范围	集中供热水系统	●	●	●	●	●	●
		集中-分散供热水系统	●	●	—	—	—	—
		分散供热水系统	●	—	—	—	—	—
2	系统运行方式	自然循环热水系统	●	●	—	—	●	●
		强制循环热水系统	●	●	●	●	●	●
		直流式热水系统	●	●	●	●	●	●
3	集热器内传热作介工质	直接热水系统	—	●	●	●	—	●
		间接热水系统	●	●	●	●	●	●
4	辅助能源安装位置	内置加热系统	●	●	—	—	—	—
		外置加热系统	—	●	●	●	●	●
5	辅助能源启动方式	全日自动启动系统	●	●	●	●	—	—
		定时自动启动系统	●	●	●	—	●	●
		定时手动启动系统	●	—	—	—	●	●

注　“●”指适用，“—”指不适用。

（3）按辅助能源启动方式划分。太阳能热水系统按辅助能源启动方式可划分为全日自动启动系统、定时自动启动系统和按需手动启动系统。

1）全日自动启动系统，是指始终自动启动辅助能源加热设备，确定可以全天 24h 供应热水的太阳能热水系统。

2）定时自动系统，是指定时自动启动辅助能源加热设备，从而可以定时供应热水的太阳能热水系统。

3）按需手动启动系统，是指根据用户需要，随时手动启动辅助能源加热设备的太阳能热水系统。

（4）热水系统负荷计算。

1）系统日耗热量计算。全日供热水的住宅、别墅、培训中心、旅馆、宾馆、医院、疗

养院、幼儿园、托儿所等建筑的集中热水供应系统的日耗热量可按下式计算

$$Q_{wh} = 1.163\,G_{wh}(t_{hot} - t_{col}) \times 10^{-3} \tag{4-4}$$

式中 Q_{wh}——日耗热量，kW/d；

G_{wh}——日热水量，kg/d；

t_{hot}——热水温度,℃；

t_{col}——冷水温度,℃。

系统的热水量计算参见第六章第二节。

2）设计小时耗热量计算。热水加热设备的计算，应根据耗热量、耗水量和热煤耗量来确定。同时也是对热水供应系统进行设计和计算的主要依据。全日供热水的住宅、别墅、培训中心、旅馆、宾馆、医院、疗养院、幼儿园、托儿所等建筑的集中热水供应系统的小时耗热量可按下式计算

$$Q_{wh} = K_h 1.163\,G_{wh}(t_{hot} - t_{col}) \times 10^{-3} \tag{4-5}$$

式中 Q_{wh}——小时耗热量，kW；

K_h——热水小时变化系数，详见第六章第二节有关内容；

G_{wh}——小时热水量，kg/h，系统的热水量计算参见第六章第二节；

t_{hot}、t_{col}见式（4-4）。

（5）太阳能热水系统集热器换热计算。

1）太阳能热水系统集热器换热计算详见式（4-2）～式（4-4）。

2）直接式集热系统集热器换热面积按式（4-2）计算。

3）根据《公共建筑节能设计规范》（GB 50189—2015）的规定，公共建筑设置太阳能热利用系统时，太阳能保证率应符合表4-26所示的规定。

表4-26　太阳能保证率 f　%

太阳能资源区	太阳能热水系统	太阳能供暖系统	太阳能空调系统
Ⅰ	≥60	≥50	≥45
Ⅱ	≥50	≥35	≥30
Ⅲ	≥40	≥30	≥25
Ⅳ	≥30	≥25	20

（6）太阳能集热器数量的确定。

1）集热器真空集热管数量的确定。真空集热管的数量与当地的太阳能辐射量、环境温度、冷水水温有一定的关系，与真空管的质量、集热器的布置和工艺也有一定的关系，行业习惯采用的真空集热管数量经验数据见表4-27。

表4-27　日产1t集热器真空集热管数量经验数据

序号	项　目		集热器真空集热管数量（每支管产水量50℃，L/d）		备　注
			7～10	11～13	
1	福建以南	每吨太阳能热水配管数量（支）	100	75	增强管（紫金管等）产水量略有提高，同时要根据集热器的生产规格选定
2	长江以南		120	88	
3	长江以北		140	100	

根据表4-27所示，可以初步确定工程真空集热管的数量，然后再根据生产或者采购的条件，确定最终真空集热管的数量。

2）平板集热器数量的确定。根据式（4-1）和式（4-2）计算工程所需的平板集热器面积，但公式较复杂，一般在小型工程设计中采用估算方法。当然，平板集热器的数量与当地的太阳能辐射量、环境温度、冷水水温、平板质量等有一定的关系。标准的平板是1m×2m的，绝大多数工程均采用这种规格的平板，在此提供习惯采用的经验数据，见表4-28。

表4-28　平板集热器的产热水量（50℃）

序号	项目	平板集热器产水量（L/m²）	循环介质	备注
1	广东以南	80～90	水	质量较好的平板集热器可以考虑增加一些产水量
2	广东以北福建以南	70～75	水	
3	福建以北长江以南	60～65	水或防冻液	
4	长江以北	50～55	水或防冻液	

（7）水箱容积的确定。水箱容积应根据系统热负荷经过详细计算确定，但在实际设计中可首先概略估算其容积，最后经过详细计算进一步核定其具体的容积。

家用太阳能热水系统与集热器采光面积配比见表4-29。

表4-29　家用太阳能热水系统与集热器采光面积配比

系统类型	每平方米太阳能集热器水箱容积（L/m²）
全玻璃真空集热管集热器	70～90
热管式真空集热管集热器	80～100
间接换热的太阳能热水器	60～80
平板太阳能集热器	80～100

太阳热水系统储水箱与集热器采光面积比推荐值见表4-30。

表4-30　太阳能热水系统储水箱与集热器采光面积比推荐值

系统类型	太阳能热水系统	短期蓄热太阳能供暖系统	季节蓄热太阳能供暖系统
每平方米太阳能集热器储水箱容积（L/m²）	40～100	50～150	1400～2100

（8）热水供应系统。热水供应系统一般分为上部水箱系统和下部水箱系统。

1）上部水箱系统。上部水箱直供系统主要用于上部水箱可以满足供水水压要求，且层数不多的场合。上部水箱系统如图4-51所示。

2）下部水箱系统。下部水箱直供系统主要用于地面水箱，利用循环水泵送入各热水用户。下部水箱系统如图4-52所示。太阳能热水供应系统示意图如图4-53所示。

（五）太阳能热供暖系统

1. 太阳能供暖系统设计原则

根据国家标准《太阳能供热采暖工程技术规范》（GB 50495—2009）的规定，太阳能供

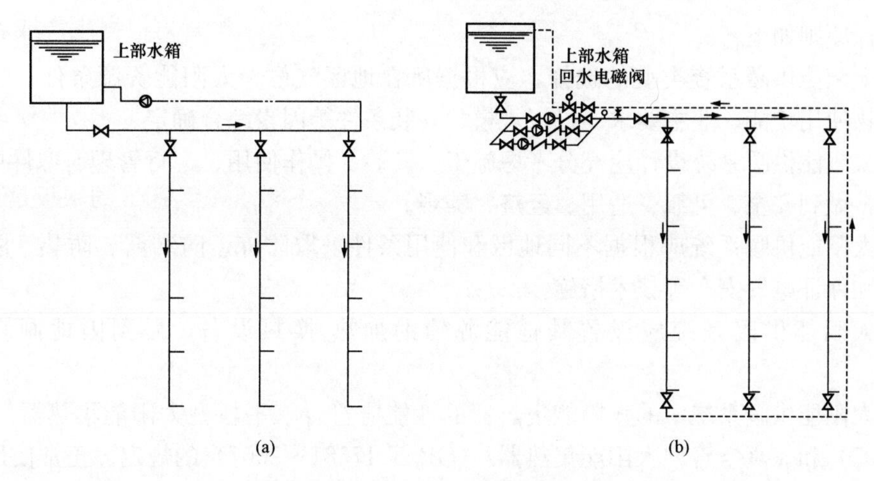

图 4-51　上部水箱系统

（a）上部水箱直供系统；（b）上部水箱上供下回系统

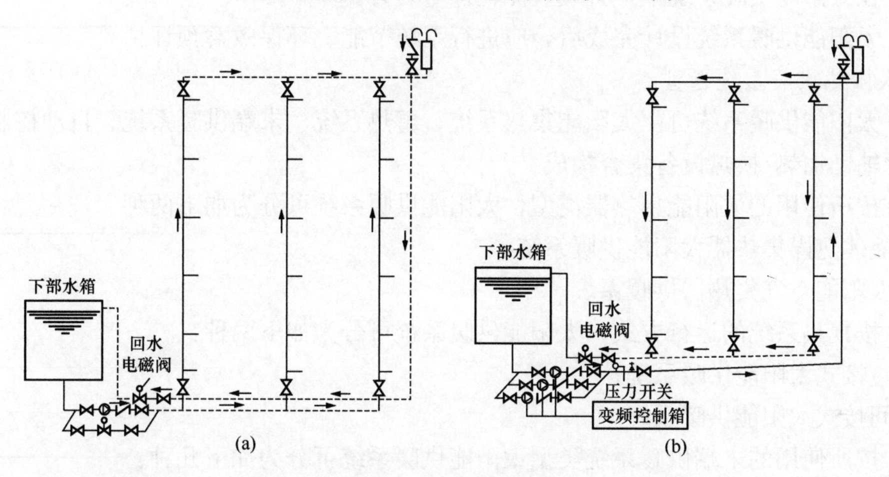

图 4-52　下部水箱系统

（a）下部水箱直供系统；（b）下部水箱上供下回系统

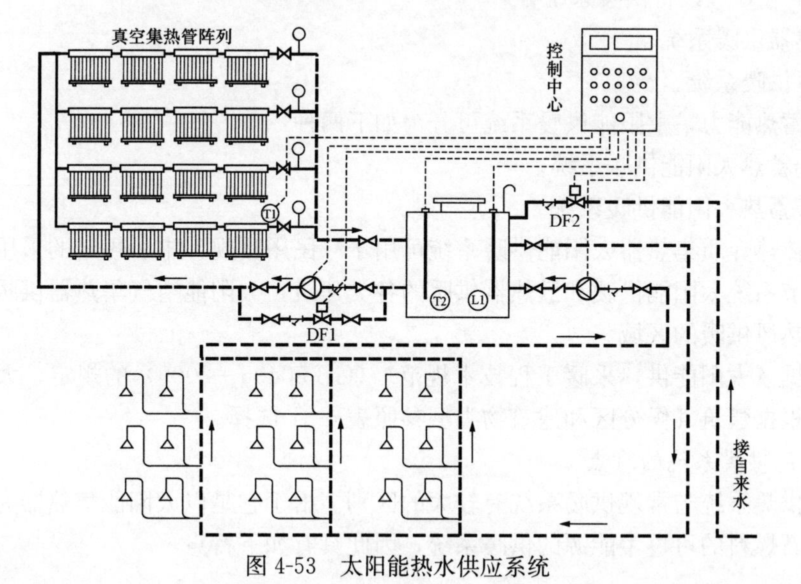

图 4-53　太阳能热水供应系统

暖系统设计原则如下：

(1) 太阳能供暖系统类型的选择，应根据所在地区气候、太阳能资源条件、建筑物类型、建筑物使用功能、业主要求、投资规模、安装条件等因素综合确定。

(2) 太阳能供暖系统设计应充分考虑施工、安装、操作使用、运行管理、部件更换和维护等要求，做到安全、可靠、适用、经济、美观。

(3) 太阳能供暖系统应根据不同地区和使用条件采取防冻、防结露、防热、防振、抗风、抗振和保证电气安全等技术措施。

(4) 太阳能供暖系统应设置其他能源辅助加热/换热设备。做到因地制宜、经济适用。

(5) 太阳能供暖系统中的太阳能集热器的性能应符合《平板型太阳能集热器》(GB/T 6424—2007) 和《真空管型太阳能集热器》(GB/T 17581—2007) 的规定。正常使用寿命不应少于10年。其余组成设备和部件的质量应符合国家相关产品标准的规定。

(6) 在太阳能供暖系统中，宜设置能耗计量装置。

(7) 太阳能供暖系统设计完成后，应进行系统节能、环保效益预评估。

2. 太阳能供暖系统选型

(1) 太阳能供暖系统可由太阳能集热系统、蓄热系统、末端供暖系统、自动控制系统和其他能源辅助加热/换热设备集合构成。

(2) 按所使用的太阳能集热器类型，太阳能供暖系统可分为如下两种：

1) 液体热媒集热器太阳能供暖系统；

2) 太阳能空气集热器供暖系统。

(3) 按集热系统的运行方式，太阳能供暖系统可分为如下两种：

1) 直接式太阳能供暖系统；

2) 间接式太阳能供暖系统。

(4) 按所使用的末端供暖系统类型太阳能供暖系统可分为如下几种：

1) 低温热水地板辐射供暖系统；

2) 水-空气处理设备供暖系统；

3) 散热器供暖系统；

4) 热风供暖系统。

(5) 按蓄热能力，太阳能供暖系统可分为如下两种：

1) 短期蓄热太阳能供暖系统；

2) 季节蓄热太阳能供暖系统。

(6) 液体热介质集热器太阳能供暖系统可用于《民用暖规》中所规定的采用热水辐射供暖、空气调节系统太阳能供暖和散热器供暖的各类建筑，太阳能空气集热器供暖系统可用于建筑物内需热风供暖的区域。

(7) 根据《太阳能供热采暖工程技术规范》(GB 50495—2009) 的规定，太阳能供暖系统的类型宜根据建筑气候分区和建筑物类型参照表4-31选择。

3. 太阳能供暖系统的特点

太阳能供暖系统与常规供暖系统有较大的区别。由于它是以太阳能集热器为热源，不用或者少用化石燃料的可再生能源的供暖系统，因此具有如下特点：

表 4-31　　太阳能供暖系统的类型

项　目		建筑物气候分区								
		严寒地区			寒冷地区			夏热冬冷、温和地区		
建筑类型		低层	多层	高层	低层	多层	高层	低层	多层	高层
太阳能集热器	液体介质	●	●	●	●	●	●	●	●	●
	空气介质	●	—	—	●	—	—	●	—	—
集热系统运行方式	直接系统	—	—	—	—	—	—	●	●	●
	间接系统	●	●	●	●	●	●	—	—	—
系统蓄热能力	短期蓄热	●	●	●	●	●	●	●	●	●
	季节蓄热	●	●	●	●	●	●	—	—	—
末端供暖系统	地板供暖	●	●	●	●	●	●	●	●	●
	水-空气供暖	—	—	—	—	—	—	●	●	●
	散热器供暖	—	—	—	●	●	●	●	●	●
	热风供暖	●	—	—	●	—	—	●	—	—

注　表中“●”为可选用项，“—”为不可选用项。

（1）由于太阳能具有分散性、间歇性和随机性等缺点，太阳能不仅有季节性，甚至一天之内波动也较大，因而需要配套设置蓄能装置和其他辅助热源。根据目前的技术，全靠太阳能实现供暖是困难的。

（2）为了达到供暖目的，必须需要足够的太阳能集热器，同时需要加强建筑物围护结构的保温，减少建筑物耗热量，如过去一般建筑设计热耗为 50W/m^2，现在节能建筑设计热耗可以实现 20～30W/m^2，这样大大降低了热源设备容量。

（3）设计供水温度一般可降低到 65～55℃，回水温度为 50～40℃，特别是对地暖供暖系统而言，供回水温度 50/35℃是足够的。

（4）太阳能供暖系统，利用其他可再生能源，可以实现多种能源的综合性互补系统，如太阳能和地热能、海洋能、风能、空气能、生物质能、氢能等。

（5）利用太阳能供暖系统可以与热水供应系统联合使用，因为热水供应热负荷不大，与供暖系统负荷不重叠，可以利用同一个热源，同时夏季或过渡季作为供暖系统、供热水系统利用。

4. 太阳能集热系统设计

（1）太阳能集热系统应符合如下基本规定：

1）建筑物上安装太阳能集热系统，严禁降低相邻建筑的日照标准；

2）直接式太阳能集热系统宜在冬季环境温度较高、防冻要求不严格的地区使用，冬季环境温度较低的地区，宜采用间接式太阳能集热系统；

3）太阳能集热系统管道应选用耐腐蚀和安装连接方便可靠的管材，可采用铜管、不锈钢管、塑料和金属复合热水管等。

（2）太阳能集热器的设置应符合如下规定：

1）太阳能集热器宜朝向正南，或南偏东、偏西 30°的朝向范围内设置，安装倾斜角度宜选择在当地纬度－10°～＋20°的范围内，当受实际条件限制时，应按《太阳能供热采暖工程技术规范》（GB 50495—2009）附录 A 的规定进行面积补偿，合理增加集热面积，并应进行经济效益分析。

2）放置在建筑物外围护结构上的太阳能集热器，在冬季日集热器采光面上的日照小时数应不少于 4h，前、后排集热器之间应留有安装、维护操作的足够间距，排列应整齐有序。

3）某一时刻太阳能集热器不被前方障碍物遮挡阳光的日照间距应按下式计算

$$D = H\coth\cos\gamma \tag{4-6}$$

式中 D——日照间距，m；

H——前方障碍物的高度，m；

h——计算时刻的太阳高度角，(°)；

γ——计算时刻的太阳光线在水平面上的投影线与集热器表面发现在水平面上的投影线之间的夹角，(°)。

4）太阳能集热器不得跨越建筑变形缝设置。

5. 太阳能供暖用集热器选型

太阳能供暖用集热器应根据建筑气候分区和建筑类型选择，表 4-32 所示。

表 4-32　太阳能供暖用集热器选型参照表

项目		集热器形式			
		U 形管式集热器	平板式集热器	全玻璃式真空管	热管式真空管
建筑气候分区	严寒地区	●	○	—	●
	寒冷地区	●	○	●	●
	夏热冬冷地区	●	○	●	●
	温和地区	●	●	●	●
承压能力	开式系统	○	●	●	●
	闭式系统	●	●	—	●
换热方式	直接系统	○	●	●	●
	间接系统	●	●	—	●
效率		～55	～50	～50	～55
系统可靠性		高	高	低	高
系统投资		高	高	中	高

注 "●" 为首选，"○" 为次选，"—" 为不合适。

由表 4-32 可知，选择集热器形式时，可以考虑如下原则：

(1) 在严寒地区，有可能冻坏管道，所以可以采用以空气为介质的集热器，即 U 形真空管集热器和热管式真空管集热器。

(2) 在寒冷地区、夏热冬冷地区可以采用全玻璃真空管集热器。

(3) 在温和地区可以采用平板式集热器。

(4) 在有承压要求的情况下，宜采用 U 形真空管集热器和热管式真空管集热器。

6. 蓄热系统设计

(1) 太阳能蓄热系统设计应符合如下规定：

1）应根据太阳能集热系统形式、系统性能、系统投资、供热负荷和太阳能保证率进行技术经济分析，选取适宜的蓄热系统。

2）太阳能供暖系统的蓄热方式，应根据蓄热系统形式、投资规模和当地的地质、水文、土壤条件及实用要求按表 4-34 进行选择。

表 4-33　　蓄热方式选用表

系统形式	蓄热方式				
	储热水箱	地下水池	土壤埋管	卵石堆	相变材料
液体介质集热器短期蓄热系统	●	●	—	—	●
液体介质集热器季节蓄热系统	—	●	●	—	—
空气集热器短期蓄热系统	—	—	—	●	●

注　“●”为可选用，“—”为不合适。

3）短期蓄热液体介质集热器太阳能供暖系统，宜用于单体建筑供暖；季节性蓄热液体介质集热器太阳能供暖系统，宜用于较大建筑面积的区域供暖。

4）蓄热池不应与消防水池合用。

（2）液体介质蓄热系统设计应符合如下规定：

1）根据当地的太阳能资源、气候、工程投资等因素综合考虑，短期蓄热液体介质集热器太阳能供暖系统的蓄热量应满足建筑物 1～5 天的供暖要求。

2）各类太阳能供暖系统对应每平方米太阳能集热器采光面积的储热水箱、水池容积范围可按表 4-34 选取，宜根据设计蓄热时间周期和蓄热量参数计算确定。

表 4-34　　各类系统储热水箱、水池的容积选择范围

系统类型	小型太阳能供热水系统	短期蓄热太阳能供热供暖	季节蓄热太阳能供热供暖
储热水箱、水池容积范围（L/m²）	40～100	50～150	1400～2100

3）应合理布置太阳能集热系统、生活热水系统、供暖系统与储热水箱的连接管位置，实现不同温度供热/换热需求，提高系统效率。

4）水箱进、出口处流速宜小于 0.04m/s，必要时宜采用水流分布器。

5）设计地下水池季节蓄热系统的水池容量时，应校核计算蓄热水池内热水可能达到的最高温度，宜利用计算软件模拟系统的全年运行性能，进行计算预测，水池的最高水温应比水池工作压力对应的介质沸点温度低 5℃。

6）地下水池应根据相关国家标准、规范进行槽体结构、保温结构和防水结构的设计。

7）季节蓄热地下水池应有避免池内水温分布不均匀的技术措施。

8）储热水箱和地下水池宜采用外保温，其保温设计应符合《民用暖规》及《设备及管道绝热设计导则》（GB/T 8175—2008）的规定；

9）设计土壤埋管季节蓄热系统之前，应进行地质勘查，确定当地的土壤地质条件是否适宜埋管，是否宜与地埋管热泵系统配合使用。

（3）相变材料蓄热设计应符合如下规定：

1）空气集热器太阳能供暖系统采用相变材料蓄热时，热空气可直接流过相变材料蓄热器加热相变材料进行蓄热，液体介质集热器太阳能供暖系统采用相变材料蓄热时，应增设换热器，通过换热器加热相变材料蓄热器中的相变材料进行蓄热。

2）应根据太阳能供暖系统的工作温度，选择确定相变材料，使相变材料的相变温度与系统的工作温度范围相匹配，常用相变材料特性可参照有关资料。

7. 控制系统设计

（1）太阳能供热供暖系统的自动控制设计应符合如下基本规定：

1）太阳能供热供暖系统应设置自动控制系统，控制功能包括太阳能集热系统的运行控制、集热系统和辅助热源设备的工作切换控制，太阳能集热系统安全防护控制的功能应包括防冻保护和防过热保护。

2）控制方式应简便、可靠、利于操作，相应设置的电磁阀、温度控制阀、压力控制阀、泄水阀、自动排气阀、止回阀、安全阀等控制元件性能应符合相关产品标准要求。

3）自动控制系统中使用的温度传感器，其测量不确定度不应大于0.5℃.

（2）系统运行和设备工作切换的自动控制应符合如下规定：

1）太阳能集热系统宜采用温差循环运行控制。

2）变流量运行的太阳能集热系统宜采用设太阳辐照感应传感器（如光伏电池板）或温度传感器的方式，应根据太阳辐照条件或温差变化控制变频泵改变系统流量，实现优化运行。

3）太阳能集热系统和辅助热源加热设备的互相工作切换宜采用定温控制。应在储热装置内的供热介质出口处设置温度传感器，当介质温度低于“设计供热温度”时，应通过启动其辅助热源加热设备工作，当介质温度高于“设计供热温度”时，应停止辅助热源加热设备工作。

（3）系统安全和保护的自动控制应符合如下规定：

1）使用排空和排回防冻措施的直接和间接式太阳能集热系统宜采用定温控制。当太阳能集热系统出口温度低于设定的防冻执行温度时，通过控制器启闭相关阀门完全排空集热系统中的水或将水排回储水箱。

2）水箱过热温度传感器应设置在储水箱顶部，防过热执行温度应设定在80℃以内，系统防过热温度传感器应设置在集热系统出口，防过热执行温度的设定范围应与系统的运行工况和部件的耐热能力相匹配。

3）使用循环防冻措施的太阳能集热系统宜采用定温控制。当太阳能集热系统出口水温低于设定的防冻执行温度时，通过控制器启动循环水泵进行防冻循环。

4）为防止系统过热而设置的安全阀应安装在泄压时排除高温蒸汽和水不会危及周围人员的安全的位置上，并应配备相应的措施，其设定的开启压力，应与系统可耐受的最高工作温度对应的饱和蒸汽压力相一致。

8. 太阳能供暖系统的几种形式

（1）太阳能与燃气壁挂炉供暖系统。太阳能与燃气壁挂炉供暖系统示意图如图4-54所示。

（2）太阳能与电辅助加热供暖系统。太阳能与电辅助加热供暖系统示意图如图4-55所示。

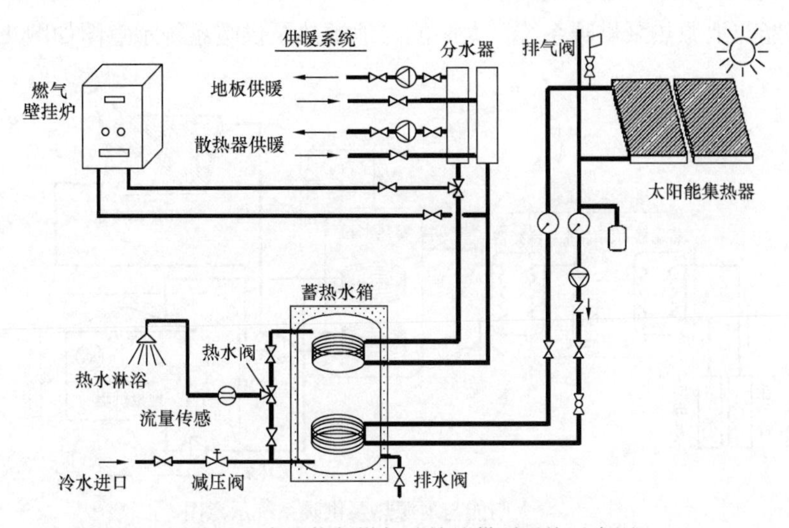

图 4-54　太阳能与燃气壁挂炉供暖系统示意图

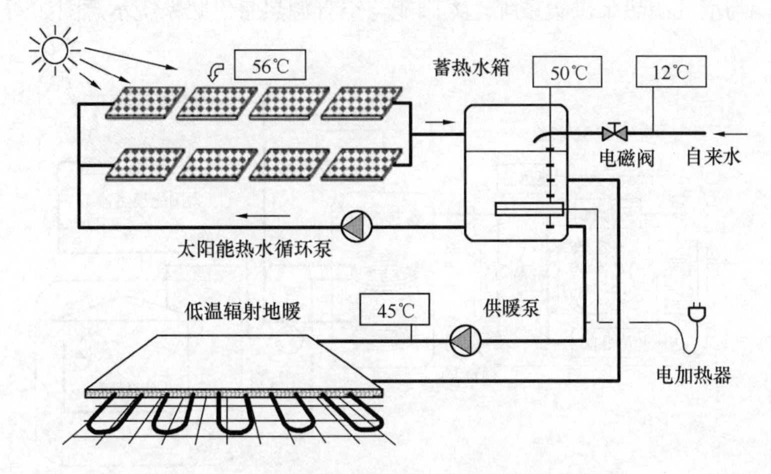

图 4-55　太阳能与电辅助加热供暖系统示意图

（3）太阳能与燃气热泵供暖系统。太阳能与燃气热泵供暖系统示意图如图 4-56 所示。

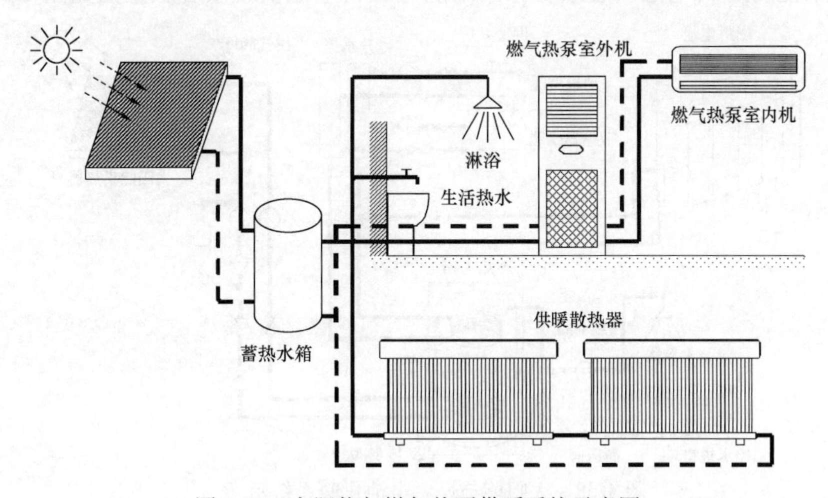

图 4-56　太阳能与燃气热泵供暖系统示意图

（4）太阳能与地源热泵供暖系统。太阳能与地源热泵供暖系统示意图如图 4-57 所示。

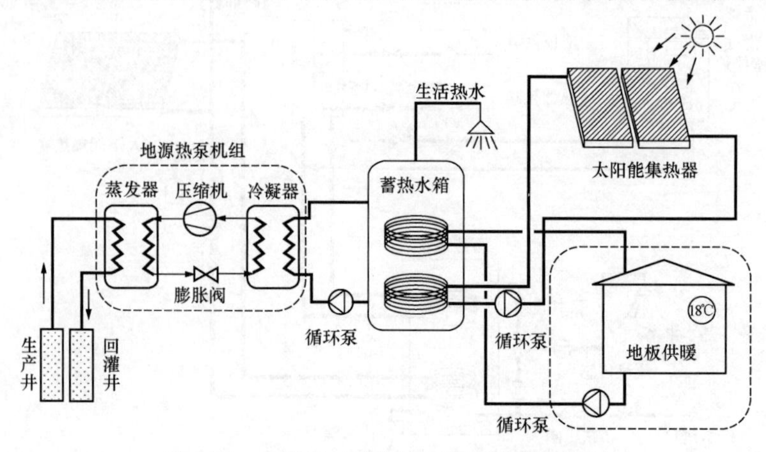

图 4-57　太阳能与地源热泵供暖系统示意图

（5）太阳能与空气源热泵供暖系统。太阳能与空气源热泵供暖系统示意图如图 4-58 所示。

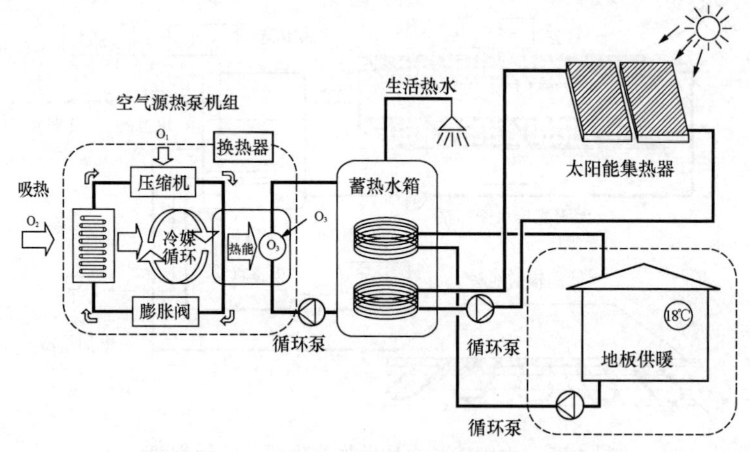

图 4-58　太阳能与空气源热泵供暖系统示意图

（6）太阳能与燃料电池供暖系统。太阳能与燃料电池供暖系统示意图如图 4-59 所示。

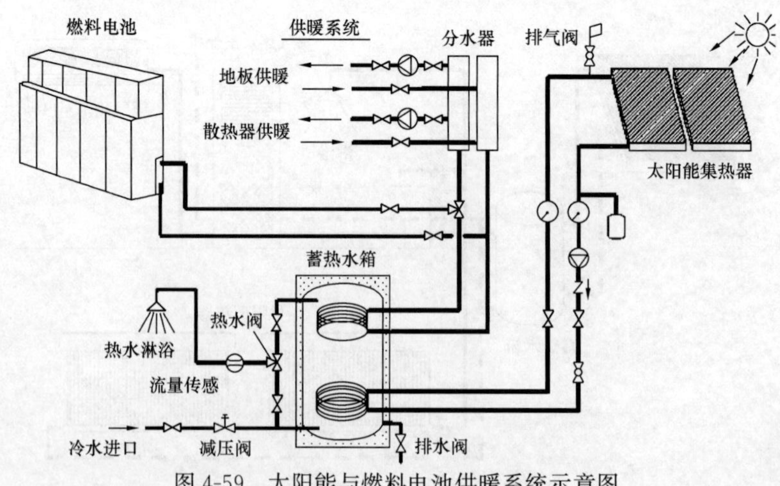

图 4-59　太阳能与燃料电池供暖系统示意图

（7）太阳能与蓄热罐蓄热供暖系统。太阳能与蓄热罐蓄热供暖系统示意图如图 4-60 所示。

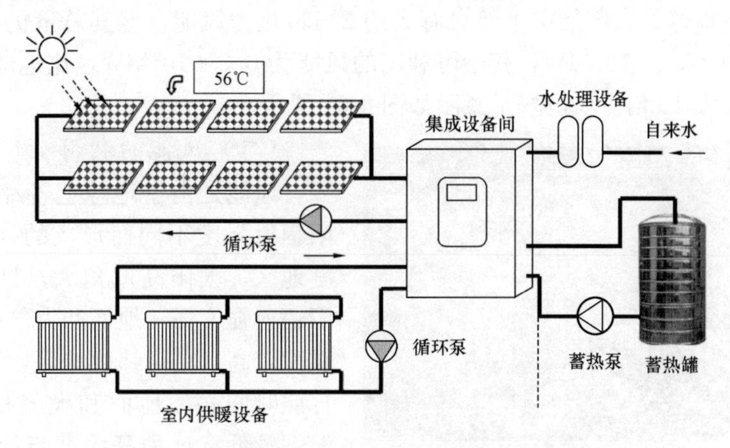

图 4-60　太阳能与蓄热罐蓄热供暖系统示意图

（8）太阳能与大型季节蓄热供暖系统。太阳能与大型季节蓄热供暖系统示意图如图 4-61 所示。

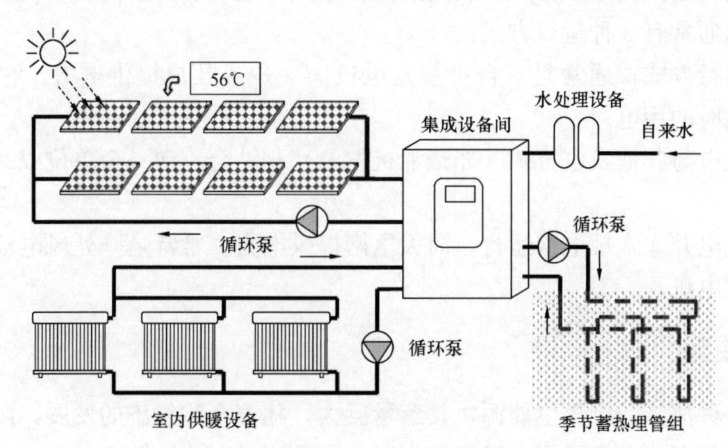

图 4-61　太阳能与大型季节蓄热供暖系统示意图

第三节　风能分布式供能系统

一、风能及其利用

（一）风能

风能作为一种可再生能源有着巨大的发展潜力，特别是对沿海岛屿、交通不便的边远山区、地广人稀的草原牧场，以及远离电网和近期内电网还难以达到的农村、边疆，作为解决生产和生活能源的一种可靠途径，有着十分重要的意义。

风是地球上的一种自然现象，它是由太阳辐射热引起的。太阳照射到地球表面，地球表面各处受热不同，产生温差，从而引起大气的对流运动形成风。风能密度是单位迎风面积可获得的风的功率，与风速的 3 次方和空气密度成正比关系。风能就是空气的动能，风能的大小决定于风速和空气的密度。

据估计到达地球的太阳能中虽然只有大约2%转化为风能，但其总量仍是十分可观的。全球的风能约为27.4×10^8MW，其中可利用的风能为0.2×10^8MW，比地球上可开发利用的水能总量还要大10倍。风电场示意图如图4-62所示。

图4-62 风电场示意图

（二）风能的利用

风能是由于地球上各纬度所接受的太阳辐射强度不同而形成的。在赤道和低纬度地区，太阳高度角大，日照时间长，太阳辐射强度强，地面和大气接受的热量多，温度较高；在高纬度地区，太阳高度角小，日照时间短，地面和大气接受的热量小，温度较低。这种高纬度与低纬度之间的温度差异，形成了南北之间的气压梯度，使空气做水平运动。

风力发电越来越广泛地成为风能利用的主要形式，受到各国的高度重视，而且发展速度很快。风力发电通常有3种运行方式：

(1) 独立运行方式，通常是一台小型发电机向一户或几户提供电力，它采用蓄电池蓄能，以保证无风时的用电。

(2) 风力发电与其他发电方式（如柴油机发电）相结合，向一个单位或一个村庄或一个海岛供电。

(3) 风力发电并入常规电网运行，向大电网提供电力。常常是一处风电场安装几十台甚至几百台风力发电机。

二、风能资源

风能作为一种清洁的可再生能源，其蕴量巨大，随着全球经济的发展，风能市场也迅速发展起来。近5年来，世界风能市场每年都以40%的速度增长。预计未来20～25年内，世界风能市场每年将递增25%。风力发电技术比较成熟，并具备了大规模开发的条件。随着技术的进步和环保事业的发展，风能发电在商业上将完全可以与燃煤发电竞争。

1. 全球风能资源

世界能源理事会（World Energy Council，WEC）数据显示，全球陆地风能资源总量超过1×10^{12}kW。风能资源受地形影响较大，世界风能资源多集中在沿海和开阔大陆的收缩地带。8级以上的高值区主要分布在南半球中高纬度洋面和北半球的北大西洋、北太平洋及北冰洋的中高纬度部分洋面上；大陆风能则一般不超过7级，其中以美国西部、西北欧沿海、乌拉尔山顶部和黑海地区等多风地带较大。全球风能资源分布见表4-35。

表4-35 全球风能资源分布

序号	地区	陆地面积 (km^2)	风力为3～7级所占面积 (km^2)	风力为3～7级所占面积比 (%)
1	北美	19338	7876	41

续表

序号	地区	陆地面积 (km^2)	风力为3～7级所占面积 (km^2)	风力为3～7级所占面积比 (%)
2	拉丁美洲和加勒比海	18482	3310	18
3	西欧	4742	1968	42
4	东欧和独联体	23049	6783	29
5	中东北非	8142	2566	32
6	撒哈拉以南非洲	7255	2209	30
7	太平洋地区	21354	4188	20
8	中国	9597	1056	11
9	中亚和南亚	4299	243	6
10	总计	106660	29143	27

2. 中国风能资源分布状况

根据2012年中国气象局风能资源详查和评估资料，我国陆地70m高度3级以上（多年平均有效风能密度不小于300W/m^2）风能资源技术可开发量为26×10^8kW，近海水深5～50m地区风能资源技术可开发量为5×10^8kW。风能资源主要分布在内蒙古、新疆、甘肃、河北、吉林、黑龙江等“三北”（东北、西北、华北北部）地区及江苏和山东等沿海地区。

(1) 三北地区：东北、西北、华北丰富带处于中高纬度，风能功率密度在200～300W/m^2以上，如阿拉山口、达坂城、辉腾锡勒、锡林浩特的灰腾梁等，可利用的小时数在5000h以上，有的可达7000h以上。

(2) 沿海及岛屿：沿海丰富地带年有效风能功率密度在200W/m^2以上，沿海岛屿风能功率密度在500W/m^2以上。

(3) 内陆：受湖泊和特殊地形的影响，风能也较丰富。

三、我国风电的发展

（一）我国风电发展基本情况

我国风电累计并网持续增长，新增并网容量创历史新高。2015年，我国全年风电新装机容量为3173×10^4kW，同比增长58%，新增并网容量创历史新高，截至2015年底，中国风电场并网容量达到12830×10^4kW，约占全球风电总装机容量的30%。

我国“十二五”期间，年均新增装机容量为1974×10^4kW，约是“十一五”期间的3.5倍。2010～2015年中国风电新增装机容量如图4-63所示。

2006～2014年，中国风电装机容量及增长率如图4-64所示。2014年中国风电新增装机容量地区分布如图4-65所示。

（二）项目开发与建设

1. 风电累计装机容量持续快速增长

中国风电新增核准容量正稳步增长，且仍主要分布在“三北地区”，中东部省区占比快速增长。2015年底，华北、西北、东北、华东、华中、南方电网风电装机容量分别为4001×10^4、3927×10^4、2467×10^4、885×10^4、532×10^4、1019×10^4kW，其中“三北”地区合

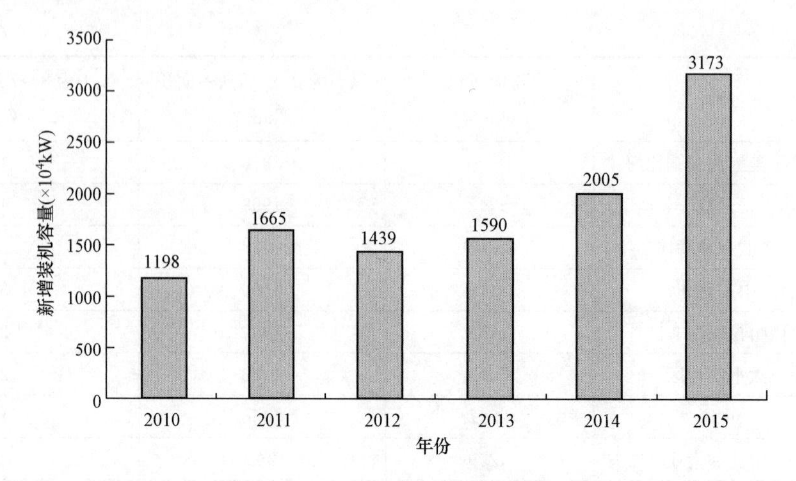

图 4-63　2010～2015 年中国风电新增装机容量

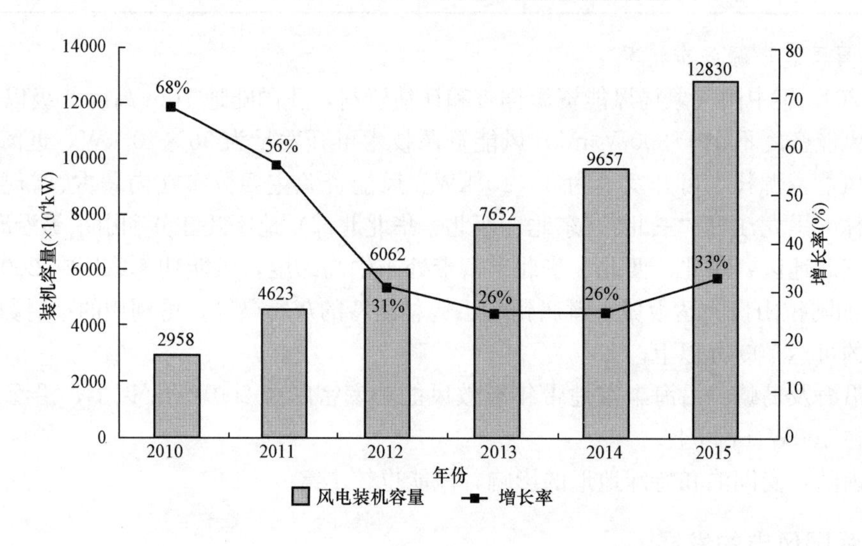

图 4-64　2006～2014 年中国风电装机容量及增长率

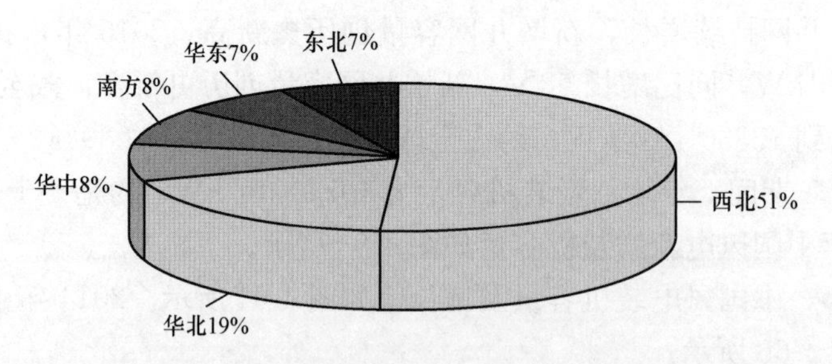

图 4-65　2014 年中国风电新增装机容量地区分布

计约占全国风电装机容量的 82％。

2. 3 个省级电网风电装机容量超过千万千瓦

3 个省级电网风电装机容量超过千万千瓦，我国风电较集中，排名前五位的省区装机容量合计占全国风电总装机容量的一半。截至 2015 年底，新疆、蒙西风电装机容量超过千万千瓦。其中，新疆电网风电装机容量达 1691×10^4kW，同比增长 118%，超过蒙西风电装机容量，成为最大的省级电网。10 个省区风电装机容量超过 500×10^4kW，合计占全国风电装机容量的 75%。

3. 风电装机容量占比逐步提高

截至 2015 年底，我国风电装机容量占电源总装机容量的比例达 8.5%，比 2014 年提高 1.5 个百分点；“十二五”期间，风电装机容量占总装机容量的比例增长 1.8 倍左右。13 个省级电网成为第二大电源，见表 4-36。

表 4-36　风电为第二电源的 13 个省区

序号	省区	风电装机容量（$\times10^4$kW）	风电占总装机容量的比例（%）
1	冀北	993	35
2	蒙东	880	33
3	甘肃	1252	27
4	新疆	1691	26
5	宁夏	822	26
6	蒙西	1545	20
7	黑龙江	503	19
8	吉林	444	17
9	辽宁	639	15
10	山西	669	10
11	山东	721	8
12	上海	61	3
13	天津	29	2

4. 大型风电基地开发建设加速推进

截至 2015 年底，全国核准在建大型风电基地共 9 个，集中在新疆、甘肃、蒙西、冀北等省区，合计核准容量为 2837×10^4kW，已并网容量达 1935×10^4kW。

2015 年中国大型风电基地建设情况如图 4-66 所示。

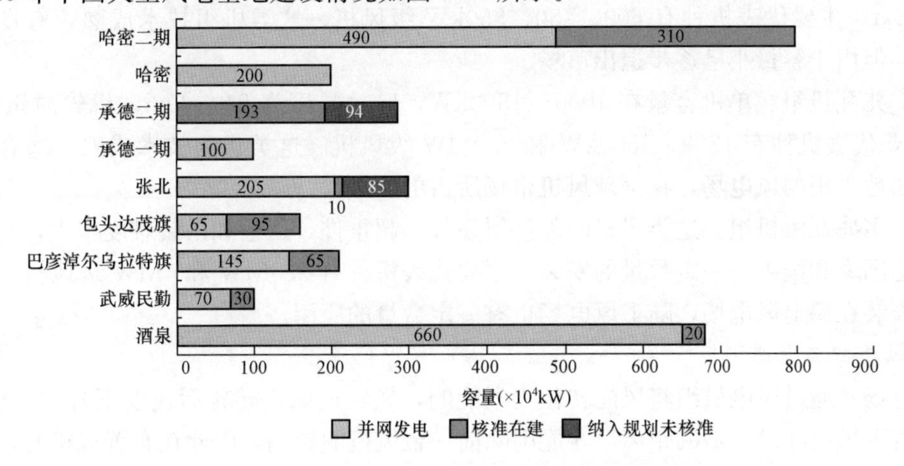

图 4-66　2015 年中国大型风电基地建设情况

5. 风电基地规划规模持续增加

截至2015年底，全国被国家能源局主管部门批复开展前期工作的大型风电基地共8个，主要集中在西北地区，合计容量为3649×10⁴kW，其中新疆、四川、甘肃、宁夏规划建设规模分别为1200×10⁴、1049×10⁴、800×10⁴、600×10⁴kW，已纳入规划风电基地规模，见表4-37。

表4-37　已纳入规划风电基地规模

序号	风电基地	规划规模（$\times 10^4$kW）
1	甘苏通渭风电基地	200
2	甘肃天祝松山谭峰基地	100
3	四川凉山风电基地	1049
4	宁夏风电基地	600
5	新疆准东风电基地	520
6	锡林郭勒盟风电基地	规划研究阶段
7	新疆百里风区风电基地	680
8	酒泉风电基地二期（第二批）	500
合计		3649

四、风力发电场

在风力资源丰富的地区，将数十台至数千台单机容量较大的风力发电机组集中安排在特定的场所，组成风力发电机组群，产生数量较大的电力并送入电网，这种风力发电的场所成为风力发电场。在技术经济条件及建设条件确定的风力发电场，根据经验，其风力发电场地形简单、地势平坦、交通便利、技术可行、价格合理的条件下，单机容量越大，越有利于充分利用风力发电场的土地，越能充分利用风力发电场的风力资源，整个项目的经济性越高。

1. 风电机组的级别划分

按单机容量的大小可以将风电机组划分为三个级别。

（1）小于1MW级机组。单机容量在600～1000kW，叶片长度为19～25m，机轮质量为19～27t，主要代表机种有600、750、850kW级风机。这类机组技术成熟，有良好的运行业绩，但由于容量小已逐步退出市场。

（2）兆瓦机组。单机容量在1000～1500kW，叶片长度为34～39m，机轮质量为40～79t。主要代表机种有1200、1500kW和2.0MW级风机。这类机组技术成熟，适合于交通方便、场地平坦的风电场，在全球风机市场所占的份额大。

（3）多兆瓦级机组。这类风机的部件属超长、超重件，运输和吊装难度很大，目前在欧美等发达国家和国内有一定数量的安装，主要代表机种有3.5MW和6MW级风机。这类风机主要安装在海上风电场，陆上风电场也有一定数量的应用。

2. 风机的布置原则

风电场是通过风电机组将风能转化为电能的，风经过风机转轮后速度下降并产生紊流，风速沿着下风向经过一定的距离后才能削除前一台风机的影响，因此在布置风机时，应使风机沿着主导风向的距离足够大，尽量减少风机之间的尾流影响。风机的间距变大会降低风能资源和土地资源的利用率，增加机组间电缆和道路的长度，增大电量损耗，因此布置风机的关键是根据工程区域的特点确定各行的间距和行内各风机的间距，把尾流影响控制在合理的范围内。其布置原则如下：

（1）充分考虑场地内风的盛行方向、风速等风况条件，在同等风况条件下，应优先考虑那些地形、地质条件良好，且运输便利、安装场地良好进行布置。

（2）布置时，既要尽量避免风电机组之间的尾流影响，又要充分利用场地内的土地资源，同时，兼顾风机之间的各种电气设备的配置和保护要求。

（3）对不同的布置方案，要按着整个风电场发电容量最大、兼顾各单机发电量、技术经济合理的原则进行优化选择。

（4）为了便于施工、运行维护和降低工程投资，同一风电场内的同期工程，尽量选用单机容量与型号相同的风电机组。

大型风电机组可以为大电网补充电力，而小型风电机组也可以为边远地区提供生产、生活用电，发电系统可以灵活应用，既可以并网运行，也可以孤网独立运行，还可以与其他可再生能源技术组成互补式能源供给系统。

五、海上风力发电

1. 海上风力发电发展现状

全球海上风电装机增速较快，主要分布于欧洲地区，亚洲市场刚起步。2005～2015 年全球的海上风电装机容量由 71×10^4 kW 增长到 1211×10^4 kW，增长了 14.8 倍，年均达 32.9%，是陆上风力发电装机增速的 1.4 倍。2005～2015 年全球海上风电装机容量如图 4-67 所示。

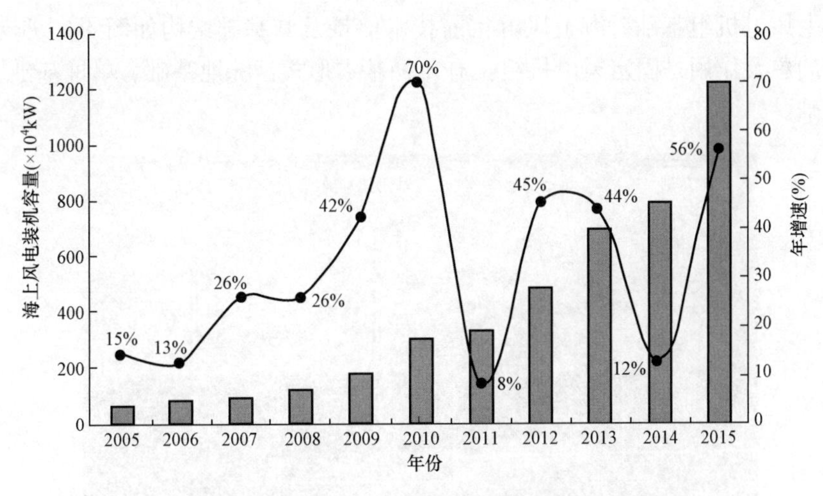

图 4-67　2005～2015 年全球海上风电装机容量

截至 2015 年底，海上风电累计装机占世界风电装机容量的 2.8%。2015 年新增装机容量 338×10^4 kW，占世界风电装机容量的 5.4%。目前超过 90%的海上风电装机位于欧洲，其他示范性项目在中国、日本、韩国和美国。截至 2015 年底，海上风电累计装机容量排名前五位的国家依次为英国（511×10^4 kW）、德国（330×10^4 kW）、丹麦（127×10^4 kW）、中国（102×10^4 kW）、比利时（71×10^4 kW），如图 4-68 所示。

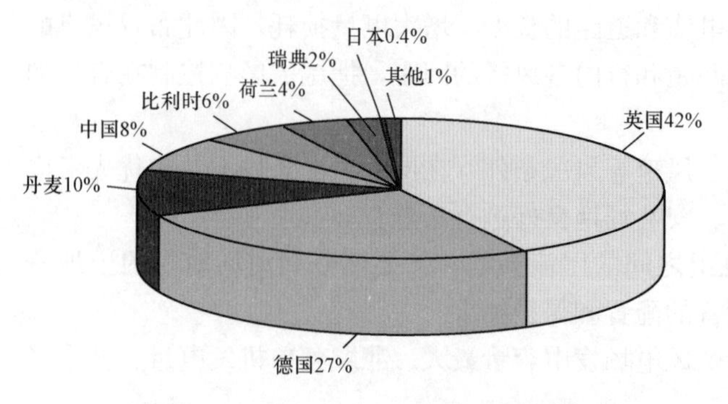

图 4-68 2015 年全球海上风电装机容量占比

海上有丰富的风能资源和广阔平坦的区域，使近海风力发电技术成为研究和应用的热点。多兆瓦级风力发电机组在近海风电场的商业化运行是国内外风能利用的新趋势。随着风力发电的发展，陆地上的风机总数已经趋于饱和，海上风电场将成为未来发展的重点。海上发电是国际风力发电产业发展的新领域，是"方向中的方向"。世界上最早的海上风电场是丹麦于 1991 年在 Vindeby 建成并投入使用的，该风电场由 11 个功率为 450kW 的风电机组组成。目前，在传统资源形势日益严峻的情况下，海上巨大的风力资源业已引起各国的关注。

欧洲多个国家已建立多个海上风电场而且规模巨大，EWEC 欧洲风力发电协会计划到 2020 年以 4000 万 kW，2030 年以 1.5×10^{8} 万 kW 为目标，进行大规模风力发电发展规划。

2. 海上风电场的组成

一个完整的海上风电场一般由一定规模数量的风电机组和海上风电机组基础构成。

（1）风电机组。单个的风电机组包括叶片、风机、塔身和基础部分。风电机组包括叶片、风机，与陆上相似，风电机组塔身一般由空心管状钢材制成，设计主要考虑其在各种风况下的刚性和稳定性，根据安装地点的风况、水况和风轮半径条件决定塔身的高度，使风叶片处于风力资源最丰富的高度。

（2）海上风电机组基础。海上风电目前技术储量及其基础结构如图 4-69 所示。风电机组基础结构的主要作用是固定风电机组，有 4 种基本形式：陆地基础、单桩基础、基脚架基础和浮式基础。

图 4-69 海上风电目前技术储量及其基础结构图

1）陆地基础。该基础结构是海上风电场采用的第一种基础结构，主要是靠体积庞大的混凝土块的重力来固定风机的位置的。

2）单桩基础。该基础结构适用于小于 30m 的中水域，利用打桩、钻孔或喷冲的方法将桩基安装在海底泥面以下一定的深度，通过调整片或护套来补偿打桩过程中的微小倾斜以保证基础的平正。该区域技术储量为430GW。

3）基角架基础。该基础结构适用于30～60m的中水域，较单桩基础结构更为坚固和多用，但其成本较高。该区域技术储量为541GW。

4）浮式基础。该基础结构适用于60～800m的深水域，由于其不稳定，意味着仅能应用于海浪较低的情况。该区域技术储量为1533GW。

3. 中国海上风电的发展

中国海上风能资源储量远大于陆地风能，储量10m高度可利用的风能资源超过5×10^8kW，而且距离电力负荷中心很近。2015年，我国海上风力发电总装机容量将达到16×10^4kW。全部集中在上海和江苏，分别为10×10^4、6×10^4kW，主要是东海大桥风电场二期和龙源如东试验风电场扩建项目。

《全国风海上风电开发建设方案（2014～2016年）》分省区规划容量如图4-70所示。

当前，我国海上风电项目累计装机容量达56×10^4kW，其中江苏和上海分别为36×10^4kW、20×10^4kW。国家发改委、国家能源局下发的《能源技术革命创新行动计划（2016～2030年）》中明确了海上风电发展的目标。

4. 海上风电综合利用系统

海上风电远离陆地，为了扩大海上风电的利用范围，发电之后电力不用输送直接就地综合利用，可以利用海上风力发的电力就地生产氢气、淡水等进行综合利用。海上风电综合利用系统如图4-71所示。

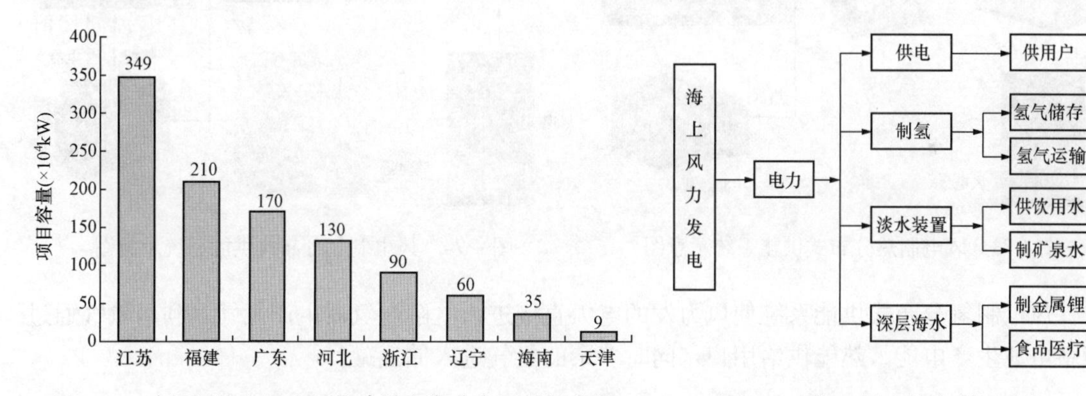

图4-70　全国风海上风电开发建设方案分省区规划容量　　图4-71　海上风电综合利用系统

六、风电分布式供能系统

风力发电站一般远离城镇，作为分布式供能系统的能源点是不容易的，一般大型风力发电站与电力系统并网。而远离城镇和电网的偏僻山村、海岛可作为这些地区的分布式供能系统的能源。

1. 风电分布式供能系统主要形式

（1）风电直供分布式供能系统。

（2）风电制热分布式供能系统。

（3）风电制氢分布式供能系统。

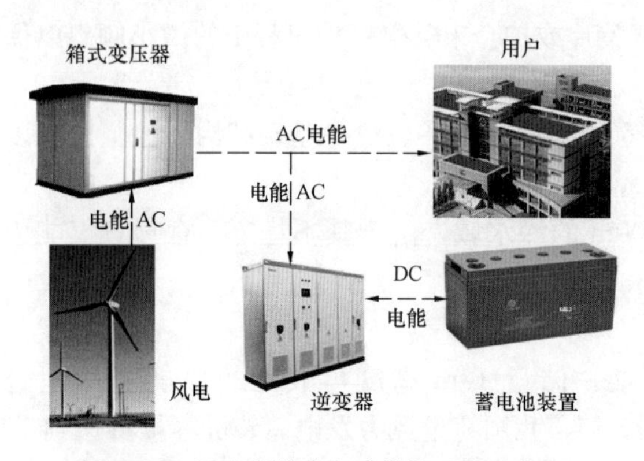

图 4-72 风电直供分布式供能系统示意图

2. 风电直供分布式供能系统

风电直供分布式供能系统示意图如图4-72所示。

风电直供分布式供能系统使风力发的电力经过箱式变压器升压后直接供给用户，用户利用空调器、电热水器等家用电器实现供电、供暖、空调、热水供应等分布式供能系统。同时该系统还设置了蓄电池装置，以保证设备的安全运行。

3. 风电制热分布式供能系统

风电制热分布式供能系统使风力发的电力通过箱式变压器升压之后，进入电锅炉，生产热水供给用户，同时多余的热水进入储热罐。风电制热分布式供能系统示意图如图 4-73 所示。

4. 风电制氢分布式供能系统

风电制氢分布式供能系统示意图如图 4-74 所示。

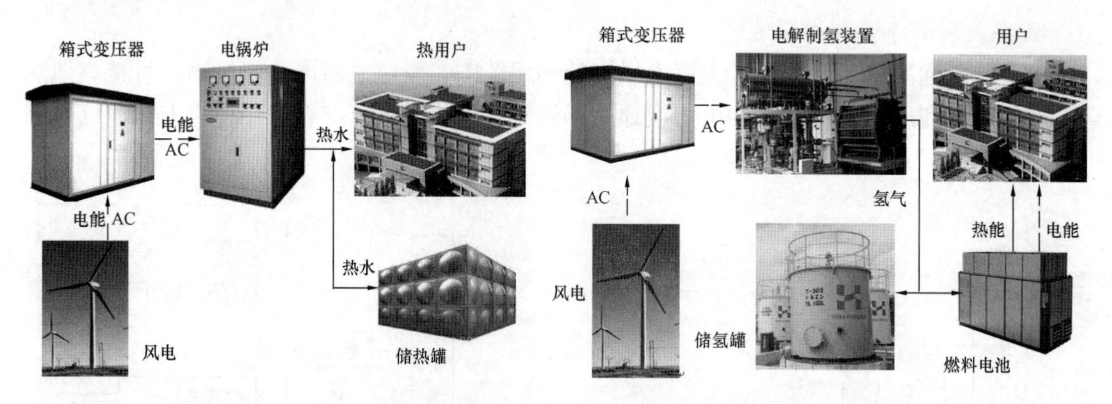

图 4-73 风电制热分布式供能系统示意图

图 4-74 风电制氢分布式供能系统示意图

风电制氢分布式供能系统使风力发的电力直接进入电解制氢器生产氢气，利用氢气通过燃料电池生产电能、热能供给用户，同时多余的氢气进入储氢罐。

七、我国风力发电面临的主要课题

1. 风力发电增速放慢

2015 年，全国风电发电量 1851×10^8 kWh，同比仅增长 16%，占总发电量的 3.3%。“十二五”期间，风电发电量年均增长 30%，继续保持继火电、水电之后，我国发电量第三大电源。分区域看，风电发电量主要集中在“三北”地区。

2010～2015 年中国风电发电量及增长率如图 4-75 所示。

2015 年风电发电量分地区分布如图 4-76 所示。

2. 风电利用小时数下降的趋势

2015 年，全国风电利用小时数为 1728h，同比下降 172h，全国逐年风力发电利用小时数如图 4-77 所示。

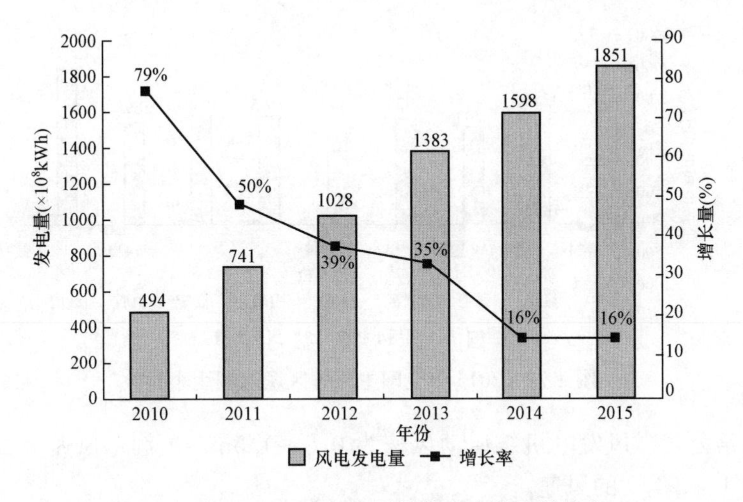

图 4-75　2010～2015 年中国风电发电量及增长率

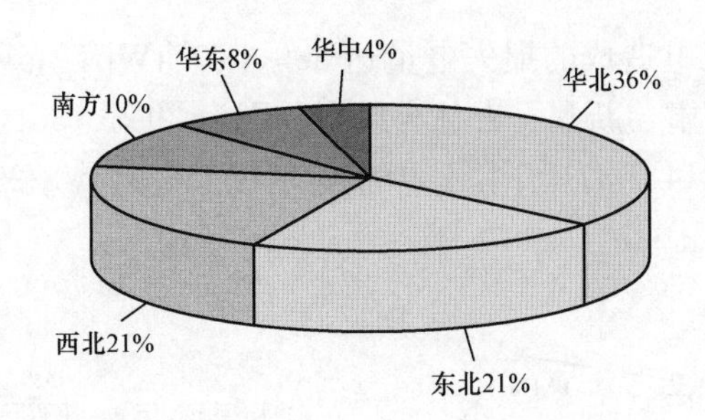

图 4-76　2015 年风电发电量分地区分布

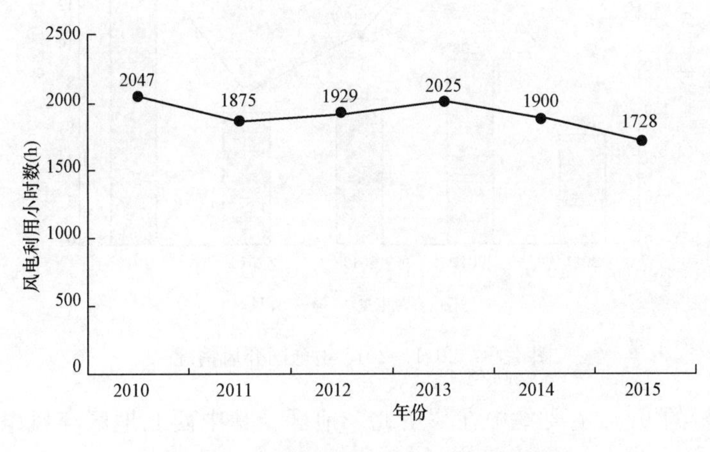

图 4-77　全国逐年风力发电利用小时数

“十二五”期间，全国风电利用小时数为 1891h，其中华北、东北、西北地区风电累计利用小时数分别为 1738、1647、1445h，同比分别下降 118、67、418h。2015 年全国主要省区风电利用小时数如图 4-78 所示。海上风电利用小时数高于陆上风电。2015 年，我国海上风电累计利用小时数为 2268h，远高于陆上风电利用小时数。

为了提高风电运行小时数，可以利用微风发电机组，则运行小时可以提高 3 倍以上。以北京为例，3 级（风速 10m/s）以上风时运行小时数为 1348h，而 2 级（风速 3m/s）以上风时为 4000h。现在国内外微风发电机组多种多样，这种微风发电机组建设投资低、高效率、

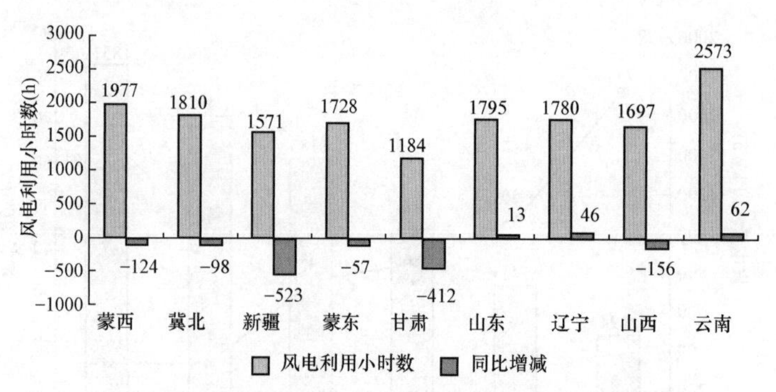

图 4-78　2015 年全国主要省区风电利用小时数

低成本。国内某公司微风发电机组启动风速为 0.8～1.5m/s，额定风速为 2.0～3.5，是螺旋风电机组的 1/4～1/3 的风速。

3. 弃风问题

2015 年全国因弃风限电造成的损失电量达 339×10^8 kWh，弃风率为 15.5%，8 个省级电网弃风率超过 10%，甘肃、新疆、吉林弃风率分别为 39%、33%、31%。“十二五”期间弃风限电虽然在 2013～2014 年有所下降，但整体呈现上升趋势。2011～2015 年全国弃风情况如图 4-79 所示。

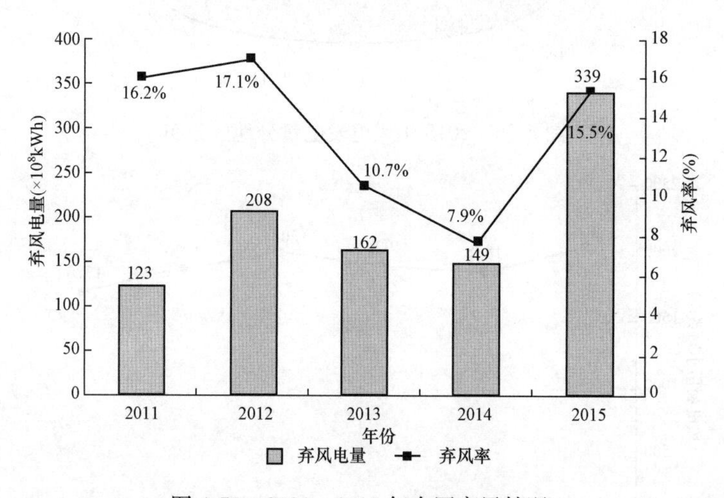

图 4-79　2011～2015 年全国弃风情况

全国弃风电量的 99% 主要集中在“三北”地区。其中西北地区弃风电量为 166×10^8 kWh，占全国弃风电量的 49%；华北、东北弃风电量分别为 96×10^8 kWh、74×10^8 kWh，分别占 28%、22%。2015 年全国弃风电量分布如图 4-80 所示。

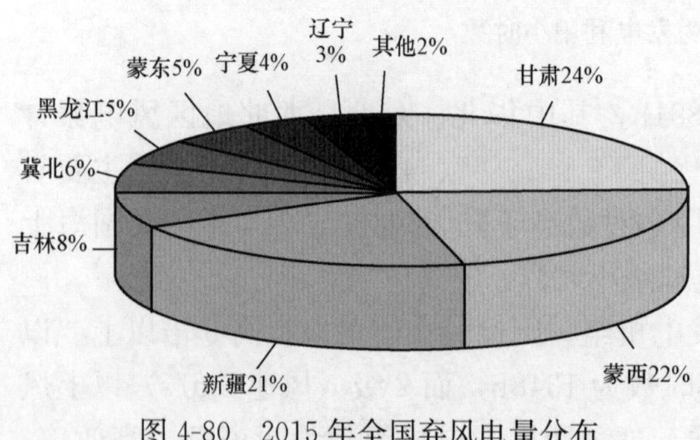

图 4-80　2015 年全国弃风电量分布

从时段分布看，弃风主要集中在供暖期和夜低谷时段。2013～2015 年约 7 成的弃风出现在供暖期（10 月至次年 4 月），特别是在华北和东北地区，80% 以上的弃风出现在供暖期，在供暖期弃风电量中，低谷时段弃风又占供暖期总弃风的80%。

八、风力发电新技术的发展

（一）低速智慧型风机

风机发出的不仅仅是电力，还有海量的数据，包括风电机组的发电指标、收集叶片温度和振动数据、风机所在地的气象资料等。如何将这些收集来的数据与风机之间产生及时互动成为节省成本的关键。智慧型风机正是通过智能技术的引入，降低了风机的发电成本，提高了风机的性能。2014年云南天风扇龙泉风电场项目订购了GE公司55组2.75-120机型低风速智慧型风机，总装机容量为151MW，如图4-81所示。

2015年，GE公司推出了1.5MW级97机型及2MW级115机型超低风速风机，该超低风速风机适用于年均风速为5～6m/s的超低风速地区。

图4-81 GE公司2.75-120机型低风速智慧型风机

智慧型风机有别于传统风机的智能性，体现在如下3个方面：

（1）通过智能通信技术的引入获取风机数据。通过大数据和工业互联网的应用让风电场实现3个层面的通信：①风机上安装的传感器与风机控制系统的通信；②风机和风电场控制中心的通信；③风机与风机之间的通信。通过这3个方面新技术的引入，提高了测算精度和运营维护技术，提升了设备运行的稳定度和发电效率。

（2）基于互联网技术建立决策系统。风机系统加入了工业互联网产品Predix，这是一个将各种工业资产设备和供应商相互融入云端系统，提供资产性能管理（APM）和运营优化服务的软件平台。目前，GE每天监测和分析来自1000万个传感器的5000万项数据，这些数据涉及资产价值达万亿美元。基于PredixAPM可以帮助客户将海量数据转化为准确的决策，及时、主动地确保资产安全，帮助设备更好地运行，消耗更少的能源，更高效地部署服务，并且最大限度地减少意外停机时间。

（3）Power UP应用的加入。Power UP正是GE的工业互联网技术在风机上的一个软件应用，它赋予了风机风力感知能力，帮助风电场实现实时的自我调节，以达到最佳的运行状态。该软件能够实时调整速度、转矩、间距、空气动力学和风机监控等因素。除提高效率并减少计划外停机以外，该技术还大幅度提升了性能，即发电能力提高了5%，相当于每个风机的利润增加了20%。

（二）高空风力发电技术

2014年，风力发电创业公司Makiani公司开始研制“发电风筝”，2015年试运行。与传统风机相比，这种新型风电技术不仅可以大幅降低制造成本，而且Makiani风机可以随着风向选择最合适的角度捕捉风能，从而提高风机的发电能力，如图4-82所示。

Makiani风力涡轮机类似一架风筝飞在空中，通过高强超轻碳纤维绳索系在地面塔上。

图 4-82　Makiani 高空风机

每架风筝约长 25.6m，配有 8 个螺旋桨，发电机容量为 600kW。当风筝飞在空中后，会以在空中绕大圆的形式来推动风力涡轮机发电，风筝最高可上升至约 426m 的高度。风筝风机主要靠带动风力涡轮机叶片来产生电力，地面的固定台利用类似于直升机螺旋桨的水平推动器放飞风筝电动机。当“发电风筝”飞到有稳定风速的海拔，便开始进行大直径的盘旋。空气流动通过风力涡轮机叶片使“发电风筝”旋转产生电力，然后通过绳索传送到地面固定台及相连的电网。

与传统风电相比，“发电风筝”的制作成本大幅降低，所需材料仅为传统风机的 10%。若以美国风能条件为例分析，每个“发电风筝”所产生的能量比传统风机还多 50%。但目前高空风力发电技术仍然存在一些技术难题有待于突破。比如，“发电风筝”同时作为风能采集器和保持系统稳定的平衡器是否保持其持续性和稳定性，空中风电如何应对恶劣天气，如何进行有效的回收，如何防止地面塔台因被牵引的雷电而毁坏，等。

（三）无叶片风机

大多数运转中的风机接近 20 层楼的高度，且还带有 3 个 61m（2000ft）左右长的叶片，当这些叶片随风旋转时会产生电能，但同时也会绞杀飞近风机的鸟类。

2015 年，西班牙的科技公司 Vortex Bladeless 打造出没有叶片的风机——Vortex 风机，如图 4-83 所示。Vortex 风机是利用结构的振荡捕获风的动能，从而利用感应发电机将风的动能转变成电能输出。无叶片风机不依靠旋转的叶片，所以具有无磨损、性价比高、便于安装维护等优点；减少了常规风机的大量零部件，如叶片、机舱、轮壳、变速器、制动装置、转向系统等；同时大大减少了制造成本，比传统风机系统减少 51%的投资。

图 4-83　无叶片 Vortex 风机

第四节　生物质能分布式供能系统

一、生物质能

生物质能（Biomass Energy）是以生物为载体将太阳能以化学能形式贮存的一种能量，它直接或间接地来源于植物的光合作用，其蕴藏量极大，仅地球上的植物每年通过光合作用固定的碳达 2000×10^{8} t，含能量达 3000×10^{12} MJ。在各种可再生能源中，生物质能是贮存的太阳能，更是一种唯一可再生的碳源，可转化成常规的固态、液态和气态燃料。

生物质能是世界第四大能源，仅次于煤炭、石油和天然气。估计地球陆地每年生产（1000～1250）$\times 10^8$t生物质能，海洋年生产500×10^8t生物质能。生物质能源的年生产量远远超过全世界总能源需求量，相当于目前世界总能耗的10～20倍。

发展生物能源产业必须具备资源条件、技术条件和体制条件。中国发展生物能源产业有着巨大的资源潜力。中国人口多、粮食耗量大，可作为生物能源的粮食、油料资源很少，但是可作为生物能源的生物质资源有着巨大的潜力。例如，农作物秸秆尚有60%可用于能源用途，约合2.1×10^8t标煤；有约40%的森林开采剩余物未加工利用，现有可供开发的生物质能源至少能达4.5×10^8t标煤；同时还有约1.33×10^8 hm^2亦农亦林荒山荒地，可以用于发展能源农业和能源林业。发展生物能源产业，利用农林废弃物，开发亦林荒地，培育与生产生物能源资源，可增加农民的就业机会。

随着化石资源的迅速消耗，生态环境不断恶化，世界各国尤其是主要大国把发展新能源与可再生能源作为新一轮产业发展的重点，加大投入，着力推进。生物质作为唯一可转化气、液、固3种形态燃料并具有双向清洁作用的可再生资源得到世界多数国家的广泛关注。生物燃气、生物液体燃料等生物质能源在德国、巴西、美国等国已实现规模化生产和应用。

2015年，世界生物燃料总产量达到1.0692×10^8tce，同比增长0.9%，低于过去15年的15%的年均增长率。年产量超过150×10^4tce的国家已达10个。其中，美国产量最高达4426×10^4tce，同比增长2.9%，占世界总量的41.1%；巴西占据世界第二位，产量达2519×10^4tce，同比增长6.8%，占世界总量的23.6%；德国占据世界第三位，产量达447×10^4tce，同比减少7.1%，占世界总量的4.2%。

二、生物质资源

1. 生物质资源分类

（1）农作物类：包括产生淀粉可发酵生产酒精的薯类、玉米、甜高粱等，生产糖类的甘蔗、甜菜、果实等。

（2）林作物类：包括白杨、悬铃木、赤杨等速生林种，苜蓿、芦苇等草本类及森林工业产生的废弃物。

（3）水生藻类：包括海洋生的马尾藻、巨藻、石莼、海带等，淡水生的布带草、浮萍等，以及微藻类的螺旋藻、小球藻、绿藻等。

（4）可以提炼石油的植物类：包括橡胶树、蓝珊瑚、桉树、葡萄牙槽等。

（5）农作废弃物类（如秸秆、谷壳等）、林业废弃物类（如枯枝、树皮、锯末等）、畜牧业废弃物类（如骨头、皮毛等）。

（6）光和微生物类：包括硫细菌、非硫细菌等。

（7）牲畜粪便类：包括牛粪、猪粪、鸡鸭粪等。

2. 生物质资源利用价值

（1）有机物的来源——牲畜粪便。牲畜的粪便经干燥可直接燃烧供应热能。若将粪便经过厌氧处理（Anaerobic Treatment），会产生甲烷和可供肥料使用的淤渣（Slurry）。若用小型厌氧消化槽（Anaerobic Digestor），仅需3～4头牲畜的粪便即能满足发展中国家中小家庭每天能量的需要。

（2）农作物残渣。农作物残渣遗留于耕地上，也有水土保持与土壤肥力固化的功能，因此，农作物残渣不可毫无限制地供作能源转换。

（3）柴薪。柴薪至今仍为许多发展中国家的重要能源，仍需依赖柴薪来满足大部分能量需求。不过由于日益增加薪柴的需求，将导致林地日减，需适当规划与植林方可解决这一问题。

（4）制糖作物。对具有广大未利用土地的国家而言，如将制糖作物转化成乙醇将可成为一种极富潜力的生物能。制糖作物最大的优点在于可直接发酵（Fermentation）变成乙醇。

（5）城市垃圾。一般城市垃圾主要成分有纸屑（占40%）、纺织费料（占20%）和废弃食物（占20%）。将城市垃圾直接燃烧可产生热能，或是经过热解体（Pyrolysis）处理而制成燃料使用。

（6）城市污水。一般城市污水含有0.02%～0.03%固体与99%以上的水分。下水道污泥（Sewage Sludge）有望成为厌氧消化槽的主要原料。

（7）水生植物。利用水生植物化成燃料也是增加能源供应的方法之一。可通过种植能源作物增加生物能，具有发展潜力的能源作物。包括有利用树木糖与淀粉转化制造乙醇的快速成长作物，利用富含碳氧化物转化制造生物燃料的水生草本植物，以及利用农林废弃植物发酵生产沼气等，其转化应用的能量是十分可观的。

三、生物质能的特点

（一）生物质能的优点

（1）提供低硫燃料。

（2）提供廉价能源（在某些条件下）。

（3）将有机物转化成燃料可减少环境公害（如垃圾燃料）。

（4）与其他非传统性能源相比较，技术上的难题较少。

（二）生物质能的缺点

（1）植物仅能将极少量的太阳能转化成有机物。

（2）单位土地面积的有机物能量偏低。

（3）缺乏适合栽种植物的土地。

（4）有机物的水分偏多（50%～95%）。

四、生物质转化技术

生物质转化技术有多种，可大致分为4类，各类技术又包含了几种不同的子技术，如图4-84所示。

（一）直接燃烧技术

直接燃烧大致可分炉灶燃烧、锅炉燃烧、垃圾焚烧和固型燃料燃烧4种情况。

（1）炉灶燃烧是最原始的利用方法，一般适用于农村或山区分散独立的家庭用户，它投资最省，但是效率最低。

（2）锅炉燃烧采用了现代化的锅炉技术，适用于大规模利用生物质的情况，它最主要的优点是效率高，并且可实现工业化生产；缺点是投资高，而且不适于分散小规模使用。

（3）垃圾焚烧也是采用锅炉技术处理垃圾，但是由于垃圾品位低、腐蚀性强，所以它要求技术高，投资更大，从能量利用的角度看，它也必须规模大才比较合理。

（4）固型燃料燃烧是把生物质固化成型后再采用传统的燃煤设备燃用，主要优点是所采用的热力设备是传统的定型产品，不必经过特殊的设计或处理；主要缺点是运行成本高，所以它比较适合企业对原有设备进行技术改造。

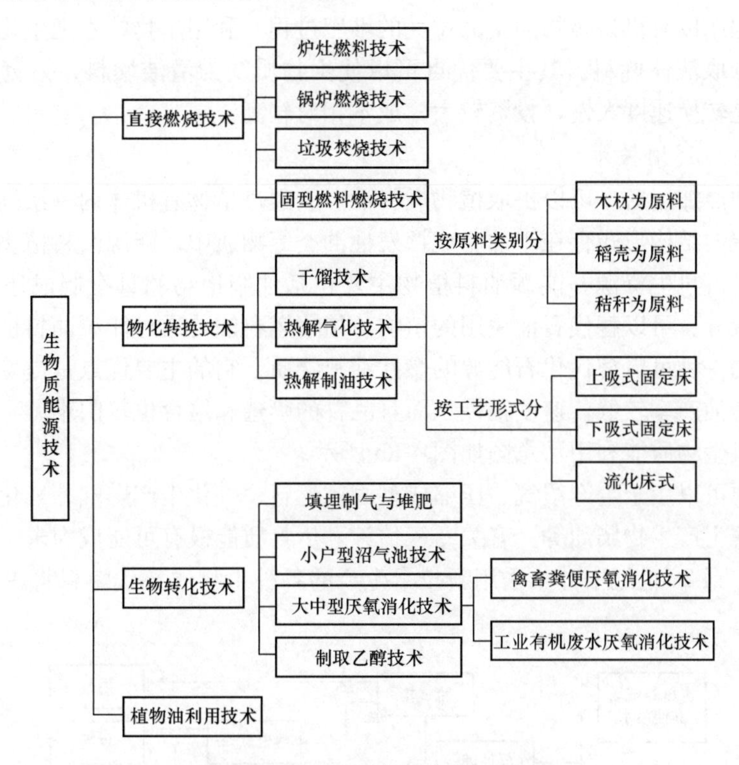

图 4-84　生物质能源利用技术分类

（二）物化转换技术

物化转换技术包括 3 个方面：一是干馏技术，二是热解气化技术，三是热解制油技术。

1. 干馏技术

干馏技术主要目的是同时生产生物质炭和燃气，它可以把能量密度低的生物质转化为热值较高的固定炭或气，炭和燃气可分别用于不同用途。其优点是设备简单，可以生产炭和多种化工产品；缺点是利用率较低，而且适用性较小，一般只适合木质生物质的特殊利用。

2. 热解气化技术

生物质热解气化技术是把生物质转化为可燃气的技术，根据技术路线的不同，可燃气可以是低热值气，也可以是中热值气。它的主要优点是生物质转化为可燃气后，利用效率较高，而且用途广泛，如可以用于生活煤气，也可以用于烧锅炉或直接发电；缺点是系统复杂，而且生成的燃气不便于储存和运输。

3. 热解制油技术

热解制油技术是通过热化学方法把生物质转化为液体燃料的技术，它的主要优点是可以把生物质制成油品燃料，作为石油产品替代品，用途和附加值大大提高；主要缺点是技术复杂，目前的成本仍然太高。

（三）生物转化技术

生物转化技术主要是以厌氧消化和特种酶技术为主。沼气发酵是指有机物质在一定温度、湿度、酸碱度和厌氧条件下，经过沼气菌群发酵生成沼气、消化液和消化污泥渣。它包括小型的农村沼气技术和大型的厌氧处理污水工程。其主要优点是提供的能源形式为沼气（CH_4），是洁净。具有环保效益的；主要缺点是能源产出低、投资大，适合于以环保为目标的污水处理工程或以有机易腐物为主的垃圾的堆肥过程。利用生物技术把生物质转化为乙醇的主要目的是制取液体燃料。其主要优点可以使生物质变为清洁燃料，拓宽用途，提高效率；主要缺点是转换速度太慢，投资较大，成本相对较高。

（四）植物油利用技术

能源植物油经加工后，可以提取植物燃料油。它通过植物有机体内一系列的生理生化过程形成，以一定的结构形式存在于油脂或挥发性油类等物质中。能源油料植物是一类含有能源植物油成分的可再生资源。能源油料植物主要包括油脂植物和具有制成还原形式烃的能力、接近石油成分、可以替代石油使用的植物。植物燃料油是通过能源油料植物油的提取加工后，生产出的一种可以替代化石能源的燃性油料物质。它的主要优点是提炼和生产技术简单；主要缺点是油产率较低，速度很慢，而且品种的筛选和培育也较困难。

废弃物有机生物质能利用示意图如图 4-85 所示。

生物质能源可以用于生产沼气、压缩成型固体燃料、气化生产燃气、气化发电、生产燃料酒精、热裂解生产生物柴油等。有关专家估计，生物质能极有可能成为未来可持续能源系统的组成部分，到 22 世纪中叶，采用新技术生产的各种生物质替代燃料将占全球总能耗的 40%以上。

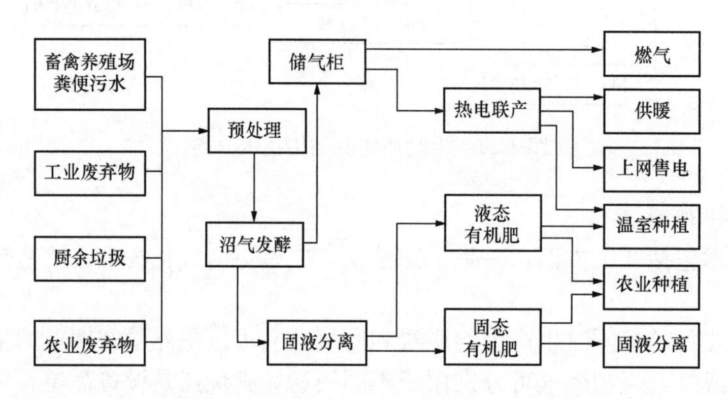

图 4-85 废弃物有机生物质能利用示意图

五、生物质能发电

（一）世界生物质能发电

截至 2015 年底，世界生物质能发电装机容量约为 1.04×10^8kW，同比增长 5%。世界生物质能发电以生物质固体燃料（主要指农林废弃物）为主，约占生物质能发电总量的 84%，其次为沼气发电和垃圾发电。2015 年底欧盟 28 国生物质能发电装机容量达到 3894×10^4kW，占世界生物质能发电装机总容量的 37%。

（二）我国生物质发电

生物质发电核准容量正平稳发展，2015 年我国新装机容量达到 155×10^4kW，主要集中在华东和华北地区，其中华东新增 43×10^4kW，华北新增 67×10^4kW，合计占全国总核准容量的71%。

截至2015年底，全国累计装机容量达到1060×10^4kW，同比增长17%。分区域看，生物质发电核准容量集中在华东、华北和华中地区，分别为339×10^4、271×10^4、204×10^4kW，占全国总核准容量的77%。

生物质发电行业的区域分布特征明显，一方面是资源因素导致的，另一方面是生物质本身的生产特征导致的。农作物资源丰富的地区，秸秆直燃发电项目规模效益高，有利于降低成本；而东部发达地区城市垃圾产生较多，相应地垃圾焚烧厂比较集中。

（三）生物质能发电——农林生物质和垃圾焚烧发电

按生物发电类型看，农林生物质直接燃烧发电技术较成熟，在大规模生产条件下具有较高的效率，在我国生物质发电应用规模最大，并网容量达500×10^4kW；垃圾焚烧发电规模次之，并网容量达424×10^4kW，两者合计占全部生物质能发电装机容量的比例超过97%。

2009～2014年，我国垃圾焚烧发电装机容量从130×10^4kW增加到359×10^4kW，年均增速23%；全年发电量从67.48×10^8kWh增长到176×10^8kWh，年均增速21%。

中国垃圾发电趋势预测见表4-38。

表4-38　中国垃圾发电趋势预测

项目	单位	年份		
		2015年	2020年	2030年
项目无害化处理量	$\times10^4$t/h	87.15	154.70	170.0
垃圾焚烧处理占比	%	35.0	40.0	50.0
垃圾焚烧处理能力	$\times10^4$t/h	30.72	61.88	85.03
垃圾焚烧规模复合增长量	%	32.1	15.0	3.3
垃圾焚烧发电量	$\times10^8$kWh	313	632	931

第五节　地热能分布式供能系统

一、地热能

地热能（Geothermal Energy）是储存在地球内部的天然热能，地热资源是指能够经济地被人类所利用的地球内部的地热能、地热流体。目前可利用的地热资源主要包括天然流出的温泉、通过热泵技术开采利用的浅层地热能、通过人工钻井直接开采利用的地热流体及干热岩体中的地热资源。

地热能是来源于地球深处的熔岩，并以热能形式存在，可引起火山爆发及地震。地热资源是非常巨大的，大部分不可能被开发，在技术上也无法实现，地质钻探也有极限。地球内部的温度高达7000℃，而在80～100km的深处，温度会降至60～1200℃，透过地下水的流动和熔岩涌至离地面1～5km的地壳，热能得以被转送至较接近地面的地方。高温的熔岩将附近的地下水加热，这些加热了的水最终会渗出地面。

据推算，离地球表面5000m深、15℃以上的岩石和液体的总含热量约为14.5×10^{19}MJ，

约相当于 4948×10^{12}tce 的热量。地热来源主要是地球内部长寿命放射性同位素热核反应产生的热能。

因此，目前国际上把地热资源的范围限制在地壳表层以下 500m 深度以内，温度在 150℃以上的岩石和热流体所含的热量。

据不完全统计我国已查明的地热资源相当于 2×10^{12}tce。

地球的整个表面几乎都存在穿过地壳和地幔向上传导的热流，这些热量是通过传导方式穿过地壳岩石到达地球表面的。地壳最浅部分的平均温度梯度一般在 30℃/km 左右。地球表面不同的位置的热通量各不相同，且不同地层岩石的热传导率也不同，因此，有些地区地温梯度大约为 60℃/km。所以，可以通过钻井或地壳深部采矿获得更高的温度，超过 100℃的温度常常在深油井和天然气井中获得。地热勘探就是针对无明显地表热显示的地区，通过对浅井或者深油气井、地下水采井等开展井温测量，确定热流异常区。地热资源丰富区可能与高热流有关。在不透水地层中，可以通过近表面的温度梯度来推断深部的温度；而对透水层，其温度分布受对流控制，因此不能采用这种方法进行连续推断。

地热能是可再生能源，污染物排放量极少，地热发电时二氧化碳排放量仅为燃煤发电厂排放的 1.5%。

二、地热供能系统

地热资源一般包括低温水热系统、地压地热系统、干热岩系统、熔岩系统等。

（一）低温水热系统

低温水热系统分为蒸汽热田和热水地热田两种。蒸汽热田易于开发，但储量很小，只占地热资源的 0.5%，而热水地热田资源的储量较大，占地热资源的 10%左右，其温度范围也很广，水温高达 390℃。

1. 地下热水盆地

对于高于平均地表温度的热水，其热源之一是深部靠正常地热增温的含水层。在这样的系统中，热量的来源就是简单地通过地壳垂直热传导，含水层内部流体的流动需非常缓慢，这样才能有足够的时间通过热传导加热水。一般来说，渗透率随着深度的增加而降低，这意味着成功开采大于几千米深的地热资源必须要求渗透率很高，并且渗透率不会随着深度的增加而很快降低。在这一构造发育且渗透率较高的地下水盆地，热水会上升至露出地表，否则可能会被局限在某一特定的底层内。

2. 深层沉积岩含水层

大陆地区存在很多较深的具备正常地热增温率的沉积岩含水层。如图 4-86 所示，含水层中简单的双井系统在地下水或石油工程中是很常见的，唯一差别是温度，这是可持续开发的地热系统。这种地区可利用生产井与注水井开采技术用于区域集中供热。

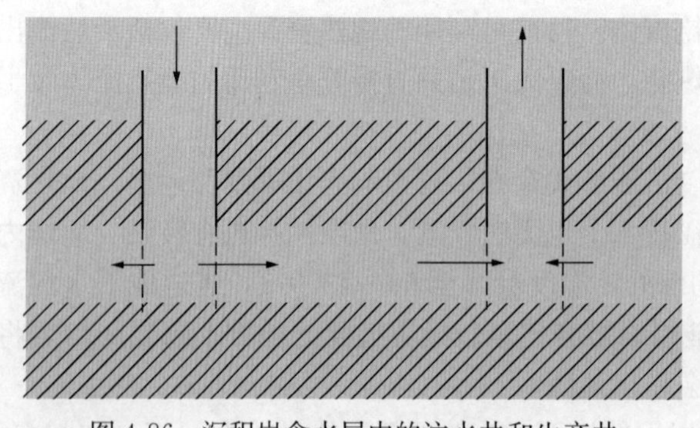

图 4-86 沉积岩含水层中的注水井和生产井

3. 温泉、断裂和断层系统

地球上许多温泉沿着主要的断层和

断裂带出现。这暗示着断层系统能为温泉提供热水补给通道。大气降水渗入到一定深度，通过正常的地热增温率使温度升高，然后再沿着通道上升形成温泉。这是对流系统的一种形式，即沿着断层进行对流，断层面热量则来源于断裂带的热传导。该循环的驱动动力是温度较低的下行水和温度较高的上升水之间的密度差。这一机制不同于完整对流系统，因为该系统的水体被限制在一个狭窄的断层面上，没有外延的热储，而且还处于一个正常的地热增温区。

（二）地压地热系统

地压地热系统十分类似于高压油气的储层，几百万年以来随着地壳的运动被束缚在封闭的透水层中，其静岩压力会不断提高。这种储层一般都埋藏得很深，至少 2km，所以地温梯度能确保储层温度在 50～250℃，在石油勘探中可发现这种储层。在石油勘探所发现的这种储层中，流体一般为甲烷，与流体中的热能相比，甲烷可能是更重要的能源。这样的系统，与其说是水热系统或地下水系统，不如说是一个石油储层，但即使利用这一储层，也存在流体中矿化度及二氧化碳含量较大的问题。

（三）干热岩系统

在发现了具有开发利用所需温度的低渗透性岩石，热源可能来自火山作用或异常的地热增温率，或者是在一个水热系统的翼部存在不透水的岩石。与其他系统相比，它们本身的确没有足够大的渗透率，但是它们确实具有热量。

开发利用这样的系统取决于通过可控制的压裂技术试验使岩石产生渗透性，这样使得流体可以在岩石中循环，同时热量也可以被提取出来，通过压裂创造一个以前并不存在的热储。

干热岩系统的热源系统温度可达 150～650℃。

（四）熔岩系统

传导性地热系统在深部不需要大量的额外热源，且分布于地球的任何地方，高温对流系统则需要比正常传导梯度更多的额外热源。怀特博士对热泉系统建立的模型如图 4-87 所示。地表水可通过已经断裂、裂隙或低渗透岩石中的构造向下渗透到一定深度。如图 4-88 中 3000m 的循环深度，怀特博士认为深度变化范围为 2000～6000m，在这种热储系统中，水在一定深度能被加热成高温热水，这与岩浆岩有密切关系。由于热水与冷水在浮力作用下，热液将会通过其他的可渗透通道返回地面。

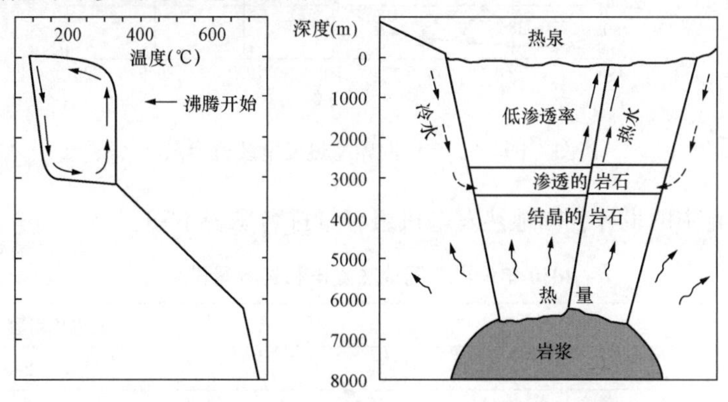

图 4-87　自然状态下地热系统流体的大范围循环模型

这些系统与正常地壳热流相比，要求的热量更多，故通常出现在近火山活动地区。同时这些热田生命周期长，一般在几百万年。

熔岩系统是指温度为650～1200℃，处于塑性状态或完全融化的熔岩，其埋藏更深，估计约占已探明地热资源的40%。

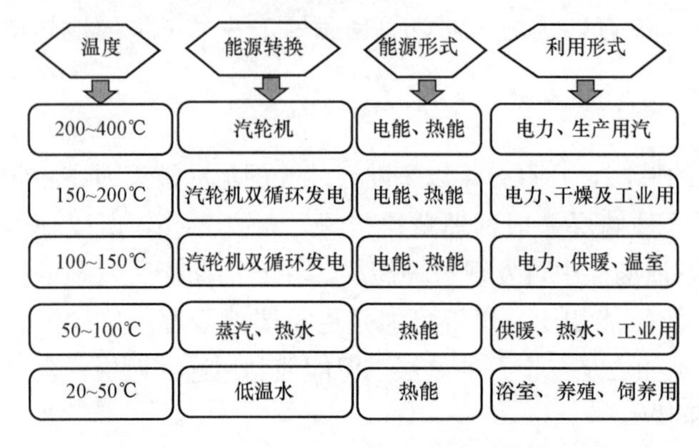

图4-88 地热资源梯级利用示意图

三、地热能利用

地热资源梯级利用示意图如图4-88所示。

地热资源的利用主要是热水资源，根据热能品质高低可以用于地热发电、热电联供、供热、养殖、热水供应等，地热可以梯级利用。地热能可用于热水供热、工业用加热、干燥、制冷等，也可用于农业、渔业、健康洗浴等。

最近几年世界各国开始进行热岩、熔岩利用的试验研究。

四、地热发电系统

2015年世界地热发电新装机容量为61×10^4kW，累计装机容量为13000MW。进入20世纪90年代以后，世界地热发电有了较快的发展。1950～2010年世界地热发电装机容量如图4-89所示。由图可知，2010年世界地热发电总装机容量为10715MW，其中发电容量最多是美国，为2250MW，其次是菲律宾，为1800MW。

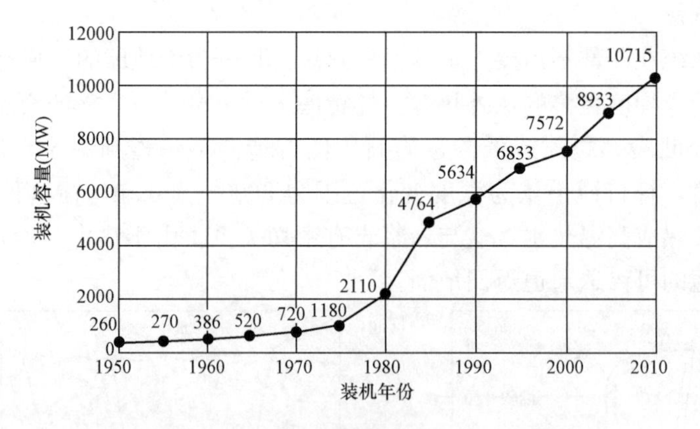

图4-89 2010年世界地热发电装机容量

现在正在运行中的世界各国地热发电机组容量排名见表4-39。

表4-39 2010年世界各国地热发电机组容量排名

排名	国家	发电机组容量（MW）
1	美国	2250
2	菲律宾	1800

续表

排名	国家	发电机组容量（MW）
3	印度尼西亚	1333
4	墨西哥	980
5	意大利	901
6	新西兰	895
7	冰岛	664
8	日本	537
9	其他	1355
10	总计	10715

地热还用于地热发电系统，地热发电是地热利用的最重要方式。高温地热流体应首先应用于发电。地热发电和火力发电的原理是一样的，都是利用蒸汽的热能在汽轮机中转变为机械能，然后带动发电机发电。所不同的是，地热发电不像火力发电那样要备有庞大的锅炉，也不需要消耗燃料。

冰岛银行调查的世界地热发电设备容量及埋藏量如图 4-90 所示。

(一) 地热发电方式

1. 干蒸汽发电

干蒸汽发电是利用地下喷出的无热水纯蒸汽，直接将蒸汽从井中传输到发电机组进行发电的方式。这种发电方式技术成熟，不污染环境，设备要求不高，运行成本低，但对蒸汽要求高，且干蒸汽资源有限，开采难度大。

干蒸汽发电系统示意图如图 4-91 所示。从地下喷出的蒸汽进入污垢分离器，除去杂质，通过主蒸汽切断阀和主蒸汽减压阀进入汽轮机，驱动汽轮发电机组发电。在蒸汽中含有二氧化碳（CO_2）、硫化氢（H_2S）等不凝气体，同时含有盐分。硫化氢和盐分会具有腐蚀性。

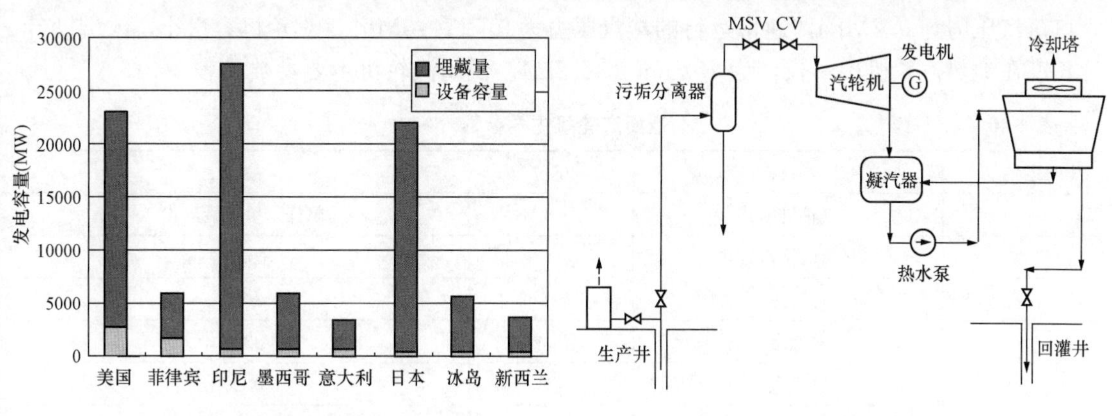

图 4-90　冰岛银行调查的世界地热发电设备容量及埋藏量

图 4-91　干蒸汽发电系统示意图

做功后的蒸汽排入凝汽器，在地热发电设备中，凝汽器的凝结水不用利用，直接进入冷却塔，被冷却之后，部分回冷凝器，部分进入回灌井。再凝汽器中凝结的汽轮机排气和冷却水，用热水泵返回冷却塔，再进行循环。

2. 闪蒸发电系统

闪蒸发电是通过闪蒸汽（汽水分离器）减压分离蒸汽和水，得到的蒸汽进入汽轮机发电的方式。闪蒸发电系统可分为单级闪蒸发电系统及双级闪蒸发电系统。地下取出的蒸汽和水二相流体进入汽水分离器，减压而产生的蒸汽进入汽轮机发电，被分离出的热水进入回灌井。

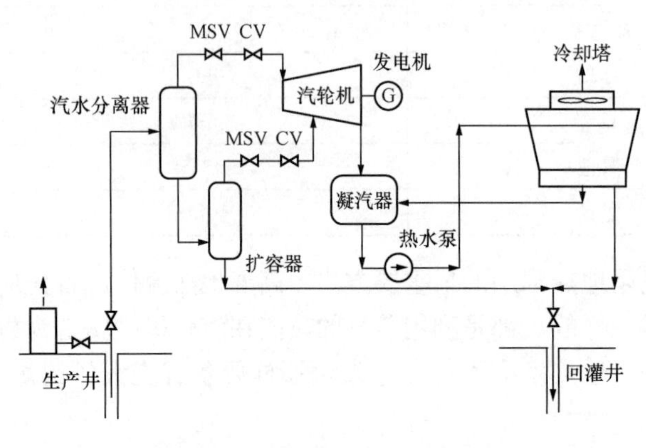

图 4-92 双级闪蒸发电系统

双级闪蒸发电方式一般用于地热温度较高时。双级闪蒸发电系统如图4-92所示。地下取出的热水及蒸汽二相流体首先进入汽水分离器减压分离蒸汽和水，分离后的低压二次蒸汽也进入汽轮机中间段发电。两种蒸汽共同驱动发电机组发电。这种发电方式地热水利用率高，对环境污染较少。双级闪蒸发电系统比起单级闪蒸发电系统增加了设备投资，出力提高了20%～25%。

一般在闪蒸发电系统中，饱和蒸汽在汽轮机中膨胀，通过末端时，蒸汽湿度高，高湿的蒸汽会浸蚀动叶片及降低性能。双级闪蒸发电系统中汽轮机中间段导入低压蒸汽，能改善蒸汽浸蚀动叶片及降低性能的影响。

冰岛赫利舍迪地热电站是世界上有名的地热电站，赫利舍迪地热电站坐落在亨吉尔火山南部，离雷克雅未克市 20km。赫利舍迪地热电站是双级闪蒸发电系统，共安装了 6×60MW+1×33.6MW 发电机组。从生产井取出的蒸汽经过汽水分离器，一次蒸汽进入高压汽轮机。而分离下来的热水进入低压闪蒸器，在低压闪蒸器中产生的低压二次蒸汽进入高压汽轮机中间段发电，同时又设了一台单缸、单流、轴流排汽凝汽式低压 33.6MW 汽轮机，入口蒸汽压力为 0.2MPa，通常运行的蒸汽压力为 0.5～1.0MPa，汽轮机容量小，末端动叶片长度在地热汽轮机中最长，为 792mm（31.2in）。低压汽轮机主要参数见表 4-40。

表 4-40　　低压汽轮机主要参数

序号	项目	单位	数据
1	汽轮机形式	—	单杠、单流凝汽式
2	汽轮机排汽方式	—	轴流式
3	转速	r/m	3000
4	发电出力	MW	33.6
5	入口蒸汽压力	MPa	0.20
6	排汽压力	kPa	6.8
7	级数	—	4
8	末端动叶片长度	mm	792.48（31.2in）

轴流排气汽轮机排气时以轴向方向进入凝汽器，与上部、下部排汽汽轮机比较没有弯曲压力损失，能够提高机组性能，同时汽轮机、凝汽器布置尺寸小，减少了汽轮机房的投资。

轴流排气汽轮机可以模块化，运到现场就位，连接管道、电缆等，可大大缩短施工安装期间。

轴流排气式汽轮机外形及其安装如图 4-93 所示。

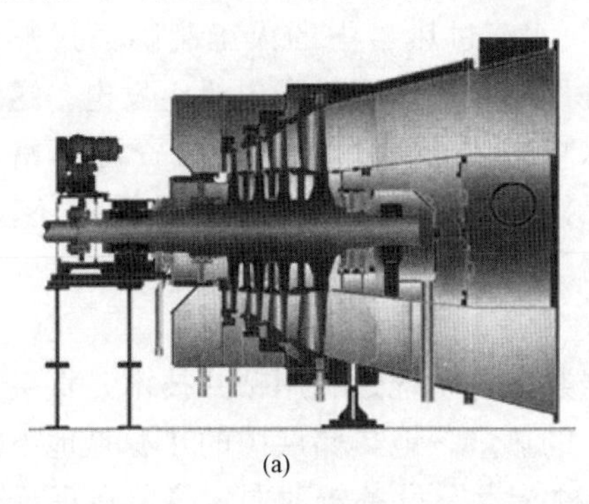

图 4-93　轴流排气式模块汽轮机外形及其安装图
(a) 模块汽轮机外形图；(b) 模块汽轮机安装图

3. 双循环式发电

双循环式发电是将地热水的热量传给某种低沸点介质（如丁烷、氟利昂等），由低温沸点介质推动汽轮发电机组发电。这种发电方式地热利用率较高，对环境污染少；但是存在介质容易泄漏、设备容易腐蚀、操作复杂等缺点。

双循环式发电系统示意图如图 4-94 所示。

4. 全流发电

全流发电系统示意图如图 4-95 所示。

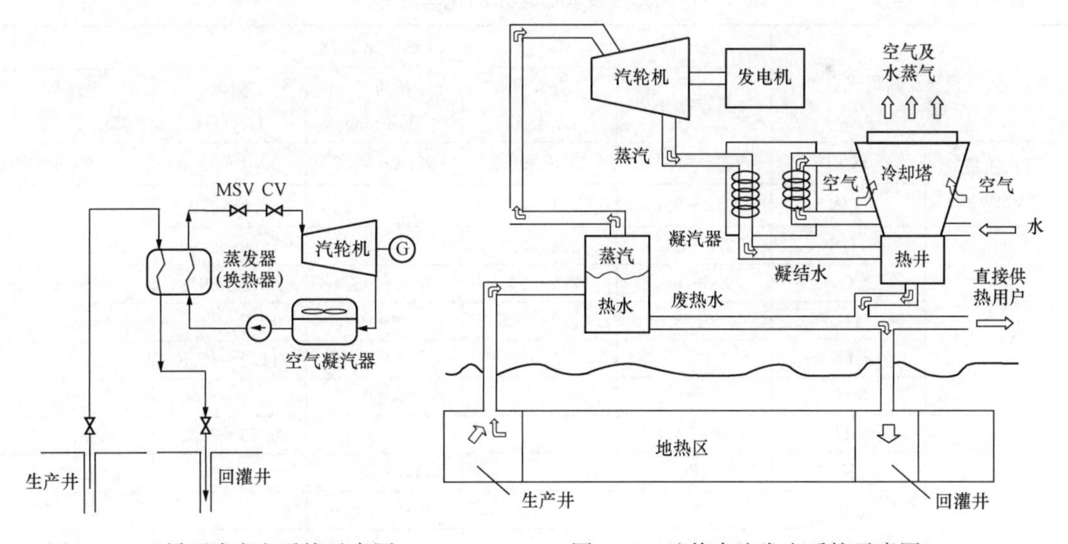

图 4-94　双循环式发电系统示意图　　图 4-95　地热全流发电系统示意图

全流发电系统比闪蒸发电系统的单级、双级闪蒸地热发电系统输出功率分别提高约 60%、30%。全流发电系统是通过一台特殊膨胀机，使地热流体边膨胀边做功，最后以蒸汽形式从膨胀机排除。为适应不同化学成分范围的地热水，特别是高温高盐的地热水，膨胀机的设计应具备这种适应能力。

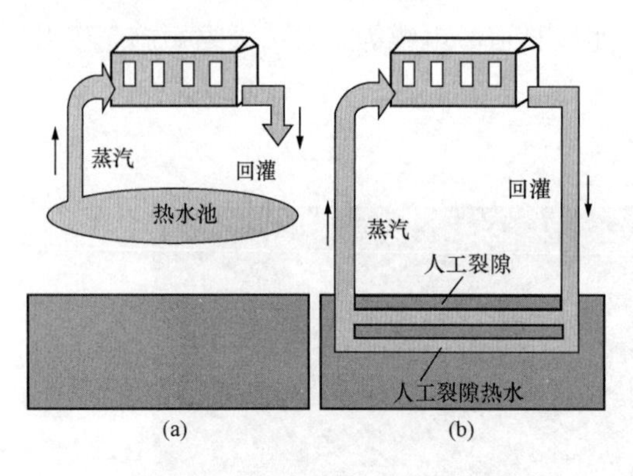

图 4-96 干热岩地热电站示意图

(a) 常规地热电站；(b) 干热岩地热电站

5. 干热岩发电

干热岩发电是将冷却水用高压水加压井向下压入到 4～6km 深处，该处熔岩温度达 200～300℃，水流过热岩中的人工裂隙而过热，并从生产井用泵吸上来驱动发电机组发电。这种方式冷却水可以循环利用。干热岩资源丰富，品位高，无污染。但这种发电技术及设备还较薄弱。干热岩地热电站示意图如图 4-96 所示。

6. 岩浆发电

岩浆发电系统是利用钻井技术，直接获取岩浆层中的热量。地热储层中的热源是地下深部的熔融岩浆。岩浆热资源丰富，无环境污染。但这种技术及设备较薄弱，停留在理论研究阶段。到目前为止，在夏威夷进行了钻井研究，用喷水式钻头钻到岩浆温度为 1020～1170℃的岩浆中，并深入岩浆 29m，可这只是浅地表的个别情况，如果真正钻到几千米才钻到岩浆，采用现有的技术很难实现。另外从岩浆中提取热量，只进行了理论研究。

（二）地热发电系统中的设备、管道及其部件

1. 地热流体的特点

地热流体是从地下取出的，含有各种成分的物质，其主要成分是氯化物（Cl^-）、硫化氢（H_2S）、硫酸盐（SO_4^{2-}）、二氧化碳（CO_2）、氨（NH_3）等。地热蒸汽及其凝结水的化学成分见表 4-41。

表 4-41　地热蒸汽及其凝结水的化学成分

化学成分及其组成		地热电站名称				
		日本松田	意大利 Larderllo	新西兰 Wairakei	美国 Geysers	墨西哥 Cerroprrieto
蒸汽组成（Vol%）	H_2O	99.4～99.8	95.6～98.9	99.4～99.7	98.1～99.5	99.6
	气体	0.2～0.6	1.1～4.4	0.3～0.6	0.5～1.9	0.4
蒸汽组成（Wt%）	H_2S	12.9～17.7	2.4～2.5	3.0～3.2	1.69～2.99	20.9
	CO_2	79.3～85.2	92.2～94.2	95.0～96.1	63.5～69.3	79.1
	H_2	0.28	1.7～1.8	—	12.7～14.7	—
	CH_4	1.15	0.94	—	11.9～15.3	—
	NH_3	—	—	0.69	1.3～1.6	—
凝结水组成（mg/m^3）	pH	4.35～4.85	—	6.0	6.65～7.25	5.8～6.6
	K	180	—	60～230	—	631～2031
	Na	280	—	900～1300		4406～7764
	NH_3	—	—	3.0	134～567	—
	H_2SiO_3	79.5	—	360～600	—	—
	HCO_3	—	—	20～160	483～3388	58～686
	SO_4	1780	—	40	—	4.8～5.8
	Cl	9.2	—	1500～2200	—	928～14934
	H_2S	10～52	—	0.3	30～205	24～165

这些成分对金属有全腐蚀和应力腐蚀（Stress Crrosion Cracking，SCC），不仅腐蚀直接接触的金属，而且排出含有硫化氢的腐蚀气体，腐蚀排出口附近的电气、机械设备。另外，析出的二氧化硅粉末不仅会降低汽轮机性能，而且会堵塞管道阀门等，影响设备正常运行。

用于发电的地热流体一般压力为1MPa、温度在200℃左右的饱和蒸汽，但也有用接近3MPa的流体。与常规发电比较，地热流体发电压力和温度较低，但在设计中必须考虑防腐蚀措施。

2. 地热发电汽轮机

地热发电汽轮机与一般火力发电及核电汽轮机不一样，因为地热流体含有腐蚀性和浸蚀性的物质，同时流体还含有二氧化硅等结垢物，会堵塞蒸汽管路，因此它比常规汽轮机要求更严格。与流体接触最多的汽轮机动叶片材质为CrMo钢，叶片喷嘴为V12Cr钢。

3. 管道材料

管道材料采用参考如下：

（1）从生产井到汽水分离器的管道流体为二相流体，采用碳钢材料。

（2）蒸汽系统，采用碳钢材料。

（3）热水系统，采用碳钢材料。

（4）主冷却水系统，有凝汽器中的冷凝水，应采取防腐措施，采用纤维增强管（FRP）、不锈钢或衬胶管。

（5）辅助冷却水管，采用碳钢。

（6）不凝气体系统管道，采用纤维增强管、不锈钢及衬胶管。

（7）排出凝结水、排气管道，与母管相同。

（8）加药系统，采用纤维增强管、不锈钢、PVC及衬胶管。

（9）螺栓螺母，采用不锈钢、镀锌钢。

对碳钢管应考虑腐蚀因素，壁厚选择时，一般按0.1mm/a选择，总壁厚考虑3mm的腐蚀量。

4. 选择管径

二相流体以外的管道流速范围：

热水单相管道，约2.0m/s；

蒸汽单相管道，约40m/s。

单相流体压力损失，与常规管道一样；对二相流压力损失，根据二相流体的各自流量等参数，利用专用计算图表查出。

5. 管道布置特点

地热电站比常规火力发电厂系统简单，但管道布置时，应考虑管道尺寸大的因素。对100MW级的地热电站，主蒸汽管道直径为DN1200，主冷却水管尺寸为DN2800，所以管道布置位置和支吊架时应充分考虑管道及阀门等管件质量及其其他荷载。

另外因为饱和蒸汽，管道凝结水多，空气也多，在设计中应考虑排放凝结水及排气的有效措施，使凝结水排放顺畅、及时。

选择蒸汽疏水器、过滤器、孔板等部件时也应考虑易堵塞等因素，尺寸要有富余，滤网网孔尺寸可按40号来选择。

6. 地热汽轮机发电防腐蚀措施

地热发电用蒸汽来自地下，地热流体经过汽水分离后，进入汽轮机，在蒸汽中含有二氧化碳（CO_2）、硫化氢（H_2S）、盐分等腐蚀性物质，因此应充分考虑浸蚀、腐蚀等因素。

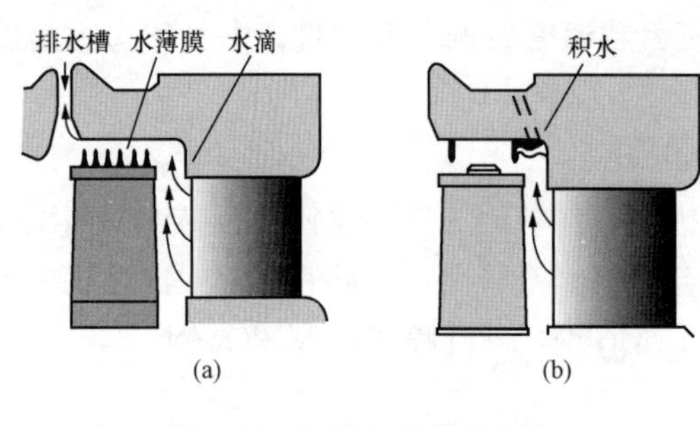

图 4-97　改进的新排湿方法

（a）新排湿方法；（b）过去的排湿方法

（1）始端喷嘴涂漆。在地热发电饱和蒸汽中含有高湿分、固体微小颗粒等对汽轮机轴及叶片产生浸蚀，为防止浸蚀，叶片上喷涂，防腐材料（如钨铬合金），以抑制液体冲击。

（2）MEB凝水铺集器。在地热发电饱和蒸汽中含有高湿分，在蒸汽中为了去湿，在动叶片上设排水槽，分离除去湿叶片（Moisture Extracting Bucket，MEB）和喷嘴的湿分。改进的新排湿方法如图 4-97 所示。

（3）动叶片涂漆。在填料函部位接触空气和蒸汽，易受浸蚀，在这种部位涂覆耐蚀性良好的钴合金漆，可提高防腐性。

五、地热能资源

地热能资源根据其储存形式，可分为蒸汽型、热水型、低压型、干热岩型和熔岩型等。地热能资源集中在构造板块边缘一带，该区域也是火山和地震多发区。世界地热源主要分布于以下 5 个地热带。

1. 环太平洋地热带

环太平洋地热带是世界最大的太平洋板块与美洲、欧亚、印度板块的碰撞边界，即从美国的阿拉加斯加、加罗福尼亚到墨西哥、智利，从新西兰、印度尼西亚、菲律宾到中国沿海和日本。世界许多地热田都位于这个地热带，如美国的盖比斯地热田、墨西哥的普列托、中国台湾的马槽和日本的松川、大岳等地热田。

2. 地中海、喜马拉雅地热带

地中海、喜马拉雅地热带是在欧亚板块与非洲、印度板块的碰撞边界，从意大利直至中国的滇藏。例如，意大利的拉德瑞罗地热田和中国西藏的羊八井及云南的腾冲地热田均属于这个地热带。

3. 大西洋中脊地热带

大西洋中脊地热带是大西洋板块的开裂部位，包括冰岛和亚速尔群岛的一些地热田。

4. 红海、亚丁湾、东非大裂谷地热带

红海、亚丁湾、东非大裂谷地热带包括肯尼亚、乌干达、扎依尔、埃塞俄比亚、吉布提等国的地热田。

5. 其他地热区

除板块边界形成的地热带外，在板块内部靠近边界的部位，在一定的地质条件下也有高热六区，可以蕴藏一些中低温地热，如中亚、东欧地区的一些地热田和中国的胶东、辽东半岛及华北平原的地热田。

六、我国地热能发电的发展

（一）我国地热发展概况

我国深层地热资源开发及利用技术与国际水平有较大的差距，用于深层地热能利用的增强型地热系统成套技术及设备仍有待于开发研究，2015 年我国无新增并网地热电站。

“十三五”期间地热发电将加速发展。《关于促进地热能开发利用的指导意见》（国能新能源〔2013〕48 号）提出 2015 年地热发电装机容量达到 10×10^4kW，地热能年利用量达到 2000×10^4t 标准煤，形成地热能资源评价、开发利用技术、关键设备制造、产业服务等比较完整的产业体系。2020 年，地热能开发利用量达到 5000×10^4t 标准煤，形成完善的地热能开发利用技术和产业体系。2014 年 4 月，国家能源局联合国土资源部为落实《关于促进地热能开发利用的指导意见》（国能新能源〔2013〕48 号）的要求，联合印发了《关于组织编制地热能开发利用规划的通知》（国能综新能〔2014〕497 号），要求各地组织编制本省（自治区、直辖市）地热能开发利用规划，在城镇供能体系中统筹地热能开发利用。

（二）羊八井地热电站

1. 羊八井地热电站概述

西藏地热资源丰富，地热储量居全国首位，已发现的地热点有 700 余个，主要分布在青藏铁路沿线、西藏南部和西部地区。西藏地区地热资源属于中、低温地热田。采用的热力系统有扩容法和中间介质法两种。到目前为止，西藏羊八井地热电站是我国最大、运行最久的地热电站，一直在安全、稳定发电中。2014 年羊八井地热电站和羊易地热电站累计发电量为 1.36×10^8kWh，与上年基本持平，年累计设备利用小时数达 5008h。

羊八井地热田位于拉萨市西北约 90km，羊八井地热电站位于西藏自治区当雄县羊八井镇，地热田东西长约 20km，南北宽约 5km，海拔约 4300m，南北两侧山峰海拔 6000～7000m。多年平均气温 2.5℃，极端最高温度 24℃，极端最低气温 −30℃，日最大温差 35.5℃。平均气压 60.59kPa，最高气压 61.67kPa，最低气压 58.80kPa，最大风速 30m/s，年平均蒸发量为 2222.7mm，相对湿度 43%，年日照时间约 2800h。

羊八井地热电站于 1977 年成功投产第一台 1000kW 的发电机组。经过 30 多年的开发建设，目前电站总装机容量已达 25MW。目前羊八井地热电站已开发的主要是浅层资源，而储藏于地表 1400m 以下的“大储量、高品质”的地热资源尚未开发，羊八井地热电站未来开发潜力巨大。

羊八井地热电站外形如图 4-98 所示。

图 4-98　羊八井地热电站外形图

经过几十年的运营，羊八井地热电站出现了结垢、腐蚀和热效率低等问题，地热资源的利用面临技术革新。

2. 1000kW 试验机组情况

羊八井地热电站第 1 台试验机组容量为 1000kW，汽轮机是利用四川内江电厂 2500kW 的废弃设备改造而成的，于 1977 年 10 月试运成功，采用单级扩容法热力系统。

（1）羊八井地热电站第 1 台试验机组 1000kW 机组主要技术参数。

地热井参数：地热水温度为 140～160℃、压力为 415.032～618.135kPa，流量为 75～100t/h。

汽轮机参数：型号为冲动凝汽式，设计容量 1000kW，进汽温度 145℃，进汽压力 415.817kPa，汽耗量 15t/h，蒸汽干度 99%，排汽压力 7.846～9.807kPa，转速 3000r/min，级数为 6 个压力级。

发电机参数：型号为 4H5060/2，容量为 2500kW，电压为 3150V。

（2）单级扩容法地热水发电原理。若把地热水送入密闭的容器中降压、扩容，则因水沸点与压力的关系可使温度不太高的地热水因压力降低而沸腾变成蒸汽。由于地热水降压蒸发的速度很快，是一种急闪蒸发过程，同时，地热水蒸发产生蒸汽时，其体积迅速扩大，所以该容器称为“扩容器”或“闪蒸器”。用这种方法产生蒸汽来发电称为扩容法地热水发电，这种方式是利用地热田热水发电的主要方式之一，该方式分单级扩容法系统和双级（或多级）扩容法系统。

扩容法系统的原理：将地热井来的中温地热汽、水混合物，先送到扩容器中进行降压、扩容（称为闪蒸），使其产生部分蒸汽，蒸汽经过分离器除去杂质（10μm 及以上）后，再引到常规汽轮机机发电。扩容后的地热水回灌地下或用于其他方面。第 1 台试验机组使用单级扩容法系统，该系统简单、投资低，但热效率较低（一般比双级扩容法系统低 20%左右），厂用电率较高，适用于中温（90～160℃）地热田发电。

（3）1 号试验机组的运行情况。

1 号试验机组自 1977 年 10 月试运行以来，最大稳定出力为 800kW。未达到设计出力的主要原因是地热井井下结垢使地热井热水流量减小所致。后经现场反复试验、摸索，1978 年试制成功空心机械通井器，消除了地热井的结垢问题，机组出力一直稳定在 1000kW，热效率约为 3.5%，厂用电率为 16%。

3. 2×3000kW 中间试验机组

总结羊八井 1 号试验机组试运成功的经验和教训后，1979 年国家决定建设羊八井 2×3000kW 机组，设计采用双级扩容法热力系统。

（1）3000kW 机组主要技术参数如下：

1）地热井参数。地热水温度为 140～160℃，压力为 415.032～618.135kPa，流量为 400～500t/h（多口井）。

2）汽轮机参数。汽轮机型号为双缸，冲动凝汽式，D3-1.7/0.5 型，青岛汽轮机厂生产，设计容量为 3000kW，第一级进汽压力为 166.719kPa，第一级进汽温度为 114℃，第二级进汽压力为 49.035kPa，第二级进汽温度为 81℃，汽耗量为 45.5t/h（一次汽为 22.7t/h，二次汽为 22.8t/h），蒸汽干度为 99%，排汽压力为 8.826kPa，转速为 3000r/min。

3）发电机组参数。发电机组型号为 QFD-3-2 型，容量为 3000kW，电压为 3150V，转速为 3000r/min；主厂房布置形式为纵向，头对头；汽机房跨度为 12m；汽机房柱距为 6m；汽机房总长度为 42m；汽机房轨顶高度为 12m；汽机房横向宽度为 30.6m；汽机房屋顶高度为 15.5m；厂热效率≥6%；厂用电率≤12%。

(2) 羊八井地热电站 3000kW 机组发电原理。羊八井 2×3000kW 电站两台机组采用双级扩容法系统，基本原理与单级扩容法系统相同，该系统用了双级扩容器，如图 4-99 所示。双级扩容法系统热效率较高（一般比单级扩容法系统高 20%），厂用电率较低，但系统复杂，投资较高，适用于中温（90～160℃）地热田发电。

(3) 2×3000kW 机组运行情况。羊八井 2×3000kW 电站两台机组分别于 1981 年和 1982 年相继投产，并一直满负荷稳定运行，向拉萨送电。根据实测，发电厂热效率达到和超过 6%；厂用电率保持在 12%以下；每吨地热水能发 10kWh 电，受到国内外专家和联合国计划开发署的高度赞誉。1984 年 2 月，羊八井地热电站 2×3000kW 机组工程的设计被评为国家优秀设计金奖。

1984 年，机组设计单机容量均为 3000kW 等级。现羊八井地热电站装机容量已达到 9 台，共 25.18MW，已累计发电 30×10^{8} kWh 左右，通过 110kV 线路送向拉萨。

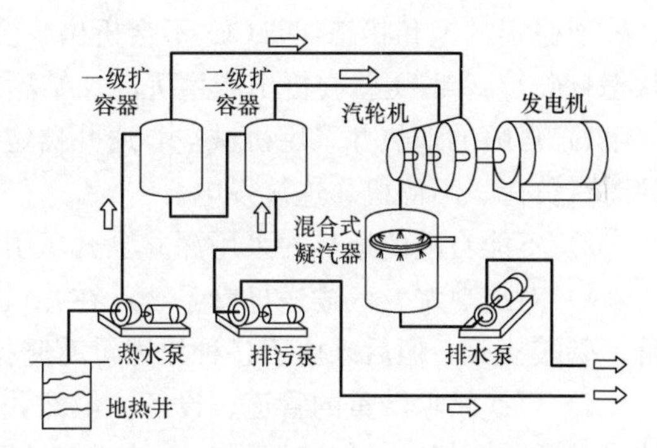

图 4-99 双级扩容法地热发电原理图

双级扩容法地热发电原理如图 4-99 所示。

4. 地热发电需研究的主要技术课题

(1) 汽-水两相流体介质的输送问题。目前国内、外大多数开发的地热田均属于中、低温地热田，而中、低温地热田中的地热水从井口中引出后，绝大部分是地热水（约占 96%），有少部分地热蒸汽（约占 4%）。要利用地热水中的水和蒸汽热能发电，同时要降低投资，这就需要解决好汽-水两相流体介质输送中的流动稳定、压力损失和结垢问题。

1) 流动的稳定性问题。当汽-水两相流体出现弹状流体时，流态不稳定；当汽-水两相流体出现环状流体或雾状流体时，流态是稳定体的。这是设计汽-水两相流体输送管必须考虑的重要因素。其次，设计中应尽量避免大于 6°倾角的上升管道设计，否则流态不稳定。

2) 压力损失问题。经实测和计算，汽-水两相流体的压力损失较大，为 107.877～166.719kPa/km，所以不宜长距离输送。对于面积较大的地热田，适宜一厂多站、分散建厂、短距离输送方案。

3) 管道结垢问题。累计近两年的通水试验表明：试验管道内壁有黑色氧化皮垢，厚度为 0.8mm。

(2) 地热田的腐蚀问题。地热流体中都含有一定数量的 H_2S 和 CO_2 等酸性气体和氯离子（羊八井地热田的 H_2S 含量为 0.12%，CO_2 为 0.17%），而 H_2S 是主要的腐蚀介质。这些酸性气体遇到水和空气中的氧时，腐蚀作用会加剧。地热电站腐蚀严重的部位集中于负压系统，如汽轮机排汽管、冷凝器和射水泵及管路；其次是汽封片、冷油器、阀门等。腐蚀速度最快的是射水泵叶轮、轴套和密封圈。未经处理的铸铁叶轮一般运行 3～6 个月就要更换，排汽管和射水管路一般运行 3 年就要更换。

目前采取的主要措施：在腐蚀的主要部件上涂防腐涂料，如环氧树脂或RTF涂料；采用不锈钢材质的设备及部件，如不锈钢射水泵、阀门、管道；提高射水系统水的pH，pH由5提高到6，使其接近中性。

(3) 地热田的环境污染问题。与燃煤电厂相比较，地热发电站是较为清洁的能源。但严格地讲，地热水和蒸汽中含有有害成分。如羊八井地热田的地热水中，H_2S为3～6mg/L，SiO_2为100～250mg/L，CO_2为5～10mg/L，硼酸为77.6mg/L。每天要用近万吨地热水发电，其有害成分的总量相当可观，对空气和水都存在一定的污染。目前解决污染的手段和办法都不多，如曾试验将废弃的一部分地热水向地下回灌，以减少对地表及河水的污染，保持地热田地下水位，延长地热田开采年限。但回灌技术要求复杂，且成本高，至今未大范围推广使用，这是需解决的问题。

(4) 地热田的结垢问题。羊八井地热电站1000kW机组投产以后，地热井结垢问题暴露出来，电站管道及设备也结垢，主要成分是$CaCO_3$。结垢的原因是：地热水在地下一定深度处于稳定的饱和状态，$CaCO_3$不会析出、沉淀。一旦地热水温度、压力发生变化（即稳定状态打破），$CaCO_3$就会析出产生沉淀、结垢。经试验研究，得出了消除地热水结垢的措施：

1) 自喷的地热井采用机械空心通井器定期、轮流通井除垢（一般1天1次），可做到通井时减负荷、不停机、连续发电。

2) 不能自喷的地热井采用深井泵升压引喷，使地热水不发生汽化，也就不会结垢。

3) 对地热水、汽输送母管系统，在井口加设加药泵，加入水质稳定剂，如低聚马来酸酐、磷酸盐等，但后来由于各种原因没有坚持；也用过盐酸等清洗输汽、疏水母管。

4) 更换结垢严重的管道、设备。虽然我国地热资源开发、利用起步较晚，且存在以上技术难题需要解决，但已取得较大的成绩。随着地热水的输送、防垢和热排水的回灌等问题的逐步解决，我们坚信西藏乃至全国的地热开发、利用一定会有美好的前景。

第六节　海洋能分布式供能系统

一、海洋能

太阳往地球辐射180×10^{12}kW的能量，而地球面积的70%是海洋，从地球诞生的43亿年前开始至今射入了庞大的能量，即储藏着巨大的能量。

在海洋中温藏着大量的能源，同样面积的海洋要比陆地多吸收10%～20%的太阳能热量，因为海洋的热容量比土层大2倍，比花岗岩大5倍，比空气大3100多倍，所以海洋在地球上吸收太阳能是最多的。

地球表面积约为5.1×10^8km^2，其中陆地表面积为1.49×10^8km^2，占29%；海洋面积达3.61×10^8km^2，以海平面计，全部陆地的平均海拔约为840m，而海洋的平均深度却为380m，整个海水的容积多达1.37×10^9km^3。一望无际的大海，不仅为人类提供航运、水源和丰富的矿藏，而且还蕴藏着巨大的能量，它将太阳能及派生的风能等以热能、机械能等形式蓄在海水里，不像在陆地和空中那样容易散失。

海洋能储存能量是海洋中的可再生能源，海洋通过各种物理过程接收、储存和散发能量，这些能量以潮汐、波浪、温度差、盐度梯度、海流等形式存在于海洋之中。

二、我国海洋能利用

与发达国家相比，我国海洋能开发利用在技术上虽然具备了一定的研究基础，但目前技术积累明显不足，距产业化发展还需要经过较长时间。目前，低水头、大容量、环境友好型技术已成为未来潮汐能技术发展的方向；波浪能技术日趋多样化，部分技术已具备产品化能力；潮汐能逐步向大型化发展，单机功率进一步扩大；温差能技术得到重视；盐差能技术已启动研究。

根据《可再生能源发展"十二五"规划》，"十二五"期间，我国在具备条件的地区，建设1～2个万千瓦级潮汐能电站和若干个潮流能并网示范电站。目前我国共有潮汐电站9座，总装机容量6500kW，独立研建了装机容量为3900kW的江厦潮汐实验电站，它是我国第一座潮汐能双向发电站；先后建设了70kW浮漂式、40kW座底式两座垂直的潮流实验电站和100kW振荡水柱式、30kW摆式波浪能发电试验电站等示范项目。

三、海洋能特点及种类

（一）海洋能特点

（1）海洋能在海洋总水体中的蕴藏量巨大，但能量密度小，也就是说，要想得到大能量，就得从大量的海水中获得。

（2）海洋能具有可再生性。海洋能来源于太阳辐射能与天体间的万有引力，只要太阳、月球等天体与地球共存，这种能源就会再生，就会取之不尽、用之不竭。

（3）海洋能有较稳定的温度差能、盐度差能和海流能。不稳定能源分为变化有规律与变化无规律两种。

（4）不稳定但变化有规律的有潮汐能与潮流能。人们根据潮汐潮流变化规律，编制出各地逐日逐时的潮汐与潮流预报，预测未来各个时间的潮汐大小与潮流强弱。潮汐电站与潮流电站可根据预报表安排发电运行。既不稳定又无规律的是波浪能。潮汐能源有规律可循，是取之不竭的可再生资源，开发规模大小均可。利用潮汐能获取能量的最佳手段尚无共识，大型项目可能会破坏自然水流、潮汐和生态系统。

（5）海洋能属于清洁能源，也就是说，海洋能一旦开发后，其本身对环境污染影响很小。

（二）海洋能种类

海洋能指蕴藏于海水中的各种可再生能源，包括潮汐能、波浪能、海流能、海水温差能、海水盐度差能等。这些能源都具有可再生性和不污染环境等优点，是一项亟待开发利用的具有战略意义的新能源。

四、潮汐能发电系统

汹涌澎湃的大海，在太阳和月亮的引潮力作用下，时而潮高百丈，时而悄然退去，留下一片沙滩。海洋这样起伏运动，夜以继日，年复一年，是那样有规律，那样有节奏，好像人在呼吸。海水的这种有规律的涨落现象就是潮汐。

潮汐发电的原理是海水时进时退，海面时涨时落，海水的这种自然涨落现象就是潮汐，涨潮时由月球的引潮力可使海面升高0.246m，在两者的共同作用下，潮汐的最大潮差为

8.9m；北美芬迪湾蒙克顿港最大潮差竟达 19m。据计算，世界海洋潮汐能蕴藏量约为 27×10^{8}kW，若全部转换成电能，每年发电量大约为 1.2×10^{12}kWh。

潮汐能发电仅是海洋能发电的一种，但是它是海洋能利用中发展最早、规模最大、技术较成熟的一种。现代海洋能源开发主要就是指利用海洋能发电。利用海洋能发电的方式很多，其中包括波力发电、潮汐发电、潮流发电、海水温差发电和海水含盐浓度差发电等，而国内外已开发利用的海洋能发电主要是潮汐发电。由于潮汐发电的开发成本较高和技术上的原因，因此发展不快。

潮汐发电与水力发电的原理相似，它是利用潮水涨、落产生的水位差所具有势能来发电的，也就是把海水涨、落潮的能量变为机械能，再把机械能转变为电能（发电）的过程。具体地说，潮汐发电就是在海湾或有潮汐的河口建一拦水堤坝，将海湾或河口与海洋隔开构成水库，再在坝内或坝房安装水轮发电机组，然后利用潮汐涨落时海水位的升降，使海水通过汽轮机转动水轮发电机组发电。

由于潮水的流动与河水的流动不同，它是不断变换方向的，这就使得潮汐发电出现了不同的形式，如单库单向型，只能在落潮时发电；单库双向型，在涨、落潮时都能发电；双库双向型，可以连续发电，但经济上不合算，未见实际应用。潮汐电站发电原理如图 4-100 所示。

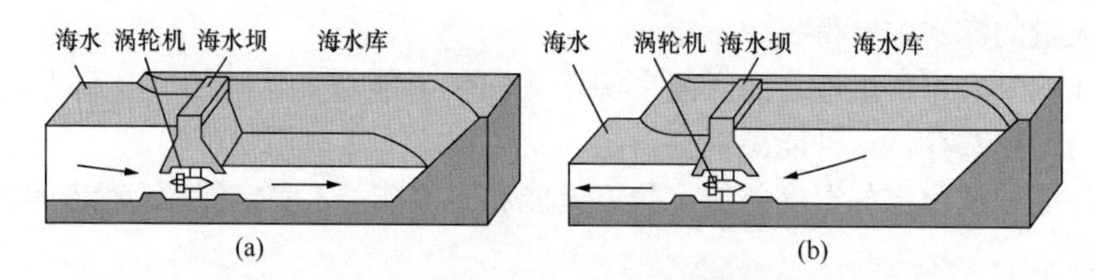

图 4-100　潮汐电站发电原理图

（a）涨潮时发电示意图；（b）落潮时发电示意图

潮汐发电与普通水力发电类似，通过海湾水库，在涨落潮时利用高、低潮位之间的落差，推动水轮机旋转，带动发电机发电。

潮汐发电就是利用海洋能的一种重要方式。据初步估计，全世界潮汐能约有 10×10^{8}kW，每年可发电（2～3）$\times10^{12}$kWh。我国的海岸线长度达 18000km，据 1958 年普查结果估计，至少有 28000MW 潮汐电力资源，年发电量最低可达到 700×10^{8}kWh。

据估计，我国仅长江口北支就能建 80×10^{4}kW 潮汐电站，年发电量为 23×10^{8}kWh，接近新安江和富春江水电站的发电总量；钱塘江口可建 500×10^{4}kW 潮汐电站，年发电量约 180×10^{8}kWh，约相当于 10 个新安江水电站的发电能力。

1980 年 5 月 4 日，我国温岭江厦潮汐试验电站第一台机组并网发电，揭开了我国较大规模建设潮汐电站的序幕；1985 年底，电站基本建成；2007 年 9 月，代表国内最高技术水平的新型潮汐发电机组 6 号机组投产运行。至此，电站总装机容量提高至 3900kW，年发电量约为 720×10^{4}kWh。温岭江厦潮汐电站如图 4-101 所示。

早在 12 世纪，人类就开始利用潮汐能，法国沿海布列塔尼省就建起了“潮磨”，利用潮汐能代替人力推磨。随着科学技术的进步，人们开始筑坝拦水，建起潮汐电站。

1966 年，法国在布列塔尼省建成了世界上第一座大型潮汐发电站——朗斯潮汐电站，

图 4-101　温岭江厦潮汐电站

该电站规模宏大，大坝全长 750m，坝顶是公路，平均潮差 8.5m，最大潮差 13.5m，发电能力为 240MW，每年发电量为 5.44×10^{8}kWh。法国朗斯潮汐电站如图 4-102 所示。

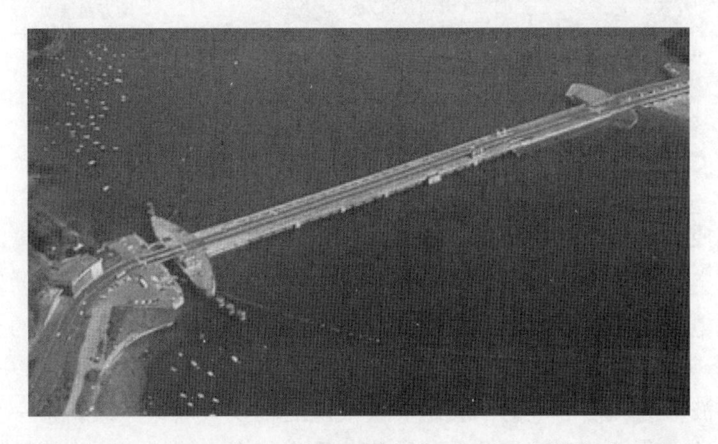

图 4-102　世界上第一座大型潮汐电站——法国朗斯潮汐电站

目前，世界上最大的潮汐电站——韩国始华湖潮汐电站，大坝全长 15.09km，潮差为 7.2m，坝顶是公路，发电能力为 254MW，每年发电量为 5.52×10^{8}kWh。韩国始华湖潮汐电站如图 4-103 所示。

图 4-103　世界上最大的潮汐电站——韩国始华湖潮汐电站

五、波浪能发电系统

波浪能（Wave Powe）是指海洋表面波浪所具有的动能和势能。波浪能是海洋能源中能量最不稳定的一种能源。台风导致的巨浪，其功率密度可以达到每平方米迎波面数千瓦，而波浪能丰富的欧洲北海地区，其年平均波浪功率也仅为20～40kW/m。

“无风三尺浪”是奔腾不息的大海的真实写照。海浪有惊人的力量，5m高的海浪，每平方米压力就有10t。大浪能把13t重的岩石抛至20m高处，能翻转1700t重的岩石，甚至能把上万吨的巨轮推上岸去。波浪发电，海浪蕴藏的总能量大得惊人。据科学家推算，地球上海浪中蕴藏着的能量相当于90×10^{12}kWh的电能。

波浪发电原理如图4-104所示。

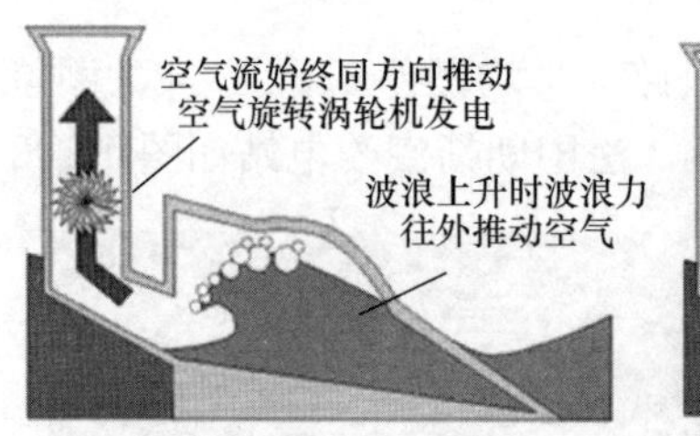

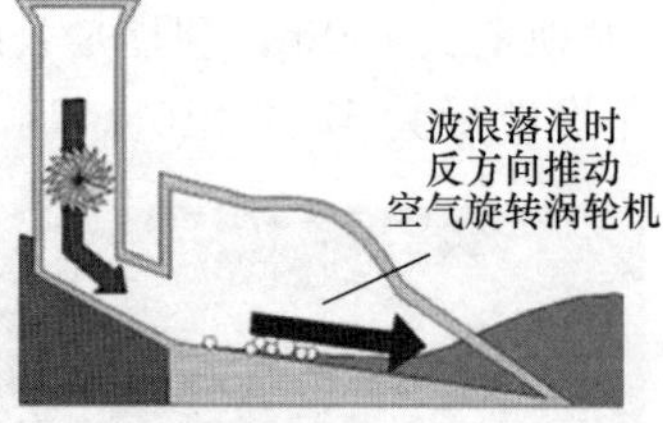

图4-104　波浪发电原理图

波浪发电的原理主要是将波力转换为压缩空气来驱动空气透平发电机发电。当波浪上升时将空气室中的空气顶上去，被压空气穿过正压水阀室进入正压气缸并驱动发电机轴伸端上的空气透平使发电机发电，当波浪落下时，空气室内形成负压，使大气中的空气被吸入气缸并驱动发电机另一轴伸端上的空气透平使发电机发电，其旋转方向不变。

波浪发电将波浪能转换为电力的技术。波浪能的转换一般有三级。第一级为波浪能的收集，通常采用聚波和共振的方法把分散的波浪能聚集起来。第二级为中间转换，即能量的传递过程，包括机械传动、低压水力传动、高压液压传动、气动传动，使波浪能转换为有用的机械能。第三级转换又称为最终转换，即由机械能通过发电机转换为电能。波浪发电要求输入的能量稳定，必须有一系列稳速、稳压和蓄能等技术来确保，它同常规发电相比有着特殊的要求。利用波浪发电，必须在海上建造浮体，并解决海底输电问题；在海岸处需要建造特殊的水工建筑物，以利于收集海浪和安装发电设备。波浪电站与海水相关，各种装置均应考虑海水腐蚀、海生物附着和抗御海上风暴等工程问题，以适应海洋环境。1978年日本开始试验“海明号”消波发电船。1985年挪威在奥伊加登岛建成500kW的岸式振荡水柱波浪发电站和350kW收缩水道水库式波浪电站向海岛供电。我国在广东汕尾建设的100kW振荡水柱式波浪发电站也已经通过验收，存在的问题也逐步得到改进。

2014年2月美国航天航空制造巨擘洛克希德-马丁和澳大利亚 Victorin Wave Patners 公司签署了合作协议，将在澳大利亚维多利亚港南部海岸4.8km处，打造全球最大波浪能项目，该项目得到了澳大利亚可再生能源机构（Australian Renewable Energy Agency，ARENA）的大力支持，拥有25亿美元可再生能源资金额度的ARENA，将为该项目提供资金支持，旨在帮助澳大利亚实现2020年可再生能源发电比20%的目标。澳大利亚是全球最大的波浪能资源国之一，该国西南海岸城市、第二大港口杰拉尔吨和该国唯一岛州塔斯马尼亚南端之间的海域波涛汹涌，所蕴藏的波浪估计是澳大利亚全国总电力需求量的5倍。

我国陆地海岸线长达18000km，大小岛屿6960多个。台湾及福建、浙江、广东等沿海沿岸波浪能的密度可达5～8kW/m。

六、海流能发电系统

海流能发电是利用朝着一个方向持续不断流动的巨大海水流推动水轮机发电。海面风力吹袭和不同海域海水密度不同会引起海水自然流动，形成海流，海流具有相当的长度、宽度、深度及一定的流速，蕴藏着巨大能量。著名的太平洋“黑潮暖流”的流量相当于世界河流总流量的20倍。中国海域有风海流、密度流、沿岸流、深海流等，沿海岸海流能量为（5～10）$\times 10^4$MW。

与一般水力发电原理相似，海流能发电是以海水为工作介质推动水轮机，将海水动能转换成机械能再发电。海流发电尚处于试验阶段，20世纪80年代已有一种花环式海流发电站，是把海流发电装置浮建在沿岸海面，用钢索和锚固定，供海岸灯塔和导航用电。

七、海洋温差发电系统

（一）海洋温差发电及其原理

海洋温差发电（Ocean Thermal Energy Conversion，OTEC）是利用可再生能源发电，与地热发电一样，具有稳定性、安全性、运行率高，同时与海洋深层水等海洋资源综合利用。

海洋温差发电原理如图4-105所示。

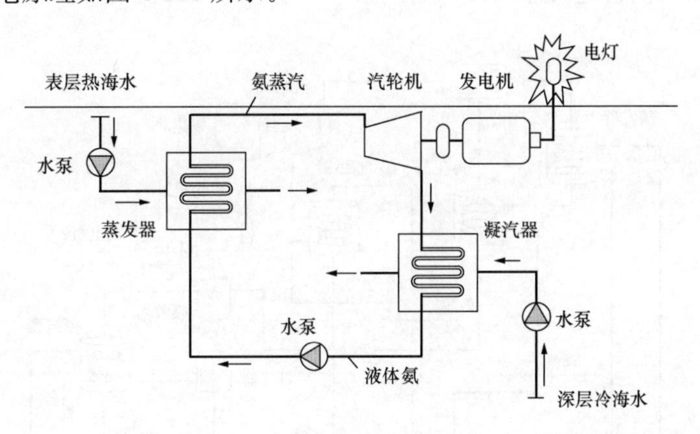

图4-105 海洋温差发电原理图

如图4-105所示，海洋温差发电主要设备有蒸发器、凝汽器、汽轮机、发电机、水泵等，将这些设备用管道连接起来，驱动介质为氨、氟利昂等。将液态介质用泵送入蒸发器，在此氨液被海表面热海水加热为蒸汽，被加热的氨蒸汽驱动汽轮发电机组发电，做功后的蒸汽进入凝汽器被深层冷海水冷却之后，再进行重复循环。

海水温差能是指利用表层海水和深层海水之间水温差的热能，是海洋能的一种重要形式。低纬度的海面水温较高，与深层冷水存在温度差，从而储存着温差热能，其能量与温差的大小和水量成正比。海洋温差发电可以建设兆瓦级的，经济性与发电系统规模效益有关，

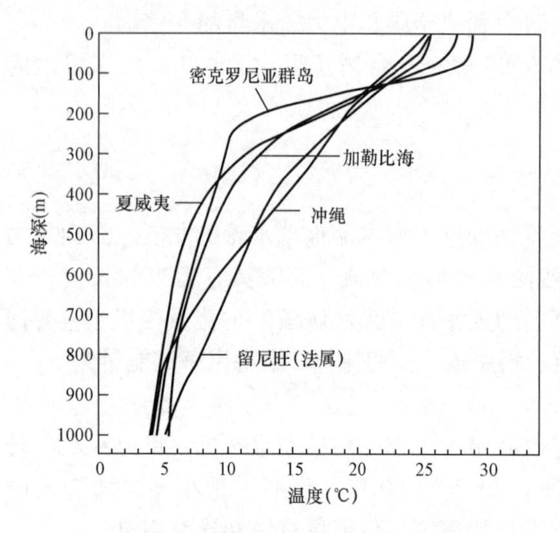

图 4-106 典型的海域海水温度分布图

一般认为建设规模超过 1MW，则经济上是合适的。

在海洋表面和 600～1000m 深处，其温差可达 10～25℃，其能量是很大的。典型的海域海水温度分布如图 4-106 所示。

（二）海洋温差发电方式

1. 上原循环

1994 年上原教授发明的上原循环海洋温差发电原理如图 4-107 所示。上原循环海洋温差发电效率达到 4%～5%。

如图 4-107 所示，上原循环流程如下：

（1）氨/水混合物质作为工作介质，工作介质用介质泵 2，通过再生器送入蒸发器。

（2）用温海水泵将表层温水送入蒸发器，则氨混合液蒸发成氨混合蒸汽，该蒸汽是饱和蒸汽，再通过汽液分离器，分离出液体之后，氨/水混合蒸汽进入汽轮机 1，驱动涡轮发电，从涡轮出来的做过功的一部分蒸汽变抽汽，进入加热器，其余的进入汽轮机 2，继续发电。

（3）在分离器分离出的氨水通过再生器之后，经减压进入吸收器，在此吸收从汽轮机 2 排出来的混合蒸汽，进入冷凝器，被深层冷海水冷却凝结，变为液体，这样驱动介质泵 1 送入加热器、再生器，重新进入蒸发器，依次循环。

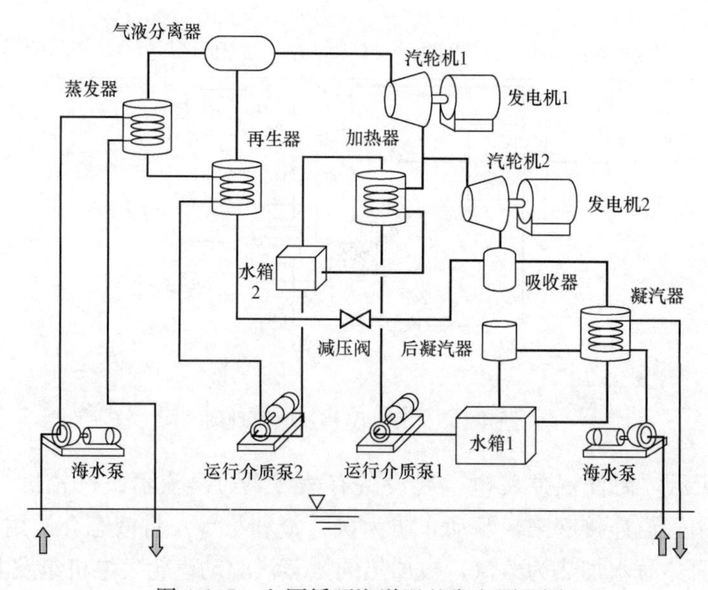

图 4-107 上原循环海洋温差发电原理图

（4）这样经过反复循环，可实现海水发电。

2. 兰金循环

海洋温差发电热力循环采用兰金循环，其实际热效率约为 2.5%。根据所用工作介质及流程的安排，分为闭式、开式和混合式循环。海洋温差发电还有可能采用其他热力循环，如雾滴（或泡沫）提升循环或全流循环，还可采用热电效应发电。

（1）闭式循环。闭式循环是使用低沸点物质，如氨、氟利昂等作为工作介质，在一封闭回路中完成兰金循环。其特点是：系统处于正压下，工作介质蒸汽密度大，体积流量小，通流部分尺寸不大。但其蒸发器和凝汽器须用表面式换热器，体积巨大，消耗大量金属，维护困难。闭式循环示意图如图 4-108 所示。

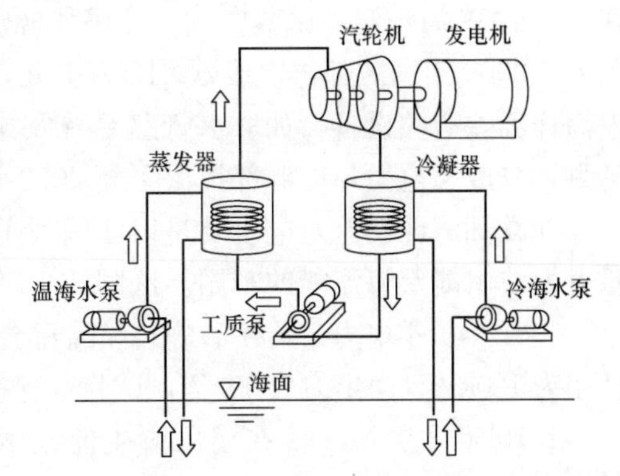

图 4-108　闭式循环示意图

（2）开式循环（闪蒸法或扩容法）。开式循环以水为工作介质，凝结水不返回循环中。其闪蒸器和凝汽器可使用混合式换热器，结构简单，维护方便。若用表面式凝汽器，则可副产淡水。但低温水蒸气饱和压力极低，质量体积巨大，通流部分尺寸过大。开式循环示意图如图 4-109所示。

（3）混合式循环。混合式循环基本与闭式循环相同，但用温海水闪蒸出来的低压蒸汽来加热低沸点工作介质。混合式循环示意图如图 4-110 所示。

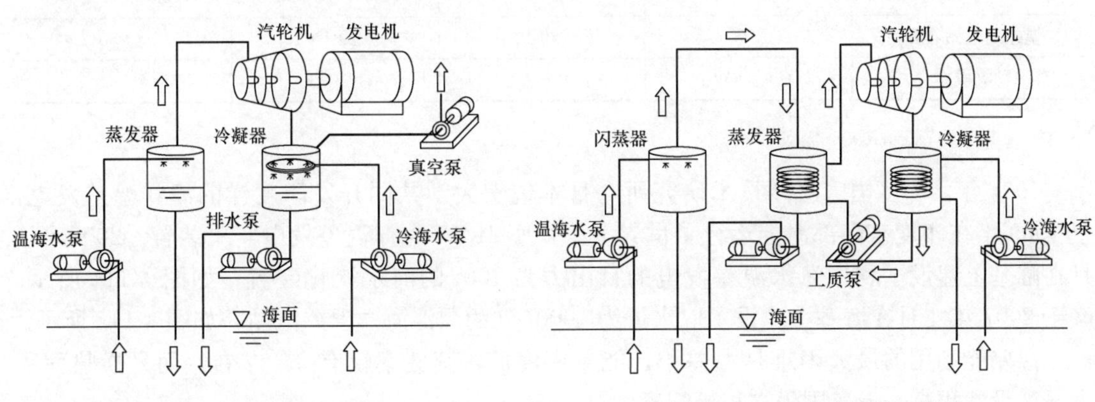

图 4-109　开式循环示意图

图 4-110　混合式循环示意图

3. 海洋温差电站建设

海洋温差电站可分为陆基电站和漂浮电站。陆基电站主设备可以布置在岸边，后者布置在海上漂浮。

离岸 5km 内水深达千米、温差达 18℃的海岸，可建立陆基电站。深海冷水取水管是其关键工程问题。漂浮电站分为向陆上送电型和就地生产能量密集产品型。受电缆送电经济距离限制，供电型电站一般认为负荷中心离岸不得超过 100km。离岸 30km 以上时，最好采用直流输电。

（三）海洋温差发电的发展

温差能的主要利用方式为发电，127 年前，法国物理学家阿松瓦尔首次提出利用海水温差发电的设想，1926 年阿松瓦尔的学生克劳德试验成功了海水温差发电。1973 年能源危机时，以美国为首的一些国家大力推进海洋能温差发电，并于 1979 年在夏威夷建造了第一座

“MINI-OTEC” 50kW 试验海洋能温差发电站，净功率达 15kW。但后来油价大跌进入停滞期，进入 2000 年之后，能源政策改变，美国又开始重视海洋能温差发电，2008 年在夏威夷建设 10MW 海洋温差试验电站，美国能源部及国防部参与支持，2008 年能源部拨款 120 万美元，2009 年国防部再次拨款 812 万美元，2010 年能源部对海洋温差发电进行补助金，开发海洋温差有关设备，如取水管路系统及换热器等。夏威夷州的 OTEC 根据可再生能源的计划，夏威夷电力与能源部提出了至 2030 年为止装机 365MW 为目标。

在欧洲海洋温差发电主要是以法国为主进行的，法国主要从事海洋温差发电，而英国着重开发波浪能及海流能的利用。法国 2015 年海洋温差发电装机容量达到 10MW。

1981 年日本电力公司在瑞鲁共和国建造了一座全岸基的闭式循环电站，并投入运行输出功率为 120kW，净出力为 30kW，试验运行一年。在日本国内已经有 50kW 的温差试验电站。

2010 年日本 NEDO 在《可再生能技术白皮书》，提出了海洋温差发电的发展路线图，其主要内容见表 4-42。

表 4-42　　日本海洋温差发电目标

项目	单位	规划年限		
		2015 年	2020 年	2030 年
培育优良企业，加强国际竞争力	—	1MW 实验电站	促进商业化运行	电站出力大型化，扩大国际市场竞争力
温差发电站容量	MW	约 1	约 10	约 50
发电成本	日元/kWh	40～60	15～25	8～13

注　1 日元约等于 0.0096 美元。

1997 年，印度国家海洋技术研究所与日本佐贺大学共同开发印度洋的海洋温差发电，于 1999 年在印度东南部海上运行了世界上第一座 1MW 海洋温差发电实验装置。2005 年 6 月在陆基上建设了利用海水温差发电的日出力为 100t 的海水淡化装置，如图 4-111 所示。又于 2007 年 4 月在海基上建设了取水量为 1000t/d 的漂浮海洋温差电站，如图 4-112 所示。

温差能利用的最大困难是温差小，能量密度低，其效率仅有 3%左右，而且换热面积大，建设费用高，但各国仍在积极探索中。

海洋温差能（也称为海洋热能）十分稳定，无明显的昼夜变化，可开发量巨大，不需储能装置即可提供基本负荷所需电力。

图 4-111　印度利用海水温差发电在陆基上建设的日出力为 100t 的海水淡化装置

海洋温差发电的优点是不会排放二氧化碳，可以获得淡水，因而有可能成为解决全球变暖和缺水的 21 世纪最大环境问题的有效手段之一。

海洋温差电站可分为陆基电站和漂浮电站。离岸 5km 内水深达千米、温差达 18℃的海岸，可建立陆基电站。深海冷水取水管是工程关键问题。漂浮电站分为向陆上送电型和就地生产能量密集产品型。受电缆送电经济距离限制，供电型电站负荷中心离岸一

图 4-112　印度在海上建设的取水量 1000t/d 的漂浮海洋温差电站

般不得超过 100km。

海洋温差电站对环境无不良影响，大规模开发时则需考虑对气候可能产生的影响。由于它可将深海富营养盐类的海水抽到上层来，将有利于海洋生物的生长繁殖。海洋温差电站的经济性还不能与燃气、燃油电站相竞争，但它是可再生能源发电中较有潜力的方式之一。若将发电、海水养殖及供应淡水结合起来综合开发，则可取得更好的经济效果。对边远的海岛，开发海洋温差能，当前在经济上是有利的。

（四）海洋资源综合利用提高经济性

一般深为 200m 以上的海水称为深层海水，这种深层海水的特点如下：

（1）无机营养盐类丰富。

（2）含有地球上存在的稀有金属。

（3）无细菌，清洁。

（4）水温常年低，并稳定。

海水温差发电综合利用示意如图 4-113 所示。

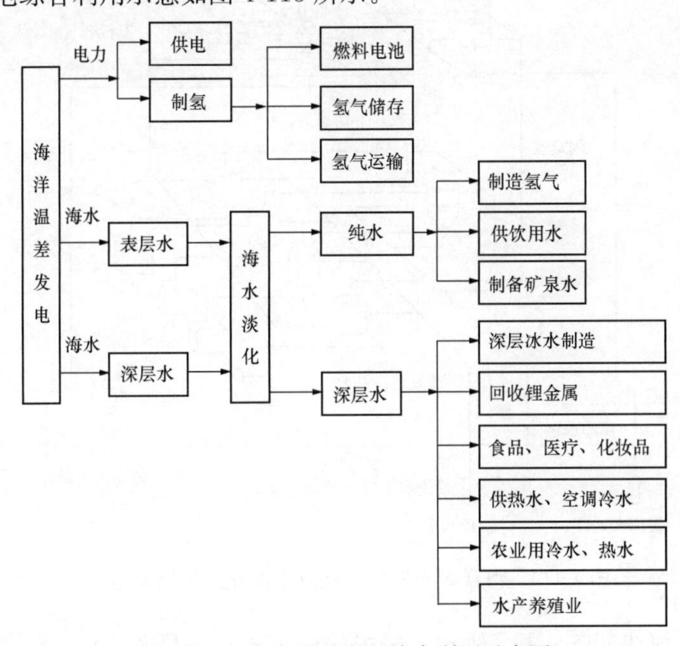

图 4-113　海水温差发电综合利用示意图

总之，海洋深层水具有低温、稳定性、营养丰富、清洁，不仅可以用于发电，而且可以用于食品、饮料、医药、渔场，利用深层海水，可以与海洋温差发电、海水淡化、海水制氢、从海水回收锂等综合利用。

海洋温差发电的经济性（即发电成本）与设置区域海洋温差、季节变动性、设置形式、海底地形、送电方式等各种因素有关。所以，不能简单地下结论说经济是否是困难的。《海洋能源资源利用推进机构》（OEA-J）认为对数百千瓦以下的海洋温差发电而言，很难谈得上其经济性。所以，不仅可以利用海洋温差发电，而且可以采用多种海洋能综合利用方式，如深层水的利用、海水淡化、海水制氢等来发电。

同时，1000kW 规模的海洋温差发电可以与太阳能光伏发电、风能发电等综合利用，采用多种能源互补系统不仅能提高海洋温差发电的经济性，同时也能提高太阳能、风能利用的稳定性、安全性。

海洋温差发电站和海水淡化站管路示意图如图 4-114 所示。海水深层水入口温度为 5℃，温海水温度为 28℃，淡水生产量为 10000t/d，管道尺寸如下：

（1）温海水取水管内径为 4m，长度为 200m。

（2）冷海水取水管内径为 4m，长度为 800～1000m。

（3）发电站运行介质内径管道为 2m，长度为 50～70m。

（4）海水管内径为 2～3m，长度为 50～100m。

（5）管道流量控制阀必须按压力损失为最小来选择。

在设计中，为了提高管道效率，采用以管道尺寸选择最佳，各设备的性能为最大化，而管道压力损失为最小化的原则。

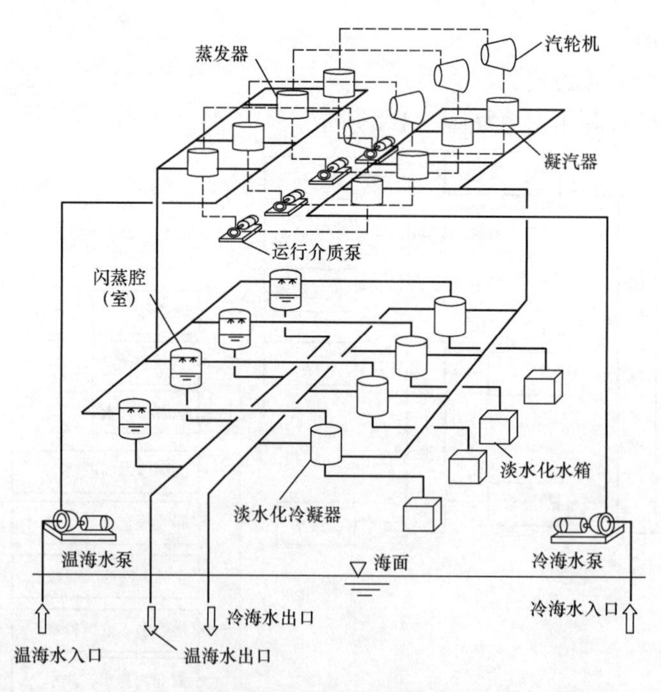

图 4-114　海洋温差发电站和海水淡化站管路示意图

海水淡化装置模块如图 4-115 所示。海水深层水入口温度为 5℃，温海水温度为 28℃，淡水生产量为10000t/d，管道尺寸如下：

（1）温海水取水管内径为4m，长度为200m。

（2）冷海水取水管内径为4m，长度为800～1000m。

（3）发电站运行介质管道内径为2m，长度为50～70m。

（4）海水管内径为2～3m，长度为50～100m。

（5）管道流量控制阀必须按压力损失为最小来选择。

在设计中，为了提高管道效率，采用以管道尺寸选择最佳，各设备的性能为最大化，而管道压力损失为最小化的原则。

联合国SIDS（岛屿发展中国家组织）在能源缺乏、缺水、缺粮食的马绍尔群岛建设了综合性海洋温差发电站。该电站计划发电容量为10MW，海水淡化量为2000t/d。该电站计划图如图4-116所示。

图4-115　海水淡化装置模块图

图4-116　海上漂浮型（半潜水型）综合性海洋温差电站

第七节　热泵分布式供能系统

一、热泵原理及其特点

所谓热泵是把热能从低温提高到高温的技术。热泵是将低（温）位能提升到高（温）位能的设备，即热泵是热能提升设备。作为自然界的现象，正如水由高处流向低处那样，热量也总是从高温流向低温。但人们可以利用机器，如同采用水泵把水从低处提升到高处那样，采用所谓“热泵”可以把热量从低温抽吸到高温。所以，热泵实质上是一种热量提升装置，它本身消耗一部分能量，把环境介质中贮存的能量加以挖掘，提高温度，即提高品位利用，而整个热泵装置所消耗的功仅为供热量的1/3或更低，这也是热泵的节能特点。热泵与制冷的原理、系统设备组成及功能是一样的，蒸气压缩式热泵（制冷）系统主要由压缩机、蒸发器、冷凝器和节流阀组成。

当供暖时，热泵吸收室外热能送到室内达到供暖的目的，而当供冷时，吸收室内热量排到室外达到冷却室内的目的。根据热（冷）源不同，热泵有水源热泵、气源热泵、地源热泵。热泵热源可以利用城市废气、废水、污水的余热（河水、地下水、海水、污水等）。

热泵需要驱动动力，即需要通过消耗电能或者热能来驱动。热泵根据驱动方式可分为电动压缩式热泵和溴化锂吸收式热力热泵。电动压缩式热泵用 1kWh 的电能获得 3～5kWh 的热（冷）能，溴化锂吸收式热泵用 1kWh 的热能获得 0.8～1.8kWh 的热（冷）能。所以热泵是节约能源的电（热）能转换为热能的设备，具有安全可靠、无污染、能耗低等优点。

所以，在可再生能源利用中，热泵起着重要作用，可以把低温热源（如河水、湖水、海水、废水、废气、大气）温度提升到高温热源，冬季用于供暖，夏季可以用于空调，全年可以用于热水供应。

二、电动压缩式热泵系统

电动压缩式热泵机组主要由蒸发器、压缩机、冷凝器和膨胀阀 4 部分组成，通过让工作介质不断完成蒸发（吸取环境中的热量）→压缩→冷凝（放出热量）→节流→再蒸发的热力循环过程，从而将环境中的热量转移到水或其他介质中。

电动热泵原理示意图如图 4-117 所示。

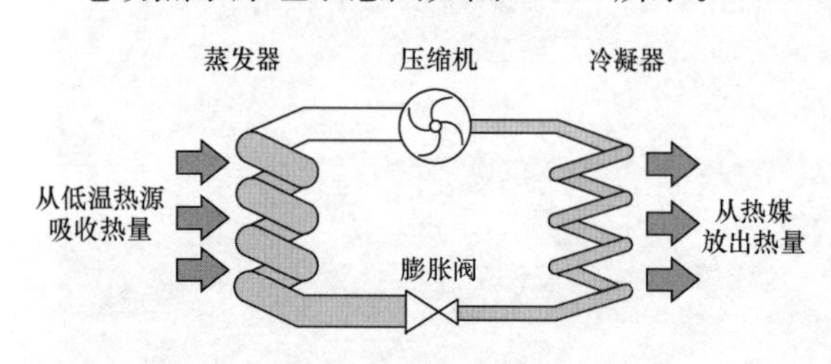

图 4-117 电动热泵原理图

热泵工作介质（如氟利昂）在压缩机的驱动下，在压缩机→冷凝器→膨胀装置→蒸发器几个主要部件中循环运动。工作介质的热力性质决定了蒸发器中的工作介质温度可以保持在 2℃（称为蒸发温度）左右，而冷凝器中则为 60℃（称为冷凝温度）左右。水源的温度虽然在冬季可能仅为 11℃，但却可以作为热泵系统的热源，因为当将它引入温度为 2℃的蒸发器时，它必然经过蒸发，把自身中的热能（称为内能）交给机组，温度降低到 6℃左右排放出去。获取了水源热能的工作介质被压缩机压缩到 60℃左右，在冷凝器中加热来自建筑物的系统循环水，由该水将热量带到建筑物的散热设备中。

蒸发器、冷凝器根据循环工作介质与环境换热介质的不同，主要分为空气换热和水换热两种形式。这样热泵根据环境换热介质的不同，可分为水-水式，水-空气式，空气-水式，和空气-空气式共 4 类。热泵根据热源不同分为空气源热泵、水源热泵、地源热泵、复合热泵。热泵根据其冷热源的性质来分，热泵系统可分为空气源热泵和水源热泵两大类，地源热泵属于水源热泵的一种。

（一）污水热泵

污水热泵属于水源热泵，利用热泵可以回收污水中的余热。

利用污水余热的热泵供热系统示意图如图 4-118 所示。

污水处理厂处理达标后的排放水（称为中水）温度约为 12℃，中水进入热泵的蒸发器，其余热由制冷剂带走，将中水温度降低到温 7℃之后排出。带着余热的制冷剂被压缩机压缩、膨胀，然后进入到冷凝器，由蒸发器吸收的热量，到热泵的冷凝器进行凝结而放热。供

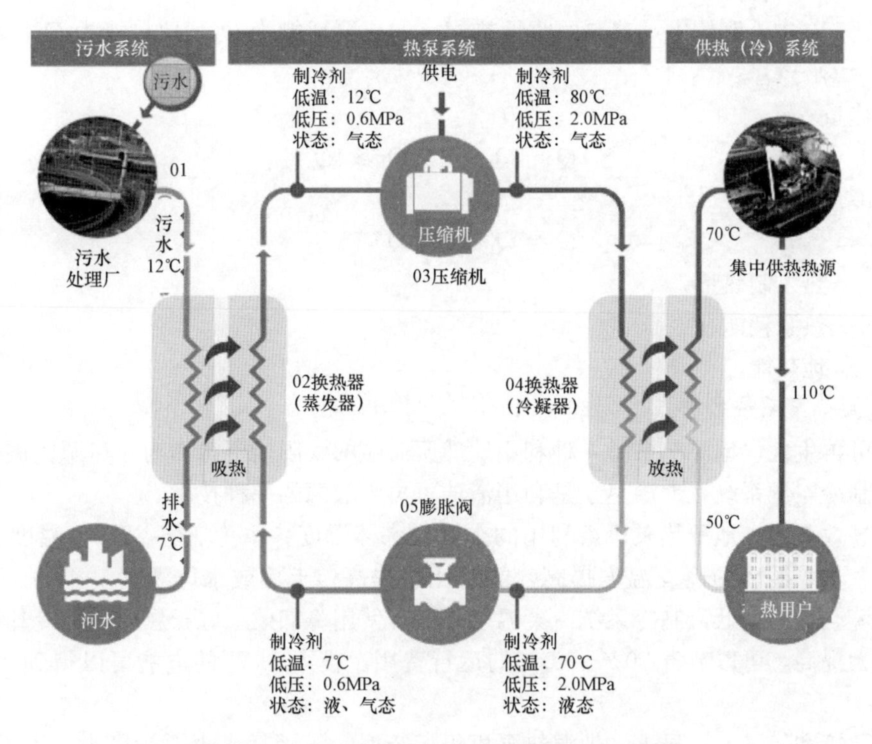

图 4-118　利用污水余热的热泵供热系统示意图

热系统 50℃的回水进入热泵，由热泵冷凝器加热到 70℃送入热源站，可以直接供给热用户，也可以再进入热网加热器，进一步提高温度到 110～120℃，供给大型热网系统利用。

（二）地源热泵空调系统

1. 地源热泵基本原理

地源热泵是利用地球表面浅层水源（如地下水、河流和湖泊）和土壤源中吸收的太阳能和地热能，并采用热泵原理，既可供热又可制冷的高效节能中央空调系统。热泵是利用卡诺循环和逆卡诺循环原理转移冷量和热量的设备。地源热泵通常是指能转移地下土壤中热量或者冷量到所需要的地方的设备。通常热泵都是为空调制冷或者供暖用的。地源热泵还利用了地下土壤巨大的蓄热、蓄冷（热）能力，冬季地源热泵把热量从地下土壤中转移到建筑物内，夏季再把地下的冷量转移到建筑物内，一个年度形成一个冷热循环。

地源热泵供热（冷）原理如图 4-119 所示。

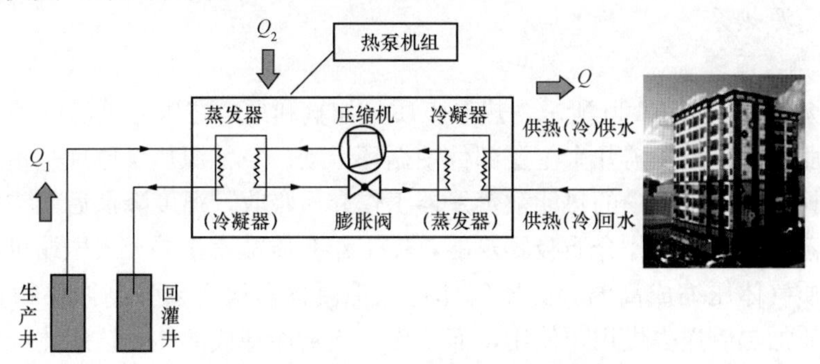

图 4-119　地源热泵供热（冷）原理图

在图 4-119 中，利用电动热泵回收地热能，如热泵耗能为 Q_2，地热能为 Q_1，则热泵回收热能 $Q = Q_1 - Q_2$。

冬季：制热量

$$Q = Q_1 - Q_2, Q \geqslant 4Q_2 \tag{4-7}$$

夏季：制冷量

$$Q = Q_1 - Q_2, Q \geqslant 5Q_2 \tag{4-8}$$

式中 Q——热泵制热量；

Q_2——热泵耗能；

Q_1——地热能。

2. 地源热泵系统的特点

（1）可再生性。地源热泵是一种利用地球所储藏的太阳能资源作为冷热源，进行能量转换的供暖制冷空调系统，地源热泵是利用清洁可再生能源的一种技术。

（2）高效节能。地源热泵机组利用的土壤或水体温度冬季为 12～22℃，温度比环境空气温度高。热泵循环的蒸发温度提高，能效比也提高；土壤或水体温度夏季为 18～32℃，温度比环境空气温度低，制冷系统冷凝温度降低，使用冷却效果好于风冷式和冷却塔式，机组效率大大提高，可以节省 30%～40%的运行费用。投入 1kW 的电能可以得到 4kW 以上的热量。

（3）环境和经济效益显著。地源热泵机组运行时，不消耗水也不污染水，不需要锅炉、冷却塔，也不需要堆放燃料废物的场地，环保效益显著，比电供暖、燃气锅炉供暖效率高得多。

（4）一机多用，应用范围广。地源热泵系统可制热、制冷，还可提供生活热水，一机多用，一套系统可以替换原来的锅炉加空调的两套装置或系统。特别是对于同时有供热和供冷要求的建筑物，地源热泵有较明显的优势。地源热泵可应用于宾馆、居住小区、公寓、厂房、商场、办公楼、学校等建筑，小型的地源热泵更适合别墅住宅的供暖、制冷。

（5）全自动运行。地源热泵机组由于工况稳定，系统可以设计得较简单；机组运行可靠，维护费用低；自动控制程度高，使用寿命长。

3. 用途

地源热泵的地热能一年四季相对稳定，冬季用作供暖，夏季用作空调，全年可以实现热水供应，所以无论是严寒、寒冷地区，还是热带地区，均可以广泛地使用。地源热泵可用于办公楼、住宅、别墅、学校、医院、饭店、宾馆、商场等。

（三）空气源热泵

1. 空气源热泵原理

空气源热泵原理如图 4-120 所示，热泵工质（如氟利昂）在压缩机的驱动下，从压缩机→冷凝器→膨胀装置→蒸发器几个主要部件中循环运动。空气源热泵原理是室外空气进入蒸发器进行热交换，室外空气中的热能被蒸发器工作介质吸收，温度降低后的空气被风扇排出系统，同时，蒸发器内的工作介质吸收热能，使工作介质被汽化并吸入压缩机，压缩机将这种低压工作介质气体压缩成高温、高压气体送入冷凝器，被水泵强制循环的水也通过冷凝器，被工作介质加热后送去供用户使用，而工作介质被冷却成液体，该液体经膨胀阀节流降温后再次流入蒸发器，如此反复循环工作，空气中的热能被不断“泵”送到水中，使保温水

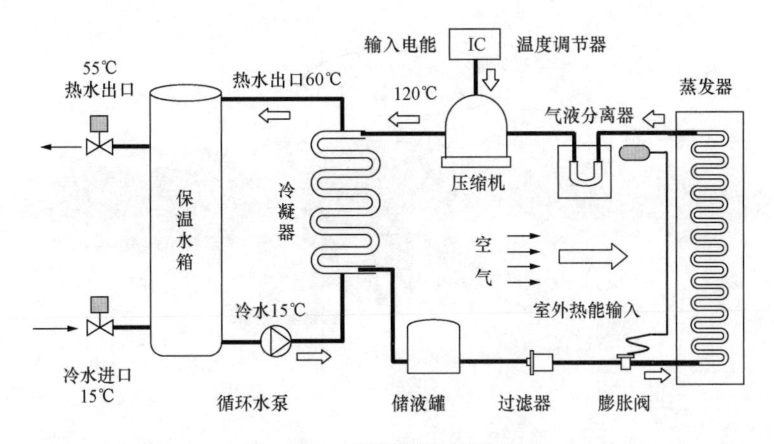

图 4-120　空气源热泵原理图

箱里的水温逐渐升高，最后达到 55℃左右，这就是空气源热泵热水器的基本工作原理。

空气源热泵机组工作时，当蒸发器盘管温度低于露点温度时，其表面产生冷凝水，冷凝水低于 0℃时结霜，蒸发器散热肋片间的通风间隙局部或全部结霜堵塞，从而增大热阻和风阻，直接影响换热效率。现在市场中使用的热泵机组大都采用温度传感器化霜。室外蒸发器采用双层亲水铝箔涂料兼具优异的亲水持续性及防腐性，可以较好地消除水桥现象，缩短化霜时间，增加有效工作时间。

2. 空气热泵的特点

(1) 由于它不是采用电热元件直接加热，故相对电加热器，杜绝了漏电的安全隐患；相对燃气热水器（锅炉），没有燃气泄漏或一氧化碳中毒之类的安全隐患，因而具有更卓越的安全性能。

(2) 空气能热泵是蓄热式的，加热功能根据水箱内的温度自动启动，保证热水 24h 充足供应，用于热水供应时，即开即用热水，出水量大，出水温度稳定，满足用户所有对热水的期望。

(3) 对热水供应而言，由于其耗电量只有等量电热水器的 1/4，即相当于使用同样多的热水，使用空气能热泵，与电热水器加热比较，电费只需电加热的 1/4。

(4) 不排放二氧化碳、二氧化硫等有害废气，对环境不产生影响，是真正的环保供热水系统。

三、热力溴化锂吸收式热泵系统

（一）热力溴化锂吸收式热泵原理

溴化锂吸收式热泵机组在空调工况下，是以蒸汽或高温热水为驱动动力，利用汽化温度低的溴化锂，在低压下相态变化（由液态变为气态），吸收汽化潜热来达到制热（冷）的目的。其间，水是制冷剂，溴化锂溶液为吸收剂。

（二）热力吸收式热泵分类

热力吸收式热泵可根据其用途和原理分为Ⅰ类和Ⅱ类溴化锂吸收式热泵。

1. Ⅰ类溴化锂吸收式热泵

(1) Ⅰ类溴化锂吸收式热泵原理。Ⅰ类吸收式热泵原理示意图如图 4-121 所示。

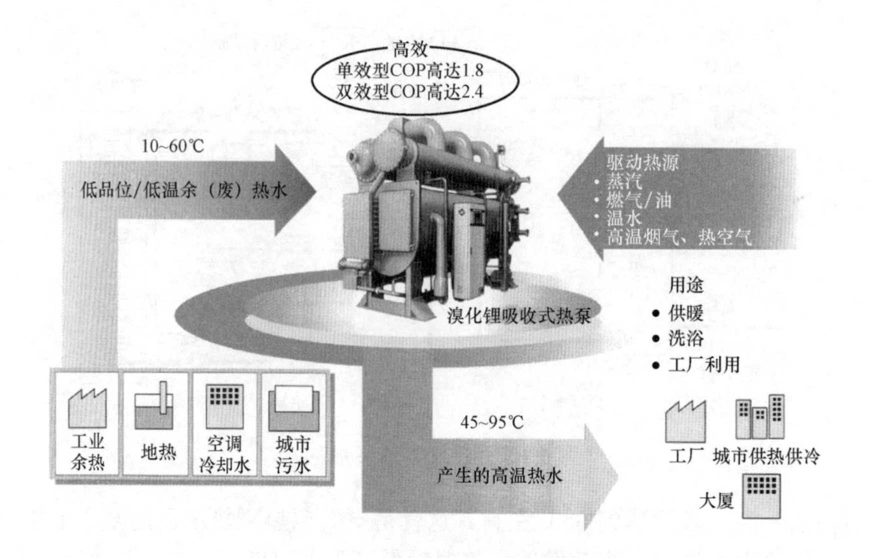

图 4-121　Ⅰ类吸收式热泵原理示意图

溴化锂吸收式热泵机组在供暖工况下，也是以蒸汽或高温热水为驱动动力，利用水的相态变化（由气态变为液态），放出汽化潜热来达到供暖的目的，是制冷过程的逆过程。

真空泵将机组抽至真空后，由发生泵将吸收器内的稀溶液分别送到高、低压发生器，在高压发生器内由工作蒸汽将稀溶液浓缩成浓溶液，同时产生高压冷剂蒸汽。后者进入低压发生器的换热管内加热浓缩稀溶液，同时也产生冷剂蒸汽。

高、低压发生器分别产生的冷剂水和冷剂蒸汽在冷凝器中被冷却后进入蒸发器，再由制冷剂泵将它送到蒸发器内喷淋。在高真空下吸收管内冷水的热量低温沸腾，产生大量冷剂蒸汽，同时制取低温冷水。

高、低压发生器里的浓溶液分别进入吸收器，利用其强大的吸收水蒸气的特点，吸收制冷剂蒸汽后成为稀溶液，周而复始循环工作。

溴化锂吸收式热泵循环流程如图 4-122 所示。驱动热源是蒸汽或热水，本系统可使用蒸汽型、热水型吸收式热泵水机组，利用工业余热为低温热/冷源的供热/冷系统。制热时，也

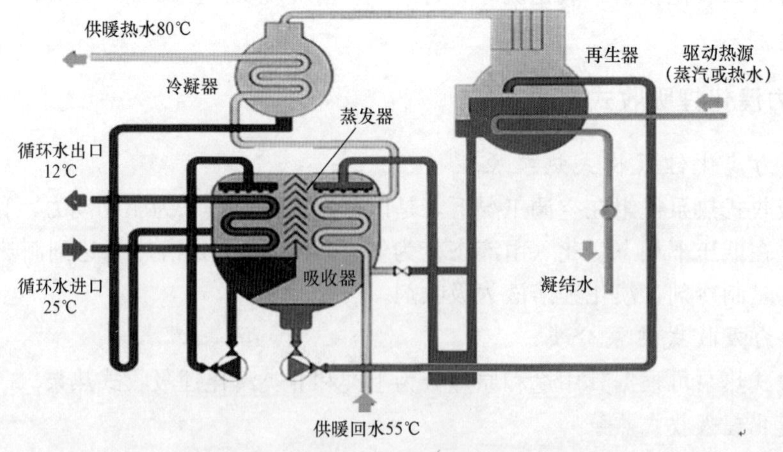

图 4-122　溴化锂吸收式热泵循环流程图

靠蒸汽、热水等含有高温热量的热源驱动吸收式冷热水机组，通过提取循环冷却水中的低品位热量，制备热水向建筑物供热。而制冷时，同样靠蒸汽、热水含有高温热量的热源驱动吸收式冷热水机组，通过循环冷却水散热。

（2）Ⅰ类溴化锂吸收式热泵性能特性。回收热水出口温度与蒸汽压力、热源水出口温度有关，其三者关系如图 4-123 所示。

蒸汽压力与热源水出口温度越高，热泵回收热水温度越高。

驱动热源可以是 0.01～0.8MPa 的蒸汽，90～180℃的热水，也可以是燃油或燃气、高温烟气、导热油等。

另外关于热泵所需的驱动蒸汽是饱和蒸汽（过热度允许在 10℃以内），若驱动热源为过热蒸汽，则应经过饱和蒸汽处理后才能进入热泵机组，这是因为若过热蒸汽直接进入机组，则需要提高机组各部件设计等级、增加机组换热面积等，机组价格会上升过高。

热泵回收热水升温特性如图 4-124 所示。

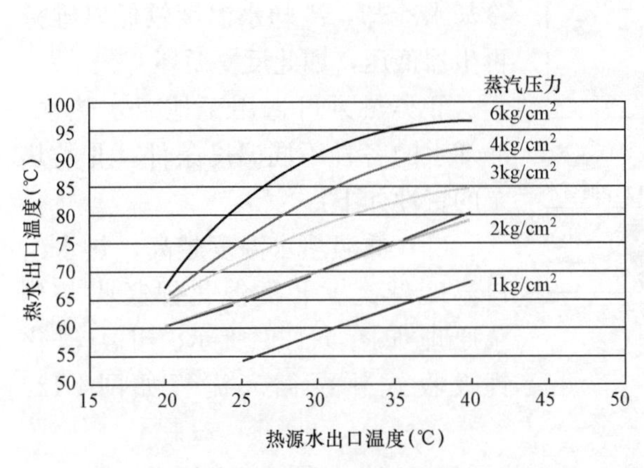

图 4-123　热水出口温度与蒸汽压力、热源水出口温度关系

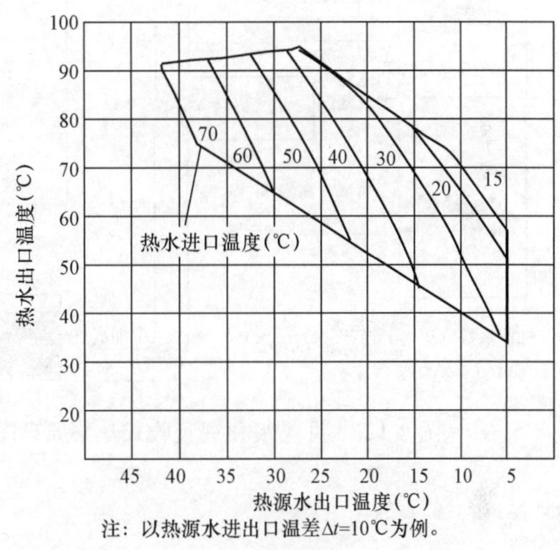

图 4-124　热泵回收热水升温特性

在热水出口温度一定的条件下，热水进口温度决定热源出口温度，因此热水进口温度是很重要的。热水进口温度越低，热水出口温度越高，就是说进入热泵的热网系统的回水温度不能过高。另外，低温热源水出口温度越高，回收热水出口温度越高。

（3）Ⅰ类溴化锂吸收式热泵特点。基于本项目的研究情况，Ⅰ类吸收式热泵的主要特点如下：

1）可以利用各种热能，以蒸汽、热水和燃料燃烧产生的烟气为驱动热源，以各种低品位热源，如余热水、余热排气、太阳能、地热能、空气能和河湖水等为低温热源。

2）经济性好、能源利用率高，用于供暖、供热与传统使用的锅炉相比，显然有热效率高、节能效果好等优点。

3）维护管理简便，运转部件少，振动和噪声低，结构简单，维修方便。

4）有助于能耗的季节平衡，在能耗高的季节，热泵所利用的低品位热能也增多，有助于减少能源的消耗。

5）有助于减少二氧化碳的排放，降低温室效应。

2. Ⅱ类溴化锂吸收式热泵

Ⅱ类吸收式热泵的特点是输出热能的温度高于驱动热源的温度，可广泛回收50℃以上低温余热，一般制取100℃以上高温热水或蒸汽（通过闪蒸罐），可以以满足工艺用热能参数需求。

Ⅱ类吸收式热泵的蒸发器和再生器通入相对低温驱动热源水或蒸汽，通过吸收器制取更高温的热水。冷媒介质水滴淋在蒸发器传热管上，在较高压力下蒸发，被吸收器中的浓溶液吸收，溶液变稀，由于溶液的饱和温度远高于蒸发温度，吸收热量可以加热更高温度的热水。稀溶液通过重力流经换热器与浓溶液换热，温度降低后进入再生器。在压力较低的再生器中被驱动热水源加热，再生后变成浓溶液，经过泵后通过换热器送入压力较高的吸收器。再生器出来的冷媒蒸汽进入冷凝器被冷却水冷却，冷却水温度较低以维持再生器低压，如此反复循环。

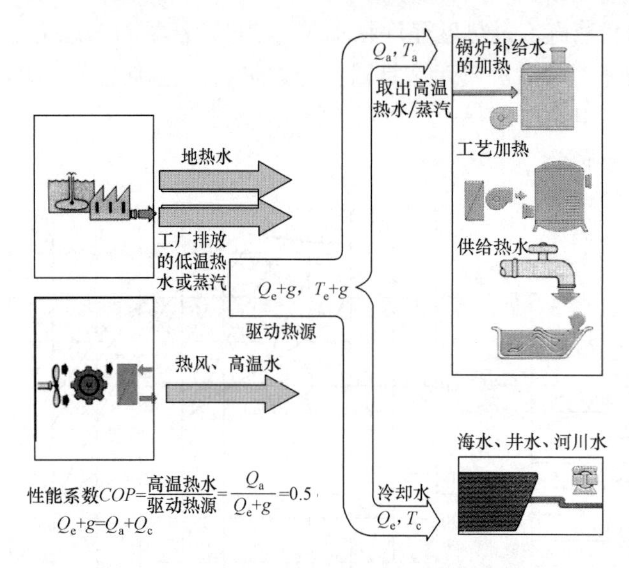

图 4-125 Ⅱ类溴化锂吸收式热泵原理图

Ⅱ类热泵可适用于地温水热水、冷却水的各种不同温度条件。Ⅱ类热泵的特性如下：

（1）低温热水温度越高，热水出口温度越高。Ⅱ类溴化锂吸收式热泵原理如图 4-125 所示。Ⅱ类溴化锂吸收式热泵循环流程如图 4-126 所示。

（2）冷却水温度越低，热水出口温度越高。Ⅱ类热泵升温特性如图 4-127 所示。

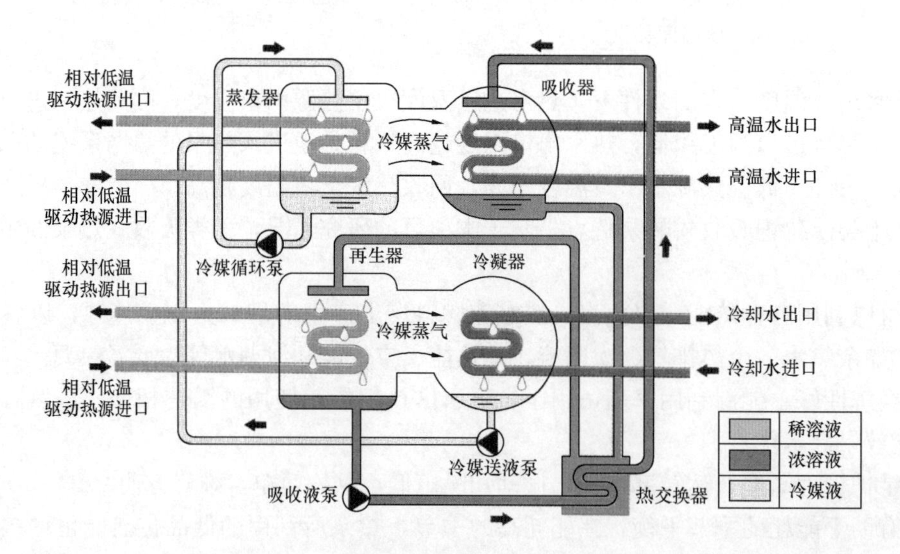

图 4-126 Ⅱ类溴化锂吸收式热泵循环流程图

（三）回收发电厂循环冷却水余热系统

利用发电厂循环冷却水为低温热/冷源的溴化锂吸收式热泵（Ⅰ类热泵）系统如图4-128所示。

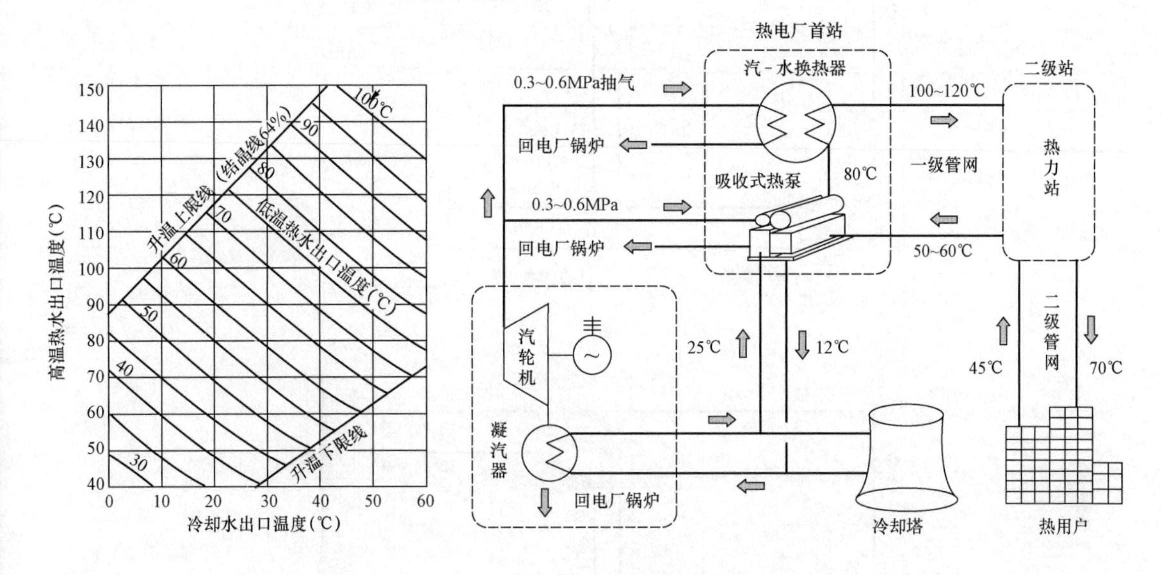

图 4-127 Ⅱ类热泵升温特性

图 4-128 利用发电厂循环冷却水为低温热/冷源的溴化锂吸收式热泵（Ⅰ类热泵）系统

驱动热源是供热抽汽，以发电厂循环冷却水为低温热源。利用蒸汽热源驱动吸收式冷热水机组，通过提取循环冷却水中的低品位热量，供热系统50～60℃的回水通过热泵机组提高温度到80～90℃之后送入热网首站换热器，进一步提高温度输送到一次网。

直接利用循环冷却水，通过热泵实现冬季供热、夏季空调的热泵系统如图4-129所示。

制热时，利用蒸汽驱动热泵机组，吸收循环水余热之后送入供热系统；而制冷时，同样利用蒸汽的热源驱动吸收式热泵机组，通过循环冷却水散热，达到制冷的目的。该系统制热、制冷时均提高了机组效率，且利用了可再生能源（低温热源），提高了能源总体利用效率，节约了能源，减少了污染物的排放，保护了环境。

（四）利用热泵回收循环冷却水的余热举例

利用热泵回收循环冷却水的余热，实现冬季供热、夏季供冷。例如，一300MW机组热电厂，安装了6×60 MW的热泵，总供热能力为360MW，循环水流量为10000t/h，循环水温度为25/12℃，热泵进出口水温为55/80℃，循环水总流量为12400t/h，利用了压力为0.3MPa的300t/h蒸汽，蒸汽耗热量为210MW，则热泵回收了循环水余热为150MW。热泵可以整个供暖季满负荷运行，回收的余热年供热量为227×10^4GJ，一年节约9×10^4t标准煤，减少23.4×10^4t二氧化碳、540t二氧化硫、720t氮氧化物的排放量。

该热电厂循环冷却水余热回收系统如图4-130所示。

该循环冷却水余热回收数据见表4-43。

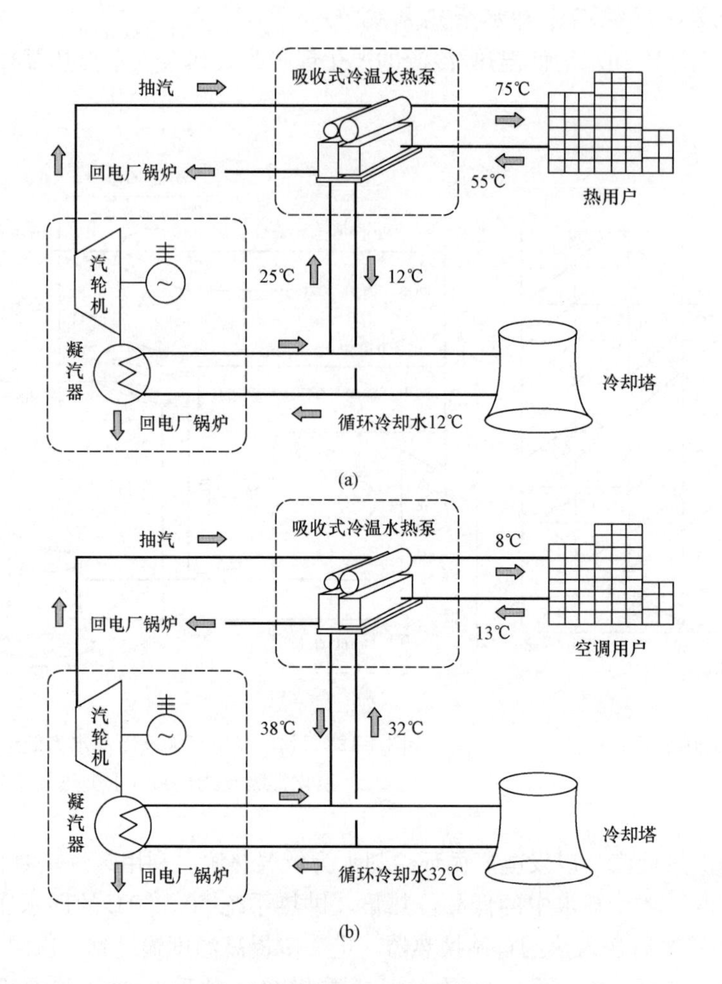

图 4-129 利用循环冷却水通过热泵实现冬季供热、夏季空调的热泵系统

(a) 供热工况；(b) 空调工况

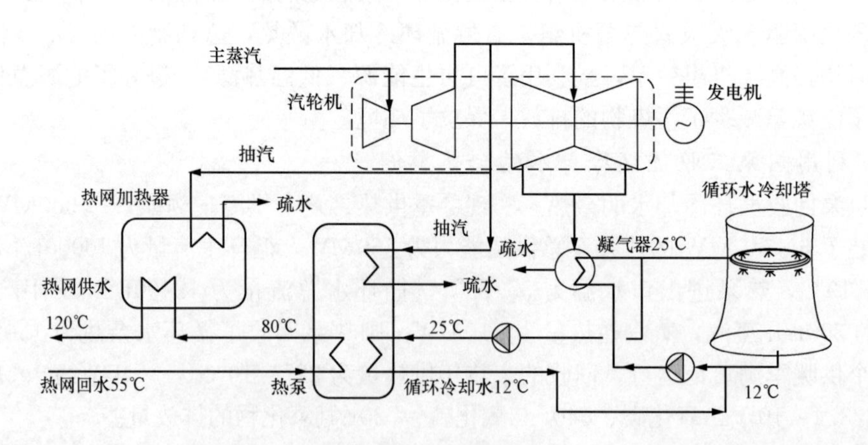

图 4-130 热电厂循环冷却水余热回收系统

表 4-43　　　　300MW 机组热电厂循环冷却水余热回收数据

项目		单位	技术数据
冷热源循环	主要技术参数		
循环冷却水	流量	t/h	10000
	进口温度	℃	25
	出口温度	℃	12
	冷却水余热负荷	MW	150
驱动蒸汽	流量	t/h	300
	压力	MPa	0.30
	温度	℃	200
	热负荷	MW	210
热泵	流量	t/h	12400
	进口温度	℃	55
	出口温度	℃	80
	供热能力	MW	360
热泵回收余热		MW	150
COP 值		—	1.71

四、热泵供能系统的经济性

（一）电动热泵的经济性

电动热泵是靠电能驱动的，所以经济性主要与电价有关，如电动热泵热价中，电价约占70%以上，则在各种电价及 *COP* 值情况下，估算热价见表 4-44。

如表 4-44 所示，从热价经济角度分析，一般热价超过 72～80 元/GJ 是不经济的。例如，*COP* 值为 2 时，电价不能超过 0.40 元/kWh；*COP* 值为 3 时，电价不能超过 0.60 元/kWh；*COP* 值为 4 时，电价不能超过 0.80 元/kWh；*COP* 值为 4.5 时，电价不能超过 0.90 元/kWh。

表 4-44　　　　电价及 *COP* 值下估算热价

COP 值	不同电价（元/kWh）下的电动热泵的估算热价（元/GJ）						
	0.30	0.40	0.50	0.60	0.70	0.80	0.90
1.5	80	107	133	160	187	213	240
2.0	60	80	100	120	140	160	180
2.5	48	64	80	96	112	128	144
3.0	40	53	67	80	94	107	120
3.5	35	56	57	69	80	92	103
4.0	30	40	50	60	70	80	90
4.5	27	36	45	53	62	71	80
5.0	24	32	40	48	56	64	72

（二）热力式热泵的经济性分析

热力式热泵是靠热力驱动，所以热力式热泵成本主要与驱动热源热价及 *COP* 值有关，一般在热价成本中驱动热源热价占 70%左右，则在各种热价及 *COP* 值情况下，热力式热泵的热价估算见表 4-45。

表 4-45　　各种驱动热源热价及 *COP* 值下热力热泵的估算热价

COP 值	不同驱动热源热价（元/GJ）下的热力热泵的估算热价（元/GJ）					
	40	50	60	70	80	90
0.8	72	89	107	125	143	160
1.0	57	72	86	100	115	129
1.2	48	60	72	83	95	107
1.4	41	51	61	72	82	92
1.6	36	45	54	63	71	80
1.8	32	40	48	56	64	71

如表 4-45 所示，从热价经济角度分析，一般热价超过 70～80 元/GJ 是不经济的。例如，*COP* 值为 0.8 时，驱动热源热价不能超过 40 元/GJ；*COP* 值为 1.0 时，驱动热源热价不能超过 50 元/GJ；*COP* 值为 1.2 时，驱动热源热价不能超过 60 元/GJ；*COP* 值为 1.4 时，驱动热源热价不能超过 70 元/GJ；*COP* 值为 1.6 时，驱动热源热价不能超过 80 元/GJ；*COP* 值为 1.8 时，驱动热源热价不能超过 90 元/GJ。

五、热泵主要设备

（一）电动热泵

1. 地下水源热泵（格力空调）

地下水源热泵螺杆机组主要技术参数见表 4-46。

表 4-46　　地下水源热泵螺杆机组主要技术参数

序号	项目		单位	型号 SSD-H								
				2100	3500	4600	6000	8000	10000	12000	16000	20000
1	制冷量		kW	210	350	400	600	800	950	1200	1600	2000
2	输入功率		kW	37	59.6	65	100.5	133.3	162	201	266.5	340
3	制热量		kW	230	375	433	642	859	1006	1283	1718	2170
4	输入功率		kW	51.4	81	107.3	136.6	182	214	273.2	364	462
5	电源		—	380V×3N×50Hz								
6	制冷量调节		—	无极调节								
7	安全保护装置		—	安全阀或易熔塞、油加热器、低流量、水流开关、油位、压差保护								
8	压缩机		—	半封闭式双螺杆压缩机								
9	蒸发器	形式	—	满液式壳管换热器								
		制冷流量	t/h	36	60	79	103	138	155	207	276	344
		制热流量	t/h	20	33	43	56	75	85	113	150	180
		制冷压降	kPa	35	53	62	62	67	68	74	80	84
		制热压降	kPa	30	35	38	40	45	46	48	52	56
		接管尺寸 DN	mm	100	125	125	150	150	200	200	200	200

续表

序号	项目		单位	型号 SSD-H								
				2100	3500	4600	6000	8000	10000	12000	16000	20000
10	冷凝器	形式	—	卧式壳管换热器								
		制冷流量	t/h	20	33	43	56	75	89	113	150	180
		制热流量	t/h	36	60	79	103	138	163	207	276	344
		制冷压降	kPa	25	28	30	32	35	38	38	42	46
		制热压降	kPa	42	57	62	66	68	74	77	82	86
		接管尺寸 DN	mm	100	125	125	200	200	200	250	250	250
11	外形尺寸	宽	mm	3160	3160	3160	3160	3160	3400	3900	3900	3900
		深	mm	1150	1400	1400	1520	1520	1700	1900	1900	1900
		高	mm	1587	1680	1680	2130	2130	2030	2230	2230	2230
12	机组质量	净重	kg	1700	1900	2450	2900	3850	5100	5450	6500	7100
		毛重	kg	1750	1950	2500	2960	3900	5200	5600	6550	7250
		运行重	kg	1790	1990	2573	3045	4043	5355	5723	6825	7455

注　1. 制冷工况：地下水进水温度为18℃，冷水出口温度为7℃。

2. 制热工况：地下水进水温度为15℃，热水进口温度为40℃，制热最高温度为55℃。

2. 水环式水源热泵（格力空调）

水环式水源热泵螺杆机组主要技术参数见表4-47。

表4-47　　水环式水源热泵螺杆机组主要技术参数

序号	项目		单位	型号 SSD-H								
				2100	3500	4600	6000	8000	10000	12000	16000	20000
1	制冷量		kW	197	329	432	563	800	950	1200	1600	2000
2	输入功率		kW	39.4	62	81.3	104.5	136.6	168	206	273.2	349
3	制热量		kW	276	451	590	772	864	1045	1290	1727	2185
4	输入功率		kW	54.2	85.3	110.9	143.8	182.9	224.5	273	365.6	466
5	电源		—	380V×3N×50Hz								
6	制冷量调节		—	无极调节								
7	安全保护装置		—	安全阀或易熔塞、油加热器、低流量、水流开关、油位、压差保护								
8	压缩机		—	半封闭式双螺杆压缩机								
9	蒸发器	形式	—	满液式壳管换热器								
		制冷流量	t/h	36	60	79	103	138	163	207	276	344
		制热流量	t/h	43	72	95	124	165	196	248	331	414
		制冷压降	kPa	35	53	62	62	67	74	74	80	84
		制热压降	kPa	42	57	61	66	68	77	48	82	86
		接管尺寸 DN	mm	100	125	125	150	150	200	200	200	200

续表

序号	项目		单位	型号 SSD-H								
				2100	3500	4600	6000	8000	10000	12000	16000	20000
10	冷凝器	形式	—	卧式壳管换热器								
		制冷流量	t/h	43	72	95	124	165	196	248	331	414
		制热流量	t/h	36	60	79	103	138	163	207	276	344
		制冷压降	kPa	42	57	61	66	68	74	77	82	86
		制热压降	kPa	35	53	62	62	67	72	74	80	84
		接管尺寸 DN	mm	100	125	125	200	200	200	250	250	250
11	外形尺寸	宽	mm	3160	3160	3160	3160	3160	3400	3900	3900	3900
		深	mm	1150	1400	1400	1520	1520	1700	1900	1900	1900
		高	mm	1587	1680	1680	2130	2130	2030	2230	2230	2230
12	机组质量	净重	kg	1700	1900	2450	2900	3850	5100	5450	6500	7100
		毛重	kg	1750	1950	2500	2960	3910	5200	5600	6650	7250
		运行重	kg	1790	1995	2573	3045	4043	5355	5723	6825	7455

注 1. 制冷工况：地下水进水温度为18℃，冷水出口温度为7℃。

2. 制热工况：地下水进水温度为15℃，热水进口温度为40℃，制热最高温度为55℃。

3. 地下水环路热泵（格力空调）

地下水环路热泵螺杆机组主要技术参数见表4-48。

表 4-48　地下水环路热泵螺杆机组主要技术参数

序号	项目		单位	型号 SSD-H								
				2100	3500	4600	6000	8000	10000	12000	16000	20000
1	制冷量		kW	210	350	460	600	800	950	1200	1600	2000
2	输入功率		kW	38.8	61.1	80.31	103	136.6	168	206	273.2	349
3	制热量		kW	231	377	646	772	864	1045	1290	1727	2185
4	输入功率		kW	51.4	80.9	136.7	143.8	182.9	224.5	273	365.6	466
5	电源		—	380V×3N×50Hz								
6	制冷量调节		—	无极调节								
7	安全保护装置		—	安全阀或易熔塞、油加热器、低流量、水流开关、油位、压差保护								
8	压缩机		—	半封闭式双螺杆压缩机								
9	蒸发器	形式	—	满液式壳管换热器								
		制冷流量	t/h	36	60	79	103	138	163	207	276	344
		制热流量	t/h	43	72	95	124	165	196	248	331	414
		制冷压降	kPa	35	53	62	62	67	74	74	80	84
		制热压降	kPa	42	57	61	66	68	77	77	82	86
		接管尺寸 DN	mm	100	125	125	150	150	200	200	200	200

续表

序号	项目		单位	型号 SSD-H								
				2100	3500	4600	6000	8000	10000	12000	16000	20000
10	冷凝器	形式	—	卧式壳管换热器								
		制冷流量	t/h	43	72	95	124	165	196	248	331	414
		制热流量	t/h	36	60	79	103	138	163	207	276	344
		制冷压降	kPa	42	57	61	66	68	74	77	82	86
		制热压降	kPa	35	53	62	62	67	72	74	80	84
		接管尺寸 DN	mm	100	125	125	200	200	200	250	250	250
11	外形尺寸	宽	mm	3160	3160	3160	3160	3160	3400	3900	3900	3900
		深	mm	1150	1400	1400	1520	1520	1700	1900	1900	1900
		高	mm	1587	1680	1680	2130	2130	2030	2230	2230	2230
12	机组质量	净重	kg	1700	1900	2450	2900	3850	5100	6200	6500	7100
		毛重	kg	1750	1950	2500	2960	3910	5200	6350	6650	7250
		运行重	kg	1790	1995	2573	3045	4043	5355	6510	6825	7455

注 1. 制冷工况：地下水进水温度为18℃，冷水出口温度为7℃。

2. 制热工况：地下水进水温度为15℃，热水进口温度为40℃，制热最高温度为55℃。

格力半封闭式双螺杆压缩机外形如图 4-131 所示。

图 4-131　格力半封闭式双螺杆压缩机外形图

4. 空气源热泵

（1）西莱克超低温空气源热泵冷暖机组主要技术参数见表 4-49。

表 4-49　　西莱克超低温空气源热泵冷暖机组主要技术参数

项目		单位	空气源热泵型号				
			LSQ05RD	LSQ10RD	LSQ15RD	LSQ20RD	LSQ25RD
额定出水温度		℃	50				
最高出水温度		℃	52				
室外温度下制热量	7℃	kW	15.3	29.6	38.8	60	71
	−7℃	kW	11	21.3	25.4	43.8	79
	−15℃	kW	9.1	17.8	21	36	42
输入功率		kW	4.7	9.0	11.8	18.6	23.7

续表

项目		单位	空气源热泵型号				
			LSQ05RD	LSQ10RD	LSQ15RD	LSQ20RD	LSQ25RD
产水量		L/h	420	810	1100	1700	2200
压缩机台数		台	1	2	2	4	4
接管尺寸 DN		mm	25	32	32	50	50
外形尺寸	宽度	mm	750	1484	1420	1380	2010
	深度	mm	800	730	725	1380	980
	高度	mm	1060	1080	1362	1660	1850
环境温度		℃	−25～50				
质量		kg	180	280	360	630	780

（2）西莱克地板供暖空气源热泵冷暖机组主要技术参数见表 4-50。

表 4-50　西莱克地板供暖空气源热泵冷暖机组主要技术参数

项目		单位	空气源热泵型号				
			LSQ05RD	LSQ10RD	LSQ15RD	LSQ20RD	LSQ25RD
制冷量		kW	13.5	26	35.3	53.7	67
制热量		kW	15.3	29.6	38.8	60	71
产水量		L/h	420	810	1100	1700	2200
输入功率		kW	4.7	9.0	11.8	18.6	23.7
产水量		L/h	420	810	1100	1700	2200
压缩机台数		台	1	2	2	4	4
蒸发器			高效波纹式同轴套管				
冷凝器			采用高效铜铝翅片				
接管尺寸 DN		mm	25	32	32	50	50
外形尺寸	宽度	mm	750	1484	1420	1380	2010
	深度	mm	800	730	725	1380	980
	高度	mm	1060	1080	1362	1660	1850
质量		kg	180	280	360	630	780

注　1. 以上热水工况参数在环境温度为 20℃，水温从 15℃升到 55℃时测定。
2. 制冷工况参数在进水温度为 12℃、出水温度为 7℃、室外环境温度为 35℃时测定。
3. 制热工况参数在进水温度为 40℃、出水温度为 45℃、室外环境温度为 7℃时测定。

（3）西莱克风冷模块机组主要技术参数见表 4-51。

表 4-51　西莱克风冷模块机组主要技术参数

项目	单位	空气源热泵型号				
		LSQ05RH	LSQ10RH	LSQ15RH	LSQ20RH	LSQ25RH
制冷量	kW	25	34	52	66	130
制冷功率	kW	9.4	11.8	18.6	23.7	47.5

续表

项目		单位	空气源热泵型号				
			LSQ05RH	LSQ10RH	LSQ15RH	LSQ20RH	LSQ25RH
制热量		kW	26.5	37	54	70	138
制热功率		kW	9	11.3	18.1	22.8	46
压缩机台数		台	2	2	4	4	4
电压		V	380V×3N×50Hz				
接管尺寸 DN		mm	32	32	65	65	100
外形尺寸	宽度	mm	1484	1420	1380	2010	2010
	深度	mm	730	725	1380	980	2180
	高度	mm	1060	1360	1660	1850	2000
质量		kg	280	360	530	680	1320

北京某学校西莱克热泵供暖制冷装置如图 4-132 所示。

图 4-132　北京某学校西莱克热泵供暖制冷装置

(二) 溴化锂吸收式热力泵

1. 蒸汽驱动溴化锂吸收式热泵（大连松下制冷）

蒸汽驱动溴化锂吸收式热泵主要技术参数见表 4-52。

表 4-52　**蒸汽驱动溴化锂吸收式热泵主要技术参数**（p=0.588MPa）

系统	项目	单位	型号									
			128	174	233	302	419	523	669	837	1163	1395
热水系统	制热能力	kW	1279	1744	2326	3023	4186	5233	6686	8372	11628	13953
	进出口温度	℃	60/80									
	流量	t/h	55	75	100	130	180	225	288	360	500	600
	机内压力损失	kPa	62	60	84	81	85	72	65	113	114	127
	连接管直径 DN	mm	80	100	125	125	150	150	200	200	250	250

续表

系统	项目	单位	型号									
			128	174	233	302	419	523	669	837	1163	1395
热源系统	进出口温度	℃	48/40									
	流量	t/h	59	81	108	140	194	244	312	391	545	654
	机内压力损失	kPa	72	69	65	66	65	64	60	95	57	58
	连接管直径 DN	mm	80	100	125	125	150	200	250	250	250	300
蒸汽系统	蒸汽耗量	t/h	1.13	1.54	2.05	2.67	3.33	4.57	5.83	7.30	10.19	12.23
	蒸汽入口管径 DN	mm	65	100	100	100	125	150	200	200	200	200
	凝结水管径 DN	mm	40	40	40	50	65	65	80	80	100	100
	蒸汽调节阀径 DN	mm	50	65	65	80	80	100	125	125	150	150

2. 超大型蒸汽驱动溴化锂吸收式热泵（大连松下制冷）

超大型蒸汽驱动溴化锂吸收式热泵主要技术参数见表 4-53。

表 4-53　超大型蒸汽驱动溴化锂吸收式热泵（p=0.588MPa）主要技术参数

系统	项目	单位	型号								
			1000	1150	1600	2100	2430	3400	4400	5100	6600
热水系统	制热能力	MW	10	11.5	16	21	24.3	34	44	51	66
	进出口温度	℃	60/90								
	流量	t/h	287	330	459	602	696	974	1261	1462	1892
	机内压力损失	kPa	170	164	131	153	234	160	192	209	233
	连接管直径 DN	mm	200	200	250	300	350	400	500	500	550
热源系统	进出口温度	℃	40/30								
	流量	t/h	335	385	538	708	827	1188	1538	1782	2308
	机内压力损失	kPa	101	86	129	189	138	161	223	88	122
	连接管直径 DN	mm	200	250	250	300	350	400	500	500	550
蒸汽系统	蒸汽耗量	t/h	9.1	10.4	14.5	19.0	21.8	30.0	38.7	45.0	58.1
	蒸汽入口管径 DN	mm	150	150	200	250	250	2×250	2×250	3×250	3×250
	凝结水温度	℃	80								
	蒸汽调节阀径 DN	mm	150	150	200	200	150	2×200	2×200	3×200	3×200
	凝结水管径 DN	mm	100	100	125	150	150	2×125	2×150	3×150	3×150

注　1. 如上机组为标准规格，可以根据用户要求的条件生产非标准产品。

2. 标准机组最高使用压力为 0.784 MPa，可以根据用户要求生产超压力机组。

3. 蒸汽为饱和蒸汽，压力为调节阀前压力。

4. 热水、热源水流量调节范围为 50%～120%。

5. 驱动热源为其他热源时的参数有变化，如需要可与制造商联系。

6. 管道接口法兰按《钢制管法兰、垫片、紧固件》(HG/T 20592～20635—2009)。

3. Ⅱ类吸收式热泵（大连松下制冷）

Ⅱ类吸收式热泵主要技术参数见表 4-54。

表 4-54　Ⅱ类吸收式热泵主要技术参数

项目		单位	型号											
			81	105	123	140	174	244	294	349	421	488	588	640
高温水系	制热量	kW	810	1050	1230	1400	1740	2440	2940	3490	4210	4880	5884	6400
	流量	t/h	117	150	177	200	250	350	422	500	603	700	843	917
	进出口温度	℃	127/133											
驱动热源	排热热量	kW	1695	2180	2567	2907	3634	5087	6128	7267	8769	9965	12258	13323
	蒸汽饱和温度	℃	88											
冷却水系	流量	t/h	131	168	198	224	280	392	473	560	676	784	945	1027
	进出口温度	℃	26/32											

第八节　多种能源互补性综合分布式供能系统

一、能源生产与消费不平衡性

可再生能源有各种形式，因为各类能源生产及消费具有间歇性，能源生产及消费很难处于完全平衡状态，为了充分发挥能源的利用效率，各类可再生能源之间、可再生能源与化石能源之间需要互相协调、相互补充。

我国风能、太阳能等可再生能源资源丰富，适合于大规模开发和利用，截至 2015 年全国风电与光伏发电量为 2753×10^8 kWh。但是，2015 年全国风电平均弃风率超过 15.5%，弃风电量达 399×10^8 kWh；2015 年，全国弃光电量约为 48×10^8 kWh，弃光率为 10.3%。2015 年，全国弃风和弃光电量总计为 447×10^8 kWh。未来随着大规模开发可再生能源，消纳问题已经是制约可再生能源开发和利用的瓶颈。风、光能源供给与终端能源消费在时空分布上存在不平衡。在空间上，我国风能、太阳能资源与地区能源需求呈逆向分布；在时间上，风电、光伏发电具有很强的间歇性和随机性，其自然特性很难与负荷需求相匹配，大规模接入后对电力系统而言，增加可再生能源接纳量在一定程度上降低了系统的经济性。

二、多种能源互补性分布式供能系统

（一）能源系统的互补性

由于化石能源资源的有限性及其利用过程中产生的污染严重性，开拓新的清洁能源资源，特别是氢能利用系统、可再生能源利用系统，是保证国家可持续发展的一个重要方面。太阳能几乎是用之不尽的清洁能源，利用太阳能发电或制氢是开拓新能源资源和保护地球环境的重要途径。但大部分可再生能源动力系统不稳定、不连续，随时间、季节及气候的变化而发生变化。

因此需要开拓可再生能源与化石能源相结合的多种能源综合利用系统，如太阳能及风力发电系统与燃料电池联合发电系统、微型燃气轮机与燃料电池、几种冷热电系统与蓄热系统联合运行的多种能源互补系统。

各类能源的形式、特性、结构各不一样，如何合理利用各类能源系统的生产和消费平衡是较大的问题。能源生产在时间上，风电、光伏发电具有很强的间歇性和波动性，其自然特性难以与负荷需求相匹配，大规模接入后对电力系统的灵活性提出更高的要求。一些资源只能在某一时段可获得，而另外一些资源则在另一些时段显得更加充足或在另一些时段根据需求被利用起来，由于时差的原因，不同地区的太阳能就具有时间上的互补性。可以用化石燃料能源生产容量来实现对太阳能或风能的补偿作用。例如，在24h之内，可在风能和太阳能等充足的时候，适当减少化石能源设备容量；而在太阳能和风能减少的时候，适当增加化石能源设备生产量。

不同的可再生能源发电方式，其输出响应特性也不尽相同，在形式上表现为互补性。例如，光伏发电功率受光强度的变化而实时变化，对于太阳能发电来说，由于热力系统的惯性时间常数较大，其发电功率不仅不会随光照强度变化而实时变化，而且还可以通过短时调节供热能力而调节其输出能力，因为热力系统可以储存部分热量。同样，对于风力发电来说，不同类型风力发电机的启动风速不尽相同。此外，不同高度下，单位面积的有效风功率也不同。因此，如果在同一风电场采用不同类型的风机并实施统一协调控制，则可以使整个风电场的功率输出变得更加平滑一些。采用构成多种能源互补的供能系统，实现冷、热、电联供系统，不仅可充分利用资源，而且能够有效地提高能源利用效率。

这样我们可以考虑综合能源系统的思路，考虑电力系统与其他能源系统联合，实现更大时空范围内的能源优化配置，提高大规模可再生能源的接纳水平。

各类能源形式、能源生产及消费在时间、空间上存在互补性。供能系统可以使用清洁燃料的内燃机驱动、燃气轮机驱动、燃料电池为主要供能系统，也可以使用太阳能、生物质能、风能、热泵等新能源及可再生能源等多种能源所组成的联合运行的互补性综合供能系统。这样可以充分地发挥各类能源的特性，最大限度地提高其效率，真正实现节省能源、保护环境的目的。目前包括电力系统、热力系统和燃气系统等在内的能源供应系统，都各自规划、各自建设，出现问题也都是在各自系统内部解决，彼此不协调，这种情况不利于从全社会总能源供应上实现清洁、高效、可靠的目标。社会各部门应进行协调、优化和配合，最终实现社会能源一体化供应的综合能源系统。根据电力和热能的各自特点，电能可以远距离输送，但大量储存困难；热能需求是终端能源消耗的最主要部分，热能长距离输送困难，而储存容易。所以将电能、热能两种能源联合，实现优势互补性能源系统是可行的。多种能源互补性综合分布式供能系统如图4-133所示。

这种分布式供能系统由电网、风能、微型燃气轮机、燃料电池、吸收式冷热水机组、电动污水热泵、蓄热及蓄冷设备等组成。在系统运行中，应尽量利用可再生能源如太阳能、风电等，当夜间、阴天太阳能不足时，可以驱动微型燃气轮机、燃料电池、热泵等设备。风电、太阳能丰富、多余时，利用该电力通过电动污水热泵制备热水、冷水，储存到蓄热槽、蓄冷槽，用于供热、供冷。

（二）互补性综合分布式供能系统的迫切性

互补性综合分布式供能系统能够实现各类型分布式可再生电源、储能设备及可控负荷之间的互补协调优化。通过分布式供能系统，可再生电源与用户之间可更好地利用广域内分布式电源的时空互补性，以及储能设备与需求侧可控资源之间的系统调节潜力，做到“横向源-

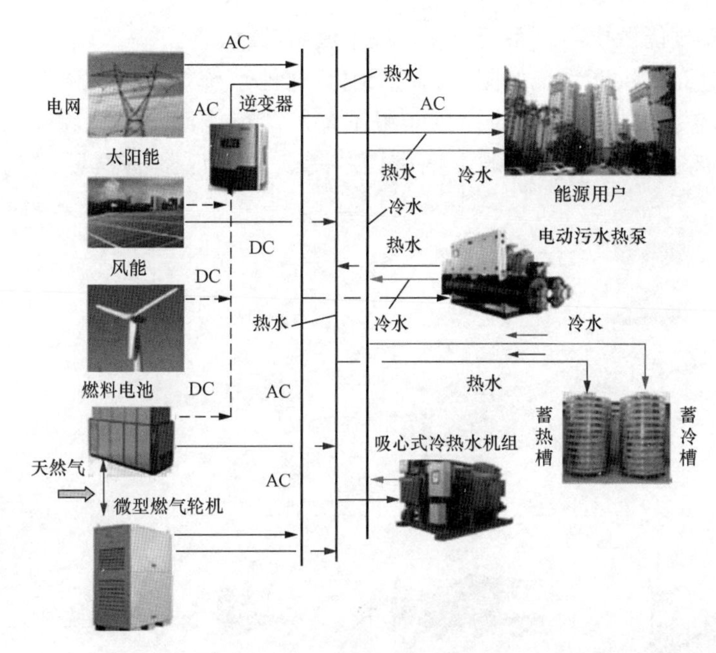

图 4-133 多种能源互补性综合分布式供能系统示意图

源互补，纵向源-网-荷-储协调控制”，从而平抑分布式可再生能源间歇特性对局部电网的冲击，同时保证系统的经济性与安全性，进一步提高系统对分布式可再生电源的利用消纳能力。

如前所述，2015 年全国弃风和弃光电量总计为 447×10^8 kWh。对应的电费损失超过200 多亿元。如果利用这种弃电，利用电解法制氢，可以生产约 $90\times10^8\text{m}^3$ 的氢气，将其储存起来，可以输送到所需用户处，利用燃料电池发电，实现冷、热、电三联供，或者用于其他氢气用户。所以今后可再生能源的生产、利用可再生能源制氢、氢气的储存及运输、氢气的应用，将成为很大的产业链。

目前我国风电成本已经接近 0.4 元/kWh，若利用电解法制氢，则制氢成本为 2.25 元/m^3；若将氢气输送到用户，则价格约为 3.5～5.0 元/m^3。这个价格接近天然气价格。氢气比天然气热值高、清洁、无污染等，能够广泛地应用于发电、工业用等各领域。

三、绿色能源岛分布式供能系统

所谓绿色能源岛分布式供能系统是指不使用化石燃料，完全依靠可再生能源、新生能源供给区内电能、热（冷）能等能源的绿色能源系统。

这种系统可以利用如风力发电、太阳能发电、生物质能发电、地热能发电等可再生能源，由于风力发电和太阳能发电具有间歇性，因此并不是连续发电。当机组正常发电时，直接供给用户电能，并利用多余的电能通过电解法生产氢气和氧气，氢气及氧气储存在罐中。当生产的电能不足或没有时，利用这些氢气和氧气通过燃料电池可生产电能和热能，也可以同时生产水。

这种系统的特点是不仅供应电力和热能的热电联供系统，而且多余的电力和热能能够供给附近的热电用户，同时对电动汽车充电站提供电力；因为氢气和氧气储藏容易，无论何时，都能稳定地实现能源供给；系统简便，技术成熟可靠。

绿色能源岛分布式供能系统如图 4-134 所示。这种系统是不用化石燃料，全部利用可再生能源实现供电、供热（冷）的绿色能源系统。绿色能源岛供能系统可以利用可再生能源，适用于远离公共电网的岛屿、偏僻山村等，国外已经有这种绿色能源岛系统在运行。

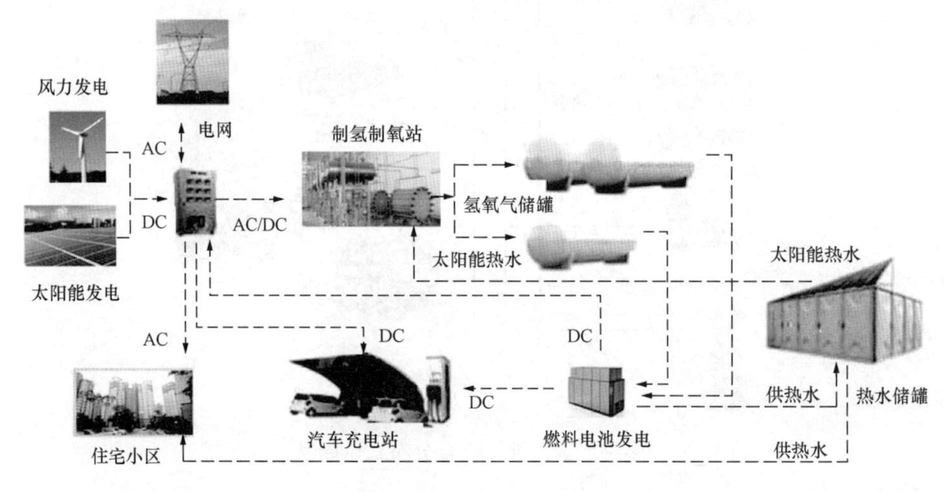

图 4-134　绿色能源岛分布式供能系统示意图

挪威北海的于特西拉岛发电系统如图 4-135 所示。利用风力发电的电力通过电解法制氢，利用氢气燃料电池发电供给居民用电。

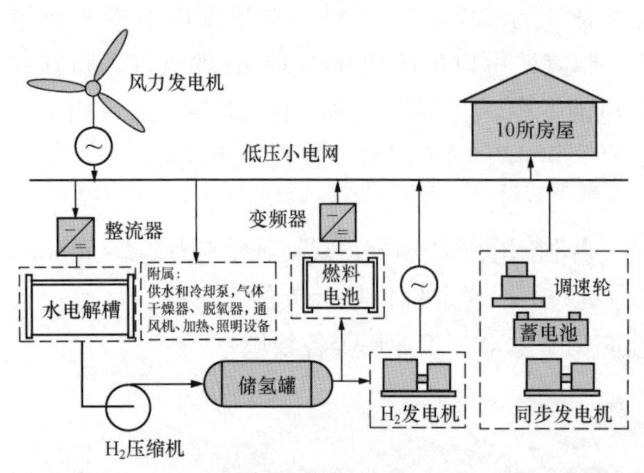

图 4-135　挪威北海的于特西拉岛发电系统示意图

图 4-135 中主要设备为 600kW 的风力发电机，500kW 的水电解槽，2400m^2 储氢罐，10kW 的燃料电池、50kW 的蓄电池、5kW 的调速轮。

四、氢能村庄

所谓氢能村庄（Hydrogen Village 或 Hydrogen Town）是指一个村庄或一个小区，以最清洁的燃料氢为主要燃料，人类逐步进入清洁能源社会，氢能是最清洁的能源，又是可再生能源，氢能已经开始逐步进入并融合到人们的生活中，实现二氧化碳零排放。利用氢气发电、供热、供冷等，国外已经出现了试验性氢能村庄。氢气通过地下管道，就像城市煤气一样进入各家各户，利用燃料电池发电、供热、供冷，即实现了分户冷、热、电三联供。氢气输送系统如图 4-136 所示。

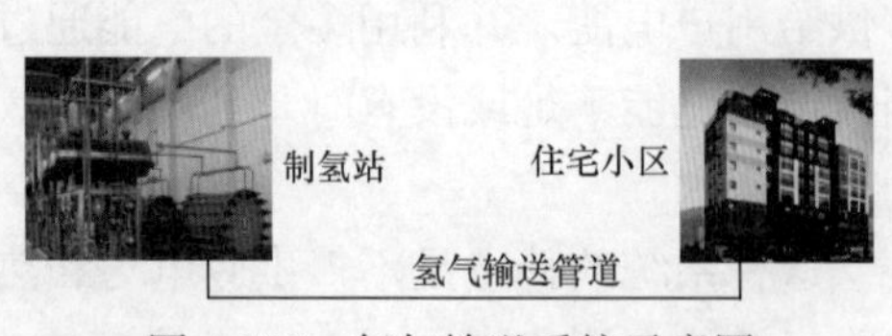

图 4-136　氢气输送系统示意图

氢的主要供给源分为两个。一个是产油国和产气国利用化石燃料并组合二氧化碳捕集及封存（CCS）制造的氢；另外一个就是利用大规模风电场、太阳能发电站等，通过电力分解水制氢。

（一）丹麦氢能试验村庄

丹麦提出了2050年之前摆脱化石燃料的目标。目前，丹麦可再生能源在供电中所占的比例已经达到约30%，丹麦政府计划确立2035年之前把风力发电等可再生能源在供电中所占的比例提高到50%。

丹麦于2007年启动试验的洛兰岛氢能项目。盛行风力发电的洛兰岛已经利用氢作为储藏风力发电剩余电力的介质。利用风力发电和太阳能发电的剩余电力电解水制造氢，然后将氢储藏在氢气罐中。当电力供应不足时，可利用储藏的氢通过燃料电池发电，使用电力和废热。

洛兰岛氢项目是分四阶段进行的。第一阶段，实验基地位于洛兰岛最大的城市纳克斯考以南5km远的Vestenskov地区。在远离居住区的沿海空地上，设置了制氢装置及储氢罐，生成的氢还用管道导入住宅中，通过住宅内的燃料电池发电，提供电力和热能。丹麦洛兰岛氢能示范村庄制氢装置及储氢罐如图4-137所示。

图4-137　丹麦洛兰岛氢能示范村庄制氢装置及储氢罐

第二阶段是从2008年开始的第二阶段，在普通住宅的5户家庭里设置了冰箱大小的燃料电池系统，采用额定输出功率为1.5kW的离子交换膜燃料电池（PEFC）。

第三阶段是从2011年开始的，设置燃料电池系统的住宅数量增加到了35户，其中约一半家庭采用了改良型燃料电池系统。以氢为燃料时的发电效率约为45%，把废热作为70℃的热水使用时的综合热效率达到94%。该项目耐久性“已实际达到2万h，确立了4万h稳定工作的目标”。第三阶段以前一直以与现有区域供热系统的联动为目标，在远离住宅的场所设置电解水制氢装置，用专用管道把氢输送到住宅中。

第四阶段是从2013年底开始启动的，在约1万户住宅中设置内置小型水电解装置的燃料电池系统。以无法利用区域供热系统的住宅为目标，制氢时的废热也以热水的形式储藏在住宅内的蓄热罐中。从电解水生成氢，到利用燃料电池发电的效率为37%。这样不用专用管道把氢输送到住宅，节省了氢输送管道的费用。

（二）日本福冈市氢能村庄

日本福冈市建设了示范性氢能村庄，从2009年开始实现对150个家庭供给氢气，每户利用燃料电池发电及供热，实现三联供，每个家庭设置0.8～1kW的燃料电池，村庄装机容量共为112kW，利用氢气三联供满足60%的电力和80%的供热负荷。这样一般家庭平均可节省50%的电费。氢气用1.2km的管道从钢铁厂送到村庄。

日本福冈市氢能村庄还具备氢能研究检验中心、氢能教育中心等，是以2019年建设世界上最大的氢能验证基地为目标，丰田、日产、日立等464家企业、109所大学、34所研究所参加的庞大项目，投入了资金2500万美元。

日本福冈市氢能示范村庄氢气电站如图4-138所示。

图4-138　日本福冈市氢能示范村庄氢气电站

第五章　分布式供能系统设计及设备选择

第一节　分布式供能系统设计

一、分布式供能系统设计条件

当进行分布式供能系统设计时，首先应明确项目的建设目标及其设计条件。

1. 明确建设分布式供能系统的主要目标

建立分布式供能系统，需要做用户需求分析，明确项目的设计条件，用于指导系统设计。建设分布式供能系统的主要目标有如下几点：

(1) 供能系统满足供热、供冷、热水供应、生产用汽的需求；

(2) 供能系统满足用户供电的需求；

(3) 供能系统满足供电系统安全可靠性的需求，作为供电系统的备用电源等。

2. 明确分布式供能系统管理模式

建立分布式供能系统，需要明确分布式供能系统的管理模式，管理模式主要有如下几种形式：

(1) 采用能源服务公司的管理模式；

(2) 采用节能服务公司（ESCO）的管理模式；

(3) 采用供热公司的管理模式；

(4) 采用电力公司的管理模式；

(5) 采用其他管理模式等。

3. 分布式供能系统输出的电力供给模式

分布式供能系统输出的电力供给模式，可以采用以下几种方式：

(1) 采用联网发电自用，不足部分电网购电的供给运行模式；

(2) 采用不联网发电自用，孤网供电的供给运行模式；

(3) 采用联网发电上网的供给运行模式；

(4) 作为备用安全电源等的供给运行模式。

4. 调查了解当地的能源供给情况

详细了解当地一次能源供应情况，当地一次能源是指燃气、可再生能源等情况；调查了解当地一次能源的价格，详细了解当地二次能源的供给情况，当地二次能源是指当地的电力、热力、空调制冷的情况；调查当地电价，如峰值、低谷、平均电价的情况；调查当地热价、冷价等能源价格。

5. 收集当地气象资料

收集当地气象资料，作为分布式供能系统设计的重要输入数据。主要气象资料指标如下：夏季最高室外温度、冬季最低室外温度、年平均室外温度、冬季供暖室外计算温度及供暖期平均温度，集中供暖起止日期，夏季空调室外计算温度、日平均温度，当地空调运行日期及其期间，冬季、夏季室外平均风速，冬季、夏季室外相对湿度，冬季、夏季室外大气压力等。

当缺少当地气象资料时，中国主要城市气象有关资料可查询《民用暖规》或本书附录J中收录的全国主要城市的气象资料，需经业主许可，作为设计的输入条件。

二、分布式供能系统设计流程

为了提高分布式供能系统的技术方案的合理性及其经济性，根据项目的供冷、供热、供电负荷及其特性，正确地选定设备容量，必须提高设备的年运行小时数，避免因为前期调研的不充分而增加设备的闲置率，降低项目的节能效果和经济性。

为了提高分布式供能系统的节能效果和经济性，需要进行能源需求负荷量及供给负荷量的平衡分析，在充分地满足用能单位的冷、热、电需求的前提条件下，通过合理的系统设计使得能源系统达到节约能源、减少污染物排放的目的。设计前期需要了解用户全年的冷、热、电力负荷情况，以及用户的各项负荷变化趋势；了解用户冷负荷、热负荷和电力负荷各时段的负荷变化曲线，通过分布式供能系统设计，达到能源系统生产和消费的平衡，提高分布式供能系统的能源利用总效率。

供能系统设计，可参考如图5-1所示的设计流程图。

三、分布式供能系统设计原则

分布式供能系统由动力系统、供配电系统、余热利用系统、燃气供应系统、监控系统组成。根据《燃气冷热电三联供工程技术规程》（CJJ 145—2010）（以下简称《三联供规程》）的规定，分布式供能系统设计原则应遵循如下原则：

（1）供能系统应遵循电力自发自用，余热利用最大化的原则，供能系统的设备配置及运行模式应经技术经济比较后确定。

（2）供能系统宜采用并网的运行方式。

（3）并网运行的供能系统，发电机组应与公共电网自动同步运行。

（4）当没有公共电网或公共电网接入困难，且供能系统所带电负荷比较稳定时，可采用孤网运行方式，否则应采用并网运行方式。

（5）孤网运行的供能系统，发电机组应自动跟踪用户的用电负荷。

（6）上网运行的供能系统，其电气系统设计、施工、验收和运行管理除执行《三联供规程》外，还应执行电力行业的相关标准。

（7）热电机组应在供能系统供热（冷）负荷时运行，供热、供冷系统应首先利用机组余热制热、制冷。

（8）供能系统的组成形式、设备容量、工艺流程及运行方式，应根据当地燃气供应条件和冷、热、电、气的价格，经技术经济比较后确定。

（9）确保能源供应系统应能够满足区域用户能源的需求，同时工艺系统设计合理，运行

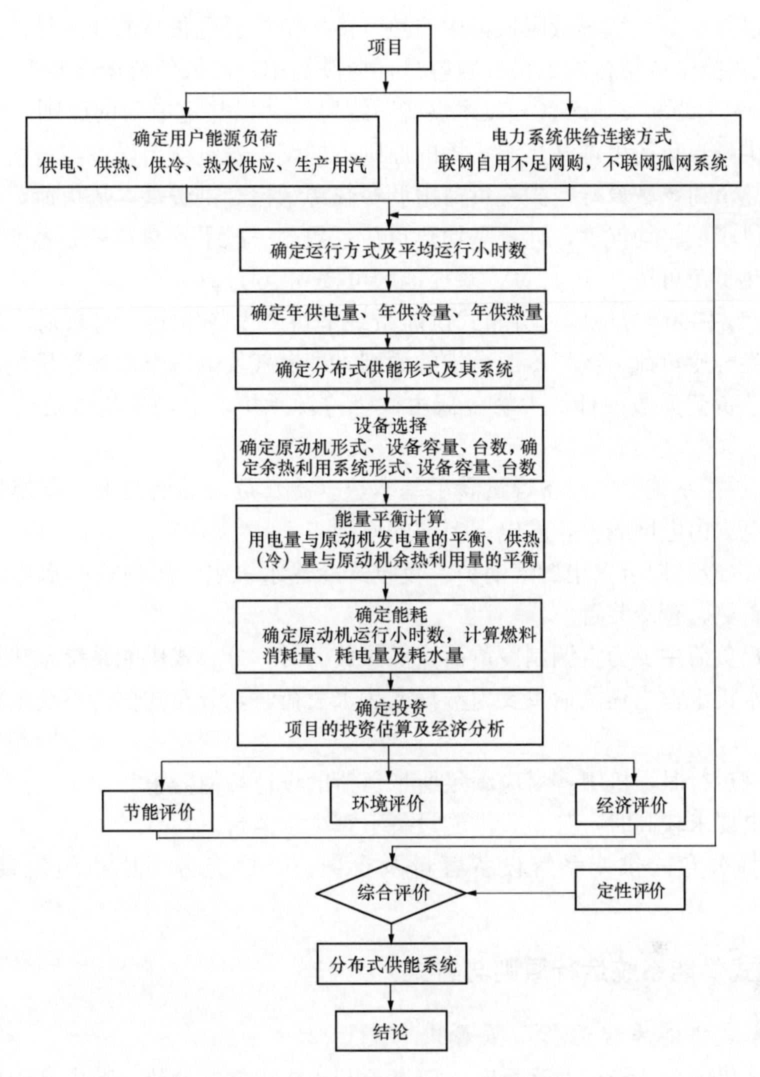

图 5-1　分布式供能系统设计流程图

可靠、节能、减排、经济。

四、分布式供能系统设备的选择原则

（一）坚持“以热（冷）定电”的原则

分布式供能系统在天然气资源丰富、价格低廉的国家，有很好的社会经济效益，该地区的分布式供能系统设备选择可以采用“以电定热（冷）”的原则。

由于当前天然气发电成本高于煤电发电成本，在目前价格体系下，分布式供能系统获取利润的关键在于正确的项目选址和正确的系统设计。对于供冷、供热、供电负荷比较集中、要求较高的楼宇、商务、公共建筑，坚持“以热（冷）定电，发电自用，发电不上网，不足网上购电”的原则下才有可能产生经济效益。

（二）分布式供能系统的选择原则

分布式供能系统的选择可以遵循以下原则：

(1) 并网供能系统机组容量应根据用户热（冷）负荷及电负荷曲线选择。

1) 分布式供能系统单台发电机机组容量，应满足用户最低负荷运行要求。

2) 以供热为主的北方地区，分布式供能系统坚持“以热定电”的原则，坚持机组承担基本热负荷，尖峰热负荷由调峰热源承担的原则，即燃气发电机组设备容量按设备供热能力接近供暖平均热负荷系数设计，尖峰负荷由调峰热源承担。供暖基本热负荷，可根据当地供暖计算温度及供暖期平均温度，计算平均热负荷系数。一般平均热负荷系数为0.65～0.75，严寒地区基本热负荷可按0.65计算，寒冷地区可按0.70计算。

3) 以供冷为主的南方地区，分布式供能系统坚持“以冷定电”的原则，坚持机组承担基本冷负荷，尖峰冷负荷由调峰冷源承担的原则，即燃气发电机组设备容量按设备供冷能力接近供冷平均热负荷系数设计，尖峰负荷由调峰冷源承担，空调平均冷负荷系数一般可采用0.6。

4) 分布式供能系统发电设备容量满足基本热（冷）负荷的前提下，宜遵循发电电力尽量自给，不足电力由电网购入，发电不上网的原则。

5) 调峰热（冷）源可采用燃气锅炉、吸收式冷热水机组、压缩式冷水机组、热泵等设备，且可采用蓄热、蓄冷装置。

(2) 当用户负荷主要为空调制冷负荷、供热负荷时，分布式供能系统余热利用设备宜采用吸收式冷热水机组；当热负荷主要为蒸汽或热水负荷时，分布式供能系统余热利用设备宜采用余热锅炉。

(3) 当孤网运行时，机组容量应满足所带负荷的设计峰值需求。

(4) 当供电要求较高时，分布式供能设备不宜少于两台。

(5) 当选择分布式供能系统设备容量及台数时，应充分考虑机组定期检修维护等因素。

五、分布式供能系统运行原则与方式

(一) 分布式供能系统运行配置原则

(1) 分布式供能系统设计及运行时，应充分利用机组排气余热。首先利用机组排气余热实现供热（冷）及供应热水，其次利用机组排气余热实现热力制冷。

(2) 当多种能源系统联合运行时，为了提高分布式供能系统的热效率，尽量增加热泵机组、太阳能等新能源、再生能源的运行小时数。

(3) 分布式供能系统设计及运行时，要坚持基本热负荷由热电机组承担，尖峰热负荷由调峰热源承担的设计及运行原则。

(4) 分布式供能系统的设计，需要充分考虑分布式供能系统的运行方式。

(二) 分布式供能系统运行方式

分布式供能系统的运行方式可以分为3类：第一类为利用余热锅炉生产蒸汽，实现供暖、热水供应、供冷；第二类为利用分布式能源生产的电力，实现供暖、热水供应、供冷，但用电供热时应考虑经济性的问题；第三类为利用燃机排气，排气直接进入溴化锂直燃式冷热水机组，实现供热、热水供应、供冷。

(1) 利用余热锅炉生产蒸汽，实现供暖、热水供应、供冷，分为以下3种方式：

1) 利用余热锅炉生产蒸汽，通过供热汽水换热器制备供热热水。

2）利用余热锅炉生产蒸汽，通过供热汽水换热器制备热水。

3）利用余热锅炉生产蒸汽，通过吸收式制冷机组制备空调用冷水。

（2）利用分布式能源生产的电力，实现供暖、热水供应、供冷。

（3）利用燃机排气，实现供热、热水供应、供冷。

（三）分布式供能系统运行方案

分布式供能系统运行方案，可根据当气象资料，分为供热期间（冬季）、空调期间（夏季）、其他期间（过渡季），分别计算其运行天数，见表5-1。

表5-1　　分布式供能系统运行方案

运行期间	供热（冷）方式	供热（冷）设备运行方案
冬季供热期间（天）	供暖	
	热水供应	
夏季空调期间（天）	空调	
	热水供应	
过渡季其他期间（天）	热水供应	

注　1. 供暖期间可查当地气象资料确定。

2. 空调期间根据当地气象条件和当地的规定天数确定。

3. 其他期间为全年365天减去供热期间和空调期间。

4. 供热（冷）设备为余热锅炉、调峰热源、溴化锂机组。

第二节　分布式供能系统能源站

一、分布式供能站站址规划及总布置

（一）分布式供能系统能源站址规划

根据《燃气分布式供能站设计规范》（DL/T 5508—2015）（以下简称《燃气供能站规范》）规定，分布式供能系统分为区域分布式供能站和楼宇分布式供能站。

区域分布式供能站是指独立于用户之外，为一个或多个用户、甚至一个区域提供冷热电的分布式供能站。

楼宇分布式供能站是指属于用户，为一个或多个用户提供冷热电的分布式供能站。

根据《燃气供能站规范》规定及相关规范的要求，站址规划应符合如下规定：

（1）大型分布式供能站的站址应考虑城市规划的要求、热（冷）电用户分布、燃料供应情况、机组容量、燃气供应压力、工程建设条件等因素，因地制宜地按照区域式、楼宇式两

种类型进行选择。

（2）区域分布式供能站的站址位置选择应遵循如下原则：

1）站址位置选择应综合考虑电力规划、消防、环境保护、风景名胜和遗产保护等要求，以及地区自然条件、水源、交通运输、与相邻企业的关系及建设规划等因素；

2）站址位置选择时应考虑燃料供应的安全性、可靠性、经济性，使燃料供应距离较短；

3）站址应避开空气中悬浮固体颗粒物严重污染的区域。

（3）区域分布式供能站的站址位置选择应靠近负荷中心，供热（冷）范围应从经济合理的角度出发，宜符合下列要求：

1）蒸汽供热半径小于2.5km；

2）热水供热半径小于5km；

3）冷水供冷半径小于1km。

（4）使用沼气作为燃料的分布式供能站不宜布置在楼宇内。

（5）区域分布式供能站应根据城镇、园区规划管理要求，规划容量远近结合，对站区、施工区、交通路线、出线走廊及供热、供冷、供气管廊等进行统筹规划。

（6）区域分布式供能站的总体规划应节约用地，根据规划容量确定站区用地范围，按工程建设需要分批征用。

（7）分布式供能站的总体规划应合理布置污染源、噪声源，防止环境污染。

1）厂址和居民区应有适当距离，工厂运行时发出的噪声、烟囱排出的烟灰等不能影响居民正常生活。

2）工厂生产废水、生活污水必须进行处理，烟尘必须除尘，实现达标排放。

（8）厂址尽量选择在有良好地质条件的地区，以减少建设投资，缩短建设周期。

（二）能源站址总布置原则

根据《三联供规程》的规定，分布式供能系统能源站选址应符合如下要求：

（1）能源站应靠近用户冷、热、电负荷中心区域，避免增加供热（冷）管路长度，增大工程初投资，增加系统热损失，增加水泵电耗。能源站宜靠近供电区域的主配电室，以避免配电线路过长，增加工程初投资。

（2）能源站的防火间距应符合《建筑设计防火规范》（GB 50016—2014）的有关规定。能源站主机间应为丁类房间，燃气增压间、调压间应为甲类厂房，设计应满足相应的防火间距。

（3）能源站宜独立设置或室外布置；当独立布置或室外布置确有困难时，可贴邻民用建筑布置，但应采用防火墙隔开，且不应贴邻人员密集场所。

（4）当主机间受条件限制布置在民用建筑内时，应布置在建筑物的地下一层、首层或屋顶，并应符合如下规定：

1）采用相对密度（燃气与空气密度比）大于或等于0.75的燃气作为燃料时，不得布置在地下或半地下建筑（室）内；

2）建筑物内地下室、半地下室及首层的主机间应靠外墙布置，且不应布置在人员密集场所的上一层、下一层或贴邻；

3）能源站布置在建筑物地下一层或首层时，单台发电机容量不应大于3MW；

4）能源站布置在建筑物内时，单台发电机容量不应大于 2MW，且应对建筑结构进行验算；

5）能源站布置在屋顶时，主机间距屋顶安全出口的距离应大于 6.0m。

（5）能源站冷（热）机组及常（负）压燃气锅炉可设置在建筑物地下二层。

（6）能源站变电室的设置应符合《20kV 及以下变电所设计规范》（GB 50053—2013）的有关规定。

（7）厂区布置力求紧凑，以减少占地面积。

（8）能源站布置在室外时，燃气设备边缘与相邻建筑外墙面的最小水平净距应符合表 5-2 的规定。

表 5-2　室外布置能源站燃气设备边缘与相邻建筑外墙面的最小水平净距

燃气最高压力（MPa）	最小水平净距（m）	
	一般建筑	重要公共建筑、一类高层民用建筑
0.8	4.0	8.0
1.6	7.0	14.0
2.5	11.0	21.0

（9）楼宇分布式供能站应与楼宇建筑总体设计要求相符合。室外布置的能源站等，应与周围建筑布局相协调。

（10）区域分布式供能站放空管布置应符合《石油天然气工程设计防火规范》（GB 50183—2015）和《城镇燃气设计规范》（GB 50028—2006）的相关规定。

（11）区域分布式供能站内道路设计应按照《厂矿道路设计规范》（GBJ 22—1987）和《城市道路工程设计规范（2016 年版）》（CJJ 37—2012）执行，并符合下列要求：

1）站内各建（构）筑物之间应根据生产、消防、生产和检修维护的需要设置行车道路。

2）主设备区、配电装置区、天然气增压站、调压站周围应设置环形道路或消防车道。

3）站内主要出入口主干道行车部分路面宽度宜为 6～7m，主设备区周围的环形道路路面宽度宜为 6m，站内支道路面宽度宜为 3.5～4m。

4）站内道路宜采用水泥混凝土或沥青混凝土路面。

5）室外布置的原动机、余热锅炉周围应留有检修场地，设置起吊和运输设备进出的道路，净空高度不宜小于 5m。消防车道路宽度和净空高度均不应小于 4m。

（三）管线布置原则

（1）分布式供能站的站内管线布置应从整体出发，结合容量、总平面、竖向布置及绿化进行统一规划。

（2）当区域分布式供能站分期建设时，应按规划容量预留管廊。主要管线应避免穿越扩建场地。

（3）区域分布式供能站的站内管线敷设可分为直埋、管沟、隧道、排管及架空 5 种方式。应根据自然条件、管内介质、管径、总平面布置、施工及运行维护等因素，经技术经济比较后确定敷设方式。

（4）区域分布式供能站的站内燃气管道的敷设方式可根据实际情况选择直埋敷设、高低支架架空敷设，不采用管沟敷设。对软基地质，不宜采用直埋敷设。

（5）电缆架空敷设时不宜平行敷设在热力管道和燃气管道上部，电缆与管道之间无隔板防护时的允许净距应符合表5-3的规定。

表5-3　电缆与管道之间无隔板防护时的允许净距　mm

电缆与管道之间走向		电力电缆	控制和信号电缆
热力管道	平行	1000	500
	交叉	500	250
燃气管道	平行	1000	500
	交叉	500	250
其他管道	平行	150	100

注　当燃气管道上方是插入式母线、悬挂式干线时，最小平行净距为3000mm，最小交叉净距为1000mm。

二、分布式供能站工艺布置

（1）原动机可采用室内或室外布置。对环境条件差、严寒地区或对环境噪声有特殊要求的项目，宜采用室内布置。当采用室外布置时，应采用壳装形式。

（2）原动机的相关辅助设备宜就近布置，余热利用设备间应靠近原动机布置，以减少原动机与余热利用设备的排气烟道阻力。对于向上排气的原动机，余热锅炉可与之分层布置。

（3）汽轮机应采用室内布置，汽轮机房运转层宜采用岛式布置。汽轮机房的布置可按照《小型火力发电厂设计规范》（GB 50049—2011）有关章节执行。

（4）区域分布式供能站的制冷设备宜靠近原动机布置，且宜与供暖加热设备合并布置。

（5）楼宇分布式供能站的制冷机房宜设置在建筑物底层或地下层（室）。

（6）制冷设备及其系统辅助设备的布置应符合下列要求：

1）机房主要通道的净宽度不应小于1.5m，机房与机组或其他设备之间的净距离不应小于1.2m，机组与上方管道、电缆桥架等的净距不应小于1m。

2）冷水机组应留出不小于蒸发器、冷凝器等长度的维护清洗、维修距离。

3）制冷系统冷却塔的布置应靠近制冷机房，并应有良好的自然通风条件。

4）带补燃的燃气溴化锂冷水机组的机房设计应符合：

a. 宜设独立的燃气间；

b. 烟囱宜独立设置；

c. 机房和燃气仪表间应分别设置燃气浓度报警器与防爆排风机，防爆排风机应与各自的燃气浓度报警器联锁。

5）辅助设备及仪表、阀门等附件采用室外布置时，应根据环境条件和辅助设备及仪表、阀门本身的要求，采取防雨、防冻、防腐等措施。

（7）能源站宜设置主机间、辅机车间、变配电室、控制室、燃气计量间等。

（8）控制室布置应符合下列规定：

1）控制室门窗设计在满足消防安全等防护要求的同时，还应考虑采光以及防噪的环境要求；

2）控制室室内环境应符合隔声、温湿度、消防等劳动保护要求。

(9) 发电机组及冷热供应设备应符合下列规定：

1) 应考虑设置设备安装、检修、运输的空间及场地；

2) 设备与墙之间的净距不宜小于 1.0m；

3) 设备之间的净距应满足操作和设备维修要求，主机间内设备的净距不宜小于 1.2m。

(10) 汽水系统应设安全设施，如安全阀等。外表面温度高于 50℃的设备和管道应隔热保温。对不易保温且人员可能接触的部位应设护栏或警示牌。

(11) 能源站设备及室外设施等应选用低噪声产品，能源站噪声值应符合现行国家标准。

(12) 能源站设备应满足《声环境质量标准》(GB 3096—2008) 和《工业企业厂界环境噪声排放标准》(GB 12348—2008) 的有关规定，当不满足有关规定要求时，应采取隔声、隔振措施。

三、分布式供能站建筑与结构

(一) 能源站建筑

建设在城市里的大中型分布式能源站，要考虑去工业化设计。能源站建筑的设计不仅要满足生产的需求，同时要与周围环境相协调，需要对能源站建筑进行去工业化设计。

(1) 能源站厂房建筑风格尽量和周围环境相协调。

(2) 厂区各建筑物平面布置根据工艺流程来安排，既要节约用地，又要有足够的活动空间和绿化带，主入口的各建筑立面都应做仔细的艺术处理，使建筑立面简洁大方、赏心悦目。

(3) 建筑材料尽量采用当地常用材料，如多孔砖、防水卷材、金属保温板等。

(4) 寒冷、严寒地区要执行当地建筑保温要求。

(5) 厂房尽量采用地上建筑和半地下室，利用自然采光、自然通风以节约能源。

(6) 厂房的门。

1) 门的尺寸要满足最大设备安装、检修时顺利通过的要求。

2) 门的位置及数量要满足消防安全疏散要求。

(7) 厂房的窗。开窗的面积应满足照明、通风要求，对有防爆要求的车间，门、窗及轻型屋面的面积均可算为泄压面积。

(二) 建筑的耐火等级

(1) 能源站采用独立建筑时，建筑的耐火等级不得低于《建筑设计防火规范》(GB 50016—2014) 中的有关规定。能源站建筑物在生产过程中的火灾危险性及耐火等级见表 5-4。

表 5-4 能源站建筑物在生产过程中的火灾危险性及耐火等级

序号	建筑物名称	火灾危险性	耐火等级
1	原动机房	丁	二级
2	汽轮机房、燃气轮机房	丁	二级
3	余热锅炉房	丁	二级
4	天然气增压站、调压站	甲	二级

续表

序号	建筑物名称	火灾危险性	耐火等级
5	制冷机房	丁	二级
6	制冷站、供热站	戊	二级
7	材料库、检修间	丁	二级
8	冷却塔	戊	二级

（2）设置在建筑物内的能源站与其他房间应采用耐火极限不低于2.00h的不燃烧体隔墙和耐火极限不低于1.50h的不燃烧体楼板隔开。在隔墙和楼板上不应开设洞口，当必须在隔墙上开设门窗时，应采用甲级防火门窗。

（3）设置于建筑物内的能源站，其外墙上的门、窗等开口部位的上方应设置宽度不小于1.0m的不燃烧体的防火挑檐或高度不小于1.2m的窗栏墙。

（4）当燃气增压间、调压间设置在能源站内时，应采用防火墙与主机间、变配电室隔开，且隔墙上不得开门窗及洞口。

（三）有关安全要求

（1）燃气增压间应布置在主机间附近。

（2）主机间和燃气增压间、调压间、计量间应设置泄压设施。泄压口应避开人员密集场所和安全出口。

（3）主机间泄压面积不应小于主机间占地面积的10%。

（4）燃气增压间、调压间、计量间应设置泄压面积，泄压面积按如下式计算，但当厂房的长宽比大于3时，宜将该厂房划分为长宽比小于或等于3的多个计算段，各计算段中的公共截面不得作为泄压面积

$$A = 1.1V^{2/3} \tag{5-1}$$

式中 A——泄压面积，m^2；

V——厂房容积，m^3。

（5）独立设置的能源站，主机间必须设置一个直通室外的出入口；当主机间的面积大于或等于200m^2时，其出入口不应少于2个，且应分别设在主机间两侧。

（6）设置于建筑物内的能源站，主机间出入口不应少于2个，且直通室外或通向安全出口不应少于1个。

（7）能源站的地面应采用撞击时不会发生火花的材料。

（8）能源站内的疏散楼梯、走道、门的设置应符合《建筑设计防火规范》（GB 50016—2014）的有关规定。

（9）能源站的防雷措施应按《建筑物防雷设计规范》（GB 50057—2010）第二类防雷建筑物执行。

（10）能源站的防雷接地、防静电接地、电气设备（不含发电机组）的工作接地、保护接地及信息系统的接地等，宜设置公用接地装置，其接地电阻不应大于1Ω。

（11）能源站的平台、走道、吊装孔等有坠落危险处应设栏杆或盖板，需登高检查和维修设备处应设置钢平台或扶梯，上下扶梯不易采用直爬梯。

（四）起吊设备

(1) 分布式供能站宜在适当的位置设置检修场地和放置检修工具的场所。

(2) 能源站应根据工艺设备布置，设置检修用起重设备。

(3) 能源站应预留能通过最大设备搬运件的吊装孔及安装孔洞，安装洞可与门窗洞或非承重墙结合。

（五）厂房结构

1. 结构类型

工业建筑常见分三类：钢筋混凝土框排架结构、钢结构、钢筋混凝土和钢结构混合结构。

(1) 钢筋混凝土框排架结构。一般采用现浇钢筋混凝土结构。适用于小柱距，层高较低的厂房，当跨度、柱距等于大于12m，梁断面较大，非预应力结构挠度与裂缝不容易满足要求。当层高9m左右，支模高度较高，施工较困难。

(2) 钢结构厂房。适用于比较高大的工业厂房，也适用于地震设防烈度高的厂房，钢结构厂房一般纵、横向采用铰接支撑系统，优点是节点连接构造简单，受力可靠，变位小。横向系统有时无法打支撑，有些节点必须做成刚性节点。钢结构厂房，彩色金属墙板，外观显得简洁、明快，显示现代建筑气息。

(3) 混合结构厂房。柱、纵梁、楼板为钢筋混凝土结构，大跨度屋面为轻钢结构。

楼面采用钢梁支承钢筋混凝土楼板，可以省掉楼面模板下面支撑，尤其工业厂房层高较高，支撑高度大，施工困难。

楼板的模板分为两种，一种采用木模板，用木方吊在钢梁上，第二种采用钢梁上铺镀锌压型钢板作楼板底模，后者施工简单，无须在高空拆除模板（高空拆除模板是费时又危险的工作)，镀锌压型钢板底膜，无须抹面，感觉美观。

(4) 墙体。

1) 外墙。钢结构厂房的外墙宜采用金属墙板。钢筋混凝土厂房，采用当地产黏土空心砖或其他轻质砌块，偶尔因赶进度等原因，也可采用金属墙板。但应注意固定金属墙板的薄壁型钢檩条，拉条、螺栓等零件必须要热镀锌。

2) 内墙。内墙采用黏土空心砖或其他轻质砌块。根据抗震要求，墙体必须架设构建筑，圈梁、拉紧等构造措施。

2. 结构选型

能源站结构形式选择应根据地质条件、建设工期要求、业主要求等因素综合考虑。

(1) 从技术角度分析。

1) 厂房跨度较大、柱距较大、层高较高时，宜采用钢结构厂房。

2) 现浇钢筋混凝土结构需要较多的熟练木工、钢筋工、混凝土工、脚手架工。在国内熟练工人容易找到，但在国外援建项目中，在当地招聘这么多熟练工人，几乎不可能，所以较大规模、援外工业项目，多数采用钢结构，在国内加工制造，运输至国外工地安装。

3) 对防火、防腐有严格要求的工业厂房，可采用钢筋混凝土结构。

4) 调压站、增压站等燃气建筑需要考虑抗爆，厂房屋面可做成轻型钢屋面（自重小于100kg/m^2)，作为泄压面积。

(2) 从经济角度分析。工程项目投资方首先考虑降低工程造价，根据我国国情，目前人工费用比较便宜，钢筋混凝土结构厂房比钢结构厂房造价便宜40%～30%，一般中、小型厂房均采用钢筋混凝土结构。

(3) 从施工工期分析。对比钢结构和钢筋混凝土结构厂房，钢结构厂房施工工期能缩短很多，原因如下：

1) 钢结构制作一般在制造厂进行，同时工地进行厂房基础及主要设备基础施工。当基础施工完成后，进行第一批钢结构吊装，施工紧凑，缩短了工期。

2) 钢结构吊装速度比钢筋混凝土结构施工快得多。

3) 钢结构吊装过程可以和设备安装同时进行，实现交叉作业。钢筋混凝土结构因现场有脚手架、模板、钢筋堆放、混凝土泵基础等很难和设备安装实行交叉作业，因此工期长。

4) 在北方地区冬季温度－10～－20℃环境中，钢结构照常可以吊装，用高强螺栓连接，可以避免低温焊接产生的困难，而浇制钢筋混凝土结构冬季有4～5月时间无法施工。

(六) 地基与基础

厂址应尽量选择在地质条件好，地质构造简单的地区，有条件的情况下，尽量选择采用天然地基，以节约投资和加快建设进度。

当厂址（站址）选择条件受限，需采用桩基等地基处理方案时，要通过详细的岩土勘测，论证地基处理及基础型式，选择技术经济比较合理的地基处理方案。

(七) 屋顶

(1) 单层及多层小跨度（$L<12$m）的钢筋混凝土结构厂房，屋面一般为钢筋混凝土梁板结构，上面做保温层和卷材防水层，其最大优点不容易漏水。

存在的问题是卷材的保质期为五年左右，五年后由于卷材老化开裂造成漏水而需局部或整体翻修，为了减缓老化进程，在卷材上面加保护层，再抹上2～3cm厚水泥砂浆，缺点是造成将来卷材翻修困难。目前也有在表面的卷材加上铝膜，把太阳光反射出去以减轻对卷材的老化，优点是便于卷材修补。

(2) 大跨度厂房屋面结构。大跨度厂房屋面分二类：重型屋面和轻型屋面。

1) 重型屋面（屋面静荷载大于100kg/m^2），轻型屋面（屋面静荷载小于100kg/m^2）。20世纪90年代，随着我国工业快速发展，开始大规模推广轻钢结构，其优点：耗钢量少，大部分构件可在工厂中加工制作，现场进行吊装、安装，施工工期可缩短较多。建筑外形简洁、明快、美观，经过几年使用，发现存在主要缺陷如下：

2) 轻型屋面缺陷。

a. 板材防锈性能差，发现有锈斑、甚至产生小孔，板面褪色严重，原因是板材质量不过关，经过改进，目前国内大型钢铁生产商生产的彩钢板质量已过关，能够克服以上的缺陷。

b. 保温板最初采用二层彩钢板中间夹保温板（玻璃棉板、岩棉板），其缺点是保温板固定不牢，时间长了，堆积在一起，不起保温作用，另外施工麻烦，玻璃棉对施工人员健康有伤害。

目前已全部使用复合板，聚氨酯复合板防火性能较差，为了改善防火差加入阻燃剂，价格增加较多，现在使用较多的是岩棉复合板，防火性能较好，能达到防火规范要求。

复合板由二层彩钢板中间加保温板，三层板由黏结剂组成整体板，四周设企口，并涂有黏接剂，安装时互相咬口成整体。组合板具有刚度大，施工方便等诸多优点。

3）主要的经验与教训。

a. 屋面普遍漏雨，分析原因如下：

大面积金属屋面，夏天在烈日照射下，接缝处开裂在所难免；

雨水槽深度不够，或雨水管数量少，大雨时，雨水槽满起来从屋面板雨水槽的空隙处大量漏到厂房内；

屋面上各种开孔防水未做好。

厂房屋顶漏水，影响生产安全运行，尤其电气配电装置室，容易发生短路。

b. 针对以上问题，设计上的改进措施：

为解决大面积屋面拼接处裂开、屋面与女儿墙接缝、屋面上开孔的接缝存在的缺陷，采取在原来刚性防水的屋面上，加卷材防水层。为施工方便把金属保温板上层波型板，改为平板。

雨水槽深度、宽度根据屋面汇水面积及当地的降雨强度来决定，根据近年来实践，雨水槽深度 $h>250$mm，宽度 $b>500$mm。

雨水槽容易被腐蚀，一般采用 3mm 厚镀锌钢板或不锈钢板。

单层工业厂房高度不高时（10～15m），可把雨水槽放在室外，减少漏水的可能性。

雨水管的设置根据计算确定，但是通常未考虑实际使用中出现的不利因素，例如屋面垃圾经常不清理，造成水斗入口被堵，雨水槽水溢出漏入厂房。在北方，冬春季节，冰茬堵住排水口，也会造成漏水。设计大跨度厂房可以采取每跨均设置 1 个排水管，减少漏水可能性，排水管直径 $\phi \geqslant 100$mm。

4）轻型屋面的改进。目前我国建成的轻钢屋面，采用刚性防水，屋面漏水是普遍现象，有些设计院把钢结构厂房的大跨度屋面改为浇制钢筋混凝土板重型屋面。

这种回到老路上的办法其缺点是增加了耗钢量，一个中等规模厂房增加上百吨钢材耗量，也增加施工难度，在北方，冬季无法浇灌混凝土，所以是不可取的办法。

5）解决轻钢屋面刚性防水漏水问题。为解决轻钢屋面刚性防水普遍漏水问题，规定在上面加一层卷材防水层，因漏水原因较多，加了卷材防水层，不能保证不再漏水，卷材防水保质期为五年左右，五年后要经常修理，刚性屋面彩钢板保质期十年以上，所以此项补救措施仍有诸多缺点。

解决轻钢屋面刚性防水漏水是综合性工程，建议由设计院、墙板制造厂首先对已建成的厂房进行详细调查，找出造成漏水的各种因素，制定改进方案。其中最主要问题是大面积屋面，大量的板与板接头，不可避免要产生裂缝漏水，需要制造厂改进生产工艺，改变现场安装方法。保证在夏、冬季温差板面产生伸缩及在活荷载作用下，屋面不能开裂漏水。

另外可以借鉴国内外成功的经验，轻型彩钢板保温板刚性防水屋面技术一定能克服各种存在问题，再次在工程上普遍使用，每年可以节省大量资金、劳动力，且能显著加快建设进度。

四、分布式供能站安防及辅助设施

（一）消防

1. 分布式供能站设计应符合现行防火有关规范

分布式供能站设计应符合《建筑设计防火规范》(GB 50016—2014）和《火力发电厂与变电站设计防火规范》(GB 50229—2006）的有关规定。

2. 消防给水及灭火设施

(1) 燃气轮机宜采用全淹没气体灭火系统。对楼宇式分布式供能站主机间宜设置自动灭火系统。

(2) 分布式供能站消防给水和灭火设施设计应符合现行有关标准。

(3) 分布式供能站各建筑灭火器的配置应符合《建筑灭火器配置设计规范》(GB 50140—2005）的规定。

3. 火灾自动报警装置

(1) 分布式供能站应设置火灾自动报警装置。火灾检测和自动报警系统的设计应符合《火灾自动报警系统设计规范》(GB 50116—2013）的有关规定。

(2) 能源站应设置燃气泄漏报警及自动切断装置。

(3) 消防控制中心或集中控制室应有显示燃气泄漏报警器工作状态的装置，并能遥控操作紧急切断装置。

(4) 火灾自动报警装置的主控制器应设置在有人值班处，主控制器应能显示、储存、打印相关报警及动作信号，同时发出声光报警信号，并应具有远程自动控制和就地手动操作灭火系统的功能。

(5) 灭火自动监测及联动控制系统和燃气泄漏报警及紧急切断装置均应配备来自不同电源的双电源供电。

(6) 分布式供能站应设置报警通信设施。灭火自动报警装置音响应区别于其他系统的音响。

(7) 能源站内有燃气设备和燃气管道的场所，应设置可燃气体探测自动报警、控制装置，除应符合国家现行标准有关规定外，还应符合下列规定：

1) 当可燃气体浓度达到爆炸下限的25%时，必须报警并启动事故排风机；

2) 当可燃气体浓度达到爆炸下限的50%时，必须联锁关闭燃气紧急自动切断阀；

3) 自动报警应包括就地和主控制器处的声光提示。

(8) 建筑物内能源站的主机间应设置自动灭火系统；发电机组宜采用自动气体灭火系统，其他可采用自动喷水灭火系统（电气及控制机柜间除外)。

(9) 下列设备和系统应设置备用电源：

1) 火灾自动检测、报警及联动控制系统；

2) 燃气浓度检测、报警及自动联锁系统。

(10) 主机间、燃气增压间、调压间、计量间及燃气管道穿过的房间采用防爆灯具、防爆电动机及防爆开关，并应符合《爆炸危险环境电力装置设计规范》(GB 50058—2014）的有关规定。

(11) 能源站必须设置应急照明、疏散指示标志。

（二）供暖通风及防排烟

1. 供暖

集中供暖地区的分布式供能站设备间，应设置集中供暖装置，供暖热媒宜采用热水。

主机间进行供暖计算时，不考虑热设备散热量，室内供暖温度按照5℃设计。

控制室室内供暖计算温度采用18℃。

2. 通风

（1）主机间、燃气增压间、调压间、计量间应设置独立的机械通风系统。

（2）敷设燃气管道的地下室、设备层和地上密闭房间应设机械通风系统。

（3）主机间的通风量应包括下列部分：

1）设备中燃料燃烧所需要的助燃空气量；

2）消除设备散热所需要的空气量；

3）人体环境卫生所需要的新鲜空气量。

（4）主机间、燃气增压间、调压间、计量间、敷设燃气管道房间的通风量，应根据工艺设计要求通过计算确定，且通风换气次数不应小于表5-5的规定。

表5-5　通风换气次数

<table>
<tr><th rowspan="2">位置</th><th rowspan="2">燃气压力 p
(Mpa)</th><th rowspan="2">房间</th><th colspan="3">通风换气次数（次/h）</th></tr>
<tr><th>正常通风</th><th>事故通风</th><th>不工作时</th></tr>
<tr><td rowspan="6">建筑物内</td><td rowspan="2">p≤0.4</td><td>主机间</td><td>6</td><td>12</td><td>3</td></tr>
<tr><td>燃气增压间、调压间、计量间</td><td>3</td><td>12</td><td>3</td></tr>
<tr><td rowspan="4">0.4<p≤1.6</td><td>敷设燃气管道的房间</td><td>3</td><td>6</td><td>3</td></tr>
<tr><td>主机间</td><td>12</td><td>20</td><td>3</td></tr>
<tr><td>燃气增压间、调压间、计量间</td><td>12</td><td>20</td><td>3</td></tr>
<tr><td>敷设燃气管道的房间</td><td>12</td><td>20</td><td>3</td></tr>
<tr><td rowspan="6">独立设置</td><td rowspan="2">p≤0.8</td><td>主机间</td><td>6</td><td>12</td><td>3</td></tr>
<tr><td>燃气增压间、调压间、计量间</td><td>3</td><td>12</td><td>3</td></tr>
<tr><td rowspan="4">0.8<p≤2.5</td><td>敷设燃气管道的房间</td><td>3</td><td>6</td><td>3</td></tr>
<tr><td>主机间</td><td>12</td><td>20</td><td>3</td></tr>
<tr><td>燃气增压间、调压间、计量间</td><td>12</td><td>20</td><td>3</td></tr>
<tr><td>敷设燃气管道的房间</td><td>12</td><td>20</td><td>3</td></tr>
</table>

3. 防排烟

（1）事故通风的通风机，应分别在室内、室外便于操作的地点设置开关。

（2）原动机直排烟道应安装消声设施，通风系统宜安装消声装置。

（3）通风系统的设计及进、排风口位置应符合《民用暖规》的有关规定，发电机组进风口宜布置在靠近发电机的位置。

（4）能源站烟道、烟囱的设计应进行水力计算，应满足机组正常工作的要求。烟道和烟囱应采用钢制或钢筋混凝土结构。

（5）发电机组应采用单独烟道，其他用气设备宜采用单独烟道。当多台设备合用一个总烟道时，各设备的排烟不得相互影响，支管上应设置自动关断阀，烟气不得流向停止运行的设备。

（6）每台用气设备和余热利用设备的烟道，以及容易集聚烟气的地方，均应安装泄爆装置，泄爆装置的泄压口应设在安全处。

（7）烟道、烟囱的低点应装设排水设施。

（8）排烟中的大气污染物排放值，应符合《锅炉大气污染物排放标准》（GB 13271—2014）的有关规定。

（三）照明

（1）能源站的照明系统应设正常照明、备用照明和应急照明，照明电压宜为 220V。

（2）正常照明电源应由动力或照明网络共用的中性点直接接地的变压器接引，备用照明和应急照明电源宜由蓄电池组供电。

（3）主机间、辅机间、配电室、控制室的备用照明时间不应小于 60min。

（4）安装高度低于 2.2m 的灯具电压宜采用 36V；当采用 220V 电压时，应采取防止触电的安全措施，并应敷设灯具外壳专用接地线。

（5）检修用的移动式灯具的电压不应大于 36V，燃气发电机保护罩内检修用的移动式灯具的电压应采用 12V。

五、分布式供能站系统流程图

分布式供能系统工艺流程如图 5-2 所示。某工程分布式供能系统原则性热力系统如图 5-3 所示。

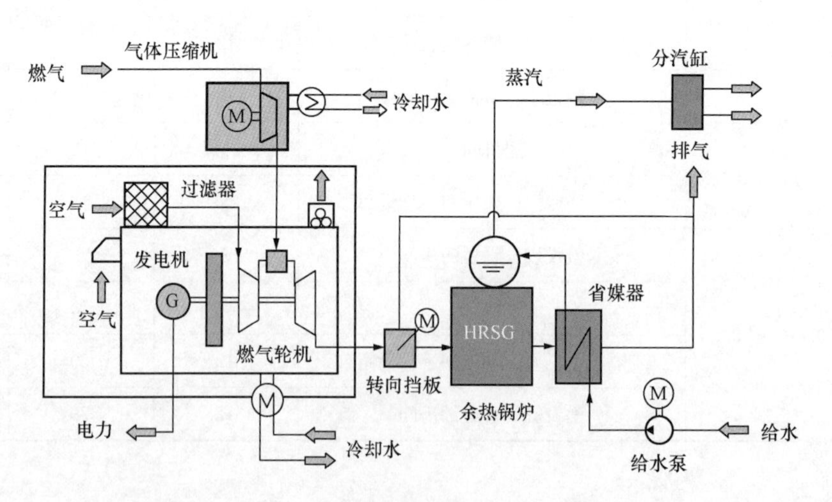

图 5-2 分布式供能系统工艺流程图

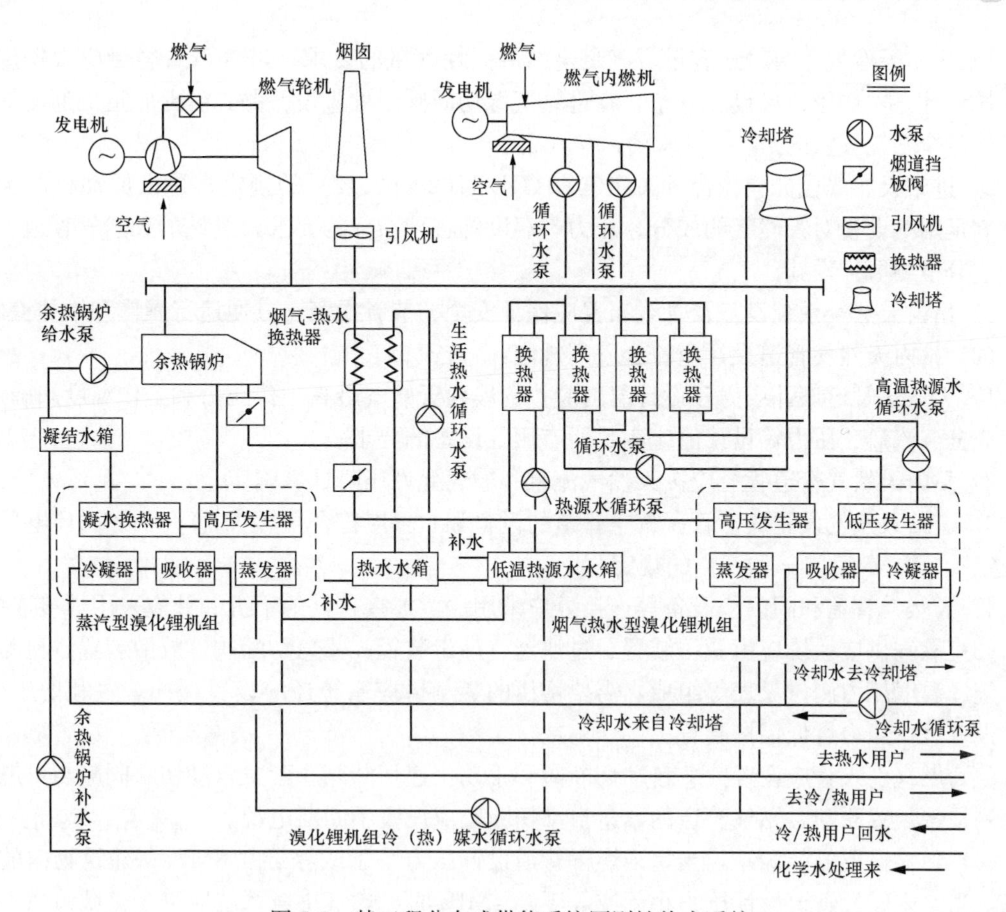

图 5-3　某工程分布式供能系统原则性热力系统

第三节　燃气系统及设备

一、燃气供应系统

（一）燃气供应系统设计原则

（1）分布式供能站宜采用清洁、便利的燃料，包括天然气、沼气等。

（2）分布式供能站的燃料系统设计根据规划容量、燃料品种、燃料消耗量、燃料输送方式、燃料输送周期等，经技术经济比较后确定。

（3）分布式供能系统采用天然气为燃料时，在条件允许时，宜采用门站专用天然气管线输送。

（4）分布式供能系统备用燃料系统的设置应根据主燃料供应的稳定性和可靠性、负荷特性、负荷重要性、备用燃料的来源、项目的建设条件及工程建设投资等因素，经技术经济比较后确定。

（二）天然气供应系统

（1）分布式供能站内天然气系统的设计应根据气源状况、原动机进气要求、环境条件等因素确定，并符合下列要求：

1）进站天然气管道输送容量应满足全站最大耗气量的要求，进气母管容量应根据规划总容量设计，输送管道可设置一条，在进站气源切断阀门处应设旁路，旁路管道的通流能力应能满足全站耗气量的70%～100%；

2）进站天然气成分应符合《天然气》（GB 17820—2012）的规定，进入原动机的天然气应满足用气设备对天然气的成分、压力、温度等各项指标的要求，进站的天然气管道上应设置成分检测取样设施；

3）站内天然气系统设备及管线布置应保证安全、节省投资、方便运行操作和维护检修。

（2）站内天然气管道设计应符合下列规定：

1）天然气管道设计压力和设计温度应按管段内天然气最高工作压力和工作温度来确定，燃气成分、流量、压力等设计值应满足所有用气设备的要求；

2）站内天然气管道管径应按天然气流量和输气允许压降计算确定；

3）进站天然气设置放空管，放空管道的设置和布置应符合《燃气-蒸汽联合循环电厂设计规定》（DL/T 5174—2003）的规定；

4）天然气管道和阀门、设备等连接处应采用法兰连接，其他不拆卸处应采用焊接连接。

（3）燃气供应系统应由调压装置、过滤器、计量装置、紧急切断阀、放散装置、检测保护系统、温度压力测量仪表等组成，需要增压的燃气供应系统还应设置缓冲装置和增压机，并应设置进口压力过低保护装置。

（4）燃气引入管应设置紧急自动切断阀和手动快速切断阀，紧急自动切断阀应与可燃气体探测报警装置联动，燃气管道的紧急自动切断阀应设置不间断电源。

（5）独立设置的能源站，当室内燃气管道设计压力小于或等于0.8MPa；建筑物内的能源站，当室内燃气管道设计压力小于或等于0.4MPa时，燃气供应系统应符合《城镇燃气设计规范》（GB 50028—2006）的有关规定。

（6）独立设置的能源站，当室内燃气管道设计压力大于0.8MPa且小于或等于2.5MPa时；建筑物内的能源站，当室内燃气管道设计压力大于0.4MPa且小于或等于1.6MPa时，应符合下列规定：

1）能源站内所有燃气管道应采用钢号10或20的无缝钢管，并应满足《输送流体用无缝钢管》（GB/T 8163—2008）的规定，或符合不低于上述标准相应技术要求的其他钢管标准的规定。

2）燃气管道应采用焊接连接，管道与设备、阀门的连接应采用法兰连接或焊接连接。

3）管件的设计和选用应符合《钢制对焊管件　类型与参数》（GB/T 12459—2017）、《钢制法兰管件》（GB/T 17185—2012）的规定。

4）管道上严禁采用铸铁阀门及附件。

5）所有焊接接头应进行全周长100%无损检验，射线检测和超声波检测是首选无损检测方法。焊缝表面缺陷可进行磁粉或液体渗透检测，其质量不得低于《现场设备、工业管道焊接工程施工规范》（GB 50236—2011）中Ⅱ级。

6）能源站中燃气管道穿过的所有房间应设置独立的机械送排风系统，通风量应满足正常工作时，换气次数不应小于12次/h；事故通风时，换气次数不应小于20次/h；不工作且关闭燃气总阀时，换气次数不应小于3次/h。

（三）沼气系统

（1）分布式供能站在具有稳定、可靠的沼气气源的条件下，可以采用沼气为燃料。

（2）采用沼气作为燃料时，应设置脱水、过滤、脱硫等净化处理装置和增压装置。

二、燃气输送系统

（1）进站天然气气源紧急切断阀前总管和站内天然气供应系统管道上应设置放空管，放空管、放空阀的设置和布置原则按《输气管道工程设计规范》（GB 50251—2015）的规定。

（2）用气设备前应设置快速人工手动关闭的阀门。

（3）原动机与其他设备的调压装置应各自独立设置。

（4）能源站所有燃气设备的计量装置应独立设置，且计量装置前应设过滤器。

（5）屋顶设置的能源站，其燃气管道可敷设于管道井内或沿有检修条件的建筑物外墙、柱敷设，管道敷设应符合《城镇燃气设计规范》（GB 50028—2006）的有关规定，并应符合下列规定：

1）室外敷设的燃气管道应计算热位移，并应采取热补偿措施；

2）燃气立管应安装承受自重和热伸缩推力的固定支架和活动支架；

3）管道竖井应靠建筑物外墙设置，管道竖井的墙体应为耐火极限不低于1.0h的不燃烧体，检查门应采用丙级防火门；

4）管道竖井的外墙上，每楼层均应设置通向室外的百叶窗；

5）管道竖井内的燃气立管上不应设置阀门。

三、燃气调压及增压系统

（1）站内天然气增压、调压系统设计应符合下列规定：

1）每台机组宜设置一条调压支路，调压支路宜按单台机组最大耗气量设计，2～3台机组宜设置一条备用支路，当其中一条支路停运时，其他支路的计算流通能力应满足所供原动机的最大负荷耗气量，具有补燃要求的余热利用设备的调压支路与原动机的调压支路应按不同压力要求设置。

2）调压器宜采用自力式调压器。分离器、过滤器的形式和容量应根据供气条件和原动机要求选取。分离器、过滤器宜采用多组并联的方式，并设置备用支路，当其中一条支路停运时，其他支路的计算流通能力应满足所供原动机的最大负荷耗气量。

3）严寒地区调压站管道设计及其站区天然气管道应考虑防冻措施。

4）需要设置增压机时，增压机宜按每台原动机配置一台，不设备用，增压机容量可按原动机的最大耗气量的1.1倍选取。对于利用城镇燃气管网的天然气增压后使用的情况，系统中应根据《城镇燃气设计规范》（GB 50028—2006）的有关要求设置天然气缓冲装置。

5）增压机的选型应根据供气条件、原动机燃料技术要求、原动机耗气量、增压机进出口压力、运行检修条件以及价格等因素，经技术经济比较后确定。

6）每个分布式供能站内同一类型的原动机宜选配同一类型增压机，增压机宜选用电动机驱动。

7）调压器进出口联络管或总管上和增压机出口管上均装设安全阀，调压站内的受压设备和容器也应设置安全阀，安全阀释放的气体可引入同级压力的放散管线。

8）调压站或增压站宜露天或半露天布置，在严寒、风沙以及对环境噪声要求高的地区，也可采用室内布置，但应考虑通风防爆措施。

9）调压站布置应符合天然气系统设计要求，便于管线安装，并配置必要的检修起吊设备，设置必要的检修场地和通道，管道布置应便于阀门操作和设备检修。

（2）调压器宜采用自力式调压器。分离器、过滤器的形式和容量应根据供气条件和原动机要求选取。分离器、过滤器宜采用多组并联的方式，并设置备用支路，当其中一条支路停运时，其他支路的计算流通能力应满足所供原动机的最大负荷耗气量。

（3）调压装置的压力波动范围应满足用气设备的要求，计量装置应设置温度、压力修正装置。

（4）燃气增压机和缓冲装置应符合下列规定：

1）燃气增压机前后应设缓冲装置，缓冲装置后的燃气压力波动范围应满足用气设备的要求；

2）燃气增压机和缓冲装置宜与原动机一一对应；

3）燃气增压机的吸气、排气和泄气管道应设减振装置；

4）燃气增压机应设置就地控制装置，并宜设置远程控制装置。

（5）燃气增压机运行的安全保护应符合下列规定：

1）燃气增压机应设置空转防护装置；

2）当燃气增压机设有中间冷却器和后冷却器时，应加设介质冷却的异常报警装置；

3）驱动用的电动机应为防爆型；

4）润滑系统应设低压报警及停机装置；

5）燃气增压机应设置与发电机组紧急停车的联锁装置；

6）燃气增压机排出的冷凝水应集中处理。

（6）增压间的工艺设计应符合《城镇燃气设计规范》（GB 50028—2006）的有关规定。

四、燃气辅助设施

（1）燃气管道应装设放散管、取样口和吹扫口。

（2）燃气管道吹扫口的位置应能满足将管道内燃气吹扫干净的要求。

（3）燃气管道放散管的管口应高出屋脊（或平屋顶）1.00m 以上，且距地面的高度不应小于 4m，并应采取防止雨雪进入管道和放散物进入房间的措施。

（4）辅助设施及其他设计应符合如下规定：

1）进站天然气总管、连接原动机的天然气支管以及具有补燃要求的余热利用设备的天然气管道上应设有测量装置，进站输气总管上应设有紧急自动切断阀和手动切断阀，并应布置在安全和便于操作的位置；

2）调压站应设避雷设施，站内管道及设备应有防静电接地设施；

3）站内天然气管道的保温、油漆及防腐可按《火力发电厂保温油漆设计规程》（DL/T 5072—2007）和《埋地钢质管道外壁有机防腐层技术规范》（SY/T 0061—2004）的规定设计；

4）天然气管道连接埋地管道处应设置绝缘法兰；

5）站内天然气系统应设置惰性气体置换系统，置换气体的容量宜为被置换气体总容量的两倍；

6）站内天然气系统应设置用于气体置换的吹扫和取样接头及放散管等设施，放散管可单独设置，也可以引至放空管，放空气体排入大气应符合环保和防火要求，应避免被吸入通风系统、窗口或相邻建筑；

7）天然气管道试压前应进行清管和吹扫，管径 DN100 以上的管道应进行清管和吹扫，管径 $DN100$ 及以下的管道只进行吹扫；

8）干燥清管器或清管球的直径宜为管道内径的 1.05 倍，最大压力不得大于设计工作压力的 1.25 倍，清管次数不得少于两次，清管后无杂质、污水等排出为清管合格；

9）吹扫介质宜采用不助燃气体，吹扫流速不宜低于 20m/s，吹扫压力不应大于工作压力，管道应分段吹扫，吹扫应反复数次；

10）调压站应设置天然气凝析液排污系统，排出的污物、污水应收集处理，符合环保要求后排放；

11）站内天然气管道安装完毕后，应采用水作为介质进行强度试验，强度试验压力应为设计压力的 1.5 倍；

12）在管道强度试验合格后，应采用水和空气作介质进行严密试验，先以水作为介质进行严密性试验，试验压力应为设计压力的 1.5 倍，再以空气或氮气作介质进行气密性试验，试验压力为 0.6MPa；

13）埋地天然气管道应设置转角桩、交叉和警示牌等永久型标志，易于受到车辆碰撞和破坏的管段应设警示牌，并采取保护措施。

（5）燃气管道应直接引入燃气增压间、调压间或计量间，不得穿过易燃易爆品仓库、变配电室、电缆沟、烟道和进风道。

（6）燃气管道穿过楼板、楼梯平台、隔墙时，必须安装在套管中。

五、天然气系统流程图

分布式供能系统能源站天然气系统流程如图 5-4 所示。

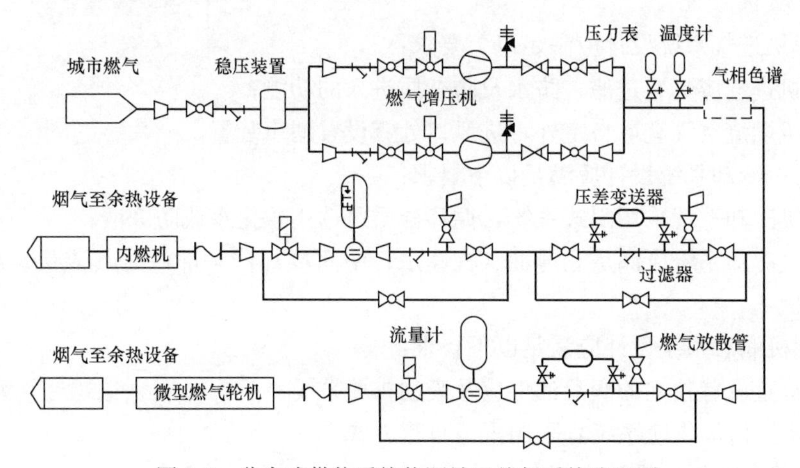

图 5-4　分布式供能系统能源站天然气系统流程图

第四节 原动机设备及系统

一、一般设计原则

(1) 原动机对负荷变化应有快速反应的能力，机组允许的日、年启停次数应与用户负荷特性相对应。

(2) 原动机宜选用高效、低噪声、低排放、低振动、低维护率的设备。分布式供能系统原动机机组台数不宜小于两台。

二、原动机设备

(1) 分布式供能系统的原动机可选择燃气轮机、内燃机、微型燃气轮机、燃料电池等。

(2) 原动机的启停次数应符合设计的运行方式和承担负荷性质的要求。

(3) 当采用燃气轮机作为原动机，符合下列情况之一时，宜选用轻型燃气轮机：

1) 需要快速频繁启停并且不影响机组寿命；

2) 环保排放要求高。

(4) 对电负荷要求小，环保排放要求高，对振动、噪声敏感，独立使用的情况下，可选用微型燃气轮机。

(5) 原动机的主要性能参数应符合下列要求：

1) 原动机的选型应以年平均气象参数及项目当地海拔为依据，并应校核年最高气象参数、年最低气象参数与ISO工况下的性能对比；

2) 燃气轮机的技术性能应符合《燃气轮机　采购》(GB/T 14099—2005) 的有关规定；

3) 内燃机的技术性能应符合《中小功率内燃机　第1部分：通用技术条件》(GB/T 1147.1—2007) 的相关规定。

三、原动机系统

(一) 内燃机系统

(1) 内燃机进气系统设计应满足以下要求：

1) 内燃机进气应具有过滤、防水及防杂质进入的功能；

2) 内燃机燃烧空气宜取自室外，进风口处宜设置消声装置。

(2) 内燃机冷却系统设计应满足以下要求：

1) 内燃机冷却系统采用闭式系统，循环介质可选用软化水或防冻液；

2) 内燃机冷却系统应满足润滑油、缸套水、中间冷却器等部件对其流量、温度及压力等参数的要求。

(3) 内燃机润滑系统设计应满足以下要求：

1) 内燃机宜设置独立的润滑油供应及废油排放系统；

2) 内燃机润滑油供应系统宜采用重力自流方式。

(4) 内燃机其他系统设计应符合相关产品技术性能要求。

（二）燃气轮机系统

（1）燃气轮机进气系统设计应满足以下要求：

1）燃气轮机进气过滤装置应具有过滤、防水及防杂质进入的功能。在严寒地区，该系统还应有防冻措施。

2）建在海边或大气环境不良地区的燃气轮机，其进气系统应具有有效的防护措施。

3）燃气轮机进气系统宜有相应的消声和反冲清吹措施。

4）安装在较高环境温度或较高空气湿度地区的燃气轮机，经技术经济比较后，可安装进气冷却装置。

（2）燃气轮机冷却水系统设计应满足以下要求：

1）燃气轮机冷却水宜采用软化水或除盐水，宜采用闭式冷却水系统。

2）燃气轮机冷却水应满足燃气轮机本体、燃气轮机辅助机械设备、发电机对其流量、温度、压力等参数要求。

3）燃气轮机冷却水系统宜与汽轮机冷却水系统一并设计。

（3）燃气轮机应设置清洗系统，可根据机组所处环境、负荷性质及燃料种类确定清洗方式。

（4）燃气轮机其他系统应符合《燃气-蒸汽联合循环电厂设计规定》（DL/T 5174—2003）的规定。

第五节　余热利用系统

一、设计原则及其利用方式

（一）设计原则

（1）余热利用设备应选用高效、低噪声、低振动、低维护率的设备。设备选型应根据原动机选型、用户负荷特性等因素优化确定。

（2）当余热利用量不稳定时，余热利用设备应有相应的调节措施。

（二）余热利用方式

（1）原动机余热可经余热锅炉或换热器产生蒸汽或热水，产生的蒸汽、热水可直接供给用户或进入吸收式冷（温）水机制冷、供热。

（2）原动机余热可直接进入余热吸收式冷（温）水机制冷、供热。

（3）原动机各部分余热可分别利用，烟气可进入余热吸收式冷（温）水机制冷、供热，冷却水可进入换热器供热水。

（4）余热利用宜采用热泵机组。

（5）宜设置蓄热（冷）装置。

（6）余热利用的形式应根据项目的负荷情况和原动机余热参数，经技术经济比较后确定。

（7）余热利用系统应设置排热装置，当冷、热负荷不稳定时，应在原动机排烟及冷却水系统上设自动调节阀。

二、余热锅炉及其系统

（一）余热锅炉

余热锅炉是利用高温烟气的热量产生蒸汽的设备，也可称为“热回收蒸汽发生器”。余热锅炉经常与燃气轮机配套使用，利用燃气轮机排出的近500℃的高温烟气加热锅炉给水，产生中压或低压蒸汽，以提高系统的整体热效率，同时降低排放烟气对环境的热污染。

余热锅炉通常不设置燃烧器，如果需要高温高压的蒸汽或者增加蒸汽产量，也可以在余热锅炉内设置燃烧器。通过燃料的燃烧使整个烟气温度由500℃升高到近760℃，以产生高温高压的蒸汽或增加蒸汽的产量。

燃气轮机热电机组的余热锅炉加装补燃装置是国外较普遍采用的技术，主要为加强机组供热与发电的综合调节能力，余热锅炉加装补燃装置后，由于余热锅炉温差增大，系统热效率明显增加。燃气轮机烟气中含有部分氧气未被充分利用，一般超过15%，温度为450～600℃，如果加入一定量的天然气或其他燃料，将余热锅炉内的温度提高，最大可以增加8倍的蒸汽供应量。

（二）余热锅炉选择

（1）余热锅炉选型和技术要求应符合《燃气-蒸汽联合循环设备采购 余热锅炉》（JB/T 8953.3—1991）和《锅炉安全技术监察规程》（TSG G0001—2012）的要求。

（2）余热锅炉应满足原动机快速频繁启动的要求。

（3）余热锅炉选型、台数和容量按照如下要求确定：

1）余热锅炉循环方式、布置形式及压力等级应满足工程具体情况，经技术经济比较后确定。

2）当原动机采用燃气轮机时，宜采用1台燃气轮机配1台余热锅炉的形式。

3）余热锅炉容量应与原动机排烟特性相匹配。余热锅炉应能在原动机各种运行工况下，有效吸收原动机排除的余热，生产符合要求的蒸汽或热水。

（4）余热锅炉额定热力参数应按照如下原则确定：

1）余热锅炉的额定工况应与原动机年平均气象工况的排气参数相匹配。并处于最佳效率范围，同时应校核月平均气象参数下的蒸汽出力、温度、压力及锅炉效率。

2）余热锅炉蒸汽参数应综合考虑汽轮机的进汽参数和用户用汽参数，经技术经济比较后确定。

（5）当热负荷峰值较大且持续时间较短时，经技术经济比较可采用补燃性余热锅炉。

（6）余热利用系统烟气压损应满足原动机排烟背压的要求。

（7）余热利用系统烟温度宜高于计算露点温度10℃以上。

（8）利用余热回收设备供冷、供热时，根据用户用能安全要求，可配置相应的备用设施。

（三）余热锅炉原理

燃料（燃油、燃气）经过燃烧产生高温烟气，高温烟气经烟道输送至余热锅炉底部入口，再流经余热锅炉内设置的过热器、蒸发器和省油器，最后经余热锅炉顶部排至烟囱，排烟温度一般为150～180℃，这种排气余热通过换热器等热回收装置，可以再利用，可以预热加热水。烟气温度从高温降到排烟温度所释放出的热量用来加热水，使水变成蒸汽供给用户。

锅炉给水首先进入设置在余热锅炉上部的省油器，水在省油器内吸收热量升温到略低于汽包压力下的饱和温度进入锅筒。进入锅筒的水与锅筒内的饱和水混合后，沿锅筒下方的下降管进入余热锅炉中部设置的蒸发器，吸收热量开始产生蒸汽，通常只有一部分水变成蒸汽，所以在蒸发器内流动的是汽水混合物。汽水混合物离开蒸发器进入上部锅筒，通过汽水分离设备分离，水落到锅筒内进入下降管继续吸收热量生产蒸汽，而蒸汽从锅筒上部进入余热锅炉下部设置的过热器，吸收热量使饱和蒸汽变成过热蒸汽。根据产汽过程的三个阶段对应三个受热面，即省油器、蒸发器和过热器，如果不需要过热蒸汽，只需要饱和蒸汽，余热锅炉下部可以不设置过热器。

（四）废气回收补燃锅炉

废气回收补燃锅炉是一种燃油（或燃气）废气回收组合节能型锅炉，除单独燃油（或燃气）加热产生蒸汽外，亦能回收烟气排放的热量，并能实现在废气回收热量不足时采用燃油辅助加热的功能，节能效果非常显著。

废气回收补燃锅炉由燃油（或燃气）和废气回收两个热交换系统组成。

燃油部分的炉膛置于余热锅炉下部，上部用封头连接废气回收炉膛。

（五）余热利用辅助系统

(1) 烟囱的设置应根据原动机和余热利用设备的形式及布置方式确定。烟囱设置位置、高度应符合《锅炉大气污染物排放标准》(GB 13271—2014) 和《城镇燃气设计规范》(GB 50028—2006) 的有关规定。

(2) 原动机冷却水排热装置可采用风冷或水冷方式，严寒和寒冷地区应对排热装置采取防冻措施。

(3) 原动机冷却水系统工作压力不应高于设备承压能力，冷却水水质应符合设备的要求。

(4) 空调水系统、冷却水系统、补给水系统的配置应符合《民用暖规》的有关规定。

(5) 当采用余热锅炉时，给水设备及水处理应符合《锅炉房设计规范》(GB 50041—2008) 的有关规定。

(6) 发电机组、冷温水机组、换热器等设备的入口管道上应设置过滤器或除污器。

三、汽轮机及其辅助系统

(1) 采用“多拖一”方案时，每套主蒸汽系统应采用母管制。

(2) 蒸汽旁路系统应按如下原则设置：

1) 蒸汽旁路系统应能在汽轮机启动或甩负荷时，及时向凝汽器排除多余的蒸汽，以提高机组启动速度并减少工质损失；

2) 蒸汽旁路系统应根据余热锅炉不同的压力级分别对应设置；

3) 蒸汽旁路系统应采用单元制，每台余热锅炉宜设置各自对应的蒸汽旁路系统。各级蒸汽旁路的容量宜为余热锅炉各级蒸发量的100%。

(3) 凝结水系统应按如下原则确定：

1) 汽轮机排汽可采用水冷、间接空冷、直接空冷的方式冷却，冷却设备的出力及冷却效率应能满足汽轮机正常运行的要求，在水资源缺乏的地区，汽轮机排气的冷却方式宜优先采用空冷方式；

2) 凝结水容量选择应考虑蒸汽旁路投入时对凝结水量的要求；

3）凝汽器应具有凝结汽轮机排汽或凝结各级旁路同时排入蒸汽的能力，两者比较后宜取大值。

（4）工业冷却水系统宜采用母管制。

（5）汽轮机系统其他要求应符合《燃气-蒸汽联合循环电厂设计规定》（DL/T 5174—2003）和《小型火力发电厂设计规范》（GB 50049—2011）的规定。

四、溴化锂吸收式冷（温）水机组及系统

（1）溴化锂吸收式冷（温）水机组形式应根据余热锅炉特性、用户负荷特点等因素综合比较后确定，机组的要求应符合《蒸汽和热水型溴化锂吸收式冷水机组》（GB/T 18431—2014）和《直燃型溴化锂吸收式冷（温）水机组》（GB/T 18362—2008）的规定。

（2）根据余热特点，宜采用双效溴化锂吸收式冷（温）水机组。

（3）选用溴化锂吸收式冷（温）水机组时的驱动能源参数应满足如下要求：

1）烟气型双效溴化锂吸收式冷（温）水机组热源烟气温度不宜小于400℃，烟气型单效溴化锂吸收式冷（温）水机组热源烟气温度不宜小于280℃；

2）热水型双效溴化锂吸收式冷（温）水机组热源热水温度不宜小于150℃，热水型单效溴化锂吸收式冷（温）水机组热源热水温度不宜小于95℃，热水两段型溴化锂吸收式冷（温）水机组热源热水温度不宜小于120℃。

（4）当热用户仅为建筑供暖、空调负荷时，宜采用原动机排烟直接驱动溴化锂吸收式冷（温）水机组。

（5）烟气型溴化锂吸收式冷（温）水机组的供冷、供热量的匹配应符合《民用暖规》的规定。

（6）空调系统、冷水系统、补给水系统的配置应符合《民用暖规》的规定。

五、烟气系统

（1）烟囱、烟道的设计应满足如下规定：

1）烟道、烟囱宜采用钢制材料；

2）烟囱高度应能满足当地环保与景观要求，烟囱的出口直径应根据出口流速和烟气流量确定；

3）原动机为内燃机时，每台内燃机宜对应1座烟囱，余热利用设备宜设旁通烟道；

4）主烟道与旁通烟道之间宜设置性能可靠的电动三通阀；

5）余热利用设备进、出口应设置膨胀节；

6）原动机为燃气轮机的系统，烟囱的设置根据机组循环方式、余热锅炉形式、布置方式和启动控制要求等因素确定；

7）燃气轮机旁通烟囱和切换挡板的设置宜根据运行方式等因素，经技术经济比较后确定；

8）采用立式余热锅炉时，宜采用钢制烟囱并直接设置在锅炉顶部；

9）采用卧式余热锅炉时，根据机组布置情况，每台余热锅炉设置一座烟囱，也可多台余热锅炉设置一座集管式烟囱；

10）采用烟囱内挡板门时，挡板门宜采用电动驱动机。

（2）烟囱、烟道设计的其他要求应符合《燃气-蒸汽联合循环电厂设计规定》（DL/T 5174—2003）及《烟囱设计规范》（GB 50051—2013）的规定。

六、主蒸汽系统及烟气系统图

1. 主蒸汽系统流程图

主蒸汽系统流程如图 5-5 所示。

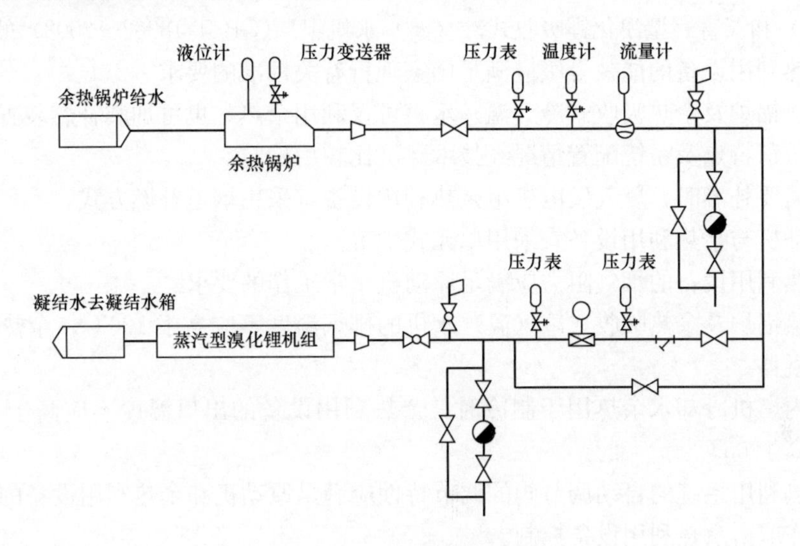

图 5-5 主蒸汽系统流程图

2. 烟气系统流程图

烟气系统流程如图 5-6 所示。

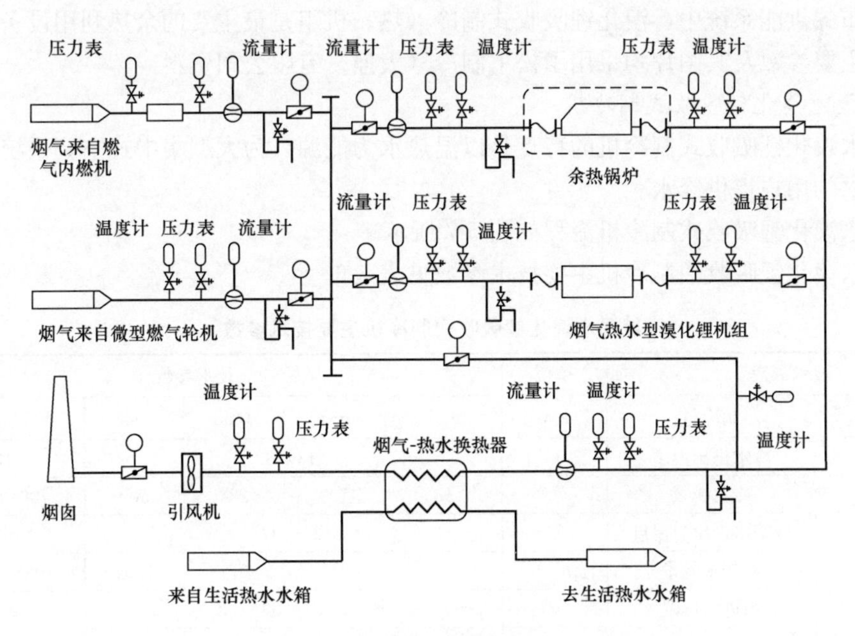

图 5-6 烟气系统流程图

第六节 余热利用设备

一、余热利用设备选用原则

(1) 余热吸收式冷(温)水机应符合《蒸汽和热水型溴化锂吸收式冷水机组》(GB/T 18431—2014)和《直燃型溴化锂吸收式冷(温)水机组》(GB/T 18362—2008)的有关规定。

(2) 余热利用设备的能效等级应满足国家现行有关标准的要求。

(3) 余热锅炉及余热吸收式冷(温)水机可仅利用余热,也可加装补燃装置。设备选型应根据项目负荷特点及系统配置情况经技术经济比较后确定。

(4) 当需要补燃时,燃气发电机组余热利用设备宜采用烟道补燃方式。

(5) 原动机与余热利用设备宜采用单元式配置。

(6) 余热利用设备的烟气阻力应满足原动机正常工作的要求。

(7) 余热锅炉及余热吸收式冷(温)水机的排烟温度不应高于120℃,余热利用设备宜配置烟气冷凝器。

(8) 当内燃机冷却水余热用于制冷时,余热利用设备的出口温度不应高于85℃;用于供热时不宜高于65℃。

(9) 余热利用系统的自动调节阀的调节特性应满足原动机和余热利用设备的要求,自动调节阀的动作应由余热利用设备控制。

(10) 余热利用设备包括温水型溴化锂吸收式制冷机、蒸汽型溴化锂吸收式制冷机、直燃型溴化锂吸收式制冷机、废热废烟气回收利用机、溴化锂吸收式热泵。

二、余热利用主要设备资料

在分布式供能系统中,溴化锂吸收式制冷(热)机组是最主要的余热利用设备之一,这种机组的主要参数及其图片均采用了松下制冷(大连)有限公司资料。

1. 低温水溴化锂吸收式制冷机

低温水溴化锂吸收式制冷机的特点是以温热水为能源,为大型集中式空调系统和其他需要低温冷水的用户提供冷水。

低温水溴化锂吸收式制冷机流程如图5-7所示。

低温水溴化锂吸收式制冷机主要技术参数见表5-6。

表5-6 低温水溴化锂吸收式制冷机主要技术参数

技术参数		单位	技术参数					
制冷能力	制冷量	kW	105	633	1653	2908	4072	5816
冷水系统	冷水进出温度	℃	13~8				12~7	
	冷水流量	m^3/h	18	109	284	500	700	1000
冷却水系统	冷却水进出口温度	℃	31~37				30~38	
	冷却水流量	m^3/h	37	219	571	1004	1063	1514
热水系统	热水进出口温度	℃	88~83				98~88	
	温水流量	m^3/h	26	153	400	704	500	711

续表

技术参数		单位	技术参数					
电源	机组总输入功率	kW	5.8	7	13	27	27	50
机组外形尺寸	长度	mm	2220	3840	5760	6530	6940	7580
	宽度	mm	1125	1445	2020	2650	2825	3450
	高度	mm	1900	2340	3250	4000	4080	4090
运行质量		t	2.5	7.2	20.7	39.5	45	57.2

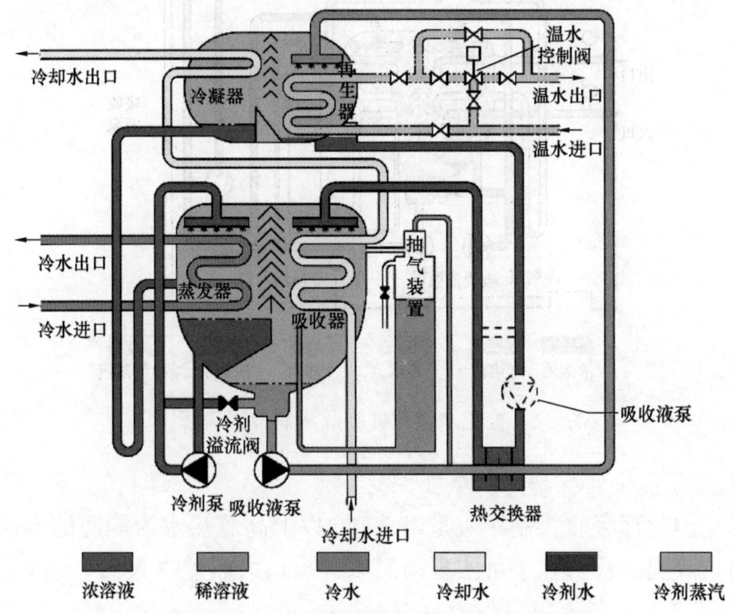

图 5-7　低温水溴化锂吸收式制冷机流程图

2. 高温水溴化锂吸收式制冷机

高温水溴化锂吸收式制冷机的特点是以 100℃以上高温热水为能源，比传统的压缩式制冷机节电效果明显。夏季可利用高温热水资源作为制冷动力，实现能源在各个季节的合理分配，为夏季制冷空调系统提供冷水。

高温水溴化锂吸收式制冷机主要技术参数见表 5-7。高温水溴化锂吸收式制冷机流程如图 5-8 所示。

表 5-7　高温水溴化锂吸收式制冷机主要技术参数

技术参数		单位	技术参数					
制冷能力	制冷量	kW	1125	1758	3516	4219	5274	7033
冷水系统	冷水进出温度	℃	12～7					13～7
	冷水流量	m^3/h	194	302	605	726	907	1008
冷却水系统	冷却水进出口温度	℃	32～39.4					
	冷却水流量	m^3/h	320	500	1000	1200	1500	2000
热水系统	热水进出口温度	℃	130～110					
	热水流量	m^3/h	69.1	108	216	260	324	433
电源	机组总输入功率	kW	11	13	22	27	27	50
机组外形尺寸	长度	mm	5200	5350	7130	7090	7710	9895
	宽度	mm	1670	1900	2225	2600	2745	3100
	高度	mm	2815	3475	4490	4600	4865	4940
运行质量		t	10.6	16.1	33.5	38.4	47.2	61.5

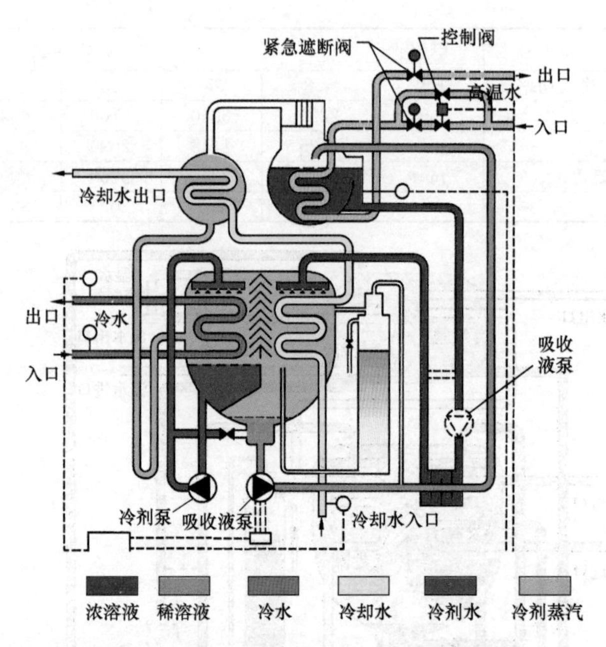

图 5-8　高温水溴化锂吸收式制冷机流程图

3. 高温水大温差溴化锂吸收式制冷机

高温水大温差溴化锂吸收式制冷机是以 100℃以上高温热水为能源的空调机组，相比原有高温水型机组，其突出优势在于可实现高温水进出口大温差（最大可达 64℃），能够充分利用热水热能。

高温水大温差溴化锂吸收式制冷机流程如图 5-9 所示。

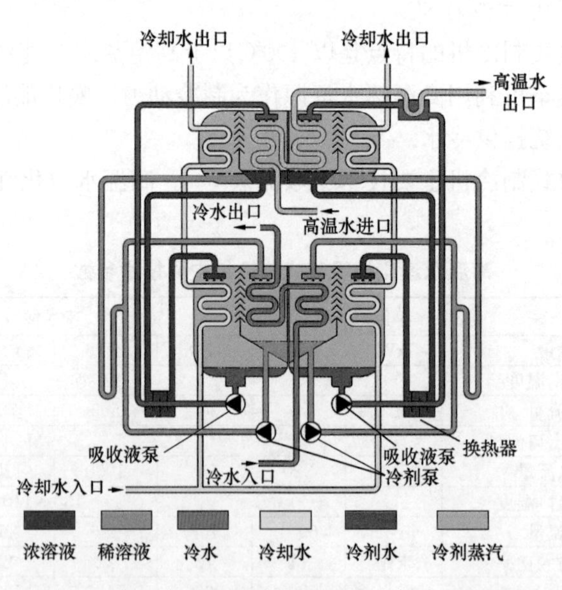

图 5-9　高温水大温差溴化锂吸收式制冷机流程图

高温水大温差溴化锂吸收式制冷机主要技术参数见表 5-8。

表 5-8　　高温水大温差溴化锂吸收式制冷机主要技术参数

技术参数		单位	技术参数					
制冷能力	制冷量	kW	698	1163	1744	2326	3488	4651
冷水系统	冷水进出温度	℃	12～7					
	冷水流量	m^3/h	120	200	300	400	600	800
冷却水系统	冷却水进出口温度	℃	32～38					
	冷却水流量	m^3/h	237	394	591	788	1181	1575
热水系统	热水进出口温度	℃	130～68					
	热水流量	m^3/h	13.3	22	33	44	65.9	87.9
电源	机组总输入功率	kW	10.5	13	14	16	16	35
机组外形尺寸	长度	mm	4100	6230	5930	7490	7620	9650
	宽度	mm	1920	1920	2370	2370	2920	3250
	高度	mm	2700	2700	3100	3100	3550	3935
运行质量		t	12.5	18	26	32.1	47.2	72.5

4. 蒸汽型溴化锂吸收式制冷机

蒸汽型溴化锂吸收式制冷机可以利用排放的低品位蒸汽，为用户提供制冷冷水。蒸汽型溴化锂吸收式制冷机适用条件如下：

(1) 具有余热锅炉的工厂。

(2) 具有利用工艺废热的用户。

(3) 使用的蒸汽压力为 0.1～0.8MPa。

蒸汽型溴化锂吸收式制冷机由蒸发器、吸收器、冷凝器、再生器和热交换器、热回收器、吸收液泵、冷剂泵等组成。

蒸汽型溴化锂吸收式制冷机流程如图 5-10 所示。

蒸汽型溴化锂吸收式制冷机主要技术参数见表 5-9。

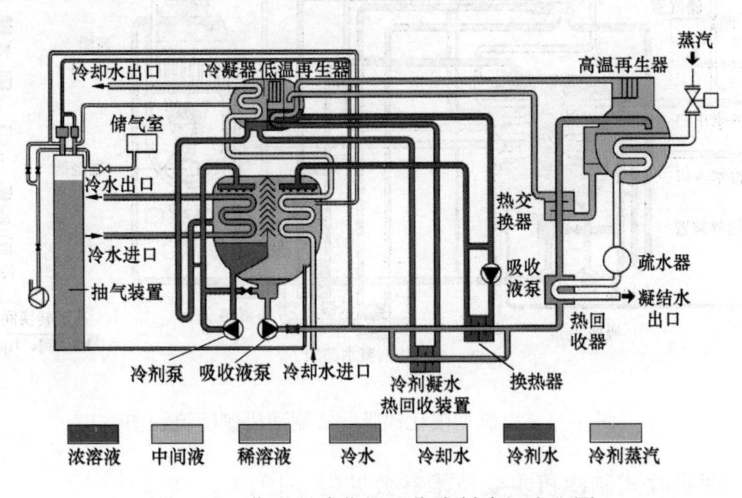

图 5-10　蒸汽型溴化锂吸收式制冷机流程图

表 5-9　　蒸汽型溴化锂吸收式制冷机主要技术参数

技术参数		单位	技术参数					
制冷能力	制冷量	kW	292	1051	2093	3256	4360	5814
冷水系统	冷水进出温度	℃	12～7					
	冷水流量	m^3/h	50	181	360	560	750	1000
冷却水系统	冷却水进出口温度	℃	32～37.1					
	冷却水流量	m^3/h	87	312	623	970	1298	1767
蒸汽系统	蒸汽压力	MPa	0.4（饱和蒸汽）					
	蒸汽消耗量	kg/h	335	1205	2400	3731	5000	6663
电源	机组总输入功率	kW	4.5	8	8.7	17	17	26
机组外形尺寸	长度	mm	2715	4930	6080	6450	6960	7630
	宽度	mm	1620	1965	2505	3220	3410	4300
	高度	mm	2330	2605	3140	3615	3920	3980
运行质量		t	4.5	11.9	22.8	38	47.3	64.6

5. 直燃型溴化锂吸收式制冷机

直燃型溴化锂吸收式制冷机由蒸发器、吸收器、冷凝器、低温再生器、高温再生器、热交换器、热回收器、吸收液泵、冷剂泵等组成。

直燃型溴化锂吸收式制冷机制冷流程如图 5-11 所示。直燃型溴化锂吸收式制冷机供热流程如图 5-12 所示。

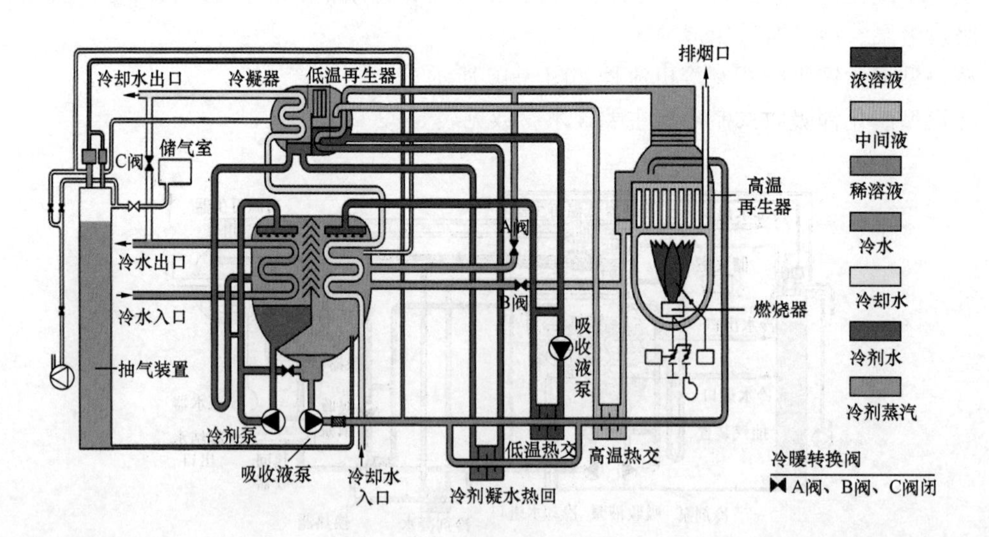

图 5-11　直燃型溴化锂吸收式制冷机制冷流程图

直燃型溴化锂吸收式制冷机主要技术参数见表 5-10。

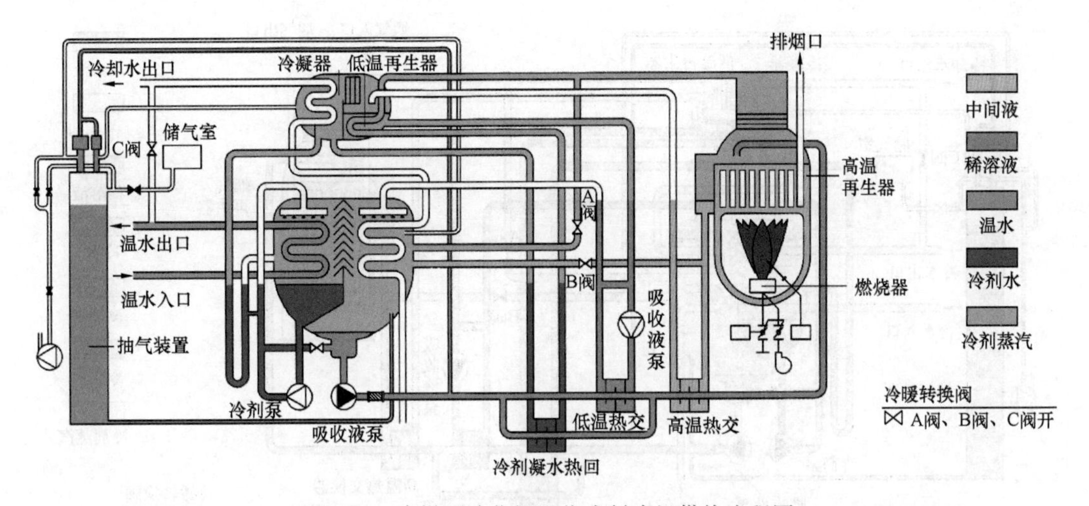

图 5-12　直燃型溴化锂吸收式制冷机供热流程图

表 5-10　　　直燃型溴化锂吸收式制冷机主要技术参数

技术参数		单位	技术参数					
制冷能力	制冷量	kW	352	1969	4220	5814	8142	11828
供热能力	制热量	kW	294	1647	3530	4651	6512	9300
制冷能力	制冷量	kW						
冷水系统	冷水进出温度	℃	12～7					
	冷水流量	m^3/h	60.5	339	726	1000	1400	1667
温水系统	温水进出温度	℃	55.8～60					
	温水流量	m^3/h	60.5	339	726	1000	1400	1667
冷却水系统	冷却水进出口温度	℃	32～37.5					
	冷却水流量	m^3/h	93.5	524	1122	1419	1983	2837
燃气系	制冷燃气消耗量	m^3/h	20.8	117	250	345	483	690
	供热燃气消耗量	m^3/h	24.5	146	295	390	545	780
电源	机组总输入功率	kW	4.8	12.4	28	37	60	85
机组外形尺寸	长度	mm	2670	5040	6960	7600	8830	10890
	宽度	mm	1810	2990	4100	4870	5690	6160
	高度	mm	1960	2900	3450	3935	4640	4960
运行质量		t	5.1	22.5	48.8	64.8	99.6	143

6. 烟气直燃型溴化锂吸收式制冷机

空调工况烟气双效性溴化锂吸收式冷热水机组原理如图 5-13 所示。供暖工况烟气双效性溴化锂吸收式冷热水机组原理如图 5-14 所示。

烟气双效性溴化锂吸收式冷热水机组，由蒸发器、吸收器、冷凝器、低温再生器、烟气高温再生器、冷热水换热器、溶液泵等组成。

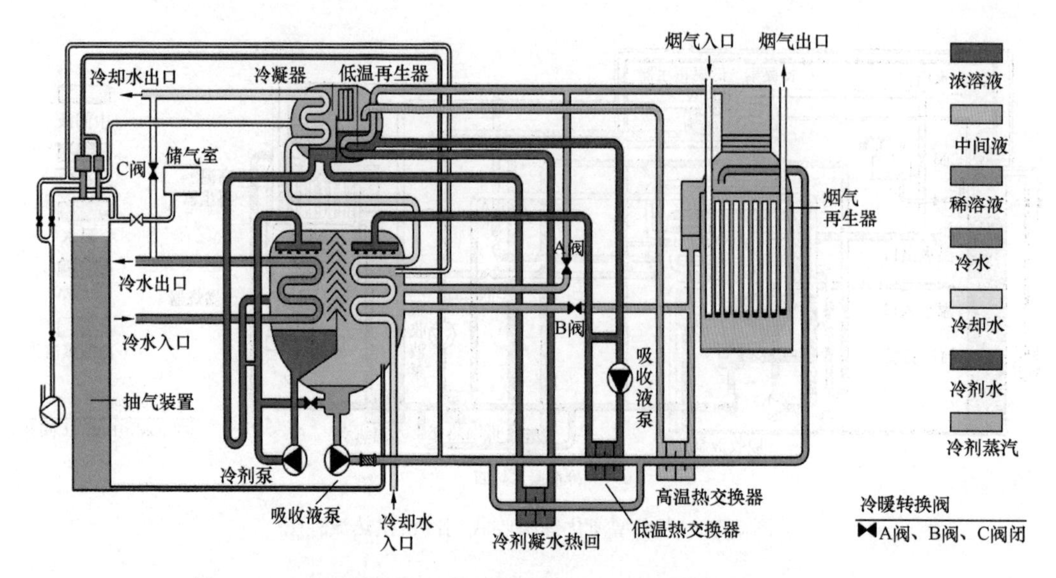

图 5-13　空调工况烟气双效性溴化锂吸收式冷热水机组原理示意图

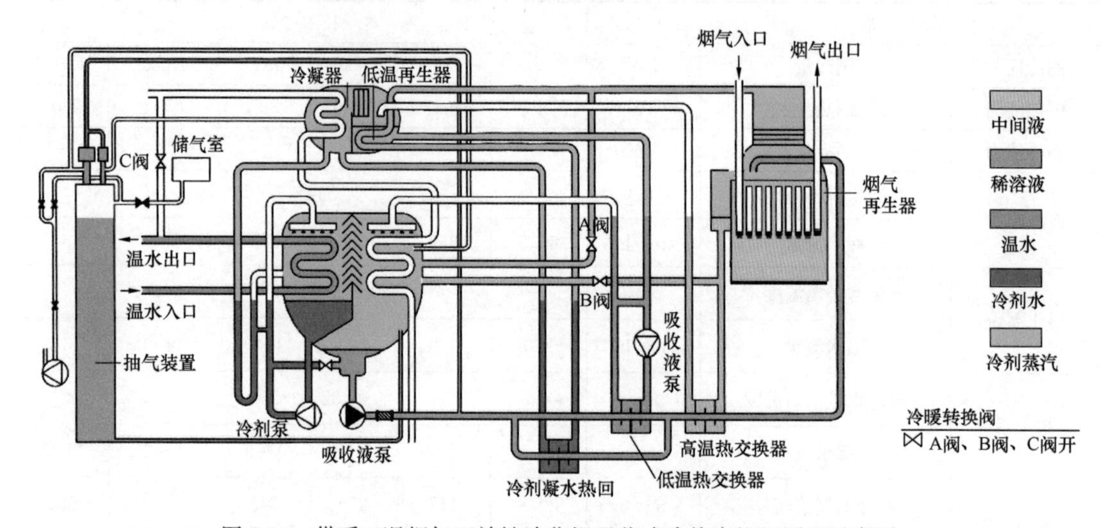

图 5-14　供暖工况烟气双效性溴化锂吸收式冷热水机组原理示意图

烟气双效性溴化锂吸收式冷热水机组主要技术参数见表 5-11。

表 5-11　　烟气双效性溴化锂吸收式冷热水机组主要技术参数

型号			11	13	21	23	32	42	52	61	63
制冷量		kW	317	475	665	887	1267	1584	1996	2634	3168
制热量		kW	178	266	373	497	710	888	1119	1421	1776
冷水系统	进出口温度	℃	7/12								
	冷水流量	t/h	54.4	81.6	114.3	152.4	218	272	343	487	544
	机内损失	m	5.0	7.0	7.5	4.3	5.3	4.1	4.9	4.5	7.9
	最高压力	MPa	0.8								
	进出口管径 DN	mm	100	100	125	150	150	200	200	250	250

续表

型号			11	13	21	23	32	42	52	61	63
热水系统	进出口温度	℃	57.2/80								
	热水流量	t/h	54.4	81.6	114.3	152.4	218	272	343	487	544
	机内损失	m	5.0	7.0	7.5	4.3	5.3	4.1	4.8	4.5	7.9
	最高压力	MPa	0.8								
	进出口管径 DN	mm	100	100	125	150	150	200	200	250	250
冷却水系统	进出口温度	℃	32/37.7								
	冷却水流量	t/h	91.1	138.1	193.4	258	368	480	580	737	921
	机内损失	m	9.1	9.4	9.2	17.6	16.3	18.2	10.0	9.6	10.7
	最高压力	MPa	0.8								
	进出口管径 DN	mm	125	125	150	200	200	250	300	350	350
热源水系统	进出口温度	℃	95/85								
	冷却水流量	t/h	12	18	25	34	48	60	76	96	121
	机内损失	m	11.7	17.5	1.2	2.2	1.6	1.8	2.7	8.4	8.0
	最高压力	MPa	0.8								
	进出口管径 DN	mm	65	100	100	100	125	150	150	150	150
电源	电源	—	3×380V×50Hz								
	总电流	A	14.3	20.6	20.7	23.7	23.7	28.2	34.1	34.1	43.8
	功率容量	kVA	11.3	16.5	16.8	19.0	19	22.7	27.5	32.1	35.4
烟气系统	烟气进排气口 DN	mm	250	350	400	450	450	500	500	1.1×0.46	1.1×0.46
	最大耗量	kg/h	1512	2268	3175	4234	6048	7560	9526	13098	15120
	烟气系压损	mm	65	100	105	100	105	115	135	110	160
重量	运行中	t	5.9	8.3	10.4	13.5	17.5	20.2	27.9	36.7	44.9
	搬运中	t	5.5	7.8	9.7	12.5	15.7	18.5	25.2	32.8	40.6
尺寸	长 L	m	2.72	3.74	3.77	4.85	4.98	4.98	5.74	5.79	8.65
	宽 W	m	2.04	2.04	2.30	2.40	2.75	3.05	3.52	4.26	4.26
	高 H	m	2.75	2.73	2.93	2.99	3.29	3.57	3.83	4.39	4.40
拔管长度		m	2.40	3.40	4.00	4.50	5.20	5.20	5.20	5.20	6.20

三、余热利用系统流程图

1. 溴化锂机组冷（热）水系统流程图

溴化锂机组冷（热）水系统流程如图 5-15 所示。

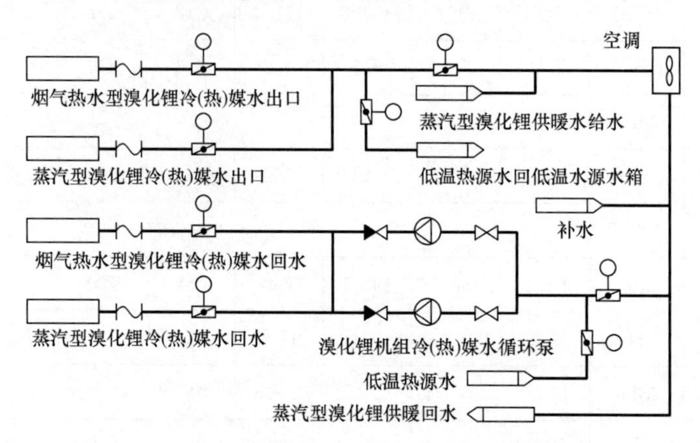

图 5-15　溴化锂机组冷（热）水系统流程图

2. 溴化锂机组冷却水系统流程图

溴化锂机组冷却水系统流程如图 5-16 所示。

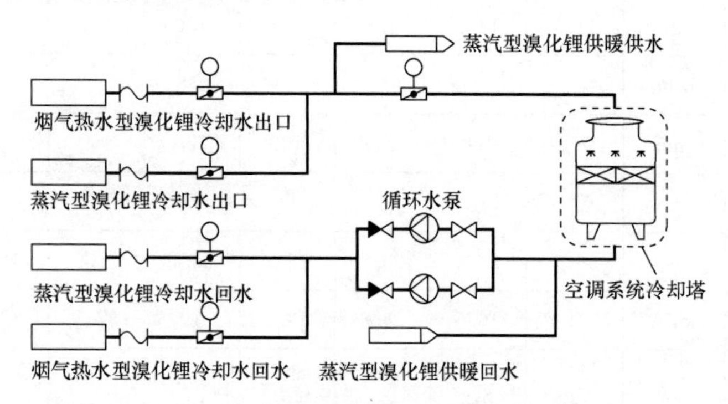

图 5-16　溴化锂机组冷却水系统流程图

3. 溴化锂高温热源水系统流程图

溴化锂高温热源水系统流程如图 5-17 所示。

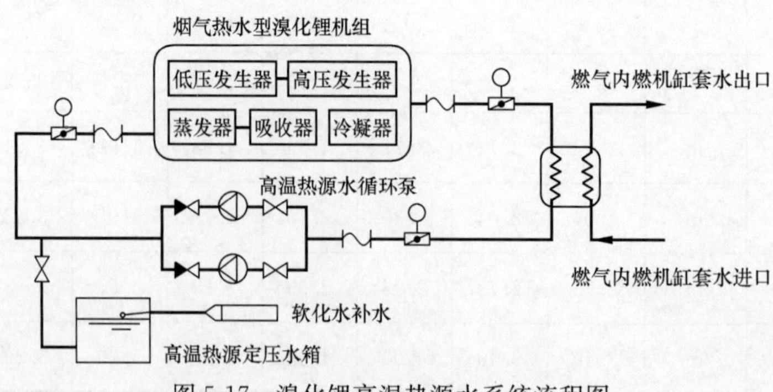

图 5-17　溴化锂高温热源水系统流程图

第七节　热能制备、输送系统及设备

一、热能制备系统介质及参数选择

（一）供热介质选择

（1）承担民用建筑物供暖、通风、空调及生活热水热负荷的城镇供热管网应采用热水作为供热介质。

（2）同时承担生产工艺热负荷和供暖、通风、空调、生活热水热负荷的城镇供热管网，供热介质应按下列原则确定：

1）当生产工艺热负荷为主要热负荷，且必须采用蒸汽供热时，应采用蒸汽作为供热介质。

2）当以热水为供热介质能够满足生产工艺需要（包括在用户处转换为蒸汽），且技术经济合理时，应采用热水作为供热介质。

3）当供暖、通风、空调热负荷为主要负荷，生产工艺又必须采用蒸汽供热，经技术经济比较合理时，可采用热水和蒸汽两种供热介质。

（二）供热介质参数

（1）热水供热管网最佳供、回水温度的设计选择，应以提高能源效率为主线，结合具体工程条件，综合考虑热源、供热管线、热用户等各方面的因素经技术经济比较后确定。

（2）当不具备条件进行最佳供、回水温度的技术经济比较时，热水供热管网供、回水温度可按下列原则确定：

以分布式能源站为热源时，尽量降低一次网的热水温度，设计供水温度可取80～120℃。

直埋的热水管道供水温度不应超过120℃。直埋保温管标准《高密度聚乙烯外护管硬质聚氨酯泡沫塑料预制直埋保温管及管件》（GB/T 29047—2012）适用于输送介质温度不高于120℃，因此一次网供回水应采用120/60℃，不采用130/70℃。

一次网供、回水温度从130/70℃，改为120/60℃的优点如下：

1）一次网120/60℃，二次网75/50℃的温度，充分满足现场实际供热温度及供热量的要求。

2）符合直埋保温管规范中规定的聚氨酯保温管输送介质温度不高于120℃。

3）一次网供水温度降低于10℃，可大大减少二次应力，更有利于无补偿直埋敷设。经过应力计算，一次网供水温度从130/70℃改成120/60℃之后，无补偿管道应力验算中，减少当量应力25～30MPa。

4）首站水泵入口定压值降低，130℃汽化压力为176kPa，120℃汽化压力为103kPa，压力差为73kPa，定压值降低73kPa，能够降低水泵入口压力7m。

5）提高能源利用率关键是利用低品位的热能，品位越低，热能利用效率越高。供水温度从130℃降低到120℃，回水温度从70℃降低到60℃，不仅可提高能源利用效率，而且更有利于利用低品位的余热。例如，用热泵回收循环水余热，回水温度70℃不合适，回水温度60℃则能够满足设备要求。

（三）水质标准

（1）分布式能源供能系统的热水热力网，补给水水质应符合表 5-12 的规定。

表 5-12　热力网补给水水质要求

项目	要求	项目	要求
浊度（NTU）	⩽5.0	油（mg/L）	⩽2.0
硬度（mmol/L）	⩽0.60		
溶解氧（mg/L）	⩽0.10	pH（25℃）	7.0～11.0

（2）蒸汽热力网，由用户热力站返回热源的凝结水水质应符合表 5-13 的规定。

表 5-13　蒸汽热力网凝结水水质要求

项　目	要　求
总硬度（mmol/L）	⩽0.05
铁（mg/L）	⩽0.5
油（mg/L）	⩽10

（3）蒸汽管网的凝结水尽量回收利用，当必须排放时，水质应符合《污水排入城镇下水道水质标准》（GB/T 31962—2015）的要求，温度必须达到排放标准要求。

（四）供热系统

（1）热水供热管网宜采用闭式双管制。

（2）分布式供能系统的热水热力网，同时有生产工艺、供暖、通风、空调、生活热水多种热负荷时，在生产工艺热负荷与供暖热负荷所需供热介质参数相差较大，或季节性热负荷占总热负荷比例较大，且技术经济性合理时，可采用闭式多管制。

（3）蒸汽供热管网的蒸汽管道，宜采用单管制。当符合下列情况时，可采用双管制或多管制：

1）各用户间所需蒸汽参数相差较大或季节性热负荷占总热负荷比例较大且技术经济合理。

2）热负荷分期增长。

（4）蒸汽供热系统应采用间接换热系统。当被加热介质泄漏不会产生危害时，其凝结水应全部回收，并设置凝结水管道。当蒸汽供热系统的凝结水回收率较低时，是否设置凝结水管道，应根据用户凝结水量、凝结水管网投资等因素进行技术经济比较后确定。对不能回收的凝结水，应充分利用其热能和水资源。

（5）当凝结水回收时，用户热力站应设闭式凝结水箱并应将凝结水送回热源。当热力网凝结水管采用无内防腐的钢管时，应采取措施保证凝结水管充满水。

（6）供热系统的主环线或多热源供热系统中热源间的连通干线设计时，各种事故工况下的最低供热量保证率应符合表 5-14 的规定，并应考虑不同事故工况下的切换手段。

（7）自热源向同一方向引出的干线之间宜设连通管线。连通管线应结合分段阀门设置，连通管线可作为输配干线使用。

连通管线设计时，应使故障段切除后其余热用户的最低供热量保证率符合表 5-14 的规定。

表 5-14　事故工况下的最低供热量保证率

供暖室外计算温度 t（℃）	最低供热量保证率（%）
$t>-10$	40
$-10\leqslant t\leqslant -20$	55
$t<-20$	65

（8）对供热可靠性有特殊要求的用户，有条件时应由两个热源供热，或者设置自备热源。

二、供热调节

分布式供能系统供热管网采用全年运行的模式，全年一次网供水温度要保证95～120℃。分布式能源供能系统，冬季供暖、夏季空调、全年热水供应，热水宜全年恒温运行，保证供暖、热水供应及为制冷系统提供热源。分布式供能系统供热管网一次网不能采用质调，应采用量调节，二次网调节可以采用质调，在用户侧及热力站可以进行质调。

（1）热水供热系统应采用热源处集中量调节、热力站及建筑引入口处的局部调节、用热设备单独调节三者相结合的联合调节方式，并宜采用自动化调节。

（2）当热水供热系统有供暖、通风、空调、生活热水等多种热负荷时，应按一次网采用量调节，二次网采用质调节的原则进行集中调节，并保证运行水温能满足不同热负荷的需要，同时应根据各种热负荷的用热要求在用户处进行辅助的局部调节。

（3）对于有生活热水热负荷的热水供热系统，当按供暖热负荷进行集中调节时，除另有规定生活热水温度可低于60℃外，应符合下列规定：

1）闭式供热系统的供水温度不得低于70℃；

2）开式供热系统的供水温度不得低于60℃。

（4）对于有生产工艺热负荷的供热系统，应采用局部调节。

（5）多热源联网系统调节。多热源联网运行的热水供热系统，各热源应采用统一的集中调节方式，并应执行统一的温度调节曲线。调节方式的确定应以基本热源为准。

（6）非供暖期调节。对于非供暖期有生活热水负荷、空调制冷负荷的热水供热系统，在非供暖期应恒定供水温度运行，并应在热力站进行局部调节。

三、循环水泵选择

（一）水泵特性与管路特性

由于供热系统的循环水泵在管网中运行，其水泵特性离不开管路特性，离心泵在管路中运行时，其扬程和流量不仅与循环水泵本身的特性有关，而且与管路特性有关，循环水泵的特性与管路特性关系如图5-18所示。

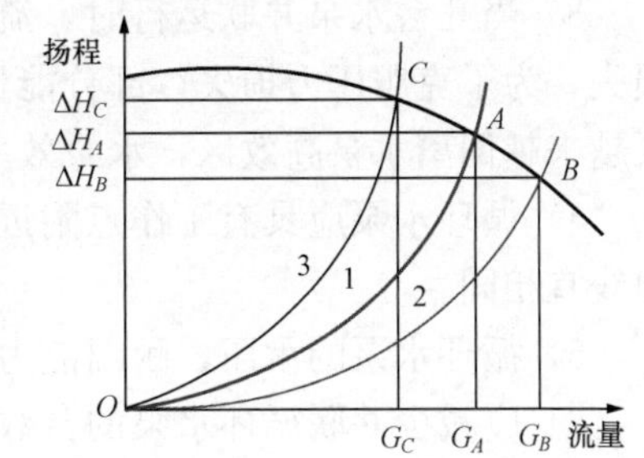

图5-18 循环水泵的特性与管路特性

图中点A是水泵供热系统设计运行点，如果实际管路阻力损失比设计值小，则管路特性向右移动，工作点变成B，如果管路阻力损失比设计值大，则管路特性向左移动，工作点变成C。所以，水泵在输送热水过程中，水泵和管路是互相制约的，管网阻力发生变化，循环水泵的特性运行点随之变化，从而对管网的水力工况产生影响。

流体在管道中的压力损失Δp与管道的直径（d）、长度（l）、绝对粗糙度（k）和流速（即流量G）有关，供热管网中，其压力损失Δp是流量G的平方，所以

$$\Delta p = SG^2 \tag{5-2}$$

式中 S——管段阻力系数，与管件参数 d、l、k 有关，对给定的管段 S 是恒定值。

（二）水泵选择原则

（1）供热管网循环水泵的选择应符合下列规定：

1）选择循环水泵一定要注意水泵流量和扬程，需要与供热系统的流量和管网压力损失匹配，以避免循环水泵的流量与扬程比系统实际运行工况大很多。所以，选择循环水泵时，应在水泵特性曲线上绘出管路特性曲线，并选择最佳的运行点。

2）选择循环水泵不能选在特性曲线边沿区，如果系统运行管网阻力小于设计管网阻力，则水泵实际运行中工况点将运行在水泵特性曲线外，水泵运行不会正常，经常会出现振动及噪声、效率低，甚至出现水泵不能正常运行的情况。所以，选择循环水泵工作点在特性曲线高效区，即特性曲线中间位置，一般特性曲线中间位置处于高效区。水泵特性曲线如图5-19所示。

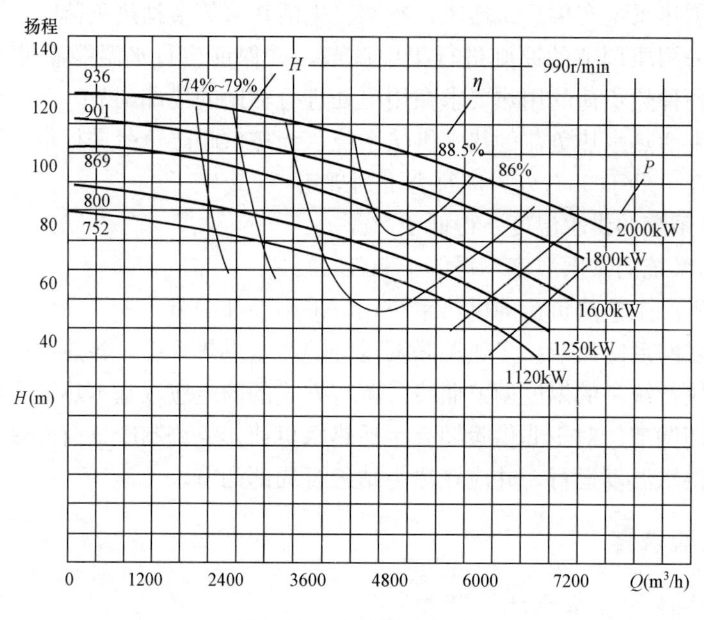

图 5-19 水泵特性曲线

3）当几台水泵并联运行时，流量不是按倍数来增加的，由于并联运行时，会产生撞击损失，为了克服压力损失，部分能量用于提高扬程，所以流量减少，扬程提高，同时并联水泵越来越偏离水泵高效区，水泵效率降低。

4）循环水泵应具有工作点附近较平缓的“流量-扬程”特性曲线，并联运行水泵的特性曲线宜相同。

5）循环水泵的承压、耐温能力应与供热管网设计参数相适应。

6）应减少并联循环水泵的台数。3 台或 3 台以下循环水泵并联运行时，应设置备用泵；4 台或 4 台以上泵并联运行时，可不设备用泵。

7）多热源联网运行或采用集中“量”调节的单热源供热系统，热源循环水泵应采用变频泵。

（2）热力网循环水泵可采用两级串联设置，第一级水泵应安装在热网加热器前，第二级水泵应安装在热网加热器后。水泵扬程的确定应符合下列规定：

1）第一级水泵的出口压力应保证在各种运行工况下不超过热网加热器的承压能力。

2）当补水定压点设置于两级水泵中间时，第一级水泵出口压力应为供热系统的静压力值。

3）第二级水泵的扬程不应小于设计流量条件下热源、供热管线、最不利用户环路压力损失之和减去第一级泵的扬程值。

(3) 热力网循环泵与中继泵吸入侧的压力，不应低于吸入口可能达到的最高水温下的饱和蒸汽压力加50kPa。

（三）水泵扬程及流量估算

1. 水泵扬程确定

循环水泵扬程不应小于设计流量条件下热源、供热管线、最不利环路压力损失之和，即水泵扬程按如下式估算

$$H_p = (1.05 \sim 1.10) \times (H_1 + H_2 + H_3 + H_4 + H_5) \tag{5-3}$$

式中　H_p——循环水泵扬程，m（×10kPa）；

H_1——换热器等首站设备阻力损失，m（×10kPa）；

H_2——与热网供水温度对应的汽化压力，m（×10kPa）；

H_3——热网供回水管道流动压力损失，m（×10kPa）；

H_4——热用户（热力站）的压力损失，m（×10kPa）。

2. 水泵流量确定

循环水泵的总流量不应小于管网总设计流量，当热源出口至循环水泵的吸入口设有旁路管时，应计入流经旁路管的流量。循环水泵流量按如下式计算

$$G_p = (1.05 \sim 1.1)G \tag{5-4}$$

式中　G_p——循环水泵流量，t/h；

G——总设计流量，t/h。

四、补水定压

定压是指热水供热系统中循环水泵运行和停止工作时，保持定压点水的压力稳定在某一允许范围内波动的技术措施。

定压点是指热水供热系统中定压的位置，而定压压力是指热水供热系统中定压点的压力设定值。

1. 定压的作用

(1) 保证供热系统压力稳定。

(2) 当供热系统缺水时起补水作用，能够使供热系统始终保证充满水，并使系统各点压力保持在某一压力，一般定压装置称为补水定压装置。

(3) 防止供热系统压力超过设计压力，保证系统安全运行。

2. 定压方法

目前定压的方法常见的有以下几种：

(1) 膨胀水箱定压。膨胀水箱是在热水供热系统中对水的体积膨胀或收缩起调剂补偿等作用的水箱，膨胀水箱可兼作定压水箱，因为这种方法是利用静压定压，因此压力稳定，运行安全。但由于水箱放置在系统最高处，位置不好找，另外因为是敞口水箱，热水与大气相

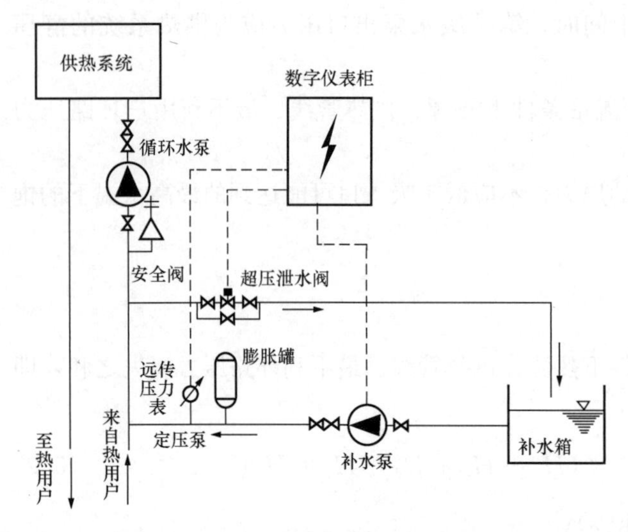

图 5-20 变频定压补水系统

同，空气进入水箱会导致腐蚀现象出现。

（2）定压罐定压。定压罐是有压力的罐，里面灌有空气或氮气等气体，可以放在任何位置上，定压方式安全可靠，但价格高一些。

（3）补水泵变频调速定压。变频定压补水系统如图 5-20 所示。

补水泵变频调速定压是指通过变频器改变水泵转速，从而改变补水流量与扬程的补水定压方式。采用变频技术和数字控制系统，实现了远距离、高精度的监视和控制，是高低位膨胀水箱、膨胀罐的替代品，适用于供热、空调系统的补水和定压。采用变频技术控制补水泵的补水量，前置压力罐，减少补水泵的停、启次数，从而可实现系统的稳定运行。

（4）旁路定压。旁路定压是指定压点设置在热水供热系统的循环水泵入口和出口之间旁通管上某一点的补水泵定压方式。旁路定压器由远传压力表、电控柜、电磁阀、安全阀等组成，其中电控柜包括程控器、变频器和控制面板。

旁路定压根据供暖系统水压图，确定定压点的表压，变频器根据确定的表压控制补水泵。当系统失水，定压点压力低于设定补水压力时，补水泵转速变快，向系统补水；当定压点的压力达到设定补水压力时，补水泵转速变慢，使该点压力恒定，不再补水；当定压点压力达到设定压力上限时，电磁阀开启泄水；当压力超过设定压力上限时，安全阀起跳泄水，双重保护系统安全，上述过程全自动控制，实现了无人值守的运行模式。

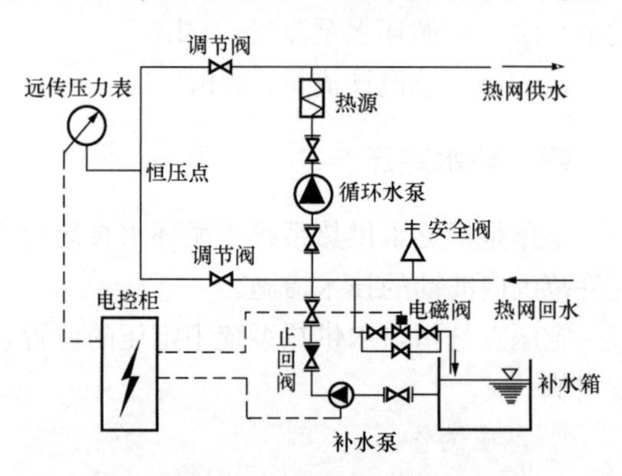

图 5-21 旁路补水定压系统示意图

旁路补水定压系统示意图如图 5-21 所示。

（5）利用一次网回水补水定压二次网。利用一次网回水补水定压二次网的方式的先决条件是一次网回水压力必须高于二次网回水压力，所以要特别留意在该热力站是否有高层建筑，对高层供热的热力站的定压高度有可能高于一次网回水压力。一般二次网定压点设在循环水泵前的除污器之前。一次网回水补水定压二次网系统示意图如图 5-22 所示。

补水定压装置首先根据一次网的设计回水压力定压，在定压装置“补水压力控制器”上设定正常回水工作压力值和高点超压报警压力值。一般高点超压报警压力值比正常回水工作压力值大 30～50kPa。正常运行时，开启阀门 3、7、11、14 及压力表、压力变送器的旋塞阀门，关闭阀门 2、10，当压力变送器检测到的压力值低于正常回水工作压力值时，其电源

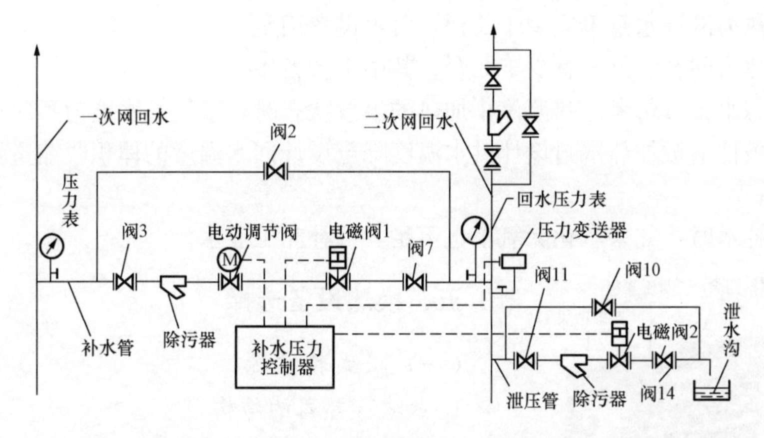

图 5-22　一次网回水补水定压二次网系统示意图

信号通过补水压力控制器传递到调节阀，调节阀根据信号的强弱缓慢开启到相应的位置，一次网回水开始为二次网回水补水。当压力变送器检测到的压力值接近正常工作压力值时，其电流信号通过压力控制器传递到调节阀，调节阀缓慢关小，待压力达到正常工作压力值时，调节阀接收到压力控制器的信号后自动关闭，停止补水。由于压力变送器不断地对二次网回水进行压力检测并通过压力控制器控制阀工作，所以二次网回水压力始终保持在“正常工作压力值”。

当系统出现异常，压力变送器监测到的压力值达到或高于“高点超压报警压力值”，而调节阀又未及时关闭、继续补水时，压力变送器的电流通过压力控制器传递到常开电磁阀1、常闭电磁阀2。常开电磁阀1通电后自动关闭，停止补水；常闭电磁阀2通电后自动开启泄压，使二次网回水压力降低。

当压力变送器监测到的二次网回水压力恢复到设定值，压力变送器的电流信号传递给压力控制器，压力控制器停止向常开电磁阀1、常闭电磁阀2传递电流信号，断电后常开电磁阀1恢复到常开状态，常闭电磁阀2恢复到常闭状态，停止泄水。在此期间，调节阀仍然受压力变送器的控制。

当系统突然停电时，如果调节阀在开启位置，为保护二次网系统不会因继续补水超压，调节阀内的弹簧压力机构会在断电后自动把阀芯压下，切断补水通道，停止补水。

用一次网给二次网定压补水方式运行工况稳定，性能可靠，节省人力，能够有效地达到给二次网定压补水的目的。该补水方式的优点是降低了换热站的初投资，节省了热力站的运行费用。

3. 补水装置的选择

热水热力网补水装置的选择应符合下列规定：

(1) 闭式热力网补水装置的流量，不应小于供热系统循环流量的2%；事故补水量不应小于供热系统循环流量的4%，补水泵流量不应小于供热系统循环水量的1%。

(2) 开式热力网补水泵的流量，不应小于生活热水最大设计流量和供热系统泄漏量之和。

(3) 补水装置的压力应大于补水点管道压力（即热网系统定压）30～50kPa，当补水装置同时用于维持管网静态压力时，其压力应满足静态压力的要求。

(4) 闭式热力网补水泵不应少于2台，可不设备用泵。

(5) 开式热力网补水泵不宜少于3台，其中1台备用。

(6) 当动态水力分析考虑热源停止加热的事故状态时，事故补水能力不应小于供热系统最大循环流量条件下被加热水自设计供水温度降至设计回水温度的体积收缩量及供热系统正常泄漏量之和；

(7) 事故补水时，如果软化除氧水量不足，可补充工业水。

图5-23 板式换热器结构图

五、换热设备选择

(一) 板式换热器

1. 板式换热器的结构

板式换热器的结构如图5-23所示。

板式换热器是一种高效、紧凑的非焊接板换热器，主要由传热板片、前后端板、定位螺栓、压紧螺栓、垫片、接口管等组成。密封垫片不仅把流体密封在换热器内，而且使换热流体分开，互相不混合。

2. 板式换热器的特点

(1) 传热系数高，水-水换热器传热系数达3500～7000W/(m^2·℃)。

(2) 污染率低。

(3) 热损失小。

(4) 容易组装、拆卸。

3. 板式换热器的主要技术参数

板式换热器的主要技术参数见表5-15。

表5-15 板式换热器的主要技术参数

项目		单位	主要技术参数	
			最低	最高
工作压力		kg/cm^2	真空	30
工作温度		℃	−50	200
流量		m^3/h	5	5000
连接管道尺寸		mm	DN25	DN500
主要尺寸	高H	mm	196	4450
	宽W	mm	91	1540
	长L	mm	80～400	830～5330

4. 板式换热器流程图

板式换热器流程图如图5-24所示。

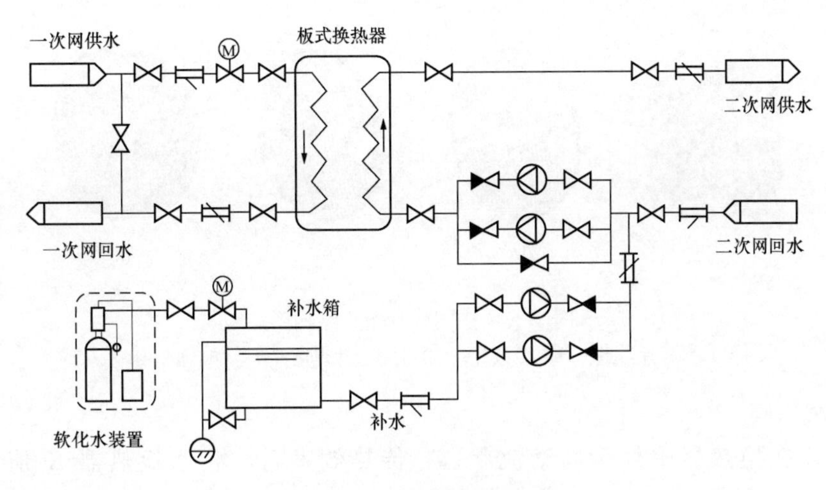

图 5-24　板式换热器流程图

（二）椭圆板片板壳式换热器

1. 椭圆板片板壳式换热器的结构

（1）椭圆板片板壳式换热器是由外壳和椭圆板片组装在一起的全焊接式换热器。

（2）椭圆板片板壳式换热器结构简单，传热板片组用螺栓固定在壳板上。

（3）板片加工成波纹状，为使流体形成紊流，流道做成倾斜，以减少流体滞留，无流体死区，充分发挥传热效果。椭圆板片板壳式换热器与管式换热器比较具有 5 倍以上的传热系数。

（4）所谓板片组是将按着特定条件设计的各种换热板片按顺序排列，板片之间形成流道，使加热流体和被加热流体流动，进行热交换。

板片组可采用不同板片规格，直径（或高）为 0.2～1.8m，椭圆板片板壳式换热器的结构如图 5-25 所示。

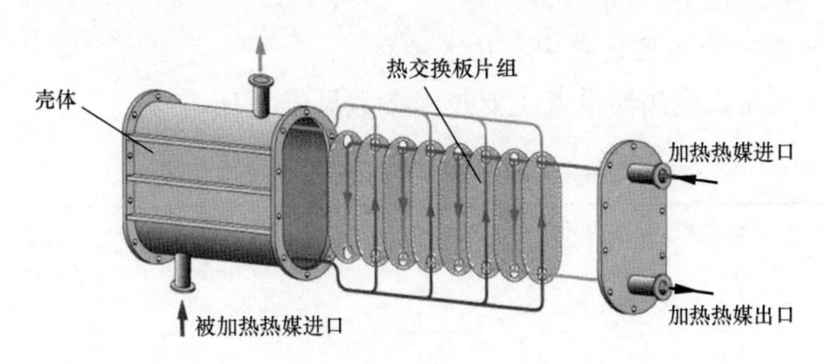

图 5-25　椭圆板片板壳式换热器结构图

2. 板片结构

板片流道形式和板片组合结构如图 5-26 所示。

3. 椭圆板片板壳式换热器的特点

（1）传热元件为椭圆板片，热应力均匀，对急剧变高温、低温工况仍保持高强度和耐久性。

（2）承受温度范围为－50～＋900℃，承受压力范围为低真空～8MPa，在换热器前不用

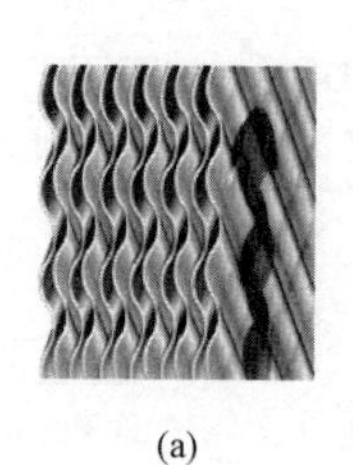
(a)
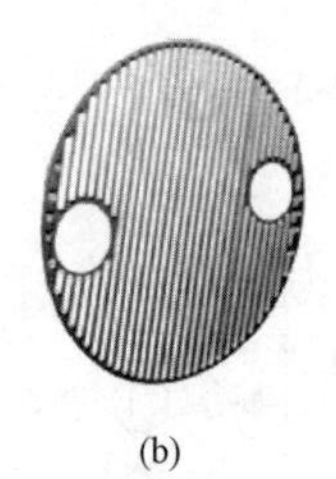
(b)
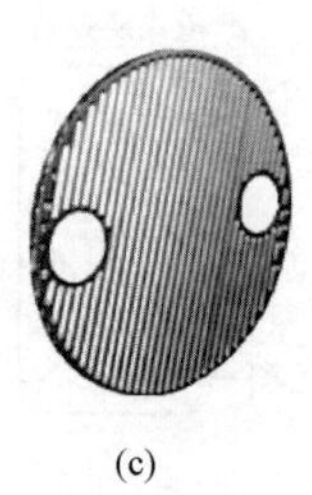
(c)

(d)

图 5-26 椭圆板片组合结构图
(a) 板片流道；(b) 单板片；(c) 1 对板片焊接板孔；(d) 板片组

设置减温、减压阀。

(3) 流体在换热器中处于高紊流状态，传热效率高，水-水换热器 K 值为 3500～7000W/ (m^2 · ℃)。

(4) 传热效果好，设备尺寸小，是管壳式换热器的 1/5 左右。

(5) 流体在换热器中剧烈紊流流动，具有自清洗功能，结垢少，设备可以长时间保持高效率运行。

图 5-27 椭圆板片板壳式换热器

(6) 换热器为全焊接式，无密封垫，减少了维修工作量。

(7) 传热效果好，即使热交换温差为1℃，也能良好地进行传热。

(8) 热交换器和连接管道安装方便。

(9) 蒸汽流量、流速分配均匀，蒸气入口板片受冲击小。

(10) 椭圆板片板壳式换热器如图 5-27 所示。

4. 椭圆板片板壳式换热器设备主要技术参数

(1) 椭圆板片板壳式换热器设备主要技术参数见表 5-16。

表 5-16 椭圆板片板壳式换热器设备主要技术参数

项目	单位	主要技术参数	
		最低	最高
温度	℃	−50	900
压力	kg/cm²	低真空	80
传热面积	m²	0.3	1500
连接管尺寸 DN	mm	15	800
壳体尺寸	可以根据用户需要设计		

(2) 定型椭圆板片板壳式换热器主要技术参数见表 5-17，外形图如图 5-28 所示。

表 5-17 定型椭圆板片板壳式换热器主要技术参数

项目		单位	型号										
			2A	2B	2B0	3A	3B	3B0	6A	6B	6C	6A1	6B1
流量		m^3/h	60	60	70	100	100	120	250	250	250	300	300
传热面积		m^2	3	7	7.5	10	24	26	70	110	150	75	120
板片厚度		mm	0.6～0.7										
最大、最小接管尺寸		mm	10	10	10	15	15	15	32	32	32	50	50
			80	100	100	125	150	150	250	250	250	300	300
外形尺寸	宽度 W	mm	350	350	350	490	490	490	795	795	795	795	795
	长度 L	mm	410	600	600	900	900	900	1000	1250	1550	100	1250
	高度 H	mm	500	500	570	600	600	700	1700	1700	1700	1900	1900

项目		单位	型号										
			6C1	6B2	6C2	10A	10B	10C	10A1	10B1	10C1	10B2	10C2
流量		m^3/h	300	330	330	900	900	900	1000	1000	1000	1150	1150
传热面积		m^2	160	130	170	400	550	700	450	600	750	650	800
板片厚度		mm	0.6～0.7						0.7～0.8				
最大、最小接管尺寸		mm	50	65	65	80	80	80	100	100	100	125	125
			300	350	350	350	350	350	400	400	400	500	500
外形尺寸	宽度 W	mm	795	795	795	1480	1480	1480	1480	1480	1480	1480	1480
	长度 L	mm	1550	1250	1550	1600	1950	1250	1600	1950	1250	1950	2250
	高度 H	mm	1900	2100	2100	1800	1800	1800	2000	2000	2000	2300	2300

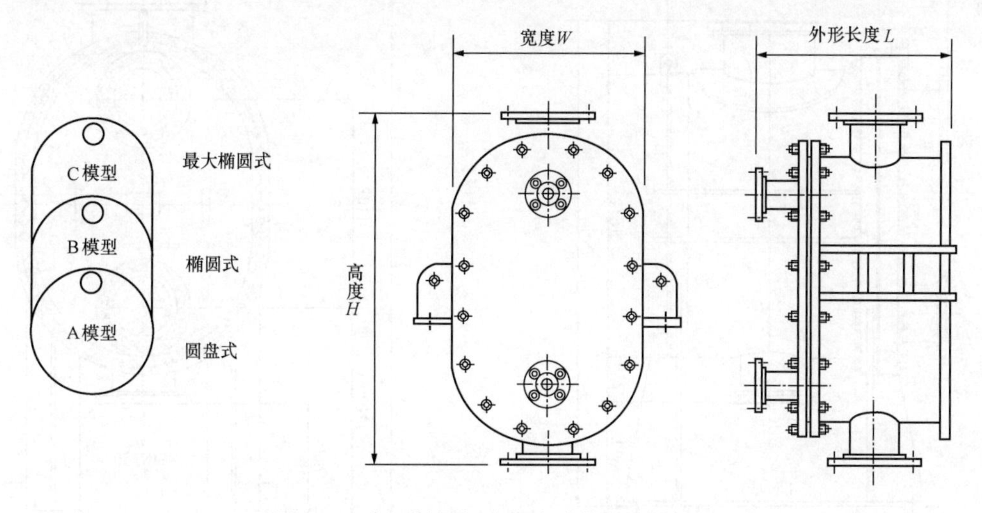

图 5-28 定型椭圆板片板壳式换热器外形图

(3) 非定型椭圆板片板壳式（汽-水）换热器主要技术参数见表 5-18，外形图如图 5-29 所示。

表 5-18　　　　非定型椭圆板片板壳式（汽-水）换热器主要技术参数

项　　目		单位	一次热媒蒸汽	二次热媒热水
热交换器容量		kW	91000	
温度		℃	377	120/60
流量		t/h	130	1300
工作压力/设计压力		bar	10/13	12/16
板片材料		—	A240-316L	
板片数		EA	332	
板片厚度		mm	0.7	
换热面积		m^2	416	
接口管径	汽侧 B2/B1	mm	550/350	
	水侧 A1/A2	mm	300/300	
尺寸	长度	mm	1487	
	宽度	mm	1720	
	高度	mm	2762	
质量	空重	kg	6242	
	运行重	kg	7574	

注　1bar=10^5Pa。

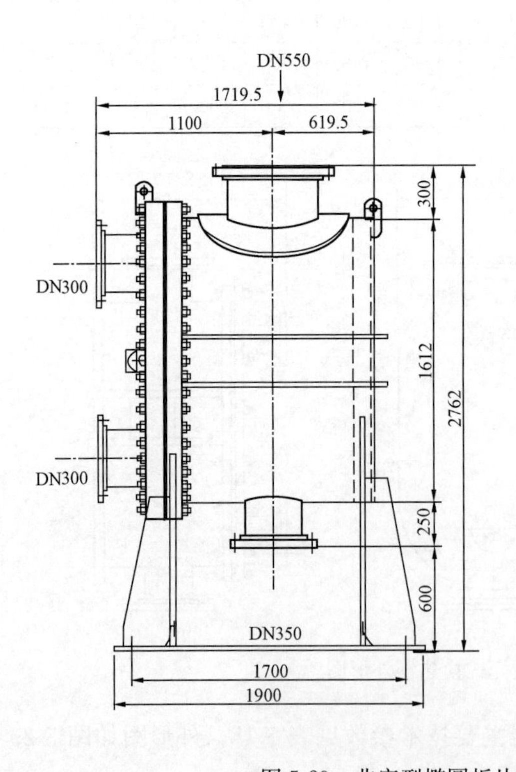

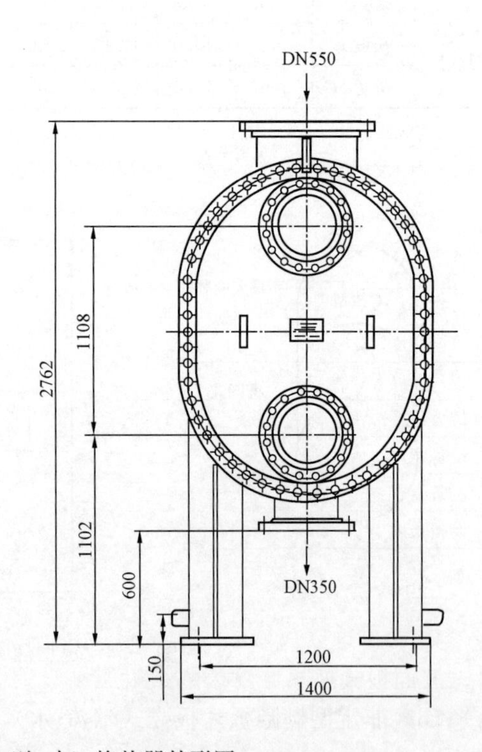

图 5-29　非定型椭圆板片板壳式（汽-水）换热器外形图

（三）螺旋板式换热器

螺旋板换热器是把两张金属板以螺旋形式卷起来形成两个流道，流体在流道内形成逆流，热交换效果好，传热系数高。

1. 螺旋板换热器的特点

（1）流道中流速高，为漩涡流动，传热系数高，为1200～4700W/（m^2·℃）；

（2）流体在流道中冲刷壁面，具有清洗功能，污染物影响小。

（3）因为形成逆向流，热交换效果好。

（4）换热器结构尺寸小。

（5）维修方便，打开两头封盖，可以检修。

2. 螺旋板换热器的主要技术参数

（1）螺旋板换热器的主要技术参数见表5-19。

表5-19 螺旋板换热器的主要技术参数

项目	单位	主要技术参数	
		最低	最高
温度	℃	−40	400
压力	kg/cm^2	低真空	20
传热面积	m^2	5	600
板片材料	不锈钢：304、316L、254SMO、904L、317L； 镍：Ni200； 镍合金：C-276、825，耐热镍铬合金，哈斯特合金； 钛：TiGr1、TiGr11		

（2）螺旋板换热器标准型号主要技术参数见表5-20。

表5-20 螺旋板换热器标准型号主要技术参数

项目	单位	型号							
		300	400	500	600	1000	1200	1500	2000
最大流量	m^3/h	40	60	80	90	120	340	530	720
传热面积	m^2	25	50	45	80	180	290	300	550
流道宽度	mm	5～20	5～20	5～20	5～20	5～26	5～26	5～26	5～26
板片厚度	mm	2～3	2～3	2～3	2～3	2～3	2～3	2～3	2.5～3
最大口径	mm	80	100	125	125	150	200	250	300
设备宽度	mm	300	400	500	610	1000	1220	1524	2000
设备直径	mm	800	800	1000	1200	1400	1600	1800	2200
设备长度	mm	700	800	900	1000	1500	1700	2000	2500

（四）波面板式换热器

1. 波面板式换热器的结构

波面板式换热器是把两张板压制成单面、双面波纹状或微凹形传热板，内部形成独特的流道，进行热交换的换热器，它广泛地应用在液-液、汽-液、汽-汽等流体热交换中。波面板式换热器的结构如图5-30所示，波面板式换热器板片外形如图5-31所示。

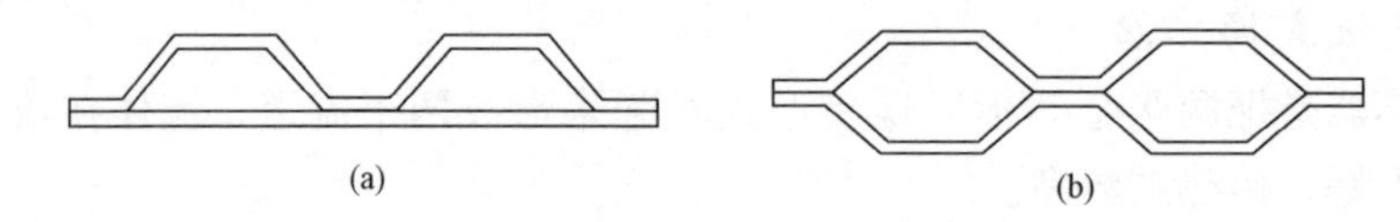

图 5-30 波面板式换热器的结构图
(a) 单面波纹形板；(b) 双面波纹形板

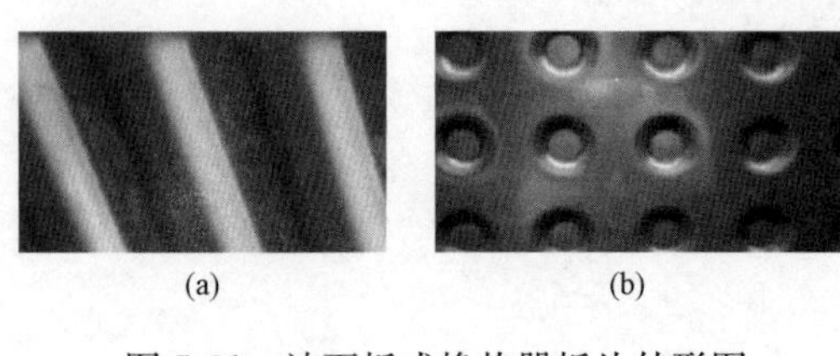

图 5-31 波面板式换热器板片外形图
(a) 压制成波纹形；(b) 压制成微凹形

2. 波面板式换热器的特点

(1) 结构简单，组装和拆卸方便，可以安装在水箱或反应塔内。

(2) 传热系数是盘管换热器传热系数的2倍多。

(3) 容易除垢。

(4) 换热器尺寸根据需要可以多种多样。

(5) 换热器全部焊接成形，维护工作量小。

3. 波面板式换热器的主要技术参数

波面板式换热器的主要技术参数见表 5-21。

表 5-21 波面板式换热器的主要技术参数

项目	单位	主要技术参数	
		最低	最高
温度	℃	0	400
压力	MPa	低真空	1.2
传热面积	m^2	0.2～20	600
板片材料	不锈钢：304、316L、254SMO、904L、317L； 镍：Ni200； 镍合金：C-276、825，耐热镍铬合金，哈斯特合金； 钛：TiGr1、TiGr11		

(五) 热交换机组

1. 热交换机组的结构

热交换机组是将换热器、循环水泵、补水泵、阀门、管道、电气元件、控制设备等组合在一起的模块式换热机组，设备紧凑、安装方便、维修简便，它广泛地被使用在集中供热、空调制冷、热水供应系统中。热交换机组的布置如图 5-32 所示。

2. 热交换机组的特点

(1) 组装式结构，设备紧凑，占地小，布置方便。

(2) 在工厂经过运行调试，设计、运输、施工、安装、调试方便。

(3) 由于设计采用最佳方案，因此机组可实现最佳节电、节水效果。

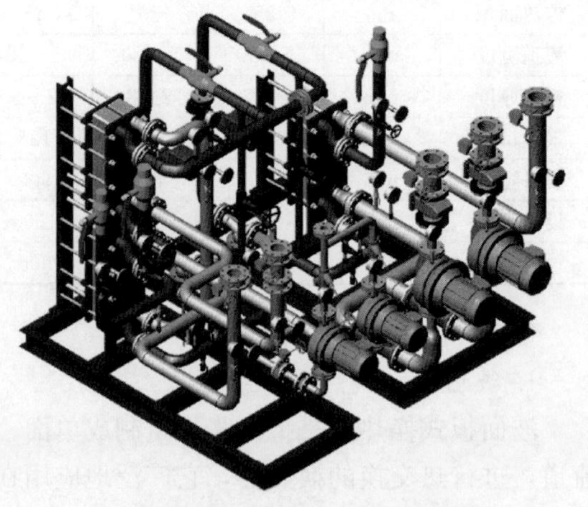

图 5-32 热交换机组布置图

（4）由于是组装式，因此运行维护方便。

3. 热交换机组标准机组主要技术参数

（1）供热机组主要技术参数见表 5-22。

表 5-22　供热机组主要技术参数

热负荷（kW）	接管尺寸 DN（mm）		管道泵		温控阀 DN（mm）
	一次侧	二次侧	泵数量（50%）	电容量（kW）	
349	50	100	2 或 3	2.2	32
465	65	100	2 或 3	3	32
581	65	125	2 或 3	3	40
698	65	125	2 或 3	4	40
813	65	125	2 或 3	4	50
814	80	125	2 或 3	55	50
1047	80	150	2 或 3	55	65
1163	80	150	2 或 3	75	65
1280	80	150	2 或 3	75	65

（2）热水供应机组主要技术参数见表 5-23。

表 5-23　热水供应机组主要技术参数

热负荷（kW）	接管尺寸 DN（mm）			管道泵		温控阀 DN（mm）
	一次侧	二次侧供水	二次侧回水	泵数量（100%）	电容量（kW）	
116	32	40	40	2	0.55	15
233	50	65	40	2	0.55	25
349	50	65	40	2	0.55	32
465	65	65	40	2	0.55	40
581	65	80	40	2	0.75	40
698	65	80	40	2	0.75	40
813	80	80	40	2	0.75	50
814	80	100	50	2	1.1	50
1047	80	100	50	2	1.1	50

第八节　供热（冷）系统计算

一、供热系统热量及流量计算

（1）供热系统供热（冷）量计算式为

$$Q_h = 1.163 \times G_h \Delta t \times 10^{-3} \tag{5-5}$$

式中　Q_h——供热负荷或供热（冷）能力，MW；

G_h——供热（冷）系统流量，t/h；

Δt——供热（冷）系统供回水温差，℃。

（2）供热（冷）系统流量计算式为

$$G_h = \frac{0.86 \times Q_h}{\Delta t} \times 10^3 \tag{5-6}$$

式中符号含义如同上式。

二、供热系统定压计算

供热系统定压计算式为

$$p = 10H + p_V + 20 \tag{5-7}$$

式中 p——供热系统定压点压力，kPa；

H——用户最高充水高度，m；

p_V——与热网供水温度对应的汽化压力，kPa；

20——安全余量，kPa。

与热网供水温度对应的汽化压力见表 5-24。

表 5-24　与热网供水温度对应的汽化压力

热网水温（℃）	95	110	120	130	140	150
汽化压力（kPa）	0	46	103	176	269	386

三、水力计算

（一）设计流量

（1）供暖、通风、空调热负荷热水供热管网设计流量及生活热水热负荷闭式热水热力网设计流量，应按下式计算

$$G = \frac{0.86Q}{t_s - t_r} \tag{5-8}$$

式中 G——供热管网设计流量，t/h；

Q——设计热负荷，kW；

t_s——供热管网供水温度，℃；

t_r——各种热负荷相应的供热管网回水温度，℃。

（2）生活热水热负荷开式热水热力网设计流量，应按下式计算

$$G = \frac{0.86Q}{(t_{ho} - t_{co})} \tag{5-9}$$

式中 G——生活热水热负荷热力网设计流量，t/h；

Q——生活热水设计热负荷，kW；

t_{ho}——热力网供水温度，℃；

t_{co}——冷水计算温度，℃。

（3）当热水供热管网有夏季制冷热负荷时，应分别计算供暖期和供冷期管网流量，并取较大值作为供热管网设计流量。

（4）当计算供暖期热水热力网设计流量时，各种热负荷的热力网设计流量应按下列规定

计算：当热力网采用集中量调节时，承担供暖、通风、空调热负荷的热力网供热介质供水温度基本恒定，只调节水量。

(5) 计算承担生活热水热负荷热力网设计流量时，当生活热水换热器与其他系统换热器并联或两级混合连接时，仅应计算并联换热器的热力网流量；当生活热水换热器与其他系统换热器两级串联连接时，热力网设计流量取值应与两级混合连接时相同。

(6) 计算热水热力网干线设计流量时，生活热水设计热负荷应取生活热水平均热负荷；计算热水热力网支线设计流量时，生活热水设计热负荷应根据生活热水用户有无储水箱选取生活热水平均热负荷或生活热水最大热负荷。

(7) 蒸汽热力网的设计流量，应按各用户的最大蒸汽流量之和乘以同时使用系数确定。当供热介质为饱和蒸汽时，设计流量应考虑补偿管道热损失产生的凝结水的蒸汽量。

(8) 凝结水管道的设计流量应按蒸汽管道的设计流量乘以用户的凝结水回收率确定。

(二) 水力计算内容

(1) 水力计算应包括下列内容：

1) 确定供热系统的管径及热源循环水泵、中继泵的流量和扬程；

2) 分析供热系统正常运行的压力工况，确保最不利用户有足够的资用压头且系统不超压、不汽化、不倒空；

3) 进行事故工况分析；

4) 必要时进行动态水力分析。

(2) 水力计算应满足连续性方程和压力降方程。环网水力计算应保证所有环线压力降的代数和为零。

(3) 当热水供热系统多热源联网运行时，应按热源投产顺序对每个热源满负荷运行的工况进行水力计算并绘制水压图。

(4) 热水热力网应进行各种事故工况的水力计算，当供热量保证率不满足规定时，应加大不利段干线的直径。

(5) 对于常年运行的热水供热管网应进行非供暖期水力工况分析。当有夏季制冷负荷时，还应分别进行供冷期和过渡期水力工况分析。

(6) 蒸汽管网水力计算时，应按设计流量进行设计计算，再按最小流量进行校核计算，保证在任何可能的工况下满足最不利用户的压力和温度要求。

(7) 蒸汽供热管网应根据管线起点压力和用户需要压力确定的允许压力降选择管道直径。

(8) 具有下列情况之一的供热系统除进行静态水力分析外，还宜进行动态水力分析：

1) 长距离输送干线；

2) 供热范围内地形高差大；

3) 系统工作压力高；

4) 系统工作温度高；

5) 系统可靠性要求高。

(9) 动态水力分析应对循环泵或中继泵跳闸、输送干线主阀门非正常关闭、热源换热器停止加热等非正常操作发生时的压力瞬变进行分析。

(10) 动态水力分析后，应根据分析结果采取下列相应的主要安全保护措施：

1）设置氮气定压罐；
2）设置静压分区阀；
3）设置紧急泄水阀；
4）延长主阀关闭时间；
5）循环泵、中继泵与输送干线的分段阀联锁控制；
6）提高管道和设备的承压等级；
7）适当提高定压或静压水平；
8）增加事故补水能力。

（三）水力计算参数

（1）供热管道内壁当量粗糙度应按表 5-25 选取。

表 5-25　供热管道内壁当量粗糙度

供热介质	管道材质	当量粗糙度（m）
蒸汽	钢管	0.0002
热水	钢管	0.0005
凝结水、生活热水	钢管	0.001
各种介质	非金属管	按相关资料取用

对现有供热管道进行水力计算，当管道内壁存在腐蚀现象时，宜采取经过测定的当量粗糙度值。

（2）热水供热管网设计中，由于管道压力损失是最关键的参数，管道直径应以经济比摩阻选择，而不是以流速选择。

（3）确定热水热力网主干线管径时，按照经济比摩阻选择。经济比摩阻数值宜根据工程具体条件计算确定，主干线比摩阻可采用 30～70Pa/m。

（4）热水热力网支干线、支线应按允许压力降确定管径，但供热介质流速不应大于 3.5m/s。支干线比摩阻不应大于 300Pa/m，连接一个热力站的支线比摩阻可大于 300Pa/m。

（5）蒸汽供热管道供热介质的最大允许设计流速应符合表 5-26 的规定。

表 5-26　蒸汽供热管道供热介质最大允许设计流速

供热介质	管径（mm）	最大允许设计流速（m/s）
过热蒸汽	≤200	50
	＞200	80
饱和蒸汽	≤200	35
	＞200	60
远距离输送		15～20

（6）以热电厂为热源的蒸汽热力网，管网起点压力应采用供热系统技术经济计算确定的汽轮机最佳抽（排）汽压力。

（7）以区域锅炉房为热源的蒸汽热力网，在技术条件允许的情况下，热力网主干线起点压力宜采用较高值。

（8）蒸汽热力网凝结水管道设计比摩阻可取 100Pa/m。

（9）热力网管道局部阻力与沿程阻力的比值，可按表5-27取值。

表5-27　　热力网管道局部阻力与沿程阻力比值

管线类型	补偿器类型	管道公称直径（mm）	局部阻力与沿程阻力的比值	
			蒸汽管道	热水及凝结水管道
输送干线	套筒或波纹管补偿器（带内衬筒）	≤1200	0.2	0.2
	方形补偿器	200～350	0.7	0.5
		400～500	0.9	0.7
		600～1200	1.2	1.0
输配管线	套筒或波纹管补偿器（带内衬筒）	≤400	0.4	0.3
	套筒或波纹管补偿器（带内衬筒）	450～1200	0.5	0.4
	方形补偿器	150～250	0.8	0.6
		300～350	1.0	0.8
		400～500	1.0	0.9
		600～1200	1.2	1.0

（四）水力计算方法

1. 管径计算

单相流体的管道直径可按如下式计算

$$D_i = 594.7\sqrt{Gv} \tag{5-10}$$

$$D_i = 18.81\sqrt{\frac{G_v}{w}} \tag{5-11}$$

式中　D_i——管道内径，mm；

G——介质质量流量，t/h；

v——介质比容，m^3/kg；

w——管内介质流速，m/s；

G_v——介质容积流量，m^3/h。

2. 热水水力计算

管道沿程阻力损失为

$$\Delta h = \lambda \frac{l}{d} \cdot \frac{\gamma W^2}{2g} \tag{5-12}$$

管道局部阻力损失为

$$\Delta h_{lo} = \xi \cdot \frac{\gamma W^2}{2g} \tag{5-13}$$

式中　Δh——管道沿程阻力，Pa；

Δh_{lo}——管道局部阻力，Pa；

l——管段长度，m；

d——管径，m；

λ——沿程阻力系数；

γ——介质质量分数，N/m^3；

g——重力加速度，m/s^2；

ξ——管段中各部件的局部阻力系数。

3．蒸汽水力计算

蒸汽管道水力计算的特点是在计算压力损失时应考虑蒸气密度的变化。在设计中为了简化计算，蒸气密度采用平均密度，即以起始点密度和终止点密度的平均值作为该管段的计算密度。

（1）沿程摩擦阻力计算。沿程摩擦阻力计算利用蒸汽管道水力计算表查得蒸汽流速和比摩阻。制表时，取蒸气密度 $\rho=1kg/m^3$。当计算管段平均密度 ρ 不等于 $1kg/m^3$ 时，比摩阻及流速可按如下式进行修正

$$\Delta h_{re}=\left(\frac{\rho}{\rho_{re}}\right)\Delta h \tag{5-14}$$

$$W_{re}=\left(\frac{\rho}{\rho_{re}}\right)W \tag{5-15}$$

式中 ρ、Δh、W——制表时蒸气密度、在表中查得的比摩阻及流速值；

ρ_{re}、Δh_{re}、W_{re}——水力计算中蒸汽的实际密度、比摩阻及流速值。

（2）局部阻力损失计算。局部阻力损失计算按当量长度法计算，局部阻力当量长度可查表得到，高压蒸汽应限制蒸汽流速。

四、供热系统换热器计算

换热器是高温介质和低温介质之间进行热交换的设备，即通过换热器将高温介质热量传递给低温介质，以提高低温介质的温度。换热器是能源领域最重要的设备。换热器种类繁多，根据介质不同、用途不同、介质压力及温度不同有各种各样的形式和种类。能源系统常用换热器有管壳式换热器、板式换热器、板壳式换热器、螺旋板换热器等。

（一）换热器计算公式

换热器的计算包括根据热负荷确定换热面积和对已确定的换热器计算其换热量，前者为选择性计算，后者为校核计算。

1．换热器传热面积计算

供热系统换热器传热面积，按照如下式计算

$$A=\frac{Q\times 10^3}{K\Delta t_{av}\eta\beta} \tag{5-16}$$

式中 A——换热器传热面积，m^2；

Q——换热器热负荷，kW；

K——换热器传热系数，W/（$m^2\cdot$℃）；

η——换热器效率，一般取值范围为0.96～0.98；

β——换热器内壁污垢系数，一般取值范围为0.70～1.00；

Δt_{av}——换热介质之间对数平均温差，℃。

根据计算的换热面积选择换热器。

2. 换热器换热量计算

根据选定的换热器按如下式校核换热量

$$Q = KA\ \Delta t_{av}\eta\beta \tag{5-17}$$

（二）对数平均温差计算

在换热器计算中，对数平均温差是最重要的数据，如式（5-16）所示，换热器形式确定之后，换热器计算面积主要与对数平均温差有关，换热器面积确定之后，换热量主要与对数温差有关。

逆流换热器对数平均温差 Δt_{av} 按如下式计算。当计算对数平均温差 Δt_{av} 时，对于交叉流、混合流或其他形式的流动方式，均可按逆流方式计算，之后再乘以温差修正系数，关于温差修正系数详见其他有关资料。逆流换热器对数温差计算式如下

$$\Delta t_{av} = \frac{\Delta t_{max} - \Delta t_{min}}{\ln \dfrac{\Delta t_{max}}{\Delta t_{min}}} \tag{5-18}$$

式中 Δt_{max}——加热介质与被加热介质最大平均温差，℃；

Δt_{min}——加热介质与被加热介质最小平均温差，℃。

逆流换热器计算示意图如图 5-33 所示。

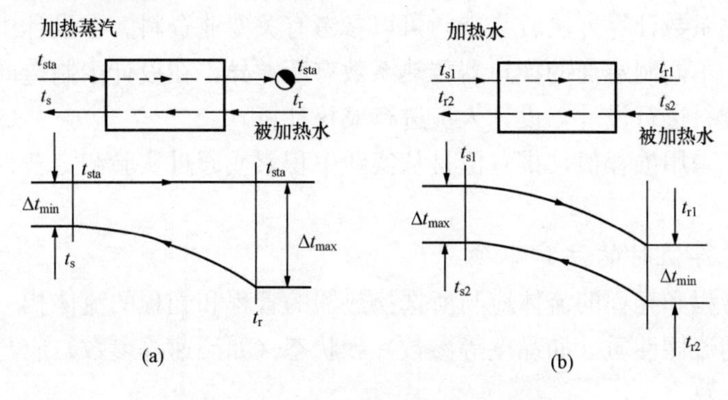

图 5-33 逆流换热器计算示意图

（a）汽-水换热器；（b）水-水换热器

1. 对水-水换热器

Δt_{max}按如下式计算

$$\Delta t_{max} = t_{s1} - t_{s2} \tag{5-19}$$

Δt_{min}按如下式计算

$$\Delta t_{min} = t_{r1} - t_{r2} \tag{5-20}$$

2. 对汽-水换热器

Δt_{max}按如下式计算

$$\Delta t_{max} = t_{sta} - t_r \tag{5-21}$$

Δt_{min}按如下式计算

$$\Delta t_{min} = t_{sta} - t_s \tag{5-22}$$

式中 t_{s1}——一次介质供水温度，℃；

t_{s2}——二次介质供水温度，℃；

t_{r1}——一次介质回水温度,℃;

t_{r2}——二次介质回水温度,℃;

t_s——被加热介质供水温度,℃;

t_r——被加热介质回水温度,℃;

t_{sta}——蒸汽饱和温度,℃。

3. 举例计算水-水换热器对数平均温差

热网系统一次网水温为120/60℃,二次网水温为75/50℃的热水热网系统,计算换热器对数平均温差。

最大、最小温差根据式(5-19)和式(5-20)计算

$$\Delta t_{max} = t_{s1} - t_{s2} = 120 - 75 = 45(℃)$$

$$\Delta t_{min} = t_{r1} - t_{r2} = 60 - 50 = 10(℃)$$

对数平均温差根据式(5-18)计算

$$\Delta t_{av} = \frac{\Delta t_{max} - \Delta t_{min}}{\ln \frac{\Delta t_{max}}{\Delta t_{min}}} = \frac{45 - 10}{\ln \frac{45}{10}} \approx \frac{35}{1.5041} \approx 23.27(℃)$$

(三)传热系数确定

换热器的传热系数计算方法较复杂,可以参考有关专业资料。在设计中一般根据制造商提供的资料确定。不同制造商的换热器传热系数有所差异,在设计中制造商确定之后,可以按制造商提供的资料进行设计,设计人员进行校核计算。

实际计算中也采用推荐值,推荐值是从实践中积累或通过实验测定获得的,可以从手册中查得。

(四)选用推荐值时的注意事项

(1)设计中管程和壳程的流体应与所选换热器的管程和壳程的流体相一致。

(2)设计中的流体性质(如黏度等参数)和状态(如流速等参数)应与所选换热器的流体性质和状态相一致。

(3)设计中换热器的类型应与所选换热器的类型相一致。

(4)一般推荐值范围很大,设计时可根据实际情况选取中间的某一数值。若希望降低设备费可选取较大的 K 值;若希望降低运行费用可选取较小的 K 值。

(5)为保证较好的换热效果,设计中一般采用逆流换热器,若采用错流或折流换热器时,可通过安德伍德(Underwood)和鲍曼(Bowman)图算法对 Δt_{av} 进行修正。

总传热系数可按如下式计算

$$K = \frac{1}{R_1 + R_2 + R_3} \tag{5-23}$$

式中 K——换热器传热系数,W/(m²·℃);

R_1——对流传热热阻,m²·℃/W;

R_2——污垢导热热阻,m²·℃/W;

R_3——管壁导热热阻,m²·℃/W。

虽然这些推荐值给设计带来了很大方便,但是某些情况下,所选 K 值与实际值出入较大,为避免盲目烦琐的试差计算,可根据式(5-23)对 K 值估算。

实际上式（5-23）可分为 3 个部分，即对流传热热阻、污垢导热热阻和管壁导热热阻，其中污垢导热热阻和管壁导热热阻可查相关手册求得。由此，K 值估算最关键的部分就是对流传热热阻 R_1 的估算。

实际液体由于存在黏滞性而具有两种流动形态。液体质点做有条不紊的运动，彼此不相混掺的形态称为层流。液体质点做不规则运动、互相混掺、轨迹曲折混乱的形态称为紊流。它们传递动量、热量和质量的方式不同：层流通过分子间相互作用，紊流主要通过质点间的混掺，紊流的传递速率远大于层流。

层流和紊流的判定一般采用雷诺数，雷诺数小于 2000 为层流，2000～4000 属于过渡型，大于 4000 属于湍流。供热工程中大部分流动属于紊流。

（五）影响对流传热系数的因素

（1）流体的种类和相变化的情况。

（2）液体、气体和蒸汽的对流传热系数都不相同，牛顿型和非牛顿型流体也有区别，这里只讨论牛顿型对流传热系数。流体有无相变化，对传热有不同的影响。

（3）流体的性质对 R_1 影响较大的流体物性有比热容、导热系数、密度和黏度等。对同一种流体，这些物性又是温度的函数，而其中某些物性还与压力有关。

（4）流体流动状态。当流体流动状态呈紊流时，随着雷诺数（Re）的增加，边界层厚度减薄，R_1 减少；而当流体流动状态呈层流时，流体在热流方向上基本没有混杂的流动，故 R_1 比紊流时大。

（5）流体流动的原因。自然对流是由于流体内部存在温差，因各部分的流体密度不同，故会引起流体质点的相对位移，设 ρ_1 和 ρ_2 分别代表温度 t_1 和 t_2 两点的密度，流体因密度差而产生的浮升力为（$\rho_1-\rho_2$）g。若流体的体积膨胀系数为 β，单位为 1/℃，并以 Δt 代表温度差（$t_1-t_2=\Delta t$），则可得 $\rho_1=\rho_2$（$1+\beta\Delta t$），每单位体积的流体所产生的浮力为

$$(\rho_1-\rho_2)g=[\rho_2(1+\beta\Delta t)-\rho_2]g=\rho_2\beta g\Delta t \tag{5-24}$$

或

$$\frac{\rho_1-\rho_2}{g}=\beta\Delta t \tag{5-25}$$

强制对流是由于外力的作用，如泵、搅拌器等推动流体的流动。

（6）传热面的形状、位置和大小。传热管、板、管束等不同的形状，传热管排列方式（水平或垂直放置），管径、管长或换热管的高度等会影响 R_1 的值。

目前解决对流传热的方法主要有量纲分析法和比例法。常用的量纲分析法有雷莱法和铂金汉法（Buckingham Method），前者适用于变量数目较少的场合，当变量较多时，后者较为简便。由于对流传热过程的影响因素较多，故需采用铂金汉法。

（7）无相变强制对流传热过程根据理论分析及实验研究，对流传热热阻 R_1 的影响因素有传热设备的尺寸 l、流体密度 ρ、黏度 μ、定压质量热容 c_p、导热系数 λ 及流速 W 等物理量，可采用无相变强制对流传热时的无量纲数群关系式 $Nu=\phi(Re,Pr)$。

（8）自然对流传热过程。同样可得，自然对流传热时准数学关系式 $Nu=\phi(Gr,Pr)$。各准数名称和含义见表 5-28。

表 5-28 各准数名称和含义

准数名称	符号	准数式	含义
努塞尔数 (Nusseelt number)	Nu	$\frac{\alpha l}{k}$	表示对流换热系数的准数
雷诺数 (Reynolds number)	Re	$\frac{l\mu\rho}{\mu}$	表示惯性力与黏性力之比，是表征流动状态的准数
普兰德数 (Prandul number)	Pr	$\frac{c_p\mu}{k}$	表示速度边界层和热边界层相对厚度的一个参数，反应与传热有关的流体物性
格拉斯霍夫数 (Grushof number)	Gr	$\frac{l^3\rho^2 g\beta\Delta t}{\mu^2}$	表示由于温差所引起的浮力与黏性力之比

（六）传热系数推荐值

估算时，可以参考如下资料：

1. 管壳式换热器

管壳式换热器传热系数推荐值见表 5-29。

表 5-29 管壳式换热器传热系数推荐值

序号	换热介质		传热系数［W/（m^2·K）］	备注
	热介质（壳侧）	冷介质（管侧）		
1	水	水	850～1700	
2	轻油	水	840～910	
3	重油	水	60～280	
4	气体	水	17～280	
5	水蒸气冷凝	水	1420～4250	
6	水蒸气冷凝	气	30～300	
7	低沸腾烃类蒸汽凝结	水	450～1140	
8	水蒸气凝结	水沸腾	2000～4250	
9	水蒸气凝结	轻油沸腾	455～1020	
10	水蒸气凝结	重油沸腾	140～425	
11	低黏度乳化油	水	140～280	
12	润滑油	油	60～110	
13	石脑油	水	280～400	
14	有机溶剂	盐水	170～510	
15	有机溶剂	有机溶剂	110～340	
16	酒精蒸汽	水	570～1100	
17	水	烧碱（10%～20%）	570～1420	
18	煤气厂焦油	水蒸汽	230～280	
19	水蒸气	6 号燃料油	85～140	
20	水蒸气	2 号燃料油	340～510	

续表

序号	换热介质		传热系数 [W/(m²·K)]	备　注
	热介质（壳侧）	冷介质（管侧）		
21	水蒸气	有机溶剂	570～1100	
22	二氧化硫	水	850～1100	
23	水（直立式）	甲醇蒸汽	640	
24	水（直立式）	CCl_4蒸汽	360	
25	氨蒸汽	水	750～2000	
26	空气、N_2等（压缩）	水或盐水	230～460	
27	空气、N_2等（大气压）	水或盐水	57～280	
28	水或盐水	空气等（压缩）	110～230	
29	水或盐水	空气等（大气压）	30～110	
30	水	H_2含天气混合物	460～710	
31	乙醇胺	水或乙醇胺	800～1100	
32	植物油、妥尔油	水	110～280	
33	氯或无水氧的气化	水蒸气冷凝	850～1700	介质沸腾气化
34	氯化气	传热轻油	230～340	介质沸腾气化
35	丙烷、丁烷等气化	水蒸气冷凝	1100～1700	介质沸腾气化
36	水沸腾	水蒸气冷凝	1420～4300	介质沸腾气化
37	有机溶剂气化	水蒸气冷凝	570～1100	介质沸腾气化
38	轻油气化	水蒸气冷凝	450～1000	介质沸腾气化
39	重油气化（真空）	水蒸气冷凝	140～430	介质沸腾气化
40	制冷剂气化	水蒸气冷凝	170～570	介质沸腾气化

2. 板式换热器

板式换热器传热系数推荐值见表 5-30。

表 5-30　　板式换热器传热系数推荐值

序号	换热介质		传热系数 [W/(m²·K)]	备　注
	热介质（壳侧）	冷介质（板侧）		
1	水	水	3000～5000	
2	水蒸气（水）	油	810～930	
3	油	冷水	400～580	
4	油	油	175～350	
5	气	水	25～58	

3. 高温高压板壳式换热器

高温高压板壳式换热器传热系数推荐值见表5-31。

表5-31 高温高压板壳式换热器传热系数推荐值

序号	换热介质		传热系数 [W/(m²·K)]	备注
	热介质	冷介质		
1	水	水	4000～6500	
2	蒸汽	水	3000～7000	

4. 螺旋板换热器

螺旋板换热器传热系数推荐值见表5-32。

表5-32 螺旋板换热器传热系数推荐值

序号	换热介质		传热系数 [W/(m²·K)]	备注
	热介质	冷介质		
1	水	水	1750～2210	
2	废液	水	1400～2100	
3	水	盐水	1160～1750	
4	蒸汽凝水	电解碱液	870～930	
5	润滑油	水	140～350	
6	浓碱液	冷水	465～580	
7	有机物	有机物	350～810	
8	焦油、中油	焦油、中油	160～200	

五、供热系统水泵功率计算

（一）供热系统水泵配用电动机轴功率计算

供热系统水泵配用电动机轴功率按下式计算

$$N=\frac{2.72GH\rho}{\eta}\times 10^{-6} \tag{5-26}$$

式中 N——水泵轴功率，kW；

G——流量，t/h；

H——水泵扬程，m（×10kPa）；

η——水泵效率%；

ρ——流体密度，kg/m³。

（二）供热系统水泵配用电动机额定功率计算

水泵配用电动机额定功率按下式计算

$$N_{pN}=KN \tag{5-27}$$

式中 N_{pN}——水泵额定功率，kW；

K——配用电动机容量的机械储备系数，一般取$K=1.2$。

（三）供热系统水泵配用电动机额定电流计算

水泵配用电动机额定电流按下式计算

$$I_N=\frac{P_N}{\sqrt{3}U\cos\varphi\times\eta\times 10^3} \tag{5-28}$$

式中 I_N——水泵配用电动机额定电流，A；

U——电动机电压，V，可取 380V；

$\cos\varphi \times \eta$——电动机功率因素与电动机效率的乘积，此值与电动机转数和容量有关，如星形电动机转速为 1450r/min、功率为 100kW 时，$\cos\varphi \times \eta = 0.80$。

第九节 供水系统及设施

根据《燃气供能站规范》规定，供水系统及设施设计要求如下：

一、一般设计原则

（1）分布式供能站供水设计应贯彻落实国家水资源方针政策，应对各类供水、用水、排水进行全面规划、综合平衡，达到一水多用、降低全系统耗水指标、最大限度减少废水排放、节约水资源、防止排水污染环境。

（2）根据分布式供能系统的特点，对外供热（冷）水应回收循环使用，有条件时蒸汽凝结水宜考虑回收。

二、水源和水务管理

（1）当存在不同的水源可供选用时，应在节水政策的指导下，根据水量、水质和水价等因素经技术经济比较后确定。在有可靠的城市再生水和其他废水水源时，应优先选用。

（2）分布式供能系统供水水源的设计保证率宜为 95%。根据供能系统用户性质、机组容量大小，经充分论证，上述设计保证率标准可做适当降低或提高。

（3）分布式供能系统的表水供水保证率应符合《小型火力发电厂设计规范》（GB 50049—2011）的规定。

（4）当采用再生水作为系统补给水源时，应有备用水源。

（5）楼宇式分布式供能系统宜选用城市自来水作为水源。

（6）分布式供能系统的设计耗水指标应根据当地的水资源调剂和采用的相关工艺方案按表 5-33 确定。

表 5-33 分布式供能系统的设计耗水指标 $m^3/(s \cdot GW)$

序号	机组冷却方式	原动机机组类型		备用
		燃气-蒸汽联合循环机组	燃气内燃机组	
1	循环供水系统	0.5～0.6	0.4	夏季频率为 10% 的日平均湿球温度和相应的各组气象条件（干球温度、大气压力、风速等）
2	直流供水系统	0.25	—	燃气内燃机机组设计耗水量不宜超过 $10m^3/h$
3	空冷系统	0.25	—	燃气内燃机机组设计耗水量不宜超过 $10m^3/h$

注 各类供能站在申请需水量和取水指标时，应增加供能站对外供蒸汽/热水、供冷水系统服务的循环冷却水系统和化学水处理系统的补给水需水量、供蒸汽/热水及供冷水管网系统的损失水量、原水处理系统和再生水深度处理的自用水量。

（7）分布式供能系统应装设必要的水质检测和水量计量装置。

三、供水系统

（1）根据水源条件和规划容量、分布式供能站供水系统宜采用循环供水系统。

（2）直流供水系统、循环水系统和空冷系统的设计参数选择应符合《小型火力发电厂设计规范》（GB 50049—2011）的规定。

（3）分布式供能系统供水水质和水文要求应符合《小型火力发电厂设计规范》（GB 50049—2011）的规定。

（4）分布式供能系统宜采用母管制或扩大单元制供水系统。

（5）采用母管制供水系统时，当达到规划容量时，安装在集中水泵房中的循环水泵不应少于 4 台，也可根据工程情况分期安装。

四、冷却设施

（1）冷却设施的选择应根据市政规划、使用要求、自然条件、场地布置和施工条件、运行经济性及与周围环境的相互影响等因素，经技术经济比较后确定。

（2）冷却的塔型选择应根据循环水的水量、水温、水质和循环水系统的运行方式等使用条件及如下条件确定：

1）当地的气象、地形和地质等自然条件；

2）材料和设备的供应情况。

（3）冷却塔的布置应考虑空气动力的干扰、通风、检修和管沟布置等因素，在市政商业群和娱乐中心区及山区、丘陵地带布置冷却塔时，应避免湿热空气的回流的影响。

（4）机械通风冷却塔的工艺设计应符合《机械通风冷却塔工艺设计规范》（GB/T 50392—2016）的有关规定，自然通风冷却塔的设计应符合《工业循环水冷却设计规范》（GB/T 50102—2014）的规定。

五、生活给水和废水排放

（1）分布式供能站生活给水和排水管网宜与城镇给水和排水系统相连。

（2）分布式供能站自建生活饮水系统时，应按《室外给水设计规范》（GB 50013—2006）和《生活饮用水卫生标准》（GB 5749—2006）的相关规定选择水源。

（3）分布式供能站内的生活污水、生产废水和雨水的排水系统采用分流制。

（4）含有腐蚀性物质、油脂或其他有害物质的废水和温度高于 40℃的废水及生活污水处理达到现行有关标准规定后，回收使用或与雨水一起排放。排入雨水系统前应设置水质、水量计量设施。当站区排水系统与城镇或其他工业企业排水系统连接时，排水方式的选择应与收纳系统一致。

（5）水工建筑物。分布式供能站水工建筑物设计应符合《小型火力发电厂设计规范》（GB 50049—2011）的规定。

六、水处理系统

分布式能源系统，如果主机设备带水处理设备，可以不单独设置水处理装置，当主机设备不带水处理设备时，需要根据各水处理系统的不同水质要求，分别设置水处理系统。

（1）分布式供能系统能源站水源建议采用自来水或者软化水，分布式供能系统能源站水处理系统分为以下 3 个部分：

1）冷（热）水补充水处理系统。

2）冷（热）水加药处理系统。

3）循环冷却水处理系统。

（2）闭式循环冷（热）水系统补充水处理应采用软化水，补充水水质应符合《采暖空调系统水质》（GB/T 29044—2012）中的规定，集中空调循环冷水各项指标应符合表 5-34 中的规定。

表 5-34　集中空调循环冷水系统水质要求

检测项	单位	补充水	循环水
pH（25℃）	—	7.5～9.5	7.5～10.0
浊度	NTU	≤5	≤10
电导率（25℃）	μS/cm	≤600	≤2000
Cl^-（以 Cl^- 计）	mg/L	≤250	≤250
总铁（以 Fe 计）	mg/L	≤0.3	≤1.0
钙硬度（以 $CaCO_3$ 计）	mg/L	≤300	≤300
溶解氧	mg/L	—	≤0.1
总碱度（以 $CaCO_3$ 计）	mg/L	≤200	≤500
有机磷（以 P 计）	mg/L	—	≤0.5

集中式供暖系统的循环水水质应符合《工业锅炉水质》（GB/T 1576—2008）的要求，补充水水质应符合《城镇供热管网设计规范》（CJJ 34—2010）的要求。

热水锅炉的给水和锅水水质应符合表 5-35 的规定。

表 5-35　热水锅炉的给水及锅水水质标准

水　样	项　目	标 准 值
给水	浊度（FTU）	≤5.0
	硬度（mmol/L）	≤0.60
	pH 值（25℃）	7.0～11.0
	溶解氧*（mg/L）	≤0.10
	油（mg/L）	≤2.0
	全铁（mg/L）	≤0.30
锅水	pH 值（25℃）**	9.0～11.0
	磷酸根***（mg/L）	5.0～50.0

注　硬度的计量单位为一价基本单元物质的量的浓度。

*　溶解氧控制值适用于经过除氧装置处理后的给水，额定功率大于或等于 7.0MW 的承压热水锅炉给水应除氧；额定功率小于 7.0MW 的承压热水锅炉如果发现局部氧腐蚀，也应采取除氧措施。

**　通过补加药剂使锅水 pH 值（25℃）控制在 9.0～11.0。

***　适用于锅内加磷酸盐阻垢剂。采用其他阻垢剂时，阻垢剂残余量应符合药剂生产厂规定的指标。

集中式直供供暖系统的循环水水质标准见表 5-36。

表 5-36　　集中式直供供暖系统的循环水水质标准

项　目	单　位	数　值
浊度	FTU	≤5.0
总硬度	mmol/L	≤0.6
溶解氧	mg/L	≤0.1
含油量	mg/L	≤2.0
pH 值（25℃）	—	≤7.0～11.0

（3）闭式循环冷（热）水处理采用加药处理系统，包括缓蚀剂、杀菌剂等，同时考虑旁流过滤处理系统，加药装置及旁流过滤装置为冷（热）水系统共用。

1）为了防止冷（热）水设备、管道、阀门等出现微生物滋生的现象，减轻腐蚀现象，在冷（热）水系统中投加缓蚀剂、非氧化性杀菌剂及 pH 调节剂。

2）为了防止铁锈、微生物尸体等杂质在长期运行中不断积累影响系统安全稳定运行，设置冷（热）水旁流过滤系统，旁流过滤系统由机械过滤器和相关泵阀组成，旁流过滤系统水量可以按照冷水系统循环水量的 1%选取，旁流过滤系统同时配置反洗水泵及反洗用罗茨风机。

（4）冷（热）水补充水处理方案建议与机务专业软化水处理系统合并设计，当不具备合并条件时，需要根据工程实际水源、水质确定工艺方案，校核是否可以采用以下水质软化处理系统：

城市管网自来水→清水箱→清水泵→活性炭过滤器→全自动钠离子交换器→软化水箱→软化水泵→冷（热）水系统。

经本方案处理后，其出水水质可达到以下标准：

浊度：<3NTU；

硬度：≤0.04mmol/L。

（5）循环冷却水和补充水水源均可以采用城市自来水。为了有效地控制循环冷却水中微生物的滋生，防止冷却设备的堵塞、腐蚀和结垢，需向循环水中投加杀菌剂及缓蚀阻垢剂。

1）杀菌处理可采用定期人工投加杀菌剂（氯锭或消毒粉）的方法防止菌藻微生物的滋生。加药间隔时间根据水质和环境温度现场调节。投药点设在冷却塔集水池。

2）根据工程循环冷却水及补充水水质条件，经计算确定缓蚀阻垢剂的加药量，缓蚀阻垢剂可防止换热设备结垢问题的发生。

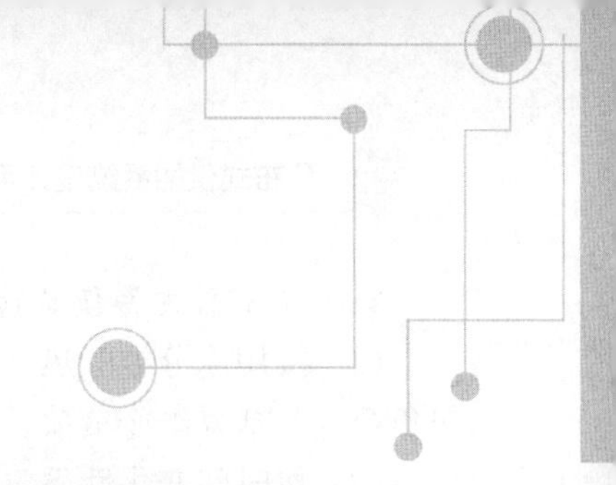

第六章　分布式供能系统负荷计算

热（冷）、电负荷，是分布式供能系统设计中的重要基础数据，合理地确定热（冷）、电负荷是分布式供能系统设计成功的关键。因为热（冷）、电负荷的确定将直接影响分布式供能系统设计及运行的经济性和可靠性，因此分布式供能系统设计中，热（冷）、电负荷计算是最重要的环节之一。

第一节　概　　述

一、分布式供能系统负荷特点及其分类

1. 分布式供能系统负荷特点

无论是居住建筑、公共建筑，还是工业建筑都存在各种热（冷）、电负荷。分布式供能系统设计的关键是在分析各类负荷特点的基础上，合理确定负荷值，使其满足供能系统对热（冷）、电负荷的需求：

（1）能源及介质种类的要求。分布式供能系统应满足不同的建筑物对能源种类及介质的需求，即热水、冷水、蒸汽及电力。

（2）能源参数的要求。分布式供能系统应满足不同建筑物对能源参数的要求，即热能的热（冷）媒压力、温度及热（冷）量，电能的电压、电流电量等。

（3）适应各类能源负荷的变化特性。分布式供能系统应适应各类负荷的变化特性，即适应热（冷）、电负荷按日、月、季节的逐时变化特点。

（4）各类负荷的确定符合实际运行工况。设计前期阶段，由于缺乏详细完整的建筑物资料，热（冷）、电负荷的计算往往采用估算方法。所以，在确定负荷时，应充分考虑到影响能源负荷特性的各种因素，尽量做到确定后的数据符合实际运行工况。

热（冷）、电负荷的特点见表 6-1。

表 6-1　　热（冷）、电负荷特点

<table>
<tr><th>负荷类型</th><th>热（冷）、电负荷特点</th><th>备　注</th></tr>
<tr><td>供暖热负荷</td><td>随供暖地区供暖期的室内外温度变化，仅在冬季</td><td rowspan="4">季节性负荷</td></tr>
<tr><td>通风热负荷</td><td>随进入建筑物内空气温度及通风量的变化，仅在冬季</td></tr>
<tr><td rowspan="2">空调冷、热负荷</td><td>夏季空调冷负荷，随室外温度变化，仅在夏季</td></tr>
<tr><td>冬季空调热负荷，随室外温度变化，仅在冬季</td></tr>
<tr><td>工业热负荷</td><td>随热用户用热需求变化，相对稳定</td><td rowspan="3">全年性负荷</td></tr>
<tr><td>生活热水热负荷</td><td>随用户用热水量变化，全年基本稳定，但日波动大</td></tr>
<tr><td>电负荷</td><td>随用电设备消耗的功率情况变化</td></tr>
</table>

2. 分布式能源系统负荷分类

(1) 按用途分类。热（冷）、电负荷按其用途可分成供暖热负荷、通风热负荷、空调冷热负荷（包括夏季冷负荷、冬季热负荷）、生活热水热负荷、工业热负荷和电负荷。

(2) 按时间变化性质。热（冷）、电负荷按其随时间变化的性质可分为季节性负荷和全年性负荷。

供暖热负荷、通风热负荷和空调冷、热负荷均属于季节性负荷，季节性负荷与室外温度、湿度、风速、风向及太阳辐射热等气候条件关系密切，其中影响最大的是室外温度，因此，一年中变化很大，而一天中变化相对不大。

生活热水热负荷、工业热负荷和电负荷属于全年性负荷，气候条件对其影响较小，因此，在一年中变化相对不大，但在一天中波动很大。

二、供暖空调设计用室内、室外计算参数

(一) 室内空气计算参数

1. 民用建筑室内计算参数

(1) 供暖室内计算参数。供暖室内设计温度应符合下列规定：

1) 严寒和寒冷地区主要房间应采用18～24℃；

2) 夏热冬冷地区主要房间宜采用16～22℃；

3) 设置值班供暖房间不应低于5℃。

(2) 舒适性空调室内计算参数。

1) 人员长期逗留区域空调室内设计参数应符合表6-2的规定。

表6-2　人员长期逗留区域空调室内设计参数

类别	热舒适度等级	温度（℃）	相对湿度（%）	风速（m/s）
供热工况	Ⅰ级	22～24	≥30	≤0.2
	Ⅱ级	18～22	—	≤0.2
供冷工况	Ⅰ级	24～26	40～60	≤0.25
	Ⅱ级	26～28	≤70	≤0.3

注 1. Ⅰ级热舒适度较高，Ⅱ级热舒适度一般。
2. 热舒适度可按《民用暖规》相关条文确定。

2) 人员短期逗留区域空调供冷工况室内设计参数宜比长期逗留区域提高1～2℃，供热工况宜降低1～2℃。短期逗留区域供冷工况风速不宜大于0.5m/s，供热工况风速不宜大于0.3m/s。

2. 工业建筑室内计算参数

(1) 供暖室内计算参数。冬季室内设计温度应根据建筑物的用途采用，应符合下列规定：

1) 生产厂房、仓库、公用辅助建筑的工作地点应按劳动强度确定设计温度，并应符合下列规定：

a. 轻度劳动应为18～21℃，中劳动应为16～18℃，重劳动应为14～16℃，极重劳动应为12～14℃；

b. 当每名工人占用面积大于 50m²，工作地点设计温度轻劳动时可降低至 10℃，中劳动时可降低至 7℃，重劳动时可降低至 5℃。

2）生活、行政辅助建筑物及生产厂房、仓库、公用辅助建筑的辅助用室的室内温度应符合下列规定：

a. 浴室、更衣室不应低于 25℃；

b. 办公室、休息室、食堂不应低于 18℃；

c. 盥洗室、厕所不应低于 14℃。

3）严寒、寒冷地区的生产厂房、仓库、公用辅助建筑仅要求室内防冻，室内防冻设计温度宜为 5℃。

（2）舒适性空气调节室内设计参数。舒适性空调室内设计参数宜符合表 6-3 的规定。

表 6-3　　空调室内设计参数

类别	温度（℃）	相对湿度（%）	风速（m/s）
冬季	18～24	—	≤0.2
夏季	25～28	40～70	≤0.3

（二）室外空气计算参数

供暖空调设计用室外空气计算参数可根据《民用建筑供暖通风与空气调节设计规范》（GB 50736—2012）及《工业建筑供暖通风与空气调节设计规范》（GB 50019—2015）的相关规定选取。

全国主要城市的供暖、通风和空气调节系统设计所采用的室外空气计算参数还可参照本书附录 J 的相关数据选取。

三、分布式供能系统热（冷）、电负荷的确定原则

1. 热（冷）、电负荷均应满足能源消费需求

我们在设计中选定的热（冷）、电负荷及各类负荷的全年总耗热（冷）、电量，均应满足分布式供能系统所需的各类负荷及其耗热（冷）、电量需求。

2. 以热（冷）定电、热（冷）电平衡的原则

由于热（冷）、电负荷均具有明显的峰谷特性，在分布式供能系统设计中，热（冷）电平衡是系统高效、稳定、经济运行的基本保证。分布式供能系统选择容量时首先要对热（冷）、电负荷变化进行详细分析计算，并应遵循“以热（冷）定电”“热（冷）电平衡”的原则，并根据热（冷）、电负荷的特点和大小，合理确定分布式供能系统的最终容量。

3. 负荷的现场调查并核实

分布式供能系统各类负荷的调查、核实和估算是项目建设初期阶段的重要工作，特别是生产热负荷应对生产企业的性质、用汽参数、生产班次、用热负荷特性等进行详细地调研。筹建单位及其主管部门、热用户和设计单位都应重视负荷的调查和核实工作，筹建单位及热用户应尽可能提供可靠的、切合实际的能源数据资料。分布式供能系统供能负荷的调查和核实工作的基础是各供能区的建筑面积。设计单位应经过多方面的调查和核实，提出最终确定的设计现状建筑面积和发展规划面积，以便准确地确认设计热（冷）、电负荷数据。

4. 在设计阶段应明确各规划期内的供能负荷

根据经批准的城镇规划及能源规划，确定规划区内现状建筑面积、近期及中期、远期规划建筑面积，并明确规划期限（如 2015 年现状，则近期为 2016～2020 年，中期为 2021～2025 年，远期为 2026～2030 年）。

分布式供能系统容量应按现状与近期规划总负荷进行设计，并提出中期、远期规划设想，在近期规划中明确各供能区内建筑面积及其各类负荷逐年增长情况，如在近期 2016～2020 年各供能区的建筑面积及其热（冷）、电负荷，以便为区域内居住建筑、公共建筑及工业建筑提供比较准确的热（冷）、电负荷。

四、分布式供能系统负荷计算（估算）方法

在分布式供能系统设计中，负荷计算（估算）方法大致分为如下几种：

1. 有完整资料的既有建筑和在建建筑

对于掌握完整建筑资料的既有建筑和在建建筑，进行分布式供能系统设计时，可根据现有资料对每栋建筑物的热（冷）、电负荷分别进行详细计算，并应根据实测运行数据绘制不同季节典型日逐时负荷曲线和年负荷曲线。

2. 缺乏完整资料的既有建筑和在建建筑

对于缺乏确切的原始资料或不能获得实际数据的既有建筑，一般只了解建筑物最基本的信息，如建筑物基本使用功能，建筑外观尺寸（长、宽、高）、建筑面积等信息，进行分布式供能系统设计时，可根据这些基本信息通过指标估算法及围护结构耗热量简化计算法分别对不同建筑类型的热（冷）、电负荷进行估算。

3. 有确切资料的项目前期阶段

在进行项目规划、初步可行性研究、可行性研究等前期阶段，当比较明确各供能区的规划建筑面积时，可利用建筑面积及使用功能特点，通过热（冷）、电负荷指标进行负荷估算。

4. 缺乏确切资料的项目前期阶段

（1）建筑容积率计算法。在进行项目规划、初步可行性研究、可行性研究等前期阶段，如只了解规划区域内的建设用地性质、建筑容积率等信息时，可根据这些基本信息反映出的建筑物类型及功能，利用容积率估算法，根据不同类型建筑物的容积率，估算建筑物面积，从而进行热（冷）、电负荷估算。

（2）按人口数量确定建筑面积。一般在城市规划中，可了解到各区域内人均占地面积、人均居住面积指标等信息，可根据这些指标对规划建筑面积进行估算，从而对热（冷）、电负荷进行估算。

（3）按建筑面积增速确定建筑面积。按前几年的建筑面积增速预测发展建筑面积。可根据当地前 3～5 年的年平均建筑面积增速，预测近期、远期等建筑面积。

第二节 供暖热负荷计算

一、供暖热负荷计算

供暖是为建筑物供给所要求的热量，以保持一定的室内温度，以达到适宜的生活条件或

工作条件的技术。

供暖系统是为使建筑物达到供暖目的，由热源或供热装置、散热设备和供热管道等组成的系统。

供暖热负荷是指维持供暖房间室内在要求温度下，根据供暖房间耗热量和得热量的平衡计算结果，需要供暖系统在单位时间内向建筑物供给的热流量。

供暖热负荷属于季节性热负荷。

（一）供暖热负荷计算基本原则及方法

1. 基本原则

分布式供能系统中供暖热负荷的各种计算方法的基本计算原则均依据《民用暖规》中对围护结构的耗热量的计算。

2. 规范中对围护结构的耗热量的计算方法

围护结构的耗热量主要包括基本耗热量和附加（修正）耗热量两部分，即

$$Q = Q_{bas} + Q_{ad} \tag{6-1}$$

式中 Q——围护结构的耗热量，kW；

Q_{bas}——围护结构基本耗热量，kW；

Q_{ad}——围护结构附加（修正）耗热量，kW。

（1）围护结构的基本耗热量计算。根据《民用暖规》，围护结构的基本耗热量可依据如下式计算

$$Q_{bas} = \alpha FK(t_i - t_o) \times 10^{-3} \tag{6-2}$$

式中 Q_{bas}——围护结构的基本耗热量，kW；

α——围护结构温差修正系数，可按照《民用暖规》选取；

F——围护结构的面积，m^2；

K——围护结构的传热系数，W/（m^2·K）；

t_i——供暖室内设计温度，℃，可按照《民用暖规》选取；

t_o——供暖室外计算温度，℃，可按照《民用暖规》选取。

注 当已知或可求出冷侧温度时，t_o 一项可直接用冷侧温度值代入，不再进行 α 值修正。

（2）围护结构附加（修正）耗热量。围护结构的附加（修正）耗热量是指围护结构的传热情况发生变化而对基本耗热量进行修正的耗热量。

根据《民用暖规》，围护结构的附加（修正）耗热量应按其占基本耗热量的百分率确定。围护结构附加（修正）耗热量的组成及各系数推荐范围可按图 6-1 数据选用。

（二）分布式供能系统设计中热负荷计算方法

分布式供能系统的设计，并不是针对一个房间而言，而是服务于一栋或几栋建筑，甚至整个区域，故分布式供能系统的负荷计算，按供能区域整体考虑即可。根据上述特点，分布式供能系统热负荷计算（估算）如前所述，通常利用以下几种方法，即指标估算法、围护结构耗热量简化计算法、容积率估算法及人均居住面积估算法等。下面将对常用的这几种方法进行逐一介绍：

1. 指标估算法

指标估算法是分布式供能系统进行规划或前期工作阶段，往往尚未进行各类建筑物的具体设计工作，不具备提供较准确的建筑物设计热负荷资料，只知道区域内各类建筑物的规划

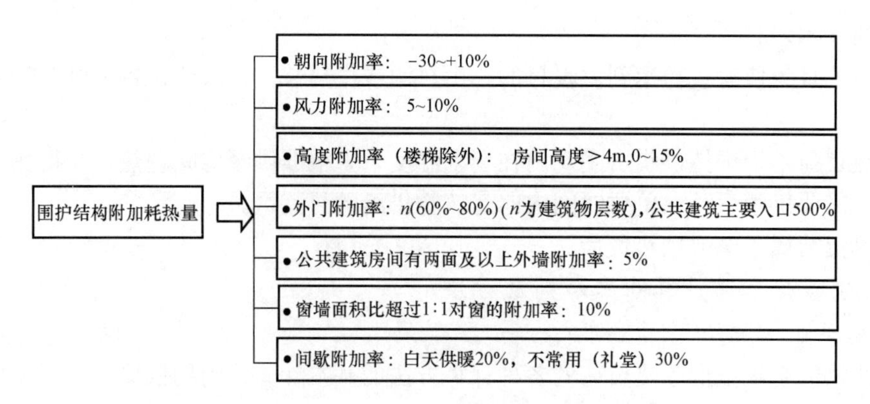

图 6-1　围护结构附加（修正）耗热量的组成及各系数推荐范围

注　1. 一般情况下，不必考虑风力附加率。只对建在不避风的高地、河边、海岸、旷野上的建筑，以及城镇、厂区内特别高的建筑物，才考虑垂直的外围护结构附加。

2. 冬季日照率小于35%时，东南、西南和南向的朝向修正宜为－10%～0，东、西向可不修正。

3. 高度附加率，应附加于房间各围护结构的基本耗热量和其他附加（修正）耗热量的总和上。散热器供暖房间高度大于4m，每高出1m应附加2%，但总的附加率不应大于15%；地面辐射供暖房间高度大于4m，每高出1m应附加1%，但总的附加率不应大于8%。

面积时，所采用的设计热负荷估算方法之一。

（1）供暖热指标。供暖热指标是指单位供暖建筑面积的设计热指标、单位体积与单位室内设计温差下的设计热指标或按单位产品计算的设计热指标。通常在分布式供能系统的供暖设计热负荷计算中常应用前两者，即供暖面积热指标与供暖体积热指标。

1）供暖体积热指标。供暖体积热指标是指建筑物外围体积在单位室内外设计温差1℃下的供暖设计热负荷。建筑物的供暖体积热指标 q_V 的大小，主要与建筑物的外围护结构的构造和外形等特征有关，即建筑物围护结构传热系数、外墙窗墙比、外部建筑体积大小或建筑物的长宽比等，供暖体积热指标比较正确地反映建筑耗热量特性。

各工业建筑随生产工艺不同，其建筑特征存在较大差异，特别是厂房高度根据工艺不同高度差距较大，而体积指标反映了高度因素，因此供暖体积热指标法更适合于工业建筑的高大厂房。

各类建筑物的供暖体积热指标，可通过对建筑物进行理论计算或对实测数据进行统计归纳整理得出。各行业设计部门对本行业工业建筑有行业体积估算热指标，请参考各行业设计院的有关资料。

2）供暖面积热指标。

a. 供暖面积热指标选取。供暖面积热指标是单位建筑面积的供暖设计热负荷。

建筑物的供暖面积热指标 q_h 的大小，主要取决于建筑物平面尺寸，与层高无关。供暖面积热指标更适合于民用建筑，因为民用建筑的建筑耗热特性差不多，即建筑物高度、窗墙比等基本类似，并经过长时间的设计与应用经验归纳总结出各类建筑物供暖面积热指标推荐值，因其计算较为方便，因此现行规范中常应用供暖面积热指标法进行计算，故在分布式供能设计中一般也采用供暖面积热指标法进行估算。

供暖面积热指标可依据《城镇供热管网设计规范》（CJJ 34—2010）（以下简称《热网规范》）及《城市供热规划规范》（GB/T 51074—2015）（以下简称《供热规划规范》）的供暖

面积热指标推荐值选取，见表 6-4。

表 6-4 供暖面积热指标 q_h 推荐值

建筑物类型	供暖面积热指标（W/m²）	
	未采取节能措施 q_h	采取节能措施 q'_h
低层住宅	63～75	40～55
多高层住宅	58～64	35～45
居住区综合	60～67	45～55
学校	60～80	50～70
办公楼	60～80	40～70
医院、幼儿园	65～80	55～70
旅馆	60～70	50～60
商店	65～80	55～70
食堂、餐厅	115～140	100～130
影剧院、展览馆	95～115	80～105
大礼堂、体育馆	115～165	100～150

注 1. 表中数值适用于我国东北、华北、西北地区；南方地区应根据当地的气象条件及相同类型建筑物的热指标资料确定。

2. 热指标中已包括约 5%的管网热损失。

如表 6-4 所示，在一般规划中没有特殊要求时，住宅综合区供暖热指标可按 40～50W/m² 估算；其他商业公共建筑区供暖热指标可按 50～60W/m² 估算。

b. 供暖面积综合热指标计算。由于在实际设计中，区域内常存在既有老建筑和拟建新建筑，此处引入供暖面积综合热指标，便于计算使用

$$q = \sum_{i=1}^{n}[q_h(1-\alpha_i)+q'_h\alpha_i]\beta_i \tag{6-3}$$

式中 q——供暖面积综合热指标，W/m²；

q_h——未采取节能措施建筑的供暖热指标，W/m²，可根据表 6-4 选取；

q'_h——采取节能措施建筑的供暖热指标，W/m²，可根据表 6-4 选取；

α_i——采取节能措施的建筑面积比例，%；

β_i——各类建筑的建筑面积比例，%；

i——不同类型。

（2）利用指标估算法计算式。供暖设计热负荷是与供暖室外计算温度对应的供暖热负荷，计算中一般采用供暖热指标与供暖建筑面积的乘积得出。

1）体积热指标法。计算式如下

$$Q_h = q_{hV}(1+\mu)V_o(t_i - t_o) \times 10^{-3} \tag{6-4}$$

式中 Q_h——供暖设计热负荷，kW；

q_{hV}——供暖体积热指标，W/（$m^3 \cdot K$）；

μ——建筑物空气渗透系数，一般民用建筑物取 $\mu=0$，对于工业建筑必须考虑 μ 值，不同建筑物的 μ 值不同需按实际情况考虑；

V_o——建筑物的体积。

2）面积热指标法。根据《热网规范》，采用面积热指标法可按下式对供暖设计热负荷进行计算：

$$Q_h = qA_h \times 10^{-3} \tag{6-5}$$

式中 Q_h——供暖设计热负荷；

q——供暖面积综合热指标，W/m^2；

A_h——供暖建筑物的建筑面积，m^2。

2. 围护结构耗热量简化计算法

（1）利用附加系数简化计算。

1）围护结构的基本耗热量计算。围护结构的基本耗热量是指在设计条件下，经过各围护结构（门、窗、墙、地板、屋面等），由于室内外的空气温度差而造成的从室内传到室外的稳定传热量的总和。围护结构的基本耗热量可依据式（6-2）计算。

2）围护结构附加（修正）耗热量计算。围护结构附加（修正）耗热量可以按基本耗热量的附加系数来估算，即基本耗热量乘于附加系数。因分布式供能系统设计不用计算各房间的热负荷，而是计算一栋建筑或几栋建筑，甚至整个区域的总热负荷，故在计算中不用考虑朝向、外门等附加值，这样其余各附加值的总和不会超过30%，所以在简化计算中，根据以往设计经验对于民用建筑围护结构总附加率采用20%，对于工业建筑围护结构总附加率采用30%。

3）利用附加系数简化计算式。综上所述，如附加耗热量通过附加系数进行计算，则式（6-1）可简化为

$$Q_h = fQ_{bas} \tag{6-6}$$

式中 f——围护结构附加系数，对民用建筑 $f=1.2$，工业建筑 $f=1.3$；

Q_{bas}——围护结构基本耗热量，kW。

（2）利用窗墙比简化计算。由于围护结构耗热量为各建筑物内围护结构各部分（门、窗、墙、地板、屋面等）基本耗热量与附加耗热量的总和，则式（6-1）又可写为

$$Q_h = f(Q_{wa} + Q_{ce} + Q_{fl}) \tag{6-7}$$

式中 Q_{wa}——外墙耗热量，kW；

Q_{ce}——屋面耗热量，kW；

Q_{fl}——地板耗热量，kW。

1）外墙耗热量。外墙耗热量包括外墙及外窗耗热量两部分，计算式如下

$$Q_{wa} = [(F_{wa} - F_{win})K_{wa} + F_{win}K_{win}] \times (t_i - t_o) \times 10^{-3} \tag{6-8}$$

式中　F_{wa}——外墙面积（包括外窗面积），m^2；

K_{wa}——外墙传热系数，W/（$m^2 \cdot K$）；

F_{win}——外窗面积，m^2；

K_{win}——外窗传热系数，W/（$m^2 \cdot K$）。

为了简便计算，此处引入外墙平均传热系数 K_{av}。

因为窗墙比 β 为

$$\beta = F_{win}/F_{wa} \tag{6-9}$$

则外窗面积为

$$F_{win} = \beta F_{wa} \tag{6-10}$$

将式（6-10）带入式（6-8）中，得出外墙平均传热系数

$$\begin{aligned} K_{av} &= (1-\beta)K_{wa} + \beta K_{win} \\ &= K_{wa} + \beta(K_{win} - K_{wa}) \end{aligned} \tag{6-11}$$

式中　K_{av}——外墙平均传热系数，W/（$m^2 \cdot K$）。

将式（6-11）带入式（6-8），则可以将式（6-8），可简化为

$$Q_{wa} = F_{wa} \times (t_i - t_o) \times K_{av} \tag{6-12}$$

2）屋面耗热量

$$Q_{ce} = F_{ce} K_{ce} \times (t_i - t_o) \times 10^{-3} \tag{6-13}$$

式中　F_{ce}——屋面面积，m^2；

K_{ce}——屋面传热系数，W/（$m^2 \cdot K$）。

3）地面耗热量

$$Q_{fl} = F_{fl} K_{fl} (t_i - t_o) \times 10^{-3} \tag{6-14}$$

式中　F_{fl}——地面面积，m^2；

K_{fl}——地面传热系数，W/（$m^2 \cdot K$）。

综上所述，式（6-7）可改写为

$$Q_h = f[2K_{av}(a+b)h + ab(K_{ce} + K_{fl})](t_i - t_o) \tag{6-15}$$

式中　a、b、h——建筑物长、宽、高，m。

4）围护结构传热系数选取。根据《严寒和寒冷地区居住建筑节能设计标准》（JGJ 26—2016），严寒（C 区）地区围护结构热工性能参数限值见表 6-5。

表 6-5　　严寒（C 区）地区围护结构热工性能参数限值　　W/（$m^2 \cdot K$）

序号	围护结构	传热系数		
		≤3 层建筑	4～8 层建筑	≥9 层建筑
1	屋面	0.30	0.40	0.40
2	外墙	0.35	0.50	0.50
3	外窗	1.5～2.0	1.80～2.50	1.80～2.50

又根据《民用建筑热工设计规范》（GB 50176—2016）的规定，当居住建筑、医院、幼儿园、办公楼、学校和医院等建筑物的外墙为轻质材料或内侧复合轻质材料时，外墙的最小传热热阻应进行附加，其附加值应按表 6-6 采用。

表 6-6　轻质外墙最小传热阻的附加值　%

序号	外墙材料与结构	当建筑物在连续供热时	当建筑物在间歇供热时
1	密度为 800～1200kg/m³的轻骨料混凝土单一材料墙体	15～20	30～40
2	密度为 500～800kg/m³的轻骨料混凝土单一材料墙体，外侧为砖或混凝土、内侧为复合轻混凝土的墙体	20～30	40～60
3	平均密度小于 500kg/m³的轻质复合墙体，外侧为砖或混凝土、内侧复合轻质材料（如岩棉、矿棉、石膏板等）墙体	30～40	60～80

根据表 6-5 和表 6-6，又考虑冷桥等其他影响，在计算中民用建筑和工业建筑窗墙比及各围护结构的传热系数，可按表 6-7 选取。

表 6-7　民用建筑和工业建筑窗墙比及各围护结构传热系数

建筑形式	窗墙比 β	各围护结构传热系数 [W/（m²·K)]				
		外墙 K_{wa}	外墙平均 K_{av}	外窗 K_{win}	屋面 K_{ce}	地板 K_{fl}
民用建筑	0.40	0.7	1.34	2.3	0.6	0.3
工业建筑	0.30	0.8	1.40	2.8	0.7	0.3

5）利用窗墙比简化计算式。

a. 民用建筑。利用窗墙比对民用建筑围护结构耗热量简化计算时，可利用式（6-15），相应代入如表 6-7 中数据，则式（6-15）简化为

$$\begin{aligned}Q_h &= f[2K_{av}(a+b)h+ab(K_{ce}+K_{fl})](t_i-t_o)W\\ &=1.2[2.68(a+b)h+a\times b\times 0.9](t_i-t_o)\times 10^{-3}\text{kW}\end{aligned}\tag{6-16}$$

b. 工业建筑。利用窗墙比对工业建筑围护结构耗热量简化计算时，可利用式（6-15），相应代入如表 6-7 中数据，则式（6-15）简化为

$$\begin{aligned}Q_h &= f[2K_{av}(a+b)h+ab(K_{ce}+K_{fl})](t_i-t_o)W\\ &=1.3[2.80(a+b)h+ab\times 1.0](t_i-t_o)\times 10^{-3}\text{kW}\end{aligned}\tag{6-17}$$

因此，根据式（6-16）和式（6-17），只要已知建筑物的长宽高，则可较快捷的对各类型建筑物围护结构耗热量进行估算。

3. 容积率估算法

当了解规划区域各地块用地性质时，可根据其容积率对区域内各类建筑物面积进行计算，从而对区域内负荷进行估算。通过工程实践证明这也是在项目规划及项目前期设计阶段最简便、有效、可行的计算方法。

（1）容积率确定。容积率是指在规划功能区内，建筑面积总和与占地面积的比例，又称建筑面积毛密度。容积率一般是由规划部门规定，当没有详细资料时，不同用地性质的容积率可参照表 6-8 的推荐值选取。

表 6-8 **容积率推荐值**

序号	建筑物类型			容积率 R	备 注
1	居住用地	低层住宅	独栋别墅	0.2～0.5	<1.0 为非普通住宅
			联排别墅	0.4～0.7	
			其他	1.0	
		多层住宅		0.8～1.2	
		中高层住宅		1.5～2.0	
		高层住宅	10～18 层	1.8～2.5	
			19 层以上	2.4～2.5	
2	商住混合用地			1.8～2.0	
3	公共设施用地	多层		1.0～1.5	
		中高层		1.2～1.8	
4	商业服务业设施用地			≤3.0	
5	工业用地			0.8～1.0	
6	仓储用地			0.6～1.0	

注 根据《民用建筑设计通则》(GB 50352—2005)民用建筑按地上层数或高度分类划分应符合下列规定：

(1) 住宅建筑 1～3 层为低层住宅，4～6 层为多层住宅，7～9 层为中高层住宅，10 层及 10 层以上为高层住宅。

(2) 除住宅建筑外的民用建筑高度不大于 24m 者为单层和多层建筑，大于 24m 者为高层建筑（不包括建筑高度大于 24m 的单层公共建筑）。

(3) 建筑高度大于 100m 的民用建筑为超高层建筑。

(2) 利用容积率法计算建筑面积。

通过不同建筑的容积率及占地面积计算总建筑面积，计算式如下

$$A = RA_{R} \tag{6-18}$$

式中 A——总建筑面积，$\times 10^4 m^2$；

R——容积率，可根据表 6-8 推荐值选取，一般对居住建筑可以取 R=0.8～1.2；

A_R——总占地面积，hm^2。

根据上述公式计算，$100hm^2$ 规划用地上，如规划容积率为 1.2，则表示该规划用地上可以建设总建筑面积为 $120\times10^4 m^2$ 的建筑物。

4. 人均居住面积估算法

随着我国积极推进城市化进程，房地产行业的快速发展，近几年中国城市人均住宅建筑面积已达到 28～$32m^2$，有相关部门预测，至 2020 年中国按照小康标准城市人均住房面积 $35m^2$/人。

根据《城市用地分类与规划建设用地标准》(GB 50137—2011)的规定，规划人均居住用地指标为 23～$38m^2$/人，如综合容积率如按 1.0 计算，可以计算出人均居住建筑面积指标为 23～$38m^2$/人，基本在小康标准城市人均住房面积 $35m^2$ 水平范围内。

通常城市居住用建筑面积占城市总建筑面积的比例为 70%～80%，则规划区总建筑面可按下式计算

$$A = \frac{a_{p}P}{\varphi_{li}} \tag{6-19}$$

式中 a_p——人均居住面积指标，m^2；可以取 $a_p=35m^2/$人；

P——区域常住人口，万人；

φ_{li}——城市总面积中居住建筑面积所占比例，可取0.7～0.8。

根据式（6-19）计算常居住人口30万人的小城市，已知人均建筑面积指标为 $35m^2/$人，设居住建筑面积占城市总面积比例按70%考虑，则该区域总建筑面积为约 $1500\times10^4m^2$。

同时可以利用项目当地人口增速，预测发展供热面积。

5. 按建筑面积增速预测发展建筑面积

按前几年的建筑面积增速预测发展建筑面积。可根据当地前3～5年的年平均建筑面积增速，预测近期、中期等建筑面积。假如某个工程项目，当地前5年平均每年住宅面积增加约为 $100\times10^4m^2/$年，则包括公共建筑，共增加 $130\times10^4m^2/$年，则可以认为每5年共增加 $650\times10^4m^2$ 的建筑面积。

如该区现状建筑总面积为 $1500\times10^4m^2$，则今后5年（即规划近期）建筑总面积为 $2150\times10^4m^2$，今后10年（即中期）该区建筑总面积为 $2800\times10^4m^2$。

（三）应用于分布式供能系统的供暖热负荷

1. 供暖设计热负荷

供暖设计热负荷是指与供暖室外温度对应的供暖热负荷，它是分布式供能系统中最基本的数据，是计算供暖平均热负荷和供暖最小热负荷的基础。根据上述几种方法计算出的供暖热负荷，应进行分析比较后，将最终确认的数据作为分布式供能系统的供暖设计热负荷。

2. 供暖平均热负荷

供暖平均热负荷是指在供暖期内不同室外温度下的供暖热负荷的平均值，即对应于供暖期平均室外温度下的供暖热负荷。计算中一般采用供暖设计热负荷乘供暖平均热负荷系数得出。

（1）供暖平均热负荷系数。供暖平均热负荷系数是指一年或一个供暖期内供暖平均热负荷与设计热负荷的比值。供暖平均热负荷系数计算式如下

$$\eta_h=\frac{t_i-t_{av}}{t_i-t_o} \tag{6-20}$$

式中 η_h——供暖平均热负荷系数；

t_{av}——供暖期室外平均温度，℃，可按《民用暖规》选取。

（2）供暖平均热负荷计算。供暖平均热负荷是供暖设计热负荷与供暖平均热负荷系数的乘积。供暖平均热负荷计算式如下

$$Q_h^{av}=Q_h\eta_h \tag{6-21}$$

式中 Q_h^{av}——供暖平均热负荷，kW。

3. 供暖最小热负荷

供暖最小热负荷是指在规定的供暖起始温度下的供暖热负荷（供暖起始温度一般采用5℃，部分地区也采用8℃）。

供暖起始温度采用5℃时，供暖最小热负荷计算式如下

$$Q_h^{min}=Q_h\frac{t_i-5}{t_i-t_o} \tag{6-22}$$

式中 Q_h^{min}——供暖最小热负荷，kW。

二、供暖全年耗热量计算

1. 供暖全年耗热量

供暖全年耗热量可根据《热网规范》的相关公式计算。计算式如下

$$Q_{h}^{a}=0.0864NQ_{h}\eta_{h} \tag{6-23}$$

式中 Q_{h}^{a}——供暖全年耗热量，GJ/a；

N——供暖期供暖天数，d；

η_{h}——供暖平均热负荷系数。

2. 单位面积全年耗热量

根据全年供暖耗热量计算式可计算出单位面积年耗热量。计算式如下

$$q_{h}^{a}=0.0864Nq_{h}\eta_{h} \tag{6-24}$$

式中 q_{h}^{a}——单位面积年耗热量，GJ/m^2；

q_{h}——供暖面积热指标，W/m^2，可根据表 6-4 推荐值选取。

全国主要城市的单位面积年耗热量可参照本书附录 A 的相关数据选取。

三、热负荷图

热负荷图是用来表示整个热源或用户系统总热负荷随室外温度或时间变化的图。热负荷图可以形象地反映区域总热负荷变化的规律。

当热力网由多个热源供热，对各热源的负荷分配进行技术经济比较分析时，应绘制热负荷延续图。各热源的年供热量可由热负荷延续时间图确定。

在工程中，常用的热负荷图主要有供暖日逐时热负荷曲线图、年逐月热负荷变化图和年供暖热负荷延续曲线图。

1. 供暖期日逐时热负荷曲线

供暖热负荷随着室外温度的变化而变化，一日之内的每小时都在变化，根据对 2014 年北京市冬季某建筑物运行数据的收集，绘制了某典型日热负荷逐时变化曲线，如图 6-2 所示。

由上述冬季日热负荷逐时变化曲线可知，供暖最大热负荷出现在早晨 5:00～6:00 时，

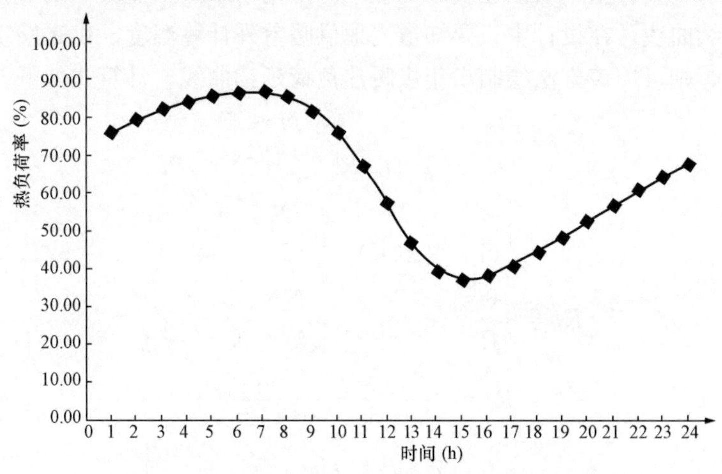

图 6-2　2014 年北京冬季典型日热负荷逐时变化曲线

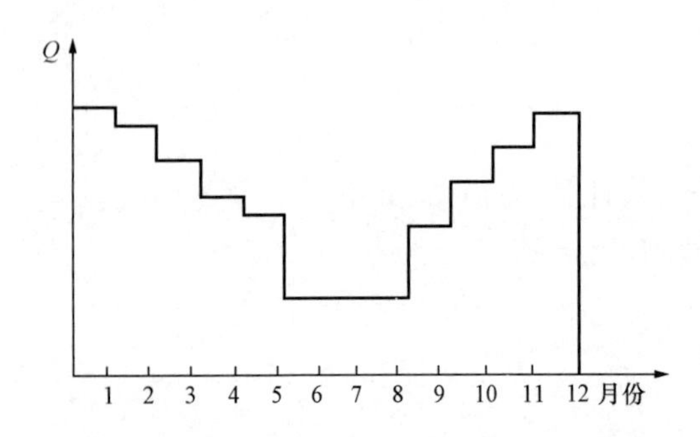

图 6-3 东北地区某城市供暖年逐月热负荷变化

最小热负荷出现在 14:00～15:00。

2. 年逐月热负荷变化图

东北地区某城市年逐月热负荷变化如图 6-3 所示。

由图 6-3 可见，冬季供暖负荷一般集中在当年的 11 月到第二年的 4 月，高峰出现在 1 月份。

3. 年供暖热负荷延续曲线

热负荷延续曲线图可直观的反应季节性热负荷的变化规律。供暖年热负荷延续曲线与坐标轴之间的面积之和即是年供暖耗热量。

为了绘制年供暖热负荷延续曲线，必须首先绘制供暖热负荷随室外温度变化曲线，然后根据该曲线与热负荷延续时间共同绘制年供暖热负荷延续曲线。

以热负荷为纵坐标，供暖室外计算温度为左边横坐标（供暖起始室外温度定为＋5℃，供暖室外计算温度可根据《民用暖规》的相关规定选取），延续小时数（即供暖期总小时数）为右边横坐标。

热负荷随室外温度变化曲线和热负荷延续时间曲线画在一张图上，即为年供暖热负荷延续曲线图。因供暖热负荷 Q_h 是室外温度 t_o 的函数，即 $Q_h = f(t_o)$，而每一室外温度 t_o 均有给定的延续小时数 τ 与之对应，所以热负荷 Q_h 亦是延续小时数 τ 的函数，$Q_h = f(\tau)$。这样年供暖热负荷延续曲线可在供暖热负荷随室外温度变化曲线的基础上，以右方横坐标为延续小时数 τ 绘制出，如图 6-4 所示。

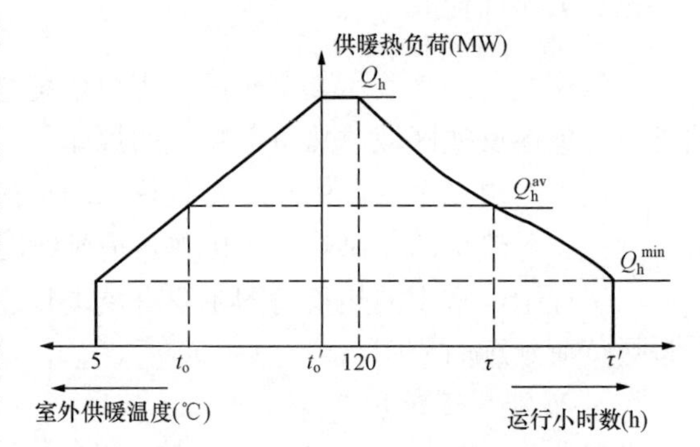

图 6-4 年供暖热负荷延续曲线

在供暖期内历年平均温度延续小时数 τ 可由当地气象部门提供，但该资料需要多年的积累统计，且不容易收集齐全，所以在实际工程中可采用哈尔滨工业大学贺平教授等提出的数学方法绘制出延续曲线，在设计中只要知道当地供暖室外计算温度、供暖期室外空气平均温度、供暖期天数，则可用该方法绘制出年供暖热负荷延续曲线。计算式如下

$$t_o' = \begin{cases} t_o & N \leqslant 5 \\ t_o + (5 - t_o)R_h^b & 5 < N \leqslant N' \end{cases} \tag{6-25}$$

$$Q_h' = \begin{cases} Q_h & N \leqslant 5 \\ (1 - \beta_t R_h^b)Q_h & 5 < N \leqslant N' \end{cases} \tag{6-26}$$

$$R_t = \begin{cases} 0 & N \leqslant 5 \\ R_h^b & 5 < N \leqslant N' \end{cases} \tag{6-27}$$

$$R_h = \frac{N' - 5}{N - 5} = \frac{\tau' - 120}{\tau - 120} \tag{6-28}$$

$$b = \frac{5 - \mu t_{av}}{\mu t_{av} - t_o} \tag{6-29}$$

$$\mu = \frac{N}{N-5} = \frac{\tau}{\tau - 120} \tag{6-30}$$

$$\beta_t = \frac{5 - t_o}{t_i - t_o} \tag{6-31}$$

式（6-25）～式（6-31）中　t'_o——某室外温度，℃；

Q'_h——某一室外温度下的供暖热负荷，kW；

N'——延续天数，d；

N——供暖期天数，d，可按《民用暖规》选取；

R_h——无因次延续天（小时）数系数；

R_t——无因次室外温度系数；

β_t——温度修正系数；

τ'——延续小时数，h；

τ——供暖小时数，h；

b——修正系数；

μ——延续天（小时）修正系数。

4. 年供暖热负荷延续曲线的应用

（1）年热负荷延续图的基本用途。

1）了解供暖热负荷随室外温度变化规律；

2）可直观的表示供热系统中各种热源的供热能力及其年供热量；

3）通过年热负荷延续图可以计算系统中各种热源的平均运行小时数；

4）通过年热负荷延续图可以确定最经济合理的供暖运行方案。

（2）在分布式供能系统中的应用。热负荷延续曲线在主热源与分布式供能系统中的应用，如图 6-5 所示。

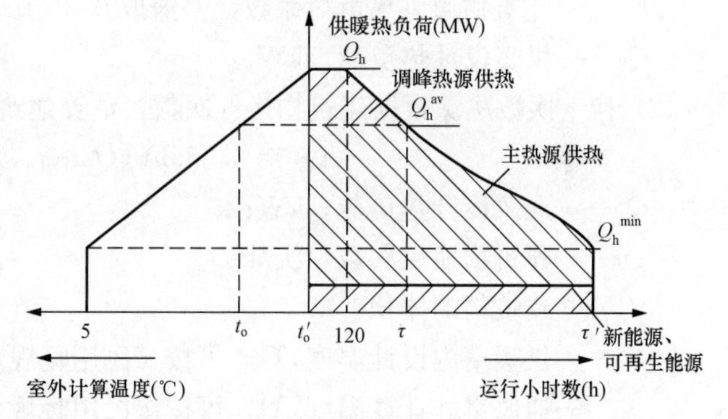

图 6-5　年供暖热负荷延续曲线的应用

由上图可以看出为提高环保效益与经济效益，运行方式可按如下方式进行：

1）为了提高热效率，在供暖最小热负荷 Q_h^{min} 以下由新能源及可再生能源供热，并增加新能源、可再生能源运行小时数，减少机组运行小时数；

2）在供暖平均热负荷 Q_h^{av} 以下由主热源（燃气轮机、内燃机等）供热；

3）在供暖平均热负荷 Q_h^{av} 以上由调峰热源（调峰锅炉、蓄热系统等）供热。

四、全年供暖标准煤耗量计算

供暖标准燃料耗量可根据《热网规范》的相关公式计算。计算式如下

$$B_h^a = Q_h^a b_h \times 10^{-3} \tag{6-32}$$

式中　B_h^a——全年供暖标准煤耗量，t；

Q_h^a——年供热量，GJ；

b_h——年平均供热标准煤耗率，热电厂年平均供热标准煤耗率可按 40kg/GJ 估算，锅炉房年平均供热标准煤耗率可按 50kg/GJ 估算，kg/GJ。

全国主要城市的单位面积标供热年标准煤耗量可参照本书附录 B 的相关数据选取。

第三节 通风热负荷计算

一、通风热负荷计算

通风是为保证室内空气具有一定的清洁度及温、湿度，采用自然或机械方法对封闭空间进行换气，获得安全、健康等适宜的空气环境的技术。

通风热负荷即是指加热或冷却从通风、空调系统进入建筑物的室外空气所消耗的热量。通风热负荷也是季节性热负荷，但由于通风系统使用设备和各班次的工作情况不同，一般公共建筑和工业厂房的通风热负荷，在一昼夜波动也较大。

通风热负荷计算方法通常有 3 种，即通风热负荷系数法、换气次数法和通风体积热指标法。

（1）通风热负荷系数法。根据《热网规范》通风设计热负荷可按如下式计算

$$Q_v = K_v Q_h \tag{6-33}$$

式中 Q_v——通风设计热负荷，kW；

K_v——建筑物通风热负荷系数，一般取 0.3～0.5；

Q_h——供暖设计热负荷，kW。

（2）换气次数法。根据建筑物换气次数，估算建筑物通风设计热负荷

$$Q_v = 0.335 n V_o (t_i - t_v) \times 10^{-3} \tag{6-34}$$

式中 Q_v——通风设计热负荷，kW；

n——建筑物换气次数，次/h；

V_o——建筑物的体积，m^3；

t_i——供暖室内设计温度，℃，可按《民用暖规》选取；

t_v——通风室外计算温度，℃，可按《民用暖规》选取。

（3）通风体积热指标法。通风体积热指标法，取决于建筑物性质和外围体积。可按下式计算

$$Q_v = q_v V_o (t_i - t_v) \times 10^{-3} \tag{6-35}$$

式中 Q_v——通风设计热负荷，kW；

q_v——通风体积热指标，表示建筑物在室内外温差 1℃时，每 $1m^3$ 建筑物外围体积的通风热负荷，W/（m^3·℃）。

当建筑物的内、外体积一定时，通风热指标的数值主要与通风次数有关，而通风次数取决于建筑物性质和工艺要求。对于一般的民用建筑，由于室外空气无组织的从门窗等缝隙进入，预热这些渗透和侵入的空气到室温所需的耗热量已计入供暖热负荷计算中，故在通风负荷计算中无需再次计算。

二、供暖期通风耗热量

供暖期通风耗热量可根据《热网规范》的相关公式计算。计算式如下

$$Q_v^a = 0.0036T_vNQ_v \times \frac{t_i - t_{av}}{t_i - t_v} \tag{6-36}$$

式中 Q_v^a——供暖期通风耗热量，GJ/a；

T_v——供暖期内通风装置每日平均运行小时数，h；

N——供暖天数，d，可按《民用暖规》选取；

t_{av}——供暖期室外平均温度,℃，可按《民用暖规》选取。

第四节　生活热水热负荷计算

一、生活热水热负荷计算

生活热水热负荷为日常生活中用于洗脸、洗澡、洗衣服以及洗刷器皿等消耗的生活热水的耗热量。

生活热水热负荷属于全年性热负荷，具有季节性变化和小时变化的周期性特点。住宅建筑的热水用量，取决于住宅内卫生设备的完善程度和人们的生活习惯。公共建筑（如浴池、食堂、医院等）和工厂的热水用量还与生产性质和工作制度有关。

由于供暖热负荷是逐时变化的，供暖热负荷与生活热水负荷在使用时间上有时差，所以考虑逐时最大热负荷时，供暖热负荷与生活热水热负荷无须叠加计算，但是计算全年供热量时则需要叠加考虑。

生活热水热负荷计算通常采用指标估算法、耗热量计算法两种方法。

（一）指标估算法

当缺少相关设计资料时生活热水热负荷可通过生活热水热指标进行估算。

1. 生活热水热指标

生活热水热指标是单位面积的日平均热指标，应根据建筑物类型采用实际统计资料进行计算。当无实际统计资料时，可依据《热网规范》及《供热规划规范》的生活热水热指标推荐值选取。生活热水热指标的推荐值见表6-9。

表6-9　生活热水热指标

用水设备情况	热指标 q_w（W/m²）
住宅无生活热水设备，只对公共建筑供热水时	2～3
全部住宅有淋浴设备，并供给生活热水时	5～15
住宅及公共建筑均供热水	

注　1. 冷水温度较高时采用较小值，冷水温度较低时采用较大值。

2. 热指标中已包括约10%的管网热损失。

2. 热负荷计算

（1）生活热水平均热负荷计算。生活热水平均热负荷可利用生活热水热指标及建筑物面

积进行计算，计算式如下

$$Q_{w}^{av}=q_{w}A\times10^{-3} \tag{6-37}$$

式中 Q_{w}^{av}——生活热水平均热负荷，kW；

q_{w}——生活热水热指标，W/m²，可按表 6-9 选取；

A——总建筑面积，m²。

（2）生活热水最大热负荷计算。建筑物或居住区的生活热水最大热负荷取决于该建筑物或居住区的每天使用热水的规律，计算式如下

$$Q_{w}=K_{h}Q_{w}^{av} \tag{6-38}$$

式中 Q_{w}——生活热水最大热负荷，kW；

K_{h}——小时变化系数，按表 6-10 选取。

小时变化系数可按《建筑给水排水设计规范（2009 年版）》（GB 50015—2003）（以下简称《给排水规范》）中相关规定选值，见表 6-10。

表 6-10 热水小时变化系数 K_h

类　别	K_h	类　别	K_h
住宅	4.80～2.75	宾馆	3.33～2.60
别墅	4.21～2.47	医院、疗养院	3.63～2.56
酒店式公寓	4.00～2.85	幼儿园托儿所	4.80～3.20
宿舍（Ⅰ、Ⅱ类）	4.80～3.20	养老院	3.20～2.74
招待所培训中心、普通旅馆	3.84～3.00		

注 1. K_h 应根据热水用水定额高低、使用人（床）数多少取值，当热水用水定额高、使用人（床）数多时取低值，反之取高值，使用人（床）数不大于下限值及不小于上限值的，K_h 就取下限值及上限值，中间值可用内插法求得。

2. 设有全日集中热水供应系统的办公楼、公共浴室等表中未列入的其他类建筑的 K_h 值可按《给排水规范》中相关规定选值。

（3）计算热力网设计热负荷时，生活热水设计热负荷应按如下规定取用：

1）对热力网干线应采用生活热水平均热负荷。

2）对热力网支线，当用户有足够容积的储水箱时，应采用生活热水平均热负荷；当用户无足够容积的储水箱时，应采用生活热水最大热负荷；当最大热负荷叠加时应考虑同时使用系数。

（二）热水耗热量计算

热水供应系统的特点是用水量具有昼夜的周期性，每天热水量变化不大，但小时用水量变化较大。所以，首先根据用热的单位人数、每人次数、床位数等和相应的热水用量标准，确定全天的热水用量和耗热量，然后再进一步计算热水供应系统的设计小时耗热量。

1. 系统日耗热量、日热水量计算

全日供热水的住宅、别墅、招待所、培训中心、旅馆、宾馆、医院住院部、养老院、幼儿园、托儿所（有住宿）等建筑的集中供应系统的日耗热量可按下式计算

$$Q_{wd}=\frac{G_{wd}(t_{hot}-t_{col})}{0.86}\times10^{-3} \tag{6-39}$$

其中日热水量为

$$G_{wd} = mq_{wd} \tag{6-40}$$

式中　Q_{wd}——日耗热量，kW；

G_{wd}——日用热水量，L/d；

m——热水计算单位数，人数或床位数（住宅为人数，公共建筑为床位数）；

q_{wd}——热水用水定额，L/（人·d）或L/（床·d），可按表6-11选取；

t_{hot}——热水温度,℃，一般取60℃；

t_{col}——冷水温度,℃，按表6-12选取。

表6-11　　热水用水定额 q_{wd}

序号	建筑物名称	单位	最高日用水定额 [L/（人·d）] [L/（床·d）]	使用时间 T (h)
1	住宅			
	有自备热水供应和淋浴设备	每人每日	40～80	24
	有集中热水供应和淋浴设备	每人每日	60～100	24
2	别墅	每人每日	70～110	24
3	酒店式公寓	每人每日	80～100	24
4	宿舍	每人每日		24或定制供应
	Ⅰ类、Ⅱ类		70～100	
	Ⅲ类、Ⅳ类		40～80	
5	招待所、培训中心、普通宾馆			24或定制供应
	设公用盥洗室	每人每日	25～40	
	设公用盥洗室、淋浴室	每人每日	40～50	
	设公用盥洗室、淋浴室、洗衣室	每人每日	50～80	
	设独立卫生间、公用洗衣室	每人每日	60～100	
6	宾馆客房			
	旅客	每床位每日	120～160	24
	员工	每人每日	45～50	24
7	医院住院部			24
	设公用盥洗室	每床位每日	60～100	
	设公用盥洗室、淋浴室	每床位每日	70～130	
	设单独卫生间	每床位每日	110～200	
	医务人员	每人每班	70～130	8
	门诊部、诊疗所	每病人每次	7～13	
	疗养院、休养所住房部	每床位每日	100～160	24
8	养老院	每床位每日	50～70	24
9	幼儿园、托儿所			
	有住宿	每儿童每日	20～40	24
	无住宿	每儿童每日	10～15	10

续表

序号	建筑物名称	单位	最高日用水定额 [L/（人·d）] [L/（床·d）]	使用时间 T (h)
10	公共浴室 淋浴 淋浴、盆浴 桑拿浴（淋浴、按摩池）	 每顾客每次 每顾客每次 每顾客每次	 40～60 60～80 70～100	12
11	理发室、美容院	每顾客每次	10～15	12
12	洗衣房	每公斤干衣	15～30	8
13	餐饮业 营业餐厅 快餐店、职工及学生食堂 酒吧、咖啡厅、茶室、	 每顾客每次 每顾客每次 每顾客每次	 15～20 7～10 3～8	 10～12 12～16 8～18
14	办公楼	每人每班	5～10	8
15	健身中心	每人每次	15～25	12
16	体育场（馆）运动员淋浴	每人每次	17～26	4
17	会议厅	每座位每次	2～3	4

注 1. 热水温度按 60℃计。
2. 卫生器具的使用水温，见表 6-13。

表 6-12 冷水计算温度 t_{cot} ℃

序号	省、直辖市、自治区、行政区	地面水	地下水
1	黑龙江、吉林、辽宁大部、河北北部、山西北部、内蒙古、陕西偏北部、宁夏偏东	4	6～10
2	北京、天津、辽宁南部、河北大部、山西大部、陕西大部、江苏偏北、河南北部、甘肃南部、青海偏东、宁夏南部、山东	4	10～15
3	江苏大部、安徽大部、福建北部、浙江、河南南部、湖北东部、湖南东部、上海	5	15～20
4	福建南部、台湾、广东、港澳、云南南部、广西大部	10～15	20
5	湖北西部、湖南西部、秦岭以南、重庆、贵州、四川大部、云南大部、广西偏北	7	15～20
6	海南	15～20	17～22
7	新疆北疆	5	10～11
8	新疆南疆	—	12
9	乌鲁木齐	8	12
10	西藏	—	5

2. 设计小时耗热量、小时用水量计算

当设计已知规模的建筑区或建筑物，可按照设计小时耗热量计算。

(1) 规范中对设计小时耗热量的要求。依据《给排水规范》设计小时耗热量的计算应符合下列要求：

1）当居住小区内配套公共设施的最大用水时段与住宅的最大用水时段一致时，应按两者的设计小时耗热量叠加计算。

2）当居住小区内配套公共设施的最大用水时段与住宅的最大用水时段不一致时，应按两者的设计小时耗热量与配套公共设施的平均小时耗热量叠加计算。

(2) 全日供应热水系统的设计小时耗热量。全日供应热水的宿舍（Ⅰ、Ⅱ类）、住宅、别墅、酒店式公寓、招待所、培训中心、旅馆、宾馆的客房（不含员工）、医院

$$Q_{wh} = K_h \frac{G_{wh}(t_{hot} - t_{col})}{0.86} \tag{6-41}$$

其中，小时热水量

$$G_{wh} = \frac{G_{wd}}{T} \tag{6-42}$$

式（6-41）、式（6-42）中　Q_{wh}——设计小时耗热量，kW；

G_{wh}——小时用水量，t/h；

T——每日使用时间，h，按表 6-11 选取。

(3) 定时供应热水系统的设计小时耗热量。定时供应热水的住宅、旅馆、医院及工业企业生活间、公共浴室、宿舍（Ⅲ、Ⅳ类）、剧院化妆间、体育馆（场）运动员休息室等建筑的集中热水供应系统的设计小时耗热量应按下式计算

$$Q_{wh} = \sum \frac{G_w \eta_w (t_{hot} - t_{col})}{0.86} \times 10^{-3} \tag{6-43}$$

其中，总热水量

$$G_w = n_0 q_{wh} \tag{6-44}$$

式（6-43）、式（6-44）中　Q_{wh}——设计小时耗热量，kW。

G_w——卫生器具总热水量，L/h。

q_{wh}——卫生器具热水的小时用水定额，按表 6-13 选取，L/h。

η_w——卫生器具的同时使用百分数：住宅、旅馆、医院、疗养院病房，卫生间内浴盆或淋浴器可按 70%～100%计，其他器具不计，但定时连续供水时间应不小于 2h。工业企业生活间、公共浴室、学校、剧院、体育馆（场）等的浴室内的淋浴器和洗脸盆均按 100%计。住宅一户设有多个卫生间时，可按一个卫生间计算。

n_0——同类型卫生器具数。

表 6-13　卫生器具的一次和小时热水用水定额及水温

序号	卫生器具名称	一次用水量（L）	小时用水量 q_{wh}（L/h）	使用温度（℃）
1	住宅、旅馆、别墅、宾馆、酒店式公寓			
	带有淋浴的浴盆	150	300	40
	无淋浴的浴盆	125	250	40
	淋浴盆	70～100	140～120	37～40
	洗脸盆、盥洗槽水嘴	3	30	30
	洗涤盆（池）	—	180	50

续表

序号	卫生器具名称	一次用水量（L）	小时用水量 q_{wh}（L/h）	使用温度（℃）
2	宿舍、招待所、培训中心			
	淋浴器：有淋浴小间	70～100	210～300	37～40
	无淋浴小间	—	450	37～40
	盥洗槽水嘴	3～5	50～80	30
3	餐饮业			
	洗涤盆（池）	—	250	50
	洗脸盆工作人员用	3	60	30
	顾客用	—	120	30
	淋浴器	40	400	37～40
4	幼儿园、托儿所			
	浴盆：幼儿园	100	400	35
	托儿所	30	120	35
	淋浴器：幼儿园	30	180	35
	托儿所	15	90	35
	盥洗槽水嘴	15	25	30
	洗涤盆（池）	—	180	50
5	医院、疗养院、休养所			
	洗手盆	—	15～25	35
	洗涤盆（池）	—	300	50
	淋浴器	—	200～300	37～40
	浴盆	125～150	250～300	40
6	公共浴室			
	浴盆	125	250	40
	淋浴器：有淋浴小间	100～150	200～300	37～40
	无淋浴小间	—	450～540	37～40
	洗脸盆	5	50～80	35
7	实验室			
	洗脸盆	—	60	50
	洗手盆	—	15～25	30
8	体育场馆淋浴器	30	10～15	12
9	净身器	10～15	120～180	30
10	剧场			
	淋浴器	60	200～400	37～40
	演员用洗脸盆	5	80	35
11	办公楼洗手盆	—	50～100	35

续表

序号	卫生器具名称	一次用水量（L）	小时用水量 q_{wh}（L/h）	使用温度（℃）
12	理发室美容院洗脸盆	—	35	35
13	工业企业生活间			
	淋浴器：一般车间	40	360～540	37～40
	脏车间	60	180～480	40
	洗脸盆或盥洗槽水嘴：一般车间	3	90～120	30
	班车间	5	100～150	35

注　一般车间指《工业企业设计卫生标准》（GBZ 1—2010）中规定的 3、4 级卫生特征的车间，脏车间指该标准中规定的 1、2 级卫生特征的车间。

（4）其他设计小时耗热量计算。具有多个不同使用热水部门的单一建筑或具有多种使用功能的综合性建筑，当其热水由同一热水供应系统供应时，设计小时耗热量，可按同一时间内出现用水高峰的主要部门的设计小时耗热量与其他用水部门的平均小时耗热量叠加计算。

二、生活热水全年耗热量计算

生活热水全年耗热量即所有热水供应热用户在一年内的总耗热量。

生活热水全年耗热量为生活热水平均负荷与运行天数的乘积，生活热水全年耗热量可根据《热网规范》的相关公式计算。计算式如下

$$Q_w^a = 30.24 Q_w^{av} \tag{6-45}$$

式中　Q_w^a——生活热水全年耗热量，GJ；

Q_w^{av}——生活热水平均热负荷，kW。

第五节　空调热、冷负荷计算

一、空调冬（夏）季热（冷）负荷计算

空调（即空气调节）是使服务空间内的空气温度、湿度、清洁度、气流速度和空气压力梯度等参数达到给定要求的技术。

空调负荷属于季节性热负荷，分为空调冬季热负荷和空调夏季冷负荷两类。

空调冷、热负荷可采用指标法进行估算。

（一）空调热、冷指标

空调热指标、冷指标是针对不同建筑单位建筑面积的平均指标。可根据《热网规范》中的推荐值选取，见表 6-14。

表 6-14　　空调热指标、冷指标推荐值

建筑物类型	空调热指标、冷热指标（W/m²）	
	热指标 q_a	冷指标 q_c
办公楼	80～100	80～110
医院	90～120	70～100

续表

建筑物类型	空调热指标、冷热指标（W/m^2）	
	热指标 q_a	冷指标 q_c
旅馆、宾馆	90～120	80～100
商店、展览馆	100～120	125～180
影剧院	115～140	150～200
体育馆	130～190	140～200

注 1. 表中数值适用于我国东北、华北、西北地区，南方地区可根据当地的气象条件及相同类型建筑物的冷指标资料确定。

2. 寒冷地区热指标取较小值，冷指标取较大值；严寒地区热指标取较大值，冷指标取较小值。

3. 体形系数大，使用过程中换气次数多的建筑取上限。

（二）空调冬季热负荷

空调冬季热负荷可根据《热网规范》计算式如下

$$Q_a = q_a A_a \times 10^{-3} \tag{6-46}$$

式中 Q_a——空调冬季热负荷，kW；

q_a——空调热指标，按表6-14选取，W/m^2；

A_a——空调建筑物的建筑面积，m^2。

（三）空调夏季冷负荷

1. 空调夏季冷负荷

空调冷负荷计算中，利用空调冷指标及空调建筑物建筑面积计算出的空调冷负荷，还应考虑同时使用系数。

空调夏季冷负荷计算式如下

$$Q_c = \frac{\Sigma q_c A_a \times 10^{-3}}{COP} \tag{6-47}$$

式中 Q_c——空调夏季冷负荷，kW；

q_c——空调冷指标，按表6-14选取，W/m^2；

COP——吸收式制冷机的制冷系数，可取0.7～1.3，单效溴化锂取下限。

2. 空调夏季平均热负荷

空调夏季平均热负荷由空调设计冷负荷与空调平均负荷系数得出。计算式如下

$$Q_c^{av} = Q_c \eta_c^{av} \tag{6-48}$$

式中 Q_c^{av}——空调夏季平均热负荷，MW；

η_c^{av}——空调平均负荷系数，根据表6-15选取。

二、空调平均负荷系数

建筑物内空调冷负荷是根据室外温度和使用功能不同而逐时变化的。根据《燃气冷热电分布式能源技术应用手册》[9]，并通过对不同类型建筑物空调负荷收集和整理的实测数据，分别对各种不同类型建筑的空调负荷逐时变化曲线进行绘制，从而得出各类建筑的空调平均负荷系数。

（1）宾馆类建筑的空调冷负荷逐时变化曲线。宾馆类建筑的空调冷负荷逐时变化曲线，如图 6-6 所示。

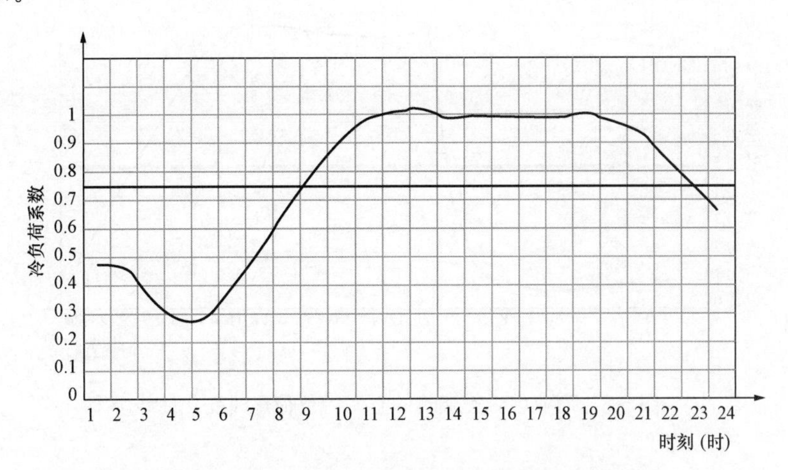

图 6-6 宾馆类建筑的空调冷负荷逐时变化曲线

由图 6-6 宾馆类建筑的空调冷负荷逐时变化曲线可见，空调平均负荷系数大致 0.75 左右。

（2）办公类建筑的空调冷负荷逐时变化曲线。办公类建筑的空调负冷荷逐时变化曲线，如图 6-7 所示。

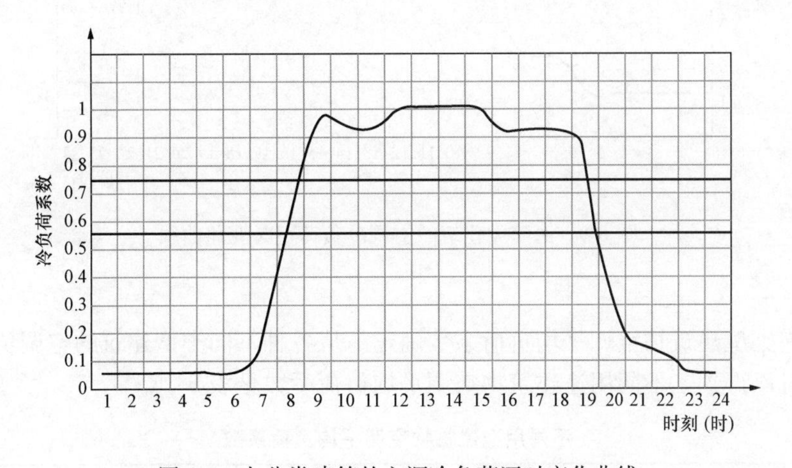

图 6-7 办公类建筑的空调冷负荷逐时变化曲线

由图 6-7 办公类建筑的空调负荷逐时变化曲线可见，空调平均负荷系数大致 0.55 左右。

（3）商业中心类建筑的空调冷负荷逐时变化曲线。商业中心类建筑的空调冷负荷逐时变化曲线，如图 6-8 所示。

由图 6-8 商业中心类建筑的空调冷负荷逐时变化曲线可见，空调平均负荷系数大致 0.5 左右。

（4）医院类建筑的空调冷负荷逐时变化曲线。医院类建筑的空调冷负荷逐时变化曲线，如图 6-9 所示。

由图 6-9 医院类建筑的空调冷负荷逐时变化曲线可见，空调平均负荷系数大致 0.50

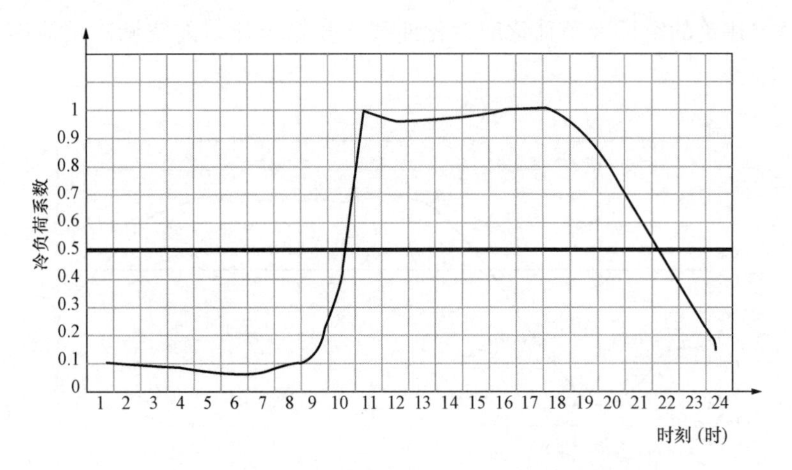

图 6-8 商业中心类建筑的空调冷负荷逐时变化曲线

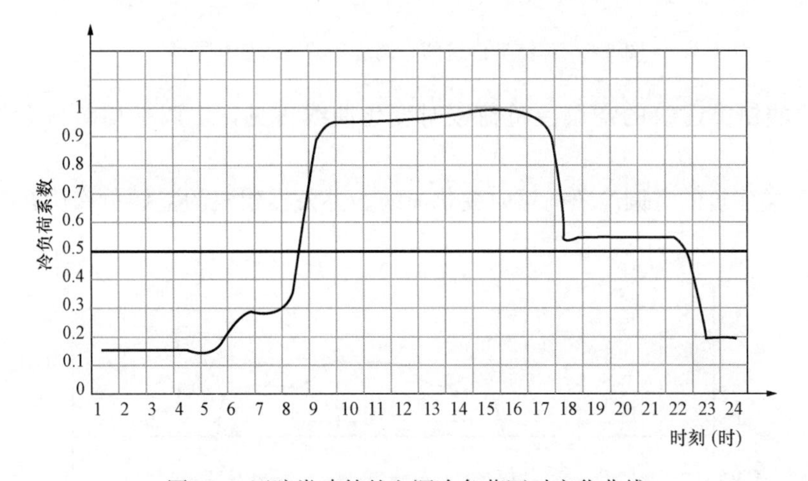

图 6-9 医院类建筑的空调冷负荷逐时变化曲线

左右。

(5) 不同类型建筑物空调平均负荷系数确定。从各种不同类型建筑的空调负荷逐时变化曲线分析中可以得到，不同用途建筑物空调平均负荷系数见表 6-15。

表 6-15 不同用途建筑物空调平均负荷系数

建筑物类型	空调平均负荷系数 η_c^{av}
酒店、宾馆类	0.75
办公楼、文化建筑类	0.55
商业中心、医疗建筑类	0.50

三、空调供暖（冷）耗热（冷）量计算

年空调耗热量是指一个空调用户或供热（冷）系统中所有空调用户一年内的总耗热量。

1. 空调供暖耗热量

空调供暖耗热量根据《热网规范》的相关公式计算。计算式如下

$$Q_a^a = 0.0036 T_a N Q_a \frac{t_i - t_{av}}{t_i - t_c} \tag{6-49}$$

式中　Q_a^a——年空调供暖耗热量，GJ；

T_a——供暖期内空调装置每日平均运行小时数，h；

N——供暖天数，d，可按《民用暖规》选取；

t_i——供暖室内设计温度，℃，可按《民用暖规》选取；

t_{av}——供暖期室外平均温度，℃，可按《民用暖规》选取；

t_c——冬季空调室外计算温度，℃，可按《民用暖规》选取。

2. 供冷期制冷耗热量

供冷期制冷耗热量可根据《热网规范》的相关公式并考虑入住率计算。计算式如下

$$Q_c^a = 0.0036 Q_c \eta_o T_{c,max} \tag{6-50}$$

式中　Q_c^a——制冷期制冷耗热量，GJ；

η_o——入住率，%；

$T_{c,max}$——空调夏季最大负荷利用小时数，h。

入住率应调查、收集近几年的实际数据，并进行综合比较选用，当无资料时可参考，入住率可参考表6-16选取。

表6-16　　入住率推荐值　　%

建筑物类型	入住率
酒店、宾馆类	0.80
医疗类	0.90

空调夏季最大负荷利用小时数计算式如下

$$T_{c,max} = 24 N_c \eta_c^{av} \tag{6-51}$$

式中　N_c——当地空调运行天数，可以调查当地有关部门及设计单位，d。

第六节　工业热负荷计算

一、工业热负荷

工业热负荷是为了满足生产过程中用于加热、烘干、蒸煮、清洗、熔化等过程的用热或作为动力用于驱动机械设备而产生的热量。

工业热负荷应包括生产工艺热负荷、生活热水负荷和工业建筑的供暖、通风、空调热负荷。工业热负荷属于全年性热负荷。

工业热负荷的大小主要取决于生产工艺过程的性质、用热设备的型号以及工厂的工作制度等因素。由于生产工艺的用热设备繁多、工艺过程对热媒要求参数不一、工艺制度各有不同，因而工业热负荷很难用固定的公式来表示。在确定工业热负荷时，对于新增加的热负荷，应按照生产工艺系统提供的设计数据为准，并参考类似企业的用热情况确定其热负荷。对已有工厂的工业热负荷，通常由工厂提供运行数据，但为避免虚报，需要进行核实，可采

用产品单位能耗指标法或按全年实际耗煤量来核算，最后确定较符合实际的工业热负荷。

某三班制的企业日逐时生产用汽负荷曲线如图 6-10 所示。图中可见企业白班的用汽量大，一天中负荷变化较大。日平均热负荷为 35t/h，最大负荷为 45t/h，最低负荷为 20t/h。

该企业年逐月生产用汽负荷曲线如图 6-11 所示。图中可见企业一年中用汽量基本稳定，一年平均热负荷为 26000t/h，最大负荷为 32000t/h，最低负荷为 16500t/h。

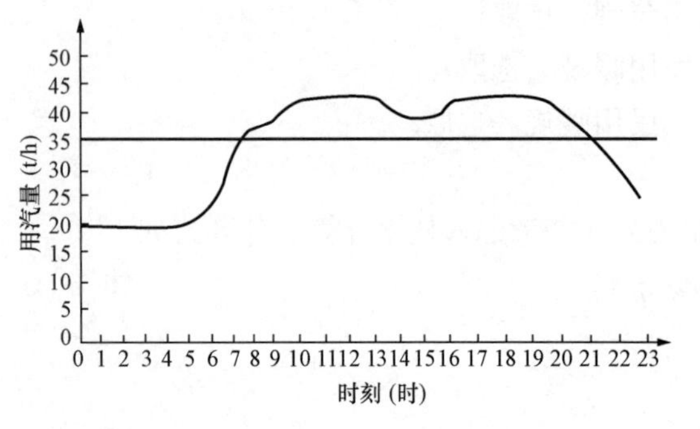

图 6-10 某企业日逐时生产用汽负荷曲线

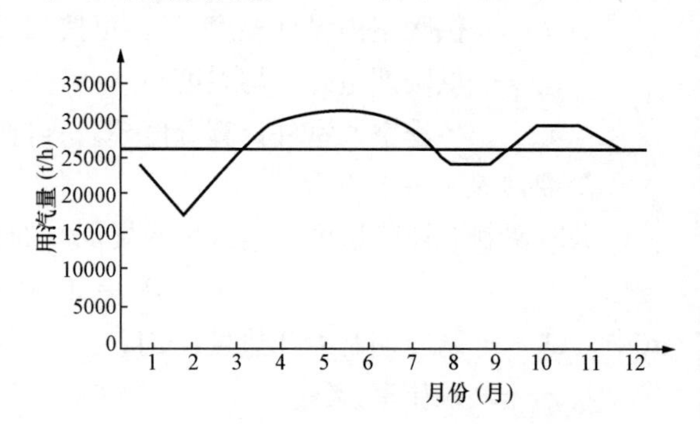

图 6-11 该企业年逐月生产用汽负荷曲线

此外，工业热负荷当用热量单位计量时又称用热量或耗热量；当用蒸汽的质量单位计量时又称用汽量（以用汽量为单位时，应指明蒸汽参数）。

工业热负荷可采用指标估算法和相关分析法两种方法。

二、工业热负荷计算

（一）指标估算法

1. 工业热负荷指标

工业热负荷指标可根据《供热规划规范》中的推荐值选取。工业热负荷指标见表6-17。

表 6-17 工业热负荷指标

工业类型	单位用地面积规划蒸汽用量 q_i [t/（h·km²）]
生物医药产业	55
轻工	125
化工	65
精密机械及装备制造产业	25
电子信息产业	25
现代纺织及新材料产业	35

2. 利用指标估算法计算

采用指标法预测工业热负荷时，可根据《供热规划规范》的公式计算。工业热负荷计算式如下

$$Q_i = \sum_{i=1}^{n} q_i \cdot A_i \tag{6-52}$$

式中　Q_i——工业热负荷，t/h；

q_i——工业热指标，t/（h·km²），按表6-17选取；

A_i——不同类型工业的用地面积，km²。

（二）相关分析法

1. 有工业热负荷资料时

对在非供暖期平均蒸汽用量不小于1.0t/h的工业热用户逐个进行调查核实，收集生产工艺系统不同季节的典型日（周）负荷曲线［日（周）负荷曲线应能反映热用户的生产性质、运行天数、昼夜生产班数和各季节耗热量等不同因素］、了解生产班制、检修时间（全厂性停产检修还是轮流检修）、用热的规律性（即一天之内的变化情况）、主要产品的产量、单位产品的耗热量、对热负荷连续性的要求、产品的市场前景等。另外，还需了解现有热源情况、小时的最大与最小的原煤量、原煤低位发热量、年运行时间、供暖或制冷的建筑面积、热指标和计算温度等信息资料。

生产企业的用汽参数、用汽量，包括供暖季和非供暖季的最大、平均、最小热负荷值和凝结水回收率应采用生产工艺系统的实际数据，并应收集生产工艺系统不同季节的典型日（周）负荷曲线图。

在对工业热用户调查的基础上对各热用户提供的热负荷资料进行整理、分析、汇总并进行复核计算，以确定统计的生产工艺热负荷能够相对准确可靠。

（1）已知热用户的产品产量及单位耗热量的计算方法。用户的生产工艺性热负荷等于产品的单位耗热量乘以产品年产量。计算式如下

$$Q_i = q_u W \tag{6-53}$$

式中　q_u——产品的单位耗热量，kJ/t或kJ/件；

W——产品年生产量，t或件。

（2）已知用户原煤年消耗量和低位发热量的计算方法。当热用户的种类比较多，而单位产品的耗热量又不十分清楚时，可由热用户的年耗煤量求出其平均用热量。计算式如下

$$Q_i^{av} = \frac{B_i Q_{ne,c} \eta_b \eta_p}{T_i^{av}} \tag{6-54}$$

式中　Q_i^{av}——工业用户平均用热量，kJ/h；

B_i——全年生产燃料耗量，kg；

$Q_{ne,c}$——燃料平均低位发热量，kJ/kg，标准煤取29308kJ/kg；

η_b——用户原有锅炉房平均运行效率；

η_p——管道效率，取0.98；

T_b^{av}——年平均负荷利用小时数，h。

（3）已知锅炉生产的蒸汽量或给水流量的计算方法。用户的用汽量可以根据用户的流量表的测量数据得出；当用户无蒸汽流量表时，也可根据锅炉的给水流量数据，扣除锅炉排污量得出。计算式如下

$$Q_i = D'(1-\xi_b) \tag{6-55}$$

式中　D'——用户给水流量，t/h；

ξ_b——锅炉排污率。

(4) 负荷校核。生产工艺性热负荷根据已知条件的不同，有几种不同的计算方法，但其计算结果应是一致的，可以相互校核。

对各热用户提供的热负荷资料进行整理汇总时，应对各热用户提供的热负荷数据分别进行平均热负荷的验算，可根据《热网规范》的公式进行验算。

1）按年燃料耗量验算。

a. 全年生产燃料耗量。可根据《热网规范》的公式计算，计算式如下

$$B_i = B - B_h \tag{6-56}$$

式中 B_i——全年生产燃料耗量，kg；

B——全年总燃料耗量，kg；

B_h——全年供暖、通风、空调及生活燃料耗量，kg。

b. 全年供暖、通风、空调及生活燃料耗量。可根据《热网规范》的公式计算，计算式如下

$$B_h = \frac{Q^a}{Q_{ne,c}\eta_b\eta_s} \tag{6-57}$$

式中 Q^a——全年供暖、通风、空调及生活耗热量，kJ；

η_s——用户原有供热系统的热效率，可取 0.9～0.97。

c. 生产平均耗汽量。可根据《热网规范》的公式计算如下

$$D = \frac{B_i Q_{ne,c}\eta_b\eta_s}{[h_b - h_{ma} - \varphi(h_{rt} - h_{ma})]T_i^{av}} \tag{6-58}$$

式中 D——生产平均耗汽量，t/h；

h_b——锅炉供汽焓，kJ/kg；

h_{ma}——锅炉补水焓，kJ/kg；

φ——回水率；

h_{rt}——用户回水焓，kJ/kg。

2）按产品单耗验算。可根据《热网规范》的公式计算，计算式如下

$$D = \frac{WbQ_{ne,c}\eta_b\eta_s}{[h_b - h_{ma} - \varphi(h_{rt} - h_{ma})]T_i^{av}} \tag{6-59}$$

式中 b——单位产品耗煤量，kg/t 或 kg/件。

按上述两种验算方法的结果与用户提供的平均耗汽量相比较，如果误差较大，应找出原因反复校验、分析，调整负荷曲线，直到最后得出较符合实际的热负荷量。最大、最小负荷及负荷曲线也应按核实后的平均负荷进行调整。

2. 无工业热负荷资料时

由于项目前期阶段，相关数据均难以获得，当无工业建筑的供暖、通风、空调、生活及生产工艺热负荷的设计资料时，对现有企业，应采用生产建筑和生产工艺的实际耗热数据，并考虑今后可能的变化；对规划建设的工业企业，可按不同行业项目估算指标中典型生产规模进行估算，也可按同类型、同地区企业的设计资料或实际耗热定额计算。

由于工业建筑和生产工艺的千差万别，难于给出类似民用建筑热指标性质的统计数据，

故可采用按不同行业项目估算指标中典型生产规模进行估算或采用相似企业的设计或实际耗热定额估算。

对并入同一热网的最大生产工艺热负荷，应在取经过核实后的各热用户最大热负荷之和的基础上乘以同时使用系数。同时使用系数可按 0.6～0.9 取值。

三、生产工艺全年耗热量及用汽量计算

（一）生产工艺全年耗热量计算

工业热负荷应包括生产工艺热负荷、生活热水负荷和工业建筑的供暖、通风、空调热负荷。工业建筑的供暖、通风、空调及生活热水的全年耗热量，可参考前几节介绍的供暖、通风、空调及生活热水的全年供热量计算。

生产工艺热负荷的全年耗热量应根据年热负荷曲线确定，也可根据下式计算

$$Q_i^a = \sum Q_{ij} N_j \tag{6-60}$$

式中　Q_i^a——年生产工艺耗热量，GJ/a；

Q_{ij}——一年 12 个月中第 j 个月的日平均耗热量，GJ/d；

N_j——一年 12 个月中第 j 个月的天数，d。

（二）生产工艺全年用汽量计算

当对无具体资料的规划建设工业企业进行用汽估算时，生产工艺全年用汽量可利用平均用汽量和用汽系统年平均运行小时数进行估算。计算式如下

$$D_i = D_t^{av} T_i \tag{6-61}$$

式中　D_i——年生产工艺用汽量，t/a；

D_i^{av}——平均用汽量，t/h；

T_i——用汽系统年平均运行小时数，按表 6-18 选取，h。

对规划建设的工业企业，无任何资料时，用汽系统平均运行小时数可按不同行业项目中典型生产规模、生产运行方式进行估算，也可按同类型、同地区企业的设计（所属行业设计经验）资料或实际统计的运行小时数估算。一般生产企业年平均运行小时可按年运行天数及班次估算。一年 365 天中除了节假日及检修时间，实际运行天数约为 250 天，则参考运行小时数见表 6-18。

表 6-18　　用汽系统年平均小时数　　h

项目	1 班制	2 班制	3 班制	全班制
运行小时数 T_i	2000	3600	5000	6800

第七节　电 力 负 荷 计 算

电力负荷主要为不同类型建筑物及建筑内不同功能房间的各种用电设备的功率，其大小与建筑物内各种用电负荷的安装功率、设备的实际耗电量、使用性能及作息时间直接相关。建筑物内常见的用电设备包括照明、空调设备、常用电器、动力运输等。

电力负荷计算常采用单位指标法、单位产品耗电量法、需要系数法、平均负荷系数法等

几种。

一、设备功率的确定

进行电力负荷计算时，需将用电设备按其性质分为不同的用电设备组，然后确定设备功率。每台用电设备的铭牌上都标有额定功率或额定容量，由于各用电设备的额定工作条件不同，可分为连续工作制、短时或周期工作制，故设备功率的计算不能简单地将这些设备的额定功率直接相加，因此对于不同负载持续率下的额定功率或额定容量，应换算为统一负载持续率下的有功功率，即设备功率。

（一）单台用电设备

1. 连续工作制用电设备

连续工作制用电设备的设备功率等于额定功率，计算式如下

$$P = P_{\mathrm{N}} \tag{6-62}$$

式中 P——用电负荷（用电设备功率），kW；

P_{N}——设备额定功率，kW。

2. 短时或周期工作制用电设备的设备功率

短时或周期工作制用电设备的设备功率计算式如下

$$P = P_{\mathrm{N}}\sqrt{\frac{\varepsilon_{\mathrm{N}}}{\varepsilon}} = S_{\mathrm{N}}\cos\varphi\sqrt{\frac{\varepsilon_{\mathrm{N}}}{\varepsilon}} \tag{6-63}$$

式中 ε_{N}——设备铭牌上的额定负荷持续率；

ε——统一要求的负载持续率；

S_{N}——设备额定容量（额定视在功率），kVA；

$\cos\varphi$——设备额定功率因数。

（二）用电设备组

成组用电设备的设备功率，是指组内不包括备用设备在内的所有单个用电设备的设备功率之和。

（三）其他用电设备

1. 照明设备

照明设备的设备功率为光源的额定功率加上附属设备的功率。

2. 消防用电设备

消防用电设备容量小于平时使用的总用电设备日容量时，不列入总设备容量。

3. 季节性用电设备

季节性用电设备（如制冷设备和供暖设备等）应选择其中较大者计入总设备容量。

二、电力负荷计算

（一）单位指标法

1. 电负荷指标

（1）规划人均综合用电量指标。依据《城市电力规划规范》（GB/T 50293—2014）（以下简称《电力规划规范》），当采用人均用电指标法或横向比较法预测城市总用电量时，其规

划人均综合用电量指标宜符合相关的规定，见表 6-19。

表 6-19　　规划人均综合用电量指标

城市用电水平分类	人均综合用电量［kWh/（人·a）］	
	现状	规划
用电水平较高城市	4501～6000	8000～10000
用电水平中上城市	3001～4500	5000～8000
用电水平中等城市	1501～3000	3000～5000
用电水平较低城市	701～1500	1500～3000

注　当城市人均综合用电量现状水平高于或低于表中规定的现状指标最高或最低限值的城市。其规划人均综合用电量指标的选取，应视其城市具体情况因地制宜确定。

（2）规划人均居民生活用电量指标。依据《电力规划规范》，当采用人均用电指标法或横向比较法预测居民生活用电量时，其规划人均居民生活用电量指标宜符合相关的规定，见表 6-20。

表 6-20　　规划人均居民生活用电量指标

城市用电水平分类	人均居民生活用电量［kWh/（人·a）］	
	现状	规划
用电水平较高城市	1501～2500	2000～3000
用电水平中上城市	801～1500	1000～2000
用电水平中等城市	401～800	600～1000
用电水平较低城市	201～400	400～800

注　当城市人均居民生活用电量现状水平高于或低于表中规定的现状指标最高或最低限值的城市。其规划人均居民生活用电量指标的选取，应视其城市具体情况，因地制宜确定。

（3）规划单位建筑面积负荷指标。依据《电力规划规范》，当采用单位建筑面积负荷密度指标法进行负荷预测时，其规划单位建筑面积指标宜符合相关的规定，见表 6-21。

表 6-21　　规划单位建筑面积负荷指标

建筑物类别	电力负荷指标（W/m^2）	建筑物类别	电力负荷指标（W/m^2）
居住建筑	30～70	工业建筑	10～120
	4～16（kW/户）	仓储物流建筑	15～50
公共建筑	40～150	市政设施建筑	20～50

注　特殊用地及规划预留的发展备用地负荷密度指标的选取，可结合当地实际情况和规划供能要求，因地制宜确定。

（4）规划单位建设用地负荷指标。依据《电力规划规范》，当采用单位建设用地负荷密度法进行负荷预测时，其规划单位建设用地负荷指标宜符合相关的规定，见表 6-22。

表 6-22　　规划单位建设用地负荷指标

城市建设用地类别	用地符号	电力负荷指标（kW/hm^2）
居住用地	R	100～400
商业服务业设施用地	B	100～1200

续表

城市建设用地类别	用地符号	电力负荷指标（kW/hm²）
公共管理与公共服务设施用地	A	300～800
工业用地	M	200～800
物流仓储用地	W	20～40
道路与交通设施用地	S	15～30
公用设施用地	U	150～250
绿地与广场用地	G	10～30

注 超出表中建设用地以外的其他各类建筑用地的规划单位建设用地负荷指标的选取，可根据所在城市的具体情况确定。

（5）民用建筑负荷密度指标。依据中国航空工业规划设计研究院组编的《工业与民用配电设计手册（第三版）》（以下简称《配电设计手册》），民用建筑负荷密度指标可参考表6-23选用。

表6-23 民用建筑负荷密度指标

建筑物类型		电力负荷指标（W/m²）
住宅	基本型	50
	提高型	75
	先进型	100
公寓建筑		30～50
旅馆建筑、医疗建筑、体育建筑		40～70
办公建筑		30～70
商业建筑	一般	40～80
	大中型	60～120
剧场建筑、展览馆建筑		50～80
教学建筑	大专院校	20～40
	中小学	12～20
播音室		250～500
汽车库		8～15

（6）国外电负荷指标。如根据《日本天然气热电联供系统规划设计指南》[11]（以下简称《日本热电联供指南》）的相关内容，电负荷指标可按表6-24选取。

表6-24 日本热电联供系统设计指南电负荷指标

建筑物类型	电力负荷指标（W/m²）
住宅	30
一般办公室、宾馆、医院	50
自动化办公室（OA）、体育设施、商铺建筑	70

（7）电力负荷指标的确定。经过对上述几种指标进行仔细分析、比较发现，其基本规律、数据非常接近。几种指标的比较及在设计中推荐采用的数据，见表6-25。

表 6-25　　几种指标的比较及建议采用指标表　　W/m²

建筑物类型	《电力规划规范》	《配电设计手册》	《日本热电联供指南》	推荐使用指标 P'_e
酒店、宾馆、饭店	40～150	40～70	50	50
商业中心	40～150	40～80	70	60
办公楼建筑	20～50	30～70	50	50
文化建筑	20～50	50～80	50	60
医疗建筑	20～50	40～70	50	50
住宅	30～70	50～75	30	40
体育建筑	—	40～70	70	55
库房	15～50	8～15	—	15
综合区	—	—	—	50

2. 利用单位指标法计算公式

在项目规划及方案设计阶段，在用电设备和台数无法确定时可采用单位指标法，即单位面积功率法和单位用电指标法。

（1）单位面积功率法。单位面积功率法也叫负荷密度法，可根据《配电设计手册》的公式计算，计算式如下

$$P_e = \frac{P'_e A_e}{1000} \times \kappa_e \tag{6-64}$$

式中　P_e——电力负荷，kW；

P'_e——单位面积负荷指标，W/m²，可按表 6-25 选取；

A_e——用电建筑物的建筑面积或建设用地面积，m²、hm²；

κ_e——用电负荷同时使用率，住宅建筑可按表 6-26 选取。

电负荷同时使用率可参考《住宅建筑电气设计规范》（JGJ 242—2011）（以下简称《住宅电气规范》）的相关数据，如表 6-26 所示。

表 6-26　　住宅建筑用电负荷同时使用率

基本户数	同时使用率 κ_e	基本户数	同时使用率 κ_e
1～3	0.90～1	25～124	0.40～0.45
4～8	0.65～0.90	125～259	0.30～0.40
9～12	0.50～0.65	260～300	0.26～0.30
13～24	0.45～0.50		

注　1. 表中户数是指单相配电时接于同一相上的户数，若为三相配电时连接的户数应乘以 3。
2. 住宅的公用照明和公用电力负荷需要系数可按 0.8 选取。
3. 宅建筑方案设计阶段采用 15～50W/m²单位面积负荷密度法进行计算时，可根据实际工程情况取其中合适的值，不用再乘以表中的需要系数值。

（2）单位用电指标法。采用单位指标法计算电力负荷，计算式如下

$$P_e = \frac{P'_P E}{1000} \times \kappa_e \tag{6-65}$$

式中 P_e——电力负荷，kW；

P'_P——单位用电指标，W/户、W/人或W/床；

E——单位数量，如户数、人数、床位数。

根据《住宅电气规范》的相关规定，每套住宅用电负荷也可根据套内建筑面积和用电负荷计算确定，如表6-27所示。

表6-27 每套住宅用电负荷和电能表的选择

套型	建筑面积 A_e (m^2)	用电负荷 (kW)	电能表（单相）(A)
A	$A_e \leqslant 60$	3	5（20）
B	$60 < A_e \leqslant 90$	4	10（40）
C	$90 < A_e \leqslant 150$	6	10（40）

注 1. 每套住宅用电负荷和电能表的选择不宜低于表中规定。

2. 当每套住宅用建筑面积大于150m^2时，超出的建筑面积可按40～50W/m^2计算用电负荷。

3. 表中用电负荷及对应的电能表规格是为每套住宅规定的最小值，在确定每套住宅电负荷量时还应考虑当地的实际情况。

4. 每套住宅用电负荷不应小于2.5kW。

（二）单位产品耗电量法

在方案设计阶段，当计算工业企业耗电量，缺乏准确的用电负荷资料时，可用单位产品耗电量法来估算企业的电力负荷。

单位面积产品耗电量法，根据企业年产量的定额和单位产品耗电量来确定，可依据《配电设计手册》的公式计算，计算式如下

$$W_e = \omega m \tag{6-66}$$

式中 W_e——工业企业有功电能，kWh；

ω——单位产品耗电量，kWh/单位产品；

m——产品年产量，单位与ω中的单位产品一致。

（三）需要系数法

需要系数法是利用用电设备的功率乘以需要系数，直接求出计算负荷的方法，这种方法比较简便，应用广泛。

1. 同类用电设备组的需要系数

同类用电设备在实际运行中，用电设备组中各设备可能不会同时运行，运行的设备也未必全部在满负荷下工作，而且用电设备及配电线路在工作时都会产生功率损耗，综合考虑运行中可能出现的这些现象，可依据《民用建筑电气设计计算及示例》（12SDX101-2）的相关公式计算，计算式如下

$$K_{el} = \frac{\kappa_{\Sigma} K_L}{\eta_{el} \eta_{wL}} \tag{6-67}$$

式中 K_{el}——同类用电设备组的需要系数，当设备台数3台及以下时，$K_{el}=1$；

κ_{Σ}——设备组的用时使用系数；

K_L——设备组的负荷系数；

η_{el}——设备组的平均效率；

η_{wL}——配电线路的平均效率。

2. 同类用电设备组的设备功率

$$P_e = K_{el} P \tag{6-68}$$

式中　P——同类用电设备组的设备功率，kW。

三、平均电力负荷系数

1. 各类建筑物电力平均负荷系数

(1) 各类建筑物电负荷逐时变化曲线。

1) 住宅类建筑的电负荷逐时变化曲线。住宅类建筑的电负荷逐时变化曲线，如图 6-12 所示。

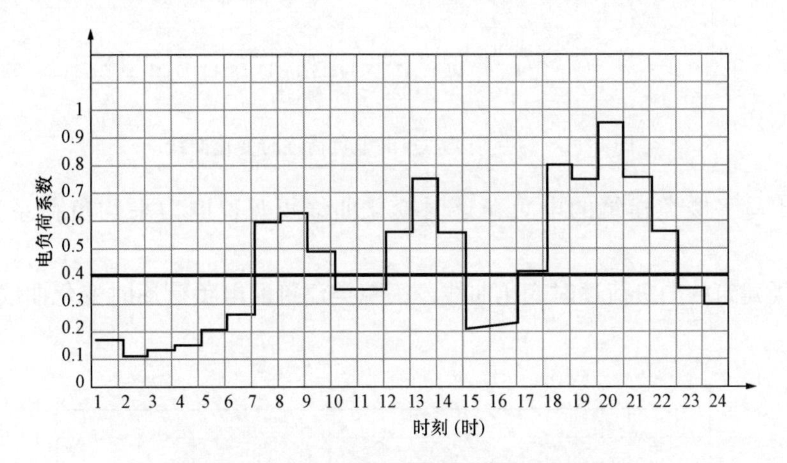

图 6-12　住宅类建筑的电负荷逐时变化曲线

由图 6-12 住宅类建筑的电负荷逐时变化曲线可见，电力平均负荷系数大致 0.40 左右。

2) 酒店类建筑的电负荷逐时变化曲线。酒店类建筑的电负荷逐时变化曲线，如图 6-13 所示。

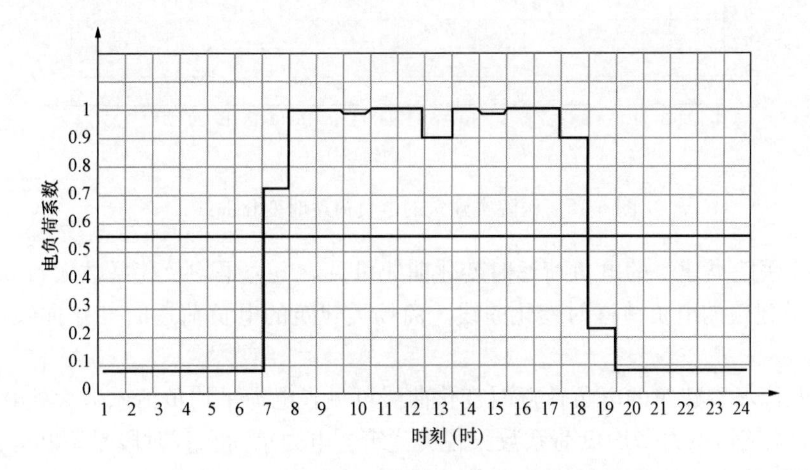

图 6-13　酒店类建筑的电负荷逐时变化曲线

由图 6-13 酒店类建筑的电负荷逐时变化曲线可见，电力平均负荷系数大致 0.55 左右。

3）写字楼类建筑的电负荷逐时变化曲线。写字楼类建筑的电负荷逐时变化曲线，如图 6-14 所示。

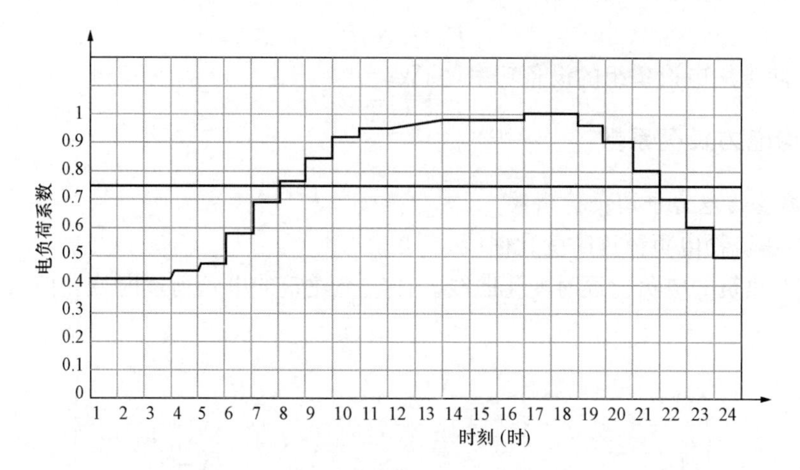

图 6-14 写字楼类建筑的电负荷逐时变化曲线

由图 6-14 写字楼类建筑的电负荷逐时变化曲线可见，电力平均负荷系数大致 0.72 左右。

4）医院类建筑的电负荷逐时变化曲线。医院类建筑的电负荷逐时变化曲线，如图 6-15 所示。

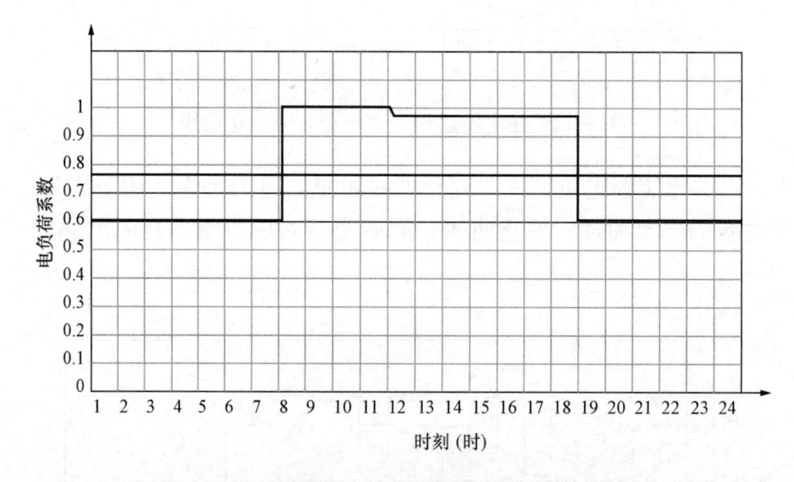

图 6-15 医院类建筑的电负荷逐时变化曲线

由图 6-15 医院类建筑的电负荷逐时变化曲线可见，电力平均负荷系数大致 0.75 左右。

5）商场类建筑的电负荷逐时变化曲线。商场类建筑的电负荷逐时变化曲线，如图 6-16 所示。

由图 6-16 商场类建筑的电负荷逐时变化曲线可见，电力平均负荷系数大致 0.45 左右。

（2）各类建筑物电力平均负荷系数。各类建筑物电力负荷在各时段是不断变化的，根据上述不同类型建筑物电负荷逐时变化曲线，可归纳出不同建筑物电力平均负荷系数，见表 6-28。

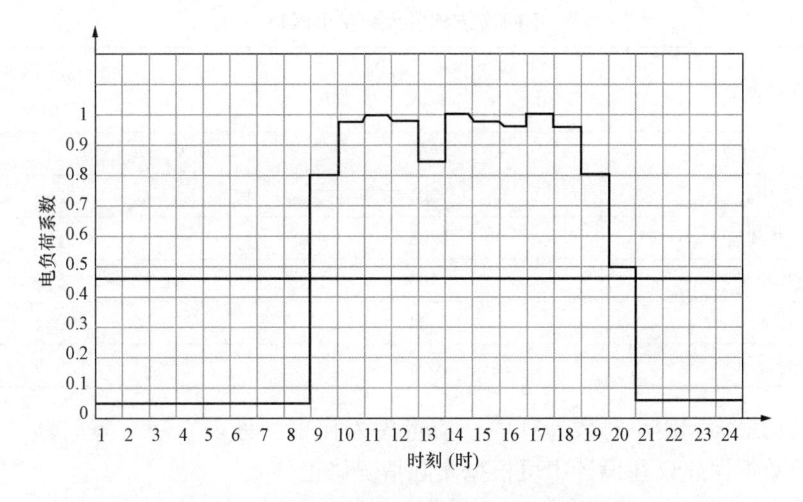

图 6-16 商场类建筑的电负荷逐时变化曲线

表 6-28 不同建筑电力平均负荷系数

建筑物类型	平均负荷系数 η_e^{av}
住宅区	0.40
商业中心	0.45
办公楼建筑、文化建筑、体育建筑、综合建筑	0.72
酒店、宾馆类	0.55
医疗建筑	0.75

2. 利用电力平均负荷系数法计算公式

利用电力平均负荷系数法计算式如下

$$P_{av} = \sum P_e \eta_e^{av} \tag{6-69}$$

式中 P_{av}——平均电力负荷，MW；

η_e^{av}——电力平均负荷系数，可按表 6-28 选取。

四、年用电量计算

（一）年用电量

$$W_e^a = \sum P_e T_{e,max} \tag{6-70}$$

式中 W_e^a——年用电量，kWh；

$T_{e,max}$——年最大利用小时数，h。

（二）年最大利用小时数

1. 利用公式计算

年最大利用小时数可按如下式计算

$$T_{e,max} = 24 N_e \eta_e^{av} \tag{6-71}$$

式中 N_e——年用电天数，可按表 6-29 选取，d；

η_e^{av}——电力平均负荷系数，可按表 6-28 选取。

根据计算公式，得出不同建筑电力负荷最大利用小时数，见表 6-29。

表 6-29 不同建筑年最大利用小时数

建筑物类型	年用电天数 N_e (d)	年最大利用小时数 (h)
酒店、宾馆类	360	4147
商业中心	300	3240
办公楼建筑	208	2496
医疗建筑	360	4277
住宅	360	3024
体育建筑	300	3600

在电力负荷最大利用小时数计算中还应考虑入住率（见表 6-16）等问题，上表所示的数据均为经验数据，建议在设计中可根据实际情况修正。

2. 根据参考有关资料

根据《日本天然气热电联供系统规划设计指南》中的相关内容，电力负荷最大利用小时数见表 6-30。

表 6-30 年最大利用小时数

建筑物类型	年最大利用小时数 $T_{e,max}$（h）	建筑物类型	年最大利用小时数 $T_{e,max}$（h）
一般办公室	3120	住宅	2700
自动化办公室（OA）	2662	体育设施	3571
医院	3400	商铺建筑	3229
宾馆	4000		

3. 推荐数据

结合上述两种方法，年最大利用小时数推荐选值见表 6-31。

表 6-31 不同建筑年最大利用小时数推荐值

建筑物类型	年最大利用小时数 $T_{e,max}$（h）	建筑物类型	年最大利用小时数 $T_{e,max}$（h）
办公类	2808	住宅	2862
医疗类	4222	体育建筑	3586
酒店、宾馆类	4074	商业中心	3235

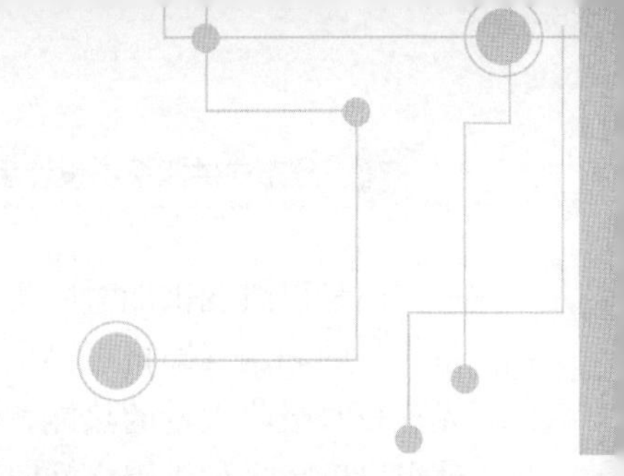

第七章　分布式供能系统蓄能技术

第一节　蓄能技术综述

蓄能技术又称为能源储存技术，是指在能源供给量多于用户需求量时，把暂时不用或多余的能源采用相应的蓄能装置储存在某种适当的介质或材料中，并在能源供给量不足时，根据不同应用场合的使用温度和能量品位，通过一定的方法将储存的能量释放并应用的技术。

一、蓄能技术的重要性

近年来，我国能源转型取得初步成效，可再生能源（如太阳能、风能、潮汐能等）利用率不断提高，能源结构显著改善。但在其实际开发及利用中，却发现这类能源所供应的能量随时间、季节呈周期性或非周期性变化，不具有定量持续供应的特性，导致能源的供应和需求之间往往存在数量、形态和空间上的差异，高品质能源没有得到有效的利用，不能满足工业化大规模连续供能的要求，同时也给电网的消纳应用带来了稳定性和可靠性的难题，从而产生了不可避免的弃光、弃风限电的现象。在能源危机及环境污染日益严重的今天，为了弥补这种能源供需之间的差异，提高可再生能源利用率，常采取蓄能这一技术手段。

此外，有些传统能源具有固定的输出容量，但是需求负荷随时间（如分钟、小时、日、季节等）变化而变化。当供需之间的负荷波动频率不匹配时就会造成能量浪费。例如，利用余热回收装置供能的系统，其热源负荷波动较大，供热温度和供热量均不稳定，而用户需要恒定的热负荷，导致间歇式高品质余热没有得到有效利用，这时，可以通过蓄能技术先将不稳定的能源储存起来再通过蓄能装置将热源稳定的释放出去，来实现连续稳定的供给；又如，工业锅炉供汽系统，工艺生产用汽单位往往存在不稳定性，用汽参数及用汽量随时间有很大的波动，就出现了供汽和用汽不一致的矛盾，这时，可以利用蓄能技术实现连续稳定的供能。

综上所述，正是在解决能量供给和需求的不稳定性或可变性的过程中，促使人们开始致力于研究能源储存的技术。

二、蓄能技术的分类

蓄能技术覆盖的领域非常广泛，电能、太阳能、风能、核能、石化燃料、地热、余热等都可以采用蓄能技术进行储存。其主要应用于两方面，即一方面是以改变供能均匀度为目的的蓄能技术，主要体现在电力系统的“移峰填谷”（如蓄热式电锅炉系统，多用于峰、谷时间段电价分计且针对电蓄热有相应优惠政策的地区）、工业废热和余热的回收利用等具有间歇性的能源系统，当供能的均匀度不能满足用户要求时，可以借助于蓄能技术加以调节；另一方面是以改变供能时间为目的的蓄能技术，主要体现在可再生能源（如太阳能系统、风能系统）的利用（即将可再生能源转化为连续供应的能源），例如，太阳能供热，一般是在阳光充裕时吸收大量的热能，在没有阳光或阳光不充裕时慢慢将能量释放出来，利用蓄能技术就可以解决这种供需之间时间差异问题，满足用户需求。

常见的蓄能技术可分为两类：储电技术和蓄热技术。

储电方式主要分为物理储能（如抽水蓄能、压缩空气储能、飞轮储能等）、化学储能（如钠硫电池、氧化还原液流电池、铅酸电池等）和电磁储能（如超导电磁储能等）3 大类，蓄热方式主要分为显热蓄热、潜热蓄热和化学反应蓄热 3 种。

三、分布式供能系统中蓄能技术的应用

到目前为止对于不同蓄能技术、不同蓄能容量配比在分布式供能系统中的应用研究尚处于发展阶段，但其中技术相对成熟的主要是针对热能的储存。因此，本章我们将重点介绍蓄热技术在分布式供能系统中的应用。

1. 工业蒸汽蓄能

工业生产过程中许多设备需要蒸汽，但多数都存在用汽负荷不均衡，高峰低谷用汽量波动很大的状况，造成供汽设备不稳定和运行效率低等问题。工厂一般采用锅炉增容或调度设备用汽负荷的方法来解决，导致运行人员劳动强度大，但仍免不了锅炉负荷忽高忽低，用汽设备开开停停，其结果是锅炉运行效率下降，浪费了能源，产品产量、质量及设备寿命均受到影响。

利用蒸汽蓄能技术可有效地解决上述问题，它不但可以成倍提高现有供汽系统瞬间供汽能力，而且还可保持供汽系统压力稳定在既定的工作范围之内，从而起到均衡负荷的作用，使锅炉不受用户负荷波动的影响，一直处于稳定运行状态，并可提高锅炉的热效率，降低能耗。

工业生产中常采用蒸汽蓄热器进行蓄能。

我国的节能技术政策指出："对热负荷波动大的供热系统，推荐使用蓄热器"；《锅炉房设计规范》（GB 50041—2008）中规定："当用户的热负荷变动较大且较频繁，或为周期性变化时，在经济合理的原则下，宜设置蒸汽蓄热器"。

2. 余热或废热利用

工业生产过程中由一次能源转化出来的能量，由于设备效率或生产工艺的要求，往往只有一部分得到了有效利用，相当一部分的热能在燃烧或加热之后并没有被充分利用就被排放了，这种在能源利用设备中没有被利用的能源，通常被称为余热，如钢铁生产过程中产生大量含有可利用热量的废气、废水、废渣等。

采用蓄能技术来回收和储存工业废热和生产余热，是提高经济性、节约能源、减少空气污染和热量浪费的一条重要途径。目前余热利用的方式有多种，可采用余热锅炉回收热量，用来发电或直接供热；也可通过不同形式和结构的热交换器、溴化锂机组及热泵等设备实现供热、供冷。

3. 可再生能源蓄能

人类所需能量的绝大部分都直接或间接地来自太阳的辐射能量。太阳能是由太阳内部氢原子发生氢氦聚变释放出巨大核能而产生的。太阳能具有清洁、无污染、取用方便等优点。

但因受到地理、昼夜和季节等规律性变化的影响，以及阴晴云雨等天气随机因素的制约，其辐射强度也不断发生变化，具有显著的间歇性和不稳定性。为了保证供能的稳定不间断，就需要蓄能装置把太阳能储存起来，在能源不足时将其释放出来，进而满足用户的用能需求。

太阳能蓄能系统通常利用太阳能的光热转换和光电转换两种方式进行蓄能。

第二节　蓄热系统分类

一、蓄热系统特点

热（冷）负荷常以显热或潜热的形式储存于蓄能介质中。在用能峰值时段，可利用这些蓄能介质储存的能量来满足供能系统的需求。其系统的特点如图 7-1 所示。

通过蓄能，不仅可以解决峰谷负荷平衡，实现移峰填谷，缓解供能系统的供需矛盾，而且节省了运行费用，从而获得较好的经济效益。

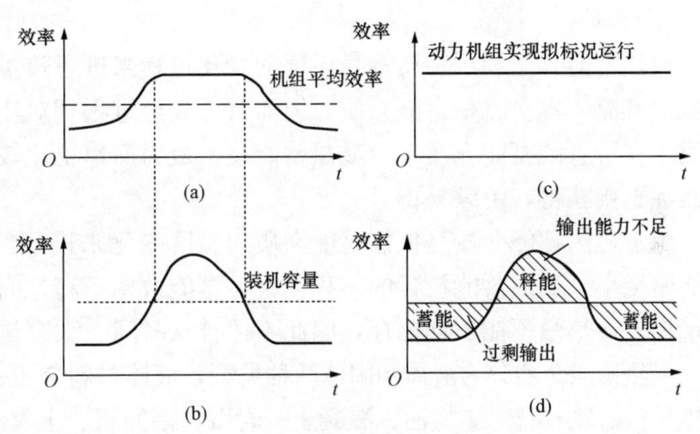

图 7-1　蓄能系统的特点

(a)、(b) 无蓄能系统；(c)、(d) 有蓄能系统

二、热传递方式

热传递的方式有 3 种：热传导、对流换热和辐射换热。这 3 种热传递的方式往往是伴随着进行的。蓄热系统通过对储能材料的冷却、加热、融化、固结、气化等方式实现储能目的，通过上述过程的可逆变化释放热能，它是一种平衡热量需求和使用的有效手段。热能的储存也就是利用上述 3 种热交换方式将能量通过蓄热介质储存起来，进而达到利用的目的。

三、蓄热系统分类

蓄热系统通常按蓄热介质进行分类。蓄热介质的选择是蓄热系统是否成功的关键问题之一，它在特定的温度（如相变温度）下发生物相变化，并伴随着吸收或放出热量，可用来控制周围环境的温度或用以储存能量。它把热量或冷量储存起来，在需要时再把它释放出来，从而提高能源利用率。当前已采用和正在研究的蓄热系统主要分为以下几种：利用蓄热介质状态变化过程所具有的显热、潜热效应释放的热量，利用化学反应过程中的反应热来进行能量储存。

（一）显热蓄能系统

1. 概念

所谓显热（Sensible Heat），是指物体在加热或冷却过程中，温度升高或降低而不改变其原有相态所需吸收或放出的热量（如水的升温所吸收到的热量就称为显热），当热量加入或移去后，会导致物质温度变化，而不发生相变。物质的摩尔量、摩尔热容和温差三者的乘积为显热。

显热蓄能技术是利用显热蓄能介质的温度变化来储存热能，即通过温度升高或降低而实现热量的储存或释放的过程，这种蓄能方式由于原理简单、技术成熟、材料来源丰富、成本低廉而广泛应用于太阳能发电等高温蓄能场合。但这种蓄能方式缺点是在释放能量时，其温度发生连续变化，不能维持在一定的温度下释放所有的能量，无法达到控制温度的目的，此外显热蓄能介质密度小，从而导致蓄能装置体积大，因此在工业上显热蓄能的应用率并不高。

此外，显热蓄能技术产生的温度较低，一般小于150℃，因此转换成机械能、电能或其他形式的能量效率很低，由于受到诸多局限性限制，显热蓄能系统通常利用蓄热水箱等设备为周围用户供热（如供暖、生活热水等）。

2. 介质

显热蓄能介质利用物质本身温度的变化过程来进行热量的储存，由于可采用直接接触式蓄能或者流体本身就是蓄能介质，因而蓄、放热过程相对比较简单，是早期应用较多的蓄能介质。在所有的蓄能介质中，显热蓄能技术最为简单也比较成熟。显热蓄能介质大部分可从自然界直接获得，价廉易得。

由于显热蓄能介质是依靠蓄能介质的温度变化来进行热量储存的，放热过程不能恒温，蓄能密度小，造成蓄能设备的体积庞大，蓄能效率不高，而且与周围环境存在温差时会造成热量损失，热量不能长期储存，因此不适合长时间、大容量蓄能。

显热蓄能介质分为液体和固体两种类型，液体材料常见的如水、海水、油类、液态金属，固体材料如砂—石—矿物油、混凝土、岩石、鹅卵石、土壤和熔融盐等。其中，水、水蒸气、砂石等既可以是蓄能介质，又可以是传热介质，消除了传热介质与蓄能介质之间的差。

常用的显热蓄能介质的物理特性见表7-1。

表7-1 显热蓄能材料的物理特性

蓄能介质	密度 (kg/m³)	比热容 [kJ/（kg·℃）]	平均热容量 [kJ/（m³·℃）]
水	1000	4.20	4200
岩石	2200	0.88	1936
土壤	1600～1800	1.68（平均）	2688～3024

3. 分类

根据蓄能介质的不同，显热蓄能又可分为液体显热蓄能、固体显热蓄能和液体-固体混合式蓄能。

（1）液体显热蓄能方式。液体显热蓄能介质应用最多的是水、蒸汽、导热油和液态金属。由于流体可以方便地传输热量，故液体显热蓄能在中高温利用中应用最为普遍，其中以水作为蓄热介质也最经济。常用液体显热蓄能设备为蓄热（冷）水箱。

（2）固体显热蓄能方式。当需要蓄存温度较高的热能时，利用液体蓄能则需要高压容器，不仅费用高，而且危险系数大，此时可采用固体显热蓄能。固体显热蓄能通常采用单位体积比热容和密度较高的固体材料作为蓄热介质，因考虑成本、耐高温能力等特点，常采用石块、陶瓷、花岗岩、氧化镁（MgO）等作为蓄热介质。蓄热介质的体积蓄热密度影响初投资成本，即密度越大，蓄热装置体积越小，初投资越少。常用固体显热蓄能设备为石块床蓄热器。

(3) 液体-固体组合式蓄能方式。为了改进液体蓄能介质与固体蓄能介质各自的缺点，可采用液体-固体组合式蓄能方式。这种蓄能方式兼备了液体和固体蓄能介质各自的蓄能优点，可综合利用液体比热容大及良好的热传输性能和固体蓄热密度大、容积密度小等特点。

(二) 潜热蓄能系统

1. 潜热

所谓潜热（Latent Heat），是指单位质量的物质在等温等压情况下，从一个相变化到另一个相吸收或放出的热量。因物质在吸入或放出热发生相变时不致引起温度的升高（或降低），这种热量对温度变化只起潜在作用，所以称为潜热，又称为相变潜热。潜热是物体在固、液、气三相之间及不同的固相之间相互转变时具有的特点之一。

潜热蓄能技术就是利用物质在相变过程中需要吸收或放出热量的这种原理进行蓄能的。由于相变过程是一个近似等温的过程，相变潜热单位质量储存的能量较显热大得多，使相变蓄能具有蓄能密度高（即潜热大），放热过程温度波动范围小（储热、放热过程温度近似），蓄热装置简单、体积小、设计灵活、使用方便且易于控制等优点，因此往往成为蓄能系统的首选形式。

潜热蓄能系统需要设置换热装置与蓄热设备联合运行，因为固态相变介质无法通过泵输送，因此在选择蓄热方案时，应考虑合理配置换热器。

2. 介质

潜热蓄能介质也是相变蓄能介质，其利用物质在相变过程发生的相变热来进行热量的储存和利用。与显热蓄能介质相比，相变蓄能介质蓄能密度高，能够通过相变在恒温下放出大量热量。

根据相变温度高低，潜热蓄能可分为低温和高温两种。低温潜热蓄能主要用于废热回收、太阳能储存及供热和空调系统，低温潜热蓄能材料主要有两类，即石蜡类及水化物类；高温相变蓄能介质主要有高温熔化盐类、混合盐类、金属及合金等，主要用于航空航天等。

(1) 冰。利用冰的相变时的溶解/凝固潜热来储存热量，每 1kg 冰的潜热为 335kJ，约为水的比热容的 80 倍。

(2) 四丁基溴化铵水合物浆体。四丁基溴化铵水合物浆体（TBAB）在常温下由四丁基溴化铵水溶液被冷却到 0～12℃时生成的。它是一种新型高密度潜热输送材料，在中央空调或区域供冷等系统中作为替代常规冷水的冷量输送媒体，具有显著的节能应用前景。

(3) 共晶盐。所谓水化物，主要是指盐水化合物，它是盐（如 $MgCl_2$）和水分子（H_2O）结合形成的化合物（如 $MgCl_2 \cdot 6H_2O$）。其中的水分子多数在构成盐的金属离子周围配置。此外有时在构成盐的阴离子周围也配置有水分子，也可能有与两种离子都不配位的水分子。

无机盐与水的混合物称为共晶盐，蓄能系统利用其凝固和溶解时释放或吸收的相变热进行蓄能。蓄冷常用共晶盐的相变温度一般为 5～7℃。共晶盐蓄冷方式的单位蓄冷（热）能力约为 74880kJ/m^3。一般相变材料吸放的热量大，每千克约有几百千焦数量级，储存相同热量所需相变材料质量为水的 1/3～1/4。

(4) 石蜡类。石蜡又称为晶形蜡，固体烷烃的混合物，通常是白色、无色无味的蜡状固体，在47～64℃溶化，密度约为0.9g/cm³。它不溶于水，但可溶于醚、苯和某些酯中。石蜡是很好的蓄热材料，其吸热量虽然低于水化物，但它们不产生固液分层，能自成核，无过冷，对蓄能容器几乎无腐蚀，因而得到广泛应用。

(5) 熔融盐。熔融盐是盐的熔融态液体，通常说的熔融盐是指无机盐的熔融体，现已扩大到氧化物熔体和熔融有机物。最常见的熔融盐是碱金属或碱土金属与卤化物、硅酸盐、碳酸盐、硝酸盐及磷酸盐等。熔融盐在常温下是固态，但熔化成液态后可利用其显热作为中高温利用领域中的热载体和蓄能介质，因而也可将液态熔融盐归类为显热蓄能介质。

(6) 低温潜热蓄能介质的物理特性。低温潜热蓄能介质的物理特性见表7-2。

表7-2 低温潜热蓄能介质的物理特性

蓄能介质	体积比热 [J/(cm³·℃)]	潜热 (J/cm³)	导热系数 [W/(m·℃)]
石蜡类	0.837～1.675	83.736～167.472	0.465
水化物	1.675～2.931	209.34～669.89	0.582～0.930

3. 分类

(1) 根据相变过程分类。相变蓄能过程主要有固-液相变、固-固相变、固-气相变和液-气相变4种类型。虽然液-气相变（即汽化过程，如水变水蒸气）和固-气相变（即升华过程，如冰变水蒸气）转化时伴随的相变潜热远大于固-液相变转化时的热量，但液-气相变和固-气相变转化时体积的变化很大，很难用于实际工程，故一般不采用这两种蓄能方式。常被利用的相变过程有固-液相变（即溶解过程，如冰变水）和固-固相变[如以活性炭颗粒（ACG）为吸附材料，高密度聚乙烯（HDPE）、聚乙二醇（PEG）为相变材料]。物质的相变三态变化如图7-2所示。

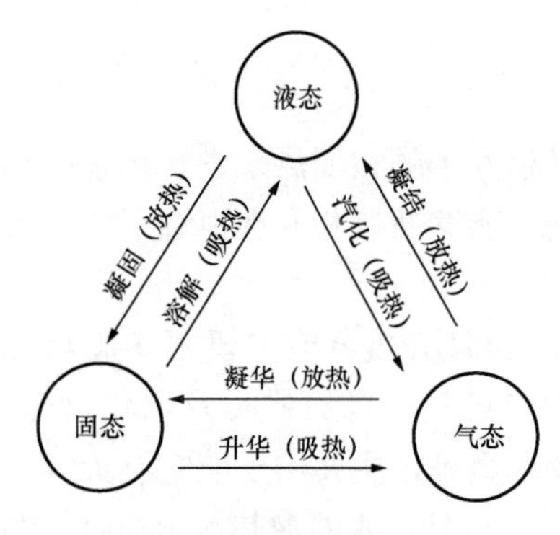

图7-2 物质的相变三态变化

图7-2所示相变三态变化过程分析如下：

1) 液态→气态：汽化过程吸热（加热），称为汽化热，通过相变材料的汽化过程进行蓄能；气态→液态：凝结过程放热（冷却），称为凝结热，通过相变材料的凝结过程放出热。

2) 固态→液态：溶解过程吸热（加热），称溶解热，通过相变材料的溶解过程进行蓄能；液态→固态：凝固过程放热（冷却），称凝结热，通过相变材料的凝结过程放出热量。

3) 固态→气态：固-气之间的潜热称为升华热（或凝华热），通过相变材料的升华过程进行蓄能；气态→固态：气-固之间，凝华过程放热（冷却），称凝结热，通过相变材料的凝结过程放出热量。

4) 固-固相变则是通过相变材料的晶体发生改变或通过相结构（原子或电子组态）的变化进行蓄能的，即固相中一种组织在温度或压力变化时，转变为另一种或多种组织的过程。

(2) 根据相变温度分类。根据相变温度高低，潜热蓄能又分为低温和高温两大类。低温潜热蓄能主要用于废热回收、太阳能储存及供暖和空调系统，高温潜热蓄能可用于热机、太阳能电站、磁流体发电及人造卫星等方面。

（三）热化学蓄能技术

1. 概念

热化学蓄能是利用可逆的化学反应，通过化学键的断裂和结合来进行热量的储存和释放。利用热化学反应可将生产中暂时不用或无法直接利用的余热，转化为化学能收集、储存于反应介质中；需要使用时，再通过逆向热化学反应将储存的能量释放出来，使化学能转变为热能加以利用。

$$A \underset{放热}{\overset{吸热}{\rightleftharpoons}} B + C \tag{7-1}$$

在某一温度下稳定的物质A由于吸热反应而分解成物质B和C，这样热能就以化学能的形式储存于B和C中。通过催化剂作用或在合适的温度、压力条件下，B、C物质会发生反向放热反应，而重新释放出原来储存的热量。

例如，十水硫酸钠（$Na_2SO_4 \cdot 10H_2O$）是最先用于蓄热的化学物质。当加热温度至32.4℃以上时，则形成无水硫酸钠的浓溶液，并吸收大量的热。而当温度降至32.4℃以下时，逆向发应发生，重新生成结晶体，同时放出相同量的热，其化学反应方程式如下：

$$Na_2SO_4 \cdot 10H_2O \xrightarrow{32.4℃} Na_2SO_4 + 10H_2O \tag{7-2}$$

与传统的显热、潜热蓄能方式相比，热化学蓄能的能量储存密度有着数量级的提升，其化学反应过程没有物理相变介质存在的问题，其在工作温度范围及稳定性上的优势显著。热化学蓄能技术主要优点表现在蓄能密度高、蓄能损失较小、蓄能量大、反应温度及速率在热能储存和释放过程中均可控制等方面。同时，通过催化剂或将反应物分离等方式，在常温下可长期储存热量，从而减少防腐及保温方面的投资，特别是对液体或气体可采用管道实现长距离输送。

由此可见，发展热化学蓄能技术的关键是选择好合适的蓄能介质和相应的热化学反应。这些反应应具有可逆性好，正、逆反应转变速率快等特点。蓄能介质应具有单位质量或单位体积蓄热量大，反应和生成物无毒性、无腐蚀性和不易燃烧，价格低廉，来源广泛等特点。

目前热化学蓄能技术尚未实现市场化，制约其商业化的关键问题之一是安全系数低，国外基于商业的化学蓄能反应通常在较高的温度条件下进行，同时会有氢气等易燃物质参与，这显然是增加了化学蓄能系统整体的风险指数，技术问题的复杂化导致一次性投资过大，同时，化学蓄能介质在反应器中的介质传热效率需要进一步提高。由于存在诸多不确定因素，故热化学蓄能大多均停留在实验阶段，近年来学术界围绕着该领域进行了一系列有益的探索，寻求安全且高效的化学蓄能技术是推动我国化学蓄能商业化的核心问题，其广泛的应用前景对国民经济和环保事业发展具有重大的科学意义。

2. 介质

热化学蓄能介质多利用金属氢化物和氨化物的可逆化学反应进行蓄能，在有催化剂、温度高和远离平衡态时热反应速度快。金属氢化物的蓄能原理是利用金属的吸氢性能，其在适当的温度和压力下与氢反应生成金属氢化物，同时发出大量的热能。

热化学蓄能介质具有蓄能密度高和清洁、无污染等优点，金属氢化物主要适用于较高的温度范围（500～1200K）反应过程复杂、技术难度高。反应同时有氢气的参与，因此对设备安全性要求高，安全性的问题导致一次性投资大。

（1）镁/氢化镁。氢化镁中的氢元素含量达到7.6%（质量分数），是所有双原子金属氢化物中最高的，其相应的蓄能密度达到了2827kJ/kg。此外，镁含量丰富，价格低廉，毒性低，因此得到了较为广泛的研究。

(2) 氢化钙。氢化钙作为一种蓄、放热温度在1175K以上的金属氢化物，其反应焓达到氢化镁的两倍以上，因此氢化钙在聚光式太阳能化学蓄能方面有着广阔的应用前景。

3. 分类

热化学蓄能方法大体可分为3类：化学反应蓄能、浓度差蓄能及化学结构变化蓄能。

(1) 化学反应蓄能。化学反应蓄能是指利用可逆化学反应储存热能，发生化学反应时，可以适当采用催化剂。用于蓄能的化学反应必须满足：在放热温度附近的反应热大；反应系数对温度敏感；反应速度快；反应剂稳定；对容器的腐蚀性小等条件。

(2) 浓度差蓄能。浓度差蓄能是利用硫酸盐溶液在浓度发生变化时会产生热量的原理来储存热量的，典型的是利用硫酸浓度差循环的太阳能集热系统，利用太阳能浓缩硫，加水稀释即可得到120～140℃的温度。浓度差蓄能多采用吸收式蓄能系统，也称为化学热泵技术。

(3) 化学结构变化蓄能。化学结构变化蓄能是利用物质化学结构的变化而吸热（放热）的原理来蓄放热的蓄能方法。

第三节 显热蓄能系统

显热蓄冷（热）物质无变化，利用其温度的变化储存冷（热）量。这种蓄能方式具有蓄能系统简单、价格便宜、运行成本低等优点。但这种蓄能方式缺点是密度小、蓄能装置体积大。

常用的显热蓄冷（热）系统是以水作为蓄能介质的蓄冷（热）系统，其利用水的显热储存冷（热）量。

一、水蓄冷（热）系统

水蓄冷（热）系统是利用水作为蓄能介质，将夜间电网多余的谷段电力（即低电价时段）与水的显热相结合来蓄冷（热），以低温冷水或高温热水的形式，通过蓄能设备储存冷量或热量，并在用电高峰时段（即高电价时段），使用储存的低温冷水或高温热水作为冷源或热源为用户供能的蓄能系统。

常用的水蓄冷（热）系统为：电锅炉＋蓄热水箱蓄能系统和冷水机组＋蓄冷水箱（槽）蓄冷系统。

(一) 水蓄冷（热）系统的应用

1. 应用背景

近年来随着生产发展和生活用电需求的增大，使得电力系统峰谷负荷差逐年增大，此外由于“三北”地区热电联产机组多，冬季谷段热电机组深度调峰十分困难，导致电网不得不实行拉闸限电，供暖期“弃风、弃光”现象已成为常态。

电虽不能大量储存，但是可以利用改变能源形式的方式，通过能量的转换起到间接“储存”电能的作用，即将蓄能技术和电力系统的分时电价相结合，从宏观上可以起到转移电力高峰用电量、平衡电网，微观上可以为用户节省大量的运行费用，对降低用电设备能耗有着巨大的能源效益和经济效益。

随着国家在大力引导低谷电价采取降低电价等措施，电力部门相继出台的低谷用电优惠政策，在全国各地先后实行分时电价（以北京一般商业用电，1～10kV 为例，分时电价政策为：高峰时段 10:00～15:00、18:00～21:00，电价 1.3782 元/kWh；平电时段：7:00～10:00、15:00～18:00、21:00～23:00，电价 0.8595 元/kWh；谷电时段：23:00～7:00，电价 0.3658 元/kWh），鼓励充分利用低谷电成为能源综合利用的重点发展方向，这为蓄能技术的应用推广带来了契机。

2. 电锅炉（冷水机组）＋蓄热水箱系统

电锅炉（冷水机组）＋蓄热水箱系统是以电锅炉作为热源，水或者其他介质作为热媒，利用峰谷电价差，在供电低谷时，开启电锅炉将水箱的水加热、保温、储存；在供电高峰及平电时，关闭电锅炉，将储存在蓄能设备（如蓄热水箱、水槽）中的热能释放出来，供热用户使用。

电锅炉是将电能转换为热能，并将热能传递给蓄能介质的供能设备。核心部件一般为电热管，通电后可产生热量，加热蓄能介质。电锅炉常用的蓄热方式为水蓄热、固体蓄热、相变介质蓄热，最常用的是水蓄热。

电锅炉（冷水机组）＋蓄热水箱系统以高效无污染、操作方便、维修简单、运行费用低等优势被广泛应用于的供热系统，该系统能够在一定程度上起到削峰填谷、节省运行费用的效果，并且解决供暖能源供给问题，为促进风电消纳、维护电网稳定、提高供热质量、实现节能减排提供了一条有效途径。

值得注意的是，由于利用电力转换方式来蓄能的系统运行成本昂贵，故如不利用电力部门低谷优惠用电政策，而是单纯把电能（高品位能源）转换成热能（低品位能源），经计算当电价为 0.2 元/kWh 时折合成的热价超过 80 元/GJ，是十分不经济的。

(1) 系统的组成。系统由电锅炉、冷水机组、蓄热水箱（蓄能介质模块）、换热器、水箱循环泵、供热泵、补水泵、定压装置、电动三通阀等设备组成。电锅炉（冷水机组）＋蓄热水箱系统组成如图 7-3 所示。

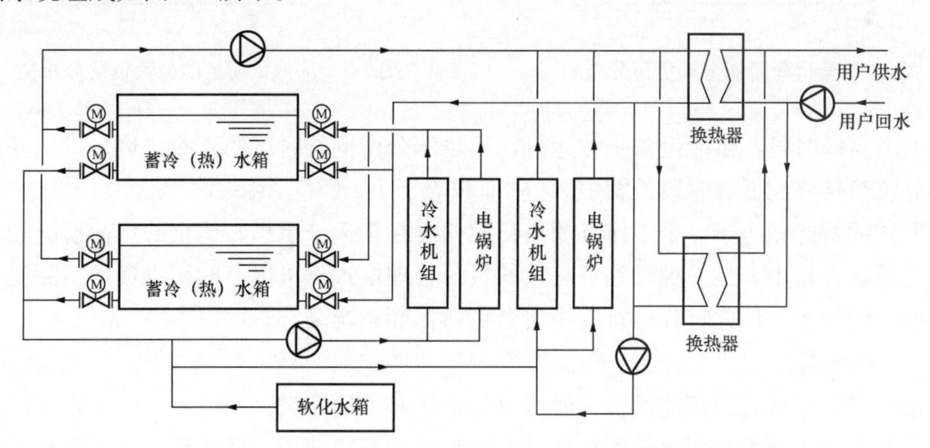

图 7-3 电锅炉（冷水机组）＋蓄热水箱系统组成图

(2) 运行策略。运行策略是指蓄能系统以设计循环周期（如设计日或周等）内建筑物的负荷特性及其冷（热）量的需求为基础，按电费结构等条件对系统以蓄能容量、蓄能/释放方式等运行方式做出最优的运行安排。一般可归纳为全负荷蓄能和部分负荷蓄能两种模式。

1) 全负荷蓄能策略（全谷电运行）。全负荷蓄能策略是蓄能装置承担设计周期内全部热（冷）负荷，电锅炉（冷水机组）在夜间用电低谷期（即谷电时段，执行谷电优惠电价）启动运行并在供能的同时蓄热（冷），将能量储存在蓄热水箱中，当蓄能量达到周期内所需的全部负荷量时，关闭供能设备；在白天平电及高峰期（即平、峰电时段，执行平电电价和峰电电价），不启动供能设备，由蓄热水箱内储存的能量释放出来供给供能系统使用。全负荷蓄能一个设计周期内负荷分布如图 7-4 所示。

将低谷时段的冷（热）量（图 7-4 中 B、C 部分）蓄存起来在供电高峰时段使用，图中 A 的面积与 $B+C$ 相等。

此方式可以最大限度地转移高峰用电负荷。由于蓄能设备要承担供能系统的全部负荷，故需设置容量较大的蓄能设备，从而导致初投资较高，但此种方式运行费用最省。全负荷蓄能方式一般适用于白天供能时间较短或要求完全备用能量及峰、谷电价差特别大的情况。

2）部分负荷蓄能策略。部分负荷蓄能策略是蓄能装置只承担设计周期内的部分冷（热）负荷，供能设备在夜间非用电高峰期（即谷电时段，执行谷电优惠电价）开启运行供能，同时储存周期内部分高峰时段的冷（热）负荷量，即白天冷（热）负荷的一部分由蓄能装置承担，另一部分则由供能设备直接提供。此种蓄能策略中供能设备基本上是全天运行。

部分负荷蓄能全天负荷分布如图 7-5 所示。

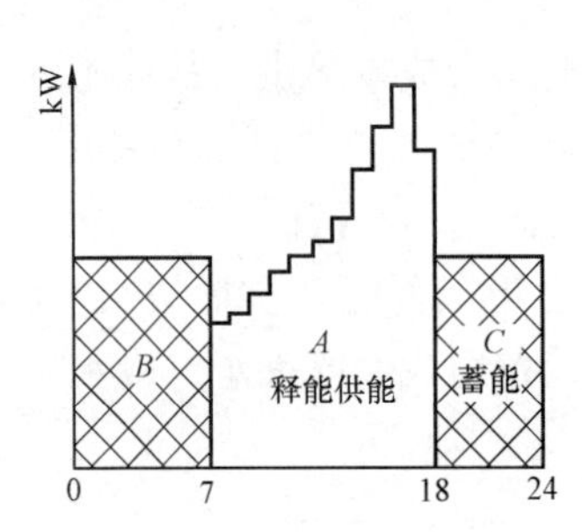

图 7-4 全负荷蓄能全天负荷分布图

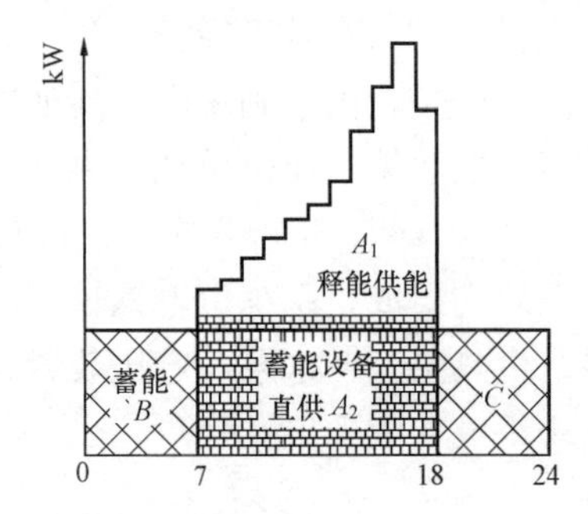

图 7-5 部分负荷蓄能全天负荷分布图

在电力高峰时段，供能设备仍然运行，不足部分由低谷时段的蓄冷（热）量来补充，即只将部分负荷转移到低谷时段。图中 A_1 的面积等于 $B+C$ 且 $A_1=A_2$。

此方式的蓄能相当于一个工作日的负荷被均摊在全天来承担，比全部负荷蓄能的利用率高，蓄能设备容量小，是一种较经济有效的负荷管理模式，可以节约初投资，实际工程中采用这种模式的较多，但此方式运行费用比全负荷蓄能系统高。

（二）水蓄冷（热）系统的蓄能设备

水蓄冷（热）系统的蓄能设备一般可分为常压和承压两类。

常压蓄能设备通常采用水箱蓄热器，冬季夏季均可以使用，冬季是用来蓄热水，夏季用来作为蓄冷水。

1. 小型蓄热水箱

小型蓄热水箱是指一般小型供热系统及空调系统采用的蓄热水箱。根据国标选用的小型蓄热水箱有几种，在此仅对工程中经常使用的组合式不锈钢板给水箱进行介绍［参考国家建筑标准设计图集《矩形给水箱》（02S101）］。

小型蓄热水箱剖视图如图 7-6 所示。

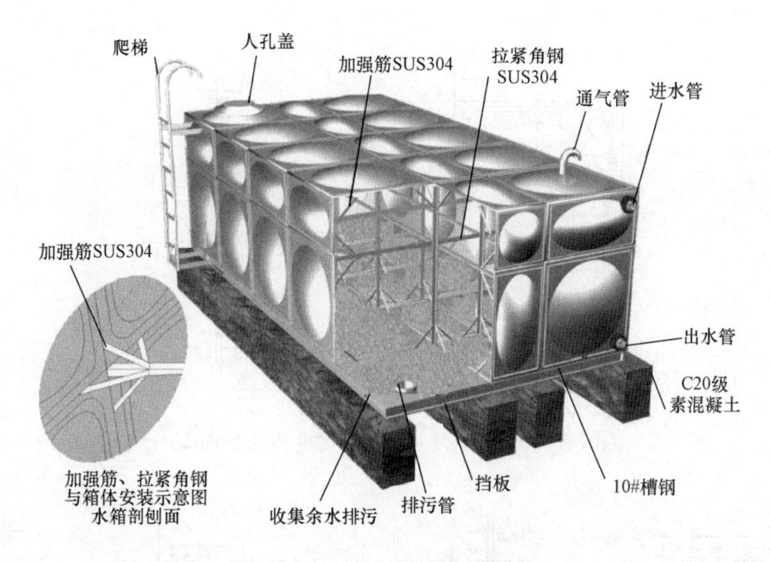

图 7-6 小型蓄热水箱剖视图

（1）适用范围。适用于小型分布式蓄能系统中的蓄热水箱，也可用于一般工业生产及民用的生活冷水、热水、中水、消防等给水的储水装置。当用于生活水时应符合相应的生活用水规定。

（2）组合式不锈钢板水箱的结构。

1）外形结构。组合式不锈钢板水箱是在工厂预制的成品水箱，由成型模具液压拉伸成型的单元矩形凹凸板拼装焊接而成的标准块组成，可根据现场实际情况、不同的尺寸要求、不同的吨位要求进行灵活组装，具有耗材较少、结构强度较高、无须大型吊装设备、运输方便、防蚀抗裂、美观耐用等特点。

水箱 3 种标准板尺寸分别为 1000mm × 500mm、1000mm × 1500mm 和 1000mm × 1000mm。根据水箱尺寸大小配合合适的标准板之后，在外面进行保温，保温厚度及其材料可参考国家建筑标准设计图集《管道和设备保温、防结露及电伴热》（03S401）的相关内容。

组合式不锈钢板水箱平立面图如图 7-7 所示，3 种标准板块详图如图 7-8～图 7-10 所示。

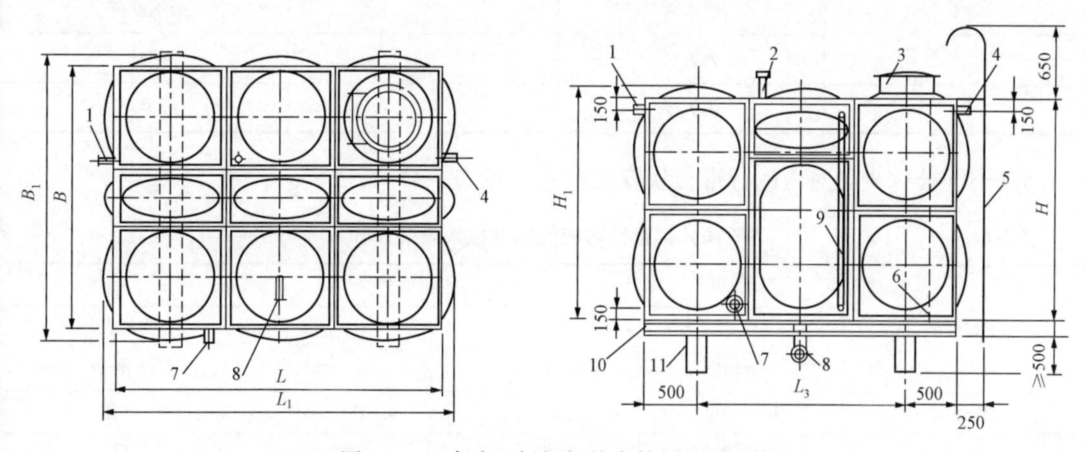

图 7-7 组合式不锈钢板给水箱平立面图

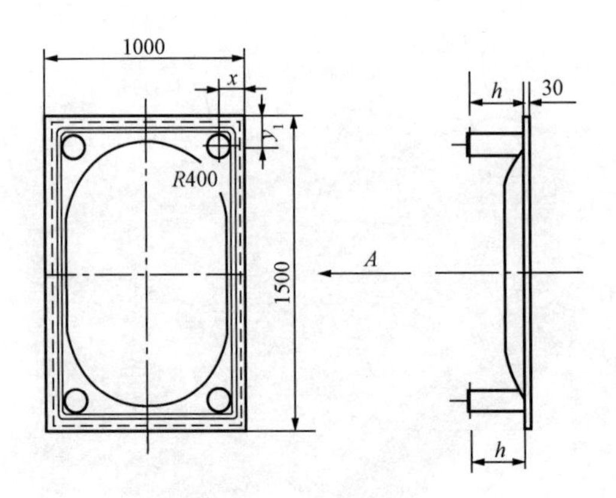

图 7-8　1000mm×1500mm 标准板块平面图

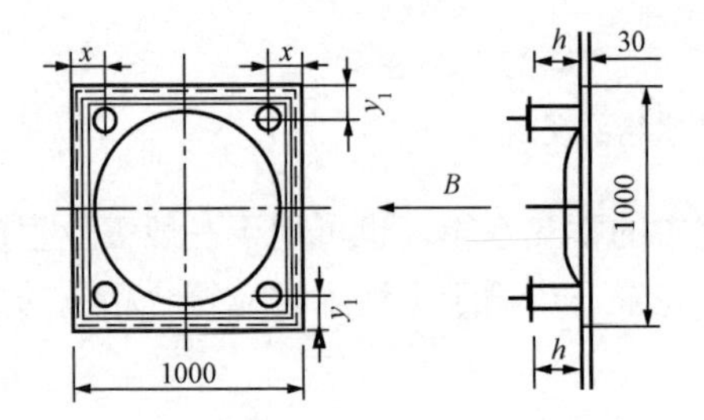

图 7-9　1000mm×1000mm 标准板块图

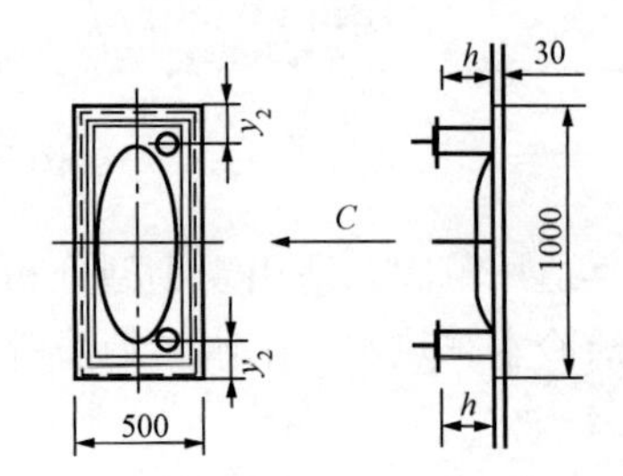

图 7-10　1000mm×500mm 标准板块图

2）组合式不锈钢板给水箱各部件名称，见表 7-3。

表 7-3　　组合式不锈钢板给水箱部件名称

编号	部件名称	编号	部件名称
1	溢流管	7	出水管
2	透气管	8	泄水管
3	人孔	9	水位计
4	进水管	10	型钢底架
5	外人梯	11	基础
6	内人梯		

3）不同公称直径对应的标准板块安装尺寸，见表 7-4。

表 7-4　　不同公称直径对应的标准板块安装尺寸

公称直径	安装尺寸			
	x（mm）	y_1（mm）	h（mm）	y_2（mm）
DN20	100～160	100～160	150	115
DN25	100～160	100～160	150	115

续表

公称直径	安装尺寸			
	x (mm)	y_1 (mm)	h (mm)	y_2 (mm)
DN32	120～160	120～160	150	115
DN40	120～160	120～160	150	115
DN50	120～150	120～150	150	115
DN65	120～150	120～150	150	115
DN80	140	140	150	
DN100	140	140	150	
DN150	150	150	150	
DN200	150	150	150	

4）一些常用容积组合式不锈钢水箱规格技术参数，见表 7-5。

表 7-5　组合式不锈钢水箱规格技术参数

工程容积 (m^3)	箱体尺寸			外形尺寸			箱板厚度				基础参数		水箱质量 (kg)
	L	B	H	L_1	B_1	H_1	箱底	箱壁			L_2	n	
								1段	2段	3段			
1	1000	1000	1000	1170	1170	1085	2.0	1.5			1300	2	143
2	2000	1000	1000	2170	1170	1085	2.0	1.5			2300	2	237
4	2000	2000	1000	2170	2170	1085	2.0	1.5			2300	2	390
8	2000	2000	2000	2170	2170	2085	2.5	1.5	2.0		2300	2	667
12	3000	2000	2000	3170	2170	2085	2.5	1.5	2.0		3300	2	912
16	4000	2000	2000	4170	2170	2085	2.5	1.5	2.0		4300	3	1155
18	3000	3000	2000	3170	3170	2085	2.5	1.5	2.0		2300	2	1219
24	4000	3000	2000	4170	3170	2085	2.5	1.5	2.0		4300	3	1525
30	5000	3000	2000	5170	3170	2085	2.5	1.5	2.0		5300	3	1832
32	4000	4000	2000	4170	4170	2085	2.5	1.5	2.0		4300	3	1914
40	5000	4000	2000	5170	4170	2085	2.5	1.5	2.0		5300	3	2302
48	6000	4000	2000	6170	4170	2085	2.5	1.5	2.0		6300	4	2672
75	5000	5000	3000	5170	5170	3085	3.0	1.5	2.0	2.5	4300	3	3689
90	6000	5000	3000	6170	5170	3085	3.0	1.5	2.0	2.5	6300	4	4267
105	7000	5000	3000	7170	5170	3085	3.0	1.5	2.0	2.5	7300	4	4842
120	8000	5000	3000	8170	5170	3085	3.0	1.5	2.0	2.5	8300	5	5418
144	8000	6000	3000	8170	6170	3085	3.0	1.5	2.0	2.5	8300	5	6258
180	10000	6000	3000	10170	6170	3085	3.0	1.5	2.0	2.5	10300	6	7584

注　1. 质量包括型钢支架重。

2. n 为基础根数。

3. 箱顶厚度均为 1.5mm。

4. 表中未注明单位均为毫米（mm）。

(3) 组合式不锈钢板水箱设计规定。

1) 水箱附件。水箱附件为上锁人孔、内外人梯、水位计、透气管、进水管、出水管、溢流管、泄水管、药液管等，可以按设计需要进行调整。

2) 水箱高度大于和等于1500mm时，设内外人梯。

3) 考虑水箱强度，最大开孔不得大于200mm接管，凡经设计计算管径大于200mm时应设置两根。

4) 水泵高低电控水位考虑保持一定的安全容积，高水位应低于溢水位不小于100mm，低水位高于设计最低水位不小于200mm。

5) 水箱利用市政管网进水时，进水管出口应装设液压阀或浮球阀控制，并且当管径不小于50mm时，应设置两个进水口。当利用加压泵进水时，应设置水位控制加压泵启闭，不可装设液压阀或浮球阀。

2. 大型蓄热水罐

在国内外热电厂供热系统中采用大型蓄热罐，其容量从几百立方米到几万立方米。如以容积为25000m^{3}的某热电厂蓄热罐（见图7-11）为例，蓄热能力为1050MW，相当于该热电厂最大供热能力的3倍还多。这种蓄热罐冬季可以存热水，夏季可以存冷水。

国外某热电厂2×25000m^{3}的蓄热罐如图7-11所示。

(1) 蓄热罐的结构。蓄热罐可用钢板焊接而成或采用钢筋混凝土结构，其体积与高度由供热系统的需要而决定。蓄热罐内部安装上下布水盘用于对蓄（放）热的水流控制，蓄热器外部设置水泵及相应的控制阀。

蓄热罐的结构可根据工程的具体情况确定，通常为了提高蓄热罐的利用率、降低造价，蓄热罐大多设计为圆柱形立式钢罐，类似于储油罐，并对罐体进行隔热保温。平底圆柱形的蓄热罐外表面积与体积之比小于同样容积的矩形罐，因此前者的热损失就小于后者，所以工程中宜采用圆柱形蓄热罐。蓄热罐中蓄能介质的量要保证系统能运行一定时间，从而可计算出蓄热罐的直径。根据供热系统的需要决定其容积，从而可计算出蓄热罐高度。

大型蓄热罐外形图如图7-12所示。

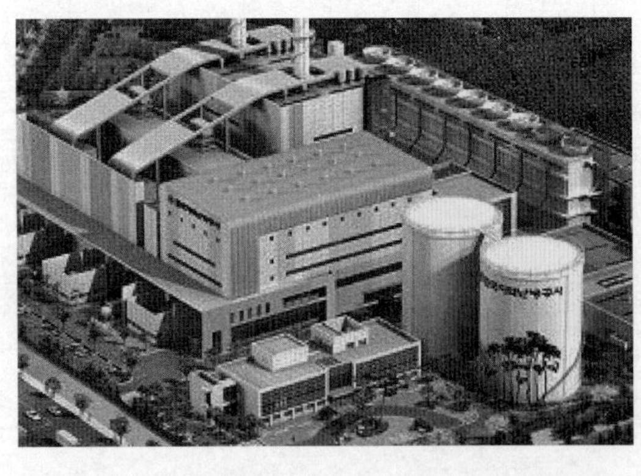

图7-11 国外某热电厂2×25000m^{3}蓄热罐

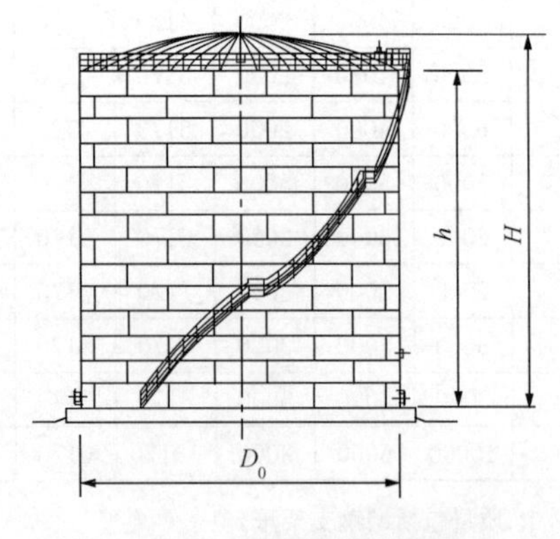

图7-12 大型蓄热罐外形图

几种大型蓄热罐主要数据见表7-6。

表 7-6　典型大型蓄热罐数据

序号	蓄热罐容积 (m^3)	蓄热（冷）能力		罐内径 D_0 (m)	罐高 h (m)	总高 H (m)	质量 (t)
		蓄热 (MW)	蓄冷 (MW)				
1	1000	42	7	8	20	20.87	58
2	2000	84	15	12	20	21.26	98
3	3000	126	22	14	20	21.53	150
4	5000	210	37	16	25	26.75	220
5	7000	294	52	19	25	27.08	320
6	10000	420	73	22	28	30.40	600
7	20000	840	147	29	30	33.17	1200
8	25000	1050	184	30	35	37.28	1500
9	30000	1260	221	33	35	38.60	1800

注　蓄热罐的蓄热温差按 40℃，蓄冷温差按 7℃，并考虑效率等相应因素计算得出。

(2) 蓄热罐的工作原理。蓄热罐的工作原理是利用冷水和热水密度差而形成的冷热水分层原理，高温的供水处于蓄热罐的上部区域，而低温的回水处于蓄热罐的下部区域。

蓄热时，高温热水从蓄热罐上部区域进入罐内，而低温热水从蓄热罐底部回去；放热过程，则流向相反。为了保证蓄热罐的可靠运行，最重要的是控制进入和流出的水流量，以防止蓄热罐内冷热水层的混合。

蓄热罐的结构及原理如图 7-13 所示。

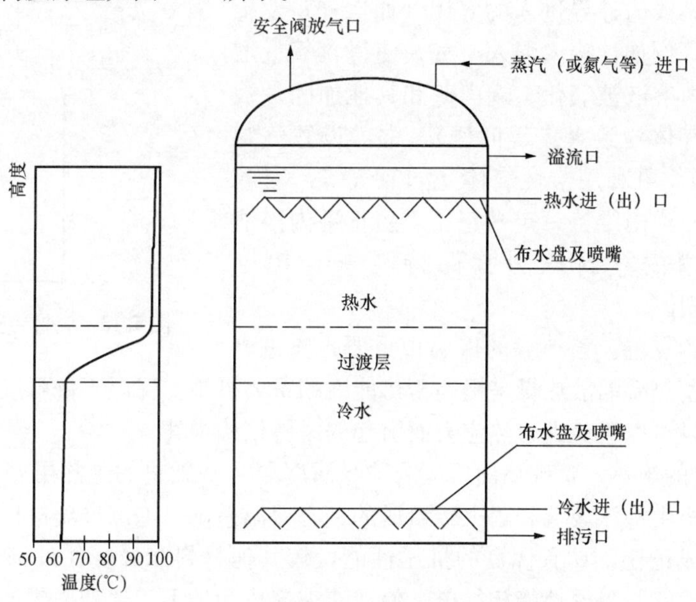

图 7-13　蓄热罐的结构及原理示意图

从图 7-13 可见，蓄能时热水从上部水管进入，冷水从下部水管排出，过渡层下移，直至过渡层消失；放热时，热水从上部水管排出，冷水从下部水管进入，过渡层上移，直至过渡层消失从而完成一个蓄热/放热的过程。

此外，由于热用户的热负荷是随着室内外温差及用户的用热习惯而变化的，因此就存在负荷在高峰与低谷间波动，为了满足用户供热的需求，蓄热罐还应设置可以根据热负荷变化对供热量进行实时调整的控制系统。

蓄热罐可根据工程项目的热源和热用户之间的地形高差等因素与供热管网直接连接或间接连接。

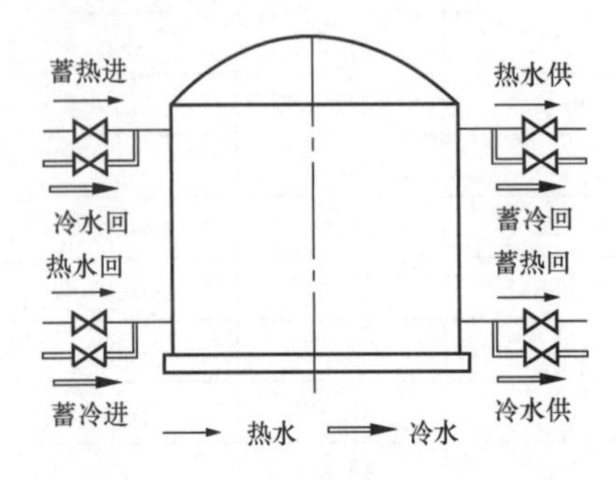

图 7-14　蓄热罐接口管位置示意图

(3) 蓄热罐的管道接口。为了提高能源利用效率，使冷（热）水的充分地混合、避免有局部死角及流动短路问题，热（冷）接口管位置尤为重要，为此国外进行了许许多多的试验研究。蓄热罐接口管位置，如图 7-14 所示。

(4) 蓄热罐的通气阀及气封装置。

1) 通气阀。一般蓄热罐内压力通常接近大气压力，当室外气温上升或当系统运行时，由于蓄热罐内介质的汽化、溶液膨胀，使得罐内气体被压缩，压力升高；当室外温度下降或蓄热罐内溶液被排出时，罐内的介质冷凝，使得罐内气体膨胀，压力降低，罐内压力会低于大气压力（真空侧）。

为了防止罐内压力变化，一般在罐内设置所谓“通气阀”。通气阀压力一般设定在±0.25kPa处，当罐内压力超过+0.25kPa 时，则排泄罐内的气体，抑制压力上升；如罐内压力低于−0.25kPa 时，往罐内注入气体，防止罐内压力降低。

2) 气封装置。为了防止罐内溶液因与进入的外界物质接触而被污染或与外界进入的气体（如空气）发生化学或生物反应（例如，罐内混入空气，使得含氧量增加，从而导致罐内溶液被氧化、罐内壁和其他加固件被腐蚀；进入可燃气体导致火灾等问题)，常需设置气封装置（见图 7-15)，可利用惰性气体（如氮气等）对蓄热罐进行气封，使罐内维持一定微正压，防止罐内溶液与外界接触。罐内气封压力宜保持在+0.10～+0.12kPa的微正压。

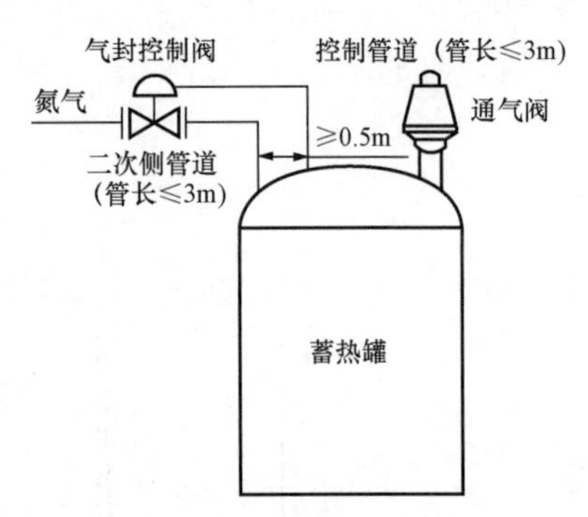

图 7-15　气封装置安装示意图

(5) 蓄热罐的保温。蓄热罐的保温很重要，应进行隔热保温，减少蓄热罐的散热量是提高蓄热能力的重要措施。保温不仅可以减少热损失、提高蓄热能力，而且可以避免由于热应力而引起的罐体结构损坏。

1) 基础垫层的绝热。基础垫面层应为绝缘防腐层，基础垫的绝热层安装在蓄热罐的底部，该层包括一个由泡沫玻璃和耐火砖组成的夹心保温系统。泡沫玻璃机械强度较高，强度变化与表观密度成正比，具有优良的抗压性能，较其他材料能经受住外部环境的侵蚀和负荷。优良的抗压性能与阻湿性能相结合，使泡沫玻璃成为地下管道和槽罐地基最理想的绝热材料。蓄热罐基础垫层最外区支撑蓄热罐侧壁和缓解热膨胀，包括绝缘耐火砖和硬耐火砖两种类型的防火砖。内区支撑着蓄热罐的底层并由多个交错的隔热玻璃泡沫、裂缝检测仪和蓄热罐底层的干砂层组成，在外区和内区之间的区域挤满了矿棉。耐火砖材料和泡沫玻璃容易引起化学作用，因此需注意蓄热罐裂缝的产生。

2）蓄热罐侧壁和罐顶的隔热。储罐的罐体外壁要求涂两遍底漆，并加保温材料。

蓄热罐侧壁和罐顶的保温由3层组成，即内层、芯层和外层。

a. 内层可采用食品级不锈钢板、镀锌板、铝板或彩钢板；

b. 芯层介质可采用聚氨酯发泡、聚苯乙烯、聚丙乙烯泡沫、岩棉、聚乙烯高发泡保温材料（PEF）；

c. 外层可以采用一般材质的不锈钢板、镀锌板、铝板或彩钢板。

水箱板的厚度可以根据水箱的大小、高度来决定，保温的材料也可以选择石棉或者岩棉。同时保护层应考虑防水、防晒、防风等措施，承受室外各种环境条件。

（6）蓄热罐的功能与作用。

1）加强热电厂经济、稳定地运行。在热电联产供热系统中，建设蓄热罐对提高热电厂的供热能力、降低热电厂的供热量波动、提高供热质量、节约能源等方面都具有重要的作用和意义。

使用蓄热罐的主要效益是在同样热负荷状态下能够提高热电厂的发电生产（减少热电厂的凝汽运行），减少热电厂部分负荷运行。蓄热罐可被看作为热源与热用户之间的缓冲装置，主要用于平衡热负荷、消除峰值并为热源提供灵活性。建设蓄热罐后热电厂可以长期在满负荷下运行，将多余的热量储蓄在蓄热罐中，在热网尖峰负荷状态下，蓄热罐与热电厂联合供热，可降低尖峰热源的供热量，优化系统的运行，提高热电厂的经济性。

2）蓄热罐可提高供热系统安全性。蓄热罐可作为供热系统的备用热源，当供热系统发生意外事故时，蓄热罐可以及时运行补充供热，防止造成大面积停热状态。

3）热网事故时的紧急补水系统。蓄热罐可作为突发事故时热网的紧急补水系统，当热网某处突然爆裂而大量失水时，与热网直接连接的蓄热罐可立即向热网系统补水维持系统压力，以防止热网系统因此种情况被迫停运。

4）蓄热罐可作为调峰热源。蓄热罐又一个重要作用是可以作为调峰热源，用于供热系统的削峰填谷，它的调峰能力可以替代调峰热源，节约调峰热源厂的燃料消耗。

同时，蓄热罐也可以起到电网调峰作用，根据电网的调度，调节热电厂发电出力，一般蓄热罐可以容纳6～8h供热平均热负荷，说明热电厂发电机组可以停止供热6～8h，供热系统的热源完全由蓄热罐承担。

5）蓄热罐可作为定压系统。直接与供热系统连接的蓄热罐，蓄热罐高度根据系统定压高度来选择时，可以作为供热系统定压罐。由于蓄热罐始终保持恒定的液位高度，它可以保证供热系统静压值恒定，因此可作为热网的定压系统。

（7）大型蓄热罐容量的选择。根据国外资料，蓄热罐容积宜按储存供热系统平均供热负荷的5～6倍的能力来选择。

二、蒸汽蓄热器

（一）蒸汽蓄热器的应用场合

（1）热负荷波动大且频繁的供热系统。主要目的是稳定汽源的供汽压力，从而提高供汽品质和汽源热效率。

（2）瞬时热能耗量极大的供热系统。对于瞬时耗汽量极大的供热系统，可采用容量小的锅炉配以足够容量的蒸汽蓄热器，就可节省初次投资，保证供汽。

(3) 热源间断地供热或供热量波动大的供热系统。在汽源供汽不连续或流量波动大的供热系统，安装蒸汽蓄热器后可以实现连续供汽。

(4) 需要储存热能供紧急用汽的场合。蒸汽蓄热器作为一种热力设备，它可以随时把暂时用不完的多余蒸汽储存起来，当用户遇到正常供汽临时中断时，可供紧急用汽。

(二) 蓄热器的工作原理

蒸汽蓄热器的工作原理是将热能以饱和水的形式储存起来，即在压力容器中储存水，将蒸汽通入水中加热水，使容器中水的温度和压力升高，形成具有一定压力的饱和水；然后在容器内压力下降的条件下，饱和水成为过热水，如压力降低，立即汽化而蒸发，变成二次蒸汽，以饱和蒸汽的形式释放出去。

蒸汽蓄热器运行时筒体内部充有60%～90%的饱和热水，下部水空间内装有充热装置，水面以上为蒸汽空间。当用汽设备负荷小于汽源供汽量时，供汽管中压力升高，锅炉产生的过剩的高压蒸汽通过蓄热器内部充热装置喷入软化水中，冷凝放出汽化潜热，使罐内软化水的温度逐渐升高，从而提高水的压力与温度，形成一定压力下的饱和水，相应地使蓄热装置蒸汽空间的饱和蒸汽压力也随之升高，完成一个充热过程；当用汽设备负荷突然增加直至高于汽源供汽量时，汽源供汽管道中压力将会降低，一直降到低于蓄热装置蒸汽空间饱和压力时，蓄热装置中饱和水变成为过热水，从而进行沸腾放热，产生蒸汽以补充汽源供汽量的不足，罐内压力降低，水位降低，完成一个放热过程。

蒸汽蓄能系统通过蒸汽蓄热器对热能的吞吐作用，从而可使供能热源在满负荷或某一稳定负荷下平稳运行。

常见的卧式蒸汽蓄热器外形及原理如图7-16所示。

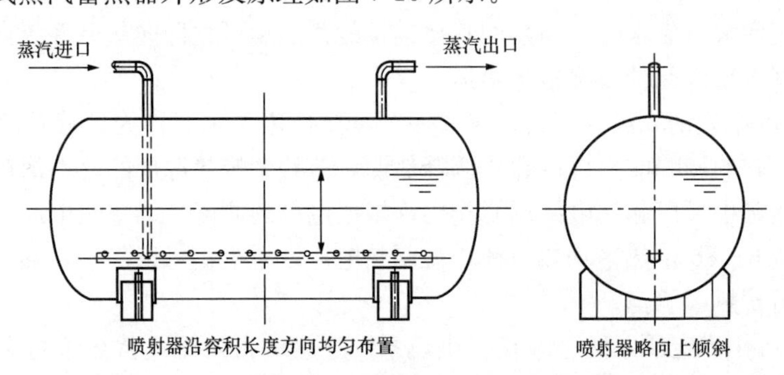

图7-16 蒸汽蓄热器外形及原理图

充热时蒸汽在喷嘴中将压力能转变为动能喷入水中与水混合提高水温，由于循环导流筒的作用，低温水由循环筒下部进入，被加热的热水从循环筒上部流出，水在每组加热喷嘴周围流动，搅动水空间，使水均匀加热。

蓄热装置加热过程是饱和水温度和饱和蒸汽压力升高的过程；蓄热装置放热过程是饱和蒸汽压力和饱和水温度降低的过程。蓄热装置工作时，内部压力是变化的，因此这种蒸汽蓄热器又称为变压式蒸汽蓄热器。由于蓄热和放热是通过内部热水实现的，故又称为显式变压式蓄热器。

(三) 蓄热器的分类

目前常见的蓄热器，按其内部压力情况可分为定压式与变压式两种。一种是定压式蓄热器，即给水蓄热器，它是将储存的能量由给水携带进入锅炉，其特点是容器内水的压力不变，这种蓄热器应用较少；另一种是变压式蓄热器，即蒸汽蓄热器，它是将储存的能量由蒸汽携带进入供热系统，其特点是容器内压力和温度都是变化的，这种蓄热器是现在主要的使用形式。

按蓄热器的结构又分为卧式和立式两种。目前卧式蓄热器应用较多，其优点是蒸发面积大，其要求的强度和稳定性相对较低，检修安装方便；缺点是占地面面积较大，只适宜于场地较大的单位使用。立式优缺点恰恰相反。

（四）蒸汽蓄热器的结构

蒸汽蓄热器是一个承压容器，一般承压能力都设计得高于锅炉的最高工作压力。

常用的蒸汽蓄热器是一个钢制圆筒形压力容器，外壁有保温层，内部装设充热蒸汽总管和支管，支管末端装有喷口向上的蒸汽喷嘴，喷嘴外围有循环导流筒，这些总称为内部装置，其作用是使储水做必要的循环，消除出现温度分层现象。一般情况下，蓄热器的进汽口通过自动调节阀与来自锅炉的蒸汽管道相连，其出汽口通过自动调节阀与低压用汽管道相连。因此，蓄热器的充热和放热均为全自动调进行。

在蓄热器筒体顶部设集汽包、人孔。集汽包的蒸汽出口处装设一个汽水分离器，以保证出汽不带水和蒸汽冷凝时水的回流。蒸汽蓄热器内部的充热装置是由单排或双排布置（根据容量不同确定）的蒸汽分配管和蒸汽分配管下连接的若干喷嘴组成，每组喷嘴又由一只循环导流筒和一组喷嘴组成。常用水循环管的形状有圆柱形和缩放管形。

蓄热器筒体壁上设置有蒸汽入口和出口、人孔、进水口，其底部装有排水口和支座（固定支座和滑动支座各一只）。此外，还装有水位计、温度计、压力表等检测仪表，并根据工程要求装设蒸汽流量计、蒸汽调节阀、止回阀等。

蒸汽蓄热器蓄热能力主要取决于喷嘴的喷射形式或蒸汽溶于水的速率大小，喷嘴所喷出高压蒸汽的速度越快，则蓄热能力越大。

蓄热装置外部及管路应进行保温。蓄热装置保温采用高密度岩棉保温板，共3层，每层厚40mm，外壳衬0.4mm彩钢板。

（五）蒸汽蓄热器系统运行方案

1. 蒸汽蓄热器连接方式

蒸汽蓄热器连接方式分为并联和串联两种，并联系统蒸汽蓄热器进汽管与放汽管相连通，高压蒸汽可直接通过自动调节阀组流入低压供汽管系统；串联系统高压蒸汽必须经过蒸汽蓄热器再流入低压供汽管系。

串联系统适用于脉冲式间断用汽的供热系统或者蓄能装置兼作减温器使用的场合。

并联系统是常用的方式，并联方式连接的蓄能装置系统如图7-17所示。

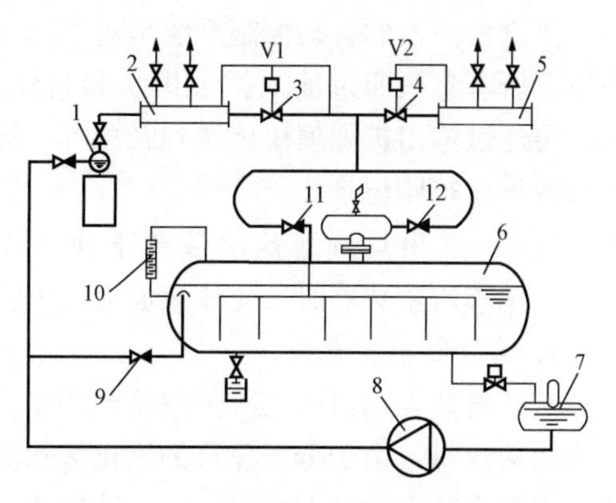

图7-17　并联方式的蓄能装置系统示意图

1—汽源；2—高压分汽缸；3—V1调节阀组；4—V2调节阀组；5—低压分汽缸；6—蒸汽蓄热器；7—除氧水箱；8—给水泵；9—给水止回阀；10—水位计；11—进汽止回阀；12—放气止回阀

蒸汽蓄热器典型的并联系统其主要工作流程：热源蒸汽通过高压分汽缸，可直接向高压用汽用户供汽，也可以通过自动调节装置进行调节后，进入低压供汽管系和蓄热器，再通过低压自动调节装置，进入低压分汽缸向低压用户供汽。

2. 蒸汽蓄热器的压力控制系统

当蒸汽蓄热器与供汽锅炉并联，且用汽负荷频繁波动时，蓄热器必须安装自动调节阀门以保证动作的准确性。

由蓄能装置系统（见图7-17），V1阀为阀前压力信号控制的自动调节阀，当高压分汽缸内压力上升到给定值时，它即自动打开，成为锅炉的溢流阀，使蒸汽输往低压用户或对蓄热器充热。当高压分汽缸内压力下降到给定值时，V1阀就自动关闭，它的主要任务是维持锅炉压力稳定；自动调节阀V2为减压阀，信号取自阀后，它的主要调节任务是维持低压侧供汽的压力稳定。当低压用户开始用汽后，低压分汽缸内压力下降到给定值时，V2阀即开始供汽，V2阀的开度随低压侧压力变化而变动。当直接来自锅炉的供汽量大于低压用汽量时，V2阀前供汽主管压力升高，V2阀开度关小，多余蒸汽流入蓄热器充热。当低压用汽量大于直接来自锅炉的供汽量或V1阀已关闭时，V2阀前供汽主管压力下降，V2阀开度增大，蓄热器即放热供汽，保持V2阀后的供汽压力一定。

3. 蒸汽蓄热器的应急处理

为保证生产设备的安全，当选用气动或电动调节阀门时，调节阀V1宜选用气关（或电关）型，而V2阀宜选用气开（或电开）型。这样，当V1阀前压力突然升高时，V1阀全开，锅炉产生的蒸汽流入蓄热器储存，而V2阀立即关闭，以防止低压用汽设备发生超压。

另外，在V1和V2阀组之间设置旁通供汽管路，防止突发事故造成调节阀不能正常使用，以保证用户的正常供汽要求。

4. 蓄热器供热方案

蓄能初期使用时须向蓄热器中灌入一定量的软化水或除氧水。随着充热和放热过程，由于进入蓄热器内为过热蒸汽，蓄热器中水位会降低，须向蓄热器补水，其补水可从补给水系统接入。

5. 蒸汽蓄热器的自动控制

蒸汽蓄热器的自动控制系统是对压力、温度、液位、流量等参数采集、计量、监控，并将以上所有参数通过输入扩展模块和自动编程控制器中进行编程，存储到CPU中央处理器，再通过输出扩展模块传送到触摸屏，通过人机画面进行显示和控制，并配置打印机对以上参数进行打印记录。

（六）采用蒸汽蓄热器注意事项

采用蒸汽蓄热器时，应注意如下几点：

1. 蒸汽蓄热器水位

蒸汽蓄热器输出的二次蒸汽是饱和蒸汽，一个完整的充热、放热循环中，放热蒸汽量少于充热蒸汽量，由于低压蒸汽的汽化潜热高于高压蒸汽汽化潜热，部分未能蒸发的充热蒸汽仍以饱和水状态留在容器内，因此装置连续运行一段之后，容器内水位升高，需要定期地放水以调整出水量。但如用过热蒸汽充热时情况相反，放热以后设定水位有所下降。故水位高低决定于充热蒸汽的过热度的高低。

2. 蒸发空间与蒸发强度

蒸汽蓄热器的蒸发强度主要与蒸汽空间大小、饱和水中的含盐浓度有关，其次是蒸发面积有关。即蒸汽空间越大，蒸发强度越高；含盐量越高，蒸发强度越低。充水系数一般为75%～90%。

3. 阀门的设置

为确保蓄热器能自动有效地进行蓄热和放热，应在蓄热器进汽管、并联系统放汽管上及进水管上设置止回阀。

进汽管上设置止回阀的作用是防止蓄热器中热水倒流进入进汽管产生水击事故；并联系统放汽管上设置止回阀的作用是防止充热时蒸汽倒流入蓄热器的汽空间，保证蓄热器充热完全。蓄热器进水管上设置止回阀的作用是防止蓄热器中热水倒流入供水系统。

为了提高低压蒸汽系统压力，蒸汽入口不用设置减温减压阀，可在热用户设有减温减压阀。

4. 汽源压力应高于用汽压力

蓄能装置放汽管压力一般低于进汽管压力，即汽源压力必须高于全部热用户的用汽压力，两者压差越大，蒸汽蓄热器的效果越好，一般要求最小压差为0.4～0.6MPa。

5. 低压蒸汽消耗量

低压蒸汽消耗量必须大于或等于最大用汽负荷与热源蒸汽量之差。

（七）蒸汽蓄热器应用的经济效益

1. 节省初投资

蒸汽蓄热器可增大汽源供热能力，如新建的热源厂，热源的容量无需按最大用汽量计算选取，只需考虑平均热负荷即可，从而节省热源初投资。

2. 降低运行成本

配置蒸汽蓄热器后，汽源处于稳定的运行状态，提高汽源效率、节约能源，从而降低运行成本；除此之外由于汽源平稳运行，也减低了故障率，运行维护费用也随之降低，亦可节约人工费、水电费、维修费等。

3. 节能减排、改善环境

随着热源稳定性的提高，燃料燃烧更加充分和完全，不仅降低了炉渣中的含碳量，也降低了烟气中氢氧化物的含量和烟尘含量，节能减排，改善环境。

三、熔融盐蓄能系统

自从19世纪人类首次利用熔融盐制取金属合金以来，熔融盐在各个领域的应用发展很快。与传统的工作介质相比，熔盐由于具有价格低廉、热容量大、使用温度高、低黏度、化学稳定性、兼具蓄能与传热供能、高温熔融状态下没有高压隐患（一般压力都小于10MPa）等一系列优点，因此熔融盐成为中高温热利用及蓄能技术的发展重点。

无机化合物熔盐在熔化过程中有很大的相变潜热，在储能系统中比水、砂石等具有更大的蓄能量，近年来熔融盐传热蓄能技术在废热利用、金属合金制造、高温燃料电池、太阳能高温利用、化工、军工等领域均得到了广泛的应用。

（一）熔融盐蓄能技术应用

熔融盐蓄能技术就是将普通的固态无机盐加热到其熔点以上形成液态（如 $NaNO_3$ 在308℃熔化，常见的食盐NaCl在801℃熔化），然后利用熔融盐的热循环达到太阳能传热蓄能的目的。在太阳能热电站系统中，采用熔融盐作为载热流体将是今后发展的方向。目前，熔融盐作为传热蓄能介质已在一部分太阳能发电站中得到成功应用。

（二）熔融盐太阳能蓄能系统原理

典型的以熔融盐作为传热蓄能介质的塔式太阳能热发电系统原理如图 7-18 所示。

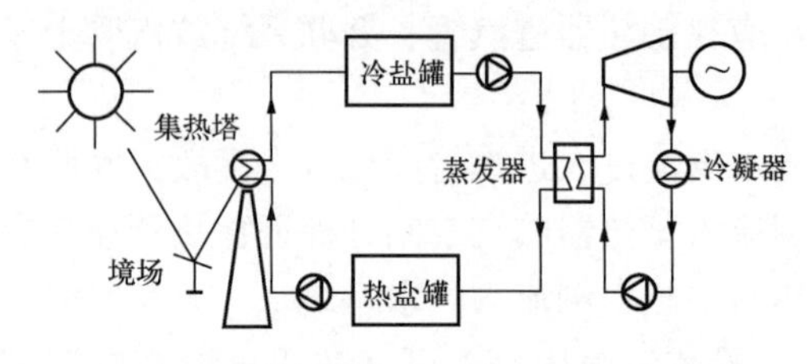

图 7-18 熔融盐太阳能蓄能系统原理图

从图 7-18 中可以看出，熔融盐蓄能在太阳能热发电中主要是起到热量存储和热量交换的作用。系统工作时，冷盐罐内的熔盐经熔盐泵被输送到高塔上的吸热器内，吸热升温后进入热盐罐；同时，高温熔盐从热盐罐流经蒸汽发生器，加热冷却水产生蒸汽，驱动汽轮机运行，而熔盐温度降低后流回冷盐罐。

（三）熔融盐双罐蓄能的优缺点

双罐蓄能方式具有高/低温罐分别控制、蓄/放热速度快、换热环节少、效率高的优点，技术风险低，从而使发电效率到达 40%；但由于蓄热罐材料与传热蓄能介质使用量大、温度高等因素，导致单位造价与运行成本相对较高。

第四节 潜热蓄冷（热）系统

潜热蓄冷（热）主要是利用物质发生相变时内能的变化而储存冷（热）量，所以又称为相变蓄能，由于潜热量比显热量大得多，如 1kg 水温度升高或降低 1℃时会吸收或发出 4.2kJ 的热量，0℃的冰融化成 1kg 的水吸热 337kJ，1kg 水汽化成 100℃的蒸汽吸热 2260kJ，故相变蓄冷或蓄能具有蓄能密度高（即潜热大）、放热过程温度波动范围小（储热、放热过程近似）、易于进行系统匹配、易控制等优点，因此往往成为蓄能系统的首选形式。

常用的潜热蓄冷（热）系统为冰蓄冷系统、相变储能罐蓄能系统、四丁基溴化铵水合物浆体（TBAB）蓄冷系统等。

一、冰蓄冷系统

（一）冰蓄冷系统原理

冰蓄冷系统流程图如图 7-19 所示。

与显热蓄冷系统相似，相变蓄冷系统也是用水作为蓄冷介质，在夜间电力低谷负荷期间利用冷水机组把水制成冰，利用其相变潜热将冷量储存起来；在电力高峰期间利用冰的融化把冷释放出来，满足用户的冷量需求。

设置冰蓄冷系统可减少电网高峰时段空调用电负荷，也可减少空调系统装机容量。

（二）冰蓄冷系统优点

由于冰蓄冷主要利用相变潜热，即冰的溶解潜热为 355kJ/kg，在常规空调 7/12℃的水温使用范围，其蓄冷量可达 386kJ/kg。是利用水的显热蓄冷量的 17 倍。因而采用冰蓄冷比采用水蓄冷所需要的容积要小得多。

冰蓄冷空调系统通常可为用户提供 2～4℃的低温冷水，这为加大冷水的利用温差提供了条件，介质的循环量由于温差的加大而减少，节省输送动力（节省电费）和系统建设的投资费用。

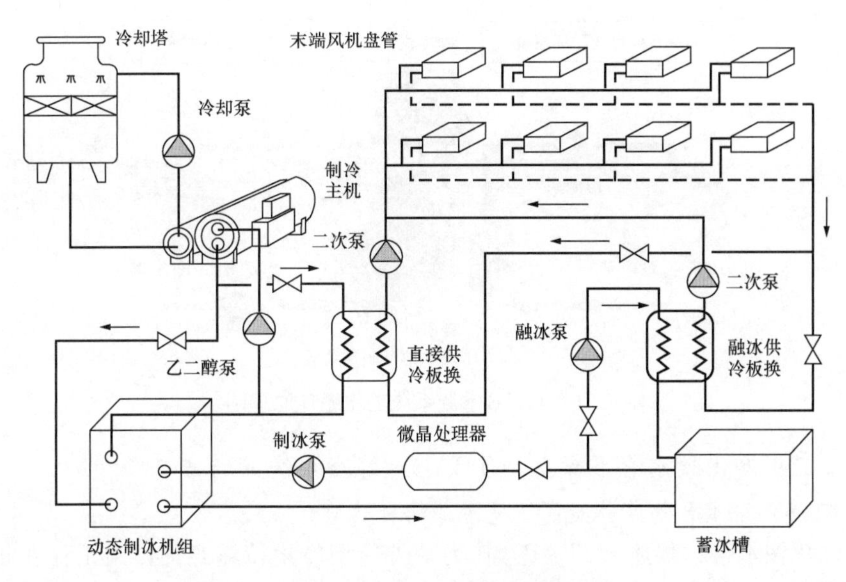

图 7-19　冰蓄冷系统流程图

另外，蓄冷空调较常规空调的效率高，具有节省冷水设备运行费用、节省空调及电力设备的保养成本等优点。

二、四丁基溴化铵水合物浆体（TBAB）蓄冷系统

（一）四丁基溴化铵水合物浆体（TBAB）

四丁基溴化铵是一种四烃基铵盐，溶解于水中，在常温常压下能与水分子结合形成半包络水合物晶体，边流动边冷却，当温度降低到一定程度时，溶液中溶解的盐分子会结合水分子析出，形成粒径为 50～100μm 的带潜热结晶的微粒子，从而使水溶液转变为固/液混合的浆体，称为四丁基溴化铵水合物浆体（TBAB）。四丁基溴化铵水合物浆体（TBAB）生成和溶解过程如图 7-20 所示。

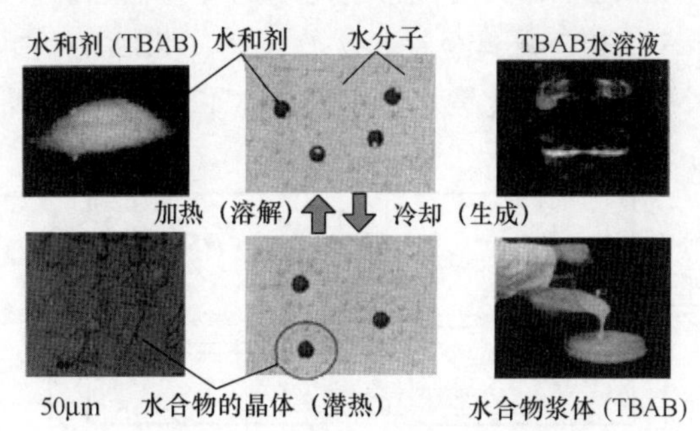

图 7-20　四丁基溴化铵水合物浆体（TBAB）生成和溶解过程图

四丁基溴化铵水合物浆体（TBAB）可替代常规的蓄能介质（水、冰）来使用。经研究发现，在同样温度范围内，四丁基溴化铵水合物浆体（TBAB）的蓄冷能力为冰蓄冷的 2 倍。

（二）四丁基溴化铵水合物浆体（TBAB）蓄冷系统

使用四丁基溴化铵水合物浆体（TBAB）的空调系统工作循环原理如图 7-21 所示。

利用四丁基溴化铵水合物浆体（TBAB）的空调系统利用冷剂来提供冷量。在非用电高峰时，利用浆体生成器生成四丁基溴化铵水合物浆体（TBAB），并且储存在一个蓄冷槽中；在用电高峰时，利用浆泵直接将蓄冷槽中的四丁基溴化铵水合物浆体（TBAB）打入负载侧（用户侧）。四丁基溴化铵水合物浆体（TBAB）经过热交换器后，分解成为稀溶液，然后储存在另一个蓄冷槽中，从而完成一个冷量释放过程。

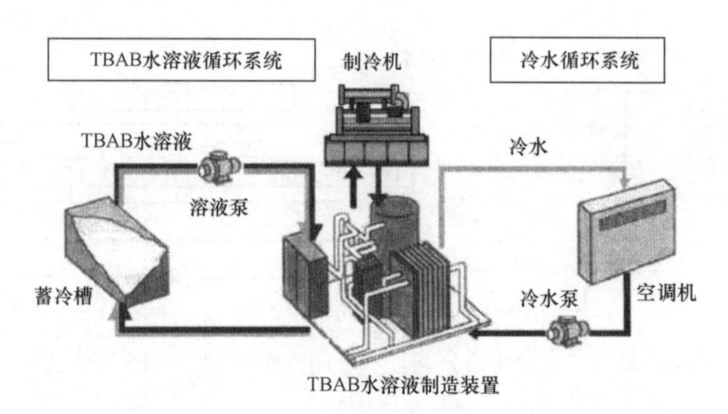

图 7-21 TBAB 空调系统工作循环原理图

（三）四丁基溴化铵水合物浆体（TBAB）蓄冷系统的特点

1. 四丁基溴化铵水合物浆体是高密度潜热输送物质

四丁基溴化铵水合物浆体（TBAB）作为一种新型冷量传输媒体，由于存在相变过程，其冷量传输密度远高于相同温差下的冷水，且液-固相平衡温度可在 0～12℃间调节，通过加入一定质量的其他溶质即可实现恒温相变，从而满足空调领域的供冷温度工况要求。

2. 四丁基溴化铵水合物浆体（TBAB）具有良好的流动性

四丁基溴化铵水合物浆体（TBAB）具有良好的流动性，且晶体颗粒之间不易凝聚，可以像液态水一样方便地通过泵和管道输送，可直接用作二次载冷剂及蓄冷介质，不需要对管路系统进行过多的更改，所以对空调系统来说，四丁基溴化铵水合物浆体（TBAB）是一种良好的蓄冷和冷量输运介质，适合作为蓄冷空调系统的相变材料，而且在中央空调或区域供冷等系统中作为替代常规冷水的冷量输送媒体。

3. 四丁基溴化铵水合物浆体（TBAB）在常压常温下运行

四丁基溴化铵水合物浆体（TBAB）能在常压、常温条件下，具有较大的相变潜热（相对于相变凝固温度为 0℃的水，四丁基溴化铵水合物浆体（TBAB）的蓄冷密度为水的 2～4 倍），同时由于特定尺寸的气体分子在高压下能占据部分四丁基溴化铵水合物中的笼形结构，因此大大改善了一般气体水合物所需的气体压力和温度等条件。

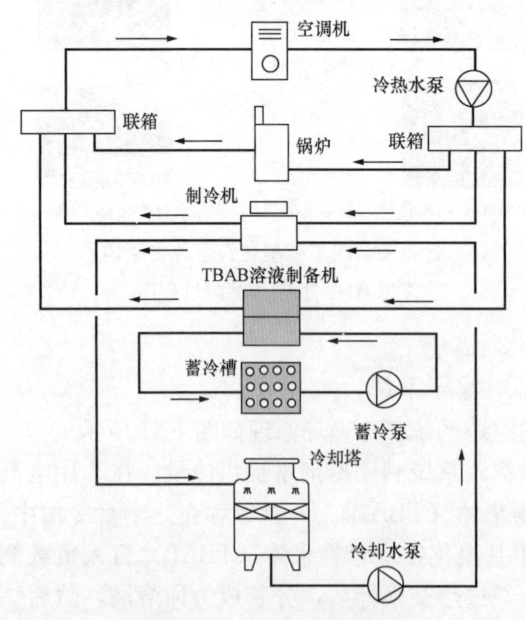

图 7-22 TBAB 空调系统

4. 四丁基溴化铵水合物浆体（TBAB）是空调工况潜热输送载冷剂

四丁基溴化铵水合物浆体（TBAB）是一种适用于空调工况的潜热输送载冷剂，其较大的载冷能力使泵送流体的流量降低，可以大幅度降低冷量输送的功耗。有关实验研究表明，四丁基溴化铵水合物浆体（TBAB）蓄冷空调比常规空调和冰蓄冷空调分别节能约 47%和 37%。

TBAB 空调系统如图 7-22 所示。

综上所述，用四丁基溴化铵水合物浆体（TBAB）替代现有中央空调或区域供冷系统中的冷水，不仅可以达到移峰填谷的目的，而且还将大幅度提高二次冷媒的冷量输送密度，从而降低循环泵能耗。

三、相变蓄能罐蓄能系统

（一）相变蓄能罐蓄能介质

相变蓄能罐通过高密度蓄能介质和蓄能元件蓄能。高密度蓄能介质（MOSE-3）是以含稀土元素的功能材料为触发剂和稳定剂的高性能蓄能介质，其密度为 2400kg/m^3，在 60～90℃具有良好的蓄能性能，蓄能量可达到 380kJ/kg，相当同体积水的 7 倍。此种材料无污染、成本低，经中国计量研究院检测其蓄能能力无衰减，目前在国内外蓄能技术领域处于领先水平。

（二）相变蓄能罐蓄能系统原理

蓄能装置蓄能时，将热能输送到换热器盘管内，持续加热蓄能元件，则发生相变，进而储存更多的热量。

供热相变蓄能罐的工作原理如图 7-23 所示。

如上图所示，蓄能时，冷水由罐下部进入罐内，首先和加热盘管换热，然后再吸收蓄能元件的热量，变成高温热水，从罐上部供出。当蓄能装置采用相变蓄能介质时，在相同容积水蓄能能力比一般水箱输送热能力提高 3 倍还多。例如，10m^{3}的蓄能罐无蓄能介质时只能输送 1.5GJ 的热量，但有蓄能介质时可以输送 5GJ 的热量。

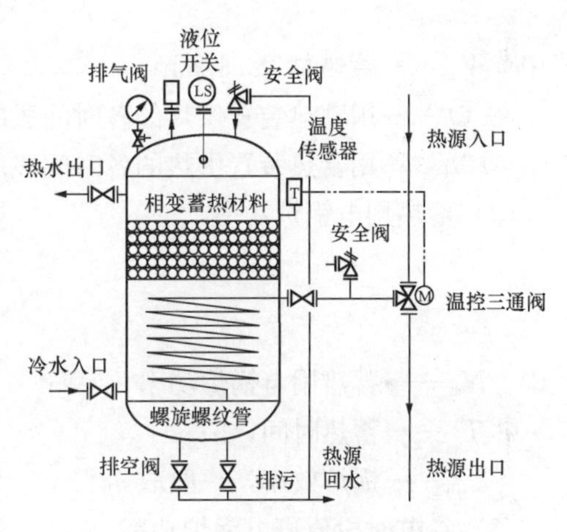

图 7-23　相变蓄能罐工作原理图

（三）相变蓄能罐的应用

1. 移动蓄能系统简介

移动蓄能系统是一种新型的余热利用与集约化供热模式，移动供热打破了管道运输的模式，是热量输送技术的一次革命性突破。它主要由相变蓄能罐、外壳、控制部件及蓄/放热管道、载车等部分组成。相变蓄能罐主要由蓄能介质、导热介质、壳体及保温层构成。

2. 移动蓄能供热车

移动蓄能供热车，以高性能蓄能介质和蓄能元件为核心，利用蓄能介质能够高密度储热的原理，将蓄能介质制成蓄能元件，安装在定制的相变蓄能罐内，将相变蓄能罐安装在车辆底盘上。蓄能元件通过吸收热电厂、钢铁厂、石油化工、酒厂、水泥厂等高耗能单位的余热或废热进行回收储存，用车辆装载储满热的蓄能箱，通过移动蓄能供热车运输送到用户处，为终端用户提供生活热水或供暖所需热能，取代终端用户的热源。

图 7-24　移动蓄能供热车

移动蓄能供热车如图 7-24 所示。

3. 移动蓄能供热车优点

使用移动蓄能供热技术可有效地回收利用工业废热、余热，实现对废余热的回收再利用，将“热垃圾变资源”；替代各类小型锅炉，为社会节约大量的燃煤、燃气和电能，从而减少二氧化硫和二氧化碳等污染物的排放，改善空气质量；移动蓄能供热车无须建设城市热力管网，也无远距离输送引起的热网损失，供热成本低，且方便快捷，应急供热，保障民生，社会效益显著。

第五节 蓄能系统设计计算

一、电锅炉蓄热系统的计算

（一）电锅炉容量的确定

（1）全谷电蓄热量

$$W_{ac} = \sum Q_i t_i \tag{7-3}$$

式中 W_{ac}——蓄热总量，kWh；

Q_i——用蓄热装置供热的各时间段的热负荷，kW；

t_i——用蓄热装置供热的各时间段的时间，h。

（2）蓄热用电锅炉功率

$$N_{ac} = \frac{W_{ac}}{T_{ac}\eta_b} \tag{7-4}$$

式中 N_{ac}——蓄热用电锅炉功率，kW；

T_{ac}——蓄热时间，h；

η_b——锅炉效率，一般取 98%。

（3）谷电时段值班电锅炉功率

$$N_{pea} = \frac{Q_{pea}}{\eta_b} \tag{7-5}$$

式中 N_{pea}——谷电时段值班电锅炉功率，kW；

Q_{pea}——谷电时段热负荷，kW。

（4）电锅炉计算功率

$$N_{cal} = N_{ac} + N_{pea} \tag{7-6}$$

式中 N_{cal}——锅炉计算功率，kW。

（二）蓄热水箱有效容积

蓄热水箱的有效容积是根据蓄水量而定的；蓄水量是根据蓄热供暖工程蓄热量确定的；蓄热量是根据蓄热系统的运行方式、供暖建筑物的特点、水箱的加热方式等因素确定的。蓄热供暖工程的蓄热量可参照《蓄热式电锅炉房设计施工图集》（03R102）及《常压蓄热水箱》（05R401-3）中的有关说明。

1. 蓄热水箱几何容积

蓄热水箱几何容积计算式如下

$$V_{ac}=\frac{(N-N_{pea})t_{ac}\eta_b\times 3600}{\Delta t\eta_t K\rho\times 4.18} \tag{7-7}$$

式中　V_{ac}——几何容积，m^3；

N——锅炉选用功率，kW；

N_{pea}——谷电时段值班电锅炉功率，kW；

t_{ac}——蓄热的各时间段的时间，h；

Δt——蓄热水箱的可利用温差，℃；

η_t——蓄热水箱的保温效率，一般取95%；

K——蓄热水箱的容积利用系数，一般取0.95；

ρ——水的密度，一般取$1000kg/m^3$。

2. 蓄热水箱可利用温差选取

（1）采用蓄热水箱直接供热，热力系统中不设热交换器的，蓄热水箱可利用温差按40℃计算。

（2）蓄热水箱通过热交换器将热量传递给供暖系统供热的，蓄热水箱可利用温差按35℃计算。

（三）计算例题

某$10000m^2$居民住宅楼锅炉房改造工程，建筑物为砖混结构，24h保证供暖，室内温度16～18℃，采用常压蓄热水箱，系统供热形式为间接供热，全谷电运行方式（以北京地区为例，数据仅供参考）。

根据冬季白天室外气温的观测及工程实际运行经验，将7：00～23：00用蓄热水箱供暖的时间分为3个时段。对改造工程须结合原有锅炉房的供热情况，供暖建筑物的特点，按热指标进行热负荷计算。3个时段的热负荷暂按如下数据计算：

第一时段：7：00～11：00，$q_{7\sim11}=45W/m^2$，$Q_{7\sim11}=450kW$；

第二时段：11：00～17：00，$q_{11\sim17}=40W/m^2$，$Q_{11\sim17}=400kW$；

第三时段：17：00～23：00，$q_{17\sim23}=50W/m^2$，$Q_{17\sim23}=500kW$。

1. 蓄热量的计算

（1）全谷电蓄热量计算

$$\begin{aligned}W_{ac}&=\sum Q_i t_i\\&=Q_{7\sim11}\times t_{7\sim11}+Q_{11\sim17}\times t_{11\sim17}+Q_{17\sim23}\times t_{17\sim23}\\&=450\times4+400\times6+500\times6\\&=7200(kWh)\end{aligned}$$

（2）蓄热用电锅炉功率

$$N_{ac}=\frac{W_{ac}}{T_{ac}\eta_b}=\frac{7200}{8\times0.98}\approx918(kW)$$

（3）谷电时段值班电锅炉功率

对 23:00～7:00，$q_{23\sim7}=45\text{W/m}^2$，$Q_{23\sim7}=450\text{kW}$，则

$$N_{pea}=\frac{Q_{pea}}{\eta_b}=\frac{Q_{23\sim7}}{\eta_b}=\frac{450}{0.98}\approx 459(\text{kW})$$

（4）电锅炉计算功率

$$N_{cal}=N_{ac}+N_{pea}=918+459=1377(\text{kW})$$

（5）锅炉选用功率。根据锅炉计算功率，本工程配用 2 台 800kVA 变压器，锅炉选用 2 台 690kW 的电锅炉，总功率 $N=380\text{kW}$。

2. 蓄热水箱几何容积

蓄热水箱几何容积按下式计算

$$V_{ac}=\frac{(N-N_{pea})t_{ac}\eta_b\times 3600}{\Delta t\eta_t K\rho\times 4.18}=\frac{(1380-460)\times 8\times 0.98\times 3600}{35\times 0.95\times 0.95\times 1000\times 4.18}$$

$$\approx 197(\text{m}^3)$$

故选择 200m³ 蓄热水箱。

二、蒸汽蓄能系统计算

蒸汽蓄热器按不同的使用目的，采用不同的计算方法。

（一）蓄能量计算

蒸汽蓄热器根据锅炉的实际蒸发量、热用户负荷的波动情况和供热系统等信息，按其不同的使用目的，分为以下 4 种计算方法：

1. 蓄能量的基本计算原则

当蒸汽蓄热器用于平衡锅炉蒸发量和连续的波动负荷时，首先求出波动负荷在一段时间内的平均负荷值，以此值作为锅炉的稳定蒸发量，由此计算出所需的最小蓄热量。

2. 积分曲线法

积分曲线法是根据热用户在某段时间的波动负荷曲线，求出该阶段的平均负荷线，然后根据这波动负荷曲线和平均负荷线之间的差值进行积分，得到该时期的积分曲线，这积分曲线上最高点和最低点之间的绝对值，即为该阶段所需的蓄热量。

3. 高峰负荷计算法

高峰负荷计算法是按用汽设备在用汽高峰或非连续的瞬间用汽时间内的耗汽量，减去该用汽时间内锅炉的供汽量，求得必需的蓄热量。

在采用蓄热器与锅炉并联的系统中，这种计算方法适用于以蒸汽蓄热器主要作为保护大量蒸汽供短时间内使用的场合。它基本上无平衡负荷的作用，因为相对于瞬时的巨大用汽量有时锅炉的容量相对很小，因此对这类负荷蓄热器的蓄热量主要决定于高峰用汽量，所需的蓄热量计算式如下

$$G_{ac}=(Q_{max}-Q_0)\frac{t}{60} \tag{7-8}$$

式中 G_{ac}——蓄热量，kg（汽）；

Q_{max}——用汽设备的最大耗汽，t/h；

Q_0——锅炉产汽量实测值，kg/h；

t——充热时间，min。

4. 充热强度计算法

当蒸汽蓄热器用于把间断供汽的热源转变为连续供汽的热源，或要求在一定时间内蓄存多余的汽轮机排汽时，蓄热器的蓄热量主要取决于充热蒸汽的流量，所需的蓄热量计算式如下

$$G_{ac}=Q_1\frac{t}{60} \tag{7-9}$$

式中　Q_1——间断汽源的平均产汽量，kg/h。

（二）蒸汽蓄热器容积

（1）单位水容积的蓄汽量

$$g=\frac{i'_1-i'_2}{\frac{i''_1+i''_2}{2}-i'_2}\times r'_1 \tag{7-10}$$

式中　g——单位水容积的蓄汽量，kg（汽）/m^3（水）；

i'_1，i'_2——充热压力和放热压力下的饱和水的焓值，kJ/kg；

i''_1，i''_2——充热压力和放热压力下的饱和蒸汽的焓值，kJ/kg；

r'_1——充热压力下饱和水的密度，kg/m^3。

（2）蒸汽蓄热器的容积

$$V_{ac}=\frac{G_{ac}}{g\eta_{ac}\varphi} \tag{7-11}$$

式中　V_{ac}——蒸汽蓄热器的容积，m^3；

η_{ac}——蓄热器的热效率，考虑散热损失可取0.97～0.99；

φ——充水系数，一般取0.75～0.95。

（三）喷嘴的计算

（1）单位喷嘴蒸汽喷射量

$$\omega=3600vf\varepsilon\gamma^{n} \tag{7-12}$$

式中　ω——每个喷嘴的蒸汽喷射量，kg/h；

v——喷嘴蒸汽流速，一般取50m/s，m/s；

f——喷嘴的流通截面，$f=\frac{\pi}{4}d^2$，m^2；

ε——喷嘴截面的收缩系数，一般取0.5；

γ^{n}——充热压力下的蒸汽密度，kg/m^2。

（2）喷嘴个数

$$n=\frac{D}{\omega} \tag{7-13}$$

式中　n——喷嘴个数，个；

D——生产用汽的计算负荷，kg/h。

（3）生产用汽的计算负荷

$$D=D_{av}-\kappa D_{min} \tag{7-14}$$

式中　D_{av}——生产用汽的平均负荷，kg/h；

κ——系数，可取0.5～1.0；

D_{min}——生产用汽的最小负荷，kg/h。

三、冰蓄冷系统的计算

（一）全负荷蓄冷

全负荷蓄冷系统根据空调运行时数和蓄冰小时数确定。根据《蓄冷空调工程技术规程》（JGJ 158—2008）的相关公式计算。

（1）蓄冰装置有效容量

$$Q_{ac}=\sum_{i=1}^{24}q_i=n_1C_fq_c \tag{7-15}$$

式中 Q_{ac}——蓄冷装置有效容量，kWh；

q_i——建筑物逐时冷负荷，kW；

n_1——制冷机在蓄冷工况下的运行的小时数，一般取低谷电价时数，h；

C_f——制冷机蓄冷时制冷能力的变化率，即实际制冷量与标定制冷量的比值；

q_c——制冷机的标定制冷量（空调工况），kW。

（2）制冷机标定制冷量

$$q_c=\frac{Q_{ac}}{n_1C_f} \tag{7-16}$$

（3）蓄冰装置名义容量

$$Q_{aco}=\varepsilon Q_{ac} \tag{7-17}$$

式中 Q_{aco}——蓄冷装置名义容量，kWh；

ε——蓄冷装置的实际放大系数。

（二）部分负荷蓄冷

部分蓄冰系统的设计原则是应充分发挥所有设备的作用，均衡配置系统设备，根据蓄冷总负荷、制冷和蓄冷联合供冷时数和制冷机制冰时数确定。

（1）蓄冰装置有效容量

$$Q_{ac}=n_1C_fq_c \tag{7-18}$$

（2）蓄冰装置名义容量

$$Q_{aco}=\varepsilon Q_{ac} \tag{7-19}$$

（3）制冷机名义制冷量

$$q_c=\frac{Q_{ac}}{C_1n_2+C_fn_1} \tag{7-20}$$

式中 C_1——有换热设备时双工况主机制冷工况系数，一般取0.8～0.95；

n_2——白天制冷机在空调工况下运行的小时数，h。

四、水蓄冷槽容积计算

$$L=\frac{3600Q}{K\rho c\Delta t} \tag{7-21}$$

式中 L——水槽的设计容积，m^3；

Q——水槽的设计蓄冷量，kWh；

K——水槽的性能指数，指在一个蓄冷放冷周期内水槽输出和输入能量之比，可以取0.85～0.9；

c——水的比热容，kJ/（kg·K）；

Δt——水槽的供回水温差，K。

第六节 各种蓄能系统比较

一、常用的蓄冷介质的比较

常用蓄冷介质的比较见表7-7。

表7-7 几种常用蓄冷介质比较表

项目	单位	蓄冷方式			
		水	冰	TBAB溶液	低温熔融盐
蓄冷方式	—	显热蓄冷	显热+潜热	显热+潜热	潜热
相变温度	℃	—	0	7～8	4～12
温度变化范围	℃	12～7	12水～0冰	12～7	8液～8固
单位重量蓄冷容量	MJ/m^3	20.9	355	42	153
	kWh/m^3	5.81	98.61	11.65	42.5
	RTh/m^3	1.65	28.08	3.3	12.10
每1000RT蓄冷介质的体积	m^3	606	35.3	300	82.6

二、蓄能系统方式的比较

3种蓄能系统方式的比较见表7-8。

表7-8 3种蓄能方式的比较

特性	显热蓄能	潜热蓄能	热化学蓄能
蓄能容量	小	较小	大
复原特性	在可变温度下	固定温度下	在可变温度下
隔热措施	需要	需要	不需要
能量损失	长期贮存时较大	长期贮存时相当大	低
工作温度	低	低	高
运输情况	适合短距离	适合短距离	适合长距离

由表7-8可知，显热蓄能与潜热蓄能的蓄能容量均小，且都需要隔热措施，在长期贮存时能量损失也较大、工作温度较低，故两种蓄能方式均不适合长距离输送；热化学蓄能不需要隔热措施，工作温度较高，适合长距离输送，且蓄能容量大。

三、蓄能系统的比较

几种蓄能热源、蓄能介质及用热系统的比较见表7-9。

表7-9 几种蓄能系统的比较

项目	分类	工作原理	优点	缺点
蓄能系统	太阳能蓄能系统	太阳能蓄能是解决太阳能间隙性和不可靠性，有效利用太阳能的重要手段，满足用能连续和稳定供应的需要。太阳能蓄能系统利用集热器吸收太阳能辐射能储藏起来	清洁、无污染，取用方便，节约能源，安全	集热器装置大，应用受季节和地区限制
	工业余热或废热蓄能系统	利用余热或废热通过换热装置蓄能，需要时释放热量	缓解热能供给和需求失配的矛盾，廉价	用热系统受热源的品位、场所等限制
	水蓄能	将水加热到一定的温度，使热能以显热的形式储存在水中；当需要用热时，将其释放出来提供供暖用热需要	方式简单，清洁、成本低廉	储能密度较低，蓄能装置体积大；释放能量时，水的温度发生连续变化，难以稳定地控制温度
	相变材料蓄能	蓄能用相变材料一般为共晶盐，利用其凝固或溶解时释放或吸收的相变热进行蓄能。适用于有关相变蓄能介质的热物性	蓄能密度高，装置体积小；在释放能量时，可以在稳定的温度下获得热能	价格较贵，需考虑腐蚀、老化等问题
	蒸汽蓄能	将蒸汽蓄成过饱和水的蓄能方式	蒸汽相变潜热大	造价高，需采用高温高压装置
	改变能源形式蓄能	(1) 在电力低谷电期间，利用电作为能源来加热蓄能介质，并将其储藏在蓄能装置中；在用电高峰期间将蓄能装置中的热能释放出来满足供热需要。 (2) 利用可再生能源制氢、储存氢，利用燃料电池发电	(1) 平衡电网峰谷负荷，充分利用廉价的低谷电，降低运行费用；系统运行自动化水平高；无噪声、无污染。 (2) 充分利用可再生能源间接实现大容量电力储存	(1) 受电力资源和经济性条件的限制，系统的采用需进行技术经济比较；自控系统较复杂。 (2) 技术复杂，需要成熟
用热系统	供暖系统	供暖系统的供水温度通常为60～85℃，一般蓄热温度小于95℃		
	空调系统	空调系统的供热水温度通常为50～60℃，一般蓄热温度小于95℃； 空调系统的冷水供回水温度通常为7～12℃，一般蓄冷水温度为4～6℃		
	生活热水	生活热水供水温度通常为60～70℃；若采用蓄热罐直接供热，一般蓄热温度等于供水温度；也可采用较高的蓄热温度，利用换热器换热后供热		

四、水蓄冷系统与冰蓄冷系统的比较

水蓄冷系统与冰蓄冷系统的比较见表7-10。

表 7-10　　水蓄冷系统和冰蓄冷系统的比较

项目	水蓄冷	冰蓄冷
造价	同等蓄冷量的水蓄冷系统造价约为冰蓄冷的一半或更低	冰蓄冷需要的双工况制冷机组价格高，装机容量大，增加了配电装置的费用，且冰槽的价格高，使用有乙二醇数量多，价格贵，管路系统和控制系统均较复杂，因此总造价高
蓄冷系统装机容量	水蓄冷的蒸发温度与常规空调相差不大，且可采用并联供冷方式使装机容量减小	冰蓄冷工质的蒸发温度较低，制冷机组在蓄冰工况下的制冷能力系数CF为0.6～0.65（制冰温度为-6℃时），其制冷能力比制冷机组在空调工况下低0.4～0.35。相同制冷量下，冰蓄冷的双工况制冷机组容量要大于常规空调工况机组
移峰量	在同等投入的情况下，水蓄冷系统一般设计为全削峰，节省电费大大多于冰蓄冷系统	冰蓄冷为降低造价，一般为1/2或1/3削峰，节省电费少于水蓄冷系统
用电量（系统效率）	属节能型空调，由于夜间蓄冷效率较白天高，系统满负荷运行时间大幅增加，扣除蓄冷损失等不利因素，较一般常规空调节电约10%	属耗能型空调，制冰时效率下降达30%，综合其夜间制冷、满负荷运行时间大幅增加等因素后，其较一般常规空调多耗电20%左右
蓄冷装置的蓄冷密度	蓄冷水池的蓄冷密度为7～11.6kW/m³。由于冰蓄冷的有效容积较小，如果将安装蓄冰槽的房间用作蓄冷水池，加上消防水池，其蓄冷量与冰蓄冷基本一致	冰蓄冷槽的蓄冷密度为40～50kW/m³，为水蓄冷的4～5倍，但因其有效容积小，实际二者蓄冷能力近乎相当
蓄冷槽占用空间	相对较大，但因大温差蓄冷在一个蓄冷槽内完成全部蓄冷和放冷过程，占用空间绝大部分是有效的蓄冷空间，部分具体已投运的项目表明，水蓄冷实际占用空间只略大于冰蓄冷	相对较小，但因蓄冷一般在多个蓄冷槽内实现，设备间需留有检修通道及开盖距离，且冰槽内有乙二醇及预留结冰时膨胀空间，故其有效空间只是实际占用空间的一小部分
蓄冷装置的兼容性	蓄冷水池冬季可兼作蓄能水池，对于热泵运行的系统特别有用，但此时不能作为消防水池。若单独作蓄冷水槽时可作为消防水池使用	蓄冰槽没有此功能
蓄冷槽位置	可置于绿化带下、停车场下或空地上及利用消防水池改造而成	一般安装在室内，会占用正常机房面积
适用性	适合老用户空调系统蓄冷改造，也适合新装空调蓄冷系统建设	只适合新装用户，改造老用户需改造主机为双工况机组等因素，一般难实现
运行状况响应速度	运行简便，易于操作，放冷速度、大小可依需冷负荷而定。可即需即供，无时间延迟	需溶冰，故放冷速度、大小受限制，需约30min的时间延迟才可正常供冷
维护	易于维护，维护费用低	难维护，维护费用高，通常同等蓄冷量的冰蓄冷系统的维护费用是水蓄冷系统的2～3倍

综上所述，冰蓄冷系统较水蓄冷系统比较有如下的主要优点：

（1）蓄冷密度大，设备占地小，对于在高层建筑中设置蓄冷空调是一个相对有利的条件。

（2）蓄冷温度低蓄冷设备内外温差大，其外表面积远小于水蓄冷设备的外表面积，从而散热损失也很低，蓄冷效率高。

（3）冰蓄冷系统可提供低温冷冻水，构建成低温送风系统，使得水泵和风机的容量减少，也相应地减少了管路直径，有利于降低蓄冷系统的造价。

(4) 融冰能力强，停电时可作为应急冷源。

但冰蓄冷需要的制冷温度低，需要配置双工况制冷机组，其制冰工况下机组效率低。水蓄冷采用常规空调机组即可，机组效率高，控制简单，运行稳定高效，可显著节省投资和运行费用，适用于新建项目和常规供冷系统扩容和改造。水蓄冷罐也可以用来进行蓄能，而冰蓄冷则无法做到。

第七节 改变能源形式的蓄能方式

改变能源形式的蓄能方式是通过对各种能源之间进行相互转换，从而获得并储存能源的蓄能方式。

目前常用的改变能源形式的蓄能系统主要有两类，一类为依靠传统能源进行能源转换的蓄能系统，即利用电能的转换进行蓄能的系统，如本章第三节中介绍的电锅炉（冷水机组）＋蓄热水箱蓄能系统也属于此类应用。还有利用可再生能源进行能源转换的蓄能系统，即利用太阳能、风能制氢进行蓄能的系统。

本节将主要针对以太阳能、风能为代表的可再生能源在蓄能系统中的应用来进行分析介绍。

一、利用可再生能源的蓄能系统

太阳能是人类可以利用的最丰富的能源，可以说是取之不尽，用之不竭。但是太阳能是一种辐射能，具有即时性，能源密度低，必须即时转换成其他形式能量才能利用和储存。太阳能蓄能系统通常利用太阳能的光热转换、光电转换等蓄能。

（一）太阳能光热蓄能系统

太阳能光热蓄能是太阳能热利用的一个重要方面，即利用集热器把太阳辐射热能集中起来，用蓄能介质储存起来，可以用于连续发电或连续供热。

（二）太阳能光伏蓄能系统

太阳能光伏发电系统是利用太阳电池半导体材料的光伏效应，将太阳光辐射能直接转换为电能的一种新型发电系统，有独立运行和并网运行两种方式。独立运行的光伏发电系统需要有蓄电池作为储能装置，主要用于无电网的边远地区和人口分散地区。

二、太阳能蓄能系统的应用

太阳能是一种洁净的能源，但是太阳能能量密度低，有时间性和地域性的限制，不能及时稳定地向用户提供能量。而且近年来国内“三北”地区冬季供暖期弃光、弃风现象已成为常态，如何消纳光电、风电已成为亟待解决的重大问题。因而寻找一个能架起太阳能和用户之间桥梁的介质就十分必要。

利用光伏发电的电力通过电解槽生产氢气，氢气进入燃料电池发电，多余的氢气存入储氢罐，光伏发电制氢、储氢热电联供系统示意图如图 7-25 所示。

利用风力发电的电力通过电解槽生产氢气，氢气进入燃料电池发电，多余的氢气存入储氢罐，风力发电制氢储氢热电联供系统示意图如图 7-26 所示。

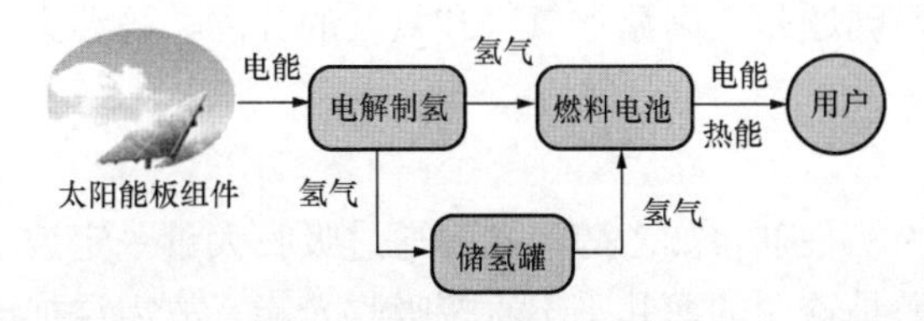

图 7-25　光伏发电制氢、储氢热电联供系统示意图

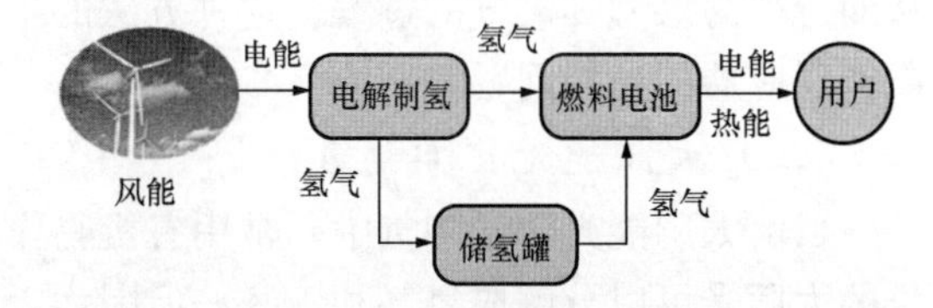

图 7-26　风力发电制氢、储氢热电联供系统示意图

目前国内外专家都提出了“制氢储能”的概念，将其作为可应用在电力系统中的一种大容量储电的新型储能技术。氢能以其清洁无污染、高效、可储存和运输等优点，被视为最理想的能源载体和储能方式，太阳能-氢能转化是氢气工业化生产技术发展的方向。

三、太阳能制氢的方式

太阳能是制氢途径最多的可再生能源。太阳能间接制氢技术指太阳能先发电，然后再电解水制氢；太阳能直接制氢技术包括光热化学制氢、光电化学制氢、光催化制氢、人工光合作用制氢和生物制氢等技术。

太阳能制氢技术方式如图 7-27 所示。

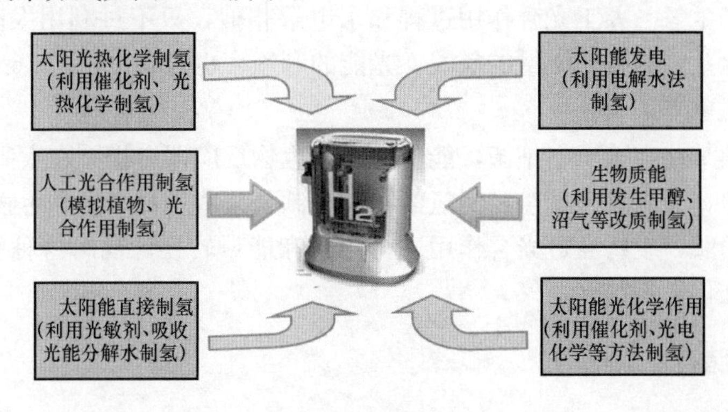

图 7-27　太阳能制氢技术方式

（一）太阳能、风能电解水制氢

电解水制氢（也称为水电解制氢）是获得高纯度氢的重要工业化方法，通过电能给水提供能量，破坏水分子的氢氧键即可获得氢气和氧气。电解水制氢气的工艺过程简单、无污染，其效率一般为 75%～85%。常规的太阳能、风能电解水制氢分为两步，第一步是将太阳能、风能转换成电能（既可以利用光伏电池、风力发电机，也可以用太阳能热发电），第二步是将电能转化成氢。

太阳能电解制氢流程如图 7-28 所示。

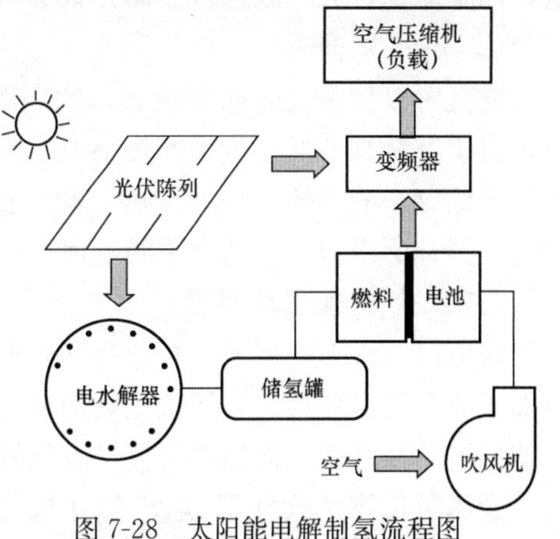

图 7-28　太阳能电解制氢流程图

（二）太阳能热化学制氢

太阳能直接热分解水制氢是最简单的方法，就是利用太阳能聚光器收集太阳能直接加热水，

从而分解为氢气和氧气的过程。这种方法的主要问题是：高温下氢气和氧气的分离；高温太阳能反应器的材料问题。

（三）太阳能光化学制氢

目前太阳能光化学制氢中，常用有机物作为牺牲剂，如乙醇。乙醇通过吸收大量一定波长的太阳光可以分解成氢气和乙醛，但因为乙醇是透明的而几乎不直接吸收光能，故需添加二苯（甲）酮作为光敏剂，二苯（甲）酮吸收可见光，再通过催化剂（胶状铂）使乙醇分解成为氢。

（四）太阳能直接光催化制氢

已经研究过的用于光解水的氧化还原催化体系主要有半导体体系和金属配合物体系两种，其中以半导体体系的研究最为深入。半导体 TiO_2 及过渡金属氧化物、层状金属化合物，以及能利用可见光的催化材料，如 CdS、Cu-ZnS 等，都能在一定的光照条件下催化分解水，从而产生氢气。然而到目前为止，利用催化剂光解水的效率还很低，只有 1%～2%。

（五）人工光合作用制氢

人工光合作用是模拟植物的光合作用，利用太阳光制氢。具体的过程：首先，利用金属络合物使水中分解出电子和氢离子；然后，利用太阳能提高电子能量，使它能和水中的氢离子起光合作用以产生氢。人工光合作用过程和水电解相似，只不过利用太阳能代替了电能。目前还只能在实验室中制备初微量的氢气，光能的利用率也只有 15%～16%。

（六）生物制氢

江河湖海中的某些在藻类、细菌，能够像一个生物反应器一样，在太阳光的照射下用水作为原料，连续地释放出氢气。生物制氢的物理机制是某些生物（光和生物和发酵细菌）中存在与制氢有关的酶，生物通过光合作用进行物质和能量转换，同时这种转换可以在常温、常压下通过酶的催化作用得到氢气。

四、氢气的储存

（一）加压气态储存

氢气可以像天然气一样用低压储存，使用巨大的水密封储罐。气态压缩高压储氢是最普遍和最直接的储氢方式，通过减压阀的调节就可以直接将氢气释放使用，但由于氢气的密度低，储罐体积过大，故这种存储方式不利于大量储存。

（二）液化储存

液氢可以作为氢的储存状态，利用液氢储罐储存。液氢储罐的最大问题是不能长期储存，由于液氢沸点低，汽化潜热小，温度与外界温度存在巨大传热温差，因此稍有热量从外界渗入储罐，液氢便可快速沸腾汽化。由于不可避免的漏热，使得液氢的损失率达到每天 1%～2%。所以液氢不适合于间歇而长时间使用的场合。

（三）金属氢化物储氢

氢可以与许多金属或合金化合之后形成金属氢化物，可以在一定温度和压力下大量吸收氢而生成金属氢化物。金属氢化物使氢气能够与氢化的金属或合金相化合，以固体金属氢化物的形式储存起来，而这种反应又有很好的可逆性，适当升高温度或减少压力即可释放出氢气。金属氢化物储氢自 20 世纪 70 年代起就受到重视。

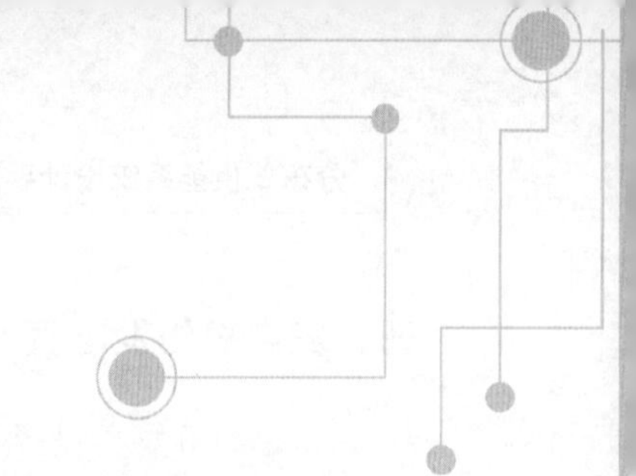

第八章　分布式供能系统技术经济指标及能耗计算

第一节　分布式供能系统技术经济指标计算

一、供热比计算

在热电联供的分布式供能系统中，为了热电分摊，应进行供热比计算。所谓供热比是指统计期内的发电机组用于向外供热的热量与发电机组耗热量的比值。根据电力行业标准《火力发电厂技术经济指标计算方法》（DL/T 904—2015）（以下简称《火电厂指标计算方法》）供热比计算式如下

$$\alpha = \frac{\Sigma Q_{h}}{\Sigma Q_{con}} \times 100 \tag{8-1}$$

式中　α——供热比，%；

ΣQ_{h}——统计期内机组向外供热量，GJ；

ΣQ_{con}——统计期内热电机组总耗热量，GJ。

二、供热发电比计算

所谓供热发电比是指统计期内发电机组向外供出的热量与发电量的比值，根据《火电厂指标计算方法》热电比计算式如下

$$I = \frac{\Sigma Q_{h}}{\Sigma W_{p}} \tag{8-2}$$

式中　I——热电比，GJ/MWh；

ΣQ_{h}——机组供热量，GJ；

ΣW_{p}——机组发电量，MWh。

三、热电比计算

所谓热电比是指统计期内发电机组向外供出的热量与供电量的百分比为

$$R = \frac{\Sigma Q_{h}}{3.60 W_{p,ou}} \times 100 \tag{8-3}$$

$$\Sigma W_{p,ou} = \Sigma W_{p} - \Sigma W_{sl} \tag{8-4}$$

式中　R——热电比，%；

$\Sigma W_{p,ou}$——机组供电量，MWh；

ΣW_{sl}——机组厂用电量，MWh。

四、发电机组发电气（煤）耗率计算

1. 发电机组发电气（煤）耗量

（1）发电机组发电标煤耗量

$$B_{con}=\frac{3.41\Sigma Q_{con}}{\eta_b}\times 10^{-3} \tag{8-5}$$

式中 B_{con}——发电机组发电标煤耗量，t；

ΣQ_{con}——统计期内热电机组总耗热量，GJ；

η_b——锅炉效率，%。

（2）燃气轮机耗气量

$$B_{con}=G_{con}H \tag{8-6}$$

式中 B_{con}——燃气轮发电机组发电气耗量，m^3；

G_{con}——燃气轮发电机组耗气量，m^3/h；

H——燃气轮发电机组运行小时数，h。

2. 燃气机组发电气耗率计算

根据《火电厂指标计算方法》发电气耗率计算公式计算，计算式如下

$$b_{el}=\frac{B_{con}(1-\alpha)}{\Sigma W_p} \tag{8-7}$$

式中 b_{el}——发电气耗率，m^3/kWh；

B_{con}——统计期内机组燃气耗量，m^3；

α——供热比；

ΣW_p——机组发电量，kWh。

3. 综合发电气耗率计算

考虑机组运行最不利工况，即项目初期无冷热负荷，机组纯凝发电工况下单位发电气耗，以评价项目抗风险能力。

4. 燃煤机组发电煤耗率计算

利用式（8-7），可以计算发电标准煤耗率，即

$$b_{el}=\frac{B_{con}(1-\alpha)}{\Sigma W_p}\times 10^6 \tag{8-8}$$

式中 b_{el}——发电标准煤耗率，g/kWh；

B_{con}——统计期内耗用标准煤量，t；

W_p——统计期内发电量，kWh。

五、发电机组供热气（煤）耗率计算

1. 燃气机组供热气耗率计算

根据《火电厂指标计算方法》供热气耗率计算公式计算，计算式如下

$$b_h=\frac{B_{con}a}{\Sigma Q_h} \tag{8-9}$$

式中 b_h——供热气耗率，m^3/GJ；

B_{con}——机组燃气耗量，m^3；

ΣQ_h——机组供热量，GJ。

2. 燃煤机组供热标准煤耗率计算

利用式（8-5），可以计算供热标准煤耗率，即

$$b_h = \frac{B_{con}\alpha}{\Sigma Q_h} \times 10^3 \tag{8-10}$$

式中 b_h——供热煤耗率，kg/GJ；

B_{con}——机组标准煤耗量，t；

ΣQ_h——机组供热量，GJ。

六、燃气（汽）轮发电机组热耗率计算

1. 燃气轮机发电机组热耗率计算

燃气轮机发电机组热耗率是指燃气轮机发电耗热量与输出功率的比值。

燃机发电机组热耗率是根据《火电厂指标计算方法》燃机发电热耗率计算式如下

$$q_{g,t} = \frac{G_{con} Q_{ne,c}}{P_{ou}} \tag{8-11}$$

式中 $q_{g,t}$——燃气轮发电机组热耗率，kJ/kWh；

G_{con}——每小时机组燃气耗量，m^3/h；

P_{ou}——燃气轮发电机组的输出功率，kW；

$Q_{ne,c}$——燃料低位发热量，kJ/m^3。

2. 燃气-蒸汽联合循环机组热耗率计算

燃气-蒸汽联合循环热耗率是指联合循环机组发电耗热量与输出功率之比值，根据《火电厂指标计算方法》燃机发电效率计算式如下

$$q_{com,t} = \frac{G_{con} Q_{ne,c}}{P_{com,ou}} \tag{8-12}$$

式中 $q_{com,t}$——燃气-蒸汽联合循环发电机组热耗率，kJ/kWh；

$P_{com,ou}$——燃气-蒸汽联合循环燃气轮发电机组功率，kW；

$Q_{ne,c}$——燃料低位发热量，kJ/m^3；

G_{con}——每小时供给燃气轮发电机组的燃料量，m^3/h。

3. 汽轮发电机组热耗率计算

汽轮发电机组热耗率是指汽轮机发电耗热量与出线端电功率的比值。

汽轮发电机组热耗率是根据《火电厂指标计算方法》燃煤机组发电效率计算式如下

$$q_{s,t} = \frac{Q_{con} - Q_h}{P_{ou}} \tag{8-13}$$

式中 $q_{s,t}$——汽轮发电机组热耗率，kJ/kWh；

P_{ou}——发电机组的出线端功率，kW；

Q_{con}——机组耗热量，kJ/h；

Q_h——机组供热量，kJ/h。

七、燃气（汽）轮发电机组热效率计算

1. 燃气轮发电机组热效率计算

燃机发电机组热效率是根据《火电厂指标计算方法》计算。所谓燃气轮机发电机组热效率是指燃气轮发电机组发电量与供给燃料热耗量的百分比，燃机发电热效率计算式如下

$$\eta_{g,t}=\frac{3600P_{ou}}{B_{con}Q_{ne,c}}\times 100\%=\frac{3600}{q_{g,t}}\times 100\% \tag{8-14}$$

式中 $\eta_{g,t}$——燃气轮发电机组热效率，%；

$Q_{ne,c}$——燃料低位发热量，kJ/m³；

B_{con}——每小时供给燃气轮发电机组的燃料量，m³/h。

2. 燃气-蒸汽联合循环发电机组热效率计算

燃气-蒸汽联合循环发电机组热效率是指联合循环发电机组发电量的相当热量与供给燃料耗量的百分比，即

$$\eta_{com,t}=\frac{3600P_{com,ou}}{B_{con}Q_{ne,c}}\times 100\% \tag{8-15}$$

式中 $\eta_{com,t}$——燃气-蒸汽联合循环发电机组热耗率，%；

$P_{com,ou}$——燃气-蒸汽联合循环燃气轮发电机组功率，kW；

$Q_{ne,c}$——燃料低位发热量，kJ/m³；

B_{con}——每小时供给燃气轮发电机组的燃料量，m³/h。

3. 汽轮发电机组热效率计算

汽轮发电机组热效率是根据《火电厂指标计算方法》计算。所谓汽轮机发电机组热效率是指汽轮发电机组每千瓦时发电量相当的热量占发电热耗量的百分比，即

$$\eta_{s,t}=\frac{3600}{q_{s,t}}\times 100\% \tag{8-16}$$

式中 $\eta_{s,t}$——汽轮发电机组热效率，%；

$q_{s,t}$——汽轮发电机组热耗率，kJ/kWh。

4. 余热锅炉效率计算

根据热效率计算方法，余热锅炉效率可按如下式计算

$$\eta_{hr}=\frac{\text{有效回收余热量}}{\text{机组排气余热量}}\times 100\% \tag{8-17}$$

近似式如下

$$\eta_{hr}=\frac{t_{in}-t_{ex}}{t_{in}-t_0}\times 100\% \tag{8-18}$$

式中 η_{hr}——余热锅炉效率效率，%；

t_{in}——机组排气温度（即排气进入余热锅炉入口温度），℃；

t_{ex}——余热锅炉排气温度，℃；

t_0——大气温度（即排气余热锅炉排放环境温度），℃。

八、锅炉标准煤（气）耗率计算

1. 燃气锅炉热能生产气耗率计算

$$b_b = \frac{1000}{\eta_b \eta_p B_{ne,co}} \tag{8-19}$$

式中 b_b——调峰锅炉耗气率，m^3/GJ；

$B_{ne,co}$——燃气低位发热量，MJ/m^3；

η_b——锅炉效率，%；

η_p——锅炉房管道效率，%，一般可取 η_p=0.98～0.99。

2. 锅炉热能生产标准煤耗率计算

$$b_b = \frac{34.1}{\eta_b \eta_p} \tag{8-20}$$

式中 b_b——锅炉标准煤耗率，kg/GJ。

其他同式（8-19）。

3. 锅炉供热气（煤）耗率计算

计算以锅炉房热源供热的供热气（煤）耗率时，还应考虑管网输送效率，根据“供热规范”输送损失为10%～15%，则锅炉房供热标准煤耗率为

$$b_b^h = \frac{b_h}{\eta_{pn}} \tag{8-21}$$

式中 b_b^h——锅炉供热气（煤）耗率，m^3/GJ（或kg/GJ）；

η_{pn}——管网输送损失，%，85%～90%。

九、分布式供能系统能源利用效率

根据《燃气冷热电三联供工程技术规程》（CJJ 145—2010）的要求，供能系统年平均能源综合利用效率应大于70%。

1. 分布式供能设备能源利用效率

供能系统设备能源利用效率可按如下式计算

$$\eta = \frac{\text{热电机组供热量} + 3.6\ \text{热电机组发电量}}{\text{热电机组热耗量}} \times 100\%$$

$$= \frac{(\Sigma Q_h + 3.6\Sigma W_p)}{BQ_{ne,c}} \times 100\% \tag{8-22}$$

$$\Sigma Q_{h,com} = \Sigma Q_h + \Sigma Q_w + \Sigma Q_c + \Sigma Q_{in}$$

式中 η——供能设备综合利用效率，%；

$\Sigma Q_{h,com}$——机组总供热量，GJ；

ΣQ_h——供暖年供热量，GJ；

ΣQ_w——热水供应年供热量，GJ；

ΣQ_c——空调年供冷量，GJ；

ΣQ_{in}——生产年供热量，GJ；

ΣW_p——年发电量，MWh；

$Q_{ne,c}$——燃气低位发热量，GJ/m^3；

B——燃气发电机组年耗气量，m^3。

2. 分布式供能系统能源利用效率

项目综合热效率可根据式（8-22），改写为

$$\eta_s = \frac{总供热量 + 3.6\ 热电机组发电量}{供能系统热耗量 + 系统耗电量} \times 100\%$$

$$= \frac{(\Sigma Q + 3.6\ \Sigma W_{el})}{(BQ_{ne,c} + 3.6\ \Sigma W_{el,con})} \times 100\% \tag{8-23}$$

$$\Sigma Q = \Sigma Q_h + \Sigma Q_{h1}$$

式中 η_s——供能系统年平均能源综合利用效率，%；

ΣQ——供能系统总供热量，GJ；

ΣQ_{h1}——其他设备年供热量，GJ；

$\Sigma W_{el,con}$——年用电量，MWh；

$Q_{ne,c}$——燃气低位发热量，GJ/m^3；

B——燃气发电机组年耗气量，m^3。

3. 节能率

分布式供能系统节能率可按如下式计算

$$PES = \left(1 - \frac{BQ_{ne,c}}{\frac{W}{\eta_{el}} + \frac{Q_h}{\eta_b} + \frac{Q_a}{COP}}\right) \times 100\% \tag{8-24}$$

式中 PES——节能率，%；

B——年联供系统燃气总耗量，m^3；

$Q_{ne,c}$——燃料低位发热量，MJ/m^3；

W——分产系统和联供系统等量的可用电量，MJ；

Q_h——分产系统和联供系统等量的可用热量，MJ；

Q_a——分产系统和联供系统等量的可用冷量，MJ；

η_{el}——电网发电效率，%；

η_b——锅炉效率，%；

COP——制冷性能系数。

第二节 发电量及燃料耗量计算

一、设备运行小时计算

为了计算发电量及燃料耗量，首先应计算设备年运行小时数。以热（冷）定电时，机组运行小时数计算如下：

（一）热电机组平均运行小时数计算

热电机组总平均运行小时数按如下式计算

$$H = H_h + H_c + H_w \tag{8-25}$$

式中 H——燃气机组总平均运行小时数，h；

H_h——冬季为供热热电机组平均运行小时数，h；

H_c——夏季为空调热电机组平均运行小时数，h；

H_w——全年为热水供应热电机组平均运行小时数，h。

1. 冬季为供热热电机组平均运行小时数 H_h 计算

冬季为供热热电机组平均运行小时数 H_h 可按如下式计算

$$H_h = \frac{Q_h}{q_h \times 3.6} \tag{8-26}$$

式中　H_h——冬季热电机组为供热平均运行小时数，h；

Q_h——热电机组供热量（减去调峰锅炉量），GJ；

q_h——热电机组供热能力，MW。

冬季热电机组平均运行小时数，按热负荷估算见表 8-1。

表 8-1　　冬季热电机组计算平均运行小时数 H_h 估算

供能方式	机组年供热量（$\times 10^4$GJ）	机组供热能力（MW）	机组平均运行小时数（h）
供热			

2. 夏季为空调热电机组平均运行小时数 H_c 计算

夏季为空调热电机组平均运行小时数 H_c 可按如下式计算

$$H_c = \frac{Q_c}{q_h \times 3.6} \tag{8-27}$$

式中　H_c——夏季热电机组为空调平均运行小时数，h；

Q_c——热电机组供冷量，GJ；

q_h——热电机组供冷能力，MW。

夏季为空调，热电机组平均运行小时数估算见表 8-2。

表 8-2　　夏季热电机组计算平均运行小时数估算

供能方式	机组年供冷量（$\times 10^4$GJ）	机组年供冷能力（MW）	机组平均运行小时数（h）
空调			

3. 全年为热水供应热电机组平均运行小时数 H_w 估算

全年为热水供应，热电机组平均运行小时数 H_w 可按如下式计算

$$H_w = \frac{Q_w}{q_h \times 3.6} \tag{8-28}$$

式中　H_w——全年热电机组为热水供应平均运行小时数，h；

Q_w——热水供应供热量，GJ；

q_h——热电机供热能力，MW。

全年热水供应热电机组平均运行小时数估算见表 8-3。

表 8-3　　全年热电机组平均运行小时数估算

供能方式	年热水供应供热量（$\times 10^4$GJ）	年热水供应能力（MW）	机组平均运行小时数（h）
热水供应			

（二）调峰锅炉平均运行小时数计算

调峰锅炉平均运行小时数 H_b 可按如下式计算

$$H_b = \frac{Q_b}{q_b \times 3.6} \tag{8-29}$$

式中 H_b——调峰锅炉平均运行小时数，h；

Q_b——调峰锅炉供热量，GJ；

q_b——调峰锅炉供热能力，MW。

调峰锅炉供热量应根据项目年供热负荷延续图确定，也可根据经验估算，一般占总供热量的8%～10%。某项目供热年热负荷延续图如图8-1所示。

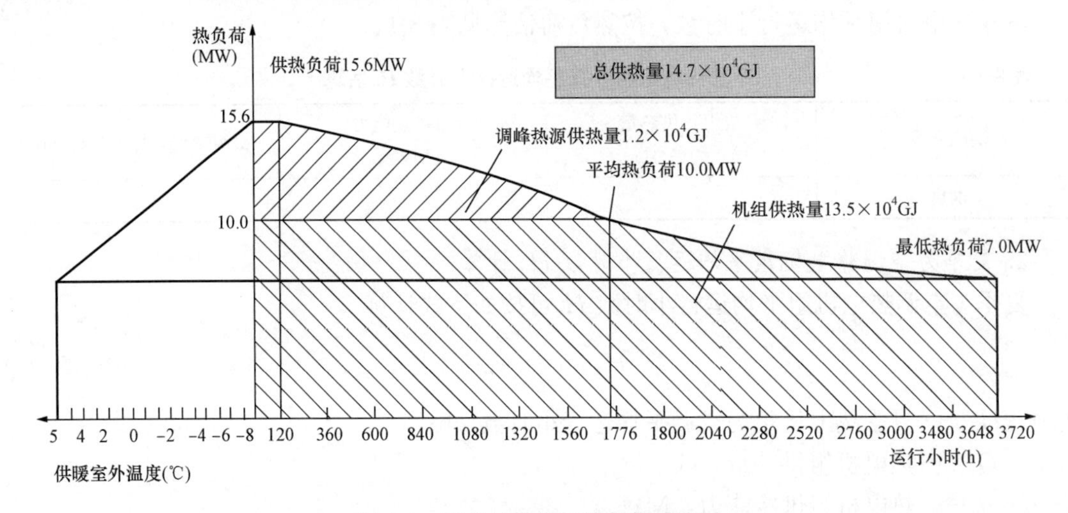

图8-1 某项目供热年热负荷延续图

（三）热电机组及调峰锅炉平均运行小时数估算汇总

热电机组及调峰锅炉平均运行小时估算见表8-4。

表8-4 热电机组及调峰锅炉平均运行小时数估算汇总

供能方式		年供热（冷）量（$\times 10^4$GJ）	机组平均运行小时数（h）
燃机	冬季供暖		
	夏季空调		
	热水供应		
	合计		
调峰锅炉			

二、分布式供能系统发电量计算

（一）总发电量计算

机组发电量可按如下式计算

$$W_p = n\Sigma H \cdot W_{p1} \tag{8-30}$$

式中 W_p——机组发电量，kWh；

n——机组台数，台；

H——机组运行小时数，h。

W_{p1}——单机机组发电容量，kW。

分布式供能系统机组发电量计算见表8-5。

表8-5　分布式供能系统机组发电量计算

发电	机组运行小数（h）	发电量（$\times 10^4$MWh）
冬季为供暖发电量		
夏季为供冷发电量		
全年为热水供应发电量		
总计		

（二）单机发电量计算

燃气轮机按ISO工况出力（燃机的ISO指的是15℃、10^5Pa和60%湿度情况）、汽轮机按额定名牌出力计算机组容量（联合循环机组容量宜按当地年平均气象参数计算，ISO工况一般用于不同燃机之间的比较）。分布式供能系统单机机组发电量计算按如下式计算

$$W_{p1} = W_{GT} + W_{ST} \tag{8-31}$$

式中　W_{GT}——燃气轮机ISO功率，kW；

W_{ST}——汽轮机额定功率，kW。

三、分布式供能系统燃气耗量计算

（一）机组燃气耗量

机组燃气耗量计算按如下式计算

$$L = nhL_0 \tag{8-32}$$

式中　L——机组燃气耗量，m^3；

n——机组台数，台；

h——机组总运行小时数，h；

L_0——制造商提供燃料耗量，m^3/h。

厂家按燃气量提供时，应按设计的燃气对燃气耗量进行修正，即

$$L_{des} = \frac{q_0}{q_{des}} \cdot L_0 \tag{8-33}$$

式中　L_{des}——工程实际设计燃气耗量，m^3/h；

q_0——制造商机组设计燃气低位发热值，kJ/m^3；

q_{des}——工程设计实际燃气低位发热量，kJ/m^3；

L_0——制造商提供的机组设计燃料耗量，m^3/h。

制造商提供的机组燃气耗量的单位是各种各样的，有的直接提供燃气量，有的按热量提供，热量也有按千瓦（kW）、千焦（kJ/h），所以需要在设计中折算为实际工程设计燃料的耗气量（m^3/h）。

若制造商提供的机组燃气耗量按千瓦（kW）表示，则实际设计燃气耗量折算方法如下：

（1）燃气热值按千卡表示时

$$L_{des}=\frac{制造商提供的燃气耗量 L_0\times 860}{工程设计燃气低位热值 q_{des}} \tag{8-34}$$

（2）燃气热值按千焦表示时

$$L_{des}=\frac{制造商提供的燃气耗量 L_0\times 3600}{工程设计燃气低位热值 q_{des}} \tag{8-35}$$

式中 L_{des}——工程实际设计燃气耗量，m^3/h；

q_0——制造商机组设计燃气低位发热值，kJ/m^3（或 $kcal/m^3$）；

q_{des}——工程设计实际燃气低位发热量，kJ/m^3（或 $kcal/m^3$）；

L_0——制造商提供的机组设计燃料耗量，kW。

（二）调峰锅炉耗气量计算

调峰锅炉标准煤耗率可按式（8-19）～式（8-21）计算。

工程燃气耗量汇总见表 8-6。

表 8-6 燃气耗量估算

供能系统		运行小时数（h）	燃气耗量（$\times 10^4 m^3$）
机组燃气耗量	冬季供暖		
	夏季空调		
	热水供应		
	机组总计		
调峰锅炉燃气耗量			
供能系统总耗气量			

四、分布式供能系统能耗指标汇总

分布式供能系统能耗指标汇总见表 8-7。

表 8-7 分布式供能系统能耗指标汇总

项目		单位	数据
机组发电量		$\times 10^4$MW	
机组供热（冷）量	供暖供热量	$\times 10^4$GJ	
	热水供应供热量	$\times 10^4$GJ	
	空调供冷量	$\times 10^4$GJ	
	小计	$\times 10^4$GJ	
调峰锅炉供热量		$\times 10^4$GJ	
用电量		$\times 10^4$MW	
天然气耗量		$\times 10^4 m^3$	
供热比		%	
发电气耗		m^3/kWh	
供热气耗		m^3/GJ	
热电比		GJ/MW	
供热厂用电率		%	
发电厂用电率		%	
综合厂用电率		%	
机组综合热效率		%	
分布式供能系统综合热效率		%	

第三节 污染物排放量计算

一、污染物排放量计算

(一) 根据燃烧理论估算

燃料燃烧过程，一般是指燃料与氧气发生的强烈热化学反应过程，当反应生成物不再含可燃物质时称为完全燃烧；当生成物中仍有可燃物质时成为不完全燃烧。燃烧时耗用的氧气取自空气。

1. 燃烧的化学反应

燃料的燃烧实际上是燃料中的可燃物碳、氢和硫的燃烧。

(1) 完全燃烧时，碳与氧的化学方式如下：

$$C+O_2 \longrightarrow CO_2 \tag{8-36}$$

可见在反应中，一个碳原子加两个氧原子，经过反应生成一个二氧化碳分子。碳原子量为12.01，氧分子量为16×2=32，二氧化碳的分子量为12.01+16×2=44.01，在标准状态下（101325Pa，0℃）1mol分子的理论气体，其体积均为22.4L，由此可写出式（8-36）中各项间量的关系如下：

12.01kg(C)+32kg(O_2)生成44.01kg(或22.4m^3)(CO_2)。

将式中各项均除以12.01，得出下列关系：

1kg(C)+2.66kg(O_2)，生成3.667kg(或1.866m^3)(CO_2)。

(2)不完全燃烧时，碳与氧的化学方式如下：

$$2C+O_2 \longrightarrow 2CO \tag{8-37}$$

24.02kg(C)+32kg(O_2)生成56.02kg(或44.8m^3)(CO)。

同样，各项均除以24.02，得出下列关系：

1kg(C)+1.333kg(O_2)，生成2.333kg(或1.866m^3)(CO)。

(3) 硫的燃烧反应：

$$S+O_2 \longrightarrow SO_2 \tag{8-38}$$

32kg(S)+32kg(O_2)生成64kg(或22.4m^3)(SO_2)。

同样，各项均除以32，得出下列关系：

1kg(S)+1kg(O_2)生成2kg(或0.7m^3)(SO_2)。

2. 燃烧反应时的数量关系

1kg碳完全燃烧时，生成B_{CO_2}=3.667kg二氧化碳；

1kg碳不完全燃烧时，生成B_{CO}=2.333kg一氧化碳；

1kg硫完全燃烧时，生成B_{SO_2}=2.000kg二氧化硫。

(二) 计算煤燃烧时排放量的污染物排放系数

为计算方便，假定一种煤种：

(1) 假定煤种为烟煤：碳50%，硫1.0（或2.0)%，灰分30%，低位发热量5000kcal/kg（21000kJ/kg）。

(2) 假定脱硫及除尘效率：脱硫效率η_S=0.90，除尘效率η_C=0.95。

（3）计算生成有害物质排放系数。

1）二氧化碳的排放系数。因为1kg碳完全燃烧时，生成B_{CO_2}=3.667kg二氧化碳，1kg煤中，碳含量A_C为50%，则1kg标煤燃烧时生成的二氧化碳排放系数如下

$$W_{CO_2} = 1.4B_{CO_2} \times A_C \tag{8-39}$$

式中 W_{CO_2}——二氧化碳的排放量系数；

1.4——标准煤折算系数；

B_{CO_2}——1kg碳完全燃烧时生成的二氧化碳，根据上述计算B_{CO_2}=3.667kg；

A_C——煤炭中含碳量比例，%。

则燃烧1kg（或t）煤炭时，生成二氧化碳的排放系数为

$$W_{CO_2}=1.4\times3.667\times0.50\approx2.567\text{kg}CO_2/\text{kgce}\ (或\ \text{t}CO_2/\text{tce})$$

即二氧化碳的排放量系数为2.60。

2）二氧化硫的排放系数。因为1kg煤完全燃烧时，生成B_{SO_2}=2.0kg二氧化硫，1kg煤中，硫含量A_C为1（或2）%，则1kg标煤燃烧时生成的二氧化硫的排放系数如下

$$W_{SO_2} = 1.4B_{SO_2} \times A_{SO_2} \times (1-\eta_{SO_2}) \tag{8-40}$$

式中 W_{SO_2}——二氧化硫的排放量系数；

B_{SO_2}——1kg碳完全燃烧时生成的二氧化硫，根据上述计算B_{SO_2}=2.0kg；

A_{SO_2}——煤炭中含硫量比例，A_{SO_2}=1.0（2.0）%；

η_{SO_2}——脱硫效率，η_{SO_2}=90%。

则燃烧1kg（或t）煤炭时，生成氧化硫的排放系数为

$$W_{SO_2} = 1.4\times0.01\times2.0\times(1-0.90) = 0.0028\text{kg}SO_2/\text{kgce}(或\ \text{t}SO_2/\text{tce})$$

即，二氧化硫的排放量系数，当煤炭中含硫量$A_{SO_2}\leqslant$1.0%时，近似为0.003；而含硫量$A_{SO_2}\leqslant$2.0%时，近似为0.006。

3）粉尘排放系数。粉尘排放量计算时，应考虑灰分，燃烧1kg煤中30%的灰分，假设灰分中50%变为细灰，则粉尘排放系数如下

$$W_{dus} = 1.4\times0.5\times A_{AS}\times(1-\eta_d) \tag{8-41}$$

式中 W_{dus}——燃烧煤时粉尘排放系数，kg粉尘/kgce（或t粉尘/tce）；

A_{AS}——煤种灰分，A_{AS}=30%；

η_d——除尘效率，η_{dus}=95%。

则燃烧1kg（或t）煤炭时，生成粉尘的排放系数为

$$W_{dus} = 1.4\times0.5\times0.3\times(1-0.95) = 0.0105(\text{kg 粉尘}/\text{kgce})(或\ \text{t 粉尘}/\text{tce})$$

即粉尘排放系数约为0.011。

二、氮氧化物排放量估算

（一）氮氧化物概述

氮氧化物（NO_x）种类很多，造成大气污染的主要原因是一氧化氮（NO）和二氧化氮（NO_2），因此，在环境学中的氮氧化物（NO_x）一般就指这二者的总称。虽然排放的氮氧化

物（NO_x）中以一氧化氮（NO）为主，但 NO 扩散到大气后易氧化成二氧化氮（NO_2），而二氧化氮（NO_2）是影响大气环境质量的主要因素之一。

氮氧化物是主要大气污染源之一，它是酸雨形成的重要因素，是生成臭氧和光化学烟雾的重要前提物之一，也是形成区域超细颗粒（PM2.5）污染和灰霾的重要原因。大气中氮氧化物来源主要有两个方面：一是自然源。自然源排放量虽然异常巨大，但源和汇基本平衡。二是人为源。人为源是人类活动中产生的氮氧化物（NO_x），多集中于城市、工业区等人口稠密区，量大集中，危害严重。人为源主要来源于通过化石燃料（主要是煤）的燃烧获取能量或动力的过程。三是来源于处理废弃物的过程，如垃圾焚烧等。

煤燃烧过程中产生的氮氧化物主要是一氧化氮（NO）和二氧化氮（NO_2），这二类统称之为氮氧化物（NO_x），此外还有少量的氧化二氮（N_2O）。在通常燃烧温度下，煤燃烧生成的氮氧化物（NO_x）中，一氧化氮（NO）占 90%，二氧化氮（NO_2）占 5%～10%，而氧化二氮（N_2O）只占 1%左右。

煤在燃烧过程中氮氧化物的生成量和排放量是与煤的燃烧方式，特别是燃烧温度和过量空气系数等燃烧条件关系密切。3 种类型氮氧化物（NO_x）的生成机理各不相同，但相互之间有一定的关系。

（二）氮氧化物生成途径

燃料燃烧过程中生成氮氧化物（NO_x）形成机理很复杂，尽管详细步骤仍不清楚，但在总的生成途径已取得基本一致的认识。通常认为燃烧中的 NO_x 生成氮氧化物（NO_x）途径有 3 类：第一类为由燃料中含氮有机化合物的氧化而生成的 NO_x，称为燃料型 NO_x（Fuel-NO_x）；第二类由大气中的氮生成，主要产生与原子氧和氮在高温下发生的化学反应，称为热力型 NO_x（ThermalNO_x）；第三类称为快速型 NO_x（PromptNO_x）；它是燃烧时空气中的氮和燃料中的碳氢离子团如 CH 等反应生成 NO_x。

3 种类型 NO_x 的生成机理各不相同。但相互之间又有一定关系。3 种 NO_x 生成途径在燃烧过程中对 NO_x 的排放总量的贡献如图 8-2 所示。

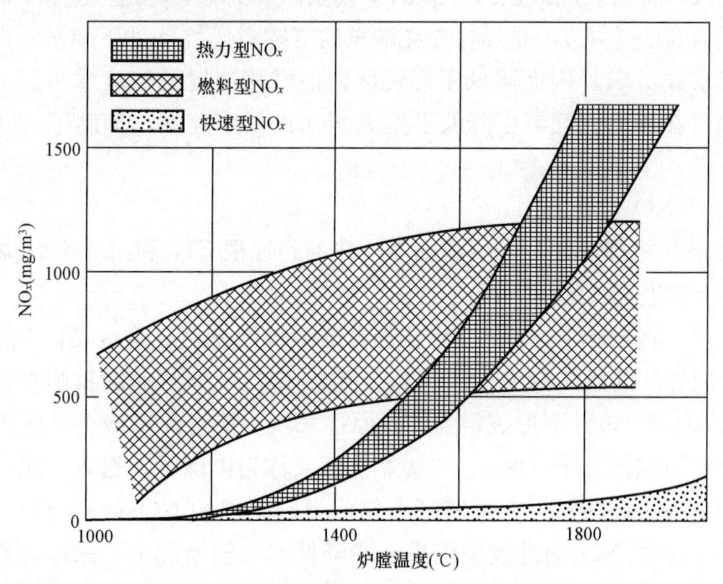

图 8-2　3 种 NO_x 生成途径在燃烧过程中对 NO_x 排放总量的贡献

煤粉炉中3种类型NO_x的生成量范围及与炉膛温度的关系：热力型NO_x的生成与温度关系很大，当温度高于1350℃时，热力型NO_x才开始形成，当炉膛温度高于1500℃时不可忽略，可占到热力型20%以上，一般煤粉炉热力型占10%～20%；燃料型NO_x在600～800℃时就会生成，其生成量受温度的影响不显著，可占总量的70%～90%；而快速型NO_x生成量很小，可以忽略不计。

燃烧中含氮物的生成转化路径如图8-3所示。NO_x生成机理对最终的排放量影响很大。

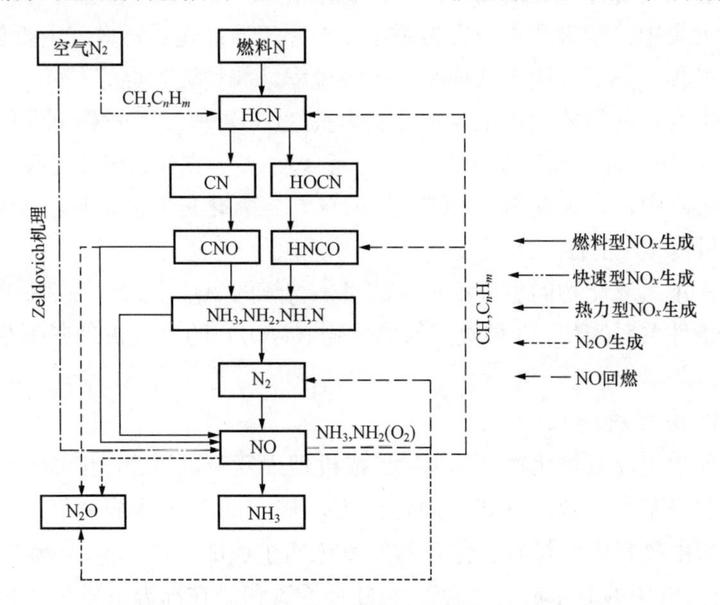

图8-3 燃烧中含氮物的生成转化路径图

（三）低NO_x燃烧技术

1. 空气分级低NO_x燃烧技术

燃烧第一阶段，将从燃烧器供入炉膛的空气量减少到总燃烧空气量的70%～80%（相当于理论空气量的80%左右），是燃料先在缺氧的富燃料燃烧条件下燃烧。此时，第一级燃烧区内过量空气系数$\alpha<1$，因而降低了燃烧区内的燃烧速度的温度水平。因此，不但延迟了燃烧过程，而且在还原性气氛中降低了生成NO_x的反应速率，抑制了NO_x在这一燃烧区中的生成量。

2. 燃料分级低NO_x燃烧技术

根据NO_x的破坏机理可知，已生成的NO在遇到烃根CH_x和未完全燃烧产物CO、H_2、C和C_nH_m时，会发生NO的还原反应。

利用这一原理，将80%～85%的燃料送入第一级燃烧区，在$\alpha<1$条件下燃烧并生成NO_x。送入一级燃烧区的燃料称为一次燃料。其余15%～20%的燃料则在助燃区的上部送入二级燃烧区，在$\alpha<1$条件下形成很强的还原性气氛，使得在一级燃烧区中生成的NO_x在二级燃烧区内被还原成氮分子（N_2）。二级燃烧区又称为再燃区，送入二级燃烧区的燃料又称二级燃料，或称为再燃燃料。在再燃区不仅使得已生成的NO_x得到还原，同时还抑制了新的NO_x的生成，可使NO_x的排放浓度进一步降低。一般情况下，采取燃料分级的方法可以使NO_x的排放浓度降低50%以上。

3. 烟气再循环低 NO_x 燃烧技术

烟气再循环法是在锅炉的空气预热器前抽出一部分热空气或直接送入炉内，或与一次风或二次风混合后送入炉内，这样不但可降低燃烧温度，而且也降低了氧气浓度，因此可以降低 NO_x 的排放浓度。

烟气再循环烟气量与不采用烟气再循环时的烟气量之比，称为烟气再循环率，即

再循环率=（再循环烟气量）/（无再循环烟气量）×100%　　(8-42)

烟气再循环法降低 NO_x 的排放效果与燃料品种和烟气再循环率有关。经验表明，当烟气再循环率为15%～20%时，煤粉炉的 NO_x 的排放浓度可降低25%左右。

（四）电力行业氮氧化物排放总量统计方法

1. 直接法

直接法是利用烟气中氮氧化物排放浓度乘以烟气流量。直接测量氮氧化物浓度的方法有红外线吸收法、紫外线吸收法、化学发光法，以及氧化锆传感器、定点微电解等方法。直接测量烟气流量的方法有热线式、毕托管和超声波流量计等。

2. 间接法

根据氮氧化物生成机理，氮氧化物产生量主要是燃料型氮氧化物、高温型氮氧化物（热力型）、快速型氮氧化物（瞬间型），通过物料平衡、排放规律、统计规律等计算出的氮氧化物的产生量扣除脱硝设施消减量，即得到排放量。主要计算方法有实测法（检测系数法）、物料衡算法、产排污系数法、经验系数法等。

（1）实测法（检测系数法）。实测法是通过实际测量的烟气流量与烟气中所含 NO、NO_2 的质量浓度计算 NO_x 的产生量和排放量。计算式如下

$$G=\rho Q \tag{8-43}$$

式中 G——氮氧化物产生（排放）量；

ρ——氮氧化物浓度；

Q——烟气流量。

该方法的最大特点是简洁明晰，对排放统计和监督管理争议小，在环境评价过程中通常使用这种方法，但目前尚存在一些待解决的技术难点：

1）要求烟气监测的浓度和烟气量准确且具有积累的功能，由于氮氧化物的生成浓度受锅炉负荷、含氧量、炉膛燃烧温度的直接影响，所以取样频率应越小越好，且数据采集分析系统要有相当大的计算和储存空间。

2）烟气流量的测量。因为目前流量检测普遍采用差压法，所以受此方法限制，烟道截面越大，流量监测误差越大。

（2）物料衡算法。环保部门的计算公式普遍采用的是物料衡算法。根据锅炉不同形式、燃烧温度和采用何种低氮燃烧来估算燃料燃烧生成的氮氧化物（NO_x），其计算式如下

$$G_{NO_x}=1.63B(\beta n+10^{-6}V_yC_{NO_x}) \tag{8-44}$$

式中 G_{NO_x}——燃料燃烧生成的氮氧化物，以 NO_x 计；

B——燃料消耗量；

β——燃烧过程中，燃料中的氮向 NO 的转化率，与燃料中氮含量有关，普通条件

下，燃煤锅炉为20%～25%；

n——燃料中含氮量，一般煤中含氮量为0.5%～2.5%，平均值为1.5%；

V_y——1kg燃料生成的烟气量；

C_{NO_x}——燃烧时生成的热力型NO的浓度，通常取7×10^{-5}。

经验系数简单固定后，公式简化为

NO_x 年排放量(物料衡算法)

=1630×年耗煤量(t)×[0.015×燃煤中NO_x转化率(%)

+0.00098]/1000 (8-45)

该方法是从氮氧化物生成原理角度，计算燃料型氮氧化物和热力型氮氧化物生成量，对计算单台机组具有一定的吻合性。其不足之处是，公式中计算仍然有转化率、热力型氮氧化物生成浓度等不定量经验参数。

(3) 产排污系数法。产排污系数法是综合考虑影响行业氮氧化物污染物产生和排放量的各种主要因素，包括产品、工艺、规模、原材料，以及末端治理技术设备等，并通过这些因素的组合，在现场测试、历史数据收集的基础上使用一定的核算方法获得产排污系数，基本上反映了相应行业污染物产生和排放的客观规律。该方法为环境规则、环境统计、污染过程控制等各项工作提供了重要的技术支持。各种污染物的产生（排放）量按下列公式计算

$$G = B\beta \tag{8-46}$$

式中 G——某污染物的产生（排放）量，t（或kg或g或mg或m^3）；

B——燃料消耗量，t（或kg或g或mg或m^3）；

β——氮氧化物（NO_x）污染物的产污（排污）系数。

根据国内77台不同规模机组在不同时段的氮氧化物（NO_x）排放数据分析，得出产排污系数见表8-8。

表8-8 火电行业氮氧化物产排污系数

规模等级（MW）	挥发份V_{daf}（%）	产排污系数（kg/t—原料）		
		无低氮燃烧	低氮燃烧	低氮燃烧+SNCR
≥750	$20<V_{daf}\leqslant37$	—	6.09	—
	$V_{daf}>37$		4.10	
450～749	$V_{daf}\leqslant10$	13.40	7.95	5.57
	$10<V_{daf}\leqslant20$	11.20	6.72	4.70
	$20<V_{daf}\leqslant37$	10.11	6.07	4.25
	$V_{daf}>37$	6.80	4.08	2.86
250～449	$V_{daf}\leqslant10$	13.35	8.01	5.61
	$10<V_{daf}\leqslant20$	11.09	6.65	4.66
	$20<V_{daf}\leqslant37$	9.70	5.82	4.07
	$V_{daf}>37$	6.78	4.07	2.85

续表

规模等级（MW）	挥发份 V_{daf}（%）	产排污系数（kg/t—原料）		
		无低氮燃烧	低氮燃烧	低氮燃烧+SNCR
150～249	$V_{daf}\leqslant10$	12.80	7.68	5.38
	$10<V_{daf}\leqslant20$	11.02	6.61	4.63
	$20<V_{daf}\leqslant37$	9.35	5.61	3.93
	$V_{daf}>37$	6.57	3.94	2.76
75～149	$V_{daf}\leqslant10$	12.31	7.49	5.24
	$10<V_{daf}\leqslant20$	10.97	6.58	4.61
	$20<V_{daf}\leqslant37$	9.13	5.48	3.84
	$V_{daf}>37$	6.44	3.86	2.70
35～74	$V_{daf}\leqslant10$	11.50	6.90	—
	$10<V_{daf}\leqslant20$	9.86	5.92	
	$20<V_{daf}\leqslant37$	6.88	4.13	
	$V_{daf}>37$	5.07	3.04	
20～34	$V_{daf}\leqslant10$	10.79	6.47	—
	$10<V_{daf}\leqslant20$	8.97	5.28	
	$20<V_{daf}\leqslant37$	6.54	3.92	
	$V_{daf}>37$	5.02	3.01	
9～19	$V_{daf}\leqslant10$	9.70	5.82	—
	$10<V_{daf}\leqslant20$	6.78	4.07	
	$20<V_{daf}\leqslant37$	5.14	3.08	
	$V_{daf}>37$	4.93	2.96	

注　SNCR—选择性非催化还原化。

此外，NO_x产生量的计算式为

$$G_{NO_x}=Q_tN_t \tag{8-47}$$

式中　G_{NO_x}——NO_x排放量；

Q_t——燃料消耗量；

N_t——燃料产生 NO_x的系数，$N_t=2.83$。

该类方法好处是计算比较快捷，在做比较大的样本容量氮氧化物统计时较为准确，不足之处是针对单个非典型电厂统计监测具有一定误差。

（4）经验系数法。氮氧化物排放量的计算式如下

$$\text{氮氧化物排放量}(t/a)=\text{经验系数}\,C\times\text{燃料中含氮量}\,N\times\text{燃料消耗量} \tag{8-48}$$

燃料中的氮含量多数在0.8%～1.8%（daf基）间波动，低质煤（如褐煤）有时氮含量会超过2%。

如按标煤计算，为9.2～11.5gNO_x/kg标煤。如按原煤计算为6.7～7gNO_x/kg原煤。

由于只考虑了燃料中的氮氧化物的转化，此方法有较大缺陷，只能用来估算，如果用来监管和考量电厂氮氧化物排放工作是不合适的。

三、污染物排放系数汇总

一般在设计中，采用估算值，根据经验及有关资料各种燃料燃烧产生的污染物量见表8-9。但该数据不能作为监管和考量企业污染物排放工作的依据。

表 8-9　　各种燃料燃烧产生的污染物排放系数

序号	燃料种类	二氧化碳 (tCO_2/tce)	二氧化硫 (tSO_2/tce)	氮氧化物 (tNO_x/tce)	烟尘 (t 烟尘/tce)
1	煤	2.60	0.006	0.010	0.011
2	油	2.00	0.004	0.006	0.002
3	天然气	1.50	0	0.002	0

同时，当使用该表中数据时，可根据工程项目的特点及燃料种类、燃烧方式等情况，经过详细分析之后，采用更加切合实际的数据。

四、国家排放标准

（一）污染物排放控制要求

根据《火电厂大气污染物排放标准》（GB 13223—2011）的标准，有如下污染物排放控制要求：

（1）自 2014 年 7 月 1 日起，现有火力发电锅炉及燃气轮机组执行表 8-10 所示的烟尘、二氧化硫、氮氧化物和烟气黑度排放极限值。

（2）自 2012 年 1 月 1 日起，新建火力发电锅炉及燃气轮机组执行如表 8-10 所示的烟尘、二氧化硫、氮氧化物和烟气黑度排放极限值。

（3）自 2015 年 1 月 1 日起，燃烧锅炉执行表 8-10 所示的汞及其化合物污染物排放极限值。

表 8-10　　火力发电厂锅炉及燃气轮机大气污染排放物排放浓度限值

mg/m^3（烟气黑度除外）

序号	燃料和热能转化设备类型	污染物项目	适用条件	限值	污染物监控位置
1	燃煤锅炉	烟尘	全部	30	烟囱排放口
		二氧化硫	新建锅炉	100 200*	
			现有锅炉	200 400*	
		氮氧化物（以 NO_2 计）	全部	100 200*	
		汞及其化合物	全部	0.03	

续表

序号	燃料和热能转化设备类型	污染物项目	适用条件	限值	污染物监控位置
2	以油为燃料的锅炉或燃气轮机	烟尘	全部	30	烟囱或烟道
		二氧化硫	新建锅炉及燃气轮机组	100	
			现有锅炉及燃气轮机组	200	
		氮氧化物（以 NO_2 计）	新建燃油锅炉	100	
			现有燃油锅炉	200	
			燃气轮机组	120	
3	以气体为燃料的锅炉或燃气轮机	烟尘	天然气锅炉及燃气轮机	5	
			其他气体燃料锅炉及燃气轮机组	10	
		二氧化硫	天然气锅炉及燃气轮机	35	
			其他气体燃料锅炉及燃气轮机组	100	
		氮氧化物（以 NO_2 计）	天然气锅炉	100	
			其他气体燃料锅炉	200	
			天然气燃气轮机组	50	
			其他气体燃气轮机组	120	
4	燃煤锅炉，以油、气体为燃料的锅炉或燃气轮机组	烟气黑度（林格曼黑度、级）	全部	1	烟囱排放口

注　采用W形火焰炉膛的火力发电锅炉，现有循环流化床火力发电锅炉，以及2003年12月31日前建成投产或通过建设项目环境影响报告书审批的火力发电锅炉执行该限值。

*　位于广西壮族自治区、重庆市、四川省和贵州省的火力发电锅炉执行该限制。

（二）重点地区的火力发电锅炉及燃气轮机组

重点地区的火力发电锅炉及燃气轮机组执行表8-11规定的大气污染物特别排放限值。执行大气污染物特别排放限值的具体范围、实施时间，由国务院环境保护行政主管部门规定。

表 8-11　　大气污染物特别排放限制　　mg/m^3（烟气黑度除外）

序号	燃料和热能转化设备类型	污染物项目	适用条件	限值	污染物监控位置
1	燃煤锅炉	烟尘	全部	20	烟囱或烟道
		二氧化硫	全部	50	
		氮氧化物（以 NO_2 计）	全部	100	
		汞及其化合物	全部	0.03	
2	以油为燃料的锅炉或燃气轮机	烟尘	全部	20	
		二氧化硫	全部	50	
		氮氧化物（以 NO_2 计）	燃油锅炉	100	
			燃气轮机组	120	
3	以气体为燃料的锅炉或燃气轮机	烟尘	全部	5	
		二氧化硫	全部	35	
		氮氧化物（以 NO_2 计）	燃气锅炉	100	
			燃气轮机组	50	
4	燃煤锅炉，以油、气体为燃料的锅炉或燃气轮机组	烟气黑度（林格曼黑度、级）	全部	1	烟囱排放口

（三）在现有火力发电锅炉及燃气轮机组

在现有火力发电锅炉及燃气轮机组运行、建设项目竣工环保验收及其后的运行过程中，负责监管的环保行政主管部门，应对周围居住、学校、医疗等用途的敏感区域环境质量进行检测。建设项目的具体监控和范围为环境影响评价确定的周围敏感区域；未进行过环境影响评价的现有火力发电企业，监控范围由负责监管的环境保护行政主管部门，根据企业排污的特点和规律及当地的自然、气象条件等因素，参照相关环境影响评价技术导则确定。地方政府应对本辖区内环境质量负责，采取措施确保环境状况符合环境质量标准要求。

（四）不同时段建设的锅炉

不同时段建设的锅炉，若采用混合方式排放烟气，且选择的监控位置只能监测混合烟气中的大气污染物浓度，则应执行各时段限制中的最严格的排放限制。

（五）新建火力发电厂

新建火力发电厂目前基本采用超低排放标准，即对600MW及1000MW机组发电厂一般采用：烟气排放标准5mg/m^3，二氧化硫（SO_2）35mg/m^3，氮氧化物（NO_x）50mg/m^3。

分布式供能系统也不应低于该排放标准。

（六）一般锅炉

锅炉大气污染物排放控制要求如下：

（1）10t/h以上在用蒸汽锅炉和7MW以上在用热水锅炉2015年9月30日前执行GB 13271—2014中规定的排放限值，10t/h以下在用蒸汽锅炉和7MW以下在用热水锅炉2016年6月30日前执行GB 13271—2014中规定的排放限值。

（2）10t/h以上在用蒸汽锅炉和7MW以上在用热水锅炉，自2015年10月1日起执行表8-12所规定的大气污染排放限值，10t/h以下在用蒸汽锅炉和7MW以下在用热水锅炉2016年7月1日起执行表8-12所规定的大气污染排放限值。

表8-12　在用锅炉大气污染物排放限制　mg/m^3（烟囱黑度除外）

污染物项目	限值			污染物排放监控位置
	燃煤锅炉	燃油锅炉	燃气锅炉	
颗粒物	80	60	30	烟囱或烟道
二氧化硫	400 550*	300	100	
氮氧化物	400	400	400	
汞及其化合物	0.05	—	—	
烟气黑度（格林曼灰度、级）	≤1			烟囱排放口

* 位于广西壮族自治区、重庆市、四川省和贵州省的在用燃煤锅炉执行该限制。

（3）自2014年7月1日起，新建锅炉执行表8-13所规定的大气污染排放限值。

表 8-13　新建锅炉大气污染物排放限制　mg/m³（烟囱黑度除外）

污染物项目	限值			污染物排放监控位置
	燃煤锅炉	燃油锅炉	燃气锅炉	
颗粒物	50	30	20	烟囱或烟道
二氧化硫	300	200	50	
氮氧化物	300	250	200	
汞及其化合物	0.05	—		
烟气黑度（格林曼灰度、级）	≤1			烟囱排放口

(4) 重点地区锅炉执行表 8-14 所规定的特别排放限值。执行大气污染物特别排放限值的地域范围、时间，由国务院环境保护主管部门或省级人民政府规定。

表 8-14　大气污染物特别排放限制　mg/m³（烟囱黑度除外）

污染物项目	限值			污染物排放监控位置
	燃煤锅炉	燃油锅炉	燃气锅炉	
颗粒物	30	30	20	烟囱或烟道
二氧化硫	200	100	50	
氮氧化物	200	200	150	
汞及其化合物	0.05	—	—	
烟气黑度（格林曼灰度、级）	≤1			烟囱排放口

(5) 每个新建燃煤锅炉房只能设一根烟囱，烟囱高度应根据锅炉房装机总容量，按表 8-15 所规定执行。燃油、燃气锅炉烟囱不低于 8m，烟囱的具体高度按批复的环境影响评价文件确定。新建锅炉房的烟囱周围半径 200m 距离内有建筑物时，其烟囱应高出最高建筑物 3m 以上。

表 8-15　燃煤锅炉烟囱最低允许高度

锅炉装机总容量		烟囱最低允许高度（m）
热水锅炉（MW）	蒸汽锅炉（t/h）	
<0.7	<1	20
0.7～<1.4	1～<2	25
1.4～<2.8	2～<4	30
2.8～<7	4～<10	35
7～<14	10～<20	40
≥14	≥20	45

(6) 不同时段建设的锅炉，若采用混合方式排放烟气，且选择的监控位置只能监测混合烟气中的大气污染物浓度，应执行各个时段限值中最严格的排放限值。

（七）脱硫除尘脱硝技术

根据新标准，对新建锅炉，颗粒物排放限制值为 50mg/m^3，二氧化硫排放限制值为 300mg/m^3。为了达到新标准的排放限制值，除尘效率和脱硫效率达到 95%～98%标准才行。

同时为了氮氧化物排放限制值达到 200～300mg/m^3 标准，应采用高效低氮燃烧器＋SNCR 或低温 SCR（选择性催化剂还原脱硝）技术。

为了实现清洁燃烧，降低燃烧中 NO_x 的排放污染的技术措施可分为两大类：一类是炉内脱氮，另一类是尾部脱氮。

1. 炉内脱氮（低氮氧化物燃烧技术）

炉内脱氮就是采用各种燃烧技术手段来控制燃烧过程中 NO_x 的生成，又称为低 NO_x 燃烧技术。低氮氧化物燃烧技术特点：工艺成熟、投资和运行费用低，是控制 NO_x 最经济的手段。但利用这种技术很难达到标准中的 200～300mg/m^3 的要求。

2. 尾部脱氮

尾部脱氮又称为烟气净化技术，即把尾部烟气中已经生成的氮氧化物还原或吸附，从而降低 NO_x 排放。烟气脱氮的处理方法可分为催化还原法、液体吸收法和吸附法 3 大类。

（1）催化还原法。催化还原法是在催化剂作用下，利用还原剂将 NO_x 还原为无害的 N_2。这种方法虽然投资和运行费用高，且需消耗氨和燃料，但由于对 NO_x 效率很高，设备紧凑，故在国外得到了广泛应用，催化还原法可分为选择性非催化还原法（SNCR）和选择性催化还原法（SCR），设备简单、运转资金少，是一种有吸引力的技术。

（2）液体吸收法。液体吸收法是用水或者其他溶液吸收烟气中的 NO_x。该法工艺简单，能够以硝酸盐等形式回收氮进行综合利用，但是吸收效率不高。

（3）吸附法。吸附法是用吸附剂对烟气中的 NO_x 进行吸附，然后在一定条件下使被吸附的 NO_x 脱附回收，同时吸附剂再生。此法的 NO_x 脱除率非常高，并且能回收利用，但一次性投资很高。

3. 技术比较

炉内脱氮与尾部脱氮相比，具有应用广泛、结构简单、经济有效等优点。各种低 NO_x 燃烧技术是降低燃煤锅炉的技术（方式），是比较成熟的技术措施。一般情况下，这种技术最多能达到 50%的脱除率。当要进一步提高脱除率时，就要考虑采用尾部烟气脱氮的技术措施，SCR 和 SNCR 法能大幅度地把 NO_x 排放量降低到 200mg/m，但它的设备昂贵、运行费用很高。

对供热锅炉而言，可采用投资少、效果也比较显著的炉内脱氮技术。即采用烟气净化技术，同时采用低 NO_x 燃煤技术来控制燃烧过程中 NO_x 的产生，以尽可能降低化设备的运行和维护费用。

各炉内脱氮技术又以燃料分级效率较高。燃料再燃技术是有效地降低 NO_x 排放的措施，早在 1980 年日本的三菱公司就将天然气再燃技术应用于实际锅炉，NO_x 排放减少 50%以上。美国能源部的“洁净煤技术”计划也包括再燃技术，其示范项目分别采用煤或天然气作为再燃燃料，NO_x 排放减少 30%到 70%。在日本、美国、欧洲再燃技术大量应用于新建电站锅炉和已有电站锅炉的改造，在商业运行中取得良好的环境效益和经济效益。在我国燃料再燃烧技术研究和应用起步较晚，一方面是因为我国过去对环保的要求较低，另一方面则是出于技术经济上的考虑。进入20世纪90年代，我国严重缺电局面开始缓和，大气污染日益严重，1994年全国85个大中城市中NO_x超标的城市就有30个，占35%。1998年对全国322个省控城市量监测结果分析，NO_x年日平均值范围在0.006～0.152mg/m³，全国平均为0.037mg/m³，治理大气污染成为十分迫切的任务。随着环保要求的不断提高，研究适应我国国情的低成本的再燃低NO_x燃烧技术具有良好的前景。

五、燃机污染物排放

根据《火电厂大气污染物排放标准》（GB 13223—2011）的标准，天然气为燃料的燃气轮机组大气污染物排放浓度控制要求见表8-16。

表8-16　天然气为燃料的燃气轮机组大气污染物排放浓度控制要求

序号	污染物项目	限值（mg/m³）	污染物排放监控位置
1	烟尘	5	烟囱或烟道
2	二氧化硫	35	
3	氮氧化物（以NO_2计）	50	

注　表中的排放限值基准含氧量为15%。

现随着国家对环保的重视，不同地区，尤其是经济发达区域针对燃气发电机组氮氧化物排放开始实施污染物的总量控制。

燃气-蒸汽联合循环供热机组采用清洁燃料天然气，天然气的主要成分是甲烷且含少量硫、灰分。采用SCR法脱除氮氧化物，氮氧化物的脱出效率为50%，烟气中氮氧化物排放浓度不大于25mg/m³。某两台9F燃气-蒸汽联合循环机组大气污染物排放情况见表8-17。

表8-17　某两台9F燃气-蒸汽联合循环机组大气污染物排放情况

项目	单位	NO_x		SO_2		烟尘	
		供暖期	非供暖期	供暖期	非供暖期	供暖期	非供暖期
排放浓度	mg/m³	25	25	30.43	30.26	2	2
标准要求	mg/m³	50	50	35	35	5	5
小时排放量	t/h	0.053	0.0496	0.064	0.060	0.0042	0.0040
排放量	t/a	151.61	94.8	184.53	114.75	12.1	7.6
年合计排放量	t/a	246.41		299.27		19.7	

注　机组年运行小时数4500h，供暖期为2880h，非供暖期为1910h。

为了进一步减少氮氧化物的排放，现大部分燃气机组采用低氮燃烧器控制氮氧化物的生成，从而大大降低了氮氧化物的排放。低氮燃烧器主要特点是在喷嘴前将空气与燃料按一定比例进行混合稀释，以降低NO_x的排放量。混合燃料在燃烧室中燃烧，大量空气从燃烧室周围进入，以帮助燃烧并降低燃烧室四壁的温度。采用干式低氮燃烧器，可以将天然气燃烧过程中产生的NO_x控制在2.5×10^{-5}mg/m³或更低。

第四节 能源价格估算

一、能源价格估算的必要性

分布式供能系统设计中，为了预先分析估算供能系统的大略经济效益，往往会碰到事先估算能源价格的问题，为此，提出了分布式供能系统的热、电价格的快速简化估算方法。这些数据可用于项目的前期工作，即规划、工程立项、初可研设计阶段。在可行性研究后期、初步设计阶段中，需要经过详细计算确定，能源价格估算只能供参考。

通常在能源成本中包括燃料费、折旧费、维护费用、财务费用、分利费用、所得税及其他费用。其中，燃料费是最主要的，根据过去多年的设计经验，燃料成本一般占整个成本的60%～80%，折旧费用占10%～12%，维护费用占5%～6%，财务费用占5%～6%，分利费用占8%～10%，其他费用占3%～5%。

二、电价估算

1. 燃煤发电机组电价估算

燃煤机组电价估算可按如下式计算

$$A_{el} = \frac{b_{el} B}{\beta_{fu}} \times 10^{-3} \tag{8-49}$$

式中 A_{el}——估算电价，元/kWh；

b_{el}——发电标准煤耗率，见表8-18，kg/kWh；

B——标准煤价，元/t；

β_{fu}——成本中燃料占比例，%，燃煤机组为燃料的成本一般占整个成本的60%～70%。

设燃煤电厂燃料成本一般约占整个成本的65%，则

$$A_{el} = 1.54 b_{el} B \times 10^{-3}$$

各类发电机组设计标准煤耗水平见表8-18。

表8-18 各类发电机组设计标准煤耗水平

序号	机组大小	标准煤耗率（kg/kWh）
1	超超临界600MW机组	0.274
2	超临界600MW机组	0.281
3	超临界空冷600MW机组	0.294
4	亚临界600MW机组	0.288
5	亚临界空冷600MW机组	0.301
6	亚临界300MW机组	0.291
7	超高压200MW机组	0.315
8	超高压135MW机组	0.319
9	高压100MW机组	0.366
10	高压50MW机组	0.383
11	高压25MW机组	0.416
12	中压12MW机组	0.500
13	中压6MW机组	0.525

对不同煤价，估算发电成本见表8-19。

表8-19　对不同煤价估算发电成本

发电标准煤耗率		不同标煤价对应的发电成本（元/kWh）					
机组容量（MW）	发电煤耗率（kg/kWh）	200（元/t）	300（元/t）	400（元/t）	500（元/t）	600（元/t）	800（元/t）
600	0.281	0.087	0.130	0.173	0.216	0.260	0.346
300	0.291	0.090	0.135	0.180	0.225	0.270	0.360
200	0.315	0.097	0.146	0.194	0.243	0.291	0.388
100	0.366	0.113	0.170	0.226	0.283	0.339	0.452
50	0.383	0.118	0.177	0.236	0.295	0.354	0.472
25	0.416	0.128	0.192	0.256	0.320	0.384	0.512

2. 燃气发电机组电价估算

燃气机组估算电价可按如下式计算

$$A_{el} = \frac{b_{el}B}{\beta_{fu}} \tag{8-50}$$

式中　A_{el}——估算电价，元/kWh；

b_{el}——发电气耗率，见表8-20，m^3/kWh；

B——燃气价，元/m^3；

β_{fu}——成本中燃料占比例，%，燃气机组燃料成本一般占整个成本的70%～80%。

设燃气机组燃料成本一般约占整个成本的75%。

$$A_{el} = b_{el}B/0.75$$

$$A_{el} = 1.33b_{el}B$$

燃气机组发电气耗率可参考表8-20。

表8-20　燃气机组发电气耗率

项目	单位	分布式供能方式			
		内燃机	燃气轮机	微燃机	燃料电池
发电气耗	m^3/kWh	0.16～0.18	0.18～0.20	0.18～0.20	0.12～0.13

对不同燃气价格，估算发电成本见表8-21。

表8-21　对不同燃气价格估算发电成本

发电气耗率		不同燃气价对应的发电成本（元/kWh）					
发电机组	气耗率（kg/kWh）	1.0（元/m^3）	1.5（元/m^3）	2.0（元/m^3）	2.5（元/m^3）	3.0（元/m^3）	3.5（元/m^3）
燃气轮机	0.20	0.266	0.399	0.532	0.665	0.798	0.931
内燃机	0.18	0.239	0.359	0.479	0.600	0.718	0.838
燃料电池	0.13	0.173	0.259	0.346	0.465	0.519	0.606

三、热（冷）价估算

1. 燃煤系统

（1）热电厂。燃煤机组热价可按如下式计算

$$A_{\mathrm{h}}=\frac{b_{\mathrm{h}}B}{\beta_{\mathrm{fu}}}\times10^{-3} \tag{8-51}$$

式中 A_{h}——估算热价，元/GJ；

b_{h}——供热标准耗率，kg/GJ，一般热电厂供热煤耗率 b_{h}=38～40kg/GJ；

B——煤价，元/t；

β_{fu}——成本中燃料占比例，%，一般燃煤机组燃料在热价中占65%～75%。

设热价中燃煤机组燃料成本一般约占整个成本的70%，则

$$A_{\mathrm{h}}=b_{\mathrm{h}}B/0.7$$

$$A_{\mathrm{el}}=1.43b_{\mathrm{h}}B$$

（2）燃煤锅炉。燃煤锅炉热价可按如下式计算

$$A_{\mathrm{h}}=\frac{b_{\mathrm{h}}B}{\beta_{\mathrm{fu}}}\times10^{-3} \tag{8-52}$$

式中 A_{h}——估算热价，元/GJ；

b_{h}——供热标准耗率，kg/GJ，一般热电厂供热煤耗率 B_{h}=48～50kg/GJ；

B——煤价，元/t；

β_{fu}——成本中燃料占比例，%，一般燃煤机组燃料在热价中占65%～75%。

设热价中燃煤机组燃料成本一般约占整个成本的70%，则

$$A_{\mathrm{h}}=b_{\mathrm{h}}B/0.7\times10^{-3}$$

$$A_{\mathrm{el}}=1.43b_{\mathrm{h}}B\times10^{-3}$$

对不同煤价，估算供热成本见表8-22。

表8-22　对不同煤价估算供热成本

供热标准煤耗率		不同标煤价对应的发电成本（元/GJ）					
热源设备形式	煤耗率（kg/GJ）	200（元/t）	300（元/t）	400（元/t）	500（元/t）	600（元/t）	800（元/t）
热电厂供热	40	11.5	17.2	22.9	28.6	34.3	45.8
锅炉房供热	50	14.3	21.5	28.7	35.8	43.0	57.3

2. 燃气发电机组热价估算

燃气发电机组热价可按如下式计算

$$A_{\mathrm{h}}=\frac{b_{\mathrm{h}}B}{\beta_{\mathrm{fu}}} \tag{8-53}$$

式中 A_{h}——估算热价，元/kWh；

b_{h}——供热气耗率，m^3/GJ，气耗率见表8-24；

B——气价，元/m^3；

β_{fu}——成本中燃料占比例，%，一般燃气机组燃料在热价中占70%～80%。

设热价中燃煤机组燃料成本一般约占整个成本的75%，则

$$A_h = b_h B/0.75$$

$$A_{el} = 1.33 b_h B$$

对不同燃气价格，估算供热成本见表 8-23。

表 8-23　对不同燃气价格估算供热成本

供热气耗率		不同气价对应的供热成本（元/GJ）					
供热热源设备	气耗率（kg/GJ）	1.0（元/m³）	1.5（元/m³）	2.0（元/m³）	2.5（元/m³）	3.0（元/m³）	3.5（元/m³）
燃气轮机	28	37.2	55.9	74.5	93.1	111.7	130.3
内燃机	28	37.2	55.9	74.5	93.1	111.7	130.3
燃料电池	25	33.3	49.9	66.5	83.1	99.8	116.4
燃气热泵	18	24.0	35.9	48.0	59.9	71.8	81.9
燃气锅炉	32	42.6	63.9	85.2	106.5	127.8	149.1

燃气机组供热气耗率可参考表 8-24。

表 8-24　燃气机组供热气耗率

项目	单位	分布式供能方式				
		内燃机	燃气轮机	燃料电池	燃气热泵	燃气锅炉
供热气耗率	m³/GJ	28	28	25	17～19	31～32

四、电能供热成本估算

如设电供热设备效率为 100%，电供热热价，可按如下式计算

$$A_h = \frac{b_h B}{\beta_{fu}} \times 10^{-3} \tag{8-54}$$

式中　A_h——估算热价，元/GJ；

b_h——供热电耗率，kWh/GJ，b_h=280kWh/GJ；

B——电价，元/kWh；

β_{fu}——成本中燃料占比例，%，一般电价在热价中占 75%～85%。

设热价中热价成本电价占整个成本的 80%，则

$$A_h = b_h B/0.8 = 1.25 b_h B = 350B$$

对不同电价，估算供热成本见表 8-25。

表 8-25　对不同电价估算电供热成本

供热电耗耗率（kWh/GJ）	不同电价对应的供热成本（元/GJ）						
	0.10 元/kWh	0.20 元/kWh	0.30 元/kWh	0.40 元/kWh	0.50 元/kWh	0.60 元/kWh	0.70 元/kWh
280	35	70	105	140	175	210	245

如表 8-25 所示，若电价超过 0.20 元/kWh，则热价已经超过 70 元/GJ，若电价是 0.50 元/kWh，则热价已经超过 175 元/GJ 了，明显在经济上不合适了。

五、蒸汽供热成本估算

蒸汽供热成本估算方法基本与热价估算方法差不多。但因为生产用汽凝结水一般很难回收，凝结水的热量及凝结水均不能回收。所以，当不回收凝结水时，蒸汽热值应采用全焓值不能采用焓差，则1t蒸汽热值可按3.00GJ/t蒸汽计算。若回收凝结水，就可用焓差计算热值，则热值为2.52GJ/t蒸汽。不回收凝结水时，在蒸汽供热成本中还应考虑凝结水价格。

1. 燃煤机组蒸汽供热成本

一般热电厂供热煤耗率B_h=38～40kg/GJ，则燃煤热电厂不回收凝结水时1t蒸汽的煤耗为120kg标准煤，而回收凝结水时，1t蒸汽的煤耗为100kg标准煤。燃煤电厂热价成本中燃料价占65%～75%，设凝结水价格按10元/t计算。

蒸汽供热汽价，可按如下式计算

$$A_{st}=\frac{b_{st}B}{\beta_{fu}}\times 10^{-3}+A_{ch} \tag{8-55}$$

式中 A_{st}——估算汽价，元/t蒸汽；

b_{st}——蒸汽煤耗率，kg/t蒸汽，不回收时b_{st}=120kgce/t蒸汽，回收时b_{st}=100kgce/t蒸汽；

B——煤价，元 t；

β_{fu}——燃料在成本中占比例，%，一般电价在热价中占65%～75%；

A_{ch}——软化水价格。

设蒸汽价格中燃料成本占70%，则

$$A_{st}=b_{st}B/0.7=1.43b_{st}B\times 10^{-3}+A_{cn}$$

对不同煤价，燃煤机组蒸汽供热成本估算见表8-26。

表8-26　燃煤机组蒸汽供热成本估算

燃煤热电厂蒸汽供热煤耗率（kgce/t蒸汽）		不同标煤价对应的蒸汽供热成本（元/t蒸汽）					
		200元/t	300元/t	400元/t	500元/t	600元/t	800元/t
不回收凝结水时	煤耗率b_{st}=120	44	62	79	96	113	147
回收凝结水时	煤耗率b_{st}=100	29	43	57	72	86	115

2. 燃气机组蒸汽供热成本

而燃气机组供热气耗率为28m³/GJ，同样，不回收凝结水时，1t蒸汽的气耗为84m³，而回收凝结水时，1t蒸汽的气耗为71m³，热价成本中燃料成本占70%～80%，还应考虑凝结水价格按10元/t。

蒸汽供热汽价，可按如下式计算

$$A_{st}=\frac{b_{st}B}{\beta_{fu}}\times 10^{-3}+A_{ch} \tag{8-56}$$

式中 A_{st}——估算汽价，元/t蒸汽；

b_{st}——蒸汽气耗率，m^3/t蒸汽，不回收时$b_{st}=84m^3$/t蒸汽，回收时$b_{st}=71m^3$/t

蒸汽；

B——气价，元/m³；

β_{fu}——成本中燃料占的比例，%，一般蒸汽价中在燃料价占70%～80%。

设汽价成本中燃料占整个成本的75%，则

$$A_{st} = b_{st}B/0.75 = 1.33b_{st}B + A_{ch}$$

对不同燃气价格，估算蒸汽供热成本见表8-27。

表8-27　　对不同燃气价格估算蒸汽供热成本

燃气电厂热电厂蒸汽供热气耗率（m³/t蒸汽）	不同气价对应的蒸汽供热成本（元/t蒸汽）					
	1.0（元/m³）	1.5（元/m³）	2.0（元/m³）	2.5（元/m³）	3.0（元/m³）	3.5（元/m³）
不回收疏水时供热气耗率 b_{st}=84	122	178	233	289	345	401
回收疏水时供热气耗率 b_{st}=71	95	142	189	236	283	331

六、按平方米与热量计费折算

热电厂（热源厂）与热力公司结算一般按热量计费，而热力公司与热用户计费是按面积计费。下面介绍热量计费与面积计费之间的折算方法。

$$热量计费热价 = \frac{面积计费热价}{单位面积年供热量} \tag{8-57}$$

式中　热量计费热价——热量计费是指利用热量仪表的热量计费方式，元/GJ；

面积计费热价——面积计费是指按热用户供热面积计费方式，元/m²；

单位面积年供热热量——单位面积年供热热量是指该地区每平方米年平均建筑耗热量，GJ/m²。

单位面积年耗热量计算方法，详见第六章负荷计算，各主要城市年单位面积年耗热量见附录A。

几个城市面积计费和热量计费的折算见表8-28。

表8-28　　几个城市面积计费和热量计费的折算

城市	供暖室外计算温度（℃）	年供热量（GJ/m²）	按面积计费热价（元/m²）									
			18	20	22	24	26	28	30	32	34	36
			按热量折算热价（元/GJ）									
青岛	−5.0	0.27	66.7	74.1	81.5	88.9	96.3	103.7	111.1	118.5	125.9	133.3
西安	−3.4	0.30	60.0	66.7	73.3	80.0	86.7	93.3	100.0	106.7	113.3	120.0
石家庄	−6.2	0.32	56.3	62.5	68.8	75.0	81.3	87.5	93.8	100.0	106.3	112.5
北京	−7.6	0.35	51.4	57.1	62.9	68.6	74.3	80.0	85.7	91.4	97.1	102.9
沈阳	−16.9	0.39	46.2	51.3	56.4	61.5	66.7	71.8	76.9	82.1	87.2	92.3
乌鲁木齐	−19.7	0.41	43.9	48.8	53.7	58.5	63.4	68.3	73.2	78.0	82.9	87.8
长春	−21.1	0.43	41.9	46.5	51.2	55.8	60.5	65.1	69.8	74.4	79.1	83.7
太原	−10.1	0.44	40.9	45.5	50.0	54.5	59.1	63.6	68.2	72.7	77.3	81.8
哈尔滨	−24.4	0.45	40.0	44.4	48.9	53.3	57.8	62.2	66.7	71.1	75.6	80.0
海拉尔	−31.6	0.50	36.0	40.0	44.0	48.0	52.0	56.0	60.0	64.0	68.0	72.0
加格达奇	−29.7	0.52	34.6	38.5	42.3	46.2	50.0	53.9	57.9	65.5	65.4	69.2
满洲里	−28.8	0.54	33.3	37.0	40.7	44.4	48.2	51.9	55.6	59.3	63.0	66.7

由表 8-28 可知，各地区的合适的热价为 66～70 元/GJ，因为标准煤价为 500 元/时，供热成本为 32～38 元/GJ，售热价为基本成本的 2 倍左右。

第五节　可再生能源发电成本

根据国际可再生能源机构（International Renewable Energy Agency，IRENA）统计数据，2015 年全球可再生能源发电技术的成本竞争力持续上升。陆上风电发电成本已经可以与化石燃料发电竞争。2010～2015 年间世界光伏组件价格下降了 75%～80%。太阳能光伏发电平准化发电成本（LCOE）减少了一半以上，成本竞争力日益增高。

一、风电成本

（一）陆上风电成本

1. 风电机组价格

2015 年，世界陆上风电机组平均价格平均为 1013～1143 美元/kW（折合人民币 6280～7087 元/kW），比 2014 年略有下降，如图 8-4 所示。2010～2015 年间，世界风电机组价格由 1472～1615 美元/kW（折合人民币 10054～11030 元/kW），下降到 1013～1143 美元/kW（折合人民币 6280~7087 元/kW），降幅达到 29%～45%。

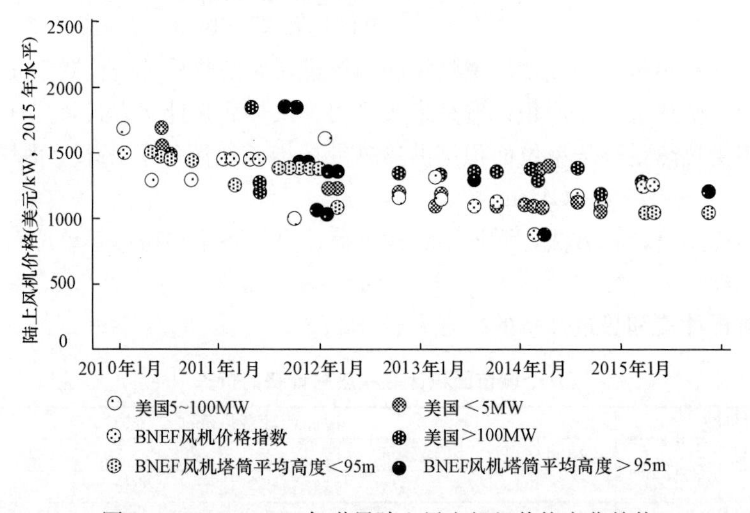

图 8-4　2010～2015 年世界陆上风电机组价格变化趋势

2015 年，中国风电机组价格平均约为 807 美元/kW（折合人民币 5003 元/kW），与 2014 年 IRENA 的 676 美元/kW 相比略有反弹。

2. 单位投资成本

IRENA 统计数据显示，2015 年全球陆上风电场单位投资成本为 1100～2690 美元/kW（折合人民币 7128～17431 元/kW）。

2015 年，中国陆上投产风电项目单位投资价为 8356 元/kW，相比 2014 年的 8619 元/kW，单位造价下降了 263 元/kW，降幅 3.0%。全国大部分省份的单位千瓦决算造价都已经降到 9000 元/kW 以下，部分省份的造价低于 8000 元/kW。较高的风电场项目主要分布在广东和云南地区，较低的风电场项目主要分布在甘肃和新疆地区。

风电项目初始投资，风电机组成本仍是占比最大的部分，其最高占比可以达到风电场项目初始投资成本的84%，典型陆上和海上风电场构成对比见表8-29。

表8-29　　陆上和海上风电场项目成本构成对比　　%

序号	成本构成	陆上风电	海上风电
1	风电机组	64～84	30～50
2	接网成本	9～14	15～30
3	建设成本	4～10	15～25
4	其他投资	4～10	8～30

2014～2015年不同地区单位造价见表8-30。

表8-30　　2014～2015年不同地区单位造价

序号	地区	2014年造价（元/kW）	2015年造价（元/kW）	降幅（%）
1	华中	9020	8311	−7.9
2	东北	8026	8430	−5.6
3	南方	8375	8529	−9.0
4	华东	8362	8368	−5.6
5	华北	8531	8419	−1.3
6	西北	8138	8080	−0.7
7	平均	8619	8356	−3.1

3. 度电成本

2015年，全球陆上风电项目平准化发电成本（LCOE）由上半年的0.0855美元/kWh（约合人民币0.54元/kWh）下降到0.0825美元/kWh（约合人民币0.52元/kWh），世界陆上风电LCOE对比如图8-5所示。

2015年，中国风电项目LCOE约为0.077美元/kWh（折合人民币0.485元/kWh），中国和印度是陆上风电LCOE较低的国家。如图8-6所示，印度陆上风电LCOE约为0.08美元/kWh（折合人民币0.504元/kWh），两国的上网电价均在0.078美元/kWh（折合人民币0.49元/kWh）左右，与LCOE基本持平。

（二）海上风电成本

海上的开发成本仍然较高，每千瓦平均投资成本约为陆上风电成本的2.8倍。2015年海上风电的平均投资成本约为4700美元/kWh（折合人民币28871元/kWh），中国约为2400美元/kWh（折合人民币14743元/kWh），而同期的全球陆上风电场单位投资成本为1280～2290美元/kWh（折合人民币7863～14067元/kWh），平均为1780美元/kWh（折合人民币10934元/kWh）。随着海上风电项目逐步向更远的外海转移及选址的复杂性，海上风电项目的初始投资成本进一步提高。与陆上风电项目比较，海上风电投资成本中风机系统仅占50%左右，但建设安装和并网成本占47%，约为陆上风电的1.7倍。

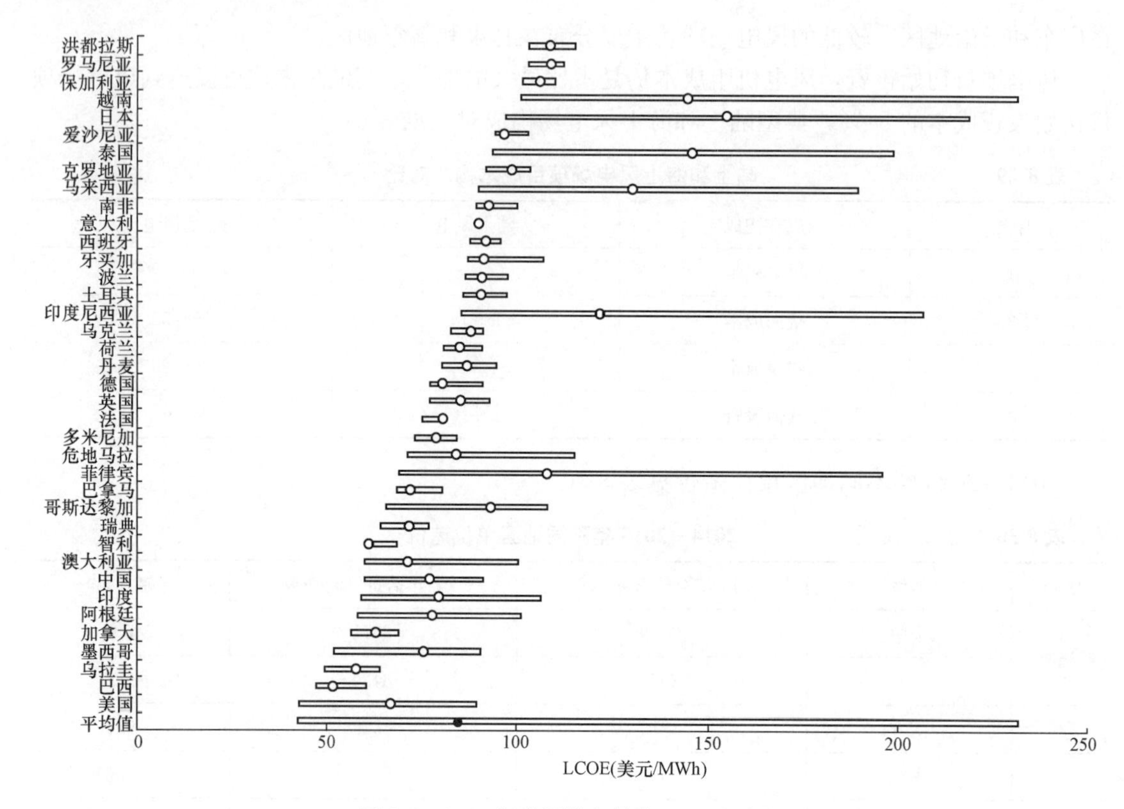

图 8-5 2015 年世界陆上风电 LCOE 对比

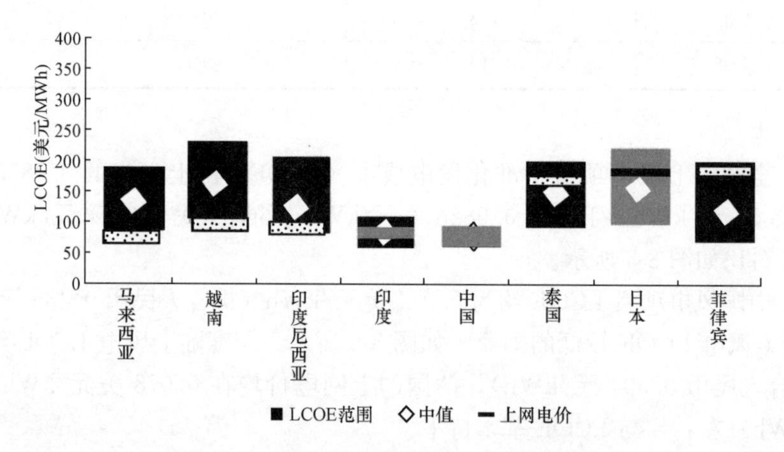

图 8-6 2015 年部分国家陆上风电 LCOE 对比

二、太阳能发电成本

1. 光伏发电成本

（1）光伏组件价格。2010～2015 年期间，世界光伏组件的价格降低了 75%～80%，到 2015 年，世界平均组件价格约为 0.611 美元/W（折合人民币 3.85 元/W），中国晶硅组件平均价格约为 0.599 美元/W（折合人民币 3.77 元/W）。

（2）初始投资成本。2015 年，全球大型光伏电站单位投资成本为 1000～3460 美元/kW

(折合人民币 6300～21798 元/kW)。

2014～2015 年中国光伏电站项目平均单位千瓦造价为 8225 元/kW，较 2013 年降低约 1000 元/kW。总投资包括发电场工程、升压变电站工程、房屋建筑工程、交通工程、其他工程费用 5 部分。其中，设备及安装工程费用所占总投资份额最大，约占总投资的 80%。包括发电厂设备安装、升压变电站设备安装、其他设备安装费用 3 部分，其次是建筑工程费用，约占总投资的 12%，其他费用约占 7%，施工辅助工程费用约 1%。造价降低的主要原因是电池组件价格降低，近两年组件价格（含运费）较 2013 年降幅约 6%。

2010～2015 年世界光伏组件价格变化趋势如图 8-7 所示。

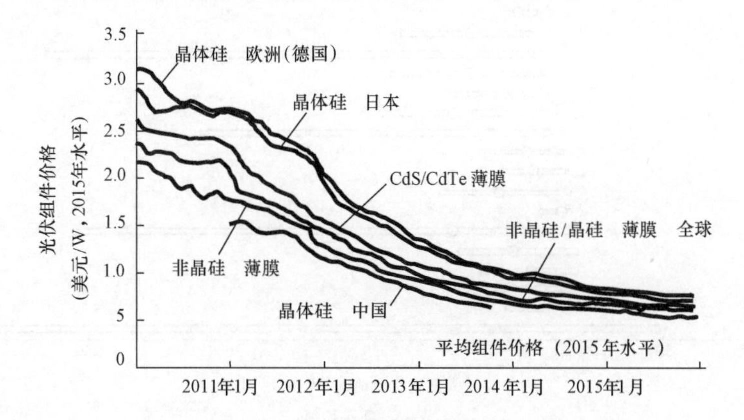

图 8-7　2010～2015 年世界光伏组件价格变化趋势

(3) 度电成本。2015 年，全球大型光伏电站 LCOE 约为 0.126 美元/kWh（折合人民 0.0794 元/kWh)。世界大型光伏电站 LCOE 对比如图 8-8 所示。

2015 年全球大型光伏电站 LCOE 约为 0.109 美元//kWh（折合人民 0.687 元/kWh)。印度大型光伏电站 LCOE 约为 0.096 美元/kWh（折合人民 0.605 元/kWh)。与印度相比，中国的大型光伏电站 LCOE 低于上网电价，而印度大型光伏电站 LCOE 与其上网电价基本持平。

2015 年部分国家大型光伏电站 LCOE 对比如图 8-9 所示。

由图 8-9 可见，与印度相比，中国的大型光伏电站 LCOE 低于上网电价，而印度大型光伏电站 LCOE 预期上网电价基本持平。

2. 光热发电成本

(1) 初始投资成。根据不同的国家成本构成不同，以及是否配备储热及储热规模大小不同，光热发电成本具有明显的差异。2014 年，全球光热发电成本为 3550～8760 美元/kW（折合人民币21807～53811 元/kW)。

OECD 国家的无储热系统的槽式光热发电站投资成本为 4600～8000 美元/kW（折合人民币 28257～49142 元/kW)，非 OECD 国家的投资成本更低，为 4600～8000 美元/kW（折合人民币 21450～44812 元/kW)。

配备 4～5h 储热系统的槽式光热发电站投资成本为 6800～12800 美元/kW（折合人民币 41771～78627 元/kW)。

(2) 度电成本。目前，根据项目选址和配备储热系统不同，光热发电全球平均度电成本从亚洲最低的 0.2 美元/kWh（折合人民币 1.23 元/kWh）到欧洲最高的 0.35 美元/kWh

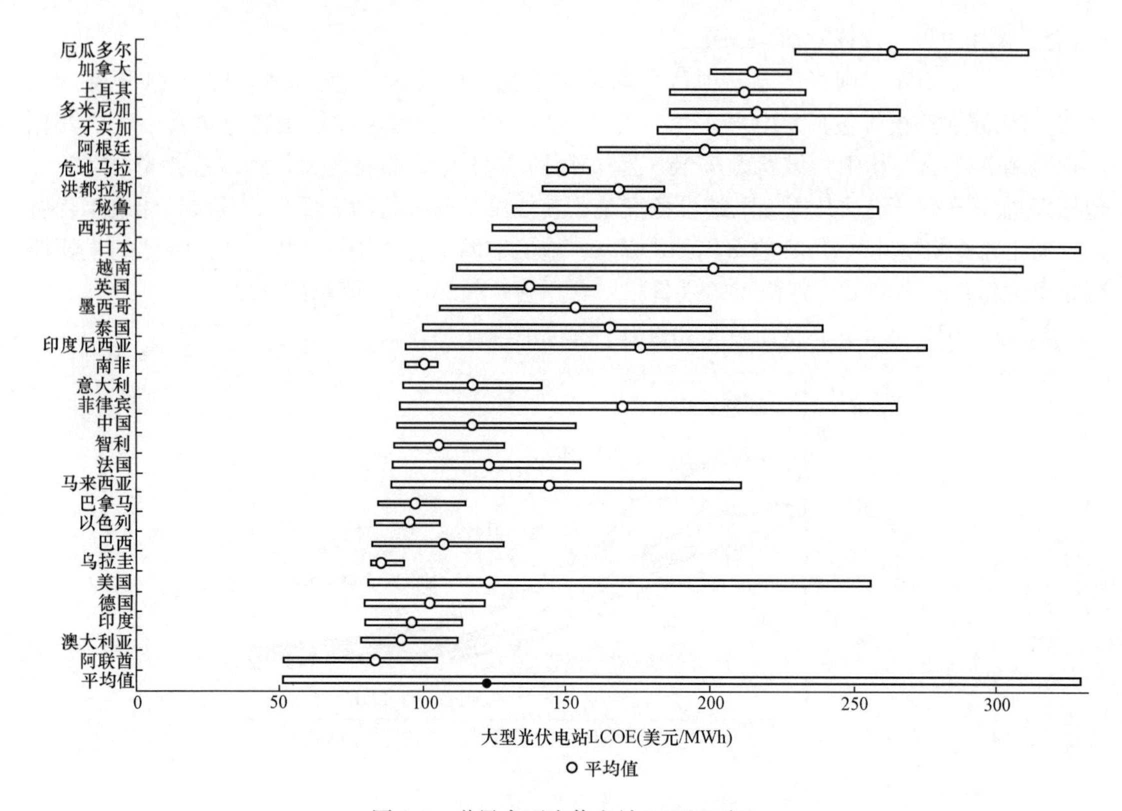

图 8-8 世界大型光伏电站 LCOE 对比

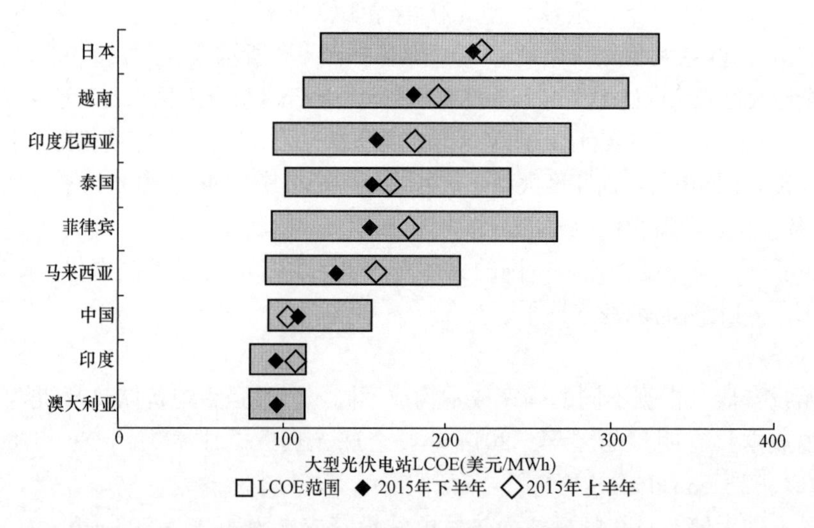

图 8-9 世界大型光伏电站 LCOE 对比

(折合人民币 215 元/kWh)。

不带蓄热系统的槽式光热发电平均度电成本为 0.19～0.38 美元/kWh（折合人民币 1.17～2.33 元/kWh）。配备蓄热设备后，平均度电成本为 0.20～0.36 美元/kWh（折合人民币 1.23～2.21 元/kWh）。

三、生物质发电成本

1. 农林生物质投资成本

2014年全国农林生物质发电单位千瓦动态投资为9000～11000元/kW，平均10140元/kW。在农林生物质资源丰富的地区的典型省份选取农林生物质直燃发电厂2014年概算数据，统计分析全国不同省份农林生物质发电的投资水平，选取的各典型省份的单位千卡投资额统计见表8-31。

表8-31　2014年典型省份农林生物质直燃发电单位千卡投资统计

序　号	省　份	单位投资（元/kW）	序　号	省　份	单位投资（元/kW）
1	广西	11291	5	吉林	9357
2	福建	10733	6	重庆	9308
3	贵州	10246	平均		10140
4	山西	9817			

2. 垃圾焚烧发电投资成分

2012～2013年全国垃圾焚烧发电平均单位千瓦投资额为15000～20000元/kW，平均17763元/kW。2014年典型省份垃圾焚烧发电单位千卡投资统计见表8-32。

表8-32　2014年典型省份垃圾焚烧发电单位千卡投资统计

序　号	省　份	单位投资（元/kW）	序　号	省　份	单位投资（元/kW）
1	四川	19928	6	浙江	16927
2	广东	19455	7	河北	16848
3	福建	19060	8	湖北	15871
4	江苏	18643	9	山东	15435
5	云南	17695	平均		17763

3. 沼气发电投资成分

2014年全国沼气发电平均投资额为10000～11000元/kW，平均为10638元/kW。2014年典型省份垃圾焚烧发电单位投资额统计见表8-33。

表8-33　2014年典型省份垃圾焚烧发电单位投资额统计

序　号	省　份	单位投资（元/kW）
1	陕西	11240
2	河南	10337
平均		10638

四、可再生能源发电成本变化趋势

1. 风电成本变化趋势

（1）风电场投资成本。随着成本的进一步降低，未来风电将成为最具有竞争力的可再生能源发电技术之一。根据 IRENA 预测，到 2020 年，美国风电机组价格下降到 800 美元/kWh（折合人民币 5040 元/kWh）。欧洲风电场投资成本将下降到 1400～1600 美元/kW（折合人民币 8820～10080 元/kW）。到 2025 年，美国风电投资成本可以下降到 1450 美元/kW（折合人民币 9135 元/kW）。而风电机组价格将可以稳定下降到 850 美元/kW（折合人民币 5355 元/kW）。欧洲将遵循与美国相同的下降趋势，到 2025 年，欧洲风电投资成本可以下降到 1400～1500 美元/kW（折合人民币 8820～9450 元/kW）。由于中国和印度的风电场投资成本已经十分具有竞争力，因此到 2025 年变化不大。

（2）平准化发电成本。2020～2030 年，世界不同国家风电 LCOE 将有不同程度的下降。

根据 BNEF 预测，美洲地区（包括北美和南美洲），美国、加拿大、巴西风电平准化发电成本到 2020 年将分别下降到 0.06、0.06、0.05 美元/kWh；到 2030 年将分别下降到 0.05、0.05、0.04 美元/kWh。

欧洲和中东地区，到 2020 年将分别下降到 0.08、0.07、0.07 美元/kWh；到 2030 年将分别下降到 0.06、0.05、0.06 美元/kWh。

泛太平洋亚洲地区，中国具有最低的风电发电成本。到 2020 年，中国风电平准化发电成本将下降到 0.06 美元/kWh，日本、印度将分别下降到 0.13、0.06 美元/kWh。

2. 太阳能光伏发电成本变化趋势

2020～2030 年，世界不同国家光伏发电成本将具有不同程度的下降。

根据 BNEF 预测，美洲地区（包括北美和南美洲），美国、巴西光伏平准化发电成本到 2020 年将分别下降到 0.07、0.06 美元/kWh，到 2030 年将分别下降到 0.04、0.04 美元/kWh。

欧洲、中东及非洲地区，到 2020 年将分别下降到 0.11、0.09、0.08 美元/kWh，到 2030 年将分别下降到 0.07、0.06、0.08 美元/kWh。

泛太平洋亚洲地区，到 2020 年，中国风电平准化发电成本将下降到 0.07 美元/kWh，日本、印度将分别下降到 0.11、0.07 美元/kWh。

根据中国资源综合利用协会可再生能源专委会发布的《中国光伏发电平家上网路线图》，2020 年，中国光伏发电平均度电成本下降到 0.6～0.8 元/kWh。到 2030 年可下降到 0.6 元/kWh以下。不同国家和国际机构对未来光伏发电成本的预测见表 8-34。

表 8-34　不同国家和国际机构对未来光伏发电成本的预测

机构	单位	2020 年	2025 年	2030 年
IEA	美分/kWh	10	—	7
欧洲 EPIA	欧分/kWh	12	—	6
日本 NEDO	日元/kWh	14	—	7
美国 NERL	美分/kWh	10	—	8
BNEF	美分/kWh	6～11	—	4～7
IRENA	美分/kWh	9（中国）	0～15	—
中国资源综合利用协会	元/kWh	0.5～0.8	—	<0.6

3. 光热发电系统投资成本

根据 IRENA 预测，到 2025 年，槽式光热发电系统投资成本将下降 20%～45%。塔式光热发电项目下降潜力约为 28%。而 IEA 光热路线图提出，到 2030 年，配备 6h 储热系统的光热发电系统投资成本将下降到 3250～4800 美元/kW（折合人民币 19964～29485 元/kW）。而 2025 年，投资成本将可能下降到 4500～5000 美元/kW（折合人民币 27643～30714 元/kW）。

太阳能他是发电技术具有最大的度电成本下降潜力。到 2025 年，塔式太阳能光热电站平均度电成本将下降到 0.11～0.16 美元/kWh（折合人民币 0.68～0.98 元/kWh）。

4. 生物质发电成本

生物质发电成本收到显著的规模效应的影响，同时较低的投资成本和较高的发电效率在一定程度上弥补了日益上涨的燃料价格带来的影响。在最优条件下，生物质混烧发电的成本可以与燃煤发电相竞争，但是，如果没有较高的碳税水平，大部分生物质发电的成本难于与传统的化石燃料发电相竞争。

根据 IRENA 预测，到 2020 年之前，生物质技术还无法达到度电成本的最低范围，因为日益最便宜的选择主要依赖于较低的初始投资成本和非常便宜的甚至免费的燃料。然而，对于不太成熟的技术，初始投资成本的降低将压低度电成本范围的上限。目前大多数生物质燃烧技术已经成熟，但 2025 年，成本仍然有可能降低 10%～15%。气化技术是最有成本下降潜力技术。

第六节　能量平衡计算

一、分布式供能系统的能量平衡

在分布式供能系统设计中能量平衡是非常重要的，即在能源供给系统中，能量生产和消费要匹配（即平衡），就是能量需求和能量供给平衡，这样才能保证能源系统不仅能够满足用户需求，而且也能达到能源利用效率最高。在分布式供能系统中的各种供能设备不仅发电负荷与用电负荷平衡，而且发电量与用电量平衡；在冬季供热能力与需求供热负荷平衡，供热量与用热量平衡；在夏季供冷系统满足空调制冷负荷与空调负荷平衡，供冷量与用冷量平衡；全年要满足热水供应负荷需求，及热水供应量的平衡，即：

（1）分布式供能系统中的发电设备需要满足：

1）发电负荷与用电负荷平衡；

2）发电量与用电量平衡。

（2）分布式供能系统中的供热设备需要满足：

1）供热能力与供热负荷平衡；

2）供热量与用热量平衡。

（3）分布式供能系统中的供冷设备需要满足：

1）供冷能力与供冷负荷平衡；

2）供冷量与用冷量平衡。

（4）分布式供能系统中的供热设备需要满足：

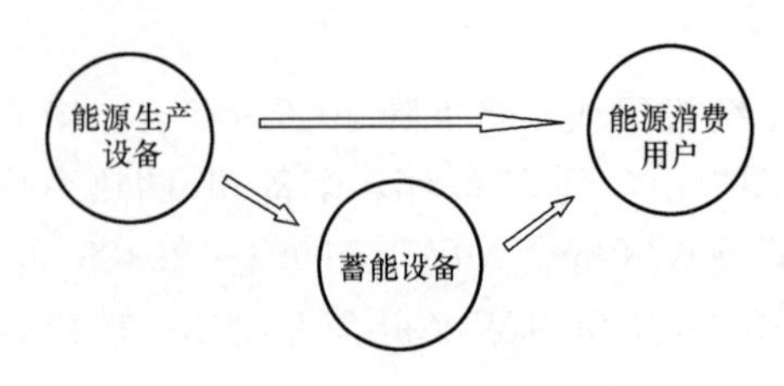

图 8-10 利用蓄能装置的能源平衡示意图

1）供热能力与生产工艺用热负荷平衡；

2）供热量与生产工艺用热量平衡。

（5）为了达到真正的能源负荷与量的平衡往往需要蓄能装置，同时能量生产与消费不可能总是平衡，只能通过储能设备，才能谈得上真正的平衡。特别是可再生能源系统更是如此，其示意如图 8-10 所示。

（6）电能和热能的物理特性是不同的，但电能和热能之间具有较强的互补性。所以，在分布式供能系统中，应充分地利用这些特性与互补性。它们之间物理特性不同，电能几乎不存在惯性，生产与消费之间没有滞后时间，生产的电就要用，同时电能特点是不仅输送速度快，而且可以实现远距离输送，但利用当前的技术水平大量储存不容易。

而热能就不一样，惯性很大，储存容易；但远距离输送不容易，不仅输送速度慢，而且能源损失也大。如果电能和热能之间加入蓄能环节，则可以进一步增加热力系统的惯性和时间常数，提高热能系统的可控性，更好地匹配电力系统中的可再生能源的出力特性及电力系统的峰谷特性。在这种分布式供能的综合能源系统中，再考虑能量生产与消费的匹配及平衡问题，绝不再是电源与电负荷，热源与热负荷之间的匹配（平衡），而是整个系统的匹配。充分发挥蓄能环节的作用，能够使能源调节、控制手段更多，调整空间更大，调节能力和灵活性大大增强，并能够更好地解决可再生能源大规模接入和电力系统调峰等问题。

所以，在分布式能源系统中需要充分利用电能与热能的特点。热能可以通过蓄热达到能源的平衡，而电可以转换成热能或转化为其他能源形式，达到储能的目的。例如，利用多余的电能采用电解法制氢，并储存、输送；在水电站电力剩余时（如夜间等），用电力把水从下游重新抽回水库，在白天用电高峰时，再用水力发电，蓄水电站也利用同样的原理，保持电网的平衡。

另外，在分布式供能系统中，应充分利用网上电力，实现电力平衡。在分布式供能系统设计中，坚持“以热定电”的原则，少发电，发电自用，发电不上网，电不足网上购电的原则。电力不足时，可以购入网上电，达到电力平衡。

二、冬季供能系统供暖热平衡

冬季供能系统供暖热平衡见表 8-35。

表 8-35 冬季供能系统供暖热平衡

项 目			单 位	数 据
项目供热负荷及供热量		供热负荷	MW	
		运行小时	h	
		供热量	$\times10^4$GJ	
供能设备供热负荷及供热量	燃气机组	供热能力	MW	
		运行小时	h	
		供热量	$\times10^4$GJ	

续表

<table>
<tr><th colspan="3">项　目</th><th>单　位</th><th>数　据</th></tr>
<tr><td rowspan="6">供能设备供热负荷及供热量</td><td rowspan="3">其他机组</td><td>供热能力</td><td>MW</td><td></td></tr>
<tr><td>运行小时</td><td>h</td><td></td></tr>
<tr><td>供热量</td><td>$\times10^4$GJ</td><td></td></tr>
<tr><td rowspan="3">调峰热源</td><td>供热能力</td><td>MW</td><td></td></tr>
<tr><td>运行小时</td><td>h</td><td></td></tr>
<tr><td>供热量</td><td>$\times10^4$GJ</td><td></td></tr>
<tr><td colspan="2" rowspan="3">蓄能设备供热负荷及供热量</td><td>供热能力</td><td>MW</td><td></td></tr>
<tr><td>运行小时</td><td>h</td><td></td></tr>
<tr><td>供热量</td><td>$\times10^4$GJ</td><td></td></tr>
<tr><td colspan="2">供热负荷与能力的平衡</td><td>供热负荷平衡</td><td>MW</td><td></td></tr>
<tr><td colspan="2">项目需要与机组供热量的平衡</td><td>供热量平衡</td><td>$\times10^4$GJ</td><td></td></tr>
</table>

三、夏季供能系统空调冷平衡

夏季供能系统空调冷平衡见表 8-36。

表 8-36　　夏季供能系统空调冷平衡

<table>
<tr><th colspan="3">项　目</th><th>单　位</th><th>数　据</th></tr>
<tr><td colspan="2" rowspan="3">项目供冷负荷及供冷量</td><td>供冷负荷</td><td>MW</td><td></td></tr>
<tr><td>运行小时</td><td>h</td><td></td></tr>
<tr><td>供冷量</td><td>$\times10^4$GJ</td><td></td></tr>
<tr><td rowspan="9">供能设备供冷负荷及供冷量</td><td rowspan="3">燃气机组</td><td>供冷能力</td><td>MW</td><td></td></tr>
<tr><td>运行小时</td><td>h</td><td></td></tr>
<tr><td>供冷量</td><td>$\times10^4$GJ</td><td></td></tr>
<tr><td rowspan="3">其他机组</td><td>供冷能力</td><td>MW</td><td></td></tr>
<tr><td>运行小时</td><td>h</td><td></td></tr>
<tr><td>供冷量</td><td>$\times10^4$GJ</td><td></td></tr>
<tr><td rowspan="3">调峰热源</td><td>供冷能力</td><td>MW</td><td></td></tr>
<tr><td>运行小时</td><td>h</td><td></td></tr>
<tr><td>供热量</td><td>$\times10^4$GJ</td><td></td></tr>
<tr><td colspan="2" rowspan="3">蓄冷设备</td><td>供冷能力</td><td>MW</td><td></td></tr>
<tr><td>运行小时</td><td>h</td><td></td></tr>
<tr><td>供冷量</td><td>$\times10^4$GJ</td><td></td></tr>
<tr><td colspan="2">供冷负荷与供冷能力的平衡</td><td>供冷负荷平衡</td><td>MW</td><td></td></tr>
<tr><td colspan="2">项目需要与机组供冷量的平衡</td><td>供冷负荷平衡</td><td>$\times10^4$GJ</td><td></td></tr>
</table>

四、全年供能系统热水供应热平衡

全年供能系统热水供应热平衡见表 8-37。

表 8-37　　全年供能系统热水供应热平衡

项　目			单　位	数　据
项目供热负荷及供热量		供热负荷	MW	
		运行小时	h	
		供热量	$\times 10^4$GJ	
供能设备供热负荷及供热量	冬季燃气机组	供热能力	MW	
		运行小时	h	
		供热量	$\times 10^4$GJ	
	空调季节燃气机组	供热能力	MW	
		运行小时	h	
		供热量	$\times 10^4$GJ	
	其他季节机组	供热能力	MW	
		运行小时	h	
		供热量	$\times 10^4$GJ	
	调峰热源	供热能力	MW	
		运行小时	h	
		供热量	$\times 10^4$GJ	
蓄热设备		供热能力	MW	
		运行小时	h	
		供热量	$\times 10^4$GJ	
供热负荷与供热能力的平衡		供热负荷	MW	
项目需要与机组供热量的平衡		供热量	$\times 10^4$GJ	

五、全年供能系统总热（冷）平衡

全年供能系统总热（冷）平衡见表 8-38。

表 8-38　　全年供能系统总热（冷）平衡

项　目			单　位	数　据
燃气机组	燃气机组供热能力		MW	
	冬季供热	运行小时	h	
		供热量	$\times 10^4$GJ	
	夏季供冷	运行小时	h	
		供冷量	$\times 10^4$GJ	
	冬季热水供应	运行小时	h	
		供热量	$\times 10^4$GJ	
	夏季热水供应	运行小时	h	
		供热量	$\times 10^4$GJ	
	机组总运行小时数		h	
	机组总供热（冷）量		$\times 10^4$GJ	

续表

项　目			单　位	数　据
其他机组	其他机组供热能力		MW	
	冬季供热	供热能力	MW	
		运行小时	h	
		供热量	$\times 10^4$GJ	
	夏季供冷	供冷能力	MW	
		运行小时	h	
		供冷量	$\times 10^4$GJ	
	其他季供热水	供热能力	MW	
		运行小时	h	
		供热量	$\times 10^4$GJ	
	其他机组运行小时数		h	
	其他机组总供热量		$\times 10^4$GJ	
调峰热源	冬季供热	供热能力	MW	
		运行小时	h	
		供热量	$\times 10^4$GJ	
蓄热设备		供热能力	MW	
		运行小时	h	
		供热量	$\times 10^4$GJ	
供热负荷与供热能力平衡		供热负荷	MW	
项目需求与机组供热量的平衡		供热量	$\times 10^4$GJ	

六、电力平衡

（一）全年供能系统供热（冷）用电

全年供能系统供热（冷）用电见表8-39。

表8-39　　全年供能系统供热（冷）用电

项　目			单　位	数　据
热泵或其他机组	冬季供热	用电负荷	MW	
		运行小时	h	
		用电量	$\times 10^4$MWh	
	夏季空调	用电负荷	MW	
		运行小时	h	
		用电量	$\times 10^4$MWh	
	其他季供热	用电负荷	MW	
		运行小时	h	
		用电量	$\times 10^4$MWh	
	热泵机组总用电量		$\times 10^4$MWh	

续表

项目			单位	数据
调峰热源	冬季供热	用电负荷	MW	
		运行小时	h	
		用电量	$\times10^4$MWh	
供能系统	全年供热（冷）	用电负荷	MW	
		运行小时	h	
		用电量	$\times10^4$MWh	
蓄热系统供热用电		用电负荷	MW	
		运行小时	h	
		用电量	$\times10^4$MWh	
供热（冷）总用负荷			$\times10^4$MWh	
供热（冷）总用电量			$\times10^4$MWh	

（二）分布式供能系统电力平衡

分布式供能系统电力平衡见表8-40。

表8-40　　分布式供能系统电力平衡

项目		单位	数据
机组 发电负荷及发电量	电力负荷	MW	
	运行小时	h	
	年发电量	$\times10^4$MWh	
光伏 发电负荷及发电量	电力负荷	MW	
	运行小时	h	
	年发电量	$\times10^4$MWh	
风电机组 发电负荷及发电量	电力负荷	MW	
	运行小时	h	
	年发电量	$\times10^4$MWh	
项目总发电负荷及发电量	电力负荷	MW	
	年发电量	$\times10^4$MWh	
项目 用电负荷及用电量	用电负荷	MW	
	平均运行小时	h	
	年用电量	$\times10^4$MWh	
热泵机组 冬季供热	供热能力	MW	
	用电负荷	MW	
	平均运行小时	h	
	年用电量	$\times10^4$MWh	
热泵机组 夏季空调	供冷能力	MW	
	用电负荷	MW	
	平均运行小时	h	
	年用电量	$\times10^4$MWh	

续表

项　目		单　位	数　据
热泵机组其他季供热水	供热能力	MW	
	用电负荷	MW	
	平均运行小时	h	
	年用电量	$\times 10^4$ MWh	
调峰热源用电	用电负荷	MW	
	平均运行小时	h	
	年用电量	$\times 10^4$ MWh	
供热（冷）系统用电	用电负荷	MW	
	平均运行小时	h	
	年用电量	$\times 10^4$ MWh	
用电合计	用电负荷	MW	
	用电量	$\times 10^4$ MWh	
网购电力	购电负荷	MW	
	年购电量	$\times 10^4$ MWh	

在分布式供能系统的能量平衡计算中，离不开负荷计算中的年运行小时数，年运行小时数计算详见第六章负荷计算的有关章节。

（三）分布式供能系统技术经济指标

分布式供能系统技术经济指标见表 8-41。

表 8-41　　分布式供能系统技术经济指标

项　目		单　位	数　据
机组发电量	机组发电出力	MW	
	机组运行小时	h	
	机组年发电量	$\times 10^4$ MWh	
机组供热（冷）量	供热能力	MW	
	供暖供热量	$\times 10^4$ GJ	
	热水供应供热量	$\times 10^4$ GJ	
	空调供冷量	$\times 10^4$ GJ	
	小计	$\times 10^4$ GJ	
其他机组供热（冷）量	供热能力	MW	
	供暖供热量	$\times 10^4$ GJ	
	热水供应供热量	$\times 10^4$ GJ	
	空调供冷量	$\times 10^4$ GJ	
	小计	$\times 10^4$ GJ	
调峰热源	供热能力	MW	
	供热量	$\times 10^4$ GJ	

续表

项　目	单　位	数　据
总供热（冷）量	$\times 10^4$GJ	
项目用电量	$\times 10^4$MW	
天然气耗量	$\times 10^4 m^3$	
供热比	%	
发电气耗率	m^3/kWh	
供热气耗率	m^3/GJ	
热电比	GJ/MW	
供热厂用电率	%	
机组综合热效率	%	
项目综合热效率	%	
网购电量	$\times 10^4$MWh	

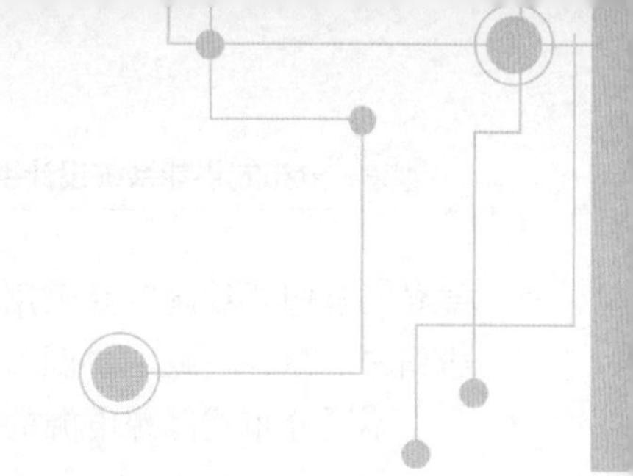

第九章　分布式供能电力系统设计

分布式供能电源系统一般是指接入35/66/110kV及以下电压等级的小型分布式电源。分布式供能电源包括燃料电池、小型燃气轮机、光伏发电、风光互补发电、余热发电或以上几类供能联动系统的组合。

随着清洁能源和可再生能源的快速发展与推广应用，分布式供能发电将成为能源互联网中非常重要的环节，其对现代电网的发展有如下影响：

(1) 分布式发电系统中各电站可相对独立，电源（能源）供给与负荷中心贴近，易于实现联动自动控制，不会发生联动性大规模停电事故，安全可靠性比较高。

(2) 分布式发电在大电网发生意外灾害时，可作为有效的备灾机制，可以弥补大电网安全稳定性的不足。

(3) 分布式发电的运行系统控制灵活，联动响应特性较好，作为区域电网的调峰、调频性能好且性价比高，可以成为区域电网的优化调节源。

(4) 分布式供能系统的设计标准是“源-荷-网”一体化系统设计。对于区域电网，可以降低或避免附加的输配电成本，同时也便于能源公司参与区域电网的投资建设，有利于智能电网的发展建设。

第一节　接　入　系　统

一、分布式供能接入系统

本书第五章第一节简述了当前分布式供能系统的主要目标和主要的电力供给模式，以及系统运营的管理模式。孤网供电运营模式，应属于微电网或定制电网所要讨论的范畴，例如，离岸较远海岛的电力系统、大型基地或偏远地区的独立动（电）力供应保障系统、大型运输舰艇的动（电）力供应保障系统等都属于此类分布式供能模式，将在本章的相应章节中简要阐述。本节将着重说明分布式供能电源电网接入课题。

（一）接入系统设计

目前已经有多种成熟的分布式能源并网技术，一般可简单将其分为两大类：发电机直接并网和电力电子变换器并网。

分布式供能电源电网接入的主要目标是改变分布式能源所生产的电能的形态，以满足“输电网”或“配电网”的要求，接入电网并形成统一的电能供给管控系统。

当前社会上对于分布式能源的认识存在着不同的见解，乃至简单地将其定义为“友好”或“不友好”。其实这就像讨论“金钱”的“好恶”一样，金钱本是中性的，只是不同的应用形成不同的“因果”。对于分布式能源系统所发出的“电能”，应根据不同能源的自然特性差异，合理“规制”并采用相适应的并网技术和辅助设施，使得分布式供能“电源”与电网达到“可控、一致、协调”。

不同分布式能源电源的并网技术见表9-1。

表9-1 不同分布式能源电源的并网技术

能源类型	能　源	发电机	电力电子变换
风能	风	SG、PMSG、IG、DFIG	可选，AC/AC
水力发电	水	SG	不适用
小水电（抽水蓄能）	水（河流）	PMSG	AC/AC
小型涡轮机（热电联供）	柴油或天然气	SG、IG	可选，AC/AC
生物质（热电联供）	生物质	SG、IG	不适用
光伏（太阳能）	太阳	不适用	DC/AC
光热发电（太阳能）	太阳	IG	不适用
波浪能发电	海洋	—	AC/AC
地热	地球温度	SG、IG	—

注　SG—同步发电机；PMSG—永磁同步发电机；IG—异步发电机；DFIG—双馈感应发电机。

1. 并网接入电压

根据国家发展和改革委员会颁布的《分布式发电管理暂行办法》的要求，分布式供能电源应根据电力供给容量不同以及现有输配电网的实际条件，选择不同的并网接入电压。

（1）单机容量小于0.4MW的宜在0.38kV电压等级上并网运行。

（2）单机容量0.4～3MW的宜在10（6）kV电压等级上并网运行。

（3）单机容量3～10MW的宜在10（6）/35kV电压等级上并网运行。

（4）单机容量大于10MW的宜在10（6）/35/66/110kV电压等级上并网运行。

2. 接入形式

分布式供能电源接入电网形式可以简要分为两大类：发电机直接并网和电力电子变换器（逆变器）并网。发电机直接并网亦可分为同步发电机直接并网和异步感应发电机直接并网；电力电子变换器并网按照应用和联合控制方式的不同，主要可以分为全功率电力电子变换器并网、部分功率电力电子变换器和分布式电力电子变换器并网。

我国分布式供能电源接入电网形式，按照感应发电机、逆变器、同步发电机三种情况简单分类见表9-2。

表9-2 电源接入电网适用分布式供能类型

<table>
<tr><th>接入形式</th><th colspan="2">适用电源及燃料资源的类型</th></tr>
<tr><td>感应电机</td><td>感应式和双馈式风电</td><td>风能（小型风机）</td></tr>
<tr><td rowspan="5">逆变器</td><td>光伏发电</td><td>太阳能</td></tr>
<tr><td rowspan="3">微燃机</td><td>资源综合利用类转炉、高炉煤气等</td></tr>
<tr><td>常规天然气及煤层气</td></tr>
<tr><td>生物质类沼气发电等</td></tr>
<tr><td>直驱式风电、双馈式风电</td><td>风能（风电场）</td></tr>
</table>

续表

接入形式	适用电源及燃料资源的类型	
同步电机	内燃机	资源综合利用类转炉、高炉煤气等
		生物质类沼气发电等
		常规天然气及煤层气
	燃气轮机	资源综合利用类转炉、高炉煤气等
		常规天然气及煤层气
	气压和液压涡轮机	海洋能
	汽轮机	资源综合利用类工业余热余压
		生物质类垃圾焚烧发电等
		地热能发电等

(1) 发电机直接并网。通常，现代的日常生活和工业活动中所需要的机械能大部分是利用电动机将从电网汲取的电能直接转化产生的，如各类电机、热泵等。反之，通过发电机直接将机械能转化为电能，也是传统的成熟的电能生产技术，不需要中间转换环节，高效可靠。

分布式供能发电对于电机类型的选择，取决于输入机械能的自然特性和系统运维环境。同步电动机适合于恒定机械功率和恒定转速的情况，如小水电和一些热电联产供能系统。异步电机则更加适合于输入机械功率变化较大的变速能源系统。

同步电机的控制技术相对成熟稳定。同步发电机可以通过功角控制技术同时作为有功电源和无功电源。但同步发电机与电网相连时需要特定的同步设备来实现并网。异步电机相比与同步电机成本较低，所需继电保护配置仅为过电压/低电压保护、电流保护和频率保护等电机保护基本功能要求，简单、易实现。但是异步电机通常需要从电网中吸收无功功率，同时启动电流较大，造成电网电压闪变等电能质量问题，因此需要额外的无功补偿；异步发电机的励磁也需要从电网中吸收无功功率，一次通过异步发电机与电网相连的分布式发电系统容量一般都是受限的。

(2) 电力电子变换器（逆变器）并网。电力电子变换器（逆变器）的作用是对分布式能源电源进行处理，使其能够满足电网要求，同时可以提高电能的质量。电力电子变换器可以通过可控电力电子器件改变电能的形态或部分特性。例如，逆变器常用于将直流电转换为交流电，这在光伏发电系统和电储能系统中是最主要的并网装置，也称作 DC/AC 逆变器。在某些光伏并网系统中，可能还包含了中间直流/直流（DC/DC）变换器，DC/DC 电压变换器的功能是调节光伏组件的输出电压，从而实现在相对更广的区域范围内寻求最大的光伏组件输出功率。又如“岸电系统”，大型船舶的动力保障系统就是一个典型的移动式分布式供能系统，其电力系统也是一个典型的“微电网系统”。当大型船舶靠岸或归港后，为了达到节能和环境保护及安全的要求，需要从“船电”切换到“岸电”。但“船电”与“岸电”经常使用不同的频率（50/60Hz），“岸电系统”采用了交流/直流（AC/DC）变换和直流/交流（DC/AC）变换这种背靠背频率变换器组合结构方案，以实现电网与船舶微电网的相连。而交流电源同样可以采用直流中间环节来满足电网并网要求，高压直流/中压柔性直流输电系统结构也同此原理。两种全功率电力电子变换器并网结构如图 9-1 所示。

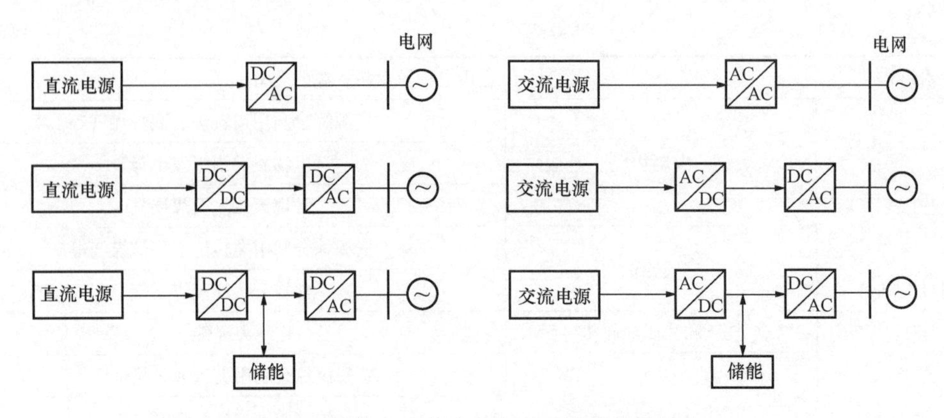

图 9-1　两种全功率电力电子变换器并网结构

与全功率电力电子变换器相比，风电双馈异步发电机发电系统是一种部分功率电力电子变换器并网系统（见图 9-2）。

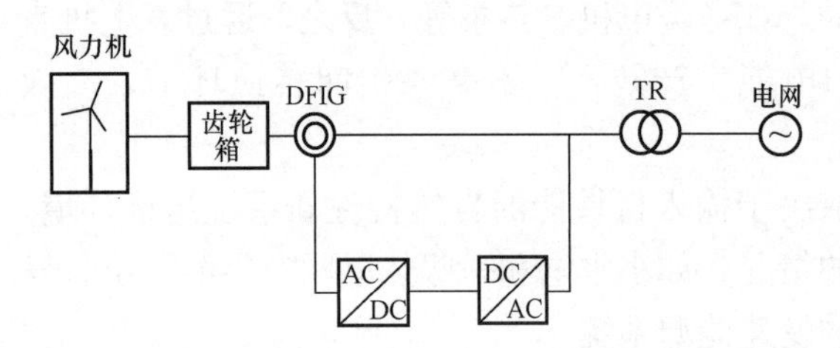

图 9-2　双馈风机部分功率电力电子变换器并网系统

在采用双馈异步发电机的变速风电机中，变换器给转子绕组馈电，定子绕组和电网直接相连。该变换器通过将机械频率和电频率解耦，使得系统变速运行以改变转子电频率。变换器容量比发电机容量小、损耗小，一般变换器容量和风电机额定容量的比例是转子转速范围的一半。

相比于集中式光伏发电并网系统，组串式光伏发电并网系统就是一种典型的分布式电力电子变换器并网接入系统，如图 9-3 所示。

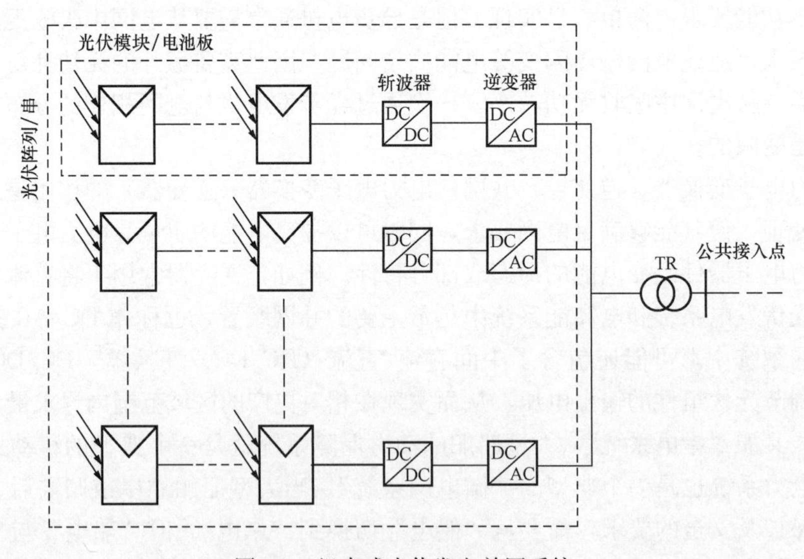

图 9-3　组串式光伏发电并网系统

研究表明，这种结构变换器可以将系统效率提高到 96%，同时可以提供更好的电能质量。

3. 接入方式对电力系统的影响

分布式供能系统电源接入电网的方式不同会影响分布式发电系统的运行，同时也从以下几个方面影响了电力系统。

(1) 它决定了分布式能源供电的电能质量。分布式能源供应商应对分布式能源发电是否满足电网运营商的要求负责。这个问题将在本章的下述内容中详细说明。

(2) 它决定了上一级电网不同电能质量问题对分布式供能系统的影响。不同的并网技术对电网中不同电能质量问题有不同的敏感性。例如，全功率电力电子变换器和连接电网对于注入电网的谐波电流就有着不同的敏感度，部分并网的光伏发电系统与连接线路发生19次谐波共振问题就是源于逆变器注入了敏感的19次谐波电流。解决方法是在逆变器中设计加入高阶滤波器，并改变逆变器的多电平拓扑结构设计。

(3) 它决定了分布式供能系统的能源效率。例如，对于“热电联产”的燃气发电，其“热负荷”的集聚和运维与电网的协调机制影响分布式供能系统的运营效率；又如，在光伏并网发电系统中，“组串式”光伏并网技术比“集中式”光伏并网技术具有更高的效率和更好的适应性。

(4) 它决定了分布式供能电源系统的可控性。例如，分布式全功率电力电子变换器并网方式在各种并网接入方式中具有最好的控制能力，这是因为：第一，该系统中全功率电力电子变换器可以同时产出有功功率和无功功率；第二，接入系统的每台全功率电力电子变换器都可以独立控制其注入电网的有功功率和无功功率。

(5) 它决定了分布式发电应用的复杂性。传统电力系统研究中，电源（发电机组）和负荷（如电动机等）的动能大小对于电力系统的暂态稳定性和频率稳定性有着决定性影响。用分布式电源代替连接到输电网的大型发电机将会很大程度地改变系统中存在的动能，从而对稳定性产生强烈的影响。当使用电力电子变换器连接非旋转的分布式电源（如太阳能电池板），将需要一些存储的能量或一些备用的能量，如电池储能或机械储能设备等；当使用电力电子变换器连接旋转的分布式电源与电网时，相应的动能不会从旋转质量自然转移到电网，将需要使用相应的技术在系统侧建立“电子惯性”，例如，通过使用频率变化率(ROCOF)作为实际发电机的转矩控制输入。

(6) 它决定了分布式供能电源的可用性和建设成本。这同样取决于不同并网接入方式对于上一级电网的电能质量敏感性和经济质量敏感度（发电性能与建设和运维总体成本之间的权衡）。

4. 接入方式和接入点的选择

(1) 对于目标为新能源发电的分布式发电，应根据容量和电网消纳能力的不同，相应选择220kV输变电系统或110kV地方高压配电系统接入。接入点应选择35kV配电母线单元或35kV电流汇集系统母线间隔，并经变电升压后接入电网。

(2) 对于“以热定电”运营模式的分布式供能发电，大型特色经济开发区的分布式供能站应参照《大中型火力发电厂设计规范》(GB 50660—2011)和《小型火力发电厂设计规范》(GB 50049—2011)的要求，并结合开发区的配电需求设计适应的电网接入系统；大型用能用户（多为冷、热、电联供）的分布式供能电源应依据其配电网的实际需求，经10/20/35kV配电网升压接入城市（地区）高压配电网。

(3) 对于多能互补型和大型楼宇式分布式供能电源，宜直接接入用户或楼宇的10/

35kV配电母线间隔，通过用户配电室与电网开关站或区域公用变电站相连接入电网。

（4）对于单元院落或家居型分布式发电，宜直接接入0.38kV用户配电箱/配电线路以接入相应的配电网。

总之，最终接入方式和接入点的选择，需要结合当地电网规划与建设情况，综合参考有关标准和电网实际条件，并按公用电网安全运行的要求，通过技术经济比选论证后确定。

5. 接入系统的设计原则

随着新能源及多元化供能负荷的大量接入，各级配电网都呈现出更加复杂的“多源性”特征，需要研究并建立“源-网-荷”协调运行、经济共赢的供给和增值服务运维模式，以提升能源互联的高效发展经济。分布式供能电力联网的设计理念需要充分考虑输配电网的发展趋势，从传统的输配电网向智能互联型电网转型升级。总体而言，分布式供能电源接入系统设计需要遵循以下原则。

（1）系统性原则。坚持系统规划的理念，一是要将多种能源的供给需求作为一个整体系统规划考虑；二是统筹考虑各级供能（配电）积极需求、电网与电源的互联和互动机制等诸多环节，以实现分布式供能系统的技术经济整体最优。

（2）适应性原则。一是适应区域战略发展规划，适应地区发展和产业（包括工业、现代化农业、联网型社会和生活服务业）结构调整要求，在充分满足当前经济产业的用电需求的同时，适度前瞻布局分布式供能多元化和用能负荷多元化的系统接入及未来能源互联的趋势要求；二是根据区域经济发展水平，按照可靠性和负荷重要程度，科学评估“源与荷”的品质需求及其在区域电网的位阶，合理制定适合的投资与建设标准。

（3）协调性原则。分布式供能的发展与我国智能电网的发展是相互促进、相互融合、协调优化发展的互动关系。所以分布式供能电源系统接入的设计，一是要兼顾区域配电网发展和分布式供能系统业主产业发展规划，做到公用资源与用户资源的有机衔接；二是坚持电网（配电网）与电源之间、一次网架设备与二次管控系统之间相协调；三是坚持发展需求与投资能力的协调优化。

（4）标准化原则。充分认知当前智能电网发展和建设进程中已取得的标准化成果，整合和优化能源产业（尤其是分布式能源产业）已有的标准化成果，全面推行模块化设计和规范化选型，并在此基础上，积极探索技术创新，推进分布式能源产业的标准化体系建设与发展。

（5）差异化原则。根据实际分布式供能电源品质和区域电网的实际发展水平，与电源和电网协同制定相应的接入系统建设标准，并坚持“一例一设”。

（二）分布式供能电源的品质管控

随着能源经济的转型升级，对于电力系统的关注将变得更加敏感、更加专注。供电的可靠性、电能质量等电力系统“性能指标”既是电力系统健康运行的系统重要目标，也是评估或衡量电力系统的主要模型参数。

1. 电能质量的在线监测

由于分布式供能系统电源容量比较小（一般小于30MW），容易受到负荷变化的影响，其主要表现在电能质量上。同步机类型分布式供能的电源接入时，宜配置电能质量在线监测装置。逆变器类型分布式供能的电源接入时，不仅需要配置电能质量在线监测装置，而且在系统接入规划设计前需要与电网协同或延请专业咨询评估公司提出相应的“电能质量及其经济性评估分析报告”。

电能质量在线监测装置应具备以下监测功能，以及相应的管控措施。

(1) 电压波动和闪变。《电能质量　电压波动和闪变》(GB/T 12326—2008) 中，对电压波动和闪变有明确的规定，发电机组应当满足国家标准规定。系统正常运行时，供电的电压偏差允许值（以额定电压的百分数表示）应符合表 9-3。

表 9-3　　供电设备的电压偏差允许值

<table>
<tr><th colspan="2" rowspan="2">供电设备的电压偏差允许值</th><th colspan="2">额定电压百分数</th></tr>
<tr><th>±5%</th><th>−10%～+5%</th></tr>
<tr><td colspan="2">电动机</td><td>√</td><td></td></tr>
<tr><td rowspan="3">照明</td><td>一般工作场所</td><td>√</td><td></td></tr>
<tr><td>远离变电站的小面积一般工作场所</td><td></td><td>√</td></tr>
<tr><td>应急、道路和警卫等</td><td></td><td>√</td></tr>
<tr><td colspan="2">其他用电设备（无特殊规定时）</td><td>√</td><td></td></tr>
</table>

注　“√”表示有效。

通常在电力系统正常运行时，由于用户波动性负荷（如电弧焊机、轧机等）可能引起公共连接点（PCC）的电压快速波动，一般用电设备对电压波动的敏感度远低于白炽灯，电压波动使白炽灯灯光照度不稳定造成的视感，即闪变，是衡量电压波动危害程度的评价指标。当供电电压频繁出现闪变时，电压波动通常会影响电力设备正常运行。

一般分布式供能系统电源由于其机组容量小、惯性小，容易受到波动性负荷变化的冲击。当发电机组强制跟随波动性负荷变化调整机组出力时，如果机组的控制系统调整不当，调整量与实际波动性负荷的变化并不匹配，使系统跟随波动性负荷变化进行动态调节，此时会造成发电机出口处电压的幅值周期性波动。而对于电力系统网络，尽管负荷随机扰动同样可能会引起电压的波动，但因电力系统网络内有动态调节设备，系统很快就会达到新的稳定平衡点，而不会出现长时间的持续小幅波动。为了减少公共连接点（PCC）的电压波动，发电机组应该运行在一个比较平稳的状态，减少出力调整次数。在分布式供能电源安装的AGC/AVC 装置应能与网侧稳定控制实现协调联动。

(2) 运行频率范围。交流电网额定频率为 50Hz，频率允许偏差应符合《电能质量　电力系统频率偏差》(GB/T 15945—2008) 的要求，即正常运行偏差值允许±0.5Hz。

电压和频率是电力系统中重要的自动控制与稳定运行调节参数。电力系统中的频率稳定性是由整个同步系统中所有发电量和耗电量之间的平衡决定的。大量分布式发电的存在将会以两种方式影响频率的稳定性：一是分布式发电机代替常规发电机可能减小系统可用的动能；二是一个较小的系统惯性在常规操作时会引起较大频率波动，如风电的“低电压穿越”问题。

(3) 电压和电流谐波。分布式供能系统中更多的非线性电气设备（见图 9-4）的投入运行，其电压、电流波形不是完全理想的标准工频正弦波形，实际上电网电压的波形往往偏离正弦波形而发生畸变。畸变波形可以用一系列频率为工频整数倍的正弦波形之和来近似。其中，周期与原畸变波形周期相同的那个正弦波形，称为基波。而频率为基波频率整数倍，即工频的整数倍的正弦波形称为整数次谐波，通常称为谐波。

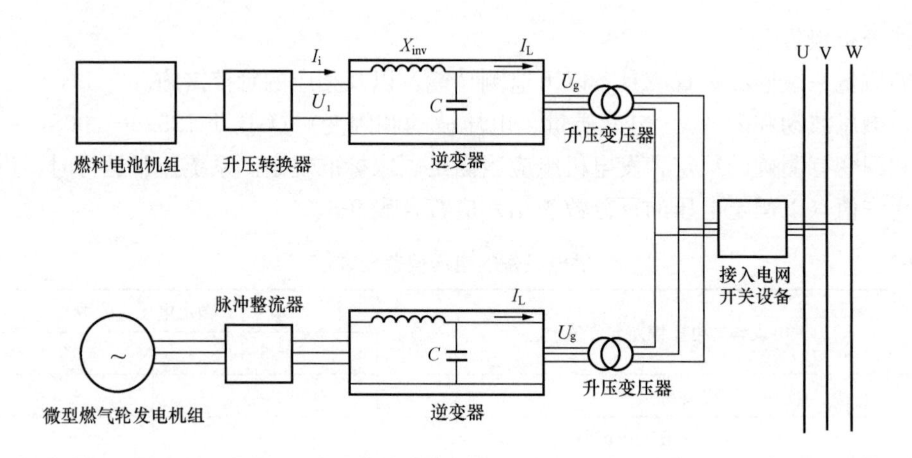

图 9-4　微型燃气轮机与燃料电池联合分布式供能系统

分布式供能系统在并网运行时不应造成电网电压波形过度畸变，或注入电网过度的谐波电流，对于分布式供能的发电机组并网，应该在谐波问题上做出明确规定。《电能质量　公用电网谐波》（GB/T 14549—1993）对电压谐波和电流谐波都有明确的规定，谐波电压限值如表 9-4 所示，注入公共连接点（PCC）的谐波电流限值如表 9-5 所示。而电流谐波根据电压等级和基准短路容量不同，按照各次谐波有明确的流入电流限制，同一公共连接点（PCC）的每个用户，向电网注入的谐波电流允许值按此用户的协议容量和供电设备容量之比进行分配。

表 9-4　　电网谐波电压限值

电网标称电压（kV）	电压总谐波畸变率（%）	各次谐波电压含有率（%）	
		奇次	偶次
0.38	5.0	4.0	2.0
6	4.0	3.2	1.6
10			
35（66）	3.0	2.4	1.2
110	2.0	1.6	0.8

表 9-5　　注入公共连接点（PCC）的谐波电流限值

标准电压（kV）	基准短路容量（MVA）	谐波次数及谐波电流允许值（A）											
		2	3	4	5	6	7	8	9	10	11	12	13
0.38	10	78	62	39	62	26	44	19	21	16	28	13	24
6	100	43	34	21	34	14	24	11	11	8.5	16	7.1	13
10		26	20	13	20	8.5	15	6.4	6.8	5.1	9.3	4.3	7.9
35	250	15	12	7.7	12	5.1	8.8	3.8	4.1	3.1	5.6	2.6	4.7

续表

标准电压（kV）	基准短路容量（MVA）	谐波次数及谐波电流允许（A）											
		14	15	16	17	18	19	20	21	22	23	24	25
0.38	10	11	12	9.7	18	8.6	16	7.8	8.9	7.1	14	6.5	12
6	100	6.1	6.8	5.3	10	4.7	9.0	4.3	4.9	3.9	7.4	3.6	6.8
10		3.7	4.1	3.2	6.0	2.8	5.4	2.6	2.9	2.3	4.5	2.1	4.1
35	250	2.2	2.5	1.9	3.6	1.7	3.2	1.5	1.8	1.4	2.7	1.3	2.5

当电网公共连接点（PCC）处最小短路容量不同于表9-5基准短路容量时，应按式（9-1）修正表中的谐波电流允许值。

$$I_n = \frac{S_{k1}}{S_{k2}} I_{np} \tag{9-1}$$

式中　S_{k1}——公共连接点（PCC）处的最小短路容量，MVA；

S_{k2}——基准短路容量，MVA；

I_{np}——表9-5中第n次谐波电流允许值，A；

I_n——短路容量为S_{k1}时的第n次谐波电流允许值，A。

我国国家标准除了对电压和电流谐波做出限制规定，还提出了一些减小谐波和谐振影响的技术措施。目前抑制谐波的主要方法有采用有源电力滤波器（Active Power Filter，APF）或多功能逆变器，抑制谐振的方法通常是采用LCL滤波器中增加电阻器或者使用有源阻尼控制技术，通过这些措施对微电网的电能质量进行改善。

（4）功率因数。除了电压稳定性、频率稳定性和电力系统元件的热稳定，输电系统中的传输容量还受到功角稳定性限制，亦称暂态稳定性，在系统性能参数中往往用功率因数来表述说明该问题。

分布式供能系统的发电机组运行在高功率因数的工况下，一般为0.9超前或者滞后。

电力系统保护电压稳定，需要系统中充足的无功功率支持。由于分布式供能发电机组运行时间随机性比较大，且多选择或设计在全功率因数（或高功率因数）下运行，其连接配电网中会有无功缺失问题。此时用户负荷的无功需求就要电力系统来满足，将增加对电网稳定负荷的干扰，且如果系统中不能瞬时提供足够的无功功率，就会导致系统电压下降，系统失稳。为了减少配电系统对分布式供能发电机组的无功依赖，保证机组在各种运行工况下系统电压的稳定，分布式供能电源与电网并网接入点应当接入相应的无功补偿装置，且在无功补偿装置的参数配置之前，应与电网协同研究分析并制定相应的运行策略。

（5）电压不平衡度。正常运行的电力系统是一个三相同步系统，如果三相电压在幅值上不同或相位差不是120°，或兼而有之即电压不平衡，反映三相不平衡的程度即电压不平衡度。

分布式供能系统的三相电压不平衡可能是由于配电网三相电压不平衡或者微电网中负荷不平衡引起的。分布式供能的发电机组（三相输出）的并网运行引起电压不平衡度，不应超出电网三相电压允许的不平衡度，即电网公共连接点（PCC）处的三相电压不平衡度允许值为2%，短时不得超过4%；对于接于公共连接点（PCC）的每个用户，引起该点正常电压不平衡度允许值一般为1.3%，根据公共连接点（PCC）的负荷状况，以及邻近发电机、继电保护和自动装置安全运行要求，可适当变动，但必须满足《电能质量　三相电压不平衡》(GB/T 15543—2008）规定的允许范围。

对于逆变器型发电设备，在不平衡负荷情况下，承受三相不平衡电压时会产生谐波。对于某些容量较小采用单相接入电力系统的光伏发电机组，这种方式本身就是非对称运行，会给系统带来电压不平衡。所以为了避免由此带来的影响，应该对用户自身的负荷做合理配置。

(6）直流分量。对于有逆变器的分布式供能发电系统，由于逆变器基准正弦波含有直流分量，使电网损耗增加，造成电压不平衡，电力变压器产生直流磁通量，铁芯磁化曲线不对称，加剧铁芯饱和，导致变压器噪声增大，引起变压器铁芯过热，严重时甚至会造成变压器损坏。直流分量对于电力系统的继电保护也会产生影响，直流电流流过继电保护的 TA 时不会产生感应电压，但会造成 TA 饱和，使其运行在非线性区，从而造成保护误动作，所以电力变压器的差动保护为了在动作条件上避开励磁涌流，会选用短路电流中的直流分量作为制动依据。

无论在正常或非正常情况下，发电机组向电网输送的直流分量均不应超过其额定电流值的 0.5%。逆变器型发电机组宜通过专用变压器隔离和电网相连，以过滤输出电压中的直流分量。

2. 电源功率预测预报

相对于电力系统传统电源的可计划性，可再生能源中的风电、太阳能等类型的供能系统发电出力的随机性较大；清洁能源中的燃气电站等类型的功能系统发电出力受季节或生产排产计划的影响，其功率缺乏可调控性。鉴于上述原因，分布式供能系统设计相应的分布式供能电源在各种时间尺度下的发电出力预测预报系统，对于分布式供能电源与并网电力系统的安全、稳定运行以及电能质量品质的管控等都具有极其重要的意义，也是当前乃至未来能源互联和能源协同经济调度管理的重要基础。

分布式供能电源预测预报系统应具备以下基本功能：

(1）分布式供能发电出力的短期功率预测和超短期功率预测；

(2）分布式供能发电出力的季节性或周期性功率趋势（或计划)；

(3）分布式供能发电调度管理应能与网侧电力系统调度管理互动、联动的管控机制和能力；

(4）提供分布式供能系统历史数据的管理分析报告。

(三）分布式供能电力系统解析与短路电流计算

本章前面的内容着重对分布式供能系统的需求进行了分析，后面也会描述分布式供能配用电系统（配电所或配电室）的适用设计要求。这样，我们就对整个分布式供能电力系统有了一个整体的系统概念。但规划设计方案的合理性和经济性，以及未来功能系统的可靠性和安全性，还需要一系列的系统数据及参数指标的计算来验证说明。

1. 分布式发电对输配电系统特性的影响

如果从分布式供能电源对于民生影响的敏感度而言，极其需要对分布式供能电源在各种运行方式下的系统运行特性进行解析。理由一是分布式供能电源功率波动会传染至上级配电网系统并可导致接入电网的电压波动，其传染能力与分布式供能系统电源容量和接入点的短路容量的比值密切相关；理由二是如果是多种“电源”公共连接点（PCC）接入，其中某一

“电源”的异常运行都会导致其他“电源”的随动响应，例如，早期发生于我国西部的风力发电群“低电压穿越”事件，一旦系统设计的“源-荷”系统响应特性不足或对部分关键设备的性能参数配置不当，将会给整个电力系统的电能质量和安全稳定运行带来不利的影响。

对于输配电系统运行的稳定和安全而言，分布式发电的引入对其所产生的影响是多方面的。电力系统稳定和安全运行应该满足这样的条件：拥有足够的储备，能够允许任何单一设备减少，即所谓的 $N-1$ 准则。单一设备减少（一个典型故障）时，系统应该能够呈现出电力系统运营商所能够理解与分析的明显电力系统性能变化特征。分布式发电的引入将从多个方面影响这些特征。

第一，分布式发电的引入将产生不同的电力系统潮流分布模式，且使得系统潮流分布及其变化预测面临更加困难的问题。所以，分布式发电的引入对于上面所提到的“分布式供能电源功率预测预报”而言是必需的，也是应该规划的。另一点必须要考虑并实现的是，在常规发电本地自动化动态控制的基础上，应该基于“智能电网技术”实现远程“协同控制”能力。有关“智能电网技术”和“电力系统信息化互联网技术”等内容非本书描述的重点，且相关参考书籍较多，在此不再赘述。

第二，分布式发电系统的接入，使得不同的事件前潮流将产生不同的稳定裕度，并影响电力系统运营商对原有常规发电和需要的储能系统规划，以及对系统运营经济性的分析评估。这是因为，如果系统裕度不足，将会导致系统解列及由此而带来的停电问题，但是，如果要求系统一直保持较高的裕度，将会造成电力系统投资成本的极高增长。再有，分布式发电量的增加可以减少常规发电设备运行，在许多情况下将影响电压、频率、相角裕度并降低系统的稳定性，也会导致系统所需有功功率和无功功率的储备规划极为困难。

第三，分布式供能发电系统有一种不同于负荷和常规发电设备的动态特性，需要对各类分布式能源系统建立详细的动态模型。当前，对于风电系统的特性研究和分析，我国已经建有“张北国家分布式能源试验基地”，但对于太阳能发电和储能系统等分布式供能发电的电力系统的性能特征研究试验尚有很多问题需要解决。

2. 分布式供能电力系统解析的作用

分布式供能电力系统解析计算的主要内容：

(1) 电力系统网络简化及其等效电路计算；

(2) 系统在各种运行工况下的潮流计算；

(3) 系统有功功率平衡和频率调整特性计算；

(4) 系统无功功率平衡与电压调整特性计算。

分布式供能电力系统解析计算的主要目的：

(1) 系统接入方式的比较。

(2) 系统可靠性的论证。例如，系统备用容量的优化确认、系统抗“孤岛”和“低电压穿越”能力的配置，以及在电网故障时分布式供能电源对电网的支撑能力、系统能源互联的灵活经济运行调度策略等。

(3) 保证合格的电能质量。例如，系统电压平稳措施、调频和调峰策略、紧急状态下的系统安全保障策略等。

(4) 保证运行的经济性。电力系统经济运行的任务是，在保证供电可靠性和合格电能质量的前提下，尽量提升能源的利用效率，以做到降本增效。

在系统设计验证环节的一项极为重要的设计系统计算为系统分析短路电流计算。其目的：

（1）电气主接线的比较；

（2）配电线路导体和设备的选择；

（3）继电保护及安全自动化装置的设计（配置）与整定；

（4）确定系统接地方式及相关的安全设计。

相关设计计算应有具体的验证报告说明，并以适当的形式提交项目论证审查委员会审议决策。

相关的计算基础知识，在一系列电气工程设计技术规范中有比较详尽的阐述，本章不再赘述。

3. 分布式供能电力系统解析需要特别关注的问题

（1）发电量与用电量的预测问题。一般来说，常规电力系统的误差主要来源是用电量预测。分布式供能发电的引入，带来了额外的且具有不确定性的误差。原则上，常规电力市场以外的任何类型发电（对于电网公司而言，也称为“非可调度电能”），对于目前的系统联控技术而言，都是一个可能的误差源，其中最主要的来源是与天气有关的分布式供能系统，如热电联供、太阳能发电和风电等。

当前，随着信息化技术的发展和大数据与云计算技术的应用，与天气预测相关的分布式发电预测准确性有了很大的提升，但要达到发电量与储备规划的精准性要求，尚需大量的科研创新。因而，当前对于分布式供能发电预测误差的影响可以简化为一个经济问题，即供能系统运营商需要承担相应的需要不断优化的“精准”预测技术投入的成本费用，输配电系统运营商需要承担额外可用储备系统的规划及相关的成本费用，以及两个系统运营商之间的交易管理模式等。

（2）停电恢复的问题。输变电系统的大面积彻底崩溃（称为“停电”）是极少发生的，但如果发生，能够尽快恢复系统是很重要的。电力恢复时间在很大程度上取决于发电机的启动时间。如表 9-6 所示，发电机的启动时间变化较大。

表 9-6　不同类型发电机组的启动时间

发电类型	启动时间	发电类型	启动时间
常规火电厂	2～4h	风力发电	几乎瞬时
核电站	20～30h	光伏发电	几乎瞬时
水电站	2～5min	热电联产	取决于过程
燃气轮机	20～40min	燃料电池	几乎瞬时

除了启动时间，黑启动能力和孤岛运行能力也是供电恢复的重要因素。

对于黑启动能力，大型火电厂的启动往往需要从电网吸收大量电能，即所谓的“厂用电”，大约是机组发电量的10%。水电机组是比较容易配备黑启动能力的，只需配置相应的柴油机组即可满足“并网协议”的要求。核电站则因其安全的需要，常常配备有备用的大功率发电机设备，如燃气轮机等。大多数分布式功能发电都具备黑启动能力，这可以使它们能够在配电侧支持电力系统的恢复启动，有利于电网运营商实施“黑启动服务”的优化配置。

对于常规大型发电系统，其孤岛运行能力对于电力系统恢复来说十分重要。分布式供能发电具备孤岛运行能力，同样有着十分重要的意义。对于电网而言，在某一特定的区域，分布式发电可以在条件允许的范围内在停电期间为一部分负荷供电，从而合理控制因停电所造成的重要影响和经济损失；类似工业热电联供的分布式发电系统通常具备“同步发电机”作为电网接口，与电网的同步连接比较简单，其相应的孤岛运行能力可以用更积极的方式实现电网供电的恢复，但也会带来负面影响，其配电拓扑结构将复杂化，需要投资自动化控制能力更强的控制设备和可靠性要求更高保护设备以应对由此而带来的安全问题。对于用户或分布式供能运营商而言，应该配置合适的孤岛运行能力以满足自身的可靠和安全基本需求，但配置一个可控孤岛的运行能力不是没有代价的。例如，热电联产发电系统通常都是“以热定电”，一旦承担特定条件下的“电负荷”冗余配置，就需要为其配置相应能力的“蓄热设施”。反之，在最高“热负荷”需求情况下，维持孤岛运行则需要相应的“电负荷”集聚配置，电网往往是不允许这种情况的。

综上所述，应对“停电恢复问题”，往往是在“源-网-荷”之间进行平衡协调的过程，需要系统的综合评估决策能力。

(3) 动能和惯性常数。电力系统的暂态稳定性和频率稳定性都受系统中动能大小的强烈影响，动能的减少会使系统不稳定。

在电力系统研究中，发电机组的动能通常通过“惯性常数”来表达。

具有转动惯量的 J 的物体以角速度 ω 旋转时的动能等于

$$\varepsilon_{kin} = (1/2)J\omega^2$$

惯性常数 H 是额定角速度下（系统对应于50Hz或60Hz频率下的角速度）的动能与发电机组的额定功率 S_N 的比值

$$H = (1/2)J\omega_N/S_N$$

式中　ω_N——额定角速度，$\omega_N = 2\pi f_N$，其中 f_N 是额定频率。

电动机的惯性常数也可以以同样的方式来定义。同步系统中动能的总量是所有独立电动机动能的总和

$$\varepsilon_{tot} = \Sigma\,\varepsilon_i = \Sigma\,S_i H_i$$

严格地讲，只有当实际系统频率等于额定频率时，公式的右侧才成立。额定频率的任何偏移都会导致动能总量的增加或减少，这是同步系统的稳定因素之一。

表9-7摘录了从不同来源获得的一些大、小型发电机组和电动机惯性常数信息。

表9-7　电机的惯性常数

发电机类型	容量	惯性常数	发电机类型	容量	惯性常数
大型热电机组	500MW等级	3～6	带有内燃机的热电联供		1.7
大型涡轮发电机		4	小水电机组		1.5～4.0
涡轮发电机	50MW等级	2～5	生物质发电机组		3
大型热电机组（强迫冷却）		7～10	垃圾发电机组		3
大型热电机组（自然冷却）		10～15	小型柴油发电机		0.8～1.5
水电机组		2～4	同步发电机	1.5～5MVA	0.5～2
大型水电机组		3.0～5.5	异步发电机		3～5
同步调相机		1～1.25	风力发电机	2MW	2.4～6.8
带有联合循环燃气轮机的热电联供		4～6	同步电动机		1～5
带有热回收汽轮机的热电联供		3.5	异步电动机	94kVA～4.7MVA	0.45～1.98

上述数据并非典型值，但说明了一点，惯性常数取决于发电机的结构特征。小型发电机的惯性常数稍微小于大型常规发电机的惯性常数。

用分布式发电代替并网的大型发电机组将会递弱系统中存在的动能，会对稳定性产生很大影响。

为什么我们要特别强调对“动能和惯性常数”的关注和重视呢?

首先，我们这里简单回顾一下暂态电压稳定的问题。系统的暂态电压稳定主要依赖于电机参数、负荷和机械负荷的性质。而系统电压失稳的主要原因是现有系统中存在大量的惯性(电动机或近似电动机性质的装备）负荷。

以典型的惯性负荷电动机为例，电动机在一定的转速下，电磁转矩与电压的二次方成正比。当电动机电磁转矩小于机械转矩（负荷转矩）的时候，电动机将无法加速（或恢复）到额定转速，电动机将失速。一定量的惯性负荷失速将导致系统频率失步并进一步加剧电源至负荷间的动能传递失衡，乃至系统崩溃。旋转电动机的启动和转向受到旋转电动机的气隙磁场影响。没有气隙磁场的电动机，在运行中相当于一个短路变压器，它的短路电流约为额定电流的 6 倍，主要为无功分量。而此时对系统的最大影响是可能导致系统的功角稳定性“失态”。系统稳定理论提出，当系统的短路容量（S_k）大于异步电动机负荷额定功率（S_N）的 20 倍时，系统是稳定的。

$$S_k > 20S_N$$

这是设计拥有大量电动机负荷的工业配电网系统的近似粗略估算方法。更深入稳定研究和系统计算，可以参考电力系统稳定的相关书籍。

正如电力系统理论研究所讨论的，电动机的特性与发电机的特性非常相似。上述所阐述的电动机的机理同样也适用于发电机系统。

从上述解释说明中可知，电机负荷在系统故障后无功功率的消耗是额定功率的 6 倍，所以超过限定值的每 MVA 需要 6Mvar 的无功功率。对于分布式发电系统接入，能有效缓解暂态稳定问题可能导致的系统崩溃风险的方法如下：

一是尽量选择同步电机和全功率变换器并网接口；

二是解析系统各种运行工况下的功率分布和惯量匹配，在相应的位置分布式（或集中）接入开关电容组、静态无功补偿器和静止同步补偿器等装备，拟合相应的控制和保护策略，以提高系统的稳定性。

对于电机负荷而言，惯性越大，其启动或暂态恢复的进程就越慢。为了保证该系统的稳定可靠性，需要对相应的控制装置和保护配置提出很高的要求。例如，对于超超临界大型火电机组厂用电系统，标准规范要求配置“备用电源快速切换装置”，并在其高压厂用电母线配置快速母线保护等，也正是基于上述问题所提出的技术改进措施。

对于电源系统，亦同理。尤其对于使用电力电子变换器接口的分布式电源，电力电子变换器对于动能惯性的等效传递将会使可靠稳定问题变得更复杂，应更加引起重视。

对于使用分布式发电拖动或再启动惯性负荷的情况，以下面两个案例来说明。

案例 1：以某一现实的特定配电网设计为例。在整个配供电网中，有几路是针对特殊安全需求且具有一定功率的电机负荷供电网络。尽管已经提供了双电源供电，按规范必须要配置相应的柴油发电机作为备用电源。在设计和计算的过程中必须注意到几个环节：一是在供电的配电柜中，必须配置自动性电源切换开关；二是要考虑柴油机的启动和稳定建立时间

(柴油机不可能长期热备用)，以及柴油发电机的拖动稳定能力；三是电机负荷的启动和稳定时间。综合设备性能和工艺环节的各项严格要求，我们在设计计算中会发现，备用电源自动切换开关的动作时间不得超过 2s，这对于自动控制装置的响应特性需要提出更严格的性能特性要求。另外，在此我们往往会忽略的是配电开关柜中的继电保护配置问题，即在此等级往往只配置过电流熔断器或简单的过电流保护继电器。此保护继电器与上一级保护相配合，往往时间定值整定较长。为了尽量减少上一级保护的动作，在技术可行的条件下，应尽可能地在本机配电柜中配置相应的快速保护装置，以实现系统安全可靠目标。

案例 2：以某个光伏太阳能扶贫项目为例。在我国西部山区，输电网络无法延伸到此，某镇的电能供应只能靠临近的小水电发电机和柴油发电机所构建的微电网解决。而每当到寒冷季节，仅有的柴油发电机也会因为油品的供给问题而失电。在此建设光伏太阳能发电就很有意义。光伏太阳能电池的惯性常数为零，系统正常运行所需要的无功功率只能依靠全功率逆变器来解决。一旦系统中产生扰动，其暂态响应或再启动所需的无功电流单靠全功率光伏逆变器显然是无法支撑的，系统也因此问题而多次崩溃。为此，在系统中设计配置了相应容量且具有相对较好惯性常数的储能装置以作为系统的一级储备，并调整了系统的运行控制策略，从而保证了系统的可靠性和该扶贫工程项目的正常实施。

(4) 故障穿越。对于该课题，我们给予了风电发电系统比较多的关注，且着重强调“低电压穿越”，但大量的事故案例说明了“跳闸”的原因往往与频率控制策略和“端口过电压”问题有关。目前的研究趋势显然是提高单个发电单元的“故障穿越能力”，许多用来提高故障穿越能力的不同电力电子控制方法也被不时地提出，但在解析系统时，仍然需要从全局的角度解析出不同工况下各关键节点（如分布式发电公共连接点 PCC、有效抑制系统电压扰动的无功功率注入点等）的电压的潮流变化情况。

具有不同接口的分布式发电，其“故障穿越能力”所要面对的问题也不尽相同。同步发电机在输变电系统故障期间，可以很好地保持分布式系统的电压，但问题的关键在于故障后的系统功角的稳定性，而且该问题与系统故障切除时间有关。这类系统的稳定性问题，可参考阅读相关的书籍学习理解。对于异步发电机在输变电系统故障期间的表现，也有很多书籍做了较为详细的阐述，这里不再赘述。需要着重提出的是，随着装配全功率变换器的分布式发电比例的增加，其“故障穿越能力”研究不仅仅是单机系统的能力问题（单机系统也不仅仅是低电压的问题，还有过电压的问题)，还有多设备联控的问题和系统频率控制策略的问题。这些问题都将不同程度地影响分布式供能发电系统接入点的选择、系统控制特性要求，以及系统继电保护配置规范等技术课题。

（四）分布式供能电源系统的并网管理

分布式供能电源的每一次并网操作，与大型火电厂的并网操作相似，都是对电网静态稳定的扰动。分布式供能电源系统并网管理应参照相关火电厂运行规程制定相应操作管理规范。

1. 并网条件

(1) 发电机发出电源的相序与电网汇流排相序相同。

(2) 发电机的电压有效值与电网的电压有效值相等或接近相等（电压差不超过 5%～10%)，并且波形相同。

(3) 发电机的频率应与电力系统电源的频率基本相等（频率差不能超过 0.5～1Hz)。

(4) 发电机的电压相位与电力系统的电源的电压相位相等（相位差不超过10°）。

以上并网条件如不满足，发电机和电网之间会有环流，定子绕组端部受力变形；产生拍振电流和电压，引起发电机内功率振荡，使线圈变形绝缘短路；发电机和电网之间有高次谐波环流，增加损耗，温度升高，效率降低；电网和发电机之间存在巨大的电位差而产生无法消除的环流。发电机组厂家指出，发电机的非同期并列，会产生很大的冲击电流，不但会危及机组自身的安全，而且会使电网产生波动、破坏稳定性，因此要求同期装置和控制、保护装置齐全可靠。

2. 并网解列保护系统

为了使发电机组并网后可靠稳定运行，机组设置了完善的保护装置，一旦机组出现下列故障，会自动跳闸，与电网解列，自动停机。

(1) 过负荷故障。负荷传感器检测到发电机输出功率大于其额定功率的10%时，过负荷故障报警，当严重超负荷时就自动停机。

(2) 超速故障。转速传感器检测到发电机运行转速大于其额定转速的2%时，发电机频率与电网频率就会不同，超速故障报警，并自动停机。

(3) 油压故障。发电机组的润滑系统是否正常是通过其油压反映出来的，油压不正常可视为机组处于非正常运行状态，严重时可通过继电器自动停机。

(4) 水温、水位故障。发电机内部的循环水用于机组冷却，机组内无水、少水或水温过高，说明冷却系统不正常，可使机组损坏。现场安装了水温、水位传感器，在其非正常状态时自动停机。

(5) 蓄电池故障。蓄电池用于给发电机组定子的自身励磁，励磁系统的好坏直接影响发电机组的运行质量，故设计了蓄电池电压继电器，当其故障时自动停机。

(6) 功率方向故障。发电机组正常运行时向电网输出电能，非正常时电网向发电机提供电源，此时发电机就变成了电动机而消耗电能，故设计了功率方向继电器装置，使发电机只能给电网提供电源，一旦反向就与电网解列，自动停机。

(7) 紧急停车装置。当发电机组遇到紧急情况时，可按急停按钮使发电机组瞬间与电网解列，停止机组运行。

(五) 微电网的并网

微电网是指由分布式供能装置、储能装置、能量转换装置、相关集中负荷和监控装置、保护装置汇集而成的小型发配电系统，是一个冷、热、电集中供能系统，实现自我控制、保护和管理，可以与外部电力系统并网运行，也可以孤网运行。微电网实质上是一个小电网，而分布式供能单元是基础。

微电网与电力系统并网接入方式有直接通过开关设备、静态开关和电力电子接口三种方式。

1. 直接通过开关设备

该方式是最直接、最简单的方式，但采用这种方式，微电网不能控制公共连接点(PCC)处的功率，限制了微电网的部分作用和功能。开关设置一般指真空断路器等。

2. 静态开关

该方式是基于SCR电力调节设备的。静态开关允许功率双向流动，但这种方式比较昂贵，与直接通过开关设备相比，连接较复杂。常见做法是在系统主回路里增加开关设备起隔离作用，增加旁路开关起检修作用。隔离微电网与电力系统的静态开关又称为固态转换开关，在发生故障或者振动时，能自动地把微电网隔离出来，故障清除后再自动地重新与主网连接。静态开关安装在用户低压母线上，应确保其具有可靠运行的能力和一定的预测性，并且有能力测量静态开关两侧的电压和频率，以及通过开关的电流。通过测量静态开关还可以检测电能质量问题，以及内部和外部的故障。

3. 电力电子接口

该方式是相对比较昂贵的并网方式，但也是灵活性比较高的连接方式。有功功率和无功功率都可以控制，并网和离网信号的反应时间类似于静态开关。电力电子装置主要包括整流器、逆变器等，使用电力电子装置进行电能转换的技术就是电力电子技术，新能源发电的发展基本上就是现代电力电子技术进步与发展的体现。

二、分布式供能系统并网案例

案例 1：以某分布式供能余热发电项目为例

（一）并网接入分析

（1）供能站低压供配电系统采用单母线分段接线方式，两段母线有母线联络开关，在事故或检修状态下可通过联络柜实现单母线运行方式，两个进线与母线联络开关之间设电气闭锁。同时引 1 回 0.38kV 市电保安电源接入 0.38kV 配电系统二段母线。两台变压器给低压负荷供电（变压器容量由供能站自用电负荷决定大小），正常运行时母联，断路器是断开的，只有在事故或者检修时，母联断路器才会闭合。

（2）中压配电室 10kV 系统采用单母线接线方式，倒送电（供能站自用电系统调试）和供能站工作时输送电能。

（3）发电机组采用 1 台 15000kW 的余热利用汽轮机组，发电机出口电压 10.5kV。发电机并网同期点分别设置在发电机出口开关及联络开关处，用于发电机组并网操作控制，并在 10kV 联络开关处设置解列装置。

（二）供能站电力系统及并网原则

此项目供能站所发电量以并网不上网“自发自用”为原则，在供能站所属工厂或者企业负荷集中处消耗。

（三）供能站电气主接线

分布式供能系统电气主接线图如图 9-5 所示。图中两个星号表示两个同期并网点，虚柜内为接入时增加的联络柜。

分布式供能系统 10kV 母线采用单母线接线方式，安装两台站用变压器容量为 1600kVA（10kV/0.4kV）。供能站内的发电机机端电压为 10.5kV，发电机机端分别经出线软电缆和密集母线连接至供能站 2 台站用变压器 10kV 中压侧。供能站内部分负荷及厂用电负荷接至联络变压器 0.38kV 低压侧。考虑负荷及发电出力、上送电网的最大电力，需要与当地从供电部门沟通。

（四）接入系统

分布式供能电源使用电力电缆经供能站联络开关及限流电抗器接入厂原有配电室 10kV 母线，并设置联络柜。

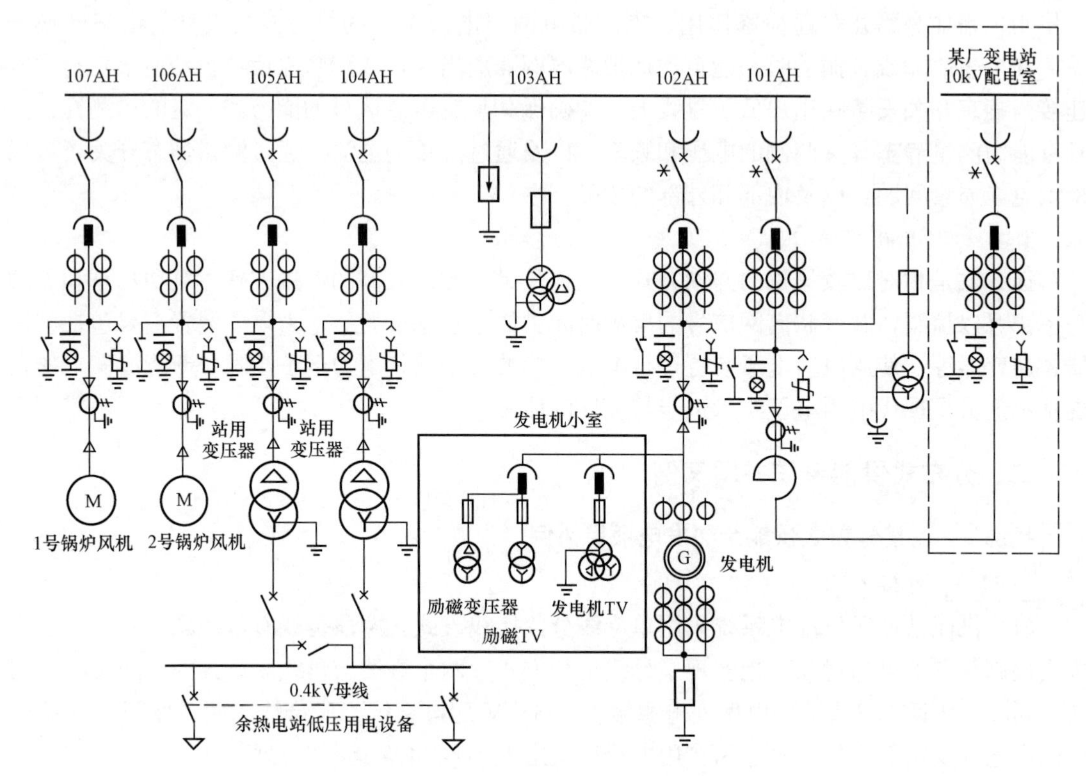

图 9-5　分布式供能系统电气主接线图

（五）供能站继电保护配置

继电保护设计根据《继电保护和安全自动装置技术规程》中电力接入系统设计关于继电保护配置要求进行配置。主要保护配置如下：

(1) 进线保护配置：光纤差动保护、电流速断保护、过电流保护。

(2) 厂用变压器保护配置：电流速断保护、过电流保护、过负荷保护、接地保护及变压器温度保护。

(3) 过电压保护及接地：按《交流电气装置的过电压保护和绝缘配合设计规范》（GB/T 50064—2014）和《交流电气装置的接地设计规范》（GB/T 50065—2011）进行设计。该工程 10kV 母线上装设氧化锌避雷器以限制雷电过电压及操作过电压，真空开关负荷侧装设氧化锌避雷器以限制操作过电压。

(4) 逆功率保护：如果分布式供能系统需要设置逆功率保护，保护设在何处应与当地供电部门沟通，保证既能满足相关规范要求，也能充分发挥分布式供能项目的优势和特点。

案例 2：以某分布式供能项目 20MW 渔光互补光伏发电接入系统为例

（一）并网接入分析

(1) 光伏电站以 1 回 35kV 线路接入淮南某 220kV 变电站内 35kV 开关室内出线间隔。

(2) 在变电站内 35kV 开关室内出线备用间隔使用电缆与围墙外架空线路连接，电缆采用 YJV_{22}-26/35kV-3×400 三芯交联聚乙烯电缆。

(3) 为保证并网的 35kV 线路停运后光伏发电站站用电安全使用，宜配备 10kV 备用电源。

(4) 配置无功补偿装置的容量。

(5) 配置电能质量在线监测装置，电能质量在线监测装置应设置在并网点。电能质量数据保存时间应符合规范规定。

(二) 供能站电力系统及并网原则

此项目供能站所发电量以“全额上网”为原则。

(三) 供能站电气主接线

本工程两座光伏电站项目装机容量共 2×20MW，两座光伏电站各 20MW 光伏项目经逆变、升压至 35kV 后，通过 2 回集电线路接入 35kV 汇流开关站母线，供能站电气主接线示意图如图 9-6 所示。

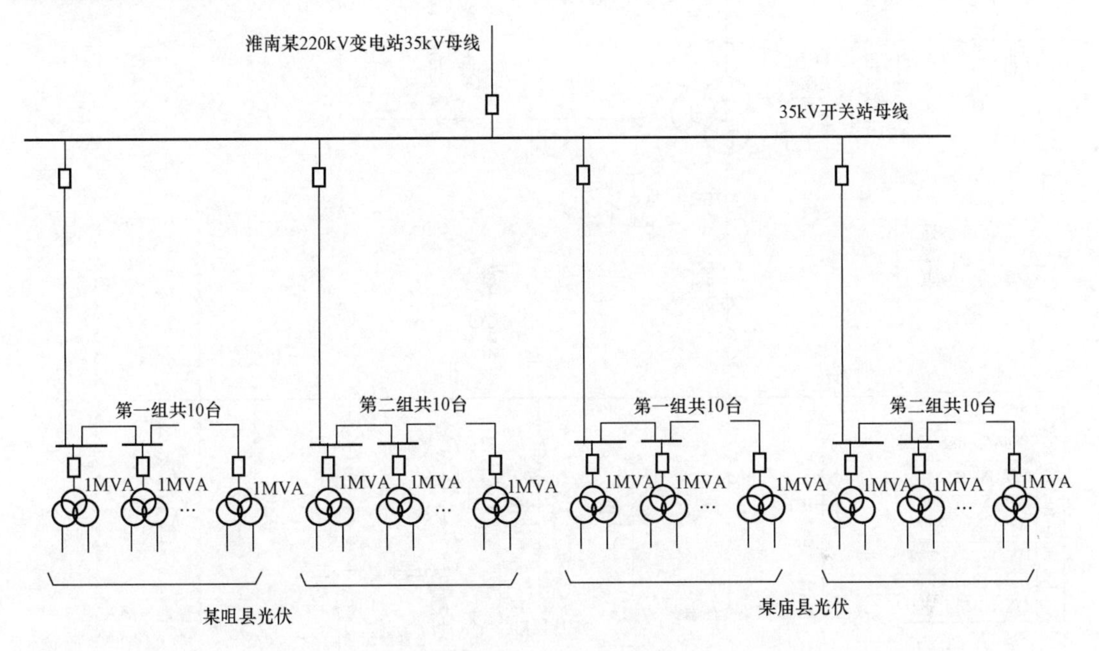

图 9-6　供能站电气主接线示意图

(四) 电力接入系统

本工程 35kV 汇流开关站考虑通过 1 回 35kV 线路接入淮南某 220kV 变电站。如图 9-7 所示。

(五) 接入系统继电保护配置

继电保护设计根据《继电保护和安全自动装置技术规程》(GB/T 14285—2006) 中电力接入系统设计关于继电保护配置要求进行配置。主要保护配置如下：

(1) 110kV 线路保护。变电站的 110kV 出线均配置了保护测控装置，能够满足本工程需求，不需要更换。

(2) 35kV 线路保护。在 35kV 汇流开关站～220kV 变电站的 35kV 线路两侧各配置 1 套线路光纤电流差动保护测控装置。装置应含光纤电流差动主保护、完整的电流后备保护及三相一次自动重合闸功能，并建议光伏电站侧断路器自动重合闸停用。

(3) 35kV 母线保护。220kV 变电站的 35kV 电气主接线为单母线分段接线，配置母线保护（未投运），本工程不考虑在 220kV 变电站的 35kV 母线新增母线保护。

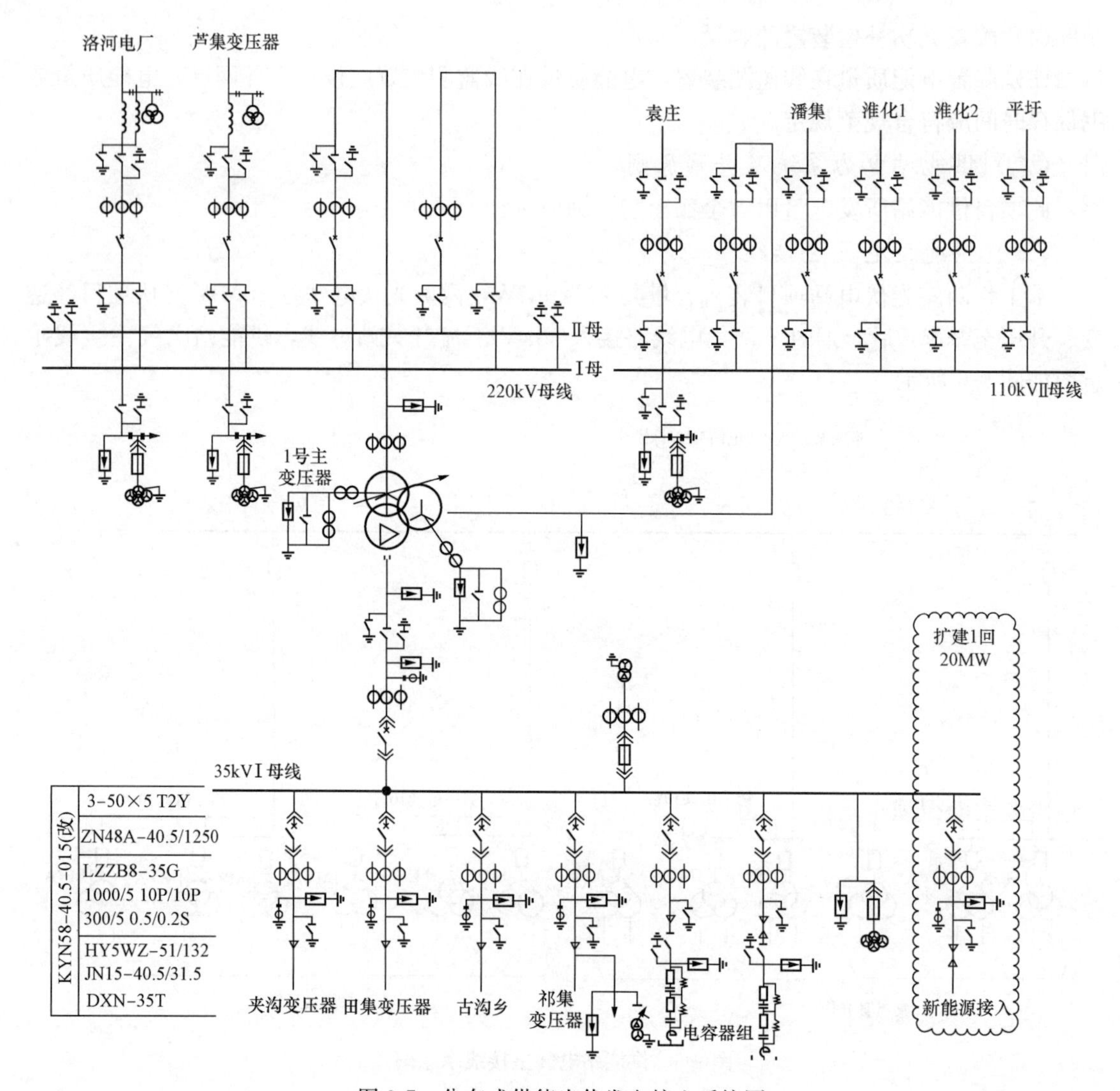

图 9-7 分布式供能光伏发电接入系统图

(4) 线路故障录波器。本工程采用 35kV 电压等级并网，属于中型光伏电站，按照《光伏电站接入电网技术规定》(Q/GDW 617—2011) 要求，不需要配置故障录波器。

(5) 防孤岛保护。根据《光伏发电站接入电力系统技术规定》(GB/T 19964—2012) 规定光伏发电站需要配置独立的防孤岛保护装置，保证电网故障及检修时的安全。两个光伏电站 35kV 汇流开关站已配置一套独立的防孤岛保护装置。

(6) 安全自动装置。按照《光伏电站接入电网技术规定》(Q/GDW 617—2011) 要求，大中型光伏电站应通过安全自动装置快速处理事故，电力系统恢复正常运行状态后，光伏电站应按照电力调度部门指令依次并网运行。本工程配置频率电压紧急控制装置。

第二节 电气主接线

电气主接线是分布式供能站电气系统的主体部分，由它将分布式供能电源、分布式供能站配电系统、变压器、断路器、安全保护和测量电器设备等各种电气设备通过母线、导体有机地连接起来，构成汇聚和分配电能的一个系统。电气主接线的接线方式取决于分布式供能电源在并网电力系统的地位、电源品质、环布产业发展状态和区域能源发展规划等因素，同时，电气主接线方式决定了分布式供能站及变电站（配电站）构建方案和相关建筑构成形式。

一、主接线方式

（一）基本要求

（1）可靠性。电气接线必须保证用户供电的可靠性，应按照各类负荷的重要性安排相应可靠的接线方式。对于一般的技术系统来说，可靠性是指一个元件、一个系统在规定的时间内及一定条件下完成预定功能的能力。电气主接线属于可修复系统，其可靠性用可靠度表示，即主接线无故障工作时间所占的比例。

供电中断不仅给电力系统造成损失，而且给国民经济各部门及企业造成损失，导致的人身伤亡、设备损坏、产品报废、城市生活混乱等经济损失和政治影响，更是难以估量的。因此，供电可靠性是电力生产和分配的首要要求，电气主接线必须满足这一要求。主接线的可靠性可以定性分析，也可以定量计算。因设备检修或事故被迫中断供电的机会越少、影响范围越小、停电时间越短，表明主接线的可靠性越高。

（2）灵活性。电气系统接线应能适应各式各样可能运行方式的要求，并可以保证能将符合质量要求的电能送给用户；能够灵活地投入或切除发电机、变压器或线路，灵活地调配电源和负荷，满足系统在正常、事故、检修及特殊运行方式下的要求；能够方便地停运线路、断路器、母线及其继电保护设备，进行安全检修而不影响系统的正常运行及用户的供电要求。需要注意的是，过于简单的接线，可能满足不了运行方式的要求，给运行带来不便甚至增加不必要的停电次数和时间；而过于复杂的接线，不仅增加投资，而且增加操作步骤，给操作带来不便，并增加误操作的概率。

（3）安全性。电网接线必须保证在任何可能的运行方式及检修方式下运行人员的安全性与设备的安全性。

（4）经济性。应考虑投资及运行的经济性。可靠性和经济性是电气主接线设计中在技术方面的要求，它与经济性之间往往发生矛盾，即欲使主接线可靠、灵活，将可能导致投资增加。所以，两者必须综合考虑，在满足技术要求的前提下，做到经济、合理。电气主接线应简单清晰，以节省断路器、隔离开关等一次设备的投资，应适当限制短路电流，以便选择轻型电器设备。在适当的地方采取质量可靠的简易电器（如熔断器）代替高压断路器。控制、保护方式不过于复杂，以利于运行并节省二次设备和电缆的投资。合理选择变压器形式、容量等，避免增加电能损耗。为配电装置的布置创造条件，以便节约用地和节省构架、导线、绝缘子及安装费用。

（5）可扩展性。在设计接线方式时要考虑未来一段时间内的发展远景，要求在设备容量、安装空间以及接线形式上，为未来可能增加的容量留有余地。

（二）接线方式

常用电气主接线方式有单母线不分段接线和单母线分段接线两种。

1. 单母线不分段接线

每条引入线和引出线的电路中都装有断路器和隔离开关，电源的引入与引出是通过一根母线连接的。单母线不分段接线适用于用户对供电连续性要求不高的二、三级负荷用户。单母线不分段接线如图 9-8 所示。

2. 单母线分段接线

单母线分段接线是由电源的数量和负荷计算、电网的结构来决定的。单母线分段接线可以分段接线运行，也可以并列运行。当采用单母线分段接线方式时，应采用分段断路器接线。单母线分段接线如图 9-9 所示。

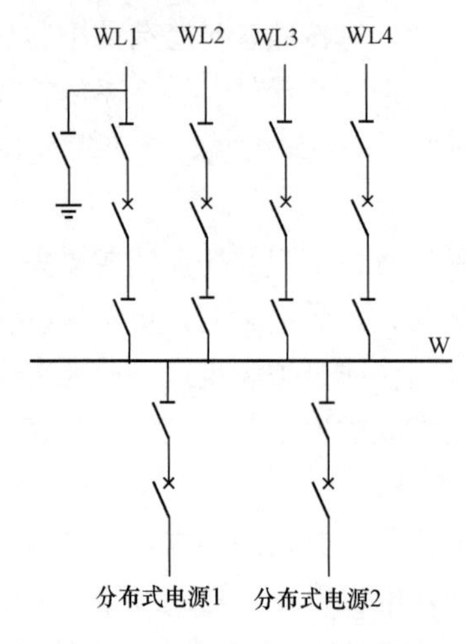

图 9-8 单母线不分段接线图

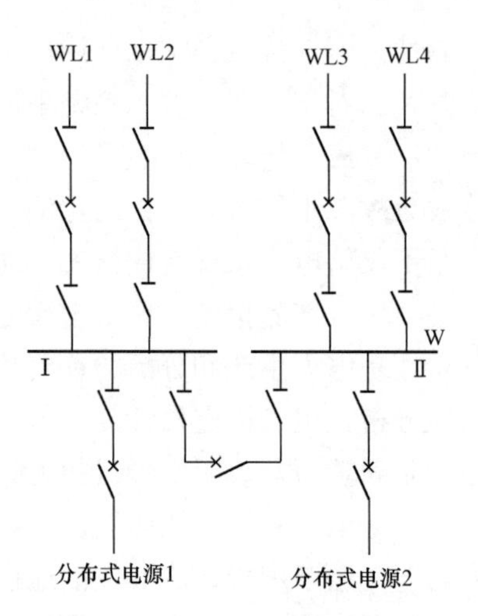

图 9-9 单母线分段接线图

当供能系统并网运行时，应根据发电机组的容量及变配电系统的主接线形式设计接入电力系统。对于机端输出电压为 0.4kV 的发电机组，宜在用户变配电系统低压侧并网；对于机端输出电压 10.5kV 的发电机组，应在用户变配电系统高压侧或在地区变电站的 10kV 侧并网。

二、如何确定供能站电气主接线

(一) 确定电气主接线的步骤

(1) 根据分布式供能系统中发电机的额定电压、额定容量、能源站的电压等级以及并网情况等，综合考虑后确定系统的供电电压等级及出线回路。

(2) 根据分布式供能系统并网的电力系统或者企业内部供电系统的实际情况及供能系统中发电机的最大输出功率，经分析比较后确定联络变压器与发电机组的组合方式，并确定变压器容量和台数。

(3) 拟定 2 或 3 个可行的主接线方案，并同时列出各种方案中的主要电气设备（如变压器、开关柜及电抗器等），进行经济比较，并从供电的可靠性、供电质量、运行和维护的方便性以及建设速度等方面进行充分的技术比较，最后确定一个最合理的电气主接线方案。这一条也是确定投资的关键点。

(4) 对于确定的电气主接线方案，一般考虑并网运行，并按正常运行（包括最大运行方式和最小运行方式）和短路故障条件选择和校验主要设备，并尽可能考虑继电保护及自动化装置等方面的要求。

（5）企业内部或者周围建设分布式供能电源系统，考虑到大部分企业能够消耗掉分布式供能系统的电力，一般以用户侧“自发自用”为主。电气主接线方案，一般考虑并网运行，当企业用电量不足时，从电网取电，企业供能电源系统仅作为电力系统的辅助。应考虑继电保护及自动化装置等方面的要求。同时控制系统和相关表计具有可满足向电力系统双向供电的需要。

（二）电气主接线典型方案及实例

分布式供能系统常用的电气主接线方式有单母线不分段接线和单母线分段接线两种。

1. 某分布式供能光伏电站电气主接线确定

本工程建设全部采用多晶硅电池组件，由于直流侧损耗及逆变器具有一定过载能力，考虑到电池阵列实际布置，以1.0368MW为1个方阵，共计49个方阵，每个方阵设一座逆变器室，室内设2台500kW逆变器，室外设1台1000kVA箱式升压变电站，将逆变器出口交流电进行升压。升压变压器电压等级为10kV或35kV，为了节省电缆量可采用集电线路将若干台变压器先并联再送至开关站或升压站的方案。

根据分布式光伏发电布置及实际情况，利用确定电气主接线的步骤3，对10kV或35kV集电线路方案各选两种典型方案进行比较，从两种电压等级各选出一个最佳方案。

（1）10kV集电线路可有两种方案，见表9-8。

表9-8　　10kV集电线路方案比较

方案 \ 项目		型号	单位	数量	单价（万元）	总价（万元）
方案1	按5MW/回输送，共10回电缆	YJV_{22}-8.7/10-3×50mm²	km	21	22	462
		YJV_{22}-8.7/10-3×120mm²	km	15	43	645
	高压开关柜	KYN	台	18	12	216
	合计					1323
方案2	按2MW/回输送，共25回电缆	YJV_{22}-8.7/10-3×50mm²	km	46	22	1012
	高压开关柜	KYN	台	33	12	396
	合计					1408

比较可得，方案1单回线路故障影响约10%的输出容量，设备投资相对较低；方案2单回线路故障影响4%的输出容量，设备投资相对较高。

（2）35kV集电线路可有两种方案，见表9-9。

表9-9　　35kV集电线路方案比较

方案 \ 项目		型号	单位	数量	单价（万元）	总价（万元）
方案1	按5MW/回输送，共10回电缆	YJV_{22}-26/35-3×70mm²	km	36	30	1080
	高压开关柜	KYN	台	18	18	324
	合计					1404
方案2	按10MW/回输送，共5回电缆	YJV_{22}-26/35-3×95mm²	km	32	38	1216
	高压开关柜	KYN	台	13	18	234
	合计					1450

比较可得，方案 1 单回线路故障影响 10％的输出容量，方案 2 单回路故障影响 20％的输出容量，方案 1 较方案 2 投资少 46 万元。考虑到方阵和从降低线路故障影响范围考虑，推荐采用方案 1。

综合上述经济技术比较：如果单从投资成本考虑，采用 10kV 电压等级集电线路进线为 10 回的方案 1。35kV 电压等级集电线路进线为 10 回，在线路布置施工、可靠性、运行维护方面，35kV 更优。在线路损耗方面，35kV 线路损耗要小得多。因此，综合考虑，推荐采用 35kV 方案。虽然前期投资成本要略高，但在后期运行维护、可靠性等方面，会在收入上显现优势，弥补初期投资较高的不足。考虑到升压站规模、单台主变压器容量，35kV 侧拟采用单母线接线方式。确定分布式供能光伏发电工程电气主接线如图 9-10 所示。

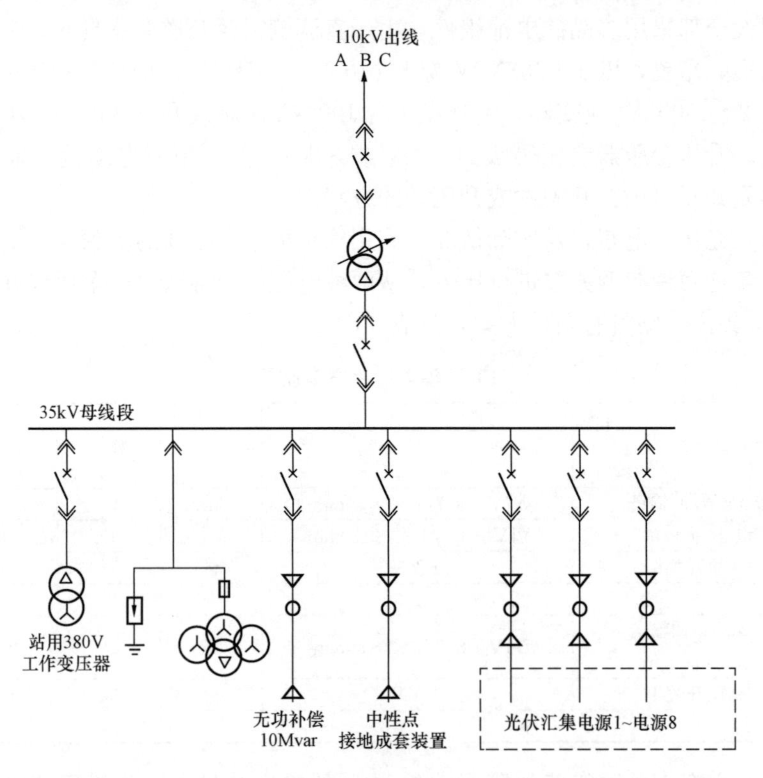

图 9-10 分布式供能光伏发电工程电气主接线图

2. 某天然气分布式供能站电气主接线确定

某综合利用天然气分布式供能站项目拟建设发电机 6 台，每台发电机容量为 4.37MW（$\cos\varphi=0.8$，$\eta\geqslant97\%$），总装机容量约为 26.44MW 的分布式供能发电系统，发电机出口电压均为 10.5kV，供能站电压等级取 10kV，采用不接地系统。供能站自用电系统电压为 380V，为直接接地系统。所有发电机经两台 40MVA、35kV 双绕组有载调压油浸自冷变压器升压至 35kV，通过 2 回 35kV 线路接入上级电网 220kV 变电站的 35kV 侧。

此综合利用天然气分布式供能站就近接入地方电网，和地方电网实现了互补，10kV 母线采用单母线分段的接线方式，发电机与变压器之间设置断路器，发电机和主变压器之间采用 10kV 电缆连接。内燃发电机及内燃机供能站相关负荷接在内燃机 10kV 段，中央制冷

（热）供能站相关负荷接在中央制冷（热）机 10kV 段，为保证本工程在全站事故停电的情况下能尽快恢复供能的要求，设置内燃发电机均能快速黑启动。确定天然气分布式供能工程电气主接线如图 9-11 所示。

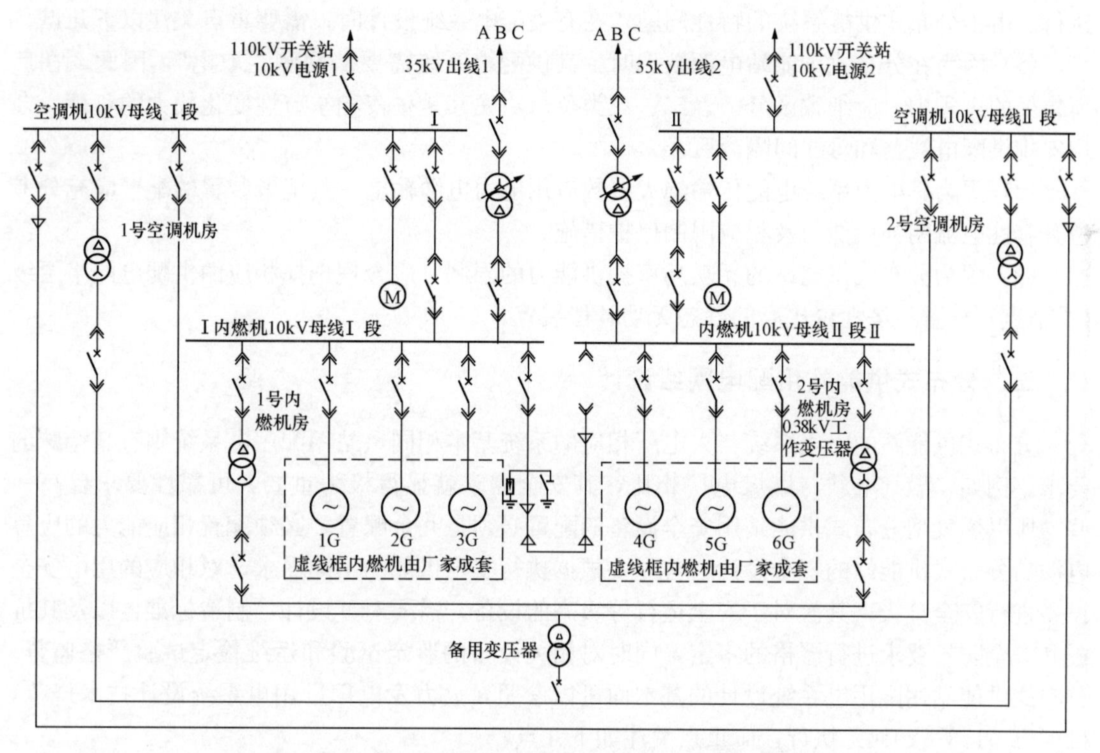

图 9-11 天然气分布式供能工程电气主接线图

第三节 分布式供能站配用电系统设计

电力系统中，通常将直接向用能单元（用户）供电或经过再次降压后向用户供电的网络称为配电网络，其系统组合统称为配用电系统。

一、分布式供能站配电网络的构成特点

分布式供能系统的配电网络系统由两部分构成，一是类似于相关电厂的厂用电网络系统，二是分布式供能的主体供电用户网络系统。

分布式供能站的配电运行方案相对而言，有着多种变化。正常时，分布式供能的负荷集聚而形成的主体用户群的供电是由分布式供能电源完全承担的。当分布式供能电源因故缺失时，分布式供能的主体供电用户网络的重要负荷，将转为电网供电方式。由于相关分布式供能站的安全需求比较多且重大，在分布式供能站处于一些异常运营状态时，其本身设置的应急电源（UPS 或 EPS）无法承担安全保障，其时还需要地方供电部门提供相应的备用电源支撑。必要时，需要配置诸如柴油发电机类应急备用电源设备。所以，在分布式供能配电系统设计方案拟订的过程中，需要充分考虑各类负荷的特性需求，合理规划设计配电网络构架。

二、分布式供能主体供电用户配电网络设计

分布式供能主体供电用户配电系统设计，可以参照相关10～35kV供配电系统设计规范执行。由于分布式供能系统的特性问题，在有关配电系统设计时，需要重点关注以下几点。

（1）因为在分布式供能站电源缺失时，其供配电系统需要从网侧“取电”，因此，在负荷集聚的过程中，应细致区分一、二、三类负荷，尤其是昼夜和季节性变化较大的负荷，合理安排供配电线路和母线间隔分区。

（2）因为其电力系统电能传输绝大多数应用电力电缆输电，其配电装置的配置应充分考虑其容性电流的补偿能力及相应限制保护措施。

（3）因为分布式供能站的无功功率提供能力的限制，应合理选择相应的供配电网络层级（或节点）配置经济性价比高的静态无功补偿装置。

三、分布式供能站用配电网络设计

分布式供能站的电气系统与火电厂相应的系统基本相同，站用配用电系统则有其特殊的要求。例如，燃气电站与燃煤电厂相比，其安全需求就显得极为重要，可靠性要求要高一些。所以燃气型分布式供能站用安全设备的配置必须是冗余配置，必须配置相应能力的应急电源。分布式供能站的安全设计，首先要根据执行安全供能的不同需求，对相应的用电安全设备进行安全分级；其次对于安全运行等级高的设备，需要对其设计、制造标准，以及其抗震和安全防护要求进行严格的审定，同时对相关设备的鉴定试验和运维检定试验严格监督。分布式供能站用配用电系统设计的基本面可以参照《火力发电厂厂用电系统设计技术规范》（DL/T 5153—2014）执行，应重点关注如下几点：

（1）至少具有一路独立的、与区域高压配供电网相连接的外部电源。当分布式供能站的主电源（往往是自主发电电源）因故失去供电电源时，对需要继续工作的安全供电负荷提供备用电源保障。

（2）应急电源设置。分布式供能站用应急电源可以是UPS或EPS，也可以设置相应的柴油发电机应急电源设备。尤其对于作为电网恢复用的“黑启动”分布式电源，应配备相应的柴油发电机应急电源设备。当站用外部电源失去电源供电时，站用电源配电系统应快速切换至站用应急电源，对需要继续工作的安全供电负荷提供备用电源保障。其切换响应速度应依据安全设备的要求进行配置设定。

（3）对于分布式供能站用配用电负荷，应进行等级划分，并做相应的配电网络区隔设计。通常分布式供能站用配用电负荷可分为正常发电（包括供能，以下统称供能）应用设备、常备（也称热备用）供能应用设备、安全级供能维护设备、安全应急供能应用设备。相应的负荷分类应与相应的电源安排在配电网络中配套衔接，并配置相应的安全自动控制装置（如电源快速切换装置等）。

四、分布式供能站配用电系统的智能化设计

分布式供能系统作为能源互联和智能电网建设的坚强基础，其自身的能源生产和供能输送系统在满足自动化控制运行的基础上，应尽可能地提升其系统智能化水平。分布式供能系统的智能化近期目标是做到能源生产和能源输送系统状态的“透明、可控”，相关信息在区

域能源系统中“互联互通、数据共享”；远景目标是实现区域能源的“无人干预、互联互动、智慧经济”。对于分布式供能站配用电系统智能化设计，当前应重点关注如下内容：

（1）数据采集应尽量配置“数字化”的传感或测量仪器。其“数字化”特性需求，应从自动化控制和信息交互管理的系统化需求，自上而下定义。这样既有利于生产工艺过程设备的组网互联，也有利于系统层、过程层和设备层之间信息交互和接口简化。

（2）相关的配电装置应尽量配置其设备状态在线监测装置，在上位自动化监控系统中，应尽量将设备状态监测诊断系统与过程工艺设备异常运行及能源生产和输送系统的异常运行信息系统整合，以利于实现分布式供能站的智能运维决策。

（3）尽量提升其工艺过程设备和用户端口设备的远控能力，以减少人工干预需求。尤其是生产工艺过程，可尽可能配置相应的可视化设备，以提升智能化生产和调控能力，包括应急响应机制的建立等。

第四节　主要电力设备选型设计

一、高压电力设备

分布式供能系统主接线中高压电力设备的选择，应满足正常运行、检修、短路和过电压情况下的要求，并考虑远景发展；应按系统发电容量、运行方式和最大可能通过的短路电流产生的动、热效应等因素进行校验。

（一）高压断路器

高压断路器的种类和形式需要根据环境、使用技术条件以及设备的不同特点等来选择，不但能在正常负荷下接通和断开电路，而且在事故状态下能迅速切断短路电流。

1. 断路器的基本要求

（1）断路器在额定条件下，应能长期可靠地工作。

（2）应具有足够的断流能力。由于电网电压很高，正常负荷电流和短路电流都很大，当断路器在断开电路时，触头间会产生电弧，只有将电弧熄灭，才能断开电路。因此，要求断路器有足够的断流能力，尤其在短路故障时，能迅速地切断短路电流，并保证有足够的热稳定性。

（3）具有尽可能短的开断时间。当系统发生故障时，要求断路器迅速切断故障电路，这样可以缩短故障时间和减轻短路电流对设备的损坏，并且还可以提高系统的稳定性。

（4）应具有足够的机械强度。正常运行时，断路器应能承受自身重力、风载、雪载和各种操作力的作用，系统发生断路故障时，应能承受电动力的作用，以保证其有足够的动稳定性。

（5）应具有结构简单、价格低廉、体积小、质量轻的特点。

高压断路器在技术性能和运行维护方面有明显的优势，目前使用的高压断路器主要有真空断路器和 SF_6（六氟化硫）断路器等，35kV 及以下断路器以真空断路器和 SF_6 断路器为主，66kV 及以上的断路器以 SF_6 断路器为主。这两类高压断路器各有优点，要根据工程项目的实际情况来判断使用哪一种类型的断路器。

2. 真空断路器

利用真空（是相对而言，绝对压力低于 10^5Pa）的高介质强度来实现灭弧的断路器称为真空断路器。其优点是开断能力强、灭弧迅速、运行维护简单等。由于真空断路器在各种不同类型电路中的操作，都会使电路产生过电压。不同性质电路的不同工作状态，产生的操作过电压原理不同，其波形和幅值也不同。为限制操作过电压，真空断路器应根据电路性质和工作状态配置专用的 R-C 吸收装置或金属氧化物避雷器。

3. SF_6 断路器

利用 SF_6 气体作为灭弧介质的断路器称为 SF_6 断路器。其具有体积小、可靠性高、开断性能好、燃弧时间短、不重燃，可开断异常接地故障、可满足失步开断要求等特点，但也有结构复杂、材料和密封要求高等缺点。

（二）高压隔离开关和接地开关

隔离开关没有灭弧装置，不用于接通和断开负荷电流和短路电流，主要在高压配电系统中仅作为检修时有明显断开点使用，所以不需要校验额定开断电流和关合电流。

隔离开关和联装的接地开关之间，应设置机械联锁，根据用户要求也可以设置电气联锁，封闭式组合电器可采用电气联锁。

配人力操作的隔离开关和接地开关应考虑设置电磁锁。

（三）高压负荷开关

负荷开关的选择与高压断路器类似，主要用于在断路器和隔离开关之间接通或断开正常负荷电流，不能用于断开短路电流，不校验短路开断能力。

大多数场合它与高压熔断器配合使用，断开短路电流则由熔断器承担，从而可以代替断路器，带有热脱扣器的负荷开关还具有过载保护性能。组合使用时，高压负荷开关和熔断器的选择除应分别满足相关的要求外，还应进行转移电流或交接电流的校验。

（四）高压熔断器

高压熔断器一般作为小容量变压器或线路的过载与短路保护。它具有结构简单、价格便宜、维护方便和体积小等优点，有时与负荷开关配用可以代替价格昂贵的断路器，一般用在变压器高压侧、3～10kV 对侧无电源的负载线路、电压互感器高压侧以及电容器回路等。

（五）限流电抗器

限流电抗器是重要的电力设备，多用于发电机出线端或配电线路的出线端，起限制短路电流保护的作用。分布式供能系统的发电机组是在负荷集中地建设的，并入负荷原有系统时，原有配电系统的电气设备无法满足现有发电机组和电网系统共同提供短路电流的安全要求，加装限流电抗器是既经济又合理的设计方案。若限流电抗器无法满足需要，可增加设置“爆炸桥”类装置，在供能系统正常运行时将电抗器旁路。

限流电抗器既要依据电力参数、额定电流、电抗百分值等进行选择，又要通过短路时母线剩余电压满足规范规定来校验。当剩余电压不能满足要求时，则可在线路继电保护及线路电压降允许的范围内增加出线电抗器的电抗百分值或采用快速继电保护切除短路故障。对于母线分段电抗器及无时限继电保护的出线电抗器，不必按短路时母线剩余电压来校验，视项目的具体情况而定。

（六）电流互感器

电流互感器是将一次回路的大电流成正比地变换为二次小电流以供给测量仪表、继电保护及其他类似电器。当电流互感器一次电流等于额定连续热电流，且带有对应于额定输出负荷，其功率因数为1时，电流互感器温升应不超过规定限值。当周围温度高于规定数值时，应将允许温升减去超过的气温值。当互感器工作地点在海拔1000m以上地区工作时，温升限值按每高出100m减去0.4%（油浸）或0.5%（干式）。

电流互感器应按技术条件选择和校验，一般情况下宜适合表9-10。

表9-10　分布式供能系统用电流互感器的选择

线路额定电压 kV	绝缘形式		
	树脂浇注（屋内）	油浸	SF_6
3～20	✓		
35～66	✓	✓	✓
大于66		✓	✓

注　1. 在有条件时，可采用套管式电流互感器。
2. "✓"表示有效。

分布式供能发电系统保护用电流互感器一般可不考虑暂态影响，可采用P类电流互感器。对某些重要回路可适当提高所选互感器的准确限值系数或者饱和电压，以减缓暂态影响。是否提高准确限制系数一定要依据规范和设计计算。

例如，某升压站主变压器容量为120MVA，短路阻抗13%，变压器满载时，35kV侧电流为1979A，总进线电流互感器电流比为2500/1。在忽略系统阻抗的情况下，35kV母线上的短路电流约为15kA，35kV母线短路时短路电流约为一次电流的6.09（15223/2500）倍。由此可见，电流互感器保护级的准确限值系数为10即可，这样可选用5P10或10P10。此升压站分支回路电流互感器电流比为400/1，进口端短路电流可近似母线短路电流，短路电流约为一次电流的38.06（15223/400）倍。此时不必选准确限值系数为50，而是采用加大电流互感器一次额定电流的方法解决，即选用1000/1的短路电流（短路倍数为15），此时选用10P20或5P20即可。

分布式供能发电系统测量用电流互感器应根据电力系统测量和计量系统的实际需要合理选择电流互感器，一般选用S类电流互感器。电能计量用仪表与一般测量仪表在满足准确级条件下，可共用一个二次绕组。

（七）电压互感器

电压互感器是将一次回路的高电压成正比地变换为二次低电压以供给测量仪表、继电保护及其他类似电器。

电压互感器的用途是实现被测电压值的变换，与普通变压器不同的是其输出容量很小，一般不超过数十伏安或数百伏安，供给电子仪器或数字保护的电压互感器的输出功率可能低到毫瓦级。一组电压互感器通常有多个二次绕组，供给不同用途，如保护、测量、计量等，绕组数量需要根据不同用途和规范要求选择。

电压互感器的一次绕组通常并联于被测量的一次电路中，二次绕组通过导线或电缆并接仪表及继电保护等二次设备。电压互感器二次电压在正常运行及规定的故障条件下，应与一次电压成正比，其比值和相位误差不超过规定值。电压互感器的额定一次电压和额定二次电压是作为互感器性能基准的一次电压和二次电压。

电压互感器应按技术条件选择和校验，一般情况下宜适合表9-11。

表 9-11 分布式供能系统用电压互感器的选择

线路额定电压 kV	绝缘形式		
	树脂浇注（屋内）	油浸	SF_6（TA 或 CVT）
3～20	√		
35～66	√	√	
大于 66		√	√

注 SF_6全封闭组合电器的电压互感器宜采用电磁式。

二、控制、信号和测量系统

（一）断路器集中或就地控制、信号回路的设计原则

（1）控制、信号回路一般分为控制保护回路、合闸回路、事故信号回路、隔离开关与断路器闭锁回路等。

（2）断路器的控制、信号回路电源取决于断路器操动机构的形式和控制电源的种类。弹簧操动机构的控制电源用交流、直流均可，电磁操动机构的控制电源要用直流，直流控制电源电压可以为 220V 或 110V。

（3）根据断路器的跳、合闸回路监视方式可采用灯光监视方式或声响监视方式。

（4）断路器的控制、信号回路的接线要求：

1）能进行现场手动合、跳闸，远程合、跳闸，保护和自动装置合、跳闸；

2）断路器合闸与跳闸位置状态在就地与控制室有明显指示信号；

3）有防止断路器“跳跃”的闭锁装置；

4）合闸或跳闸完成后应使命令脉冲自动解除；

5）接线应简单可靠，使用电缆芯数量最少。

（5）断路器的事故跳闸信号回路，可采用不对应原理的接线方式。

（6）断路器的控制、信号回路根据需要可以采用闪光信号装置，用以与事故信号和自动装置配合，指示事故跳闸和自动投入回路。

（7）对于出现不正常情况而不需要跳闸的线路和回路，应具有预告信号。

（8）各断路器应有事故跳闸信号，此信号能使中央信号装置发出音响及灯光信号。

（二）中央信号装置的设计原则

分布式供能项目控制室中应设置中央信号装置，中央信号装置接线应简单、可靠，对其电源熔断器是否熔断应有监视。中央信号装置由事故信号和预告信号组成，并能进行事故或预告信号及光子牌完好性的试验。分布式供能项目一般将中央事故与预告信号装置的所有设备集中装设在单独的信号屏上。

（1）事故信号装置。应保证在任何断路器事故跳闸时，装置使用电笛或蜂鸣器能瞬时发出音响信号，在控制屏或配电装置上还应有表示该回路事故跳闸的灯光或其他指示信号。

（2）预告信号装置。应保证在任何回路发生故障时，装置使用电铃能瞬时发出预告音响信号，并有显示故障性质和地点的指示信号。

（三）二次回路保护、控制及信号回路设备的选择

1. 二次回路的保护设备

二次回路的保护设备用于保护二次回路故障，并作为回路检修、调试时断开交直流电源

之用。保护设备一般采用熔断器或低压断路器。

2. 熔断器或低压断路器的配置

(1) 当本安装单位仅有一台断路器时，控制、保护及自动装置可共用一组熔断器或低压断路器。

(2) 当本安装单位含有多台断路器时，应设总熔断器或低压断路器，并按断路器设分支熔断器或低压断路器，分支熔断器或低压断路器应经总熔断器或低压断路器供电。公用保护和公用自动装置应接于总熔断器或低压断路器之下，对其他保护或自动控制装置按保证正确工作的条件，可接于分熔断器或者低压断路器下，也可接于总熔断器或者低压断路器之下。

(3) 当本安装单位含有多台断路器时，而各断路器无单独运行可能或断路器之间有程序控制要求时，保护和各断路器控制回路可共用一组熔断器或低压断路器。

(4) 断路器弹簧储能机构所需交直流操作电源，应装设单独的熔断器或低压断路器。

3. 信号回路熔断器或低压断路器的配置

(1) 每个安装单元的信号回路，宜设一组熔断器或低压断路器；

(2) 公用信号，应设单独的熔断器或低压断路器；

(3) 电源及母线设备信号回路，应分别装设公用的熔断器或低压断路器；

(4) 信号回路的熔断器或低压断路器应设监视装置，可用隔离开关位置指示器，也可以使用继电器配合信号灯监视。

4. 电压互感器二次侧熔断器的选择

(1) 熔断器的熔体电流必须保证二次电压回路内发生短路时，熔断时间小于低压保护装置动作时间。

(2) 熔体额定电流大于二次电压回路最大负荷电流，即

$$I_{rN} \geqslant I_{max} \tag{9-2}$$

式中 I_{rN} ——熔体额定电流，A；

I_{max} ——二次电压回路最大负荷电流，A。

(3) 当电压互感器二次短路时，不致引起低电压保护的动作，最好通过实验确定。

5. 电压互感器二次侧低压断路器的选择

(1) 低压断路器脱扣的动作电流，应按大于电压互感器二次回路的最大负荷电流来确定，即

$$I_{pN} \geqslant I_{max} \tag{9-3}$$

式中 I_{pN} ——低压断路器额定电流，A；

I_{max} ——二次电压回路最大负荷电流，A。

(2) 当电压互感器运行电压为90%额定电压时，二次电压回路末端两相经过渡电阻短路而加于继电器线圈上的电压低于70%额定电压时（相当于低电压原件的动作值），低压断路器应瞬时动作。

(3) 瞬时电流脱扣器断开短路电流时间不应大于20ms。

(4) 低压断路器应附有用于闭锁保护误动作的动断辅助触点和低压断路器跳闸时发报警信号的动合辅助触点。

(5) 瞬时电流脱扣器的灵敏系统 K_{sen} ，应按电压回路末端发生两相短路时的最小短路

电流校验，即

$$K_{sen}=\frac{I_{2k,min}}{I_{opN}} \tag{9-4}$$

式中 $I_{2k,min}$——二次电压回路末端发生两相短路时的最小短路电流，A；

I_{opN}——低压断路器瞬时电流脱扣器的额定电流，A；

K_{sen}——灵敏系数，取值不小于1.3。

（四）交流电流及交流电压回路

1. 电流互感器及其二次电流回路

（1）测量与计量用电流互感器的选择。

1）电流互感器的选择除应满足一次回路的额定电压、最大负荷电流及短路时的动、热稳定性外，还应满足二次回路测量仪表、继电保护和自动装置的要求。

2）测量用电流互感器宜选用0.5级，计量用电流互感器宜选用0.2S级。

3）电流互感器额定一次电流应为正常运行实际负荷电流达到额定值的2/3左右，不小于30%。

4）对于正常负荷电流小、变化大的回路，宜选用特殊用途的电流互感器。

5）电流互感器的额定二次电流可选用5A或1A。

6）电流互感器的二次绕组中所带的负荷宜为25%～100%。

7）电流互感器在不同二次负荷时的准确度也不同，由制造厂给出数据。

（2）电流互感器二次回路的设计原则。

1）当电流互感器二次绕组接有常测与选测仪表时，宜先接常测仪表，后接选测仪表。

2）直接接于电流互感器的二次绕组的一次测量仪表，不宜采用开关切换检测三相电流，必要时应设置防止二次开路的保护措施。

3）测量表计和保护装置应引自电流互感器的不同二次绕组。

4）当多种表计接于同一电流互感器二次绕组时，其接线顺序一般为先接指示和积算仪表，再接记录仪表，最后接变送仪表。

5）电流互感器二次绕组的中性点应有一个接地点。测量用二次绕组应在配电装置处经端子排接地。

6）电流互感器二次电流回路的电缆芯线截面面积应按电流互感器的额定二次负荷来计算，若二次回路额定电流为5A，则电缆芯线截面面积应不小于$4mm^2$，若额定电流为1A，则电缆芯线截面面积应不小于$2.5mm^2$。

2. 电压互感器及其二次电压回路

（1）电压互感器选择。

1）按照一次和二次电压选择。电压互感器的一次额定电压应符合工作电压的要求。

2）按照形式和接线方式选择。按照测量、继电保护和绝缘监视等选择电压互感器的形式和接线方式。

3）按照准确度等级和容量选择。

（2）电压互感器及其二次回路设计原则。

1）电压互感器的选择既要符合一次回路的额定电压，又要使其容量和准确等级满足测量表计、保护装置和自动装置的要求。

2）电压互感器的负荷分配要尽量使三相平衡，以免因一相负荷过大而影响测量表计和保护继电器的准确度。

3）电压互感器一般经配电装置端子箱内的端子排接地。

4）电压互感器、继电器、测量表计的连接应注意极性，保证接线的准确。

（五）同期回路

1. 同期回路设计原则

（1）分布式供能项目以同步电机形式接入系统时，应在必要位置配置同期装置。以感应电机形式接入时，应保证其并网过程不对系统产生严重的不良影响，必要时应采取适当的并网措施，如在并网点加装软并网设备。以逆变器形式（电力电子设备）接入时，不配置同期装置。

（2）同期装置按同期方式可分为准同期和自同期。准同期时，发电机已励磁，同期条件较严格。自同期时，发电机未励磁，要求条件相对较宽。

（3）同期装置按同期过程的自动化程序可分为手动、半自动和自动同期3种同期方式。

（4）同期点的设置。在主接线中，两侧有可能出现电压不同期的断路器，都必须设置同期点。

（5）同一时刻，只允许对一台断路器进行同期操作。

（6）当厂内需同期的断路器较多时，宜设同期小母线和同期回路。

2. 手动准同期

分散同期：采用分散同期方式时，同期操作在被并列短路器的控制屏上进行。

集中同期：采用集中同期方式时，在小型电厂中一般选用组合式同期表，和相应的转换开关装设在中央信号控制屏上。

（六）发电机励磁装置

励磁装置是提供发电机磁场电流的装置，包括所有调节与控制元件，还有磁场放电或灭磁装置及保护装置。它包括励磁电源（直流励磁机、交流励磁机、励磁变压器及整流器等）、自动电压调节器、手动控制单元、灭磁、保护、监视装置和仪表等。目前，汽轮发电机最常用的励磁系统还是同轴励磁机的机电型励磁系统。直流励磁机的机电型励磁系统一般由操作回路、灭磁装置、自动励磁机调整装置和继电强行励装置等部分组成。在小型机组中，半导体励磁系统没有炭刷、滑环，维护简单、可靠性高等优点。

励磁装置是分布式供能的发电机组的重要构成部分，它的技术性能及运行的可靠性，对保证电压质量和事故情况下继电保护动作灵敏度以及减少运行人员频繁地调整工作量都有重大的影响。发电机一般装设自动调整励磁装置和强行励磁装置。发电机的自动调整励磁装置随发电机成套供应，是交流同步发电机核心组成部分。强行励磁装置是作为自动调整励磁装置的后备措施，并作为某些不能满足强行励磁要求的自动调整励磁装置的补充措施。同步发电机是自激励、恒压式无刷发电机，配有复励励磁系统，发电机的励磁功率由其内部获得。这种复励励磁系统动态性能好，突加、突卸额定负载时电压瞬变小、暂态过程小，超载能力可达到发电机额定电流的2.5倍，能够承受3倍于额定值的短路电流，在自动电压调节器作用下，可获得很高的稳态电压调整率等突出优点。无刷励磁系统原理如图9-12所示。

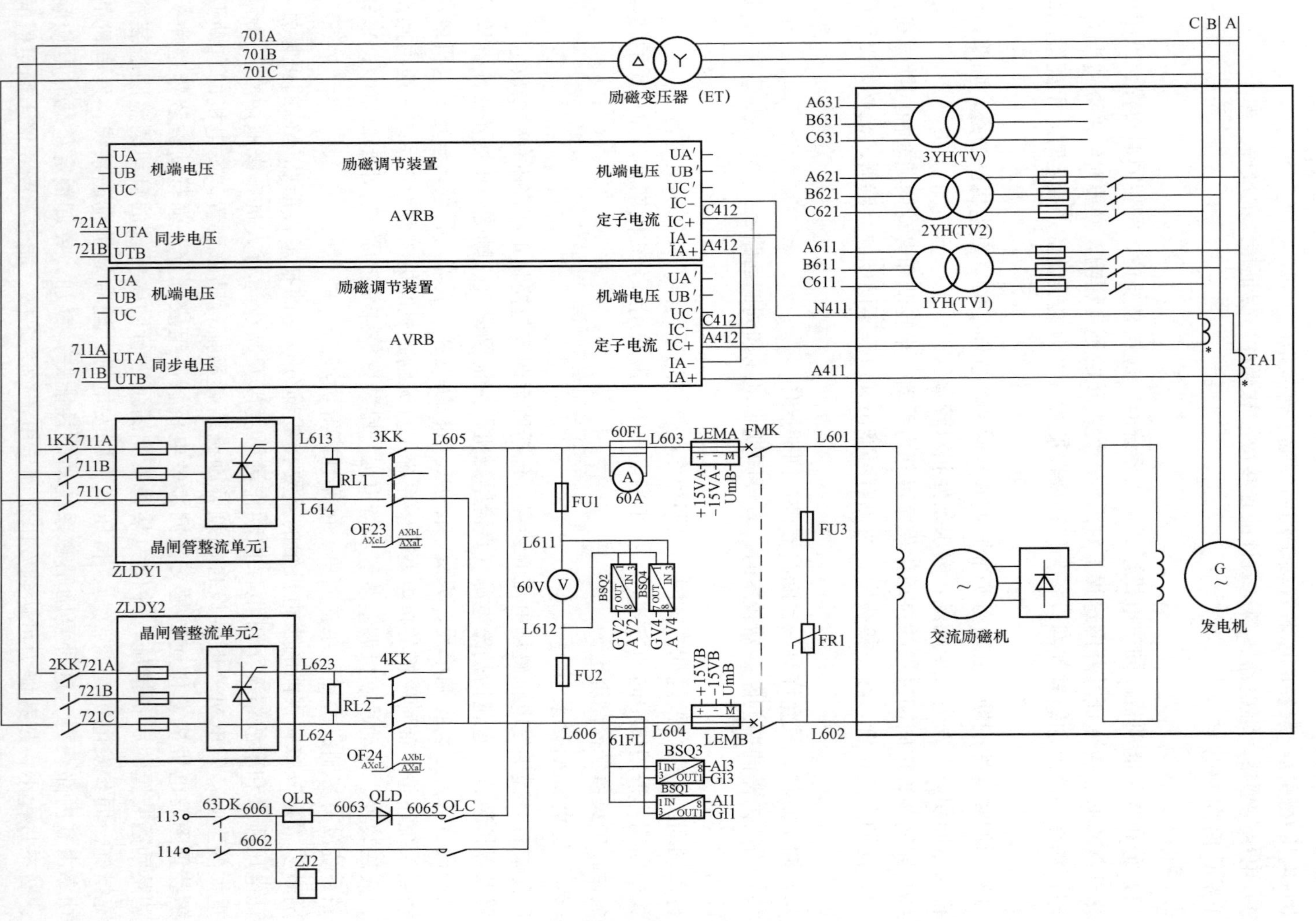

图 9-12 无刷励磁系统原理图

三、直流电源

（一）直流电源的设置条件

（1）分布式供能站和变电站内，为了向控制负荷和动力负荷等供电，应设置直流电源。

（2）220V 和 110V 直流电源系统应采用蓄电池组。

（3）供电给距离较远的辅助车间，当需要直流电源时，宜独立设置直流电源。

（4）正常情况下，蓄电池组应以浮充电方式运行。

（5）铅酸蓄电池组不宜设置端电池；给镉镍碱性蓄电池组设置端电池时，宜减少端电池个数。

（二）系统电压

（1）直流电源系统标称电压。

1）专供控制负荷的直流电源系统电压宜采用 110V，也可采用 220V；

2）专供动力负荷的直流电源系统电压宜采用 220V；

3）对控制负荷和动力负荷合并供电的直流电源系统采用 220V 或 110V；

4）当采用弱电控制或弱电信号接线时，采用 48V 及以下。

（2）在正常运行情况下，直流母线电压应为直流电源系统标称电压的 105%。

（3）在均衡充电运行情况下，直流母线电压应满足如下要求：

1）专供控制负荷的直流电源系统，不应高于直流电源系统标准电压的 110%；

2）专供动力负荷的直流电源系统，不应高于直流电源系统标称电压的 112.5%；

3）对控制负荷和动力负荷合并供电的直流电源系统，不应高于直流电源系统标称电压的 110%。

（4）在事故放电末期，蓄电池组出口端电压应满足如下要求：

1）专供控制负荷的直流系统，不应低于直流电源系统标称电压的 87.5%；

2）专供动力负荷的直流系统，不应低于直流电源系统标称电压的 87.5%；

3）对控制负荷和动力负荷合并供电的直流电源系统，不应低于直流电源系统标称电压的 87.5%。

（三）蓄电池组

分布式供能项目蓄电池组宜采用阀控式密封铅酸蓄电池、防酸式铅酸电池，也可采用中倍率镉镍碱性蓄电池。根据工艺要求可装设 1 组或 2 组蓄电池。

（四）充电装置

1. 充电装置形式

（1）高频开关电源模块充电装置。

（2）相控式充电装置。

2. 充电装置配置

（1）一组蓄电池。采用相控式充电装置时，宜配置 2 套充电装置；采用高频开关充电装置时，宜配置 1 套充电装置，也可配置 2 套充电装置。

（2）两组蓄电池。采用相控式充电装置时，宜配置 2 套充电装置；采用高频开关充电装置时，宜配置 2 套充电装置，也可配置 3 套充电装置。

（五）接线方式

（1）一组蓄电池的直流电源系统，采用单母线分段接线或单母线接线。

（2）两组蓄电池的直流电源系统，应采用两段单母线接线，蓄电池组应分别接于不同母线段。两段直流母线之间应设联络电器。

（六）网络设计

（1）直流网络宜采用辐射供电方式。

（2）直流柜辐射供电。

1）直流事故照明、直流电动机、交流不停电电源装置、运动、通信及DC/DC变电器的电源等。

2）站内集中控制的主要电气设备的控制、信号和保护的电源。

3）电气和热工直流分电柜的电源。

（七）其他

对于直流负荷统计、保护和监控、设备选择及布置等可参考《电力工程直流电源系统设计技术规程》（DL/T 5044—2014）及电力系统内相关行业标准。

（八）常见直流系统设计

某分布式供能系统站直流系统原理图（DC 220V）如图9-13所示。

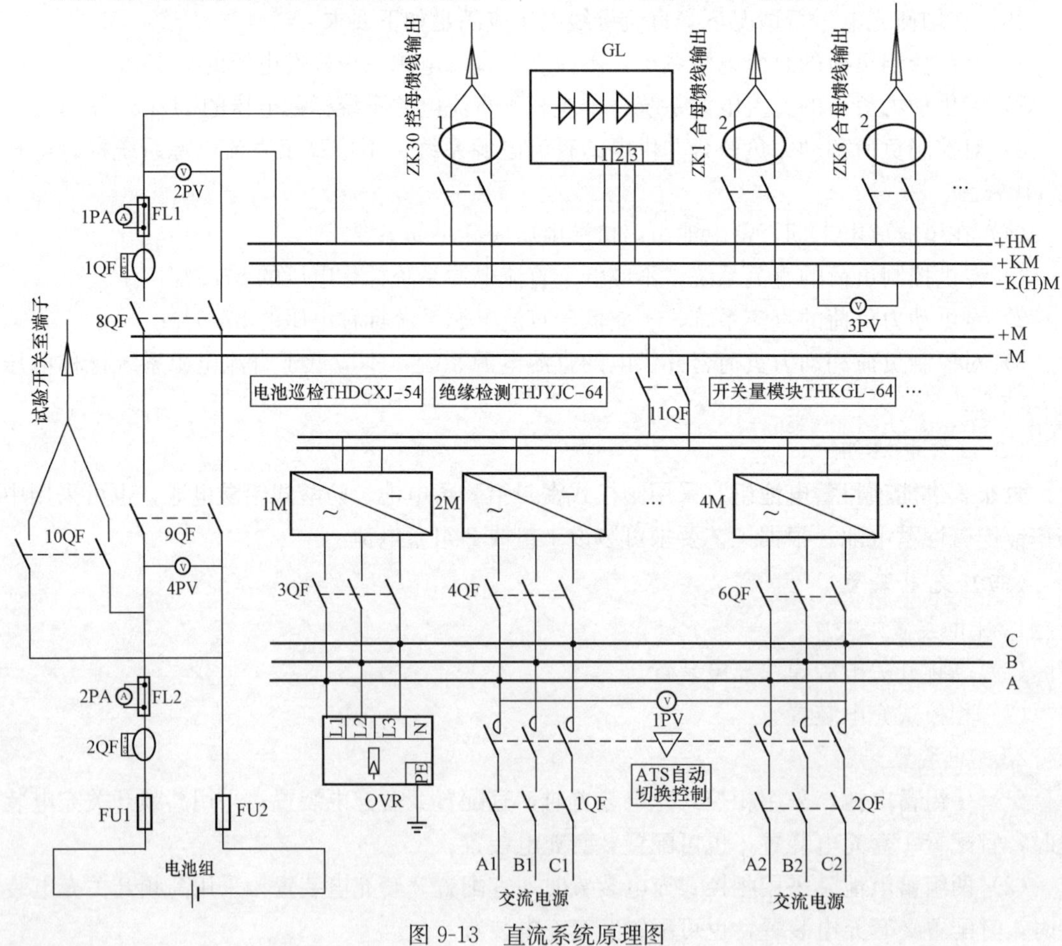

图9-13 直流系统原理图

四、UPS或EPS系统

交流不间断电源系统（UPS）或超大容量交流不间断电源系统（EPS），一般由供能站站用保安段母线经过不停电电源的整流器和逆变器供给正常工作电源；当供能站站用电源中断，不停电电源就自动地改为由蓄电池经逆变装置供电。蓄电池的可靠性很高，而且不受机组和系统事故的影响，因此不间断电源就可以取得可靠性很高的电源。

对不间断电源装置有以下技术要求：

1. 电压稳定度和频率稳定度

电压稳定度和频率稳定度即逆变装置的输出电压和频率偏离额定电压和频率的程度。要求电压稳定度在－10%～＋5%，频率稳定度在±2%范围以内。

2. 谐波失真度

谐波失真度（或称谐波畸变、波形失真度）指逆变装置的输出波形与正弦波差异的程度。

根据目前了解的情况，一般规定由谐波失真度不大于5%的逆变器供电，即可满足要求，但是因为发电机组的谐波失真度比逆变器大（一般不大于10%）。因此在负荷要求谐波失真度不大于5%时，只能采用逆变装置供电，而不能采用发电机组供电。

3. 供电中断时间

为了保证所有用电设备的状态不会由于电源切换而发生不应有的变换，UPS切换过程中供电不间断时间不能大于5ms。到目前为止，这样快的切换时间只有静态开关才能得到满足。

五、照明系统

分布式供能系统供电的照明配电系统，宜采取措施降低三相不对称度。照明线路电流小于或等于30A时，宜采用220V单相供电；大于30A时，宜采用220/380V三相四线制供电。

对于分布式供能照明系统的设计可参考《建筑照明设计标准》（GB 50034—2013）与《发电厂和变电站照明设计技术规定》（DL/T 5390—2014）等相关技术规程及设计手册。

六、其他辅助系统

1. 供能站自用电源

分布式供能站自用电源的引接应符合《火力发电厂厂用电设计技术规定》（DL/T 5153—2014）的有关规定及《小型火力发电厂设计规范》（GB 50049—2011）的有关规定。当发电机组兼做备用电源时、可燃气体报警系统及各种控制装置应设不间断电源装置。

2. 供能站无功补偿

分布式供能系统的无功功率和电压调节能力应能满足相关标准的要求采用提高功率因数措施，当达不到电网合理要求时，需采用并联电力电容器作为无功补偿装置，无功补偿系统应符合《并联电容器装置设计规范》（GB 50227—2017）的有关规定。

分布式供能系统无功补偿系统容量的计算，应充分考虑逆变器功率因数、汇集线路、变压器和送出线路的无功损失等因素，并结合分布式供能系统实际接入情况确定，必要时安装动态无功补偿装置。

第五节 二次部分设计

分布式供能电力系统二次部分设计主要包括接入系统继电保护及安全自动装置、电力元件保护、通信系统的建设等，其设计原则应符合国家现行技术规范和标准。

一、分布式供能电源接入对于继电保护的影响

目前，分布式供能发电大多数是从中低压配电网系统接入。配电网系统的继电保护在任何时候都是难题或研究课题，分布式供能电源系统接入将从多方面影响系统和元件的继电保护。

（1）改变了一些继电保护的概念。一般而言，传统输配电系统的电源是远离用户终端和配供电层级的。大多数情况下，配供电系统的操作都是单向的，其配电机构中配置的保护多是基于反时限过电流保护特性的熔断器即可满足要求。分布式供能电源的接入，使得配供电层级紧邻电源系统，带来的变化是多方面的：一是电力信息交换由单向改变为双向交互；二是配电线路增加了重动（重合）功能；三是因为配电线路近首端故障近似于分布式供能电源端口故障，故障电流增大，其继电保护配置应该设计为定时限（过电流）保护。在设计传统的配电系统保护时，对于下一级继电保护的失灵问题往往会被相关设备成本投入评估和上一级后备保护配合设置所折中忽略。分布式供能发电接入改变了系统的稳定性，故障延续的时间越长，引起系统暂态失稳的风险性就越高。若想要将保护失灵问题对系统的延伸影响和对用户的电能质量影响限制到许可的程度，就要提升保证故障被快速清除的能力。

（2）增加了系统建模失效的风险。对于新能源的建模机理，有些问题仍在研究探索之中。在正确答案发布之前及研究的过程之中，保护逻辑或解决方案在设计过程中会由于系统模型不完整或不准确而导致保护系统的失灵或误动作。此外，也有可能是设计者缺乏对于分布式发电系统接入前后系统解析计算技术的理解，也可能是因疏忽的原因被不正确的计算数据所误导，导致保护设置的失败，我们也将这种情况称为建模失败。建模失败可能对保护造成不同的影响：一是分布式发电引入使得流过保护操作设备的总故障电流超过该设备的额定值；二是分布式发电引入使得流过保护操作设备的总的故障电流低于额定负荷电流，保护失去灵敏度；三是增加了上下游配置的负荷开关与熔断器开关之间的配合难度，乃至增加了配电首端保护与次级输电网保护的协同难度。还有一个因为建模失效可能疏忽的问题，是分布式发电所使用的电力电子变换器发生一些内部故障时，可能引发系统高频谐振。

（3）可能影响系统的可靠性。这是保护装置（包括智能化设备和仪表）自身故障引起了不必要的操作所造成的。

二、系统继电保护及安全自动装置

线路保护应以保证电网的可靠性为原则，兼顾分布式供能的发电机组运行方式，采取以下有效的保护方案。

1. 低电压等级接入保护方案配置原则

低电压等级接入电网时，并网点和连接点的断路器应具备短路瞬时、长延时保护功能和

分励脱扣、失压跳闸及低压闭锁合闸等功能。

2. 中压等级接入保护方案配置原则

(1) 采用专用送出线路接入系统。当变电站或开关站母线接入时，一般情况下配置方向过流保护，也可以配置距离保护；当上述两种保护无法整定或者配合困难时，需增配纵联电流差动保护。

(2) 采用T接线路接入系统。为了保证其他负荷的供电可靠性，一般情况下需在分布式供能系统的供能站侧配置无延时过流保护来反映内部故障。

(3) 对两台及以上升压变压器的升压变电站或兼做汇集站，线路保护可配置一套纵联电流差动保护，采用方向过流保护作为其后备保护。

(4) 并网不上网型分布式供能系统，宜配置逆向功率保护设备。

3. 高电压等级接入保护方案配置原则

(1) 66～110kV电压等级线路宜在系统侧配置1套线路距离保护。本侧可不配置线路保护，靠系统侧切除线路故障。

(2) 66～110kV电压等级线路保护均宜含三相一次重合闸功能，可实现“三重”和停用方式。

(3) 对两台及以上升压变压器的升压变电站或兼做汇集站，线路保护可配置1套纵联电流差动保护，含完整的后备保护功能。

(4) 并网不上网型分布式供能系统，宜配置逆向功率保护设备。

4. 孤岛监测和反孤岛措施

同步电机、感应电机类型分布式供能的发电机组无须专门设置防孤岛保护，但切除时间应与线路保护、重合闸、备自投等配合，以避免非同期合闸。有计划性孤岛要求的分布式供能系统应配置频率、电压控制装置，孤岛内出现电压、频率异常时，可对发电机组进行控制。

逆变器类型的分布式供能系统必须具备快速监测孤岛逐步，并且监测到孤岛后立即断开与电网的连接的能力，其防孤岛保护应与电网侧线路保护相配合。

当配电变压器低压母线处装有反孤岛装置时，低压总开关应与反孤岛装置间配合，并具备操作闭锁功能。若母线间有联络，联络开关应与反孤岛装置间配合，并具备操作闭锁功能。

5. 电压和频率保护

通过35kV电压等级并网的分布式供能系统和通过10（6）kV电压等级直接接入公共电网的分布式供能系统都应配置能满足低电压穿越要求的电压保护。

通过35kV电压等级并网的分布式供能系统和通过10（6）kV电压等级直接接入公共电网的分布式供能系统都应具备一定的耐受系统频率异常的能力。电网频率应在《电能质量　电力系统频率偏差》(GB/T 15945—2008) 要求的范围内按规定运行。

三、电力元件保护

对已确定的主接线方案，应按正常运行（包括最大和最小运行方式）和短路故障电流，计算、选择、检验主要设备及继电保护和自动装置。并应根据发电容量、运行方式、接入系统电压等级等因素，配置发电机本体及配电系统的继电保护装置。分布式供能电源的保护应符合可靠性、选择性、灵敏性和速动性的要求，其技术条件应满足《继电保护和安全自动装置技术规程》（GB/T 14285—2006）和《3kV～110kV电网继电保护装置运行整定规程》（DL/T 584—2007）的要求。

（1）分布式供能项目一般选用的发电机容量不是很大，发电机保护按照小型发电机的继电保护配置：定子绕组匝间短路、定子绕组相间短路、定子绕组对称过负荷、定子绕组接地、发电机外部相间短路、励磁回路一点及两点接地。

（2）在分布式供能项目设计中，经常使用的是中性点不接地的双绕组升压变压器，一般装设如下继电保护装置：

1）对0.8MVA及以上的油浸式变压器，以及带负荷调压变压器的充油调压开关均应设置气体（瓦斯）保护。

2）对变压器绕组和引出线的相间短路及绕组的匝间短路设置纵联差动保护或电流速断保护。容量在6300kVA及以上的变压器应设置纵联差动保护；容量在6300kVA以下的变压器宜设置电流速断保护，当电流速断保护的灵敏度不能满足时，应设置纵联差动保护。

3）为防御外部短路，并作为气体保护和纵联差动保护（或电流速断保护）的后备保护，应设置过电流保护（或带低电压启动的过电流保护、带复合电压启动的过电流保护）。

4）防御对称过负荷装设过负荷保护。

5）对变压器温升和冷却系统的故障，应按规定装设信号装置和远距离测温装置。

（3）母线保护。当分布式供能系统设有母线时，母线保护配置应与线路保护配置统筹考虑。一般不配置专用母线保护，发生故障时可由母线有源连接元件的后备保护切除故障。有特殊要求时，若后备保护时限不能满足要求，也可相应配置保护装置，快速切除母线故障。

1）当分布式供能系统为线路变压器组接线，经升压变后直接输出，不配置母线保护。

2）当系统侧配置线路过流保护或者距离保护时，本侧可不配置母线保护，仅由线路保护切除故障。

3）在供能站时限允许时，也可仅靠进线的后备保护切除故障。

4）当线路两侧配置线路纵联电流差动保护时，本侧配置母线保护。

5）0.38kV电压等级不配置母线保护。

（4）分布式供能项目集电线路保护配置有前加速过电流保护、前加速零序过电流保护、反时限过电流保护和定时限过电流保护等。

四、安全自动装置

安全自动装置应实现频率、电压异常紧急控制功能，按照继电保护整定值跳开并网点断路器或开关设备。

当分布式供能系统的发电机组以中压电压等级接入系统时，需要在并网点设置安全自动装置；若线路保护具备失压跳闸及低压闭锁合闸功能，可以按电压异常控制要求实现解列，也可不配置具备该功能的自动装置。低压电压等级接入时，不独立配置安全自动装置。

五、通信系统

分布式供能系统的通信可分为系统通信和站内通信。通信的设计应符合现行行业标准

《电力系统通信管理规程》（DL/T 544—2012）和《电力系统自动交换电话网技术规范》（DL/T 598—2010）的规范。分布式供电系统可根据当地电网实际情况对通信设备进行简化。

1. 系统通信

分布式供能系统通信应按当地电网通信设计、审定接入系统设计确定。系统通信应该满足调度自动化、继电保护、安全自动装置及调度电话等对电力通信的要求。

分布式供能系统至电力调度部门用有可靠的调度通道。分布式供能系统至电力调度部门应有两个相互独立的调度通道，对大型的分布式供能系统至少有一个通道应为光纤通道。

2. 站内通信

站内通信应包括生产管理通信和生产调度通信。

分布式供能系统为满足生产调度需要，宜设置生产程控调度交换机，统一供生产管理通信和生产调度通信使用。

通信设备所需要的交流电源应由自动切换的、可靠的、来自不同站用电母线段的双回路交流电源供电。

站用通信设备可使用专用通信直流电源或 DC/DC 变换直流电源，电源宜为直流 48V。通信专用电源的容量，应该发展所需最大负荷确定，蓄电池容量应满足实际负荷按照设计要求的放电时间考虑。

通信设备宜与线路保护、调度自动化设备共同安装于同一房间内。

六、微电网的继电保护问题

微电网作为电网系统供电模式的补充，代表着电力系统新的发展方向。开发和延伸微电网能够充分促进分布式供能与可再生能源的大规模接入，实现对负荷多种能源形式的高可靠供给，是实现主动式配电网的一种有效方式，是传统电网向智能电网的过渡。

1. 微电网与分布式供能系统

微电网（见图 9-14）是指由分布式供能系统、保护装置等汇集而成的小型电力系统。大部分分布式供能系统以电力电子设备为基础，增加了其系统操作的灵活性和可控性。这种灵活的控制管理使得任何一个供能系统能够作为一个独立的供能单元接入电网系统，每个供能系统都有简易的即插即用的接口，以提高可靠性和安全性。微电网将分布式供能电源与电网连接起来起到“桥梁”作用，随着微电网技术的成熟，清洁能源发电成本下降，储能产业发展，以及石化能源价格上扬，微电网必将快速发展，为分布式供能电源并网提供支撑。

2. 微电网的基本功能

（1）供能控制。微电网的运行基本依赖于供能控制器。供能控制器把功率、电压等控制与供能相结合，对电力系统线路扰动和负荷变化迅速做出反应。当微电网的负荷变化时，它可以调节馈线上的功率流量；当电力系统上的负荷变化时，它调节供能系统接口处的电压；当供能系统孤岛运行时，它保证每个供能系统迅速获得其设定分担的负荷。除了上述控制功能，供能控制器还具有保障分布式供能电源孤岛正常运行，以及平稳地、自动地重新并网接入电网的功能。

供能控制器突出特点是其反应速度是毫秒级的，在任何情况下，它直接使用就地测量的

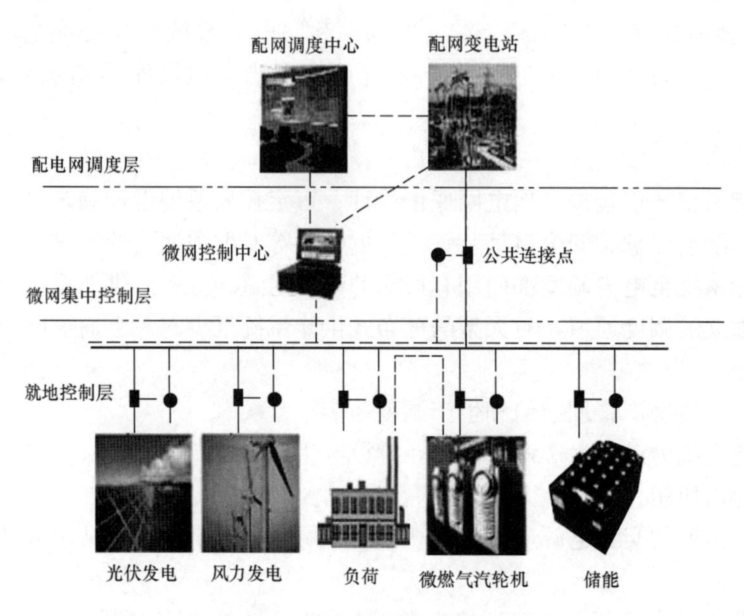

图 9-14 微电网示意图

电压和电流信号来控制分布式供能系统。微电网内部分布式供能系统之间的通信对于微电网运行来说并不是主要的，而且逆变器能够以原设定的方式对负荷变化做出反应，并不需要其他供能系统的数据。这样的结构组成使供能系统具有“即插即用”的特性，也就是说分布式供能系统能够在不改变其他分布式供能系统的控制和保护的情况下并接入微电网。

（2）能量管理。能量管理单元使用目前最先进的智能通信系统给每一个供能控制器设定功率、电压、频率等参考定值，及调整各分布式供能电源输出功率参考值或下垂曲线稳态参考点和分配比例系数设定等信息，以实现微电网经济运行等功能。功率和电压的实际设定值需要根据微电网运行的需要而设置。

（3）继电保护。大部分分布式供能系统通过电力电子设备接入微电网，需要设定一套适合这些供能系统的保护方案以满足其功能性和安全性的要求。

继电保护必须对电网和微电网的故障都做出反应。当电网出现故障时，需要供能保护器将微电网中部分负荷或部分分布式供能系统迅速地从电网中分离，实现保护这些负荷或分布式供能系统的目的。微电网从电网离网的速度取决于微电网上具体负荷的性质，在一些情况下，电压跌落补偿可用于保护关键负荷或敏感负荷继续工作，而不需从电网系统中分离。如果微电网孤岛运行时出现故障，继电保护就需要把分布式供能系统从公共母排上分离出，并消除故障。由距离故障最近的供能控制器上的传感器检测故障具体位置，在通过断路器将故障点与微电网分离，并实现微电网对其他分布式供能系统部分最小的扰动和影响。

3. 微电网的保护

微电网继电保护的配置与传统的电网配电系统不同，因为微电网在用户端系统中增加了若干重要的新能源电源，而传统的配电系统只包含负荷。微电网中电能在保护系统的测量装置中可以双向流动，但在大多数放射状配电系统中电能都是单向流动的。另一个明显不同点就是当微电网从并网运行过渡到孤岛运行时，负荷和系统运行方式的变化，相应的短路容量和短路电流也有很多变化。

（1）并网运行期间出现的故障。微电网并网运行时，需要解决的问题是各个供能系统的保护响应、整个微电网对电网系统和微电网内部的保护响应。

若故障发生在电网系统上，首先应先断开微电网与电网系统连接的开关。根据不同电压等级的运行方式要求和短路电流的有效值来选择断路器或静态开关，两者都需要根据微电网特殊的联网特点设计保护逻辑，保证在故障时能够保护跳闸。当电网系统发生短路故障，保护将微电网从电网中断开之后，微电网中的各个分布式供能系统开关不会跳闸，每个供能系统都有自己的保护。只有离网后微电网内部发生故障，供能系统的保护才会发挥作用。这些保护动作逻辑必须考虑误动作，只有电压和频率的保护定值同时符合跳闸条件时才跳闸，频繁操作容易减少其使用寿命，并增加正常运行成本。

当微电网主母线出现故障，微电网从电网中断开，同时协调保护跳开主母线上的各个分布式供能系统单元并网的开关设备。注意，在这种情况下跳闸需要的时间与电网出现故障而跳闸所需要的时间是不同的。

（2）微电网孤岛运行时出现故障。由于微电网的复杂性不同，其内部保护装置的响应会有很大不同。

1）只有一个分布式供能系统的微电网孤岛运行时，配置与常见的放射式配电系统的保护逻辑无异。

2）多个分布式供能系统组成的微电网需要更复杂的保护逻辑。根据不同的微电网，设置不同的保护逻辑，也就有不同的成本和复杂性。

（3）微电网保护的设置。微电网存在并网运行和孤岛运行两种方式，其保护配置原则及故障时短路电流分布情况都不尽相同，因此随着微电网系统运行方式的变化，保护逻辑和定值参数的设置也应该相应改变，以满足保护系统灵敏、可靠的规范要求。但这也带来一个问题，即保护系统的成本投资的增加与系统稳定可靠性之间平衡的问题。在孤岛运行的情况下，部分节点保护退出运行应是可接受的折中选择。

七、分布式供能系统的继电保护配置案例

上海某地拟建分布式供能系统以满足本地区冷、热、电负荷需求。本工程拟选单台容量4401kW的GE公司内燃发电机，出口电压为10.5kV，经40MVA双绕组有载调压油浸自冷变压器升压至35kV。本项目扣除站内用电，其余所发电力经35kV升压站升压后全部上网，就近接入220kV纪青变电站35kV母线备用间隔纪备8183等。

由于本项目采用并网上网的方式，为保证线路的可靠性和选择性，对35～220kV纪青变电站的线路，配置一套主后合一的微机线路纵差保护装置（带方向过流后备或者距离后备），因线路为全线电缆，无须配置重合闸。由于纪青变电站内主变压器保护不具备低压侧方向的方向过流保护功能，所以本项目主变压器35kV侧宜配置方向（指向主变压器）过流保护。发电机保护由内燃机发电机厂家成套配供。

本分布式供能系统工程继电保护测量方案配置如图9-15所示。

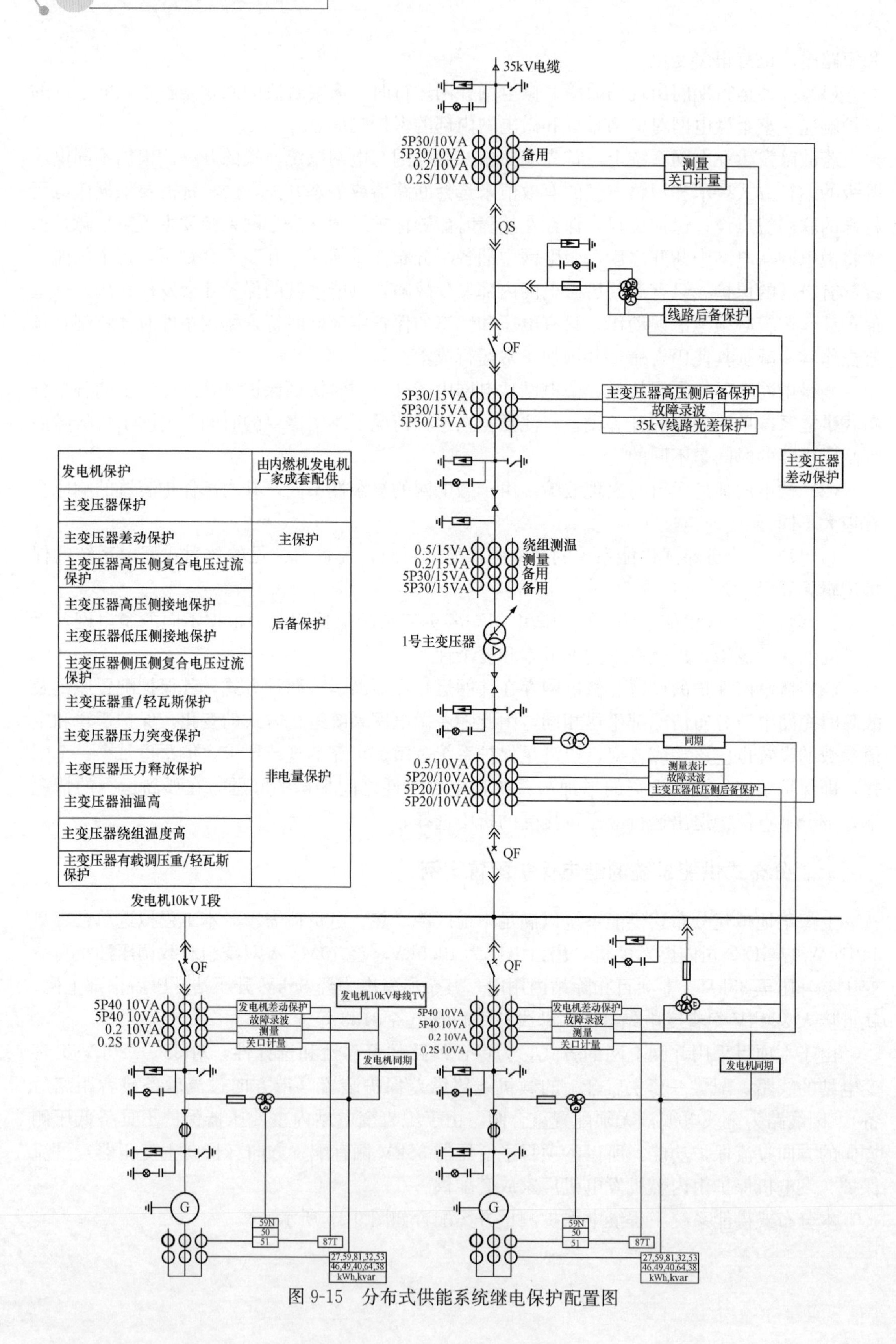

发电机保护	由内燃机发电机厂家成套配供
主变压器保护	
主变压器差动保护	主保护
主变压器高压侧复合电压过流保护	后备保护
主变压器高压侧接地保护	
主变压器低压侧接地保护	
主变压器侧压侧复合电压过流保护	
主变压器重/轻瓦斯保护	非电量保护
主变压器压力突变保护	
主变压器压力释放保护	
主变压器油温高	
主变压器绕组温度高	
主变压器有载调压重/轻瓦斯保护	

图 9-15　分布式供能系统继电保护配置图

第六节 计 量

计量设计内容主要包括关口计量点设置、电能表计配置、计量装置精度、传输信息及通道要求。

一、技术原则

分布式供能系统接入电网前，应明确上网电量和下网电量关口计量点。而且在并网点应设置并网电能表，用于分布式供能电源发电量统计和电价补偿。电能表按照计量用途分为两类：关口计量电能表和并网电能表。关口计量电能表装于关口计量点，用于用户与电网间的上、下网电量分别计量；并网电能表装于分布式供能并网点，用于发电量统计，为电价补偿提供数据。

(1) 对于“自发自用”模式，在并网点单套设置并网电能表；

(2) 对于“自发自用，余量上网”模式，除单套设置并网电能表外，还应设置关口计量电能表；

(3) 对于“全额上网”模式，可由专用关口计量电能表同时完成电价补偿计量和关口电费计量功能。

二、配置及要求

(1) 每个计量点均应装设电能计量装置，其设备配置和技术要求应符合《电能计量装置技术管理规程》(DL/T 448—2016)、GB/T 17215.322—2008 和 DL/T 614—2007 的要求。电能表应具备双向有功和四象限无功计量功能、事件记录功能，配有标准通信接口中，具备本地通信和通过电能信息采集终端远程通信的功能，电能表通信协议符合 DL/T 645—2007。

(2) 通过 10kV 及以上电压等级接入的分布式供能系统，关口计量点应安装同型号、同规格、准确度相同的主、副电能表各一套。0.38kV 电压等级接入的分布式供能系统电能表单套配置。装置采集的信息应接入电力调度部门的电力信息采集系统。

(3) 10kV 电压等级接入时，电能量关口点设置专用电能量信息采集终端，采集信息可支持接入多个的电能信息采集系统。0.38kV 电压等级接入时，可采用无线集采方式。同一用户多点、多电压等级接入时，各表计计量信息应统一采集后，传输至相关主管部门。

(4) 10kV 电压等级接入时，计量用互感器的二次计量绕组应专用，不得接入与电能计量无关的设备。

(5) 电能计量装置应配置专用的整体式电能计量柜（箱），电流、电压互感器宜在一个柜内，在电流、电压互感器分柜的情况下，电能表应安装在电流互感器柜内。

(6) 计量精度要求：中压电能计量装置应采用计量专用电压互感器（准确度 0.2)、电流互感器（准确度 0.2S)。低压电能计量装置应采用计量专用电压互感器（准确度 0.5)、专用电流互感器（准确度 0.5S)。

(7) 以 0.38kV 电压等级接入的分布式供能的电能计量装置，应具备电流、电压、电量等信息采集和三相电流不平衡监测功能，具备上传接口。

第七节　导体及电缆的选择与敷设

一、分布式供能系统导体及电缆的选择

1. 选择送出线路的导线及电缆应遵循原则

（1）线路导线截面需要根据所需送出的容量、并网电压等级选取，并且要考虑分布式供能的发电机组发电的效率等因素。

（2）送出线路导线截面按经济电流密度选择式（9-5），根据各种不同运行方式及事故情况下的持续极限输送容量校验式（9-6）。目前设计分布式供能系统、风电场等送出线路一般按极限输送容量直接选取。

$$S=\frac{P}{\sqrt{3}JU_{N}\cos\varphi} \tag{9-5}$$

$$W_{max}=\sqrt{3}U_{N}I_{max} \tag{9-6}$$

式中　S——导线截面，mm^2；

P——送电容量，kW；

U_N——线路额定电压，kV；

J——经济电流密度，A/mm^2；

W_{max}——极限输送容量，MVA；

I_{max}——导线持续容许电流，kA。

（3）低压电缆可选择120、150、185、240mm^2等截面，中压架空导线可选择70、120、185、240mm^2等截面，中压电缆可选用70、185、240、300mm^2等截面。

2. 供能站电缆的选择

（1）通过负载电流时，线芯温度不超过电缆绝缘所允许的长期温度，简称按温升选择截面。

（2）经济寿命期内的总费用最少，即初始投资和经济寿命期内线路损耗费用之和最少，简称按经济电流选择。

（3）通过最大短路电流时，不超过所允许的短路强度。例如，校验动、热稳定性是否满足规范规定要求。

（4）电压损失在允许的范围内。

（5）满足机械强度、继电保护的要求。

（6）中性线及保护线应计入谐波电流的影响。

3. 直流电缆的选择

（1）电缆的绝缘性能。

（2）电缆的防潮、防寒及耐火性。

（3）电缆的耐热阻燃性能。

（4）电缆的导体材料（铜芯、铝芯和铝合金芯）。

（5）满足机械强度、继电保护的要求。

（6）电缆的敷设方式。

二、分布式供能系统导体及电缆的敷设

1. 送出线路导线敷设的一般要求

(1) 架空线路应沿道路平行敷设，宜避免通过各种起重机频繁活动地区和各种露天堆场。

(2) 应尽可能减少与其他设施的交叉和跨越建筑物。

(3) 接近有爆炸物等设施，应符合 GB 50058—2014。

(4) 离海岸 5km 以内的沿海地区或工业区，视腐蚀性气体和尘埃产生腐蚀作用的严重程度，选用不同防腐性能的防腐型钢芯铝绞线。

(5) 架空线路不应采用单股的铝线或铝合金线，高压线路不应采用单股铜线。

(6) 架空的导线与地面的距离，在最大计算弧垂情况下，不应小于表 9-12 所列数值。

表 9-12　导线与地面的最小距离　m

线路经过地区	线路电压 (kV)		
	35	3～10	<3
居民区	7.0	6.5	6.0
非居民区	6.0	5.5	5.0
交通困难区	5.0	4.5	4.0

(7) 架空线路的导线与建筑物之间的距离，不应小于表 9-13 所列数值。

表 9-13　导线与建筑物之间的最小距离　m

线路经过地区	线路电压 (kV)		
	35	3～10	<3
导线跨越建筑物垂直距离（最大计算弧垂）	4.0	3.0	2.5
边导线与建筑物水平距离（最大计算风偏）	3.0	1.5	1.0

注　架空导线不应跨越屋顶为易燃材料的建筑物，对其他建筑物也应尽量不跨越。

(8) 架空线路的导线与街道行道树间的距离，不应小于表 9-14 所列数值。

表 9-14　导线与街道行道树间的最小距离　m

线路电压 (kV)	35	3～10	<3
导线跨越建筑物垂直距离（最大计算弧垂）	3.0	1.5	1.0
边导线与建筑物水平距离（最大计算风偏）	3.5	2.0	1.0

(9) 架空线路与铁路、道路、通航河流、管道、索道及各种架空线路交叉或接近，应符合规范的要求。

2. 电缆敷设的一般要求

(1) 选择电缆路径时，应考虑如下要求：

1) 为了确保电缆的安全运行，电缆线路应尽量避开具有电腐蚀、化学腐蚀、机械振动或外力干扰的区域；

2) 电缆线路周围不应有热力管道或设施，以免降低电缆的额定载流量和使用寿命；

3）应使电缆线路不易受虫害（蜂蚁和鼠害等）；

4）便于维护；

5）选择尽可能短的路径，避开场地规划中的施工用地或建设用地；

6）应尽量减少穿越管道、公路、铁路、桥梁及经济作物种植区的次数，必须穿越时最好垂直穿过；

7）城市电缆应尽量可能敷设在非繁华区的隧道或沟道内，否则应敷设在非繁华区的人行道路下面；

8）在分布式供能系统所属企业的新区敷设电缆时，应考虑到供能系统增容或电缆线路附近的发展、规划，尽量避免电缆线路因建设需要而迁移。

（2）电缆的敷设方式有以下几种：

1）地下直埋；

2）电缆沟；

3）电缆隧道；

4）建筑物墙壁或者天棚；

5）桥梁或者构架、桥架上；

6）水泥排管内；

7）水下。

（3）当电缆的敷设方式不同时，应选用不同的电缆。

1）地下直埋时，应选用不同的电缆。

2）在建筑物内的电缆沟或电缆隧道中敷设电缆，不宜采用有黄麻或其他易燃外护层的铠装电缆，在确保无机械外力时，可选用无铠装电缆；易发生机械振动的区域必须使用铠装电缆。

3）水泥排管内的电缆应采用具有外护层的无铠装电缆。

（4）电缆直埋敷设施工简单、成本低、电缆散热好，因此在电缆根数较少时应首先考虑采用此方法。

（5）在确定电缆构筑时，需结合建设规划，预留备用支架或孔眼。

（6）电缆支架间或固定点间的最大间距，应符合《电力电缆敷设规范》（GB 50217—2007）中5.5.2所规定的要求。

（7）电缆敷设的弯曲半径与电缆外径的比值（最小值），不应小于20。

（8）电缆在电缆沟或电缆隧道内敷设时的最小净距，水平净距不得小于35mm。

（9）桥梁或构架上电缆在建筑屋内明敷，在电缆沟、电缆隧道和竖井内明敷时，不应有黄麻或其他易燃的外护层，否则应予剥去，并刷防腐漆。

（10）电缆在建筑物外明敷时，尤其是有塑料或橡胶外护层的电缆，应避免日光长时间直晒，必要时应加装遮阳罩或采用耐日照电缆。

（11）交流回路中的单芯电缆不应采用磁性材料护套铠装的电缆。单芯电缆敷设时，应满足下列要求：

1）三相系统使用的单芯电缆，应组成紧贴的正三角形排列（水下电缆除外），每隔1～1.5m应用绑带扎紧，避免松散；

2）使并联电缆间的电流颁布均匀；

3）接触电缆外皮时应无危险；

4）穿金属管时，同一回路的各相和中性线单芯电缆应穿在同一管中；

5）防止引起附近金属部件发热。

（12）不应在有易燃、易爆及可燃的气体或液体管道的沟道或者隧道内敷设电缆。

（13）不宜在热力管道的沟道或隧道内敷设电力电缆。

（14）敷设电缆的构架或桥架若为钢制，宜采取热镀锌或其他防腐措施。在有较严重腐蚀的环境中，还应采取相应的防腐措施。

（15）当电缆成束敷设时，宜采用阻燃电缆。

（16）电缆的敷设长度，宜在进户处、接头、电缆头处或地沟及隧道中留有一定的余量。

对于分布式供能系统导体及电缆的选择与敷设还应参考《电力工程电缆设计规范》（GB 50217—2007）与中国电力出版社出版的《电力工程设计手册　火力发电厂电气一次设计》等相关技术规程及设计手册。

第八节　过电压保护与接地

对于分布式供能项目的过电压保护与接地装置的设计，应充分考虑雷击及内部过电压的危害，按照相关技术规范的要求，装设避雷器和接地装置。计算和校验接地装置可参考电力系统内相关行业标准（如 DL/T 620、DL/T 621 等）及《电力工程设计手册　火电发电厂电气二次设计》。

一、过电压保护

1. 过电压保护分类

（1）大气过电压保护。主要分为雷电过电压和感应过电压。

（2）内部过电压保护。主要分为操作过电压和谐振过电压。

（3）配电装置绝缘。

2. 防雷设备

（1）避雷针和避雷线。常用的主要有单支避雷针、双支等高避雷针和避雷线等。

（2）保护间隙和避雷器。常用的主要有保护间隙、管型避雷器和阀型避雷器等。

二、接地保护

接地保护的范围分为 A、B 两类。A 类是指交流标称电压 500kV 及以下发电、变电、送电和配电电气装置（含附属直流电气装置），B 类是指建筑物电气装置。

1. A 类电气装置接地的一般规定

（1）电力系统中电气装置、设施的某些可导电部分应接地。接地装置应充分利用自然接地极接地，但应校验自然接地极的热稳定。

（2）发电厂、变电站内，不同用途和不同电压的电气装置、设施，应使用一个总的接地装置，接地电阻应符合其中最小值的要求。

（3）设计接地装置时，应考虑土壤干燥或冻结等季节变化的影响，接地电阻在四季中均应符合标准的要求，但雷电保护接地的接地电阻，可只考虑在雷雨季节中土壤干燥状态的影响。

（4）确定发电厂、变电站的接地装置的型式和布置时，考虑保护接地的要求，应降低接触电位差和跨步电位差。

2. B类电气装置接地的一般规定

（1）接地装置的性能必须满足电气装置的安全和功能上的要求。

（2）按照电气装置的要求，保护接地或功能接地的接地装置可以采用共用的或分开的接地装置。

（3）接地装置的选择和安装应符合如下要求：

1）接地电阻值符合电气装置保护和功能上的要求，并要求长期有效。

2）能承受接地故障电流和对地泄漏电流，特别是能承受热、热的机械应力和电的机械应力而无危险。

3）足够坚固或有附加的机械保护。

4）必须采取保护措施防止由于电蚀作用而引起对其他金属部分的危害。

A、B类电气装置接地计算应符合《交流电气装置的接地设计规范》（GB/T 50065—2011）的规定。

三、常用接地分块

分布式供能系统也常用接地分块处理，鉴于供能系统本身电气部分有高压、中压、低压区分，习惯做法、适用标准和法规等都有都有差异，但接地基本可以按表9-15分类。

表9-15　分布式供能系统常用接地分块处理表

<table>
<tr><th>接地种类</th><th>主要功能</th><th>接地板块</th></tr>
<tr><td>交流电气装置接地</td><td rowspan="2">工作（系统）接地、保护（防电击）接地、过电压保护接地</td><td>低压电气装置接地</td></tr>
<tr><td rowspan="2">防雷（雷过电压）接地</td><td>中压、高压电气装置接地</td></tr>
<tr><td>建筑物防雷、防雷击电磁脉冲接地</td><td>建筑物防雷接地</td></tr>
<tr><td>信息技术装置接地</td><td>保护接地、功能接地</td><td>信息技术装置接地</td></tr>
</table>

不同用途和不同额定电压的装置或设备，除另有规定外，应使用一个总的接地网。接地网的接地电阻应符合标准要求，电气和自动化装置共用接地网时，接地电阻应符合其中最小值的要求。

第十章　分布式供能系统自动控制系统

第一节　自动控制系统基础

一、自动控制系统的概念

自动控制，即能使任何正在运行中的设备或者正在进行中的过程，在没有人直接参与的情况下，自动地达到人们所预期效果的一切技术手段。自动控制是一门介于许多科学之间的学科，渗透了各种专业知识，如自动控制理论、自动控制设备、计算机技术及许多其他方面的知识，是确保被控过程安全、经济、环保运行所必需的技术手段。

（一）自动控制系统主要组成

1. 自动检测

自动检测是指系统自动地检查、测量和反映生产过程运行情况的各种物理量、化学量及设备的工作状态，以监视生产过程的运行情况和趋势，进行故障诊断。

2. 顺序控制

顺序控制是指系统根据预先拟订的程序和条件，自动地对设备进行一系列的操作。它主要用来控制主辅设备的启动和停止。

3. 自动保护

自动保护是指系统在发生事故时，自动采取保护措施，以防止事故进一步扩大或者保护生产设备使之不受严重破坏。

4. 自动调节

自动调节是自动维持生产过程在规定的工况下进行。

（二）自动控制系统设备及参数组成

1. 传感变送器

传感变送器是指用来测量被调量，并把被调量转换为某种便于传递的信号，如电信号。

2. 控制器（调节器）

控制器是指根据被调量信号和给定值信号比较后的偏差信号，输出一定规律的控制指令给执行器。

3. 被控对象（调节对象）

被控对象是指被调节的生产过程称为调节对象或者被控过程。

4. 被调量

被调量是表征生产过程是否符合规定工况的物理量，即调节所要维持为规定数值的物理状态（如温度、压力、流量、液位等），也称为被调参数。

5. 给定值

给定值是指希望被调量到达的数值，称为目标值、给定值或设定值。给定值可以是固定不变的，也可以是不断变化的。

6. 调节量

调节量是指由调节作用来改变，去控制被调量的变化（使被调量恢复为给定值）的物理量。

7. 扰动

扰动是指生产过程中，除去调节量以外引起被调量偏离其给定值的各种原因称为扰动。

8. 调节机构

调节机构是指接受调节作用去改变调节量的具体设备称为调节机构，也称为执行机构。

二、开环控制系统

自动控制系统按照其控制方式分类，主要可以分为开环控制系统、闭环控制系统和两者结合的混合式控制系统，其中开环控制系统是最简单的一种控制方式。

开环控制系统也称为前馈控制系统，是控制设备和被控对象在信号关系上没有直接形成闭合回路的控制系统，即控制器不接受被控量信号，因此其特点是系统的输出量不会对系统的控制作用产生影响。

开环控制系统主要有按给定量配置和按扰动量配置两种方式。按给定量配置的开环控制系统，其控制作用直接由系统的给定量产生，每个给定量都有一个与之对应的输出量，控制精度完全取决于所用的硬件及校准的精度。例如，空调的风速控制一般有自动风速、低风速、中风速和高风速，后面3种风速的控制就是按给定量配置的开环控制。按扰动配置的开环控制系统，是利用可测量的扰动量产生一定量的补偿作用，以减少或者消除扰动对输出量的影响，例如，在天然气分布式供能系统中余热锅炉的水位三冲量控制中，给水量和蒸汽流量的前馈控制就是根据扰动量配置的开环控制。

在很多自动控制系统中，被控对象会存在一定的纯滞后和容量滞后，因而从干扰产生到被调量发生变化需要一定的时间。从偏差产生到调节器产生控制作用及调节量改变到被调量发生变化又需要一定的时间，这种反馈调节方式本身特点决定了系统无法在被调量偏离设定值之前克服干扰对被调量的影响，从而限制了这种控制系统控制品质的进一步提高。前馈控制系统直接根据扰动而不是偏差进行控制，即当干扰作用发生后而被调量尚未显示出变化之前，直接根据干扰作用的大小和方向对调节量进行控制来降低干扰对被调量的影响，调节器产生控制作用，这可以提高控制品质，对于干扰的克服要比反馈控制系统及时得多。特别是对大滞后的被控对象，前馈控制所起的作用则更大。

开环控制系统的特点是针对某种单一的给定量或扰动量进行控制，结构简单、精度较差。分布式供能系统中的很多顺序控制和保护都采用开环控制。

三、闭环控制系统

闭环控制系统也称为反馈控制系统，其被控量信号会反馈到控制器的输入端，成为控制器产生控制作用的依据。一旦被控量与给定值之间有偏差，控制器就会产生相应的控制作用施加于被控对象以减小或消除偏差，直至被控量符合要求为止，其特点是基于偏差消除偏差，可以克服各类扰动对被调量的影响。

闭环控制系统使用的元件多，结构复杂，系统设计和调试比较复杂，但反馈控制系统具有抑制任何内外扰动对被控量产生影响的能力，具有较高的控制精度，还可以实现无差调节，因此得到了广泛的应用。很多情况下，闭环控制系统和开环控制系统结合使用，可发挥两种控制系统的优点。

在通常情况下，针对某种扰动的前馈控制系统无法完全消除因扰动而引起的被调量的影响使得被调量始终保持在给定值上，而且实际过程往往存在许多干扰，为了消除它们对被调量的影响，必须设计多个前馈通道，增加了投资和维护工作量，并且许多情况下，无法定量地测量扰动的大小，因而无法设计对应的前馈通道。因此，在实际应用中，为了克服前馈控制系统的局限性从而提高控制质量，一般是对一两个主要扰动采取前馈补偿，而对其他引起被调量变化的干扰采用反馈控制来克服，这就形成了前馈-反馈调节系统。

前馈-反馈调节系统同时具有前馈控制系统和反馈控制系统的优点，可以避免单纯采用一种控制系统的缺陷，不仅可以快速消除主要扰动量对被调量的干扰，而且由于系统中反馈回路的存在，可以保证最终系统被调量与设定值的一致性。

根据前馈信号叠加在反馈控制回路中的位置，前馈-反馈调节系统一般有图 10-1 和图 10-2 所示两种形式。图 10-1 所示的前馈-反馈调节系统，前馈量加在反馈调节器之后；图 10-2 所示的前馈-反馈调节系统，前馈量加在反馈调节器之前。

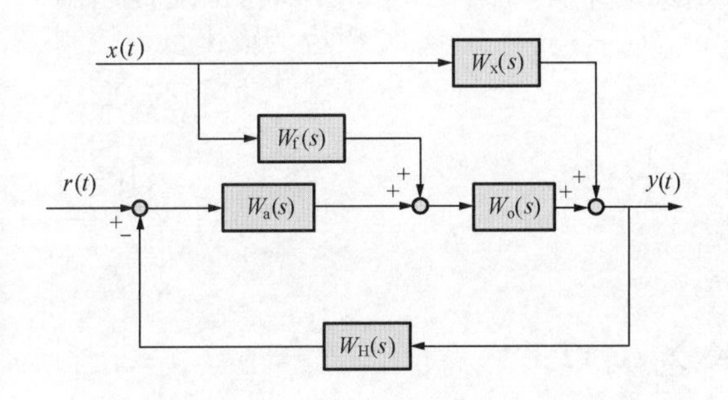

图 10-1　前馈-反馈调节系统方框图（一）

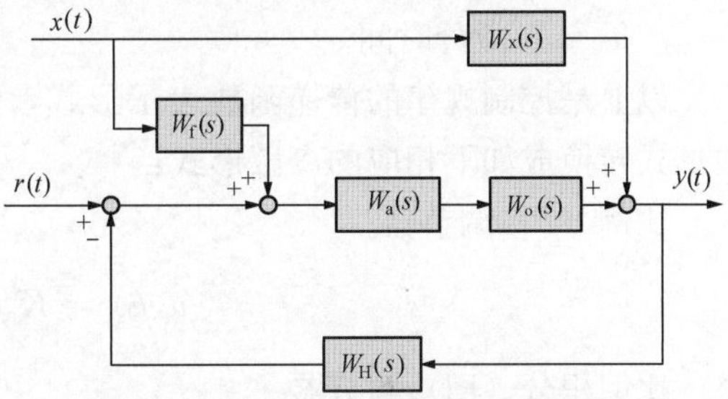

图 10-2　前馈-反馈调节系统方框图（二）

$r(t)$— 调节系统给定值；$x(t)$— 主要扰动项；$W_a(s)$— 反馈调节器；$W_o(s)$— 被控对象；$W_H(s)$— 被调量测量通道传递函数；$W_f(s)$— 前馈调节器；$W_x(s)$ —扰动项对系统输出的传递函数。

（一）调节器控制规律

在自动控制系统中，目前使用最多的是经典的比例积分微分（Proportional-Integral-Derivative，PID）控制规律，典型的控制规律如下：

比例（P）调节器

$$W_T(s) = K_p = \frac{1}{\delta} \tag{10-1}$$

比例积分（PI）调节器

$$W_T(s) = K_p + \frac{K_i}{s} = \frac{1}{\delta}\left(1 + \frac{1}{T_i s}\right) \tag{10-2}$$

比例积分（PD）调节器

$$W_T(s) = K_p + K_d s = \frac{1}{\delta}(1 + T_d s) \tag{10-3}$$

或

$$W_T(s) = \frac{1}{\delta}\left(1 + \frac{k_d T_d s}{1 + T_d s}\right) \tag{10-4}$$

比例积分微分（PID）调节器

$$W_T(s) = K_p + \frac{K_i}{s} + K_d s = \frac{1}{\delta}\left(1 + \frac{1}{T_i s} + T_d s\right) \tag{10-5}$$

或

$$W_T(s) = \frac{1}{\delta}\left(1 + \frac{1}{T_i s} + \frac{k_d T_d s}{1 + T_d s}\right) \tag{10-6}$$

式中 K_p——比例系数；

K_i——积分速度；

K_d——微分作用比例系数；

k_d——实际微分作用的微分增益；

δ——比例带；

T_i——积分时间；

T_d——微分时间。

以上是控制规律的传递函数表示形式，假设系统的采样时间是 T_s，可以将上述传递函数形式转换成如下相应的离散形式：

比例（P）调节器

$$u(k) = K_p e(k) = \frac{1}{\delta} e(k) \tag{10-7}$$

比例积分（PI）调节器

$$\begin{aligned} u(k) &= K_p e(k) + K_i \sum_{j=1}^{k} e(j) T_s \\ &= \frac{1}{\delta}\left[e(k) + \frac{1}{T_i}\sum_{j=1}^{k} e(j) T_s\right] \end{aligned} \tag{10-8}$$

比例微分（PD）调节器

$$\begin{aligned} u(k) &= K_p e(k) + K_d \frac{e(k) - e(k-1)}{T_s} \\ &= \frac{1}{\delta}\left[e(k) + T_d \frac{e(k) - e(k-1)}{T_s}\right] \end{aligned} \tag{10-9}$$

比例积分微分（PID）调节器

$$\begin{aligned} u(k) &= K_p e(k) + K_i \sum_{j=1}^{k} e(j) T_s + K_d \frac{e(k) - e(k-1)}{T_s} \\ &= \frac{1}{\delta}\left[e(k) + \frac{1}{T_i}\sum_{j=1}^{k} e(j) T_s + T_d \frac{e(k) - e(k-1)}{T_s}\right] \end{aligned} \tag{10-10}$$

下面综述控制规律对系统稳定性、稳态误差、最大动态偏差（超调量）和控制过程持续时间的影响。

（二）调节器参数对控制系统品质的影响

以PID调节器为例，可调参数为比例带、积分时间及微分时间，以下将说明这些参数对控制系统品质指标（稳定性、动态偏差及稳定偏差、调节过程持续时间等）的影响，为现场调整PID调节器的参数提供指导。

1. 比例系数/比例带

当调节器的比例带增加时，比例作用减弱，调节作用的变化速度变慢，调节系统不容易过调，系统趋于不振荡，即系统的稳定性变好。另一方面，由于调节作用变慢，在受到扰动时被调量的动态偏差将加大。反之，当比例带减小时，情况则相反。

2. 积分时间

当积分时间增加时，积分作用减小，系统趋于稳定。但应注意两点：一是积分的作用是消除被调量的稳态偏差，当积分作用减小时，尽管系统趋于稳定，但消除被调量稳态偏差的时间将加长；二是在被调量回到设定值的过程中，积分作用仍使调节作用增加，容易造成调节系统的过调，引起系统的振荡，因此，积分作用增大会使系统的稳定性降低。

3. 微分时间

微分作用使控制作用与被调量和设定值之间的偏差变化速度有关，而与偏差的具体数值没有关系。在被控过程受到扰动的起始时刻，被调量与设定值之间的偏差往往较小，而偏差的变化率已有一定的数值，在这种情况下，若只采用比例积分调节器，此时的控制作用一定是比较小的，而若加入微分作用，由于微分的输出取决于被控偏差的变化率，从而使调节作用在扰动作用的起始时刻就相对较大，即微分作用可以在扰动发生的起始时间内加快、加强控制系统的调节作用，有效抑制被调量的动态偏差，这种作用对于大滞后的被控过程尤为重要。关于微分作用对于系统稳定性的影响，在被控过程受到扰动使被调量偏离设定值的过程中，微分作用使调节作用增加，这一动作是正确的，有利于被调量的尽快回调，而在被调量恢复到设定值的过程中，微分与积分不同，由于此时偏差的变化率已为负值，微分作用将减小系统的调节作用，有利于防止系统的过调和振荡，从而使系统稳定。

因此，在理论上，当增加调节器中的微分作用时，能有效减小被调量的动态偏差，并能减小系统的振荡，提高系统的稳定性。而在实际应用中，过大的微分作用也有不利的方面，微分对被控偏差起放大作用，由于被调量一般存在一些高频干扰，从而使被控偏差也存在高频干扰，由于微分作用会放大这种高频干扰信号，从而使控制作用产生高频振荡，尽管这种高频振荡并不影响系统的稳定性，但会使执行机构反复振荡动作（一般要求在一分钟内执行器的动作次数最好不大于6次），从而容易引起设备（特别是执行机构本身）的故障，这是不允许的。

由此分析，工程上选择微分作用的准则如下：

（1）微分作用一般只用于对慢过程的控制；

（2）只要执行机构没有明显的振荡倾向，可以尽可能增加微分作用的。

（三）调节器选型

在控制系统的设计中，调节器控制规律的选择是否恰当，需要由理论计算或工程实践来检验。以下原则可以作为选择调节器控制规律的参考。

1. 比例（P）调节器

比例（P）调节器是最简单的调节器，只有一个整定参数，缺点是系统存在稳态误差。比例调节器往往适用于被控过程滞后较小、外界扰动较小且工艺上对控制质量要求不高的场合。

2. 比例积分（PI）调节器

比例积分（PI）调节器是最常用的调节器，主要优点是积分作用能消除系统的稳态误差，但积分作用削弱了系统的稳定性，适用于阶次和时间常数较小的被控对象。

3. 比例积分微分（PID）调节器

比例积分微分（PID）调节器是常规控制规律中性能最好的调节器，综合了3种控制作用的优点，有3个整定参数，整定相对复杂，适用于负荷变化较大，被控对象阶次和时间常数较大，控制质量要求又较高的控制系统。但是，即使是采用该类调节器，对于纯滞后和惯性时间较长的被控对象，往往也难以取得很好的调节品质，此时应设计先进的控制系统，以满足调节品质的要求。

四、可编程逻辑控制器 PLC

控制器是自动控制系统中的核心环节，随着电子技术、计算机技术、通信技术、网络技术和自动控制技术的不断发展，控制器的功能和性能都有显著提升。目前在工业控制领域包括分布式供能系统中应用较广泛的两种控制系统分别为可编程逻辑控制器（Programmable Logic Controller，PLC）和分散控制系统（Distributed Control System，DCS）。

PLC是一种以微处理器为核心的执行数字运算操作的电子装置，主要用于较小规模系统的控制，且主要完成开关量控制功能，以逻辑控制和顺序控制为主。PLC是从早期的由机械电磁原理的继电器组成的控制系统发展而来的，随着电子技术的进步，出现了以数字技术和微处理器芯片为核心的新一代控制器，构成功能强大、配置灵活的组态式控制系统。现在的PLC控制系统也具备一定的模拟量控制功能，已具备离散控制、连续控制和批量控制等综合控制能力，但习惯上仍被认为是针对离散过程的直接控制系统，且由于其处理器能力较分散控制系统低，在连续控制上效率较低且成本较高，且可靠性较分散控制系统低，因此其主要应用领域仍是以离散控制和局部控制为主。

PLC主要由电源模块、主控制模块、I/O模块和通信模块构成，一般采用背板总线连接在一起，采用导轨式安装固定，可根据不同的需要灵活配置功能模块组成不同规模的控制系统。PLC设备一般结构紧凑，尺寸较小，因此其本身没有人机界面，只配备一些LED指示灯或小液晶屏以指示其工作状态。

PLC硬件配置完成后，需对软件编程并下载到控制器中才可实现预定的控制功能。PLC控制器组态软件一般都支持IEC 6113-3规定的几种编程语言，如下所示：

（1）顺序功能图（Sequential Function Chart，SFC）；

（2）梯形图（Ladder Diagram，LD）；

（3）功能块图（Function Block Diagram，FBD）；

（4）指令表（Instruction List，IL）；

（5）结构文本（Structured Text，ST）等。

组态完成并编译下装后，PLC即可自主地执行指令完成控制功能。

PLC是采用“顺序扫描，不断循环”的方式进行工作的。在PLC运行时，根据用户按控制要求编制好并存于用户存储器中的程序，按指令步序号（或地址号）做周期性循环扫描，若无跳转指令，则从第一条指令开始逐条顺序执行用户程序，直至程序结束，然后重新返回第一条指令，开始下一轮的扫描。在每次扫描过程中，还要完成对输入信号的采样和对输出状态的刷新等工作。

PLC的一个扫描周期必经输入采样、程序执行和输出刷新3个阶段。

输入采样阶段：首先以扫描方式按顺序将所有暂存在输入锁存器中的输入端子的通断状态或输入数据读入，并将其写入各对应的输入状态寄存器中，即刷新输入，然后关闭输入端口，进入程序执行阶段。

程序执行阶段：按用户程序指令存放的先后顺序扫描执行每一条指令，经相应的运算和处理后，将其结果写入输出状态寄存器中，输出状态寄存器中所有的内容随着程序的执行而改变。

输出刷新阶段：当所有指令执行完毕，输出状态寄存器的通断状态在输出刷新阶段送至输出锁存器中，并通过一定的方式（继电器、晶体管或晶闸管）输出，驱动相应输出设备工作。

由于PLC可执行直接的控制功能，运行期间一般不需要人工干预，因此PLC构成的控制系统可不配置人机界面设备。在某些场合，特别是大中型的系统中，PLC控制系统也可配置人机界面。可采用PLC厂家配套的专用人机界面软件（如西门子的WinCC），也可采用独立软件商提供的通用人机界面软件（如InTouch、iFix和Citect等），PLC配合组态软件和人机界面软件，就组成了完整的监督控制系统，可完成较为复杂的控制与监视功能，满足不同规模系统的监控需求。

PLC控制系统还提供专门的第三方通信模件或通过人机界面软件提供与其他系统（如分散控制系统）双向通信的功能，可以方便地与第三方系统进行集成，拓展了其应用范围。

五、分散控制系统

分散控制系统（Dislributed Control System，DCS）实质是利用计算机对生产过程进行集中监视、操作、管理和分散控制的一种新型控制技术。它是由计算机技术、信号处理技术、测量控制技术、通信网络技术和人机接口技术相互渗透发展而产生的，它是吸收了分散的仪表控制系统和集中式计算机控制系统的优点，并在它们的基础上发展起来的一门系统工程技术，具有很强的生命力和显著的优越性。

DCS的一个核心理念是分散，一般要求任何一个组件的失效不会引起整个系统的故障，因此一般不采用中心服务器，以避免因中心服务器故障导致整个DCS失效。DCS一般由集中监视管理部分、分散控制部分和通信部分组成。集中监视管理部分又可分为工程师站、操作员站、历史站、接口站和管理站等。工程师站主要用于组态和维护，操作员站则用于监视和操作，历史站用于记录历史数据，接口站用于与其他系统接口，管理站用于全系统的信息管理和优化控制。分散控制部分主要是现场控制站，用于被控过程的分散控制。通信部分连接分散控制系统的各个部分，完成数据、指令及其他信息的传递。

DCS软件由实时多任务操作系统、数据库管理系统、数据通信软件、组态软件和各种应用软件所组成。使用组态软件可生成用户所要求的实用系统。

一个最基本的DCS至少应包括三个大的组成部分：现场控制站、人机接口站（操作员站、工程师站、历史站、接口站和管理站等）和系统网络。一个典型的DCS体系结构如图10-3所示。

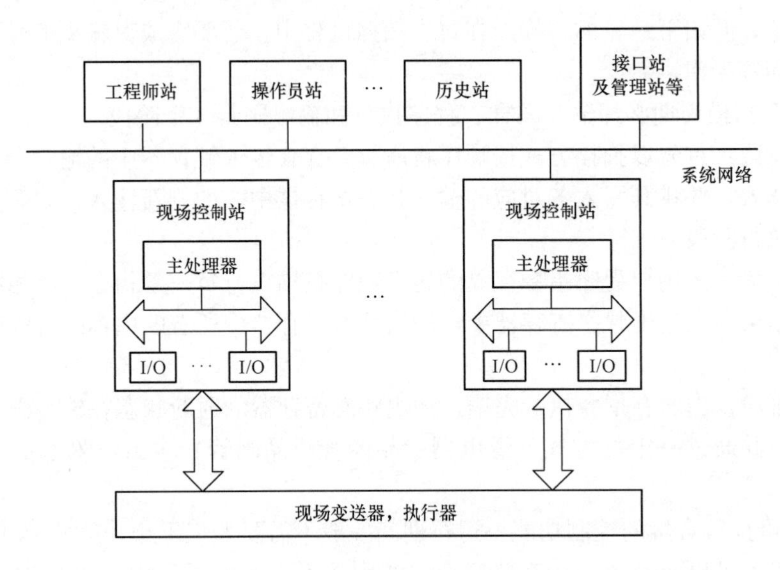

图10-3 典型的DCS体系结构

1. 现场控制站

现场控制站是DCS的核心，系统主要的控制功能由它来完成，系统的性能、可靠性等重要指标也依靠它保证，因此对它的设计、生产及安装都有很高的要求。现场控制站的硬件一般都采用专门的工业级计算机系统，其中除了计算机系统所必需的运算器（即主CPU）和存储器外，还包括现场测量单元、执行单元的输入输出设备，即过程量I/O或现场I/O。在现场控制站内部，主CPU和内存等用于数据的处理、计算和存储的部分称为逻辑部分，而现场I/O则称为现场部分，这两个部分是严格隔离的。

DCS现场控制站主要完成过程量采集、信号处理、执行控制算法和输出控制指令、双机冗余、缓存事件、报警等功能，另外还要完成与人机界面的接口，控制组态下装、上传等功能。由于DCS的现场控制站有比较严格的实时性要求，需要在确定的时间期限内完成测量值的输入、运算和控制量的输出，因此现场控制站的运算速度和现场I/O速度都有很高的设计指标。例如，国电南自maxDNA大型分散控制系统的现场控制站具有分周期执行功能，最快执行周期可达10ms，I/O扫描周期可达1ms。

现场总线技术近年来发展较快，有些DCS现场控制站直接支持现场总线接入功能，或者通过扩展模件支持现场总线接入。

2. 人机接口站

人机接口站主要包括操作员站、工程师站、历史站、接口站和管理站等。

操作员站主要完成人机界面的功能，能通过可视化的工艺图监视工艺参数、调整运行模式、发送控制指令、检索时间、查询历史和响应报警等。操作员站硬件一般采用通用计算机系统，如图形工作站或个人计算机等，其配置与常规的桌面系统相同，但要求有大尺寸的显示器（CRT或液晶屏）和高性能的图形处理器，有些系统还要求操作员站能支持大屏幕和多屏幕，以拓宽操作员的观察范围。

工程师站是DCS中的一个特殊功能站，其主要作用是对DCS进行应用组态。应用组态是DCS应用过程当中必不可少的一个环节，DCS是一个通用的控制系统，可实现各种各样的应用，关键是如何定义一个具体的系统完成相应设定的工艺流程的控制，控制的输入量、输出量是什么，控制回路的算法如何，在控制计算中选取什么样的参数，在系统中设置哪些人机界面来实现人对系统的管理与监控，还有如报警、报表及历史数据记录等各个方面功能的定义，所有这些都是组态所要完成的工作，只有完成了正确的组态，一个通用的DCS才能够成为一个针对一个具体控制应用的可运行系统。

组态一般包括过程控制站的控制算法组态和人机接口站的监控软件组态。组态工作主要是在系统运行之前进行的，也称为离线组态，一旦组态完成，系统就具备了运行能力。当系统在线运行时，工程师站可对DCS本身的运行状态进行监视，以及时发现系统出现的异常，并及时进行处理。在DCS在线运行过程中，允许进行组态，并允许对系统的算法和参数进行修改，这种操作称为在线组态，在线组态也是工程师站的一项重要功能。

一般在一个标准配置的DCS中，都配有专用的工程师站，也有些小型系统不配置专门的工程师站，而将其功能合并到某操作员站中，可以将这种具有操作员站和工程师站双重功能的站设置成可随时切换的模式，根据需要使用该站完成不同的功能。

历史站是DCS人机接口的另一个重要的组成部分，主要用于记录重要工艺参数，对数据进行统计分析并提供查询接口。历史站存储数据一般采用特定的压缩算法，安装大容量硬盘，数据存储时间超过1年。

部分DCS还提供接口站，主要用于与第三方系统进行接口，通常支持多种通信介质和协议且具备双向通信功能。

3. 系统网络

DCS的另一个重要的组成部分是系统网络，它是连接系统各个站的桥梁。由于DCS是由各种不同功能的站组成的，这些站之间必须实现有效的数据传输，以实现系统整体的功能，系统网络的实时性、可靠性和数据通信能力关系到整个系统的性能，特别是网络的通信规约，关系到网络通信的效率和系统功能的实现，因此各个DCS厂家通常采用经过专门设计的通信规约。

在早期的DCS中，系统网络，包括其硬件和软件，都是各个厂家专门设计的专有产品，随着网络技术的发展，以太网的传输速度有了极大的提高，从最初的10Mbit/s发展到现在的100Mbit/s，甚至达到10Gbit/s，这为改进以太网的实时性创造了很好的条件。尤其是交换技术的应用，有效地解决了以太网在多节点同时访问时的碰撞问题，使以太网更加适合工业应用，很多标准的网络产品陆续推出。由于以太网应用的广泛性和成熟性，特别是它的开放性，越来越多的DCS直接采用以太网作为系统网络。许多公司还在提高以太网的实时性和运行于工业环境的防护方面做了非常多的改进。因此当前以太网已成为DCS等各类工业控制系统中广泛采用的标准网络，但在网络的高层规约方面，目前仍然是各个DCS厂家自有的技术。国电南自maxDNA大型分散控制系统采用标准的快速交换式以太网，主干网络为1Gbit/s，控制站和操作站网络为100Mbit/s，通过采用“订阅-发布”和“△（变化量）传输”等技术大大降低网络负荷。

相对于PLC而言，DCS面向模拟量控制，具有更高的性能和可靠性，组态配置更加灵活，且具有在线下装功能，配合强大的人机界面系统、丰富的第三方通信接口，可胜任不同规模系统的一体化监视、控制与保护功能，在各行各业都得到了广泛的应用。在规模较大的分布式供能系统中，大多采用DCS作为系统监视、控制和保护平台。

第二节　分布式供能系统控制策略

为达到分布式供能系统的工艺设计目标，需要根据项目特点来选择和落实设计、施工、运行和日常维护方案，并配置合理的控制系统硬件与控制程序，满足供能系统安全、经济和环保运行的要求。

分布式供能系统的基本运行原则包括提高能源综合利用率、保证较高满负荷小时数、实现余热梯级利用、最大限度提高发电效率、合理利用调峰设备等。分布式供能系统可独立运行，也可并网运行，是以资源、环境效益最大化来确定方式和容量的系统。它是将用户的多种能源需求及资源配置状况进行系统整合优化，采用需求应对式设计和模块化配置的新型能源系统，是相对于集中供能的分散式供能方式。为实现这些目标，需要采用适合的控制系统平台并设计相应的控制策略。

一、燃料电池分布式供能系统控制策略

燃料电池分布式供能系统主要包括燃料电池（电堆）、氧气供应系统、燃料供应系统、循环水系统、热管理系统、直流/交流逆变系统及控制保护系统等，相关详细内容参见本书第四章相关章节内容。燃料电池一般采用结构紧凑的模块化设计，其控制设备较少，控制算法相对简单，因此常随设备配供小型模块化控制系统。

为实现燃料电池及外围辅助系统的正常启动、停止、运行、接通或断开负载，保障系统运行安全，提高燃料电池运行效率，须对燃料电池本身的工作温度、压力、反应气体的流量、湿度及尾气排放流量等主要参数进行采集、监视和控制。控制系统还提供人机接口以实现查看运行状态、改变运行方式、数据记录、报警等功能。控制系统通常还提供数据通信接口，可实现与第三方系统的互联及数据远传等功能。

控制系统实现对氧气供应系统的监视、控制和保护，实现对氧气流量、压力和温度的控制，控制策略包括对空气压缩机、透平机或送风机转速、调节阀开度等进行设定逻辑控制，同时实现控制开关电磁阀异常工况下的关断。

控制系统实现对燃料供应系统的监视、控制和保护，若直接以氢气为燃料，则控制氢气的流量、压力与温度，若使用天然气等碳氢化合物或者石油、甲醇等液体燃料，则需要通过水蒸气重整等方法对燃料进行重整，此时还需实现对重整过程的控制。

控制系统实现对循环水系统的监视、控制和保护。循环水系统的作用是将电池产生的热量带走，维持燃料电池的最佳反应温度，控制系统通过调节循环冷却水流量、散热风扇转速，并结合氧气与燃料流量控制，实现对燃料电池温度的控制。

为保证系统安全运行，控制系统还提供保护功能，主要由氢气探测器及灭火设备构成，实现防火、防爆等安全措施。

二、内燃机分布式供能系统控制策略

燃气轮机和内燃机是冷热电联供系统（Combined Cool Heat and Power System，CCHP）中动力系统主要采用的设备，在1～5MW的冷热电联供系统中，内燃机占据了很大的份额。内燃机分布式供能系统一般包括内燃机驱动的发电系统和排汽余热回收系统组成，余热回收系统通常包括发电排气余热回收系统和缸套水余热回收系统等，相关详细内容参见本书第三章相关章节内容。

由于内燃机分布式供能系统涉及设备较多，控制要求相对较高，为实现系统主辅设备的启动、停止、运行及保护，保障系统运行安全，提高运行效率，可采用分散控制系统实现对整个系统的监控，主要完成数据采集系统（Data Acquisition System，DAS）、顺序控制系统（Sequence Control System，SCS）和模拟量控制系统（Modulating Control System，MCS）等功能。

数据采集系统实现对与机组有关的所有测点信号及设备状态信号的连续采集和处理，即时向操作人员提供相关运行信息，实现机组安全经济运行。一旦机组发生任何异常工况，及时报警，提高机组的可利用率。它主要包括显示、制表记录、历史数据存储和检索、性能计算和操作记录等功能。

模拟量控制系统实现对内燃机、制冷机组、热交换器等主辅系统的自动调节功能，实现对电负荷、热负荷和冷负荷的闭环控制。其主要控制目标是能源站的负荷，以满足各种用户的需求，同时需控制各类主辅设备的主要参数，如温度、压力、流量、液位等。系统主要的控制策略是：①以冷、热定电、冷（热）电平衡为原则。②主制冷机组作为能源站提供基本负荷的设备，辅助制冷机组为冷负荷调峰设备，蓄冷蓄热罐为储能调峰方式。③主制冷机组、辅制冷机组、热水锅炉和蓄水罐等组成冷热源子系统，内燃发电机和空压机的控制由随设备配套提供PLC控制或直接由DCS控制。

顺序控制系统主要完成内燃机分布式供能系统的启动/停止顺序控制及机组保护跳闸功能。所有顺序控制分为机组级、子组级和驱动级完成，并具有与其他控制系统配合的接口。机组功能级包括燃气内燃机及相关辅助设备、溴化锂及相关辅助设备、冷却风机及相关辅助设备、一次泵及相关辅助设备、电控调及相关辅助设备、冷/热蓄水罐及相关辅助设备。运行人员可通过手动指令，修改顺序或对执行的顺序跳步，每一步操作都有允许条件，防止误操作。顺序控制通过联锁、联跳和保护跳闸功能来保证被控对象的安全。

内燃机分布式供能系统通常包含多台机组，因此除针对单台机组子系统的监测与控制，通常还需要设计群控功能，以及冷、热源优化控制和管理系统，以最优化为原则调度各个制冷、制热设备及水泵、冷却塔等，并尽量减少能源站的公用事业费用。最优的控制决策须考虑一次水泵、二次水泵、冷却水泵、冷却塔风机和制冷机本身所耗功率，尽可能地降低整个能源站的能源消耗，也符合系统的参数限制，如保持制冷机的最低限度的制冷剂，确保冷却水进水温度在合适的范围内等。

三、燃气轮机分布式供能系统控制策略

燃气轮机分布式供能系统通常包括两个子系统：第一个子系统是由燃气轮机驱动的发电系统，第二个子系统是排汽余热回收系统。相关设备主要包括燃气轮机发电系统、余热锅炉

及蒸汽轮机发电系统、供暖、热水、通风和供冷等，相关详细内容参见本书第三章相关章节内容。控制系统需根据这两个部分的运行要求进行设计和配置。

燃气轮机分布式供能系统涉及设备众多，每种设备都有特定的控制要求，控制算法复杂，因此一般会采用一套甚至多套分散控制系统，同时，由于很多辅助设备集成了 PLC 控制系统，控制系统套数会很多，这些系统之间通常都通过硬接线或通信方式连接在一起来实现对整个系统的监视、控制与保护。

燃气轮机的控制系统通常由设备厂商配套，自动化程度较高，一般都可以完成燃气轮机自动启停功能。以三菱燃气轮机为例，主控制回路及策略包括：①自动负荷调节，主要用于通过燃料分配实现机组负荷的自动调节；②转速控制，用于并网前燃气轮机转速的控制；③负荷控制，完成功率的无差调节，用于燃气轮机实发功率跟踪调控；④温度控制，通过限制最大燃料量，调节燃气轮机的 T3 温度，保证在启动阶段和带负荷阶段燃气轮机叶片入口温度在一个安全值上，提高机组效率并确保叶片的安全；⑤燃料限制控制，是一种用于启动升速过程中燃料的开环控制；⑥燃气流量控制，采用两个阀门串联的方式控制，通过控制燃气流量调节阀开度控制燃气流量；⑦进口导叶控制，在启动过程中防止压气机喘振，带负荷后，根据压气机进气温度和燃气轮机负荷进行负荷前馈调节，同时对燃气轮机排气温度进行闭环控制，提高系统效率；⑧燃烧室旁路控制，控制燃烧室旁路阀随着燃气轮机实际转速和过滤进行控制，降低 NO_x 排放，同时，调整燃烧室的空气流量，即优化燃料/空气比，以保证可靠稳定的燃烧。

燃气轮机的排气被送入后续的余热锅炉及汽轮机发电机组利用，以实现能量的梯级利用以提高综合利用效率。该部分的控制可采用与燃气轮机相同的分散控制系统，也可以采用单独的分散控制系统实现。控制系统主要包括数据采集系统、顺序控制系统和模拟量控制系统等。数据采集系统采集系统所有重要的运行参数，并提供数据显示、存储、报警和查询等功能。顺序控制系统实现对余热锅炉、蒸汽轮机及辅助系统的顺序控制和联锁保护等功能，模拟量控制系统则实现对除燃气轮机外的工艺系统重要参数（如液位、流量、温度和压力等）的闭环控制。

对于余热锅炉，其控制系统及控制策略与常规锅炉的类似，主要实现对主蒸汽电动截止阀、主蒸汽旁路电动截止阀、启动排汽电动阀、减温水电动阀、疏水电动阀、除氧器排汽电动阀、锅炉排污泵、凝结水再循环泵和给水电动阀等的顺序控制。控制系统同时实现对中压汽包水位控制、低压汽包水位控制、过热蒸汽温度和除氧器液位等的闭环控制，其中中压汽包水位和低压汽包水位采用类似的控制策略，低负荷阶段采用水位单冲量控制，当负荷大于30%时，可无扰切换到由过热蒸汽流量、汽包水位和汽包给水流量组成的三冲量控制。余热锅炉的过热蒸汽温度控制采用串级控制策略，主蒸汽温度测量值作为主调节器的反馈输入值，与主蒸汽温度设定值进行 PID 运算后送入副调节器，在副调节器中与减温器出口汽温进行 PID 控制运算，其运算结果经限幅后送至执行机构，调节喷水减温水阀门，由于主蒸汽流量变化时，喷水量应相应地发生变化，故在主蒸汽温度控制系统中将主蒸汽流量信号以前馈形式引入控制系统中。除氧器液位控制通过调节除氧器汽动调节阀开度控制，也采用单冲量和三冲量切换的控制策略。控制系统还完成重要的保护/联锁跳闸功能，例如，在燃汽轮机跳闸且高旁关闭、过热蒸汽压力过高、汽包水位过高和汽包水位过低取一定延时后停余热锅炉等。

对于汽轮机及辅助系统，通常采用与余热锅炉一体化的汽轮机数字电液控制系统（Digital Electro-Hydraulic Control System，DEH）实现监视、控制与保护。DEH 控制的主要目的是控制汽轮机发电机组的转速和功率，从而满足电厂供电的要求。供热机组 DEH 还控制供热压力或流量。

DEH 设有转速控制回路、负荷控制回路、主汽压控制回路、超速保护回路等基本控制回路，以及同期、调频限制、解耦运算、信号选择、判断等逻辑回路。

机组在启动和正常运行过程中，DEH 接收协调控制系统（Coordinated Control System，CCS）的指令或操作人员通过人机接口所发出的增、减指令，采集汽轮机发电机组的转速和功率及调节阀的位置反馈等信号进行综合运算，输出控制信号到电液伺服阀，改变调节阀的开度，以控制机组的运行。

在机组并网前的升速过程中，DEH 通过转速调节回路来控制机组的转速。DEH 接收现场汽轮机的转速信号与转速设定值进行 PID 运算，输出油动机的开度给定信号到伺服卡。此给定信号在伺服卡内与油动机位置反馈进行运算后，输出控制信号到电液伺服阀，调整油动机的开度改变进汽量，从而控制机组转速。在此过程中，操作人员可设置目标转速和升速率。机组并网后，系统便切换到负荷控制回路，汽轮机转速作为一次调频信号参与控制。负荷控制有两种调节方式。

（1）阀位控制方式。在这种情况下，负荷设定由操作员设定百分比进行控制。设定所要求的开度后，DEH 输出阀门开度信号到伺服卡，调整油动机的开度，改变进汽量。在这种方式下功率是以阀门开度作为内部反馈的，在实际运行时可能有误差，但这种方式对阀门特性要求不高。

（2）功率控制方式。在这种情况下，负荷回路调节器起作用。DEH 接收现场功率信号并与给定功率进行比较后，送到负荷回路调节器进行差值放大，综合运算，然后输出阀门开度信号到伺服卡，调整机组的进汽量，满足功率的要求。

DEH 设有 OPC 超速保护、阀位限制和快减负荷等多种保护。机组跳闸时，置阀门开度给定信号为 0，关闭所有阀门。

汽轮机控制还包括汽轮机紧急跳闸保护系统（Emergency Trip System，ETS），用来监视对机组安全有重大影响的参数，以便在这些参数超过安全限值时，通过该系统关闭汽轮机的全部进汽阀门，实现紧急停机。ETS 具有各种保护投切、自动跳闸保护和首出原因记忆等功能。当任一停机条件出现时，ETS 可发出汽轮机跳闸信号，使电磁阀动作实现紧急停机。

有些燃气轮机分布式供能系统还配备由冷水机组组成的供冷站。一般每台冷水机组由本身配套的机组控制器控制，所有的安全性、诊断和机组内部控制是由机组控制器负责，而采用供冷站机房控制程序来协调机组间的运行和提供系统冷冻水控制。机房控制程序完成：①自动启停——制冷机、泵、阀等全部设备可根据条件或时序自动启停；②系统冷水供水温度控制——当系统冷负荷增加，加入冷水机组投入服务；③故障处理——当某一台冷水机组发生故障，立即启动排程中下一台冷水机组；④优化能耗——当系统冷负荷下降至某一程度，关掉一台冷水机组，即冷水机组与负荷的匹配；⑤冷却水供水温度控制——当系统冷负荷增加时，加入冷却塔投入服务、冷却塔的变频控制、冷量的计量等功能。

四、微型燃气轮机分布式供能系统控制策略

微型燃气轮机分布式供能系统结构比较简单，主要包括微型燃气轮机、高速永磁同步电机、电能转换单元、蓄电池和控制系统等，相关详细内容参见本书第三章相关章节内容。控制系统一般随主设备配置，采用模块化设计，也可采用分散控制系统，提供人机界面及远程通信接口，系统主要功能：①控制燃机的正常启动；②并机、并网；③自动带负载；④控制正常停机；⑤经济故障停机；⑥启动过程中的故障停机；⑦故障保护与报警；⑧正常运行时负载变化的自适应控制等。

燃气轮机控制系统通常采用的主要的控制策略如下：

1. 微型燃机的转速控制

功率转速调节模块接收电功率 P 信号，与压气机转矩变化量对应的功率 Pc 求和，其结果作为 $P-n$ 函数发生器功率输入信号 PT。功率输入信号进入 $P-n$ 函数发生器后，按照功率-转速最佳运行曲线计算速度给定信号，与发电机速度信号取差值作为燃气轮机转速调节控制器的输入信号。

2. 回热器等辅助设备控制

回热器的控制是通过调整主动阀和旁路阀的开度来控制尾气与清洁空气的热交换率（即回热度）来进行的，从而控制由压气机进入燃烧室气体的温度和尾气的温度，提高了能源利用率。回热器的回热度可表示为

$$R=(T_2-T'_2)/(T_4-T'_2) \tag{10-11}$$

式中 T_2——回热器出口空气温度；

T'_2——回热器入口空气温度；

T_4——回热器入口燃料尾气温度。

给定回热器回热度与从现场接收的温度信号（T_2，T'_2，T_4）比较，将求得的实际回热度 Rd 的偏差作为回热器调节模块的输入量 QR，经过控制器，将偏差信号转变成与阀门开度成比例的控制指令，控制回热器阀门的开度，完成系统的闭环控制。

3. 燃料控制

当系统工作时，首先选定某一种燃料及其热焓量值，通过中央控制单元下传对应的燃料恒压力控制器的压力给定值；然后，实时检测燃料泵后压力值，通过压力控制器对燃料压力进行调节，以保持燃料泵恒压力输出。当燃汽轮机系统输出功率需要增加时，增大燃料调节阀截面积，此时，燃料泵出口压力下降，可通过压力控制器控制变频器驱动燃料泵增加转速，使燃料泵出口压力重新稳定在压力给定值。

五、燃气热泵分布式供能系统控制策略

天然气热泵分布式供能系统由制冷系统、燃气系统、冷凝水系统、自动监控系统和电气系统组成，相关详细内容参见本书第三章相关章节内容。自动监视与控制系统按照系统规模采用就地控制或集中监控。控制系统提供自动控制和手动控制两种模式，且可以进行无扰切换。

控制系统完成对室内机、室外机等设备运行参数、制冷剂冷凝压力、冷凝温度、室内温

度、燃气系统压力等参数进行采集和监视，并实现对燃气发动机的功率、转速、排气温度等闭环控制。

控制系统通常由燃气热泵空调室内机控制系统、室外机控制系统、能源计量系统、系统控制器、程序定时器、多联式控制器、开关控制器、总线系统及中央管理系统（监控终端）和通信适配器组成，采用集散式网络控制结构。

室内机控制系统由室内机和相应的遥控器组成，在室内机系统中，遥控器控制室内机的启停状态及运行模式等。室外机控制系统由室外机和对应的室内机控制系统组成，在室外机系统中，室外机根据相应各室内机的启停状态及运行模式自动启停并切换运行模式；能源计量系统包括燃气计量系统和电力计量系统。系统控制器可实现对总线系统的监视和控制；程序定时器可实现对总线系统的监控及定时控制等；多联式控制器及开关控制器可实现对系统中多台室内机进行启停控制，并可以与程序定时器组成两级控制系统（包括现场级和监控级）。

中央管理系统（监控终端），采用工控计算机或触摸式计算机，实现对多条总线的室内外机进行监控及管理。

第三节 分布式供能系统控制系统构成及工程设计

分布式供能控制系统的许多独立设备或系统都有配套的控制器，并且控制器的种类有可能不同；也有完全没有自动化控制的系统，需要根据不同的项目及项目实际情况设置合理的控制系统。

分布式供能控制系统分为就地控制、远控自动控制系统及分散控制系统，多采用 PLC、DCS 等系统来实现不同分布式供能项目的自动控制。为实现分布式供能控制系统的运行控制，需要对分布式供能系统涉及的各个设备或系统的控制方式进行整合，形成一套统一完整的中央管理级控制系统。一套统一完整的分布式供能系统控制系统一般可以分为四个层次，即现场层、实时控制层、监控层和厂级管理层。

以国电南自的 maxDNA 大型分散控制系统为例，完整的分布式供能控制系统结构如图 10-4 所示。

一、现场层构成及功能

现场层主要包括各类现场仪表、传感器、变送器及执行机构，该层的主要任务是将现场各种物理量信号（如温度、压力、流量、液位、位移、pH 值、开度等）转变成电信号或数字信号，并进行进一步调理（如滤波、简单处理等）；或者将各种控制指令信号转换成物理量（阀门开度、位移等）。该层与上一层实时控制层的主要接口为模拟信号，主要是 DC4～20mA 或 DC1～5V（模拟量）和电平信号（开关量）。随着现场总线技术的发展和各类现场总线仪表及执行机构成本降低和可靠性提高，现场层将越来越多地应用于各类智能仪表和执行机构。

分布式供能系统中现场层设备主要是各类传感器、变送器和执行机构，接入上层实时控制层的方式主要是模拟电信号和直接数字信号，PLC 和 DCS 提供常规模拟量输入输出模件或数字通信模件与之连接。

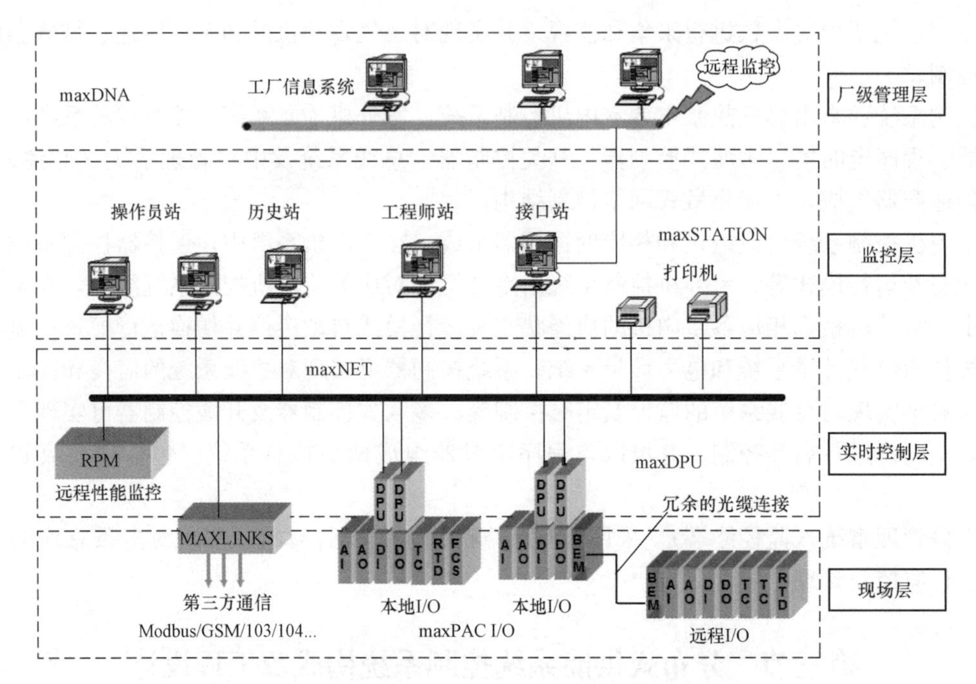

图 10-4　完整的分布式供能系统控制系统层次结构

二、实时控制层构成及功能

实时控制层主要包括完成对工艺设备实时控制的各类控制器，如 PLC 或 DCS 等，这些控制器能够独立地完成对装置或设备的实时控制任务，从而实现对生产过程的控制。通过网络，多个控制器将不同的设备或装置的控制子系统连接起来共同完成复杂的控制功能，以便在更大的范围内实现更加有深度的过程控制。

实时控制层的控制器将现场层采集到的模拟信号转换成数字信号，也可以直接从现场层直接获得数字信号，这些信号进入控制器中，根据预设的算法进行计算，得到控制指令信号，再以模拟或数字形式输出到现场层实现控制功能。除实时控制外，控制器中还完成组态保存、报警、事件记录等功能。

控制器的控制算法通常是组态式的，用户可根据实际设备控制要求，采用各类标准的组态语言编写控制算法并在线下装至控制器中运行。除了常规的控制算法外，控制器通常提供算法扩展接口，可根据需要扩充算法，将许多先进控制算法，如预测控制、模糊控制、神经网络控制等高级过程控制算法在控制器中实现，以达到更高的控制品质。

对于一些对执行周期要求高的系统，例如，燃气轮机阀门控制、蒸汽轮机阀门控制、危急保护、故障跳闸和紧急停车系统，通常采用特殊的高速智能模件完成专门的控制功能，这些智能模件内部还有专门的 CPU，结合专门的控制算法，完成高速运算和输入输出功能，并与主控制器通信接受主控制器的控制。

分布式供能系统控制系统实时控制层除了通用的 PLC、DCS 等，还有一些将控制器和装置设备集成在一起的专用嵌入式控制器，各类控制系统通过数字通信或模拟量对接的形式连接在一起，协同完成控制功能。

实时控制层完成对分布式能源站的自动顺序启动/停止、危急工况时的自动保护，各种模拟量控制（MCS）、顺序控制（SCS）和数据采集（DAS）功能，以满足各种运行工况的要求，确保能源站安全高效地运行。

为保证分布式供能系统运行的实时性、安全性和经济性，实时控制层需要满足如下的要求：

1. 可靠性

采用合适的冗余配置和诊断至通道级的自诊断功能，使其具有高度的可靠性。系统内任一组件发生故障，均不应影响整个系统的工作。冗余设备的切换（人为切换和故障切换）不得影响其他设备控制状态的变化。在主控制器失效、网络失效、I/O模件失效、信号失效、端子线头松动、熔丝失效、部分失电的情况下，必须有在线诊断、在线隔离、在线更换、在线修复、在线更改逻辑（主保护除外）、在线复制、在线服役的安全方法，使修复不影响系统正常运行。顺序控制的所有控制、监视、报警和故障判断等功能，均应由处理器模件提供。

应具有诊断、报警和事件记录功能，为保证记录的准确性和一致性，应将所有控制器通过时钟同步系统装置（GPS）实现时钟同步。

2. 冗余度

重要的信号需冗余配置，这些冗余的I/O信号应通过不同的I/O模件接入。保护系统有独立的I/O通道或电隔离措施。互为备用的重要辅机的控制逻辑应在不同的控制器中实现。

系统的构成与工艺设备的冗余配置相协调，使控制系统内单一故障不会导致运行设备与备用设备同时不能运行。

3. 实时性

控制器站的处理器处理能力应有50%余量。系统应具有实时计算和显示负荷率或余量的能力。

模拟量控制的处理器完成所有指定任务的最大执行周期不应超过250ms，开关量控制的处理器执行周期不应超过100ms。对需快速处理的模拟和顺序控制回路，其处理能力应分别为不超过每125ms和50ms执行一次。

三、监控层构成及功能

分布式功能系统监控层主要为用户提供对现场设备和整个系统的监视与控制接口，可以是设备配套集成式控制装置的按钮、指示灯、触摸屏、遥控器等，也可以是大型的数据采集与监视控制系统，主要由设在中控室的人机接口站构成。人机接口站和控制器通过网络连接并进行通信。

除了常规的以网络方式连接的人机接口站外，通常应设计并提供独立的机组紧急操作按钮，以保证在紧急情况下快速、安全停机。紧急操作按钮（包括设备标牌）布置在操作员站的桌面上，应便于操作，同时应带有安全防护罩以防误动。

监控层主要包括操作员站、工程师站、历史站、通信接口站和数据通信系统等。

（一）操作员站

操作员站的任务是在标准画面和用户组态画面上，汇集和显示有关的运行信息，供运行人员据此对机组的运行工况进行监视和控制。操作站的基本功能如下：

(1) 监视系统内每一个模拟量和数字量及所有工艺流程。

(2) 显示并确认报警。

(3) 显示操作指导、操作记录。

(4) 建立趋势画面并获得趋势信息。

(5) 打印报表。

(6) 控制驱动装置。

(7) 自动和手动控制方式的选择。

(8) 调整过程设定值和偏置等。

(9) 显示SOE记录。

(10) 显示报警图形，发出报警声音，并确认报警。

一般要求任何LCD画面均能在2s（或更少）的时间内完全显示出来。所有显示的实时数据应每秒更新一次。调用任一画面的击键次数，不应多于3次。重要画面能一次调出。运行人员通过键盘、鼠标等设备发出的任何操作指令均应在1s或更短的时间内被执行。从运行人员发出操作指令到被执行完毕的确认信息在LCD上反映出来的时间应在2s以内。对运行人员操作指令的执行和确认，不应由于系统负载高负荷情况或使用了网关而被延缓。

查找故障的系统自诊断功能可诊断至模件的通道级故障。报警功能应使运行人员能方便地辨别和解决各种问题。

操作员站负荷率：操作员站处理器处理能力应有60%余量，50%处理器数据库存储器余量，60%外存余量，40%电源余量，以太网通信总线的负荷率不大于20%，其他规约通信总线负荷率不大于40%。

（二）工程师站

工程师站主要用于控制程序开发、系统诊断、控制系统组态、数据库和画面的编辑及修改，并对修改内容进行实时记录。

工程师站能组态并调出任意监控画面。在工程师站上生成的任何监控画面和趋势图等，均能通过通信总线加载到操作员站进行显示。监控系统采用统一的方式进行组态。软件系统有完善的权限管理功能，杜绝越权操作。各系统、设备的操作画面要有明显区别，重要的操作一般设置二次确认以防止误操作。

工程师站能对系统内任一分散处理单元（Distributed Processing Unit，DPU）的控制功能进行组态，可将组态数据从工程师站上下载到各分散处理单元，并通过通信总线，实时调出DPU组态信息和有关数据并上传到工程师站存储器进行保存。不论该系统是在线或离线均能对该系统的组态进行修改，在线通过通信总线将系统组态程序在线装入各有关的处理器模件的过程不影响系统的正常运行。控制回路的组态，应通过驻存在处理器模件中的各类功能块的联接，直接采用图形化方式进行组态，并用易于识别的工程名称加以标明。还可在工程师站上根据指令，以SAMA图形式打印出已完成的所有系统组态。

工程师站设置软件保护密码，以防一般人员擅自改变控制策略、应用程序和系统数据库。

（三）历史站

设置历史站的目的是保存长期的详细的运行资料。历史数据站应具备系统和网络管理，数据库管理、数据存储及检索功能。历史站至少应可处理10000个过程点，生产工艺系统所有涉及设备和人身安全的重要模拟量控制和监视点应至少每秒采样1次；所有非重要过程点的采样周期可适当加大。历史数据站上的所有过程数据应至少可存储6个月，系统设计中一般采用变化存储技术及特定的压缩算法以减少数据存储空间。

历史站中的数据可以从任意一台操作员站或工程师站进行趋势调阅。系统应提供历史数据的趋势和实时数据的趋势显示。趋势显示可用整幅画面显示，也可在任何其他画面的某一部位，用任意尺寸显示。所有模拟量信号及计算值，均可设置为趋势显示。

在同一幅LCD显示画面上，在同一时间轴上，采用不同的显示颜色，一般能同时显示至少8个模拟量数值的趋势，时间分辨率为1、10、30s。此值可由运行员选定。可在趋势图上观察任一时间、任一点的值。趋势显示的定义可存储在内部存储器中，并应便于运行人员调用。所存趋势能通过拷贝/导出数据的方式在办公管理微机上实现数据调用，并显示出趋势画面。

为保证历史数据存储的完整性，可采用冗余的历史站。

（四）通信接口站

分布式供能系统的控制系统通常包括DCS、PLC和各类装置/设备配套的控制器，控制器之间一般都需要通过通信管理机将数据集中到DCS中以便统一监视、存储和调阅。通过通信管理站接入的数据一般进入监控层，并转换成与DCS系统一致或兼容的数据格式，可以被DCS中任意组件进行一致的访问。

通信接口站完成监控系统与其他第三方系统的接入，通常提供多个串口和以太网接口，支持各类通用或专用协议（通过编程）的接入，实现的接口包括Hart、Profibus、Hart over Profibus、Modbus Serial & Ethernet、Modbus Slave Serial & Ethernet、Allen Bradley Serial & Device Net、Programmable Serial Protocols、OPC、RDP、Modbus Ethernet、Allen Bradley Device Net、Remote SBP、Other protocols through converters、RDP read only access of maxVUE、Microsoft Excel® access of History、Smart Applications等。

为保证通信的可靠性，通常配备冗余的接口站，每个接口站上的通信口也可以配置成冗余的。

（五）数据通信系统

数据通信系统将各过程控制站、人机接口及其他相关设备、输入/输出处理系统及系统外设联接起来，以保证可靠和高效的系统通信。

通信总线都采用冗余的（包括冗余通信总线接口模件）配置，冗余的数据通信总线在任何时候都同时工作。

连接到数据通信系统上的任一系统或设备发生故障，不导致通信系统瘫痪或影响其他联网系统和设备的工作。单路通信总线的故障不引起机组跳闸或使DPU不能工作。数据通信系统的负载容量，在最繁忙的情况下，不应超过40%（以太网负载容量不应超过20%），以便于系统的扩展。

数据通信系统需满足国家和行业的要求，采取有效措施，以防止各类计算机病毒的侵害和DCS内各存储器的数据丢失。同时，在系统内设置防火墙，对网络与所有外部系统之间的通信接口（网关、端口）进行实时在线监视，有效防范外部系统的非法入侵和信息窃取。

在能源站稳定和扰动的工况下，数据总线的通信速率应保证运行人员发出的任何指令均能在1s或更短的时间里被执行。应确认其保证的响应时间，在所有运行工况下（包括在1s

内发生100个过程变量报警的工况下）均能实现。

四、厂级管理层构成及功能

分布式供能系统通常由多台机组组成，为对这些机组进行协调控制和优化调度，需设立厂级的监督管理系统。厂级管理层立足于全厂，需综合考虑厂内所有机组的运行与调度，基于监控层的数据进行加工，进行全厂的集中展示、性能计算、对标管理、提供对外非生产管理数据接口，为经营决策层提供数据，同时提供数据远传接口，可在远程而不是在厂内对系统进行监视和管理，实现无人值守，远程值班。系统还有以下功能。

（1）实现设备的全方位、全生命周期管理和预防性检修，有效提高设备可靠性和寿命，降低运行和维护成本。

（2）实现燃料的精细化管理，实时分析和优化机组性能，提高效率，降低燃料成本，提高发电企业的生产和管理效率，提升参与电力市场的竞争能力。

（3）实现远程数据中心技术应用接口。推动电厂数据中心建设，在大数据平台上开展相关研究，形成互联网＋电力技术服务业务。

（4）实现发电集团对各电厂的实时监控、统一管控、资源共享和统筹经营管理，提升集团竞争力和效益。

（5）实现远程监控及诊断服务。建立分布式供能系统远程诊断中心，实现对生产过程监视、性能状况监测及分析、运行方式诊断、设备故障诊断及趋势预警、设备异常报警，主要辅助设备状态检修、远程检修指导等功能。通过应用软件分析诊断结合专家会诊，定期为分布式供能系统提供诊断及建议报告（包括设备异常诊断、机组性能诊断、机组运行方式诊断、主要辅助设备状态检修建议）。服务包括实时在线服务、定期服务、专题服务。

五、分布式供能系统控制系统工程设计

分布式供能系统控制系统的工程设计主要包括以下几个部分。

（一）收集设计输入资料

通常由项目经理负责与业主/设计院联络收集设计输入资料，DCS项目设计输入资料主要包括I/O测点清单、P&ID、集控室和电子间布置图、电子间电缆桥架图、主辅机说明。输入资料在作为设计依据前需进行评审，主要审查资料的充分性、适宜性，形成《输入资料评审记录》。

（二）硬件设计

1. 控制器与I/O测点分配设计

控制器与I/O测点通常依据工艺系统进行分配。例如，汽轮机侧的工艺系统主要划分为给水泵、高低压加热器和抽汽、开式循环水、闭式循环水、凝结水系统、真空系统、发电机。

（1）分散控制单元的分配原则主要如下：

1）控制器的分配一般以热力系统为基础作为分配（如锅炉给水、风烟等）；

2）分散控制单元的分配以相互之间的数据交换量最少为原则；

3）重要的安全保护系统，例如，炉膛安全保护系统（FSSS）和汽轮机跳闸保护（ETS）等应配置独立的冗余分散控制单元；

4）相同功能的设备应分配至不同的模件或控制器；

5）发电机—变压器组控制（如纳入DCS）应配置独立的冗余分散控制单元；

6）厂用电控制（如纳入DCS）等公用系统应配置独立的冗余分散控制单元；

7）每对控制器下挂载现场I/O点数一般不宜超过300点，且控制器或控制柜测点数量应均衡分配；

8）不同分散控制单元的之间用于跳闸、重要的联锁和控制的信号应采用硬接线。

（2）I/O测点的分配原则主要如下：

1）分散处理单元之间用于跳闸、重要的联锁和控制的信号，应直接采用硬接线，而不可通过数据通信总线传送；

2）冗余的测点分配在不同的I/O模件；

3）保护信号先进保护系统；

4）同一设备的测点分配在同一分散处理单元内；

5）互为备用设备的测点分配在不同的层和不同的I/O模件上；

6）测点的分配按系统工艺来确定；

7）测点分配的过程中需要注意测点排列的规律。

2. 机柜加工图纸设计

I/O测点分配完成后，项目经理传递《项目任务单》给硬件设计工程师。任务单内容主要包括项目合同号、机柜尺寸及色标、机柜所用的电源型号、机柜数量等信息，硬件设计工程师根据项目经理传递的工程资料完成设计，经审批后提交给采购部门作为机柜加工的依据。

3. DCS图纸设计

I/O清册及模块分配布置结束后项目经理传递《项目任务单》给硬件设计工程师。任务单内容主要包括项目合同号，技术协议，I/O清册、机柜卡件分配表，机柜在电子设备间的排布方式、机柜接地要求，系统网络结构，操作台资料等信息。硬件设计工程师根据项目经理传递的工程资料完成设计，经审批后提交给采购部门资料员作为工程生产的依据。

4. DCS图纸设计更改

根据工程的需要，若有修改，项目经理需提交《设计更改单》，硬件设计师完成修改后，经项目经理审核，提交给采购部门资料员作为工程生产的依据。工程出厂前，硬件设计师将最终电子版的设计文件存档给项目经理，项目经理将设计文件作为出厂资料出厂。

（三）控制SAMA图基础设计

项目人员负责控制SAMA图基础设计。控制SAMA基础设计依据该项目的主辅机说明进行，电子文件由项目经理负责存档。

1. 闭环控制系统（MCS）要求

（1）选用合适的标准模块对测量信号进行处理；

（2）闭环控制要根据本工程的实际对象，表示出每个调节器的被调量、定值、调节量、前馈量和其他超弛作用量；

（3）选用合适的模拟量手操模块；

（4）汇总闭环控制所需要的所有控制定值。

2. 顺序控制系统（SCS）设计要求

（1）顺序控制（SCS）设计按工艺子系统进行分类，如锅炉汽水系统、锅炉风烟系统、汽轮机油系统、凝汽器和真空系统等。

（2）表示出所选设备驱动模块的类型、设备的启停条件、联锁和保护条件。设备的保护和联锁逻辑主要取决于工艺设备要求和工艺系统要求，必须有设计依据。

（3）当重要设备的联锁保护条件超过一个时，可采用“跳闸首出”模块。

（4）设备的联锁保护条件应注明信号类型（DI或AI）和定值，定值表由买方/设计院提供。

（5）SAMA图设计中不允许对保护跳闸条件设投切开关。

（四）逻辑设计说明

逻辑设计说明由项目经理负责组织编写。控制SAMA图基础设计完成后，需编写逻辑设计说明书。闭环控制回路的说明，应描述被控对象、被控参数、控制原理、反馈信号、前馈等。开环逻辑说明应描述启停顺序、启停条件、联锁条件、保护条件。逻辑设计说明完成后提交给业主/设计院，应标明编写人、审核人、批准人和日期等。

（五）组态详细设计

组态详细设计主要包括流程图画面设计和逻辑组态设计，由组态设计人员负责实施。控制SAMA图设计完成后，由项目经理传递《项目任务单》，任务单内容主要包括I/O清单、PID图纸、设计院提供的设备资料和逻辑说明，组态工作人员安排、工作进度安排及工作量规划表，设计主管根据《项目任务单》传递任务，工程出厂前，设计主管核对设计人员的工作量后提交审批。

1. 流程图画面设计

在流程图画面设计前，需确定流程图底色、横竖工具条，管道颜色及设备颜色。

若用户无特殊要求，流程图底色采用黑色（或灰色），图中的注释一般采用白色，横竖工具条均采用系统默认的工具条。

管道颜色一般采用如下几种：

（1）蒸汽——红色，若同一幅模拟图上有多根蒸汽管道，则根据压力或温度的高低，选择不同的红色，压力温度越高，则颜色越红。

（2）给水——绿色，同样为了区别不同的水管，可以选择不同的绿色。

（3）油——黄色，同样为了区别不同的油管，可以选择不同的黄色。

（4）煤粉——黑色，若底色为黑色，则采用灰色。不同的煤粉管道采用粗细加以区别。

（5）空气——蓝色。

（6）烟气——灰色。

（7）电气：

1）直流220V——褐色；

2）交流380V——黄褐色；

3）交流6kV——深蓝色；

4）交流20kV——梨黄色；

5）交流110kV——朱红色；

6）交流220kV——紫色；

7）接地线——黑色。

由于交流 6kV 深蓝色，接地线采用黑色，则电气的底色不宜用深蓝色和黑色，故建议采用灰色作为底色。

针对具体项目，模拟图管道颜色可根据用户要求改变。静态设备的颜色一般分为灰色、红色、绿色、黄色、棕色，实现设备状态显示，若用户没有具体的要求，色系可采用系统自带的颜色。组态设计人员根据画面组态标准化流程，先依据用户/设计院提交的 P 与 ID 进行静态流程图设计，后完成包括模拟量显示、开关量显示、液位显示、马达（泵）显示、趋势显示、联锁显示等一系列动态流程画面设计。

2. 逻辑组态设计

组态设计人员根据逻辑组态标准化流程进行逻辑组态的设计，步骤为 I/O 清单整理、层次结构划分、组态、编译、最后配合项目经理将逻辑组态文件下装到 DPU 中和画面组态一起进行联调。

（六）设计输出资料评审

工程设计资料，在提交给用户或计划经营与供应链管理部进行生产采购前或工程出厂前，需进行设计输出资料的评审，主要审查资料的充分性和适宜性。需评审的资料主要包括 DCS 设计图纸、控制 SAMA 图设计、画面组态、逻辑组态。评审后生成《输出资料评审记录》，项目经理负责评审记录的存档。

（七）软件管理

技术研究中心下发软件至工程设计主管，主管填写《软件接收登记表》，内容包括软件名称、软件说明、接收时间、发布时间，然后告知工程人员软件版本，若有需要可领用，领用前填写《软件领用登记表》，软件若有更改或是新版本，依照以上流程。工程人员在工作中若碰到问题，统一汇总给工程设计主管填写。

第四节　分布式供能系统控制系统案例

一、某内燃机分布式供能系统控制系统案例

（一）项目概况

某国际旅游度假区核心区用地面积 7km^2，其中一期建设用地占地 3.9km^2。内燃机分布式功能系统位于核心区，占地面积约 19748m^2。一期工程整个供能周期分两个阶段。

第一阶段冷负荷 60MW、热负荷 30MW，压缩空气负荷 108.3m^3/min；配 5 台燃气内燃机，一对一配置 5 台烟气热水型溴化锂机组（无补燃），6 台离心式冷水机组（4 大 2 小），2 台燃气热水锅炉，6 台空气压缩机（5 大 1 小），一个蓄冷罐和一个蓄热罐，设计总蓄冷量 128MWh，总蓄热量 24MWh。

第二阶段冷负荷 84MW、热负荷 45MW，压缩空气负荷 150m^3/min；增加至 8 台燃气内燃机，一对一配置 8 台烟气热水型溴化锂机组（无补燃），8 台离心式冷水机组（6 大 2 小），2 台燃气热水锅炉，7 台空气压缩机（6 大 1 小），一个蓄冷罐和一个蓄热罐，设计总蓄冷量 128MWh，蓄热量 24MWh。

项目采用的主要设备配置如下：

(1) GE 燃气内燃发电机。发电功率 4400kW，排气温度 368℃，排气量 19025m^3/h。

(2) 烟气热水型溴化锂。制冷量 3890kW，冷媒水进出水温度 15.6/6℃；制热量 4004kW，热媒水进出水温度 65.5/90℃；冷却水进出水温度 32/38℃。

(3) 离心式电冷水机。制冷量 3165kW（小）和 6330kW（大），冷媒水进出水温度 15.6/6℃，冷却水进出水温度 32/38℃。

(4) 燃气热水锅炉。制热量 7MW，热媒水进出水温度 65.5/90℃。

(5) 蓄水罐系统。蓄冷罐容积 12000m³，蓄热罐容积 2000m³。

(6) 空气压缩机。15.4m³/min（小）和 44.2m³/min（大），压力 1MPa。

(7) 辅助及公用系统等。

系统工艺流程图如图 10-5 所示。

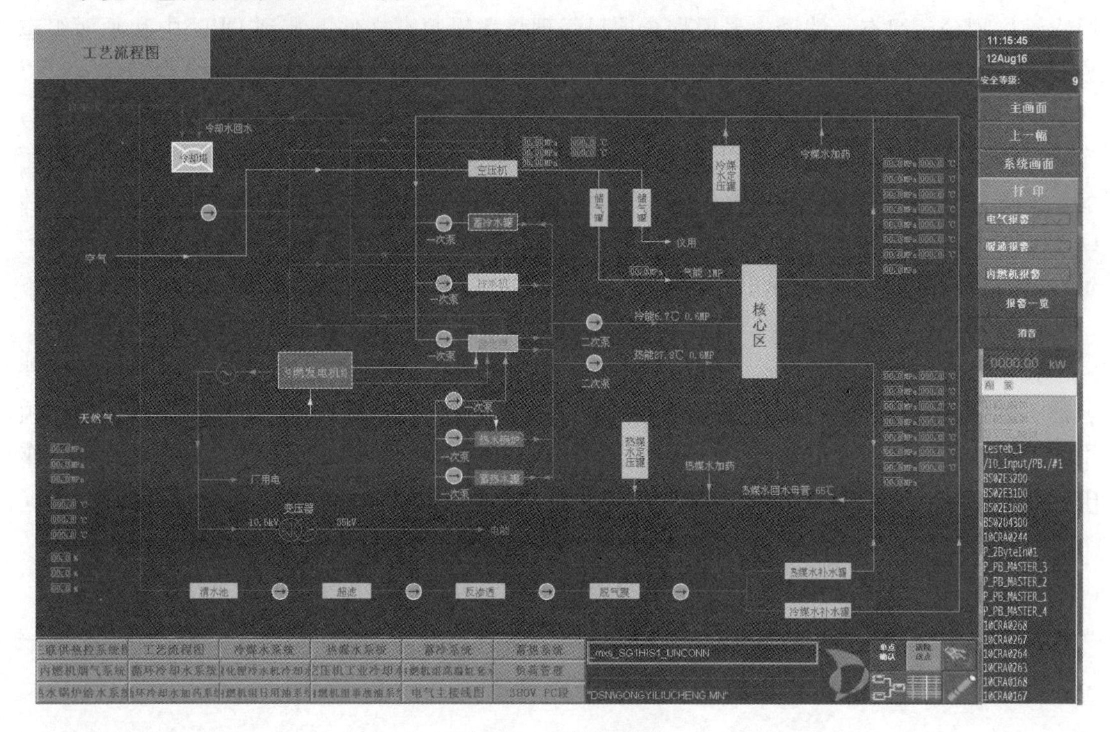

图 10-5 工艺流程图

（二）运行模式

本项目的设计和运行原则主要如下：

(1) 以冷、热定电，冷（热）电平衡；

(2) 溴化锂机组、离心式冷水机组、热水锅炉和蓄水罐等组成冷热源子系统，溴化锂作为能源站提供基本负荷的设备，离心式冷水机组为冷负荷调峰设备，燃气热水锅炉为热负荷调峰设备，蓄冷蓄热罐为储能调峰方式。

1. 供冷设备运行原则

分布式能源站按照以下原则运行：

(1) 能源站系统依据预测曲线并结合实际负荷波动追踪运行；

(2) 根据冷负荷的需求，优先开启内燃发电机组，使余热机组得到优先使用；

(3) 过渡阶段将充分使用余热设备，分开给余热设备供能，一部分余热机组进行供热，另一部分将进行供冷；

（4）余热利用设备余热机组制冷出力不宜低于60％，即2200kW，为了保证燃气发电机与溴化锂冷水机组在额定负荷下运行，本系统的溴化锂冷水机组在白天冷负荷需求较小时可将冷水输送到水蓄冷罐里储存，当负荷需求较大时释放冷水来供冷；

（5）根据预测冷负荷逐时变化模型，适当开启冷水机组，采用释冷水供冷进行调峰，保证整个冷负荷的需求；

（6）由于夜间由于对于冷负荷需求量较少，故将余热产生的冷量为储存在蓄水罐里，供白天使用，夜间的蓄冷量应经测算在次日白天的供冷中全部释放完。

2. 供热设备运行原则

由于供热系统没有峰谷电设备，在供热负荷高峰时段，优先使用余热设备，即优先运行溴化锂机组，热水锅炉进行调峰运行；当负荷下降时，将溴化锂的余热储蓄在蓄热水罐中，过渡期间将吸收式溴化锂冷水机组分开，一部分制冷，一部分制热，使余热充分利用。

3. 典型设计日运行模式

根据不同月份对冷负荷需求情况，国际旅游度假区乐园核心区域集中供冷系统第一阶段典型设计日运行模式分别见表10-1和图10-6。

表10-1　　供冷系统第一阶段8月设计日运行模式

时段	逐时负荷（kW）	溴化锂主机供冷（kW）	离心式冷水机组（kW）	溴化锂主机蓄冷（kW）	离心式冷水机组蓄冷（kW）	蓄水罐供冷（kW）
0：00～1：00	14333	14333		5117	12660	
1：00～2：00	12393	12393		7057	12660	
2：00～3：00	10994	10994		8456	6300	
3：00～4：00	10471	10471		8979		
4：00～5：00	10203	10203		9247		
5：00～6：00	10022	10022		9428		
6：00～7：00	11241	11241		8209		
7：00～8：00	12957	12957		6493		
8：00～9：00	15200	15200		4250		
9：00～10：00	24643	19450	3165			2028
10：00～11：00	40379	19450	15825			5104
11：00～12：00	44684	19450	18990			6244
12：00～13：00	48257	19450	18990			9817
13：00～14：00	53569	19450	22155			11964
14：00～15：00	57586	19450	25320			12816
15：00～16：00	59548	19450	25320			14778
16：00～17：00	60000	19450	25320			15230
17：00～18：00	58571	19450	25320			13801
18：00～19：00	54425	19450	22155			12820
19：00～20：00	50223	19450	18990			11783
20：00～21：00	47987	19450	18990			9547
21：00～22：00	29839	19450	9495			894
22：00～23：00	25910	19450	6330		12660	130
23：00～24：00	16453	16453	2493	2997	12660	
总计	779888	396567	258858	70233	56940	126956

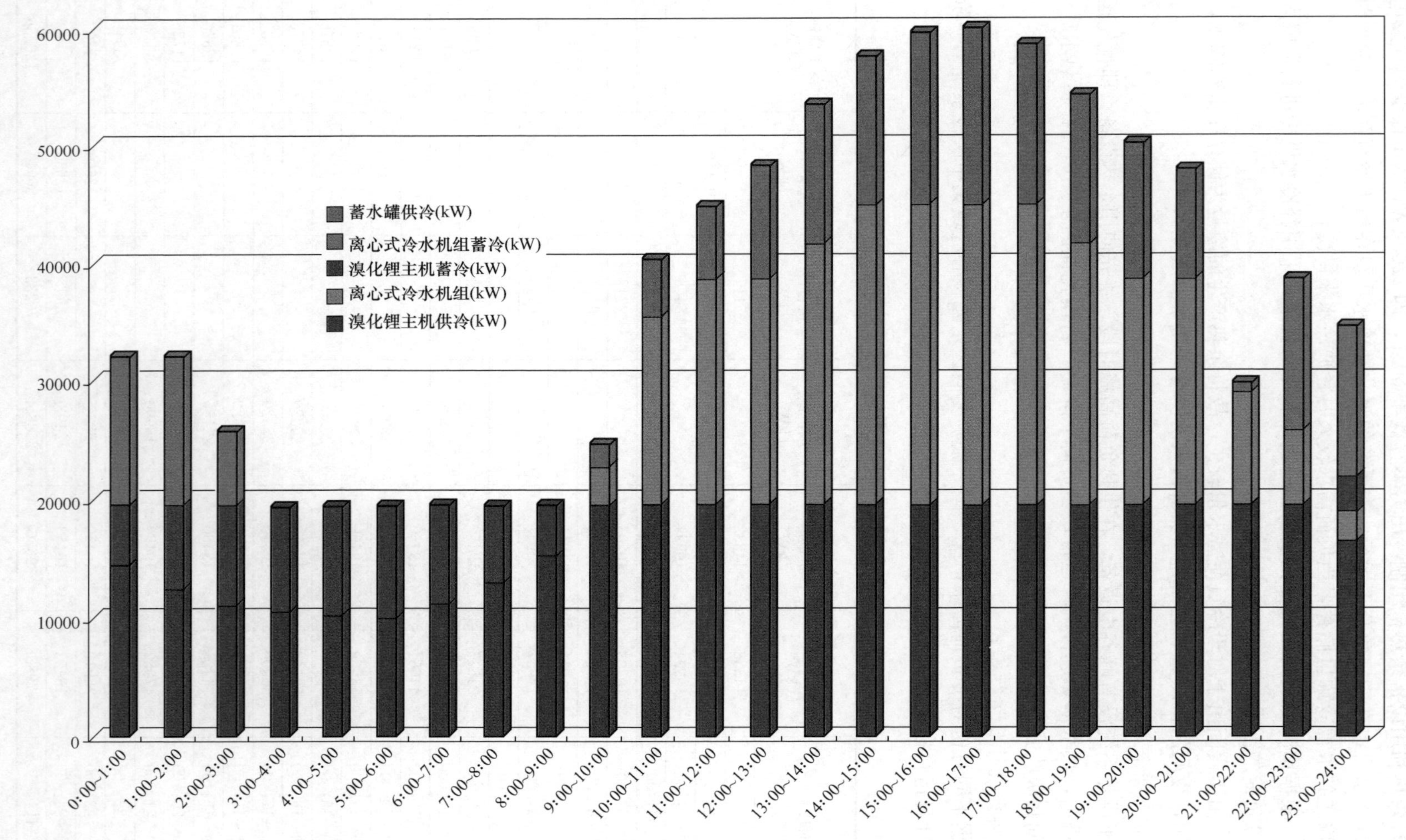

图 10-6 供冷系统第一阶段 8 月设计日运行模式

国际旅游度假区乐园核心区域集中供热系统第一阶段典型年设计月份运行模式分别见表10-2和图10-7。

表10-2　　供热系统第一阶段2月设计日运行模式

时　段	逐时负荷（MW）	溴化锂供热（MW）	溴化锂蓄热（MW）	锅炉供热（MW）	蓄水罐供热（MW）
0：00～1：00	27.9	20.02		7	0.88
1：00～2：00	28.8	20.02		7	1.78
2：00～3：00	29.4	20.02		7	2.38
3：00～4：00	30	20.02		7	2.98
4：00～5：00	29.5	20.02		7	2.48
5：00～6：00	29.1	20.02		7	2.08
6：00～7：00	28	20.02		7	0.98
7：00～8：00	27.4	20.02		7	0.38
8：00～9：00	28.3	20.02		7	1.28
9：00～10：00	25.9	20.02		5.88	
10：00～11：00	22.6	20.02		2.58	
11：00～12：00	19.3	19.3	0.72		
12：00～13：00	17.9	17.9	2.12		
13：00～14：00	16.3	16.3	3.72		
14：00～15：00	16.4	16.4	3.62		
15：00～16：00	16.5	16.5	3.52		
16：00～17：00	16.7	16.7	3.32		
17：00～18：00	18.4	18.4	1.62		
18：00～19：00	20.7	20.02			0.68
19：00～20：00	23	20.02		2.98	0
20：00～21：00	21.2	20.02			1.18
21：00～22：00	24.3	20.02		4.28	0
22：00～23：00	25.5	20.02		5.48	0
23：00～24：00	27.2	20.02		7	0.18
总计	570.3	461.84	18.64	91.2	17.26

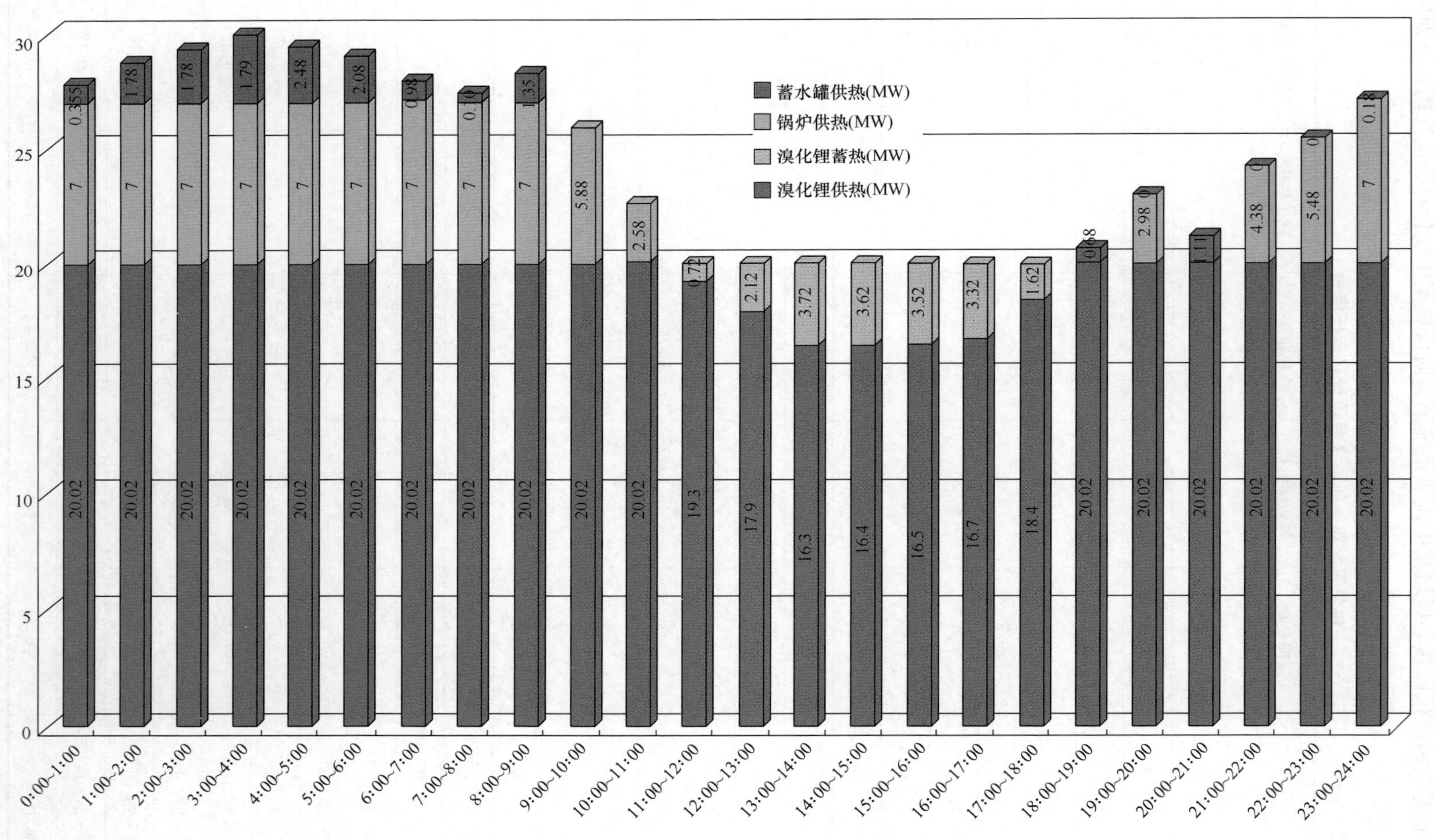

图 10-7　供热系统第一阶段 2 月设计日运行模式

（三）控制系统配置及功能

1. 基本配置情况

按照能源站运行要求，配置一套DCS，通过硬接线和通信方式将内燃机控制系统、冷热源控制系统、压缩空气系统和相关辅助系统的控制联网，形成一套完整的分布式能源站自动化监控系统。其中内燃发电机和空压机的控制由随设备配套提供的PLC完成，通过冗余通信接进DCS控制。与DCS通信（或一体化整合）的控制系统和设备有内燃机控制系统、冷热源系统、ECS、GPS、化学水处理系统、采暖通风系统、天然气调压站和天然气前置模块、空压机控制、全厂信息管理系统网络、电气通信设备及其他辅助控制系统等。

能源站重要的保护信号均采用硬接线，一旦发生重要事故，可保证人员和环境的安全。全厂控制系统设计协调由内燃机、溴化锂和其辅助设备及系统的独立保护系统引入的各跳闸保护动作，提供可靠的硬接线保护信号。内燃机控制系统和DCS之间采用Modbus RS485接口和少量硬接线的方式进行数据交换，将总计400多个信号传至DCS。DCS内部以GPS信号作为“数字主时钟”，使挂在数据通信总线上的各个站的时钟同步。

DCS和内燃机控制系统及其他控制装置一起组成完整的控制系统，实现对能源站机组的自动顺序启动/停止、危急工况时的自动保护，各种模拟量控制（MCS）、顺序控制（SCS）和数据采集（DAS）功能，以及经济性能计算、分析和操作指导、运行调度、工艺设备状态监测和故障诊断，控制系统优化和故障诊断，以满足各种运行工况的要求，确保能源站安全高效地运行。

2. 接入DCS网的主要系统

（1）内燃机系统（群控柜与DCS通信连接，少量硬接线）；

（2）天然气调压站（与DCS通信连接）；

（3）化学水处理（与DCS通信连接）；

（4）1期5台溴化锂分别与DCS通信连接（预留2期和远期共5台的接口）；

（5）1期6台冷水机组分别与DCS通信连接（预留2期和远期共3台的接口）；

（6）1期2台热水锅炉分别与DCS通信连接；

（7）蓄水罐PLC间的通信连接；

（8）MIS间的通信连接；

（9）冷水、热水能量计的通信连接；

（10）压缩空气流量计的通信连接；

（11）电气35kV监视5个通信接口；

（12）电气10kV监视15个通信接口；

（13）电气380V监视100个通信接口（电流电压参数），可考虑串接；

（14）电气综保监视采用单以太网通信和MODBUS RS485口，1期40个通信接口（远期考虑15个口）；

（15）电气UPS监视5个通信接口（MODBUS RS485）；

（16）GPS时钟通信接口。

3. DCS完成的主要功能

（1）DCS系统人机接口；

（2）数据采集功能（DAS）；

(3) 模拟量控制功能(MCS);

(4) 顺序控制功能(SCS);

(5) 整个能源站自启停运行功能;

(6) 冷热源预测和优化管理功能等。

4. I/O 数量统计表

本项目的 I/O 数量统计表见表 10-3。

表 10-3 项目 I/O 数量统计表

类型	系统					合计
	冷热源系统		电气		公用及辅助系统	
阶段	一	二	一	二	—	—
AI (4～20mA)	120	60	290	15	20	505
RTD	144	64			18	226
TC	16					16
DI	500	300	945	100	85	1930
PI			48	8		56
SOE	32	16	120	16		184
AO (4～20mA)	32	16	38		8	94
DO	240	80	328	48	50	746
合计	1084	536	1769	187	181	3757

5. 人机接口配置

整个能源站配置 8 套全功能操作员站(2 台内燃机和 6 台 DCS)。配置 1 套工程师/历史站,安放在工程师室内。值长台配置 3 套及一台打印机。操作员可根据权限通过任一全功能操作员站实现对各机组及公用系统的监视和操作。各机组操作画面有明显区别,以防止误操作。操作台安装的紧急操作按钮包括每台机组天然气入口紧急切断阀、内燃机紧急停等。

本工程仅采用 1 套 DCS 实现能源站监控,不另设单独的实时/历史数据库服务器,能源站的实时数据管理功能,如性能计算、操作指导、优化运行等均在 DCS 中实现。

(四) 自动控制

1. 集中供冷系统控制

(1) 设置供冷中央自动控制系统,由中央控制器、显示打印设备、若干现场控制器和通信网络组成。功能包括供冷系统启停顺序控制、冷源设备运行状态和电动阀门开关状态监视、系统运行优化控制、设备故障报警与设备保护、运行数据记录与保存、能耗计量与统计。

(2) 溴化锂冷水机组及其辅助设备由分布式供能系统群控系统控制,同时将信号传输至能源站中央自动控制系统,溴化锂冷水机组的运行台数由中央控制系统根据运行模式需要确定。

(3) 冷水回水总管、蓄冷水槽高温冷水管上设置流量、温度和压力传感器,冷水供水总管、蓄冷水槽低温冷水管上设置温度和压力传感器。根据设备调节性能编制最佳运行模式求解程序,供冷负荷按设备最佳运行模式控制各台冷水机组、蓄冷水槽和辅助设备运行。

（4）系统机组优先运行顺序为余热设备溴化锂机组根据负荷需求判断确定开启调峰机组容量以及采用释冷来满足调节负荷变化。溴化锂机组制冷量会根据余热量变化出现波动，为满足出水温度达到要求，在进水口设置电动调节阀调节流量满足负荷波动。6330kW 离心式冷水机组进水口采用动态压差平衡阀，保证机组能在高效运行，3165kW 离心式冷水机组与释水供冷主要是做调节使用。

（5）采用二次泵变流量系统，一次泵采用定速泵，吸收式冷水机组与 6330kW 离心式冷水机组一次泵扬程满足正运行需要设计。3165kW 离心式冷水机组一次泵与释水泵的扬程在满足正运行需要的前提下，为了能调节，设计扬程稍微大于正常运行扬程。

（6）冷水一次泵环路和冷水二次泵环路之间的平衡管上设置流向指示流量传感器和电动关断阀。蓄冷水槽放冷时，关闭平衡管上的电动关断阀；蓄冷水槽不参与运行时，平衡管上的电动关断阀开启，并控制平衡管的流量为“0”或微正值。

（7）与冷水二次泵并联的旁通管上设置常闭电动调节阀，调节阀的开启临界值由二次泵变频器的限值决定，调节阀的开度则根据冷水回水总管的流量信号控制。

（8）累计供冷系统运行数据，并根据供冷负荷历史数据平衡电动冷水机组、溴化锂冷水机组、蓄冷水槽的运行时间，以达到经济利益最大化。

（9）各地块预留的冷水供水干管上设置检测温度、压力等的仪表和电动关断阀；冷水回水干管上设置检测温度、压力、流量等的仪表和电动关断阀、平衡阀、电动调节阀等阀门；供、回水干管之间设置压差传感器。流量、温度、压力、压差等信号、电动关断阀的开/关动作信号和状态信号、电动调节阀的动作信号等需及时传输至能源中心中央控制系统。冷水二次泵依据压差信号调节水泵转速。当某地块的冷水供、回水温度异常或温差偏小时，中央控制系统可远程控制该地块冷水干管上的关断阀的开/关状态或调整电动调节阀的开度。

（10）在用户端设置带数据通信功能的分类、分项能量计量装置，将各用户冷水供、回水温度和流量等信号及时传输到能源站中央控制系统。中央控制系统实现各用户建筑能耗的在线监测、动态计算分析和数据统计。

2. 集中供热系统自动控制

（1）设置锅炉房集中热力监控系统，由中央控制器、显示打印设备、若干现场控制器和通信网络组成。锅炉房集中热力监控系统功能包括供热设备启停顺序控制、供热设备运行状态和电动阀门开关状态监视、系统运行优化控制、设备故障报警与设备保护、运行数据记录与保存、能耗计量与统计等。

（2）发电机组余热设备及其辅助设备由分布式供能系统群控系统控制，同时将信号传输至能集中热力监控系统，发电机组余热设备的运行台数由锅炉房集中热力监控系统根据运行模式的需要确定。

（3）热水供水总管、锅炉出水支管上设置流量、温度和压力传感器；热水回水总管、各回水支管上设置温度和压力传感器。根据设备调节性能编制最佳运行模式求解程序，供热负荷按设备最佳运行模式控制各台锅炉和辅助设备运行。

（4）累计供热系统运行数据，并根据供热负荷历史数据平衡热水锅炉和发电机组余热设备的运行时间，以达到经济利益最大化。

（5）各地块预留的热水供水干管上设置检测温度、压力等的仪表和电动关断阀，热水回水干管上设置检测温度、压力、流量等的仪表和电动关断阀、平衡阀、电动调节阀等阀门，供、回水干管之间设置压差传感器。流量、温度、压力、压差等信号、电动关断阀的开/关动作信号和状态信号、电动调节阀的动作信号等需及时传输至能源站锅炉房集中热力监控系统。热水二次泵依据压差信号调节水泵转速。当某地块的热水供、回水温度异常或温差偏小时，机组集中热力监控系统远程控制该地块热水干管上关断阀的开/关状态或调整电动调节阀的开度。

(6) 在用户端设置带数据通信功能的分类、分项能量计量装置，将各用户热水供、回水温度和流量等信号及时传输到能源站集中热力监控系统。集中热力监控系统实现各用户建筑能耗的在线监测、动态计算分析和数据统计等。

3. 冷热源系统优化管理

冷源系统包括溴化锂机组、水蓄冷罐、电制冷机组等。热源系统包括溴化锂机组、水蓄热罐、热水锅炉等。

各个子系统的主设备供货商（蓄水罐、电制冷、热水锅炉、溴化锂机组等）都提供主设备的控制装置。在上述子设备控制装置的基础上，集成能源优化管理以及冷热源子系统的监测与控制，简称为冷热源系统。在能源站的集控室通过 DCS 监控。

(1) 数据采集管理。

1) 采集国际旅游度假村内的环境气象参数、设备用能实时参数、机电设备环境参数、区域环境参数等。

2) 动态数据获取周期可被配置，按照能耗系统的具体状况而定，支持配置范围为 1～24h，默认采用 0～24 点的采集间隔。

3) 数据采集点管理，依据该国际旅游度假村具体能耗分类分项原则进行管理，上传数据点时打上相应地址、时间标签以进行管理。

4) 对数据进行完整性检查和有效性校验，对于无效数据进行标记和提示。

5) 支持数据解析和存储操作。

6) 支持数据多种备份和压缩策略。

(2) 能效评估管理。

1) 对系统内机电设备的运行效率或能效水平，电量消耗等进行分析评估。

2) 计算冷热源系统经济运行的性能指标：单位面积能耗、单位面积耗冷/热量、制冷/热系统能效比、制冷系数能效比、冷热媒水输送系数、溴化锂和电制冷机组运行效率、冷却水输送系数等。

3) 提供不同冷热源系统设备与时间性偏差的 COP 值的差异性。

4) 评估分析不同冷热源系统设备基于时间性偏差的运行状态是否正常。

5) 同一冷热源系统设备与时间性偏差的 COP 值的差异性判断冷热源系统的运行及能耗状态是否异常，并提供分析结果。

6) 提供不同方案控制效果分析比较数据。

7) 提供基于时间和环境的完整数学能耗分析模型，描述能耗的产生、变化的过程，定量解释能耗和各种影响因素之间的关系，提供能源消耗的规律。

8) 提供根据不同参数条件下的数学模型实测结果，分析得到冷却塔实际效率曲线，以此分析评估制冷热机组的能耗和负载率、冷凝温度、蒸发温度之间的关系曲线，分析评估得出冷却塔不同时间、不同环境空间的能效节能控制策略。

9）提供以冷热源系统能耗指标体系为基础的多种节能分析诊断模式，并与能耗分项计量相结合，评估得出节能控制策略。

10）对机电设备的能运行效率、损耗效率进行评估。

11）对重点参数测点进行校核，能耗数据通过平衡校验、时间校验、差值校验，统计数据通过一元线性回归性检验、多元线性回归性检验。

12）提供机电设备运行辅助决策，为制定新运行策略提供数据依据，实现节能目标。

（3）能源指标管理。

1）能源指标包括基本能耗指标、绿色指标和自定义指标。

2）空间指标包括建筑面积指标、使用面积指标。

3）人均指标包括总指标、区域指标、重大耗能设备折算指标。

4）对象指标包括耗能设备指标。

5）绿色指标包括制冷热系统综合 *COP* 值，溴化锂系统 *COP* 值，电制冷机 *COP* 值。

6）提供公式编辑器。

7）发布相应指标数据同时发布同期变化率，采用百分比标识。

（4）多冷热源系统运行策略管理。

1）在能源站不同运行阶段和不同工况下，制定多冷热源系统的联合运行策略，以满足多冷热源系统的合理联合运行，并制定不同运行阶段能源站的建设目标，实现节能、安全运行的目标。

2）主要运行策略包括

a. 供冷系统的最佳组成及该系统每天不同时间段、每个月份、每个季节及全年运行策略。

b. 供热系统的最佳组成及该系统每天不同时间段、每个月份、每个季节及全年运行策略。

c. 电制冷机组及其配套设施的最佳组成运行策略。

d. 蓄水罐及其配套设施的最佳组成及运行策略。

e. 冷却水系统最佳运行策略。

f. 在冷热源系统设备发生特殊原因退出运行或其他特殊原因影响时，针对不同工况，制定冷热源系统的安全运行策略，满足整个国际旅游度假村的基本运行。

二、某燃气轮机分布式供能系统控制系统案例

（一）项目概况

某燃机分布式供能系统为多轴联合循环机组，每套机组设有一台燃气轮机、一台余热锅炉、一台汽轮机、一台发电机。其中，燃气轮发电机组为美国 GE 公司供货的 LM6000PD＋SPRINT 燃机全空冷发电机，余热锅炉为格菱动力设备（中国）有限公司供货的双压、无补燃、自然循环、卧式、露天布置余热锅炉，蒸汽轮发电机组为南京汽轮电机（集团）有限责任公司供货的双压、单缸、补汽、抽汽凝汽式汽轮机和全空冷发电机。制冷系统分为抽汽供热和制冷供冷，制冷设备分为电制冷、热水型溴化锂制冷和蒸汽型溴化锂制冷等。

工程为多轴联合循环机组，燃气轮机发电机功率为 48MW，蒸汽轮发电机功率为 12MW，全厂单元机组发电功率为 60MW。1、2、3 号机组联合循环部分（包括余热锅炉及

热力系统）采用分散控制系统控制。采用燃气轮机＋余热锅炉＋蒸汽轮机＋多个、多类型制冷机（热水型溴冷机＋蒸汽型溴冷机＋电制冷）模式，系统配置如图 10-8 所示。

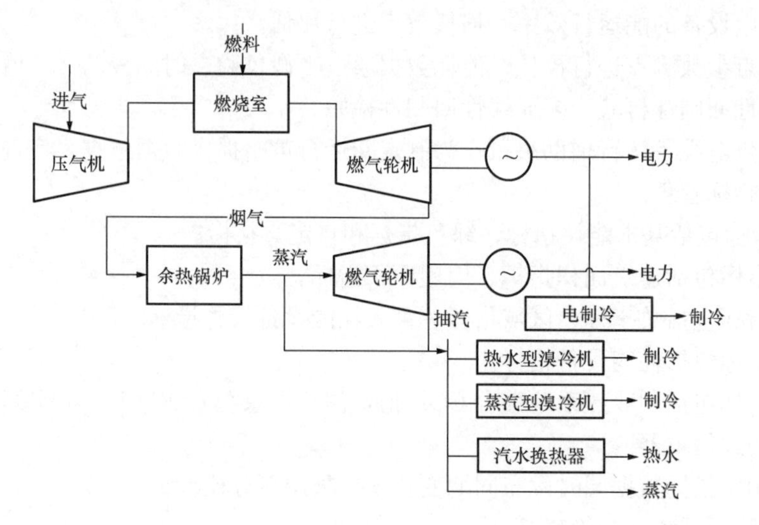

图 10-8 系统配置图

（二）运行模式

在本项目中，1 套联合循环机组运行时可向区域供冷站提供 3 台蒸汽型溴化锂机组和 1 台热水型溴化锂机组运行所需的蒸汽和热水。蒸汽和凝结水系统采用单元制布置，即 3 套联合循环机组共对应 9 台蒸汽型溴化锂机组和 3 台热水型溴化锂机组。

能源站具有多种工况运行模式，不同工况模式下启、停不同的主体设备，可方便实现机组在各种工况模式下的平滑过渡。具体运行方式为夏季工况（6～9 月）主要为华南城和富士康提供冷气，工业用汽和生活用热水，优先开启热水和蒸汽溴化锂机组制冷。冷负荷需求高于溴化锂总装机容量时或分布式能源站出现故障而不能提供蒸汽时，开启电冷制机组以保障供冷，由于冷负荷大，三台机组基本满负荷运行，不考虑承担电网调峰功能，由余热锅炉低压提供的 103/75℃高温热水，在二级站内通过水水换热器换热，制取生活热水。过渡工况（4、5、10、11 月）三台机组依然基本满负荷运行，不考虑承担电网调峰功能。冬季工况（1、2、3、12 月）主要为华南城和富士康提供采暖供热，机组可承担部分电网调峰功能，采用烟气换热器回收和汽水换热机组提供的 103/75℃高温热水，在二级站内换热得到 45/37℃的空调热水，满足末端供热的需求。

制冷机组的群控按照逐时负荷，结合不同类型机组开机顺序得出不同负荷下的开机组合情况。从平均主机的运转时间及磨损的角度出发，在优先投运的同类型数台机组中，采用各种轮序，优先启动累计运行小时数最少的机组，使同类型主机的运转总时间趋于相同。

1. 正常运行工况下的机组运行优先顺序

正常运行工况下的机组运行优先顺序为一台蒸汽型溴化锂机组→热水型溴化锂机组→其余蒸汽型溴化锂机组→离心式冷水机组。

2. 溴化锂机组启动模式

(1) 燃气轮机运行时，系统接收集控室的燃机运行参数（运行台数、时间、蒸汽参数等），为溴化锂机组的启动做准备。

（2）当溴化锂机组需要投运时，控制系统提前 2h 向集控室发出需要蒸汽参数（压力、流量）的信号，为燃气轮机运行启动做准备。

（3）当任一套联合循环机组或溴化锂机组因故障停运时，向空调控制系统发出故障信号，现场手动操作电动门，切换蒸汽和凝结水回路。

3. 冷水机组启动次序

（1）冷启动工况。在三套联合循环机组均为冷态情况时，需启动空调系统，应首先启动离心式冷水机组，以便于系统水温等参数尽快趋于设计值。再依次投入热水型溴化锂机组和蒸汽型溴化锂机组。当系统正常运行后，根据负荷情况逐台退出离心式冷水机组，增加热水型溴化锂机组和蒸汽型溴化锂机组的运行台数。

启动顺序为离心式冷水机组→热水型溴化锂机组→蒸汽型溴化锂机组。

（2）故障工况。在一套联合循环机组突然运行时，启动离心式冷水机组，在另一套联合循环机组运行后，依次投入热水型溴化锂机组和蒸汽型溴化锂机组。根据负荷情况逐台退出离心式冷水机组，增加热水型溴化锂机组和蒸汽型溴化锂机组的运行台数。故障运行工况下的机组运行优先顺序为离心式冷水机组→热水型溴化锂机组→蒸汽型溴化锂机组。

（3）正常工况。正常情况下至少有二套联合循环机组运行，在有工业抽汽要求的情况下，应首先启动 1 台蒸汽型溴化锂机组，再依次投入 2 台热水型溴化锂机组和其余的蒸汽型溴化锂机组。制冷量不满足负荷需求时再启动离心式冷水机组。

（三）控制系统配置及功能

1. 基本配置情况

按照机组运行要求，配置一套联合循环部分（包括余热锅炉、热力系统及其辅助系统）DCS，通过通信和硬接线将燃机岛控制系统（包括燃气轮发电机组及其辅助系统）和汽机岛控制系统（包括汽机 DEH/ETS）整合，通过通信将辅控（锅炉补给水、制冷站等）系统整合，并通过无线通信（5km 距离）接入取水泵房 PLC 控制系统，形成一套完整的基于分散控制系统的联合循环机组自动化监控系统。

与 DCS 通信（或一体化整合）的控制系统和设备是燃机岛控制系统、汽机岛控制系统、GPS、汽轮机安全监视系统（Turbine Supervisory Instrumentation，TSI）、天然气调压站和天然气前置模块、空压机控制、取水泵房（无线通信）、锅炉补给水处理控制系统、制冷站、全厂信息管理系统网络（MIS&SIS）、电气通信设备及其他辅助控制系统等。每台机组 DCS 与燃机岛控制系统应设置通信连接，数据通信采用冗余以太网。燃机岛控制系统采用的是 WOODWARD 的 micronet+，和 DCS 之间采用 Modbus 以太网通信和硬接线的方式进行数据交换。同时提供以太网的接口向 DCS 传送设备的状况（状态、压力、温度等）。

设置有 DCS 与全厂信息管理系统网络（MIS&SIS）的通信接口，接口站独立设置且配置网络安全隔离装置。DCS 与 DEH 未一体化，设置冗余通信接口和硬接线信号接口。

DCS 公用网络配置为对于三台机组的公用系统［包括公用厂用电源系统、循环水泵房、空压站、天然气调压站、锅炉补给水处理（含净水站）、取水泵房、制冷站等］，均接入 DCS 公共网络进行控制，公共网络不设置操作员站，而通过全能操作员站实现监控。

设置 GPS 装置向 DCS、燃机岛控制系统提供时钟信号，使 DCS 和燃机岛控制系统在 GPS 下同步。GPS 在网络继电器室布置分屏，提供时钟信号供网络继电器室设备使用。

2. 接入 DCS 公用网的系统

(1) 循环水泵房（DCS 远程 I/O）；

(2) 电气公用厂用电系统（DCS 子站）；

(3) 天然气调压站和天然气前置模块（DCS 远程 I/O 站）；

(4) 仪/杂用空压站（DCS 远程 I/O）；

(5) 锅炉补给水处理（DCS 远程站）、净水站（DCS 远程 I/O）；

(6) 取水泵房（带液晶触摸屏 PLC 系统，与 DCS 无线通信）；

(7) 制冷站（DCS 远程站）。

3. DCS 主要功能

本工程采用一套分散控制系统（DCS）完成三套联合循环机组及全部公用系统的监视、控制、保护和数据记录功能，设置全能值班网络，全能值班网络下设置单元 DCS 网络和公用 DCS 网络。DCS 和燃机岛控制系统及其他控制装置一起组成完整的控制系统，实现对联合循环机组包括燃气轮机、余热锅炉、汽轮机、发电机和辅助系统的自动顺序启动/停止、危急工况时的自动保护、各种模拟量控制（MCS）、顺序控制（SCS）和数据采集（DAS）功能，以满足各种运行工况的要求，确保联合循环机组安全高效地运行。

依据一键启停操作原则，DCS 应可使机组在设置一定数量断点的情况下自动地启动、停机和从紧急事故停机到再启动。机组一旦发生重要事故，机组保护应确保人员、设备和环境的安全。全厂控制系统设计应协调由燃气轮机、汽轮机、发电机和余热锅炉的独立保护系统引入的各跳闸保护动作。系统提供可靠的硬接线保护信号。

4. 工艺系统控制器分配

全厂分散控制系统包括余热锅炉、热力系统、全厂公用系统、化学水系统、制冷系统等。

余热锅炉部分主要设备分为中压汽包、中压给水泵、中压过热器、中压蒸发器、中压省煤器、低压汽包及除氧器、低省再循环泵、低压过热器、低压蒸发器、低压省煤器及热水加热器；单元机组余热锅炉点数为 305 点，分配机柜一个，控制器一对。

热力系统部分主要分为主汽及旁路系统、凝结水系统、汽机轴封系统、润滑油系统、汽机疏水系统、凝汽器抽真空系统、汽机循环水系统、辅机冷却水系统、供热有关管道等；单元机组点数为 963 点，分配机柜 4 个，控制器两对，其中主汽及旁路系统、凝结水系统、汽机轴封系统、润滑油系统、汽机疏水系统等系统点数为 492 点，分配机柜 2 个，控制器一对；凝汽器抽真空系统、汽机循环水系统、辅机冷却水系统、供热有关管道等系统点数为 471 点，分配机柜 2 个，控制器一对。

化学水点数为 495 点，分配机柜 3 个，控制器 2 对。

全厂公用分位天然气调压站远程 I/O 机柜一个，空压机远程 I/O 机柜一个，循环水泵房远程 I/O 机柜两个，净水站远程 I/O 机柜一个。

制冷系统全厂共 8 台离心式冷水机组（即电制冷机组），9 台蒸汽型溴化锂吸收式制冷机组，3 台机组各有 3 台蒸汽型溴化锂吸收式制冷机组，3 台热水型溴化锂吸收式制冷机组，3 个机组通过母管公用 3 台热水型溴化锂吸收式制冷机组。

每台制冷机组各配有一台冷却水循环水泵，共计 18 台冷却水循环水泵；各配有一台一次泵，共计 18 台一次泵；二次泵共有 18 台，通过母管分配，分位 5 组，分别为 12 号地块二级站3台二次泵，4号地块二级站4台二次泵，5号地块二级站3台二次泵，富士康B区二级站4台二次泵，富士康C区二级站4台二次泵；全厂制冷机组I/O点数包括制冷电气共2176点，分配有5对DPU4F，I/O机柜9个。现场I/O信号数量见表10-4～表10-7。

表10-4　单元机组I/O数量统计表

类型	系统			合计
	热力系统	余热锅炉	电气	
AI	110	70	60	240
RTD	30		5	35
TC	20	40		60
DI	400	130	300	830
PI			8	8
SOE			50	50
AO（4～20mA）	30	10		40
DO	160	60	70	290
合计	750	290	493	1533

表10-5　1～3号机组公用部分I/O数量统计表（发电部分）

类型	系统						合计
	循环水泵房	取水泵房	净水站	天然气调压站和前置模块	压缩空气站	电气	
AI	16	10	49	35	18	15	143
RTD	2	1	2	8	7		20
DI	109	36	109	44	71	70	439
AO				13			13
DO	52	16	52	32	32	30	214
合计	179	63	275	132	128	115	892

表10-6　1～3号机组公用部分I/O数量统计表（制冷部分）

类型	系统		合计
	冷水、热水、冷却水系统	电气系统	
AI（4～20mA）	460	60	520
RTD	60		60
DI	890	300	1190
DO	470	80	550
合计	1880	440	2320

表10-7　化水系统I/O数量统计表

类型	供应商	
	南自科林	华电工程
AI	94	110
AO	33	30
RTD		
DI	443	420
DO	246	210
合计	816	770

5. 人机接口

(1) 工程师/历史站。设置2套台式工程师/历史站（其中一套放置在集控楼工程师站，另一套布置在2号机组电子设备间），用于程序开发、系统诊断、控制系统组态、数据库和画面的编辑及修改。

(2) 操作员站。配置8套全功能操作员站，配置2套工程师/历史站，安放在工程师室内。制冷站和化水控制室各配置操作员站和调试上位机各2套。

操作员可根据权限通过任一全功能操作员站实现对各机组及公用系统的监视和操作。各机组操作画面应有明显区别以防止误操作。

操作员站桌面长度除放置全功能操作员站外，还预留7台其他控制系统（DEH操作员站、燃机岛操作员站、NCS操作站）的LCD及键盘。

除上述配置外，另布置2台LCD的操作台和5套操作椅（其中3套用于燃机就地控制室，2套备用）。

(3) 数字化仪表墙。为了满足现场的实时数据的显示要求，采用LED数据显示窗产品，实时显示电厂操作室内所需的各种实时数据信息。可以从多个不同的系统（如仪表、DCS系统及SIS系统）实时采集生产数据（开关量、模拟量），数据以实时方式在LED上显示。

LED分别显示三台机组实时信号，显示年、月、日、星期、时、分、秒，时间采用24小时制，并具有与电厂GPS装置的通信接口。还能接受外来信号或自动累积显示机组安全运行天数，还可通过操作显示欢迎词等，并能滚动切换显示。机组LED窗，还能同时接受机组发电负荷、机组主汽温度、机组主汽压力、机组频率、机组DCS故障、机组DCS正常等信号，并同时显示信号名称、实际工程值。

(4) 紧急操作设备。设置独立于分散控制系统之外的机组紧急操作设备，可保证在紧急情况下快速、安全停机。紧急操作设备（包括设备标牌）布置在操作员站的桌面上，同时带有安全防护罩以防误动。紧急操作设备包括每台机组天然气入口紧急切断阀、燃气轮机、汽轮机、汽包事故放水门、发电机变压器组、交直流润滑油泵、真空破坏门等。

6. 自动控制

(1) 模拟量控制。

1) 机组负荷控制负责协调燃气轮机、余热锅炉、汽轮机、旁路系统及其辅机的运行，以便快速、准确和稳定地响应电厂运行人员的负荷指令，进行有效的生产。

2) 燃气轮机控制。控制系统根据机组负荷指令，向燃机岛控制系统发出负荷指令信号，并由燃机岛控制系统实际执行对燃气轮机的控制。

3) 汽轮机控制。汽轮机的DEH控制系统由汽轮机厂提供，实际的汽轮机控制由其配套的控制系统完成。

4) 主蒸汽温度控制。蒸汽温度控制应考虑调节对象的固有时间滞后和采用减温器出口温度和过热器进出口压力控制中压蒸汽温度的变化。在启动过程中，引入燃机IGV角度信号修正设定值。在出现低负荷（或中压蒸汽流量低）、汽轮机跳闸等情况时，要求严密关闭喷水阀。为防止汽轮机进水及低负荷工况时阀门、阀芯的磨蚀，设计喷水隔离阀联锁。

5) 旁路系统控制。

旁路控制系统的基本功能是协调余热锅炉出口和汽轮机进口的蒸汽流量的不平衡，以保持汽轮机在部分和全部甩负荷时，燃气轮机的稳定运行和安全停运；启动时，控制蒸汽温度与汽轮机金属温度相匹配，减少转子和汽缸的热应力。用控制蒸汽直接流入汽轮机凝汽器的方法实现余热锅炉逐渐暖炉，满足余热锅炉制造厂推荐的启动升温速率，实现压力匹配和实现蒸汽流量从旁路向汽轮机和蒸汽循环的逐渐转换。

在旁路系统控制中，还对减温水的压力和旁路减温器出口的蒸汽温度进行控制。系统设计高旁路与燃气轮机、余热锅炉、汽轮机、发电机之间的联锁保护。当出现凝汽器压力高、旁路减温器后蒸汽温度高、凝汽器温度高、减温水压力低等事故状态时，切除旁路系统。

6）汽包水位控制。在正常运行工况时，调节电动给水泵的转速；在启动运行工况时，调节给水管道上的调节阀开度。正常由蒸汽流量、汽包水位和给水流量组成的三冲量控制系统，启动时只有汽包水位的单冲量控制。单冲量控制和三冲量控制的相互切换无扰动。

7）给水泵再循环控制。为适应电动给水泵最小流量的限制，每一个给水泵有最小流量的再循环控制。

8）省煤器压力控制阀。当省煤器超压时，调节其压力控制阀开度，控制由省煤器回流至中压省煤器的水量，实现省煤器压力的控制。

9）连续排污扩容器水位控制。用控制连续排污扩容器出口调节阀开度来实现连续排污扩容器（CBFT）水位的控制。

10）凝汽器热井水位控制。热井水位为定值调节，通过控制两个并联的热井水位调节阀，以改变由凝结水储水箱到凝汽器的水流量控制热井水位。在热井水位达高值时，全关调节阀；而热井水位达低值时，全开调节阀。

（2）顺序控制。

1）联合循环机组顺序启动。

a. 机组启动准备。辅机准备：由DCS完成，包括循泵启动、化水启动、辅助蒸汽系统等。燃机准备：由燃机控制系统完成，包括燃机启动条件检查、燃料准备、润滑油系统运行、液动操作系统正常等。余热锅炉（HRSG）准备：由DCS完成，包括将各控制回路设置成自动、给水泵投入运行、锅炉疏水系统投入自动等。汽轮机准备：主要由汽轮机控制系统（DEH）完成，部分由DCS完成，包括汽轮机液动系统及润滑油系统运行、各控制阀门如疏水等处于自动状态、各级旁路处于自动投入状态等。

b. 燃气轮机点火启动，由燃机控制系统实现，变频控制器维持约25%转速下对燃机系统进行吹扫，吹扫完毕变频控制退出，转速降至规定值时燃气轮机点火并暖机。

c. 燃气轮发电机同步，由燃机控制系统完成，吹扫完毕燃气轮机按加速程序使转速加速到额定转速。

d. 余热锅炉高压蒸汽升温升压由DCS控制，通过高压旁路使高压蒸汽升温、升压。

e. 汽轮机温度匹配，发电机断路器同期合闸后，DCS投入燃机控制系统温度匹配。温度匹配的目的是在HP蒸汽进入汽轮机前，蒸汽温度必须与汽轮机的金属温度相匹配。

f. 汽轮机带负荷，由汽轮机控制系统完成，在满足条件的情况下，例如，高压蒸汽参数达到要求、高压缸疏水程序完成等后，汽轮机高压缸进汽并带负荷。

g. 余热锅炉中压蒸汽启动，由DCS控制，通过中压旁路和中压汽包压力控制阀控制中压蒸汽的升温升压。

h. 余热锅炉低压蒸汽启动，由DCS控制，通过低压旁路和低压汽包压力控制阀控制低压蒸汽的升温升压。

i. 燃气轮机升荷，由燃机控制系统执行。

2）联合循环机组正常程序停止。

a. 燃气轮机降荷。燃机控制系统控制燃气轮机以一定的速率降荷。

b. 汽轮机降荷。由 DCS 控制，开启旁路，以一定速率关闭汽轮机主汽阀，汽轮机疏水，由 DCS 控制。

c. 发电机解列，机组减速。汽轮机疏水，由燃机控制系统、汽轮机控制系统和 DCS 分别控制。

3）机组甩负荷。

a. 由燃机控制系统和汽轮机控制系统同时控制，使机组空转或带厂用电，直到重新加荷或跳闸，冷却蒸汽由 HRSG 低压蒸汽提供。

b. 汽轮机主汽门关闭，高压旁路自动控制投入。

c. 中压汽包压力控制阀迅速关闭。控制阀迅速关闭，延时规定时间后打开。

4）机组跳闸保护。

燃气轮机和汽轮机各自都有跳闸保护项目，并都由各自的控制系统监测执行，整个联合循环机组的跳闸保护由 DCS 管理实现，当出现汽包水位高、汽包水位低、真空低、排汽压力高或手动跳闸按钮按下等情况时，则将联锁燃机、汽轮机、余热锅炉。燃气轮机跳闸将通过 DCS 的机组保护逻辑使整个联合循环机组跳闸，即汽轮机全部主汽门和调节门关闭，燃气轮机燃料阀关闭。

7. 能源站优化管理

通过收集实际用户三联供运行方式的统计数据并在此基础上设计基于多个、多类型制冷机组的自动功率分配策略优化方案。根据一天中不同时段的电价及电力、热（冷）负荷的变化，总体控制联产系统的运行方式以达到最佳的经济效益。

在对实际用户的负荷进行全年的逐时统计和分析基础上，对三联供系统的运行进行逐时模拟，分析其特点和经济性，采用一套整体的优化协调控制系统。给控制系统提供控制策略、控制参数，随时调整能源站的实际运行方案，以达到最优经济效益。

供冷负荷随时变化，制冷设备也存在数量多、种类多的情况，基于此条件，智能系统首先要保证供冷负荷，智能系统按照“一机对一泵”的原则，结合“大温差小流量”等效果要求进行各种制冷设备进行协调优化控制。在满足此前提下，智能系统还结合平均主机的运转时间及磨损的程度，在优先投运的同类型数台机组中，采用各种轮序，优先启动累计运行小时数最少的机组，使同类型主机的运转总时间趋于相同，达到既满足当前供冷负荷又保证所有制冷设备使用率最优的“双平衡”效果。

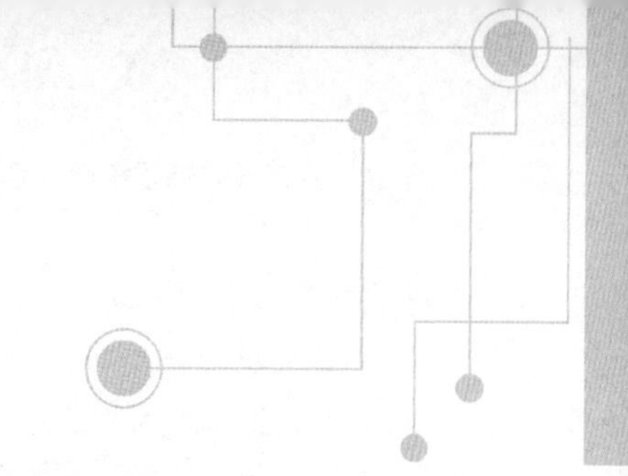

第十一章　分布式供能系统技术经济

第一节　分布式供能工程技术经济工作概述

一、技术经济在能源工程项目中的作用

技术经济是研究工程技术在一定社会、自然条件下的经济效果的科学，通过对具体工程项目各种方案的分析、对比、论证、评价，和项目实施后经济效果的预测，确定最适合本工程建设的技术方案，从而达到满足工程建设的客观环境，实现技术政策、技术措施、技术方案最优的目的。

分布式供能系统技术经济分析的对象是不同系统形式的分布式供能技术所对应的技术经济问题，包括技术政策、技术方案、技术措施、新技术、新工艺、新设备、新材料等的经济问题。所有的技术实践，均需要考虑经济效果，并把经济分析运用到各种形式的分布式供能技术设计及技术问题研究中，这也是本章将讲解的技术经济分析。

二、国家对发展分布式能源的相关政策

1. 国家现阶段发布的鼓励政策

考虑到各地区社会与经济发展水平差异，可由国家有关部门共同制定鼓励政策制定的总体原则和指导意见，由各省制定针对分布式能源的具体鼓励政策。鼓励政策可以包括以下3方面。

（1）对分布式能源的投资进行优惠。优惠政策如下：

1）按照分布式能源设备的铭牌容量给予财政补贴；

2）在当前国产设备技术条件尚不成熟的情况下，对于确需进口设备的工程，免除设备进口税，随着国内分布式技术的发展，逐年减少设备进口税的优惠力度；

3）银行等金融机构对分布式能源项目优先贷款，并给予利息优惠；

4）在分布式能源接入系统的投资方面给予财政补贴。

（2）对分布式能源运行进行补贴。补贴方式如下：

1）对分布式能源系统使用的燃料价格予以优惠；

2）对于分布式能源企业，提供税收减免等优惠政策。

（3）对分布式能源国产设备的研发和推广进行引导和鼓励。相关的措施如下：

1）建立和健全科技创新新激励和保障机制，加大对分布式能源技术研究与开发的投入，促进技术转让，完善产业创新体系等；

2）设立分布式能源技术研究的专项资金，扶持和鼓励国内企业引进、消化、吸收国外

先进技术，并在此基础上自主创新。

2. 国家现阶段发布的相关建设性政策

国家发展和改革委员会、财政部、住房和城乡建设部、国家能源局《关于天然气分布式能源的指导意见》(发改能源〔2011〕2196号)。

《国务院关于促进光伏产业健康发展的若干意见》(国发〔2013〕24号)和《关于支持新产业新业态发展促进大众创业万众创新用地的意见》(国土资规〔2015〕5号)。

《财政部　国家税务总局关于继续执行光伏发电增值税政策的通知》(财税〔2016〕81号)至2018年12月31日，对纳税人销售自产的利用太阳能生产的电力产品，实行增值税即征即退50%的政策。

3. 我国各地区发布的相关政策

除国家发布了政策及税收优惠外，各地方也公布了针对当地的建设的税收政策，如《上海市天然气分布式供能系统和燃气空调发展专项扶持办法》《上海市节能减排专项资金管理办法》《长沙市促进天然气分布式能源发展暂行办法》《青岛市加快清洁能源供热发展的若干政策》等。

三、分布式供能系统项目的特点

分布式供能系统是针对传统供能系统的供能产品单一，能源利用效率低，对用户的负荷变化适应性差，输送成本高、损耗大的缺陷，近期以来逐渐兴起并不断完善的一种崭新的供能型式。这种供能系统有以下特点。

(1) 分布式能量系统降低了输配和用户的用电成本。传统供能系统，如核电、水电、火电、生物燃料发电等，都存在并网和线路传输的问题，线路损耗及电网输送费用是必不可免的。这不仅造成了能源输送过程中的浪费，而且对用户而言提高了用能成本。以传统的电能供应为例，用户侧的费用往往比发电厂发电成本高50%～120%。若采用分布式供能系统，对用户而言不仅减少了能源成品输送的成本，而且最大限度地降低了供热、输电损耗，直接降低了用户侧用能成本，同时还间接节省了稀缺的一次能源。

(2) 分布式供能系统能延缓输、配电网的升级换代。对我国这样的经济新型国家，城市建设日新月异，城镇规模和布局在不断调整变化。当新用户出现或某些用户需要增加用能的需求时，传统供电、供热方式就只能通过建新电站、热源或升级输配电供热系统来满足用户需求，需要投入巨额资金。而对于小型、模块化的分布式供能系统来说，在满足新用户、特殊用户的用电、用热需求时，可简单地在用户所在地安装分布式供能系统，灵活、方便、可靠地为用户提供能量，延缓输、配电网和供热管网的升级换代。

(3) 建设周期短，节约投资。传统发电厂和电网的建设不但需要大量的资金，更需要较长的建设周期。以城镇常见的350MW的热电联产发电厂为例，单台机组的投资金额在15亿～18亿元，建设期在20～25个月，同时还要建设相配套的输配电及供热系统。从项目选址到发电、供热并网运行，总周期甚至需要35个月以上的时间，而且输配电工程需要国网统一规划建设。如果采用分布式能源站，新建投资不到10亿元，输配电工程可同时完成，基本可以实现在10～12个月完成从设计到投产的整个过程。而更小型分布式供能系统，整个工程从设计到投运仅需3～4个月，不会出现需求与供应严重脱节，供与求不同步问题。另外，分布式供能系统实现一次能源就地转换、就地供应，大大减少输电、变电、热力管网、换热站等的投资，节约了资金。

（4）利于能源的梯级利用，降低电厂的厂用电率。分布式供能系统一方面是将发电过程中的“废热”用来供热和制冷，充分利用一次能源；另一方面能源站布置在用户附近，克服了制冷介质、供热介质远距离传输的困难，可根据用户的需求，灵活地通过不同循环的有机整合，进行热电联产或冷电热多联供系统，实现能源的综合梯级利用，提高了能源利用率。热电冷联产方案的总效率可达70%～90%。因此，分布式供能系统为一次能源的综合梯级利用提供了有效途径，降低了投资的成本，提高了资金的收益率。

（5）减少了污染物的排放，环保效益好。无论是以太阳能、风能等可再生能源为核心的分布式供能系统，还是以燃气-蒸汽联合循环为动力核心的分布式供能站，都属于低排放、环境污染少的洁净供能系统。燃料电池的污染则更低。新型的内燃机、燃气轮机（微型燃机）使用了一些现代污染物控制技术，使这些分布式供能系统的污染物排放（烟尘、NO_x、SO_x）都达到非常低的程度，以现在的技术，CO_2排放量较燃煤机组少40%，NO_x排放可不大于25mg/nm^3，符合高标准的环保要求。

这些分布式供能系统除了采用一些现代污染控制技术之外，由于燃用的燃料是液体或气体燃料，相对于煤炭来说，都比较洁净。此外，由于分布式供能站基本都位于负荷中心，便于采用更高效热电冷联供，提高了能源利用效率，有效降低了环境污染，有着巨大社会效益。

（6）建设条件灵活，便于在条件特殊的地方建设。在一些偏远山区、孤立的海岛等特殊用能区域，传统供能站的建设及输配系统不但占地大、投资大，而且周期长。燃料的运输、储存等配套工程的建设也都成本巨大。而分布式供能系统有着占地面积小、投资少、周期短、运营简单方便等特点，可为这些特殊区域提供多种能源供应。因此，对这些特殊区域而言，分布式供能系统具有明显的投资优势和经济效益。

四、分布式供能工程项目技术经济的目的和意义

（1）为国家政府职能部门，为行业管理部门，为企业发展部门制定分布式供能的各种政策、发展方向、技术方案提供经济上的依据；分析技术政策制定的评价理论与方法，分析发展方向评估建议与趋势，分析技术方案实施效果与风险。例如，2013年国家发展改革委，印发的《分布式发电管理暂行办法》（发改能源〔2013〕1381号）明确了分布式能源是指在所在场地或附近建设安装，运行方式以用户端自发自用为主，多余电量上网，且在配电网系统平衡调节为特征的发电设施或有电力输出能量梯级综合利用多联供设施。其单机容量一般在0.2～6MW，总容量在0.2～50MW，采用小型和微型燃机（或内燃机、热汽轮机）作为能源，将制冷、采暖、热水供应、发电合为一体的多联产系统。

（2）针对具体项目，分析多个可行的技术方案经济效果，并进行选优；分析并提出优化方案、改进方案的路径和方法。

（3）在满足技术方案的条件下，从经济的角度实现节能，开展“限额设计”；组合不同的分布式供能系统，与生产、生活等其他“互联网”优势组合，形成经济效果联盟。

五、分布式供能工程技术经济的特点

技术经济是技术与经济相结合的综合性边缘科学，具有边缘学科的特点。分布式供能系

统的技术经济是将燃料供应与应用学科的技术采用经济学科的理论与方法进行研究，将两门学科的内容在能源经济体系下有机的结合成分布式供能。技术经济分析必须按照自然规律，以工程技术为基础开展工作。它不同于科学技术研究自然规律本身，亦不同于其他经济科学研究，而是以经济科学作为理论指导和方法论，对分布式供能系统的技术进行经济分析、比较、评价，从经济的角度为不同的技术方案实施提供决策依据。

分布式供能系统技术经济分析特点综合概括如下：

（1）分布式供能系统技术经济分析强调在技术可行基础上的“经济分析”。技术经济分析的内容是在技术上可行的条件已经确定后，开展经济合理性的分析与论证工作。技术经济分析不包括应由工程技术研究解决的技术可行性的分析论证内容，只为技术可行性提供经济依据，并为改进技术方案提供符合经济合理性的途径。

（2）技术经济分析与工程项目所处的客观环境（包括自然环境、社会环境）关系密切。分布式供能技术方案的优选过程必然受到客观条件的制约，技术经济分析是建立在技术方案基础上，必然会受到特定的社会经济环境影响，需要在社会的政治、经济、自然、环保等系统中进行综合评价。

（3）技术经济分析是对分布式供能系统中可行技术方案的经济效果进行“差异”分析比较。技术经济分析工作的特点是除分析各种技术方案的经济可行性与合理性之外，重点在于分析各种技术方案之间的经济效果差异，把各种技术方案中相同的因素在具体分析过程中略去，从而简化经济分析和计算的工作量。

（4）技术经济分析工作具有前瞻性，是对工程项目“未来”经济问题的分析。技术经济分析是着眼工程项目“未来”，利用现行的能源政策，考虑今后的发展，对分布式供能工程项目建成投产运行的经济效果进行“预测”分析。它不仅考虑某个技术方案实施的直接成本和“沉没成本”，它更侧重考虑工程项目从开始实施建设起，为获得同样使用效果的各种技术方案的经济效果。所以，分布式供能技术经济分析就意味着对“不确定性因素”“敏感性因素”“随机因素”的预测与分析，这将关系到技术效果评价计算的结果。因此，技术经济分析是建立在预测基础上的科学。

综上所述，分布式供能系统技术经济分析具有很强的技术与经济的结合性，技术与客观环境的关联性，技术方案的差异对比性，对工程未来的预测性及技术方案的优选性等特点。

第二节　分布式供能系统项目技术经济工作任务

分布式供能系统技术经济分析的核心问题，是分布式供能技术发展中的经济效果问题。在分布式供能技术发展过程中，存在着技术政策的操作性、技术措施的可靠性、技术方案的经济合理性等分析、评价和优选等问题。因此，它的任务就是要选择在技术上和经济上相对最优和相对最合理的方案，使分布式供能在技术与经济两个方面得到最优的统一。另外，任务中还应该包括为国家政府部门、为行业引领部门、为企业发展部门制定分布式供能各种政策、各种发展方向、各种技术方案提供经济依据，为促进分布式供能的发展与应用提供实际技术经济分析指导。

一、分布式供能项目申报步骤

分布式能源的开发和申报一般按以下几个步骤：

1. 项目的开发区域优选

项目开发区域一般选择经济发达，能源品质要求高的城市，以及天然气供应有保障的地区。选择时最好选择同时有较大的冷、热、电负荷，供热（冷）时间在150天以上的地区。

2. 深入市场调研

市场调研内容包括工业及供暖负荷现状、生活热水及空调热负荷现状、热电联产热负荷现状、区域内锅炉现状、区域内不同热源所占份额现状、热网及电网现状等。大中型项目根据以上项目应聘请有资质的设计院编写初步可行性研究报告，并报当地发改委审批，若属于申报国家级示范项目需再报国家发改委审批。

3. 签署相关协议取得相关支持性文件

对编写大型分布式供能项目的初步可行性研究报告时可以参考火电厂、市政工程项目，还需要取得一些相关协议及支持性文件并同初步可行性研究报告一同报发改委。其中包括省市发改委同意开展前期工作的函、省国土资源厅出具的预审意见、省住房和城市建设厅出具的预审意见、省文物局出具的预审意见、省军事设施保护委员会出具的审查意见、中国民航局出具的预审意见、地震局出具的预审意见、与供气单位签订供气协议（意向书）、省电力公司出具允许上网的函、签订冷热气供应协议（意向书），同时还应取得环境保护及水土保持方面的审批报告。

二、分布式供能项目技术经济工作的范围

分布式供能系统作为能源项目广泛应用于城镇基础设施项目。技术经济分析主要分析工程项目的“资源投入与产出”，从财务学的角度分析“资金流入与流出”。在分布式供能项目满足建设必要性、市场需要预测、建设规模、冷电热产品方案的基础上，工程技术需要在站址选择、技术方案组合、工艺流程、主要设备选型、原材料供应、工程技术方案优化、工程建设力能布置、工程建设进度等方面开展工作，形成可行的分布式供能工程技术方案设计。在此基础上，对可行的分布式供能方案进行客观性、真实性、可靠性分析和技术经济分析。

其主要工作包括两大部分：一是工程项目投资估算，包括建筑工程费、安装工程费、设备购置费、其他费用的投资估算，其中投资估算包括静态投资、动态投资、铺底流动资金估算等。二是工程项目经济评价，包括资金筹措、成本计算、偿还能力分析、财务评价。

三、分布式供能系统投资编制的主要内容

项目的审批及立项一般分为初步可行性研究、可行性研究、初步设计等阶段，初步可行性研究是从客观考察项目的必要性，看其是否符合国家长期的方针和要求，其调研及签署的协议将作为投资匡算、效益分析及经济评价的重要依据，经审批后的初步可行性研究报告是编制可行性研究报告和拟建项目立项的依据。考虑到现在的投资主体主要是以企业投资为主，根据发改投资〔2013〕2662号规定，对有些项目由核准改为备案的项目，由企业自主决策、自负盈亏、自担风险。各地方和有关部门要简化备案手续、推行网上备案，不得以任何名义变相审批。除不符合国家法律法规、产业政策禁止发展、需报政府核准的项目外，均

应当予以及时备案。因此可行性研究、初步设计等阶段可由企业做相应的调整。

分布式供能工程项目总投资一般是指工程项目从筹建到全部竣工投产所需要投入的全部资金，也称为工程项目计划总资金。根据资金的作用，将工程项目计划总资金分为项目建设总费用和生产运营准备的铺底流动资金。根据资金流动的时间，将项目建设总费用分为工程项目建设静态投资和动态费用。根据工程项目建设实体内容及费用性质，将静态投资分解成“四大费用”，分别是建筑工程费、安装工程费、设备及工器具购置费、其他费用。根据工程项目设计阶段不同，需要计算不同额度的基本预备费。基本预备费独立计算，只是在工程费用汇总时列入其他费用。根据工程项目投资估算编制，将“四大费用”分为计价依据价格水平工程费和编制基准期价差。工程项目动态费用包括价差预备费和建设期贷款利息。工程项目计划总资金构成如图11-1所示。

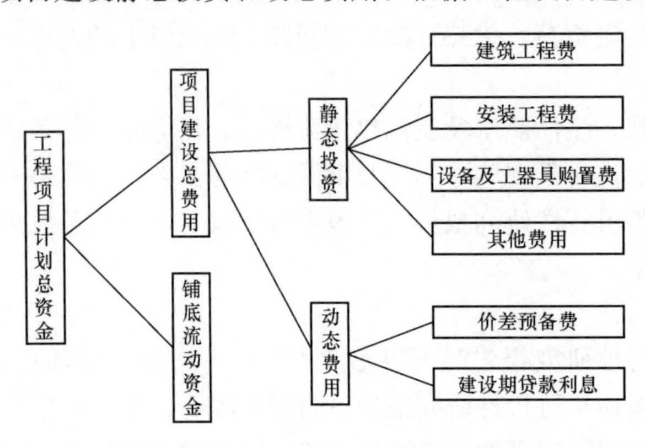

图 11-1　工程项目计划总资金构成图

1. 项目初步可行性研究（项目建议书）阶段

（1）初步可行性研究是在初步落实项目的外部条件基础上，对项目方案进行初步的技术、财务、经济、环境和社会影响评价，对项目是否可行做出初步判断。研究的主要目的是判断项目是否有生命力，是否值得投入更多的人力和资金进行可行性研究，并据此做出是否进行投资的初步决定。

（2）初步可行性研究阶段编制要求。初步可行性研究阶段包括总投资匡算、财务分析和经济效益分析，总投资匡算表中工程费用的内容应分解到主要单项工程，工程建设其他费用可在总投资估算表中分项计算。财务分析和经济效益分析，对各种投资项目的技术可行性与经济合理性进行的综合评价，以确定建设项目是否可行，为正确进行投资决策提供科学依据。

（3）工程造价计算表见表 11-1。

2. 可行性研究阶段

（1）可行性研究是在项目建议书被批准后，对项目在技术上和经济上是否可行所进行的科学分析和论证。

可行性研究，是在调查的基础上，通过市场分析、技术分析、财务分析和经济效益分析，对各种投资项目的技术可行性与经济合理性进行的综合评价。可行性研究的基本任务是进一步落实项目的外部条件，对新建或改建项目的主要问题，从技术经济角度进行全面的分析研究，并对其投产后的经济效果进行预测，在既定的范围内进行方案论证的选择，以便最合理地利用资源，达到预定的社会效益和经济效益。

可行性研究必须从系统总体出发，对技术、经济、财务、商业以至环境保护、法律等多个方面进行分析和论证，以确定建设项目是否可行，为正确进行投资决策提供科学依据。项目的可行性研究是对多因素、多目标系统进行的不断地分析研究、评价和决策的过程。它需要有各方面知识的专业人才通力合作才能完成。可行性研究不仅应用于建设项目，还可应用于科学技术和工业发展的各个阶段和各个方面。例如，工业发展规划、新技术的开发、产品更新换代、企业技术改造等工作的前期，都可应用可行性研究。

（2）可行性研究阶段编制内容。可行性研究阶段，分布式供能项目投资估算原则上应采用指标估算法，对投资有重大影响的主体工程应估算出分部分项工程量，参考相关综合指标（同类工程结算指标）或概算定额编制主要单项工程的投资估算。可行性研究投资估算深度应满足项目的可行性研究与评估，并最终满足国家和地方相关部门批复或备案的要求，具体包括工程量计算依据，建筑安装工程费编制依据，地区人工工资调整依据，材料、机械市场价格取定依据，设备价格的选用依据，以及建设期贷款利息计算依据。

（3）工程造价计算表见表11-1～表11-3和表11-6。

3. 初步设计阶段

（1）设计概算文件必须完整地反映工程项目初步设计的内容，严格执行国家有关的方针、政策和制度，实事求是地根据工程所在地的建设条件（包括自然条件、施工条件等影响造价的各种因素）按有关的依据性资料编制。具体包括工程量计算依据，建筑安装工程费编制依据，地区人工工资调整依据，材料、机械市场价格取定依据，设备价格的选用依据，以及建设期贷款利息计算依据。

（2）初步设计阶段编制内容要求。概算设计文件应包括编制说明（工程概况、编制依据、建设规模、建设范围、不包括的工程项目和费用、其他必须说明的问题等）、总概算表、单项工程综合概算书、单位工程概算书、其他工程和费用概算书和钢材、木材和水泥等主要材料表。

总概算书是确定一个建设项目从筹建到竣工验收交付使用所需全部建设费用的总文件，包括3个部分：建筑安装工程费和设备购置费、其他费用（如土地征购费、房屋拆迁费、研究试验费、勘察设计费等）、预备费（不可预见的工程和费用）。

（3）工程造价计算表见表11-1～表11-6。

4. 施工图设计阶段

（1）施工图设计应根据已通过的初步设计文件及设计合同书中的有关内容进行编制，内容以施工图为主，包括工程量计算依据，建筑安装工程费编制依据，地区人工工资调整依据，材料、机械市场价格取定依据，设备价格的选用依据，以及建设期贷款利息计算依据。

（2）施工图阶段编制内容要求。内容包括工程概况，编制依据、范围，有关未定事项、遗留事项的处理方法，特殊项目的计算措施，在预算书表格中无法反映出来的问题及其他必须说明的情况等。

编写编制说明的目的是使他人更好地了解预算书的全貌及编制过程，以弥补数字不能显示的问题。

（3）工程造价计算表见表11-1～表11-6。

5. 分布式能源造价表格

表11-1　**总估（概、预）算表**　万元

序号	工程或费用名称	建筑工程费	设备购置费	安装工程费	其他费用	合计	各项占静态投资（%）	单位投资（元/kW）
一	主辅生产工程							

续表

序号	工程或费用名称	建筑工程费	设备购置费	安装工程费	其他费用	合计	各项占静态投资（%）	单位投资（元/kW）
（一）	热力系统							
（二）	燃料供应系统							
（三）	余热回收系统							
（四）	供水系统							
（五）	供热（冷）系统							
（六）	电气系统							
（七）	控制系统							
（八）	脱硝系统							
（九）	附属生产工程							
二	与供能站有关的单项工程							
（一）	交通运输工程							
（二）	防浪堤、填海、护岸工程							
（三）	水质净化工程							
（四）	补给水工程							
（五）	地基处理工程							
（六）	厂区土石方工程							
（七）	临时工程							
三	编制基准期价差							
四	其他费用							
（一）	建设场地征用及清理费							
（二）	项目建设管理费							
（三）	项目建设技术服务费							
（四）	整套启动试运费							
（五）	生产准备费							
五	基本预备费							
六	特殊项目费用							
（一）	工程静态投资							
（二）	各项占静态投资（%）							
（三）	各项静态单位投资（元/kW）							
七	动态费用							
（一）	价差预备费							
（二）	建设期贷款利息							

续表

序号	工程或费用名称	建筑工程费	设备购置费	安装工程费	其他费用	合计	各项占静态投资（%）	单位投资（元/kW）
（三）	小计							
（四）	工程动态投资							
	其中：可抵扣固定资产增值税							
（五）	各项占动态投资（%）							
（六）	各项动态单位投资（元/kW）							
八	铺底流动资金							
（一）	工程计划总资金							

注　编制基准期价差已经在各单位工程中计算时，表中“编制基准期价差”为汇总数；编制基准期价差没有在各单位工程中计算时，表中“编制基准期价差”为实际数，不得重复计算。

表 11-2　　**安装工程汇总估（概、预）算表**　　元

序号	工程项目名称	设备购置费	安装工程费				合计	技术经济指标		
			装置性材料费	安装费	其中人工费	小计		单位	数量	指标

表 11-3　　**建筑工程汇总估（概、预）算表**　　元

序号	工程项目名称	设备费	建筑费		建筑工程费合计	技术经济指标		
			金额	其中人工费		单位	数量	指标

表 11-4　　安装工程估（概、预）算表　　元

序号	编制依据	项目名称	单位	数量	单重	总重	单价				合价			
							设备	装置性材料	安装	其中工资	设备	装置性材料	安装	其中工资

表 11-5　　土建工程估（概、预）算表　　元

序号	编制依据	项目名称	单位	数量	设备单价	建筑费单价		设备合价	建筑费合价	
						金额	其中工资		金额	其中工资

表 11-6　　其他费用表　　元

序号	工程或费用项目名称	编制依据及计算说明	合价

四、分布式能源的财务分析及经济评价

（一）资金来源及融资方案

1. 资金来源分类

资金按照来源划分为项目资本金和债务资金两部分。

根据国家有关规定，能源行业项目资本金占总投资的比例不低于20%；投资项目的资本金应一次认缴，并根据批准的建设进度按照比例逐年投入到位。

分布式供能项目债务资金主要来源有商业银行贷款、国家政策性银行贷款、金融机构贷款、国际商业银行贷款、外国政府贷款、国际信贷和国际金融组织贷款等。

债务融资应对使用贷款的利率、计息周期、贷款偿还期、宽限期、手续费、承诺费及还款方式（本金等额或本利和等额）等贷款条件下做细致的调查研究，选用成本较低的资金，并在评价说明中表述。

2. 资金来源可靠性分析

资金来源可靠性分析应对各类资金在币种、额度和时间要求上是否能够满足分布式供能项目建设需要进行分析。

(1) 既有法人内部融资的可靠性分析。

1) 通过调查了解既有企业资产负债结构、净现金流量状况和盈利能力，分析企业的财务状况、可能筹集到并用于项目的现金数额及其可靠性。

2) 通过调查了解既有企业资产结构现状及其与拟建项目的关联性，分析企业可能用于拟建项目的非现金资产数额及其可靠性。

(2) 项目资本金的可靠性分析。

1) 采用既有法人融资方式的项目，应分析原有股东增资扩股和吸收新股东投资的数额及其可靠性。

2) 采用新设法人融资方式的项目，应分析个人投资者认缴的股本金数额及其可靠性。

3) 采用上述两种融资方式，若通过发行股票筹集资本金，应分析期货的批准的可能性。

(3) 项目债务资金的可靠性分析。项目资本金与项目债务资金的比例是项目资金结构中最重要的比例关系，需要由各个参与方的利益平衡来决定，同时还取决于行业风险和项目的具体风险程度。项目资本金与项目债务资金的比例应符合下列要求。

1) 符合国家法律和行政法规定。

2) 符合金融机构信贷规定及债权人有关资产负债比例的要求。

3) 满足权益投资者获得期望投资回报要求。

4) 满足防范财务风险的要求。

在符合国家有关注册资本（资本金）比例规定、符合金融机构信贷规定及债权人有关资产负债比例要求的前提下，既能使项目资本获得较高的收益率，又能较好地防范财务风险的比例是较理想的项目资本金与项目债务资金的比例。

3. 项目资本结构

项目资本金内部结构比例是指投资方的出资比例。不同出资比例决定各投资方对项目建设和经营的决策权和承担的责任，以及项目收益的分配。确定项目资本结构应符合下列要求。

(1) 采用既有法人融资方式的项目。采用既有法人融资方式的项目，要考虑既有法人的财务状况和筹资能力，合理确定既有法人内部融资与新增资本金在项目融资总额中所占的比例，分析既有法人内部融资与新增或资本金的可能性与合理性。

(2) 采用新设法人融资方式的项目。采用新设法人融资方式的项目，应根据投资方各方在资金、技术和市场开发方面的优势，通过协商确定各方出资比例、出资时间。

(3) 国内投资项目。国内投资项目，应分析控股股东的合法性和合理性；外商投资项目，应分析外方出资比例的合法性和合理性。

4. 项目债务资金结构

项目债务资金结构比例反映债权各方为项目债务资金的数额比例、债务期限比例、内债和外债比例，以及外债中各币种债务的比例等。确定项目债务资金结构比例应符合下列要求。

(1) 根据债权人提供债务资金的条件（包括利率、宽限期、偿还期及担保方式）合理确定各类借款和债券的比例；

（2）合理搭配短期、中长期债务比例；

（3）合理安排债务资金的偿还顺序；

（4）合理确定内债和外债的比例；

（5）合理选择外汇币种；

（6）合理确定利率结构。

5. 资本成本分析

资本成本是指项目为筹集和使用资金而支付的费用，包括资金筹集费和资金占用费。资金成本是选择资金来源、拟定融资方案的依据，也是企业在进行任何同现有资产风险相同投资时要求的“最低收益率”。

6. 融资风险分析

融资风险是指融资活动存在的各种风险。在融资方案分析中，应对各种融资方案的融资风险进行识别、比较，并对最终推荐的融资方案提出防范风险的对策。融资风险分析中应重点考虑下列风险因素。

（1）资金供应风险。资金供应风险是指在项目实施过程中由于资金不落实，导致建设工期延长，工程造价上升，使原定投资效益目标难于实施的可能性。主要包括以下几方面：

1）已承诺出资的股本投资者由于出资能力有限（或者由于拟建项目的投资效益缺乏足够的吸引力），而不能（或不再）兑现承诺。

2）原定发行股票、债券计划不能实现。

3）既有企业法人由于经营状况恶化，无能力按原定计划出资。

为了防范供应风险，必须认真做好资金来源可靠性分析。在选择股本投资者时，应当选择资金实力强、既往信用好、风险承受能力强的投资者。

（2）利率风险。利率风险是指由于利率变动导致资金成本上升，给项目造成损失的可能性。无论是采用浮动利率还是采用固定利率都存在利率风险。为了防范利率风险，应对未来利率的走势进行分析，以确定采用何种利率。

（3）汇率风险。汇率风险是指由于汇率变动给项目造成损失的可能性。为了防范汇率风险，使用外汇数额较大的项目应对人民币的汇率走势、所借外汇币种的汇率走势进行分析，以确定采用何种外汇币种结算。

（二）财务分析及其内容

财务分析应在财务效益与费用估算的基础上进行，通过编制财务报表，计算财务分析指标，考察和分析项目的盈利能力、偿债能力和财务生存能力，判断项目财务可接受性，明确项目对财务主体的价值及对投资者的贡献，为项目决策提供依据。

在分布式供能项目开展初步可行性研究阶段，通常只进行融资前分析。

融资前分析是指在不考虑债务融资条件下进行的财务分析。融资前分析只进行盈利能力分析，并以项目投资折现现金流量分析为主，计算项目投资财务内部收益率和净现值指标，也可计算投资回收期指标。

融资后分析应以融资前分析和初步融资方案为基础，考虑项目在拟定的融资条件下的盈利能力、偿债能力和财务生存能力，判断项目方案在融资条件下的可能性与可行性。

融资后分析主要进行项目资本折现现金流量分析和投资各方折现现金流量分析，计算项目资本金财务内部收益率、投资各方财务内部收益率指标，以及项目资本金净利润率、总投资收益率等非折现指标。

融资后分析是根据选定的融资方案，进行融资决策和投资者最终决定出资的依据。

1. 盈利能力分析

（1）折现方式。

1）项目投资流量分析。项目投资流量分析是从项目投资总获利能力角度，考察项目方案设计的合理性。应考察整个计算期内项目现金流入和现金流出，编制项目投资现金流量表，计算项目投资内部收益率和净现值等指标。根据需要，可以从所得税前和（或）所得税后两个角度进行考察，选择计算所得税前和（或）所得税后财务分析指标。

2）项目资本金现金流量分析。项目资本金现金流量分析是在拟定的融资方案基础上进行的息税后分析，应从项目资本金出资人整体角度出发，确定其现金流入和现金流出，编制项目资本金现金流量表，计算项目资本金财务内部收益率指标，考察项目资本金可获得的收益水平。

3）投资各方现金流量分析。投资各方现金流量分析是从投资各方实际收入和支出的角度，确定其现金流入和现金流出，分别编制投资各方财务现金流量表，计算投资各方内部收益率指标，考察投资各方可能获得的收益水平。当投资各方不按股本比例进行分配或有其他不对等的收益时，可选择投资各方财务现金流量分析。

（2）非折现方式。非折现方式是指不采取事先处理数据，主要依靠利润与利润分配表，并借助现金流量表计算相关盈利能力指标，包括项目资本金净利润率（ROE）、总投资收益率（ROI）和投资回收期等。

2. 偿债能力分析

偿债能力分析应通过计算利息备付率（ICR）、偿债备付率（DSCR）和资产负债率（LOAR）等指标，分析判断财务主体的偿债能力。

3. 财务生存能力分析

财务生存能力分析，应在财务分析辅助表和利润分配表的基础上编制财务计划现金流量表，通过考察项目计算期内的投资、融资和金融活动所产生的各项现金流入和现金流出，计算净现金流量和累计盈余资金，分析项目是否有足够的净现金流量维持正常运营，以实现财务可持续性。例如，一些民生或师范的分布式能源项目，可根据财务生存能力的分析提出补贴收入的预算。

财务分析报表包括以下几种：

（1）项目投资现金流量表；

（2）项目资本金现金流量表；

（3）投资各方现金流量表（注资方 1）；

（4）流动资金估算表；

（5）投资使用计划与资金筹措总表；

（6）投资使用计划与资金筹措明细表；

（7）借款还本付息计划表；

（8）折旧摊销估算表；

（9）总成本费用估算表（总表）；

(10) 总成本费用估算表（明细表）；

(11) 利润与利润分配表；

(12) 财务计划现金流量表；

(13) 资产负债表。

4. 财务分析

财务分析各项指标汇总见表 11-7。

表 11-7　　财务分析各项指标汇总

序号	项目	单位	指标
1	机组容量	MW	
2	工程静态投资	万元	
3	流动资金	万元	
4	不含税电价	元/MWh	
5	含税电价	元/MWh	
6	不含税热价	元/GJ	
7	含税热价	元/GJ	
8	总投资收益率	%	
9	资本金净利润率	%	
10	项目投资内部收益率（所得税前）	%	
11	投资回收期	年	
12	净现值	万元	
13	项目投资内部收益率（所得税后）	%	
14	投资回收期	年	
15	净现值	万元	
16	项目资本金内部收益率	%	
17	投资方内部收益率	%	
18	利息备付率（ICR）	%	
19	偿债备付率（DSCR）	%	
20	资产负债率	%	

（三）分布式供能项目经济费用效益分析

1. 经济费用效益分析的主要目的

分布式供能项目经济费用效益分析应从资源合理配置的角度，分析项目投资的经济效率和对社会福利所做出的贡献，评价项目的经济合理性。对于财务现金流量不能全面、真实地反映其经济价值，需要进行经济费用效益分析的项目，应将经济费用效益分析的结论作为项目决策的主要依据之一。

(1) 全面识别整个社会为项目付出的代价，以及项目为提高社会福利所做出的贡献，评价项目投资的经济合理性。

（2）分析项目的经济费用效益流量与财务现金流量存在的差别，以及造成这些差别的原因，提出相关的政策调整建议。

（3）对于市场化运作的基础设施等项目，通过经济费用效益分析来论证项目的经济价值，为制定财务方案提供依据。

（4）分析各利益相关者为项目付出的代价及获得的收益，通过对受损者及受益者的经济分析，为社会评价提供依据。

2. 分布式能源经济效益分析的方法

分布式供能项目经济费用效益分析应通过识别经济效益与经济费用，编制经济费用效益流量表，计算经济内部收益率和经济净现值指标，分析项目的经济合理性。经济效益和经济费用可以直接识别，也可以通过调整财务效益和费用得到。

（1）项目经济费用效益识别与计算原则。

1）应对分布式供能项目涉及的所有社会成员的有关费用和效益进行分析和计算，全面分析项目投资及运营活动耗用资源的经济价值（费用），以及项目为社会成员福利增加所做出的贡献（效益）。

a. 分析体现在项目实体本身的直接费用和效益，以及项目引起的其他组织、机构或个人发生的各种外部费用和效益；

b. 分析分布式供能项目的近期影响，以及项目可能带来的中期、远期影响；

c. 分析与分布式供能项目主要目标有直接联系的直接费用和效益，以及各种间接费用和效益；

d. 分析具有物质载体的有形费用和效益，以及各种无形费用和效益。

2）效益和费用的识别遵循以下原则：

a. 增量分析的原则。项目经济费用效益分析应建立在增量效益和增量费用识别和计算的基础之上，不应考虑沉没成本和已实现的效益。应按照增量分析“有无对比”的原则，通过项目的实施效果与无项目情况下可能发生的情况进行对比分析，作为计算机会成本或增量效益的依据。

b. 考虑关联效果原则。应考虑项目投资可能产生的其他关联效果。

c. 剔除转移支付的原则。转移支付代表购买力的转移行为，接受转移支付的一方所获得的效益与付出方所产生的费用相等，转移支付行为本身没有导致新增资源的发生。在经济费用效益分析中，税赋和补贴属于转移支付。应当从经济费用效益流量中剔除转移支付。

3）经济效益的计算应遵循支付意愿（WTP）和接受补偿意愿（WTA）的原则，经济费用的计算应遵循机会成本的原则。

a. 项目产出的正面效果按支付意愿的原则计算，用于分析社会成员为项目产出的效益愿意支付的价值。

b. 项目产出的负面效果按接受补偿意愿的原则计算，用于分析社会成员为接受这种不利影响所得到补偿的价值。

c. 项目投入的经济费用应按机会成本的原则计算，用于分析项目所占用的所有资源的机会成本。机会成本应按资源次优利用所产生的效益进行计算。

4）经济效益和经济费用应采用影子价格计算。对于具有市场价格的投入和产出，影子价格的计算应符合下列要求：

a. 由燃料进口的分布式供能项目投入或产出的影子价格应根据口岸价格，按下列公式计算

进口投入的影子价格(到厂价) = 到岸价(CIF) × 影子汇率 + 进口费用 (11-1)

b. 对于其他货物，其投入或产出的影子价格应根据不同情况具体分析。如果项目处于竞争性市场环境中，应采用市场价格作为计算项目投入或产出的影子价格的依据。如果项目的投入或产出的规模很大，项目的实施将足以影响其市场价格，导致“有项目”和“无项目”两种情况下市场价格不一致，在项目评价中，取二者的平均值作为测算影子价格的依据。

投入与产出的影子价格中流转税处理原则：对于产出品，增加供给满足国内市场供应的，影子价格按支付意愿确定，含流转税；替代原有市场供应的，影子价格按机会成本确定，不含流转税。对于投入品，用新增供应来满足项目的，影子价格按机会成本确定，不含流转税；挤占原有用户需求来满足项目的，影子价格按支付意愿确定，含流转税。在不能判别产出或投入是增加供给还是挤占（替代）原有供给的情况下，可简化处理为产出的影子价格一般包含流转税，投入的影子价格一般不含流转税。

5）当项目的产出效果不具有市场价格，或市场价格难以真实反映其经济价值时，应遵循消费者支付意愿和（或）接受补偿意愿的原则，按下列方法测算其影子价格：

a. 采用“显示偏好”的方法，寻找揭示这些影响的隐含价值，对其效果进行间接估算。

b. 采用“陈述偏好”的意愿调查方法，通过对被评估者的直接调查，直接评价调查对象的支付意愿或接受补偿意愿，从中推断出项目造成的有关外部影响的影子价格。

6）特殊投入物的影子价格按下列方法计算：

a. 土地是一种重要的经济资源，项目占用的土地无论是否支付费用，均应计算其影子价格。当项目所占用的是农业、林业、牧业、渔业及其他生产性用地时，其影子价格应按照其未来对社会可提供的消费产品的支付意愿及因改变土地用途而发生的新增资源消耗进行计算；当项目所占用的是住宅、休闲用地等非生产性用地时，具有完善的市场机制的应根据市场交易价格估算其影子价格；无市场交易价格或市场机制不完善的，应根据接受偿意愿估算其影子价格。

b. 项目因使用劳动力所付的工资，是项目实施所付出的代价。劳动力的影子工资等于劳动力的机会成本与因劳动力转移而引起的新增资源消耗之和。

c. 项目投入的自然资源，无论在财务上是否付费，在经济费用效益分析中都必须测算其经济费用。不可再生自然资源的影子价格应按资源的机会成本计算，再生自然资源的影子价格应按资源再生费用计算。

7）外部效果是指项目的产出或投入无意识地给他人带来费用或效益，且项目没有为此付出代价或因此获得收益。为防止外部效果计算扩大化，一般只应计算一次相关效果。

8）环境及生态影响的外部效果是经济费用效益分析应考虑的一种特殊形式的外部效果。应尽可能对项目所带来的环境影响的效益和费用（损失）进行量化和货币化，将其列入经济流量。

环境及生态影响的效益和费用，应根据项目的时间范围和空间范围、具体特点、评价的深度要求及资料占有情况，采用适当的评估方法与技术对环境影响的外部效果进行识别、量

化和货币化。

分布式供能项目在为城市发展和人民生活水平提高做出贡献的同时，在某些方面也会产生一些不利影响，如产生噪声、尘土、易燃危险品等，这些都应在经济分析中进行实事求是的分析，寻找解决方案，并将相关费用计入经济费用。

9）效益表现为费用节约的项目，应根据“有无对比”分析原则，计算节约的经济费用，计入项目相应的经济效益。在经济费用分析中，应注意避免重复计算。

10）影子汇率是指用于对外贸货物进行经济费用效益分析时外币的经济价格，影子汇率应能正确反映国家外汇的经济价值，其计算式为

$$\text{影子汇率} = \text{外汇牌价} \times \text{影子汇率换算系数} \tag{11-2}$$

11）项目经济费用效益分析采用社会折现率对未来经济效益和经济费用流量进行折现。社会折现率是项目经济费用效益分析的重要参数，采用国家统一测算发布的数值。项目的所有效益（包括不能货币化的效果）和费用一般均应在共同的时点基础上予以折现。

12）经济费用效益分析时，需要注意项目与费用、项目与效益之间的转移支付。转移支付是指仅将资源的支配权从社会的一个群体转移到另一个群体，是国民收入的重新分配，例如，一些税收与补贴就属于转移支付，而非经济费用。转移支付需要根据效益和费用形成与作用，重新调整国民经济效益与费用。

（2）项目的经济费用和效益估算。

1）项目的直接经济费用。项目的直接经济费用主要是指为满足项目投入（包括建设投资、流动资金及项目运行期间的盈利成本）需要而付出的代价，这些投入物用影子价格计算的经济价值即为项目的直接经济费用。

2）项目的间接经济费用。项目的间接经济费用是指经济上为项目付出了代价，而项目的直接费用中未得到反映的部分，如使其他部门遭受的损失、对环境的影响等。

分布式供能项目的实施和运行期间对其他部门的负面影响较小，有利于环境保护和社会的持续发展，污染物的排放符合环境部门的要求，而且对改善环境的正面意义是显而易见的。因此，分布式供能项目的间接费用可忽略不计。

3）项目的直接经济效益。项目的直接经济效益表现为用影子价格计算的分布式供能项目营业收入（冷热电产品销售收入）。

4）项目的间接经济效益。项目的间接经济效益是指项目为经济做出的贡献，而直接效益中未得到反应的那部分效益。分布式供能项目的间接效益表现如下：

a. 节约资源和能源（水、土地、热能、燃料和电力等）的效益；同时减少运输量而节约的运输费用，缓解交通压力；减少的污染物总体排放量，进而减少大气环境污染治理的投资费用及改善环境的效益等。

节约能源，其效益计算式如下

$$\text{节约能源(燃料、电力等)效益} = \Sigma\text{节约能源量} \times \text{市场价(含税)} \tag{11-3}$$

式中　节约能源量=∑原能源系统能源消耗量－分布式能源系统能源消耗量。

节约土地资源，其计算式如下

$$\text{节约土地资源效益} = \text{节约占地量} \times \text{土地影子价格} \tag{11-4}$$

式中　节约占地量=原能源系统占地量－分布式能源系统占地量。

节约运输费用，其计算式如下

$$节约运输效益 = \Sigma节约燃料、灰渣减少量 \times 节约占地量 \times 运输单价 \tag{11-5}$$

式中 节约燃料量=Σ原能源系统燃料运输量－分布式能源系统燃料运输量；

节约灰渣量=Σ原能源系统灰渣运输量－分布式能源系统灰渣运输量。

减少排污总体排放量，其计算式如下

$$减少排污总体排放量 = \Sigma原能源系统污染物排放量 - 分布式能源系统污染物排放量 \tag{11-6}$$

减少排污总体排放量表示分布式供能项目比化石能源项目可减少二氧化碳及二氧化硫、粉尘等污染物年排放量。

b. 减少疾病，提高城镇卫生水平，从而提高社会劳动生产率，降低医疗费用。

c. 对旅游城镇，由于城镇环境的改善，可使旅游收入提高等。

（3）在财务分析基础上进行费用与效益的调整。

1）固定资产投资的调整计算。

a. 剔除固定资产中的购置设备及材料的关税和增值税（非应税项目）、土地使用税、投资方向调节税、涨价预备费。

b. 以影子汇率、影子价格调整进口设备及材料价格。

c. 以影子价格换算系数调整国内设备价格。

d. 根据建筑工程消耗的人工、三材、其他大宗材料、电力等，用影子工资、货物和电力的影子费用调整建筑工程费。

e. 土地影子费用应反映土地的机会成本和社会新增资源消耗，要分析土地的基准价或机会成本，尽量反映土地资源的稀缺程度。

2）流动资金的调整计算。

a. 采用分项详细估算法计算流动资金时，应根据影子价格用调整好的经营费用重新估算流动资金。

b. 采用扩大指标估算法测算流动资金时，应根据影子价格调整好的销售收入或成本费用重新估算流动资金。

3）经营成本的调整计算。

a. 可变成本的原材料、燃料、动力费用等，要采用影子价格调整。

b. 固定费成本中的职工薪酬，应以影子工资换算系数进行换算。要注意两者的口井范围应保持一致。

c. 固定成本中的修理费用，应按调整后的固定资产投资数值计算。

d. 其他需要调整部分，根据项目情况，仅对价格扭曲加大因素进行合理调整。

3. 经济费用效益分析指标

（1）经济净现值（ENPV），是项目按照社会折现率将计算期内各年的经济净效益流量折现到建设期初的现值之和，其计算式为

$$ENPV = \sum_{t=1}^{n} (B - C)_t (1 + i_s)^{-t} \tag{11-7}$$

式中 B——经济效益流量；

C——经济费用流量；

$(B-C)_t$——第 t 期经济净效益流量；

i_s——社会折现率；

n——项目计算期。

在经济费用效益分析中，如果经济净现值等于或大于 0，表明项目可以达到社会折现率要求的效率水平，认为该项目从经济资源配置的角度可以被接受。

(2) 经济内部收益率（EIRR），是项目在计算期内经济净效益流量的现值累计等于 0 时的折现率，其表达式为

$$\sum_{t=1}^{n}(B-C)_t(1+\mathrm{EIRR})^{-t}=0 \tag{11-8}$$

其他符号同前。

若经济内部收益率等于或大于社会折现率，表明项目资源配置的经济效率达到了可以被接受的水平。

(3) 经济效益费用比（R_{BC}），是项目在计算期内效益流量的现值与费用流量的现值之比，其计算式如下

$$R_{BC}=\frac{\sum_{t=1}^{n}B_t(1+i_s)^{-t}}{\sum_{t=1}^{n}C_t(1+i_s)^{-t}} \tag{11-9}$$

式中　B_t——第 t 期的经济效益；

C_t——第 t 期的经济费用。

其他符号同前。

若经济效益费用比大于 1，表明项目资源配置的经济效率达到了可以被接受的水平。

4. 利益相关群体分析

在完成上述分析之后，宜进一步分析对比经济费用效益流量与财务现金流量之间的差异和原因，找出受益或受损群体。分析项目对不同利益相关群体在经济上的影响程度，分析项目利益相关群体受益或受损状况的经济合理性。

5. 定性分析

对于经济效益和费用均可以货币化的项目应采用经济费用效益分析方法；对于效益难以货币化的项目，可采用费用效果分析方法；对于效益或费用难以量化或货币化的项目，应进行定性分析。

定性分析结论的表达取决于项目评价的目标、内容和要求。市政各专业对社会经济的影响因素、影响范围等各不相同，其定性分析内容应结合本专业特点和项目实际情况，合理选择。

分布式供能项目对经济、社会、环境的影响主要是正面的，有些项目也有可能产生一些不利影响，应采取防治处理措施，并实事求是地分析并计算其产生的损失或进行定性描述。

6. 经济费用效益分析报表

(1) 项目投资经济费用效益流量表，用于计算项目经济内部收益率、经济净现值和经济

回收期等国民经济评价指标。

（2）经济费用效益分析投资费用估算调整表，用于计算项目建设期的投资费用。

（3）经济费用效益分析经营费用估算调整表，用于计算项目经营期投入费用。

（4）项目直接效益估算调整表，用于计算项目经营期产品收益。

（5）项目间接费用估算表，用于计算项目经营期内，从社会、大众的角度需要或可能支付的相关费用。

（6）项目间接效益估算表，用于计算项目经营期内，从公用性、公益性的角度可以得到或预计得到的相关收益。

各类表格的内容、表现形式与其他工程项目国民经济评价分析报表基本相同，具体内容根据各地区所关注的重点不同有所差异，可参照《建设项目经济评价方法与参数（第三版）》中相应的表格，本书关于表格略。

7. 不定性分析与风险分析

（1）不确定性分析的目的和内容。不确定性是指在缺乏足够信息的情况下，估计可变因素变化对项目产出期望值所造成的偏差。

不确定性分析包括盈亏平衡分析、敏感性分析。盈亏平衡分析只适用于项目的财务评价，敏感性分析适用于财务评价和国民经济评价。

（2）不确定性分析方法。

1）盈亏平衡分析。盈亏平衡分析的目的是找出由盈利到亏损的临界，即盈亏平衡点（BEP），据此判断项目风险的大小对风险的承受能力。分布式供能项目盈亏平衡分析采用生产能力利用率和产量表示盈亏平衡点。盈亏平衡点也可通过绘制盈亏平衡图进行分析得出。盈亏点越低，表示项目适应市场变化的能力越大，抗风险能力越强。

盈亏平衡点通过正常年份的产量或销售量、可变成本、固定成本、产品价格和销售税金及附加等数据计算。可变成本主要包括原材料、燃料、动力消耗、包装费和计件工资等。固定成本主要包括员工薪酬、折旧费、无形资产及递延资产摊销费、修理费和其他费用等。为了简化计算，财务费用一般也作为固定成本。正常年份应选择还款期内的第一个达产年和还款后的年份分别计算，以便分别给出最高和最低的盈亏平衡点区间范围。盈亏平衡点一般采用公式计算，也可利用盈亏平衡图求取，盈亏平衡图如图 11-2 所示。

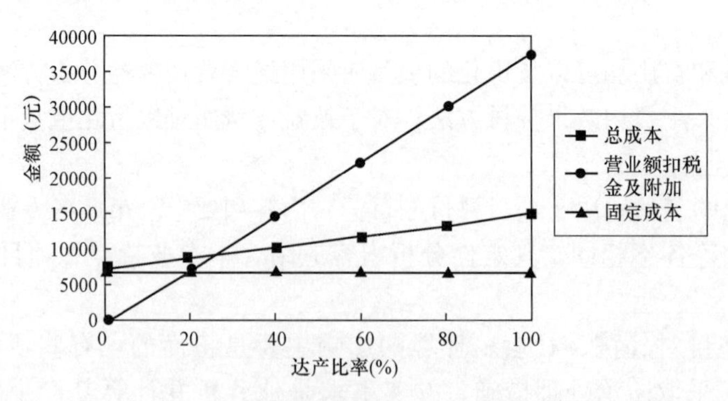

图 11-2 盈亏平衡图（生产能力利用率）

项目评价中通常采用产量和生产能力利用率表示的盈亏平衡点，其计算式如下

$$\text{BEP}_{\text{生产能力利用率}} = \frac{\text{年固定成本}}{\text{年营业收入} - \text{年可变成本} - \text{年营业税金及附加}} \times 100\% \quad (11\text{-}10)$$

$$\text{BEP}_{\text{产量}} = \frac{\text{年固定成本}}{\text{单位产品价格} - \text{单位产品可变成本} - \text{单位产品营业税及附加}} \quad (11\text{-}11)$$

当采用含增值税价格时，式中分母还应扣除增值税。

2）敏感性分析。敏感性分析是经济决策中最常用的一种不确定性分析方法，它通过分析、预测项目主要影响因素发生变化时对项目经济评价指标（如 NPV、IRR 等）的影响程度的大小，找出敏感性因素，从而为采取必要的风险防范措施提供依据。

a. 单因素敏感性分析。在进行单因素敏感性分析时，假定只有一个因素是变化的，其他的因素均保持不变，分析这个可变因素对经济评价指标的影响程度和敏感程度。

一般根据项目的特点、不同的研究阶段、指标的重要程度来选择一两个指标作为研究对象，经常用到的经济评价指标为净现值（NPV）和内部收益率（IRR）。

影响项目经济评价指标的主要敏感因素是销售收入、项目建设投资、经营成本。

b. 多因素敏感性分析。在进行敏感性分析时，有两个或两个以上因素同时发生变化，分析这些因素变化对经济评价指标的影响。在特定情况下或投资方有要求时才做多因素敏感性分析。

c. 敏感度系数（SAF）。敏感度系数是指项目评价指标变化的百分率与不确定性因素变化的百分率之比，其计算式如下

$$\text{SAF} = \frac{\Delta A/A}{\Delta F/F} \quad (11\text{-}12)$$

式中　SAF——评价指标 A 对于不确定因素 F 的敏感系数；

$\Delta F/F$——不确定因素 F 的变化率；

$\Delta A/A$——不确定因素 F 发生 ΔF 变化时，评价指标 A 的相应变化率。

SAF$>$0 时，表示评价指标与不确定因素同方向变化；SAF$<$0 时，表示评价指标与不确定因素反方向变化。｜SAF｜较大时则敏感度系数高。

3）临界点（转折值）。临界点（转折值）是指不确定性因素的变化使项目由可行变为不可行的临界数值，一般采用不确定因素相对基本方案的变化率或其对应的具体数值表示。临界点可通过敏感性分析图得到近似值，也可用试算法求得。

4）敏感性结果的表示。敏感性分析的计算结果，应采用敏感性分析表，见表 11-8。

表 11-8　敏感性分析表

变化因素＼变化率	−30%	−20%	−10%	0%	+10%	+20%	+30%
基准折现率 i_c							
建设投资							
销售价格							
原材料成本							
汇率							
…							

敏感度系数和临界点分析的结果，应采用敏感度系数和临界点分析图。敏感度系数见表11-9。

表 11-9　　　　敏感度系数和临界点分析表

序号	不确定因素	变化率（%）	内部收益率	敏感度系数	临界点（%）	临界值
1	基本方案					
2	产品产量（生产负荷）					
3	产品价格					
4	主要原材料价格					
5	建设投资					
6	汇率					
7	…					

敏感性分析临界点分析图如图 11-3 所示。

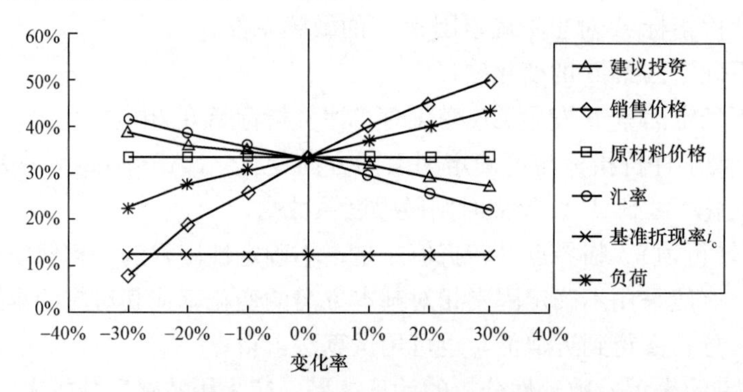

图 11-3　敏感性分析临界点分析图

8. 经济风险分析

经济风险分析是不确定性分析的补充和延伸，是指由于不确定的因素存在导致项目实施后偏离预期财务和经济效益目标的可能性。经济风险通过识别项目潜在的风险因素，采用定性与定量相结合的方法估计各风险因素发生变化的可能性，以及这些变化对项目的影响程度，解释影响项目的关键风险因素，提出项目风险的预警、预报和相应的对策。通过风险分析的信息反馈，改进或优化设计方案，降低项目风险。

项目风险分析过程一般包括风险识别、风险估计、风险评价与风险应对。

（1）风险识别。风险识别应采用系统论的观点对项目进行全面考察和综合分析，找出潜在的各种风险因素，并对各种风险进行比较、分类，确定各因素之间的相惯性和独立性，判断其发生的可能性即对项目的影响程度，按其重要性进行排队或赋予权重。风险识别应根据项目的特点选用适当的方法。常用的方法有问卷调查、专家调查和情景分析等。

（2）风险估计。风险估计是在风险识别之后，通过定量分析方法测度风险发生的可能性即对项目的影响。通常采用主观概率和客观概率分布，运用数理统计反西方法，计算项目评价指标相应的概率分布或累计概率、期望值、标准差。确定风险事件的概率分布常用的方法有概率树、蒙特卡罗模拟机 CIM 模型等分析方法。

（3）风险评价。风险评价应根据风险识别和风险估计的结果，依据项目风险判别标准，找出影响项目成败的关键风险因素。项目风险大小的评价标准应根据风险因素发生的可能性及其造成的损失来确定，一般采用评价指标的概率分布或累计概率、期望值、标准差作为判别标准，也可采用综合风险等级作为判别标准。

1）已评价指标作为判别标准：①财务（经济）内部收益率大于等于基准收益率（社会折现率）的累计概率越小，风险越小。②财务（经济）净现值大于等于零的累计概率值越大，风险越小；标准差越小，风险越小。

2）以综合风险等级作为判别标准。根据风险因素发生的可能性及其造成损失的程度，建立风险等级的矩阵，将风险发生的可能性与影响程度综合起来，以风险应对的方式来表示风险的综合等级。风险等级亦可采用数学推导和专家判断相结合确定。综合风险等级分类见表 11-10。

表 11-10　　综合风险等级分类

综合风险等级		风险影响的程度			
		严重	较大	适度	低
风险的可能性	高	K	M	R	R
	较高	M	M	R	R
	适度	T	T	R	I
	低	T	T	R	I

综合风险等级分为 K、M、T、R、I 五个等级：

a. K（Kill）表示项目风险很强；

b. M（Modify）表示项目风险强；

c. T（Trigger）表示项目风险较强；

d. R（Review and reconsider）表示项目风险适度（较小）；

e. I（Ignore）表示项目风险弱。

落在表左上角的风险会产生严重后果；落在表左下角的风险，发生的可能性相对低，但必须注意临界指标的变化，提前防范与管理；落在表右上角的风险影响虽然相对适度，但是发生的可能性相对较高，也会对项目产生影响，应注意防范；落在右下角的风险，损失不大，发生的概率小，可忽略不计。

（4）风险应对。风险应对是根据风险评价的结果，研究规避、控制与防范风险的措施，为项目全过程风险管理提供依据。具体应关注以下方面：

1）风险对应原则：具有针对性、可行性、经济型，并贯穿于项目评价的全过程。

2）决策阶段风险应对的主要措施：强调多方案必选；对潜在风险因素提出必要的研究与实验课题；对投资估算与财务（经济）分析，应留有充分的余地；对建设期货运营期的潜在风险可建议采取回避、转移、分担和自担措施。

3）结合综合风险因素等级的分析结果，提出下列对应方案：

a. K级：出现这类项目风险就要放弃项目；

b. M级：修正拟议中的方案，通过改变设计或采取补偿措施等；

c. T级：设定某些指标的临界值，指标一旦达到临界值，就要变更设计或对负面影响采取补偿措施；

d. R级：适当采取措施后不影响项目；

e. I级：可忽略不计。

9. 方案经济比选

分布式供能项目的方案比选宜对互斥方案和可转化为互斥型方案进行比选。项目应具有可供比选的备选方案。

（1）项目备选方案应具备的条件及要求。

1）备选方案的整体功能应达到目标要求。

2）备选方案的经济效益应达到可接受的水平。

3）备选方案包含的范围和时间应一致，效益和费用计算口径应一致。

4）项目的备选方案要满足财务生存的要求，经济必选应注意与技术方案的结合。

5）在对方案所含的全部因素（相同因素和不同因素）进行比选时，应注意不同方案基础条件的可比性及计算数据的准确性。

6）对局部系统不直接产生经济效益的方案比选，应采用增量分析方法。将方案对比的差额投资作为增量投入，节省的运行费用作为增效益，折现计算增量效益 ΔFIRR。当 ΔFIRR 大于项目基准收益率时，以投资大的方案为优；当 ΔFIRR 小于项目基准收益率时，以投资小的方案为优。

7）比选方案的计算期不同时，比选的计算期可按备选方案计算期的最小公倍数确定，但计算期不宜超过运营期。

（2）方案经济比选的方法。方案经济比选可采用效益比选法、费用比选法和最低价格比选法。

1）效益比选法。

a. 净现值比较法比较备选方案的财务净现值或经济净现值，以净现值大的方案为优。

b. 净年值比较法比较备选方案的净年值，以净年值大的方案为优。其计算式如下

$$AW = \left[\sum_{i=1}^{n}(S-I-C'+S_v+W)_i(P/F,i,t)\right](A/P,i,n) \tag{11-13}$$

$$AW = NPV(A/P,i,n) \tag{11-14}$$

式中 S——年销售收入；

I——年全部投资；

C'——年运营费用；

S_v——计算期末回收的固定资产余值；

W——计算期末回收的流动资金；
$(P/F, i, t)$ ——现值系数；
$(P/F, i, n)$ ——资金回收系数；
i——设定的折现率；
n——计算期；
NPV——净现值。

c. 差额投资财务内部收益率法，使用备选方案差额现金流，其计算式如下

$$\sum_{i=1}^{n}[(\mathrm{CI}-\mathrm{CO})_{大}-(\mathrm{CI}-\mathrm{CO})_{小}]_i(1+\Delta\mathrm{FIRR})^{-t}=0 \tag{11-15}$$

式中　$(\mathrm{CI}-\mathrm{CO})_{大}$——投资大的方案的财务净现金流量；
$(\mathrm{CI}-\mathrm{CO})_{小}$——投资小的方案的财务净现金流量；
ΔFIRR——差额投资财务内部收益率。

将差额投资财务内部收益率（ΔFIRR），与设定的基准收益率（i）进行对比，当差额投资财务内部收益率大于或等于设定的基准收益率时，以投资大的方案为优，反之，投资小的方案为优。在进行多方案比较时，应按投资大小，由小到大排序，再一次就相邻方案两两比较，从中选出最优方案。

d. 差额投资经济内部收益率（ΔFIRR）法，可用经济净现金流量替代式（11-15）中的财务净现流量，进行方案经济比选。

（3）费用比选方法。

1）费用现值比较法。费用现值比较法，计算备选方案的总费用现值并进行对比，以费用现值较低的方案为优。其计算式如下

$$\mathrm{PC}=\sum_{i=1}^{n}(I+C'-S_{\mathrm{v}}-W)_t(P/F,i,t) \tag{11-16}$$

式中　PC——费用现值。

2）费用年值比较法。费用年值比较法是指计算备选方案的总费用限制并进行对比，以费用现值较低的方案为优。其计算式如下

$$\mathrm{AC}=\Big[\sum_{i=1}^{n}(I+C'-S_{\mathrm{v}}-W)_t(P/F,i,t)\Big](A/P,i,n) \tag{11-17}$$

$$\mathrm{AC}=\mathrm{PC}(A/P,i,n) \tag{11-18}$$

式中　$(A/P, i, n)$ ——资金回收系数。

3）最低价格（服务收费标准）比较法。最低价格（服务收费标准）比较法是指在相同产出方案比选中，以净现值为零推算备选方案的产出最低价格（$P_{\min}$），应以最低产品价格较低的方案为优。

多方案比选时，应采用相同的折现率。在项目无资金约束的条件下，一般采用差额内部收益率法、净现值法何年执法，方案效益相同或基本相同时，可采用最小费用法，即费用现值比较法和费用年值法。

10. 方案比选中经济评价指标的应用范围

方案比选中经济评价指标的应用范围见表11-11。

表 11-11 方案比选中经济评价指标的应用范围

用途	指标	
	净现值	内部收益率
方案比选（互斥方案比选）	无资金限制时，可选择NPV较大者	一般不直接用，可计算差额投资内部收益率ΔIRR，当ΔIRR≥i时，以投资较大方案为优
项目排队（独立项目按优劣排序的最优组合）	不单独使用	一般不采用（可用于排除项目）

第三节 技术经济在分布式供能项目应用案例及效益分析

一、燃气模式的分布式供能站

1. 典型燃气模式的分布式供能站工艺系统简述

天然气分布式能源是指利用天然气为燃料，通过冷热电三联供等方式实现能源的梯级利用，综合能源利用效率在75%～85%，并在负荷中心就近实现能源供应的现代能源供应方式，是天然气高效利用的重要方式。

2. 燃气分布式供能站项目技术经济案例

本项目规划新建设2套燃气热电联供机组，总装机容量约2×2MW。构成2套完整的“1+1+1”燃气—蒸汽联合循环供热机组。在性能保证工况（15℃，101.3kPa），联合循环机组在纯凝工况下出力为1.976MW，在设计热负荷工况下出力为0.98MPa蒸汽13t/h。

（1）装机方案及主要指标。以下各项指标计算中，发电设备利用小时数按6500h，机组年运行小时数按7000h。按此原则计算的全厂热经济指标见表11-12。

表 11-12 本项目的经济指标

序号	项目	单位	供热机组
1	发电设备利用小时数	h	6500
2	燃气轮机年耗燃气量（两台）	$\times10^8 m^3/a$	0.13
3	联合循环额定工况毛出力	MW	2×1.976
4	全厂年发电量	$\times10^9$ kWh	0.026
5	全厂年供热量	$\times10^4$ GJ	25.93
6	供电气耗	m^3/kWh	0.15
7	供热气耗	m^3/GJ	28.50
8	年平均热电比	%	277.15
9	联合循环全厂热效率	%	81.67

注 供热机组指标按照全年平均。

（2）投资概况见表 11-13。

表 11-13　　本项目投资

序号	项目名称	单位	数量
1	机组容量	MW	4
2	工程静态投资	万元	2942
3	单位造价	元/kW	7355
4	工程动态投资	万元	2954
5	单位造价	元/kW	7384

（3）资金来源及融资方案。本项目注册资本金比例为全部投资的 20%，其余资金为项目融资。融资暂按银行贷款考虑，贷款利率执行中国人民银行发布的现行贷款利率。贷款偿还期为 10 年，其中宽限期 2 年，还款方式为本息等额还款。

（4）财务评价各项指标汇总（价格水平年为 2016 年）见表 11-14。

表 11-14　　财务评价各项指标汇总

序号	项目名称	单位	指　标
1	机组容量	MW	4
2	工程静态投资	万元	2942
3	建设期贷款利息	万元	12
4	不含税热价	元/GJ	62
5	含税热价	元/GJ	70
6	不含税电价	元/MWh	465
7	含税电价	元/MWh	544
8	项目投资所得税后内部收益率	%	11.18
	投资回收期	年	8.95
	财务净现值	万元	851.57
9	项目资本金内部收益率	%	27.27
10	总投资收益率	%	8.85
11	资本金净利润率	%	28.76

结论：本工程（天然气价格为 2.20 元/m^3 含税）项目财务评价的各项指标均能满足企业投资的基本要求。若按我国平均的燃机上网电价 0.68 元/MWh 的 80%计算，项目资本金的投资回收期约在 5～7 年。由此可见本项目的建设不但满足区域电负荷及热（冷）负荷，而且项目本身也具很强的市场竞争能力。

二、以太阳能发电为动力的分布式供能站

该项目为新建 70MW 农光能互补分布式能源项目。项目拟生产优质食用菌、畜牧养殖为主，一地两用，在光伏阵列之间的空地建设农业大棚，整个园区农业种植和光伏发电共同经营，使光伏发电与生态农业完美结合，使大片贫瘠土地得到充分利用，实现绿色能源、设

施农业，促进农民就业增收，所发的可再生电能输送给附近的居民用户或是国家电网，对农业经济的发展具有极大示范作用的好项目。

1. 装机方案

本项目安装容量为70.00MW。根据站址所在地的太阳能资源情况，综合考虑光伏发电站系统设计、光伏阵列布置和环境条件等因素，以及光伏组件的衰减率，计算得出本项目25年年均发电量为91054.1MWh，25年总发电量为2276352.2MWh，年均等效利用时数约为1301h。

2. 资金来源及融资方案

本项目注册资本金比例为全部投资的20%，其余资金为项目融资。融资暂按银行贷款考虑，贷款利率执行中国人民银行发布的现行贷款利率。贷款偿还期为15年，其中宽限期1年，还款方式为本息等额还款。

3. 财务评价

财务评价各项指标汇总（价格水平年为2016年）见表11-15。

表11-15 财务评价各项指标汇总

编号	名称	单位	指标
1	装机容量	MW	70.00
2	工程静态投资	万元	62456
3	年平均上网电量	万kWh	9105
4	上网电价（25年）	元/kWh	0.95
5	全部投资内部收益率（税后）	%	8.39
6	自有资金内部收益率	%	15.69
7	总投资收益率（ROI）	%	5.75
8	投资回收期（所得税后）	年	10.45
9	借款偿还期	年	15
10	资产负债率	%	70.07

结论：本工程项目财务评价的各项指标均能满足企业投资的基本要求。如按我国平均的光伏上网电价1.0元/MWh计算，项目的投资回收期为6～8年。同时农牧业总投资约9000万元，农业大棚内种植食用菌收入约1亿元，牧业养殖收入5000万元，形成立体循环经济。本项目的建设不但满足区域电力负荷而且还大大提高当地农业收入，由此可见农光互补的分布式能源项目本身也具很强的市场竞争能力。

三、以风能发电为动力的分布式供能站

1. 装机方案

项目装机容量为50MW，安装25台单机容量为2000kW风力发电机组，年上网发电量为142364.72MWh；年等效满负荷小时数为2847h，容量系数为0.325。

2. 资金来源及融资方案

本项目注册资本金比例为全部投资的20%，其余资金为项目融资。融资暂按银行贷款考虑，贷款利率执行中国人民银行发布的现行贷款利率。贷款偿还期为15年，其中宽限期

1年，还款方式为本息等额还款。

价格水平年为2016年。

3. 财务评价

财务评价各项指标汇总见表11-16。

表11-16　　财务评价各项指标汇总

序号	项目名称	单位	指标
1	装机容量	MW	50
2	年上网电量	MWh	142350
3	总投资	万元	37405.09
4	建设期利息	万元	749.09
5	流动资金	万元	150
6	销售收入总额（不含增值税）	万元	119232.36
7	总成本费用	万元	59395.09
8	销售税金附加总额	万元	1658.85
9	发电利润总额	万元	66472.67
10	经营期平均电价（不含增值税）	元/kWh	0.4188
11	经营期平均电价（含增值税）	元/kWh	0.49
12	投资回收期（所得税前）	年	6.83
13	投资回收期（所得税后）	年	8.08
14	全部投资内部收益率（所得税前）	%	15.76
15	全部投资内部收益率（所得税后）	%	12.44
16	全部投资财务净现值（所得税前）	万元	29943.01
17	全部投资财务净现值（所得税后）	万元	14924.11
18	自有资金内部收益率	%	43.96
19	自有资金财务净现值	万元	21877.33
20	总投资收益率（ROI）	%	10.73
21	投资利税率	%	8
22	项目资本金净利润率（ROE）	%	35.4
23	资产负债率	%	80.1
24	盈亏平衡点（生产能力利用率）	%	50.0929
25	盈亏平衡点（年产量）	MWh	71307.28

结论：本工程项目财务评价的各项指标均能满足企业投资的基本要求。如按我国平均的风电上网电价0.54元/MWh计算，项目的投资回收期为4～6年。

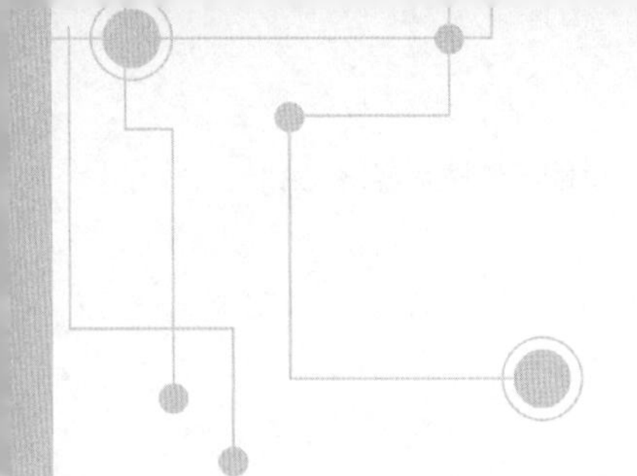

附　　录

附录A　全国主要城市民用建筑单位面积年耗热量

附表 A-1　　全国主要城市民用建筑单位面积供暖年耗热量

城　市	室外供暖计算温度 t_o（℃）	供暖期平均温度 t_{av}（℃）	供暖平均热负荷系数 η	供暖天数 N（d）	单位面积年耗热量（GJ/m^2）		
					按 CJJ 34—2010 计算值		GB/T 51161—2016 标准约束值
					热指标 40（W/m^2）	热指标 35（W/m^2）	
寒　冷　地　区							
北　京	−7.6	−0.7	0.73	123	0.31	0.27	0.26
天　津	−7.0	−0.6	0.74	121	0.31	0.27	0.25
兰　州	−9.0	−1.9	0.74	130	0.33	0.29	0.28
太　原	−10.1	−1.7	0.70	160	0.39	0.34	0.29
唐　山	−9.2	−1.6	0.72	130	0.32	0.28	—
阿　坝	−4.1	1.2	0.76	122	0.32	0.28	—
客　什	−10.9	−1.9	0.69	121	0.29	0.25	—
德　州	−6.5	0	0.74	114	0.29	0.25	—
石家庄	−6.2	0.1	0.74	111	0.28	0.25	0.23
大　连	−9.8	−0.7	0.67	132	0.31	0.27	—
济　南	−5.3	1.4	0.71	99	0.24	0.21	0.21
青　岛	−5	1.3	0.73	108	0.24	0.21	—
郑　州	−3.8	1.7	0.75	97	0.24	0.21	0.20
拉　萨	−5.2	−0.6	0.80	132	0.37	0.32	0.29
西　安	−3.4	1.5	0.77	100	0.27	0.24	0.21
延　安	−10.3	−0.9	0.67	133	0.31	0.27	—
宝　鸡	−3.4	1.6	0.77	101	0.27	0.24	—
洛　阳	−3.0	2.1	0.76	92	0.24	0.21	—
安　阳	−4.7	1.0	0.75	101	0.26	0.23	—
日客则	−7.3	−0.3	0.79	159	0.43	0.38	—

续表

城市	室外供暖计算温度 t_o（℃）	供暖期平均温度 t_{av}（℃）	供暖平均热负荷系数 η	供暖天数 N（d）	单位面积年耗热量（GJ/m²）		
					按CJJ 34—2010计算值		GB/T 51161—2016标准约束值
					热指标40（W/m²）	热指标35（W/m²）	
严寒地区B							
长春	−21.1	−7.6	0.65	169	0.38	0.33	0.37
乌鲁木齐	−19.7	−7.1	0.67	158	0.37	0.32	—
延吉	−18.4	−6.6	0.68	171	0.40	0.35	—
通辽	−19	−6.7	0.67	166	0.38	0.33	—
通化	−21	−6.6	0.63	170	0.37	0.32	—
四平	−24.0	−8.5	0.63	172	0.37	0.32	—
呼和浩特	−17	−5.3	0.67	167	0.38	0.33	0.36
抚顺	−20.0	−6.3	0.64	161	0.36	0.32	—
沈阳	−16.9	−5.1	0.66	152	0.35	0.31	0.33
大同	−16.3	−4.8	0.67	183	0.42	0.37	—
本溪	−18.1	−5.1	0.64	157	0.35	0.33	—
哈密	−11.6	−4.7	0.77	141	0.38	0.33	—
鞍山	−15.1	−3.8	0.66	143	0.33	0.29	—
张家口	−13.6	−3.9	0.69	146	0.35	0.31	—
酒泉	−14.5	−4.0	0.68	157	0.37	0.33	—
伊宁	−16.9	−3.9	0.63	141	0.31	0.27	—
吐鲁番	−12.6	−3.4	0.70	118	0.29	0.25	—
西宁	−11.4	−2.6	0.70	165	0.40	0.35	0.35
银川	−13.1	−3.2	0.68	145	0.34	0.30	0.31
丹东	−12.9	−2.8	0.67	145	0.34	0.30	—
包头	−16.6	−5.1	0.67	164	0.38	0.33	—
严寒地区A							
宜春	−28.3	−11.8	0.64	190	0.42	0.37	—
海拉尔	−31.6	−12.7	0.62	208	0.46	0.40	—
满洲里	−28.6	−12.6	0.66	210	0.48	0.42	—
齐齐哈尔	−23.8	−9.5	0.66	181	0.41	0.36	—
哈尔滨	−24.4	−9.4	0.65	176	0.40	0.35	0.39
牡丹江	−22.4	−8.6	0.66	177	0.40	0.35	—
克拉玛依	−22.2	−8.6	0.61	147	0.31	0.35	—
佳木斯	−24.0	−9.6	0.66	180	0.41	0.36	—
漠河	−37.5	−16.1	0.61	224	0.47	0.41	—
加格达奇	−29.7	−12.4	0.64	208	0.46	0.40	—

注 CJJ 34—2010《城镇供热管网设计规范》；

GB/T 51161—2016《民用建筑能耗标准》。

附录B 全国主要城市民用建筑单位面积供热年标准煤耗量

附表 B-1 全国主要城市民用建筑单位面积供热年标准煤耗量

城市	室外供暖计算温度 t_o（℃）	供暖期平均温度 t_{av}（℃）	按CJJ 34—2010标准计算供热煤耗（kg/m²）			GB/T 51161—2016标准供热煤耗（kg/m²）		
			供热量（GJ/m²）	热电厂集中供热	锅炉房集中供热	供热量（GJ/m²）	区域集中供热	小区集中供热
寒冷地区								
北京	−7.6	−0.7	0.27	10.8	13.5	0.26	7.6	13.7
天津	−7.0	−0.6	0.27	10.8	13.5	0.25	7.3	13.2
兰州	−9.0	−1.9	0.29	11.6	14.5	0.28	8.3	14.8
太原	−10.1	−1.7	0.34	13.6	17.0	0.29	8.6	15.3
唐山	−9.2	−1.6	0.28	11.2	14.0	—	—	—
阿坝	−4.1	1.2	0.28	11.2	14.0	—	—	—
客什	−10.9	−1.9	0.25	10.0	12.5	—	—	—
德州	−6.5	0	0.25	10.0	12.5	—	—	—
石家庄	−6.2	0.1	0.25	10.0	12.5	0.23	6.8	12.1
大连	−9.8	−0.7	0.27	10.8	13.5			
济南	−5.3	1.4	0.21	8.4	10.5	0.21	6.3	11.1
青岛	−5	1.3	0.21	8.4	10.5			
郑州	−3.8	1.7	0.21	8.4	10.5	0.20	6.0	10.6
拉萨	−5.2	−0.6	0.32	16.4	20.5	0.36	10.6	19.0
西安	−3.4	1.5	0.24	9.6	12.0	0.21	6.3	11.1
延安	−10.3	−0.9	0.27	10.8	13.5	—	—	—
宝鸡	−3.4	1.6	0.24	9.6	12.0	—	—	—
洛阳	−3.0	2.1	0.21	8.4	10.5	—	—	—
安阳	−4.7	1.0	0.23	9.2	11.5	—	—	—
日客则	−7.3	−0.3	0.38	15.2	190	—	—	—
严寒地区B								
长春	−21.1	−7.6	0.38	15.2	19.0	0.37	10.7	19.3
乌鲁木齐	−19.7	−7.1	0.37	14.8	18.5	—	—	—
延吉	−18.4	−6.6	0.40	16.0	20.0	—	—	—
通辽	−19	−6.7	0.38	15.2	19.0	—	—	—
通化	−21	−6.6	0.37	14.8	18.5	—	—	—

续表

城　市	室外供暖计算温度 t_o（℃）	供暖期平均温度 t_{av}（℃）	按 CJJ 34—2010 标准计算供热煤耗（kg/m²）			GB/T 51161—2016 标准供热煤耗（kg/m²）		
			供热量（GJ/m²）	热电厂集中供热	锅炉房集中供热	供热量（GJ/m²）	区域集中供热	小区集中供热
四　平	−24.0	−8.5	0.37	14.8	18.5	—	—	—
呼和浩特	−17	−5.3	0.38	15.2	19.0	0.36	10.6	19.0
抚　顺	−20.0	−6.3	0.36	14.4	18.0	—	—	—
沈　阳	−16.9	−5.1	0.35	14.0	17.5	0.33	9.7	17.3
大　同	−16.3	−4.8	0.42	16.8	21.0	—	—	—
本　溪	−18.1	−5.1	0.35	14.0	17.5	—	—	—
哈　密	−11.6	−4.7	0.38	15.2	19.0	—	—	—
鞍　山	−15.1	−3.8	0.33	13.2	16.5	—	—	—
张家口	−13.6	−3.9	0.35	14.0	17.5	—	—	—
酒　泉	−14.5	−4.0	0.37	14.8	18.5	—	—	—
伊　宁	−16.9	−3.9	0.31	12.4	15.5	—	—	—
吐鲁番	−12.6	−3.4	0.29	11.6	14.5	—	—	—
西　宁	−11.4	−2.6	0.40	16.0	20.0	0.35	10.2	18.3
银　川	−13.1	−3.2	0.34	13.6	17.0	0.31	9.1	16.3
丹　东	−12.9	−2.8	0.34	13.6	17.0	—	—	—
包　头	−11.5	−5.1	0.38	15.2	19.0	—	—	—
严 寒 地 区 A								
宜　春	−28.3	−11.8	0.42	16.8	21.0	—	—	—
海拉尔	−31.6	−12.7	0.46	18.4	23.0	—	—	—
满洲里	−28.6	−12.6	0.48	19.2	24.0	—	—	—
齐齐哈尔	−23.8	−9.5	0.41	16.4	20.5	—	—	—
哈尔滨	−24.4	−9.4	0.40	16.0	20.0	0.39	11.4	20.5
牡丹江	−22.4	−8.6	0.40	16.0	20.0	—	—	—
克拉玛依	−22.2	−8.6	0.31	12.4	15.5	—	—	—
佳木斯	−24.0	−9.6	0.41	16.4	20.5	—	—	—
漠　河	−37.5	−16.1	0.47	18.8	23.5	—	—	—
加格达奇	−29.7	−12.4	0.46	18.4	23.0	—	—	—

注　1. 在计算中热电厂集中供热煤耗按 40kg/GJ，锅炉房集中供热煤耗按 50kg/GJ 估算的。

2. 在计算中寒冷地区热指标按 35W/m²，严寒地区热指标按 40W/m²估算的。

附录C 分布式供能系统常用技术指标

附表 C-1 分布式供能系统常用技术指标

项 目	单 位	分布式供能方式				
		内燃机	燃气轮机	燃料电池	燃气热泵	燃气锅炉
发电效率	%	30～40	25～35	35～70	—	—
发电气耗	m^3/kWh	0.15～0.18	0.18～0.20	0.11～0.13	—	—
供热气耗	m^3/GJ	28	28	26	17～19	32

注 天然气热值按 37800kJ/m^3。

附录D　热（冷）网估算指标

D.1　按建筑面积热网估算指标

附表 D-1　　按建筑面积热网估算指标

投资概算指标	建筑面积（$\times 10^4 m^2$）									
	100	200	300	400	500	600	700	800	900	1000
总价（万元）	6170	9050	11550	15190	18600	22390	26770	31020	37930	47560
指标（元/m^2）	62	45	39	38	37	37	38	39	42	48

注　指标包括挖土、回填土、管道及管件、补偿器安装、热力站工艺、电气、自控、建筑全部工程的设备购置费、安装工程费、建筑工程费。

D.2　热水直埋无补偿敷设热网估算指标

附表 D-2　　热水直埋无补偿敷设估算指标　　万元/km

项目	管径 DN														
	100	150	200	250	300	350	400	450	500	600	700	800	900	1000	1200
土建费用	18	19	22	24	27	31	33	36	39	45	51	58	65	72	90
管道安装	47	72	100	123	160	205	236	276	310	376	462	575	637	780	1048
总　计	65	91	122	147	187	236	269	312	349	421	513	633	702	852	1138

注　1. 土建费用是指挖土、暂存土、余土外运、填砂、回填土的费用。
2. 管道安装工程费包括管道管件安装、管道支架制作安装、探伤、水压试验及冲洗的费用。

D.3　热水直埋有补偿敷设热网估算指标

附表 D-3　　热水直埋有补偿敷设热网估算指标　　万元/km

项目	管径 DN														
	100	150	200	250	300	350	400	450	500	600	700	800	900	1000	1200
土建费用	18	19	22	25	28	33	36	39	43	51	58	69	77	87	108
管道安装	54	79	112	136	180	222	254	300	333	408	490	605	670	805	1095
总　计	72	98	134	161	208	255	290	339	376	461	548	674	747	892	1203

注　1. 土建费用是指挖土、暂存土、余土外运、填砂、回填土的费用。
2. 管道安装工程费包括管道管件安装、管道支架制作安装、探伤、水压试验及冲洗的费用。
3. 不包括管道架空支架、支墩等有关土建费用。

D.4 蒸汽直埋（波纹管补偿器）敷设指标

附表 D-4　　蒸汽敷设估算指标　　万元/km

敷设方式	公称直径 DN												
	80	100	150	200	250	300	350	400	450	500	600	700	800
直埋敷设	83	100	160	175	230	290	320	375	420	485	610	740	870
地沟敷设	24	30	46	60	85	96	108	132	145	156	180	230	265
架空敷设	19	33	35	48	62	71	86	100	113	125	156	213	250

D.5 换热站估算指标

附表 D-5　　换热站估算指标

形式		单位	供热面积（$\times 10^4 m^2$）					
			5	10	15	20	25	30
板式换热器	总投资	万元	80	100	120	140	155	185
	投资指标	万元/MW	32	20	16	14	12.5	12.5
换热机组	总投资	万元	95	115	130	150	170	200
	投资指标	万元/MW	38	23	18	15	14	135
热网换热首站	投资指标	万元/MW	10～13					

注　指标包括换热站工艺、电气、自控、建筑全部工程的设备购置费、安装工程费、建筑工程费。

D.6 中继泵站估算指标

附表 D-6　　中继泵站估算指标

投资概算指标	单位	流量（t）			
		1000	2000	3000	4000
总价	万元	85	150	200	250
中继泵房建筑面积	m^2	120	200	240	280
投资指标	元/t 水量	850	750	667	625

注　指标包括中继泵站工艺、电气、自控、建筑全部工程的设备购置费、安装工程费、建筑工程费。

D.7 热网井类估算指标

附表 D-7　　热网井估算指标　　万元

井类型	公称直径 DN												
	100	150	200	250	300	350	400	450	500	600	700	800	900
阀门井	1.2	1.4	1.6	1.7	2.0	2.5	2.8	3.5	4.5	6.5	7.5	10.0	12.0
支线井	1.0	1.2	1.5	1.8	2.5	2.8	3.0	4.0	4.5	6.5	8.0	10.0	12.5
泄水井	0.6	0.7	0.8	0.8	0.8	0.9	0.9	0.9	1.1	1.1	1.1	1.2	1.4

注　指标包括挖土、暂存土、余土外运、混凝土底板浇筑、砌砖墙、抹面、管道及套管安装、预制盖板安装、人孔安装、回填土的费用。

附录E　供热锅炉房建设估算指标

附表 E-1　　供热锅炉房建设估算指标

指标分类		单　位	估算指标
投　资指　标	燃煤锅炉	万元/MW	50～60
	燃气锅炉	万元/MW	35～45
厂用电指　标	燃煤锅炉	kW/MW	15～25
	循环流化床锅炉	kW/MW	30～50
	燃气锅炉	kW/MW	10～20
用水量指　标	热水锅炉	m^3/MW	0.5～1.2
	蒸汽锅炉	m^3/（t/h）	0.5～1.2
煤（气）耗指　标	燃煤锅炉	kgce/GJ	46～50
	燃气锅炉	m^3/GJ	31～33

附录F 热量换算单位表

附表 F-1 **热量换算单位表**

单位名称	单位换算值			
	GJ	Gcal	MW	Mbtu
吉焦（GJ）	1	0.239	0.278	0.956
吉卡（Gcal）	4.187	1	1.163	3.969
兆瓦（MW）	3.6	0.860	1	3.413
百万英热单位（Mbtu）	1.047	0.252	0.293	1

附录G　燃料当量换算表

附表G-1　　燃料当量换算表

单位名称	单位换算值				
	MMbtu	Mkcal	toe	tce	LNGt
1t油当量（toe）	40	10	1	1.43	0.81
1t煤当量（tce）	28	7	0.7	1	0.56
1tLNG	52	12.3	1.23	1.75	1

附录H 燃料燃烧时污染物排放系数

附表 H-1 燃料燃烧时污染物排放系数

序号	燃料种类	污染物排放系数			
		二氧化碳 (tCO_2/tce)	二氧化硫 (tSO_2/tce)	氮氧化物 (tNO_x/tce)	烟尘 (t 烟尘/tce)
1	煤	2.60	0.006	0.010	0.011
2	油	2.00	0.004	0.006	0.002
3	天然气	1.50	0	0.002	0

附录Ⅰ　全国主要城市太阳能设计资料

附表 I-1　我国主要城市的太阳能辐射参数

序号	城　市	纬度 ϕ (°)	日辐射量 [kW/（m^2·d）]	最佳倾角 (ϕ_{op})	斜面日辐射量 [kW/（m^2·d）]	修正系数 (K_{op})
1	哈尔滨	45.68	12703	ϕ+3	15838	1.1400
2	长春	43.90	13572	ϕ+1	17127	1.1548
3	沈阳	41.77	13793	ϕ+1	16563	1.0671
4	北京	39.80	15261	ϕ+4	18035	1.0976
5	天津	39.10	14356	ϕ+5	16722	1.0692
6	呼和浩特	40.78	16574	ϕ+3	20075	1.1468
7	太原	37.78	15061	ϕ+5	17394	1.1005
8	乌鲁木齐	43.78	14464	ϕ+12	16594	1.0092
9	西宁	36.75	16777	ϕ+1	19617	1.1360
10	兰州	36.05	14966	ϕ+8	15842	0.9489
11	银川	38.48	16553	ϕ+2	19615	1.1559
12	西安	34.30	12781	ϕ+14	12952	0.9275
13	上海	31.17	12760	ϕ+3	13691	0.9900
14	南京	32.00	13099	ϕ+5	14207	1.0249
15	合肥	31.85	12525	ϕ+9	13299	0.9988
16	杭州	30.23	11558	ϕ+3	12372	0.9362
17	南昌	28.67	13094	ϕ+2	13714	0.8640
18	福州	26.08	12001	ϕ+4	12451	0.8978
19	济南	36.68	14043	ϕ+6	15994	1.0630
20	郑州	34.72	13332	ϕ+7	14558	1.0476
21	武汉	30.63	13201	ϕ+7	13707	0.9036
22	长沙	28.20	11377	ϕ+6	11589	0.8028
23	广州	23.13	12110	ϕ−7	12702	0.8850
24	海口	20.03	13835	ϕ+12	13510	0.8761
25	南宁	22.82	12515	ϕ+5	12734	0.8231
26	成都	30.67	10392	ϕ+2	10304	0.7553
27	贵阳	26.58	10327	ϕ+8	10235	0.8135
28	昆明	25.02	14194	ϕ−8	15333	0.9216
29	拉萨	29.70	21301	ϕ−8	24151	1.0964

附表 I-2　　　　我国主要城市日照时数及日照百分率

序号	城市	日照时数（h）			日照百分率（%）		
		平均	冬季	夏季	平均	冬季	夏季
1	满洲里	2750.5	176.3	272.4	62	65.7	58.3
2	海拉尔	2763.1	188.8	267.2	62	69.7	57.0
3	呼和浩特	2960.7	206.5	276.5	67	70.0	60.7
4	齐齐哈尔	2902.9	202.8	275.5	65	73.3	59.7
5	长春	2653.4	191.3	241.4	61	56.7	53.7
6	四平	2751.8	206.8	235.2	63	71.3	52.3
7	抚顺	2532.2	177.0	220.1	57	60.3	49.3
8	沈阳	2546.9	170.8	229.9	57	58.7	51.7
9	鞍山	2535.5	172.1	227.9	57	58.3	51.3
10	锦州	2761.7	201.6	232.4	62	68.7	52.3
11	张家口	2832.1	200.3	258.2	65	67.7	49.3
12	北京	2763.7	200.6	242.5	63	67.3	55.0
13	唐山	2656.2	179.9	238.9	60	60.3	54.3
14	天津	2850.3	195.8	269.8	64	65.3	61.7
15	保定	267.1	187.6	240.7	60	62.3	55.0
16	石家庄	2664.0	191.8	233.1	60	63.7	53.7
17	大连	2804.1	193.5	241.6	63	64.7	57.3
18	开封	2327.6	153.4	228.6	53	50.0	53.7
19	郑州	2451.6	173.1	238.0	55	56.3	56.0
20	洛阳	2246.6	150.5	222.4	51	49.0	52.3
21	济南	2776.3	188.0	260.5	63	61.7	60.3
22	青岛	2550.8	175.4	181.2	57	58.0	49.7
23	大同	2855.8	199.7	263.2	64	67.3.	60.0
24	太原	2756.0	202.5	250.3	62	67.0	58.3
25	蚌埠	2179.7	143.9	218.7	49	46.0	51.7
26	合肥	2287.9	142.5	247.9	51	45.7	58.7
27	徐州	2400.4	155.9	234.9	54	50.7	55.0
28	南京	2182.4	141.9	227.5	49	45.7	54.0
29	上海	1986.1	132.2	215.6	45	41.7	51.3
30	杭州	1902.1	122.8	203.9	43	40.0	49.3
31	宁波	2019.7	129.0	229.9	46	40.7	54.7
32	宝鸡	1958.1	144.1	198.4	44	45.7	46.6
33	西安	1966.4	130.0	212.3	44	42.3	49.7
34	张掖	3026.7	220.2	274.9	68	74.0	62.7
35	银川	3028.6	236.0	295.0	68	72.0	67.3

续表

序号	城市	日照时数（h）			日照百分率（%）		
		平均	冬季	夏季	平均	冬季	夏季
36	兰州	2571.4	183.6	247.1	58	60.0	57.3
37	延安	2373.5	189.5	215.7	54	71.7	48.0
38	西宁	2670.7	208.1	234.0	61	68.3	54.0
39	福州	1859.7	114.2	219.2	43	34.3	53.7
40	厦门	2338.8	152.7	235.3	51	46.6	57.3
41	基隆	1370.1	46.9	241.4	31	14.0	58.0
42	南昌	1968.3	110. 8	235.5	44	34.7	55.7
43	武汉	1967.0	111.4	226.6	45	36.0	54.3
44	长沙	1815.1	94.3	235.4	41	29.0	56.6
45	衡水	1711.0	80.4	240.8	39	25.2	50.7
46	桂林	1675.5	91.3	199.1	38	29.3	48.7
47	南宁	1843.1	101.9	198.9	41	30.7	89.3
48	广州	1951.4	132. 3	207.7	44	40.0	5.3
49	湛江	1982.8	115.8	203.7	45	37.0	50.7
50	成都	1211.3	66.8	154.9	27	21.0	37.0
51	重庆	1257.6	45.3	197.4	28	14，3	44.7
52	遵义	1236.9	40.3	178.1	28	12.7	40.3
53	贵阳	1404.3	63.1	127.1	32	19.3	42.3
54	昆明	2521.9	257.5	158.9	57	73.0	39.6
55	乌鲁木齐	2802.7	158.1	306.6	63	55.0	68.0
56	吐鲁番	3126.6	216.4	314.5	73	73.3	70.0
57	玉门	3212.6	216.4	309.6	73	73.3	70.0
58	哈密	3310.4	206.8	329.4	75	71.7	73.3
59	拉萨	3005.1	240.0	234.4	68	75.3	56.3

附录J 全国主要城市气象资料

附表 J-1 **全国主要城市气象资料**

省/直辖市/自治区		北京（01）	天津（02）	河北（03）					
市/自治州		北京	天津	塘沽	石家庄	唐山	邢台	保定	张家口
海拔（m）		31.1	2.5	2.8	81	27.8	70.8	17.2	724.2
温度（℃）	年平均温度	12.3	12.7	12.6	13.4	11.5	13.9	12.9	8.8
	冬季采暖计算温度	−7.6	−7.0	−6.8	−6.2	−9.2	−5.5	−7.0	−13.6
	冬季通风计算温度	−3.6	−3.5	−3.3	−2.3	−5.1	−1.6	−3.2	−8.3
	冬季空调计算温度	−9.9	−9.6	−9.2	−8.8	−11.8	−8.0	−9.5	−16.6
	冬季采暖期平均温度（≤5）	−0.7	−0.6	−0.4	0.1	−1.6	0.5	−0.5	−3.9
	冬季采暖期平均温度（≤8）	0.3	0.4	0.6	1.5	−0.7	1.8	0.7	−2.6
	夏季通风计算温度	29.7	29.8	28.8	30.8	29.2	31.0	30.4	27.8
	夏季空调计算干球温度	33.5	33.9	32.5	35.1	32.9	35.1	34.8	32.1
	夏季空调计算湿球温度	26.4	26.8	26.9	26.8	26.3	26.9	26.9	22.6
	夏季空调日平均温度	29.6	29.4	29.6	30.0	28.5	30.2	29.8	27.9
相对湿度（%）	冬季空调相对湿度	44	56	59	55	55	57	55	41.9
	夏季通风相对湿度	61	63	68	60	63	61	61	50
风速（m/s）	夏季平均风速	3.0	2.4	4.2	1.7	2.3	1.7	2.0	2.1
	冬季平均风速	2.6	2.4	4.3	2.6	2.8	2.3	2.5	2.9
风向及频率（%）	夏季最多风向及频率	C/N（19/12）	C/N（20/11）	SSE（12）	C/S（26/13）	C/ESE（14/11）	C/SSW（23/13）	C/SW（18/14）	C/SE（19/15）
	冬季最多风向及频率	C/SW（17/10）	C/SW（16/9）	NNW（8）	C/S（25/12）	C/ESE（17/8）	C/SSW（24/13）	C/SW（19/14）	N（26）
冬季日照率（%）		64	58	63	56	60	56	56	65
最大冻土深度（cm）		66	58	59	56	72	46	58	136
大气压力（hPa）	冬季大气压力	1021.7	1027.1	1026.3	1017.2	1023.6	1017.7	1025.1	939.5
	夏季大气压力	1000.2	1005.2	1004.6	995.8	1002.4	996.2	1002.9	925.0
采暖天数及其起止日期	≤5℃的天数	123	121	122	111	130	105	119	146
	≤5℃的起止日期	11.12～03.14	11.13～03.13	11.15～03.16	11.15～03.15	11.10～03.19	19.13～03.03	11.13～03.11	11.03～03.28
	≤8℃的天数	144	142	143	140	146	129	142	168
	≤8℃的起止日期	11.04～03.27	11.06～03.27	11.07～03.29	11.07～03.26	11.04～03.29	11.08～03.16	11.05～03.27	10.20～04.05
极端温度（℃）	极端最高温度	41.9	40.5	40.9	41.5	39.6	41.1	41.6	39.2
	极端最低温度	−18.8	−17.8	−15.4	−19.3	−22.7	−20.2	−19.6	−24.6

续表

省/直辖市/自治区		河北（03）				山西（04）			
市/自治州		承德	秦皇岛	沧州	廊坊	衡水	太原	大同	阳泉
海拔（m）		377.2	2.6	9.6	9.0	18.9	778.3	1067.2	741.9
温度（℃）	年平均温度	9.1	11.0	12.9	12.2	12.5	10.0	7.0	11.3
	冬季采暖计算温度	−13.3	−9.6	−7.1	−8.3	−7.9	−10.1	−16.3	−8.3
	冬季通风计算温度	−9.1	−4.8	−8.0	−4.4	−3.9	−5.5	−10.6	−3.4
	冬季空调计算温度	−15.7	−12.0	−9.6	−11.0	−10.4	−12.8	−18.9	−11.4
	冬季采暖期平均温度（≤5）	−4.1	−1.2	−0.5	−1.3	−0.9	−1.7	−4.8	−0.5
	冬季采暖期平均温度（≤8）	−2.9	−0.3	0.7	−0.3	0.2	−0.7	−3.5	0.3
	夏季通风计算温度	28.7	27.5	30.1	30.1	305	27.8	26.4	28.2
	夏季空调计算干球温度	32.7	30.6	34.3	34.4	34.8	31.5	30.9	32.8
	夏季空调计算湿球温度	24.1	25.9	26.7	26.6	26.9	23.8	21.2	23.6
	夏季空调日平均温度	27.4	27.7	29.7	29.6	29.6	26.1	25.3	27.4
相对湿度（%）	冬季空调相对湿度	51	51	57	54	59	50	50	43
	夏季通风相对湿度	55	55	63	61	61	58	49	55
风速（m/s）	夏季平均风速	2.5	2.3	2.3	2.9	2.2	2.8	2.85	1.6
	冬季平均风速	1.9	2.5	2.7	2.5	3.0	2.4	3.1	2.3
风向及频率（%）	夏季风向及频率	C/SSW (61/6)	C/WSW (19/10)	SW (12)	C/SW (12/9)	C/SW (15/11)	C/N (30/10)	NNE (17/12)	C/NNW (33/19)
	冬季风向及频率	C/SW (17/10)	C/SW (16/9)	SW (12)	C/NE (19/11)	C/SW (19/9)	C/N (30/13)	N (19)	C/NNW (30/19)
冬季日照率（%）		65	64	64	57	63	57	61	62
最大冻土深度（cm）		126	85	43	67	77	72	186	62
大气压力（hPa）	冬季大气压力	980.5	1026.4	1027.0	1026.4	1024.9	933.5	899.9	937.1
	夏季大气压力	963.3	1005.6	1004.0	1004.4	1002.8	919.8	899.1	923.8
采暖天数及其起止日期	≤5℃的天数	145	135	141	143	143	160	183	146
	≤5℃的起止日期	11.03～03.27	11.12～03.26	11.15～03.12	11.11～03.14	11.12～03.13	11.06～03.26	10.24～04.04	11.12～03.17
	≤8℃的天数	166	153	141	143	143	160	183	146
	≤8℃的起止日	10.21～04.04	11.04～04.05	11.07～03.27	11.05～03.26	11.05～03.27	10.23～03.31	10.14～04.14	11.04～03.29
极端温度（℃）	极端最高温度	43.3	39.2	40.5	41.3	41.2	37.4	37.2	40.2
	极端最低温度	−24.2	−20.8	−19.3	−21.5	−22.6	−22.7	−27.2	−16.2

续表

省/直辖市/自治区		山西（04）						
市/自治州		运城	晋城	朔州	晋中	锦州	临汾	吕梁
海拔（m）		376.0	659.5	1345.8	1041.4	828.2	449.5	950.8
温度（℃）	年平均温度	14.0	11.8	3.9	8.8	9.0	12.6	9.1
	冬季采暖计算温度	−4.5	−6.6	−20.8	−11.1	−12.3	−6.6	−12.6
	冬季通风计算温度	−0.9	−2.6	−14.4	−6.6	−7.7	−2.7	−7.5
	冬季空调计算温度	−7.1	−9.1	−25.4	−13.6	−14.7	−10.0	−16.0
	冬季采暖期平均温度（≤5）	0.9	0.0	−6.9	−2.6	−3.2	−0.2	−3.0
	冬季采暖期平均温度（≤8）	2.0	1.0	−5.2	−1.3	−1.9	1.1	−1.7
	夏季通风计算温度	31.3	28.8	24.5	26.8	27.5	30.6	28.1
	夏季空调计算干球温度	35.8	32.7	29.0	30.8	31.8	34.6	32.4
	夏季空调计算湿球温度	26.0	24.6	19.8	22.3	22.9	25.7	22.9
	夏季空调日平均温度	31.5	27.3	22.5	24.8	26.2	29.3	26.3
相对湿度（%）	冬季空调相对湿度	57	53	61	49	47	58	56
	夏季通风相对湿度	55	59	50	55	53	56	52
风速（m/s）	夏季平均风速	3.1	1.7	2.1	1.5	1.9	1.8	2.6
	冬季平均风速	2.4	1.9	2.3	1.3	2.3	1.6	2.1
风向及频率（%）	夏季风向及频率	SSE（18）	C/SSE（35/11）	C/ESE（30/11）	C/SSW（39/9）	C/NNE（20/11）	C/SW（24/9）	C/EN（22/17）
	冬季风向及频率	C/W（24/9）	C/NW（42/12）	C/NW（41/11）	C/E（42/14）	C/NNE（26/14）	C/SW（357）	NE（26）
冬季日照率（%）		49	58	71	62	60	47	58
最大冻土深度（cm）		39	39	169	76	121	57	104
大气压力（hPa）	冬季大气压力	982.7	947.4	868.6	902.6	926.9	972.5	914.5
	夏季大气压力	962.7	932.4	860.7	892.6	913.8	954.2	901.3
采暖天数及其起止日期	≤5℃的天数	101	120	182	144	145	114	143
	≤5℃的起止日期	11.22～03.02	11.14～03.13	10.14～04.13	11.05～03.28	11.03～03.27	11.13～03.06	11.05～03.27
	≤8℃的天数	127	143	208	168	168	142	166
	≤8℃的起止日期	11.08～03.14	11.06～03.28	10.01～04.26	10.20～04.05	10.20～04.05	11.06～03.27	10.20～04.03
极端温度（℃）	极端最高温度	41.2	38.5	34.4	36.7	38.1	40.5	38.4
	极端最低温度	−18.9	−17.2	−40.4	−25.1	−25.8	−22.1	−26.0

续表

省/直辖市/自治区		内蒙古（05）							
市/自治州		呼和浩特	包头	赤峰	通辽	鄂尔多斯	满洲里	海拉尔	临河
海拔（m）		1063.9	1067.2	568.0	178.5	1460.4	661.7	610.2	1039.3
温度（℃）	年平均温度	6.7	7.2	7.5	6.6	6.2	−0.7	−1.0	8.1
	冬季采暖计算温度	−17.0	−16.6	−16.2	−19.0	−16.8	−28.6	−31.6	−15.3
	冬季通风计算温度	−11.6	−11.5	−10.7	−13.5	−10.5	−23.3	−25.1	−9.9
	冬季空调计算温度	−20.3	−19.7	−18.8	21.8	19.6	−31.6	−34.5	−19.1
	冬季采暖期平均温度（≤5）	−5.3	−5.1	−5.0	−6.7	−4.9	−12.4	−12.7	−4.4
	冬季采暖期平均温度（≤8）	−4.1	−3.9	−3.8	−5.4	−3.6	−10.8	−11.0	−3.3
	夏季通风计算温度	26.5	27.4	28.0	24.8	24.1	24.3	24.3	28.4
	夏季空调计算干球温度	30.6	31.7	32.7	32.3	29.1	29.0	29.0	32.7
	夏季空调计算湿球温度	21.0	20.9	22.6	24.5	19.0	19.9	20.5	20.9
	夏季空调日平均温度	25.9	26.5	27.4	27.3	24.6	23.6	23.5	27.5
相对湿度（%）	冬季空调相对湿度	58	55	43	54	52	75	79	51
	夏季通风相对湿度	48	43	50	57	43	52	54	39
风速（m/s）	夏季平均风速	1.8	2.6	2.2	3.5	3.1	3.8	3.0	2.1
	冬季平均风速	1.5	2.4	2.3	3.7	2.9	3.7	2.3	2.0
风向及频率（%）	夏季风向及频率	C/SW（36/8）	C/SE（14/11）	C/WSW（20/13）	SSW（17）	SSW（19）	C/E（13/10）	C/SSW（13/8）	C/E（20/10）
	冬季风向及频率	C/NNW（50/9）	N（21）	C/W（26/14）	NW（16）	SSW（14）	WSW（29）	C/SSW（22/19）	C/W（30/13）
冬季日照率（%）		63	68	70	76	73	70	62	72
最大冻土深度（cm）		156	157	201	179	150	389	242	138
大气压力（hPa）	冬季大气压力	901.2	901.2	955.1	1002.6	856.7	941.9	947.9	903.8
	夏季大气压力	889.6	889.1	941.1	984.4	849.5	930.3	935.7	891.1
采暖天数及其起止日期	≤5℃的天数	167	164	161	166	168	210	208	157
	≤5℃的起止日期	10.20～04.04	10.21～04.02	10.26～04.04	10.21～04.04	10.20～04.05	09.30～04.27	10.01～04.26	10.24～03.29
	≤8℃的天数	184	182	179	184	189	229	227	175
	≤8℃的起止日期	10.12～04.13	10.13～04.12	10.16～04.17	10.13～04.14	10.11～04.17	9.21～05.07	09.22～05.06	10.16～04.08
极端温度（℃）	极端最高温度	38.5	39.2	40.4	38.9	35.3	37.9	36.6	39.4
	极端最低温度	−30.5	−31.4	−28.8	−31.6	−28.4	−40.5	−42.3	−35.3

续表

省/直辖市/自治区		内蒙古（05）				辽宁（06）			
市/自治州		集宁	乌兰浩特	二连浩特	锡林浩特	沈阳	大连	鞍山	抚顺
海拔（m）		1419.3	274.7	964.7	989.5	44.7	91.5	77.3	118.5
温度（℃）	年平均温度	4.3	5.0	4.0	2.6	8.4	10.9	9.6	6.8
	冬季采暖计算温度	−18.9	−20.5	−24.3	−25.2	−16.9	−9.8	−15.1	−20
	冬季通风计算温度	−13.0	−15.0	−18.1	−18.8	−11.0	−3.9	−8.6	−13.5
	冬季空调计算温度	−21.9	−23.5	−27.8	−27.8	−20.7	−13.0	−18.0	−23.0
	冬季采暖期平均温度（≤5）	−6.4	−7.8	−9.3	−9.7	−5.1	−0.7	−3.8	−6.3
	冬季采暖期平均温度（≤8）	−4.7	−6.5	−8.1	−8.1	−3.6	0.3	−2.5	−4.8
	夏季通风计算温度	23.8	27.1	27.9	26.0	28.2	26.3	28.2	27.8
	夏季空调计算干球温度	28.2	31.8	33.2	31.1	31.5	29.0	31.6	31.5
	夏季空调计算湿球温度	18.8	23.0	19.3	19.9	25.3	24.9	25.1	24.8
	夏季空调日平均温度	22.9	26.6	27.5	25.4	27.5	26.5	28.1	26.6
相对湿度（%）	冬季空调相对湿度	55	54	69	72	60	56	54	68
	夏季通风相对湿度	49	55	33	44	65	71	63	65
风速（m/s）	夏季平均风速	2.4	2.6	5.2	3.4	3.5	4.6	3.6	2.2
	冬季平均风速	3.0	2.6	3.6	3.2	2.6	5.2	2.9	2.3
风向及频率（%）	夏季风向及频率	C/WNW (29/9)	C/NE (23/7)	NW (8)	C/SW (13/9)	SW (16)	SSW (19)	SW (13)	C/NE (15/12)
	冬季风向及频率	C/WNW (33/13)	C/NW (27/17)	NW (16)	WSW (19)	C/NNE (13/10)	NNE (24)	NE (14)	ENE (20)
冬季日照率（%）		72	69	76	71	56	65	60	61
最大冻土深度（cm）		184	249	310	265	148	90	118	143
大气压力（hPa）	冬季大气压力	860.2	989.1	910.5	906.4	1020.8	1013.9	1018.5	1011.0
	夏季大气压力	853.7	973.3	998.3	895.9	1000.9	997.8	998.8	992.4
采暖天数及其起止日期	≤5℃的天数	181	176	181	189	152	132	143	161
	≤5℃的起止日期	10.16～04.14	10.17～04.10	10.14～04.12	10.11～04.17	10.30～03.30	11.16～03.27	11.06～03.28	10.26～04.04
	≤8℃的天数	206	193	196	209	172	152	163	182
	≤8℃的起止日期	10.03～04.26	10.09～04.19	10.07～04.20	10.01～04.27	10.20～04.09	11.06～04.06	10.26～04.06	10.14～04.13
极端温度（℃）	极端最高温度	33.6	40.3	41.1	39.2	36.1	35.3	36.5	37.7
	极端最低温度	−32.4	−33.7	−37.1	−38.0	−29.4	−18.8	−26.9	−35.9

续表

省/直辖市/自治区		辽宁（06）							
市/自治州		本溪	丹东	锦州	营口	阜新	开源	朝阳	葫芦岛
海拔（m）		185.2	13.8	65.9	3.3	166.8	98.2	169.9	8.5
温度（℃）	年平均温度	7.8	8.9	9.5	9.5	8.1	7.0	9.0	9.2
	冬季采暖计算温度	−18.1	−12.9	−13.1	−14.1	−15.7	−20.0	−15.3	−12.6
	冬季通风计算温度	−11.5	−7.4	−7.9	−8.5	−10.6	−18.4	−9.7	−7.7
	冬季空调计算温度	−21.5	−15.9	−15.5	−17.1	−18.5	−23.5	−18.3	−15.0
	冬季采暖期平均温度（≤5）	−5.1	−2.8	−3.4	−3.6	−4.8	−6.4	−4.7	−3.2
	冬季采暖期平均温度（≤8）	−3.8	−1.7	−2.2	−2.4	−3.7	−4.9	−3.2	−1.9
	夏季通风计算温度	27.4	26.8	27.9	27.7	28.4	27.5	28.9	26.8
	夏季空调计算干球温度	30	29.6	31.4	30.4	32.5	31.1	33.5	29.5
	夏季空调计算湿球温度	24.3	25.3	25.2	25.5	24.7	25.0	25.0	26.8
	夏季空调日平均温度	27.1	25.9	27.1	27.5	27.3	26.8	28.3	26.4
相对湿度（%）	冬季空调相对湿度	64	55	52	62	49	49	48	52
	夏季通风相对湿度	63	71	67	68	60	60	58	76
风速（m/s）	夏季平均风速	2.2	2.3	3.3	3.7	2.1	2.7	2.5	2.4
	冬季平均风速	2.4	3.4	3.2	3.6	2.1	2.7	2.4	2.2
风向及频率（%）	夏季风向及频率	C/ESE（19/15）	C/SSW（17/13）	SW（18）	SW（17）	C/SW（29/21）	SSW（17）	C/SSW（32/22）	C/SSW（25/16）
	冬季风向及频率	ESE（25）	N（21）	C/NNE（21/15）	NE（16）	C/N（36/9）	C/SW（16/15）	C/SSW（40/12）	C/NNE（34/13）
冬季日照率（%）		57	64	67	67	68	69	62	72
最大冻土深度（cm）		149	88	108	101	139	137	135	99
大气压力（hPa）	冬季大气压力	1021.7	1023.7	1017.8	1026.1	1007.0	1018.4	1004.5	1025.5
	夏季大气压力	1000.2	1005.2	997.8	1005.5	988.1	994.6	985.5	1004.7
采暖天数及其起止日期	≤5℃的天数	157	145	144	144	159	160	145	145
	≤5℃的起止日期	10.28～04.04	11.07～03.31	11.05～03.28	11.06～03.29	10.27～04.04	10.27～04.03	11.04～03.28	11.06～03.30
	≤8℃的天数	175	167	164	164	176	180	167	167
	≤8℃的起止日期	10.18～04.10	10.27～04.11	10.26～04.06	10.26～04.07	10.18～04.11	10.16～04.13	10.21～04.05	10.26～04.10
极端温度（℃）	极端最高温度	37.5	35.3	41.8	34.7	40.9	36.6	43.3	40.8
	极端最低温度	−33.6	−25.8	−22.8	−28.4	−27.1	−36.3	−34.4	−27.5

续表

省/直辖市/自治区		吉林（07）							
市/自治州		长春	四平	吉林	通化	白山	松原	白城	延吉
海拔（m）		236.8	183.4	164.2	402.9	332.7	146.3	155.2	176.8
温度（℃）	年平均温度	5.7	4.8	6.7	5.6	5.3	5.4	5.0	5.4
	冬季采暖计算温度	−21.1	−24.0	−19.7	−21.0	−21.5	−21.6	−21.7	−18.4
	冬季通风计算温度	−15.1	−17.2	−13.5	−14.2	−15.6	−16.1	−16.4	−13.6
	冬季空调计算温度	−24.3	−27.5	−22.8	−24.2	−24.4	−24.5	−25.3	−21.3
	冬季采暖期平均温度（≤5）	−7.6	−8.5	−6.6	−6.6	−7.2	−8.4	−8.6	−6.6
	冬季采暖期平均温度（≤8）	−6.1	−7.1	−5.0	−5.3	−5.7	−6.9	−7.1	−5.1
	夏季通风计算温度	26.6	26.6	27.2	26.3	27.8	27.6	27.5	26.7
	夏季空调计算干球温度	30.5	30.4	30.7	29.9	30.8	31.8	31.8	31.3
	夏季空调计算湿球温度	24.1	24.1	24.5	23.2	23.6	24.2	23.9	23.7
	夏季空调日平均温度	26.3	25.1	26.7	25.3	25.4	27.3	26.9	25.6
相对湿度（%）	冬季空调相对湿度	66	72	66	68	71	64	57	59
	夏季通风相对湿度	65	65	65	64	61	59	58	63
风速（m/s）	夏季平均风速	3.2	2.6	2.5	1.6	1.2	3.0	2.9	2.1
	冬季平均风速	3.7	2.6	2.6	1.3	0.8	2.9	3.0	2.6
风向及频率（%）	夏季风向及频率	WSW (15)	C/SSE (20/11)	SW (17)	C/SW (41/12)	C/NNE (42/14)	WSW (14)	C/SSW (13/10)	C/E (31/19)
	冬季风向及频率	WSW (20)	C/WSW (31/18)	C/SW (15/15)	C/SW (53/7)	C/NNE (61/11)	WNW (12)	C/WNW (11/10)	C/WNW (42/19)
冬季日照率（%）		64	52	69	50	55	67	73	57
最大冻土深度（cm）		169	182	148	139	136	220	750	198
大气压力（hPa）	冬季大气压力	994.4	1001.9	1004.3	974.7	983.9	1005.6	1004.6	1000.7
	夏季大气压力	978.4	984.8	986.7	961.0	987.9	987.9	986.9	986.8
及其起止日期	≤5℃的天数	169	172	168	170	170	170	172	171
	≤5℃的起止日期	10.20～ 04.06	10.18～ 04.07	10.25～ 04.05	10.20～ 04.07	10.20～ 04.07	10.19～ 04.06	10.18～ 04.07	10.20～ 04.08
	≤8℃的天数	188	191	184	189	191	190	191	192
	≤8℃的起止日期	10.12～ 04.17	10.11～ 04.19	10.13～ 04.14	10.12～ 04.18	10.11～ 04.19	10.11～ 04.18	10.10～ 04.18	10.11～ 04.20
极端温度（℃）	极端最高温度	35.7	35.7	37.3	35.6	37.9	38.5	38.6	37.7
	极端最低温度	−33.0	−40.3	−32.3	−33.1	−33.8	−34.8	−38.1	−32.7

续表

省/直辖市/自治区		黑龙江（08）							
市/自治州		哈尔滨	齐齐哈尔	鸡西	鹤岗	宜春	佳木斯	牡丹江	双鸭山
海拔（m）		142.3	145.9	238.3	227.9	240.9	81.2	241.4	83.0
温度（℃）	年平均温度	4.2	3.9	4.2	3.5	1.2	3.6	4.3	4.1
	冬季采暖计算温度	−24.2	−23.8	−21.5	−22.7	−28.3	24.0	−22.4	−23.2
	冬季通风计算温度	−18.4	−18.6	−16.4	−17.2	−22.5	−18.5	−17.3	−17.5
	冬季空调计算温度	−27.1	−27.2	−24.4	−25.3	−31.3	−27.4	−25.8	−25.4
	冬季采暖期平均温度（≤5）	−9.4	−9.5	−8.3	−9.0	−11.8	−9.6	−8.6	−8.9
	冬季采暖期平均温度（≤8）	−7.8	−8.1	−7.0	−7.3	−9.9	−8.1	−7.3	−7.7
	夏季通风计算温度	26.8	26.7	26.3	25.5	25.7	26.6	26.9	26.4
	夏季空调计算干球温度	30.7	31.1	30.5	29.9	29.8	30.8	31.0	30.8
	夏季空调计算湿球温度	23.9	23.5	23.2	22.7	22.5	23.6	23.5	23.4
	夏季空调日平均温度	26.3	26.7	25.7	25.6	24.0	26.0	25.0	26.1
相对湿度（%）	冬季空调相对湿度	73	67	64	63	73	70	69	65
	夏季通风相对湿度	62	58	61	62	60	61	59	61
风速（m/s）	夏季平均风速	3.2	3.0	2.3	2.9	2.0	2.8	2.1	3.1
	冬季平均风速	3.2	2.6	3.5	3.1	1.8	3.1	2.2	3.7
最多风向及频率（%）	夏季风向及频率	SSW (12)	SSW (10)	C/WNW (22/11)	C/ESE (11/11)	C/ENE (20/11)	C/WSW (20/12)	C/WSW (18/14)	SSW (18)
	冬季风向及频率	SW (14)	NNW (13)	WNW (31)	NW (13)	C/WNW (30/16)	C/W (21/19)	C/WSW (18/14)	C/NNW (18/14)
冬季日照率（%）		56	68	63	63	58	57	56	61
最大冻土深度（cm）		205	209	238	221	278	220	191	260
大气压力（hPa）	冬季大气压力	1004.2	1005.0	991.9	991.3	991.8	1011.3	992.2	1010.5
	夏季大气压力	987.7	987.9	979.7	979.5	978.5	996.4	978.9	996.7
采暖天数及其起止日期	≤5℃的天数	176	181	179	184	190	180	177	179
	≤5℃的起止日期	10.17～04.10	10.15～04.13	10.17～04.13	10.14～04.15	10.10～04.17	10.16～04.18	10.17～04.11	10.17～04.13
	≤8℃的天数	195	198	195	206	212	198	194	194
	≤8℃的起止日期	10.08～04.20	10.06～04.21	10.09～04.21	10.04～04.27	09.30～04.29	10.06～04.21	10.09～04.20	10.10～04.21
极端温度（℃）	极端最高温度	36.7	40.1	37.6	37.7	35.3	38.1	38.4	37.2
	极端最低温度	−37.7	−36.4	−32.5	−34.5	−41.2	−39.5	−35.1	−37.0

续表

省/直辖市/自治区		黑龙江（08）				上海（09）	江苏（10）		
市/自治州		黑河	绥化	漠河	加格达奇	上海	南京	徐州	南通
海拔（m）		166.4	179.6	433.0	371.7	2.6	8.9	41.0	6.1
温度（℃）	年平均温度	0.4	2.8	−4.3	−0.8	16.1	15.5	14.5	15.3
	冬季采暖计算温度	−29.5	−26.7	−37.5	−29.7	−0.3	−1.8	−3.6	−1.0
	冬季通风计算温度	−23.2	−20.9	−29.6	−23.3	4.2	2.4	0.4	3.1
	冬季空调计算温度	−33.2	−30.3	−41.0	−32.9	−2.2	−4.1	−5.9	−3.0
	冬季采暖期平均温度（≤5）	−12.5	−10.8	−16.1	−12.4	4.1	3.2	2.0	3.6
	冬季采暖期平均温度（≤8）	−10.6	−8.9	−14.2	−10.8	5.2	4.2	3.0	4.7
	夏季通风计算温度	25.1	26.2	24.4	24.2	31.2	31.2	30.5	30.5
	夏季空调计算干球温度	29.4	30.1	29.1	28.8	34.4	34.8	34.3	33.5
	夏季空调计算湿球温度	22.3	23.4	20.8	21.2	27.9	28.1	27.6	28.1
	夏季空调日平均温度	24.2	25.6	21.6	22.2	30.8	31.2	30.5	30.3
相对湿度（%）	冬季空调相对湿度	70	76	73	72	75	76	66	75
	夏季通风相对湿度	62	63	57	61	69	69	67	72
风速（m/s）	夏季平均风速	2.6	3.5	1.9	2.2	3.1	2.6	2.6	3.0
	冬季平均风速	2.8	3.2	1.3	1.6	2.6	2.4	2.3	3.6
风向及频率（%）	夏季风向及频率	C/NNW (17/16)	SSE (11)	C/NW (24/8)	C/NW (23/12)	SE (14)	C/SSW (18/11)	C/ESE (15/11)	NE (13)
	冬季风向及频率	NNW (41)	NNW (9)	C/N (55/10)	C/NW (47/19)	NW (14)	C/ENE (28/10)	C/W (23/12)	N (12)
冬季日照率（%）		69	65	60	65	40	43	48	45
最大冻土深度（cm）		263	715	—	288	8	9	21	12
大气压力（hPa）	冬季大气压力	1000.6	1000.4	984.1	974.9	1025.4	1025.5	1022.1	1025.9
	夏季大气压力	986.2	984.9	969.4	962.7	1005.4	1004.3	1000.8	1005.5
采暖天数及其起止日期	≤5℃的天数	197	184	224	208	42	77	97	57
	≤5℃的起止日期	10.06～04.20	10.12～04.14	09.23～05.04	10.02～04.27	01.01～02.11	12.08～02.13	11.27～03.03	12.19～02.13
	≤8℃的天数	219	206	244	227	93	109	124	110
	≤8℃的起止日期	09.29～05.05	10.03～04.24	09.13～05.14	09.22～05.06	12.06～03.07	11.24～03.12	11.14～03.17	11.27～03.16
极端温度（℃）	极端最高温度	37.2	38.3	38.0	37.2	39.4	39.7	40.6	38.5
	极端最低温度	−44.5	−41.8	−49.6	−45.4	−10.1	−13.1	−15.8	−9.6

续表

省/直辖市/自治区		江苏（10）				浙江（11）			
市/自治州		连云港	常州	淮安	盐城	扬州	苏州	杭州	温州
海拔（m）		2.3	4.9	17.5	2.0	5.4	17.5	41.7	28.3
温度（℃）	年平均温度	13.6	15.8	14.4	14.0	14.8	16.1	16.5	18.1
	冬季采暖计算温度	−4.2	−1.2	−3.3	−2.1	−2.3	−0.4	0.0	3.4
	冬季通风计算温度	−0.3	3.1	1.0	1.1	1.8	3.7	4.3	8.0
	冬季空调计算温度	−6.4	−3.5	−5.6	−5.0	−4.3	−2.5	−2.4	1.4
	冬季采暖期平均温度（≤5）	1.4	3.6	2.3	2.2	2.8	3.8	4.2	—
	冬季采暖期平均温度（≤8）	2.6	1.7	3.7	3.4	4.0	5.0	5.4	7.5
	夏季通风计算温度	29.1	31.3	30.2	29.7	30.6	31.3	31.6	29.9
	夏季空调计算干球温度	32.7	34.6	33.4	33.2	34.0	34.4	35.6	33.8
	夏季空调计算湿球温度	27.2	28.1	28.1	28.0	28.3	28.3	27.9	28.3
	夏季空调日平均温度	29.5	31.5	30.2	29.7	30.6	31.3	31.6	29.9
相对湿度（%）	冬季空调相对湿度	67	75	72	74	75	77	76	76
	夏季通风相对湿度	75	68	72	73	72	70	64	72
风速（m/s）	夏季平均风速	2.9	2.8	2.5	3.2	2.5	3.5	2.4	2.0
	冬季平均风速	2.6	2.4	2.5	3.2	2.6	3.5	2.3	1.8
风向及频率（%）	夏季风向及频率	E（12）	SE（17）	ESE（12）	SSE（17）	ES（14）	SE（15）	SW（17）	C/ESE（29/18）
	冬季风向及频率	NNE（11）	C/NE（9）	C/ENE（14/9）	N（11）	NE（9）	N（16）	C/N（20/15）	C/NW（30/16）
冬季日照率（%）		57	42	48	50	47	41	36	36
最大冻土深度（cm）		20	12	20	21	14	8	—	—
大气压力（hPa）	冬季大气压力	1026.3	1026.1	1025.0	1026.0	1026.2	1024.1	1021.1	1023.7
	夏季大气压力	1025.1	1026.1	1025.0	1026.0	1026.2	1024.1	1021.1	1023.7
采暖天数及其起止日期	≤5℃的天数	102	56	93	94	87	50	40	0
	≤5℃的起止日期	11.26～03.07	12.19～02.12	12.02～03.4	12.02～03.05	12.07～03.03	12.24～02.11	01.02～02.10	—
	≤8℃的天数	134	102	130	130	119	96	90	33
	≤8℃的起止日期	11.14～03.27	11.27～03.08	11.17～03.26	11.19～03.28	11.23～03.21	12.02～03.07	12.06～03.05	01.10～02.11
极端温度（℃）	极端最高温度	38.7	39.4	38.2	37.7	38.2	38.8	39.9	39.6
	极端最低温度	−13.8	−12.8	−14.2	−12.3	−11.5	−8.3	−8.6	−3.9

续表

省/直辖市/自治区		浙江（11）							
市/自治州		金华	衢州	宁波	嘉兴	绍兴	盘山	台州	丽水
海拔（m）		62.6	66.9	4.8	5.4	104.3	35.7	95.9	60.8
温度（℃）	年平均温度	17.8	17.3	16.5	15.8	16.5	16.4	17.1	18.1
	冬季采暖计算温度	0.4	0.8	0.5	−0.7	−0.3	1.4	2.1	1.5
	冬季通风计算温度	5.2	5.4	4.9	3.9	4.5	5.8	7.2	6.6
	冬季空调计算温度	−1.7	−1.1	−1.5	−2.5	−2.6	−0.5	0.1	−0.7
	冬季采暖期平均温度（≤5）	4.8	4.8	4.6	3.9	4.4	4.8	—	—
	冬季采暖期平均温度（≤8）	6.0	6.2	5.8	5.2	5.6	6.3	6.9	6.8
	夏季通风计算温度	33.1	32.9	31.9	30.2	32.5	30.0	28.9	34.0
	夏季空调计算干球温度	36.2	35.8	35.1	33.5	35.8	32.2	30.3	36.8
	夏季空调计算湿球温度	27.6	27.7	28.0	28.3	27.7	27.5	27.3	27.7
	夏季空调日平均温度	32.1	31.5	30.6	30.7	31.1	28.9	28.4	31.5
相对湿度（%）	冬季空调相对湿度	75	80	79	81	76	74	72	77
	夏季通风相对湿度	60	62	68	74	63	74	80	57
风速（m/s）	夏季平均风速	2.4	2.3	2.6	3.6	2.1	3.1	5.2	1.3
	冬季平均风速	2.7	2.5	2.3	3.1	2.7	3.1	5.3	1.7
风向及频率（%）	夏季风向及频率	ESE（20）	C/E（18/18）	S（17）	SSE（17）	C/NE（29/9）	C/SSE（16/15）	WSW（11）	C/ESE（41/10）
	冬季风向及频率	ESE（28）	E（17）	C/N（18/17）	NNW（14）	C/NNE（28/23）	C/N（19/18）	NNE（25）	C/E（45/14）
冬季日照率（%）		37	35	37	42	37	41	39	33
最大冻土深度（cm）		—	—	—	—	—	—	—	—
大气压力（hPa）	冬季大气压力	1017.9	1017.1	1025.7	1025.4	1012.9	1021.2	1012.9	1017.9
	夏季大气压力	998.6	997.8	1005.9	1005.3	994.0	1004.3	997.3	999.2
采暖天数及其起止日期	≤5℃的天数	27	9	32	44	40	8	0	0
	≤5℃的起止日期	01.11～02.06	01.12～01.20	01.09～02.09	12.31～02.12	01.02～02.10	01.29～02.05	—	—
	≤8℃的天数	68	68	88	99	91	77	43	57
	≤8℃的起止日期	12.09～02.14	12.09～02.14	12.08～03.05	12.05～03.05	12.05～03.05	12.19～03.05	01.02～0213	12.18～02.12
极端温度（℃）	极端最高温度	40.5	40.0	39.5	40.3	38.6	34.7	41.3	40.3
	极端最低温度	−9.6	−10.0	−8.5	−10.6	−9.6	−5.5	−4.6	−7.5

续表

省/直辖市/自治区		安徽（12）							
市/自治州		合肥	芜湖	蚌埠	安庆	六安	亳州	黄山	滁州
海拔（m）		27.9	14.8	18.7	19.8	60.5	37.7	1840.4	27.5
温度（℃）	年平均温度	15.8	16.0	15.4	16.8	16.7	14.7	8.0	15.4
	冬季采暖计算温度	−1.7	−1.3	−2.6	−0.2	−1.8	−3.5	−9.9	−1.8
	冬季通风计算温度	2.6	3.0	1.8	4.0	2.6	0.6	−2.4	2.3
	冬季空调计算温度	−4.2	−3.5	−5.0	2.9	−4.6	−5.7	−13.0	−1.2
	冬季采暖期平均温度（≤5）	3.4	3.4	2.9	4.1	3.3	2.1	0.3	3.2
	冬季采暖期平均温度（≤8）	4.3	4.5	3.8	5.3	4.3	3.2	1.4	4.2
	夏季通风计算温度	31.4	31.7	31.3	31.8	31.4	31.1	19.0	31.0
	夏季空调计算干球温度	35.0	35.3	35.4	35.3	35.5	35.0	22.0	34.5
	夏季空调计算湿球温度	28.1	27.7	28.0	28.1	28.0	27.8	19.2	31.0
	夏季空调日平均温度	31.7	31.9	31.6	32.1	31.6	30.7	19.9	31.2
相对湿度（%）	冬季空调相对湿度	76	77	71	75	76	68	63	7369
	夏季通风相对湿度	69	68	66	66	68	66	90	70
风速（m/s）	夏季平均风速	2.9	2.3	2.5	2.9	2.1	2.3	6.1	2.4
	冬季平均风速	2.7	2.2	2.3	3.2	2.0	2.5	6.3	2.2
风向及频率（%）	夏季风向及频率	C/SSW (11/10)	C/ESE (16/15)	C/SSE (14/10)	ENE (24)	C/SSE (16/12)	C/SSW (13/10)	WSW (12)	C/SSW (17/10)
	冬季风向及频率	C/E (17/10)	C/E (16/15)	C/E (18/11)	ENE (35)	C/SE (21/9)	C/NNE (11/9)	NNW (17)	C/N (22/9)
冬季日照率（%）		40	38	44	36	45	48	48	42
最大冻土深度（cm）		8	9	11	13	10	18		11
大气压力（hPa）	冬季大气压力	1022.3	1024.3	1024.0	1023.3	1019.3	1021.9	817.4	1022.9
	夏季大气压力	1001.2	1003.1	1002.6	1002.3	998.2	1000.4	814.3	1001.8
采暖天数及其起止日期	≤5℃的天数	64	68	83	48	64	93	148	67
	≤5℃的起止日期	12.11～02.12	12.15～02.14	12.07～02.27	12.25～02.10	11.11～02.12	11.30～03.02	11.09～04.15	12.10～02.14
	≤8℃的天数	103	104	111	92	103	121	177	110
	≤8℃的起止日期	11.24～03.06	12.02～03.15	11.23～03.13	12.03～03.04	11.24～03.06	11.15～03.15	10.24～04.18	11.24～03.13
极端温度（℃）	极端最高温度	30.1	30.5	40.3	39.5	40.6	41.3	27.6	38.7
	极端最低温度	−13.5	−10.1	−13.0	−9.0	−13.6	−17.5	−22.7	−13.0

续表

省/直辖市/自治区		安徽（12）				福建（13）			
市/自治州		泉阳	宿州	巢湖	宣城	福州	厦门	漳州	三明
海拔（m）		30.6	25.9	22.4	89.4	84.0	139.4	28.9	342.9
温度（℃）	年平均温度	15.3	14.7	16.0	15.5	19.8	20.6	21.3	17.1
	冬季采暖计算温度	−2.5	−3.5	−1.2	−1.5	6.3	8.3	8.9	1.3
	冬季通风计算温度	1.8	0.8	2.9	2.9	10.9	12.5	13.2	6.4
	冬季空调计算温度	−5.2	−5.6	−3.8	−4.1	4.4	6.6	7.1	−1.0
	冬季采暖期平均温度（≤5）	2.8	2.2	3.5	3.4	—	—	—	—
	冬季采暖期平均温度（≤8）	3.8	3.8	4.5	4.5	—	—	—	—
	夏季通风计算温度	31.3	31.0	31.1	32.0	33.1	31.3	32.6	31.9
	夏季空调计算干球温度	35.2	35.0	35.3	36.1	35.9	33.5	35.2	34.6
	夏季空调计算湿球温度	28.1	27.8	28.4	27.4	28.0	27.5	27.6	26.5
	夏季空调日平均温度	31.4	30.7	32.1	30.8	30.8	29.7	30.8	28.6
相对湿度（%）	冬季空调相对湿度	71	65	75	79	74	79	76	86
	夏季通风相对湿度	67	66	68	68	61	71	63	60
风速（m/s）	夏季平均风速	2.3	2.4	2.4	1.9	3.0	3.1	1.7	1.0
	冬季平均风速	2.5	2.2	2.5	1.7	2.4	3.3	1.6	0.9
风向及频率（%）	夏季风向及频率	C/SSE (11/10)	ESE (11)	C/E (21/13)	C/SSW (28/10)	SSE (24)	SSE (10)	C/SE (31/10)	C/CWSW (59/6)
	冬季风向及频率	C/SSE (10/9)	ESE (14)	C/E (22/16)	C/N (35/13)	C/NNW (17/23)	ESE (23)	C/SE (34/18)	C/CWSW (59/14)
冬季日照率（%）		43	50	41	38	32	33	40	30
最大冻土深度（cm）		13	14	9	11	—	—	—	—
大气压力（hPa）	冬季大气压力	1022.5	1023.9	1023.8	1015.7	1012.9	1006.5	1018.1	982.4
	夏季大气压力	1000.8	1002.3	1002.5	995.8	996.6	994.5	1003.0	967.3
采暖天数及其起止日期	≤5℃的天数	71	93	59	55	0	0	0	0
	≤5℃的起止日期	12.06～02.14	12.01～03.03	12.16～02.12	12.10～02.12	—	—	—	—
	≤8℃的天数	111	121	101	104	0	0	0	0
	≤8℃的起止日期	11.22～03.12	11.16～03.16	11.26～03.06	11.24～03.07	—	—	—	—
极端温度（℃）	极端最高温度	40.8	40.9	39.1	41.1	39.9	38.5	38.6	38.9
	极端最低温度	−14.9	−18.7	−13.2	−15.9	−1.7	1.0	−0.1	−10.6

续表

省/直辖市/自治区		福建（13）				江西（14）			
市/自治州		南平	龙岩	宁德	南昌	景德镇	九江	上饶	赣州
海拔（m）		125.6	342.3	869.5	46.7	61.5	36.1	116.3	123.8
温度（℃）	年平均温度	19.5	20	15.1	17.6	17.4	17.0	17.5	19.4
	冬季采暖计算温度	4.5	6.2	0.7	0.7	1.0	0.4	1.1	2.7
	冬季通风计算温度	9.7	11.6	5.8	5.3	5.3	4.5	5.5	8.6
	冬季空调计算温度	2.1	3.7	−1.7	−1.5	−1.4	−2.3	−1.2	0.5
	冬季采暖期平均温度（≤5）	—	—	—	4.7	4.8	4.6	4.9	—
	冬季采暖期平均温度（≤8）	—	—	6.5	6.2	6.1	5.5	6.3	7.7
	夏季通风计算温度	33.7	32.1	28.1	32.7	33.0	32.7	33.1	33.2
	夏季空调计算干球温度	36.1	34.6	30.9	35.5	36.0	35.8	36.1	35.4
	夏季空调计算湿球温度	27.1	25.5	23.8	28.2	27.7	27.8	27.4	27.0
	夏季空调日平均温度	30.7	29.4	25.9	32.1	31.5	32.5	31.6	31.7
相对湿度（%）	冬季空调相对湿度	78	73	82	77	78	77	80	77
	夏季通风相对湿度	55	55	63	68	62	64	60	57
风速（m/s）	夏季平均风速	1.1	1.6	1.9	2.2	2.1	2.3	2.0	1.8
	冬季平均风速	1.0	1.5	1.4	2.6	1.9	2.7	2.4	1.6
风向及频率（%）	夏季风向及频率	C/SSE (39/7)	C/SSW (32/12)	C/WSW (36/10)	C/WSW (21/11)	C/NE (18/13)	C/ENE (17/12)	ENE (23)	C/SW (23/15)
	冬季风向及频率	C/SSE (42/10)	C/NE (41/15)	CNE (42/10)	NE (25)	C/NE (20/17)	ENE (20)	ENE (293)	C/NNE (29/28)
冬季日照率（%）		31	41	31	33	35	30	33	31
最大冻土深度（cm）		—	—	8	—	—	—	—	—
大气压力（hPa）	冬季大气压力	1008.0	981.1	921.7	1019.5	1017.9	1021.7	1011.4	1008.7
	夏季大气压力	991.5	968.1	911.6	999.5	998.5	1000.7	992.9	991.2
采暖天数及其起止日期	≤5℃的天数	0	0	0	26	25	46	8	0
	≤5℃的起止日期	—	—	—	01.11～02.05	01.11～0.2.04	12.24～02.10	01.12～01.19	—
	≤8℃的天数	0	0	87	66	68	89	67	12
	≤8℃的起止日期	—	—	12.08～03.04	1210～02.13	12.08～02.13	12.07～03.05	12.10～02.14	01.11～01.22
极端温度（℃）	极端最高温度	39.4	39.0	35.0	40.1	40.4	40.3	40.7	40.0
	极端最低温度	−5.1	−3.0	−9.7	−9.7	−9.6	−7.0	−9.5	−3.8

续表

省/直辖市/自治区		江西（14）				山东（15）			
市/自治州		吉安	宜春	抚州	鹰潭	济南	青岛	淄博	烟台
海拔（m）		76.4	131.3	143.8	51.2	51.6	76.0	34.0	46.7
温度（℃）	年平均温度	18.4	17.2	18.2	18.3	14.7	12.7	13.2	12.7
	冬季采暖计算温度	1.7	1.0	1.6	1.8	−5.3	−5.0	−7.4	−5.8
	冬季通风计算温度	6.5	5.4	6.6	6.2	−0.4	−0.5	−2.3	−1.1
	冬季空调计算温度	−0.5	−0.8	−0.6	−0.6	−7.7	−7.2	−10.3	−8.1
	冬季采暖期平均温度（≤5）	—	4.8	—	—	1.4	1.3	0.0	0.7
	冬季采暖期平均温度（≤8）	6.7	6.2	6.8	6.6	2.1	2.6	1.3	1.9
	夏季通风计算温度	33.4	32.3	33.2	33.6	30.9	27.3	30.9	26.9
	夏季空调计算干球温度	35.9	35.4	35.7	36.4	34.7	29.4	34.6	31.1
	夏季空调计算湿球温度	27.6	27.4	27.1	27.6	26.8	26.0	26.7	25.4
	夏季空调日平均温度	32	30.8	30.9	32.7	31.3	27.3	30.0	28.0
相对湿度（%）	冬季空调相对湿度	81	81	81	78	53	63	61	59
	夏季通风相对湿度	58	63	56	58	61	73	62	75
风速（m/s）	夏季平均风速	2.4	1.8	1.6	1.9	2.8	4.6	2.4	3.1
	冬季平均风速	2.0	1.9	1.6	1.8	2.9	5.4	2.7	4.4
风向及频率（%）	夏季风向及频率	SSW (21)	C/WNW (18/16)	C/SW (27/17)	C/ESE (21/16)	SW (14)	S（17）	SW (17)	C/SW (18/12)
	冬季风向及频率	NNE (28)	C/WNW (18/16)	C/NE (29/25)	C/ESE (25/17)	E（16）	N（23）	SW (15)	N（20）
冬季日照率（%）		28	27	39	32	56	59	51	49
最大冻土深度（cm）		—	—	—	—	35	—	46	46
大气压力（hPa）	冬季大气压力	1015.4	1009.4	1006.7	1018.7	1019.1	1017.4	1023.7	1021.1
	夏季大气压力	996.3	990.4	989.2	999.3	997.9	1000.4	1001.4	1001.2
采暖天数及其起止日期	≤5℃的天数	0	9	0	0	99	108	113	112
	≤5℃的起止日期	—	01.12～01.20	—	—	11.22～03.08	11.28～03.15	11.18～03.10	11.26～03.17
	≤8℃的天数	53	66	54	56	122	141	140	140
	≤8℃的起止日期	12.21～02.11	12.10～02.13	12.20～02.11	12.19～02.12	11.13～03.14	11.15～04.04	11.08～03.27	11.15～04.03
极端温度（℃）	极端最高温度	40.3	39.6	40.0	40.4	40.5	37.4	40.7	38.0
	极端最低温度	−0.8	−8.5	−9.3	−9.3	−14.0	−14.3	−23.0	−12.8

续表

省/直辖市/自治区		山东（15）							
市/自治州		潍坊	临沂	德州	菏泽	日照	威海	济宁	泰安
海拔（m）		22.2	87.9	21.2	49.7	16.1	65.4	51.7	128.8
温度（℃）	年平均温度	12.5	13.5	13.2	13.8	13.0	12.5	13.6	12.8
	冬季采暖计算温度	−7.0	−4.7	−6.5	−4.9	−4.4	−5.4	−5.5	−6.7
	冬季通风计算温度	−2.9	−0.7	−2.4	−0.9	−0.3	−0.9	−1.3	−2.1
	冬季空调计算温度	−9.3	−6.8	−9.1	−7.2	−6.5	−7.7	−7.6	−9.4
	冬季采暖期平均温度（≤5）	−0.3	1.0	0	0.9	1.4	1.2	0.6	0
	冬季采暖期平均温度（≤8）	0.8	2.3	1.3	2.2	2.4	2.1	2.1	1.3
	夏季通风计算温度	30.2	29.7	30.6	30.6	27.7	26.8	30.6	29.7
	夏季空调计算干球温度	34.2	33.2	34.2	34.4	30.0	30.2	34.1	33.1
	夏季空调计算湿球温度	26.9	27.2	26.9	27.4	26.8	25.7	27.4	26.5
	夏季空调日平均温度	29.0	29.2	29.7	29.9	28.1	27.5	29.7	28.6
相对湿度（%）	冬季空调相对湿度	63	62	60	68	61	61	68	60
	夏季通风相对湿度	63	68	63	66	75	75	65	66
风速（m/s）	夏季平均风速	3.4	2.7	2.2	1.8	3.1	4.2	2.4	2.0
	冬季平均风速	3.5	2.8	2.1	2.2	3.4	5.4	2.5	2.7
风向及频率（%）	夏季风向及频率	S（19）	ESE（12）	C/SSW（19/12）	C/SSW（26/10）	S（9）	SSW（15）	SSW（14）	C/ENE（25/12）
	冬季风向及频率	SSW（13）	NE（14）	C/ENE（20/10）	C/NNE（20/12）	N（14）	N（21）	C/S（10/9）	C/E（21/18）
冬季日照率（%）		58	55	49	46	59	54	54	52
最大冻土深度（cm）		50	40	46	21	25	47	48	31
大气压力（hPa）	冬季大气压力	1022.1	1017.0	1025.5	1021.5	1024.8	1020.9	1020.8	1011.2
	夏季大气压力	1000.9	996.4	1002.8	999.4	1006.6	1001.8	999.4	990.5
采暖天数及其起止日期	≤5℃的天数	118	103	114	105	108	116	104	113
	≤5℃的起止日期	11.16～03.13	11.24～03.06	11.17～03.10	11.02～03.06	11.27～03.14	11.26～03.21	11.～03.05	11.19～03.11
	≤8℃的天数	141	135	141	130	136	141	137	140
	≤8℃的起止日期	11.08～03.28	11.13～03.27	11.07～03.27	11.09～03.18	11.15～03.30	11.14～04.03	11.10～03.26	11.08～03.27
极端温度（℃）	极端最高温度	40.7	38.4	39.4	40.5	38.3	38.4	39.9	38.1
	极端最低温度	−17.9	−14.3	−20.1	−16.5	−13.8	−13.2	−19.3	−20.7

续表

省/直辖市/自治区		山东（15）				河南（16）			
市/自治州		滨州	东营	郑州	开封	洛阳	新乡	安阳	三门峡
海拔（m）		11.7	6.0	110.4	72.5	137.1	72.7	75.5	499.9
温度（℃）	年平均温度	12.6	13.1	14.3	14.2	14.7	14.2	14.1	13.9
	冬季采暖计算温度	−7.6	−6.6	−3.8	−3.9	−3.0	−3.9	−4.7	−3.8
	冬季通风计算温度	−3.3	−2.6	0.1	0.0	0.8	−0.2	−0.9	−0.3
	冬季空调计算温度	−10.2	−9.2	−6.0	−6.0	−6.1	−5.8	−7.0	−6.2
	冬季采暖期平均温度（≤5）	−0.5	0.0	1.7	1.7	2.1	1.5	1.0	1.4
	冬季采暖期平均温度（≤8）	0.6	1.1	3.0	2.8	3.0	2.6	2.2	2.6
	夏季通风计算温度	30.4	30.2	30.9	30.7	31.8	30.5	31.0	30.3
	夏季空调计算干球温度	34.0	34.2	34.9	34.4	35.4	34.4	34.7	34.8
	夏季空调计算湿球温度	27.2	26.8	27.4	27.6	26.9	27.6	27.3	25.7
	夏季空调日平均温度	29.4	29.8	30.2	30.0	30.5	29.8	30.2	30.1
相对湿度（%）	冬季空调相对湿度	62	62	61	63	59	61	60	55
	夏季通风相对湿度	64	64	64	66	63	65	63	59
风速（m/s）	夏季平均风速	2.7	3.6	2.2	2.6	1.6	1.9	2.0	2.5
	冬季平均风速	3.0	3.4	2.7	2.9	2.1	2.1	1.9	2.4
风向及频率（%）	夏季风向及频率	ESE（20）	S（18）	C/S（22/12）	C/SSW（12/11）	C/E（31/9）	C/E（25/13）	C/SSW（28/16）	ESE（23）
	冬季风向及频率	WSW（10）	NW（10）	C/NW（22/12）	NE（16）	C/WNW（30/11）	C/E（28/14）	C/SSW（32/11）	C/ESE（25/14）
冬季日照率（%）		58	61	47	46	49	49	47	48
最大冻土深度（cm）		50	47	47	46	49	49	47	48
大气压力（hPa）	冬季大气压力	1026.0	1026.6	1013.3	1018.2	1009.0	1017.9	1017.9	927.6
	夏季大气压力	1003.9	1004.9	992.3	996.8	988.2	996.6	996.6	959.3
采暖天数及其起止日期	≤5℃的天数	120	115	97	99	92	99	101	99
	≤5℃的起止日期	11.14～03.13	11.19～03.13	11.26～03.02	11.25～03.03	12.01～03.02	11.24～03.02	11.23～03.03	11.24～03.02
	≤8℃的天数	142	140	125	125	118	124	126	128
	≤8℃的起止日期	11.06～03.27	11.09～03.28	11.12～03.16	11.12～03.16	11.17～03.14	11.12～03.15	11.10～03.15	11.09～03.16
极端温度（℃）	极端最高温度	39.8	40.7	42.3	42.5	41.7	42.0	41.5	40.2
	极端最低温度	−21.4	−20.2	−17.9	−16.0	−15.0	−19.2	−17.3	−12.8

续表

省/直辖市/自治区		河南（16）				湖北（17）			
市/自治州		南阳	商丘	信阳	许昌	驻马店	周口	武汉	黄石
海拔（m）		129.2	50.1	114.5	66.8	82.7	52.6	23.1	19.6
温度（℃）	年平均温度	14.9	14.1	15.3	14.5	14.9	14.4	16.6	17.1
	冬季采暖计算温度	−2.1	04.0	−2.1	−3.2	−2.9	−3.2	−0.3	0.7
	冬季通风计算温度	−1.4	−0.1	2.2	0.7	1.3	0.6	3.7	4.5
	冬季空调计算温度	−4.5	−6.3	−4.6	−5.5	−5.5	−5.7	−2.6	−1.4
	冬季采暖期平均温度（≤5）	2.6	1.6	3.1	2.2	2.5	2.1	3.9	4.5
	冬季采暖期平均温度（≤8）	3.8	2.8	4.2	3.3	3.5	3.3	5.2	5.7
	夏季通风计算温度	30.5	30.8	30.7	30.9	30.9	30.9	32.0	32.5
	夏季空调计算干球温度	34.3	34.6	34.5	35.1	35.0	35.0	35.2	35.8
	夏季空调计算湿球温度	27.8	27.9	27.6	27.9	27.1	28.1	28.4	28.3
	夏季空调日平均温度	30.1	30.2	30.9	30.3	30.7	30.2	32.0	32.5
相对湿度（%）	冬季空调相对湿度	70	69	77	64	69	68	77	79
	夏季通风相对湿度	69	67	68	66	67	67	67	65
风速（m/s）	夏季平均风速	2.0	2.4	2.4	2.2	2.2	2.0	2.0	2.2
	冬季平均风速	2.1	2.4	2.4	2.4	2.4	2.4	1.8	2.0
风向及频率（%）	夏季风向及频率	C/ENE (21/14)	C/S (14/10)	C/SSW (19/10)	C/NE (21/9)	C/SSW (21/10)	C/SSW (20/8)	C/ENE (23/8)	C/ESE (19/16)
	冬季风向及频率	C/ENE (26/18)	C/N (13/10)	C/NNE (25/14)	C/NE (22/13)	C/N (15/11)	C/NNE (17/11)	C/NE (28/13)	C/NW (28/11)
冬季日照率（%）		39	46	42	43	42	45	37	34
最大冻土深度（cm）		10	18	—	15	14	12	9	7
大气压力（hPa）	冬季大气压力	1011.2	1020.8	1014.3	1018.6	1016.7	1020.6	1023.5	1023.4
	夏季大气压力	990.4	999.4	993.4	997.2	995.4	999.9	1002.1	1002.5
采暖天数及其起止日期	≤5℃的天数	86	99	64	95	87	91	50	38
	≤5℃的起止日期	12.04～ 02.27	11.25～ 03.03	12.11～ 02.12	11.28～ 03.02	12.04～ 02.28	11.27～ 03.02	12.22～ 02.09	01.01～ 02.07
	≤8℃的天数	116	125	105	122	115	123	98	88
	≤8℃的起止日期	11.19～ 03.14	11.13～ 03.17	11.23～ 03.07	11.14～ 03.15	11.21～ 03.15	11.13～ 03.15	11.27～ 03.04	12.06～ 03.03
极端温度（℃）	极端最高温度	41.4	41.3	40.0	41.9	40.6	41.9	39.3	40.2
	极端最低温度	−17.5	−15.4	−16.6	19.6	−18.1	−17.4	−18.1	−10.5

续表

省/直辖市/自治区		湖北（17）							
市/自治州		宜昌	恩施	荆州	襄樊	荆门	十堰	黄冈	咸宁
海拔（m）		133.1	457.1	32.6	125.5	65.8	426.9	59.3	36.0
温度（℃）	年平均温度	16.8	16.2	16.5	15.6	16.1	14.3	16.3	17.1
	冬季采暖计算温度	0.9	2.0	0.3	−1.5	−0.5	−1.5	−0.4	0.3
	冬季通风计算温度	4.9	5.0	4.1	2.4	3.5	1.9	3.5	4.4
	冬季空调计算温度	−1.1	0.4	−1.9	−3.2	−2.4	−3.4	−2.5	−2.0
	冬季采暖期平均温度（≤5）	4.7	4.8	4.2	3.1	3.8	2.9	3.7	4.4
	冬季采暖期平均温度（≤8）	5.9	6.0	5.4	4.2	4.9	4.1	5.0	5.6
	夏季通风计算温度	31.8	31.0	31.4	31.2	31.0	30.3	32.1	32.3
	夏季空调计算干球温度	35.5	34.3	34.7	34.7	35.5	35.4	35.5	35.7
	夏季空调计算湿球温度	27.8	26.0	28.5	27.6	28.2	26.3	28.0	28.5
	夏季空调日平均温度	31.1	29.6	31.1	31.0	31.0	28.9	31.6	32.4
相对湿度（%）	冬季空调相对湿度	74	84	77	71	74	71	74	79
	夏季通风相对湿度	66	57	70	66	70	63	65	65
风速（m/s）	夏季平均风速	1.5	0.7	2.3	2.4	3.0	1.0	2.0	2.1
	冬季平均风速	1.3	0.5	2.1	2.3	3.1	1.1	2.1	2.0
风向及频率（%）	夏季风向及频率	C/SSE（31/11）	C/SSW（63/5）	SSW（15）	SSE（15）	N（19）	C/ESE（55/15）	C/NNE（25/28）	C/NNE（14/9）
	冬季风向及频率	C/SSE（36/14）	C/SSW（72/3）	C/NE（22/17）	C/SSE（17/11）	N（26）	C/ESE（60/18）	C/NNE（20/28）	C/NE（18/14）
冬季日照率（%）		27	14	31	40	37	35	42	34
最大冻土深度（cm）		—	—	5	—	6	—	5	—
大气压力（hPa）	冬季大气压力	1010.4	970.3	1022.4	1011.4	1018.7	974.1	1019.5	1022.1
	夏季大气压力	990.0	954.6	1000.9	990.8	997.5	956.8	998.8	1000.9
采暖天数及其起止日期	≤5℃的天数	28	13	44	64	54	72	54	37
	≤5℃的起止日期	01.09～02.05	01.11～01.23	12.27～02.08	12.11～02.12	12.18～02.09	12.05～02.14	12.19～02.10	01.02～02.07
	≤8℃的天数	85	90	91	102	90	121	100	87
	≤8℃的起止日期	12.08～03.02	12.04～03.03	12.04～03.04	11.25～03.06	12.01～03.05	11.15～03.15	11.26～03.05	12.07～03.03
极端温度（℃）	极端最高温度	40.4	40.3	38.6	40.7	38.6	41.4	39.8	39.4
	极端最低温度	−9.8	−12.3	−14.9	−15.1	−15.3	−17.6	−15.3	−12.0

续表

省/直辖市/自治区		湖北（17）				湖南（18）			
市/自治州		随州	长沙	常德	衡阳	邵阳	岳阳	郴州	张家界
海拔（m）		93.3	44.9	35.0	304.7	248.6	53.0	184.9	322.2
温度（℃）	年平均温度	15.8	17.0	16.9	18.0	17.1	17.2	18.0	16.2
	冬季采暖计算温度	－1.1	0.3	0.6	1.2	0.8	0.4	1.0	1.0
	冬季通风计算温度	2.7	4.6	4.7	5.9	5.2	4.8	6.2	4.7
	冬季空调计算温度	－3.5	－1.9	－1.6	－0.9	－1.2	－2.0	－1.1	0.9
	冬季采暖期平均温度（≤5）	3.3	4.3	4.5	—	4.7	4.5	—	4.5
	冬季采暖期平均温度（≤8）	4.3	5.5	5.8	6.4	6.1	5.9	6.5	4.8
	夏季通风计算温度	3.1	32.9	31.9	33.2	31.9	31.0	32.9	31.3
	夏季空调计算干球温度	34.9	35.8	35.4	36.0	34.8	34.1	35.6	34.7
	夏季空调计算湿球温度	28.0	27.7	29.6	27.7	26.8	28.3	26.7	26.9
	夏季空调日平均温度	31.1	31.6	32.0	32.4	30.9	32.2	31.7	30.0
相对湿度（%）	冬季空调相对湿度	71	83	80	81	80	78	84	78
	夏季通风相对湿度	67	61	66	58	62	72	55	66
风速（m/s）	夏季平均风速	2.2	2.6	1.9	2.1	1.7	2.8	1.6	1.2
	冬季平均风速	2.2	2.3	1.6	1.6	1.5	2.6	1.2	1.2
风向及频率（%）	夏季风向及频率	C/SSE（21/11）	C/NNW（16/13）	C/NE（23/8）	C/SSW（16/13）	C/S（27/8）	S（11）	C/SSW（39/14）	C/ENE（32/15）
	冬季风向及频率	C/NNE（26/15）	NNW（32）	C/NE（33/15）	C/ENE（28/20）	C/ESE（32/18）	ENE（20）	C/NNE（45/19）	C/ENE（52/15）
冬季日照率（%）		41	26	27	23	23	29	21	17
最大冻土深度（cm）		—	—	—	—	5	2	—	—
大气压力（hPa）	冬季大气压力	1015.0	1019.6	1022.3	1012.6	995.1	1019.5	1002.2	987.3
	夏季大气压力	994.1	999.2	1000.8	993.0	976.9	998.7	984.3	969.2
采暖天数及其起止日期	≤5℃的天数	63	48	30	0	11	27	0	30
	≤5℃的起止日期	12.11～02.11	12.26～02.11	01.08～02.06	—	01.12～01.22	01.10～02.05	—	01.08～02.06
	≤8℃的天数	102	88	86	56	67	68	55	88
	≤8℃的起止日期	11.25～03.06	12.06～03.03	12.08～03.03	12.19～02.12	12.10～02.14	12.09～02.14	12.19～02.11	12.07～03.04
极端温度（℃）	极端最高温度	39.8	39.7	40.1	40.0	39.5	39.3	40.5	40.7
	极端最低温度	－16.0	－11.3	－13.2	－－7.9	－10.5	－11.4	－6.8	－10.2

续表

省/直辖市/自治区		湖南（18）					广东（19）		
市/自治州		益阳	永州	怀化	娄底	湘西州	广州	湛江	汕头
海拔（m）		36.9	172.6	272.2	100.0	208.1	41.7	25.3	1.1
温度（℃）	年平均温度	17.0	17.8	16.5	17.0	16.6	22.0	23.3	21.5
	冬季采暖计算温度	0.6	1.6	0.8	0.6	1.3	8.0	10.0	9.4
	冬季通风计算温度	4.7	6.0	4.9	4.8	5.1	13.6	15.9	13.8
	冬季空调计算温度	−1.6	−1.0	−1.1	−1.6	−0.6	5.2	7.5	7.1
	冬季采暖期平均温度（≤5）	4.5	—	4.7	4.6	4.8	—	—	—
	冬季采暖期平均温度（≤8）	5.8	6.6	5.9	5.9	6.1	—	—	—
	夏季通风计算温度	31.7	32.1	31.2	32.7	31.7	31.8	31.5	30.9
	夏季空调计算干球温度	35.1	34.9	34.0	35.6	34.8	34.2	33.9	33.2
	夏季空调计算湿球温度	28.4	26.9	26.8	27.5	27.0	27.8	28.1	27.7
	夏季空调日平均温度	32.0	31.3	29.7	31.5	30.0	30.7	30.8	30.9
相对湿度（%）	冬季空调相对湿度	81	81	80	82	79	72	81	78
	夏季通风相对湿度	67	60	66	60	64	68	70	72
风速（m/s）	夏季平均风速	2.7	3.0	1.3	2.0	1.9	1.7	2.6	2.6
	冬季平均风速	2.4	3.1	1.6	1.7	0.9	1.7	2.6	2.7
风向及频率（%）	夏季风向及频率	S（14）	SSW（19）	C/ENE（44/10）	C/NE（31/11）	C/NE（44/10）	C/SSE（28/12）	SSE（15）	C/WSW（18/10）
	冬季风向及频率	NNE（22）	NE（26）	C/ENE（40/24）	C/ENE（39/21）	C/ENE（49/10）	C/NNE（34/19）	ESE（17）	E（24）
冬季日照率（%）		27	23	19	24	18	36	34	42
最大冻土深度（cm）		—	—	—	—	—	—	—	—
大气压力（hPa）	冬季大气压力	1021.5	1012.6	991.9	1013.2	1000.5	1019.0	1015.5	1020.2
	夏季大气压力	1000.4	993.0	974.0	993.4	981.3	1004.0	1001.3	1005.7
采暖天数及其起止日期	≤5℃的天数	29	0	29	30	11	0	0	0
	≤5℃的起止日期	01.09～02.06	—	01.08～02.05	01.08～02.06	01.10～01.20	—	—	—
	≤8℃的天数	85	56	69	87	68	0	0	0
	≤8℃的起止日期	12.09～03.08	12.19～02.12	12.08～02.14	12.07～03.03	12.09～02.14	—	—	—
极端温度（℃）	极端最高温度	38.9	39.7	39.1	39.7	40.2	38.1	38.1	38.6
	极端最低温度	−11.2	−7.0	−11.5	−11.7	−7.5	0.0	2.8	0.3

续表

省/直辖市/自治区		广东（19）							
市/自治州		韶关	阳江	深圳	江门	茂名	肇庆	惠州	梅州
海拔（m）		60.7	23.3	18.2	32.7	84.6	41.0	22.4	87.8
温度（℃）	年平均温度	20.4	22.5	22.0	22.0	22.5	22.3	21.9	21.3
	冬季采暖计算温度	5.0	9.4	9.2	8.0	8.5	8.4	8.0	6.7
	冬季通风计算温度	10.2	15.1	14.9	13.9	14.7	13.9	13.7	12.4
	冬季空调计算温度	2.5	6.8	6.0	5.2	6.0	6.0	4.8	4.3
	冬季采暖期平均温度（≤5）	—	—	—	—	—	—	—	—
	冬季采暖期平均温度（≤8）	—	—	—	—	—	—	—	—
	夏季通风计算温度	33.0	30.7	31.2	31.0	32.0	32.1	31.5	32.7
	夏季空调计算干球温度	35.4	33.0	33.7	33.6	34.3	34.6	34.1	35.1
	夏季空调计算湿球温度	27.3	27.8	27.5	27.6	27.7	27.8	27.6	27.2
	夏季空调日平均温度	31.2	29.9	30.5	29.9	30.1	31.1	30.4	30.6
相对湿度（%）	冬季空调相对湿度	75	74	72	75	74	68	71	77
	夏季通风相对湿度	60	74	70	71	66	74	69	60
风速（m/s）	夏季平均风速	1.6	2.6	2.2	2.0	1.5	1.6	1.6	1.2
	冬季平均风速	1.5	2.9	2.8	2.6	2.9	1.7	2.7	1.0
风向及频率（%）	夏季风向及频率	C/SSW (41/17)	SSW (13)	C/ESE (21/11)	SSW (23)	C/SW (41/12)	C/SE (27/12)	C/SSE (26/14)	C/SW (36/8)
	冬季风向及频率	C/NNW (46/11)	ENE (34)	ENE (29)	NE (30)	NE (26)	C/ENE (28/27)	NE (29)	C/NNE (46/9)
冬季日照率（%）		30	37	43	38	36	35	42	39
最大冻土深度（cm）		—	—	—	—	—	—	—	—
大气压力（hPa）	冬季大气压力	1014.5	1016.9	1016.6	1016.3	1009.3	1019.0	1017.9	1011.3
	夏季大气压力	997.6	1002.6	1002.4	1001.8	995.2	1003.7	1003.2	996.3
采暖天数及其起止日期	≤5℃的天数	0	0	0	0	0	0	0	0
	≤5℃的起止日期	—	—	—	—	—	—	—	—
	≤8℃的天数	0	0	0	0	0	0	0	0
	≤8℃的起止日期	—	—	—	—	—	—	—	—
极端温度（℃）	极端最高温度	40.3	37.5	38.7	37.3	37.8	38.7	38.2	39.5
	极端最低温度	−4.3	2.2	1.7	1.6	1.0	1.0	0.5	−3.3

续表

省/直辖市/自治区		广东（19）				广西（20）			
市/自治州		汕尾	河源	清远	揭阳	南宁	柳州	桂林	梧州
海拔（m）		17.3	40.6	98.3	12.9	73.1	96.8	164.4	114.8
温度（℃）	年平均温度	22.2	21.5	19.6	21.9	21.8	20.7	18.9	21.1
	冬季采暖计算温度	10.3	6.9	4.0	10.3	7.6	5.1	3.0	6.0
	冬季通风计算温度	14.8	12.7	9.1	14.5	12.9	10.4	7.9	11.9
	冬季空调计算温度	7.3	3.9	1.8	8.0	5.7	3.0	1.1	3.6
	冬季采暖期平均温度（≤5）	—	—	—	—	—	—	—	—
	冬季采暖期平均温度（≤8）	—	—	—	—	—	—	—	—
	夏季通风计算温度	30.2	32.1	32.7	30.7	31.8	32.4	31.7	32.5
	夏季空调计算干球温度	32.7	34.5	35.1	32.8	34.5	34.8	34.2	34.8
	夏季空调计算湿球温度	27.8	27.5	27.4	27.6	27.9	27.5	27.3	27.9
	夏季空调日平均温度	29.6	30.4	30.6	29.6	30.7	31.4	30.4	30.5
相对湿度（%）	冬季空调相对湿度	73	70	77	74	78	75	74	76
	夏季通风相对湿度	77	65	61	74	68	65	65	65
风速（m/s）	夏季平均风速	3.2	1.3	1.2	2.3	1.5	1.6	1.6	1.2
	冬季平均风速	3.0	1.5	1.3	2.9	1.2	1.5	3.2	1.4
风向及频率（%）	夏季风向及频率	WSW (19)	C/SSW (37/17)	C/SSW (46/8)	C/SSW (22/10)	C/S (31/10)	C/SSW (34/15)	C/NE (32/16)	C/ESE (32/10)
	冬季风向及频率	ENE (19)	C/NNE (32/24)	C/NNE (47/16)	ENE (28)	C/E (43/12)	C/N (27/19)	NE (48)	C/NE (24/16)
冬季日照率（%）		42	41	25	43	25	24	24	31
最大冻土深度（cm）		—	—	—	—	—	—	—	—
大气压力（hPa）	冬季大气压力	1019.3	1016.3	1011.1	1018.7	1011.0	1009.0	1093.0	1006.9
	夏季大气压力	1005.3	100.9	993.8	1004.6	995.5	993.2	986.1	991.6
采暖天数及其起止日期	≤5℃的天数	0	0	0	0	0	0	0	0
	≤5℃的起止日期	—	—	—	—	—	—	—	—
	≤8℃的天数	0	0	0	0	0	0	28	0
	≤8℃的起止日期	—	—	—	—	—	—	01.10～02.06	—
极端温度（℃）	极端最高温度	38.5	39.0	39.6	38.4	39.0	39.1	38.5	39.7
	极端最低温度	2.1	−0.7	−3.4	1.5	−1.9	−1.3	−3.6	−1.5

续表

省/直辖市/自治区		广西（20）							
市/自治州		北海	百色	钦州	玉林	防城港	河池	来宾	贺州
海拔（m）		12.8	173.5	4.5	81.8	22.1	211.0	84.9	108.8
温度（℃）	年平均温度	22.0	22.0	22.2	21.8	22.6	20.5	20.8	19.9
	冬季采暖计算温度	8.2	8.8	7.9	7.1	10.5	6.3	5.5	4.0
	冬季通风计算温度	14.5	13.4	12.6	13.1	15.1	10.9	10.8	9.3
	冬季空调计算温度	6.2	7.1	5.3	5.1	8.6	4.3	3.6	1.9
	冬季采暖期平均温度（≤5）	—	—	—	—	—	—	—	—
	冬季采暖期平均温度（≤8）	—	—	—	—	—	—	—	—
	夏季通风计算温度	30.9	32.7	31.1	31.7	30.9	31.7	32.2	32.6
	夏季空调计算干球温度	33.1	36.1	33.6	34.0	33.5	34.6	34.6	35.0
	夏季空调计算湿球温度	28.2	27.9	28.3	27.8	28.5	27.1	27.7	27.5
	夏季空调日平均温度	30.6	31.3	30.3	30.3	29.9	30.7	30.8	30.8
相对湿度（%）	冬季空调相对湿度	79	76	77	79	81	75	75	78
	夏季通风相对湿度	74	65	75	68	77	66	66	62
风速（m/s）	夏季平均风速	2.0	1.3	2.4	1.4	2.1	1.2	1.8	1.7
	冬季平均风速	3.8	1.2	2.7	1.7	1.7	1.1	2.4	1.5
风向及频率（%）	夏季风向及频率	SSW (14)	C/SSE (26/8)	SSW (20)	C/SSE (30/11)	C/SSW (24/11)	C/ESE (39/26)	C/SSE (30/13)	C/ESE (22/19)
	冬季风向及频率	NNE (37)	C/S (43/9)	NNE (33)	C/N (30/21)	C/ENE (24/15)	C/ESE (43/16)	NE (25)	C/NW (31/21)
	冬季日照率（%）	34	29	27	29	24	21	25	26
	最大冻土深度（cm）	—	—	—	—	—	—	—	—
大气压力（hPa）	冬季大气压力	1017.3	998.8	1019.9	1019.9	1016.2	995.9	1010.8	1009.0
	夏季大气压力	1002.5	983.6	1003.5	995.0	1001.4	980.1	994.4	992.4
采暖天数及其起止日期	≤5℃的天数	0	0	0	0	0	0	0	0
	≤5℃的起止日期	—	—	—	—	—	—	—	—
	≤8℃的天数	0	0	0	0	0	0	0	0
	≤8℃的起止日期	—	—	—	—	—	—	—	—
极端温度（℃）	极端最高温度	37.1	42.2	37.5	38.4	38.1	38.4	39.6	39.5
	极端最低温度	2.0	0.1	2.0	0.8	3.3	0.0	−1.6	−3.5

续表

省/直辖市/自治区		四川（23）							
市/自治州		康定	宜宾	南充	西昌	遂宁	内江	乐山	泸州
海拔（m）		2615.7	340.8	309.3	1590.9	278.2	347.1	424.2	334.8
温度（℃）	年平均温度	7.1	17.8	17.3	16.9	17.4	17.6	17.2	17.7
	冬季采暖计算温度	−6.5	4.5	3.6	4.7	3.9	4.1	3.9	4.5
	冬季通风计算温度	−2.2	7.8	6.4	9.6	6.5	7.2	7.1	7.7
	冬季空调计算温度	−8.3	2.8	1.9	2.0	2.0	2.1	2.2	2.6
	冬季采暖期平均温度（≤5）	0.3	—	—	—	—	—	—	—
	冬季采暖期平均温度（≤8）	1.7	7.7	6.8	—	6.9	7.3	7.2	7.7
	夏季通风计算温度	19.5	30.5	31.3	26.3	31.1	30.4	29.2	30.5
	夏季空调计算干球温度	22.8	33.8	35.3	30.7	34.7	34.3	32.8	34.6
	夏季空调计算湿球温度	16.3	27.3	27.1	21.8	27.5	27.1	26.6	27.1
	夏季空调日平均温度	18.1	30.0	31.4	26.6	30.7	30.8	29.0	31.0
相对湿度（%）	冬季空调相对湿度	65	85	85	52	86	83	82	67
	夏季通风相对湿度	64	67	61	63	63	66	71	86
风速（m/s）	夏季平均风速	2.9	0.9	1.1	1.2	0.8	1.8	1.4	1.7
	冬季平均风速	3.1	0.6	0.8	1.7	0.4	1.4	11.0	1.2
风向及频率（%）	夏季风向及频率	C/SW (30/21)	C/NW (55/6)	C/NNE (43/9)	C/NNE (41/9)	C/NNE (58/7)	C/N (25/11)	C/NNE (34/9)	C/WSW (20/10)
	冬季风向及频率	C/NSE (31/26)	C/ENE (68/6)	C/NNE (56/10)	C/NNE (35/10)	C/NNE (75/5)	C/NNE (30/13)	C/NNE (45/11)	C/NNW (30/9)
冬季日照率（%）		45	11	11	69	13	13	13	11
最大冻土深度（cm）		—	—	—	—	—	—	—	—
大气压力（hPa）	冬季大气压力	741.6	982.4	986.7	838.5	990.0	980.9	972.7	983.0
	夏季大气压力	742.4	965.4	969.1	834.9	972.0	963.9	956.4	965.8
采暖天数及其起止日期	≤5℃的天数	155	0	0	0	0	0	0	0
	≤5℃的起止日期	11.06～03.30	—	—	—	—	—	—	—
	≤8℃的天数	187	32	62	0	62	50	53	33
	≤8℃的起止日期	10.11～04.18	12.26～01.26	12.12～02.11	—	12.12～02.11	12.22～02.09	12.20～02.10	12.25～01.26
极端温度（℃）	极端最高温度	29.4	39.5	41.2	36.6	39.5	40.1	36.8	39.6
	极端最低温度	−14.1	−1.7	−3.4	−3.8	−3.8	−2.7	−2.9	−1.9

续表

省/直辖市/自治区		四川（23）				贵州（24）			
市/自治州		绵阳	达州	雅安	巴中	资阳	阿坝州	贵阳	遵义
海拔（m）		470.8	344.9	637.6	417.7	357.0	2264.4	1074.3	843.9
温度（℃）	年平均温度	16.2	17.1	16.2	16.9	17.2	8.6	15.3	15.3
	冬季采暖计算温度	2.4	3.5	2.9	3.2	3.6	−4.1	−0.3	0.3
	冬季通风计算温度	5.3	6.2	6.3	5.8	6.6	−0.6	5.0	4.5
	冬季空调计算温度	0.7	2.1	1.1	1.5	1.3	−6.1	−2.5	−1.7
	冬季采暖期平均温度（≤5）	—	—	—	—	—	1.2	4.6	4.4
	冬季采暖期平均温度（≤8）	6.1	6.6	6.6	6.2	6.9	2.5	6.9	5.6
	夏季通风计算温度	29.2	31.8	28.6	31.2	30.2	22.4	27.1	28.8
	夏季空调计算干球温度	32.6	35.4	32.1	34.5	33.7	27.3	30.1	31.8
	夏季空调计算湿球温度	26.4	27.1	25.8	26.9	26.7	17.3	23.0	24.2
	夏季空调日平均温度	28.5	31.0	27.9	30.3	29.5	19.3	26.5	27.9
相对湿度（%）	冬季空调相对湿度	79	82	80	82	84	48	80	88
	夏季通风相对湿度	70	59	70	59	65	53	64	63
风速（m/s）	夏季平均风速	1.1	1.4	1.8	0.9	1.3	1.1	2.1	1.1
	冬季平均风速	0.9	1.0	1.1	0.6	0.8	1.0	2.1	1.0
风向及频率（%）	夏季风向及频率	C/ENE (46/5)	C/ENE (31/27)	C/WSW (29/15)	C/SW (52/5)	C/S (41/7)	C/NW (61/9)	C/SSW (24/17)	C/SSW (48/7)
	冬季风向及频率	C/E (577)	C/ENE (45/25)	C/E (50/13)	C/E (68/4)	C/ENE (58/7)	C/NW (62/10)	ENE (23)	C/ESE (50/7)
冬季日照率（%）		19	13	16	17	16	62	15	11
最大冻土深度（cm）		—	—	—	—	—	25	—	
大气压力（hPa）	冬季大气压力	967.3	985.0	949.7	979.9	980.3	733.3	897.4	924.0
	夏季大气压力	951.2	967.5	935.4	962.7	962.9	724.7	887.8	911.8
采暖天数及其起止日期	≤5℃的天数	0	0	0	0	0	122	27	35
	≤5℃的起止日期	—	—	—	—	—	11.04～03.07	01.11～02.06	01.05～02.08
	≤8℃的天数	73	65	64	67	62	162	9	91
	≤8℃的起止日期	12.05～02.15	12.10～02.12	12.11～02.15	12.09～02.15	12.14～02.13	10.20～03.30	12.05～02.14	12.04～04.04
极端温度（℃）	极端最高温度	37.2	41.2	35.4	40.3	39.2	34.5	35.1	37.4
	极端最低温度	−7.3	−4.5	−3.9	−5.3	−4.0	−16.0	−7.3	−7.1

续表

省/直辖市/自治区		贵州（24）				云南（25）			
市/自治州		毕节	安顺	铜仁	黔西南州	黔南州	黔东南州	六盘水	昆明
海拔（m）		1510.6	1392.9	279.7	1378.5	440.3	720.3	1515.2	1892.4
温度（℃）	年平均温度	12.8	14.1	17.0	15.3	19.6	15.7	15.2	14.9
	冬季采暖计算温度	−1.7	−1.1	1.4	0.6	5.5	−0.4	0.6	3.6
	冬季通风计算温度	2.7	4.3	5.5	6.3	10.2	4.7	6.5	8.1
	冬季空调计算温度	−3.5	−3.0	−0.5	−1.3	3.7	−2.3	−1.4	0.9
	冬季采暖期平均温度（≤5）	3.4	4.2	4.9	—	—	4.4	—	—
	冬季采暖期平均温度（≤8）	4.4	5.7	6.3	6.7	—	5.8	6.9	7.7
	夏季通风计算温度	25.7	24.8	32.2	25.8	31.2	29.0	25.5	23.0
	夏季空调计算干球温度	29.2	27.7	35.3	28.7	34.5	32.1	29.3	26.2
	夏季空调计算湿球温度	21.8	21.8	26.7	22.2	—	24.5	21.6	20.0
	夏季空调日平均温度	24.5	24.5	30.7	24.8	29.3	28.3	24.7	22.4
相对湿度（%）	冬季空调相对湿度	87	84	76	84	73	80	79	69
	夏季通风相对湿度	64	70	60	69	66	64	65	68
风速（m/s）	夏季平均风速	0.9	2.3	0.8	1.8	0.6	1.6	1.3	1.8
	冬季平均风速	0.6	2.4	0.9	2.2	0.7	1.6	2.0	
风向及频率（%）	夏季风向及频率	C/SSE (60/12)	SSW (25)	C/SSW (62/7)	C/ESE (25/13)	C/ESE (69/4)	C/SSW (33/9)	C/WSW (48/9)	C/WSW (34/13)
	冬季风向及频率	C/SSE (69/7)	ENE (31)	C/ENE (58/15)	C/ENE (19/18)	C/ESE (62/8)	C/NNE (26/22)	C/ENE (31/19)	C/WSW (34/13)
冬季日照率（%）		17	18	15	29	21	16	33	65
最大冻土深度（cm）		—	—	—	—	—	—	—	—
大气压力（hPa）	冬季大气压力	850.9	863.1	991.3	864.4	968.6	938.3	849.6	811.9
	夏季大气压力	844.2	856.0	973.1	857.5	954.7	925.2	843.8	808.2
采暖天数及其起止日期	≤5℃的天数	67	41	5	0	0	30	0	0
	≤5℃的起止日期	12.10～02.14	01.01～02.10	01.29～02.02	—	—	01.09～02.07	—	—
	≤8℃的天数	112	99	64	65	0	87	66	27
	≤8℃的起止日期	11.19～03.10	11.27～03.05	12.12～02.13	12.10～02.12	—	12.08～03.04	12.09～02.12	12.17～01.12
极端温度（℃）	极端最高温度	39.7	33.4	40.1	35.5	39.2	37.5	35.1	30.4
	极端最低温度	−11.3	−7.6	−9.2	−6.2	−2.7	−9.7	−7.9	−7.8

续表

省/直辖市/自治区		云南（25）							
市/自治州		保山	昭通	丽江	普洱	红河州	西双版纳	文山州	曲靖
海拔（m）		1653.5	1949.5	2392.4	1302.1	1300.7	582.0	1271.6	1898.7
温度（℃）	年平均温度	15.9	11.5	12.7	18.4	18.2	22.4	18.0	14.4
	冬季采暖计算温度	6.6	−3.1	3.1	9.7	6.8	13.3	5.6	1.1
	冬季通风计算温度	8.0	2.2	6.0	12.5	12.3	16.5	11.1	7.4
	冬季空调计算温度	5.6	−5.2	1.3	7.0	4.5	10.5	3.4	−1.6
	冬季采暖期平均温度（≤5）	—	3.1	—	—	—	—	—	—
	冬季采暖期平均温度（≤8）	7.9	4.1	6.3	—	—	—	—	—
	夏季通风计算温度	24.2	23.5	22.3	25.8	26.7	30.4	26.2	23.3
	夏季空调计算干球温度	27.1	27.3	25.6	29.7	30.7	34.7	30.4	27.0
	夏季空调计算湿球温度	20.9	19.5	18.1	22.1	22.0	25.7	22.1	19.0
	夏季空调日平均温度	23.5	22.5	21.3	24.0	25.9	28.5	25.5	22.4
相对湿度（%）	冬季空调相对湿度	69	74	46	78	72	85	77	67
	夏季通风相对湿度	67	63	59	69	62	67	63	68
风速（m/s）	夏季平均风速	1.3	1.6	2.5	1.0	3.2	0.8	2.2	2.3
	冬季平均风速	1.5	2.4	4.2	0.9	3.8	0.4	2.9	2.7
风向及频率（%）	夏季风向及频率	C/SSW (50/10)	C/NE (48/12)	C/ESE (18/11)	C/SW (51/10)	S (26)	C/ESE (58/8)	SSE (25)	C/SSW (19/19)
	冬季风向及频率	C/WSW (54/10)	C/NE (32/20)	WNW (21)	C/WSW (57/7)	SW (24)	C/ESE (72/3)	S (26)	SW (19)
冬季日照率（%）		74	43	77	64	62	57	50	56
最大冻土深度（cm）		—	—	—	—	—	—	—	—
大气压力（hPa）	冬季大气压力	835.7	805.3	762.6	871.8	865.0	951.3	875.4	810.9
	夏季大气压力	830.3	802.0	761.0	865.3	871.4	942.7	868.2	807.6
采暖天数及其起止日期	≤5℃的天数	0	73	0	0	0	0	0	0
	≤5℃的起止日期	—	12.04～02.14	—	—	—	—	—	—
	≤8℃的天数	6	122	82	0	0	0	0	60
	≤8℃的起止日期	01.01～01.06	11.10～03.11	11.27～02.16	—	—	—	—	12.08～02.05
极端温度（℃）	极端最高温度	32.4	33.4	32.3	35.7	35.9	41.1	35.9	33.3
	极端最低温度	−3.8	−10.6	−10.3	−2.5	−3.9	1.9	−3.0	−9.2

续表

省/直辖市/自治区		云南（25）						
市/自治州		玉溪	临沧	楚雄州	大理州	德宏州	怒江州	迪庆州
海拔（m）		1636.7	1502.4	1772.0	1990.5	776.6	1804.9	3276.1
温度（℃）	年平均温度	15.9	17.5	16.0	14.9	20.3	15.8	5.9
	冬季采暖计算温度	5.5	9.2	5.6	5.2	10.9	6.7	−6.1
	冬季通风计算温度	8.9	11.2	8.7	8.2	13.0	9.2	−3.2
	冬季空调计算温度	3.4	7.7	3.2	3.5	9.9	5.6	−8.6
	冬季采暖期平均温度（≤5）	—	—	—	—	—	—	0.1
	冬季采暖期平均温度（≤8）	—	—	7.9	7.5	—	—	1.1
	夏季通风计算温度	24.5	25.2	24.6	23.3	27.5	22.4	17.9
	夏季空调计算干球温度	28.2	28.8	28.0	26.2	31.4	26.7	20.8
	夏季空调计算湿球温度	20.8	21.3	20.1	20.2	24.5	20.0	13.8
	夏季空调日平均温度	23.2	23.6	23.9	22.3	26.4	22.4	15.6
相对湿度（%）	冬季空调相对湿度	73	65	75	66	78	56	60
	夏季通风相对湿度	65	69	61	64	72	78	63
风速（m/s）	夏季平均风速	1.4	1.0	1.5	1.9	1.1	2.1	2.1
	冬季平均风速	1.7	1.0	1.5	3.4	0.7	2.1	2.4
风向及频率（%）	夏季风向及频率	C/WSW (46/10)	C/NE (54/8)	C/WSW (32/14)	C/NW (27/10)	C/WSW (46/10)	WSW (30)	C/SSW (37/14)
	冬季风向及频率	C/WSW (61/6)	C/W (60/4)	C/WSW (45/14)	C/ESE (15/8)	C/WSW (61/6)	C/NNE (18/17)	C/SSW (38/40)
冬季日照率（%）		61	71	66	68	66	68	72
最大冻土深度（cm）		—	—	—	—	—	—	25
大气压力（hPa）	冬季大气压力	837.2	851.2	823.3	802.0	927.6	820.9	684.5
	夏季大气压力	823.1	845.4	818.8	798.7	918.6	816.2	685.8
采暖天数及其起止日期	≤5℃的天数	0	0	0	0	0	0	176
	≤5℃的起止日期	—	—	—	—	—	—	10.23～04.16
	≤8℃的天数	0	0	8	29	0	0	208
	≤8℃的起止日期	—	—	01.01～01.08	12.15～01.12	—	—	10.10～05.05
极端温度（℃）	极端最高温度	32.6	34.4	33.0	31.6	36.4	32.5	25.6
	极端最低温度	−5.5	−1.3	−4.8	−4.2	1.4	−0.5	−27.4

续表

省/直辖市/自治区		西藏（26）						
市/自治州		拉萨	昌都	那曲	日喀则	林芝	阿里地区	山南地区
海拔（m）		3648.7	3306	4507	3936	2991.8	4278	9280
温度（℃）	年平均温度	8.0	7.6	−1.2	6.5	8.7	0.4	−0.3
	冬季采暖计算温度	−5.2	−5.9	−17.2	−7.3	−2.0	−19.8	−14.4
	冬季通风计算温度	−1.6	−2.3	−12.6	−3.2	0.5	−12.4	−9.9
	冬季空调计算温度	−7.6	−7.6	−21.9	−9.1	−8.7	−24.5	−18.2
	冬季采暖期平均温度（≤5）	−0.6	0.3	−5.3	−0.3	2.0	−5.5	−3.7
	冬季采暖期平均温度（≤8）	2.17	1.6	−3.4	1.0	3.4	−4.3	−0.1
	夏季通风计算温度	19.2	21.6	13.3	18.9	19.9	17.0	11.2
	夏季空调计算干球温度	24.1	26.2	17.2	22.6	22.9	22.0	13.2
	夏季空调计算湿球温度	13.5	15.1	9.1	13.4	15.6	9.5	8.7
	夏季空调日平均温度	19.2	19.6	11.5	17.1	17.9	16.4	9.0
相对湿度（%）	冬季空调相对湿度	28	37	40	28	49	37	64
	夏季通风相对湿度	38	46	52	40	61	31	68
风速（m/s）	夏季平均风速	1.8	1.2	2.5	1.3	1.6	3.2	4.1
	冬季平均风速	2.0	0.9	3.0	1.8	2.0	2.6	3.6
风向及频率（%）	夏季风向及频率	C/SE (30/12)	C/NW (48/6)	C/SE (30/7)	C/SSE (51/9)	C/E (38/11)	C/W (24/14)	WSW (31)
	冬季风向及频率	C/ESE (27/15)	C/NW (61/5)	C/WNW (39/11)	C/W (50/11)	C/E (27/17)	C/W (41/17)	C/WSW (32/17)
冬季日照率（%）		77	63	71	81	57	80	77
最大冻土深度（cm）		19	81	281	58	13	—	86
大气压力（hPa）	冬季大气压力	650.6	679.9	583.9	636.1	706.5	602.0	598.3
	夏季大气压力	652.9	681.7	589.1	638.5	706.2	604.8	602.7
采暖天数及其起止日期	≤5℃的天数	132	148	254	159	116	238	251
	≤5℃的起止日期	11.01～03.12	10.28～03.24	09.17～05.28	10.22～03.29	11.13～03.08	09.28～05.23	09.23～05.31
	≤8℃的天数	179	185	300	194	172	263	365
	≤8℃的起止日期	10.19～04.15	10.17～04.19	08.23～06.18	10.11～04.22	10.24～04.13	09.19～06.08	01.01～12.31
极端温度（℃）	极端最高温度	29.9	33.4	24.2	28.5	30.3	27.6	18.4
	极端最低温度	−16.5	−20.7	−37.6	−21.3	−13.7	−36.6	−37.0

续表

省/直辖市/自治区		陕西（27）							
市/自治州		西安	延安	宝鸡	汉中	榆林	安康	铜州	咸阳
海拔（m）		397.5	958.5	612.4	509.5	1057.5	290.8	978.9	447.8
温度（℃）	年平均温度	13.7	9.9	13.2	14.4	8.3	15.6	10.6	13.2
	冬季采暖计算温度	−3.4	−10.3	−3.4	−0.1	−15.1	0.9	−7.2	−3.6
	冬季通风计算温度	−0.1	−5.5	0.1	2.4	−9.4	3.5	−3.0	−0.4
	冬季空调计算温度	−5.7	−13.3	−5.8	−1.8	−19.3	−0.9	−9.8	−5.9
	冬季采暖期平均温度（≤5）	1.5	−0.9	1.6	3.0	−3.9	3.8	0.2	1.2
	冬季采暖期平均温度（≤8）	2.6	−0.5	3.0	4.3	−2.8	4.9	0.6	2.7
	夏季通风计算温度	30.6	28.1	29.5	28.5	28.0	30.5	27.4	29.9
	夏季空调计算干球温度	35.0	32.4	34.1	32.3	32.2	35.0	31.5	34.3
	夏季空调计算湿球温度	25.8	22.8	24.6	26.0	21.5	26.8	23.0	—
	夏季空调日平均温度	30.7	26.1	29.2	28.5	26.5	30.7	26.5	29.8
相对湿度（%）	冬季空调相对湿度	66	53	62	80	55	71	55	67
	夏季通风相对湿度	58	52	58	69	45	64	60	61
风速（m/s）	夏季平均风速	1.9	1.6	1.5	1.1	2.3	1.3	2.2	1.7
	冬季平均风速	1.4	1.8	1.1	0.9	1.7	1.2	2.2	1.4
风向及频率（%）	夏季风向及频率	C/ENE (29/13)	C/WSW (28/16)	C/ESE (37/12)	C/ESE (43/9)	C/S (27/17)	C/E (41/7)	ENE (20)	C/WNW (28/28)
	冬季风向及频率	C/ENE (41/10)	C/WSW (25/20)	C/ESE (54/13)	C/ESE (55/8)	C/N (43/14)	C/E (49/13)	ENE (31)	C/WNW (34/7)
冬季日照率（%）		32	61	40	27	64	30	58	42
最大冻土深度（cm）		37	77	29	8	148	8	53	24
大气压力（hPa）	冬季大气压力	979.1	913.8	958.7	964.3	902.2	990.6	911.1	971.1
	夏季大气压力	959.8	900.7	936.9	947.8	889.9	971.7	898.4	953.1
采暖天数及其起止日期	≤5℃的天数	100	133	101	72	153	60	128	101
	≤5℃的起止日期	11.23～03.02	11.06～03.18	11.23～03.03	12.04～02.13	10.27～03.28	12.12～02.09	11.10～03.17	11.23～03.03
	≤8℃的天数	127	159	135	115	171	100	148	133
	≤8℃的起止日期	11.09～03.15	10.23～03.30	11.08～03.22	11.15～03.09	10.17～04.05	12.26～03.05	11.03～03.30	11.08～03.20
极端温度（℃）	极端最高温度	41.8	38.3	41.6	38.3	38.6	41.3	37.7	40.4
	极端最低温度	−12.8	−23.0	−16.1	−10.0	−30.0	−9.7	−21.8	−19.4

续表

省/直辖市/自治区		陕西（27）	甘肃（28）					
市/自治州		商洲（商洛）	兰州	酒泉	平凉	天水	武都	张掖
海拔（m）		742.2	1517.2	1477.2	1346.6	1141.7	1079.1	1482.7
温度（℃）	年平均温度	12.8	9.8	7.5	8.8	11.0	14.6	7.3
	冬季采暖计算温度	−3.3	−9.0	−14.5	−8.8	−5.7	0.0	−13.7
	冬季通风计算温度	0.5	−5.3	−9.0	−4.6	−2.0	3.3	−9.3
	冬季空调计算温度	−5.0	−11.5	−18.5	−12.3	−8.4	−2.3	−17.1
	冬季采暖期平均温度（≤5）	1.9	−1.9	−4.0	−1.3	0.3	3.7	−4.0
	冬季采暖期平均温度（≤8）	3.3	−0.3	−2.4	0.0	1.4	4.8	−2.9
	夏季通风计算温度	28.6	26.5	26.3	25.6	26.9	28.3	26.9
	夏季空调计算干球温度	32.9	31.2	30.5	29.8	30.8	32.6	31.7
	夏季空调计算湿球温度	24.32	20.1	19.6	21.3	21.8	22.3	19.5
	夏季空调日平均温度	27.8	26.0	24.8	24.0	25.9	28.5	25.1
相对湿度（%）	冬季空调相对湿度	59	54	53	55	62	51	52
	夏季通风相对湿度	56	45	39	56	55	52	37
风速（m/s）	夏季平均风速	2.2	1.2	2.2	1.9	1.2	1.7	2.0
	冬季平均风速	2.6	0.5	2.0	2.1	1.0	1.2	1.8
风向及频率（%）	夏季风向及频率	C/SE (27/18)	C/ESE (48/9)	C/ESE (24/8)	C/SE (24/14)	C/ESE (43/15)	C/SSE (39/10)	C/S (25/12)
	冬季风向及频率	C/NW (22/16)	C/E (74/5)	C/W (21/12)	C/NW (23/20)	C/ESE (51/15)	C/ENE (47/6)	C/S (27/13)
冬季日照率（%）		47	53	72	60	46	47	74
最大冻土深度（cm）		18	98	117	48	90	13	113
大气压力（hPa）	冬季大气压力	927.7	851.5	856.3	870.0	892.4	898.0	855.5
	夏季大气压力	923.3	843.2	847.2	860.8	881.2	887.3	846.5
采暖天数及其起止日期	≤5℃的天数	100	130	157	143	119	64	159
	≤5℃的起止日期	11.25～03.04	11.05～03.14	10.23～03.28	11.05～03.27	11.11～03.09	12.09～02.10	10.21～03.28
	≤8℃的天数	139	160	183	170	145	102	178
	≤8℃的起止日期	11.09～03.22	10.20～03.28	10.12～04.12	10.18～04.05	11.04～03.28	11.23～03.04	10.12～04.07
极端温度（℃）	极端最高温度	39.9	39.8	36.6	36.0	38.2	28.6	38.6
	极端最低温度	−13.9	−12.7	−29.8	−24.3	−17.4	−8.6	−28.2

续表

省/直辖市/自治区		甘肃（28）						
市/自治州		靖远（白银）	金昌	庆阳	定西	武威	临夏	甘南州
海拔（m）		1398.2	1976.1	1421.0	1886.6	1530.9	1917.0	2910.0
温度（℃）	年平均温度	9.0	5.0	8.7	7.2	7.9	7.0	2.4
	冬季采暖计算温度	−10.7	−14.8	−9.6	−11.3	−12.7	−10.6	−13.8
	冬季通风计算温度	−6.9	−9.6	−4.8	−7.0	−7.8	−6.9	−9.9
	冬季空调计算温度	−13.9	−18.2	−12.9	−15.2	−16.3	−13.4	−16.6
	冬季采暖期平均温度（≤5）	−2.7	−4.3	−1，5	−2.2	−3.1	−2.2	−3.9
	冬季采暖期平均温度（≤8）	−1.1	−3.0	−0.2	−0.8	−2.0	−0.8	−1.8
	夏季通风计算温度	26.7	23.0	24.3	22.1	24.8	21.2	15.9
	夏季空调计算干球温度	30.9	27.3	28.7	27.7	30.9	26.9	22.3
	夏季空调计算湿球温度	21.0	17.2	20.6	19.2	19.6	19.4	14.5
	夏季空调日平均温度	25.9	20.6	24.3	22.1	24.8	21.2	15.9
相对湿度（%）	冬季空调相对湿度	58	45	53	62	49	59	49
	夏季通风相对湿度	48	45	57	55	41	57	54
风速（m/s）	夏季平均风速	1.8	3.1	2.4	1.2	1.8	1.0	1.5
	冬季平均风速	0.7	2.6	2.2	1.0	1.6	1.2	1.0
风向及频率（%）	夏季风向及频率	C/S (49/10)	WNW (21)	SSW (16)	C/SSW (43/7)	C/NNW (35/9)	C/WSW (54/9)	C/N (46/13)
	冬季风向及频率	C/ENE (69/6)	C/WNW (27/16)	C/NNW (13/10)	C/NE (52/7)	C/SW (35/11)	C/N (47/10)	C/N (68/8)
冬季日照率（%）		66	78	61	64	75	63	66
最大冻土深度（cm）		86	159	79	114	141	85	142
大气压力（hPa）	冬季大气压力	864.5	802.8	861.8	812.6	850.3	809.4	713.2
	夏季大气压力	855.0	798.9	853.5	808.1	841.8	805.1	716.0
采暖天数及其起止日期	≤5℃的天数	138	175	144	155	155	156	202
	≤5℃的起止日期	11.03～03.20	10.15～04.04	11.05～03.28	10.25～03.28	10.24～03.27	10.24～03.28	10.08～04.27
	≤8℃的天数	167	199	171	183	174	185	250
	≤8℃的起止日期	10.19～04.03	10.05～04.21	10.18～04.06	10.14～04.14	10.14～04.05	10.13～04.15	09.15～05.22
极端温度（℃）	极端最高温度	39.5	35.1	36.4	36.1	35.1	36.4	30.4
	极端最低温度	−24.3	−28.3	−22.6	−27.9	−28.3	−24.7	−27.9

续表

省/直辖市/自治区		青海（29）						
市/自治州		西宁	玉树	格尔木	黄南州	海南州	果洛州	祁连
海拔（m）		2295.2	3681.2	2807.3	8500.0	2835.0	3967.5	2787.4
温度（℃）	年平均温度	6.1	3.2	5.3	0.0	4.0	−0.9	1.0
	冬季采暖计算温度	−11.4	−11.9	−12.9	−18.0	−14.0	−18.0	−17.2
	冬季通风计算温度	−7.4	−7.6	−9.1	−12.3	−9.8	−12.6	−13.2
	冬季空调计算温度	−13.6	−15.8	−15.7	−22.0	−16.6	−21.1	−19.7
	冬季采暖期平均温度（≤5）	−2.6	−2.7	−3.8	−4.5	−4.1	−4.9	−5.8
	冬季采暖期平均温度（≤8）	−1.4	−0.8	−2.4	−2.8	−2.7	−2.9	−3.8
	夏季通风计算温度	21.9	17.3	21.6	14.9	19.8	13.4	18.3
	夏季空调计算干球温度	26.5	21.8	26.9	19.0	24.6	17.3	23.0
	夏季空调计算湿球温度	16.6	13.1	13.3	12.4	14.8	10.9	13.3
	夏季空调日平均温度	20.8	15.5	21.4	13.2	19.3	12.1	15.0
相对湿度（%）	冬季空调相对湿度	45	44	39	55	43	53	44
	夏季通风相对湿度	48	50	30	58	48	57	48
风速（m/s）	夏季平均风速	1.5	0.8	3.3	2.4	2.0	2.2	2.2
	冬季平均风速	1.3	1.1	2.2	1.9	1.4	2.0	1.5
风向及频率（%）	夏季风向及频率	C/SSE (37/17)	C/E (63/17)	WNW (20)	C/SE (29/13)	C/SSE (30/8)	C/ENE (32/12)	C/SSE (23/10)
	冬季风向及频率	C/SE (49/18)	C/WNE (62/7)	C/WSW (23/12)	C/NW (47/6)	C/NNE (36/10)	C/WNW (48/7)	C/SSE (36/13)
冬季日照率（%）		68	60	72	69	75	62	73
最大冻土深度（cm）		123	104	84	177	150	238	250
大气压力（hPa）	冬季大气压力	774.4	647.5	723.5	663.1	720.1	624.0	725.1
	夏季大气压力	772.9	651.5	724.0	668.4	721.8	630.1	727.3
采暖天数及其起止日期	≤5℃的天数	165	199	176	243	183	255	213
	≤5℃的起止日期	10.20～04.02	10.09～04.25	10.15～04.08	09.17～05.17	10.14～04.14	09.14～05.26	09.29～04.29
	≤8℃的天数	190	248	203	285	210	302	252
	≤8℃的起止日期	10.10～04.17	09.17～05.22	10.02～04.22	09.01～06.12	09.30～04.27	08.23～06.20	09.12～05.21
极端温度（℃）	极端最高温度	36.5	28.5	35.5	26.2	33.7	23.3	33.3
	极端最低温度	−24.9	−27.6	−26.9	−37.2	−27.7	−34.0	−342.0

续表

省/直辖市/自治区		青海（29）	宁夏（30）				
市/自治州		民和	银川	石嘴山	吴忠	固原	中卫
海拔（m）		1813.9	1111.4	1091.0	1343.9	1758.0	1225.7
温度（℃）	年平均温度	7.5	9.0	8.8	9.1	6.4	8.7
	冬季采暖计算温度	−10.5	−13.1	−13.6	−12.0	−13.2	−12.6
	冬季通风计算温度	−6.2	−7.8	−6.4	−7.1	−8.1	−7.5
	冬季空调计算温度	−13.4	−17.3	−17.4	−16.0	−17.3	−16.4
	冬季采暖期平均温度（≤5）	−2.1	−3.2	−3.7	−2.8	−3.1	−3.1
	冬季采暖期平均温度（≤8）	−0.8	−1.8	−2.5	−1.4	−1.9	−1.6
	夏季通风计算温度	24.5	27.6	28.0	27.7	23.2	27.2
	夏季空调计算干球温度	28.8	31.2	31.8	32.4	27.7	31.0
	夏季空调计算湿球温度	19.4	22.1	21.5	20.7	19.0	21.1
	夏季空调日平均温度	23.3	26.2	26.8	26.6	22.2	25.7
相对湿度（%）	冬季空调相对湿度	51	55	50	50	56	51
	夏季通风相对湿度	50	48	42	40	54	47
风速（m/s）	夏季平均风速	1.4	2.1	3.1	3.2	2.2	1.9
	冬季平均风速	1.4	1.8	2.7	2.3	2.7	1.8
风向及频率（%）	夏季风向及频率	C/SE (38/8)	C/SSW (21/11)	C/SSW (15/12)	SSE（23）	C/SSE (19/14)	C/ESE (37/20)
	冬季风向及频率	C/SE (40/10)	C/NNE (26/11)	C/NNE (26/11)	C/SSE (22/19)	C/NNW (18/9)	C/WNW (46/11)
冬季日照率（%）		61	68	73	72	67	72
最大冻土深度（cm）		108	88	91	130	121	66
大气压力（hPa）	冬季大气压力	820.3	896.1	898.2	870.6	826.8	883.0
	夏季大气压力	815.0	883.9	8857	860.6	821.1	871.7
采暖天数及其起止日期	≤5℃的天数	146	145	146	143	166	145
	≤5℃的起止日期	11.02～03.27	11.03～03.27	11.02～03.27	11.04～03.26	10.21～04.04	11.02～03.26
	≤8℃的天数	173	169	169	168	189	170
	≤8℃的起止日期	11.15～04.05	10.19～04.05	10.19～04.05	10.19～04.04	10.10～04.16	10.18～04.05
极端温度（℃）	极端最高温度	37.2	38.7	38.0	39.0	34.6	37.6
	极端最低温度	−24.9	−27.7	−28.4	−27.1	−30.9	−29.2

续表

省/直辖市/自治区		新疆（31）						
市/自治州		乌鲁木齐	克拉玛依	吐鲁番	哈密	和田	阿勒泰	喀什
海拔（m）		917.9	449.5	34.5	737.2	1374.5	735.3	1288.7
温度（℃）	年平均温度	7.0	8.6	14.4	10.0	12.5	4.5	11.8
	冬季采暖计算温度	−19.7	−22.2	−12.6	−15.6	−8.7	−24.5	−10.9
	冬季通风计算温度	−12.7	−15.4	−7.6	−10.4	−4.4	−15.5	−5.3
	冬季空调计算温度	−23.7	−26.5	−17.1	−18.9	−12.8	−29.5	−14.6
	冬季采暖期平均温度（≤5）	−7.1	−8.6	−3.4	−4.7	−1.4	−8.6	−1.9
	冬季采暖期平均温度（≤8）	−5.4	−7.0	−2.0	−3.2	−9.3	−7.5	−0.7
	夏季通风计算温度	27.5	30.6	36.2	31.5	28.8	25.5	28.8
	夏季空调计算干球温度	33.5	36.4	40.3	35.8	34.5	30.8	33.8
	夏季空调计算湿球温度	18.2	19.8	24.2	22.3	21.6	19.9	21.8
	夏季空调日平均温度	28.3	32.8	35.3	30.0	28.9	26.3	28.7
相对湿度（%）	冬季空调相对湿度	78	78	60	60	54	74	67
	夏季通风相对湿度	34	26	26	28	36	43	34
风速（m/s）	夏季平均风速	3.0	4.4	1.5	1.8	2.0	2.6	2.1
	冬季平均风速	1.6	1.1	0.5	1.5	1.4	1.2	1.1
风向及频率（%）	夏季风向及频率	NNW (15)	NNW (29)	C/ESE (34/8)	C/ESE (36/13)	C/WSW (19/10)	C/WNW (23/15)	C/NNW (22/8)
	冬季风向及频率	C/SSW (29/10)	C/E (49/7)	C/SSE (67/4)	C/ESE (37/16)	C/WSW (31/8)	C/ENE (52/9)	C/NNW (44/9)
冬季日照率（%）		39	47	56	72	56	58	53
最大冻土深度（cm）		139	192	83	127	64	139	66
大气压力（hPa）	冬季大气压力	924.6	979.0	1027.9	939.6	866.9	941.1	876.9
	夏季大气压力	911.2	979.0	997.6	921.0	856.5	925.0	866.0
采暖天数及其起止日期	≤5℃的天数	158	147	118	141	114	176	121
	≤5℃的起止日期	10.24～03.30	10.21～03.26	11.07～03.04	10.31～03.20	11.12～03.06	10.17～04.10	11.09～03.09
	≤8℃的天数	180	165	136	162	132	190	139
	≤8℃的起止日期	10.14～04.11	10.19～04.01	10.30～03.14	10.13～03.28	11.03～03.14	10.08～04.15	11.30～03.17
极端温度（℃）	极端最高温度	42.1	42.7	47.7	43.2	41.1	37.5	39.9
	极端最低温度	−32.5	−34.3	−25.2	−28.6	−20.1	−41.6	−23.6

续表

省/直辖市/自治区		新疆（30）						
市/自治州		伊宁	库尔勒	奇台	精河	阿克苏	塔城	乌恰
海拔（m）		662.5	931.5	793.5	320.1	1103.8	534.9	2175.7
温度（℃）	年平均温度	9.0	11.7	5.2	7.8	10.3	7.1	7.3
	冬季采暖计算温度	−16.9	−11.7	−24.0	−22.2	−12.5	−19.2	−14.1
	冬季通风计算温度	−8.8	−7.0	−17.0	−15.2	−7.8	−10.5	−8.2
	冬季空调计算温度	−21.5	−15.3	−28.2	−25.8	−16.2	−24.7	−17.9
	冬季采暖期平均温度（≤5）	−3.9	−2.9	−9.5	−7.7	−3.5	−5.4	−3.6
	冬季采暖期平均温度（≤8）	−2.6	−1.4	−7.4	−6.2	−1.8	−4.1	−1.9
	夏季通风计算温度	27.2	30.0	27.9	30.0	28.4	27.5	23.5
	夏季空调计算干球温度	32.9	34.5	33.5	34.8	32.7	33.6	28.8
	夏季空调计算湿球温度	21.3	22.1	19.5	—	—	—	—
	夏季空调日平均温度	26.3	30.6	28.2	28.7	27.1	26.9	24.3
相对湿度（%）	冬季空调相对湿度	78	63	79	81	69	72	59
	夏季通风相对湿度	45	33	34	39	39	39	27
风速（m/s）	夏季平均风速	2.0	2.6	3.5	1.7	1.7	2.2	3.1
	冬季平均风速	1.3	1.8	2.5	1.0	1.2	2.0	1.4
风向及频率（%）	夏季风向及频率	C/ESE (20/16)	C/ENE (28/19)	SSW (18)	C/SSW (28/14)	C/NNW (28/8)	N（16）	C/WNW (21/15)
	冬季风向及频率	C/E (38/14)	C/E (38/19)	SSW (19)	C/SSW (49/12)	C/NNW (32/15)	C/NNE (22/22)	C/WNW (59/7)
冬季日照率（%）		56	62	60	43	61	57	62
最大冻土深度（cm）		60	58	136	141	80	160	650
大气压力（hPa）	冬季大气压力	947.4	917.6	934.1	994.1	897.3	963.2	786.2
	夏季大气压力	934.0	902.3	919.4	971.2	884.3	947.5	784.4
采暖天数及其起止日期	≤5℃的天数	141	127	164	152	124	162	153
	≤5℃的起止日期	11.03～03.23	11.06～03.12	10.19～03.31	10.27～03.27	11.04～03.07	10.23～04.02	10.27～03.28
	≤8℃的天数	161	150	187	170	137	182	182
	≤8℃的起止日期	10.20～03.29	10.24～03.22	10.09～04.13	10.16～04.03	10.22～03.07	10.13～04.12	10.13～04.12
极端温度（℃）	极端最高温度	39.2	40.0	40.5	41.6	39.6	41.3	35.7
	极端最低温度	−36.0	−25.3	−40.1	−33.8	−25.2	−37.1	−29.9

注 摘自《民用暖规》。

附录K　室外管网水力计算表

K.1　室外热水管网水力计算表

（1）在表中计算的基本数据如下：

密度 ρ=958.4kg/m^3，绝对粗糙度 k=0.5mm，温度 t=100℃。

（2）单位如下：流速 w 的单位为m/s，平均摩擦阻力 Δh 的单位为Pa/m，流量的单位为t·h。

冷水管道可参考该表选用。

室外热（冷）水管网水力计算表见附表K-1。

附表K-1　室外热（冷）水管网水力计算表

DN（mm）	25		32		40		50		65		80		100	
外径×壁厚（mm×mm）	32×2.5		38×2.5		45×2.5		57×3.0		76×3.0		89×3.5		108×4.0	
流量	w	Δh	w	Δh	w	Δh	w	Δh	w	Δh	w	Δh	w	Δh
0.5	0.25	55.7	0.17	19.2										
0.7	0.35	105.2	0.24	37.1	0.16	13.5								
0.9	0.46	173.9	0.31	61.0	0.21	22.1								
1.1	0.56	259.7	0.37	89.4	0.25	37.6	0.16	10.1						
1.3	0.66	362.8	0.44	123.5	0.30	45.4	0.19	14.0						
1.5	0.76	482.9	0.51	164.4	0.35	58.7	0.22	18.5						
1.8	0.91	695.5	0.61	236.8	0.42	84.5	0.27	26.5						
2.0	1.01	858.7	0.68	292.2	0.46	104.3	0.30	32.6						
2.5			0.85	456.7	0.58	163.0	0.37	49.5	0.19	9.30				
3.0			1.02	657.6	0.69	234.6	0.44	71.1	0.23	13.3				
3.5					0.81	319.4	0.52	96.9	0.27	18.0				
4.0					0.92	417.1	0.59	126.6	0.31	23.4				
4.5					1.04	528.3	0.67	160.3	0.35	28.9				
5.0					1.15	651.8	0.74	197.8	0.39	35.6				
5.5					1.27	788.9	0.82	239.5	0.43	43.0	0.31	17.7		
6.0					1.38	938.0	0.89	284.8	0.47	51.2	0.33	20.5		
6.5							0.96	334.3	0.51	62.0	0.36	24.0		
7.0							1.03	387.6	0.54	69.7	0.38	27.8		
7.5							1.11	445.0	0.58	80.0	0.41	31.9		
8.0							1.18	506.3	0.62	90.9	0.44	36.4	0.30	13.0
8.5							1.26	571.5	0.66	102.7	0.47	41.1	0.31	14.7
9.0							1.33	640.7	0.70	115.2	0.49	46.0	0.33	16.1
10							1.48	791.1	0.78	142.2	0.55	56.7	0.37	19.8
11							1.62	957.2	0.85	172.0	0.60	68.7	0.41	24.0
12									0.93	204.7	0.66	81.7	0.44	28.5
13									1.01	240.3	0.71	95.9	0.48	33.5
14									1.09	278.6	0.77	111.3	0.52	38.8
15									1.16	319.9	0.82	127.8	0.55	44.6
16									1.24	364.0	0.88	145.3	0.59	50.7

续表

DN（mm）	65		80		100		125		150		200		250	
$d\times t$ (mm×mm)	76×3.0		89×3.5		108×4.0		133×4.0		159×4.5		219×6.0		273×6.0	
流量	w	Δh	w	Δh	w	Δh	w	Δh	w	Δh	w	Δh	w	Δh
18	1.40	460.6	0.99	184.0	0.66	64.2	0.43	19.7						
20	1.55	568.7	1.10	227.2	0.74	79.3	0.47	24.3						
22	1.71	688.1	1.21	274.9	0.81	95.8	0.52	29.4						
25	1.94	888.6	1.37	355.0	0.92	123.8	0.59	37.9						
28			1.54	445.2	1.03	155.3	0.66	47.6						
30			1.65	511.1	1.11	178.3	0.71	54.7						
35			1.92	659.7	1.29	242.6	0.83	74.4						
40					1.48	316.9	0.92	97.2	0.66	37.0	0.35	68.0		
45					1.66	401.1	1.06	113.0	0.74	46.9	0.39	85.0		
50					1.85	495.2	1.18	151.9	0.82	57.9	0.43	10.6		
55							1.30	183.8	0.91	70.1	0.48	12.8		
60							1.42	218.6	0.98	83.4	0.52	15.2		
65							1.54	256.7	1.07	97.9	0.56	17.9		
70							1.65	297.6	1.15	113.5	0.60	20.7		
75							1.78	341.7	1.23	130.3	0.65	23.8		
80							1.89	388.8	1.31	148.2	0.69	27.0		
85									1.39	167.3	0.73	30.6		
90									1.48	187.6	0.78	34.3		
95									1.56	209.0	0.82	38.2		

DN（mm）	150		200		250		300		350		400		450	
$d\times t$ (mm×mm)	159×4.5		219×6.0		273×6.0		325×7.0		377×7.0		426×7.0		478×7.0	
流量	w	Δh	w	Δh	w	Δh	w	Δh	w	Δh	w	Δh	w	Δh
100	1.64	231.6	0.86	42.3										
110	1.81	280.2	0.95	51.2	0.60	15.1								
120	1.97	333.5	1.03	61.0	0.65	17.9								
130	2.13	391.4	1.12	71.4	0.70	21.1								
140	2.30	453.9	1.21	80.9	0.76	24.4								
150	2.46	521.1	1.29	95.2	0.81	28.0								
160			1.38	108.3	0.87	31.9	0.61	12.7						
170			1.46	122.2	0.92	36.1	0.65	14.3						
180			1.55	137.0	0.98	40.4	0.69	16.1						
190			1.64	152.7	1.03	45.0	0.73	17.9						
200			1.72	169.2	1.08	49.9	0.76	19.8						
220			1.90	204.7	1.19	60.4	0.84	24.0						
240			2.07	243.6	1.30	71.8	0.92	28.0						
260			2.24	286.0	1.41	84，3	1.00	34.9						
280			2.41	331.6	1.52	97.8	1.07	38.9						
300					1.68	119.9	1.18	47.6						
320					1.73	127.7	1.22	50.8						

续表

DN（mm）	150		200		250		300		350		400		450	
$d\times t$ （mm×mm）	159×4.5		219×6.0		273×6.0		325×7.0		377×7.0		426×7.0		478×7.0	
流量	w	Δh	w	Δh	w	Δh	w	Δh	w	Δh	w	Δh	w	Δh
340					1.84	144.2	1.30	57.3						
360					1.95	161.7	1.37	64.3	1.01	28.5				
380					2.06	180.1	1.45	71.6	1.06	31.8				
400					2.17	199.5	1.53	79.4	1.12	35.2				
420					2.22	209.7	1.57	83.4	1.15	37.0				
440					2.38	241.5	1.68	96.0	1.23	42.6				
460					2.49	263.9	1.76	105.0	1.29	46.6				
480					2.60	287.3	1.83	114.3	1.34	50.7				
500					2.71	311.8	1.91	124.0	1.40	55.0	1.09	28.3		
520					2.82	337.3	1.99	134.2	1.46	59.5	11.3	30.6		
540					2.93	363.7	2.06	144.6	1.51	64.2	11.7	33.0		
560							2.14	155.5	1.57	69.0	1.22	35.5		

DN（mm）	300		350		400		450		500		600		700	
$d\times t$ （mm×mm）	325×7.0		377×7.0		426×7.0		478×7.0		529×7.0		630×7.0		720×8.0	
流量	w	Δh	w	Δh	w	Δh	w	Δh	w	Δh	w	Δh	w	Δh
580	2.21	166.9	1.64	74.0	1.26	38.1								
600	2.29	178.6	1.68	79.2	1.31	40.8	1.03	21.9						
620	2.37	190.7	1.74	84.6	1.35	43.5	1.06	23.3						
640			1.79	90.2	1.39	46.4	1.10	24.9						
660			1.85	95.8	1.44	49.3	1.13	26.5						
680			1.91	101.7	1.48	52.3	1.17	28.0						
700			1.96	107.8	1.52	55.5	1.20	29.7						
740			2.07	120.5	1.62	62.0	1.27	33.2	1.03	19.2				
780			2.19	133.9	1.70	68.9	1.34	36.9	1.09	21.4				
820			2.30	148.0	1.78	76.1	1.41	40.8	1.14	23.6				
860			2.41	162.8	1.87	83.7	1.47	44.9	1.20	26.0				
900			2.52	178.3	1.96	91.7	1.54	49.1	1.25	28.4				
940			2.63	194.4	2.04	100.1	1.61	53.6	1.31	31.1				
980			2.75	211.4	2.13	108.7	1.68	58.3	1.36	33.7				
1020			2.86	229.0	2.22	117.8	1.75	63.1	1.42	36.6				
1060			2.97	247.3	2.31	127.2	1.82	68.2	1.48	39.5	1.03	15.5		
1100					2.39	137.0	1.89	73.4	1.53	42.5	1.07	16.7		
1150					2.50	149.7	1.97	80.3	1.60	46.5	1.12	18.1		
1200					2.61	163.0	2.06	87.3	1.67	50.6	1.17	19.8		

续表

DN（mm）	400		450		500		600		700		800		900	
$d\times t$（mm×mm）	426×7.0		478×7.0		529×7.0		630×7.0		720×8.0		820×8.0		920×8.0	
流量	w	Δh	w	Δh	w	Δh	w	Δh	w	Δh	w	Δh	w	Δh
1250	2.72	176.9	2.14	94.8	1.74	54.9	1.22	21.5						
1300	2.83	191.3	2.23	102.5	1.81	59.4	1.26	23.2						
1350	2.94	206.3	2.32	110.5	1.88	64.0	1.31	25.1						
1400			2.40	118.9	1.95	68.8	1.36	27.0						
1450			2.49	127.6	2.02	73.8	1.41	28.9						
1500			2.57	136.5	2.09	80.0	1.46	30.9						
1550			2.66	145.7	2.16	84.4	1.51	33.0						
1600			2.74	155.3	2.23	89.9	1.56	35.2						
1650			2.83	165.1	2.30	95.6	1.61	37.6						
1700			2.92	175.3	2.37	101.4	1.65	39.7	1.27	19.7				
1750			3.00	185.8	2.44	107.5	1.70	42.0	1.30	20.9	1.00	10.5		
1800					2.51	113.8	1.75	44.5	1.34	22.1	1.03	11.1		
1900					2.64	126.7	1.85	49.6	1.42	24.7	1.09	12.3		
2000					2.78	140.4	1.95	55.0	1.49	27.3	1.14	13.6		
2100					2.92	154.8	2.04	60.6	1.56	30.1	1.20	15.0		
2400							2.34	79.2	1.79	39.3	1.37	19.6	1.04	9.8
2600							2.53	92.9	1.94	46.2	1.49	23.0	1.17	12.4
2800							2.72	107.7	2.09	53.5	1.60	26.8	1.27	14.5
3000							2.92	123.7	2.23	61.4	1.71	32.4	1.36	16.7
3200							3.11	140.7	2.38	70.0	1.83	34.9	1.45	18.9
3400							3.31	158.9	2.53	79.0	1.94	39.4	1.54	21.4
3600							3.50	178.1	2.68	88.5	2.06	44.2	1.63	23.9
3800							3.70	198.4	2.83	98.6	2.17	49.2	1.72	26.7
4000							3.89	219.8	2.98	109.3	2.28	54.5	1.81	29.5
4200							4.09	243.4	3.13	120.4	2.40	60.2	1.90	32.5
4400							4.28	266.0	3.28	132.2	2.51	66.0	1.99	35.8
4600							4.48	290.7	3.43	144.5	2.63	71.0	2.08	39.1
4800							4.67	316.5	3.58	157.3	2.74	78.5	2.17	42.5
5000							4.87	343.5	3.72	170.7	2.86	85.2	2.26	46.2

续表

DN（mm）	500		600		700		800		900		1000		1200	
$d\times t$ （mm×mm）	529×7.0		630×7.0		720×8.0		820×8.0		920×8.0		1020×10		1220×12	
流量	w	Δh	w	Δh	w	Δh	w	Δh	w	Δh	w	Δh	w	Δh
5400			5.25	400.6	4.02	199.1	3.08	99.4	2.44	53.8				
5600					4.17	21.4	3.20	106.9	2.53	57.9				
5800					4.32	227.3	3.31	114.7	2.62	62.1	2.14	36.7	1.50	14.4
6000					4.47	245.9	3.43	122.7	2.71	66.4	2.22	39.2	1.55	15.4
6200					4.62	262.5	3.52	131.0	2.80	71.0	2.29	41.8	1.60	16.5
6400					4.77	280.0	3.66	139.7	2.89	75.7	2.36	44.6	1.65	17.6
6600					4.92	297.4	3.77	148.5	2.98	80.5	2.44	47.4	1.70	18.6
6800					5.07	315.8	3.88	157.6	3.07	85.4	2.51	50.4	1.76	19.8
7000					5.21	334.6	4.00	167.0	3.16	90.5	2.58	53.4	1.81	21.0
7400					5.51	374.2	4.23	186.7	3.34	101.1	2.73	59.7	1.91	23.4
7800					5.81	415.4	4.46	207.4	3.52	112.3	2.88	66.3	2.01	26.0
8200							4.68	229.2	3.70	124.2	3.03	73.3	2.12	28.7
8600							4.91	252.1	3.89	136.6	3.18	80.6	2.22	31.7
9000							5.14	276.1	4.07	149.5	3.32	88.2	2.27	33.1
9400							5.37	301.2	4.25	163.2	3.47	96.1	2.38	36.2
9800							5.60	327.3	4.43	177.4	3.62	104.9	2.53	41.1
1050											3.88	119.6	2.71	47.1
11000											4.06	131.3	2.84	51.7
11500											4.25	144.1	2.97	56.5

K.2　室外蒸汽管网水力计算表

沿程摩擦阻力计算利用蒸汽管道水力计算表查得蒸汽流速和比摩阻。制表时，取蒸气密度 $\rho=1\text{kg/m}^3$。当计算管段平均密度不等于 $\rho=1\text{kg/m}^3$时，可比摩阻及流速，可按如下式进行修正

$$\Delta h_{\mathrm{re}}=\left(\frac{\rho}{\rho_{\mathrm{re}}}\right)\Delta h$$

$$w_{\mathrm{re}}=\left(\frac{\rho}{\rho_{\mathrm{re}}}\right)w$$

式中　ρ、Δh、w——制表时蒸汽密度、在表中查得的比摩阻及流速值，kg/m^3、Pa/m、m/s；

ρ_{re}、Δh_{re}、w_{re}——水力计算中蒸汽的实际蒸汽密度、比摩阻及流速值，kg/m^3、Pa/m、m/s。

室外蒸汽管网水力计算表见附表 K-2。

附表 K-2　　室外蒸汽管网水力计算表

DN (mm)	50		65		80		100		125		150		200	
$d\times t$ (mm×mm)	57×3.0		76×3.0		89×3.5		108×4.0		133×4.0		159×4.5		219×6.0	
流量	w	Δh	w	Δh	w	Δh	w	Δh	w	Δh	w	Δh	w	Δh
0.5	71	1421												
0.6	85	2048												
0.7	99	2783												
0.8	113	3636												
0.9	127	4596												
1.0	142	5674	74	1039										
1.1	156	6870	82	1255										
1.2	170	8173	89	1490										
1.3	184	9594	97	1745										
1.4			104	2029										
1.5			111	2333										
1.6			119	2646	84	1068								
1.7			126	2989	90	1206								
1.8			134	3352	95	1352								
1.9			141	3734	100	1500	67	528						
2.0			149	4136	105	1666	71	585						
2.1			156	4567	111	1833	74	645						
2.2			164	5008	116	2019	78	708						
2.3			171	5478	121	2205	82	774						
2.4			178	5959	126	2401	85	843						
2.5			186	6468	132	2597	89	914						
2.6			193	6997	137	2813	92	990	59	306				
2.7			201	7546	142	2950	96	1068	61	329				
2.8			208	8115	147	3264	99	1147	64	355				
2.9			216	8703	153	3499	103	1235	66	380				
3.0			223	9310	158	3744	106	1313	68	407	47	162		
3.1			230	9947	163	3999	110	1401	70	434	49	173		
3.2			238	10594	168	4263	113	1500	73	463	50	183		
3.3			245	11270	174	4528	117	1598	75	492	52	195		
3.4			253	11956	179	4812	120	1696	77	522	54	207		
3.5			260	12672	184	5096	124	1794	79	534	55	219		
3.6					189	5390	127	1892	82	586	57	225		
3.7					195	5694	131	1999	84	620	58	237		
3.8					200	6008	134	2117	86	653	60	251		
3.9					205	6331	138	2225	88	688	61	264	32	51

续表

DN（mm）	100		125		150		200		250		300		350	
$d\times t$（mm×mm）	108×4		133×4		159×4.5		219×6.0		273×6.0		325×7.0		377×8.0	
流量	w	Δh	w	Δh	w	Δh	w	Δh	w	Δh	w	Δh	w	Δh
4.0	142	2342	91	723	63	277	33	54						
4.2	149	2577	95	980	66	306	35	59						
4.4	156	2832	100	875	69	336	37	65						
4.8	170	3371	109	1039	76	400	40	77						
5.2	184	3959	118	1225	82	469	43	89						
5.6	198	4586	127	1421	88	544	46	104	30	31				
6.0	212	5263	136	1627	94	624	50	119	32	36				
6.2	219	3525	136	1627	94	624	50	119	32	36				
6.6	234	6370	149	1970	104	756	55	143	35	43				
7.0	248	7164	159	2215	110	850	58	157	37	49	26	20		
7.5	265	8310	170	2538	118	975	62	180	40	56	28	23		
8.0			181	2891	126	1108	66	205	42	63	30	26		

DN（mm）	125		150		200		250		300		350		400	
$d\times t$（mm×mm）	133×4.0		159×4.5		219×6.0		273×6.0		325×7.0		377×7.0		426×7.0	
流量	w	Δh	w	Δh	w	Δh	w	Δh	w	Δh	w	Δh	w	Δh
8.5	193	3263	134	1254	70	231	45	71	32	28				
9.0	204	3665	142	1401	74	260	48	79	33	32				
9.5	215	4077	149	1568	79	289	50	88	35	35				
10.0	226	4518	157	1735	83	321	53	98	37	39				
10.5	238	4988	165	1911	87	353	55	108	39	43	29			
11.0	249	5468	173	2097	91	387	57	115	41	48	30			
11.5	260	5978	181	2293	95	423	60	126	43	52	32			
12.0	272	6507	189	2499	99	461	62	137	45	57	33			
12.5	283	6870	197	2715	103	500	65	149	46	62	34			
13.0	294	7644	204	2930	107	541	68	161	48	67	36			
13.5	306	8242	212	3165	111	583	70	174	50	72	37			
14.0	317	8859	220	3401	116	627	73	186	52	77	39			
14.5	328	9505	228	3646	120	673	75	200	54	92	40			
15	340	10123	236	3900	124	720	78	214	56	88	41			
16	362	11574	252	44390	132	819	83	243	59	97	44			
17	385	13063	267	5508	140	925	88	274	62	110	47			
18	408	14651	283	5616	149	1039	94	308	66	124	49			

续表

DN（mm）	200		250		300		350		400		450		500	
$d\times t$（mm×mm）	219×6		273×6.0		325×7.0		377×7.0		426×7.0		478×7.0		529×7.0	
流量	w	Δh	w	Δh	w	Δh	w	Δh	w	Δh	w	Δh	w	Δh
19	157	1156	97	343	70	137	52	63						
20	165	1284	104	380	73	152	55	70						
21	173	1411	109	419	77	168	56	75						
22	182	1548	114	460	81	184	59	82						
23	190	1695	119	503	84	201	62	89						
24	198	1842	125	547	88	219	65	97						
25	206	1999	130	591	92	137	67	106						
26	215	2166	135	642	95	257	70	115	54	61	43	33		
27	223	2332	140	693	99	276	73	124	56	66	44	35	36	21
28	231	2509	145	745	102	298	75	132	58	69	46	38	37	23
29	239	2695	151	799	106	320	78	142	61	74	48	41	39	24
30	248	2881	156	856	110	342	81	152	63	78	49	43	40	26
31	256	3077	161	973	113	365	83	163	65	84	51	46	41	27
32	264	3273	16	983	117	389	86	174	67	89	53	49	43	28
33	273	3489	171	1039	121	414	89	184	69	95	54	53	4	30
34	281	3895	177	1094	124	439	91	196	71	101	56	56	46	32
35	289	3920	182	1166	128	466	94	207	73	107	58	58	47	34
36	297	4145	187	1235	132	492	97	220	75	113	59	61	48	36
37	306	4381	192	1303	135	519	99	231	77	120	61	65	49	38
38	314	4625	197	1342	139	548	102	244	79	126	63	68	51	40
39	322	4871	203	1441	143	577	105	258	81	133	64	72	52	43
40	330	5116	208	1519	146	608	107	271	83	470	66	76	53	45
42	347	5645	218	1676	154	669	113	299	88	154	69	83	56	49
44	363	6194	229	1842	161	735	118	327	92	169	72	91	59	53
46	380	6772	239	2009	168	804	124	358	96	185	76	99	61	58
48	396	7370	249	2185	176	875	129	390	100	201	79	108	64	63
50	413	7997	260	7372	183	950	134	423	104	219	82	118	67	69
52			270	2568	190	1029	140	458	108	236	86	127	69	74
54			281	2773	198	1107	145	493	113	255	89	137	72	79
56			291	2979	205	1186	150	530	117	272	92	147	75	82
58					212	1274	156	569	121	294	95	99	77	92
60					220	1362	161	609	125	315	99	169	80	98

续表

DN（mm）	300		350		400		450		500		600		700	
$d\times t$（mm×mm）	325×7.0		377×7.0		426×7.0		478×7.0		529×7.0		630×7.0		720×7.0	
流量	w	Δh	w	Δh	w	Δh	w	Δh	w	Δh	w	Δh	w	Δh
62	227	1460	167	651	129	335	102	180	83	105	58	41		
64	234	1558	172	693	133	358	105	192	85	112	60	44		
66	241	1656	177	737	138	380	108	205	88	119	62	47		
68	249	1754	183	782	142	404	112	217	91	126	63	50		
70	256	1862	188	829	146	427	115	230	93	133	65	53		
72	263	1970	193	877	150	493	118	243	96	141	67	56		
74	271	2078	199	926	154	478	122	267	99	149	90	59		
76	278	2195	204	977	158	505	125	272	101	158	71	62		
78	285	2313	209	1029	163	531	128	285	104	166	73	65		
80	293	2430	215	1078	167	559	131	300	107	174	75	69		
85	311	2744	228	1225	177	631	140	339	113	197	79	77		
90	329	3077	242	1372	188	707	148	380	120	221	84	86		
95	348	3430	255	1529	198	788	156	423	127	246	89	97		
100			269	1695	208	873	164	469	133	272	93	107		
110			295	2048	229	1058	181	567	147	324	103	129		
120			322	2440	250	1254	197	676	160	392	112	154	86	76
130			349	2862	271	1480	214	793	173	461	121	181	93	90
140			376	3312	292	1715	230	919	193	572	125	225	104	112
150			403	3802	313	1960	247	1058	200	613	140	241	107	121
160			430	4332	334	2234	263	1205	213	697	149	274	114	139
170			457	4890	354	2519	279	1352	227	787	159	310	121	154
180			483	5478	375	2832	296	1519	240	882	168	367	129	173
200			537	6762	417	3489	329	1882	267	1088	187	428	143	214

DN（mm）	350		400		450		500		600		700		800	
$d\times t$（mm×mm）	377×7.0		426×7.0		478×7.0		529×7.0		630×7.0		720×7.0		820×8.0	
流量	w	Δh	w	Δh	w	Δh	w	Δh	w	Δh	w	Δh	w	Δh
220	591	8182	459	4224	362	2274	294	1313	205	517	157	258	120	129
230	618	8947	479	4616	378	2479	307	1441	214	566	164	282	126	141
240	645	9741	500	5027	394	2705	320	1568	224	616	171	308	131	154
250	671	10574	521	5459	411	2930	334	1705	233	668	178	333	137	167
260	698	11437	542	5900	427	3175	347	1842	242	723	186	361	142	180
270	725	12328	563	6360	444	3420	360	1989	252	780	193	389	148	195
280	752	13259	584	6840	460	3675	374	2136	261	839	200	419	153	210
290	779	14230	605	7340	477	3949	387	2293	270	900	207	449	159	224

续表

DN（mm）	350		400		450		500		600		700		800	
$d \times t$ （mm×mm）	377×7.0		426×7.0		478×7.0		529×7.0		630×7.0		720×7.0		820×8.0	
流量	w	Δh	w	Δh	w	Δh	w	Δh	w	Δh	w	Δh	w	Δh
300	805	15129	625	7860	493	4224	400	2450	280	963	214	480	164	240
310			646	8389	510	4508	414	2617	289	1029	221	513	170	257
320			667	8938	520	4802	421	2983	298	1098	228	546	175	273
330			688	9506	542	5106	440	2969	308	1166	236	581	181	291
340			709	10094	554	5419	454	3146	317	1235	243	616	186	309
350			730	10692	575	5753	467	3332	326	1313	250	654	192	327
360			750	10819	592	6086	480	3528	336	1382	257	691	197	345
370			771	11946	608	6419	494	3724	345	1460	264	703	203	266
380			792	12603	625	6772	507	3930	354	1548	271	770	208	385
390			813	13279	641	7134	520	4145	364	1627	278	811	213	406
400					657	7507	534	4361	373	1715	286	854	219	427
410					674	7889	547	4577	382	1803	293	897	224	449
420					692	8281	560	4802	392	1891	300	941	230	471
430					707	8673	574	5037	401	1980	307	990	235	494
440							587	5272	410	2068	314	1029	241	517
450							600	5517	420	2166	321	1078	246	541
460							614	5762	429	2264	328	1127	252	566
470							627	6017	438	2362	336	1176	257	590
480							640	6272	448	2470	434	1225	263	615
490							654	6537	457	2568	350	1284	268	641
500							667	6811	466	2675	357	1333	274	667
520							694	7360	485	2891	371	1441	285	722
540							720	7938	504	3116	386	1558	296	779
560							747	8536	522	3352	400	1676	307	837
580							774	9163	541	3597	414	1793	318	861
600							801	9800	560	3851	428	1921	328	899
620							827	10466	578	4116	443	2048	339	1029

续表

DN（mm）	450		500		600		700		800		900		1000	
$d\times t$ （mm×mm）	478×7.0		529×7.0		630×7.0		720×7.0		820×8.0		920×8		1020×8	
流量	w	Δh	w	Δh	w	Δh	w	Δh	w	Δh	w	Δh	w	Δh
640			854	11152	597	4381	457	2185	350	1098	277	594	226	352
660					615	4665	471	2323	361	1166	286	632	234	373
680					634	4949	486	2470	372	1235	294	670	241	397
700					653	5243	500	2617	383	1313	303	711	248	420
720					671	5547	514	2764	394	1382	312	754	255	445
740					690	5860	528	2920	405	1460	320	794	262	469
760					709	6184	543	3077	416	1539	329	838	269	491
780					727	6507	557	3244	427	1627	338	882	276	522
800					746	6850	571	3410	438	1705	346	992	290	577
820					765	7193	585	3587	449	1793	355	975	290	577
840					783	7546	600	3763	460	1882	364	1019	297	606
860					802	7909	614	3949	471	1980	372	1068	304	634
880					821	8281	628	4126	482	2068	381	1127	311	664
900					839	8663	643	4322	493	2166	390	1176	318	695
920					858	9055	657	4518	504	2264	398	1225	326	726
940					877	9457	671	4714	515	2317	407	1284	333	758
960					895	9859	685	4920	520	2460	416	1333	340	791
980							700	5125	536	2568	424	1392	347	824
1000							714	5331	547	2666	433	1450	354	858
1020							728	5547	558	2773	442	1509	361	893
1040							743	5772	569	2891	450	1568	368	928
1060							757	5998	580	2999	459	1627	375	963
1080							771	6223	591	3116	468	1695	382	1000
1100							785	6458	602	3234	476	1754	389	1038
1150											498	1921	407	1137
1200											520	2087	425	1235
1250											541	2264	442	1343
1300											563	2450	460	1450
1350											585	2646	478	1568
1400											606	2842	495	1686
1450											628	3048	513	1803
1500											650	3263	531	1931
1550											671	3488	548	2058
1600											693	3714	566	2195
1650											714	3949	584	2332

参 考 文 献

[1] 金红光，林汝谋. 能的综合梯级利用与燃气轮机总能系统. 北京：科学出版社，2008.

[2] 李善化，康慧，等. 实用集中供热手册. 北京：中国电力出版社，2006.

[3] 国网能源研究院. 2015 中国新能源发电分析报告. 北京：中国电力出版社，2015.

[4] 国网能源研究院. 2016 中国新能源发电分析报告. 北京：中国电力出版社，2016.

[5] 国网能源研究院. 2015 世界能源与电力发展状况分析报告. 北京：中国电力出版社，2015.

[6] 国网能源研究院. 2016 世界能源与电力发展状况分析报告. 北京：中国电力出版社，2016.

[7] 日本大先一正. BP エネルギ-統計 2014，(日本)配管技术，2015，5.

[8] 日本大先一正. 2017 版 BP エネルギ-長期展望，(日本)配管技术，2017，8.

[9] 林世平，李先瑞，陈斌. 燃气冷热电分布式能源技术应用手册. 北京：中国电力出版社，2014.

[10] 中国科学院能源领域战略研究组 . 中国至 2050 年能源科技发展路线图. 北京：科学出版社，2009.

[11] 日本天然ガスコージェレーション，計画・設計マニュアル. 日本工业出版，2008.

[12] 日本竹内由实天然ガスコージェレーション方法，(日本)配管技术，2011，增刊.

[13] 日本吉岡浩，業務電池の導入方法，(日本)配管技术，2011，增刊.

[14] (美国)费朗诺・巴尔伯. PEM 燃料电池：理论与实践. 原书第 2 版. 李东红，连晓锋，等译. 北京：机械工业出版社，2016.

[15] 李善化，康慧，孙相军. 火力发电厂及变电所供暖通风空调设计手册. 北京：中国电力出版社，2000.

[16] Bents. 氢与燃料电池：新兴的技术及其应用. 原书第 2 版. 隋升，郭雪岩，李平，等译. 北京：2015.

[17] 杨旭中，康慧. 燃气三联供规划、设计、建设与运行. 北京：中国电力出版社，2014.

[18] 清华大学热能工程系动力机械与工程研究所，深圳南山热电股份有限公司. 燃气轮机与燃气：蒸汽联合循环装置. 北京：中国电力出版社. 2007.

[19] 日本机械学会. 热力学. 北京：北京大学出版社，2011.

[20] 日本吉田一雄，集光型太陽熱発電(CSP)(日本)配管技术，2012. 1.

[21] 日本 NPO 法人海洋温度差発電推進機構，上原春男，海洋温度差発電の原理と開発状況，(日本)配管技术，2014，2(增刊).

[22] 日本海洋エネルギ - 研究セ ンタ -，海洋温度差発電の現状と展望，池上康之(日本)配管技术，2011，7.

[23] 日本牛山泉風力発電の現状と今後の動向，(日本)配管技术，2012. 1.

[24] Malcolm A G，P F B. 热储工程学. 王贵玲、蔺文静，译. 北京：测绘出版社. 2013.

[25] 国家发展改革委员会经济运行调节局，国家电网公司营销部，南方电网公司市场营销部. 分布式能源与热电冷联产. 北京：中国电力出版社，2012.

[26] 刘建民，薛建明，王小明，等 火电厂氮氧化物控制技术. 北京：中国电力出版社，2013.

[27] 张军. 地热能、余热能与热泵技术. 2 版. 北京：化学工业出版社，2014.

[28] 项友谦，王启，等. 天然气燃烧过程与应用手册. 北京：中国建筑工业出版社，2008.

[29] 清华大学建筑节能研究中心. 中国建筑节能年度发展研究报告 2016. 北京：中国建筑工业出版社，2016.

[30] 沈辉，曾祖勤. 太阳能光伏发电技术. 北京：化学工业出版社.

[31] 国务院发展研究中心资源与环境政策研究所，“中国气体清洁能源发展前景与政策展望”课题组．中国气体清洁能源发展报告(2015)．北京：石油工业出版社，2015.
[32] 姚俊红，刘共青，卫江红．太阳能热水系统及其设计．北京：清华大学出版社，2014.
[33] 卫江红，梁宏伟，赵岩等．太阳能采暖设计技术．北京：清华大学出版社，2014.
[34] 王庚，郑津洋．氢能技术标准体系与战略．北京：化学工业出版社，2012.
[35] 崔海亭，杨锋．蓄热技术及其应用．北京：化学工业出版社，2004.
[36] 郭茶秀，魏新利．热能存储技术与应用．北京：化学工业出版社，2005.
[37] (奥地利)G. 培克曼，P. V. 吉利．蓄热技术及其应用．程祖虞，奚士光译．北京：机械工业出版社，1989.
[38] 程祖虞．蒸汽蓄热器的应用和设计．北京：机械工业出版社，1986.
[39] 陆耀庆．实用供热空调设计手册．2 版．北京：中国建筑工业出版社，2008.
[40] 杨旭中．火电工程设计技术经济指标手册．北京：中国电力出版社，2012.
[41] 毛宗强、毛志明．氢气生产及热化学利用．北京：化学工业出版社，2015.
[42] 杨晓西，等．中高温蓄热技术及应用．北京：科学出版社，2014.
[43] (美国)黄福锡．工程热力学原理和应用．北京：电力工业出版社，1982.
[44] 李遵基．热工自动控制系统．北京：中国电力出版社，1997.
[45] 胡寿松．自动控制原理．4 版．北京：科学出版社，2005.
[46] 王常力．分布式控制系统设计与应用实例．3 版．北京：电子工业出版社，2016.
[47] 吴素农，范瑞祥，朱永强，等．分布式电源控制与运行．北京：中国电力出版社，2012.
[48] 吴永生，方可人．热工测量及仪表．北京：中国电力出版社，2003.
[49] 陈来九．热工过程自动调节原理和应用．北京：水利电力出版社，1986.
[50] 洪向道，葛玉璞，叶全乐，等．中小型热电联产工程设计手册．北京：中国电力出版社，2006.
[51] 任元会，卞铠生，姚家祎．工业与民用配电设计手册．3 版．北京：中国电力出版社，2005.
[52] 舒印彪，张丽英，王相勤，等．分布式电源接入系统典型设计：接入系统分册．北京：中国电力出版社，2014.
[53] 风电场电气系统典型设计/国家电网公司．风电场电气系统典型设计　第一册　电力系统部分．北京：中国电力出版社，2011.
[54] 住房与城乡建设部．市政公用设施建设项目经济评价方法与参数　综合篇．北京：中国计划出版社，2011.
[55] 住房与城乡建设部．市政公用设施建设项目经济评价方法与参数　供热篇．北京：中国计划出版社，2011.
[56] 住房与城乡建设部．市政工程投资估算指标　第八册　集中供热热力网工程，北京：中国计划出版社，2011.